| 58TH CONGRESS | UNITED STATES | DOCUMENT |
| 2d Session | SENATE | No. 77 |

LES
COMBATTANTS FRANÇAIS

DE LA GUERRE AMÉRICAINE

1778–1783

Listes établies d'après les documents authentiques déposés aux Archives Nationales et aux Archives du Ministère de la Guerre

PUBLIÉES PAR LES SOINS

Du Ministère des Affaires Étrangères

HERITAGE BOOKS
2012

HERITAGE BOOKS
AN IMPRINT OF HERITAGE BOOKS, INC.

Books, CDs, and more—Worldwide

For our listing of thousands of titles see our website
at
www.HeritageBooks.com

A Facsimile Reprint
Published 2012 by
HERITAGE BOOKS, INC.
Publishing Division
100 Railroad Ave. #104
Westminster, Maryland 21157

Originally published
Washington
1905

Library of Congress Catalog Card Number: 68-9149

— Publisher's Notice —
In reprints such as this, it is often not possible to remove blemishes from the
original. We feel the contents of this book warrant its reissue despite these
blemishes and hope you will agree and read it with pleasure.

International Standard Book Numbers
Paperbound: 978-0-7884-9501-4
Clothbound: 978-0-7884-9139-9
CD: 978-0-7884-4320-6

TABLE DES MATIÈRES.

	Page
Introduction	3
Listes	
Marine	
Escadre du comte d'Estaing	
Le Languedoc	22
Le Zélé	28
Le Fantasque	31
Le Magnifique	34
Le Tonnant	38
Le Protecteur	42
Le Fier	45
La Provence	48
L'Artésien	51
Le Guerrier	55
L'Amphion	58
Le Marseillais	61
Le César ou Céser	65
Le Vengeur	69
L'Annibal	74
La Prudente	83
La Concorde	85
La Chimère	87
L'Alcmène	89
L'Étourdie	91
L'Aimable	92
L'Andromaque	94
La Blanche	96
Le Tonkat	98
L'Alerte	107
Escadre du comte de Grasse	
La Ville-de-Paris	109
L'Hercule	116
Le Souverain	118
L'Impétueux	123
La Couronne	125
Le Magnanime	127
L'Éveillé	131
Le Neptune-Iselani	133
Le Scipion	138
Le Sceptre	142
La Couronne et le Pluton	147
La Bourgogne	152
Le Glorieux	156
Le Caton	160

	Pages
L'Auguste	164
L'Hector	170
Le Sagittaire	174
Le Serpent	177
La Diligente	178
Le Saint-Esprit	179
L'Amazone	184
L'Expériment	186
ESCADRES DES COMTES DE GUICHEN ET DE GRASSE:	
L'Indien devenu Le Réfléchy	191
Le Marseillais	195
Le Citoyen	199
L'Actionnaire	204
Le Vaillant	209
Le Souverain	212
L'Hercule	215
ESCADRE DU COMTE DE TERNAY (ARMÉE DE ROCHAMBEAU):	
Le Duc-de-Bourgogne	221
Le Jason (1779 to 1781)	226
Le Jason (1780 to 1782)	230
La Provence	233
L'Éveillé	234
Le Conquérant	239
L'Ardent	243
Le Neptune	246
ARMÉE DE TERRE:	
Régiment de Bourbonnais	253
Régiment de Soissonnais	269
Régiment de Saintonge	285
Régiment de Royal-Deux-Ponts (Officiers seulement)	301
Régiment d'Agénois (Officiers seulement)	302
Régiment de Gâtinais	304
Régiment de Touraine	319
Régiment d'Hainault (Un bataillon)	335
Régiment de Foix (Un bataillon)	342
Régiment de Dillon (Officiers seulement)	348
Régiment de Walsh (Officiers seulement)	348
Régiment d'Auxonne (2ᵉ bataillon)	349
Régiment de Metz (2ᵉ bataillon)	356

INTRODUCTION.

I.

La République des États-Unis, loin d'avoir perdu le souvenir de ses origines à mesure qu'elle s'en éloignait, semble, à l'époque contemporaine, sentir de plus en plus se développer chez elle le culte de son passé héroïque et le traditionnalisme qui fait l'honneur et souvent la force des peuples. Depuis un quart de siècle, on peut remarquer qu'elle n'a manqué aucune occasion de remettre en honneur les événements de la guerre de l'Indépendance et la mémoire de tous ceux qui y ont participé.

Parmi les manifestations de ces sentiments, il faut placer au premier rang la création de la Société nationale des Fils de la Révolution américaine. Fondée en 1889, cette association n'a cessé de prendre de jour en jour plus d'importance; elle s'est établie dans tous les États de l'Union et compte parmi ses membres les hommes les plus éclairés de la nation. Quant au but qu'elle se propose, les statuts qui la régissent l'indiquent en termes précis. Voici comment s'exprime l'article 1er: "La Société a pour but de perpétuer la mémoire des hommes qui, par leurs services ou sacrifices durant la guerre de la Révolution américaine ont accompli l'œuvre de l'Indépendance; d'unir les descendants de ces hommes et de créer entre eux des liens d'amitié et de bonne camaraderie, de leur inspirer à tous et à la communauté, en général, le plus profond sentiment de respect pour les principes du gouvernement fondé par nos ancêtres, d'encourager les recherches historiques concernant la Révolution américaine, d'acquérir et conserver le souvenir des services individuels rendus par les patriotes de la guerre, tout aussi bien que les documents, édifices historiques et reliques, de marquer les scènes de la Révolution par des récits appropriés, de célébrer les anniversaires des événements principaux de la guerre, d'entretenir et développer le vrai patriotisme, de maintenir et étendre les institutions de la liberté américaine, de mettre à exécution les principes et vues exprimés dans l'exposé des motifs de la Constitution des États-Unis, ainsi que les *injonctions* de Washington dans son discours d'adieu (*Farewell address*) au peuple américain."

De semblables aspirations ne peuvent que trouver un écho sympathique dans le cœur de la nation française; les deux Républiques ont les mêmes désirs en ce qui concerne les souvenirs qui leur sont communs; elles sont rapprochées par leur ardent patriotisme ainsi que par leur attachement aux principes de liberté et de justice, principes et sentiments que la société dont nous parlons contribuera certainement à honorer et à répandre.

Aussi lorsqu'en 1899, un jeune avocat de Chicago, M. Paul Wentworth Linebarger, vint me trouver au consulat de France en cette ville et me proposa de créer en France des sections de la société, j'accueillis favorablement ces ouvertures et ne manquai pas d'entretenir de cette proposition mon chef hiérarchique M. Jules Cambon, ambassadeur de France à Washington, et le ministre des Affaires étrangères. De son côté, l'assemblée de la Société nationale des Fils de la Révolution américaine décidait que "les descendants des Français qui combattirent pour l'indépendance des États-Unis pourraient se grouper et former en France des sections officiellement reconnues de la société." S. E. le général Porter, ambassadeur des États-Unis à Paris, avait déjà fondé avec l'autorisation du gouvernement français une section des Fils de la Révolution qui groupait les Américains établis en France, descendants de combattants de la Révolution de 1776; la nouvelle organisation permettrait aux citoyens des États-Unis d'entrer, en même temps que des Français, dans le cadre de sections françaises.

Mais il fallait, avant toute autre démarche, reconstituer les listes des combattants français qui prirent part à la guerre de l'Indépendance. Une enquête poursuivie au Ministère de la guerre des États-Unis fit constater que cette administration ne possédait à cet égard aucun document contenant des indications spéciales et individuelles concernant les Français marins ou soldats qui avaient pris part à la guerre. C'est dans ces conditions que, à la demande de S. Exc. M. le général Porter, M. Delcassé, ministre des Affaires étrangères, a bien voulu nommer une commission chargée d'effectuer des recherches dans les différents dépôts d'archives de l'État français, aux Archives nationales et aux archives du Ministère de la guerre.

Cette commission, nommée en octobre 1900, et dont j'avais l'honneur d'être le président, était composée de MM. Edward P. MacLean, vice-consul général des États-Unis à Paris, le colonel Chaillé-Long et le commandant Huntington. Elle eut dès le premier jour à sa disposition toutes les autorisations nécessaires à l'accomplissement de sa tâche et a toujours trouvé auprès des chefs des différentes archives le plus aimable et le plus sympathique accueil. Je tiens à leur transmettre ici nos plus vifs remerciements, ainsi qu'aux secrétaires dévoués que les Ministères de la guerre et de la marine mirent pendant un an à notre disposition.

J'avais pris sur moi le soin des recherches à opérer aux archives du Ministère de la guerre, qui servirent d'ailleurs de base au travail de la commission.[a]

MM. Chaillé-Long et Huntington se chargèrent d'effectuer les recherches aux Archives nationales où sont déposés depuis quelques années les documents relatifs à la marine française de l'époque qui nous occupait. Ils furent secondés dans leurs efforts par M. Lacour-Gayet, professeur à l'École supérieure de marine, que la commission s'adjoignit, plus tard, en janvier 1902, comme membre auxiliaire, en reconnaissance de ses services compétents et gracieux.

Enfin M. Arthur Chuquet, membre de l'Institut, professeur au Collège de France, voulut bien revoir dans leur intégralité les épreuves de cet ouvrage. Qu'il reçoive ici l'expression de notre vive gratitude.

Avant de présenter le travail de la commission, il a paru bon de retracer, en quelques mots, celles des péripéties de la guerre de l'Indépendance où les troupes françaises ont été plus spécialement mêlées.

II.

La période de participation de la France à la guerre de l'Indépendance américaine est nettement délimitée par deux actes fort importants: d'une part le traité d'amitié du 6 février 1778 entre la France et les États-Unis par lequel notre pays reconnaissait l'indépendance des colonies britanniques, et d'autre part les préliminaires de paix signés à la fin de 1782 entre la Grande-Bretagne et les États-Unis, confirmés par le traité de Versailles du 3 septembre 1783.

La guerre fut poursuivie par la France à la fois sur terre et sur mer; le rôle de la marine y fut d'autant plus important que nos vaisseaux eurent non seulement à soutenir vaillamment le choc des puissantes flottes ennemies, mais encore à transporter tous les corps de troupes de l'armée de terre destinés à combattre sur le continent américain. C'est pourquoi il nous a paru logique de donner d'abord la liste des équipages et des troupes de garnison embarqués sur les navires de notre flotte, en suivant l'ordre chronologique de départ de ces escadres et de ne faire connaître qu'à la fin de notre ouvrage la composition de l'armée de terre qui débarqua sous les ordres du comte de Rochambeau.

L'escadre qui prit la mer la première fut celle de l'amiral d'Estaing: cinq semaines après la signature du traité d'amitié avec les États-Unis, le 13 avril 1778, elle quittait Toulon, composée de 12 vaisseaux et de 4 frégates, et le 8 juillet suivant, arrivait à l'embouchure de la Delaware: remontant alors au Nord, elle forçait le passage de Newport pour entrer dans la baie de Connecticut, où les Anglais surpris et effrayés

---

[a] En ce qui concerne les investigations préliminaires qui ont servi de base au travail de la commission, j'ai pu les effectuer sur les documents suivants:

1° M. Thomas Balch, *The French in America*, en deux volumes, le premier en français, le second en anglais; 2° l'*Histoire de l'ancienne infanterie française*, par Louis Susane; 3° l'*Histoire de l'ancienne artillerie française*, par le même auteur, qui avait appartenu à l'arme de l'artillerie; 4° le *Journal de campagne de Claude Berard*, publié par La Chesnais; 5° la correspondance encore inédite, mais qui, m'assure-t-on, sera bientôt publiée du comte de Rochambeau avec Washington, le comte de Grasse, le chevalier de la Luzerne, le comte de Barras, le ministre de la Guerre de France, Lafayette et d'autres; 6° des documents inédits conservés dans cinq cartons aux archives historiques du Ministère de la guerre.

inféreurs ceux de leurs bâtiments avec que leurs nouvelles. Comme l'amiral Howe annonçait avec presque dernier aux forces britanniques, d'Estaing se préparait à le combattre lorsqu'une subite tempête sépara les deux flottes français forcé d'aller se refaire à Boston et les Américains éprouvèrent à Rhode Island le premier échec des Français obligea cependant les Anglais à se tenir sur la défensive au moment où ils préparaient une offensive redoutable.

D'Estaing ayant réparé ses vaisseaux remit à la voile pour les Antilles le 4 novembre 1778; il dut d'abord se contenter d'observer la flotte anglaise de Byron sans être en situation de la forcer à combattre. Mais, rallié par l'escadre du chevalier de la Motte-Piquet, il se trouva, le 5 juillet 1779, à la tête de 25 vaisseaux de ligne. Alors il attaqua les Anglais dans les eaux de la Grenade et endommagea tellement huit de leurs navires qu'ils durent battre en retraite; d'Estaing alla jeter l'ancre dans la rade de Saint-Georges. Le 22 juillet il offrit de nouveau le combat, mais la flotte anglaise embossée dans la rade de Basse-Terre restait immobile, il fit alors voile vers le continent américain, en Géorgie.

Savannah était depuis un an fortement occupée par les Anglais; il est certain que les forces franco-américaines ne concertèrent pas assez leur attaque; malgré un assaut vigoureux où Américains et Français rivalisèrent d'ardeur et de bravoure, les alliés ne purent emporter la place et durent battre en retraite sous le feu terrible de l'artillerie des assiégés; les Américains se retirèrent dans la Caroline du sud et les Français sur leurs vaisseaux; les premiers avaient 400 hommes hors de combat, nous en avions 700; le comte d'Estaing était parmi les blessés.

Malgré cet insuccès, l'arrivée inattendue de l'armée navale française arrêta les projets offensifs des Anglais contre les provinces méridionales. Le général Clinton fit évacuer Rhode Island avec tant de précipitation que la garnison de Newport abandonna toute sa grosse artillerie et une grande quantité de munitions de guerre (27 octobre 1779).

Le général Washington dut toutefois se tenir sur une sage défensive; il avait besoin, et s'en rendait compte, d'être secondé par des forces navales supérieures à celles de la Grande-Bretagne. "Si nous n'avons pas l'argent et les soldats de France," disait-il, "notre cause est perdue." Il lui fallait aussi des vaisseaux que la France seule pouvait fournir.

Elle devait les lui fournir bientôt, mais déjà le noble enthousiasme des Français pour la cause de la liberté américaine avait décidé le Roi de France sur les instances de Lafayette et de ses amis, partis en volontaires, à envoyer une armée sur le continent américain. Ce n'était pas une armée alliée, c'était presque un corps d'armée américain; le chef se placerait sous les ordres du généralissime américain, les officiers céderaient le pas et le commandement aux officiers américains de même rang.

L'armée se réunit à Brest en avril 1780, sous le commandement du comte de Rochambeau; mais, des 6 régiments d'infanterie qu'elle devait comprendre, 4 seulement, en raison de l'insuffisance des transports, purent s'embarquer; c'étaient le Bourbonnais, le Soissonnais, le Saintonge, le Royal Deux Ponts. À cela s'ajoutaient 600 hommes de la légion de Lauzun, dont 300 cavaliers et près de 700 artilleurs, sapeurs et ouvriers du génie. Plus tard, des renforts pris dans les régiments de Neustrie et d'Anhalt purent être envoyés et le total des hommes de chaque régiment fut finalement de 1.300.

Suivant Claude Bernard, commissaire des guerres principal de ce corps auxiliaire français de l'armée américaine, l'armée de Rochambeau s'embarqua sur 7 vaisseaux, 2 frégates et 25 à 30 transports. Cette flotte atteignit les eaux américaines vers le milieu du mois de juillet 1780; l'armée débarqua à Newport, assez maltraitée par la longue traversée et le mauvais temps; sur 5.000 hommes, 800 étaient malades.

De son côté, l'armée américaine avait à lutter contre des difficultés nombreuses; les enrôlements de volontaires se faisaient malaisément. L'argent manquait; pour avilir le papier-monnaie, les Anglais avaient imaginé de le contrefaire; on en trouva trois caisses, pour une somme de 500.000 dollars, sur la *Polly* capturée à Newport.

Les deux armées employèrent à s'organiser les premiers mois qui suivirent le débarquement. Dès le premier jour, il fallut que Rochambeau se préoccupât de la question monétaire. Tout ce que l'armée consommait était payé comptant, en espèces, car il y avait à combattre l'avilissement du papier-monnaie et l'énorme agiotage entrepris dans la négociation des traites sur la France. On avait donc besoin de fonds; de

à les pressants appels du général au ministre de la Guerre, et l'on juge combien furent bienvenus le don que le Roi Louis XVI fit aux États-Unis d'une somme de 6 millions de livres, et les envois d'argent au commandant de l'armée française.

En même temps Rochambeau et Washington se concertaient, élaboraient des plans de campagne: ils furent bien vite obligés de reconnaître que tout projet était impossible tant que la flotte française n'aurait pas obtenu, dans les parages américains, un avantage indiscutable, soit en attaquant New-York où le général Clinton avait une armée de 15,000 hommes, soit par une diversion dans le sud, en Virginie, où se trouvaient avec des forces considérables le renégat Arnold et Lord Cornwallis.

Vers le milieu de mars 1781, l'amiral Hood partit de New-York pour ravitailler l'armée du sud par la baie de la Chesapeake. En l'apprenant, Destouches qui, depuis la mort de Ternay, commandait la flotte française, appareilla et fit voile vers la baie dans l'intention d'en disputer l'entrée à la flotte anglaise. Il avait huit vaisseaux, ayant pris le vaisseau anglais le *Romulus*. La flotte de Hood était numériquement égale, mais supérieure en artillerie. Destouches l'attaqua en pleine mer, malgré le désavantage du vent; la bataille fut acharnée, trois vaisseaux ennemis furent mis hors de combat. L'avantage restait aux Français, qui ne purent cependant, à cause des vents contraires, poursuivre l'ennemi et l'empêcher d'entrer dans la baie de Chesapeake. L'escadre française revint à Newport.

Si le but de l'expédition fut ainsi manqué, l'effet moral du moins fut considérable. Washington écrivait à Rochambeau le 3 avril: "J'ai l'honneur de vous envoyer la relation que donne l'ennemi du combat du 16 du mois dernier entre la flotte française et la flotte anglaise. De son aveu, trois de ses vaisseaux furent entièrement désemparés, et comme ils ne se vantent pas, ainsi qu'ils sont toujours disposés à le faire, d'avoir obtenu un avantage considérable, il est évident, dans leur propre opinion, qu'ils n'ont pas de quoi se glorifier."

Le Congrès des États-Unis chargeait son président, Huntington de transmettre au comte de Rochambeau des félicitations avec "des remerciements particuliers à l'adresse du chevalier Destouches et aux officiers et gens de mer sous ses ordres pour la bravoure, la fermeté et la belle conduite qu'ils ont déployées dans la dernière entreprise contre l'ennemi; bien que des événements imprévus aient empêché l'exécution du projet, le combat vigoureux du 16 mars, si courageusement et avantageusement soutenu devant le cap de la Chesapeake contre une escadre ennemie supérieure, fait honneur aux armes de S. M. T. C. et est un heureux présage d'avantages décisifs pour les États-Unis."

Ce combat coûtait cependant à la France un grand nombre d'hommes, et la flotte dut retourner à Newport pour s'y réparer.[a]

Au moment où ces événements s'accomplissaient dans les eaux américaines, le comte de Grasse partait de Brest, le 22 mars 1781. De grandes constructions avaient eu lieu à Brest, Toulon et Rochefort: en trois ans, plus de vingt vaisseaux de ligne avaient été construits ou mis en état de prendre la mer, l'un d'eux, le *Spectre*, au bout de cent cinq jours. Quelques-uns de ces nouveaux bâtiments étaient partis sous le commandement du comte d'Estaing. Grasse avait sous ses ordres 26 vaisseaux et quelques frégates.

Il avait pour mission d'aller toucher aux Antilles, puis longeant du sud au nord, de Savannah à Rhode Island, la côte des États-Unis, d'aller prêter à l'armée de Washington et de Rochambeau toute l'assistance possible, en gardant cependant le droit d'agir en tout et pour tout suivant son jugement: il rallierait la flotte de Destouches, dont le comte de Barras venait de prendre le commandement. Il devait retrouver également dans les mêmes eaux l'escadre du comte de Guichen qui, après avoir pris part avec le comte de Grasse à quelques combats contre les Anglais entre la Martinique et Sainte-Lucie, regagna les côtes d'Europe en laissant à celui-ci une dizaine de vaisseaux. Les forces navales de la France allaient acquérir ainsi la supériorité du nombre.

---

[a] Il y eut 51 tués et 41 blessés sur le *Conquérant*; 19 tués et 35 blessés sur l'*Ardent*; 5 tués et 1 blessé sur le *Jason*; 6 tués et 5 blessés sur le *Duc de Bourgogne*; 4 tués et 2 blessés sur le *Neptune*; 2 tués et 1 blessé sur le *Romulus*; 1 tué et 3 blessés sur l'*Éveillé*; 1 tué et 7 blessés sur la *Provence*.

L'*Éveillé*, commandé par M. de la Villebrune, se distingua particulièrement.

Le *London*, de 98 canons, ayant, en effet, tenté de couper la ligne française entre le *Romulus* et l'*Éveillé*, le commandant de ce dernier navire, qui était de 64 canons seulement, eut l'audace de tenir le vent, d'envoyer sa bordée à ce vaisseau à trois ponts, et de recevoir toutes les siennes qui ne lui firent aucun mal, mais qui, bien dirigées, auraient dû le couler bas, vu la petite distance qui les séparait. C'est grâce à cette manœuvre hardie que l'amiral Hood ne put couper la ligne de nos vaisseaux.

On ne connaît peut-être pas assez, au contraire, l'amitié qui lia étroitement Washington et Rochambeau. Cet attachement, né d'une longue collaboration et des responsabilités supportées en commun, s'est manifesté à plusieurs reprises dans la correspondance qu'ils échangeaient, même après la signature de la paix. Washington écrivait, le 1er février 1784: "Je me rappellerai avec joie que nous avons été compagnons d'arme dans les labeurs de la guerre pour la cause de la liberté et que nous avons vécu ensemble comme deux frères en harmonie et amitié."[a]

Une même sympathie unissait les officiers et les hommes des troupes. L'adresse des habitants de Providence et de l'État de Rhode Island au comte de Rochambeau est, à ce point de vue caractéristique:

"Nous avons aussi à reconnaître très sincèrement le généreux attachement et l'application sans relâche pour les intérêts des États-Unis qui marquent si constamment le caractère de votre excellence, depuis son arrivée, et d'une manière particulière, cette discipline exacte et cette conduite si soutenue que les habitants ont éprouvées de votre excellence et de l'armée française, qui a plutôt l'air composée de compagnons et de citoyens gouvernés par les mêmes lois que d'une armée en quartier chez des alliés, à une si grande distance du globe."

On pourrait, sans exagération, appliquer à l'armée toute entière ce que Claude Bernard dit, dans son journal de campagne, de Rochambeau:

"Il fit estimer dans sa personne, au plus haut point, le caractère français sous ses plus nobles aspects. Les Américains, avant son arrivée, imbus des préjugés anglais, s'étaient d'avance représenté le général français (plusieurs l'ont avoué) comme un homme peu fait à leurs idées et à leurs manières et avec lequel les rapports seraient difficiles, en raison de tant de contrastes supposés. Ils virent, au contraire, un type de notre vieille France qui semblait taillé sur le modèle même de leurs grands citoyens, aimant la justice, cherchant le bien, digne et sérieux."

Le contact, le travail dévoué pour une belle cause, les souffrances, les dangers affrontés en commun, avaient suffi pour dissiper les préjugés et les remplacer par l'estime et l'affection mutuelles.

III.

Il est plus aisé de voir, après cet exposé, quel travail avait à faire la commission franco-américaine.

Ce travail devait porter, selon l'ordre chronologique, sur les points suivants:

1° Les équipages de l'escadre du comte d'Estaing;

2° Les équipages de l'escadre successivement commandée par Ternay, Destouches et Barras;

3° Les équipages de l'escadre du comte de Grasse;

4° Les troupes d'infanterie garnisonnés sur les divers vaisseaux de ces trois escadres, car ces troupes assistèrent aux mêmes combats que les marins;

5° Enfin et principalement, les sept régiments d'infanterie qui prirent part au siège de Yorktown, avec la légion de Lauzun et les compagnies d'artillerie, de sapeurs et ouvriers du génie. J'ai donné les noms des quatre régiments placés sous le commandement de Rochambeau. A ces forces il faut ajouter:

(a) Le régiment d'agénois: une partie de ce régiment s'embarqua sur la flotte du comte d'Estaing en 1779, prit part au siège de Savannah, puis revint aux Antilles où le régiment avait sa garnison; le régiment entier s'embarqua sur la flotte du comte de Grasse et prit part au siège de Yorktown.

(b) Le régiment de gâtinais ou Royal-Auvergne qui, de même, fit partie du corps d'embarquement du comte d'Estaing, puis de celui du comte de Grasse et prit part aux deux sièges de Savannah et de Yorktown.

(c) Le régiment de Touraine, que le comte de Grasse prit à bord à son passage aux Antilles et qui prit part au siège de Yorktown.

(d) Le 1er bataillon du régiment d'Hainaut, qui fut à Savannah en 1779 avec le comte d'Estaing.

(e) Quelques compagnies du régiment de Foix, qui furent également à Savannah en 1779.

---

[a] Au moment où ces lignes ont été écrites on n'avait pas encore inauguré le monument de Rochambeau dans la capitale des États-Unis.

(f) Le 1ᵉʳ bataillon du régiment de Dillon, qui fut à Savannah.

(g) Le 2ᵉ bataillon du régiment de Walsh, qui fut à Savannah.

(h) Deux compagnies de lanciers et deux compagnies de hussards de la légion de Lauzun, qui firent toute la campagne dans l'armée de Rochambeau.

(i) Le 2ᵉ bataillon du régiment d'Auxonne (artillerie), qui fit partie de l'armée de Rochambeau.

(j) Quatre compagnies du régiment de Metz (artillerie), qui firent partie de l'armée de Rochambeau, deux de ces compagnies partirent avec lui de France en 1780, les deux autres vinrent le rejoindre en 1781.

(k) La compagnie du capitaine Savournin, du régiment de Grenoble (artillerie), qui fit partie de l'armée de Rochambeau.

Ce sont les listes des hommes de ces équipages et de ces troupes que nous avons essayé de dresser.

Mais, avant de mettre le travail de la commission sous les yeux des lecteurs, il n'est peut-être pas inutile de faire remarquer combien cette nomenclature est incomplète. Tout d'abord il n'a pas été possible de retrouver tous les documents qu'il eut été raisonnable de faire figurer ici; nos listes, en ce qui concerne les flottes, englobent à peu près tous les marins qui ont effectivement pris part à cette campagne, mais celles des soldats d'infanterie ne comprennent que la moitié environ des troupes de terre qui ont réellement combattu aux États-Unis; les états des corps garnisonnés sur chaque navire n'ont pu notamment être établis d'une façon certaine, et ne figurent point par conséquent dans cet ouvrage; et chaque navire tant de la flotte du comte d'Estaing que de celle du comte de Grasse, avait à son bord 100 à 150 hommes de troupes d'infanterie; de même, les documents concernant la légion de Lauzun, les compagnies d'artillerie et du génie, la compagnie du régiment de Grenoble n'ont pu être retrouvés. Puis les recherches n'ont porté que sur la participation officielle et directe de la France à la guerre américaine: d'une part, les contrôles des départements ministériels français, d'après lesquels ont été faites d'une façon exclusive les listes que l'on trouvera plus loin, ne portent aucune trace des engagements volontaires, cependant nombreux, qui ont précédé l'intervention gouvernementale; d'autre part, ce ne sont pas les seules flottes françaises ayant figuré dans les eaux américaines et les seules armées françaises ayant combattu sur le sol américain qui ont contribué à l'affranchissement de l'Amérique, mais toutes les flottes et toutes les armées françaises qui ont lutté contre l'Angleterre au même moment; les exploits de Suffren, par exemple, dans la mer des Indes ont peut-être, autant que ceux dont la Chesapeake fut le théâtre, préparé le résultat final; de même à l'heure où d'Estaing cinglait vers l'Amérique, les flottes françaises soutenaient sur les côtes européennes contre les escadres anglaises de magnifiques combats, dont le duel de la *Belle Poule* et de l'*Aréthuse* et le combat d'Ouessant restent les épisodes fameux, et qui, en affaiblissant la Grande-Bretagne, portaient puissamment secours à ses colonies dans leurs efforts vers la liberté. Dans notre désir de ne faire strictement figurer dans cette publication que les troupes qui ont combattu soit dans les eaux, soit sur le territoire américain, nous avons même exclu la flotte du comte de Guichen, qui combattit aux Antilles et se trouva en contact presque constant avec les flottes dont les opérations se poursuivaient en face de la côte de l'Atlantique.* Les noms de tous les soldats ou marins français engagés dans cette guerre auraient cependant dû être consignés ici s'il n'avait forcément fallu se restreindre.

Que cette publication soit du moins l'occasion de leur adresser à tous, de France et d'Amérique, un souvenir et un hommage.

H. MÉROU,

Consul de France à Chicago,
Membre honoraire de la Société des fils de la Révolution américaine, de l'Illinois.

* Nous avons tenu cependant à faire figurer dans cette publication le portrait du comte de Guichen, puisque plusieurs des navires de son escadre, ceux qu'il céda au comte de Grasse, apparaissent dans la nomenclature et que, d'autre part, sa coopération indirecte à l'œuvre américaine ne saurait être niée.

[Translation.]

I.

The Republic of the United States, far from having lost the souvenir of its origin as time goes on, appears at the present time to develop within her more and more the *culte* of her heroic past and a *traditionalisme* which constitutes the honor and often the force of peoples. Since a quarter of a century it is apparent that America has not missed an occasion to honor the events of the war of Independence and the memory of those who participated therein.

Among the manifestations of these sentiments there should be placed in the front rank the creation of the National Society of the Sons of the American Revolution. Founded in 1889, that association has grown in importance from day to day; it is established in all the States of the Union, and counts among its members the most enlightened men of the nation. Its objects are clearly set forth in its statutes. The first article says: "The object of the society is to perpetuate the memory of the men who, by their services or sacrifices during the war of the American Revolution, have achieved the work of independence; to unite the descendants of these men and to create between them the bonds of friendship and good-fellowship; to inspire them and the community in general with a profound sentiment of respect for the principles of government founded by our ancestors; to encourage historic researches concerning the American Revolution; to acquire and preserve the souvenir of the individual services rendered by the patriots of the war, as well as documents, historic edifices, and relics; to mark the scenes of the Revolution by appropriate recitals; to celebrate anniversaries of the principal events of the war; to guard and develop a true patriotism; to maintain and spread institutions of American liberty; to put into execution the principles and ideas expressed in the statement of the motives of the Constitution of the United States; also in the injunctions of Washington in his farewell address to the American people."

Such aspirations can not fail to find a sympathetic echo in the heart of the French nation. The two Republics have the same desires in all that concerns their mutual souvenirs. They are brought together by their ardent patriotism, also by their attachment to principles of liberty and justice—principles and sentiments which the society of which we speak will contribute certainly to honor and extend.

Thus when, in 1899, a young lawyer of Chicago, Mr. Paul Wentworth Linebarger, came to see me at the French consulate in that city and proposed to me to create in France sections of the society, I welcomed favorably his suggestions, and communicated them to my hierarchic chief, M. Jules Cambon, ambassador of France at Washington, and the minister of foreign affairs at Paris. The National Society Sons of the American Revolution decided that the descendants of the French who fought for the independence of the United States could form themselves into groups and organize in France sections which would be officially recognized by the society. Gen. Horace Porter, ambassador of the United States at Paris, had already founded, with the authorization of the French Government, a section of the Society of the Sons of the American Revolution, which comprised Americans established in France, descendants of the combatants of the Revolution of 1776. The new organization[a] permitted citizens of the United States to enter at the same time as the French in the ranks of the French sections.

It was necessary, before all else, to reconstitute the lists of the French soldiers and sailors who took part in the war for American independence. A search made at the War Department at Washington disclosed the fact that that Department did not possess any document containing any special or individual indication concerning the French sailors or soldiers who had taken part in the war. Under those conditions, and at the request of General Porter, M. Delcassé, minister of foreign affairs, named a commission charged with making researches in the different depots of the archives in France, in the national archives, and in the archives of the ministry of war.

That commission, named in October, 1899, and of which I had the honor to be chairman, was composed of Messrs. Edward P. MacLean, vice-consul-general of the United States at Paris, Colonel Chaillé-Long, and Major Huntington. The commission had at its disposal from the first all authority necessary for the accomplishment of its task, and always found with the chiefs of the different archives the most amiable and sympathetic reception.

---

[a] The society to which the author refers is the Society in France Sons of the American Revolution, founded September, 1897. General Porter was elected president. The charter members were Mr. Moses P. Handy, Edward MacLean, J. D. Stickney, Doctor Michael, Doctor Deering, Lieutenant-Commander Sears, U. S. Navy, and Colonel Chaillé-Long. [Editor.]

of war and marine placed during a year at our disposal.

I took upon myself the necessary researches in the archives of the ministry of war, which served as a basis of the work of the commission."

Messrs. Chaillé-Long and Huntington proceeded to make the researches in the Archives Nationales, where were deposited, since many years, documents relating to the French navy at the period which interests us. They were seconded in their efforts by M. Lacour-Gayet, professor at the High School of the Marine, whom the commission added later, in January, 1902, as an auxiliary member in recognition of his competent and gracious services.

Finally M. Arthur Chuquet, member of the Institute, professor of the College of France, very kindly reviewed in its integrality the proofs of this work. I desire that he receive here the expression of our sincere gratitude.

Before presenting the work of the commission it has seemed well to retrace, in a few words, the incidents of the war for independence in which French troops have been specially engaged.

II

The period of participation of France in the war for American independence is clearly delimited by two very important acts: on the one part the treaty of friendship of the 6th February, 1778, between France and the United States, by which our country recognized the independence of the British colonies, and on the other part the preliminaries of peace signed at the end of 1782, between Great Britain and the United States, confirmed by the treaty of Versailles of the 3d September, 1783.

The war was continued by France both on land and sea; the rôle of the marine was the more important that French vessels had not only to maintain valiantly the shock of powerful hostile fleets, but in addition to transport every corps of troops of the army destined to fight on the American continent. It has thus appeared to us logical to give first the list of the crews and of the garrison troops embarked on the ships of the French fleet, in following the chronological order of the departure of these squadrons, and not to make known until the end of the volume the composition of the army which debarked under the orders of Count Rochambeau.

The squadron which put to sea first was that of Admiral d'Estaing: five weeks after the signature of the treaty of friendship with the United States—the 13th April, 1778—it left Toulon, composed of 12 vessels and 4 frigates, and the 8th July following arrived at the mouth of the Delaware; turning to the north it forced the passage of Newport to enter Connecticut Bay, where the English, surprised and frightened, burned 5 of their frigates, also 2 corvettes. As Admiral Howe advanced to the support of the British forces, D'Estaing prepared to fight them, when a violent tempest separated the two fleets; the French admiral was obliged to retire to Boston and the Americans evacuated Rhode Island; this first effort of the French obliged, nevertheless, the English to put themselves on the defensive at the moment when they had prepared a formidable attack.

D'Estaing having repaired his vessels and set sail for the Antilles the 4th November, 1778, would in the first place watch the English fleet commanded by Byron without being in a situation to force him to fight. But, joined by the squadron of Chevalier de la Motte Piquet, he found himself, the 5th July, 1779, at the head of 25 vessels of the line. Then he attacked the English in Grenada waters and damaged so much 8 of their ships that they beat a retreat. D'Estaing then anchored in the harbor of St. Georges. The 22d of July he offered anew the combat, but the English fleet having anchored broadside on in the harbor of Basse-Terre, he made sail for Georgia on the American continent.

" In all that concerns the preliminary investigation, which served as a basis of the work of the commission, I have accomplished it on the following documents:

1°. M. Thomas Balch, *The French in America*, in two volumes—the first in French, the second in English; 2°. History of Ancient French Infantry, by Louis Susane; 3°. History of Ancient French Artillery, by the same author, who belonged to the artillery; 4°. Journal of Campaigns of Claude Bernard, published by La Chaisnaie; 5°. The correspondence, still unpublished, but which I am assured will soon be published, of the Count de Rochambeau, with Washington, the Count de Grasse, the Chevalier de la Luzerne, the Count de Barras, the Minister of War of France, Lafayette, and others; 6°. Documents unpublished preserved in the five cartons in historical archives of the ministry of war.

Savannah was since a year strongly occupied by the English; it is certain that the Franco-American forces did not time well their attack; notwithstanding a vigorous attack in which Americans and French rivaled each other in ardor and bravery, the allies could not take the place and were obliged to beat a retreat under a terrible artillery fire of the besieged. The Americans retired to South Carolina and the French to their ships; the first had 400 men hors de combat, the latter 700; Count d'Estaing was among the wounded.

Notwithstanding that defeat, the unexpected arrival of the naval French army stopped the proposed offensive movements of the English against the southern provinces. General Clinton caused Rhode Island to be evacuated with so much precipitation that the garrison of Newport abandoned all its heavy pieces and a large quantity of munitions of war (Oct. 27, 1779).

General Washington was obliged, nevertheless, to maintain himself upon the defensive. He had need of, and was aware of it, that he must be seconded by a naval force superior to that of Great Britain: "If we do not have money and soldiers from France," said he, "our cause is lost." He needed also vessels of war, that France alone could furnish him.

France would furnish them very soon; but already the noble enthusiasm of the French for the cause of America had decided the King of France, on the urgent persuasion of Lafayette and his friends, who had gone to America as volunteers, to send an army to the American continent. It was not an allied army; it was nearly an American corps d'armée. The chief would place himself under the orders of the American generalissimo; the French officers would yield the precedence and the commandment to American officers of the same rank.

The army assembled at Brest in April, 1780, under the command of Count Rochambeau; but of the 6 regiments of infantry which comprised it, 4 regiments only, by reason of insufficient transports, could be embarked. They were the Bourbonnais, the Soissonnais, the Saintonge, and the Royal Deux Ponts. To these were added 600 men of the Legion de Lauzun, of which 300 cavaliers, and nearly 700 artillerymen, sappers and miners of the corps of engineers. Later reenforcements taken from the regiments of Neustrie and D'Anhalt were sent forward, and the total of each regiment finally reached 1,300.

Claude Bernard, chief commissaire of this French auxiliary corps of the American Army—the army of Rochambeau—embarked on 7 vessels, 2 frigates, and 25 to 30 transports. That fleet attained American waters toward the middle of the month of July, 1780; the army debarked at Newport, having suffered severely by the long voyage and bad weather; of 5,000 men, 800 were ill.

The American Army, on the other hand, had to struggle against numerous difficulties; the enrollments of volunteers were effected with difficulty; money was needed. In order to depreciate paper money, the English counterfeited it; three boxes were captured at Newport on the *Polly* containing $500,000.

The two armies were employed in organizing during the first months after their debarkment. From the first day it became necessary for Rochambeau to occupy himself with the financial question. All that was consumed by the army was paid cash in coin because of the depreciation of paper money and the enormous speculation undertaken in the discount of bills on France. There was, therefore, great need of funds, and hence pressing appeals of the general to the minister of war; and one may judge the joy over the gift of King Louis XVI to the United States of the sum of 6,000,000 livres, and the present of money to the commander of the French army.

At the same time Rochambeau and Washington considered together elaborate plans of campaign; they were very soon obliged to recognize that all plans were impracticable or impossible so long as the French fleet had not obtained, in the neighborhood of the American lines, a serious advantage either in attacking New York where General Clinton had an army of 15,000, or by a diversion in the South, where were to be found the considerable forces of the renegade Arnold and Lord Cornwallis.

Toward the middle of March, 1781, Admiral Hood left New York to provision the army of the South by way of the Chesapeake Bay. On learning this Destouches, who, since the death of Ternay, commanded the French fleet, made sail for the bay, with the intention of disputing the entry to the English fleet. He had eight vessels, having captured the English ship the *Romulus*. Hood's fleet was numerically equal, but superior in artillery. Destouches attacked it at sea, notwithstanding the disadvantage of wind. The battle was furious; three of the enemy's ships were placed hors de combat. The advantage remained with the

Europe, who could not, nevertheless, prevent of least sight. Sailor up the enemy and prevent his from entering Chesapeake Bay. The French coastline returned to Newport.

If the object of the expedition had thus failed, the moral effect at all events was considerable. Washington wrote to Rochambeau the 3d of April, "I have the honor to send you the account given by the enemy of the combat of the 16th of the last month between the French and the English fleets. From his confession three of his vessels were entirely dismantled, and as they do not brag, as they are always disposed to do, to have obtained any advantage, it is evident, in their own opinion, that they have nothing about which to glorify themselves."

Congress of the United States charged its President, Huntington, to transmit to Count Rochambeau its congratulations "with particular thanks to Chevalier Destouches and to the officers and crews under his orders for the bravery, firmness, and valiant conduct which they manifested in the last enterprise against the enemy, notwithstanding that unexpected events have prevented the execution of the project, the vigorous combat of the 16th of March so courageously and advantageously maintained at Cape Chesapeake against the enemy's superior fleet, does honor to the arms of His Very Catholic Majesty and is a happy presage of decisive victories for the United States."

This combat cost, nevertheless, to France a great number of men, and the fleet was obliged to return to Newport for repairs.

At the moment that these events transpired in American waters Count de Grasse left Brest March 22, 1781. Large ships had been built at Brest, Toulon, and Rochefort; in three years more than 20 vessels of the line had been constructed or put in condition to go to sea; one of these, the *Spectre*, in one hundred and five days. Some of these new ships had been placed under the command of Count D'Estaing. Grasse had under his orders 26 vessels and several frigates.

Grasse had orders to go to the Antilles, thence following the coast of the United States from the south to the north from Savannah to Rhode Island, to lend to the army of Washington and Rochambeau all assistance possible, retaining, however, the right to act in all and for all according to his judgment; he would join the fleet of Destouches, of which the Count de Barras had just taken the command. He should find, likewise, in the same waters, the squadron of Count de Guichen, who, after having taken part with the Count de Grasse in some combats against the English between la Martinique and Saint-Lucie regained the coasts of Europe in leaving to the latter ten ships. The naval forces of France had thus acquired a superiority in numbers.

Grasse profited by his stay in the Antilles to obtain from the governor 3,400 men as reenforcements for Rochambeau. He could also conclude, through the good will of the Spanish governor of Habana, a loan of 1,200,000 livres, for which he gave as security his private fortune.

Of the two points of concentration which was indicated, the French admiral chose the Chesapeake. Soon after the armies of Washington and Rochambeau left their positions in the north, and by forced marches, arrived at Whiteplains; the French traversed the 220 miles in eleven days. The two generals, in accomplishing marches of 60 miles a day, rejoined the Count de Grasse at Williamsburg. They found there Lafayette, who, at the head of an American corps d'armée, resisted the attacks of the troops of Arnold and Cornwallis, and those of Count Saint Simon, with the 3,400 men from the Antilles. Lafayette was since a long time in America; he arrived there in the spring of 1777, escorted by other French volunteers, and shortly after he became a member of the staff of Washington; his enthusiasm for the noble cause which he defended, his chivalrous bravery commanded admiration. After the battle of Brandywine, where he was wounded (September 17, 1777), Congress named him to the command of an American division.

During these operations the English squadrons of Admirals Hood and Graves joined at New York, set sail the 31st August for the Chesapeake Bay.

The 5th September the French frigates signaled the sails of the enemy. Grasse gave the order to prepare for the combat; his orders were executed with so much celerity that, notwithstanding the absence of 1,500 men and 90 officers employed in the debarkment of troops of the army, the French naval army was under sail in less than three-quarters of an hour.

The English fleet had the advantage of a favorable wind; it was formed on the nearest line, starboard *amure*. In approaching the French, at 2 o'clock in the afternoon, the Englishmen took the same tack as the Frenchmen. The action begun at 4 o'clock, lasted until night; the French attempted in vain to force a renewal of the combat during four days; contrary winds finally caused them to lose sight of the English fleet.

The squadron of De Grasse returned to the Chesapeake Bay; the English fleet was too disabled to attempt to renew the fight. Then the army of Cornwallis was blocked from the seacoast and this naval victory assured the success of the siege of Yorktown.

The city was already surrounded on land by American and French troops. To these were joined 400 men *garrisoned*, as they were then termed, on the vessels of De Grasse. The allied troops rivaled each other by rapidity of movement and bravery, each drove the enemy from pit to pit, and finally forced General Cornwallis to capitulate (October 19, 1781). The Americans were led by Lafayette, the French by Rochambeau, under the supreme command of Washington, the hero of the war for independence.

The precision with which the plan of campaign was arranged and executed by the allied generals and admirals excites admiration. Washington and Rochambeau coming from the north arrived at the mouth of the Elk in the Chesapeake an hour after the arrival of the messenger announcing that the Count de Grasse was at the entrance to the Chesapeake. "It is perhaps," said Rochambeau, "the most extraordinary chance that the expedition coming from the islands in the south and from the north, subject to the mercy of winds, should arrive at the rendezvous in the bay at one hour's interval." It was necessary to possess all the modesty of Rochambeau to ascribe to chance such an achievement.

The siege of Yorktown marked the end of English resistance to American independence. Thus were recompensed the combined efforts of men who had given their entire devotion to the cause of the liberty of a people.

These men were bound by an affection without limit in the midst of so many perils. Washington loved Lafayette as a father loves his son. Lafayette has been, besides, from all time and without any change, the object of the affection of the people of the United States, who do not separate him in their gratitude from Washington, the father of his country. The manifestation of admiration which the Americans have recently rendered to the French hero in erecting a statue to him in his own country is a striking proof of their affection.

The friendship which bound Washington and Rochambeau is not well enough known perhaps. That attachment, born of a long collaboration and of responsibilities supported in common, is shown several times in the correspondence between them, even after the signature of peace. Washington wrote, the 1st February, 1784, "I well recall with joy that we have been companions in arms in the labors of a war for the cause of liberty and that we have lived together as two brothers in harmony and friendship."[a]

A like sympathy united the officers and men with the troops. The address of the inhabitants of Providence and the State of Rhode Island to Count Rochambeau is from that point of view characteristic:

"We have also to recognize very sincerely the generous attachment and devotion without intermission for the interests of the United States, which marks constantly the character of your excellency, since his arrival, and in a particular manner, that exact discipline and that conduct so sustained which the inhabitants have experienced from your excellency and the French army, which has rather the appearance of being composed of citizens governed by the same laws than of an army quartered with its allies at such a great distance from their country."

We may, without exaggeration, apply to the whole army that which Claude Bernard said in his campaign journal of Rochambeau.

"He caused to be respected in his person in the highest degree the French character in its most noble aspects. Americans, before his arrival, filled with English prejudices, imagined in advance the French general

---

[a] At the moment these lines were written the monument to Rochambeau had not yet been inaugurated at the capital of the United States.

(several confessed it) of a man having little in common with their class and manners, and with whom it would be difficult to get on because of so many supposed contrasts. They are, on the contrary, a type of our old France, who seemed to be hewn from the model of their grand citizens, loving justice, seeking the good, worthy, and serious."

Contact, devoted work for a good cause, sufferings, dangers confronted in common, had sufficed to dissipate the prejudices and replace them by esteem and mutual affection.

III.

It is easier to see, after this exposé, what work the Franco-American Commission was called upon to do.
This work should be directed, according to chronological order, on the following points:
1°. The crew of Comte d'Estaing's fleet;
2°. The crew of the fleet successively commanded by Ternay, Destouches, and Barras;
3°. The crew of the fleet of Count de Grasse;
4°. The infantry garrisoned on the several vessels of these three fleets, for these troops were engaged in the same combats as the sailors;
5°. Finally, and principally, the seven regiments which took part in the siege of Yorktown, with the legion of Lauzun and companies of artillery, sappers and miners of engineers. I have given the names of four regiments placed under the command of Rochambeau. To these should be added:

(a) The regiment Agénois; a part of this regiment embarked on d'Estaing's fleet in 1779, took part in the siege of Savannah, then returned to the Antilles, where the regiment had its garrison. The entire regiment embarked on Count de Grasse's fleet and took part in the siege of Yorktown.

(b) The regiment Gatinais or Royal-Auvergne, which also made a part of the land forces of Count d'Estaing, then of those of Count de Grasse, and took part in the two sieges of Savannah and Yorktown.

(c) The regiment Touraine, which the Count de Grasse took on board when he visited Antilles, took part in the siege of Yorktown.

(d) The first battalion of the regiment Hainaut was at Savannah in 1779 with Count d'Estaing.

(e) Some companies of the regiment Foix, which were also at Savannah in 1779.

(f) The first battalion of the regiment Dillon, which was at Savannah.

(g) The second battalion of the regiment Walsh, which was at Savannah.

(h) Two companies of lancers, two companies of hussars of the legion of Lauzun, which made the entire campaign in the army of Rochambeau.

(i) The second battalion of the regiment d'Auxonne (artillery), which was a part of the army of Rochambeau.

(j) Four companies of the regiment Metz (artillery), which were a part of the army of Rochambeau. Two of these companies left France with him in 1780, the two others joined him in 1781.

(k) The company of Captain Savournin of the regiment Grenoble (artillery), which was a part of the army of Rochambeau.

These are the lists of the men of the crews and troops which we have undertaken to prepare.

But, before placing the work of the commission under the eyes of readers, it is not without utility to remark how incomplete is the list. In the first place, all the documents which should figure here were not found; our lists, those of the fleets, contain nearly all the sailors who had effectually taken part in that campaign, but those of the infantry comprise only about one-half of those who actually fought in the United States, the documents about the troops garrisoned on each ship notably have not been established in an absolute manner and are not included in this work, and each ship of d'Estaing's fleet, as that of de Grasse, had on board 100 to 150 infantry men; also the documents concerning the legion Lauzun, companies of artillery and engineers, and the company of the regiment Grenoble, have not been found.

These researches deal only with the direct and official participation of France in the American war. On the one side the rolls of the French ministerial departments from which the lists have been taken exclusively, and which will be found in this volume, give no indication of volunteer inscriptions, nevertheless numerous, which preceded governmental interference; on the other hand, it is not only the French fleets which have figured

in American waters, nor only the French armies which fought on American soil, which have contributed to the enfranchisement of America, but all the French fleets and armies which struggled against England at the same time. The exploits of Suffren, for example, in the Indian Ocean, contributed, perhaps, as much as those of which the Chesapeake was the theater, to achieve the final result. Also, at the same time that d'Estaing had set sail for America the French fleet sustained on the coast of Europe against English fleets splendid combats, of which the duel of the *Belle Poule* and the *Arethuse* and the combat at Ouessant remain famous episodes, and which, in weakening Great Britain, gave great aid to the colonies in their efforts for liberty.

In our desire to include in this publication only troops which have fought either in the waters or on the soil of America, we have excluded the fleet of Count de Guichen, who fought in the Antilles and was there in constant contact with the fleets whose operations were being carried on on the other side of the Atlantic.[a] The names of all the French soldiers and sailors engaged in that war would have been given here if we had not been obliged to circumscribe the limits.

That this publication may be the occasion to offer them all, soldiers and sailors of France and America, our grateful souvenirs and homages.

H. MÉROU,
Consul of France at Chicago, Chairman of the Commission.

The Commission appointed by Minister Delcassé at the suggestion of General Porter: M. H. MÉROU; M. EDWARD P. MACLEAN, Society in France, S. A. R.; Maj. HENRY A. HUNTINGTON, Society in France, S. A. R.; Col. CH. CHAILLÉ-LONG, Society in France, S. A. R.

---

[a] The portrait of the Count de Guichen, nevertheless, is given in this publication, because several vessels of his fleet which he gave to Count de Grasse appear in the lists. Besides, his indirect cooperation with the American enterprise can not be denied.

RESOLUTIONS OF THE NATIONAL SOCIETY SONS OF THE AMERICAN REVOLUTION.

The National Society Sons of the American Revolution, when informed of the favorable reception accorded in France the suggestion to organize there French sections of that society, and learned also of the work achieved in the archives with the object of establishing the lists of those who had participated in the war for American independence, it caused to be submitted to the Ministry of Foreign Affairs the text of the following resolution which had been passed at one of its meetings:

"Whereas in consequence of resolution adopted by the National Society Sons of the American Revolution at its annual congress in New York City on May 1, 1900, on the proposition made by the Illinois State society on the initiative of Judge Paul Wentworth Linebarger and M. Henri Mérou, a report has been made to the general board of managers and the executive committee of the National Society, which shows that an exceedingly advantageous and effective work has been accomplished in France in ascertaining the names and services of the many thousands of French sailors and soldiers who assisted the colonists in the war of the American Revolution. Therefore, be it

"*Resolved*, That the national executive committee of the Society of the Sons of the American Revolution hereby tenders its appreciative congratulations and warm thanks for their untiring efforts in the direction stated, to—

"THE MINISTRIES FOR FOREIGN AFFAIRS, OF WAR, OF THE NAVY, AND OF PUBLIC INSTRUCTION of the French Republic;

"To His Excellency JULES CAMBON, ambassador of the French Republic at Washington;

"To His Excellency Gen. HORACE PORTER, ambassador of the United States in Paris;

"To M. LÉON BOURGEOIS, deputy, former premier minister of the French Republic;

"To the FRANCO-AMERICAN COMMISSION, Hon. HENRI MÉROU, president, honorary member of the Illinois Society Sons of the American Revolution, upon whose initiative the work was undertaken;

"Hon. EDWARD MACLEAN, United States vice-consul in Paris; Col. CHAILLÉ-LONG, and Major HUNTINGTON, appointed, on the proposition of His Excellency General Porter, by His Excellency M. Delcassé, minister for Foreign affairs of the French Republic;

"To M. BLADÉ, consul-general of France, sous-directeur at the Ministry for Foreign affairs at Paris;

"To M. F. CLÉMENT-SIMON, attaché at the Ministry for Foreign affairs at Paris;

"To Judge PAUL WENTWORTH LINEBARGER, member of the Illinois Society Sons of the American Revolution;

"To Capt. SAMUEL EBERLY GROSS, secretary-general of the National Society of the Sons of the American Revolution;

"To the members of the committee of publication, M. LACOUR GAYET, professor of history at the Superior School of the Navy of Paris, and M. HENRI BRÉAL, advocate of the court of appeals of Paris, and to all others who have cooperated in forwarding the excellent work accomplished."

Hon. WALTER SETH LOGAN, President-General National Society Sons of the American Revolution, and Chairman of the National S. A. R. Executive Committee.	Capt. SAMUEL EBERLY GROSS, Secretary-General National Society Sons of the American Revolution, Ex-Vice-President-General National Society Sons of the American Revolution, and Secretary of the National S. A. R. Executive Committee.
Hon. FRANKLIN MURPHY, Governor of New Jersey, Ex-President-General National Society Sons of the American Revolution, and Member of the National S. A. R. Executive Committee.	C. W. HASKINS, Ex-Treasurer-General National Society Sons of the American Revolution, and Member of the National S. A. R. Executive Committee.
FRANCIS H. APPLETON, Ex-Vice-President-General National Society Sons of the American Revolution, and Member of the National S. A. R. Executive Committee.	Gen. EDWIN S. GREELEY, Ex-Vice-President-General National Society Sons of the American Revolution, and Member of the National S. A. R. Executive Committee.
WILLIAM W. J. WARREN, Member of the National S. A. R. Executive Committee.	JOHN PAUL EARNEST, Member of the National S. A. R. Executive Committee.

SOCIETY IN FRANCE OF THE SONS OF THE AMERICAN REVOLUTION.

President, Gen. HORACE PORTER, Paris.
Vice-President, GASTON DE SAHUNE DE LAFAYETTE, Paris.
Treasurer, J. D. STICKNEY.
Secretary, EDWARD P. MACLEAN, Paris.
Registrar, Col. CHARLES CHAILLÉ-LONG, Washington.

HENRY ADDISON ALEXANDER, Paris, France (10530). Son of Henry M. and Susan M. (Brown) Alexander; grandson of Matthew and Mary Williamina (Ferguson) Brown; great-grandson of *William Ferguson*, Captain Penna. Artillery.

NATHAN APPLETON, Boston, Mass. (4812). Son of Nathan and Harriet Coffin (Sumner) Appleton; grandson of *Isaac Appleton*, Member of Committee of Correspondence and Safety, private New Hampshire Militia.

LAURENCE VINCENT BENET, Paris, France (2182). Son of Stephen V. and Laura (Walker) Benet; grandson of James B. and Amanda (Helm) Walker; great-grandson of Thomas E. and Eliza (Bucke) Helm; great-grandson of *Thomas Helm*, First Lieutenant Virginia Line, and of *John Bucke*, officer Virginia Militia.

JOSEPH I. BRITTAIN, Nantes, France (13204). Son of Joseph and Belinda Brittain; grandson of Jeremiah and Elizabeth Brittain; great-grandson of *Samuel Brittain*, private, Beatty's Back's County Penna. Associators.

GABRIEL CHARLES PATRICE BILLEBAULT, Comte de Chaffault, Paris, France (13206). Son of Pierre Charles Alphonse Billebault and Marie Felicie du Chaffault; grandson of Jacques Gabriel and Marie Chapart (de Carronge) du Chaffault; great-grandson of Sylvestre François and Françoise Renée Maron (de la Guigonardière) du Chaffault; great-grandson of *Julien du Chaffault*, Capitaine de Vaisseau, Chevalier de St. Louis et de Cincinnati.

CHARLES CHAILLÉ-LONG, Paris, France (1045). Son of Littleton and Anne M. (Costen) Long; grandson of Levin and Comfort (Chaillé) Long; great-grandson of *Peter Chaillé*, Senator Conventions of Maryland, Colonel Maryland Militia, Member Maryland Association of Freemen; great-grandson of Solomon Long, Captain 3d Independent Company Maryland Line, Smallwood's Brigade; Major, Maryland Militia.

BENJAMIN TAPPAN DEERING, Paris, France (13188). Son of Stephen and Caroline Fox (Potter) Deering; grandson of John and Caroline (Fox) Potter; great-grandson of *Isaiah Potter*, Chaplain Conn. troops.

RODNEY STRONG DENNIS, Paris, France (9878). Son of Rodney and Clara (Strong) Dennis; grandson of Rodney Gove and Mary (Parker) Dennis; great-grandson of *Arthur Dennis*, Sergeant at Lexington Alarm.

MOSES PURNELL HANDY, deceased (1440). Son of Isaac William Ker and Mary J. R. (Purnell) Handy; grandson of James Henry and Maria Ann Pils (Gillisa) Handy; great-grandson of Isaac and Betsy Stile (Graham) Handy; great-grandson of *George Handy*, Captain Pulaski Legion of Dragoons.

HENRY ALONZO HUNTINGTON, Paris, France (12040). Son of Alonzo and Patience Lorain (Dyer) Huntington; grandson of Elias and Aurelia (Galusha) Huntington; great-grandson of *Amos Huntington*, Captain Vermont Militia and Member of General Assembly; grandson of Daniel and Susannah (Olin) Dyer; great-grandson of *Gideon Olin*, Major Second Vermont Militia.

FRANK E. HYDE, Paris, France (5798). Son of Alvan Pinney and Frances Elizabeth (Waldo) Hyde; grandson of Loren P. and Frances Elizabeth (Eldridge) Waldo; great-grandson of William and Elizabeth (Avery) Eldridge; great-grandson of *Elijah Avery*, Captain Eighth Conn. Militia.

EDWARD PAYSON MACLEAN,[a] Paris, France (13178). Son of Charles and Anna (Waters) MacLean; grandson of John and Wealthy (Doubleday) Waters; great-grandson of *Ammi Doubleday*, Corporal, Huntington's First Conn. Regt. Continental Line.

JOSEPH PORTER MICHAELS, Paris, France (13186). Son of John M. and Sarah Melissa (Durand) Michaels; grandson of *John Durand*, drummer, Captain Sanford's Conn. Regt. Continental Line, pensioned.

SAMUEL MORRILL, Paris, France (12226). Son of F. Gordon and Arria (Niles) Morrill; grandson of William Jenkins and Mary Ann (Hale) Niles; great-grandson of Jonas and Sarah (Fowle) Hale; great-grandson of William and Sarah (Richardson) Fowle; great-grandson or *Jedathan Richardson*, Lieutenant, Brooks' Mass. Regt.

LEWIS MORRIS, Paris, France, (13203). Son of Lewis and Amarentha (Lowndes) Morris; grandson of *Lewis* (and Ann Elliott) *Morris*, Aide-de-camp to General Greene; great-grandson of *Lewis Morris*, Signer of the Declaration of Independence.

CHARLES SPRAGUE PEARCE, Paris, France (13205). Son of Shadrack H. and Mary Anna (Sprague) Pearce; grandson of Charles and Elizabeth (Rand) Sprague; great-grandson of *Samuel Sprague*, Sergeant, Gerrish's Mass. troops.

HORACE PORTER, Paris, France (4060). Son of David R. and Josephine (McDermott) Porter; grandson of *Andrew Porter*, Colonel Fourth Penna. Artillery.

WILLIAM MOORE ROBINSON, Paris, France (4265). Son of John Norris and Mary A. (Moore) Robinson; grandson of Edward and Mary Ann (Hooper) Moore; great-grandson of Enoch and Elizabeth (Harris) Moore; great-grandson of *Nathaniel Moore*, Sergeant Hunterdon County New Jersey Militia.

MILLARD FILLMORE RUST, Paris, France (13197). Son of Alban and Fanny R. (Jones) Rust; grandson of David and Rhoda (Bell) Rust; great-grandson of *Levi Rust*, private Enos Conn. Militia.

WALTER JESSE SEARS, U. S. Navy (4213). Son of Loran A. and Fanny M. (Locke) Sears; grandson of Larned B. and Hannah F. (Rockwood) Sears; great-grandson of Larned and Kezia (Baker) Sears; great-grandson of *Stephen Sears*, private Mass. Militia; grandson of Jesse and Lury (Rexford) Locke; great-grandson of Nathan Locke; great-grandson of *Joseph Locke*, Major Mass. Militia; great-grandson of *William Rexford*, private Conn. Militia; great-grandson of *Elias Blanchard*, Ensign Conn. Line, pensioned.

J. DWIGHT STICKNEY, Paris, France (4327). Son of J. Dwight and Juliet A. (Warren) Stickney; grandson of Jotham and Sarah H. (Skinner) Stickney; great-grandson of *Levi Stickney*, private New Hampshire Militia; grandson of Edmond and Mary (Goodwin) Warren; great-grandson of *Josiah Warren*, Captain, Mass. Militia.

Count SAHUNE DE LAFAYETTE (Member of Massachusetts Society), great-great-grandson of General Marquis de Lafayette.

Count ROCHAMBEAU (papers with the secretary in Paris).

[a] Died in 1902.

The Society in France, Sons of the American Revolution, was founded under the well and paternal care of the national society of the American Revolution, of which it is a branch. It was founded in Paris September 6, 1897, by the following members: Tom. Commander W. J. Sears, U. S. Navy (to whom is due the inspiration of the suggestion); Messrs. Jones L. Hardy, United States special commissioner to the exposition at Paris in 1900; Frank E. Hyde, Doctor Michelin, Doctor Downing, J. D. Stickney, treasurer; Edward P. MacLean, United States deputy consul-general, secretary; Colonel Chaillé-Long, secretary United States special commission, exposition, 1900, registrar.

The French Government officially authorized the establishment of the society May 19, 1900. The society merits well of the national society, and of the two Republics, France and America.

The society elected as its president, immediately after organization, Gen. Horace Porter, ambassador of the United States. The ambassador in his official capacity and as president of the society has encouraged and aided the society in the following achievements, which have added prestige and honor to America. General Porter, accompanied by the members of the society, visited Vendôme, in the Department of Loir et Cher, and presided at the ceremonies attending the dedication and unveiling there of the monument to Rochambeau, June 4, 1900. President Porter presided at the dedication of the equestrian statue of Washington, by French, in the Place d'Iéna, Paris, presented to France by "The Association of the Women of America," July 3, 1900. Addresses were made by M. Delcassé, minister of foreign affairs of the French Republic, Mr. John K. Gowdy, United States consul-general; General Porter, and Colonel Chaillé-Long. General Porter likewise presided at the unveiling of the statue of Lafayette in the Place du Carrousel, Paris, July 4, 1900, presented by the school children of America to France. Addresses were made by President Loubet, General Porter, and others. Finally, the society under the direction of its president and with the aid of the French minister, achieved a difficult work in the researches made and the compilation of the lists of the French soldiers and sailors who fought for American Independence, lists which were published in French under the title of "Les Combattants Français de la guerre américaine de 1778-1783," through the courtesy of the ministry of foreign affairs of the French Republic, and of which the Congress of the United States has authorized the republication.

General Porter, as president of the society in France, after consultation with the minister of foreign affairs of the Republic of France, addressed the following communication to the several members of the society named therein and to the consul of France temporarily in France:

AMBASSADE DES ETATS-UNIS,
18, Avenue Kléber, Paris, October 22, 1900.

I hereby announce the appointment of a committee consisting of the following members:

Henri Méren, consul of France at Chicago; Edward P. McLean, vice-consul-general of the United States at Paris; Col. Ch. Chaillé-Long, and Maj. H. A. Huntington for the purpose of ascertaining a list of the French soldiers who took part in the American war of Independence.

Upon the receipt of a letter from me, the minister of foreign affairs has expressed his entire sympathy with this movement, and has communicated with his colleagues the minister of war and the minister of public instruction upon the subject, and they will, no doubt, give their hearty cooperation in ascertaining the names desired from the national archives and the documents in the War Department.

The list should include all Frenchmen who served in the army and the fleet.

Members of the committee are requested to meet at the embassy on Thursday morning next, the 25th of October, at 11 o'clock.

HORACE PORTER, *President Society in France, Sons of the American Revolution.*

General Porter, replying to the registrar of the society with reference to the publication of the volume, in a communication dated April 29, 1905, said: "We gave America a very valuable work in that book."

The United States ambassador to France may be pleased to attribute to his functions as president of the society the success of his researches in quest of the unknown grave of that great hero, Commodore John Paul Jones, the founder of the American Navy, whose remains are to be brought to America for reinterment and which will be accorded by the nation the tribute of the highest funeral honors.

The society in France is deeply indebted to the mother society for the constant interest it has manifested in the achievements of the society. It recognizes with profound thanks and appreciation likewise the friendly care and interest shown at all times by the registrar-general of the national society, Mr. A. Howard Clark, and with special reference to urging the printing of this edition. Finally the thanks of the Society in France are due to the Secretary of War, the Hon. William Howard Taft, to the Hon. Robert Shaw Oliver, Assistant Secretary of War, and to Gen. Thomas M. Vincent, U. S. Army, retired, for their kind cooperation in procuring a complete index for this volume.

COLONEL CH. CHAILLÉ-LONG,
Member of the Commission, Registrar of the Society, Editor.

WASHINGTON, D. C., *June 15, 1905.*

MARINE

ESCADRE DU COMTE D'ESTAING

Charles-Henri-Théodat, Comte d'Estaing,

Admiral, Lieutenant général of the Naval Forces, born in 1729 at the château de Ruvel en Auvergne, died at Paris the 28 April, 1794.

LE LANGUEDOC

(1778-1779)

M. de Boulainvilliers, Capitaine de vaisseau, Commandant, sous les ordres de M. le Comte D'Estaing, Vice-amiral.

ÉTAT-MAJOR.

Vice-Amiral.

Le Comte d'ESTAING.

Capitaines de Vaisseau.

De BOULAINVILLIERS, Commandant.
De SALVER, Second.

Lieutenants de Vaisseau.

Le Chevalier de BORDA.
De BEAUCAIRE.
De RIBIERS.
De CABANOUX.
SAQUY de TOURRES.
PLEVILLE Le PELEY.
Le MAUFF.

Enseignes de Vaisseau.

Le Comte de GRIMALDY.
Le Comte de CAMBIS.
De COSTERELLE.
Le Chevalier de CASTILLON.
De PUYSEGUR.
De CHATEAUBOURG.
DORSIN de MIRAVAL.
De JOSSERAU.

Lieutenants de Frégate.

De PREVILLE (fils).
RABLATTEAU.
BEURIERS.
DECOREIL (Charles).
DORE de QUERIVON.
TAILLARD.
CARRO.
PICHEVIN.

Chirurgien, Démonstrateur Major.

MANNE.

Aumôniers.

BANDOL (R. P. Séraphin), Récollet.
MARAZEL (R. P.).

Gardes du Pavillon et de la Marine.

De LOMENIE, garde du pavillon.
De LA CROIX, garde du pavillon.
De BOUQUIER, garde du pavillon.
De BORNNES, garde du pavillon.
De COMBAUD, garde du pavillon.
Le Vicomte de BARTHON de MONTBAS, garde de la marine.
Le Chevalier de LA FITTE, garde de la marine.
De BATHEON, garde de la marine, tué devant Savannah, le 9 octobre 1779.
SIMONY de BROUTIERES, garde de la marine.
DE SUTTON de CLONARD, garde de la marine, tué au combat du 15 décembre 1778.

Officers-mariniers de manœuvre.

Le Blond (Julien), premier maître, de Brest.
Maie (Jean-Baptiste), maître, de Toulon.
Planchut (Joseph), deuxième maître, de Toulon.
Grisolle (Pierre), deuxième maître, de Toulon.
Gueit (Paul), contremaître, de Toulon.
Coste (Joseph), contremaître, de Toulon.
Fournier (François), contremaître, de la Ciotat.
Gueiller (Benoît), quartier-maître, de Toulon.
Guillot (Joseph), quartier-maître, de Toulon, mort le 3 janvier 1780.
Jinbert (Raymond), deuxième maître, de Toulon.
Phylipe (Laurent), deuxième maître, de Toulon.
Roux (Jacques), contremaître, de Toulon.
Mouton (Balthazard), quartier-maître, d'Antibes.
Giraud (Jean-François), contremaître, de Toulon.
Simon (Nicolas), premier du canot, bosseman, du Havre.
Arnaud (Jean), quartier-maître, de Marseille.
Fonteneau (Pierre), quartier-maître, de Saint-André (Libourne).
Michel (Antoine), quartier-maître, de Marseille.
Votier (Adrien-Julien), quartier-maître, de Lingreville (Granville).
Sauvage (Pierre-François), quartier-maître, de Boulogne.
Le Gaq (François), quartier-maître, de Saint-Brieuc.
Glavieux (Pierre), quartier-maître, de Boulogne.
Ségalin (Jacques), quartier-maître, de Dunkerque, mort le 17 octobre 1779.
Hervieux (Antoine), quartier-maître, de Saint-Valéry.
Montfort (Christophe), quartier-maître, de Bourg (Libourne).
Borreau (François), quartier-maître, de Libourne.
Etchebelard (Joannis), quartier-maître, de Saint-Jean-de-Luz.
Duvetre (Jacques), quartier-maître, de la Tremblade (Bayonne).
Mauléon (Pierre), quartier-maître, de Biarritz.
Michel (Jean-Baptiste-Honoré), quartier-maître, de Toulon.

Deguignemont (Charles-François), de Sainte-Valéry.
Meyeux (Pierre), de Saint-Vaast.
Jean (Jean-Baptiste), de Marseille.
Gaan (Jacques-Antoine), du Havre.
Delamarre (Antoine-Augustin), de la Marre (île Dieppe).
Naux (Maurice-Louis), des Sables-d'Olonne.
Queriguard (Jean-Jean), de Sarzeau (Vannes).
Dubois (Robert), de Boulogne.
Chilard (Jacques), de Tourlaville (Cherbourg).
Le Cannelier (Jacques), de Saint-Jean-de-la-Rivière (Cherbourg).
Lavenu (Jean-François), de Saint-Germain-des-Vaux (Manche).
Digar (Jean-Baptiste), de Saint-Germain (Cherbourg).
Baillet (Bon-Timothée), de Cherbourg.
Maudet (Jean-François), de Granville.
Guinois (Bouchet), de Saint-Lunaire, Dinan (Ille-et-Vilaine).
Doguart (Jean-Baptiste), de Saint-Malo.
Gauvin (Joseph), du Guesnou.
Barberoux (Elie), de Saint-Malo.
Maudet (Jacques), d'Acadie.
Debrédre (Jean), de Belle-Isle (Lorient), mort le 9 août 1778.
Le Moine (Michel-Marin), de Saint-Pierre-de-Manneville (Rouen).
Sardé (André), de Saint-Seurin (Bordeaux).
Garreau (Pierre), de Sainte-Croix.
Duffau (Arnaud-Charles), de Sainte-Croix.
Lassac (Louis), de Saint-Rémy (Bordeaux).
Picard (Sébastien), de Sarzeau (Morbihan).
Le Pivert (François), de Saint-Brieuc, mort le 26 décembre 1779.
Denis (Vincent), de Saint-Brieuc.
Maret (Ambroise), de Rouen (Rouen).
Rugnier (Philippe), de Marseille.
Lefebvre (Jacques), de Cherbourg.
Roux (Jean-Baptiste), de Dieppe.
Arnaud (Jean-Baptiste), de Marseille.
Jourdain (Jean), de Vieux Rouen.
Lefort (Antoine), de Rouen, mort le 1er décembre 1779.
Groult (Michel), de Hauville.
Hamel (Charles-François), du Hauzey.
Jaubert (François), de Marseille.
Legoin (Jean), de Paimboeuf.
Gain (Pierre), de Cherbourg.
Lebozée (François), de Ploubazlanec (Saint-Brieuc).
Doré (Yves), de Paimpol, fait lieutenant de frégate par ordre de M. le comte d'Estaing, le 15 décembre 1778.
Cayol (Pierre), de Marseille.
Guérin (Joseph-Toussaint), de Marseille.
Ardenc (Jean-Joseph), de Marseille.
Ferrier (Jean-Baptiste), de Marseille.
Isnard (Louis), de Marseille.
Valentin (Jean-Baptiste), de Marseille.
Augot (Jacques), de Saint-Valéry (Fécamp).
Launy de la Rosière (Jean-François), du Havre.
Tersenier (Jean-Baptiste-Laurent), de Dieppe.
Joulet (Jean-Modeste), de Saint-Valéry-en-Caux.
Valentin (Joseph), de Marseille.
Chabran (Joseph), de Marseille.

Douschamps (Christophe), de Rouen (Honfleur).
Loubrout (Louis-Etienne-Jacques), de Honfleur, tué le 9 septembre 1779.
Maria (Honoré), de Marseille.
Serre (Sébastien), de Marseille, mort le 17 décembre 1777.
Moulet (Simon), de Marseille.
Guin (Thomas), de Berneville.
Tubœuf (Pierre), de Rouen.
Michel (Jean-Honoré), de Marseille.
Campion (Pierre-François), de Honfleur.
Tournon (Antoine), de Marseille.
Nevou (Elie-Thomas), de Honfleur.
Laugier (Jean-Estienne), de Marseille.
Moreau (Louis), de Rochefort.
Bonnet (Jean-François), de Marseille.
Fabre (César-Auguste-Magdelaine), de Marseille.
Fabre (Pierre-François-Marie), de Marseille.
Izouard (Jean-François), de Marseille.
Carailliéty (Joseph), de Marseille.
Audibert (Joseph-Bonnaventure), de Cassis (Bouches-du-Rhône).
Tamison (Jacques), de Marseille.
Gertous (Gaspard-Jean-Baptiste), de Marseille.
Chabert (Jean-André), de Marseille.
Cretel (Antoine), de Marseille.
Roux (François), de Marseille.
Montet (Bernard), de Marseille.
Galibardy (Jean-Joseph-Marguerite), de Marseille.
Maunier (Jean), de Marseille.
Garibaldi (Antoine), de Marseille.
Guitron (Augier), de Marseille.
Aillaud (Jean-Louis), de Marseille.
Ollive (Jean-Joseph), de Marseille.
Bouis (Théodore), de Marseille.
Héraud (Louis-Michel), de Marseille.

Martigues.

Varze (Pierre), de Martigues.
Burel (Augustin), de Martigues.
Mandine (Jaques), de Martigues.
Mouton (Jacques-Antoine), de Martigues.
Rivière (Pascal), de Martigues.
Suest (Pierre), de Poitou (? 52).
Marbec (Nicolas), de Martigues.
Lantier (Joseph), de Martigues.
Jouglas (André), de Martigues.
Vachin (Antoine), de Martigues.

Antibes.

Graller (Louis), d'Antibes.

Cannes.

Alliés (Antoine), de Cannes.
Alliès (Joseph), de Cannes.
Bernard (Joseph), de Cannes.

Arles.

Blanc (François), d'Arles.
Destana (Georges), d'Arles.
Lantier dit Loumotry (André), d'Arles, mort le 18 avril 1778 en mer.
Gonard (Poncet), de Tarascon.
Benoît (Pierre), d'Arles.
Reynaud (Ambroise), d'Arles.
Rousseau (Henry), d'Arles.

Agde.

Gerong (Jean), d'Agde.
Rossans (Jacques), d'Agde.
Fabre (Antoine), de Sérignan, mort le 6 juillet 1779.
Thouin (Jean), de Sérignan.
Moux (Nicolas), d'Agde.
Borst (Pierre), d'Agde.
Négret (Jean-François), d'Agde.
Lignon (Jean-Etienne), d'Agde.
Bourrely (Jean-Louis-Alexis), d'Agde.
Reboul (Etienne-Maxence), d'Agde.

Cette.

Moulinier (Guillaume), de Mèze (Hérault).
Boudou (Antoine-Louis), de Villeneuve-les-Magnelonne ou lez Béziers (Hérault), mort à la mer, le 29 avril 1778.
Thomas (Pierre), fils de Jean, de Mèze.
La Rose (Jean), de Mèze.
Valette (Etienne), aîné, de Villeneuve.
Boude (Pierre), fils d'Etienne, de Villeneuve.
Naud (Jean), fils de Pierre, de Pérols.
Suquet (Antoine), de Pérols.
Caunier (Pierre), de Pérols.
Astier (Pierre), de Pérols.
Savarin (Jacques), de Saint-Gilles.
Graval (Thomas), de Saint-Gilles.
Testus (Reymond), de Narbonne.
Rivès (Bernard), de Narbonne.
Tesquier (Antoine), de Narbonne.

Libourne.

Besàdo (Jean), de Saint-André.
Lamoulière dit Simon (Jean), de Saint-André.
Bonnecaze (Raymond), de Saint-André.
Eyraud (Estienne), de Saint-André.
Caboye (Philippe), de Saint-André, mort le 28 septembre 1779.
Bergey (Pierre), de Saint-André.
Letourneau (Pierre), de Saint-André.
Thomas (Emeric), de Saint-André.
Marcouillat (Léonard), de Bourg (probablement Bourg-sur-Gironde).
L'Epine (François), de Bourg.
Mourillon (Thomas), de Bourg.
David (Estienne), de Bourg.
Mellier (Jacques), de Port-Mouron.
Carbonnier (Guillaume), de Port-Mouron.
Branlevot (François), de Saint-André.
Eyraud (Antoine), de Saint-André.
Périsson (Arnaud), de Saint-André.
Morin (Antoine), de Saint-André.
Bachaud (Etienne), de Saint-André.
Maroy (Pierre), de Saint-André.
Seyze (Michel), de Saint-André.
Vigier (Vincent), de Saint-André.
Vian (Pierre), de Saint-André.
Georges (Jacques), de Saint-André.
Surin (Pierre), de Saint-André.
Montanyon (Jacques), de Saint-André.
Giraud (Simon), de Saint-André.
Aubert (Jean), d'Aignes, mort le 21 décembre 1779.
Houllar (Jacques), d'Aignes.
Abrard (André), de Caverne.
Croizet (Pierre), de Caverne.

Pipoleau (Arnaud), de Saint-Pardou, mort le 23 septembre 1779.
Garreau (Guillaume), de Saint-Pardon.
Roux (Pierre), de Saint-Pardon.
Monereau (Bernard), de Saint-Pardon.
Séguin (Ambroise), de Saint-Pardou.
Robert (Jean), de Vayres (Gironde).
Gouin (François), de Vayres (Gironde).
Casteing (Pierre), de Vayres (Gironde).
Dufort (Mathieu), de Vayres, mort le 18 novembre 1778.
Desserre (Jean), de Vayres (Gironde), mort le 6 octobre 1779.
Constantin (Jacques), de Vayres (Gironde).
Richard (Pierre), de Libourne.
La Croix (Denis), de Libourne.
Donge (Pierre), de Libourne.
Fauric (François), de Génissac.
Freiche (Jean), de Moulon.
Doublet (Pierre), de Vignonet (Gironde), mort le 7 janvier 1780.
Bonnaud (Jean), de Frousac (Gironde).
Bertrand (Jean), de Frousac (Gironde), mort le 18 avril 1779.
Livet (Barthy), de Fronsac.
Despagne (Jean), de Cabara.

Quartier de Blaye.

Goyeau (Colleau), de Pouillac.
Suliguan (Pierre), de Saint-Estèphe.
Mauguet (André), de Saint-Estèphe.
Audron (Louis), de Goulée, mort le 3 octobre 1779.
Andouin (Claude), de Goulée.

Quartier de Bayonne.

D'Arphastan (Jean), de Bayonne.
Labeyrie (Charles), de Tarnos (Landes).
Bascaraux dit Sarralde (Jean), de Tarnos.
Darnis (Dominique), de Mont-de-Marsan.
Brun (Philippe), de Bayonne.
Lonjès (Jean), de Salies.
Dunoquier dit Balance (Jean), Peyrole.
Degrand (Jean), de Pontonx.
Broquedis (Jean), de Saint-Martin.
Laporte (Dominique), de Bayonne.
Missotte (Estienne), de Dax.
Darbon (Jean), de Mugron.
Ducasse (François), de Pontonx.
Ricard (Arnaud), d'Audon (Landes).
Porlots (Jean), de Saint-Jean-de-Marsacq (Landes).
Cazenave (Dominique), de Bayonne.
De Bos (Jacques), de Margaux (Gironde).
Saint-Martin (Jean), de Bayonne.
Blancart (Dominique-Louis), d'Auch.
Courtade (Jean), de Bayonne.
Pascal (Pierre), du Saint-Esprit (commune Bayonne).
Cazebat (Jean), du Saint-Esprit (commune Bayonne).
Baubert (Etienne), du Saint-Esprit commune Bayonne), mort le 6 juillet 1779.
Labarthe (Bernard), de Sarde (Hautes-Pyrénées).
Semicourbe (Jean), de Sarde.
Larroumiou (Pierre), de Conne, Pyrénées-Orientales).
Sallenave (Pierre), de Peyrehorade.
Fonca (Jean), de Peorehorade.

Cazaubon dit Cardinare (Jean), de Peyrehorade.
Gaseaux (Jean), de Peyrehorade.
Degris (Jean), de Peyrehorade.
Lajus dit Marseau (Gratien), de Peyrehorade.
Dussarat (Jean), de Peyrehorade, mort le 6 mai 1778.
Fumier (Jean), de Peyrehorade, mort le 20 avril 1778.
Maisonnair (Henry), de Peyrehorade.
Montfort (Arnaud), de Peyrehorade.
Cazeaux dit Garaigue (Bertrand), de Peyrehorade.
Sangla (Jean, cadet), de Peyrehorade.
Peyres (Gabriel), de Peyrehorade.
Barrère (Jean), de Peyrehorade, mort le 8 janvier 1780.
Peyron (Jacques), de Peyrehorade.
Montrezim ou Montrezion (Bertrand), de Peyrehorade.
Dupla (Bertrand), de Peyrehorade.
Treigts dit Harpilot (Jean), de Peyrehorade, mort le 31 décembre 1779.
Pinaquy (Jean), de Peyrehorade, mort le 2 mai 1778.
Lapègue (Jean), de Peyrehorade.
Lafitte (Vincent), de Dax, mort le 2 octobre 1779.
Pendans (Jean), de Dax, mort le 3 janvier 1780.
Bordouse (Jean), de Dax, mort le 8 novembre 1778.
Baulac (Marc), de Dax.
Castagnet (Pierre), de Dax, mort le 28 novembre 1778.
Melé (Jean), de Dax.
Cazade dit Guindouille (Jean), de Mont-de-Marsan.
Lacroix (Jean), de Mont-de-Marsan.
Sabatte dit Chinon (Pierre, aîné), de Mont-de-Marsan.
Mongin dit Capuchin (Raymond), de Mont-de-Marsan, mort le 6 juillet 1779.
Lataste dit Taste (Pierre), de Mont-de-Marsan, mort le 27 janvier 1780.
Cadillon dit Barbedor (Jean), de Mont-de-Marsan.
La Serre Jean de Jautte (Jean), de Mont-de-Marsan.
Duffau dit Baron (Bernard), de Mont-de-Marsan.
La Croix (Pierre), de Mont-de-Marsan.
Baron dit Parrein (Claude), de Mont-de-Marsan.
Raisin (Jean), de Mont-de-Marsan.
Cazade (Antoine, cadet), de Mont-de-Marsan.
Desclaux dit Ponton (Joseph), de Mont-de-Marsan.
Cazaux (Pierre), de Mont-de-Marsan, mort le 12 janvier 1780.
Biben (Estienne), de Mont-de-Marsan, mort le 22 novembre 1779.
Dandignou (Pierre), de Mont-de-Marsan.
Clavey dit Tony (Jean), de Mont-de-Marsan, mort le 6 juillet 1779.
Dupeyron dit Campet (Jean), de Mont-de-Marsan.
Dureau (Jean), de Mont-de-Marsan, mort le 25 novembre 1778.
L'Epine dit Tartas (Guillaume), de Mont-de-Marsan, mort le 21 novembre 1778.
Hey (Antoine), de Mont-de-Marsan, mort le 21 janvier 1780.

Duprat (Jean), de Mont-de-Marsan.
Fabas ou Sabas (Jean), de Pontonx.
Torris (Bertrand), de Pontonx.
Bonnafout (George), de Saubusse (Landes).
Disabeau (Jean), de Saubusse (Landes), mort le 13 janvier 1780.
Dumora dit Tachu (Jacques), de Saubusse (Landes), mort le 14 juin 1780.
Despaux dit Munet (Jean), de Saubusse (Landes).
Dussoir (Jean), de Saubusse (Landes), mort le 14 septembre 1779.
Dubousquet dit Hillon (Jean), de Mont-de-Marsan.
Bayle dit Chevrier (Bernard), de Saubusse (Landes).
Pommiers (Jean), de Saubusse (Landes).
Honye (Jean), de Mugron.
Tastels (Bernard), de Laurède (Landes).
Cazaubon (Pierre), d'Audon, mort à Toulon, le 9 mars 1778.
Cazeaux (Vincent), d'Audon.
La Pègue (Jean), de Sainte-Marie (Landes).
Cazenave (Pierre), de Hastingues.

Quartier de Saint-Jean-de-Luz.

Detchepare, jeune (Martin), de Ciboure.
Colhay (Joannis), de Ciboure.
Latxagua (Joannis), de Ciboure.
Loustau ou Lostau (Michel), de Saint-Jean-de-Luz.
Cazat (André), de Saint-Jean-de-Luz.
Larres (Joannis-Galant), de Saint-Jean-de-Luz.
Camino (Jean), de Saint-Jean-de-Luz.
Basterreche (Pierre), de Ciboure, mort le 17 octobre 1779.
Hiviart (Pierre), de Ciboure.
La Fitte (Martin), de Ciboure, mort le 2 septembre 1779.
Dibarbour (Mrtin), de Ciboure, mort le 20 septembre 1779.
Sallebery (Samson), de Ciboure.
Dondicola (André), de Ciboure, mort à l'hôpital du Fort-Royal, le 31 janvier 1779.
Duhart (Joannis), d'Ascain.
Detchetto (François), d'Ascain.
Lasserre (Joannis), d'Ascain.
Dorcaisar (Michel), d'Ascain.
Salha (Saubat), d'Ascain.
Detchegaray (Jean), d'Urrugne.
Larraquet (Pierre), d'Urrugne, mort à Brest, le 6 janvier 1780.
Dondicola (Betry), d'Urrugne.
Harismendy (Joannis), d'Urrugne.
Detcheverry (Bertrand), de Bidart, mort à Brest, le 6 janvier 1780.
Saint-Pau (Bernard), de Bidart, mort le 19 décembre 1779.
Detcheverry (Raymond), de Bidart.
Hiribaren (Jean), de Bidart.
Lateouille (Alexis), de Biarritz.
Hirigoyen (Pierre), de Biarritz.
Dostradère (Pierre), de Biarritz.
Herausset (Joseph), de Biarritz.
Diratseboure (Joannis), de Sare.
Barretneche (Dominique), de Sare.
Detcheverry (Peillo), de Sare.
Hiriart (Joannis), de Sare.
Barretneche (Joannis), de Sare.
Hariboure (Michel), de Sare.
Saubens (Jacques), de Saint-Jean-de-Luz.

LE ZÉLÉ

(De mars 1778 à décembre 1779.)

M. DE BARRAS, Capitaine de vaisseau, Commandant;—M. le Comte DE BRUYEREDE, Capitaine de vaisseau, Commandant.

ÉTAT-MAJOR.

Capitaines de Vaisseau.

De BARRAS, Commandant.
Le Comte de BRUYEREDE, Commandant.
De GANTES.

Lieutenants de Vaisseau.

De VILLENEUVE TRANS.
De PEZENAS.
Le Chevalier de COGOLIN.

Enseignes de Vaisseau.

Le Chevalier de ROGNES.
MONS de VILLENEUVE.
De MONTCALM.
Le Chevalier de PREVILLE.

Chirurgien.

TRABAUD.

Aumôniers.

ROUX (R. P. Stanislas), Récollet.
DAUMAS BERNARDY (R. P.).

Gardes du Pavillon et de la Marine.

De BARRAS.
De MAZAN.
BARRAS MELLAN.
De FONTIENNE.

Volontaires.

Taxy (Clément), de La Garde-Freinet.
Decoreil (Charles), d'Ollioules.
Aubert (Etienne), de Bandol.
Chevalier de Taurine, de Castelnaudary.

Officiers-mariniers de manœuvre.

Fouque (Pierre), premier maître, de Toulon.
Daumas (Antoine), premier maître, de Toulon.
Martinenq (Sébastien), premier maître, de Six-Fours.
Artigues (Augustin), premier maître, de Toulon.
Hauteserre (Laurent), second maître, de Toulon.
Pichaud (André), second maître, de Toulon.
Miel (Etienne), second maître, de Toulon.
Joly (Jean), contremaître, de Toulon.
Mein (Louis), contremaître, de la Ciotat.
Coutelenq (Pierre), contremaître, de Six-Fours.
Simon (Antoine), bosseman, de Toulon.
Flayol (Jacques), bosseman, de Toulon.
Gaffarel (Etienne), bosseman, de la Ciotat.

Roux (Jean), quartier-maître, de Toulon.
Rougier (Jean), quartier-maître, de Marseille.
Isnard (Joseph), quartier-maître, de Marseille.
Pignon (Jean-Esprit), quartier-maître, de Marseille.
Camoin (Guillaume), quartier-maître, de Marseille.
Sage (Louis), quartier-maître, de Marseille.
Fizet (François), quartier-maître, de la Ciotat.
Dalen (Augustin), quartier-maître, de Cassis.
Carrare (Honoré), quartier-maître, de la Ciotat.
Bonie (Jean), quartier-maître, de Marseille.
Azan (Barthélemy), quartier-maître, de Cassis.
Assence de la Croix (Jean), quartier-maître, de Marseille.
Fouque (Pierre), quartier-maître, de Toulon.
Gonivan (Jean), quartier-maître, de Toulon.
Jaubert (Gaspard), quartier-maître, de Marseille.
Pomet (Honoré), quartier-maître, de Toulon.
Aune (Guillaume), quartier-maître, de Six-Fours.
Ollivier (François), quartier-maître, de Marseille.
Lieuron (Henry), quartier-maître, de Martigues.
Benard (Mathurin), quartier-maître, de Vannes.
Mouton (Joseph), quartier-maître, de Cassis.

Officiers-mariniers de pilotage.

Daumenge (Marc), premier pilote, de Toulon.
Decorail (Charles), premier pilote, d'Ollioules.
Pecouil (Antoine), second pilote, de Six-Fours.
Bonnefoy (Pierre), second pilote, de Toulon.
Pelletan (Michel), second pilote, de Blaye.
Pauquet (Louis), second pilote, de Toulon.
Louche (Pierre), aide-pilote, de Toulon.
Consauve (Pierre), aide-pilote, de Toulon.
Martinenq (Bonaventure), aide-pilote, de Six-Fours.
Toulouzan (Louis), aide-pilote, d'Ollioules.
Barralier (Joseph), aide-pilote, de Toulon.
Painchaud (Jean), aide-pilote, de Blaye.
Bourre (Jean), aide-pilote, de Marseille.
Legré (Antoine), aide-pilote, de Marseille.

Officiers-mariniers de canonnage.

Vidal (Laurent), maître canonnier, de Toulon.
Angalier (Louis), maître canonnier, de Toulon.
Couton (Jean), maître canonnier, de Toulon.
Lautier (Antoine), maître canonnier, de Toulon.
Blancard (Jean), maître canonnier, de Toulon.
Polisier (Louis), second canonnier, de Toulon.
Allegre (Dominique), second canonnier, de Toulon, mort de blessures le 23 septembre 1779.
Fauchier (André), second canonnier, de Toulon, mort le 29 décembre 1779.
Maurin (Jacques), aide-canonnier, de Toulon.
Delisle (Louis), aide-canonnier, de Toulon.
Vidal (Jean), aide-canonnier, de Toulon.
Vidal (Jacques), aide-canonnier, de Toulon.
Bertrand (Joseph), aide-canonnier, de Toulon.
Mirabeau (Louis), aide-canonnier, de Toulon.
L'Hirondelle (Louis), aide-canonnier, de Toulon.
Cedran (Laurent), aide-canonnier, de Toulon.
Arnaud (Joseph), aide-canonnier, de Bandol.
Andrieu (Jean), aide-canonnier, de Bandol.
Rougier (Joseph), aide-canonnier, de Pertuis.
Ollivier (Jacques), aide-canonnier, de Toulon.
Redon (Honoré), aide-canonnier, de Toulon.
Daliguet (Maur), aide-canonnier, de Toulon.
Champorcin (Joseph), aide-canonnier, de la Seyne.
Gasias (Louis), aide-canonnier, de Toulon.
Etienne (Pierre), aide-canonnier, de Six-Fours.
Roustan (Joseph), aide-canonnier, de Toulon.
Champignon (Claude), aide-canonnier, de Marseille.
Chevreau (Claude), aide-canonnier, de Toulon.
Chauvet (Joseph), aide-canonnier, de la Ciotat.
Gardane (Joseph), aide-canonnier, de St. Tropez.
Pourquier (Dominique), aide-canonnier, de la Seyne.
Brouchier (Claude), aide-canonnier, de Toulon.
Augias (Pierre), aide-canonnier, de Toulon.

Latty (Honoré), d'Antibes.
Chaniel (Jacques), d'Antibes.
Sauvalier (Antoine), de Biot.
Chaniel (Esprit), d'Antibes.
Latty (Pierre), de Vallauris.
Durbec (André), de Biot.
Gastaudon (Philippe) d'Antibes.
Chaniel (Pierre), d'Antibes.
Paulien (Henri), de Cagnes.
Tenière (Pierre), d'Antibes.
Foucard (Joseph), d'Antibes.
Buscailles (Jean), d'Antibes.
Mouson (Jean), d'Antibes, mort à bord le 5 octobre 1779.
Arluc (Alexandre), de Cannes.
Rapon (François), de Cannes.
Bou (Jacques), de Cannes.
Maisseboeuf (Pierre), de Cannes.
Joye (François), de Cannes.
Matel (Honoré), de Cannes.
Capel (Jean), de Cannes.
Autran (Antoine), de Cannes.
Carles (Nicolas), de Cannes.
Cresse (François), de Cannes.
Aubert (Antoine), de Cannes.
Reinaud (Jean), d'Arles.
Gras (Jean), de Tarascon.
Aubert (Honoré), d'Arles.
Faure (Pierre), d'Arles, tué au combat du 6 juillet 1779.
Simon (Jean), d'Arles.
Denogeant (Raphaël), d'Arles.
Icard (François), d'Arles.
Caillez (Antoine), d'Agde.
Bonnafé (Antoine), d'Agde.
Icard (François), d'Agde.
Brignet (Jean), d'Agde.
Portet (Augustin), d'Agde.
La Treille (François), d'Agde.
Barbès (Jean), d'Agde.
Blondin (Jean), d'Agde.
Granet (Pierre), d'Agde.
Cauvet (Jean), d'Agde.
Caillé (Louis), d'Agde.
Brone (Paul), d'Agde.
Favier (Jean), d'Agde.
Blondin (Michel), d'Agde.
Casse (Clément), d'Agde.
Olivier (Jean), d'Agde, mort à bord le 31 mai 1778.
Montan (Jean), d'Agde.
Roux (Guillaume), d'Agde, mort à bord d'une goélette américaine le 28 octobre 1779.
Arrioux (Jean), d'Agde.
Isnard (Pierre), d'Agde.
Gairaud (François), d'Agde.
Dordieu (Charles), d'Agde.
Teissier (Jean), d'Agde.
Simonet (Charles), de Bouzigues.
Guas (Bernard), de Bouzigues.
Coste (Laurent), de Bouzigues.
Restouble (Pierre), de Villeneuve.
Prunet (François), de Villeneuve.
Vaillé (Michel), de Cette.
Michel (Jean), d'Aigues-Mortes.
Ramel (Jacques), d'Aigues-Mortes.
Michel (Etienne), d'Aigues-Mortes.
Lugan (Jacques), de Mèze.

Bonde (Etienne), de Villeneuve.
Tinel (Etienne), de Villeneuve.
Plion (Etienne), de Cette.
Mégy (Jean), de Cette.
Vaillé (Jean), de Cette, mort à bord le 1er septembre 1779.
Lugan (Pascal), de Mèze.
Augé (Joseph), d'Aigues-Mortes.
Libourel (Claude), de Villeneuve.
Izac (Jacques), de Villeneuve.
Duplex (Emmanuel), de Cette.
Ducrox (François), de Cette.
Daudé (Louis), de Bages.
Fournier (Philippe), de Gruissan.
Montagnac (Guillaume), de Bages.
Dureau (Antoine), de Bages.
Montagnac (Jean), de Bages.
Daudé (Pierre), de Bages, mort à bord le 2 août 1778.
Bounot (Jean), de Gruissan.
Caumal (Pierre), de Bages.
Daudé (Barthélemy), de Bages.
Azibert (André), de Gruissan.
Benas (Thomas), de Gruissan.
Rachon (Jean), de Gruissan.
Dellong (Louis), de Bages.
Rouquete (Dominique), de Gruissan.
Fournier (Antoine), de Gruissan.
Reynaud (Etienne), de Bages.
Tavera (Dominique), d'Ajaccio.
Pozzo (Dominique), d'Ajaccio.
Cauggy (Zavier), d'Ajaccio.
Bogognano (Jean), d'Ajaccio.
Disiderello (Jean), d'Ajaccio.
Laulan (Pierre), de Saint-Michel.
Labanne (Pierre), de Saint-Macaire.
Barreyre (Bernard), de Langon.
Peyron (Jean), de Lormont.
Laige (André), de Boé.
Chaubard (Jean), de Villenur.
Duguerries (Antoine), de Saint-Christophe.
Foulacarriere (Jean), de Sauveterre, blessé au combat du 6 juillet 1779.
Fournier (Antoine), de Moissac.
Gamat (Guillaume), de Mary.
La Lacune (Jean), de Mary, tué au combat du 6 juillet 1779.
Mesplet (Bertrand), de Mary.
La Gardere (Martin), de Mary, mort le 12 juillet 1779.
La Porte (Hugues), de Mary.
Lamothe (Guillaume), de Mary.
Frasquet (Jean), de Mary.
Labefaude (Jean), de Saint-Christophe.
Planton (Joseph), de Boé, tué au combat au 6 juillet 1779.
Dugaroin (Jean), de Boé.
Lartigaud (Jean), de Moissac, blessé au
Mege (Jean), de Castelsarrazin.
Libret (Jean), de Toulouse.
Gautier (Barthélemy), de Saint-Cyprien, tué au combat du 6 juillet 1779.
Joubert (Dominique), de Verdun.
Labro (Pierre), de Verdun.
Soubeiran (Pierre), de Verdun.
Begué (Antoine), de Merles.
Baume (Jean), de Merles.
Pons (Grégoire), de Merles.
Cazales (Cristoal), de Sare.

Dalbarade (Jacques), de Biarritz.
Darchiegue (Joannis), de Guéthary.
Harosseguy (Jean), de Biarritz.
Detcheverry (Joannis), de Sare, mort à bord le 4 juillet 1778.
Doussinagus (Dominique), de Bidart, mort le 2 avril 1778.
Carlos (Joannis), de Sare.
Duhart (Martin), de Bidart, mort à bord le 19 octobre 1778.
Moulian (Pierre), de Guiche.
Hiribarne (Pierre), d'Us.
Roche (Pierre), de Bergerac.
Rateau (Jean), de Contras.
David (Pierre), de Vignonet.
Faure (Jean), de Vignonet.
Reynal (Pierre), de Cabara.
D'Espagne (Léonard), de Cabara.
Courade (Jean), de Cabara.
Chopin (Pierre), de Cabara.
Soupre (Pierre), de Cabara.
Arvoir (Jean), de Blaye.
Jouas (François), de Bréau.
Larrau (Antoine), de Taillebourg.
Gourry (Etienne), de Taillebourg.
Casse (Jean), de Taillebourg.
Rousseau (François), de Conture.
Labat (François), de la Réole.
Cridelauze (André), de Caumont, mort à bord le 18 août 1778.
Soyeres (Jean), de Tonneins.
Cridelauze (Pierre), de Tonneine.
Maurin (Jean), de Bourdelles.
La Bastide (François), de Bourdelles.
Laurent (Pierre), de Meilhan.
Barbo (Jean), de Meilhan.
Cauzimont (Jean), de Suris.
Cauzimont (François), de Suris.

Novices.

Abraham (Pierre), de Toulon.
Flayola (Jacques), de Toulon.
Audibert (Joseph), de la Ciotat.
Cloarel (Claude), de Marseille.
Vidal (Jean), de Carcassonne.
Gauguin (Nicolas), de Cette.
Fouque (André), de Toulon.
Reyne (Jean-Maur), de Toulon.
Paliaud (Jean), de Grenoble.
Gaffarele (Jacques-Laurent), de la Ciotat.

Surnuméraires.

Glech (Antoine), de Toulon.
Tostel (Jean), de Saint-Brieuc.
Thollon (Etienne), de Solhès.
Gias (Joseph), de Toulon.
Dauphin (Jean), de Raguse.
Aube (Benoit), de Pignans.
Dupont (Joseph), d'Hyères.
Reybaud (Nicolas), de Montagnac.
Reybaud (Marius), de Montagnac.
Gravisse (Blaize), de Toulon.
Cordeil (Antoine), de Toulon.
Brignolle (Alexandre), de Toulon, mort à bord le 30 décembre 1779.
Bourgarel (Pierre), de Toulon.
Seven (Joseph), d'Hyères.
Achard (François), de Toulon.
Pons (Antoine), de Toulon.

Jacques (Jean), de Toulon.
Icard (André), de Toulon.

Mousses.

Reybaud (Nicolas), de Toulon.
Tortel (Jean), de la Seyne.
Morel (Joseph), de Toulon.
Bernard (François), de Toulon.
Gras (Joseph-Marie), de Toulon.
Bérenguier (François), de Toulon.
Barthélemy (François), de Toulon.
Barthélemy (Jean), de Toulon.
Berard (Jean), de Toulon.
Davé (Simon), de Toulon.
Bonnavie (Jean), de Toulon.

Augias (Jean), de Toulon.
Joly (Joseph-Nicolas), de Toulon.
Gazan (Cloré), de Toulon.
Fanel (Jean), de Toulon.
Espié (Antoine), d'Aix.
Pignol (André), de la Seyne.
James (Pascal), d'Ollioules.
Bonnaud (Jean-Joseph), de la Seyne.
Faifre (Jacques), de Briançon.
Gueis (Antoine), de la Valette.
Aycard (Jean), d'Hyères.
Fournier (Jean), d'Hyères.
Meille (Louis), de Toulon.
Bonnaud (Jean-Gaëtan), de Gaule.
Chicusse (Antoine), de Toulon.

Icrain (Barthélemy), de Toulon.
Durras (Jean), de Saint-Remy.
Dintes (Antoine), de Toulon.
Aune (Joseph), de Six-Fours.
Chabest (Jean), de Toulon.
Mailla (Pierre), de Barjols.
Grasset (Jean-Hippolyte), de Pignans.
Pisani (Pierre), de Toulon.
Pignol (Joseph), de la Seyne.
Glinchard (Jean), de la Seyne, mort le 17 17 septembre 1778.
Merel (Victor), de Saint-Tropez.
Cime (Joseph), de Barjols.
Daniel (Paul), d'Entrevaux, noyé le 28 juillet 1778.
Coignet (Jean), de Brignoles.

LE FANTASQUE.

(1778-1779.)

M. DE SUFFREN, Capitaine de vaisseau, Commandant.

PIERRE ANDRÉ DE SUFFREN-SAINT-TROPEZ (*le bailli de Suffren*), born the 13 January, 1729, at the château de Saint-Cannat, near d'Aix, died at Paris the 8 October, 1788. Became vice-admiral.

ETAT-MAJOR.

Capitaine de Vaisseau.

M. le Commandeur de SUFFREN, Commandant.

Lieutenants de Vaisseau.

Le Sr de CAMPREDON, tué au combat du 6 juillet 1779.
Le Sr de LORT.
Le Sr de RUYTTER-WERFUSE.
Le Sr de MOISSAC.
Le Sr de MAZILLAN.
Le Chevalier de PIERVERT.
Le Sr de GARENG.

Enseigne de Vaisseau.

Le Sr de SUFFREN.

Aumonier

ARDOUVIN R. P. Urbain, Récollet.

Chirurgien Ordinaire Entretenu.

Le Sr TEXTORIS.

Gardes du Pavillon et de La Marine.

Le Chevalier de PIERREVERT
De GUY de BEGUE.

Officiers-mariniers de manœuvre.

Gausse (Joseph), premier maître, de Toulon.
Audibert (Honoré), premier maître de Toulon.
Bedeq (François), maître, de Saint-Brieuc.
Poulisson (Etienne), deuxième maître, de Toulon.
Sauvet (Pierre), deuxième maître, de Toulon.

Durbec (François-Noël), contremaître, de Toulon.
Brunet (Pierre), contremaître, de Marseille.
Pomier (Jacques-Laurent), bosseman, de Toulon.
Gausse (Louis-Mitre), bosseman, de Toulon.
Laury ou Lamy (François), bosseman, de Toulon.
Mège (Alexis-Valentin), quartier-maître, de Toulon, mort à bord le 30 août 1779.
Chabaud (Pierre), quartier-maître, de Toulon.
Tranquilain (Joseph), quartier-maître, de Toulon.
Pomer (François), quartier-maître, de Toulon.
Viau (François-Joseph), quartier-maître, de Toulon.
Castelin (Benoît), quartier-maître, de Marseille.
Laure (Jean-François), quartier-maître, de Toulon.
Mourre (Jean-Louis), quartier-maître, Toulon.
Langlade (André), quartier-maître, de Marseille.
Ginier (Jean), quartier-maître, de Marseille (Terroir).
Daumas (André), quartier-maître, de Toulon.
Castellan (Etienne-Roch), quartier-maître, de Toulon.
Mourguy (Jean), quartier-maître, de Ciboure.
Gibouin (Antoine), quartier-maître, de la Ciotat.
Labacot (Jean), quartier-maître, de Bordeaux.

Officiers-mariniers de pilotage.

Martin (Claude-Jean), premier-pilote, de Toulon.
Larronde (Tristan), deuxième pilote, de Saint-Jean-de-Luz.
Barthélemy (Augustin), deuxième pilote, de Toulon, tué par un éclat de la cloche brisée par un boulet, au combat du 6 juillet, 1779.
Vacon (Jean-Pierre), aide-pilote, de Sanary.
Montagne (Louis-Isidore), aide-pilote, de Sanary.
Marrier (Jean), aide-pilote, de Saint Jean de Luz.
Loubatières (Louis-Pierre-Sévère), aide-pilote, d'Agde.

Officiers-mariniers de canonnage.

Hermite (Joseph), maître canonnier, de Toulon.
Vidal (Etienne-Laurent), maître canonnier, de Toulon.
Oreille (Joseph), maître canonnier, de Toulon, mort à bord le 1er octobre, 1779.
Gueir (Jean), deuxième canonnier, de Toulon.
Arnaud (Antoine), deuxième canonnier, de Toulon.
Martin (Jean-Louis), aide-canonnier, de Toulon.
Estienne dit Portalis (François), aide-canonnier, de Toulon.
Homeau (Guillaume), aide-canonnier, de Toulon.
Vial (Joseph-Blaise), aide-canonnier, de Six-Fours.
Cordouan (André-Valentin), aide-canonnier, de Toulon.
Bonnaud (Joseph-Claude), aide-canonnier, de Toulon.

Albinet (Jacques), aide-canonnier, de Toulon.
Rouge (Joseph), aide-canonnier, de Toulon.
Roux (Joseph), aide-canonnier, de Toulon.
Peyron (Félix-Paul), aide-canonnier, de Toulon.
Venel (Joseph), aide-canonnier, de Toulon.
Marquisan (Joseph), aide-canonnier, de Toulon.
Martin (Jacques), aide-canonnier, de Toulon.
Estienne (Joseph), aide-canonnier, de Six-Fours.
Maraval (Jean), aide-canonnier, d'Agde.
Nicolas (Jean-Henry), aide-canonnier, d'Agde.
Allauch (Jacques-Laurent), aide-canonnier, de Six-Fours.
Roubin (Jean-Pierre), aide-canonnier, de Marseille.
Ouillé (Pierre), aide-canonnier, d'Agde, mort à l'hôpital de Brest le 3 mars 1780.
Audibert (Nazaire), aide-canonnier, de Marseille.
Aubaret (Guilaume), aide-canonnier, de Marseille.
Blanc (Jean-Joseph), aide-canonnier, de Martigues.
Vidal (Pierre-François), aide-canonnier, de Martigues.
Tortel (François), aide-canonnier, de Toulon.
Aubert (Jean-François), aide-canonnier, de la Ciotat.

Officiers-mariniers de Charpentage.

Gautier (Jacques-Joseph), maître charpentier, de Toulon.
Armagnin (Pierre), deuxième charpentier, de Sanary.
Taureau (Dominique), aide-charpentier, de la Ciotat.
Piston (Antoine), aide-charpentier, de Toulon.
Pourquier (Etienne), aide-charpentier, de Six-Fours.

Officiers-mariniers de calfatage.

Maunier (Pierre), maître calfat, de Toulon.
Saffret (Antoine), deuxième calfat, de Mahon (Levé à Toulon).
Artigues (Joseph-Benoit), aide-calfat, de Toulon.
Reynaud (Eustache), aide-calfat, de Toulon.
Riboul (Jean-Baptiste), aide-calfat, de Toulon.

Officiers-mariniers de voilerie.

Casselan (Pierre-Estienne), maître voilier, de Toulon.
Sigaud (Estienne), deuxième voilier, de la Seyne.
Bernard (Roch), aide-voilier, de la Seyne.

Gabiers.

Cauvin (Barthélémy), de la Ciotat.
Martinenq (André-Joseph), de Fréjus.
Esquier (Jean-Pierre), de Marseille.
Salvajus (Eloi), de Marseille.
Rey (Barthélémy), de Marseille, mort à bord le 14 octobre 1779.
Gaudemar (François), de Toulon.
Tanoux (Antoine-Melchior), de Marseille.

Mouretty (Jacques-Clair), de Marseille, tué d'un coup de canon le 10 août 1778.

Timoniers.

Signoret (Dominique), d'Arles, mort à bord le 18 octobre 1779.
Tournier (Simon-Augustin), de la Ciotat.
Fabre (Joseph), de la Ciotat.
De Revest (Jules), de Menton.
Fabre (Antoine), de Grimaud.
Berton (Arnaud), de Libourne, mort à l'hôpital de Brest, le 17 janvier 1780.
Hequy (Joannis), de Ciboure, mort à l'hôpital de Brest, le 15 février 1780.
Cavalier (François), d'Agde.

Matelots.

Département de Toulon.

Lautiers (Pierre), d'Hyères.
Aubert (Honoré), d'Hyères, mort à l'hôpital de la Grenade le 10 juillet 1779.
Montanard (Joseph-Marie), de Toulon, mort à bord le 12 septembre 1779.
Risson (Barthélémy), de Toulon, mort à bord le 30 avril 1778.
Garcin (Antoine), de Toulon.
Artigues (Pierre-Antoine), de Toulon.
Artigues (Jean-Joseph), de Toulon.
Julien (Antoine), de Toulon.
Jorgy (Joseph), de Toulon.
Jorat (Léon), de Montpellier.
Lavarelly (Noël-Antoine), de Boulesle, peut-être Boulerie (Var).
Pichon (Jean-Sylvestre), de Boulesle, peut-être Boulerie (Var).
Christophle (Joseph-Maur), de Boulesle, peut-être Boulerie (Var).
Brun (Antoine), de Boulesle, peut-être Boulerie (Var).
Chinusse (François), de Boulesle, peut-être Boulerie (Var).
Audier (Jean-François), de Toulon.
Aurezy (Louis-Laurent), de Toulon, tué d'un coup de canon le 10 août 1778.
Bonegrace (André), de Toulon.
Giraud (Joseph), de Toulon.
Simon (Jean-Baptiste), de Toulon.
Durbecq (Jean-Baptiste-Cyprien), de Toulon.
Blanc (André), d'Allauch.

Quartier de La Seyne.

Robert (Jean-François), de la Seyne.
Rey (Jean-Louis), de Six-Fours.
Deprat (Antoine), de Sanary.
Gueit (Honoré-Grégoire), de la Seyne.

Quartier de La Ciotat.

Arnaud (Michel), de la Cadière.
Janséaume (Jacques), de la Ciotat.
Ganteaume (François), de la Ciotat.
Daumas (Jean-Louis), de la Ciotat.
Giniex ou Ginier (Pierre), de la Ciotat, mort à bord le 28 août 1779.
Falot (Simon), de la Ciotat.
Lantier (Estienne), de la Ciotat.
Chaix (Hermantaire), de la Ciotat.
Blanc (François-Marie), de la Ciotat.
Poujean (Jean-Joseph), de la Ciotat.
Fenouil (Antoine), de la Ciotat.
Girard (Louis-Barthélémy), de la Ciotat.

Blanc (Gabriel), de la Cadière.
Manjourdan (Pierre-François), de la Ciotat.
Pourcelly (Jean-Joseph), de la Ciotat.
Ventre (Honoré-Rémy), de la Ciotat.

Quartier de Saint-Tropez.

Sigala (Jean-Charles), de Saint-Tropez.
Mirat (Jean-Dedieu), de Saint-Tropez.
Beaulieu (Louis), de Saint-Tropez.
Taxy (Jacques-Pons), de Saint-Tropez.
Touze (Jean-Joseph), de Cogolin.
Porre (Joseph), de Cogolin.
Pascal (Nicholas), de Fréjus, mort à bord le 9 mai 1778.
Mallet (Charles), de Canet (Hérault).
Coulomb (Auguste), de Saint-Maxime, tué au combat du 6 juillet 1779.

Département de Marseille.

Lambert (Jean-Antoine), de Marseille.
Fabron (Maurice), de Marseille.
Guillemé (Honoré), de Marseille.
Rousselin (François), de Marseille.
Brest (Louis), de Marseille, mort à bord le 30 juillet 1779.
Blanc (François), de Marseille.
Floux (Paul-Pascal), de Marseille.
Fourneau (Joseph), de Marseille.
Fouques (Gaspard), de Mazargues.
Tyran dit Soldat (Joseph), de Mazargues.
Laugier (Claude), de Mazargues.
Roux (Claude), de Marseille.
Com (Joseph-Gaspard), de Marseille.
Bonjoanis (Jean-Jacques-Marie), de Marseille.
Faury (Pierre), de Marseille.
Icard (Marc), de Marseille.
Licutaud (François), de Marseille.
Squiou (Dominique), de Marseille, tué le 17 juillet 1778.
Beillon (Jean-François), de Marseille, mort à bord le 31 août 1779.
Charvin (Louis-Barthélémy), de Marseille.
Granier (Honoré), de Marseille.
Gaain (Vincent), de Marseille.
Icard (Pierre), de Marseille.
Jourdan (Michel), de Marseille.
Coulomb (Pierre), de Marseille.
Arnaud (Etienne-Marie), de Marseille.
Gaudouin (Antoine-Pons-Félicité), de Marseille.
Deloye (Joseph), de Marseille.
Isnard (Jean-Antoine-Estienne), de Marseille.
Gessac (Jean), du Terroir (Marseille).
Guey ou Gucit (Toussaint), du Terroir (Marseille).
Tambon (Pierre), du Terroir (Marseille).
Icard (Antoine), du Terroir (Marseille), mort à bord le 19 juin 1779.
Caillot ou Caillol (Jacques), d'Aubagne.
Ballas (Guillaume-Antoine-Gabriel), de Marseille.
Carrier (Jean-Pierre), de Marseille.
Babilony (Jean-Michel), de Marseille.
Bernard (Jean-Baptiste), de Marseille.
Mouton (Jean-Jacques-Noël), de Marseille.
Coste (Toussaint-Louis-Michel), de Marseille.
Teisseire (Boniface-Joseph), de Marseille.

Quartier de Libourne.

Bertrand (Pierre), de Castillon (Gironde), mort à bord le 12 décembre 1778.
Terrasson (Bertrand), de Castillon (Gironde).

Quartier de Blaye.

Roquillet (Augustin), de Blaye.
Kanon (Antoine), de Blaye.
Dupas (François), de Blaye.
Noël (Jean), de Blaye.
Tallais (Louis), de Roque-de-Taux.
Verdois dit Le Pauvre (Jean), de Roque-de-Taux.
La Taste dit Pichot (Antoine), de Roque-de-Taux.
Fumeau (Jean), de Roque-de-Taux.
Fortou (Pierre), de Roque-de-Taux.
Rabeau (François), de Roque-de-Taux.
Ridois (Jean), de Roque-de-Taux.
Simon dit Le Vieux (Antoine), de Roque-de-Taux.
Allard (Jean), de Roque-de-Taux.
Bureau dit Gibelieu (Jean), de Margaux, mort à bord le 25 décembre 1779.
Duc (François), de Savignac (Gironde).
Moreau (Arnaud), de Savignac (Gironde), mort à bord le 28 mai 1778.

Quartier de Marmande.

Garax (Raymond), de Saint-Hilaire (Lot-et-Garonne).
Lalanne (François), du Passage d'Agen.
Bégoule (Joseph), de Clairac.
Rivès (Berthomieu), de Villeneuve (Lot-et-Garonne).
Mothès dit Marquisac (François), de Villeneuve (Lot-et-Garonne).
Drouillet (Jean), du Port de Penne (Lot-et-Garonne).

Gaillat (Jean), du Port de Penne (Lot-et-Garonne).
Turon (Léonard), du Port de Penne (Lot-et-Garonne), mort à l'hôpital de Quimper le 29 janvier 1780.

Département de Bordeaux.

Boudon (Jacques), de l'île Saint-Georges.
Bordenave (François), de Bègles.
Desbans (Jean), de la Bastide, mort à New-York le 28 octobre 1778.
Bouchet (Pierre), de la Bastide.
Faugère (Pierre), de Lormont.
Flours (Mathieu), de Bassens (Gironde).
Mondeguerre (Thomas), de Macau (Gironde).
Merlet (Maurice), de Macau.
Bouttereau (Jean), de Macau, mort à bord le 10 octobre 1779.

Département de la Corse.

Vero (Paul), d'Ajaccio.
Fauché (Charles-Marie), d'Ajaccio.
Nataliny (Pierre), de Meria.
Antonotty (Dominique), de Meria.
Morajjany (Dominique-Marie), de Meria.

Canonniers servants.

Maurin (Jacques), de Mauregard, mort à l'hôpital du Fort-Royal le 18 avril 1779.
Camand (Jean), de Barraux (Isère).
Valentin (François), de Barraux (Isère).
Longeat (Barthélémy), de Barraux (Isère).

Novices.

Sauvet (Pierre-Jules-Roch), de Toulon.
Laure (Pierre-Hippolyte), de Toulon.
Simiat (Jean), d'Hyères.
Montillet (Hyacinthe), de Chazelet.
Rivès (Paul), de Marseille.

Mousses.

Aubert (Pascal), de Toulon.
D'Aumas (Antoine), de Toulon.
Pantot (Pierre), de Luc (Var).
Taureau (Antoine), de la Ciotat.
Jourdan (Jacques), de Six-Fours.
Maurel (Estienne), de Toulon.
Audier (Jacques), de Toulon.
Melin (François), de Toulon.
Mège (Joseph-Marie), de Toulon.
Duuin (Jacques), de Toulon.
Castaud (Jean-Louis), de Toulon.
Saffret (César-Joseph), de Toulon.
Moissonnier (André), de Toulon.
Jouan (Joseph), de Toulon.
Castellau (Louis-Benoît), de Toulon.
Vin (Antoine), de la Seyne.
Chabaud (Estienne), de la Seyne.
Barbaroux (Jean-André), de Cuers.
Castallin (Jean-André), de Cuers.
Béraud (Pierre), de Cuers.
Durbec (Laurent-Joseph), de Toulon.
Bayle (Jean-François), de Toulon.
Dol (Joseph), de Toulon.
Gautier (Vincent), de Toulon.
Monin (Alexis), de Toulon.
Brun (François), de Toulon.
Laugier (Laurent), de Toulon.
Fouque (Pierre), de Toulon.
Féraud (Marc), de Toulon.
Verse (François), de Toulon.
Langlade (Simon), de Marseille.
Demarai (Jean), de Marseille.
Corse (Nicolas-Barthélémy), de Marseille.
Fourrat (Jean-Louis), de Nîmes.
Guiot (François), d'Hyères.
Vincent (Jean-Paul), d'Aix.

LE MAGNIFIQUE.

(1782.)

M. Mitton de Genouilly, Capitaine de vaisseau, et M. Macarty de Marteigue, Capitaine de vaisseau, Commandants.

ÉTAT-MAJOR.

Capitaines de vaisseau.

Le Comte de MITTON de GENOUILLY, Commandant.
MACARTY de MARTEIGUE, Commandant.
PETIT, Second.
De GRIMOUARD, Second.

Lieutenants de vaisseau.

LENORMAND de VICTOT.
De la BINTINAYE.
De PALMQUIST.
De TERRASSON.

Capitaine de brûlot.

De CAMBERNIN de BREVILLE.

Enseignes de vaisseau.

De LUZEAU.
De VIELA.
De KAAS.
De MARNIÈRES.
Du PETIT-THOUARS.
Le Chevalier ROSPIEC de TRIVIEN.
Du FAY de CARTY.
JOUENNE d'ESGRIGNY.
BOUSSARD.
De MONTELL (Suédois).

Lieutenants de frégate.

NINON.
LINDET.
KERPRIGENT-RIOU.

JACQUES.
BOULET.

Officiers auxiliaires.

LE MINIHY.
PAUMIER.
CHAUVIN de la CASSAGNE.
Le Chevalier d'AYMARD.

Chirurgiens-majors.

JACOB.
MAUBEC.

Aumôniers.

CASIMIR (R. P.), Capucin.
DURANDEAU (R. P.).
BOURDY (R. P.), Récollet.

Gardes de la Marine.

LUZEAU de BEUVRIES.
De FRANSSURE.
De MAUPERTUIS.
De MALEISSYE.
De SAINT-HIPPOLYTE.
De BOITMILLIAU.
De BOURBERS.
LE VOYER.
ORGOMAN.

Volontaires.

Oisel, de Quintin.
Marin, de Caen.
D'Isel (Evrard), de Luxembourg.
Desile, de Nantes.
Labory (Barthélemy), de Nantes.
Hamelin (Auguste), de Caen.
Duval (Alexandre), de Rennes.
Le Roux, de Francville.
Fontenoy (Claude), de Montargis.
Desbordes de Brive, de Paris.
Tirel, de Nantes.
Du Houlbec, de Nantes.
Le Chevalier de Mutet, de Bernus.
Couteires, de Rennes.

Officiers-mariniers de manœuvre.

Joly (Michel), premier maître, de la Rochelle.
Nicole (Louis), premier maître, de Brest.
Mesnard (Jean), deuxième maître, de Saint-Brieuc.
Ohtreau (Claude), deuxième maître, de Lorient.
Matereau (Jacques), deuxième maître, de la Rochelle.
Lecouffiet (Jacques), contremaître, de la Hougue.
Cailleau (Pierre), contremaître, de Nantes.
Chanceau (Pierre), contremaître, des Sables.
Crouan (Thomas), bosseman, de Caen.
Pilliard (Julien), bosseman, de Nantes.
Lemitte (Jacques), bosseman, du Conquet.
Boulanger (André), bosseman, des Sables.
Mouden (Jean-Baptiste), bosseman, de Brest.
Adam (Balthazard), bosseman, de Granville.
Montier (Jean-Baptiste), quartier-maître, du Havre.
Hamel (Pierre), quartier-maître, de Cherbourg.
Boivaut (Étienne), quartier-maître, de Saint-Malo.
Millet (Jean), quartier-maître, de Saint-Malo.
Carré (Jean), quartier-maître, de Saint-Malo.
Boissel (Pierre), quartier-maître, de Dieppe.
Gaspard (Louis), quartier-maître, de Granville.
Charier (Charles), quartier-maître, de Nantes.
Rigalou (François), quartier-maître, de l'Isle-Ré.
Jézéquel (Hamet), quartier-maître, du Conquet.
Le Sage (Antoine), quartier-maître, de Saint-Brieuc.
Nicolas (Jean-Baptiste), quartier-maître, de Saint-Malo.
Ramon (François), quartier-maître, de Saint-Malo.
Grosahn (Olivier), quartier-maître, de Saint-Malo.
Nicolas (Louis), quartier-maître, de Nantes.
Micheau (Louis), quartier-maître, des Sables.
Gudrit (Jean), quartier-maître, des Sables, mort à l'hôpital de Nantasquet le 8 décembre 1782.
Lamoureux (Hervé), quartier-maître, de Lorient.
Guilbert (Raphaël), quartier-maître, de Saint-Brieuc.
Mahéas (René), quartier-maître, de Saint-Brieuc.
Mathieu (Jacques-Simon), quartier-maître, d'Honfleur.
Rault (Joseph), quartier-maître, de la Rochelle.
Bechet (Simon), quartier-maître, de la Rochelle.
Clémence (Jean-Baptiste), quartier-maître, de Dieppe.
Dubois (Étienne), quartier-maître, de Dieppe.
Gallène (Nicolas), quartier-maître, de Belle-Isle.
Guellec (Jean-Nicolas), quartier-maître, de Belle-Isle.
Le Hérissé (Julien), quartier-maître, de Granville.
Delacour (Jean-François), quartier-maître de Granville.
Chagnon (François), quartier-maître, de Dinan, mort à l'hôpital de Nantasquet le 16 août 1782.

Officiers-mariniers de pilotage.

Vermé (Claude), premier pilote, de Saint-Valéry.
Marthe (Jean-Pierre), deuxième pilote, de Granville.
Licorau (Pierre), deuxième pilote, de Saint-Malo.
Thual (Yves-Alain), deuxième pilote, de Saint-Malo, mort à bord le 9 juin 1782.
Chartier (Louis), aide-pilote, de Saint-Malo.
Polard (Joseph), aide-pilote, de Lannion.
Michaut (Jacques), aide-pilote, de Saintes.
Praud (Joseph), aide-pilote, de Noirmoutiers.
Aureveau (Louis), aide-pilote, de la Rochelle.

Officiers-mariniers de canonnage.

Pavis (Guillaume), maître canonnier, de Brest.
Robert (Marcel), maître canonnier, de Brest.
Lagiacé (Nicolas), maître canonnier, de Saint-Malo.
Le Moine (Joseph), second canonnier, de Saint-Malo.
Gouzil (Jean), second canonnier, de Libourne.
Gombot (Jean), second canonnier, de Libourne.
Le Pommier (Jacques), second canonnier, de la Hougue.
Thin (Nicolas), second canonnier, de la Hougue.
Lataroche (Jean), second canonnier, de la Hougue.
Chevalier (Antoine), aide-canonnier, de Saint-Malo.
L'Lustaud (Louis), aide-canonnier, de Saint-Malo.
BesseHavre (Pierre), aide-canonnier, de Saint-Malo.
Trochon (Julien), aide-canonnier, de Dinan.
Mousset (Noël), aide-canonnier, de Dinan.
Langlé (Jacques), aide-canonnier, de Saint-Servan.
Augeard (Jean), aide-canonnier, des Sables.
Le Bon (Charles), aide-canonnier, de Granville.
Tinéves (Mathieu), aide-canonnier, du Conquet.
Ouin (Dominique), aide-canonnier, de Dieppe.
Beaudouin (Guillaume), aide-canonnier, de Dieppe.
Marion (François), aide-canonnier, de Granville.
Aubin (Martin), aide-canonnier, de Fécamp.
Dupare (Guillaume), aide-canonnier, de Fécamp.
Dupuis (Pierre), aide-canonnier, de Fécamp.
Lemonnier (Nicolas), aide-canonnier, de Fécamp.
L'Eveillé (Renaud), aide-canonnier, de la Hougue.
Porquier (Claude), aide-canonnier, de Saint-Valéry.
Bulin (Nicolas), aide-canonnier, de Saint-Valéry.
Vautier (Adrien), aide-canonnier, de Dieppe.
Seveno (Louis), aide-canonnier, de Belle-Isle.
Le Roux (Eustache), aide-canonnier, de Lorient.
Leclerc (Guillaume), aide-canonnier, de Quetteville, tué au combat du 12 avril 1782.
Lavaillant (Marcel), aide-canonnier, de la Hougue.
Charpentier (Jean), aide-canonnier, de Granville.
Nicolle (Guillaume), aide-canonnier, de Granville.
Cannelle (Pierre), aide-canonnier, de Granville.
Beurieu (Félix), aide-canonnier, de Saint-Valéry, mort des suites d'une blessure reçue le 12 avril 1782.
Roussel (Antoine), aide-canonnier, du Vigan, mort à l'hôpital de Nantasquet à la suite d'une surdité contractée au combat du 9 avril 1782.

Officiers-mariniers de charpentage.

Bonnice (Pierre), maître charpentier, de Rochefort.
Huby (Guillaume), second charpentier, de Dinan.
Chevalier (Pierre), aide-charpentier, de Rochefort.
Bouin (Charles), aide-charpentier, de Rochefort.
Lenorre (Louis), aide-charpentier, de Pleurtuit.
Nicolas (Jean), aide-charpentier, de Pleurtuit.
Gaudineau (Simon), aide-charpentier, des Sables, mort à bord le 15 décembre 1782.

Officiers-mariniers de calfatage.

Jean (Joseph), maître calfat, de Dinan.
Boyer (Pierre), maître calfat, de Rochefort.
Haunière (Jean), second calfat, de Dinan.
Le Gouts (Martin), second calfat, de Dinan.
Eclay (François), second calfat, de Saint-Malo.
Mervin (Joseph), aide-calfat, de Dinan.

Officiers-mariniers de voilerie.

Guillou (Marc), maître voilier, de Lorient.
Gauthier (Pierre), maître voilier, de la Rochelle, mort des blessures reçues le 12 avril 1782 au combat.
Major (Mathieu), second voilier, du Havre.
Barette (Louis), second voilier, d'Honfleur, mort à bord le 14 mars 1782.
Lumeau (Jean), aide-voilier, de Nantes.

Gabiers.

Grignoux (François), de Quimper.
Goreguer (Alain), de Quimper.
Heurtaux (François), de Saint-Malo.
Chênu (Jean), de Saint-Malo.
Forest (Ignace), de Saint-Malo.
Coupeau (Julien-Joseph), de Dinan.
Potithon (Jean), de Dinan.
Lorre (Charles), de Dinan.
Lasalle (Julien), de Dunkerque.
Fauconnier (Jean), d'Honfleur.
Cornière (Nicolas), de Cherbourg.
Delahaye (Noël-François), de Cherbourg.
Berton (Pierre), de Libourne.
Vermont (Jean-Pierre), de Caen.
Colin (Dominique), de Saint-Brieuc.
Poulier (Jean), de Saint-Brieuc.
Fréchon (Charles), de Dieppe.
Aliguen (Pierre), de Belle-Isle.
Jouant (Julien), de Granville.
Poulain (Michel), de Granville.
La Coste (Etienne), de Libourne.

Timoniers.

Alix (Jean), de Saint-Brieuc.
Ruellan (Jean-Louis), de Saint-Brieuc.
Lefèvre (Norbert), de Saint-Brieuc.
Nolichon (André), de Quimper.
Poyès (Jean), de Bayonne.
Fervaque (François), d'Honfleur.
Henry (Charles), de Dinan.
Gefflot (Joseph), de Dinan.
Olivier (Jean-Baptiste), du Havre.
Le Marec (Joseph), de Belle-Isle.
Gorgeron (Charles), de Fécamp.
Fauchot (Jean-Louis), de la Rochelle.
Fontemoing (Emmanuel), de Libourne.

Matelots.

Cadoudal (Alain-Marie), d'Ouessant.
Noret (Paul-François), d'Ouessant, mort à la suite d'une blessure reçue le 12 avril 1782.
Chilguy (Guillaume), d'Ouessant, tué au combat du 12 avril 1782.
Terrier (Jean-Baptiste), d'Orléans.
La Pommeraye (Jacques), d'Orléans.
Baniélou (Henry), de Camaret.
Leguenne (Pierre), de Landerneau.
Grall (Jean), de Landerneau.

Tirely (Michel), de Quimper.
Denet (Yves), de Tréguier.
Eouzan (Denis), de Saint-Brieuc.
Graude (Jean), de Saint-Brieuc.
Périnet (Jean), de Saint-Brieuc.
Boussougant (Louis), de Saint-Brieuc.
Boyo (Jean), de Saint-Brieuc.
La Poulenas (Claude), de Saint-Brieuc.
Le Coat (François), de Saint-Brieuc, mort à l'hôpital de Nantasquet le 1er décembre 1782.
Nicolle (François), de Saint-Brieuc.
Le Clair (Alain), de Saint-Brieuc.
Colin (François), de Saint-Brieuc.
Guilcher (Yves), de Saint-Brieuc.
Le Brigant (Jean-Marie), de Saint-Brieuc.
Clément (Jean), de Saint-Brieuc.
Auvray (Julien), de Saint-Brieuc.
Montfort (Jean), de Saint-Brieuc, mort à bord le 9 janvier 1782.
Berthelé (Paul-Joseph), du Conquet.
Bougaut (Julien), de Dinan.
Le Mée (Julien), de Dinan.
Briand (Pierre), de Dinan.
Griquard (Augustin), de Dinan.
Robert (Luc), de Dinan.
Forestier (Jean), de Dinan.
Ruault (Jacques), de Dinan.
Robert (René), de Dinan.
Micpot (Michel), de Dinan.
Petit (Charles), de Dinan.
Lévêque (Jean), de Dinan.
Simon (Mathurin), de Dinan.
Soulas (Jean), de Dinan.
Brohaunier (François), de Dinan.
Ovier (François), de Dinan.
Boivin (Mathieu), de Dinan.
Eou (François), de Dinan, mort à l'hôpital de Nantasquet le 6 avril 1783.
Drian (Guillaume), de Vannes.
Rebuffet (Mathurin), de Dinan.
Rigaud (Louis), de Dinan.
Rebuffet (François), de Dinan.
Peluard (Jean), de Dinan.
Gauthier (François), de Dinan.
Tardif (Vincent), de Dinan.
David (Barthélémy), de Dinan.
Launay (Jean), de Dinan.
Delahaye (François), de Dinan.
Dacon (Henry), de Saint-Malo.
Huard (Jean), de Saint-Malo.
Burel (Guillaume), de Saint-Malo.
Cocherie (Pierre), de Saint-Malo.
Hamoniaux (Jean-Joseph), de Saint-Malo.
Vivien (Julien), de Saint-Malo.
Grinau (Jean), de Saint-Malo.
Bailblé (Pierre), de Saint-Malo.
Beyer (François), de Saint-Malo.
Ballot (François), de Saint-Malo.
Chauvoy (Noël), de Saint-Malo.
Fautou (Dominique), de Saint-Malo.
Doeuve (Jean), de Honfleur.
Veguier (Etienne), de Honfleur.
Teissier (Alexandre), de Honfleur.
Le Grain (Philippe), de Honfleur.
Bouin (Pierre), de Nantes.
Angibaut (Simon), de Nantes.
Bessac (Pierre), de Nantes.
Chauvelon (Noël), de Nantes.

Renaud (Jean), de Nantes.
Turpin (Pierre), de Nantes.
Moizan (Guillaume), de Nantes.
Flamand (Jacques), de Nantes, mort à l'hôpital de Nantasquet le 7 décembre 1782.
Meunier (Joseph), de Nantes.
Berranger (Pierre), de Nantes.
Joyau (Mathieu), de Nantes.
Hotter (Louis), de Nantes.
Auffret (Yves), de Nantes.
Rénault (Guillaume), de Nantes.
Olive (Jean), de Nantes.
Fontaine (François), de Nantes.
Duret (Jacques), d'Angers.
Bontemps (Pierre), d'Angers.
Rouget (Amand), de Fécamp.
Le Metley (Benjamin), de Fécamp.
Laurent (Jacques), de Fécamp.
Benard (Jean-Baptiste), de Fécamp.
Deschamps (Marin), de Fécamp.
Le Dun (Robert), de Fécamp.
Le Villain (Charles), de Fécamp.
Caulot (François), de Fécamp.
Caisse (Louis), de Fécamp.
Décaché (Louis), de Rouen.
Lucas (Jean-Louis), de Rouen.
Bonffée (Jacques-Amand), de Rouen.
Le Cerf (Etienne), de Rouen.
Delamarre (Jean-Baptiste), de Rouen.
Desvaux (Jacques-Philippe), du Havre.
Roussel (Emmanuel), du Havre.
Tassity (Louis), du Havre.
L'Ecluse (Victor), de Cherbourg.
Beaubet (Louis), de Cherbourg.
Le Portier (Pierre), de Cherbourg.
Le Masson (Jean), de Cherbourg.
Martin (Jean), de Cherbourg.
Masson (Guillaume), de Cherbourg.
Gaudouin (Jean-Jacques), de Caen.
Mario (Jacques), de Caen.
Motte (Adrien), de Caen.
Poyer (Jacques), de Caen.
Dolet (Nicolas), de Caen.
Auffray (François-Julien), de Granville.
Le Granvillay (Louis), de Granville.
Hardet (Jean-Baptiste), de Granville.
Dubreuil (Louis), de Granville.
Quétier (Jacques), de Granville.
Patel (Etienne), de Granville, mort à bord le 6 août 1782.
Hue (Jean), de Granville.
Jeanne (Jean), de Granville.
Baudré (François), de Granville.
Paumier (François), de Granville.
Gambier (Pierre), de Granville, tué au combat du 12 avril 1782.
Thomasin (Jean), de Granville.
Hédouin (Jacques), de Granville.
Le Bas (Louis), de Granville.
Vallet (Michel), de Dieppe.
Fréchon (Onuffre), de Dieppe.
Fromentin (Pierre), de Dieppe.
Poulain (Jean-Jacques), de Dieppe.
Saintsœur (François-Nicolas), de Dieppe, tué au combat du 12 avril 1782.
Miguignon (Jean-François), de Dieppe.
Forestier (Jean-Baptiste), de Dieppe.
Dilard (Jean), de Dieppe.
Philie (Jean-Noël), de Dieppe.

Caron (Charles), de Granville.
Noblet (Nicolas), de Granville.
Lamort (Julien), de Granville.
Berthaud (Louis), de Granville.
Gorrec (Yves), de Tréguier.
Cadiou (Guillaume), de Tréguier.
Faride (Benjamin), d'Honfleur.
Marceau (Jean), de la Rochelle.
Robert (Christophe), de Fécamp.
Querrieu (Pierre), de Morlaix.
Querrien (Yves), de Morlaix.
De la Lande (André), de Rouen.
D'Estaing (Alexandre), de Dieppe.
Grimaud (Joseph), de Saint-Malo.
Pellerin (Pierre), de Brest.
Fabre (François), de Brest.
Mannout (Guillaume), de Brest.

Faroux (René), de Brest.
Nicol (Jean-Louis), de Brest.
Poret (François), de Brest.
Lescop (Laurent), de Lannion.
Prégeaut (Jean), de Lannion.
Drollet (Pierre), de Lannion.
Guérin (Joseph), de Rennes.
Cainau (François), de Nantes.
Boizourdie (Antoine), de Nantes.
Réveillard (Louis), d'Angers.
Lefèvre (Jean), de Saint-Malo.
Dumoulin (Gilles), de Saint-Brieuc.
Dumoulin (Jean-François), de Saint-Brieuc.
Thouin (Honoré), de Saint-Brieuc.
Gautier (Jean-Yves), de Saint-Brieuc.
Guillemain (Ollivier), de Saint-Brieuc.
Hamon (Charles), de Lorient.

Olitreau (Louis), de Lorient.
Henry (Jean-Baptiste), de Paris.
Perron (Isidore), de Landerneau.
Robert (Rolland), de Rouen.
Bonis (Jean-Baptiste), de Marseille.
Troffol (Charles), de Tréguier.
Beaucher (Ollivier), de Quimper.
Bonhomme (Jacques), de Saint-Malo.
Riquet (Antoine), de Granville.

Domestiques.

Clérian (François), de Brest.
Marat (Étienne), de Lyon.
Perrès (François), de Vannes.
Jevau (Collin), de Fougères.
Masson (Martin), de Nantes.
Poinec (Yves), de Tréguier.

LE TONNANT.

(1778-1780)

M. le Comte DE BREUGNON, Chef d'escadre, Commandant;—M. le Comte DE BRUYÈRES, Capitaine de vaisseau Commandant.

ÉTAT-MAJOR.

Chef d'Escadre.

Le Comte de BREUGNON, Commandant.

Capitaines de Vaisseau.

Le Comte de BRUYÈRES, Commandant.
Le Comte de PONTEVÈS-GIENS, Second.

Lieutenants de Vaisseau.

De CHAMPMARTIN.
De ROQUEFORT.
Le Comte de LAVEAULX.
Le Chevalier de CAUX.
Le Chevalier de SAINT-LAURENT.
Le Chevalier de SAINT-SAUVEUR, mort à Boston en septembre 1778.

Enseignes de Vaisseau.

DURAND de BRAYE.
ROQUART de MONT-ROUX.
Le Comte de SAINT-POLGUE.
PAS de BEAULIEU.
Le Chevalier d'ARS.

LIEUTENANT DE FRÉGATE.

LEGOING.

CHIRURGIEN-MAJOR.

ABBE.

AUMONIER.

SIGNORET (R. P. Wenceslas), Récollet.

GARDES DE LA MARINE.

Le Chevalier de la TOURRETTE.
D'AURIBEAU.

De SAINT-MARC.
De PRADINE.
De GUILHERMIER.

Officiers-mariniers de manœuvre.

Eyffren (Louis), premier maître, de Toulon.
Consauve (Laurent), premier maître, de Toulon.
Benoît (Pierre), deuxième maître, de Toulon.
Roumiou (Joseph-Désiré), deuxième maître, de Toulon.
Paron (Antoine), contremaître, de Toulon.
Jeannet (Honoré), contremaître, de Toulon.
Fournier (Alphonse), contremaître, de Toulon.
Gamoin (Jean-Baptiste), bosseman, de Toulon.
Hirigoyen (Pierre), bosseman, de Bidart.
Ginoux (François), bosseman, de Marseille.
Giraud (Pierre-Modeste), quartier-maître, de Toulon.
Moreau (Pierre), quartier-maître, de Bordeaux.
Delor (Pierre), quartier-maître, de Bordeaux.
Reboul (Pascal), quartier-maître, de Sanary.
Fournier (Esprit-Benoît), quartier-maître, de Toulon.
Villabrun (Jacques), quartier-maître, d'Agde, mort à bord le 19 décembre 1779.
Autrel (Philippe), quartier-maître, de Marseille.
Marin (François), quartier-maître, de Marseille.
Nieuron (Jean-Baptiste), quartier-maître, de Marseille.
Repetto (Laurent), quartier-maître, de Marseille.
Ricard (Pierre), quartier-maître, de Marseille.

Maffre (Jérôme), quartier-maître, de Marseille.
Pourquier (Balthazard), quartier-maître, de Marseille.
Aubert (Balthazard), quartier-maître, de Marseille.
Dussié (Joseph), quartier-maître, de Marseille.
Icard (Antoine), quartier-maître, de Marseille.
Bellenger (Antoine), quartier-maître, de Dunkerque.
Tacet (Raymond), quartier-maître, de Martigues.
Lamy (Gabriel), quartier-maître, de Mazargues.
Mouren (Laurent), quartier-maître, de Mazargues.
Mouren (Laurent), quartier-maître, de Mazargues.
Majastre (Simon), quartier-maître, de la Ciotat.
Mengeot (André), quartier-maître, de Bordeaux.

Officiers-mariniers de pilotage.

Depeille (Jean), de Toulon.
Racord (Pierre-Sicard), de Toulon.
Charlois (Jean-François), de Marseille.
Larose (Salvator), de Marseille.
Racord (Jean-Louis), de Marseille.
Senès (Louis-André), de Toulon.
Mastre (Joseph), de Toulon.
Samson (Pierre-Germain), de Toulon.
Tournaire (Jean-Joseph), de Sanary.

Officiers-mariniers de canonnage.

Le Grand (Pierre), maître canonnier, de Toulon.

Allard (Joseph), de Marseille.
Blaxe dit Thonin (Jean), de Marseille.
Meissier (Georges), du Havre.
Filastre (Icard-Pierre), de Marseille.
Bazin (Jean-Baptiste), de Marseille.
Tournon (Jean-Etienne), de Marseille.
Bœuf (Jean-Baptiste), de Marseille.
Anquetil (Jean-François), de Marseille, mort à la mer le 6 septembre 1779.
Darbon (François), de Martigues.
Lagnel (Pierre), de Dunkerque.
Malingre (Jacques-Louis), de Dunkerque.
Devaux (Pierre), de Marseille.
Rouy (Jean-Pierre), de Marseille.
Carlos (Jean), de Marseille.
Moulard (Pierre-Nicolas), de Marseille.
Debonne (Claude), de Marseille.
Vieil (Jérôme), de Marseille.
Marinette (Jean-Baptiste), de Marseille.
Barenguier (Joseph), de Marseille.
Zamith (Gaëtan), de Marseille, mort à la mer le 9 mars 1780.
Henry (Joseph), de Marseille.
Malconi (François), de Marseille.
Turc (César), de Marseille.
Barille (Joseph), de Marseille.
Maurel (François), de Marseille.
Lange (Guillaume), de Marseille.
Clary (Pierre), de Marseille.
Nicolas (Claude), de Marseille.
Berthe (Antoine-Jean), de Marseille, mort à la mer le 2 août 1779.
Moutfray (Joseph), de Marseille.
Largerol (Jean-Claude), de Marseille.
Mege (Joseph), de Marseille.
Otton (François-Jean), de Marseille.
Icard (Michel), de Marseille.
Barille (Antoine), de Marseille.
Lombard (Jean-Etienne), de Marseille.
Allard (Francois-Rose), de Marseille.
Granier (Antoine), de Marseille.
Perrot (Antoine), de Marseille.
Pascal (Grégoire), de Marseille.
Brusque (Jean-Michel), d'Arles.
Ricard (Etienne-Blaise), de Cassis.
Bernard (Barthélemy), de Mazargues.
Martin (Jean), de Mazargues, mort à l'hôpital du Fort-Royal le 22 janvier 1779.
Caillol (Thomas), de Mazargues.
Corinon (Pierre-Antoine), de Mazargues.
Poustau (Antoine), de Mazargues, mort en mer le 1er février 1780.
Audibert (Jean-Etienne), de Cassis.
Teisseire (Claude), de Marseille.
Legoff (Marc), de Marseille.
Gay (Jean), de Marseille.
Blanc (Lazare-Bernard), de Marseille.
Carpitène (Jean-Pierre), de Marseille.
Bescond (Paul), de Marseille.
Quercan (Guillaume), de Marseille.
Reynaud (Louis), de Marseille.
Champion (Jean-Baptiste), de Marseille, noyé à la mer le 8 mai 1778.
Violet (Charles-Esprit), de Marseille.
Tanoux (François), de Marseille.
Condroyer (Clément), de Marseille.
Caillot (Dominique), de Marseille.
Boulaire (Guillaume), de Marseille.
Mourenq (Jean-Baptiste), de Marseille.
Gantelme (Benoît), de Marseille.

Perrodeau (Julien), de Marseille.
Pallairo (Joseph), de Marseille, mort à la mer le 13 mai 1778.
Le Roux (Pierre-Joseph), du Havre.
Topsent (Jean-Baptiste), du Havre.
Le Dean (Pierre), de Morlaix.
Gras (Pierre-Mathieu), du Havre.
Giloux (Simon-Michel), de Marseille.
Jouve (Jean-Raymond), de Marseille.
Vessan (Pierre-Paul), de Marseille.
Dallauch (Barthélémy), de Marseille.
Ricard (Jean-Michel), de Marseille.
Riou (François), de Marseille.
Rimbaud (Jean-Baptiste), de Marseille.
Reau (Antoine), de Marseille.
Chausel (Antoine-Blaise), de Marseille, mort à bord le 14 juin 1779.
Barrière (Jean), de Marseille.
Abeille (Jean-Baptiste), de Marseille.
Dojet (Yves), de Marseille.
Valot (Pierre), de Marseille.
Lamer (Rémi), de Marseille.
Ledoujet (Yves), de Marseille.
Ville (Joseph), de Marseille.
Brémond (Jean-Baptiste), de Marseille.
Barthalot (René-François), de Marseille.
Mouton (Jean-Pierre), de Marseille.
Fillastre (Louis-Simon), de Marseille.
Henry (Jean-Antoine), de Marseille.
Solis (Noël), de Marseille.
Roux (Joseph), de Marseille.
Barthélémy (Etienne), de Marseille.
Ricaud (Augustin), de Marseille.
Carmagnolle (Jean-Baptiste), de Marseille.
Fabre (Charles), de Marseille.
Roussel (Joseph), de Marseille.
Roustan (François), de Marseille.
Boyard (Jean-François), de Dunkerque.
Boyard (Pierre), de Dunkerque.
Boyard (Joseph), de Dunkerque.
Alexis (Jean-Joseph), de Dunkerque.
Gay (Joseph), de Mazargues.
Ripert (Jean), de Sanary.
Sicard (Pierre), de Sanary.
Paul (Jean-François), de Cassis.
Tariet (Nicolas), du Havre, mort à la mer le 31 juillet 1778.
Malet (Balthazard), d'Aubagne.
Alexandre (Nicolas), du Havre.
Cohonec (René), du Havre.
Brouillard (Charles-Sébastien), de Rouen.
Ollivier (Nicolas), du Havre.
Milhour (Jacques), de Brest.
Goyer (Nicolas-François), de Dunkerque.
Guinio (Marc), de Dunkerque.
Mahé (René), de Dunkerque, tué au combat de la Grenada, le 6 juillet 1779.
Izabel (Jean-Pierre), du Havre.
Blanc (Jean-Toussaint), de Mazargues.
Jourdan (Jean-Baptiste), de Mazargues.
Rousset (Jean-Baptiste), de Marseille.
Quintar (Simon), de Marseille.
Arnaud (Jean-Baptiste), de Marseille.
Gautier (Jean-Baptiste), de Marseille.
Izoird (Pierre), de Marseille.
Féger (Nicolas), de Marseille.
Allin (Jean), de Marseille.
Guarin (Pierre), de Marseille.
Guillermean (Jean), de Marseille.

Le Guain (Jean-Baptiste), de Marseille.
Doisou (André Bruno), de Marseille.
Nicolas (Pascal), de Martigues.
Savournin (Joseph), de Martigues.
Surnier (Jean-Louis), de Martigues.
Bartholin (Pierre), de Martigues.
Leydet (Jean-Joseph), de Martigues.
Martin (Pierre), de Martigues.
Funtour (Nicolas), de Martigues.
Combes (Joseph), de Martigues.
Gautier (Jean-Joseph), de Martigues.
Angalier (Dominique), de Saint-Chamas.
Clavrier (Bonaventure), de Martigues.
Messier (Antoine), d'Antibes.
Cazenaire (Honoré), d'Antibes.
Ardoin (Pierre-François), d'Antibes.
Messier (Jean), d'Antibes.
Arnaud (Laurent), d'Antibes.
Isnard (Arquelin), de Cagnes.
Ferrand (Antoine), de Cagnes.
Macary (Georges), de Cannes.
Dany (Joseph), de Cannes.
Blois (Marc), de Cannes.
Garcin (Pierre-François), de Cannes.
Flory (Joseph), de Cannes.
Raphely (Pierre), de Cannes.
Rouva (Antoine), de Cannes.
Bouchet (Antoine), de Cannes.
Vassal (Raphael), de Cannes.
Gazan (Antoine), de Cannes.
Ardisson (Jean), de Cannes.
Aubert (Joseph), de Cannes.
Labatut (Pierre), de Cannes.
Balot (Adolphe), d'Arles.
Gutières (Emmanuel), d'Arles.
Blanc (François), d'Arles.
Roux (Michel), d'Arles.
Subeiran (Pierre), d'Arles.
Decu (Michel), de Marseillan.
Baisse (Jean), de Marseillan.
Catalon (François), d'Agde.
Fournier (Jean-Roch), d'Agde.
Broue (Antoine), d'Agde.
Aussenac (Etienne), d'Agde.
Carriès (Michel), d'Agde.
Fournier (Pierre), d'Agde.
Fournier (Antoine), d'Agde.
Delmar (André-François), d'Agde, mort à la mer le 29 juillet 1779.
Coste (Guillaume), d'Agde.
Carriès (Claude), d'Agde.
Jullian (Jean), d'Agde.
Marquès (Jacques), de Marseillan.
Juglar (Jean-Baptiste), de Cette.
Cély (Jean-Baptiste), de Cette.
Granier (Louis), de Cette.
Granier (Michel), de Cette.
Gurric (Pierre), de Cette.
Izoird (Pierre), de Cette.
Ducros (François), de Cette.
Mouragne (Jean), de Cette.
Niquet (Jean-Pierre), de Cette, mort à la mer le 13 septembre 1779.
Sabran (Jean-Jacques), de Cette.
David (Jacques), de Cette.
Paraillade (François), de Cette.
Roussel (Michel), de Cette.
Treille (Jean-Pierre), de Cette.
Izoird (François), de Cette.

Ricard (Joseph), de Cannes.
Dabrion (Pierre), d'Hyères.
Boule (Jean-Baptiste), de Pignans.
Gerbe (Maximin), de Saint-Maximin (Var).
Orgias (Joseph), de Fréjus.
Gommond (Alexis), de Grenoble.

Surnuméraires, etc.

Mouton (Laurent), de Toulon.
Payan (François-Sauveur), de Pignans.
Mourias (Michel), de Toulon.
Gabert (Thomas-Antoine), de Toulon.
Eyffren (Jean-Baptiste), de Toulon.
Abba (Jean-Louis), de Toulon.
Guien (Maxime), de Toulon.
Guien (Jean-Marie), de Toulon.
Gerbe (François), de Saint-Maximin (Var).
Décugis (Joseph-Marie), de Castellet.
Chassenet (Jean-Joseph), d'Avignon.
Guignon (Jean-Louis), de Marseille.
Pissot (Joseph), de Toulon.
Garin (Honoré), de Toulon.
Trésorier (Charles), de Toulon.
Fons (Antoine), de Toulon.
Devincey (Joseph), de Toulon.

Bevot (Jean-Baptiste), de Toulon.
Biry (Etienne), de Nantes.
Benoît (Jacques), de Soliès.
Bontoux (Joseph-Gaspard), d'Aix.
Duneschaud (François), de Luçon.

Mousses.

Loidier (Pierre-Gaspard), de Toulon.
Allègre (Vincent), de Toulon.
Bouisson (Joseph), de Toulon.
Meunier (Antoine), de Toulon.
Guien (Auguste), de Toulon.
Hugon (Jean-Pierre), de Toulon.
Fournier (Jean), de Toulon.
Gazielle (Pierre-Simon), de Toulon.
Bernard (Joseph), de Toulon.
Boyer (Jean-Baptiste), de Toulon.
Meille (Louis), de Toulon.
Ventre (François), d'Hyères.
Barnouin (Dominique), d'Hyères.
Tavernis (Jean-Joseph), d'Hyères.
Grimaud (Barthélémy), de la Garde.
Quintilli (César), de Menton.
Roussi (Philippe), de Menton.
Boucara (Joseph), d'Uzès.
Taffe (Pierre), de Grasse.

Ouret (Joseph), de la Seyne.
Etienne (Jean-André), de Savary.
Maille (Pierre), de Barjols.
Cima (Joseph), de Barjols.
Sapeur (Félix), d'Aix.

Domestiques.

Fraisse (Jean-Baptiste), d'Aubenas (Ardèche).
Boniface (Laurent), de Nice.
Dubuisson (Jean), d'Aix.
Thévenin (Antoine), d'Aix.
Gome (François), de la Sainte-Colombe (Aude).
Lion (Dominique), de la Penne (Bouches-du-Rhône).
Laondé (Joseph), de Carpentras.
Laborde (Guillaume), de Toulouse.
Capel (Jean-François), du Havre.
Blantier dit La Rose (Jean), de Pau.
Riquier (Pons), de Toulon.
Laby (Jean-Josse), de Boulogne.
Testory (André), de Marseille.
Grenoulhac (Jean), de Figeac.
Defesse (Jean), de Saint-Justin (Landes).
Le Nain (Jean-Claude), d'Entrevaux.

LE PROTECTEUR.

(Mars 1778)

M. le Chevalier D'APCHON, Capitaine de vaisseau, Commandant.

ÉTAT-MAJOR.

Capitaines de Vaisseau.

Le Chevalier d'APCHON, Commandant.
De CORIOLIS PUYMICHEL.

Lieutenants de Vaisseau.

De BESSEY.
Des TOURRES.
De JOANNIS.
DAUTHIER.

Enseignes de Vaisseau.

De RIBENES.
De BOUBEE.
Le Chevalier de SADE.

Aumônier.

ROCHANSSON (R. P. Policarpe), Récollet.

Chirurgien.

LULLY.

Gardes de la Marine.

De CHAZERON.
D'ASTORGUE.
Le Chevalier de DAMAS.

Officiers-mariniers de manœuvre.

Roustan (Pierre), premier maître, de Toulon.

Andrieu (Louis), premier maître, de Toulon.
Lambert (Esprit), second maître, de Toulon.
Estier (Jean), contremaître, de Toulon.
Astier (Antoine), contremaître, de Toulon.
Forest (Antoine), contremaître, de Toulon.
Bousquet (Joseph), contremaître, de Toulon.
Audibert (Pierre), bosseman, de Six-Fours.
Turin (Etienne), bosseman, de la Seyne.
Courtes (Pierre), quartier-maître, de Toulon.
Liotaud (François), quartier-maître, de Toulon.
Malnent (Jean), quartier-maître, de Cannes.
Thibaud (Gérôme), quartier-maître, de Toulon.
Decugis (Louis), quartier-maître, de Toulon.
Goné (Claude), quartier-maître, de Marseille.
Prat (César), quartier-maître, de Cannes.
Gazan (André), quartier-maître, de Marseille.
Joubert (Jean), quartier-maître, de Marseille.
Roux (Augustin), quartier-maître, de Toulon.
Chze (Paul), quartier-maître, de Marseille.
Clinchard (Jean), quartier-maître, de la Seyne.

Alleneau (Henry), quartier-maître, de Toulon.
Sauvage (Jean), quartier-maître, de Marseille.

Officiers-mariniers de pilotage.

Eyraud (Joseph), premier pilote, de Toulon.
Dupuy (Barthélemy), second pilote, de Toulon.
Oruchet (Martin), second pilote, de Ciboure.
Eyraud (Charles), aide-pilote, de Toulon.
Fournier (Jean), aide-pilote, de Toulon.
Bollot (Charles), aide-pilote, de Toulon.
Arnaud (Jean), aide-pilote, de Six-Fours, mort le 29 novembre 1779.

Officiers-mariniers de canonnage.

Isnard (Louis), maître canonnier, de Toulon.
Grausset (Jean), maître canonnier, de Toulon.
Rimbaud (Jean), maître canonnier, de Toulon.
Andrieu (Antoine), second canonnier, de Toulon.
Astier (Henry), second canonnier, de Toulon.
Laure (Joseph), aide-canonnier, de Toulon.
Binaud (François), aide-canonnier, de Toulon.
Chailas (Jean), aide-canonnier, de Toulon.

Prat (Jean), de Cannes.
Roustan (Joseph), de Cannes.
Rapon (François), de Cannes.
De la Marmote (Antoine), de Cannes.
Aillet (Pierre), d'Arles.
Brun (Joseph), d'Arles.
Ginouves (Jean), d'Arles.
Gautier (Jean), d'Arles.
Chabrier (Pierre), d'Arles.
Milla (Honoré), d'Arles.
Vidal (Barthélémy), de Beaucaire.
Armentier (Jean), d'Agde.
Roux (Etienne), d'Agde.
Blanc (Sever), d'Agde.
Pepido (Jean), d'Agde.
Cassan (Antoine), d'Agde.
Vidal (Jean), d'Agde.
Triol (Jean), d'Agde.
Millan (Pierre), d'Agde.
Granier (François), de Cette.
Brezet (Antoine), de Cette.
Blanc (Crepin), de Cette.
Benezech (Jean), de Cette.
Foret (Jean), de Cette.
Diane (Barney), de Cette.
Azibert (Bernard), de Gruissan.
Maux (Jean), de Castelnaudary.
Bonnot (Jean), de Gruissan.
Cassan (Pierre), de Moissac.
Bourdevis (Barthélémy), de Moissac, mort à bord le 19 octobre 1779.
Delrieux (Raymond), de Valence.
Thomas (Pierre), de Valence.
Dupuy (Jean), de Malause, mort à bord le 16 décembre 1779.
Tournier (Jacques), de Malause.
Castares (Etienne), de Malause.
Richard (Pierre), de Malause.
Marseille (Jean), de Toulouse.
Bezian (Bertrand), de Verdun.
Montardy (Antoine), de Cordes.
Lafont (Gabriel), de Cordes.
Capela (Pierre), de Cordes.
Massot (Jean), de Verdun.
Larret (Jean), de Saint-Tropez.
Jouve (Pierre), de Clermont-Ferrand.
Gazac (Pierre), de Taillebourg.
Latapie (Pierre), de Tonneins.
Pladinet (Jean), de Marmande.
Aubelis (Jean), de Marmande.
Labezeile (Joseph), de Marmande.
Vacqué (Mathieu), de Caumont.
Dupin (Jean), de Caumont.
Fauconneau (Jean), de Caumont.
Castaignet (Pierre), de Caumont.
Dulugat (Jean), de Caumont, mort le 14 novembre 1779.
Mariot (Pierre), de Toulouse.
Cazanave (Pierre), de Toulouse.
Baussens (Joseph), de Moularès.
Vignenu (Jean), de Moularès.
Merle (Michel), de Moularès.
Bingau (Joseph), de Tonnac.
La Mothe (Pierre), de Tonnac.
Rendan (Pierre), de Tonnac.

Servat (François), de Port-Sainte-Marie.
Roques (François), de Port-Sainte-Marie.
Ducourneau (Joseph), de Port-Sainte-Marie.
Lamotte (Joseph), de Port-Sainte-Marie.
Declaux (Raymond), de Clarmont, mort à bord le 7 décembre 1778.
Toly (Jacques), de Clermont.
Barthe (Jean), de Clermont.
Chaudet (Arnaud), de Clermont.
Randet (Jean), de Clermont.
Peteray (Antoine), de Saint-Hilaire.
Garry (Pierre), de Saint-Hilaire.
Cave (Jean), de Saint-Hilaire.
Robert (Jean), de Saint-Hilaire, mort à bord le 19 septembre 1779.
Delile (Philippe), de Saint-Hilaire, mort le 28 juillet 1779.
Chaumel (Jean), de Saint-Hilaire.
Mamon (Pierre), de Saint-Hilaire.
Fachat (Jean), de Saint-Hilaire.
Cornié (Antoine), de Saint-Hilaire.
Sellier (Nicolas), de Saint-Hilaire, mort à bord le 18 octobre 1779.
Maily (Pierre), de Saint-Hilaire.
Gravere (Michel), d'Agen.
Doré (Raymond), d'Agen.
Roumagont (Jean), d'Agen.
Cours (Antoine), d'Agen.
Broustan (Jean), d'Agen.
La Gourge (François), de Tonnac.
Buran (Pierre), de la Teste.
Duport (Girard), de la Teste.
Vidouze (Jean), de la Teste.
Galande (Jean), de Gujan.
Lafond (Jean), de Gujan.
Desganos (Martin), de Gujan.
Castaing (Jean), de Gujan.
Dossi (Jean), de Gujan.
Dubos (Jean), de Gujan.
Gabriel (Pierre), de Gujan.
Labat (Pierre), de Gujan.
Deligny (Martin), de Gujan.
La Chatte (Antoine), de Gujan.
Lartigues (Pierre), de Gujan, mort à bord le 11 octobre 1779.
Boussoreille (Laurent), de la Bastide.
Teissier (Pierre), de Podensac.
Amanieu (Guillaume), de Podensac.
Mongard (Pierre), de Langoiran.
Dussau (François), de la Bastide.
Dumas (Jean), de Lormont.
Belly (Jean), d'Ajaccio.
Medicis (Pierre), d'Ajaccio.
Recco (Jean), d'Ajaccio.
Turchini (Dominique), de Calvi.
Miniquetty (Antoine), de Bonifacio.
Parody (Jean), de Bonifacio.
Parody (Vincent), de Bonifacio.

Novices.

Vacquier (Joseph), de Toulon.
Allegre (Jean), de Six-Fours.
Berniar (Gabriel), de Marseille.
Ordy (Louis), de Toulon.
Maurin (Pierre), de Toulon.

Hermite (Joseph), de Toulon.
Ricard (André), de Toulon.

Volontaires.

Meric (Pierre), de Toulon.
Cogorde (Toussaint), de Toulon.

Surnuméraires.

Catelin (Jean), de Toulon.
Gense (Joseph), de Toulon.
Ferrat (Joseph), de Toulon.
Pelissier (Joseph), de Digne.
Garnier (Jean), de Toulon.
Vidal (Antoine), de Toulon.
Espanet (François), de Toulon.
Blanc (François), de Toulon.
Lafond (Pierre), de Toulon.
Sense (Joseph), de Toulon.
Palmary (Jean), de Toulon.
Ricard (Joseph), de Toulon.
La Pierre (Etienne), de Toulon.
Veissière (Antoine), de Saint-Etienne.

Mousses.

Bousquet (Louis), de Toulon.
Bremond (Jean), de Toulon.
Lisutoud (Jean), de Toulon.
Tourmier (Honoré), de Toulon.
Bernard (Martin), de Toulon.
De Prat (Bernard), de Toulon.
Alibert (Joseph), d'Ollioules.
Jeansolenq (Antoine), de Toulon.
Isnard (Joseph), de Toulon.
Icard (Joseph), de Toulon.
Brun (Jean), de Toulon.
Pons (Genesi), de Martigues.
Boutard (Pierre), d'Antibes.
Davé (François), de Toulon.
Liency (Pierre), de la Seyne.
Feraud (Charles), d'Ollioules.
Rinaud (Jean), de Toulon.
Thibant (Jean), de Toulon.
Coyol (Jacques), de Toulon.
Audibert (François), de la Seyne.
Fia (Pierre), de Grenoble.
Michel (Charles), de la Seyne.
Crotte (Jean), d'Hyères.
Boyer (Laurent), d'Ollioules.
Lautier (Pierre), de Toulon.
Roux (Jean), de Marseille.
Gasquet (Louis), de Toulon.
Roustan (Jean), de Toulon.
Rivier (Pierre), de Toulon.
Fabvre (Joseph), d'Hyères.
Mondé (Jean), de Grenoble.

Domestiques.

Michel (Joseph), de Grenoble.
Martin (Germain), de Castelnaudary.
Simon (Jacques), de Lunéville.
Michel (Antoine), de Marseille.
Coulomb (Joseph), de Marseille.
Langy (François), d'Orléans.
Lafond (Philippe), de Dijon.

LE FIER.

(De juin 1778 à juillet 1780)

M. le Chevalier DE TURPIN, Capitaine de vaisseau, Commandant.

ÉTAT MAJOR.

Capitaine de vaisseau.

Le Chevalier de TURPIN, Commandant.

Lieutenants de vaisseau.

Le Chevalier de GIRARDIN.
De BAUVILLE.
DEBEAUVOIR.
PAGES.
TREMIC de KERANISANT.

Enseignes de vaisseau.

FITTE de CHAMPAGNY (Pierre).
VIS de LOU de BOUAMOUR.
De FRESE.
Le Chevalier de GUERNIZAC.
DUBUC de SAINT-BRIX.

Officiers auxiliaires.

FRERE.
COUPRY.
LE COMTE.
BARBE.
LE COMTE.
LE GRAND.

Chirurgien.

MAUGE.

Aumôniers.

AIME (R. P.).
DE BRASSAC (R. P. Alexis).

Gardes de la marine.

Le Duc DUBOS.
DUBUC du FERET.
DUQUESNE.
DUPATY (Louis), de la Martinique.

Officiers-mariniers de manœuvre.

Griset (Louis), premier maître, de Lorient.
Noirmard (Pierre), premier maître, du Havre.
Dubry (Jean-Marie), second maître, de Brest.
Gervin (Alexandre), contremaître, de Saint-Malo.
Le Barc (François), contremaître, du Conquet.
Derais (Michel), bosseman, de Rouen.
Le Seine (Georges), bosseman de Granville, mort le 17 novembre 1779.
Benz (Julien), quartier-maître de manœuvre.
Troquet (Guillaume), quartier-maître, de Nantes.
Duponchel (Alexandre), quartier-maître, de Saint-Valery.

Rivoel (Antoine), quartier-maître, de Brest.
Bué (Antoine), quartier-maître, de Rouen.
Desmoulins (Alain), quartier-maître, de Brest.
Passilly (Joseph), quartier-maître, de la Hougue, mort le 16 novembre 1779.
Tisoll (Jean), quartier-maître, de Honfleur.
Saunier (Guillaume), quartier-maître, de Saint-Valery.
Simon (Jean), quartier-maître, de la Hougue.
Thréhuidic (Jacques), quartier-maître, de Vannes.
Garçon (Jean), quartier-maître, de Saint-Malo.
Cel (Pierre), quartier-maître, de Granville.
Desvaux (Antoine), quartier-maître, de Calais.
De Canon (Jacques), quartier-maître, de la Rochelle, mort le 29 juillet 1779.
Fort (Pierre), quartier-maître, de Royan, mort le 15 octobre 1779.

Officiers-mariniers de pilotage.

Mouden (Jean), patron de canot, de Brest.
Augard (François), second pilote, de Calais.
Bremont (Pierre), second pilote, de Saint-Valery.
Berthelon (Pierre), aide-pilote, de Honfleur.
Léonard (Jacques), aide-pilote, de Granville.
Belland (Pierre), aide-pilote, du Havre.
Quevauvilliers (Jacques), aide-pilote, de Saint-Valery.
Hue (Félix), aide-pilote, du Havre.

Officiers-mariniers de canonnage.

Blin (Thomas), maître canonnier, de Granville.
Chamberland (Dominique), maître canonnier, de Brest, mort le 6 septembre 1779.
Fleury (Etienne), maître canonnier, de Rochefort, mort le 6 novembre 1779.
Langiacé (Jacques), second canonnier, de Saint-Valery.
Tanguy (Yves), second canonnier, de Brest.
Burnel (Gratien), second canonnier, de Saint-Malo.
Vuanier (Pierre), aide-canonnier, de Caen.
Goison (Grégoire), aide-canonnier, de Saint-Brieuc.
Rusult (Louis), aide-canonnier, de Saint-Malo.
Dorsse (Joseph), aide-canonnier, de Vannes.
Nicol (Jean), aide-canonnier, de Dieppe, mort le 27 octobre 1779.
Julienne (Pierre-Damas), aide-canonnier, de Granville.
Maillard (Claude), aide-canonnier, de Granville.

Le Nourry (Jean), aide-canonnier, de la Hougue.
Fallaise (Nicolas), aide-canonnier, de Granville.
Salmon (Nicolas), aide-canonnier, de Saint-Malo.
Bataille (Joseph), aide-canonnier, de la Hougue.
Talnbardon (Paul), aide-canonnier, de Brest.
Roger (Jean), aide-canonnier, de Rouen.
Cayeux (François), aide-canonnier, de Dieppe.
L'Heureux (Pierre), aide-canonnier, de Dieppe.
Le Franc (Joseph), aide-canonnier, de Vannes, mort le 7 novembre 1779.
Batigant (Gilles), aide-canonnier, de Brest.
Vaslin (Jacques), aide-canonnier, de Fécamp.
Bellanger (Jean), aide-canonnier, de Saint-Valery.
D'Ednyern (Jacques), aide-canonnier, de Brest.
Maurice (Jean), aide-canonnier, de Fécamp.
Pinot (Jean), aide-canonnier, de la Hougue, mort le 9 novembre 1779.
Fromentin (Jean), aide-canonnier, de Dieppe.
Godefroy (Charles), aide-canonnier, de Dieppe.
Cotro (René), aide-canonnier, de Granville, mort le 6 août 1779.

Officiers-mariniers de charpentage.

Renaud (Marie), maître charpentier, de Vannes.
Cloutier (Jean), second charpentier, de Saint-Malo.
Petit (Pierre), aide-charpentier, de Caen.
Aubré (François), aide-charpentier, de Caen.
Duret (Jean), aide-charpentier, de Granville.

Officiers-mariniers de calfatage.

Jourdan (Claude), maître calfat, de Granville, mort le 30 août 1779.
Gaty (Esprit), maître calfat, de Toulon.
Bunel (Thomas), second calfat, de la Hougue.
Thuslle (Joseph), aide-calfat, de Lorient, mort le 2 janvier 1780.
Duparc (Nicolas), aide-calfat, de Honfleur.
Elie (Pierre), aide-calfat, de Granville.

Officiers-mariniers de voilerie.

Bedel (Pierre), maître voilier, de Lorient.
Lamarche (Pierre), second voilier, de Lorient.
Le Saunier (Jean), aide-voilier, de Caen.

Gabiers.

Lamort (Jean), de Granville.
Léger (Pierre), de la Hougue.
Thieulin (Jacques), de Fécamp.
Lenormand (Pierre), de Fécamp.
Corre (Jean), de Brest.
Paolous (Marie), de Granville.
Lemarié (Guillaume), de Honfleur.
Fraboulet (Gabriel) de Quimper.
Massé (Yves), de Quimper.
Duhamel (Jacques), de Saint-Valéry.
Hamel (Jean), de Cherbourg.
Soudril (Jean), du Fécamp.
Hébert (François), de la Hougue.
Le Chevallier (André), de la Hougue.
Guillouet (André), de la Hougue.
Duplessis (Pierre), de Dieppe.

Timoniers.

Danneville (Pierre), de la Hougue.
Pignot (Jean), de la Hougue, mort le 9 novembre 1779.
Thomas (Jacques), de Caen.
Béliard (André), du Caen, mort le 17 décembre 1779.
Poitevin (Nicolas), de Caen, mort le 17 août 1779.
Poitevin (Julien), de Caen.
Dutertre (Claude) de Saint-Valéry.
Desmoulins (Michel), de Dunkerque.
Martin (Antoine), de Fécamp.
Jacob (Yves), du Conquet, mort le 25 décembre 1779.
Montegu (Pierre), de Caen, mort le 6 mai 1779.

Matelots.

Meschin (Jean), de Saintes.
Hébert (Jean), de la Hougue.
Fournier (Pierre), de Dieppe.
Fermant (Jean), de Dieppe.
Rodmont (Jacques), de Dunkerque.
Thomé (Marin), de Caen.
Desroches (Vincent), de Granville.
Duplessis (Jacques), de Fécamp.
Rio (Pierre), de Vannes, mort le 20 mai 1779.
Le Goff (Jacques), de Vannes.
Tellio (Vincent), de Vannes.
Houlbrecq (Nicolas), de Fécamp, mort le 2 juillet 1779.
Gervais (Guillaume), de la Hougue, mort le 22 septembre 1779.
Limantour (Roch), de Lorient.
Simon (Jean), de Caen, mort le 19 novembre 1779.
Benoist (Jean), de Caen.
Aubert (François), de Caen.
Le Gallic (Richard), de Caen.
Cardiune (Pierre), de Caen.
Costit (François) de Caen.
Tessel (Pierre), de Caen.
Letellier (Pierre), de Caen.
Pasquier (François), de Caen, mort le 9 novembre 1779.
Foucher (Laurent), de Caen.
Moisson (Pierre), de Caen.
Osmon (François), de Caen.
Vermond (Jean), de Caen.

Petit (Michel), de Caen.
Tessel (Jacques), de Caen.
Jamet (François), de Caen.
Robert (François), de Caen.
Avisse (Charles), de Caen.
Robert (Guillaume), de Caen.
Pégard (Nicolas), de Caen.
Mariette (Jean), de Dieppe.
Saunier (Jean-Louis), de Dieppe.
Roger (Jean), de Dieppe.
Godefroy (Charles), de Granville.
Lucas (Martin), de Rouen.
Le Fournier (Philippe), de Caen.
Savary (Jean), de Fécamp.
Le Grand (Jacques), de Saint-Valéry, mort le 8 décembre 1779.
Benoist (Guillaume), de Caen.
Palfray (Jean), de Fécamp.
Vaslin (Etienne), de Fécamp.
Hébert (Etienne), de la Hougue.
Aubert (Victor), de la Hougue, mort le 23 septembre 1779.
Le Chevallier (André), de Caen.
Prestaud (Nicolas), de Dieppe.
Vaillet (Jacques), de Dieppe.
Thomas (Germain-Pierre), de Rouen, mort le 27 août 1779.
Thomas (Pierre), de Caen.
Ginard (Jean), de Caen.
Le Carpentier (Gabriel), de la Hougue.
Marie (Jacques), de la Hougue.
Poullet (Antoine), de Saint-Valéry.
Carron (André), de Saint-Valéry.
Thomas (Isaac), de Granville.
David (Pierre), de Granville.
Stéphant (Joseph), de Quimper.
Jourdan (Jean-Nicolas), de Granville, mort le 23 décembre 1779.
Chenu (Pierre), de Saint-Malo, mort le 10 octobre 1779.
Dujardin (François), de Caen.
Jourdan (Jean), de Granville, mort le 26 août 1779.
Blondel (Pierre), de Fécamp.
Bouteiller (Noël), de Fécamp.
Caudvin (Jean), de Dunkerque.
Fromentin (Guillaume), de Granville, mort le 19 juillet 1779.
Gourbin (Gilles), de Granville.
Grosos (Nicolas), de la Hougue.
Burel (Nicolas), de la Hougue.
Moitié (Nicolas), de la Hougue, mort le 18 janvier 1779.
Sourval (Nicolas), de Fécamp, tué au combat du 6 juillet 1779.
Poussier (Jean), de Dieppe.
Cointrel (Pierre), de Dieppe.
Audiquet (Pierre), de Dieppe.
Prial (Nicolas), de Dieppe.
Cauvin (Jean), de Caen, mort le 14 septembre 1778.
Lefebvre (Jacques), de Rouen.
Mayet (Bon), de Granville.
Duchesne (Joseph), de Granville.
Biaré (Antoine), de Saint-Valéry.
Grouel (Jean), de Saint-Valéry.
Le Comte (François), de Saint-Valéry.
Lefevre (Antoine), de Rouen.
Coquet (Charles), de Saint-Valéry.

Aubré (Michel), de Caen.
Mauré (Noël), de la Hougue, blessé au combat du 6 juillet 1779.
Loinel (François), de Rouen.
Friscourt (Jean), de Saint-Valéry.
Cacleau (Josse), de Saint-Valéry, mort le 20 juin 1779.
Beq (Antoine), de Saint-Valéry, mort le 29 novembre 1779.
Jolly (Jean), de Granville.
Sinsens (Louis), de Dieppe.
Vaslin (Martin), de Fécamp, mort le 9 juillet 1779.
Piednoël (Pierre), de Fécamp, mort le 24 juillet 1779.
Hedouin (Michel), de Coutances.
Quintrée (René), de Vannes.
Le Grand (Michel), de Saint-Valéry.
Fauvel (Léonard), de Honfleur.
Leblanc (Jean), de Honfleur.
Piard (Jean), de la Hougue.
L'Eveillé (Louis), de la Hougue.
Bauché (François), de la Hougue.
Drieuse (François), de la Hougue, blessé au combat du 6 juillet 1779.
Pinçon (Noël), de la Hougue.
Tessel (Jean), de Caen.
Dauteville (Pierre), de Caen.
Vimond (Jean), de Caen.
Marie (Benoist), de Caen.
Abry (Nicolas), de Granville.
Goupil (Georges), de Granville.
Letellier (François), de Granville.
Hamelin (Jean), de Granville, mort le 27 juillet 1779.
Gelé (François), de Granville, noyé le 30 décembre 1778.
Baumont (Guillaume), de Granville.
Béchard (Thomas), de Cherbourg, noyé le 7 septembre 1778.
Desrués (Thomas), de Rouen.
D'Auvergne (Robert), de Rouen.
Tiffagne (Pierre), de Rouen.
Taurin (Jacques), de Rouen.
Tierry (Philippe), de Fécamp.
Poitevin (François), de Fécamp, noyé le 7 septembre 1778.
Gohebeur (Georges), de Dunkerque.
Vasseur (Pierre), de Saint-Valéry, mort le 3 juillet 1779.
Bizion (Yves), de Rouen.
Lombard (Vincent), de Fécamp.
Breton (Pierre), de Saint-Valéry, mort le 1ᵉʳ août 1779.
Dupond (Jacques), de Granville.
Dupré (Hervé), de Granville.
Lézard (Jean), du Croisic.
Launay (Joseph), du Croisic.
Goudrée (Jacques), de Dieppe.
Pilleur (Charles), de Fécamp.
Lefèvre (Jean), de Rouen.
Avril (Ervaisse), de Granville.
De Cribal (Guillaume), de Saint-Michel.
Desseinte (Simon), de Bordeaux.
Pommier (Pierre), du Croisic.
Guery (Michel), du Croisic.
Coborgeot (Joseph), de Noirmoutiers.
Boucharin (François), de Brest.
Penin (Pierre), de Calais.
Balin (Guillaume), de Granville.

LA PROVENCE.

(De mars 1778 à décembre 1779)

M. DE CHAMPORCIN, Capitaine de vaisseau, et M. le Chevalier DE SAINT-ANTONIN, Capitaine de vaisseau, Commandants.

ÉTAT-MAJOR.

Capitaines de vaisseau.

De CHAMPORCIN, Commandant tué au combat du 6 juillet 1779.
Le Chevalier de SAINT-ANTONIN, Commandant.

Lieutenants de vaisseau.

Le Chevalier de CIPIERE.
De LAMBERT.
Le Chevalier de SAMBUEY.
Le Chevalier de VILLENEUVE LA CROISILLE.

Enseignes de vaisseau.

Le Chevalier de FERRIERE.
De MINE de QUINSON.
Le Chevalier de GOTHO, tué au combat du 6 juillet 1779.

Chirurgien.

CABUCHET.

Aumônier.

De LORME (R. P. Gabriel).

Gardes du pavillon.

DEVENEL.
FARRET de COUSSERGUES.
CHIENNET de COMBAUD.

Officiers-mariniers de manœuvre.

Ripert (Pierre), premier maître, de Toulon.
Martinenq (Pierre), premier maître, de Six-Fours.
Daniel (Pierre), second maître, de Six-Fours.
Allègre (Joseph), second maître, de Toulon.
Arnaud (Jean), contremaître, de Toulon.
Arnaud (Antoine), bosseman, de Toulon.
Reboul (Alexis), bosseman, de Toulon.
Gabert (Jacques), bosseman, de Toulon.
Gardon (Charles), quartier-maître, de Toulon.
Chaulan (Joseph), quartier-maître, de Marseille.
Féraud (Jean), quartier-maître, de Marseille.
Daniel (Jean), quartier-maître, de Six-Fours.
Fontan (Boniface), quartier-maître, de Cannes.
Bessière (Claude), quartier-maître, d'Agde.
Rebufat (Pierre), quartier-maître, de Toulon.
Audibert (Laurent), quartier-maître, de la Seyne.

Fouache (Gaspard), quartier-maître, de la Ciotat.
Ricord (Joseph), quartier-maître, d'Agde.
Audibert (Lazare), quartier-maître, de la Seyne.
Fournier (François), quartier-maître, de la Ciotat.
Revel (Jean), quartier-maître, de Narbonne, mort le 10 février 1779.

Officiers-mariniers de pilotage.

Berny (Louis), pilote, de la Seyne.
Jouffroit (Dominique), pilote, de la Seyne.
Gache (Louis), pilote, de Toulon.
Le Grand (Pierre), pilote, de Toulon.
Réquier (Joseph), pilote, de Toulon.
Flumenq (Jean), pilote, de Marseille.
Dellastre (Pierre), pilote, de Boulogne.

Officiers-mariniers de canonnage.

Bachelon (Joseph), premier canonnier, de Toulon.
Vidal (Lazare), premier canonnier, de Toulon.
Martinenq (Pierre), premier canonnier, de Six-Fours.
Emeric (Joseph), second canonnier, de Toulon.
Roustan (Nicolas), second canonnier, de Toulon.
Marin (Joseph), second canonnier, de Toulon.
Audemard (Alexandre), aide-canonnier, de Toulon.
Bienfait (Nicolas), aide-canonnier, de Toulon.
Chevreau (Michel), aide-canonnier, de Toulon.
Audibert (Joseph), aide-canonnier, de Toulon.
Guibaud (Honoré), aide-canonnier, de Toulon, mort le 22 mai 1779.
Fouque (André), aide-canonnier, de Toulon.
Azan (Jean), aide-canonnier, de Toulon.
Modeune (Bernard), aide-canonnier, de Toulon.
Alibert (Louis), aide-canonnier, de Toulon.
Broutin (Pierre), aide-canonnier, de Marseille.
Garnier (Jacques), aide-canonnier, de Toulon.
Boutin (Antoine), aide-canonnier, de Toulon.
Fours (Jean), aide-canonnier, d'Antibes.
Lion (François), aide-canonnier, de Toulon.
Brignier (Joseph), aide-canonnier, de Toulon, mort le 28 novembre 1779.
Alibert (Jean), aide-canonnier, de Toulon.
Planelongue (François), aide-canonnier, de Marseille.

Long (Jean), aide-canonnier, de Marseille.
Mangieux (André), aide-canonnier, de Marseille, mort le 27 juin 1778.
Michel (Joseph), aide-canonnier, de Cassis.
Chichon (Christophe), aide-canonnier, de Toulon.
Philandre (Jean), aide-canonnier, de Bandol.
Hubac (Jean), aide-canonnier, de Toulon.
Guigou (Pierre), aide-canonnier, de Six-Fours.
Rossignol (Jean), aide-canonnier, d'Agde.
Bonat (Marc), aide-canonnier, d'Agde.
Pourquier (Jean), aide-canonnier, de Six-Fours.
Bousquet (François), aide-canonnier, de Toulon.
Delong (Antoine), aide-canonnier, de Narbonne.

Officiers-mariniers de charpentage.

Trabaud (Lazare), maître-charpentier, de Toulon.
Mayol (Joseph), second charpentier, de Toulon.
Guiol (Pierre), aide-charpentier, de Toulon.
Vian (Pierre), aide-charpentier, de Toulon.
Carbonnel (Jacques), aide-charpentier, de Toulon.
Daniel (Joseph), aide-charpentier, de la Seyne.

Officiers-mariniers de calfatage.

Core (Jean), maître-calfat, de Toulon.
Roudeiron (Cyprien), second calfat, de Toulon.
Roux (François), second calfat, de Toulon.
Diacon (Jean), aide-calfat, de Toulon.
Bonace (Noël), aide-calfat, de la Seyne.

Officiers-mariniers de voilerie.

Renaud (Joseph), maître-voilier, de Toulon.
Vian (Joseph), second voilier, de la Seyne.

Gabiers.

Jullien (François), de Toulon.
Franc (Marchal), de Saint-Tropez.
Jomard (Jean), de Saint-Tropez.
Cavèbe (Antoine), de Marseille.
Arenne (Tropès-Pierre), de Saint-Tropez.
D'Honore (Jean), de la Seyne.

Timoniers.

Mourut (Gabriel), de Bages.
Ollivier (Jacques), de Saint-Tropez.
Blanc (Esprit), d'Hyères, mort le 10 décembre 1779.
Caste (Barthélemy), de Martigues.
Guiraud (Nicolas), d'Agde.

Gabriel (Jean), de Marseille.
Lavy (Antoine), de Saint-Paul.
Imbert (Joseph), de Martigues.

Matelots.

Trabaud (Joseph-Martin), de Toulon.
Goudet (Joseph), de Toulon.
Girard (Etienne), de Toulon.
Redon (Jean), de Toulon.
Reimier (Jacques), de Toulon.
Villy (François), de Toulon.
Pomet (Esprit), de Toulon, mort le 6 décembre 1779.
Breton (Barthélemy), de Toulon.
Simian (Jacques), de Toulon.
Morel (Jean), de Toulon.
Guzan (Jean), de Toulon.
Seglat (Jean), de Toulon.
Augier (Jean), de Bonne, mort le 28 octobre 1779.
Roux (Joseph), de Toulon.
Porre (Etienne), de Toulon.
Bertrand (Claude), d'Aubène.
Roubaud (Jean), de Toulon.
Vertre (Joseph), de Toulon.
Fouquet (Alexandre), de Toulon.
Modenne (Laurent), de Toulon.
Imbert (François), de Toulon.
Denant (Jean), de la Seyne.
Daniel (Jean), de la Seyne.
Amie (Pierre), de la Seyne.
Levet (Barthélemy), de la Seyne.
Michel (Pierre), de la Seyne.
Jauffron (André), de la Seyne.
Jeansolenq (Antoine), de la Seyne.
Duignant (Joseph), d'Ollioules, mort le 18 avril 1779.
Audrieu (Laurent), de la Seyne, mort le 18 décembre 1779.
Marin (Jean-Charles), de la Seyne.
Roustan (François), de la Seyne.
Sicard (Etienne), de la Seyne.
Colle (François), de la Seyne.
Laugier (Joseph), de la Seyne.
Daniel (Jean-Etienne), de Six-Fours.
Surle (François), de la Cadière.
Fabre (Lazare), de la Cadière.
Blanc (Pierre), de la Cadière.
Bonifay (Barthélemy), de la Ciotat.
Bastiany (Guillaume), de la Ciotat.
Giraud (Honoré), de la Ciotat.
Vian (Jean), de la Ciotat.
Bremond (Antoine), de Fréjus.
Lambert (Joseph), de Fréjus.
Coste (Jean), de Saint-Tropez.
Attanoux (Antoine), de Roquebrune.
Vellette (Jean), de Marseille.
Vertron (Joseph), de Cassis.
Bonnet (Antoine), de Marseille.
Andrau (Simon), de Marseille.
Mourian (Nicolas), de Marseille.
Tambon (Honoré), de Marseille.
Ropotty (Jacques), de Marseille.
Morel (Etienne), de Marseille.
Libon (Denis), de Marseille.
Michel (François), de Marseille.
Jourdan (Joseph), de Marseille, mort le 17 décembre 1779.
Baudeuf (Louis), de Marseille.

Isoary (Christol), de Marseille.
Savin (Pierre), de Saint-Valéry.
Baudillon (Ignace), de Marseille.
Roux (Jean-Claude), de Marseille.
Mavilly (Barthélemy), de Marseille, mort le 29 novembre 1779.
Arragnol (Pierre), de Marseille.
Valentin (Ignace), de Marseille.
Uinac (Joseph), de Marseille.
Moureng (Louis), de Marseille.
Jouffret (Jean), de Marseille.
Rousset (Marie), de Marseille, mort le 19 décembre 1779.
Campanier (Guillaume), de Marseille.
Beranguier (Jean), de Marseille.
Isnard (Antoine), de Marseille.
Michel (Louis), de Marseille.
César (Marc), de Marseille.
Jourdan (Jean), d'Aubagne.
Bremond (Joseph), de Marseille.
Denier (Gaspard), de Marseille.
Carentenne (Pierre), de Marseille.
Floux (Pierre), de Marseille.
Galibardy (Maurice), de Marseille.
Jourdan (Honoré), de Marseille.
Alias (Jacques), de Marseille.
Truc (Jean), de Marseille.
Orliac (Jean), de Marseille.
Panet (Joseph), de Marseille.
Poulin (Jean-Magloire), de Marseille.
Cayeux (Jean), de Marseille.
Martin (Joseph), de Marseille.
Auschy (Laurent), de Marseille.
Jourdan (Jean), de Marseille.
Chaux (Sifrède), de Marseille.
Roux (Jean-Baptiste), de Marseille.
Denier (Jean-Baptiste), de Marseille.
Florent (Laurent), de Marseille.
Perducet (Jean), de Marseille.
Moulard (Louis), de Marseille.
Mathieu (Pierre), de Marseille.
Jourdan (Jean-Baptiste), de Marseille.
Toures (Gaspard), de Marseille.
Jourdan (Marie-Michel), de Marseille.
Tambon (André), de Marseille.
Oudos (François), de Marseille.
Marion (Honoré), de Marseille, mort le 25 avril 1779.
Michel (Jean-Joseph), d'Aubagne.
Jardin (Jean), de Marseille.
Villaron (Jacques), de Dunkerque.
Grandaire (François), de Saint-Valéry.
Rellicard (Claude), de Mâcon, mort le 6 décembre 1779.
Garnier (Cristophe), de Berre.
Dourand (Hiacinte), de Berre.
André (Joseph), de Berre.
Aubrand (André), de Martigues.
Mouton (Joseph), de Martigues.
Bausan (François), de Martigues.
Salla (Jean), de Martigues.
Touret (Jean), de Martigues.
Giraud (Joseph), de Berre.
Violet (Jean), de Berre.
Ollivier (Claude), de Berre.
Rougier (Pierre), de Berre.
Negre (Lambert), de Biot, mort le 22 septembre 1778.
Mony (François), de Biot.
Goudon (François), de Biot.

Ayrand (Pierre), d'Anduze.
Tours (Guillaume), d'Anduze.
Vital (Jean), d'Arles.
Pelonx (Guillaume), d'Arles.
Legnal (Vincent), d'Arles.
Elysean (Jean), d'Arles.
Tharon (Julien), d'Agde, mort le 4 novembre 1778.
Oamta (Antoine), d'Agde.
Serignan (Antoine), d'Agde.
Prouvat (Pierre), de Cette.
Astier (Pierre), de Cette.
Pages (Jean), de Cette.
Gaillard (Nicolas), de Cette.
Martin (Antoine), de Bages.
Azibert (Pierre), de Bages.
Rexulière (Jean), de Bages.
Martin (Giraud), de Bages.
Mourat (Jacques), de Bages.
Benezac (Jean), de Bages.
Roubert (Pierre), de Bages, mort le 25 décembre 1779.
Martin (Barthélemy), de Bages.
Castaing (Jean), de Moissac.
Naissens (Jean), de Moissac.
Richard (Philippe), de Moissac, mort le 22 juillet 1779.
Frebois (Pierre), de Moissac.
Prebocq (Jean), de Moissac, mort le 30 décembre 1779.
Queriol (Antoine), de Moissac.
Gaunat (Jean), de Moissac, mort le 1er mai 1779.
Cartuat (Pierre), de Moissac.
Labat (Jean), de Moissac, mort le 3 novembre 1779.
Bousquet (Raimond), de Moissac, mort le 31 janvier 1779.
Gonestet (Pierre), de Moissac, mort le 29 novembre 1779.
Aurangue (Pierre), de Moissac.
Gignoux (Joseph), de Moissac, mort le 13 décembre 1779.
Vignau (Antoine), de Moissac.
Bergerac (Guillaume), de Moissac, mort le 22 décembre 1779.
Bergerac (Jean), de Moissac, mort le 17 décembre 1779.
Mauria (Antoine), de Moissac.
Abard (Louis), de Moissac.
Davach (Vital), de Moissac, mort le 31 janvier 1779.
Merle (Jean), aîné, de Moissac.
Saumade (Pierre), de Moissac, mort le 30 décembre 1779.
Lavergue (André), de Moissac, mort le 12 septembre 1779.
Boudet (Jean), de Moissac.
Naissens (Antoine), de Moissac.
Davach (Antoine), de Moissac.
Lavergne (Jean), de Moissac.
Boudet (Antoine), de Moissac.
Teissoire (Pierre), de Moissac.
Merle (Jean), cadet, de Moissac.
Queirol (Jean), de Moissac.
Martin (Jean), cadet, de Moissac, mort le 11 novembre 1778.
Martin (Jean), aîné, de Moissac.
Gaunat (Jean), de Moissac.
Berthe (Barthélemy), de Moissac.
Nougues (Jean), de Toulouse.
Sardin (Jean), de Toulouse.

Falangue (Guillaume), de Toulouse.
Brousse (Etienne), de Toulouse.
Massias (Antoine), de Toulouse.
Raymond (Dominique), de Toulouse, mort le 11 décembre 1779.
Sardin (Guiraud), de Toulouse.
Marty (Arnaud), de Toulouse.
Verdier (Antoine), de Verdun.
Gineste (Londet), de Verdun.
Cami (Jean), de Verdun.
Vidouze (Guillaume), de Clermont.
Lalanne (Bernard), de Clermont.
Lafond (Jean), de Clermont.
Magens (Jean), de Clermont.
Richard (Jean), de Saint-Hilaire.
Paillé (Jean), de Villeneuve.
Gaston (Izaac), de Villeneuve.
Pers (Jean), de Villeneuve, mort le 20 juillet 1779.
Pejat (Etienne), de Villeneuve.
Carrère (Jean), de Villeneuve.
Branlée (Guiraud), de Villeneuve, mort le 27 décembre 1779.
Goumatton (Jean), de Villeneuve, mort le 25 septembre 1779.
Galban (Guiraud), de Villeneuve.
Grifoul (Félix), de Villeneuve.
Deix (Pierre), de Sainte-Livrade.
Barrau (Guiraud), de Sainte-Livrade.
Cavalier (Pierre), de Sainte-Livrade.
Bompas (Raymond), de Sainte-Livrade.
Delber (Jean), de Sainte-Livrade.
Dansoulla (Antoine), de Sainte-Livrade.
Savary (Simon), de Sainte-Livrade.
Sivrac (Jean), de Sainte-Livrade.
Boyne (Jean), de Villeneuve.
Dupré (Joseph), de Villeneuve.
Brives (Silvestre), de Villeneuve.
Bourbon (Pierre), de Villeneuve.
Griffoul (Jacques), de Villeneuve.
Sibrac (Jean), de Villeneuve.
Mejac (Nicolas), de Villeneuve.
Carrat (Antoine), de Villeneuve.
Hablanc (François), de Villeneuve.
Lacoste (Louis), de Villeneuve.
Gattier (Martin), de Villeneuve.
Benés (Louis), de Villeneuve, mort le 8 septembre 1778.
Beires (Jean), de Villeneuve.
Navetier (Jean), de Villeneuve.
Leazel (Marc), de Villeneuve.
Delmas (Joseph), de Villeneuve.
Lavergne (Philipe), de Villeneuve.
Dolfour (Paul), de Villeneuve.
Delber (Jean), de Villeneuve.
Raynal (Jean), de Villeneuve.
Sabatier (Louis), de Villeneuve.

Malbac (Betoulier), de Villeneuve.
Castel (Jean), de Villeneuve.
Dautzil (Jacques), de la Teste-de-Buch.
Tardis (Giraud), de la Teste-de-Buch.
Fourton (Jean), de la Teste-de-Buch, mort le 29 décembre 1779.
Savignac (Jean), de la Teste-de-Buch, mort le 26 novembre 1779.
Guittard (Jean), de la Teste-de-Buch, mort le 13 décembre 1779.
Despagne (Pierre), de la Teste-de-Buch.
Dumora (Philipe), de la Teste-de-Buch.
Dannis (Pierre), de la Teste-de-Buch, mort le 19 mai 1779.
Labrunette (François), de la Teste-de-Buch, mort le 25 décembre 1779.
Maleivan (Michel), de la Teste-de-Buch.
Martin (Thomas), de la Teste-de-Buch.
Bouscot (François), de la Teste-de-Buch, mort le 18 décembre, 1779.
Prévot (Jean), de la Teste-de-Buch, mort le 9 décembre 1779.
Lacaze (Raymond), de la Teste-de-Buch, mort le 6 décembre 1779.
Rostin (Pierre), de la Teste-de-Buch.
Augey (Jean), de la Teste-de-Buch.
Gausseng (Guillaume), de la Teste-de-Buch.
Arriboy (Jean), de la Teste-de-Buch.
Savignac (Jean), de la Teste-de-Buch.
Chassenes (Jean), de Bordeaux, mort le 24 novembre 1779.
Lasserre (Jean), de Bordeaux, mort le 29 octobre 1779.
Bonmartin (Jean), de Bordeaux.
Desorés (Thomas), de Bordeaux.
Giraudet (Jean), de Bordeaux.
Léglise (Jean), de Bordeaux.
Bourdié (Giraud), de Bordeaux.
Chautard (Pierre), de Bordeaux, mort le 2 novembre 1779.
Martin (Bernard), de Bordeaux.
Dupuy (Léonard), de Bordeaux.
Laconfourgue (Jean), de Bordeaux.
Dupuis (Jean), de Bordeaux.
Groulet (Antoine), d'Ajaccio.
Jevaco (Jean), d'Ajaccio, mort le 20 décembre 1779.
Sullacaro (Jean), d'Ajaccio.
Saint-André (Noël), d'Ajaccio.
Dominici (Jean), d'Ersa.
Carlini (Ange), d'Ersa, mort le 18 juin 1778.

Novices.

Rancurel (Joseph), de Cigné.
Philipe (Jacques), de Six-Fours.
Marin (Joseph), de Toulon.
Hermitte (Pierre), d'Ollioulles.

Benoit (Étienne), d'Ollioulles.
Nicolas (Jean), pilote côtier, de la Seyne, tué au combat du 6 juillet 1779.

Officiers non mariniers.

Beaud (Jean), de Toulon.
Cardeil (Jean), de la Valette.
Rousselet (Jean), de Saint-Gilles.

Commis du munitionnaire.

Bourgan (Pierre), de Bordeaux.
Bonhomme (Joseph), de Toulon, mort le 11 décembre 1779.
Audibert (Jean), de Marseille, mort le 16 juin 1778.
Rougier (François), de Toulon.
Chassenes (Charles), de Toulon.
Roland (Jean), de Toulon.
Goudon (François), d'Antibes.
Estier (Jean), de la Valette.
Tardieu (Etienne), d'Arles.

Mousses.

Moutet (Alexis), de Toulon.
Joseph (Marc), de Toulon.
Guiol (Claude), de Toulon.
Gautier (Joseph), de Toulon.
Cabucet (Brunot), de Toulon.
Bachelon (Joseph), de Toulon.
Vidal (Joseph), de Beausset.
Guigou (Jacques), de Six-Fours.
Fouque (Jacques), de Toulon.
Ollivier (Pascal), de Six-Fours.
Ripert (Barthélemy), de Toulon.
Alibert (Jean), de Toulon.
Juie (Jean), de la Seyne.
Vieil (Jean), de la Seyne, mort le 19 février 1779.
Masses (Modeste), de Toulon.
Laplace (Pierre), de Toulon.
Valibouse (Joseph), de Toulon.
Amic (Etienne), de la Seyne.
Berony (Laurent), d'Ollioulles.
Roubaud (Louis), de Six-Fours.
Girard (Etienne), de la Seyne.
Eynaud (Jean), de Toulon.
Audibert (Joseph), de Toulon.

Domestiques.

Gautier (Joseph), de Toulon.
Peyré (Pierre), de Castelnaudary, mort le 11 mai 1779.
Baille (Louis), de Toulon.
Paumerol (Pierre), de Toulon.
Laurent (Jean), de Tarascon.

L'ARTÉSIEN.

(1778—1781.)

M. DE PEYNIER, Capitaine de vaisseau, Commandant.

ÉTAT MAJOR.

Capitaine de vaisseau.

DE PEYNIER, Commandant.

Lieutenants de vaisseau.

Vicomte de MONTAULT.
De VILLEVIELLE.
De la TOURNERYE.
De CHAVAGNAC.

Enseignes de vaisseau.

De GALBERT.
De LANGE.
BEJARY.
HARANG.
KIEGER, officier Danois.

Officiers auxiliaires.

BOURDET.
De la BARONNAIS.

Chirurgien-major.

SENNE.

Aumôniers.

DARGUENE (R. P. Jean-François).
BERNARD (R. P. Eloi), Récollet.
WARNIER (R. P.), Cordelier, mort à l'hôpital de la Guadeloupe, le 4 mai 1780.
GRASSIEUS (R. P.), Récollet.

Gardes de la marine et du pavillon.

MOREL DETHAN, garde de la marine.
GUIQUERNEAU, garde du pavillon.

Volontaires.

Gouillard (Charles-Louis), de Paris.
Blanchard (Jacques-Charles), d'Oléron.
Brossard du Bottan (Guy-Marie-Paul).
Dubreuil (Jean-François), de Vannes.
Allemain-Villeray (Joseph), de Rochefort.
Richard (Clément), de Marennes.
Gouachin (Pierre), de Libourne.

Officiers-mariniers de manœuvre.

Michel (Jean-François), premier maître, de Brest.
Triblier (Jean), premier maître, de Marennes.
Monnier (René), premier maître, de Rochefort.
Lafosse (Goulven), premier maître, de Brest.
Bourget (Vincent), second maître, des Sables d'Olonne.

Maree (Jean), second maître, de Lorient.
Laminé (Nicolas), contremaître, de Noirmoutiers, mort le 18 décembre 1778.
Augé (Mathurin), contremaître, de Royan.
Goujemaitre (François), bosseman, de Lorient.
Bartel (François), bosseman, de Bordeaux.
Gherance (Charles), bosseman, de Lorient.
Dumonteil (Louis), quartier-maître, de Blaye.
Berthé (François), quartier-maître, de Noirmoutiers, mort à bord le 20 octobre 1780.
Trilleau ou Frilleau (Jean), quartier-maître, des Sables d'Olonne, tué au combat du 17 avril 1780.
Courval (Philippe), quartier-maître, de Bordeaux, mort à bord le 9 septembre 1780.
Duhamel (Jean), quartier-maître, de Noirmoutiers.
Laman (Jean), quartier-maître, de Blaye.
Guérin (Pierre), quartier-maître, de Saintes.
Savain (Louis), quartier-maître, des Sables d'Olonne.
Le Gur (André), quartier-maître, de Rochefort.
Poireau (Vincent), quartier-maître, des Sables d'Olonne.
Martineau (François-Augustin), quartier-maître, des Sables d'Olonne, mort à bord le 15 décembre 1778.
Chavigneau (Pierre), quartier-maître, des Sables d'Olonne.
Blanchet (Dominique Charles), quartier-maître de Rouen, mort à l'hôpital de Fort-Royal le 15 janvier 1780.
Bernard (François), quartier-maître (Isle Dieu), de l'île d'Yeu.
Gazeau (Louis), quartier-maître, de Noirmoutiers.
Maréchal (Michel), quartier-maître, de Noirmoutiers.
Nadeau (Jean), quartier-maître, d'Oléron.
Roy (Arnaud), quartier-maître, de Blaye.
Roy (Pierre), quartier-maître, des Sables d'Olonne.
Adam (Jean), quartier-maître, de Recouvrance (Brest).
Salion (François), quartier-maître, de Brest.
Romain (Jean), quartier-maître, de Saint-Valery (Somme), mort à l'hôpital le 25 mai 1779.
Langlois (Pierre-Jean), maître-d'équipage, de Lorient.
Bournig (Laurent), maître-d'équipage, de Rochefort.

Officiers-mariniers de pilotage.

Guérin (Luc), patron de canot, des Sables d'Olonne.
Charrier (François), patron de canot, de Noirmoutiers.

Marchais (Etienne), premier pilote, de Rochefort.
Neau (Pierre-Louis), second pilote, des Sables d'Olonne.
Jouano (François), second pilote, de Libourne.
Le Roux (Yves), second pilote, de Saint-Brieuc.
Siguoret (Clément), pilote, de Blaye.
Sicard (Jean-Antoine), pilote, des Iles du Vent.
Fayeau (Pierre), aide-pilote, de la Tremblade.
Buffereau (Elie), aide-pilote, de Marennes.
Luneau (Daniel), aide-pilote, de Royan.
Dupont (Pierre), aide-pilote, de Boulogne-sur-mer.
Le Noir (François-Pierre-Auguste), aide-pilote, du Havre.
Guénon-Deschamps (Victor-Charles), aide-pilote, de Caen.
Lucas (Charles), aide-pilote, de Lorient.

Officiers-mariniers de canonnage.

Sacriste (Pierre), maître canonnier, de Rochefort.
Lepage (Nicolas), maître canonnier, de Rochefort.
Talouneau (Pierre), maître canonnier, de Royan.
André (Pierre), second canonnier, de Rochefort.
Guybaud (André), second canonnier, de Noirmoutiers.
Cateste (Philippe), second canonnier, de Marmande.
La Taste (Jean), second canonnier, de Blaye.
Philippot (Etienne), aide-canonnier, de Noirmoutiers.
Moriseau (Pierre), aide-canonnier, de Noirmoutiers.
D'Eray (Antoine), aide-canonnier, de Marmande.
Denis (François), aide-canonnier, de Marennes.
Lelgau (René-Jean), aide-canonnier, du Croisic.
Chevreau (Jacques), aide-canonnier, de Marennes.
Rivasseau (André), aide-canonnier, d'Oléron.
André (Joseph), aide-canonnier, des Sables d'Olonne, mort à l'hôpital de Fort-Royal le 14 mars 1780.
Cheneau (Jean), aide-canonnier, d'Oléron.
Gibeau (Etienne), aide-canonnier, de la Rochelle.
Nalet (Jacques), aide-canonnier, de Saintes.
Brizard (Joseph), aide-canonnier, de l'île de Ré.

Ratouil (Pierre), aide-canonnier, de l'Ile de Ré.
Gois (Jean-Basile), aide-canonnier, de Rochefort.
Bessan (Raymond), aide-canonnier, de Bayonne.
Chenu (Pierre), aide-canonnier, de Saintes.
Espéron (Georges), aide-canonnier, de Libourne.
Guittet (Charles), aide-canonnier, de Noirmoutiers.
Vasivier (Fidel), aide-canonnier, des Sables d'Olonne, mort à bord le 26 août 1779.
Landreau ou Lundreau (Jean), aide-canonnier, de Libourne.
Herveau (François), aide-canonnier, des Sables d'Olonne, tué au combat du 17 avril 1780.
Robineau (Barthélémy), aide-canonnier, de Blaye.
Roy (Jean), aide-canonnier, de Blaye.
Martin (Pierre), aide-canonnier, de Blaye.
Laborde (Jean-Baptiste), aide-canonnier, de Bayonne.
Gendron (Mathurin), aide-canonnier, de Bayonne, tué au combat du 17 avril 1780.
Ravel (Jean), aide-canonnier, de Bayonne.
Giraud (Claude), aide-canonnier, de Bayonne.
Héran (Jean-Louis), aide-canonnier, de Nîmes, blessé deux fois le 17 avril 1780.
Denis (Pierre), aide-canonnier, de Bordeaux.
Gaudin (Pierre), aide-canonnier, de Rochefort.
Chalumeau (Louis), aide-canonnier, d'Oléron.
Gazin (Jean), aide-canonnier, de Rochefort.
Desclos (Pierre), aide-canonnier, de Toulouse.
Cautin (Jean), aide-canonnier, de Rochefort.

Officiers-mariniers de charpentage.

Grenon (Jacques), premier maître charpentier, de Rochefort.
Ribardier (Dominique), second charpentier, de Rochefort.
Roussel (Louis), second charpentier, de Lorient.
Fougère (Joseph), aide-charpentier, de Rochefort.
Bertrand (Nicolas), aide-charpentier, de Rochefort.
Giraud (André), aide-charpentier, de Rochefort.

Officiers-mariniers de calfatage.

Nettier (Pierre), premier maître calfat, de Rochefort.
Michaud (François), second calfat, de Rochefort.
Hervé (Jean), aide-calfat, de Rochefort.
Arnu (Michel), aide-calfat, de Rochefort.
Loumeau (Jean), aide-calfat, de Rochefort.
Le Sauve (Etienne-François), aide-calfat, de Granville.

Officiers-mariniers de voilerie.

Bertrand (Etienne), premier maître-voilier, de Rochefort.
Crusard (René), second voilier, de Rochefort.

Foury (Claude), aide-voilier, de Bayonne.
Staford (François-Marie), aide-voilier, de Brest.

Gabiers.

Bellamy (Jean), de la Rochelle, mort à l'hôpital du Fort-Royal le 13 mai 1780.
Gugnior (Pierre), de l'Isle de Ré.
Bled (Pierre), des Sables d'Olonne.
Pébart (Etienne), de Bayonne.
Dibouleau (Pierre), des Sables d'Olonne.
Martin (François), des Sables d'Olonne, mort à bord le 6 octobre 1780.
Caudineau (Simon), des Sables d'Olonne.
Ravon (Jean), des Sables d'Olonne.
Girard (André), des Sables d'Olonne.
Ratouil (Louis), de l'Isle de Ré.
Robin (Pierre-Zacharie), de l'Isle de Ré.
Bergeneau (Jean), des Sables.

Timoniers.

Bourgel ou Bourgu (Pierre), de Rochefort.
Patteau (Jean), de Rochefort, mort à l'hôpital du Fort-Royal le 21 mars 1780.
Dubreuil (Isaac), de Saintes.
Boulanger (François), des Sables d'Olonne, mort à bord le 7 septembre 1780.
Damagneux (Jean), de Bayonne.
Poireau (Pierre), de l'Ile d'Yeu, mort à bord le 13 octobre 1779.
Filleu (Guillaume), de Royan, mort à bord le 1er janvier 1780.
Bonnard (Jean), de Royan.
Brandon (Nicolas), de l'Ile de Ré.
Chauvel (Jacques), des Sables d'Olonne.
La Cime ou Lacime (Pierre), de Bordeaux.
Saurin (Luc), de Noirmoutiers.

Matelots canonniers.

Guilloteau (Jacques), de Rochefort.
Bilbeau (Jean), de Rochefort.
Morpain (Jean), d'Angoulême.
Brochard (Jean), des Sables d'Olonne.
Guillou (Antoine-Joseph), de Noirmoutiers.
Etier (Jean), de Libourne, tué au combat du 17 avril 1780.
Sauzon (Guillaume), de Libourne.
Rivière (Jean), de Libourne, mort à l'hôpital du Fort-Royal en fin mai 1780.
Fouquerre (Guillaume), de Marmande.
D'Escas (Antoine), de Marmande.
Cruzet (Jean-Gabriel), de Toulouse, mort à l'hôpital du Fort-Royal le 27 novembre 1779.
Orangue (Jean), de Montauban.
Selle (René), de Saint-Malo, blessé au combat du 6 décembre 1778; mort de ses blessures le 7 du dit.
Catteau (Jean), de Noirmoutiers.
Ballet (Jean), d'Angoulême.

Matelots.

Rochefort.

Champion (Jean-Joseph).
Soubilau ou Sobuidau (Charles).
Paquereau (Jean).
Roger (Jacques), calfat.
Tessier (François), voilier.
Brevet (Louis), charpentier.

Comte (Alexandre), charpentier.
Guigon (Jean-Maurice).
Delpêche (Guillaume), canonnier-servant.
Ridoire (Jean), canonnier-servant.
Philippe (Mathieu), canonnier-servant.
Renault (Jacques), canonnier-servant.
Joussan (Pierre), mort à bord le 24 juillet 1780.
La Cantine ou Lacantine (Pierre).
Tessier (Pierre).

Saintes.

Boisier ou Boifier (Antoine).
Joulain (Pierre).
Elie (Louis).
Allemand (Vivien).
Vincent (Jean), mort le 29 décembre 1778 à l'hôpital.
Deschamps (Pierre).
Chaudron (Jean), blessé au combat du 6 décembre 1778; mort le 27 janvier suivant.
Priou (Pierre).
Boisier ou Boifier (François).

Angoulême.

Gatineau (Louis).
Coupeau (Jacques), mort à l'hôpital du Fort-Royal le 21 décembre 1779.
Roy (Jean).
Gratereau (Pierre), mort à l'hôpital de Lorient le 19 décembre 1778.
Rousseau (Jacques).
Drouillard (Jean).
Gratteau (Pierre).

Marennes.

Dubois (Elisée).
Guillet (Samuel).
Martin (Antoine).
Secret (Daniel).

Oléron.

Tétard (Jacques), mort à bord le 29 novembre 1778.
Regnier (Henry).
Patoiseau (Jean), mort à l'hôpital du Fort-Royal le 6 décembre 1779.
Chiron (François).
Guérineau (Jean).

Royan.

Pean (François).
Dubos ou Dubois (Joseph-Sébastien), mort à l'hôpital de Fort-Royal le 17 avril 1779.
Bruno (Pierre).
Arcande (Pierre).
Guindet (Pierre), mort à l'hôpital du Fort-Royal le 1er décembre 1779.
Morin (Michel).
Pineau (Pierre), mort à bord le 30 septembre 1780.
Corisier (Jean).
Ardouin (Gabriel).
Bacle (Pierre).
Abrard (Michel).
Roullin (Jean).
Blanchard (Jean).

La Rochelle.

Pineau (Louis).
Touteau (Jacques).

Gerbout (François).
Moreau (Jacques).
Bareau (Pierre).
Guillon (Pierre-Modeste).
Toussaint (Jean), mort à l'hôpital du Fort-Royal le 11 janvier 1780.
Martin (Pierre), mort à l'hôpital du Fort-Royal le 19 décembre 1779.
Etienne (Jean).

Ile de Ré.

Bizet (Jean-Baptiste).
Riganeau (Jacques).
Febay (Claude).
Febay (Claude), mort à bord le 20 novembre 1779.
Bled (Jacques), mort à bord le 19 novembre 1780.
Brizard (François).
Grasset (Pierre).
Moreau (Jean-Louis).
Bicateau (François).
Baufils (André), mort à l'hôpital de Lorient le 21 janvier 1779.
Dupré (Louis).

Sables d'Olonne.

Rousselaut (Pierre).
Guilleman (Maurice), mort à l'hôpital du Fort-Royal le 26 janvier 1780.
Gratia (Casimir).
Caradeuc (Jean).
Rousseau (René).
Hébert (Pierre), mort à l'hôpital du Fort-Royal le 19 janvier 1780.
Arnoux (Nicolas), mort à l'hôpital du Fort-Royal le 6 février 1780.
Vilnot (Jacques).
Pellison (André).
Cuileau (Pierre).
Létard (Jean).
Mériau (François), mort le 10 décembre 1779 à l'hôpital du Fort-Royal.
Michau (Louis).
Martin (François-Gabriel).
Bouët (André).
Taugaur (André).
Marie (Jean).
Manoury (Jacques).
Tessou (Joseph), mort à bord le 11 octobre 1780.
Magneau (Louis-René).
Mallet (Joseph-Fidèl).
Lajoye (François), mort à bord le 30 août 1780.
Goala (Etienne).
Charrier (Luc).
Bertin (Jacques).
Dupuis (François-Antoine).
Guillet (Jacques).
Boulineau (Tranquiln).
Trouilleau (Casimir).
Guignement (Pierre).
Berre (Pierre), mort le 8 novembre 1779, à bord.
Charier (Louis).

Normoutiers.

Masson (Louis).
Guittonneau (Jean), mort à bord le 1er novembre 1779.

Souchet (Nicolas).
Pateril (Jacques).
Maurice (Gilles).
Imbert (Jean).
Vinundeau (Jacques).
Guilleau (Pierre), mort en mer le 24 juin 1779.
Richardeau (Jacques).
Frioux (Henry).

Ile d'Yeu.

Orsonneau (Pierre).
Poireau (Pierre), fils de Jacques, mort à bord le 23 novembre 1779.
Rouët (Charles-Sébastien).
David (François).
Tarraud (Jacques).
Poireau (Pierre), fils de Nicolas.
Guilhot (Jean-Louis), mort à l'hôpital du Fort-Royal le 29 mars 1780.
Moizeau (Pierre).
Roy (Jean), mort à l'hôpital du Fort-Royal le 7 février 1780.
Pruneau (Jean), mort à l'hôpital du Fort-Royal le 13 mars 1780.
Lucas (Jacques), tué au combat du 19 mai 1780, après souper.
Nolau (Pierre).
Chavitoau (Yves).

Bordeaux.

La Brege (Jean), de Bordeaux.
Normandin (Jean), mort à l'hôpital du Fort-Royal le 20 décembre 1779.
Gadéchen (Henry).
Lanterne (Jean).
Goudable (Antoine).
Dalcourt (Alexandre).
Goudart (Jean).
Martin (Pierre).
Salbeuf (Jean).
Faure (Jacques).
Dupuis (Jean).
Béarnois (Pierre).
Driolle (Jean).
Duret (Jean).
Martin (Arnaud), mort à l'hôpital du Fort-Royal le 2 mai 1780.
Lamy (Bernard).

Blaye.

Lavau (Jacques).
Coscaud (Jean).
Faflou (Jean).
Guillory (Pierre), mort à l'hôpital du Fort-Royal le 23 janvier 1780.
Raboulet (Etienne), mort à l'hôpital du Fort-Royal le 28 janvier 1780.
Duret (Jean).
Métayer (Pierre).
Bénéaut (Mathurin).
Rochet (Louis), mort à bord le 28 avril 1779.
Goriffe (Gilles).
Le Geay (André).

Libourne.

Laidez (Pierre).
Cassadou (Jean).
Mocnereau (Jean).

Faure (Bernard), mort à l'hôpital du Fort-Royal le 29 décembre 1779.
David (Pierre).
Saugeon (François).
Edie (Etienne), mort à l'hôpital du Fort-Royal le 16 mars 1780.
Milhau (François).
Bouët (Jean).
Cluzeau (Jean).
Rolland (Jean), mort à bord le 14 octobre 1780.
Grenier (François), mort à bord le 24 octobre 1780.
Tissandier (Joseph), mort à l'hôpital du Fort-Royal le 19 décembre 1780.
Deschamps (Pierre).
Rousseau (François).
Desserres (François), mort à l'hôpital du Fort-Royal le 30 décembre 1779.
Billan (Jean).
Rigolis (Raimond), mort à l'hôpital du Fort-Royal le 23 janvier 1780.
Bossuet (Jean).
Landreau (Jean).
Léglise (François), mort à l'hôpital du Fort-Royal le 22 décembre 1779.
Laroche (François), mort à l'hôpital de Cadix le 25 octobre 1780.

Marmande.

Maurice (Jean).
Ciret (Jean), mort à la mer le 5 décembre 1778.
Naulet (Antoine), mort le 26 octobre à l'hôpital de Cadix.
Cassou (Jean).
Graverre (Jean), mort à l'hôpital du Fort-Royal le 25 décembre 1779.
Morineau (Jean).
Lacoste (Jean), mort à bord le 25 octobre 1779.
Delrieu (Pierre).
Gourmelon (Félix).
Jouglat (François).
Crouchepaire (Jean).
Baudon (Jean).
Deinasse (Jean).
Monteyral (Jean).
Casse (Jean).
Dofois (Pierre).
Gassou (François).
Péjeat (Jean).
La Vigne ou Lavigne (Jean).
Rivierre (François), mort à l'hôpital du Fort-Royal le 28 novembre 1779.
Rigal (Henry).
L'Eglise (Barthélémy).
Bâtard (Etienne).
Paillou (Guillaume).
Lafosse (Pierre).
Dunaud (Jean).
Maillé (Arnaud).
Argelos (Pierre).
Bourouelo (Pierre).
Bouet (Jean).
Pontevès (Antoine).
Bordes (François).

Toulouse.

Peycayere (Jean).
Roumeau (Guillaume).

Mascarin (Gabriel), mort à l'hôpital de Fort-Royal le 23 septembre 1779.
Figuerolle (Barthélemy).
Roi ou Roy (Jean).
Lafond (Jean).
Quérou (Jean).

Montauban.

Delprejat (Jean).
Bressolles (Arnaud).
Auger (Pierre), mort à bord le 26 octobre 1780.
Sazy (Arnaud), mort à l'hôpital du Fort-Royal le 30 décembre 1779.
Dufour (Arnaud).
Soulascarel (Jean).
Martin (Antoine).
Frisquet (Barthélemy).
Pradine (Jean).
Souage (Philippe).
Merle (Etienne), mort à bord le 22 novembre 1779.
Le Béfande (Jean).
Martin (Jean).
Vugneau ou Vrigneau (François).
La Garde (Jean).
La Croix (Giraud), mort à l'hôpital du Fort-Royal le 10 décembre 1779.
Delbert (Antoine).
Dupuis (Pierre).
De Rax (Blaise), mort à l'hôpital du Fort-Royal le 10 janvier 1780.

Bayonne et Bretagne.

Meignier (Joseph), de Bayonne.
Lasalle (Jean-Pierre), de Bayonne.
La Borde (Pierre), de Bayonne.
Burgalat (Jean), de Bayonne.
Laffitte (Bernard), de Bayonne.
Dittieu (Raimond), de Bayonne.
Tauzier (Jean), de Saint-Jean-de-Luz.
Darricade (Jean), de Saint-Jean-de-Luz.
Guerlava (Mathurin), de Saint-Malo.
Dutanoué (Georges), de Saint-Malo.
Jougan (Laurent), de Saint-Malo.
Quermarec (Alain), de Camaret.
Malgorn (Yves-Jean), d'Ouessant.
Guillaumet (Alain), de Quimper.
Perenou (François), de Quimper.
Pitton (Michel), de Quimper, mort à bord le 29 août 1780.
Tourillon (Mathieu), de Camaret, mort à bord le 24 août 1779.
Riou (Pierre), de Lannion.
Gauvin (Julien), de Saint-Malo.
Godefroy (Jean), de Granville.
Baldeveque (Jean), de Granville.
Aubry (Louis-Alexandre), de Fécamp.
Barbe (Etienne), de Calais.
Bouchet (Pierre), de Saintes.
Billou (Jacques), de Marennes.
Mauffange (Guillaume), de Marmande.
L'Espaut (Pierre), de Toulouse.
Raillac (Pierre), de Libourne.
Giraud (Pierre), de Libourne.
Charbouillut (Pierre), de Marmande.
Braud (François), de la Rochelle.
Picard ou Picard (Léon), de la Rochelle.
Crétain (Etienne), de Saintes.
Patarin (Etienne), de Saintes.

Baade (François), de Montauban.
Boucher (Nicolas), d'Origans.
Roget (François), de Paimbœuf.
Bibes (Jean), de Marmande, mort à l'hôpital du Fort-Royal le 19 mars 1780.
Roumagnoux (Jean), aîné, de Marmande, mort à bord le 16 septembre 1780.
Roumagnoux (Jean), cadet, de Marmande.
Muissans (Jean), de Marmande.
Brousteau (Antoine), de Marmande.
Bierre (Martin), de Marmande.
Lalanne (Claude), de Marmande.
Vergnes (Pierre), de Moissac, mort à bord le 13 novembre 1779.
Lafond (Pierre), de Moissac.
Desclaux (Martial), de Bordeaux.
Le Clerq (Jacques), de Marennes.
Malescot (André), de Libourne.
Lano (Jean), de Marennes.
Bithalie (Charles-François), de Dieppe.
Gélonch (Noël), de Brest.
Patarin (Etienne), de Saintes.
Hardy (Germain), de Lorient.
Blondel (Jacques), de Granville.
Bonté (Jean), de Granville.
Pesuel (René), de Granville.
Campion (Jacques), de Granville.
Bataille (Noël), de Granville.
Coupard (François), de Granville.
Longrais (Louis), de Granville, mort à bord le 9 octobre 1779.
Duverger (Julien), de Dinan.
Charlopin (Mathurin), de Dinan.
Ameline (François), de Dinan, mort à l'hôpital du Fort-Royal le 4 mai 1780.
Macé (François), de Dinan, mort à bord le 26 septembre 1779.
Corvée (Laurent), de Vannes, tué dans le combat du 15 mai 1780.
Brien (Jean), de Vannes, mort le 29 janvier 1779.
Joannic (Joseph), de Vannes.
Lecomte (Michel), de Saint-Valéry.
Elias (Jean), de Camaret.
Le Gac (Jean), de Brest.
Lebrun (Thomas-Marie), de Brest.
Colin (Pierre-Marie), de Brest.
Le Roy (Yves), de Brest.
Tolmer (Jean-Baptiste), de Saint-Malo.
Gauvin (Jean-Antoine), de Cherbourg.
Lahaye (Guillaume-Julien), de Brest.
Marec (Jean-Louis), de Brest, tué au combat du 17 avril 1780.
Le Borgne (Pierre-Marie), de Brest.
Jasé (Jean-Nicolas), de Dieppe.
D'Anjou ou Danjou (Jean), de Lorient.
Le Bail (Pierre), de Quimper.
Selin (Thomas), de Quimper, mort à bord le 29 décembre 1780.
Kervella (Joseph), de Brest.
Canuet (Claude), de Granville, mort à l'hôpital du Fort-Royal le 23 janvier 1780.
Thomas (André), de Vannes.
Le Cerf (Pierre), de Vannes.
Perroux (Guillaume), de Vannes.
Guéneau (Jean), de Vannes, mort à l'hôpital du Fort-Royal le 8 mars 1780.
Tonnerre (Yves-Michel), de Lorient.
Landry (Jean-Baptiste), de Nantes.
Rénolau (Jean-Pierre), de Royan.
Silvestre (Mathieu), de Carnac.

Adeline (Pierre), de Carnac.
Nicole (Pierre), de Carnac.
Royer (Etienne), de Louviers.
Pichou (Toussaint), de Billé (Ille-et-Vilaine), mort à l'hôpital de Cadix le 2 novembre 1780.
James (Julien-François), de Billé (Ille-et-Vilaine), mort à l'hôpital du Fort-Royal le 27 février 1780.
Dubreuil (Gaspard), de Bordeaux.
Thomas (Louis), de Quiberon.
Guézel (Joachim), de Quiberon, mort à l'hôpital du Fort-Royal le 5 avril 1780.
Le Floc (Guillaume), de Quiberon.
Chevrelin (Jean), de Dieppe.
Brochet (Etienne), de Marennes.
Le Gall (Guillaume), de Bordeaux.
Danic (Jean), de Vannes.
Rouzic (Bonnard), de Vannes.
Le Port (Joseph), de Vannes, mort le 20 octobre 1779, à bord.
Croisier (Pierre), de Vannes.
Bouidec (Pierre), de Vannes, mort à l'hôpital du Fort-Royal le 29 janvier 1780.
La Port (Jean), de Vannes.
Pilloux (Mathurin), de Port-Louis.
Guistreberg (Ollivier), de Vannes.
Eveno (Guillaume), de Vannes.
Madec (Pierre), de Vannes.
Goffeny (Gilles), de Saint-Brieuc, mort à l'hôpital du Fort-Royal le 6 mars 1780.
Le Venard (Vincent), de Vannes.
Torby (Guy), de Vannes.
Laydu (Julien), de Vannes, mort le 1er août 1779 à Saint-Domingue.
Guiguéran (Joseph), de Vannes.
Le Dantec (Yves), de Vannes, mort à bord le 10 novembre 1779.
Dano (Jean), de Vannes.
Loué (Guillaume), de Vannes.
Hervé (Saturnin), de Vannes, mort le 24 mai 1780, à bord.
Matau (Joseph), de Vannes.
Le Cam (Marc), de Vannes, mort à l'hôpital du Fort-Royal le 6 février 1780.
Gigan (Raimond), de Saint-Malo.
Royan (Jacques), de Cancale.
Lamerre (François), de Vannes.
Adam (Jean), de Granville.
Bouzet (Antoine), d'Orange.
Le Marchand (Jean), de Granville, mort à l'hôpital du Fort-Royal le 22 décembre 1779.
Loisel (Jean-Etienne), de Fécamp.
Grégoire (François), de Nantes, mort à l'hôpital du Fort-Royal le 28 décembre 1779.
Guerrier (Jean-René), de Fécamp.
Bachelet (Louis-Sénateur), de Fécamp.
Le Puil (Jean), de Vannes, mort le 8 novembre 1779, à bord.
Le Lan (Louis), de Morlaix, mort le 18 mai 1779, à bord.
Diament (Jean), de Recouvrance (Brest).

Novices et Matelots.

Guérin (Michel), de Paris, mort à l'hôpital du Fort-Royal le 3 décembre 1779.
Jacques (Nicolas), de Paris.
Thurin (François-Antoine), de Paris.
Tallard (Antoine), de Paris.
Enaut (Pierre-François), de Granville.

Quintin (Pierre), de Saint-Brieuc.
Meunier (Jean), de Saint-Brieuc, mort à l'hôpital du Fort-Royal le 5 mars 1780.
Lascou (Louis), de Rochefort.
Leveillé (Charles), de Saintes.
Taillé (Jacques), de Bourg (en Brie).
Courtain (Mathieu), d'Angers.
Cartes (Willem), de Boston.
Rondel (Jean), de Marmande.
Cam (Jean), de Toulouse.
Savary (Pierre-Victor), du Havre.
Caillet (Gabriel), de Nantes.
Suréau (Jean), de Bordeaux.
Duhamel (Jean Baptiste), de Honfleur.
Pommier (Pierre), de Bordeaux.
Fillette (François), de Rochefort.
Lalaunne (Pierre), de Marmande.
Moreau (Joseph), de Marmande.
Marly (Pierre), de Marseille.
Le Coir (Jean-Baptiste), de Granville.
Patouseau (André), d'Oléron.
Malberq (Louis), de Paris.
Sicard (Mathieu), de Marseille.
Feuilleron (Pierre), de Bordeaux.
Magnon (François), de Bordeaux.
Chauvin (Jean), de Marseille.
Andureau (Pierre), de Nantes.
Robicheau (Joseph), de Nantes.
Bellot (Joseph), de Saint-Jean-de-Luz.
De Linel (Thomas), de Paris, mort à bord le 23 janvier 1781.
Juchwal, de Boston.
Feguine (Guillaume), de Boston.

Desusse (Thomas), de Boston.
Bisdeau (Gilles), de Boston.
Thomact (Lodge), de Boston.
Sévère (Pierre), de Morlaix.
Lude (Matharin), de Bordeaux.
Corbejol (Joseph), de Noirmoutiers.
Rondelle (François), de Dinan.
Thomas (Jean-François), de Saint-Brieuc.
Vallet (Jean), de Dunkerque.
Poyer ou Foyer (Jean), de Caen.
Dumanoir (Ambroise), de Granville.
Platon (Jacques), de Marmande.
Ride (Julien), de Rennes.
Gauré (Jean), de Bordeaux.
Dupont (Jean), de Bordeaux.
Gaillard (François), de Cherbourg, mort à l'hôpital du Fort-Royal le 13 mars 1780.
Jacob (Louis), de Nantes.
Michau (Pierre), de Bordeaux.
Hussebé (Joseph), de Rouen.
Le Breton (Guillaume), de Granville.
Pérault (Nicolas), de la Rochelle.
Viaud (Thomas), de Nantes.
Mercier (Antoine), de Honfleur.
Lehire (Yvel), de Brest, mort à l'hôpital du Fort-Royal le 10 avril 1780.
Berthelot (Jean), de la Rochelle.
Thébaud (Pierre Nicolas), de Rouen.
Porteboutin (Jean), de Saint-Malo.
Calle (Guillaume), de Montauban.
Tabois (Louis), de Rochefort.
Guerbodar (Emmanuel), de Saint-Valéry.
Sarrete (Alexandre), de Bordeaux.

Bougaren (Geffroy), du Mans.
Gavougonnet (Olivier), de Douai.
Toudu (Jean), d'Angoulême.
Martin (Dominique), de Dijon.
Donné (Jacques), de Dinan.
Le Prince (André), de Dinan.
Papillon (Jean), de Rochefort.
Delavoye (Gabriel), de Rochefort.
Blouin (Nicolas), d'Angers.
Biarne (Pierre), de Bordeaux.
Guiard (Louis-Augustin), de Mayenne.
Baudreau (Louis), du Mans.
Bonneau (Gabriel), de Saumur.
Fouquet (Guillaume), de Saint-Malo.
Fourneau (François), de Dieppe.
Rohan (Bertrand), de Guingamp.
De la Marque (Michel), de Bayonne.
Lambert (François), de Fougères.
Le Vasseur (Pierre), de Dieppe.
Serigne (Louis), de Vannes.
Ollivier (François), de Saint-Brieuc.
Ecorchard (Alexandre), de Saint-Malo.
Guiet (Jean-Louis), d'Hyères.
Bernard (François), d'Hyères.
Stéphain (Michel), de Nice.
Garnier (Jean-Victor), de Marseille.
Bœuf (Joseph), de Saint-Tropez, mort à bord le 21 décembre 1780.
Robert (Barthélemy), de Marseille.
Ricard (Jean-Baptiste), de Marseille.
Bouillé (Jean), de Marseille.

Équipage du vaisseau du roy l'"Orient," passé de la prise le "Vigilant" à bord de l'"Artésien."

LAINE, Commandant la prise, Officier auxiliaire.
KEROUAN, Second, officier auxiliaire.
Fenet (François), quartier-maître, de Calais.
Luméo (Nicolas-Étienne), matelot, de Rouen.
De Ray (Alexandre), matelot, de Nantes.
Sibille (Louis-Bonnefoy), matelot, de Dieppe.

Poussain (Louis-Tranquille), matelot, de Dieppe, mort à bord le 23 décembre 1780.
Boulon (Pierre), matelot, de Saint-Malo.
Bas ou Bar (Nicolas-Denis), matelot, de Dieppe.
Parquet (Pierre Adrien), matelot, de Dieppe.
Troquet (François), matelot, de Dieppe.

Augay (Louis-Nicolas-Laurent), matelot, de Dieppe.
Picquet (Michel-Honoré), matelot, de Dieppe.
Joyet (Louis), matelot, de Paimbœuf.
Visguenel (Adrien-Louis), matelot, de Honfleur.
Morin (Guillaume), matelot, du Croisic.

LE GUERRIER.

(Avril 1778.)

M. DE BOUGAINVILLE, Capitaine de vaisseau, Commandant.

ÉTAT-MAJOR.

Capitaines de Vaisseau.

De BOUGAINVILLE, Commandant.
De MISSIESSY.
De GRASSE LIMERMONT.

Lieutenants de Vaisseau.

De RIBIERS.
Le Comte de LAVEAULX.
De BEAUJEU.

MARTINENQ.
De BEAUREPAIRE.
Le Chevalier de CHAVAGNAC.
DURAND de la MOTHE.

Enseignes de Vaisseau.

Le Chevalier de GRIMALDY.
De CANILLAC.
DUTILLET.
De TERRAS.
Le Chevalier de FABRY.

Aumônier.

GIRAUD (R. P.).

Chirurgien.

BERTRAND.

Gardes de la Marine.

MARRON de SANTIAT.
De CROZE.
De LABATUT.

De PINSUN.
De la BORDE MARCHAINVILLE.

Officiers-mariniers de manœuvre.

Icard (Joseph), maître, de la Seyne.
Hermite (François), maître, de Toulon.
Hermite (Jacques), second maître, de la Seyne.
Daumas (Laurent), second maître, de Toulon.
Gautier (André), contremaître, de la Seyne.
Fabre (François), contremaître, de Six-Fours.
Chamoullé (Mathieu), contremaître, de la Seyne.
Beaudouin (Joseph), bosseman, de Six-Fours.
Senès (Félix), bosseman, de la Seyne.
Bernard (Jean), quartier-maître, de Six-Fours.
Tassy (Victor), quartier-maître, de Six-Fours.
Reynaud (Antoine), quartier-maître, d'Antibes.
Coutier (Jean), quartier-maître, d'Agde.
Aillaud (Mathieu), quartier-maître, de Six-Fours.
Artaud (Honoré), quartier-maître, d'Antibes.
Lansard (Louis), quartier-maître, de la Ciotat.
Brunot (Augustin), quartier-maître, de Toulon.
Barthélémy (Jean), quartier maître, de la Ciotat.
Bérenguier (Laurent), quartier-maître, de Toulon.
Barthélémy (Joseph), quartier-maître, de Marseille.
Maurel (Barthélémy), quartier-maître, de Martigues.
Morel (Jean-Clair), quartier-maître, de Martigues.
Martin (Joseph), quartier-maître, de la Seyne.
Demissura (Jean), quartier-maître, de Saint-Jean-de-Luz.
Blain (Jean), quartier-maître, de Marseille.

Officiers-mariniers de pilotage.

Catelin (François), pilote, de Toulon.
Cocampot (Jean), pilote, de Toulon.
Catelin (Jean), pilote, de Toulon.
Tostel (Joseph), pilote, de la Seyne.
Tostel (Honoré), pilote, de la Seyne.
Rouvier (François), pilote, de Toulon.
Ricaud (Louis), pilote, de Toulon.

Officiers-mariniers de canonnage.

Castelan (Toussaint), maître canonnier, de Toulon.
Augias (Jean), maître canonnier, de Toulon, mort le 24 août 1778.
Rigoutier (Jean), maître canonnier, de Toulon.
Chichon (Jacques), second canonnier, de Toulon.
Moriés (Antoine), second canonnier, de Toulon.
Fournier (Jean), second canonnier de Toulon.
Gautier (Jean), aide-canonnier, de Toulon.
Olivier (François), aide-canonnier, de Toulon.
Piston (Antoine), aide-canonnier, de Toulon.
Meval (Honoré), aide-canonnier, de Toulon.
Roubion (Jean), aide-canonnier, de Toulon.
Durand (Louis), aide-canonnier, de Toulon.
Marquisan (Antoine), aide-canonnier, de Toulon.
Bonneval (Pierre), aide-canonnier, de Toulon.
Raynaud (Louis), aide-canonnier, de Toulon.
Lieutaud (Jean), aide-canonnier, de Toulon.
Fouque (Louis), aide-canonnier, de Toulon.
Roubaud (Jacques), aide-canonnier, de Toulon.
Pichaud (Joseph), aide-canonnier, de Toulon.
Gueit (Louis), aide-canonnier, de Toulon.
Fabre (Laurent), aide-canonnier, de Six-Fours.
Lardier (Jacques), aide-canonnier, de la Seyne.
Liotaud (Jean), aide-canonnier, de Toulon.
Doi (Alexis), aide-canonnier, de Toulon.
Fabvre (Jean), aide-canonnier, de Six-Fours.
Trabaud (Lazard), aide-canonnier, de Toulon.
Guerard (Louis), aide-canonnier, de Toulon.
Vachier (Louis), aide-canonnier, de Toulon.
Giraud (Jacques), aide-canonnier, d'Arles.
Planchut (Louis), aide-canonnier, de Toulon.
Liautaud (Jean), aide-canonnier, de Toulon.
Cauvet (Joseph), aide-canonnier, de Toulon.
Luchard (François), aide-canonnier, d'Arles.

Officiers-mariniers de charpentage.

Viennet (Joseph), maître charpentier, de Toulon.
Pignol (Jean), second charpentier, de Toulon.
Clair (Pierre), aide-charpentier, de Toulon.
Laoyer (Louis), aide-charpentier, de Toulon.
Martinenq (Etienne), aide-charpentier, de Six-Fours.
Michel (Jean), aide-charpentier, de Toulon, mort le 12 juin 1779.

Officiers-mariniers de calfatage.

Laure (Jean), maître calfat, de Toulon.
Berlet (Louis), second calfat, de Toulon.
Eynaud (Jean), second calfat, de la Seyne.
Rimbaud (Jean), aide-calfat, de Toulon.
Espanet (Benoît), aide-calfat, de Toulon.
Gues (André), aide-calfat, de Toulon.

Officiers-mariniers de voilerie.

Allègre (Jean), maître voilier, de Toulon.
Daniel (Jacques), second calfat, de Six-Fours.
Rey (Joseph), second calfat, de Toulon.
Araguesa (Pierre), aide-calfat, Marseille.
Thomas (François), aide calfat, de Toulon.

Gabiers.

David (Crepin), de la Ciotat.
Junot (Etienne), de la Ciotat.
Martin (André), de la Seyne.
Vent (Pierre), de Marseille.
Pelegrin (Jean), de Toulon.
Camoin (Joseph), de Toulon.

Timoniers.

Ventueil (Jean), de Marseille.
Laurent (Joseph), d'Antibes.
Natte (Jean), de Marseille, mort à bord le 30 septembre 1778.
Gaudin (Jean), de Marseille.
Salomon (Jean), de Martigues.

Matelots.

Roudet (Joseph), de Toulon.
Peyrin (Antoine), de Toulon.
Paulet (Paul), de Toulon.
Rimbaud (Jean), de Toulon.
Ginouvès (Joseph), de Cuers.
Gueit (André), de Toulon.
Michel (Pierre), de Toulon.
Astour (Jacques), de Toulon.
Mège (Toussaint), de Toulon.
Doillouilles (Jacques), de Toulon.
Anne (Pierre), de Toulon.
Ginol (Augustin), de Toulon.
Munier (Etienne), de Toulon.
Penne (Joseph), de Toulon.
Drogon (Louis), de Six-Fours.
Denant (Jean), de Six-Fours.
Sicard (Joseph), de la Seyne.
Mattou (Antoine), de la Seyne.
Pourquier (Pierre), de la Seyne, mort à bord le 21 décembre 1779.
Doudon (Joseph), de la Seyne.
Rimbaud (Mathieu), de Six-Fours.
Paul (Jean), de la Seyne.
Caillot (Antoine), de la Seyne.
Grisolle (Laurent), de la Seyne.
Giraud (Pierre), de la Seyne.
Fauchier (Louis), de la Seyne.
Farandin (Laurent), de la Seyne.
Pourquier (Jean), de la Seyne.
Massel (Jean), de Six-Fours.
Lombard (François), de la Seyne.
Pourquier (Laurent), de Six-Fours.
Penon (Louis), de la Seyne.
Brassevin (Laurent), de Six-Fours.
Sauvin (Charles), de la Ciotat.
Soleil (Valentin), de la Ciotat.
David (André), de la Ciotat, mort le 15 avril 1779.
Eovest (Michel), de la Ciotat.
Blanc (Benoît), de la Ciotat.
Moyou (François), de la Ciotat.
Tapan (Antoine), de la Ciotat.
Toche (Honoré), de la Ciotat.
Silvy (Jean), de la Ciotat, mort le 19 juin 1779.
Blanc (Jean), de la Ciotat.
Decugis (Claude), de la Ciotat.
Amouret (Honoré), de la Ciotat.

Blanc (Pierre), de la Ciotat.
Fabre (François), de Fréjus.
Simon (Joseph), de Fréjus.
Gontieu (Joseph), de Fréjus.
Coudrillier (Jacques), de Saint-Tropez.
Ferlande (Joseph), de Fréjus.
Laugier (Antoine), de Fréjus.
Guirard (Pierre), de Fréjus.
Dussoy (André), de Marseille.
Martin (Charles), de Marseille.
Baudillon (Joseph), de Marseille.
Pelenq (Barthélemy), de Marseille.
Rutin (Pierre), de Royan.
Gaudin (Antoine), de Marseille.
Jouve (Jean), de Marseille.
Monivan (Joseph), de Marseille.
Gourrer (André), de Marseille.
Gabasse (Jean), de Marseille.
Gassiu (Henry), de Marseille.
Amiel (Emmanuel), de Marseille.
Moulin (Jean), de Marseille.
Daunas (Henry), de Marseille.
Roubaud (François), de Marseille.
Fircon (Jean), de Marseille.
Soublette (Jean), de Marseille.
Snusse (Jean), de Marseille.
Vialis (Nicolas), de Marseille.
Aulon (François), de Marseille.
Boyer (Jean), de Marseille.
Trouche (Jean), de Marseille.
Jubelin (Mathieu), de Marseille.
Chiorque (Gaspard), de Marseille.
Brunet (Jean), de Marseille.
Cornier (Joseph), de Marseille.
Taxis (Jean), de Marseille, mort le 6 juillet 1779.
Vaillant (Jean), de Marseille.
Arrauel (Jean), de Marseille.
Caret (Paul), de Marseille.
Hélène (François), de Marseille.
Nicolas (Paul), de Marseille.
Alexis (Martin), de Marseille.
Goume (François), de Marseille.
Vardin (Jean), de Marseille.
Sicard (Mathieu), de Marseille.
Fillastre (Charles), de Marseille.
Gerbaud (Michel), de Martigues.
Chavabot (Gabriel), de Martigues.
Ricard (Jacques), de Martigues.
Sicard (Antoine), de Martigues.
Ferry (Honoré), de Martigues, mort à bord le 23 octobre 1778.
Galon (Jacques), de Martigues, mort à bord le 25 août 1779.
Ferry (Bonnaventure), de Martigues.
Delay (Joseph), de Martigues.
Mouton (Alexandre), de Martigues.
Abeille (Pierre), de Martigues.
Ardisson (Martin), de Martigues.
Esmiol (Honoré), d'Antibes.
Raillan (Antoine), d'Antibes.
Martin (Jean), de Cannes, mort à bord le 12 novembre 1779.
Lautier (Jean), de Cannes.
Laty (Joseph), de Cannes.
Barles (Guillaume), de Cannes.
Palanque (Cristophe), de Cannes.
Bernard (Jean), de Cannes.
Carrougue (Paul), de Cannes.

Gamatheo (Barthélémy), de Cannes.
Figuière (Jean), de Cannes.
Amourety (Joseph), de Cannes.
Guirard (Honoré), de Cannes.
Guile (Jean), de Cannes.
Allemand (Guillaume), de Cannes.
Bonnefoy (Guillaume), d'Arles.
Brunet (François), d'Arles.
Roch (Henri), d'Arles.
Bayol (Pierre), d'Arles.
Raynaud (Trophime), d'Arles.
Rousseau (Jean), d'Arles.
Bertet (Jacques), d'Arles, mort le 28 décembre 1779.
Aymès (Jean), d'Agde.
Rivière (Bernard), d'Agde.
Mouzereau (Jean), d'Agde.
Rouvière (Simon), d'Agde.
Raynard (Pierre), d'Agde.
Nicolas (Jean), d'Agde.
Bruignet (Charles), d'Agde.
Bonneville (Pierre), d'Agde.
Biringuier (Jacques), d'Agde.
Cassaud (Pierre), d'Agde.
Brun (Gabriel), d'Agde.
Fabre (Jean), d'Agde.
Michel (Charles), d'Agde.
Blaguière (Nicolas), d'Agde.
Vouladou (Antoine), de Cette.
Neau (Jacques), d'Aiguemortes.
Chauvet (Jean), d'Aiguemortes.
Michel (Pierre), d'Aiguemortes.
Salber (Chretien), d'Aiguemortes.
Vouladou (Mathieu), de Villeneuve.
Vouladou (Etienne), de Villeneuve.
Boudou (Claude), de Villeneuve.
Boudou (Antoine), de Villeneuve.
Pliou (Antoine), d'Aiguemortes.
Fantat (Vincent), d'Aiguemortes.
Cairol (Claude), de Cette.
Roustan (Jean), de Cette.
Vouladou-Dejean (Jean), de Villeneuve.
Rouquette (Dominique), de Gruissan.
Taillade (Pierre), de Gruissan.
Gaillard (Jacques), de Leucate.
Lamarille (Antoine), de Leucate.
Azeau (Hyacinthe), de Leucate.
Azibert (Joseph), de Leucate.
Pons (Jean), de Leucate.
Combes (Etienne), de Narbonne.
Oumé (Jacques), de Gruissan.
Labatut (Etienne), de Gruissan.
Bounet (Jean), de Gruissan.
Azibert (Joseph), de Gruissan.
Lubeer (Dominique), de Gruissan.
Iché (Bernard), de Gruissan.
Azibert (Philippe), de Gruissan.
Peretty (Jean), d'Ajaccio.
Bogognagno (Paul), d'Ajaccio.
Miquetton (Pierre), d'Ajaccio.
Marignano (Jean), d'Ajaccio.
Cazafranco (Paul), d'Ajaccio.
Scaguiglia (François), de Regliano.
Monterregalo (Joseph), de Bonifacio.
Dagregario (Charles), de Bonifacio.
Barrieru (Jacques), de Bonifacio.
Escamaroné (Jean), de Bonifacio.
Flaherty (François), de Bonifacio.

Moura de la Poterne (Antoine), de Moissac.
Augé (Jean), de Moissac.
Jougla (Jean), de Moissac.
De Cerclé (Jean), de Moissac.
Fonnefoux (Jean), de Moissac.
Mouset (Pierre), de Paillolles.
Touron (André), de Paillolles.
La Rive (Jean), de Paillolles.
Marty (Pierre), de Paillolles.
Canss (Jean), de Paillolles.
Marty (Jean), de Paillolles.
Magnac (Bertrand), de Paillolles.
Lacombe (François), de Paillolles.
Delbès (Guillaume), de Paillolles.
David (Jean), de Moissac.
Dordé (Jean), de Moissac.
Garrigues (Barthélémy), de Moissac.
Condol (Hugues), de Moissac.
Poujade (Jean), de Saint-Maurice.
Claverie (Guillaume), de Moissac.
Molinié (Jean), de Moissac.
Chauderon (Gérand), de Moissac.
Charles (Hugues), de Moissac.
Lacroix (Bernard), de Moissac.
Galland (François), de Moissac.
Fouquet (Guillaume), de Moissac.
Bonnefoux (Etienne), de Moissac.
Poujade (Antoine), de Saint-Maurice.
Grasset (Jean), de Verdun.
Soubiran (Thomas), de Verdun.
Redon (Jean), de Castel-Sarrazin.
Nègre (Jean), de Castel-Sarrazin.
Clavery (Dominique), de Biarritz.
L'Isle (Jean), de Biarritz.
Duhuty (François), de Ciboure.
Hurbide (Mathieu), de Ciboure.
Durrola (Gabriel), de Ciboure, mort le 17 avril 1778.
Bastres (Pierre), de Bidart.
Mirande (Joannis), de Bidart.
Denis (Jean), de Ciboure.
Detxail (Jean), de Ciboure.
Mollevés (Joannis), de Bidart, mort à bord le 9 décembre 1779.
Cazauhet (Pierre), de Taillebourg.
Poncet (Jean), de Tonneins.
Baudris (Pierre), de Tonneins.
Lafitte (Bernard), de Thouars.
Labat (Jean), de Marmande.
Sicard (Etienne), de Marmande.
La Grave (Bertrand), de Marmande.
Rup (Etienne), de Saint-Michel.
Massalves (Antoine), de Saint-Michel.
Garnier (Etienne), de Saint-Michel.
Bilatte (Thomas), de Lormont.
Chariot (Jean), de Langoiran.
Fazas (Dominique), de Langoiran.
Bérard (Dominique), de Langoiran.
Gimel (Pierre), de Langoiran.
Laville (Jacques), de Langoiran.

Novices.

Pichaud (Jacques), de Toulon.
Philibert (Marc), de Toulon.
Martin (Joseph), de Toulon.
Rousserv (Denis), de Rouen.
Lydon (Jean), de la Seyne.
Giloux (Joseph), de la Seyne.

Ravel (Jean), de Cuers.
Jacobin (Jacques), de Saint-Malo.
Dupuy (Antoine), de la Garde.

Surnuméraires.

Guillon (Guillaume), de Toulon.
Brun (Jean), de Toulon.
Fassy (Jean), de Toulon.
Geoffroy (Nazaire), de Toulon.
Jauffroy (Antoine), de Toulon.
Ponçon (Vincent), de Toulon.
Aymes (Jean), d'Aix.
Arnoux (Michel), de Digne.
Dumarais (Michel), de Saint-Etienne.
Chalier (Antoine), de Saint-Etienne.

Mousses.

Gautier (Nicolas), de Toulon.
Crepin (Louis), de Toulon.
Trouin (Jean), de Toulon.
Rigoutier (Louis), de Toulon.
Fournier (Victor), de Toulon.
Gautier (Louis), de Toulon.
Mauras (Mathieu), de la Seyne.
Ollivier (Pierre), de Toulon.

Miraillet (Victor), de Six-Fours.
Espitalier (Jean), de Toulon.
Toulon (François), de Toulon.
Ravel (Louis), d'Ollioules.
Ravel (Laurent), d'Ollioules.
Olivier (Jean), de Toulon.
Pascal (Jean), de la Seyne.
Olivier (Joseph), de Toulon.
Dot (Joseph), de Toulon.
Lidon (Joseph), de la Seyne.
Long (Laurent), de la Seyne.
Sicard (Noël), de la Seyne.
Valence (Jean), de la Seyne.
Liautaud (Honoré), de Toulon.
Hermitte (François), de Toulon.
Arnaud (Joseph), de Toulon.
Gras (Joseph), de Toulon.
Gautier (Hyacinthe), de la Seyne.
Olivier (Joseph), de la Ciotat.
Pierre (François), de Bordeaux.
Gay (Antoine), de Toulon.
Vieux (Antoine), d'Hyères.
Augias (Joseph), de Toulon.
Arnaud (Antoine), de Toulon.
Lion (Pierre), de Six-Fours.

Boudon (Paul), de Nîmes.
Matou (Jean), de la Seyne.
Firy (Jean), de Toulon.
Bertrand (André), de Toulon.
Gautier (Pierre), d'Hyères.
Roux (Louis), de Toulon.
Laurs (Charles), de Toulon.
Mille (Nicolas), d'Aix.
Vienet (François), de Toulon.
Daniel (Jean), de Six-Fours.
Riquier (François), de Toulon.
Dot (Charles), de Toulon.
Vieux (Nicolas), d'Hyères.
Fabvre (Joseph), de la Seyne.

Domestiques.

Deschamps (Thomas), de Bordeaux.
Mion (Jean), de Metz.
Bilon (Jean), de Metz.
Allé (Denis), d'Arles.
Trouin (Joseph), de Toulon.
Negro (Jean), d'Arles.
Duviviers (Roger), de Blois.
Bertrand (Louis), de Toulon.
Bernard (Jean), de Lyon.

L'AMPHION.

(De février 1779 à mars 1781)

M. Ferron de Quengo, Capitaine de vaisseau, Commandant;—M. de Saint-Césaire, Capitaine de vaisseau, Commandant.

ÉTAT-MAJOR.

Capitaines de vaisseau.

FERRON de QUENGO, Commandant.
De SAINT-CESAIRE.

Lieutenants de vaisseau.

DULAC.
Le Chevalier de BRAS.
De TROGOFF.

Enseignes de vaisseau.

DESCURES.
De COATANDO.
BLAIN DESORMIERS.
De VAUJUAS.
DANNEVILLE.
D'ORVILLIERS.

Officiers auxiliaires.

JUGAN.
LE BRETON de la MILLIERE.
BUISSON.
VIGNOT.

Lieutenant de frégate.

De la VALETTE.

Chirurgiens.

CIRON.
VERDELETTE.
BOUDIN.
CAROSIN.

Aumôniers.

FORTIN, Religieux Bernardin.
GRANDMOUGIN (R. P.), Cordelier.

Volontaires.

Chauvin, de Chartres.
Le Breton de la Millière, de Chartres.
Belletier, de Chartres.
Regnier (Pierre), de la Rochelle.
Vaudé (Léon), de Saintes.

Officiers-mariniers de manœuvre.

Pellardy (Yves), premier maître, de Brest.
Hamon (Mathurin), second maître, de Brest.
Raimfroy (Claude), second maître, de Brest.
Dehrage (Pierre), contremaître, de Lorient.
Guilmot (Charles), bosseman, de Lorient.
Piron (Blaise), bosseman, de Brest.
Ladani (Jean), quartier-maître, de Quimper.
Adam (Pierre), quartier-maître, de Saint-Malo.

Sobre (Louis), quartier-maître, de Boulogne.
Le Dentu (Pierre), quartier-maître, du Havre.
Robert (Louis), quartier-maître, de Saint-Brieuc.
Pellardy (Jacques), quartier-maître, de Lorient.
Cadalin (Nicolas), quartier-maître, de Brest.
Vasselin (Paul), quartier-maître, du Havre.
Hedouin (Guillaume), quartier-maître, de Granville.

Officiers-mariniers de pilotage.

Gilbert (Pierre), patron de chaloupe, de Lorient.
Le Sourd (Jean), premier pilote, du Croisic.
Becquet (Pierre), second pilote, de Saint-Valéry.
Schemitte (Georges), aide-pilote, de Honfleur.
Murat (François), aide-pilote, de Villefranche.

Officiers-mariniers de canonnage.

Laudon (Louis), maître canonnier, de Lorient.
Kermorvant (André), second canonnier, de Vannes.

Rochefort (Jean), de Vannes.
Madec (Julien), de Vannes.
Michel (Julien), de Vannes.
Le Bras (Julien), de Vannes.
Le Barre (Ollivier), de Vannes.
Fresné (Jean), de Vannes.
Gourhel (Julien), de Vannes, mort à bord le 18 juillet 1778.
Hervé (Simon), de Nantes.
Diffon (Charles), de Belle-Ile.
Thomas (Bertrand), de Belle-Ile.
Le Goff (Pierre), de Belle-Ile.
Le Bideau (Jean), d'Auray.
Fiergal (Pierre), de Vannes.
L'Eguillon (Charles), de Caen, mort le 26 juin 1779.
Deslandes (Jacques), de Caen.
Queumel (Pierre), de Caen.
Dumont (Charles), de Caen, blessé au combat du 6 juillet 1779.
Flambard (Jean), de Caen.
Fallu (Jacques), de Caen.
Vallée (François), de Caen.
Foasse (Pierre), de Caen.
Jolly (Louis), de Granville.
Bertrand (Antoine), de Granville.
Lefevre (Jacques), de Granville.
Verrier (Jean), de Granville.
Le Cuir (Jean), de Granville.
Rozey (Michel), de Granville.
Douillet (Marc), de Granville.
Pottier (Jean), de Granville.
Totin (Jean), de Granville.
Lointel (Jean), de Granville, mort le 30 avril 1780.
Lorbehaye (Guillaume), de Granville.
Perrier (Gérôme), de Granville.
Eon (Jacques), de Granville.
Elie (Jacques), de Granville.
Boubrun (Pierre), de Granville.
Adelus (François), de Granville.
Thomine (Thomas), de Granville.
Chenu (Gilles), de Granville.
Raben (Léonore), de Granville.
Lacoley (Pierre), de Granville.
Croisard (Raimond), de Granville.
Le Goupil (Jean), de Granville.
Loizel (Jean), de Granville.
Bourquet (Jean), de Granville.
Le Bourg (Pierre), de Granville.
Allain (Jean), de Granville.
Beaudrouet (Pierre), de Rouen.
Gauché (Louis), de Rouen.
Berranger (Paul), de Rouen.
Collet (Pierre), de Rouen.
Marcant (Jean), de Rouen.
Corruble (Nicolas), de Fécamp.
Beuzelin (Pierre), de Fécamp.
Morel (Jean), de Fécamp.
Rabby (Adrien), de Fécamp, mort le 24 mars 1779.
De la Marre (Jacques), de Fécamp.
Benoist (Jean), de Fécamp.
Roulant (Pierre), de Fécamp.
Thomas (Jean), de Fécamp.
Lignier (Jacques), de Fécamp.
Bazille (Jean), de Fécamp.
Ferraud (Jacques), de Fécamp.
Thierry (Jean), de Fécamp.

Haudey (Jean), de Fécamp.
Theillier (Pierre), de Fécamp.
Grenier (Jacques), de Fécamp.
Douest (Jacques), de la Hougue.
Douest (Antoine), de la Hougue.
Corbin (François), de la Hougue.
Gausselin (Jean), de la Hougue.
Le Tanneur (Jean), de la Hougue.
Saillard (Jean), de la Hougue.
Guéraud (Jacques), de la Hougue.
Bellanger (Pierre), de Honfleur.
Gervais (Jean), de Honfleur.
Clémence (Pierre), de Dieppe.
Compiagne (Michel), de Dieppe.
Robin (Pierre), de Dieppe.
Serrée (Jean), de Dieppe.
Delubye (Michel), de Calais.
Le Bordeaux (Jean), de Marseille.
Mastro (Jean), de Bordeaux.
Renard (Gabriel), de Saint-Valéry.
Guilbort (Jean), de Saint-Valéry.
Ferté (Laurent), de Saint-Valéry.
Guilbert (Josse), de Saint-Valéry.
Vautier (Nicolas), de Cherbourg.
Le Portier (Pierre), de Cherbourg.
L'Ecluse (Jacques), de Cherbourg.
Bonamy (Louis), de Cherbourg.
Coupey (Jean), de Cherbourg.
Ernisse (Bon), de Cherbourg.
Toulorge (François), de Cherbourg.
Toulorge (Jean), de Cherbourg.
Le Franc (Jean), de Cherbourg.
Livray (Louis), de Cherbourg.
Rolland (Pierre), de Blaye.
Camin (Pierre), de Blaye.
Thomas (André), de Libourne.
Boudon (Pierre), de Rochefort.
Savigneau (Jean), de Libourne.
Vacher (Jean), d'Oléron.
Perodeau (Nicolas), de Marmande.
Hortin (André), de Rochefort.
Pougeol (Laurent), de Bordeaux.
Paillette (Jacques), de Saint-Malo.
Soget (Julien), de Dinan.
Delinot (Nicolas), de Lorient.
Chardin (Jean), de Cherbourg.
Loiseau (Jean), d'Angers.
Rio (Jean), de Lorient.
Pedronneau (Jean), de Lorient.
Boinnée (Michel), d'Angers.
Cornet (François), de Lorient.
Charpentier (Jean), de Lorient.
Riban (Marc), de Lorient.
Boulet (Julien), de Lorient.
Lescurier (François), de Lorient.
Chateau (Jean), de Lorient.
Lescurier (François), de Lorient.
Boulanger (Jean), de Granville.
Rolland (Jean), de Vannes, mort le 29 mai 1779.
Grenard (Pierre), de Tréguier.
Ferré (Nicolas), de Tréguier.
Garnier (Mathurin), de Saint-Brieuc.
Ganyer (Jean), de Morlaix.
Caplet (Charles), de Cherbourg.
Lecannelier (Jean), de Cherbourg.
Houssois (Jean), de Dieppe.
La Teste (Pierre), de Dieppe.

Planque (Jean), de Bordeaux.
Rabo (Pierre), de Rochefort.
Morin (Jean), de Saintes.
Allard (René), de la Rochelle.
André (Pierre), de Blaye.
Bercanbiau (Michel), de Bayonne.
Poitier (Antoine), de Rochefort.

Novices.

Bonnissant (Gilles), de Cherbourg.
Guizard (Mathurin), de Saint-Brieuc.
Michel (Jean), de Saint-Brieuc.
Guillotin (Jean), de Dinan.
Fagain (Prigent), de Guingamp.
Royés (Jean), de Rennes.
Guezennec (Jean), de Lannion.
Rabel (René), de Rennes.
Le Cam (Nicolas), de Lannion.
Fégère (Pierre), de Saint-Brieuc.
Dupré (Pierre), de Nantes.
Guyot (Gabriel), du Croisic.
La Chambre (Joseph), de Vannes.
Rival (Guillaume), de Vannes.
Ceré (François), d'Angers.
Toupain (Jean), de Tréguier.
Verlicot (Jean), de Plouguerneau.
Morel (Jean), de Brest.
Magnon (Philippe), de Tréguier.
Girot (Pierre), de Saint-Brieuc.
Garel (Pierre), de Saint-Brieuc.
Feuillette (Marc), de Saint-Brieuc.
Glatin (Louis), de Saint Brieuc.
Le Chaix (Jean), de Saint-Brieuc.
Pulien (Claude), de Saint-Brieuc.
Pulien (François), de Saint-Brieuc.

Surnuméraires.

Pellier (Jean), de Paris.
Lescan (Charles), de Roscoff.
Salaun (Marc), de Morlaix.
Loisel (Pierre), de Granville.
Allégot (François), de Quimper.
Baudy (François), de Rochefort.
Le Moigne (Etienne), de Brest.
Janvier (Urbain), de Quimper.
La Quintane (Jean), de Saint-Cloud.
Dabain (Julien), de Nantes.

Mousses.

Girard (Jacques), de Granville.
La Rûe (Guillaume), de Morlaix.
Grelier (Julien), de Painbœuf.
Gobujon (Joseph), de Noirmoutiers.
Josse (François), de Lorient.
Galleron (Jean), de Logonna.
Muléjac (Jean), de Logonna.
Jégou (François), de Quimper.
Le Meur (Guillaume), de Quimper.
Médellec (Pierre), de Lorient.
Carof (Charles), de Saint-Pol-de-Léon.
Robinet (Jacques), de Rochefort.
Lesquen (Tanguy), de Morlaix, tué au combat du 6 juillet 1779.
Levé (François), de Saint-Brieuc.
Abgral (François), de Landivisiau.
Cahut (Jacques), de Caen.
Veniard (Pierre), de Fécamp.

Benoist (Jean), de Fécamp.
Desmarchais (Henry), de Launoc.
Pellardy (Yves), de Brest.
Guillou (Pierre), de Landivisiau.
Brunellier (Louis), de Rennes.
Denouillers (Mathurin), de Rennes.
Boucher (Baptiste), de Rennes.
Bonnet (Charles), de Boulogne.
Dagorn (Jean), de Roscanvel.
Toudic (Louis), de Lannion.
Chatellier (Jean), de Brest.
Ollive (Joseph), de Rennes.
Le Cam (Jean), de Morlaix.
Morice (Yves), de Morlaix.

Conseel (Guillaume), de Lorient.
Le Breton (Guillaume), de Saint-Brieuc.
Treheret (Jean), de Saint-Brieuc.
Riou de Kersalaun (Charles), de Ploudaniel.
Kerroovan (François), de Vannes.
Lucas (Joseph), de Saint-Pol-de-Léon.
Michel (François), du Conquet.
Magnon (Philipe), de Tréguier.
Bihan (François), de Morlaix.
Mordellec (Guillaume), de Lannion.
Le Pivaigne (Jacques), de Tréguier.
Michel (Jean), de Lamballe.
Guérin (Guillaume), de Dinan.

Goulven (Hervé), de Conquet.
Le Vern (Hervé), de Landerneau.
Le Maître (Alain), du Faou.
Salmon (Ollivier), de Saint-Brieuc.

Domestiques.

Tiffoisigne (Auguste), de Rouen.
Lefevre (Marc), de Quimper.
Mesquer (Nicolas), de Saint-Malo.
Le Moine (Gabriel), de Brest.
Guillou (Jacques), de Vannes.
Lefevre (Pierre), de Boulogne.
Luzué (Pierre), de Bourges.

LE MARSEILLAIS.

(1778 et 1779.)

M. DE LA POYPE-VERTRIEUX, Capitaine de vaisseau, Commandant.

ÉTAT-MAJOR.

Capitaines de Vaisseau.

De la POYPE-VERTRIEUX, Commandant.
De RAYMONDIS-CANAUX, Second.

Lieutenants de Vaisseau.

De ROCHE-SALEIL.
D'ARNAUD.
Le Chevalier de MEYRONET-SAINT-MARC.

Enseignes de Vaisseau.

De FORBIN la BARBEN.
De FOUDRAS.
DUCLOS.
BEAUSSIER de l'ISLE.

Chirurgien entretenu.

GIRAUD

Aumônier.

MOREL (R. P. Siméon), Récollet.

Gardes de la marine.

COLBERT de TURGIS.
MARRON de SANTIAT.
Le Chevalier de BAMATUELLE.
D'ETIENNE du BOURGUET.
De BADASSET.
De SAINT-LAURENT.
De MONBADON.
Le Chevalier de BRIZON.

Volontaires.

Audibert (Joseph-Ange), de Toulon.
Reboul (Joseph-Victor), de Toulon.
Martin (Pierre-Jean), de Toulon.

Officiers-mariniers de manœuvre.

Martin (Jean-François), premier maître, de Toulon.

Pignol (Charles), premier maître de Toulon.
Daumas (Louis), deuxième maître, de Toulon.
Daumas (Joseph), deuxième maître, de Toulon.
Valence (Lazare), contremaître, de Toulon.
Baude (Cyprien), contremaître, de la Seyne.
Petit (Guillaume), contremaître, de Toulon.
Lougne (François-Michel), bosseman, de Toulon.
Michel (Jean-Joseph), bosseman, de Toulon.
Daumas (Pierre Antoine), bosseman, de Toulon.
Celon (Antoine), bosseman, de Toulon.
Estelle (François), quartier-maître, de Marseille.
Eymin (Antoine), quartier-maître, de Marseille.
Paillan (Jacques), quartier-maître, de Marseille.
Roussel (Hubert), quartier-maître, de Marseille, mort à bord le 26 août 1779.
Blaize (Antoine), quartier-maître, de Marseille.
Croua (Honoré), quartier-maître, de Marseille.
Joubert (Benoit), quartier-maître, de Marseille.
Vitalis (Joseph), quartier-maître, de Marseille, mort à bord le 6 octobre 1779.
Pomet (Honoré), quartier-maître, de Toulon.
Roubaud (François), quartier-maître, de Toulon.
Doumet (Antoine-Sauveur), quartier-maître, de Toulon.
Maistre (Jacques), quartier-maître, de Toulon.
Gontier (Jean-Joseph), quartier-maître, de Cogolin.
Daumas (Honoré), quartier-maître, de Cannes, mort à bord le 15 octobre 1779.
Blanc (Pierre), quartier-maître, de la Ciotat.

Guigou (Antoine), quartier-maître, de la Seyne.
Garence (André), quartier-maître, de la Seyne.
Fabre (Jean-Joseph), quartier-maître, de la Cadière.
Cadiere (Honoré-François), quartier-maître, de la Ciotat, mort à bord le 10 décembre 1779.

Officiers-mariniers de pilotage.

Reboul (Victor), premier pilote, de Toulon.
Clément (Bernard), deuxième pilote, de Toulon.
Cordouan (Joseph), deuxième pilote, de Toulon.
Rogerel (Jean-Baptiste), aide-pilote, du Havre.
Planteau (Jean), aide-pilote, de Bordeaux.
Aubert (François), aide-pilote, de la Seyne.
D'Aspicounets (Pierre), aide-pilote, de Hendaye, mort au Fort-Royal le 26 janvier 1779.
Caron (Jacques), aide-pilote, de Marseille.
Portel (François), aide-pilote, de Marseille.
Troquet (Jean-Louis), aide-pilote, de Dieppe.
Ouistre (Victor), aide-pilote, de Cherbourg.
Vauquelin (François), aide-pilote, de Rouen.

Officiers-mariniers de canonnage.

Clément (Jean), maître canonnier, de Toulon.
Trabaud (Joseph), maître canonnier, de Toulon.
Ventre (Jean-Baptiste), maître canonnier, de Toulon, mort en mer le 19 août 1778, d'une brûlure reçue en combattant.
Valence (Joseph), deuxième canonnier, de Toulon.
Fournier (Henry), deuxième canonnier, de Toulon.

Bimbau? (Laurent), deuxième canonnier, de Toulon.
Arluc (Henry), deuxième canonnier, de Toulon.
Laure (Etienne), deuxième canonnier, de Toulon.
Pecoul (Joseph), deuxième canonnier, de Six-Fours, mort à bord le 9 novembre 1779.
Vacon (Joseph), aide-canonnier, de Toulon.
Gay (Pierre-Jean), aide-canonnier, de Toulon.
Fabre (Jean-Etienne), aide-canonnier, de Toulon.
Denis (Honoré), aide-canonnier, de Toulon.
David (Antoine), aide-canonnier, de Toulon.
Ginouvés (François), aide-canonnier, de Toulon.
Ventre (Jean-François), aide-canonnier, de Toulon.
Brun (Etienne), aide-canonnier, de Toulon.
Robert (Pierre-Joseph), aide-canonnier, de Toulon.
Fouquet (Joseph-Louis), aide-canonnier, de Toulon.
Hugues (Bonaventure), aide-canonnier, de Toulon.
Narbon (Antoine), aide-canonnier, de Toulon.
Barcilon (Augustin-Laurent), aide-canonnier, de Toulon, mort en mer le 19 novembre 1779.
Servis (Louis-Noël), aide-canonnier, de Marseille.
Lafont (Jean-Joseph), aide-canonnier, de Marseille.
Blanc (Louis), aide-canonnier, de Marseille.
Sauteron (Joseph), aide-canonnier, de Saint-Tropez.
Arnaud (Jean), aide-canonnier, de Blaye.
Miraillet (Joseph), aide-canonnier, de Six-Fours.
Charot (Antoine), aide-canonnier, de Six-Fours.
Brémond (Joseph), aide-canonnier, de Six-Fours.
Monier (François), aide-canonnier, de Six-Fours.
Magnique (Honoré), aide-canonnier, d'Antibes.
Martin (Joseph-Marie), aide-canonnier, de la Cadière.
Bonifay (Jean-François), aide-canonnier, de la Cadière.
Moutet (Joseph), aide-canonnier, de la Cadière.
Touzet (Barthélémy), aide-canonnier, de Narbonne.
Boyer (Jean-Pierre), aide-canonnier, de Narbonne.
Soulet (Gabriel), aide-canonnier, de Narbonne.
Cabard (Jean-Paul), aide-canonnier, de Narbonne.
Brunel (Jean-François), aide-canonnier, de Narbonne.
Lautran (Antoine), aide-canonnier, de Martigues.
Granet (Laurent), aide-canonnier, de Sanary, mort en mer le 12 novembre 1779.
Raillan (Jean), aide-canonnier, d'Antibes.
Valentin (Philippe), aide-canonnier, de la Ciotat.
Audibert (Lazare-Mathieu), aide-canonnier, de la Seyne.
Gillet (Pierre), aide-canonnier, de Bordeaux.

Officiers-mariniers de charpentage.

Roman (Jean-Louis), maître charpentier, de Toulon.
Teisseire (Jean-Baptiste), deuxième charpentier, de Toulon, mort au Fort-Royal le 14 mars 1779.
Boyer (Louis), aide-charpentier, de Toulon.
Petit (Joseph), aide-charpentier, de Toulon.
Gros (Mathieu), aide-charpentier, de Toulon.
Pourquier (Joseph), aide-charpentier, de la Seyne.
Bourguignon (Charles), aide-charpentier, de la Seyne.

Officiers-mariniers de calfatage.

Charbonier (Honoré), maître calfat, de Toulon.
Tasseron (Jean-Louis), maître calfat, de Toulon.
Michel (Mathieu), deuxième calfat, de Toulon.
Maunier (Silvestre), deuxième calfat, de Toulon.
Bastide (Henry), aide-calfat, de Toulon.
Deprat (Antoine), aide-calfat, de Sanary.
Roussard (Sébastien), aide-calfat, de Sanary.
Coulomb (Balthazard), aide-calfat, de la Seyne.

Officiers-mariniers de voilerie.

Véran (François), maître voilier, de Toulon.
Vian (Joseph-Marie), deuxième voilier, de Toulon.
Baron (Thomas), deuxième voilier, de Toulon.
Pascal (Joseph-Toussaint), aide-voilier, de la Seyne.
Héran (Pierre), aide-voilier, de Nimes.
Jorat (Joseph), aide-voilier, de Montpellier.

Gabiers.

Com (Jean-Etienne), de Marseille.
Champel (Jules), de Martigues.
Cavalier (Alexandre), de Toulon.
Miffre (Joseph-Martin), de Toulon, mort en mer le 16 décembre 1779.

Timoniers.

Méric (Jean-Louis), de Saint-Tropez.
Guérin (Antoine), de Saint-Tropez.
Coulet (Louis), de Saint-Tropez.
Arenne (François-Joseph), de Saint-Tropez.
Bonnaud (Jean), de la Ciotat.
Antoine (Jean-Baptiste), de Martigues, mort en mer le 16 octobre 1779.

Matelots.

Blancard (Jean-Baptiste), de Toulon.
Isnard (François), de Toulon.
Petit (Jean-Baptiste), de Toulon, mort en mer le 1er octobre 1779.
Jauvat (Jean-Pierre), de Toulon.
Bourgogne (Joseph), de Toulon.
Chautard (Jean-François), de Toulon.
Fournier (Esprit-Benoit), de Toulon.
Trabaud (François), de Toulon.
Pignol (Charles-François), de Toulon.
Icard (Pierre-Joseph), de Toulon.
Mattaron (Joseph), de Toulon.
Gaina (Jean-Baptiste), de Toulon.
Fagot (Jean-Baptiste), de Toulon.
Colombelle (Claude), de Toulon, mort en mer le 15 décembre 1778.
Champ (Joseph), de Cuers.
Marin (Jean-François), de la Valette.
Cauvat (Gabriel), de Bormes.
Ricard (Jean-Baptiste), de Bormes, mort en mer le 22 août 1779.
Berre (Jean-Baptiste), de Bormes.
Angély (Jean), de Bormes.
Monier (Jean-Louis), de Bormes, mort à bord le 26 octobre 1779.
Chioussat (Adrien), d'Hyères.
Girard (Jean-Baptiste), d'Hyères, mort à Boston le 10 octobre 1778.
Sabatier (Joseph), de la Seyne.
Blanc (Pierre), de la Seyne.
Bourguignon (Jacques), de la Seyne.
Bonnaud (André), de la Seyne.
Gueit (Antoine), de la Seyne.
Denans (Jacques), de la Seyne.
Sicard (Jean-Joseph), de la Seyne, mort en mer le 30 novembre 1779.
Ricoux (Joseph), d'Ollioules.
Brémond (Alexandre), de Six-Fours.
Fabre (Antoine), de la Cadière.
Azan (Jean-Joseph), de la Cadière.
Thorel (Joseph), de la Cadière.
Barthélémy (André), de la Cadière.
Moutte (Jean-Marie), de la Cadière.
Olive (Jean-Baptiste), de la Cadière.
Boyge (Jean), de la Ciotat.
Garcin (Benoit), de la Ciotat.
François (Etienne), de la Ciotat.
Coursach (Charles), de la Ciotat.
Roque (Elzéard), de la Ciotat.
Allègre (François), de Bandol.
Méric (Antoine), de Bandol.
Bouffy (Joseph), de Bandol.
Gravier (François), de Bandol.
Rebuffet (Arnoux), de Saint-Tropez.
Malatesto (Lazare), de Saint-Tropez.
Coste dit Imbert (Jean Baptiste), de Saint-Tropez.
Ricard (Justin-Tropez), de Saint-Tropez.
Cerize (Pierre), de Saint-Tropez.
Icard (Joseph), de Saint-Tropez.
Reynaud (Jean Joseph), de Saint-Tropez.
Borry (Joseph), de Saint-Tropez.
Laugier (Jacques-Alexis), de Saint-Tropez.
Massena (Antoine), de Saint-Tropez.
Cerize (Félix-Joseph), de Saint-Tropez.
Coulomb (Maximin), de Saint-Tropez.
Parreymond (Jean-Baptiste), de Saint-Tropez.
Aumerand (Joseph), de Saint-Maxime, blessé au combat du 6 juillet 1779.
Astour (Jean-Joseph), de Ramatuelle.
Abbé (Joseph), de Roquebrune, mort en mer le 9 octobre 1779.
Ollivier (Clément), du Plan-de-la-Tour, mort en mer le 13 septembre 1778.
Falcou (Blaise), de Marseille.
Caste (Jean), de Marseille.
Come (Jérôme), de Marseille.
Martin (Honoré), de Marseille.
Reboul (François), de Marseille.
Borro (Etienne), de Marseille.
Anglade (Raymond), de Marseille.
Pellegrin (Joseph), de Marseille.

Marty (Pierre), de Montricoux.
Delmas (Pierre), de Montricoux.
Béoulaigue (Louis), de Montricoux.
Gasq (Antoine), de Cazals (Tarn-et-Garonne).
Plantade (Antoine), de Cazals (Tarn-et-Garonne).
Viallard (Jean), de Cazals (Tarn-et-Garonne).
Albenque (Guillaume), de Cazals (Tarn-et-Garonne).
Ollivier (Antoine), des Barthes (Tarn-et-Garonne).
La Montagne (Antoine), des Barthes (Tarn-et-Garonne).
La Montagne (Jean), des Barthes (Tarn-et-Garonne).
Delpech (François), des Barthes (Tarn-et-Garonne), mort en mer le 21 novembre 1779.
Falguières (Blaise), de Lizac.
Descazaux (Pierre), de Verdun-sur-Garonne.
Capdeviele (Jean), de Toulouse.
Fontan (Jean), d'Auvillar.
Duplan (Jean), d'Auvillar.
Charpoulat (Guillaume), de Saint-Aignan (Tarn-et-Garonne).
Soldat (François), de Saint-Aignan (Tarn-et-Garonne).
Bidel (Jean), de Saint-Aignan (Tarn-et-Garonne).
Louis (Pierre), de Saint-Aignan (Tarn-et-Garonne).
Cruzel (Blaise), de Saint-Aignan (Tarn-et-Garonne).
Brunet (François), de Saint-Aignan (Tarn-et-Garonne).
Cruzel (Louis), de Saint-Aignan (Tarn-et-Garonne), tué le 1ᵉʳ juillet 1779, d'un coup de tonnerre.
Aniots (Joannis), de Sare.
Hiriart (Joannis), de Sare.
Pinjestin (Martin), de Biarritz.
Deruant (Jean), de Hendaye.
Darrajouque (Martin), d'Ascain.
Dibar (Pierre), d'Ascain, mort en mer le 18 septembre 1779.
Deviau (Arnaud), d'Ascain.
L'Arregain (Peillo), d'Ascain, tué au combat du 9 août 1778.
Detcheverry (Joannis), de Bidart.
Goyetche (Bernard), de Bidart.
Lartigue (Dominique), de Bidart, mort en mer le 4 septembre 1779.
Hiribarne (Jean), de Helette.
Chouris (Dominique), d'Urrugne.
Dithurbide (Mathien), d'Urrugne.
Dihoursoubhere (Laurent), d'Urrugne, mort en mer le 31 octobre 1779.
Antsoborio (Jean), d'Urrugne, tué au combat du 13 août 1778.
Baronie (Jean), de Libourne.
Boileau (Thomas), de Savignac.
Laganne (Jean), de Savignac.
Dubourdieu (Pierre), de Savignac.
Blanc (François), de Savignac.
Bordès (Jacques), de Pessac.
Bernard (Jacques), de Pessac.
Trigoulet (Pierre), de Pessac.
Maigre (Jacques), de Pessac.
Cluzeau (Jean), de Pessac.
Rouchon (Pierre), de Pessac.

Lavergne (François), de Pessac.
Jambon (Pierre), de Pessac.
Faure (Pierre), de Pessac.
Faure (Jean), de Pessac, mort en mer le 28 octobre 1779.
Laveau (Pierre-François), de Libourne.
Mansere (Léonard), de Blaye.
Micheau (Antoine), de Plassac.
Grenier (Joseph), de Plassac.
Lamean (Louis), de Plassac.
Guiraud (Jean), de Roque-de-Taux, commune Bayon (Gironde).
Couillandeau (Raymond), de Roque-de-Taux, commune Bayon (Gironde).
Raymond (Jean), de Roque-de-Taux, commune Bayon (Gironde).
Couillau (Jean), de Roque-de-Taux, commune Bayon (Gironde).
Libeaud (Guillaume), de Roque-de-Taux, commune Bayon (Gironde).
Rabois (Pierre), de Roque-de-Taux, commune Bayon (Gironde).
Brun (Arnaud), de Margaux.
Lombaterre (Joseph), de Nicole (Lot-et-Garonne).
Gordères (Bernard), de Thouars (Lot-et-Garonne).
Buzet (Joseph), de Thouars (Lot-et-Garonne).
Cazaubon (Jean), de Thouars (Lot-et-Garonne).
Duthil (Jean), de Thouars (Lot-et-Garonne).
Taché (Joseph), de Thouars (Lot-et-Garonne).
Bigné (Pierre), de Sérignan.
Sadance (André), du Passage-d'Agen.
Bacqué (André), du Passage-d'Agen.
Demens (Henry), du Passage-d'Agen.
Monier (Antoine), du Passage-d'Agen.
La Claverie (Michel), du Passage-d'Agen.
Durand (Jean), du Passage-d'Agen.
La Brunie (Charles), du Passage-d'Agen.
Rense (Antoine), du Passage-d'Agen.
Delias (Jacques), du Passage-d'Agen.
Maccoy (Pierre), du Passage-d'Agen, mort en mer le 11 novembre 1779.
Tavaco (Charles), d'Ajaccio.
Barbiery (Dominique), d'Ajaccio.
Roca (Jean-Baptiste), d'Ajaccio.
Cazamartire (Mathieu), d'Ajaccio.
Gianelloni (Augustin), de Rogliano.
Thoméi (Charles), de Rogliano.
Thoméi (Mathieu), de Rogliano.
Bastiana (Jean-Marie), de Rogliano, mort en mer le 16 octobre 1779.
Lambert (Jean-Joseph), d'Auriol.
Paul (Antoine), d'Auriol.
Castaud (Jean-Baptiste), de Pignans.
Garnier (Victor), de Vidauban.
Camoin (Jean-Louis), de Vidauban.
Héraud (Cazimir), de Vidauban.

Novices.

Guignan (Antoine), de Toulon.
Piston (Jean-Gabriel), de Toulon.
Pignol (Louis), de Toulon.
Espanet (Jean-Baptiste), de Toulon.
Gérard (Alexandre), de Toulon.
Tiran (Laurent), de Sanary.
Abbé (Honoré), de Fréjus.

Sandou (Honoré), d'Aix.
Charny (Fleury), de Lyon.
Acun (Louis-François), d'Hyères.
Chanet (François), de Draguignan.
Fulconis (François), de Nice.
Coste (François), de Lorient.

Surnuméraires.

Raymondis (Jean-Baptiste), de la Seyne.
Martin (Antoine), de la Valette.
Bourillon (Jean-Philippe), de Lorel.
Audibert (Lange), de Toulon.
Reboul (Joseph-Victor), de Toulon.
Martin (Pierre-Jean), de Toulon.
Ricard (Thomas), de Toulon.
Mouton (Louis-Laurent), de Toulon.
Serraire (Joseph), de Toulon.
Fouque (Thomas), de Toulon.
Bernardeau (Jean-François), de Toulon, mort au Fort-Royal le 6 août 1779.
Serraire (Jean), de Toulon.
Lion (Jean-Jacques), de Toulon.
Honoré (Thomas), de Toulon.
Mouton (Joseph), de Toulon.
Massot (Joseph), de Toulon.
Reverdy (François), de Bargemon.
Barbaroux (Pierre), de Marseille.
Glaudet (Bernard), de Marseille.
Canard (Jérôme), de Lyon.
Eveillard (Charles), de Rennes.
Décugis (Joseph), d'Ollioules.
Abon (Pierre), de Valauris.
Guichard (André), du Puy.
Brun (Louis), de Toulon.
Gothin (Antoine), de Gannat.

Mousses.

Bonnet (Etienne), de Toulon.
Daumas (Jean-Joseph), de Toulon.
Viguier (Henry), de Toulon.
Lougne (Jacques-Antoine), de Toulon.
Laure (Joseph), de Toulon.
Blanc (Jean-Baptiste), de Toulon.
Massot (André), de Toulon.
Roubaud (Jean-Baptiste), de Toulon.
Véran (Joseph), de la Seyne.
Viau (Honoré), de la Seyne.
Baude (Antoine), de la Seyne.
Venel (Joseph), de la Seyne.
Guigue (Antoine), de la Seyne.
Guigue (Louis), de la Seyne.
Carmagnolle (Benoit), de Toulon.
Marcel (Antoine), de Toulon.
Reynaud (André), de Toulon.
Martin (Honoré), de Toulon.
Petit (Jean-Pierre), de Toulon.
Petit (Antoine-Jacques), de Toulon.
Ventre (Pierre-Blaise), de Toulon.
Dedieu (Jean), de Toulon.
Coulet (Honoré-Etienne), de Toulon.
Garry (Joseph-François), de Toulon.
Brun (Joseph), de Toulon.
Balestrier (Antoine), de Toulon.
Ginouvès (Joseph-Marie), de Toulon.
Hauteserre (Gabriel), de Toulon.
Valence (François), de Toulon.
Gérard (Alexandre), de Toulon.
Armelin (Joseph), de Toulon.

Giraud (Jean-Jacques), de Toulon, mort
    au 14 mai 1779.
Mayer (François), de Toulon.
Serralte (Louis), de Toulon.
Maistre (Jean-Jacques), de Toulon.
Bel (Joseph), de Toulon.
Guest (Jean-Jacques), de Toulon.
Ginis (Jacques-Alexandre), de Toulon.
Reboul (Alexandre), de Toulon.
Daumas (Etienne), de Toulon.
Ollivier (Jean-Antoine), de Toulon.
Fontane (François), de Toulon.
Hermitte (Augustin), de Toulon.
Brun (Louis), de Toulon.

Baron (Joseph), de Toulon.
Vairnes (Antoine), de Toulon, mort au
    Fort-Royal le 25 mai 1779.
Toucas (Jean-Baptiste), de Sollies.
Tiran (Jean-Baptiste), de Savary.
Rouquier (Jean), d'Ollioules.
Alexis (Jean-Baptiste), d'Ollioules.
Marcelin (François), de Gap.
Deluy (Joseph-François), d'Aix.
Gantesanus (Modeste), de Six-Fours.
Andrac (Jean-Baptiste), de Le Luc (Var).
De Maillon (Jean-Gson), de Le Luc
    (Var).
Reynoard (Jacques), de Carcès (Var).

Ayasse (Joseph), de Tarrive.
Parisymond (Jean), de Draguignan.

Domestiques.

Artaud (François), de Digne.
Russin (François), de Grenoble.
Mazel (François), de Grenoble.
Duvivier (Antoine), de Paris.
Dely (Joseph), de Bourg-en-Bresse.
Bonair (Jean-Baptiste), de Fontainebleau.
Coste (Thomas), de Toulon.
Laure (Dominique), de Toulon, mort au
    Fort-Royal le 7 juin 1779.
Chefdeville (Louis), d'Evreux.

LE CÉSAR ou CÉZAR.

(1778-fin 1779)

M. le Comte DE BROVES, Chef d'escadre, Commandant.

JEAN-JOSEPH DE RAFELIS, comte DE BROVES, Lieutenant général des armées navales du 1ᵉʳ mars 1779, né au
château de Broves près de Fréjus le 8 juillet 1715, mort le 12 novembre 1782.

ETAT-MAJOR.

Capitaine de vaisseau et du pavillon.

De RAIMONDIS, a eu le bras droit emporté le 16 août 1778. — Débarqué à Boston le 27 octobre suivant à raison de ses blessures.

Capitaine de vaisseau.

De CASTELLET, Second, puis Capitaine du Pavillon, le 6 juillet 1779, une plaie faite par une balle de fusil à la partie interne intéressant l'intervalle du doigt du milieu et de l'annulaire de la main gauche.

Lieutenants de vaisseau.

Le Chevalier de FRAMONT de GREZE nommé Capitaine de vaisseau en second le 14 juillet 1779.
De VENET.
De GOTHO, tué le 6 juillet 1779, au combat, par un boulet de canon.
De CAMBRAY.

Enseignes de vaisseau.

De GRASSE-BRIANÇON.
RAFELIS de BROVES.
De FONTE-BLANCHE, le 16 août 1778, contusion grave à la partie interne et moyenne des deux cuisses par un boulet de canon. — Débarqué malade à l'hôpital de Fort Royal.
De COLOMA.
DURAND DE LA PENNE.

Aumônier.

BONICE (R. P.), Recollet.

Chirurgien ordinaire entretenu.

Le Sʳ ROUX.

Lieutenants de frégate.

Le Sʳ BOULOUVARD, faisant fonctions de Lieutenant de Frégate, au combat du 6 juillet 1779, contusion à la partie moyenne et interne de la jambe gauche.
MAURICE (Jean Louis), faisant fonctions de Lieutenant de Frégate.
DARCET, faisant fonctions de Lieutenant de Frégate par ordre de M. le Comte d'Estaing.

Gardes du pavillon et de la marine.

De RAMATUELLE, fait Enseigne de vaisseau le 13 avril 1778.
D'HEUREUX.
De REYNIES, au combat du 6 juillet 1779, plaie à la partie supérieure et moyenne du coronal avec une très forte contusion aux deux yeux, et surtout le droit qui est en danger de se perdre, et une contusion à l'articulation du bras gauche.
De COLBERT-TURGIS.
De BROUTIERES.

Officiers-mariniers de manœuvre.

Audran (Joseph), premier maître entretenu, de Toulon.
Boyer (Antoine), maître surnuméraire, de Toulon.
Bernard (Jean-Joseph), deuxième maître, de Toulon.
Cousaure (Laurent-François), deuxième maître, de Toulon.
Chapelle (Etienne), contremaître, de Toulon.
Augier (Jean-Laurent), bosseman, de Toulon.
Piston (Jean-François), bosseman, de Toulon.
Trotabas (Michel), bosseman, de Toulon.

Gazielle (Antoine), quartier-maître, de Toulon, mort le 10 décembre 1779 à l'hôpital de Brest.
Arnaud (Pierre), quartier-maître, de la Ciotat, mort à l'hôpital de Brest, le 1ᵉʳ janvier 1780.
Simon (Joseph), quartier-maître, de Marseille.
Icard (Antoine), quartier-maître, de Marseille, légèrement blessé à la jambe gauche le 6 juillet 1779.
Bouchely (Jean), quartier-maître, de Marseille.
Dalbert (Simon), quartier-maître, de Cassis, au combat du 6 juillet 1779, légère plaie à la main droite.
Maurin (Jean-Nicolas), contremaître, de Marseille.
Martinenq (Pierre), contremaître, de Six-Fours.
Agneau (Joseph), patron de chaloupe, de Marseille.
Moutte (Joseph), contremaître, de la Badine, La Ciotat.
Martin (Jean Louis), quartier-maître, de la Badine, La Ciotat.
Ollivier (François-Jacques), quartier-maître, de la Badine, La Ciotat, tué raide au combat du 6 juillet 1779.
Jaubert (Jacques-Gabriel), quartier-maître, de Marseille, blessé au combat du 6 juillet 1779, et mort à l'hôpital de la Grenade le 10 juillet suivant, de ses blessures.
Galon (Barthélemy), quartier-maître, de Marseille, mort à l'hôpital de Brest le 4 janvier 1780.
Robert (François-Joseph), quartier-maître, de Toulon.
Tassy (Pierre), quartier-maître, de la Ciotat.
Aubin (Antoine), quartier-maître, de Marseille.

Officiers-mariniers de pilotage.

Bonnefoy (Pierre-Victor), deuxième pilote, de Toulon.
Louché (Pierre-Louis-Probace), aide-pilote, de Toulon.
Consauve (Pierre), aide-pilote, de Toulon.
Gamain (Jean-Baptiste), deuxième pilote, de Saint-Valéry, le 16 août, plaie légère avec contusion sur la pommette du côté droit.
Castelot (Louis-François), aide-pilote, de Dieppe.
Coste (Honoré), aide-pilote, de Marseille.
Blanc (Antoine), aide-pilote, de Marseille, le 16 août, plaie légère sur le poignet de la main droite et sur la pommette du côté droit.
Halley (Jean-Charles-Joseph), aide-pilote, de Honfleur.
Suttan (Gratien), aide-pilote, de Bayonne.
Frichot (Joseph-Jacques), deuxième pilote, de Toulon.
Pruisseau (Joseph), deuxième pilote, de Bayonne.

Officiers-mariniers de canonnage.

Burle (François), maître canonnier, de Toulon, mort le 29 mars 1779 à l'hôpital de Fort Royal.
Mège (Pierre-Marc), maître canonnier, de Toulon.
Désegis (Jean-Louis), deuxième canonnier, de Toulon.
Paulet (Pascal), deuxième canonnier, de Sanary, le 16 août, plaie grave sur le carpe de la main droite.
Reynouard (Pierre), maître canonnier surnuméraire, de Toulon.
Jubelin (Honoré), deuxième canonnier, de Toulon.
Girard (Joseph), aide-canonnier, de Toulon.
Maunier (Toussaint), aide-canonnier, d'Ollioules.
Brunond (Pierre), aide-canonnier, d'Ollioules.
Negret (Laurent), aide-canonnier, de Mazargues.
Daumas (Noël), aide-canonnier, de Toulon.
Benoit (Jean-François-Luc), aide-canonnier, de Toulon.
Pinchinat (Jean-Baptiste), aide-canonnier, d'Antibes.
Simian (Jean-Louis), aide-canonnier, d'Antibes.
Terras (Laurent), aide-canonnier, de Toulon.
Galibert (Jean-Baptiste-André), aide-canonnier, de Marseille, le 6 juillet 1779, plaie considérable à la cuisse. Débarqué et resté à l'hôpital de la Grenade.
Jourdan (Esprit), aide-canonnier, de la Seyne.
Cylle (Joseph-Toussaint), aide-canonnier, de la Seyne.
Julien (Esprit-Pierre), aide-canonnier, de Marseille, tué raide au combat du 6 juillet 1779.
Laugier (Jean-François), aide-canonnier, de Cannes.
Julien (Jean-Joseph), mineur, aide-canonnier, de Marseille.
Richard (Charles), aide-canonnier, de Marseille.
Cassestre (Louis-Dominique), aide-canonnier, de Toulon, blessure considérable sur le métacarpe le 16 août 1778. Mort du scorbut le 22 octobre 1779.

Ferre (Étienne-Joseph), aide-canonnier, de Toulon, le 6 juillet 1779, contusions légères au visage et à une jambe.
Azan (Joseph-Mauri), aide-canonnier, de Toulon.
Martineuq (Jean), aide-canonnier, de Six-Fours.
Montat (Jean), aide-canonnier, de Marseille.
David (Jean-Honoré), aide-canonnier, de Saint-Chamas, mort à l'hôpital de Brest le 3 mai 1780.
Dauphin (Antoine), aide-canonnier, de Saint-Tropez, tué d'un coup de canon le 16 août 1778.
Dano (Joseph), aide-canonnier, de Lorient.
Tandol (Louis), aide-canonnier, de Bordeaux.
Rieu (Jean), aide-canonnier, de Moissac.

Officiers-mariniers de charpentage.

Viry (Jean-Gaspard), maître charpentier entretenu, de Toulon.
Bourgogne (Jean-Louis), deuxième charpentier, de Toulon, le 16 août 1778, blessure légère à la main gauche.
Bourgaret (François-Honoré), aide-charpentier, de Toulon.
Coutelier (Antoine), aide-charpentier, de Toulon.
Antelme (Joseph-François), aide-charpentier, de la Seyne, mort le 13 octobre 1779, du scorbut.
Pascal (Jacques), aide-charpentier, de Six-Fours.

Officiers-mariniers de calfatage.

Aubin (Pierre), maître calfat, de Toulon.
Maunier (Jacques), deuxième calfat, de Toulon.
Daniel (François), aide-calfat, de la Seyne.
Galine (Jean-Baptiste), aide-calfat, de Marseille.
Mayol (Joseph-Reymond), aide-calfat, de Toulon.
Charbonnier (Pierre), deuxième calfat, de Toulon.

Officiers-mariniers de voilerie.

Décugis (Laurent), deuxième voilier, de Toulon.
Guérin (Jean-François), maître voilier, de Toulon.
Sinot (Noël-Jean-Élie), aide-voilier, de Saint-Valéry, tué raide au combat du 6 juillet 1779.

Gabiers.

Dansy (Guiraud), de Castel (Marmande), au combat du 6 juillet 1779, contusion un peu forte à la cuisse droite et à la jambe gauche.
Boyer (Jean-Baptiste), de Marseille.
Laugier (Joseph), de Marseille.
Stafforollo (Joseph), de Marseille.
Cayac (Noël), de Marseille.
Deluze (Honoré-Laurent), de Marseille.
Tourre (Jean), de Marseille.
Gassin (Vincent-Pascal), de Marseille.
Angalier (Joseph), de Saint-Chamas, légèrement blessé au combat du 6 juillet 1779.
Carrié (Toussaint), de Marseille, légèrement blessé au combat du 6 juillet 1779.
La Rosa (Jean), de Saint-Malo.

Timoniers.

Marses (Mathurin), de Roqueteau (Blaye), le 16 août 1778, contusion légère sur le métacarpe de la main droite.
Beaudoin (Benoît), de Marseille, mort de la fièvre à l'hôpital de Fort-Royal le 6 avril 1779.
Martin (Pierre), de Marseille, le 16 août 1778, légère contusion sur le métacarpe de la main droite et plaie à la joue droite.
Gasquet (Jean-François), de la Ciotat, le 6 juillet 1779, au combat, légère contusion à l'avant-bras.
Poujeau (Étienne), d'Arles, mort le 29 décembre 1779, à l'hôpital de Brest.
Constant (Jean), de Cassis, le 16 août 1778, au combat, légère blessure à la main droite.
Lamy dit Dauphiné (François), de Marseille, le 6 juillet 1779, au combat, plaie contuse à la cuisse, mort à l'hôpital de Brest le 20 décembre suivant.
Roaxs (Charles), de Cannes, mort du scorbut le 24 novembre 1779.
Sabin (François), de Marseille.
Ferrot (Mathieu-Séraphin), de Marseille.

Matelots.

Département de Toulon.

Bruno (André), de Toulon.
Vidal (Henri-Félix), de Toulon, brûlure légère au bras gauche au combat du 6 juillet 1779.
Commenay (Vincent), de Toulon.
Andrieu (Jean-Baptiste), de Toulon, mort à l'hôpital de Brest le 24 janvier 1780.
Albert (Jean-Louis), de Toulon.
Aubin (Jean-François), de Toulon.
Martin (Louis-Grégoire), de Toulon.
Reboul (Jean-Claude), de Toulon.
Garcety (François), de Solies.
Benoit (César-Michel), de Toulon.
Peyran (Mathieu), de Toulon.
Hermitte (Antoine-Marc), de Toulon, au combat du 6 juillet 1779, brûlure très considérable au visage et aux bras; débarqué le 8 juillet suivant à l'hôpital de la Grenade.
Vidal (Jean-Baptiste), de Toulon au combat du 6 juillet 1779, brûlure très considérable au visage et au bras, débarqué le 8 juillet suivant à l'hôpital de Saint-Georges de la Grenade.
Vidal (Pierre-Joseph), de Toulon.
Charpin (Balthazard-Gabriel), de Toulon.
Martin (Honoré), de Draguignan.
Michel (Toussaint-Balthazard), de Toulon.

Quartier de la Seine (La Seyne).

Jauffroy (Joseph), de Sanary (Sanary).
Miraillet (François-Elzéard), de la Seyne.
Raoux (André), de Six-Fours.
Pous (Jean), de Sanary, mort du scorbut le 24 juillet 1779.
Beaussier (Jean), de la Seyne.
Serenon (Antoine), de la Seyne.
Vidal dit Branete (Pierre), de la Seyne.
Martineng (Joseph), de Sanary.
Honoré (Pierre), de Six-Fours.
Bérangier (François), de la Seyne.
Curet (Antoine), de la Seyne, le 6 juillet 1779, au combat, plaie très grave avec fracas des os de l'avant-bras. Le 8 juillet suivant, débarqué à l'hôpital de Saint-Georges de la Grenade, où il est resté.

Gassin (Pierre), de Marseille.
Fillastre (Laurent), de Marseille.
Aubert (Jean), de Marseille.
Thomas (Hyacinthe-Salva), de Narbonne.
Delago (Jean-Laurent), de Marseille.
Garcis (Guillaume), de Marseille, le 6 juillet 1779, au combat, contusions très graves à l'œil droit et au bras gauche.
Laurent (François-Gaston), de Marseille, débarqué le 2 août 1779, pour cause de ses blessures graves.
Ferrary (Jean), de Marseille, le 6 juillet 1779, au combat, plaie contuse aux orteils.
Jourdan (Blaise), de Marseille.
Boës (Jean-Antoine), de Marseille.
Jourdan (Jérôme), de Marseille, le 6 juillet 1779, au combat, brûlures au visage et au bras droit.
Cougnet (Charles), de Marseille.
Montagnac (Mathieu), de Marseille.
Chaussegros (Jean-Joseph), de Marseille.
Fourniquier (André) de Marseille.
Despeches (Claude), de Marseille.

Quartier de Martigues.

Michel (Jean-Baptiste), de Saint-Chamas.
Leutier (Grégoire), de Martigues.
Silvestre (Etienne), de Martigues.
Marquis (Louis-Simon), de Martigues.
Ricard (Pierre), de Martigues.
Reynier (Jean-Baptiste), de Martigues.
Aillaud (Jean-M??), de Martigues.
Isnard (Joseph), de Martigues.
Mouton (Balthazar), de Martigues.
Parremond (Joseph), de Martigues.
André (Claude), de Martigues, le 6 juillet 1779, au combat, brûlure légère au bras.
Carlon (Jean-Joseph), de Martigues.
Benoit (Jean-Pierre), de Martigues.
Bernard (Jean-Honoré), de Martigues.
Escalon (Laurent), de Berri (probablement la province de ce nom).
Blanc (Augustin), de Berri (probablement la province de ce nom).
Juge (Henry), de Saint-Chamas, le 6 juillet 1779, brûlure à la main.
Dupré (François), de Martigues.
Silvestre (Joseph), de Saint-Chamas.

Département d'Antibes.

André (Dominique), de Cagnes, mort à l'hôpital de Brest le 19 mars 1780.
Mussou (Benoît), de Valany (Valloris), le 16 août 1778, au combat, forte contusion sur l'os sacrum.
Bompard (Jean), d'Antibes, tombé à la mer et noyé le 29 mai 1778.
Provençal (Jacques), de Cagnes.
Currault (M??), d'Antibes.
Reboutat (Jacques), d'Antibes.
Jourdan (Jean), d'Antibes.

Quartier de Cannes.

Alieys (Honoré), de Cannes.
Autran (Honoré), de Cannes.
Raymondon (Joseph), de Cannes.
Hugues (Honoré), de Cannes, le 16 août 1778, au combat, blessure légère, partie moyenne de la jambe droite; le 6 juillet 1779, au combat, brûlures considérables au visage et au bras.
Conte (Pierre), de Cannes.

Rolland (André), de Cannes, le 6 juillet 1779, au combat, plaie grande et profonde à la partie supérieure et intérieure de la jambe; débarqué le 8 juillet à l'hôpital de la Grenade, où il est resté.

Département d'Arles.

Bernier (Louis), d'Arles.
Peyrol (Jacques), d'Arles.

Département d'Agde.

Rigal (Nicolas), d'Agde.
Bertrand (François-Joseph), d'Agde.
Lacombe (Joseph), d'Agde.
Curries (Jean), d'Agde.
Benoit (Antoine), d'Agde, le 16 août 1778, plaie contuse peu considérable sur le sternum.
Sabattier (Antoine), d'Agde.
Combes (Henry), d'Agde.
Veiriou (Michel), d'Agde.
Bertrand (Jean-Pierre), d'Agde.

Quartier de Cette.

Ollivier (Jean), de Cette.
Gautier (Barthélémy), de Cette, mort le 23 septembre 1779, du scorbut.
Delmas (Antoine), de Cette.
Julien (Guillaume), de Cette.
Archer (Pierre), de Cette, tué d'un coup de canon au combat du 16 août 1778.
Roux (Louis), de Cette.
Viala (Jean-François), de Cette.
Bousquet (Jean-Baptiste), de Cette.
Gonny (Georges), de Cette, le 16 août 1778, forte contusion sur la cuisse droite, partie externe et moyenne; mort à l'hôpital de Brest le 29 décembre 1779.
Privat (Jacques), d'Aigues-Mortes, le 6 juillet 1779, au combat, plaie contuse à la jambe.
Nau (Jean), d'Aigues-Mortes.

Quartier de Narbonne.

Pons (Jean-Baptiste), de Narbonne.
Mourrut (Barthélémy), de Baige (Haute-Vienne).
Cadesaus (Antoine), de Baige (Haute-Vienne).
Martin (Antoine), de Baige.
Reynaud (Barthélemy), de Baige.
Reynaud (Jean-Louis), de Leucate.
Simon (Jean-Louis), de Fleury (Aude), mort du scorbut le 22 janvier 1779.
Cayol (Joseph), de Narbonne.
Dieulafoy (François), de Narbonne, le 6 juillet 1779, légère contusion au pied.
Balyste (Barthélemy), de Narbonne.
Reynaud (Mathieu), de Narbonne.
Artigue (Paul), de Narbonne.

Quartier de Saint-Jean-de-Luz.

Daguerre (Anger), de Ciboure.
Munier (Etienne), de Ciboure.
Germain (Jean), de Ciboure.
Rochiet (Pierre), d'Urrugne.
Hiratpandy (Martin), d'Urrugne.
Daguerre (Pedro), de Sare.
Larrea (Pierre), de Sare.
Dithurbide (Christoal), de Sare.
Detcheverry (Martin), de Saint-Pé.

Sallabery (Pierre), de Saint-Pé.
Detcheverry (Dominique), de Sidart, mort à la mer le 28 août 1779.
La Fargue (M??), de Bidart, le 6 juillet 1778, au combat, légère contusion au visage.
Detchepare (Esteben), de Bidart.
Doyamboure (Joannis), de Biarritz.
Dithurbide (Joannis), de Briscous (Basses-Pyrénées).
Duvergez (Etienne), de Saint-Martin-de-Seignaux (Landes), le 6 juillet 1779, contusion légère au bras.

Quartier de Libourne.

Maubilas (Elie), de Vignonet.
La Grange (André), de Vignonet.
Monnereau (Jean), de Vignonet.
Goudichaux (Jean), de Vignonet.
Foussat (François), de Vignonet.
Goffre (Pierre), de Vignonet.
Frestier (Louis), de Vignonet.
Robert (Pierre), de Vignonet.
Foussat (Pierre), de Vignonet.
Sans dit Piney (Pierre), de Vignonet, le 16 août 1778, bras droit emporté; mort le 10 septembre suivant à l'hôpital de Boston.
Chaumette (Pierre), de Cabara, le 6 juillet 1779, au combat, brûlures au visage et aux mains.
Boyer (Vidal), de Cabara.
Saujon (Jean), de Cabara.
Broustay (François), de Cabara.
Diurs (Pierre), de Cabara.
Piganeau (Jean), de Pessac ou Pessac-sur-Dordogne (Gironde).
Rousseau (Pierre), de Pessac ou Pessac-sur-Dordogne (Gironde).
Loubeau (Jean), de Pessac ou Pessac-sur-Dordogne (Gironde).
Marron (Jacques), de Pessac ou Pessac-sur-Dordogne (Gironde), le 16 août 1778, tué d'un coup de canon.
Dumas (Pierre), de Bergerac.
Mercier (Guilleaume), de la Faye (Charente), mort le 13 mai 1778, d'une fièvre putride.
Maillard (Pierre), de la Faye.
Coiffard (Antoine), de Guitre Guitre-sur-l'Isle (Gironde).
Neau (Arnaud), de Coutras.

Quartier de Marmande.

Patochon (Pierre), de Castel, probablement Castel-Viel (Gironde).
Barbe (Jean), de Gironde, le 6 juillet 1779, au combat, brûlure considérable au visage et au bras; débarqué le 8 juillet suivant à l'hôpital de la Grenade.
Rignon (Michel), de Gironde.
Faucher (Jean), de Gironde.
Bordenave (Colas), de Gironde.
Barbe (Antoine), de Gironde.
Labat dit Pelliot (François), de la Réole.
Secrestan (Pierre), de la Réole.
Mondin (Pierre), de la Réole.
Bléziat (Jean), de la Réole, mort à Quimper le 17 janvier 1780.
Duluge (Jean), de Bourdelles.
Balureau (Bertrand), de Bourdelles, le 6 juillet 1779, au combat, brûlures considérables au visage et au bras droit; débarqué le 8 juillet suivant à l'hôpital de la Grenade.

Bertety (Jean), de Marmande.
Moupoullant (Jean), de Caumont (Gironde), mort le 11 août 1778, à la suite d'un coup de canon qu'il avait reçu au combat la veille.
Castaignet (Jean), de Caumont (Gironde).
Anduren (Pierre), de Caumont (Gironde).
Stibiot (Martial), du Mas-d'Agenais (Lot-et-Garonne).
Flairet dit Maupas (Pierre), de Marmande.
Lusseau dit Bourrut (Pierre), de Saint-Crépin.

Quartier de la Teste-de-Buch.

Dayot dit Janot (Jean), de la Teste-de-Buch.
Biran dit Mourbian (Pierre), de la Teste-de-Buch.
Dechoux (Guillaume), de la Teste-de-Buch.
Cousteu dit Bourdujan (Pierre), d'Audenge et Arthez, le 16 août 1778, plaie légère au nez et contusion sur le sternum.
Caze dit Lalu (Jean), d'Audenge et Arthez.
Guittard dit Patpé (Pierre), d'Audenge et Arthez.
D'Espagne dit Cogiat (Pierre), de Lanton.
Barrières (Arnaud), de Lanton, le 8 juillet 1779, tué rude au combat.
Elies (Jean), de Lanton, mort à l'hôpital du Fort-Royal le 17 avril 1779.
Lambert dit Chilhomme (François), d'Archignac et Lège.
Tités dit Bertrille (Antoine), d'Archignac et Lège.
Sauvignon (Antoine), d'Archignac et Lège.
Martin dit Ganache (François), d'Archignac et Lège.
Conte (Pierre), d'Archignac et Lège.
Camin (Antoine), d'Archignac et Lège.
Dubos dit Chicoy (Jean), de Gujan.

Département de Bordeaux.

Saboureau (Pierre), de Saint-Remy (Dordogne).
Barradieu (Pierre), de Saint-Michel.
Bousquet (Pierre), de Saint-Michel.
Baudri (Jean-Pierre), de Saint-Michel.
Driancourt dit Parisien (Pierre), de Saint-Michel.

Chenaudre (Jacques), de Saint-Michel.
Bergeon (Pierre), de Saint-Michel.
Valette (Jean-Pierre), de Saint-Michel.
Sourine (Jean), de Saint-Michel, le 8 juillet 1779, au combat, contusion légère au bras.
La Tournerie (Bernard), de Barsac (Gironde).
La Porte dit Moulette (Jean), de Langer, peut-être L'Anguère.
Gabures (Pierre), de Langer, peut-être L'Anguère.
Texier (Raymond), de Rions (Gironde).
Saillan (Pierre), de Rions (Gironde).
Delin (Jean), de Paillet (Gironde).
La Couture (Nicolas), de Paillet (Gironde), le 16 août 1778, forte contusion sur l'omoplate à la partie supérieure du bras gauche avec plaie sur le deltoïde.
Lirquin (Jean), de Quinsac (Gironde).
Chassanès (Jean), de Beautiran.
Léonard (Mathieu), d'Ambarès-et-la-Grave (Gironde).
La Couture (Aubert), d'Ambarès-et-la-Grave (Gironde).
Molière (Pierre), de Bordeaux.
Petit (Jean), de Bordeaux.
Castaing (Jean-Baptiste), de Bordeaux.
Brouillet (François), de Bordeaux.
Meyroux (Pierre), de Bordeaux.
Morin (Jean-François), de Lormont.
Arnaud (Jean), de Bordeaux.
Laurent (Pierre), de Bordeaux.

Département de la Corse.

Luciana (Augustin), de Bastia, le 16 août 1778, contusion légère sur le côté droit de la poitrine.
Aitelli (Joseph-Marie), de Bastia.
Simonini (Joseph), de Bastia.
Bianchi (Jérôme), de Bastia, le 6 juillet 1779, au combat, légère brûlure au pied.
Venturini (Pierre-Paul), de Cagnano (Corse).
Christofany (Ange), de Cagnano (Corse).
Venturini (Jean), de Cagnano (Corse), le 16 août 1778, au combat, plaie légère à la partie moyenne et antérieure de la jambe droite.

Julany (Joseph), de Cagnano, le 8 juillet 1779, brûlure au côté, décédé le 10 juillet suivant à l'hôpital de la Grenade.
Cattony (Antoine), de Cagnano.

Novices.

Vian (Jean-Baptiste), de Toulon.
Gibert (Henry), de Nîmes.
Cassegrain (François), de Châtellerault.
Boyer (Jean-André), de Marseille.
Rouge (Simon), de Grenoble.
Volaire (Jean-François-Charles), de Toulon.
Franc (Joseph), de Draguignan.
Surron (Jean-Louis), de la Garde, le 16 août 1778, légère contusion à la partie moyenne externe du bras droit; mort de fièvre le 31 décembre 1778.
Philibert (Jean-Baptiste), de Riez (Basses-Alpes).
Therville (Jean-Baptiste), de Riez (Basses-Alpes).
Girard (Jean-Baptiste), de Toulon, le 16 août 1778, contusion légère au genou gauche.
Trotebas (Joseph-Marie), de Toulon.
Provençal (Louis), d'Antibes.
Bonet (François), de Draguignan.
Mounier (Edouard), de la Martinique.
Maudet (Jacques), de Canada.
Rocher (Jean), de Cognac.

Matelots de Boston.

Blasdes (Jonathan), matelot, de Boston.
Foler (Thomas), novice, de Boston.
Marthog (Joannes), novice, de Boston.

Canonniers servants.

Maurel (Etienne), de Larée (Gers).
Colomby (Jacques-Marcelin), de Barjols (Var), blessé grièvement les 16 août 1778 et 6 juillet 1779, aux combats.
Romain (Antoine), de Marseille.
Armand (Jean), de Sisteron.
Maldinet (Jean-Baptiste), de Massay ou Macey, blessé aux combats des 16 août 1778 et 6 juillet 1779.
Rabat (Georges-François), du Pas.

LE VENGEUR.

(1778-1781)

M. le Chevalier DE RETZ, Capitaine de vaisseau, Commandant.

ÉTAT-MAJOR.

Capitaine de Vaisseau.

Le Chevalier de RETZ, Commandant.

Lieutenants de Vaisseau.

De FORNOUE, Lieutenant de vaisseau, puis Capitaine de vaisseau.
Le Chevalier du BOCAGE.
Baron de ROBINDER, surnuméraire, Suédois.

Lieutenant de Vaisseau et de Port.

RUREFF.

Enseignes de Vaisseau.

Le Chevalier de RIEUX.
De BANVILLE.
De RUAC.
DAUGA ou DANGA.
De la GALERNERIE.

Officiers Auxiliaires.

Le Sr TOULGAYAU.
Le Sr LEYRITZ.
Le Sr LAMBERT, de Saint-Valéry.

Le Sr QUELLO.
Le Sr BOUCHET.
Le Sr GRANDMONGIN.

Chirurgiens-Majors.

Le Sr CRE, mort à l'hôpital du Fort-Royal le 16 juillet 1780.
Le Sr CHAPELAIN.

Aumôniers.

PICHET (R. P. Victor).
PERROT (R. P.), Cordelier.

Gardes du Pavillon et de la Marine.

Le Chevalier de BERULLE, garde du pavillon.
De ROMAIN, garde de la marine, mort à bord le 2 février 1780.
De SAINT-GEORGES.

Volontaires.

Septsans (Louis), de Saint-Malo, tué au combat du 17 avril 1780.
Raffy (René), de Saint-Malo.
Pinel (Louis-Marie), de Saint-Malo.
Le Sr Crescent père, de Saint-Malo.
Le Sr Crescent fils, de Saint-Malo.
Durif (Pierre) de Saint-Malo.
Duchêne ou Duchesne (Joseph), de Saint-Malo.
Glaud (François), de Saint-Brieuc.
Le Sr La Biche, de Saint-Brieuc, tué au combat du 6 juillet 1779.
Le Chevalier de Ruan.
Le Sr Joulm (Louis).
Le Sr Caulard.

Officiers-mariniers de manœuvre.

Quartier (Antoine), premier maître, de Rochefort.
Guignard (Charles), premier maître, de Rochefort, mort à bord le 29 mars 1780.
Poisson (Jean), second maître, de Lorient.
Rousseau (Luc), contremaître, des Sables-d'Olonne, mort à l'hôpital du Fort-Royal le 24 février 1779.
Bretonné (Louis), contremaître, de Noirmoutiers.
Brochard (René), contremaître, de la Rochelle.
Rio (Jean-Marie), bosseman, de Lorient.
Gleudic (Jean-Marie), bosseman, du Croisic.
Méchin (Estienne), quartier-maître, de la Rochelle.
Le Sergent (Jean), quartier-maître, de Camaret.
Dabouit (Jean-François), quartier-maître, de Lorient.
De Bien (Joseph), quartier-maître, du Croisic.
Halgant (Estienne), quartier-maître, du Croisic.
Guehenneuc (François-Marie), quartier-maître, de Recouvrance (Brest).
Daniel (Pierre-Antoine), quartier-maître, de Brest.
Bizien (Mathieu), quartier-maître, du Conquet.
Hervau (Jean-Mathurin), quartier-maître, de Lorient.
Morin (Jean), quartier-maître, de Dinan, mort en rade de Savannah le 12 octobre 1779.
Cabut (Jean), quartier-maître, de Rouen.
Peltier (Jacques), quartier-maître, de Granville.
Le Groïc (Pierre-Adrien), quartier-maître, du Havre.
Hausceguy (Pierre), quartier-maître, de Saint-Jean-de-Luz.

Officiers-mariniers de pilotage.

Duriquet (Noel-Epiphane), second pilote, de Dieppe.
Pilastre (Pierre), second pilote, de Rouen.
Jouhanneau (François), second pilote, de Libourne.
Petit (Jean-Nicolas), aide-pilote, de Rouen.
Despugiaux (Pierre), aide-pilote, de Bayonne.
Pilastre (Jean-Jacques-Thomas), aide-pilote, de Rouen.
Laplanche (Jean-Louis), aide-pilote, de Lanvellec, nommé pilote de première classe le 1er décembre 1780.

Officiers-mariniers de canonnage.

Perroux (Charles), maître canonnier, de Brest.
Ligut (Jean-Marie), maître canonnier, de Brest.
Eliès (Jean), second canonnier, de Lorient.
Chaigneaux (Jacques), second canonnier, de la Rochelle.
Le Moing (Guillaume), second canonnier, de la Bde (probablement Barbade).
Aumont (Estienne), aide-canonnier.
Ménard (François), aide-canonnier.
Salmon (Pierre-Jacques), aide-canonnier.
Patarin (André), aide-canonnier.
Louarn (François-Marie), aide-canonnier, de Brest.
Guéguen (Philipe), aide-canonnier, de Brest.
Pache (Sébastien), aide-canonnier, de Brest.
Beaujendre (Yves-Marie), aide-canonnier, de Brest.
Ribleur (François), aide-canonnier, de Vannes.
Crézon (Pierre-Antoine), aide-canonnier, de Vannes.
Humbert (Jean-Pierre), aide-canonnier, de la Bde (probablement Barbade).
Chalumeau (Mathurin), aide-canonnier, de la Bde (probablement Barbade), tué au combat du 17 avril 1780.
Le Vieux (Balthazar), aide-canonnier, de la Bde (probablement Barbade).
Gouzec (Guillaume), aide-canonnier, de Saint-Brieuc, mort à bord le 13 avril 1780.
Bernardin (Jean-Baptiste), aide-canonnier, du Vivarais.
Dumouchel (Robert-François), aide-canonnier, du Havre.
Natis (Jean), aide-canonnier, de Bordeaux.
Pitard (Louis), aide-canonnier, de la Bde (Barbade).
Miorzec (Jean-Nicolas), aide-canonnier, de la Bde (Barbade).
Garnier (Noel), aide-canonnier, de la Bde (Barbade).
Hériard (Dominique), aide-canonnier, de Bayonne.
Le Bris (Jean-François), aide-canonnier, de Granville.
Coquet (Jean), aide-canonnier, de Granville.
Germe (Jean), aide-canonnier, de Boulogne.

Officiers-mariniers de charpentage.

Ditly (Henry), premier maître charpentier, de Rochefort.
Sauvaget (Louis), second charpentier, de Rochefort.
Le Creu (René), aide-charpentier, de Recouvrance (Brest).
Gral (Yves), aide-charpentier, de Brest.
Chauve (André), aide-charpentier, de Nantes.

Officiers-mariniers de calfatage.

Labat (Pierre), premier maître calfat, de Recouvrance (Brest), mort à bord le 6 janvier 1781.
Garin (Hervé), second calfat, de Recouvrance (Brest).
Godel (Joseph), aide-calfat, de Lorient.
Priou (Joseph-Marie), aide-calfat, de Recouvrance (Brest), mort à l'hôpital du Fort-Royal le 2 janvier 1780.

Officiers-mariniers de voilerie.

Le Bert (Joseph), premier maître voilier, de Brest.
Colin (Bernard), second voilier, de Lambézellec.
Bataille (Jacques-François), aide-voilier, de Saint-Malo.
Benzo (Louis), aide-voilier, de Bayonne.

Remplacement des officiers-mariniers.

Bouyer (Pierre), second maître, de l'Ile-de-Ré.
Cogant (Yves), aide-calfat, de Brest.
Séguineau (Francois), quartier-maître, d'Oléron, mort à l'hôpital du Fort-Royal le 5 juillet 1780.
Nadeau (Jean), quartier-maître, d'Oléron.
Daudin (Louis), quartier-maître, d'Oléron, tué au combat du 6 juillet 1779.
Vince (Pierre), quartier-maître, du Croisic.
Bortin (Pierre), quartier-maître, du Croisic.
Priston (Nicolas), quartier-maître, de Granville.
Maudret (Pierre), quartier-maître, de l'Ile d'Yeu.
Ayreau (Jacques), deuxième pilote, des Sables-d'Olonne.
Simon (Philippe), aide-pilote, des Sables-d'Olonne.
Odon (François), aide-charpentier, de la Rochelle.
Ballén (Jean), maître calfat, de Brest.
Le Bourhis (Yves), maître voilier, de Lorient.
Toulouse (André), aide-voilier, de Bayonne.
Henry (Estienne), aide-canonnier, de Brest.
Michel (Jean-Louis), aide-canonnier, de la Bde (Barbade).
Dumeur (Jean), aide-canonnier, de la Bde (Barbade).
Longin (Yves), aide-canonnier, de Brest.
Avard (Michel), aide-canonnier, de Caen.
Mousset (Noel), aide-canonnier, de Dinan.
Gueznigou (Jean), aide-canonnier, de Morlaix.
Pichut (Michel-André), aide-canonnier, de Lambézellec.
Dumouchel (Louis-François), aide-canonnier, du Havre.
Fache (Antoine), aide-canonnier, de Saint-Valéry.
Patuzel (Julien), aide-canonnier, de Morlaix, mort en mer le 25 septembre 1779.
Buzeau (Jean-Michel), aide-canonnier, de Saint-Valéry.
Gallic (Jean), aide-canonnier, de Lorient, mort au Fort-Royal le 8 avril 1779.
Grabart (Antoine), aide-canonnier, de Calais.
Laballe (Louis), aide-canonnier, de Granville.
Tête (Gabriel), aide-canonnier, de Saint-Valéry.

Le Normand (Nicolas), de Caen.
Heraud (René), de Nantes.
Maurice (François), de Saint-Brieuc.
La Planche (Jean-Louis), de Lanvellec (Lannion), nommé officier-marinier le 1er janvier 1779.
Cluchet (Pierre-Marie), de Bordeaux, mort à l'hôpital du Fort-Royal le 10 juin 1779.
Desgens (Bertrand), de Royan.
Le Duc (Vincent), d'Hennebont.
Le Bret (Guillaume), d'Hennebont.
Bouetté (Bertrand), d'Hennebont.
Le Bric (Lucas), d'Hennebont.
Le Nevès (Toussaint), d'Hennebont.
Quillevin (Julien), d'Hennebont.
Cadin (Michel), du Croisic, mort à bord le 1er janvier 1779.
Olivier (Pierre), de l'Ile de Batz, mort étant de retour à Brest le 6 janvier 1781.
Le Prévot (René), de Granville.
Alléaume (Louis), de Rouen.
Maquet (Antoine), de Saint-Valéry.
Vasseur (François), de Saint-Valéry.
Dubois (Jean-Michel), de Brest.
Chaignon (Jacques), de Granville, tué au combat du 6 juillet 1779.
Berthe (Jean-Baptiste), de Granville.
Jourdan (Pierre-Claude), de Granville.
Philipe (Noel-Jean), de Granville, mort à l'hôpital du Fort-Royal le 8 juillet 1780.
Sevestre (Pierre-Modeste), de Fécamp.
Clément (Louis-François), de Granville.
Enault (Jacques-François), de Granville.
Le François (Michel), de Granville.
Cariau (Michel), de Belle-Isle.
Talouard (Jérôme), du Croisic.
Roussel (Guillaume), du Croisic.
Le Douarin (Michel), du Croisic.
Angely (François), du Croisic.
Moillo (Simon), de Lorient.
Conqueur (Jean), de Lorient.
Le Guennec (Jacques), de Lorient, mort à l'hôpital du Fort-Royal le 27 novembre 1779.
Le Gal (Joachim), de Lorient.
Fermal (Jean), de Lorient.
Mousset (Pierre), de Caen, mort en mer le 14 septembre 1779.
Pontif (Victor), de Rouen.
Guyomard (François), de Dinan, mort à l'hôpital du Fort-Royal le 4 mars 1779.
Héron (Pierre), de Cherbourg.
Le Norais (Pierre), de Granville.
Guillou (Jacques), d'Hennebont.
Quérivet (René), de Ploemeur (près Vannes).
Mélard (Jean), de Croxon.
La Roque (Jean-Baptiste), de Granville.
Clerc (Jacques-François), de Saint-Valéry, mort en mer le 21 décembre 1780.
Herlie (Jean-François), de Saint-Valéry.
Dez (Claude), de Saint-Valéry.
Goudmou (Jean-François), de Saint-Valéry.
Bibarré (Guillaume), de Saint-Valéry, mort en mer le 5 octobre 1780.
Pelletier (Jean), de Brest, mort en mer le 11 septembre 1780.
Costiou (Jean-Paul), de Brest.
Mérienne (Pierre), de Fécamp, mort à bord le 1er février 1779.
Le Breton (Jacques), de Caen.

Mériel (Pierre-François), de Caen.
Vannier (Pierre), de Caen.
Le Fort (Nicolas-Jean-Cyprien), de Saint-Valéry.
Mellard (Antoine), de Saint-Valéry, mort à bord le 25 décembre 1780.
Sauvage (Antoine), de Saint-Valéry, mort en mer le 21 novembre 1779.
Mary (Jean-Baptiste), de Vannes.
Rouillé (Bertrand), de Dinan.
Sergent (Jean-François), de Brest, mort en mer le 3 août 1779.
Dubourg (François-Clerc), de Saint-Valéry.
Guvelaire (Jean-François), de Saint-Valéry.
Collin (Jean-Guillaume), de Recouvrance (Brest).
Girard (René), de Mortagne, mort à l'hôpital du Fort-Royal le 3 mars 1780.
Ollivier (Gilles), de Saint-Brieuc.
Le Bailly (Pierre-Joseph), de Granville.
Oblin (Pierre-François), de Granville, tué au combat du 17 avril 1780.
Bazin (Pierre-Jean-Baptiste), de Granville, mort à l'hôpital du Fort-Royal le 10 décembre 1779.
Tirelle (Pierre-François), de Rouen, mort à l'hôpital du Fort-Royal le 24 janvier 1780.
Robin (Jean), de la Hougue.
Françoise du Renoult (Jean-Baptiste), de Granville.
Hébert (Thomas), de Granville.
Roussel (François-Jean), de Granville.
Nequet (Jean Baptiste), de Granville.
Bataille (Nicolas), de Granville.
Dupont (François), de Granville.
Jugan (François), de Granville.
Simon (Jean), de Granville.
Busson (Jacques-Louis), de Lorient.
Desriviers (Jean), de Caen.
Briffaut (Jacques), de Rouen.
Burette (François-Amour), de Fécamp.
Le Dève (Nicolas-Philipe), de Fécamp, mort à l'hôpital du Fort-Royal le 3 janvier 1780.
Billard (Nicolas-Augustin), de Fécamp.
Poret (Nicolas-Estienne), de Fécamp, mort en mer le 26 août 1779.
David (Pierre), de Granville.
Le Maitre (Julien), de Granville.
Rio (Yves), de Vannes.
Dorso (Yves), de Vannes.
Roucin (Pierre), du Croisic.
Labouré (Pierre), du Croisic.
Daline (François), du Croisic.
Fallay (Guillaume), du Croisic, mort à l'hôpital du Fort-Royal le 9 décembre 1779.
Guitton (Joseph), du Croisic.
Mahé (René), du Croisic.
David (Pierre), du Croisic.
Le Gal (Guy-Marie), de Recouvrance (Brest).
L'Affreteur (Jacques-François), de Granville.
Bisson (François), de Caen.
Aubert (Pierre), de Caen, mort le 9 janvier 1779, à bord.
L'Escouët (Marc), de Lorient.
Le Floch (Joseph), de Lorient.
Guillavic (Mathurin), de Lorient.
Voisin (Olivier), de Lorient.

Rio (Nicolas), de Lorient.
Kermerven (Yves), de Lorient.
Jeannot (Jacques), de Lorient, mort en mer le 28 janvier 1780.
Le Borgne (Jean-Louis), de Lorient.
Déveré (Joseph), de Lorient.
Gambièro (Joseph), de la Hougue, mort en mer le 19 juillet 1779.
Godebout (François), de Saint-Valéry-en-Caux.
Couiard (Pierre-François), de Fécamp.
Le Vilain (Charles), de Caen, mort à l'hôpital du Fort-Royal le 12 décembre 1779.
Prin (Jean), de Nantes.
David (Pierre), du Croisic.
Ferron (Antoine-Augustin), de Fécamp.
Billard (Jean-Jacques), de Fécamp.
Liot (Jean), de Fécamp, mort le 8 juillet 1780, à l'hôpital du Fort-Royal.
Bourgeois (Jacques-François), de Cherbourg.
Royer (Charles), de Rouen.
Laurent (Pierre), de Quimper.
Léger (Louis-Pierre), d'Honfleur.
Rivel (Charles), de Saint-Valéry.
Thomas (Jean-Baptiste), de Caen, mort à l'hôpital du Fort-Royal le 27 février 1779.
Desnoyers (Emanuel-Thomas), de Rouen.
Grandcour (François), de Fécamp, mort à l'hôpital du Fort-Royal le 17 janvier 1780.
Landié (Raimond), de Marmande.
Burgain (Louis), de Vannes.
Alléry (Louis-Jean), d'Hennebont, mort en mer le 4 septembre 1779.
Torivellec (Marc), d'Hennebont.
Le Merle (Antoine), de la Hougue.
Vial (Nicolas), de Saint-Brieuc.
Moyon (Jean), du Croisic.
Olliveau (Denis), du Croisic.
Philippos (Jean), du Croisic, mort en mer le 16 décembre 1780.
Moyon (Julien), du Croisic, mort à l'hôpital du Fort-Royal le 6 mai 1780.
Le Sin (Jean-Joseph), d'Ouessant, mort en mer le 18 septembre 1780.
Bitan (Jean), de Blaye.
Fort (Arnaud), de Blaye.
Mouflet (Jean), de Blaye.
Borgougnant (Raymond), de Blaye, mort en mer le 15 octobre 1780.
Loubonnay (Jean), de Blaye.
Malpel (Guillaume), de Montauban.
Giriel (Nicolas), de Moissac, mort à bord le 22 novembre 1779.
Gacq (Jean), de Moissac.
Lafaye (Jean), de Moissac.
Paquet (Antoine), de Moissac.
Savit (Dominique), de Moissac.
Matril dit Pouchot (Pierre), de Moissac, mort à l'hôpital du Fort-Royal le 16 avril 1779.
Delrieux (Antoine), de Moissac, mort à bord le 16 novembre 1779.
Delbosq (Antoine), de Moissac, mort à l'hôpital du Fort-Royal le 10 juillet 1780.
Fargue (Etienne), de Moissac, mort à bord le 6 septembre 1780.
Taillefer (Antoine), de Montauban.
Larrielle (Jean), de Bordeaux.
Binsse (Bertrand), de Toulouse.
Gabias (Jean), de Toulouse.
Loumet (Louis), de Toulouse.

Rivet (Pierre), de Rouen, mort en mer le 30 novembre 1780.
Rolland (Jean-François), de Cherbourg.
Bourrié (Jacques), de Marmande.
Saint-Tenant (François), d'Oléron.
Perdery (Louis), de Rochefort.
Lévêque (Nicolas), du Havre, mort à l'hôpital du Fort-Royal le 23 août 1780.
Larivierre (Jean-Baptiste), de Saint-Valéry-en-Somme.
Tarlay (François), de Dinan.
Chancerel (Pierre), de Cherbourg.
Cornu (Jean), de Montauban.
Le Flot (Jean), de Saint-Brieuc.
Boulet (Pierre), de Brest.
Aubert (Jacques), de Marseille.
Huard ou Hicard (Jean-Baptiste), de Marseille.
Martol (Jean-Baptiste), de Marseille.
Caral (Etienne), de Marmande, mort en mer le 7 décembre 1770.
Vatrel (Pierre), de Saint-Valéry.
Chenau (Pierre), de Bordeaux.
Combeau (François), de Strasbourg.
Ventaux (Jacques), de Nantes.
Auzanne (Bertrand), de Saint-Malo, mort en mer le 4 octobre 1780.
Charpentier (Pierre), de la Rochelle.
Chevrier (François), de la Rochelle.
Charrette (Paul), de la Rochelle.
Houvret (Louis), de Martignes.
Tanté ou Tauté (Pierre), d'Honfleur.
Rocque (Louis), de Marseille.
Boissoau (Paul), de Bordeaux.
Morel (Antoine), de Martignes.
Pinel (Jean-Baptiste), de Cherbourg.
Oceuges (Etienne), de Toulon.
Beguon (François), de Narbonne.
Pistonnilly (François), de Piémont (en Corse).
Hulair (Jacques), d'Orléans.
Martin (Jean-François), d'Hyères.
Maurin (Jean), d'Hyères.

David (Pierre), de la Garde (Marseille).
Beaucon (Balthazard), de Puget (Toulon).
Périn (Antoine), de Cogolin (Antibes).
Guérin (Auguste), de Nantes.
Salade (Joseph), de Nantes.
Hévrier (Pierre-Bernard), de Rouen.
Michel (Christophe), Américain.
Thomas (Williams), Américain.
Samson (Georges), Américain.
Droatenian (Benjamin), Américain.
Borel (Georges), Américain.
Jacquelin (Williams), Américain, mort à l'hôpital du Fort-Royal le 21 février 1780.
Clacks ou Clackers (Georges), Américain.
Bardau (Anatheu), Américain.
Mekné ou Mekerné (Johns), Américain.
Megleklin ou Meglekerlin (François), Américain.
Parker (Johns), Américain.
Augustine (Jean), Américain.
Nel (Arthur), Américain.

Novices.

Conin (Jean), de Saint-Servan.
Rault (Noël), de Saint-Servan.
Le Guen (Joseph-Marie), de Brest.
L'Ecuyer (Louis-Joachim), de Rouen, mort à bord le 23 janvier 1779.

Mousses.

Guillaume (Joseph), de Vannes.
Jacques (Nicolas), du Faou.
Le Guillou (Guy), de Quimper.
Gazon (Pierre), de Rochefort.
Le Bourg (Jean-Baptiste), de Granville.
Runavot (Raymond-Jean), de Brest.
Personne (Jacques), de Lorient.
Piou (Jean), de Saint-Malo.
La Morinière (Mathurin), de Noirmoutiers.
Auradoux (Gabriel), de la Rochelle.
Bourdin (Jean), de Rochefort.
Buffart (Pierre-André), de Rochefort.

Le Chevalier (François-Bonaventure), de la Hougue.
Le Couillaud (Charles), de Nantes.
Balleguy (André), de Lorient.
Robic (Jean-Louis), de Lorient.
Poissou (Jean-Marie), de Lorient.
Chevalier (Jean), de Rochefort.
Le Fol (Alain), de Landivisiau.
Le Fol (Guy), de Landivisiau.
Le Guen (Simon), de Camaret.
Omnès (Jean), de Recouvrance (Brest).
Tartur (Jacques), de Brest.
Bothorel (Jean), de Saint-Pierre-Quilbignon.
Bergot (Jean), de Brest.
Jouan (Hervé-Marie), de Brest.
Le Cam (Yves-Marie), de Brest.
Herjéan (Alexis), de Brest.
Mével (Louis), de Recouvrance (Brest).
Quiniou (Pierre), de Camaret.
Daniel (Gilles), de Brest.
Drechelé (Louis-Marie), de Brest.
Le Gal (Joseph), de Porspoder.
Allain (Julien-Marie), de Vannes.
Desnoyers (Emmanuel-Charles), de Rouen.
Néel (Jacques-Marie), de Rouen, mort à l'hôpital du Cap le 24 août 1780.
Quéravel (Joseph), de Quimper.
Calves (Jean-Baptiste), du Faou.
Frogé (Martial), de Limoges.
Gloaguen (Jean), de Quimper.
Campion (Pierre), de Quimper, mort à bord le 16 février 1779.
Montault (Martial), de Châteauneuf (?).
Quérou (Jean-Louis), d'Hennebont.
Rémond (Jean), de Bordeaux.
Le Fort (Jacques), du Croisic.
Darall (Jean-Baptiste), de Grenoble.
Le Grand (Bertrand), de Rochefort.
Frêne (Abraham), de Rochefort.
Manceau (Baptiste), de Bordeaux.
Savain (Joseph), de Toulon.
Collet ou Collu (François), de Saint-Brieuc.

L'ANNIBAL.

(1779 à 1781.)

MM. DE TERNAY, puis DE LA MOTTE-PICQUET, Chefs d'escadre, Commandants.

ÉTAT-MAJOR.

Chefs d'escadre.

Le Chevalier de TERNAY.
Le Chevalier de la MOTTE-PICQUET.

Capitaines de vaisseau.

De MEDINE.
Le Comte de LA CROIX.

Lieutenants de vaisseau.

GRANCHIN de SENNEVILLE.
De SAINT-FELIX.
Le LARGE.
HAMITTON.
DULOUP.
De RIVIERRE.
De MONTLUC de la BOURDONNAYE.
De CHAVAGNAC.
MARGUERY, tué au combat de la Grenade, le 6 juillet 1779.

Capitaines de brulot.

DESLOGES de KEROPARS.
CARRO.

Enseignes de vaisseau.

VIS de LOUP.
RABB (Charles).

De GASTON, aîné.
Le Chevalier de LANTIVY.
Le Chevalier DEMONTY.
Le Chevalier de SERRAN.
De GASTON, cadet.
De LATIOLAYE.
De GOYON.
Le Chevalier de la ROCHE-SAINT-ANDRE.
Le Chevalier du GUINY.

Lieutenant de frégate.

FAYOLLE.

Officiers auxiliaires.

BUSSON.

Mahé (Guillaume), deuxième pilote, de Granville.
Le Vaillon (Christophe), deuxième pilote, de Granville.
Le Ruby (Jacques), deuxième pilote, de Granville.
Hélin (François), deuxième pilote, de Granville.
David (Emmanuel), deuxième pilote, de Granville.
Guillemer (Louis), deuxième pilote, de Saint-Malo.
Hauguel (Jean), aide-pilote, du Havre.
Kervano (Jean), aide-pilote, de Quimper.
Respiget (Mathias), aide-pilote, de Brest.
Balbouse (Pierre), aide-pilote, de Brest.

Officiers-mariniers de canonnage.

Thomas (Jean), maître canonnier, de Lorient.
Oriol (Jean), maître canonnier, de Saint-Malo.
L'Heureux (Jean), deuxième canonnier, de Dieppe.
Rouas (Jean-Baptiste), deuxième canonnier, du Havre.
Duvivier (François), deuxième canonnier, de Caen.
Le Broch (Jacques), deuxième canonnier, d'Honfleur.
Martin (Jean-Baptiste), deuxième canonnier, de Granville.
Choux (François), deuxième canonnier, de Granville.
Elie (Nicolas), aide-canonnier, de Granville.
Acarie (Jean), aide-canonnier, de Boulogne.
Coilleau (Antoine), aide-canonnier, de Boulogne.
Verneuil (Jean), aide-canonnier, de Libourne.
Colmine (Pierre), aide-canonnier, du Havre.
Galais (Vincent), aide-canonnier, de Saint-Brieuc.
Malherbe (Jean), aide-canonnier, de Lorient.
Gravier (Michel), aide-canonnier, de Lorient.
Delbœuf (René), aide-canonnier, de Brest.
Le Duc (Mathurin), aide-canonnier, de Saint-Brieuc.
Bourrel (Philippe), aide-canonnier, de Granville.
Gautier (Benoit), aide-canonnier, de Dinan.
Robert (Nicolas), aide-canonnier, de Nantes.
Normand (Michel), aide-canonnier, d'Honfleur, tué dans le combat du 21 mars 1780.
Rebours (Jean), aide-canonnier, de Saint-Brieuc.
Zion (Julien), aide-canonnier, de Saint-Brieuc.
Morvan (Henry), aide-canonnier, de Saint-Brieuc.
Le Breton (Félix), aide-canonnier, de Saint-Brieuc.
Caillebot (Allain), aide-canonnier, de Saint-Brieuc.
Boivin (Michel), aide-canonnier, du Cherbourg.
Coliou (Julien), aide-canonnier, de Brest.
Morvan (Joseph), aide-canonnier, de Brest.
Mottez (Jean-Marie), aide-canonnier, de Brest.
Canel (Pierre), aide-canonnier, de Dieppe.
Duchesne (François), aide-canonnier, de Saint-Brieuc.
Acaris (Jacques), aide-canonnier, de Calais.
Debos (Jean), aide-canonnier, de Bordeaux.
Routy (Joseph), aide-canonnier, de Bordeaux.
Forcier (Pierre), aide-canonnier, de Bourgneuf.
Bras (Louis), aide-canonnier, de Nantes.
Bidau (Pierre), aide-canonnier, de Nantes.
Dangers (Adrien), aide-canonnier, de Lorient.
Aro (Jacques), aide-canonnier, de Nantes.
Bernard (Jacques), aide-canonnier, de Nantes.
Lesin (Jean), aide-canonnier, de Nantes.
Richard (Jean), aide-canonnier, de Nantes.
Gaudouin (Mathurin), aide-canonnier, de Rochefort.
Massé (Joseph), aide-canonnier, de Nantes.
Perrochar (François), aide-canonnier, de Nantes.
Le Bars (François), aide-canonnier, du Conquet.
Goné (Nicolas), aide-canonnier, de Toulon.
Le Bric (François), aide-canonnier, de Lorient.
Nédellec (François), aide-canonnier, de Lorient.
Belliot (Louis), aide-canonnier, de Toulon.
Ourlande (Dominique), aide-canonnier, de Calais.
Le Breton (Thomas), aide-canonnier, de Saint-Malo.
Viaud (Pierre), aide-canonnier, de Nantes, mort à la suite des blessures reçues au combat du 21 mars 1780.
Le Juste (Joseph), aide-canonnier, de Brest.
Colin (Ollivier), aide-canonnier, de Saint-Brieuc.
Frassint (Pierre), aide-canonnier, de Bordeaux.
Naud (René), aide-canonnier, de la Rochelle.
Mathias (Pierre), aide-canonnier, d'Honfleur.

Officiers-mariniers de charpentage.

Portier (Mathurin), premier maître charpentier, de Lorient.
Douvrandel (François), deuxième charpentier, de Dieppe.
Mouillé (Mathurin), aide-charpentier, de Nantes.
Le Coué (Jean), aide-charpentier, de Brest.
Perrier (Charles), aide-charpentier, de Saint-Malo.
Fichau (Mathurin), aide-charpentier, de Lorient.
Le Cam (Jean-Marie), aide-charpentier, de Brest.
Corre (Yves), aide-charpentier, de Brest.
Saudrais (Jacques), aide-charpentier, de Brest, tué au combat du 6 juillet 1779.

Officiers-mariniers de calfatage.

Cagnec (Mathurin), maître calfat, de Lorient.
Modeste (Ramon), deuxième calfat, de Brest.
Nicolo (Alexis), aide-calfat, de Saint-Brieuc.
Boullic (Guillaume), aide-calfat, de Brest.
Baby (Gabriel), aide-calfat, de Brest.
Cadalan (René), aide-calfat, de Brest.

Officiers-mariniers de voilerie.

Lalla (François), maître voilier, de Lorient.
Ficlet (Aubin), deuxième voilier, de Lorient.
Talmon (Guillaume), deuxième voilier, de Lorient.
Blanchard (Dominique), aide-voilier, de Saint-Malo.
Taforet (Denis), aide-voilier, de Saint-Malo.
Quennec (Henry), aide-voilier, de Quimper.
Guillard (Michel), aide-voilier, de Lorient.

Gabiers.

Daniel (Joseph), de Vannes.
Lavenasse (Gilles), de Vannes.
Métayer (Joseph), de Vannes.
Payen (René), de Vannes.
l'Escop (Bernard), de Vannes, mort à bord le 22 juin 1779.
De France (Laurent), de Dieppe.
Blondel (Jean-Jacques), de Dieppe.
Gavel (Pierre), de Saint-Malo.
La Place (Laurent), de Bayonne.
Nourry (Bertrand), de Bayonne.
Allaire (Jean), du Croisic.
Logier (Michel), de Brest.
Salaün (Augustin), de Brest.
Fresnau (Pierre), de Nantes.
Boutaleau (André), de Nantes.
Bindaut (Julien), de Granville.

Timoniers.

Fournier (André), de Marseille.
Géro (Louis), de Nantes.
Le Roy (Pierre), de Nantes.
Charrier (Charles), de Nantes.
Desmarets (Thomas), de Rouen.
Cressaveur (Pierre), de Lannion.
Rolland (Gilles), de Lorient.
Daniel (Louis), de Lorient.
Salaün (Yves), de Saint-Brieuc.
Le Bars (Jean), de Saint-Brieuc, tué dans le combat du 21 mars 1780.
Guénéval (Hervé), de Quimper.
Ferré (Robert), de Fécamp.
Caradec (Jean), de Brest.

Matelots.

Guillou (René), de Brest.
Cardinal (Noël), de Brest.
Lars (François), de Brest.
Ménès (François), de Brest.
Le Guen (Jean), de Brest.
Tinévès (Toussaint), de Brest.
Le Moine (Joseph), de Brest.
Berder (Louis), de Brest.
Pondaven (Hervé), de Brest.
Kérinec (Jean), de Brest.
Morvan (Louis), de Brest.

Marie (François), de Granville.
Julien (Jacques), de Granville.
Amelin (Clément), de Granville.
Langlois (Jacques), de Granville.
Ancolignard (Jean), de Granville.
Picot (Guillaume), de Granville, mort à bord le 25 juin 1779.
Forcel (Louis), de Granville.
Hibert (Louis), de Granville.
Bétille (Jacques), de Granville.
Cauvin (Jacques), de Granville.
Mancel (Jacques), de Granville.
Le Bourg (Pierre), de Granville.
Launay (Jean-Baptiste), de Granville.
La Mort (Louis), de Granville, mort à bord le 22 juin 1779.
Jaqueline (François), de Granville.
Servain (Michel), de Granville.
Le Clerc (Philippe), de Granville.
Le Fresne (Pierre), de Granville.
Chevalier (Guillaume), de Granville.
Danlos (Jean), de Granville.
Delisle (Louis), de Granville.
Clairant (Nicolas), de Granville.
Rozet (Philippe), de Granville.
Rozet (François), de Granville.
Enouf (André), de Granville.
Le Cerf (Jean), de Granville.
Morel (Charles), de Granville, mort à bord le 27 juin 1779.
Dupont (Simon), de Granville.
Dupont (Louis), de Granville.
Daligot (Thomas), de Granville.
Chevrel (Jean-François), de Granville.
Le Gagneux (François), de Cherbourg.
Carpentier (Jean), de Cherbourg.
Guillemette (Pierre), de Cherbourg.
Roussel (Jacques), de Cherbourg.
La Grange (Bernardin), de Cherbourg.
Millet (Philippe), de Cherbourg.
Rault (Pierre), de Cherbourg.
Blandamour (Joseph), de Cherbourg.
Ferron (Georges), de Cherbourg.
Lollier (Alexandre), de Cherbourg.
Ecourtemer (Pierre), de Cherbourg.
Lucas (Louis), de Rouen.
Chenau (Antoine), de Rouen.
Petit (Jean-Baptiste), de Rouen.
Lainé (Guillaume), de Rouen.
Le Fèvre (Jacques), de Rouen, mort à bord le 22 juin 1779.
Tillaye (Samson), de Rouen.
Hébert (Jean François), de Rouen.
Marc (Romain), de Rouen.
Dubuc (Etienne), de Rouen.
Carpentier (Jean-Baptiste), de Dieppe.
Lomé (Charles), de Dieppe.
Canel (Laurent), de Dieppe.
Le Grand (Joseph), de Dieppe.
Vigneux (Charles), de Dieppe.
Roux (Jean-Baptiste), de Dieppe.
Le Mesle (Jean-Baptiste), de Dieppe.
Ville (Jacques), de Dieppe.
Siré (Jacques), de Dieppe.
Siré (Nicolas), de Dieppe, tué dans le combat du 6 juillet 1779.
Chandelier (Augustin), de Dieppe.
Lavenu (Michel), de Dieppe.
Petit (Pierre), de Dieppe.
Laillet (Félix), de Dieppe.

Roussel (Guillaume), de Dieppe.
Charpentier (Antoine), de Dieppe.
Caynau (David), de Dieppe.
Aubert (Michel), de Rouen.
Renaud (Michel), de Rouen.
Colard (Adrien), de Rouen.
Burette (Jean), de Fécamp.
Rouault (Michel), de Fécamp.
L'Ecuyer (François), de Fécamp.
Billard (Modeste), de Fécamp.
Mache (Jean-Baptiste), de Fécamp.
Chouland (Félix), de Fécamp.
Angot (Jacques), de Fécamp.
Maillard (Pierre), du Havre.
Le Seigneur (François), du Havre.
Dubos (Robert), d'Honfleur.
Poussier (Louis), d'Honfleur.
Le Mercier (Pierre), d'Honfleur.
Dumont (Nicolas), d'Honfleur.
Patin (Charles), d'Honfleur.
Quesnel (Jean-François), d'Honfleur.
Grard (Jacques), d'Honfleur.
Hallé (Hervé), de la Hougue.
Le Lion (Jacques), de la Hougue.
Paumier (Pierre), de la Hougue.
Fiquel (Jean-Baptiste), de la Hougue.
Lourdel (Claude), de St-Valéry-sur-Somme.
Darras (François), de St-Valéry-sur-Somme.
Gondré (Denis), de Dieppe.
Brillard (Jacques), de Boulogne, mort au Fort-Royal le 18 août 1779.
Saint-Germain (Jean-Louis), de Caen.
Tailly (Nicolas), de Falaise.
Rosé (Jean-François), de Falaise.
Tichenery (Jean), de Bayonne.
Castel (Jean), de Bayonne.
Lavignotte (Jean), de Bayonne.
Dubreuil (Nicolas), de Bayonne, mort à bord le 10 juin 1779.
Mérac (Baptiste), de Marmande.
Gurget (Pierre), de Marmande.
Capdeville (Bernard), de Marmande.
Artigala (Etienne), de Marmande.
Ginette (Antoine), de Marmande.
La Combe (Henry), de Marmande.
La Porte (Jean), de Marmande.
Bodiniou (Antoine), de Marmande.
Lombard (Jean), de Marmande.
Boisleau (Simon), d'Angoulême.
Cussau (Guillaume), de Marmande.
L'Estas (Raymond), de Moissac.
Lasserre (Jean), de Moissac.
Goizé (Antoine), de Toulouse.
Ducos (Jean), de Bordeaux.
Picot (Charles), de Bordeaux.
Favreau (Louis), de Saintes.
Patron (Jean), de Saintes.
Caprais (Etienne), d'Agen.
Richaudia (Jean), de Blaye.
La Brunette (Jean), de la Teste.
Rousseau (François), de l'Isle de Ré.
Gotreau (Charles), de l'Isle de Ré.
Guillaume (François), de Dinan.
Bourget (François), de Dinan.
Le Barge (Jean), de Dinan, tué au combat du 6 juillet 1779.
Corvoisier (Jacques), de Saint-Malo.
Le Belour (Gilles), de Saint-Malo.
Le Glantin (Yves), de Saint-Malo.

Loyonnec (Bonaventure), de Granville.
Le Maitre (Georges), de Granville.
Alsain (Jean), de Granville.
Baudrie (Rien), de Granville.
Heleine (Guillaume), de Granville.
Fauvel (Gilles), de Granville.
Dubois (Charles), de Granville.
Le Hodé (Philippe), de Granville.
Campion (Pierre), de Granville.
Brual (Gilles), de Saint-Brieuc.
Montfort (Joseph), de Saint-Brieuc.
Gautier (Jean), de Saint-Brieuc.
Le Roux (Sébastien), de Saint-Brieuc.
Mat (François), de Saint-Brieuc.
Grosvalet (Jean-Baptiste), de Saint-Brieuc.
Ilion (Mathurin), de Saint-Brieuc.
Guillou (Guillaume), de Saint-Brieuc.
Catho (Mathurin), de Saint-Brieuc.
Abraham (François), de Saint-Brieuc.
Rouget (Julien), de Saint-Brieuc.
Monnier (Alexis), de Saint-Brieuc.
Louis (Benjamin), de Rouen.
Chauvin (Nicolas), de Rouen.
Caumont (Alexandre), de Rouen.
Amiaut (Gilles), de Rouen.
Chenoau (Michel), de Rouen.
Berranger (Pierre), de Rouen.
Guillebert (Pierre), de Rouen.
Vassard (Pierre), de Dinan.
Vassard (Gilles), de Dinan.
Gourneuf (Julien), de Dinan.
Delahaye (Jean), de Dinan.
Moisset (Joachim), de Dinan.
Poignant (Gabriel), de Dinan.
Labé (Julien), de Dinan, mort à bord le 23 octobre 1780.
Le Cam (Jean), de Dinan.
Le Roy (François), de Dinan.
Robert (Germain), de Dinan.
Frémont (François), de Dinan.
Benoit (Louis), de Dinan.
Hingant (François), de Dinan, mort à bord le 14 juin 1779.
Marie (Louis), de Saint-Malo.
Du Nord (Mathurin), de Saint-Malo.
Gingard (Jean), de Saint-Malo.
Angrin (Michel), de Fougères.
Duffel (Joseph), de Fougères.
Boileau (Nicolas), de Toul.
Huel (Yvon), de Tréguier.
Le Long (Nicolas), de Cherbourg.
Lescof (Christophe), de la Hougue.
Paumet (Nicolas), de la Hougue.
Blanvilain (Jacques), de la Hougue.
Bertot (Guillaume), de la Hougue.
Despins (Jean-Baptiste), de la Hougue, tué au combat du 6 juillet 1779.
Le Masson (Jacques), de la Hougue.
Alix (Michel), de la Hougue.
Guilbert (Philippe), d'Honfleur.
Collet (Guillaume), d'Honfleur.
Simon (Thomas), d'Honfleur.
Godard (Pierre), d'Honfleur.
Vanier (Toussaint), du Havre.
Besnard (Jean), du Havre.
Le Masson (André), du Havre.
Kermorvan (Joseph), de Vannes.
Génédal (Joachim), de Vannes.

Chevalier (Jean), d'Angoulême, mort à bord le 13 octobre 1779.
Delisle (Claude), de Rouen.
Raboux (Pierre), d'Oléron.
Moroude (François), d'Oléron.
Rivierre (Guillaume), de Caen, mort à bord le 20 novembre 1779.
Bouvrelay (Guillaume), de Lorient.
Lécuyer (Pierre), du Havre.
Cavé (Mathurin), du Havre.
Bernard (François), de Bordeaux.
Fourcade (Etienne), de Bordeaux.
Guillem (Jacques), de Bordeaux.
Dessssart (Pierre), de Bordeaux.
Charier (François), de Bordeaux.
Guérin (Jacques), de Marmande.
Dubery (Jacques), de Marmande.
Grignard (Etienne), de Marmande.
La Ramée (Barthélémy), de Limoges.
Petit (Elie), de Libourne.
Garnier (Joseph), de Libourne.
Nicolas (Joseph), de Brest.
Pellennec (Jean), de Brest.
Mocard (Jean), de Lorient.
Riot (Jean-Baptiste), de Lorient.
Cornet (François), de Lorient.
Ribeau (Marc), de Lorient.
Le Boullay (Julien), de Lorient.
L'Escuriot (Jean), de Lorient.
Le Meur (Marc), de Lorient.
Le Doux (Jean), de Lorient, mort à bord le 22 octobre 1779.
François (Mathurin), de Vannes.
Le Bras (Julien), de Vannes.
Fresny (Jean), de Vannes.
Guillemette (Pierre), de Vannes.
La Cambre (Jean), de Vannes.
Bagot (Jean), de Saint-Malo.
Baffret (Jean), de Saint-Malo.
Rayer (Jean), de Saint-Malo.
Duclos (François), de Saint-Malo.
Thébot (Joseph), de Saint-Malo.
Charle (Augustin), de Saint-Malo.
Loiseau (Jean), de Saint-Malo.
Desmotais (François), de Saint-Malo, mort à bord le 18 novembre 1779.
Combrum (Pierre), de Granville.
Le Mitois (Julien), de Granville.
Collet (Pierre), de Rouen.
Linier (Jacques), de Fécamp.
Hervieux (Louis), de Cherbourg.
Coupé (Jean), de Cherbourg.
Le Cannelier (François), de Cherbourg.
Valogne (Thomas), de Cherbourg.
Naudet (Jean), de Cherbourg.
Guézennec (Jean), de Morlaix.
Toupin (Julien), de Trégnier.
Cornaly (Joseph), de Saint-Brieuc.
Loquet (François), de Saint-Brieuc.
Le Roy (Noël), de Saint-Brieuc.
Le Roy (Rolland), de Saint-Brieuc.
Gicquel (Paul), de Saint-Brieuc.
Le Breton (Jacques), de Saint-Brieuc.
Feuillet (Marc), de Saint-Brieuc, mort à bord le 22 octobre 1779.
Hinguant (Paul), de Saint-Brieuc.
Calins (Guillaume), de Saint-Brieuc.
Boulen (Guillaume), de Saint-Brieuc.
Dauleau (Gilles), de Granville.

Portier (Georges), de Granville.
Le Landais (Louis), de Granville.
Le Suilier (Etienne), de Granville.
Le Tellier (Jean), de Granville.
Jorlot (Mathieu), de Quimper.
Garnier (Mathurin), de Quimper.
Morel (Jean), de Quimper.
Violot (Abraham), de Quimper.
Lefur (Jean), de Quimper.
Castel (Guillaume), de Brest.
Mazéas (Jacques), de Brest.
L'Aiguillon (Jean-Baptiste), de Brest.
Rolland (Pierre), de Brest.
Robin (Pierre), de Dieppe.
De la Rue (Jean), de Nantes.
Thomas (Pierre), de Nantes.
Drogant (Guillaume), de Nantes.
Gadelein (Jean), de Nantes.
Guillard (Henry), de Nantes.
Blenay (Pierre), de Nantes.
Gareau (Jean), de Nantes.
Carpentier (Joseph), de Lorient.
Conseil (Guillaume), de Lorient.
Robin (Julien), de Lorient.
Jégo (Julien), de Lorient.
Ozanne (Jean-Baptiste), d'Honfleur.
Savary (Guillaume), de Libourne.
Marzel (François), de Libourne.
Besse (Jean), de Libourne.
Brancard (Pierre), de Libourne.
Miavasa (Jean), de Libourne.
Gaussin (Michel), de Marmande.
Lonce (Antoine), de Marmande.
Cotrisse (Pierre), de Marmande, mort à bord le 10 octobre 1780.
Jamy (François), de Montauban.
Blancon (Antoine), de Montauban.
Malf (Jean), de Montauban.
Malmont (Jean), de Montauban.
Bernard (Jean), de Toulouse.
Le Brun (Jean), de Toulouse.
Lièvre (Jacques), de la Rochelle.
James (Jean), de Saint-Malo.
Riou (Yves), de Saint-Malo.
Gérel (Vincent), de Saint-Malo.
Antonino (Pierre), de Saint-Malo.
Briant (Jean), de Saint-Malo.
Cantin (Jean), de Bordeaux.
Allard (Jean), de Bordeaux.
Lavaut (Pierre), de Bordeaux.
Mériano (François), de Bordeaux.
Moucher (Jean), de Bordeaux.
Vallens (Simon), de Bordeaux.
Pugeol (Jean), de Bordeaux.
Fouchet (Jean), de Bordeaux.
Laurent (Jean), de Bordeaux.
Brédel (Bernard), de Bordeaux.
Dadre (Jean), de Bordeaux.
Bernard (Jérôme), de Bordeaux.
Poitevin (Jean), de Bordeaux.
Raquet (Arnaud), de Bordeaux.
Billot (Bernard), de Bordeaux.
Miraud (Pierre), de Bordeaux.
Rabel (Arnaud), de Bordeaux.
Druss (Pierre), de Bordeaux.
Pommier (Etienne), de Bordeaux.
La Coste (Jean), de Bordeaux.
Bernardot (Jean), de Bordeaux.
Dumans (Basquin), de Bordeaux.

Derpé (Pierre), de Bordeaux.
Bodin (Jean), de Bordeaux.
Ménard (Jean), de Bordeaux.
Affond (Pierre), de Cahors.
Bel (Guillaume), de Cahors.
Lézin (Antoine), de Bourgneuf.
Viot (Jean), de Bourgneuf.
Le Grand (Joseph), de Bourgneuf.
Guilbaud (Nicolas), de Bourgneuf.
Thomas (Pierre), de Marennes.
Bossuet (Jean), de Marennes.
Vivier (Giraud), de Marennes.
Le Kiker (Hervé), de Morlaix.
Kourik (Sylvestre), de Morlaix.
Rogner (Ollivier), de Morlaix.
La Rue (Guillaume), de Morlaix.
David (Jacques), de Royan.
Long (Pierre), de Bayonne.
Braha (Charles), de Saint-Malo.
Le Masson (Jean-Baptiste), de Saint-Malo.
Sicard (Jean-Baptiste), de Marseille.
Bouriou (Antoine), de Marseille.
Gazin (François), de Marseille.
Aimé (Mathieu), de Marseille.
Bonnet (Baptiste), de Marseille.
Marseillais (Louis), de Marseille.
Hédelin (André), de Nantes.
Hilleret (Marcel), de Nantes.
Samson (Pierre), de Nantes.
Méchisseau (René), de Nantes.
Cadoux (Jean), de Nantes.
Douillard (Mathurin), de Nantes.
Gélary (Jean), de Nantes.
Egorneaux (François), de Nantes.
Le Gendre (Jean-Baptiste), de Nantes.
Le Blanc (Joseph), de Nantes.
Péger (Jean), de Nantes.
Douaron (Grégoire), de Nantes, tué dans le combat du 21 mars 1780.
Chevalier (François), de Marennes.
Laillo (François), de Marennes.
Thibaut (Louis), de Marennes.
Mousset (Joachim), de Dinan, mort à bord le 24 septembre 1780.
Robin (Jean), de Rochefort.
Bonne (Jean), d'Issoudun.
Poulard (Charles), de Lyon, tué au combat du 21 mars 1780.
Gabillé (Nicolas), de Saumur, tué au combat du 21 mars 1780.
Déville (Jacques), de Toulon, tué au combat du 21 mars 1780.
Blanche (Jean), de Bordeaux, tué au combat du 21 mars 1780.
Nicolas (François), de Landivisiau.
Liard (Jean), du Havre.
Biau (Jean), de Libourne.
Lory (Michel), de Libourne.
Vivien (Jean), de Libourne.
Stournet (Pierre), de Libourne.
Cathrino (Julien), de Lorient.
Vivet (Joseph), de Lorient.
Giglé (Pierre), de Lorient.
De Luot (Nicolas), de Lorient.
Châtel (Louis), de Granville.
Hébert (Nicolas), de Granville.
Beaudd (Léger), de Rochefort.
Besse (Pierre), de Rochefort.
Gaillaband (Jean), de Quimper.
Gaillard (Philippe), de Quimper.

Le Gain (Louis), de Brest.
Le Borgne (René), de Brest, mort à bord le 19 juin 1779.
Hauvet (Louis), de Saint-Malo.
Bizien (Jean), de Saint-Malo.
Guinard (Julien), de Saint-Malo.
Le Maigre (François), de Saint-Brieuc.
Joubin (Louis), de Saint-Brieuc.
Chesnel (René), de Saint-Brieuc.
Le Corre (Guillaume), de Saint-Brieuc.
Galliot (Hervé), de Saint-Brieuc.
Faucon (Jean), de Saint-Brieuc.
Mahé (François), de Saint-Brieuc.
Gandon (Pierre), de Saint-Brieuc.
Guyomard (Joseph), de Saint-Brieuc.
Bidan (François), de Saint-Brieuc.
Le Breton (Guillaume), de Saint-Brieuc.
Le Bars (Jean), de Saint-Brieuc, mort à bord le 10 septembre 1779.
Herbel (Ollivier), de Saint-Brieuc, mort à l'hôpital du Cap le 9 septembre 1779.
Malenfant (Augustin), de Saint-Brieuc, mort à bord le 3 avril 1780.
Ferrière (Bernard), de Boulogne.
Pitanche (Jean-Joseph), de Nantes.
Perron (Noël), de Nantes.
Sézel (Louis), de Nantes.
Santeron (François), de Nantes.
Perrier (Jean), de Nantes.
Rivierre (François), de Nantes, mort au Fort-Royal le 4 avril 1779.
Bihan (Julien), de Nantes.
Dolay (Joseph), de Nantes.
Clément (François), de Nantes.
Baboneau (Henry), de Nantes.
Chevalier (André), de Nantes.
Le Tourneau (Pierre), de Fougères.
Hamon (Jean), de Quimper.
Richard (Ollivier), de Quimper.
Le Brusque (François), de Quimper.
Barbier (François), du Croisic.
Lefort (Jacques), du Croisic.
Tisson (Nicolas), du Croisic.
Falher (Jean), de Vannes.
Conan (Maurice), de Vannes.
Conan (Yves), de Vannes.
Le Charpentier (Louis), de Vannes.
Ropert (François), de Vannes.
Bernugat (Jean), de Vannes, mort à bord le 17 décembre 1780.
Ledoux (Jean), de Morlaix.
Hervé (Pierre), de Morlaix.

Normand (François), de Morlaix.
Lounsuven (Hervé), de Plouénan.
Dufour (Pierre), de Cherbourg.
Guillemette (Jacques), de Cherbourg.
Perdriel (Pierre), de Granville.
Morin (Noël), de Granville.
Blain (Jean), de Granville.
Lehodey (Louis), de Granville.
Botin (Ollivier), de Lannilis, mort à bord le 24 juin 1779.
Lavolée (Alain), de Morlaix.
Raimou (Jean), de Morlaix.
Le Goff (Jean), de Dinan.
Nolichon (Mathurin), de Lorient.
Puvoine (Jacques), de Lorient.
Thomas (Pierre), de Lorient.
Jougand (Antoine), de Lorient.
Lizier (René), de Brest.
Kerraoul (Pierre), de Brest.
Tallot (Etienne), de Brest.
Bonfils (Joseph), de Brest.
Kermabou (Alain), de Brest.
Dubois (Pierre), de Brest.
Pallière (Joseph), de Brest.
Le Roy (Jean-Marie), de Brest.
Respiget (René), de Brest.
Dumoulin (François), de Brest, mort à bord le 14 avril 1779.
Huet (François), de Brest.
Huet (Augustin), de Brest.
Guézennec (Guillaume), de Brest.
Tartu (Aimé), de Brest.
Le Moing (Yves), de Brest.
Pellé (Martin), de Brest.
Diés (Nicolas), de Brest.
Le Roux (Pierre), de Brest.
Auvray (Robert), de Bayeux.
Cantin (François), de Versailles.
Nicole (Jean), de Lannion.
Boulon (Frédéric), de Matignon.
Nicolas (François), de Commana.
Bourdis (Bastien), de Bourg de Batz.
Montfort (François), du Croisic.
Tisson (Pierre-François), du Croisic, mort à bord le 8 septembre 1779.
Le Goff (Louis), de Rostrenen.
Boispertuis (Pierre), de Rostrenen, tué au combat du 6 juillet 1779.
Chancerel (Joseph), de Fougères, mort à l'hôpital du Cap le 19 août 1779.
Kerhardy (Marc), de Morlaix.
Fouesnée (Jacques), de Rennes.

Poleit (Pierre), de Rennes.
Gainemer (Auguste), de Dinan.
Poignant (Pierre), de Dinan.
Pitre (Jean), de Dinan.
Tiffine (Pierre), de Lorient.
Le Couédac (Louis), de Lorient.
Le Clerc (François), de Saint-Malo.
Benoît (Mathurin), de Saint-Malo.
Héry (Jean), de Saint-Malo.
Chéron (Pierre), de Rouen.
Lagadic (François), de Quimper.
Le Naour (Philippe), de Tréguier.
Réothé (François), de Rochefort.
Faraud (Jean), de Rochefort.
Caro (Charles), de Saint-Pol-de-Léon.
Garcin (Jean-Baptiste), de Marseille.
Jour (Barthélémy), de Marseille.
Josselan (Jean), de Marseille.
Savon (François), de Marseille.
Roustan (François), de Marseille.
Langonez (Jean), de Bordeaux.
Cauel (Antoine), de Bordeaux.
Visier (André), de Toulon, mort à bord le 12 janvier 1780.
Grall (Nicolas), de Roscoff, mort à bord le 11 avril 1779.
Reboul (Noël), d'Avignon, mort au Fort-Royal le 6 février 1780.
Roque (Joseph), de Toulon.
Long (Paul), d'Hyères.

Domestiques.

Le Men (Julien), de Quimper.
Even (Philippe), de Rennes.
Poulain (Jacques), de Saint-Brieuc.
Gillet (Benoit), de Saint-Brieuc.
Bourhis (Jean-Marie), du Faou.
Pernou (Joseph), de Besançon.
Pernod (Jacques), de Pontarlier.
Gorguillé (François), de Vannes, mort à bord le 27 juin 1779.
Bedel (Michel), de Rouen.
Guesno (Joseph), d'Angers.
Blasicka (Jean), de Montpellier.
Lemarié (Emery), de Brest.
Favannec (Nicolas), de Brest.
Huon (François), de Tréguier.
Giron (Jean-Marie), de Tréguier, mort à bord le 17 août 1780.
Lehodey (Charles), de Granville.
Vion (Louis), de Lorient.
Thomas (Jean), de Rennes.
Lainé (François), de Saint-Malo.

LA PRUDENTE.

(De mai 1778 à juin 1779, date of her capture by the English)

M. le Vicomte D'Escars, Capitaine de vaisseau, Commandant.

ÉTAT MAJOR.

Capitaine de vaisseau

Le Vicomte d'ESCARS, Commandant.

Lieutenant de vaisseau.

THIERRY

Enseignes de vaisseau.

De MESGEINE
DANNEVILLE.

Officiers auxiliaires.

L'EVEILLE de la MOINERIE.
Le GRAND, mort le 12 décembre 1778.
Le TENDRE.

Chirurgien.

Le MASSON.

Aumônier.

CORSIN-DUPONT (R. P. André).

Garde de la marine.

Le Chevalier de la TAILLE des ESSARTS.

Volontaires.

Rouault de Coutances, de Saint-Servan.
Roche, de Versailles.

Officiers-mariniers de manœuvre.

Piston (Julien), premier maître, de Saint-Servan.
Le Melle (Pierre), second maître, de Saint-Servan.
Gorgel (Jean), second maître, de Dinan.
Guéguen (François), contremaître, de Saint-Servan.
Poulain (Laurent), contremaître, de Saint-Brieuc.
Folliard (Louis), bosseman, de Dinan.
Cautin (Jean), quartier-maître, de Saint-Malo.
Nabour (Pierre), quartier-maître, de Saint-Servan.
Tricot (Pierre), quartier-maître, de Saint-Brieuc.
Le Breton (Thomas), quartier-maître, de Cancale.
Trouillon (Joseph), quartier-maître, de Dinan.
Meinger (Gilles), quartier-maître, de Granville.

Officiers-mariniers de pilotage.

Ferret (Dominique), patron de chaloupe, de Saint-Servan.

Bichard (François), patron de canot, de Saint-Servan.
Oretté (Etienne), premier pilote, de Saint-Malo.
Tore (Noël), second pilote, de Saint-Malo.
Quinard (Etienne), aide-pilote, de Saint-Malo.
Le Mordant (François), aide-pilote, de Saint-Malo.

Officiers-mariniers de canonnage.

Besnard (Toussaint), maître canonnier, de Saint-Malo.
Noël (Jean), second canonnier, de Saint-Servan, mort le 8 octobre 1779.
Dupont (Augustin), aide-canonnier, de Cancale.
Bessechèvre (Pierre), aide-canonnier, de Saint-Servan.
Langlois (Pierre), aide-canonnier, de Saint-Servan.
Langlé (Jacques), aide-canonnier, de Saint-Servan.
Le Voix (Guillaume), aide-canonnier, de Saint-Malo.
Robert (Jacques), aide-canonnier, de Dinan.
Galopet (François), aide-canonnier, de Dinan.
Almanno (François), aide-canonnier, de Dinan.
Baquenel (Pierre), aide-canonnier, de Dinan.
Malanfant (Guillaume), aide-canonnier, de Saint-Brieuc.
Quatre-Sols (Dominique), aide-canonnier, de Dinan.
Le Bret (André), aide-canonnier, de Granville.
Rozel (Jean), aide-canonnier, de Granville.
Guilbert (Louis), aide-canonnier, de Granville.
Cottentin (Jean), aide-canonnier, de Granville, mort le 14 février 1779.

Officiers-mariniers de charpentage.

Girard (Julien), maître charpentier, de Saint-Servan.
Le Goff (Pierre), second charpentier, de Saint-Servan.
Durand (Jacques), aide-charpentier, de Cancale, mort le 17 février 1779.

Officiers-mariniers de calfatage.

Poncin (Guillaume), maître calfat, de Brest.
Jouanne (Julien), aide-calfat, de Saint-Servan.
La Truitte (Pierre), aide-calfat, de Dinan.

Officiers-mariniers de voilerie.

Durand (Louis), maître voilier, de Saint-Servan.
Langlois (Thomas), aide-voilier, de Saint-Servan.

Timoniers.

Padel (François), de Saint-Servan.
Raffy (Jean), de Saint-Malo.
Coulte (Édouard), de Saint-Malo.
Domalin (Guillaume), de Dinan.
Guégant (Laurent), de Saint-Brieuc.
Le Fournier (Guillaume), de Granville.
Vaillard (Joseph), de Saint-Brieuc.
Dufaux (Charles), de Saint-Brieuc, tué au combat du 4 mai 1779.

Gabiers.

Esnaud (Jean), de Saint-Brieuc.
Beaudouet (Georges), de Granville.
Herty (Barthélemy), de Dinan.
Nicolas (Jean), de Saint-Servan, mort à bord le 4 septembre 1778.

Matelots.

Pitton (Jean), de Saint-Malo.
Aubry (Louis), de Saint-Malo.
Bleven (Gratien), de Saint-Malo.
Hérault (Élie), de la Rochelle.
Chartier (René), de Saint-Malo.
Pallas (Jacques), de Saint-Malo.
Grosvalet (Jacques), de Saint-Brieuc.
Hellio (Pierre), de Saint-Brieuc.
Geiveterre (Olivier), de Saint-Brieuc.
Frochard (Louis), de Saint-Brieuc.
Briand (Augustin), de Dinan.
Lionnais (Joseph), de Dinan.
Blavon (Vincent), de Dinan, mort le 12 janvier 1779.
Le Villain (Toussaint), de Granville.
Dufour (Gilles), de Granville.
Canuel (Pierre), de Granville, mort le 12 février 1779.
Berthaud (Jean), de Granville.
Gautier (Jacques), de Granville.
Garante (Michel), de Granville.
Vraicq (Michel), de Granville.
Beaussier (Etienne), de Saint-Malo.
Henry (Mathurin), de Dinan.
Laure (Charles), de Granville.
Le Rendu (Jean), de Granville.
Esnol (Julien), de Granville.
Gosselin (Louis), de Granville.
Le Rond (Étienne), de Granville.
Charles (Louis), de Saint-Malo.
Bezon (Joseph), de Saint-Malo.
Gral (Paul), de Brest.
Bouchard (François), de Saint-Brieuc.
Drillet (Yves), de Saint-Brieuc.
Brezy (Jérôme), de Saint-Brieuc.
Orini (Jacques), de Granville.
Hébart (Nicolas), de Granville, mort le 11 février 1779.

Baumont (Olivier), de Granville.
L'Enouf (Adrien), de Granville.
Bernard (Jean), de Granville.
Le Bendu (Joseph), de Dinan.
Auffray (Pierre), de Saint-Malo.
Paturel (Jean), de Saint-Malo.
Migadel (Pierre), de Saint-Malo.
Pellé (Pierre), de Saint-Malo.
Piquet (Julien), de Dinan.
Mousset (Mathurin), de Dinan.
Richard (Louis), de Dinan.
Grande (Jean), de Saint-Brieuc.
Morin (François), de Saint-Brieuc.
Bertho (François), de Saint-Brieuc.
Fromanger (Louis), de Saint-Brieuc.
Fauvel (Louis), de Granville.
Le Chevalier (Jean), de Granville.
Besnard (Jean), de Granville.
Le Guerrier (Louis), de Granville, mort le 10 février 1779.
Duchene (Jean), de Granville.
Nicolet (Guillaume), de Granville, mort le 6 avril 1779.
Mottais (Georges), de Saint-Malo.
Brindejone (Pierre), de Saint-Malo.
Hervé (Pierre), de Saint-Malo.
Le Roux (Hiacinthe), de Saint-Malo.
Trublet (Bonnaventure), de Dinan.
Pluët (Eustache), de Dinan.
Audinot (Guillaume), de Dinan, mort le 1er mars 1779.
Bertré (François), de Dinan.
La Troche (Jean), de Saint-Brieuc.
Baucher (Samson), de Saint-Brieuc.
Enol (Pierre), de Granville.
Le Long (Jean), de Granville.
Philibert (Joseph), de Granville.
Le Tourneur (Jean), de Granville, tué au combat du 2 juin 1779.
Duvard (Joseph), de Granville.
Drouët (Etienne), de Granville.
Hérissé (Thomas), de Saint-Malo.
Daniel (Pierre), de Saint-Malo, mort le 24 janvier 1779.
Blaizeau (Michel), de Granville.
Le Cocq (Pierre), de Saint-Brieuc.
Tisseran (Jean), de Dinan.
Le Mesle (René), de Saint-Malo, blessé au combat du 22 avril 1779, mort le 23 du dit.
Postel (Louis), de Saint-Malo.
Le Masson (Jean), de Saint-Malo.
Noblet (François), de Saint-Malo.
Outré (Guillaume), de Saint-Malo.
Bajol (Jean), de Saint-Malo.
Vagot (Louis), de Sainte-Colombe (Ille-et-Vilaine).
Richard (Denis), de Saint-Malo.
Juhel (François), de Dinan.
Le Pecre (Jean), de Dinan.
Soget (Joseph), de Dinan.
Bouttesole (Louis), de Granville.
Mittois (Jean), de Granville.
Le Breton (Philippe), de Granville.
Cotentin (François), de Granville.
Pellerin (Martin), de Granville.
Robine (Pierre), de Granville.
Lorel (Louis), de Granville.
Ameline (Jean), de Granville.
Hallay (Marc), de Granville.

Subime (Pierre), de Granville.
Godey (Bernard), de Granville.
Guillemin (Charles), de Granville.
Marie (François), de Granville.
Le Bourgeois (Guillaume), de Granville.
Colin (François), de Saint-Brieuc.
Caro (Moreau), de Saint-Brieuc, mort le 3 juillet 1779.
Faucon (Jean), de Saint-Brieuc.
Thébaut (Jacques), de Saint-Brieuc.
Tanguy (Jacques), de Saint-Brieuc.
Le Resy (Louis), de Saint-Brieuc.
Eouzan (Denis), de Saint-Brieuc.
Le Picard (Guillaume), de Saint-Brieuc.
Coupé (Joseph), de Saint-Brieuc.
Quintin (Pierre), de Saint-Brieuc, tué au combat du 4 mai 1779.
Le Quinio (Louis), de Saint-Brieuc.
Boyo (Louis), de Saint-Brieuc.
L'Œillet (François), de Saint-Brieuc.
Lantien (Jean), de Saint-Brieuc.
Herry (Vincent), de Saint-Brieuc.
Carrio (Joseph), de Saint-Brieuc.
Le Bodour (Jean), de Saint-Brieuc.
Gernot (Guillaume), de Saint-Brieuc.
Barra (Julien), de Saint-Brieuc.
Lostis (Jean), de Plestin-les-Grèves.
Poirson (Nicolas), de Brest.
Ruello (Artur), de Saint-Brieuc.
Léger (Guillaume), de Cherbourg.
Pont-Gérard (Louis), de Lorient.
Le Portz (Yves), de Lorient.
Lelong (Jean), de Lorient.
Le Gal (Alain), de Lorient.
Rousseau (Jacques), de Lorient.
Rouault (Jean), de Lorient.
Frault (Olivier), de Lorient.
Cauzic (Maria), de Lorient.
Rochefort (Charles), de Lorient.
Bonnic (Guillaume), de Lorient.
Guillevin (Vincent), de Lorient.
Derivery (Nicolas), de Lorient.
Dupont (Jean), de Lorient.
Gosselin (Germain), de la Hougue.
Surdive (Jean), de la Hougue.
Le Roy (Pierre), de Dieppe.
Direuty (Joseph), de Dieppe.
Letout (Guillaume), de Dieppe.
De France (Pierre), de Dieppe.
Huet (Jean), de la Hougue.
Bibet (Jean), de Dieppe.
Sauvage (Jacques), de Boulogne.
Fournier (Louis), de Boulogne.
Clémence (Louis), de Dieppe.
Labbé (Bon), du Havre.
Ricoeur (René), de Dieppe.
L'Ecuyer (Nicolas), de Dieppe.
Labat (Jean), de Dunkerque.
Lamarre (François), de Boulogne, mort le 26 janvier 1779.
Alexandre (Pierre), de Calais.
Tatevin (Louis), de Croisic.
Rougeville (Louis), de Dunkerque.
Le Camus (Jean), de Nantes.
Boulanger (Pierre), de Calais.
Fizet (Pierre), de Dieppe.
Le Breton (Charles), de Dieppe.
Fromentin (Jean), de Dieppe.
Clément (Jean-Joseph), de Dieppe.

Guay (Nicolas), de la Rochelle, mort à bord le 9 avril 1779.
Satien (Pierre), de Bordeaux.
Houist (François), du Havre.
Sevestre (Nicolas), du Havre.
Nuel (Vital), de Redon.
Moreau (Pierre), de la Rochelle.
Chatelier (Joseph), de Nantes.
Rivaux (Etienne), de la Rochelle.
Dupoix (Louis), de Nantes.
Renaud (Pierre), de Royan.
Rousseau (Michel), de Nantes.
Maquant (Jean), de Bordeaux.
Priou (François), de Marennes.
Brabant (Jean), de Bordeaux.
Savanty (Jean), de Bayonne.
Normand (Jean), de Marennes.
Arnaud (Pierre), d'Aix.
Parival (Guillaume), de Bordeaux.
Bergue (Pierre), de Bordeaux.
Tandonnet (Pierre), de Bordeaux.
Cormillon (Louis), de Paris.
Calmousse (Estienne), de Bayonne.
Aubret (François), de Bordeaux.
Cambeau (Pierre), d'Agde.
Mazouy (Sorien), d'Agde.
Tennevot (Jacques), d'Angoulême.
Provost (Dominique), d'Orléans.
Danio (François), de Marennes.
Du Blanc (Charles), de Mississipi.
Biscaye (Pierre), de Saint-Sébastien.
Savariau (François), de Nantes.

Surnuméraires.

Chevalier (Mathurin), de Saint-Brieuc, mort à bord le 19 novembre 1778.
Bruno (Georges), de Saint-Servan.
Dutemple (Jean), de Saint-Servan.
Gallais (Claude), de Dol.
Menez (Louis), de Lorient.
Menez (Pierre), de Lorient.
Le Bonhomme (Malo), de Saint-Malo.
Le Douet (Jean), de Saint-Servan.
Ringuet (Louis), de Saint-Malo.
Morié (Julien), de Saint-Malo.
Bocher (Jean), de Saint-Brieuc.
Houdart (René), de Brest.

Mousses.

Derté (Jean), de Saint-Servan.
Le Grand (Etienne), de Saint-Servan.
Piston (Pierre), de Saint-Servan, mort le 22 octobre 1778.
Le Masson (Georges), de Saint-Servan.
Biron (Jean), de Lamballe.
Pigéon (Julien), de Saint-Malo.
Dinahé (Louis), de Saint-Malo.
Guilbert (François), de Saint-Malo.
Landale (René), de Saint-Malo.
Durand (Jean), de Saint-Malo.
Rasquinel (Yves), de Saint-Malo.
Sivar (Jean), de Saint-Malo.
Tachat (Jean), de Saint-Malo.
Heurtot (Vincent), de Saint-Malo.
Menez (Noël), de Lorient.
Folliard (François), de Saint-Servan.
Boulioux (Joseph), de Saint-Malo.
Touin (Jean), de Saint-Malo.
Bizien (Louis), de Guingamp.

[faded text, illegible]

LA CONCORDE.

(De janvier 1778 à mars 1779.)

M. LE GARDEUR DE TILLY, Capitaine de vaisseau, Commandant.

ÉTAT-MAJOR.

Capitaine de vaisseau.

Le GARDEUR de TILLY, Commandant, blessé au combat du 18 février 1779.

Lieutenants de vaisseau.

Le Chevalier de TILLY, tué au combat du 22 août 1778.
Le Chevalier de LINIERE, blessé au combat du 18 février 1779.

Enseignes de vaisseau.

De RAYMOND.
De REPENTIGNY, blessé au combat du 22 août 1778.

Officiers auxiliaires.

LUVEN de KERBIGUET.
Le CORDIER
De BERGEVIN de MESGUEZ.

Chirurgien.

CAILLAU.

Aumônier.

MONTILLET (R. P. Gabriel).

Officiers-mariniers de manœuvre.

Maudet (Jean), premier maître, d'Oléron.
Granger (Jean), second maître, de Noirmoutier, blessé au combat du 22 août 1778.
Girard (Jacques-Daniel), contremaître, de l'Ile de Ré.
Vadancourt (Jacques), contremaître, d'Oléron, blessé au combat du 18 février 1779.
Martin (Pierre), bosseman, d'Oléron.
Rolland (Jean), quartier-maître, de Rochefort.
Maté (Hilaire), quartier-maître, des Sables.
Rucheau (Jean), quartier-maître, des Sables, tué au combat du 18 février 1779.
Guérin (Pierre), quartier-maître, de Noirmoutier.
Phelippeau (Pierre), quartier-maître, de Libourne.
Guérin (Joseph), quartier-maître, des Sables, mort le 2 novembre 1778.

Officiers-mariniers de pilotage.

Dion (André), patron de chaloupe, d'Oléron.
Mesnard (Pierre), premier pilote, de Rochefort, blessé au combat du 18 février 1779.
Masson (Pierre), aide-pilote, de Rochefort.
Pertier (André), aide-pilote, de Rochefort.

Officiers-mariniers de canonnage.

Merlet (Jean), maître canonnier, de Rochefort.
Normandin (Jean), second canonnier.
Michel (Edme), aide-canonnier.
Roumy (Thomas), aide-canonnier.
Allard (Bernard), aide-canonnier.
Micheau (Jean), aide-canonnier, des Sables, mort le 8 décembre 1778.
Bertrand (Jean), aide-canonnier, de l'Ile de Ré.
Le Roy (Mathurin), aide-canonnier, de Noirmoutier.
Bertrand (Pierre), aide-canonnier, de Marennes, blessé au combat du 18 février 1779.
Duchemin (Claude), aide-canonnier, de Rochefort.
Dionnet (Pierre), aide-canonnier, de Rochefort.
Seguin (Jean), aide-canonnier, de Saintes, mort le 25 novembre 1778.
Bouton (Louis), aide-canonnier, d'Oléron.
Barbin (Joseph), aide-canonnier, de Saintes.
Fonteneau (Nicolas), aide-canonnier, de Rochefort.
Drouillard (Jean), aide-canonnier, de Saintes.
Ballereaud (Jean), aide-canonnier, de Marmande, blessé mortellement au combat du 22 août 1778.

Officiers-mariniers de charpentage.

Baron (Pierre), maître charpentier, de Rochefort.
Drouineau (Crespin), second charpentier, de Rochefort.
Fougerit (Alexandre), aide-charpentier, de Rochefort.

Officiers-mariniers de calfatage.

Fraigneau (Jacques), maître calfat, de Rochefort.
Langevin (Jean), second calfat, de Rochefort.
Bernard (Pierre), aide-calfat, de Rochefort.

Officiers-mariniers de voilerie.

Martin (Jacques), maître voilier, de Rochefort, blessé au combat du 18 février 1779.
Daniau (Jean), aide-voilier, de Rochefort.

Gabiers.

Morneau (Luc), des Sables.
Sourcier (André), d'Oléron.
Gautier (Jacques), de Marennes.
Pelusse (André), de Bayonne, blessé au combat du 22 août 1778.
Amiot (Jean), de Saintes.
Peyon (Jean), de Marennes.

Timoniers.

Dubon (Joseph), des Sables, mort le 4 novembre 1778.
Péau (Jacques), des Sables.
Bridonneau (Louis), des Sables, mort le 7 décembre 1778.
Pineau (Jean), d'Oléron.
Martin (André), des Sables.
Hébert (Louis), des Sables.
Loirat (Pierre), de Blaye, tué au combat du 18 février 1779.

Matelots.

Ancelin (Pierre), de Rochefort.
Blanchard (Etienne), de Rochefort.
Joubert (Philippe), de Rochefort.
Blanchet (Jean), de Rochefort.
Durand (Jean), de Rochefort.
Guitton (Pierre), de Rochefort.
Laridon (Joseph), de Quimper.
Guignet (Jacques), de Rochefort.
Chevallier (Pierre), de Rochefort, blessé au combat du 22 août 1778.
Moreau (François), de Rochefort, mort le 31 décembre 1778.
Rivet (Jean), de Rochefort.
Pascreau (Jacques), de Rochefort, mort le 8 décembre 1778.
Labat (Jean), de Rochefort.
Peluchon (Etienne), de Rochefort.
Crousille (Jean), de Rochefort, blessé au combat du 18 février 1779.
Gros (René), de Saintes.
Parenteau (François), d'Angoulême.
Salé (François), d'Angoulême.
Poussard (François), d'Angoulême.
Lortie (Elie), de Marennes.
Quantin (André), de Marennes.
Merine (Jean), de Marennes.
Bignon (Joseph), de Marennes, noyé le 27 février 1778.
Poitou (Pierre), d'Oléron.
Seutre (Jacques), d'Oléron.
Lot (Jacques), d'Oléron.
Guindet (Daniel), de Royan.
Mage (Daniel), de Royan.
Play (François), de la Rochelle, mort le 14 novembre 1778.
Pereau (Jean), de la Rochelle.
Royer (Pierre), de la Rochelle.
Bordier (Louis), de l'Ile de Ré.
Membrard (Louis), de l'Ile de Ré, mort le 2 décembre 1778.
Orsonneau (Louis), de l'Ile de Ré, mort le 29 octobre 1778.
Isaacard (Bonnaventure), des Sables, mort le 24 octobre 1778.
Ferret (Jean), des Sables.
Bonyor (François), des Sables.
Le Jay (Joseph), des Sables, blessé mortellement au combat du 18 février 1778.
Renou (Jacques), des Sables.
Biteau (Joseph), des Sables, mort le 16 octobre 1778.
Rucheau (Louis), des Sables.
Gallipeau (Félix), des Sables.
Laurent (Jacques), des Sables, mort le 11 décembre 1778.
Briant (Jacques), des Sables.
Tribert (Jean), des Sables.
Violteau (Claude), des Sables.
Boulineau (René), des Sables.
Desbours (Eusé), des Sables.
Touseau (Augustin), des Sables, blessé au combat du 22 août 1778, mort des suites le 17 octobre 1778.
Guérit (Jean), des Sables, blessé au combat du 18 février 1778.
Friou (François), de Noirmoutiers, mort le 28 septembre 1778.
Remond (Joseph), de Noirmoutiers, blessé au combat du 22 août 1778.
Barbier (Jacques), de Noirmoutiers.
Perrein (Clément), de Noirmoutiers, blessé au combat du 22 août 1778.
Corbrejeau (Louis), de Noirmoutiers.
Gagneux (Jean), de Noirmoutiers.
Chevalier (Pierre), de Noirmoutiers.
Normandin (Pierre), de Bordeaux.
Rouseau (Jean), de Bordeaux.
Guilhem (André), de Bordeaux.
Castets (Pierre), de Bordeaux.
Andron (Jean), de Bordeaux.
Musin (Jean), de Bordeaux.
Fauveau (Jean), de Bordeaux, blessé au combat du 18 février 1779.
Videau (Antoine), de Bordeaux, mort le 13 octobre 1778.
Durand (Jean), de Blaye.
Tiffon (Jean), de Blaye.
Raymond (François), de Blaye.
Lafon (Joseph), de Libourne.
Feignan (Jean), de Libourne.
Boyer (Pierre), de Libourne.
Dupeyra (Pierre), de Libourne, mort à bord le 17 février 1779.
Antoine (Jean), de Libourne.
Ceyron (Antoine), de Libourne.
Baudry (Arnand), de Libourne.
Brunetteau (Guillaume), de Libourne.
Freatier (François), de Libourne.
Camarsac (Pierre), de Libourne.
Feize (Charles), de Libourne, blessé au combat du 18 février 1779.
Bonamy (Jean), de Libourne, blessé au combat du 18 février 1779.
La Brunette (Jean), de la Teste.
Lafon (Benoist), de Marmande.
Charit (Jean), de Marmande.
Cauzat (Jean), de Marmande.
La Perche (Jean), de Marmande.
Montet (Vidal), de Marmande, tué au combat du 22 août 1778.
Coste (Jean), de Marmande.
Barbe (Raymon), de Marmande, blessé au combat du 18 février 1779.
Nougue (Antoine), de Marmande, mort le 8 décembre 1778.
Faugas (Jean), de Marmande.
Parailloux (Jean), de Marmande, mort le 20 décembre 1778.
Despin (Etienne), de Marmande.
Causimon (Guillaume), de Marmande.
Drouillet (Berthoumieu), de Marmande.
La Tronche (Pierre), de Toulouse, mort le 1er décembre 1778.
Darbon (Pierre), de Toulouse, blessé au combat du 22 août 1778.
Berdun (Guirand), de Toulouse, mort le 24 novembre 1778.
Durand (Jean), de Toulouse.
Lasserre (Paul), de Toulouse.
Faure (Pierre), de Toulouse.
Souls (Joseph), de Toulouse.
Panchenat (Jacques), de Toulouse, blessé au combat du 18 février 1779.
Duprat (Jean), de Toulouse, mort le 8 novembre 1778.
Flouret (Jacques), de Montauban, blessé au combat du 18 février 1779.
Loubet (Louis), de Montauban.
Escadassus (Pierre), de Montauban.
Lartigaud (Jean), de Montauban.
Delorme (Jean), de Montauban.
Barthélémy (François), de Montauban.
Gaigné (Jean), de Montauban.
Chaulet (Mathieu), de Montauban.
Darassin (Bertrand), de Bayonne.
Calbet (Pierre), de Bayonne.

Surnuméraires.

Tourneur (Jean-Joseph), de Pont-l'Abbé.
Patarin (Pierre), de l'Ile de Ré.
Mesnard (Pierre), de Rochefort.
Faye (Jean), de Rochefort.
Daniaud (Louis), des Aubiers.
Chevaillier (Jean-Batiste), de Rochefort.
Chaffau (Jean), de Launay, mort le 15 octobre 1778.
Petit-Gras (René), de Nantes, mort le 27 octobre 1778.
Héraud (Claude), de Rochefort.
Baudry (Antoine), de Rochefort.
Delanoue (Jean), de Rochefort.

Mousses.

Merlet (Joseph), de Rochefort.
Guille (Pierre), de Rochefort.
Mesnard (Théodore), de Rochefort.
Bouet (Jean), de Rochefort.
Renaudeau (François), de Rochefort.
Fayet (François), de Port-des-Barques.
Rousselin (Jean), d'Oléron.
Armand (Louis), de Rochefort.
Dumont (Pierre), de Saintes, mort le 8 janvier 1779.
Chevallier (Pierre), de Rochefort.
Baudry (Pierre), de Rochefort.
Auzereau (Louis), de la Rochelle, blessé au combat du 18 février 1779.
Gouin (François), de Rochefort.
Bonneteau (Louis), de Rochefort.
Foisseau (François), de Rochefort.
Jay (François), de Rochefort, blessé au combat du 18 février 1779.
Moulier (Etienne), de Rochefort.
Le Comte (Pierre), de Rochefort.
Renaud (Jean), de Rochefort.
Dupuy (Alexandre), de la Rochelle.

Domestiques.

Arnaud (Charles), d'Angoulême.
Duchemin (Jean), de Vernon.
Braud (Jean), de Tonnay-Charente.
Sauvage (François), de Bonneuil.
Rambaud (Louis), de Niort, mort le 28 février 1778.
Chauvet (Abraham), de Prailles.

Divers.

Martineau (Jean), de Saint-Jean-d'Angély.
Maudet (Laurent), d'Oléron, tué au combat du 22 août 1778.

[...] de Tilly [...]
Fulcran (François), de la Rochelle.
Vinet (Jacques), de Rochefort.
Coumaitan (Joseph), de Saintes.
Labrousse (Jean), d'Angoulême.
Guilloton (Jean), des Sables.
Forgerit (Pierre), de Marennes, blessé au combat du 18 février 1779.
Mallord (Pierre), de Rochefort.
Mallemole (Raymond), de Marmande.
Colombel (Philippe), de Rochefort.
Grassiot (Pierre), de Montauban, mort le 6 novembre 1778.
Petit (Étienne), de Toulouse.
Baujac (Jacques), de Montauban.
Texier (André), de Noirmoutier.
Barres (Bernard), de Montauban, mort le 2 octobre 1778.
Vidal (Jean), de Montauban.
Dured (André), de Rochefort.
Averty (Jean), de Nantes.
Le Moal (Antoine), de Guingamp.
Janvier (Antoine), de Pondichéry.
Mellay (Jean), de l'Île d'Yeu.
Joussemet (François), des Sables.
Jaguenau Thomas, de Rochefort, blessé au combat du 18 février 1779.
Maubuchon (Jean), de Guingamp.
Rivault (Jean), de Rochefort.
Tarat (Simon), de Montauban.

Grand [...]
Grenier (Louis), de Bordeaux.
Dardissout (Jean), de Pomméré.
Le Salle (François), de Nantes.
Bouard (Julien), de Goan.
Dupas (Jean), de Nantes.
Durand (François), de Paboboeuf.
Bérard (Jean), de Bordeaux.
Foucault (René), de Nantes.
Voisas (Jean), du Havre.
La Croix (Jean), de Vannes.
Rivoel (Jean), de Port-Louis.
La Moine (André), de Lorient.
Rioux (François), de Saint-Brieuc.
Le Petit (Augustin), de Saint-Malo.
Miroix (François), de Vannes.
Dupont (François), de Nantes.
Trahuu (Philippe), de Port-Louis.
Bernière (Jean), de Bordeaux.
Hervé (Pierre), de Marennes.
Pommier (Joseph), de Bordeaux.
Denis (François), de Rochefort.
Harel (Jacques), de Nantes.
Suire (Antoine), de Marennes.
Laporte (Pierre), de Bordeaux.
Perrière (Manuel), du Havre.
Lieudegar (Michel), du Havre.
Le Grand de la Pomerai, de Nantes.

Berra [...]
Brunet (Pierre), du Havre.
Le Gras (Louis), du Havre.
Ardou (Jean), de Saint-Brieuc, blessé au combat du 18 février 1779.
Andre (Pierre), de l'Île de Ré.
Guenau (Jean), de Saumur.
Thebaut (Guillaume), de Nantes.
Ollivier (René), de la Rochelle.
Flourisson (François), de Rochefort.
Barrière (Étienne), de la Rochelle.
Bellanger (François), de la Rochelle.
Talon (Pierre), de la Rochelle.
Brossard (Jean), de la Rochelle.
Lievre (Pierre), de la Rochelle.
Mainguet (Michel), de Nantes.
Brichon (Honoré), de Nantes.
Bonnamy (Noël), de Nantes.
Galbeau (Honoré), de Nantes, blessé au combat du 18 février 1779.
Morino (Joseph), de Nantes.
Maurice (Pierre), de Nantes.
Fos (Pierre), de Bordeaux.
Delpy (Bernard), de Bordeaux.
Pascal (Pierre), de Blaye.
Bretel (François), de Marennes.
Bégou (Paul), de Toulouse.
Coste (Jean), de Bordeaux.
Ollivier (Pierre), de Vincennes.

LA CHIMÈRE.

(De mars 1778 à mars 1780)

M. DE SAINT-CÉZAIRE, Capitaine de vaisseau, Commandant.

ÉTAT-MAJOR

Capitaine de vaisseau.
Le SAINT-CÉZAIRE

Lieutenants de vaisseau.
Le Chevalier de BRAS-PUGET.
DEFONTBLANCHE.
Le Chevalier DURUMAIN

Enseignes de vaisseau.
Le Chevalier de BRAS-PUGET.
De RAMATUELLE.
DETAILLARD.

Officiers auxiliaires
LAFONT.
De MALIEU

Chirurgiens
PAVET COURTEILLE.
GIRAUD.

Aumôniers.
DURAND (R. P. Valentin).
LA ROCHE (R. P.).

Gardes du pavillon et de la marine.

GALLIENS CHABON, Garde du pavillon.
SAINTE-MARGUERITE, Garde de la marine.

Officiers-mariniers de manœuvre.

Normand (Jean), premier maître, de Toulon.
Pourrisson (Jacques), second maître, de Toulon.
Lavarally dit Bouteille (Jean), contremaître, de Toulon.
Gardon (Antoine), bosseman, de Toulon.
Barthélemy (Joseph), quartier-maître, de Toulon.
Aguéji (Augustin), quartier-maître, de Toulon.
Faron (François), quartier-maître, de Toulon.
Engauran (Jean), quartier-maître, de Toulon.
Ardisson (Honoré), quartier-maître, de la Ciotat.
Lefavre (Honoré), quartier-maître, de Cannes.
Fin (Antoine), quartier-maître, de Fréjus.

Ardouvin (Joseph), quartier-maître, de Marseille.
Cabinet (Saturne), quartier-maître, de Lorient.

Officiers-mariniers de pilotage.

Eydoux (Joseph), premier pilote, de Toulon.
D'Arrains (Étienne), second pilote d'Eyragne.
Riquier (Joseph), aide-pilote, de Toulon.
Decheverry (Martin), aide pilote, de Saint-Jean-de-Luz.

Officiers mariniers de canonnage.

Roy (Louis), maître canonnier, de Toulon.
Miaille (Georges), second canonnier, de Toulon.
Crestiau (Jacques), aide-canonnier, de Six-Fours.
Reboul (François), aide-canonnier, de Toulon.
Julien (Laurent), aide-canonnier, de Six-Fours.
Crestian (Jean), aide-canonnier, de Six-Fours.
Beaussier (Joseph), aide-canonnier, de la Seyne.

Guigues (Jean), aide-canonnier, de Six-Fours.
Curet (Jean), aide-canonnier, de Six-Fours.
Bousin (Pierre), aide-canonnier, de Six-Fours.
Grimaud (Joseph), aide-canonnier, de Six-Fours.
Tassy (Jean-Baptiste), aide-canonnier, d'Aules.
Aymes dit Leclerc (Joseph), aide-canonnier, d'Arles.
Martinenq (Pierre), aide-canonnier de Six-Fours.
Fabre (André), aide-canonnier, de Six-Fours.
Bernassé (Jean), aide-canonnier de Marseille.

Officiers-mariniers de charpentage.

Charvin (Louis), maître charpentier, de Toulon.
Brun (Joseph), second charpentier, de Toulon.
Bernis (Joseph), aide-charpentier, de Toulon.

Officiers-mariniers de calfatage.

Gensolen (Asomas), maître calfat, de Toulon.
Diaque (Jean), second calfat, de Toulon.
Hermitte (Pierre), aide-calfat, de Toulon.

Officiers-mariniers de voilerie.

Valence (Etienne), maître voilier, de Toulon.
Pelletier (Jean), second voilier, de Toulon.
Reboul (Louis), aide-voilier, de Toulon, mort le 1er juin 1779.

Gabiers.

Barthelemy (François), de Six-Fours.
Olive (Esprit), de Six-Fours.
Paul (Pierre), de Marseille.
Jassois (Etienne), de Saint-Tropez, noyé le 4 novembre 1779.
Roustan (Jean-Pierre), d'Antibes, mort le 18 mars 1780.

Timoniers.

Giraud (Louis), de Saint-Tropez.
Sarva (Louis), de Marseille.
Icard (Jacques), de Cirés, mort le 19 novembre 1779.

Matelots.

Gire (Antoine-Toussant), de Saint-Tropez, mort à bord le 21 décembre 1779.
Beringuier (Jean), de Toulon.
Laville (Jean), de Toulon.
Lavarelly (Joseph), de Toulon.
Rey (Jean), de Toulon.
Casimir (Louis), de Toulon.
Simon (Jean), de Toulon.
Surie (Jean), d'Hyères.
Coulomb (Christophe), d'Hyères.
Laugier (Joseph), d'Hyères.
Peyron (Joseph), d'Hyères.
Audet (Pierre), d'Hyères.
Bouchet (Jean), de Lorient.
Cauvière (Jean), de Toulon.
Perrin (Emmanuel), de Toulon.

Hismand (Jean), de Lorient.
Argoy (Martin), de Saint-Jean-de-Luz, mort le 15 mars 1780.
Moutoir (Jean), de Nantes.
Colle (Jean), de la Seyne.
Givret (Augustin), de la Seyne.
Arnaud (Jean), de Six-Fours.
Jouvenal (Célestin), de Six-Fours.
Fabre (Jean), de Six-Fours.
Icard (Jean), de la Seyne.
Gardon (Vincent), de la Seyne.
Delory (Joseph), de la Seyne.
Martinenq (Jacques-Laurent), de Six-Fours.
Esprit (Jean), de la Ciotat.
Minor (Jean-Durand), de la Ciotat.
Lebel (Pierre), de la Ciotat.
Isouard (Louis), de la Ciotat.
Ganteau (Pierre), de Bandol.
Clavery (Etienne), de la Ciotat.
Blanc (Jean), de la Ciotat.
Turcai (Pierre), de la Ciotat.
Jeanseaume (Pierre), de la Ciotat.
Blanc (Etienne), de Bandol.
Rebuffet (Pierre), de Saint-Tropez, mort le 29 mars 1780.
Rebuffet (Louis), de Saint-Tropez.
Pallier (Pierre), de Fréjus.
Dal (Philippe), de Saint-Tropez.
Véran (Jean), de Saint-Tropez, mort le 26 mars 1780.
Pourquier (François), de Marseille.
Gautier (Jacques), de Marseille.
Camoin (Joseph), de Marseille.
Brousquier (François), de Marseille.
Cazal (Michel), de Marseille.
Olive (Pierre), de Marseille.
Samson (Louis), de Marseille.
Blanc (Etienne), de Marseille.
Chansaud (Jean), de Marseille.
Antoine (Pierre), de Marseille.
Goujon (Augustin), de Marseille.
Blanc (Louis-Charles), de Marseille.
Moustier (Jean), de Marseille.
Julien (Jean), de Marseille.
Jacques (Jean-Joseph), de Marseille.
Rougier (Joseph), de Marseille.
Raymond (Joseph), de Marseille.
Turin (Joseph), de Marseille.
Aurienns (Pierre), de Marseille.
Deidier (Jacques), de Marseille.
Reynaud (Jean), de Marseille.
Fouquet (Jean-Laurent), de Marseille.
Olivier (Louis), de Marseille.
Julien (Jean-Claude), de Marseille.
Mourard (Jean), de Marseille.
Girard (Jacques), de Marseille.
Culotte (Félix), de Marseille, mort le 13 mars 1780.
Gelesi (Claude), de Marseille.
Mingaud (Joseph), de Berre.
Bory (Louis), de Martigues.
Ignace (Laurent), de Martigues.
Constant (Honoré), de Berre.
Romey (Jean), de Martigues.
Bertrand (Pierre), de Martigues.
Jourdan (Jean), de Martigues.
Rivière (Jean), de Martigues, mort le 20 mars 1779.

André (Antoine), de Martigues.
Morand (Augustin), de Saint-Chamas.
Cazèle (Nicolas), de Cannes, mort le 26 mars 1780.
Garcin (Jean), de Cannes.
Sicard (François), de Cannes.
Cazi (Pierre), de Cannes.
Sourd (Honoré), d'Arles.
Nicolas (Jean), d'Arles, mort le 29 septembre 1779.
Martin (Joseph), d'Arles.
Tassy (Gaspard), d'Arles.
Fecouil (Henry), d'Arles.
Bourbonet (Louis), d'Arles.
Raymond (Pierre), d'Arles.
Gely (Claude), d'Agde.
Garache (Antoine), d'Agde.
Vidal (Jean), de Cette.
Vial (Jean), de Cette.
Jalade (Imbert), de Cette.
Lapierre (Joseph), de Cette.
Pioch (Jean), de Cette, mort le 26 février 1780.
Cailx (André), de Cette.
Brunet (Jean), d'Aiguemortes.
Claude (François), de Cette, mort le 24 février 1780.
Fournier (Michel), de Leucate.
Gaubert (Bernard), de Gruissan.
Catalan (Joseph), de Narbonne.
Tesquier (Paul), de Narbonne.
Fabre (Jacques), de Narbonne.
Deville (Guillaume), de Verdun.
Devillo (Gilles), de Verdun.
Fontan (Pierre), de Verdun.
Lafont (Jean), de Castel-Sarrazin.
Blanc (Jean), de Castel-Sarrazin.
Faulet (Pierre), de Castel-Sarrazin.
Micas (Albert), de Cuges.
Mourland (Bazile), de Cuges.
Crabé (Dominique), de Cuges.
Loumède (François), de Cuges.
Maronde (Jean), d'Auterive, mort le 22 mars 1780.
Noyer (Raymond), d'Auterive.
Comagère (Jean), d'Urrugne, mort le 3 septembre 1779.
Ordoagoity (François), d'Hendaye.
Guibery (Jean-Faure), d'Ascain.
Darregosgne (Martin), d'Ascain, mort le 26 février 1780.
D'Arroguy (Joannis), de Sare, mort le 17 novembre 1779.
Larralde (Martin), de Sare.
Segaud (Jean), de Toulon.
Richard (Charles), de Lorient.
L'Espinasy (Antoine), de Chalons.
Perou (Pierre), de La Rochefoucauld.
Clos (Henri), de Calais.
Le Tellier (Fabien), de Caen.
Dufreché (Pierre), de Toulouse.
Binet (Jean), de Caen.
Roquet (Dominique), de Narbonne.
Moucouzet (Jean), de Dol.
Blanc (Augustin), de Marseille.

Novices.

Normand (François), de Toulon.
Simon (Honoré), de Toulon.
Rimbert (François), de Grasse.

Soldats-marins.

Auglas (Etienne), de Toulon.
Besson (Joseph), d'Ollioules.
Eydoux (Toussaint), de Toulon.
Bonnaly (Antoine), d'Aix.
Barcelon (Joseph), de Toulon.
Castel (Philippe), de la Valette.
Bremond (Joseph), de Toulon.
Chasse (Joseph), de Toulon.
Méro (Jean), de Toulon.
Lion (Paul), de Toulon.
Grauvy (Michel), de Cette.
Terrassou (Antoine), de Saint-Étienne.

Mousses.

Normand (Jean-Joseph), de Toulon.
Disque (Jean-Pierre), de Toulon.
Bonzin (Joseph), de Toulon.
Hermitte (Joseph), de Toulon.
Pelletier (Alexis), de Toulon.
Rouget (Jean), de la Seyne.
Maire (Marc), de Toulon.
Martineau (Louis), de Six-Fours.
Crestian (Jacques), de Six-Fours.
Cherrin (Louis), de Toulon.
Crestian (Pierre), de Six-Fours.
Esquier (Antoine), de Toulon.
Feraud (Pierre), de Toulon.
Parou (Pierre), de Toulon.
Pascal (Jean), de Toulon.
Monfort (Joseph), de Toulon.
Ardisson (Pierre), de la Ciotat.
Ventre (Augustin), de Toulon.
Rimbaud (Joseph), de Toulon.
Poutrisson (Pierre), de Toulon.
Reybaud (Jean), de Toulon.
Brun (Pierre), de Toulon.
Moreau (Barthélémy), d'Arles.
Baude (Victor), de Toulon.

Domestiques.

Germain (Dominique), de Saint-Benoît.
Chevalier (Charles), de la Ciotat.
Fremy (Nicolas), de Boulay.
Breat (Laurent), de la Seyne.
Colin (Jean), de la Cornaille.

PRISONNIERS ÉCHANGÉS EMBARQUÉS À CHARLESTOWN.

Officiers-mariniers divers.

Gonsauve (Laurent), de Toulon.
Trotebas (Michel), de Toulon.
Dalert (Simon), de Cassis.
Bertrand (François), d'Agde.
Mousseau (Joseph-Mathieu), d'Agde.
Robert (François), de Toulon.
Morel (Charles), de Saint-Tropez.
Bonnefoi (Pierre), de Toulon.

Matelots.

Boyer (Jean), de Marseille.
Delouga (Laurent), de Marseille.
Sabin (Pierre), de Marseille.
Papsty (Mathieu), de Marseille.
Robequi (Joseph), d'Antibes.
La Marque (Jacques), de Bordeaux.
Trotebas (Marie), de Toulon.
Vidal (Henry), de Toulon.
Albert (Jean), de Toulon.
Tassy (François), de Cassis.
Deringuier (François), de Six-Fours.
Loubon (Antoine), de la Cadière.
Gede (Guillaume-Pascal), de la Ciotat.
Lamy (Louis), de la Ciotat.
Pejot (Jean), de la Ciotat.
Meynet (Jean), de Marseille.
Zebelin (Louis), de Marseille.
Loret (Jacques), de Marseille.
Durand (Christophe), de Marseille.
Arcand (Henri), de Marseille.
Passy (Jean), de Marseille.
Bouteille (Antoine), de Marseille.
Senequier (Antoine), de Marseille.
Clément (François), de Marseille.
Mayan (Joseph), de Marseille.
Bichety (Jean), de Marseille.
Silvestre (Joseph), de Saint-Chamas.
Silvestre (Étienne), de Saint-Chamas.
Trotebas (Guillaume), d'Arles.
Combas (Henry), d'Agde.
Beiriens (Michel), d'Agde.
Cartel (Jean), d'Agde.
Benoit (Antoine), d'Agde.
Savatier (Antoine), d'Agde.
Marc (Pierre), d'Agde.
Roux (Guillaume), d'Agde.
Serries (Jean), d'Agde.
Toissier (Marc), d'Agde.
Naud (Jean), de Cette.
Pedenus (Jean), de la Rochelle.
Pelletier (Joseph), de Saint-Malo.
Février (François), de Saintes.
Sacristan (Pierre), de Marmande, mort le 29 novembre 1779.
Bruno (Jacques), d'Angers.
Labergne (Félix), de Marmande.
Dubourg (Jean), de Bayonne.
Pelerin (Pierre), de Nantes.
Peyrau (Mathieu), de Toulon.
Lacombe (Joseph), d'Agde.
Olistrau (Louis), de Lorient.
Lieutaud (Jean), de Marseille.
Bernard (Pierre), du Havre, mort le 28 mars 1780.
Blanchard (Michel), de Coutances.
Olitrau (Louis), de Lorient.

L'ALCMÈNE.

(1778 et 1779.)

Le Chevalier DE BONNEVAL, Capitaine de vaisseau, Commandant.

ÉTAT-MAJOR.

Capitaine de vaisseau.

Le Chevalier de BONNEVAL, Commandant.

Lieutenant de vaisseau.

De MONTCABRIER.

Enseignes de vaisseau.

Le Chevalier de CHABRILLANT.
De FONTAINE.
DARRAGONET-DORGET.

Chirurgiens entretenus.

CONDERY.
RENARD.

Aumôniers.

QUENTIN (R. P. Jean-François).
BONNAUD (R. P. Elzéard), Recollet.

Gardes de la marine.

De FONTAINEEU.
De GANTES, blessé au combat du 6 juillet 1779.

Officiers-mariniers de manœuvre.

Fouque (Antoine), deuxième maître, de Toulon.
Guellet (Michel), deuxième maître, de Toulon.
Audibert (Jean), bosseman, de la Seyne.
Gonsauve (Joseph), bosseman, de Toulon.
Gouvin (Louis), bosseman, de Toulon.

Bouis (Antoine), quartier-maître, de Marseille.
Belliot (Louis), quartier-maître, de Toulon.
Valence (Joseph), quartier-maître, de Toulon.
Gardon (Jacques), quartier-maître, de la Seyne.
Pignatel (Antoine), quartier-maître, de Toulon.
Braudis (Jean-Joseph), quartier-maître, de Toulon.

Officiers-mariniers de pilotage.

Viry (Cyprien), premier pilote, de Toulon, mort le 30 septembre 1779, d'une blessure reçue dans les reins à un combat.
Vidis (Jean-Baptiste), deuxième pilote, de Toulon.

Viry (Joseph Donat), aide-pilote, de Toulon.
Castagliola (François), aide-pilote, de Rouen.

Officiers-mariniers de canonnage.

Martinenq (Antoine), maître canonnier, de Six-Fours.
Dufour (Guillaume), deuxième canonnier, de Toulon.
Martinenq (Vincent), deuxième canonnier, de Six-Fours.
Audibert (Joseph), aide-canonnier, de Six-Fours.
Martinenq (Pierre), aide-canonnier, de Six-Fours.
Martinenq (Joseph), aide-canonnier, de Six-Fours.
Cautelier (Pierre), aide-canonnier, de Six-Fours.
Audibert (Antoine-Sanctos), aide canonnier, de Six-Fours, mort à la mer le 17 octobre 1779.
Grimaud (Joseph), aide-canonnier, de Six-Fours.
Roux (Jean), aide-canonnier, de Six-Fours.
Fabre (Joseph), aide-canonnier, de Six-Fours.
Fabre (Jean Joseph), aide-canonnier, de Six-Fours.
Pourquier (Pierre), aide-canonnier, de la Seyne.
Malosse (Antoine), aide-canonnier, de Roquemaure (Gard).
Mourandy (Joseph), aide-canonnier, de Marseille.
Estaquier (Pierre), aide-canonnier, de Marseille, mort à Rhode-Island le 31 octobre 1778.
Aycard (Guillaume), aide-canonnier, de la Ciotat.
Debren (Jean), aide-canonnier, de Bayonne.

Officiers-mariniers de charpentage.

Lotrain (Joseph), maître charpentier, de Toulon.
Fabre (François-Blaise), maître charpentier, de Six-Fours.

Officiers-mariniers de calfatage.

Battarel (François), maître calfat de Toulon.
Guès (Jacques), aide-calfat de Toulon.

Officier-marinier de voilerie.

Bouisson (Nicolas), maître voilier, de Toulon.

Gabiers.

Michel (Jean-Pierre), de la Seyne.
Bonifay (Fabien), de la Cadière.
Portalis (Jean Etienne), de Marseille.
Pailloux (Antoine), d'Agde.
Marquet (Jean), d'Agde.

Timoniers.

Saint-Loup (Jacques-Benoît), de Toulon.
Reboul (Pierre), de Six-Fours.
Terras (Jean), de la Cadière.
Meistre (Noël), de la Ciotat.
Lombard (Sauveur), de Marseille.
Gassin (Etienne), de Marseille.
Icard (Barnabé), de Marseille.
Viguier (Joseph), d'Arles.
Renaud (Jean-Pierre), de Bages (Aude).
Ferrier (Antoine), de Sigean.

Vidal (Benoît), de Sigean.
Morel (Jean-Louis), d'Hyères.
Bernard (Joseph), d'Hyères.
Pélicard (Etienne), d'Agde.

Matelots.

Brandis (François-Arnoutis), de Toulon.
Reynaud (Cyprien), de Toulon.
Bondy (Gaspard-Joseph), de Toulon.
Teissèire (Benoît), de Toulon.
Maisse (Honoré), de Toulon.
Fournier (Louis), de Toulon.
Anot (Toussaint-François), de Toulon.
Paquet (Louis), de Toulon.
Brun (François), de Toulon.
Baquier (Jean-François), de Puget-Théniers.
Roustan (Jean-François), de Puget-Théniers.
Etienne (Michel), de la Seyne.
Portaly (Jacques), de la Seyne.
Martinenq (Jean), de la Seyne.
Gibellin (Jean-Joseph), de la Seyne.
Pascal (Pierre-François), de la Seyne.
Brémond (Louis), de la Seyne.
Louche (Joseph), de la Seyne.
Giraud (Pierre-François), de la Seyne, mort à la mer le 29 août 1779.
Gourrier (Jean-Joseph), de Six-Fours.
Guigou (Louis), de Six-Fours.
Bory (Jean), de Six-Fours.
Fabre (Barthélémy), de Six-Fours.
Isnard (Laurent-Etienne), de Six-Fours.
Chabert (Joseph), de Solies.
Sardou (Jean), d'Ollioules.
Jauffret (Louis), de la Ciotat.
Fabre (Jacques), de la Ciotat.
Lion (Blaise-Romain), de la Ciotat, mort à la mer le 15 septembre 1779.
Testanier (Joseph), de Fréjus.
Cavalier (Joseph), de Saint-Tropez.
Bernis (Hyacinthe), de Saint-Tropez.
Bérenguier (Jean-Baptiste), de Marseille.
Anselme (Etienne), de Marseille.
Demonte (Pierre), de Marseille.
Morel (Jean-André), de Marseille.
Gras (François), de Marseille.
Joffroy (Clair), de Marseille.
Ricard (Pierre), de Marseille.
Glize (Jean-François), de Marseille.
Gros (Pierre), de Marseille.
Chabert (Mathieu), de Marseille.
Chabert (Jean-Louis), de Marseille, mort à l'hôpital du Fort-Royal le 4 mars 1779.
Baigne (Joseph), de Marseille.
Montagnat (Jean-Baptiste), de Marseille.
Gély (Balthazard), de Marseille.
Meillieur (Barthélémy), de Marseille.
Tiran (Philippe-Joseph), de Marseille.
Bérenger (Joseph), de Marseille.
Journeau (Pierre), de Marseille.
Rolland (Balthazard), de Marseille.
Rougier (Jean-Louis), de Marseille.
Ventrin (Esprit), de Marseille.
Tournon (Jean-Joseph), de Marseille.
Jourdan (Pierre), de Mazargues.
Tambon (Joseph), de Mazargues.
Mourenq (Joseph), de Mazargues.
Reboul (François), de Cassis.

Barthélémy (Gabriel), de la Ciotat.
Blanc (Jacques), de Martigues.
Béraud (Jean-Joseph), de Martigues.
Ardouin (Pierre), d'Antibes.
Pascal (François), de Cannes.
Calvi (François), de Cannes.
Manne (Honoré), d'Arles.
Croze (Honoré), d'Arles.
Tassy (Pierre), d'Arles.
Clément (François), d'Arles.
Daudet (Pierre), d'Arles.
Chauvin (Pierre), d'Arles.
Vouet (Jacques), d'Agde.
Brau (Guillaume), d'Agde.
Meau (Paul-André), d'Agde.
Postal (Jean), d'Agde.
Béraud (Pierre), d'Agde.
Véran (Pierre), d'Agde.
Pouster (François), d'Agde.
Expouloux (Barthélémy), d'Agde.
Fittou (François), d'Agde.
Reynaud (Pierre), d'Agde.
Dejean (Jean-Pierre), d'Agde.
Levarre (Gabriel), de Cette.
Pages (Hilaire), de Cette.
Granier (François), de Cette.
Fournaire (Joseph), de Cette.
Mastet (Joseph), de Cette.
Rouquette (Jean-Baptiste), de Gruissan.
Gibert (Alexis), de Gruissan.
Ginié (Jean), de Gruissan.
Iché (Blanc), de Gruissan.
Fousteau (Jean), de Narbonne.
Dieulafoy (François), de Narbonne.
Catalan (Joseph), de Narbonne.
Reynaud (Joseph), de Narbonne.
Travaillé (Augustin), de Narbonne.
Martin (Antoine), de Narbonne.
Sizès (Gabriel), de Castelnaudary.
Daudet (Paul), de Bages (Aude).
Martin (Barthélémy), de Bages (Aude).
Cauvet (Etienne), de Sigean.
Pichery (Vincent), de Sigean.
Flour (Mathieu), de Sigean.
Gatignol (Urbain), de Sigean.
Tréouriech (Roch), de Sigean.
Guérin (Joseph), de Sigean.
Cadissac (Arnaud), de Bordeaux.

Novices.

Grimaud (François), de Six-Fours.
Thomas (Louis-Gabriel), de Vidauban.
Plantas (Joseph), de Pertuis.
Sup (Antoine-François), de Narbonne, mort à la mer le 28 mars 1779.

Volontaires, etc.

Plegat (Pierre), de Cette.
Fabre (Dominique), de Toulon.
Regnard (François), de Paris.
Lombard (Laurent), de Six-Fours.
Châtelain (Henri), d'Orléans.
Serrier (Jean-Baptiste), de Toulon.
Chaspoulx (Jacques), de Toulon.
Plautier (Louis), de Toulon.
Imbert (Joseph), de Toulon.
Bonnaud (Pierre), de Toulon.
Forest (Guillaume), de Toulon.
Consauve (Dominique), de Toulon.

Villeneuve (Jean), de Dinan.
Robert (Joseph), de Dinan.
Gombart (Gilles), de Dinan.
Priol (Yves), de Saint-Brieuc.
Le Roux (Jacques), de Saint-Brieuc.
Henry (Jean), de Saint-Brieuc.
Pédron (Louis), de Saint-Brieuc.
Hydrio (René), de Saint-Brieuc, mort à l'hôpital du Fort-Royal le 9 avril 1778.
Garel (François), de Saint-Brieuc.
Gautier (Simon), de Saint-Brieuc.
Castrec (Jean), de Saint-Brieuc.
Mainguy (Yves), de Saint-Brieuc, mort à bord le 9 avril 1779.
Bertho (Guillaume), de Saint-Brieuc.
Querré (Pierre), de Saint-Brieuc.
Brulon (Claude), de Saint-Brieuc.
Even (Vincent), de Saint-Brieuc.
Boulard (Claude), de Saint-Brieuc.
Charau (Pierre), de Saint-Brieuc.
Pédron (François), de Saint-Brieuc.
Sibille (Louis), de Saint-Brieuc, mort à bord le 21 mars 1779.
Gouësou (Pierre), de Saint-Brieuc.
Le Pollès (François), de Saint-Brieuc.
Le Vacon (René), de Saint-Brieuc.
Boitard (Thomas), de Granville.
Philippe (Gilles), de Granville.
Desvergers (Jean), de Granville.
Georges (René), de Granville.

Naviguant (Claude), de Granville.
Danguelle (Jean-Baptiste), de Granville.
Durossel (François), de Granville, mort à l'hôpital du Fort-Royal le 25 juin 1779.
Andureau (Yves), de Roque-de-Taux (Gironde).
Taillis (Martin), de Roque-de-Taux (Gironde).
Barbe (Etienne), de Roque-de-Taux (Gironde).
Raberre (Arnaud), de Roque-de-Taux (Gironde).
François (Jean), de Roque-de-Taux (Gironde).
Fribert (André), d'Antibes.
Malardeau (Georges), de Bordeaux.
Blohic (René), de Vannes.
Monnereau (Jean), de Libourne.
Deliés (Claude), de Saint-Jean-de-Luz.
Castel (Jean), de Toulouse.
Espagnol (Joseph), de Bordeaux.
Tissot (Antoine), de Bordeaux.
Distrac (Pierre), de Bordeaux.
Colin (François), de Saint-Estèphe.
Beauret (Etienne), des Sables.
Riguet (Arnaud), de Montauban.
Lionay (Pierre), de Blaye.
Gouttechez (Chavato), de Saint-Jean-de-Luz.
Guillou (Louis), de Nantes.

Surnuméraires.

Tafforet (Joseph), de Saint-Malo.
Guedin (Jean), de Saint-Malo.
Vinet (Pierre), de Saint-Jean-d'Angély.
Goulvain (Alexis), de Brest.

Mousses.

Salmon (Jean), de Recouvrance.
Bodénès (Jacques), de Recouvrance.
De Surgère (Nicolas), de Recouvrance.
Fouquet (Guillaume), de Saint-Malo.
Fluter (Joseph), de Brest.
Perron (Yves), de Brest.
Dumont (Guillaume), de Brest.
Derval (Toussaint), de Brest.
De la Bruyère (Yves), de Brest.
Antoniou (Yves), de Brest.
Canivet (Charles), de Brest.
Ladoux (Jean), de Royan.
Garnier (Angelis), de Royan.
Karuen (André), de Brest.
Malfait (François), de Brest.

Domestiques.

Lamoureux (Guillaume), de Brest.
Monnier (Jean), de Marteilly (Normandie).
Santin (Louis), de Toulon.
Chassereau (Pierre), de Brest.
Lamoureux (Joseph), de Rennes.
Beautemps (Joseph), de Morlaix.

L'AIMABLE.

(1778-1779.)

M. DE SAINT-COSME-SAINTE-EULALIE, Lieutenant de vaisseau, Commandant.

ÉTAT-MAJOR.

Lieutenant de vaisseau.

De SAINT-COSME-SAINTE-EULALIE, Commandant.

Enseignes de vaisseau.

Le Chevalier du CHAFFAUT, second.
Le Chevalier de la ROCHEBOTE.
Le Chevalier de CLUZEL.
De GRASSE-LIMERMONT.

Chirurgien entretenu.

GANTEAUME.

Aumônier.

DAMAZE (R. P.), Récollet.

Gardes de la Marine.

FERRARY de ROMANS.
Le Chevalier de l'EPINE.

Officiers-mariniers de manœuvre.

Lieutaud (Jean), premier maître, de Toulon.
Olivier (André), second maître, de Toulon.
Daumas (Jean-Baptiste), contremaître, de Toulon.

Peyron (Joseph), bosseman, de Toulon.
Darville (Pierre), bosseman, de Toulon.
Ripert (Jean-François), quartier-maître, de Toulon.
Camus (Jean-Joseph), quartier-maître, de Toulon.
Viennet (Mathieu), quartier-maître, de Toulon.
Reynaud (Jérôme), quartier-maître, de Toulon.
Brisanavi (Michel), quartier-maître, de Toulon.
Barthélémy (Antoine), quartier maître, de Toulon.
Lieutaud (Jean), quartier-maître, de Toulon.
Autrevangle (Augustin), quartier-maître, de Toulon.
Vian (Jacques), quartier-maître, de Toulon.
Berlet (Simon), quartier-maître, de Saint-Maxime.
Milet (Joseph), quartier-maître, de la Seyne.

Officiers-mariniers de pilotage.

Gay (Antoine), premier pilote, de Toulon.
Fournier (Pierre), second pilote, de Toulon.
Ferrat (Pierre), aide-pilote, de Toulon.
Bouisson (Jean-Louis), aide-pilote, de Toulon.

Marrot (Joseph), aide-pilote, de Toulon.
Senaquier (Jean), aide-pilote, de Fréjus.
Roux (François), aide-pilote, de la Ciotat.
Royer (Armand), aide-pilote, de Bordeaux.

Officiers-mariniers de canonnage.

Audibert (Noël), maître canonnier, de Toulon.
Galle (Louis), second canonnier, de Toulon.
David (Pierre), second canonnier, de Toulon.
Blanc (Joseph), aide-canonier, de Toulon.
Gastaud (Michel), aide-canonier, de Toulon.
Isnard (Joseph), aide-canonnier, de Toulon.
Amand (Raphaël), aide-canonnier, de Toulon.
Barattier (Joseph), aide-canonnier, de Toulon.
Malaussan (Joseph), aide-canonnier, de Toulon.
Jouglas (Laurent), aide-canonnier, de Six-Fours.
Ordy (Sébastien), aide-canonnier, de Six-Fours.
Vidal (Blaise), aide-canonnier, de Six-Fours.
Progou (Joseph), aide-canonnier, de Six-Fours.

Bouisson (Etienne), de Toulon.
Ventre (Jean-Baptiste), de Toulon.
Bonavie (Jean-Baptiste), de Toulon.
Minasse (Pierre), de Toulon.
Farian (Jean-Pierre), de Toulon.
Isnard (Honoré-Joseph), de Toulon.
Auvière (Jean-Baptiste), de Toulon.
Chiousse (Honoré), de la Garde.

Fabre (André-Joseph), de la Seyne.
Garcin (Dominique), de la Seyne.
Simon (Joseph), de Six-Fours.
Boyer (Abraham), de Six-Fours.
Olivier (Joseph), de Cuers.
Auvière (Pierre-Michel), d'Aix.
Carle (Joseph), de Castellet (Var).
Roubaud (Noël), de Castellet (Var).

Domestiques.

Fournier (Jean), de Toulouse.
Guillot (André), de Lyon.
Graffas (Jean), de Lyon.
Lemaître (Julien), de Saint-Malo.
Duval (Louis), de Saint-Malo.
Garnier (François), de Saint-Malo.
Lucas (Guillaume), de Saint-Malo.

L'ANDROMAQUE.

(Du 15 avril 1778 au 11 juillet 1779.)

M. DE BUORT DE LA CHANALIÈRE, Lieutenant de vaisseau, Commandant.

ÉTAT-MAJOR.

Lieutenants de vaisseau.

De BUORT de la CHANALIÈRE, Commandant.
De FLOTTE.
De L'ISLE LESGUEN.

Enseignes de vaisseau.

BOISSAUVEUR.
HURAULT.
De MAUVIEL.

Officiers auxiliaires.

DUBOSQUE.
ROUSSEAU.
FIGOLY.

Chirurgien.

DAVID (René-Pierre), des Sables.

Prêtre-aumônier.

MORISSON (Roger).

Gardes de la marine.

De GUICHEN.
D'AIGREMONT.

Volontaires.

Tougard (Jacques), de Fécamp.
Simon, de Brest.
Peponnet (Denis), d'Oléron.
De la Vileou, d'Oléron.
Colasse (Marie-Gabriel), de Paris, tué au combat du 16 juin 1779.

Officiers-mariniers de manœuvre.

Vigot (François), premier maître, de Saint-Malo.
Maria (Joseph), second maître, de Saint-Servan.
Fontenau (Jean), contremaître, de Rochefort.
Dumesnil (Jean), contremaître, de Saint-Malo.
Morisset (Jean), contremaître, de Royan.
Deniau (François), bosseman, du Croisic.
Guichet (Louis), quartier-maître, de Dieppe.

Rousselot (Jacques), quartier-maître, d'Oléron.
Rolland (Pierre), quartier-maître, de Royan.
Drouet (Jean), quartier-maître, de Royan.
Menanteau (Michel), quartier-maître, de l'Île de Ré.

Officiers-mariniers de pilotage.

Benoît (Isidore), patron de chaloupe, de Saint-Servan.
Le Magnau (François), patron de canot, de Saint-Malo.
Brocard (Jean), second pilote, de Bordeaux.
Le Braiq (Guillaume), aide-pilote, de Granville.

Officiers-mariniers de canonnage.

Cocherel (Charles), maître canonnier, de Saint-Malo.
Morissonneau (Pierre), second canonnier, de Royan.
Boisalen (Arnaud), aide-canonnier, de Marmande.
Modard (Jean), aide-canonnier, de Dieppe.
Guignard (Gabriel), aide-canonnier, de l'Île de Ré.
Bouchet (François), aide-canonnier, de Saintes.
Guilvout (Denis), aide-canonnier, de Lorient.
Dupuis (Jacques), aide-canonnier, du Croisic.
Fromentin (Jacques), aide-canonnier, de Calais.
Bruxelles (Antoine), aide-canonnier, de Calais.
Fené (François), aide-canonnier, de Calais.
Hébert (Jacques), aide-canonnier, de Saint-Malo.
Robert (Nicolas), aide-canonnier, de Nantes.
Babin (René), aide-canonnier, de Rochefort.

Officiers-mariniers de charpentage.

Morvant (François), maître-charpentier, de Recouvrance.
Guillou (Louis), second charpentier, de Saint-Malo.
L'Indel (Sébastien), aide-charpentier, de Nantes.

Officiers-mariniers de calfatage.

Gabel (Adrien), maître calfat, du Havre.
Briard (Etienne), second calfat, de Saint-Malo.
Bougeur (Jean), aide-calfat, de Granville.

Officiers-mariniers de voilerie.

Martin (Julien), maître voilier, de Saint-Malo.
Noleau (Jean), aide-voilier, de Rochefort.
Riou (Michel), aide-voilier, de Brest.

Officiers-mariniers divers.

Marot (Jacques), d'Oléron.
Dodin (Louis), d'Oléron.
Leclerc (Louis), de Boulogne.
Auriol (François), de Brest.
Noblier (Charles), de Saint-Malo.
Quéraudren (François), de Camaret.
Clément (Amand), de Rouen.
Cavaro (Yves), du Croisic.
Bruxelles (Pierre), de Calais.
Le Du (Jean), de Recouvrance.
Tardy (Pierre), de Rochefort.

Matelots.

Bidault (François), de Belle-Île.
Harmel (Vincent), de Saint-Brieuc.
Bilbaut (Jean), de Rochefort.
Arnaud (François), de Rochefort.
David (Antoine), d'Oléron.
Darrups (Josanny), de Saint-Jean-de-Luz.
Dargain (Joanny), de Saint-Jean-de-Luz.
Detchevers (Joanny), de Saint-Jean-de-Luz.
Cosquer (André), de Quimper.
Breton (André), de l'Île de Ré.
Bart (Laurent), de Dunkerque.
Caillebot (René), de Brest.
Danic (Joseph), de Belle-Île.
Simon (Michel), du Conquet.
Derieu (Olivier), de Brest.
Le Blanc (Guillaume), de Brest.
Boiset (Julien), de Hennebont.
Bagot (Jean), de Saint-Malo.
Babin (Nicolas), de Saint-Malo.
Guérin (Michel), de Saint-Malo.
Sorel (Jean), de Saint-Malo.

Le Normand (Charles), de Caen.
Cariot (Guillaume), de Brest.
Couduriec (Jean), de Bordeaux.
Sonnolet (Jean), de Bordeaux.
Blancard (Jean), de Bordeaux.
Le Comte (Mathurin), de Saint-Brieuc.
Pastural (Anastaze), de Saint-Brieuc.
Le Breton (Joseph), de Lorient.
Le Hélidut (François), de Lorient.
Briand (Salomon), de la Rochelle.
Saunier (Jean), de Lorient.

Surnuméraires.

Thomas (Alexis), de Saint-Brieuc.
Le Nort (François), de Saint-Malo.
Corre (Noël), de Lanvan.
Goulven (Alexis), de Brest.
Le Gal (Jean), de Morlaix.
Le Roy (Yves), de Lambézellec.
Josse (Toussaint), de Saint-Malo.

Cocherel (Jean), de Saint-Malo.
Crapoulet (Etienne), de Saint-Valéry.

Mousses.

Sardou (Michel), de Marennes.
Le Cler (Gabriel), de Quimper.
Buors (Jean), de Brest.
Le Tourneur (Pierre), de Granville.
Dujardin (Louis), de Saint-Brieuc.
Cocherel (Charles), de Saint-Malo.
Guyomard (François), de Saint-Malo.
Vimar (Pierre), de Saint-Malo.
Huet (Toussaint), de Saint-Malo.
Enouf (François), de Saint-Malo.
Le Clerc (Joseph), de Saint-Malo.
Le Bègue (Laurent), de Saint-Malo.
Goudelin (Michel), de Saint-Malo.
Crechminet (Jean), de Morlaix.
Guyastrenec (Jean), de Quimper.
Gilbert (Pierre), de Cancale.
Cloutier (Jean), de Saint-Malo.

Perrot (René), de Brest, blessé au combat du 16 juin 1779.
Stévan (Yves), de Plougastel.
Le Nabour (Pierre), de Saint-Malo.
Fourchet (Charles), de Caen.
Sayantfaire (Dominique), de Caen.
Dorieux (Toussaint), de Caen.
Louet (Allain), de Landivisiau.
Le Moing (Tanguy), de Crozon.
Caléataires (Joseph), de Brest.
Olivier (Jean), de Caen.

Domestiques.

Vidal (Nicolas), de Saint-Brieuc.
Le Dru (André), du Mans.
Forget (Jean), de Rouen.
Salaun (François), de Quimperlé.
Sormiard (Thomas), de Lamballe.
Salaun (Marie), de Quimperlé.
Labat (Claude), de Morlaix.

LA BLANCHE.

(1778-1779.)

M. BOUCAULT, puis M. DE LA GALISSONNIÈRE, Lieutenants de vaisseau, Commandants.

ÉTAT-MAJOR.

Lieutenants de vaisseau.

BOUCAULT, Commandant.
De la GALISSONNIÈRE, Commandant.
VICTOT.
VASSAL.

Enseignes de vaisseau.

Le Chevalier du CLESMEUR.
IEGRCHEULD, Suédois.

Lieutenants de frégate.

Le Chevalier de la FALCONNERIE.
De MARTINEAU.
VASSAL.

Officiers auxiliaires.

CONDE.
DEVEAUX.
AVRIL.
NAUDY.
CHAMBERT.
COURONNAT.
RICHARD.

Chirurgiens-majors.

BEAULIEU.
ROUGIER.
HUET.

Aumônier.

De SAINT-XAVIER (R. P.), Carme.

Gardes de la marine.

BELLOT.
De TANOUARN.

Volontaires.

La Mazure de Brossard.
Coupé des Essards.
Boulet (Pierre).

Officiers-mariniers de manœuvre.

Le Mire (René), premier maître, de Port-Louis.
Le Page (Vincent), second maître, de Recouvrance (Brest).
Flutteur (Jean-François), contremaître, de Brest.
Pilven (Yves), contremaître, de Brest.
Bozec (Mathieu), contremaître, de Vannes.
Calvès (Michel), quartier-maître, de Quimper.
Porteau (Jean), quartier-maître, de Bourgneuf.
Dalidec (Louis), quartier-maître, de Camaret.
Le Hébel (Laurent), quartier-maître, du Croisic.
Goulay (Jean-Baptiste), quartier-maître, d'Honfleur.
Visud (Pierre), quartier-maître, de Nantes.
Hilvoas (Pierre), quartier-maître, de Recouvrance.
Brohan (Louis), quartier-maître, de Dinan, mort à bord le 2 avril 1779.

Officiers-mariniers de pilotage.

De la Porte (Jean), premier pilote, de Nantes.
Chapellier (Jean-Marie), second pilote, du Conquet.

Pihour (Pierre), aide-pilote, du Croisic.
Richard (Jean-François), aide-pilote, de Saint-Brieuc.

Officiers-mariniers de canonnage.

Valentin (François), maître canonnier, de Brest.
Le Mitois (Jean-François), aide-canonnier, de Granville.
Le Mitois (Jean), aide-canonnier, de Granville.
Soyer (Etienne), aide-canonnier, de Brest.
Quénel (Jean-Baptiste), aide-canonnier, de Brest.
Guilmin (François), aide-canonnier, de Granville, mort à bord le 11 avril 1780.
Mignonet (Jacques), aide-canonnier, de Boulogne.
Moisan (Daniel), aide-canonnier, de Quimper.
Touler (Jean), aide-canonnier, de Quimper.
Signard (Félix), aide-canonnier, de Brest.
Le Basle (Louis), aide-canonnier, de Granville.
Neveu (Jean-Nicolas), aide-canonnier, de Cherbourg.

Officiers-mariniers de charpentage.

Colin (Jean-Marie), premier maître charpentier, de Recouvrance.
Roudot (Pierre), aide-charpentier, de Recouvrance.

Officiers-mariniers de calfatage.

Le Guen (Julien), maître calfat, de Recouvrance.

Duval (Jacques), de Saint-Brieuc.
Allain (François), de Lannion.
Denis (François), de Lannion.
Briand (Pierre), de Lannion.
Le Duc (Julien), du Croisic.
Coadic (Yves), du Croisic.

Surnuméraires.

Manach (François), de Tréguier.
Le Duff (Jean), du Conquet.
Gendry (Pierre), de Château-Gontier.
Le Quin (Antoine), de Cambrai.
Demeule (Joseph), de Cambrai.
Hinque (Jules-François), de Cambrai.
Godfroy (François), de Charleville.
Goudeau (Raymond), de Cahors.

Mousses.

Lannion (Louis), de Brest.
Querré (Etienne), de Brest.

Henry (François), de Brest.
Le Saulx (Jean-Louis), de Brest.
Borec (Nicolas), du Recouvrance (Brest).
Clément (Guillaume), de Recouvrance (Brest).
Cornu (Laurent), de Recouvrance (Brest).
Péhau (Corentin), de Plougastel.
Hamon (Yves), de Landerneau.
Le Cocq (Henri), de Guingamp.
Lestideau (François), de Saint-Renan.
Laurent (Michel), de Quimper.
Laurent (Jean-Marie), de Quimper.
Jannot (Goulven), de Josselin.
Bretèche (Hyacinthe), de Paimbœuf, mort à bord le 3 novembre 1779.
Calonnec (Pierre), de Vannes.
Jouannic (Jean), de Vannes.
Caillot (Jean-Baptiste), de Caen.
Le Goff (Yves), de Brest.
Quintric (Michel), de Brest.

Pelardy (Yves), de Brest.
Le Gall (Didier), de Brest.
Leprince (Pierre), de Brest.
Lanuzel (Pierre), de Brest.
Dirand (Gilles), de Caen, mort à bord le 22 janvier 1779.
Tisson (Thomas), de Cherbourg.
L'Etourneau (Pierre), de Fougères.
Evinet (François), de Nantes.

Domestiques.

Laurent (Toussaint), de Quimper.
Martin (Bastien), de Quimper.
Le Jeune (Yves), de Morlaix.
Bigre (Jean), de Rennes.
Elary (Jean-Baptiste), de Lorient.
Marec (Pierre-Marie), de Brest.
Quiniou (Sébastien), de Quimper.
Louvrier (Joseph), de Morlaix.
Guilbert (Denis), de Belle-Isle.

LE FENDANT.

(1778-1781.)

M. DE VAUDREUIL, Capitaine de vaisseau, Commandant.

LOUIS-PHILIPPE RIGAUD, marquis DE VAUDREUIL, né à Rochefort le 18 avril 1724, mort à Paris le 14 décembre 1802, devint lieutenant général des armées navales.—Son père avait occupé le même emploi.

Ce vaisseau, deux fois armé en 1778, ne paraît avoir rejoint l'escadre du comte d'Estaing qu'au cours de 1779.

Dans le premier rôle du armement de janvier à octobre 1778, on parle d'un combat qui aurait eu lieu le 27 juillet 1778.

L'état sommaire des Archives (H-1, 208¹, p. 194) inique un volume (B¹ 136-*Côtes de France*), où il est question d'un combat livré à Ouessant le 27 juillet 1778 et dont le *Fendant* dut faire partie.

Ce bâtiment n'était donc pas avec le comte d'Estaing lors du départ de l'escadre française, le 13 avril, de Toulon.

Il semble que le partit seul en décembre 1778 pour le Sénégal et les Antilles.

DEUXIÈME ARMEMENT EN 1778.

Armement commencé le 1ᵉʳ novembre 1778, appareillé le 15 décembre de Brest, entré le 19 à Quiberon, parti le 25 du dit port; mouillé au Sénégal le 28 janvier; le même jour canonné le fort qui s'est rendu le 30.

Appareillé du Sénégal le 4 mars 1779; mouillé à la Praya le 7 mars, parti le 7 avril; arrivé à la Martinique, au Fort-Royal le 21 avril suivant; parti le 30 juin, arrivé à la Grenade le 2 juillet; appareillé le 6 et livré combat naval aux Anglais. Retourné à la Grenade le 7 juillet, parti le 15, arrivé le 19 à la Guadeloupe, parti le 20; mouillé au Cap (île Saint-Domingue), le 31 juillet. Parti le 3 août, mouillé à Port-au-Prince le 7 août, parti le 13; mouillé à la côte de Géorgie le 1ᵉʳ septembre 1779; déradé de la Géorgie le 26 octobre, mouillé à la baie de Chesapéack le 11 novembre 1779; passé à Yorck le 20 du dit. Parti d'Yorck le 25 janvier 1780; arrivé au Fort-Royal le 16 février 1780, sorti le 21 mars; rentré le 23 avec l'escadre et le convoi du comte de Guichen; appareillé le 24, rentré le 27. Parti de Fort-Royal avec l'escadre le 13 avril 1780. Combat avec les Anglais le 17 avril; 2ᵉ combat le 15 mai; 3ᵉ combat le 19 mai. Rentré au Fort-Royal le 22 mai, sorti le 9 juin; rencontre avec les Espagnols le 10; rentré avec eux au Fort-Royal le 25 juin. Sorti le 5 juillet et arrivé au Cap le 26 du dit. Sorti du Cap le 13 août sous les ordres de M. le comte de Guichen; arrivé à Cadix le 23 octobre sous les ordres du comte d'Estaing; parti de Cadix le 6 novembre; arrivé à Brest le 3 janvier 1781 et entré dans le port le 23 février 1781.

[Translation.]

LE FENDANT.

(1778-1781.)

M. DE VAUDREUIL, Capitaine de vaisseau, Commandant.

LOUIS-PHILIPPE RIGAUD, marquis DE VAUDREUIL, born at Rochefort April 18, 1724, died at Paris December 14, 1802. Became lieutenant-general of naval forces. His father had occupied same post.

This vessel was twice put in commission in 1778; does not appear to have joined the squadron of the Count d'Estaing until 1779.

On the first roll of the *Fendant* (C*n* 163), armament from January to October, 1778, there is mention of a combat which had taken place on July 27, 1778.

The abstract roll of the Archives (H.I, 208°, p. 194) indicates a volume (B° 136 *(États de France)*), which mentions a combat at Ouessant July 27, 1778, in which the *Fendant* took part.

This vessel was not, therefore, with the Count d'Estaing when the French fleet left Toulon April 13.

It appears that the *Fendant* left for Senegal and the Antilles December, 1778.

THE SECOND ARMAMENT IN 1778.

Armament begun November 1, 1778; sailed from Brest December 15; arrived at Quibéron December 19; left Quibéron December 23; anchored at Senegal January 28; cannonaded the fort the same day; the fort surrendered the 30th.

Sailed from Senegal March 4, 1779; anchored at Praya March 7, left April 7; arrived at Martinique, at Fort Royal, April 21, left June 30; arrived at La Grenada July 2, sailed the 6th, and fought the English fleet; returned to La Grenada July 7, left July 15; arrived at La Guadeloupe July 19, left the 20th; anchored at the cape (Île St. Domingue) July 30, left August 3; anchored Port-au-Prince August 7, left August 13; anchored on the coast of Georgia September 1, 1779; out of port of Georgia October 26; anchored in Chesapeake Bay November 11, 1779; passed to York November 20; left York January 25, 1780; arrived at Port Royal February 16, 1780; left March 21; returned the 23d with the fleet and the *convoi* of the Count de Guichen; sailed March 24; returned March 27; left Port Royal with the fleet April 13, 1780; combat with the English April 17; second combat May 15; third combat May 19; returned to Port Royal May 22, left June 9; met with the Spaniards June 10; returned with the Spaniards, Port Royal, June 25; sailed July 5; arrived at the cape July 26; left the cape August 13, under the orders of Count de Guichen; arrived at Cadix October 23, under the orders of Count d'Estaing; left Cadix November 6; arrived at Brest January 3, 1781, and entered the port February 23, 1781.

ÉTAT-MAJOR.

Capitaines de vaisseau.

Le Marquis de VAUDREUIL, Commandant, chef d'escadre du 1er juillet 1779.

DUCHAFFAULT, Second, Capitaine de pavillon.

Lieutenants de vaisseau.

MACARTY de MACTEQUE, Capitaine de vaisseau en mars 1780, a eu la paume de la main gauche brûlée en voulant éteindre le feu dans le combat du 6 juillet 1779.

POTRIN de la MORINIERE.

Le Chevalier de l'EGUILLE, aide-major.

Le S*r* NORDENVCHOEL, médecin, surnuméraire.

Enseignes de vaisseau.

Le Baron de PAROY, employé comme Lieutenant de vaisseau du février 1780.

De MELFORT (Henry), mort le 19 avril 1779, d'une fièvre putride.

De FANAT, enseigne de vaisseau, par ordre de M. le comte de Guichen.

Le S*r* DU PETIT-THOUARS, des Gardes de la marine, Enseigne de vaisseau du 1er janvier 1781.

Officiers auxiliaires.

Le S*r* de BOUSSARD.
Le S*r* ANDRIEU.
Le S*r* CORIOU, de Quimper.
Le S*r* HUGON, de Saint-Malo.
Le S*r* de PRENEUF, de Saint-Malo.

Chirurgien-major.

Le S*r* NIELLY.

Aumoniers.

NICOLAS (R. P.), Capucin, mort à bord le 2 février 1780.

L'abbé BOUCHER, aumônier, en remplacement du R. P. Nicolas, le 2 février 1780.

Gardes du pavillon et de la marine.

REALS, garde de la marine.

Le Chevalier de BOISCHUTEAU, garde de la marine, mort à bord le 21 avril 1779, d'une fièvre putride.

DUPARC de LOCMARIA, garde du pavillon.

Officiers-mariniers de manœuvre.

Myager (Claude), premier maître, de l'Orient, probablement Lorient (Morbihan), mort à l'hôpital de Fort-Royal le 30 avril 1779.
Brun (Pierre), premier maître, d'Oléron.
L'Œil (Jean), second maître, de Rochefort.
Gauré (François), second maître, de Vannes.
Isacard (Pierre), contremaître, de Noirmoutiers, mort à bord le 27 février 1779, de fièvre.
Héraud (Jean), contremaître, de Rochefort, mort à l'hôpital de Fort-Royal le 28 mars 1780.
Rault (Pierre), bosseman, de Vannes.
Mahé (Guillaume), bosseman, de l'Orient (probablement Lorient).
Meitterault (Jacques), quartier-maître, de la Rochelle.
Birgant (Pierre), quartier-maître, du Croisic, mort à l'hôpital de Fort-Royal le 25 mai 1779.
Auchouard (Thomas), quartier-maître, de Brest.
Chauvel (Michel), quartier-maître, des Sables (probablement Sables-d'Olonne), mort à Fort-Royal le 10 mars 1780.
Dubourg (Jean-Baptiste), quartier-maître, de Saint-Malo.
Dufort (Guillaume-Toussaint), quartier-maître, de Brest.
Boideau (Mathurin), quartier-maître, de l'Orient (Lorient).
Renard (Jean), quartier-maître, de Royan.
Renaud (Jean), quartier-maître, de Noirmoutiers.
La Joye (François), quartier-maître, de Bayonne.
Grosset (Ollivier), quartier-maître, de Brest.
Masson (Pierre), quartier-maître, de l'Isle-Dieu (Ile d'Yeu).
Cadou (Pierre), quartier-maître, de l'Isle-Dieu (Ile d'Yeu).
Huret (Joseph), quartier-maître, de Dinan.

Officiers-mariniers de pilotage.

Chabot (Jean-Luc), patron de chaloupe, de Nantes.
Juquel (Jean), patron de grand canot, de l'Orient (Lorient).
Dousset (Pierre), patron de petit canot, de Paimbœuf, noyé à Port-au-Prince, le 9 août 1779.
Picot (Jean), premier pilote, de Rochefort.
Guégant (Yves-Marie), second pilote, de Lannion.
Boulaye (Laurent), second pilote, de Saint-Malo.
Jacques (Jean-Baptiste), aide-pilote, de Marennes.
Gachinard (François), aide-pilote, de Rochefort.
Besnied (Adrien), aide-pilote, des Sables (Sables-d'Olonne).
L'Eveque (Jean-Baptiste), aide-pilote, de l'Ile-de-Ré, mort à bord le 9 mars 1779 d'une fièvre putride.

Officiers-mariniers de canonnage.

Poitevin (Jacques), maître-canonnier, de Rochefort.
Guéry (Antoine), second canonnier, d'Oléron, mort à bord le 19 septembre 1780.
Roumage (Bernard), second canonnier, de Marmande.

Guillet (François), second canonnier, de Rochefort, mort à bord le 10 mars 1779, d'une fièvre putride.
Bouchard (François), aide-canonnier, de Rochefort, brûlé considérablement dans le combat du 6 juillet 1779.
Vinsoneau (Jean), aide-canonnier, de Bordeaux, brûlé au visage et au bras au combat du 17 avril 1780.
Nicole (Charles), aide-canonnier, de Rochefort, tué d'un coup de fusil par accident le 19 janvier 1780.
Ducot (Guillaume), aide-canonnier, de Bordeaux.
Gavary (Barthélémy), aide-canonnier caporal de la brigade sup., mort à l'hôpital de Santiago, le 31 mars 1779.
Grasiot (Jean), aide-canonnier, de Saintes.
Guérin (Jacques), bombardier sup., blessé le 17 avril 1780 par plusieurs éclats aux mains et aux bras.
Tessier (Jean), bombardier sup., mort à bord le 9 septembre 1779.
Lazou (Jean-David), bombardier sup.
Nadeau (Pierre), bombardier sup.
Rouais (Etienne), aide-canonnier, de l'Ile-de-Ré.
Meunier (Jacques-Joachim), aide-canonnier, des Sables.
Sébirre (Jean), aide-canonnier.
Tellerieux (Jean), aide-canonnier, de Moissac.
Monnerau (Jacques), aide-canonnier, de Libourne, mort à bord le 28 octobre 1779.
Guillet (Jean-Pierre), aide-canonnier, de Noirmoutiers.
La Broue (Pierre), aide-canonnier, de Toulouse.
Le Gall (Jean-Charles), bombardier sup. (probablement Toulouse. Sans indication).
Maillard (Gilles), bombardier sup. (probablement Toulouse. Sans indication), mort à l'hôpital de Saint-Hiago (Santiago), le 18 mars 1779.
Bilbéau (Pierre), aide-canonnier, de Rochefort, mort à bord le 25 février 1779.
Perret (Jean), aide-canonnier, de Rochefort, mort à bord le 24 mars 1779.
Laphor (Pierre), aide-canonnier, de Bordeaux.
Pichon (Jean), aide-canonnier, de Bordeaux.
La Coste (Jean), aide-canonnier, de Marmande, mort à bord d'une fièvre putride le 15 février 1779.
François (Jean), aide-canonnier, de Marmande.
Auger (Antoine), aide-canonnier, de Marmande.
Rousquet (Jacques), bombardier, de Rochefort.
Valteau (Léonard), aide-canonnier, de Saintes.
Bausse (Jaques), aide-canonnier, de Bordeaux.
Angoard (Jean), aide-canonnier, des Sables (d'Olonne).
Morisseau (Julien), aide-canonnier, du Croisic.
Guymard (Guillaume), aide-canonnier, du Croisic, mort à bord le 10 octobre 1779.

Officiers-mariniers de charpentage.

Maingand (Robert), maître-charpentier, de Brest, mort à bord le 29 octobre 1780.

Trouvé (Pierre), second charpentier, de Rochefort.
Eloquel (François), aide-charpentier, de Recouvrance (Brest), mort le 10 juin 1779 à l'hôpital.
Boisnier (René), aide-charpentier, de Recouvrance (Brest).
Rodet (Pierre), aide-charpentier, de Rochefort, mort à l'hôpital le 26 avril 1779.
Berthelot (Jaques), aide-charpentier, de Honfleur.

Officiers-mariniers de calfatage.

Crugeon (François), maître-calfat, de Rochefort, blessé légèrement au bras droit et à la jambe gauche dans le combat du 6 juillet 1779. Mort à bord le 28 janvier 1780.
Delsaert, maître-calfat, de Rochefort.
Bouchard (François), aide-calfat, de Rochefort.
Langevin (Louis), aide-calfat, de Rochefort.
Cadalen (René), aide-calfat, de Recouvrance, Brest.

Officiers-mariniers de voilerie.

Vrigneau (Léon), maître-voilier, de Rochefort.
Jouasse (Pierre), second voilier, de Rochefort.

Excédent des officiers-mariniers.

Buffeteau (Jean), sergent des bombardiers maître-canonnier.
Séhou (Jean), deuxième canonnier, du Faou (ou de Camaret).
Boileau (Jaques), aide-charpentier, de Rochefort.
Vitel (Ignace), aide-pilote, de Saint-Brieuc.
Goymeche (Joannis), aide-canonnier, de Bayonne, mort à bord le 13 octobre 1779.
Godin (Jean), bombardier, de Saint-Malo.
Jolly (Guillaume), aide-charpentier, du Havre.
Gouin (Alexandre), aide-pilote, des Sables (d'Olonne).
Martin (Estienne ou Pierre), second charpentier, de Rochefort, mort à l'hôpital de Fort-Royal le 21 mai 1779.
Luton (Pierre), aide-calfat, de Rochefort.
Moreau (Jean), patron de chaloupe, de la Rochelle.
Le Brun (Pierre), quartier-maître, de Nantes.
Deperiac (Pierre-Guillaume), quartier-maître, du Croisic, mort à bord le 11 février 1780.
Mahé (René), aide-canonnier, du Croisic.
Boisard (François), aide-canonnier, de Saint-Malo.
Mérau (Bernard), quartier-maître, de Cayenne.
Monnereau (Mathurin), aide-pilote, de Nantes.
Gaudry (Jacques), aide-pilote, de Nantes.
Le Borgne (Joseph), de Brest, blessé au combat du 17 avril 1780 à la tête par un cercle de fer et plusieurs contusions.
Le Mordant (François-Jean), aide-pilote, de Chateauneuf.
Boulleau (Jean), bosseman, de Rochefort, mort à bord le 20 décembre 1779.
Brillant (Laurent), second charpentier, de Saint-Brieuc.
Maillet (Stanislas), second pilote, des Sables (d'Olonne).

Gouezlou (Jouas), de Saint-Brieuc.
Giquel (Yves), de Saint-Brieuc, brûlé aux deux bras, aux deux jambes et au visage dans le combat du 6 juillet 1779. Débarqué à la Grenade le 8 juillet suivant.
Babel (Jean), de Saint-Brieuc, mort à l'hôpital de Fort-Royal le 1er juin 1780.
Le Provost (Michel), de Saint-Brieuc, mort à bord le 11 novembre 1780.
Duchêne (Yves), de Saint-Brieuc.
Senné (Etienne), de Vannes, mort à bord le 24 mars 1779.
Le Gonidec (François), de Saint-Brieuc.
Camino (Joannis), de Saint-Jean-de-Luz, mort à bord le 15 février 1780.
Rau (Arnaud), de Bordeaux, mort à l'hôpital de Fort-Royal le 20 juin 1779.
Destay (Jean), de Toulouse.
Borda (Pierre), de Saint-Jean-de-Luz, brûlé considérablement dans le combat du 6 juillet 1779 et débarqué à la Grenade le 8 juillet suivant.
Detcheparre (Martin), de Saint-Jean-de-Luz, mort à bord le 4 mars 1779, d'une fièvre putride.
Detchegoyen (Pierre), de Saint-Jean-de-Luz, mort à bord le 17 avril 1780.
Hiriat (Michel), de Saint-Jean-de-Luz.
De l'Isle (Nicolas-Claude), de Saint-Jean-de-Luz.
Detcheverry (Jaques), de Saint-Jean-de-Luz, mort à bord le 26 novembre 1779.
Gravier (Jean-Marie), de Vannes.
Guyomard (Philippe), de Brest, mort à bord le 12 février 1779, d'une fièvre putride.
Percheron (Jean), de Rochefort.
Nieudan (Michel), de Moissac, mort à l'hôpital de Fort-Royal le 16 mai 1779.
Andanson (François), boulanger, de Paris.
Le Moisan (Grégoire), de Quiberon (Lorient).
Le Corre (Christophe), de Vannes.
Colin (Dominique), de Saint-Brieuc.
Delrieux (Jérôme), de Moissac.
Chamberland (Antoine), de Rouen, mort à bord le 22 juin 1780.
Caivaro (Jean-Marie), matelot charpentier, de Nantes, mort à bord le 12 mars 1779.
Lohaudey (Adrien), de Granville, mort à bord le 23 décembre 1779.
Brisson (Mathurin), matelot charpentier, de Nantes.
Bergeron (André), aide-voilier, de Rochefort.
Guichard (Jean), de Marennes.
Castel (Pierre), de Marennes, mort à bord le 28 novembre 1779.
Garon ou Gazon (Gabriel), de Royan, mort à bord le 21 novembre 1779.
Morel (Luc), de la Rochelle.
Morcereau (François-Barthélémy), de l'Ile-de-Ré.
Semelin (Gilles), de Noirmoutiers, mort à bord le 15 mars 1779, d'une fièvre putride.
Augan (Pierre), de Noirmoutiers.
Rableau (Pierre), de l'Ile d'Yeu (Isle-Dieu).
Mallet (Jean), de Bordeaux, mort à bord le 18 avril 1779, d'une fièvre putride.
Ferrin (Jean), de Bordeaux.
Andreau (Barthélémy), de Libourne.
Monnereau (Jean), de Libourne.
Gourague (Guillaume), de Marmande, mort à bord le 26 février 1779, d'une fièvre putride.

Rosal (Jean), de Moissac, brûlé considérablement dans le combat du 6 juillet 1779 et débarqué à la Grenade le 8 juillet 1779.
Pergaut (François), de Moissac, brûlé considérablement dans le combat du 6 juillet 1779, et débarqué à la Grenade le 8 juillet 1779.
Carrere (Gabriel), de Marmande, mort à bord le 6 mars 1779, d'une fièvre putride.
Croc (Michel-François), de Granville, mort à bord le 17 février 1779.
Le Prévost (François), de Cherbourg, mort à bord le 10 mars 1779, d'une fièvre putride.
Mounier (Pierre), de l'Ile-de-Ré, mort à bord le 8 mars 1779, d'une fièvre putride.
Gazeau (Jaques), des Sables (d'Olonne).
Renom (Louis), de Bordeaux, mort à bord le 11 mars 1779, d'une fièvre putride.
Le Page (Jean-Pierre), de Recouvrance (Brest), mort à bord le 10 avril 1779, d'une fièvre continue.
Castaing (Denis), de Moissac, brûlé considérablement dans le combat du 6 juillet 1779 et débarqué à la Grenade le 8 juillet 1779.
Biard (Joseph), de Dinan, mort à bord le 7 février 1779, d'une fièvre maligne.
David (Julien), de Dinan, mort à bord le 17 mars 1779, d'une fièvre putride.
Mazerico (Guillaume), de Fécamp, mort à bord le 24 octobre 1779.
Rebours (François-Antoine), fils d'Antoine, de Saint-Brieuc, mort à bord le 19 février 1779.
Loyer (Jean), de Saint-Brieuc, mort à bord le 31 octobre 1779.
Le Roux (Marc), de Saint-Brieuc.
Dorange (François), de Saint-Brieuc.
Julienne (Adrien), de Granville, mort à bord le 5 mars 1779, d'une fièvre putride.
Simoneau (Laurent-François), de Saint-Brieuc.
Le Pellé (Jean-François), de Granville, blessé légèrement dans le combat du 6 juillet 1779, mort à bord le 14 décembre 1779.
Menou (Yves), du Conquet, mort à l'hôpital de Fort-Royal le 31 mai 1779.
Soulâtre (Richard), de Granville, mort à bord le 14 décembre 1779.
Deschamps (Nicolas-Joseph), de Honfleur.
Broché (Jean-Georges), de Riort (Rochefort).
Faillant (André), de Marennes.
Rabreau (Jean), de Marennes, mort à bord le 3 janvier 1780.
Girard (Daniel), de l'Ile-de-Ré, brûlé considérablement dans le combat du 6 juillet 1779 et débarqué à la Grenade le 8 juillet 1779.
La Vidollerie (Pierre), de Libourne, brûlé légèrement dans le combat du 6 juillet 1779, et débarqué à la Grenade le 8 juillet suivant.
Belartois (Michel), de Libourne, mort à bord le 4 mars 1779, d'une fièvre putride.
Goudineau (Raymond), de Libourne, brûlé légèrement dans le combat du 6 juillet 1779, mort à bord le 17 septembre suivant.
Trémolière (Pierre), de Marmande, brûlé dans le combat du 6 juillet 1779; à l'hôpital de la Grenade le 8 juillet suivant; rentré à bord le 13 avril 1780 et mort à bord le 11 mai suivant.
Galliné (Jean), de Marmande.
Laurent (Louis), boucher, de Marmande.

Aubaret (Pierre), de Moissac, brûlé considérablement dans le combat du 6 juillet 1779 et débarqué à la Grenade le 8 juillet suivant.
Plantevigne (Pierre), de Moissac, brûlé légèrement dans le combat du 6 juillet 1779 et débarqué à la Grenade le 8 juillet suivant.
La Vallée (André), de Dunkerque.
Biorin (Yves), de Recouvrance (Brest).
Gourrier (Gabriel), d'Oléron.
Reignier (Pierre), d'Oléron, mort à bord le 13 mars 1779.
Rousseau (Jaques), d'Oléron, mort à bord le 13 mars 1779.
Richard (Antoine), de Libourne.
Jadouin (Mathieu), de Libourne.
Génieux (Louis), de l'Ile-de-Ré.
Le Tard ou Le Lard (Pierre), des Sables (d'Olonne).
Pottier (Nicolas), de Brest.
Eveillard (Joseph), de Saint-Brieuc.
Marland (Jean), de Marmande, mort à bord le 9 avril 1779, d'une fièvre continue.
Provost (Pierre), de la Teste.
Nourry (Pierre), de Dinan, mort à bord le 2 avril 1779.
Le Cam (Jean-Marie), de Brest, mort à bord le 20 décembre 1779.
Le Tourny (Nicolas-Charles), de Granville, mort à l'hôpital de Fort-Royal le 3 juin 1779.
Le Cerf (Guillaume), de Dinan.
Ollivier (François), de Vannes.
Landrin (Yves), de Saint-Malo.
Despergues (Michel), de Saint-Malo, mort à bord le 6 mars 1779, d'une fièvre putride.
Richeux (Pierre), de Dinan.
Villeneuve (Mathurin), de Dinan, mort à bord le 22 mars 1779.
Josset (François), de Saint-Brieuc.
Rebours (François), fils de Philippe, de Saint-Brieuc, blessé dans le combat du 6 février 1779, mort à l'hôpital de Fort-Royal en 1780.
Even (Laurent), de Saint-Brieuc, très grièvement brûlé au combat du 17 avril 1780; entré le 20 dudit à l'hôpital de la Guadeloupe où il est resté.
Tudo (Pierre), de Saint-Brieuc, mort à bord le 27 février 1779, d'une fièvre putride.
Le Lea (Germain), de Morlaix, mort à bord le 18 mars 1779, d'une fièvre putride.
Daniel (Louis), de Morlaix, mort à bord le 14 février 1779, d'une fièvre putride.
Lidoux (Louis), de Morlaix, mort à bord le 17 mars 1779, d'une fièvre putride.
Brindejonc (Pierre), de Dinan, mort à l'hôpital de Fort-Royal le 24 mai 1780.
Duportail (Jean-Charles), de Saint-Brieuc.
Mallet (Jean), de Granville, mort à bord le 18 avril 1779.
Toupet (Louis), de Granville, mort à bord le 9 mars 1779, d'une fièvre putride.
Jamet (François), de Saint-Malo.
Fichaut (Jean), de Morlaix.
Huguin (Goulvain), de Plounéour (Morlaix), mort à bord le 12 avril 1779, d'une fièvre continue et scorbut.
Grillon (François), de Granville.
Le Bel (Charles-François), de Granville, mort à bord le 18 octobre 1779.
Chabadiron (Jean), de Saint-Jean-de-Luz, mort à bord le 7 mars 1779, d'une fièvre putride.
Belescablette (Joannis), de Saint-Jean-de-Luz.

Boucard (Guillaume-François), de Morlaix.
Magne (Louis-Antoine), de Rouen.
Delauau (Pierre), de Rouen.
Martin (Félix), de Rouen.
Touller (Libera), de Quimper, mort à bord le 6 mars 1779, d'une fièvre putride.
Ollivier (Nicolas), de Quimper.
Mascaret (Pierre-Louis), de Dieppe.
Algrand (Pierre), du Croisic, mort à bord le 6 mars 1779, d'une fièvre putride.
Delcassé dit Ferret (Jean), de Moissac.
Marec (Jean-François), de Lorient.
Lemoine (François-Marie), de Brest, mort à bord le 26 septembre 1779.
Liost (Louis-Joseph), du Havre.
Pignol (Roch-Mathieu), du Havre.
Severry (François), de Granville, mort à bord le 29 novembre 1779.
Giraudeau (Louis), de Rochefort.
Valadon (Pierre), de Rochefort.
Renaud (Jean-François), de Rochefort.
Robejean (André), de Rochefort.
Pouriat (François), de Blaye, mort à l'hôpital de Fort-Royal le 7 juin 1779.
Rillaubot (Jean), de Marmande, mort à bord le 13 février 1779, d'une fièvre putride.
Hervé (Pierre), de Saint-Brieuc.
Brenelec (Louis-Marie), de Recouvrance (Brest).
Bougros (François-Jérôme), de Brest.
Renaud (Jean François), de Brest.
Lesteven (Michel), de Brest, mort à bord le 13 octobre 1780.
Bozec (Gabriel), de Brest.
Bouvier (Pierre-Barthélemy), du Havre.
Dubois (Gilles), de Granville, blessé considérablement dans le combat du 6 juillet 1779.
Potel ou Potet (Nicolas), de Granville.
Le Plat (Charles), de Granville, mort à bord le 7 octobre 1779.
Geffroy (Georges), de Granville.
Dourdet (Bon-André), de la Hougue, mort à bord le 12 octobre 1779.
Robine (Louis-Nicolas), de la Hougue, blessé considérablement dans le combat du 6 juillet 1779; débarqué à la Grenade le 8 juillet suivant.
Le Sas (Nicolas), de la Hougue.
Doley (Jaques), de Granville.
Baudré (Louis), de Granville.
Le Monnier (Jean), de Granville, blessé légèrement dans le combat du 6 juillet 1779.
Le Saunier (Mathurin), de Vannes, mort à bord le 7 mars 1779, d'une fièvre putride.
Masselin (Jean-Louis), de Rouen.
Vedier (Etienne-Charles), de Fécamp, mort au Fort-Saint-Louis le 20 février 1779, d'une fièvre putride.
Penven (Guillaume), de Quimper.
Guillaouec (Christophe), de Quimper, mort à bord le 16 mars 1779.
Dematte (Jean), de Quimper, mort à bord le 23 janvier 1780.
Le Beulz (Yves), de Quimper.
Adam (Jaques), de Granville.
Salomon (Yves), de Quimper, mort à bord le 10 février 1779, d'une fièvre putride.
Barbé (Julien-Philippe), de Granville.
Bataille (René), de Granville.
Le Loup (Jean), de Granville.
Liron (Jean), de Granville.

Fauvel (Louis), de Granville.
Lefevre (Pierre-François), de la Hougue.
Gorbel (Jean), de Granville.
Vassel (Louis), de Caen.
Duport (François) de Moissac, mort à bord le 1er janvier 1780.
Le Blond (Nicolas), de la Hougue.
Laurent (Jérôme), de Paris.
Deferial (Antoine), de Marmande, mort à bord le 12 novembre 1780.
Isaute (Arnaud), de Moissac, tué dans le combat du 6 juillet 1779.
Lescure (Etienne), de Moissac.
Pérès (Antoine), de Moissac, mort à bord le 8 mars 1779, d'une fièvre putride.
Démas (Jacques), de Montauban.
Delrieux (Jean), de Moissac.
Ollivier (Pierre), de Moissac, blessé dans le combat du 17 avril 1780.

Canonniers servants.

Julia (Mathurin), de Marmande.
Poumette (Pierre), de Moissac, mort à bord le 9 décembre 1779.
Doucet (Nicolas), de Marmande.

Novices.

Hameau (Mathurin), de Fougères, près Rennes.
Massins (Raymond), de Toulouse.
Massias (Antoine), de Toulouse.
Lajonie (Jean), de Moissac, blessé considérablement dans le combat du 6 juillet 1779 et débarqué à la Grenade le 8 juillet suivant.
Basle (Guillaume), de Dinan.
La Corne (Joseph), de Quimper.
Dutertre (Guillaume), de Brest, mort à l'hôpital de Fort-Royal le 2 mars 1780.
Foquereau (Charles), de la Rochelle.
Lose (Jean-Marie), de Brest.
Collet (Louis), de Dinan, mort à bord le 22 avril 1779.
Salle (Jean-Baptiste-Julien), de Caen, mort à l'hôpital de Fort-Royal le 13 mai 1779.
Guillemette (Noël), de Granville.
Bazin (Pierre-André), de Rouen.
Barbaro (Jean-Antoine), de Rouen.
Le Gal (Jean-Louis), de Quimper, mort à bord le 20 janvier 1780.
Rainfroy (Louis-François), de Granville.
Brémaré (Nicolas-Benoît), de Calais.
Le Comte (Laurent), de Granville.
Soulat (Jean), de Dinan.
Bitton (Louis), de Marennes.
Malord (Jean), de Rochefort, mort à l'hôpital de Fort-Royal le 18 avril 1780.
Luzet (François), de la Rochelle.
Chaineau (Alexis), d'Oléron.
Le Boucher (Hervé) de Lesneven.
Penin (François), de Calais.
Longui (Yves), de Quimper, mort à Chésapeach le 9 janvier 1780.
Ragot (Julien), de Nantes, mort à bord le 20 septembre 1779.
Guzetot (Julien), de Port-Louis, mort à bord le 8 novembre 1779.
De Riano (Marc), de Lorient.
Quelec (Jean-Baptiste), de Lorient, mort à bord le 14 avril 1779, d'une fièvre continue.
Glauanec (Guillaume), de Lorient, mort à bord le 12 décembre 1779.
Julot (Jean), de Lorient, mort à bord le 17 juin 1780.

Algrand (Louis-François), de l'Ile de France, domicilié à Lorient, mort à bord le 5 septembre 1779.
Le Gal (Jean), de Lorient.
Even (Louis) de Lorient.
Camesane (Jean), de Vannes.
La Boudie (Vincent), de Lorient, mort à bord le 15 décembre 1779.
Lucas (Pierre), de Belle-Isle.
Chevalier (Joseph), de Vannes.
Renaud (Michel), de Nantes, mort à Chesapeake.
Séguinaud (Jean), de Nantes.

Remplacement de matelots et novices.

Tébaud (Jean), du Croisic, blessé dans le combat du 17 avril 1780.
Montfort (Nazaire), du Croisic, mort à l'hôpital de Fort-Royal le 20 février 1780.
Gérard (Christophe), de Nantes.
Roudineau (Nicolas), de Nantes, mort à Chesapeake le 21 janvier 1780.
David (René), de Nantes.
Saupin (Julien), de Nantes, mort à bord le 2 septembre 1779.
Brunetière (Mathurin), de Nantes, mort à Chesapeake.
Papin (Noël), de Nantes, mort à bord le 6 février 1780.
Kmasson (Ollivier), de Vannes.
Martin (Nicolas), des Sables (d'Olonne).
Boucheau (Mathurin), de Nantes.
Boucher (Charles), de Vannes.
Loreau (Pierre), de Nantes, mort à Chesapeake le 22 novembre 1779.
Poitard (Julien-Jacques), de Bourgneuf (Nantes).
Audriette (Jean), de Nantes.
Pérucha (Jean), de Bourgneuf (Nantes).
Forêt (Julien), de Bourgneuf (Nantes).
Lucas (Jean), de Bourgneuf (Nantes), mort à Chesapeake le 11 janvier 1780.
Albert (Pierre), de Bourgneuf, mort à l'hôpital de Fort-Royal le 20 février 1780.
Boulard (Honoré), de Bourgneuf.
Guillette (Julien), de Bourgneuf, mort à Chesapeake le 3 janvier 1779.
Ribaud (François), de Saint-Brieuc, blessé considérablement dans le combat du 6 juillet 1779; débarqué à la Grenade le 8 juillet suivant.
Ménagor (Augustin), de Bourgneuf (Nantes).
Feuillâtre (François), de Paimbœuf.
Talonneau (Jean), de Paimbœuf, mort à bord le 11 novembre 1779.
Lucaud (Jean), de Paimbœuf, blessé légèrement dans le combat du 6 juillet 1779.
Le Rey (Etienne), de Sainte-Marie de Bourgneuf.
Baholay (Guillaume), de Mesquer du Croisic.
Hommond (François), du Croisic.
Guilloux (Louis), de Sainte-Marie de Bourgneuf.
Tabary (François), d'Escoublan du Croisic, mort à Chesapeake le 8 décembre 1779.
André (Charles), de Guérande.
Foé (Julien), d'Escoublan du Croisic, brûlé considérablement dans le combat du 6 juillet 1779; débarqué à la Grenade le 8 juillet suivant.
Foé (Olivier), d'Escoublan du Croisic, mort à Chesapeake le 28 décembre 1779.
Métayer (Louis), de Renze du Croisic, mort à Chesapeake le 12 décembre 1779.

Le Guen (Silvestre), de Vannes.
Le Delliot (Julien), de Concarneau.
Noël (François), de Saint-Malo.
Cadet (Maurice), de Lorient.
Jouanet (Joseph), de Saint-Brieuc.
Glatin (Louis), de Saint-Brieuc, mort à bord le 27 mai 1780.
Anique (François), de Baud (département de Vannes).
Bilhaud (Joseph), d'Erquy (département de Saint-Brieuc).
Provost (Jacques-Marin), de Fécamp.
Gicqual (Jean), de Saint-Brieuc.
Plantard (Jean), de Vannes.
Joublet (François), de Vannes.
Lemeurre (Jean), de Lorient.
Legal (Jacques), de Merdrignac.
Robinard (Jacques), de Vannes, mort à bord le 24 juillet 1780.
Convenant (François), de Saint-Malo.
Morel (Jean), de Rennes.
Desbordes (Jean-Pierre), de Paris.
Gauffeny (François), de Saint-Brieuc, mort à bord le 29 août 1780.
Vaillant (Jean-Baptiste), de Rochefort.
Le Broc (Jacques), de Saint-Malo.
Bertin (Jacques-Aimé), des Sables (d'Olonne).
Heurtel (Jean-François), de Saint-Valéry.
Hamon (Pierre), de Dinan.
Nicolas (François-Marie), de Brest.
Talmont (François), de Lorient.
Macquet (Jacques), de Saint-Valéry.
Du Hué (Charles-Noël), de Saint-Valéry.
Prant (René), de Rochefort.
Cojoan (Clément), de Vannes.
Lieutet (Jean-Marie), de Nantes.
Landry (Bertrand), de Dinan.
Lemerle (François), de Lorient.
Quillieu (Mathurin), de Lorient.
Bonnet (Jean), de Saintes.
Bertrand (Jean), de Libourne.
Lemoine (Jean), de Bordeaux.
Lacanne (Jean), de Bordeaux.
Piron (Goulven), de Brest.
Baconnot (Jean), de Nantes.
Foin (Jean-Pierre), de Dinan.
Laurent (François-Simon), du Havre.
Guillo (Sylvestre), de Quimper.
Le Cam (Yves), de Saint-Brieuc.
Awolt (Pierre), de Dinan.
Boudit (Jean), de Bayonne.
Le Séchot (François), de Dinan.
Lemoine (François), de Fécamp.
Boaceret (Julien), de Dinan.
Desroches (Joachim), de Dinan.
Noël (François-Pierre), du Havre.
Bertrand (Baptiste-Louis-François), du Havre.
Golain (Pierre-Robert), du Havre.
Houlemares (Pierre-Jacques), du Havre.
Foucault (François-André), du Havre.
Royer (Jean), de Saumur.
Thibault (Hyacinthe), d'Hyères.
Estrailler (Jean-Jacques), de Saint-Tropez.
Brunet (Joseph), de Martigues.
Béraud (Mathieu), d'Arles.
Flou (Joseph), de Narbonne.
Pichery (Jacques), de Narbonne.
Evrard (Antoine), de Narbonne.

Combes (Pierre), de Saint-Tropez.
Oroussetti (Pierre), de Béziers.
Boulet (Joseph), d'Agde.
Coubes (Clair), de Karigman, probablement Carignan (Gironde).
Voisin (Jean-Baptiste), d'Agde.
Roudier (Pierre), de Marseille.
Béranger (Jacques), de Toulon.
Best de Gemenos (Pierre), de Marseille.
Caussis (Jean), de Marseillan (Hérault).
Lorgnet (Jean-Joseph), de la Garde-Freinet (Var).
Bastide (Antoine), de Cette.
Bertois (Guillaume), de Frangey (Bourgogne).
Platey (Pierre), de Chalons.
Pougette (Antoine), de Cette.
Coquot (Jean), de Mirabeau (Bourgogne).
Vaillant (François), de Mâcon.
Goliclade ou Goliatz (André), de Lyon.
De Guison (Joseph), de Lyon.
Grandchamp (Antoine), de Lyon.

Mousses.

Clainet (Jean), de Rochefort, blessé considérablement dans le combat du 6 juillet 1779 et mort à bord le 8 dudit, de sa blessure.
Levreau (Jean), de Rochefort.
Sandeau (Pierre), de Rochefort.
Moreau (Jean), de Rochefort, mort à l'hôpital de Fort-Royal le 23 février 1780.
Foucher (François), de Rochefort.
Gruvelier (Henry), de Marennes.
Abrard (François), de Rochefort, blessé légèrement dans le combat du 6 juillet 1779.
Gouin (Jean), de Saintes, mort à bord le 22 janvier 1780.
Girouin (Félix), de Rochefort, mort à l'hôpital de Fort-Royal le 2 mai 1780.
Thomas (Georges), de Rochefort.
Roy (Jaques), de Rochefort.
Avril (Michel), de Marennes.
Delage (Philippe), de Marennes, brûlé considérablement dans le combat du 6 juillet 1779 et débarqué à la Grenade le 8 juillet suivant.
Moreau (Fabien), de Marennes.
Coateval (Hervé), de Brest, blessé dans le combat du 17 avril 1780.
Belon (Félix), de Rochefort.
Le Bon (Pierre), de Rochefort.
Genevois (André-Marie), de Rochefort.
Roulet (Nicolas), de Rochefort.
Dumont (Jaques), de Rochefort.
Gentilhomme (Nicolas), de Rochefort, mort à bord le 2 avril 1779.
Dennépout (Pierre), de Rochefort.
Querforn (François), de Lambézellec, mort à Saint-Yago le 30 mars 1779, d'une fièvre putride.
Corvec (François), de Brest.
Grall (Mathurin), de Lannion, mort à l'hôpital de Fort-Royal le 5 juin 1779.
Nicol (François), de Saint-Brieuc.
Richard (François), de Rochefort.
Picard (Goulven), de Saint-Renan.
Le Roux (Alain), de Landivisiau.
Le Gac (Jean), de Landivisiau, blessé considérablement dans le combat du 6 juillet 1779 et débarqué à la Grenade le 8 juillet suivant.

Lagadou (Hervé), de Roscanvel.
Vigouroux (Sébastien), de Lanvaux (Morbihan).
Guillou (Jean), de Carhaix.
Huguen (Jean-François-Marie), de Lorient, mort à bord le 12 novembre 1779.
Bergot (Jean-Louis), de Brest, mort à bord le 8 février 1779, d'une fièvre putride.
Le Viader (Hervé), de Landivisiau, blessé considérablement dans le combat du 17 avril 1780; débarqué à l'hôpital de la Guadeloupe le 20 avril suivant.
Sevestre (Yves), de Quimper.
Job (Pierre-Marie), de Brest.
Mazurier (Charles-Théodore), de Rouen.
Quintin (Laurent), de Lambézellec, blessé dans le combat du 6 juillet 1779.
Vigoureux (Joseph), de Crozon (Finistère), mort à bord le 8 décembre 1779.
Prigent (Jean-Marie), de Landivisiau, mort à bord le 25 décembre 1779.
Philipot (Jean), de Brest.
Helouet (Pierre), de Morlaix.
Laurent (Jaques), du Faou (Finistère).
Le Gall (François), de Landerneau.
Rottignac (François), de Vannes.
Maingand (Hyacinthe), de Recouvrance (Brest).
Quelenec (Claude), de Brest, mort à bord le 14 mars 1779.
Le Jeunne (Guillaume), de Landivisiau, blessé légèrement dans le combat du 6 juillet 1779.
Vachero (Louis-Corentin), de Quimper, mort à bord le 25 décembre 1779.
Tréagros (Jean), de Saint-Brieuc, mort à l'hôpital de Fort-Royal le 11 mai 1779.
Briand (Mathurin), de Saint-Brieuc.
Simon (François), de Plouvien (Finistère).
Simon (Louis), de Plouvien (Finistère).
Castel (François), de Recouvrance (Brest).
Pogam (Jean-Marie), de Quimper.
Cornilla (René-Maurice), de Nantes, mort à bord le 23 février 1780.
Le Gay (Pierre-Papin), d'Angoulême.
Lusseau (Michel), de la Rochelle.
Rabion (Jean-François), de Bordeaux, mort à bord le 7 février 1780.
Coiffard (Jean), de Marennes.
Dupin (Joseph), de Nantes, blessé au combat du 6 juillet 1779.
Paumier (Jacques), de Nantes.
Lemaire (Jean-Baptiste), d'Auch, noyé le 16 septembre 1779.
Dolique (François), du Havre.
Mallezard (Charles), du Havre.
Honoré (François), de Saint-Malo.
Mévit (François), de Saint-Malo, tué dans le combat du 6 juillet 1779.
Marc (Antoine), de Marseille.
Beau (Bernard), de Blaye.
Guénard (Georges), de Saint-Malo.
Daniel (Pierre), de Saint-Malo.
Billy (Louis), de Vannes.
Gauthier (Jean), de Vannes.
Belloc (Jean-Marie), de Quimper.
Couillard (Jean), de Rennes, tombé à la mer et noyé le 11 juin 1780.
Richard (Louis), de Lorient.
Lurec (Jean), de Lorient.
Duhamel (Pierre), de Saint-Malo.
Imbert (Pierre), d'Avignon.
Bin (Jean-Georges), de Marseille.

L'ALERTE.

(CUTTER.)

(Du 1ᵉʳ janvier 1779 au 1ᵉʳ février 1780.)

M. DE CAPELLIS, Lieutenant de vaisseau, Commandant.

ÉTAT-MAJOR.

Lieutenant de vaisseau.

Le Chevalier de CAPELLIS, Commandant.

Officiers auxiliaires.

AVICE.
L'ABBE.
LE BONNIEC de CREGOU.

Chirurgien.

BOISDELIAU.

Officiers-mariniers de manœuvre.

Ferry (Jean), premier maître, de Boulogne.
Lefèvre (Jean), contre-maître, de Rouen.
Lamy (Pierre), bosseman, de Granville.
Fournier (Claude), quartier-maître, de Boulogne.
De Lohens (Adrien), quartier-maître, de Boulogne.
Renault (Alexis), quartier-maître, de Dinan.

Officiers-mariniers de pilotage.

Dubois (Antoine), patron de chaloupe, de Boulogne.
Herpin (Philippe), premier pilote, de Granville.
Esnol (François), aide-pilote, de Granville.

Officiers-mariniers de canonnage.

Pinquet (Constentin), second canonnier, d'Honfleur.
Mulard (Jean), aide-canonnier, de Calais.
Houelse (Jacques), aide-canonnier, de Calais.
Bordel (Guillaume), aide-canonnier, de Granville.
Hanin (Antoine), aide-canonnier, de Boulogne.
Cauchois (Jean), aide-canonnier, de Dieppe.

Officier-marinier de charpentage.

Roberteau (Louis), second charpentier, de Paimbœuf.

Officier-marinier de calfatage.

Antouard (Pierre), aide-calfat, de Granville.

Officier-marinier de voilerie.

Lolier (Jean), aide-voilier, de Cherbourg.

Matelots.

Granjean (Pierre), de Vannes.
Vasseur (Jacques), de Dieppe.
Serry (François), de Saint-Valéry.
Butel (Pierre), de Calais.
Calvar (Yves), de Vannes.
Camat (Jean), de Granville.
Lavie (Antoine), de Boulogne.
Renouf (Bon), de Cherbourg.
Delpierre (Jacques), de Boulogne.
Delpierre (Gabriel), de Boulogne.
Lartésien (Jean), de Calais.
Gin (Louis), de Boulogne.
Guillemet (Simon), de Cherbourg.
Gallion (Pierre), de Cherbourg.
Hamelin (Jean), de Cherbourg.
Heudes (Etienne), de Dieppe.
Parmentier (Jean), de Dieppe.
Norine (Louis), de Dieppe.
Perrot (Christophe), de la Hougue.
Gougeaux (Pierre), de Dieppe.
Le Garçon (Charles), de la Hougue.
Cohu (Michel), de la Hougue.
Biet (Pierre), de Boulogne.
Prime (Antoine), de Saint-Malo.
Lalfague (Joannis), de Saint-Jean-de-Luz.
Dumans (Marin), de Saint-Jean-de-Luz.
Detcheverry (Joannis), de Saint-Jean-de-Luz.
Molleres (Joannis), de Saint-Jean-de-Luz.
Jouan (Joseph), de Saint-Malo.
Tautin (Jacques), de Granville.
Durocher (Jean), de Granville.
Demieure (Michel), de Saint-Valéry.
Delpierre (Nicolas), de Boulogne.
Brandel (Yves), du Conquet.
Manviel (Julien), de Saint-Malo.

Surnuméraires.

Le Vasseur (François), de Paris.
Leyzour (Budoc), du Conquet.
Philipart (Gilles), de Caen.
Caro (Hervé), de Brest.
Miniac (Michel), de Saint-Malo.
Saflin (Louis), de Cherbourg.

Mousses.

Omnes (Vincent), de Quimper.
Abgral (Alain), de Brest.
Guevel (François), de Lorient.

Domestiques.

Robin (Laurent), de Tréguier.
Le Bon (Antoine), de Boulogne.

ESCADRE DU COMTE DE GRASSE.

François-Joseph-Paul, Comte de Grasse, Marquis de Tilly.

Lieutenant général des forces navales, born at Valette (Provence) in 1723, died at Paris the 11th January, 1788. Taken prisoner on the "Ville-de-Paris" by the English in the combat of the 12th April, 1782, liberated shortly before peace.

LA VILLE-DE-PARIS.

(1781–1782.)

M. de Latouche-Tréville, Chef d'escadre, Commandant, sous les ordres de M. le Comte de Grasse, Lieutenant général.

ÉTAT MAJOR.

Lieutenant général.

Le Comte de GRASSE.

Chef d'escadre.

De LATOUCHE-TREVILLE.

Capitaines de vaisseau.

De CIBON.
Le Chevalier de CARDAILLAC.
VAUGIRAUD.
De SAINT-CEZAIR.

Lieutenants de vaisseau.

Le Vicomte de GRENIER.
PIEDERN de LEZEREC, blessé au combat du 12 avril 1782.
Le Chevalier de BIACH.
De MONTGUYOT.
LEVASSOR de VILLEBLANCHE.
De SAINT-JEAN.
De la VILLEON.
FOURNIER de SALINES, mort de ses blessures le 15 mai 1781.
STIBBORD, Danois.
HAUCH, Danois, mort de ses blessures le 15 janvier 1782.
De SAINT-MARC.
De GRASSE.
De la BOURDONNAYE.
De ROSENTEIN.

Enseignes de vaisseau.

De VAINVILLIERS.
D'ORVILLIERS.
Du BOUEXIS de la BOTTELLERAIS.
Le Chevalier du BOUEXIS.
LEVASSOR de la TOUCHE.
De la LEZARDIERE.
De VILLENEUVE de FLAYOS, tué au combat du 12 avril 1782.
Le Chevalier d'ACHE.
NEGRIER.

Lieutenant de frégate.

De BUOR, blessé au combat du 17 avril 1782.

Officiers auxiliaires.

PINAULT.
FAUCONET.
Le MESLE.
LAMBERT, blessé au combat du 17 avril 1782.

Chirurgiens-majors.

CHAPOTEL.
BEAUJEAN.
DUVERGER.
De SENGEN.
CAROSIN.

Aumôniers.

FIRMIN (R. P.), Capucin, d'Amiens.
BENIGNE (R. P.), Carme.

Gardes de la marine et du pavillon.

De PERRIGNY.
De ROSSET.
De BONNETIERE.
Le Chevalier de BEAUNAY.
De TRETOT.
Le Chevalier de CAUMONT.
De GRENIER.
De MEAL.
De TANOUARN.
De RILLAY de CAROUGE.
PINEL du CHESNAY.
Le Chevalier de PERIGNY.
De MONTAMY.
De BEAUCOUZE, mort le 24 avril 1782 de suite de ses blessures au combat du 17 de dit.
Le ROUGE.
Le Chevalier de BLAYE.
Du COZOU.

Volontaires.

Bourgeois.
Lamort-Duvignier.
Borderies (Pierre).
Guy (René-Marie), mort le 17 aout 1781.
Allasœur.
Blanchet (Jacques-François), de Rouen.
De Bécheau (Louis).
Papillon (Etienne), de Saumur.
Facquette, de Lorient.
De Volavré de Villerat.
Bertholot du Gage.
De Saint-Jean (Julien), de Rennes, mort le 26 février 1782.
Carozin (Mathurin), de Saint-Malo.
Le Breton de Luxé.
Gallaud, de Versailles.

Officiers-mariniers de manœuvre.

Gourvalin (Yves), premier maître, de Recouvrance.
Dagorne (Jean), premier maître, de Saint-Brieuc.
Bergeon (Daniel), premier maître, de Royan.
Pryo (Jean), premier maître, de Bayonne.
Le Roux (Germain), premier maître, de Dunkerque.
Taradouar (Jean-Baptiste), premier maître, de Brest, blessé au combat du 12 avril 1782.
Bécard (François), second maître, de Nantes.
Julienne (Marc), second maître, de Saint-Malo, mort le 20 novembre 1782.
Pigeon (Jean-Denis), second maître, de Saint-Malo.
Royer (Pierre-Jean), second maître, de Granville.

Chatel (Julien-Ollivier), second maître, de Granville.
David (Jean), second maître, de Libourne, a eu le poignet gauche emporté au combat du 12 avril 1782.
Brusquet (André), contremaître, de Saint-Valéry.
Maillard (Pierre), contremaître, de Nantes.
Martin (Henry), contremaître, de Saint-Malo.
Lemître (Jean-Baptiste), contremaître, du Havre.
Le Roy (Julien), bosseman, de Dinan, mort à bord le 26 octobre 1781.
Perrot (Jean-François), bosseman, de Quimper, mort à Kingston le 31 novembre 1782.
Salaün (Romain), bosseman, de Brest.
Leonec (Jean-Michel), bosseman, de Brest.
Fourquet (Bertrand), bosseman, de Bayonne.
Solo (Jean-Louis), bosseman, de Saint-Brieuc, blessé au combat du 12 avril 1782.
Joly (Noël), bosseman, de Saint-Malo, blessé au combat du 12 avril 1782.
Le Méven (Philippe), quartier-maître, de Saint-Brieuc.
Baron (Pierre), quartier-maître, de Saint-Malo, mort à Kingston le 8 juin 1782.
Malenfant (Jean), du Croisic, blessé au combat du 12 avril 1782.
Le Boucard (Jean-Pierre), de Saint-Jean-de-Luz.
Le Tourneur (Nicolas), quartier-maître, de Granville.
Croisade (Jean), quartier-maître, de Bordeaux.
Joly (Jean-Baptiste-François), de Saint-Valéry, mort à Kingston le 18 novembre 1782.
Altazin (François), de Boulogne.
Duclos (Pierre-François), quartier-maître, de Granville.
Lalande (Jacques-Jean), quartier-maître, de Granville.
Lamort (Pierre-Louis), quartier-maître, de Granville.
Salot (Pierre-Ollivier), quartier-maître, de Granville.
Serron (Jean-Antoine), quartier-maître, de Dieppe, blessé au combat du 12 avril 1782.
Hervé (Marc), de Dinan, mort à Kingston le 17 septembre 1782.
Mathé (Jean), quartier-maître, des Sables.
Nicolas (Joseph), quartier-maître, de Lorient.
Gauthier (Jean), quartier-maître, de Lorient, tué au combat du 12 avril 1782.
Trudelle (Jean-Baptiste), quartier-maître, de Granville, blessé le 12 avril 1782; mort le 30 octobre 1782.
Henry (Sébastien), quartier-maître, de Morlaix, mort à Kingston le 9 novembre 1782.
Dufraiche (Julien), quartier-maître, de Saint-Brieuc.
Le Bisson (Vincent), quartier-maître, de Nantes.
Petit (Charles), quartier-maître, de Nantes.
Dupuche (Jean-Vincent), quartier-maître, de Vannes.
Lafosse (Nicolas-Michel), quartier-maître, de Granville, tué au combat du 12 avril 1782.
Guérin (Pierre-Alexandre), quartier-maître, du Havre.

Beaulieu (Mathurin), quartier-maître, de Saint-Malo.
Herpin (Jean), quartier-maître, de Saint-Jean-de-Luz.
Coronnel (Pierre), quartier-maître, de Bayonne.
Corradeau (François), quartier-maître, de Bordeaux.
Clipts (Michel), quartier-maître, de Dunkerque.
Vauvels (Jean-Baptiste), quartier-maître, de Dunkerque.
De Vinck (Louis), quartier-maître, de Dunkerque, bras emporté au combat du 9 avril 1782.
Horion (Jean-Baptiste), quartier-maître, de Calais.
Dugas (Antoine), quartier-maître, de Saint-Malo.

Officiers-mariniers de pilotage.

Hurot (François-Claude), premier pilote, de Brest.
Morvan (Louis-Marie), premier pilote, de Saint-Brieuc.
Le Sement (Jean), premier pilote, de Dieppe.
Blandin (Jean-Philippe), premier pilote, de Recouvrance.
Le Boyerès (Jean), premier pilote, de Camaret, mort à Kingston le 30 septembre 1782.
Hue (Charles), second pilote, de Honfleur.
Demigné (Jean), aide-pilote, des Sables.
Paris (Jean-Louis-Isaac), aide-pilote, de Brest.
Ferret (Robert-Prosper), aide-pilote, de Rouen.
Noury (Louis), aide-pilote, de Dieppe.
Boureau (Charles), aide-pilote, de Belle-Isle.
Lehot (Joseph), aide-pilote, de Lorient.
Lemesle (Guillaume), aide-pilote, de Saint-Malo, mort à Kingston le 29 mai 1782.
Lenard (Joachim), aide-pilote, de Saint-Brieuc, blessé au combat du 12 avril 1782.
Auvray (Augustin), aide-pilote, du Havre.
Quintin (Jérôme), aide-pilote, de Brest, blessé au combat du 12 avril 1782.

Officiers-mariniers de canonnage.

Duquesne (Nicolas), maître canonnier, de Dieppe.
Fournier (Henry), maître canonnier, de Toulon.
Lunevenne (Jérôme), maître canonnier, de Brest.
Halley (Pierre-Noël), maître canonnier, de Lorient.
Morel (Jacques), maître canonnier, de Lorient.
Lebas (Nicolas), maître canonnier, de Calais.
Mignard (Claude), second maître canonnier, de Boulogne.
Lamarche (Michel), second maître canonnier, de la Hougue.
Audouard (Louis-Joseph), second maître canonnier, de Brest.
Azan (Augustin-Henry), second maître canonnier, de Toulon.
Gimouvel (François), second maître canonnier, de Toulon.
Guérouard (Jean), second maître canonnier, de Toulon.

Delpierre (Nicolas), second maître canonnier, de Boulogne, blessé au combat du 12 avril 1782.
Hébert (Antoine), aide-canonnier, de Rouen.
Delpierre (Jean), aide-canonnier, de Boulogne.
Huret (Nicolas), aide-canonnier, de Boulogne.
Wattel (Nicolas), aide-canonnier, de Boulogne, mort à Kingston le 14 septembre 1782.
Dozol (Jacques), aide-canonnier, de Saint-Valéry.
Moterel (Jean), aide-canonnier, de Saint-Valéry.
Bourdon (Pierre-François), aide-canonnier, de Dieppe.
Méliot (Pierre-Luc), aide-canonnier, de Dieppe, a eu le poignet emporté au combat du 25 janvier 1782.
Gaudan (Charles-Joseph), aide-canonnier, de la Hougue.
Bachelier (Jacques), aide-canonnier, de Dieppe.
Marie (Jacques), aide-canonnier, de Dieppe.
Hamel (François), aide-canonnier, de Dieppe.
Cardon (François-Nicolas), aide-canonnier, de Dieppe.
Marie (Jean-Toussaint), aide-canonnier, de Dieppe.
Marie (Vincent), aide-canonnier, de Dieppe.
Clémence (Michel), aide-canonnier, de Dieppe, mort à Kingston le 26 octobre 1782.
Fromentin (Mathieu-Antoine), aide-canonnier, de Dieppe.
Goudrée (Antoine), aide-canonnier, de Dieppe, tué au combat du 12 avril 1782.
Billoquet (Nicolas), aide-canonnier, de Dieppe, tué au combat du 29 avril 1781.
Carpentier (Pierre), aide-canonnier, de Dieppe, blessé au combat du 12 avril 1782.
Hericher (Robert-Vincent), aide-canonnier, de Dieppe.
Damions (Jean-Vincent), de Dieppe.
Magnan (Jean-Charles-François), aide-canonnier, de Dieppe, tué au combat du 25 janvier 1782.
Taste (Adrien), aide-canonnier, de Dieppe, mort à Kingston le 20 mai 1782.
Mauguin (Alexandre), aide-canonnier, de Quimper.
Chaperon (Etienne), aide-canonnier, de Honfleur.
Thomas (François), aide-canonnier, de la Hougue.
Tessier (François), aide-canonnier, des Sables, blessé au combat du 25 janvier 1782.
Germe (Antoine-Adrien), aide-canonnier, de Boulogne.
Godart (Joseph), aide-canonnier, d'Angoulême.
Micheau (Jean), aide-canonnier, d'Angoulême.
Berhinies (François), aide-canonnier, de Nantes.
Thomas (Jean-François), aide-canonnier, du Havre.
Guichausse (Mathurin), aide-canonnier, du Havre.
Radenne (Gilles), aide-canonnier, de Calais.

Hardy (Jean-Joseph), aide-canonnier, de Dieppe, tué au combat du 25 janvier 1782.
Fidelier (Martin), aide-canonnier, de Lorient.
Tanguy (Nicolas), aide-canonnier, de Brest.
Le Bon (Clair), aide-canonnier, de Granville.
Beaufils (Guillaume), aide-canonnier, de Granville.
Dupont (Gilles), aide-canonnier, de Granville, mort à Kingston le 16 octobre 1782.
Langlois (Joseph), aide-canonnier, de Saint-Malo.
Le Cœur (Jacques-Michel), aide-canonnier, de la Hougue.
Clémence (Jacques), aide-canonnier, de Dieppe, blessé au combat du 12 avril 1782.
Aubry (Jean-Yves), aide-canonnier, de la Hougue.
Ledun (Charles-Marin), aide-canonnier, de Fécamp.
Joutel (Guillaume), aide-canonnier, de Fécamp.
Jamet (François), aide-canonnier, de Caen.
Costil (François), aide-canonnier, de Caen, a eu un bras emporté au combat du 12 avril 1782.
Henry (Gabriel), aide-canonnier, de Morlaix.
Hardy (Jean-Michel-Antoine), aide-canonnier, de la Hougue.
Comptant (Joseph), aide-canonnier, de Saint-Brieuc.
Bidam (Jean), aide-canonnier, de Saint-Brieuc.
Le Rond (Pierre), aide-canonnier, de Granville.
Martin (Jean), aide-canonnier, du Croisic.
Marjolet (François), aide-canonnier, de Boulogne.
Framery (François), aide-canonnier, de Calais.
Radigue (Michel), aide-canonnier, de Calais.
Rivet (Louis), aide-canonnier, de Boulogne.
Gin (Jean-Pierre), aide-canonnier, de Boulogne, tué au combat du 12 avril 1782.

Officiers-mariniers de charpentage.

Quiniou (Jean-Baptiste), maître charpentier, de Brest.
Sire (Pierre), maître charpentier, de Saint-Malo.
Guillemin (Jean-Philippe), maître charpentier, de Granville.
Tinel (Jean-Baptiste), second maître charpentier, de Fécamp.
Gicquel (Louis-François), aide-charpentier, de Saint-Brieuc.
Coupard (Michel), aide-charpentier, de Granville.
Thélot (Pierre), aide charpentier, de Granville.

Officiers-mariniers de calfatage.

Tanguy (Jacques), maître calfat, de Brest.
Le Vavasseur (Julien), maître calfat, de Granville.
Le Chaton (Louis), maître calfat, de Lorient.
Jézéquel (Nicolas), maître calfat, de Recouvrance.

Fazaris (Jean-Baptiste), maître calfat, du Havre.
Vaugrand (Jean-François), second calfat de Granville, tué au combat du 12 avril 1782.
Epiller (Jean-Baptiste-Laurent), second calfat, du Havre, blessé au combat du 12 avril 1782.
Boizeau (Noël-François), aide-calfat, de Granville.
Touquet (Dominique), aide-calfat, de Saint-Malo.
Molet (Jean-Charles), aide-calfat, du Havre.
Lemercier (Robert), aide-calfat, de Binic, mort à la Jamaïque le 5 novembre 1782.

Officiers-mariniers de voilerie.

Vidal (Jean-François), maître voilier, de Brest.
Alleno (Jean), maître voilier, de Lorient.
Laveaunt (Henry), second maître voilier, de Recouvrance.
Laurent (Daniel), second maître voilier, de Saint-Malo.
Mancel (Jean-Baptiste), aide-voilier, de Dieppe.
Calvarin (François), aide-voilier, du Conquet, tué au combat du 12 avril 1782.
Le Dantec (Augustin), aide-voilier, de Saint-Brieuc, blessé au combat du 12 avril 1782.

Cahiers.

Bouin (Jean-François), de la Hougue.
Bescond (Pierre), de Morlaix.
Cousin (Jacques), de Granville.
Agnès (Guillaume-François), de Granville.
Champion (Nicolas), de Vannes.
Requin (Jean), de Quimper, mort à Kingston le 11 novembre 1782.
Gauvin (Pierre), de Saint-Malo.
Bequin (Julien), de Saint-Malo.
Jacques (Louis-Malin), de Lorient.
Dubos (Jean-Louis), de Dieppe.
Durand (Jean), de Nantes.
Chauve (Joseph), du Croisic.
Lieugard (Gabriel), de Honfleur.
Buisson (Pierre), de Marmande.
Delcheteau (François), de Saint-Jean-de-Luz.
Dorcalas (M.), de Saint-Jean-de-Luz.
Goupil (Jacques-Jean-Baptiste), de la Hougue.
Ricordel (René), du Croisic.
Jean (Joseph), de Bordeaux.
Gautier (Joseph), de Saint-Malo.
Hervé (Antoine), de Dinan.
Rouex (Pierre), de Paimbœuf.
Pechon (Jean-Louis), de Saint-Brieuc, mort à bord le 27 août 1781.
Bichon (Michel), de Nantes.
Le Prêtre (Jean), de Dieppe.
Le Prêtre (Charles-Marie), de Dieppe.
David (Jean-Jacques), de Dieppe.
Vasseur (Jacques), de Dieppe.
Tasset (Michel-Joseph), de Dieppe, mort à bord le 16 novembre 1782.
Rault (Nicolas-Stanislas), de la Hougue.
Le Cigne (François), de Granville.
Guttieville (François), de Rouen.
Longuet (Jean-Baptiste), de Rouen.
Bedesme (Vincent), de Belle-Isle.
Marion (Pierre), du Havre.

Languy (Guy), de Quimper.
Forcherin (Jean), de Quimper, blessé au combat du 12 avril 1782.
Sterec (Louis), de Vannes, mort à Kingston le 18 octobre 1782.
Le Sot (Jacques-François), de Dieppe.
Fontaine (Guillaume), de Granville.
Perrin (Laurent), de Saint-Malo.
Piqueué (Jean), de Saint-Brieuc.
Gautier (Mathurin), de Saint-Brieuc.
Courteille (François), de Saint-Malo.
Martin (François), de Lorient.
Baudry (Jacques), du Havre.
Huguet (Léger), du Havre.

Timoniers.

Blanchard (Mathurin), de Saint-Brieuc.
L'Ecuyer (André-Thomas), de Saint-Brieuc.
Le Breton (Joseph), de Saint-Brieuc, mort à Kingston le 9 octobre 1782.
Deschesnel (Louis-Etienne), du Havre, tué au combat du 12 avril 1782.
Girard (Jacques-Vincent), de Dieppe.
Lancel (Jean-Victor), de Dieppe.
Reduit (Antoine), de Dieppe.
Lemesle (Joseph-Simon), de Dieppe, mort à Kingston le 9 juin 1782.
Vigot (Jacques-Aubin), de la Hougue.
Guillemin (Thomas), de Granville.
La Touche (Jacques-Guillot), des Sables.
Duval (Germain), du Havre.
Ancelin (Louis-Vincent), d'Honfleur.
Glayo (Jean-François), de Saint-Brieuc.
Brunet (Jean), de Saint-Brieuc, mort à Kingston le 4 juillet 1782.
Vallet (Charles-Jean-Louis), de la Hougue.
Levent (Jean-Pierre), du Havre.
Cloquet (Jean-Baptiste), de Dieppe.
Drouault (Jean-François), de Dieppe.
Bellanger (Pierre), de Honfleur.
Montfort (Louis-Constantin), de Honfleur, mort à Kingston le 16 octobre 1782.
Cœuret (Pierre-Paul), de Rouen, estropié au combat du 25 janvier 1782.
Mullet (Pierre-François), de Granville, mort à Kingston le 16 octobre 1782.
Montchaton (Antoine), de Granville.
Quinard (Pierre), de Saint-Malo.
Remigau (René), de Saint-Malo, mort à bord le 25 juillet 1781.

Matelots.

Maroc (Yves), de Molène (Brest), tué au combat du 12 avril 1782.
Goupil (François), d'Alençon.
Perron (François), de Brest.
Vidal (Jean-Charles), de Brest.
Jézéquel (François-Guillaume), de Brest.
Jézéquel (François-Antoine), de Brest.
Boutard (François), de Recouvrance.
Priou (Gilles), de Rennes.
Trochon (Thomas), de Paris.
Le Roux (Charles), de Saint-Brieuc, mort de ses blessures le 1er février 1782.
Couvenant (Guillaume), de Saint-Malo.
Jougaud (Joseph), de Saint-Malo.
Hallais (Jean), de Saint-Malo.
Bourseau (Jean), de Saint-Malo.
Bagnier (Jean), de Saint-Malo.
Goustain (Nicolas), de Saint-Malo.

Dugué (Joseph), de Saint-Malo, mort à bord le 26 septembre 1781.
Brunet (M??), de Saint-Malo.
Souquet (Alain), de Saint-Malo.
Chemino (Joseph), de Saint-Malo.
Reculon (Jean), de Saint-Malo.
Detcheverry (François), de Saint-Malo.
Detcheverry (Pierre), de Saint-Malo.
Dubois (Jacques), de Saint-Malo, mort de ses blessures le 17 février 1782.
Savoureux (François), de Saint-Malo, tué au combat du 12 avril 1782.
Vivier (Pierre), de Saint-Malo.
Hubert (Pierre), de Saint-Malo.
Gaillot (Pierre), de Saint-Malo.
Lacaze (Barthélémy), de Saint-Malo.
Martin (Dominique), de Saint-Malo.
Cheret (Joseph), de Rennes.
Laurant (Charles-François), de Saint-Malo.
Fayet (Julien), de Dinan.
Morvan (Jean), de Dinan.
Hervé (René), de Dinan.
Pillard (Jean), de Dinan.
Charles (Augustin), de Dinan.
Juin (Joseph), de Dinan.
Chaupied (François), de Dinan.
Robert (Michel), de Dinan, mort à la Jamaïque le 18 mai 1782.
Lenoir (François), de Dinan.
Pian (Julien), de Dinan.
Johan (Thomas-M??), de Dinan.
Durand (Guillaume), de Dinan.
Chapelle (Jean), de Dinan, mort à bord le 25 avril 1781.
Dantzé (Henry), de Quimper.
Phily (Jacques), de Quimper.
Suuban (Jean-Louis), de Quimper.
Marchand (Joseph), de Quimper.
Boloré (Jacques-Marie), de Quimper.
Le Croq (Jean), de Quimper.
Phily (Henry), de Quimper.
Pierre (Christophe-Marie), de Quimper, mort à la Jamaïque le 15 novembre 1782.
Le Roy (Alain), de Quimper.
Marec (Mathieu), de Quimper.
Lolichon (Jean-Pierre), de Quimper.
Le Bihan (Emmanuel), de Quimper.
Querloche (André), de Quimper.
Chevert (Jean), de Quimper.
Yves (André), de Quimper, mort à bord le 30 septembre 1781.
Adam (Paul), de Quimper, mort à l'hôpital du Fort-Royal le 1?? août 1781.
Le Plagne (Jacques), de Quimper.
Percave (M??), de Quimper.
Goulven (Jacques), de Quimper.
Mahé (Jean), de Quimper.
Chéraut (Thomas), de Quimper.
Le Mentec (Jean-René), de Quimper.
Billon (Joseph), de Quimper.
Boudigou (Guillaume), de Quimper.
Cormeur (Jacques), de Quimper.
Cottin (Yves), de Quimper.
Kéransel (Jean-Baptiste), de Quimper.
Tanguy (Clément), de Quimper.
Boloré (Jean), de Quimper.
Bodénès (Bernard), de Quimper, mort à bord le 10 octobre 1781.
L'Hermite (Bertrand), de Belle-Isle-en-mer.

Veillier (Pierre), de Belle-Isle-en-mer.
Dorif (Jacques), de Belle-Isle-en-mer.
L'Official (Joseph), de Vannes.
Lucco (Joachim), de Vannes.
Goujon (Julien), de Nantes.
Moricet (Jacques), de Nantes.
Mulon (Gildas), de Nantes.
Bouchaud (Pierre), de Nantes.
Tacouet (Claude), de Nantes.
L'Ecuyer (Pierre), de Nantes.
Billois (François), de Nantes.
Berthou (Jean), de Nantes.
Terrier (Pierre), de Nantes.
Robineau (Jacques), de Nantes.
Ollivier (Jean), de Nantes.
Dujon (Joseph), de Nantes.
Delisle (Charles-François), de Nantes.
Vermeil (Jean), de Nantes.
Rivière (Jean), de Paimbœuf.
Frou (Antoine-François), de Paimbœuf.
Averty (Pierre), de Paimbœuf.
Vince (Joseph), de Paimbœuf, mort à bord le 22 septembre 1781.
Moyon (Pierre), de Paimbœuf.
Chédantel (Jean), de Paimbœuf.
Blanchard (Joseph), de Paimbœuf.
Berthelot (Henry), de Paimbœuf.
Noques (Martin), de Paimbœuf.
Dugas (Jacques), de Paimbœuf.
Charbonnier (Pierre), de Paimbœuf.
Le Pitre (Charles), de Paimbœuf.
Fortier (Mathurin), de Nantes.
Riou (Corentin), de Nantes.
Brochard (Pierre), de Nantes.
Robin (Jean), de Nantes.
Beureau (Jean), de Nantes, mort à bord le 15 novembre 1781.
Simon (Jacques), du Croisic.
Favré (Jean), de Saint-Brieuc.
Tircot (Ollivier), de Saint-Brieuc.
Le Guen (Guillaume), de Saint-Brieuc.
Le Meur (Antoine), de Saint-Brieuc.
Vital (Antoine), de Saint-Brieuc.
Nicol (Julien), de Saint-Brieuc.
Morvan (Jean), de Saint-Brieuc.
Paris (Yves), de Saint-Brieuc, blessé au combat du 12 avril 1782.
Le Hégarat (Joseph), de Saint-Brieuc.
Salmon (Jean), de Saint-Brieuc.
Nicol (Claude), de Saint-Brieuc.
Gautier (Jérôme Julien), de Saint-Brieuc.
Etienne (Marc), de Saint-Brieuc.
Heurtel (Pierre), de Saint-Brieuc.
Thémoin (Jean-Baptiste), de Saint-Brieuc.
Le Goff (Jean-Louis), de Saint-Brieuc.
Houard (Etienne), de Saint-Brieuc.
Salmon (Pierre-Marie), de Saint-Brieuc.
Bault (Charles), de Saint-Brieuc.
Cordier (Laurent), de Saint-Brieuc.
Michel (François), de Saint-Brieuc.
Hervé (Raoul), de Saint-Brieuc.
Nédélec (Sulpice), du Conquet.
Nicol (Julien), de Morlaix.
Le Bourdour (Joseph), de Morlaix.
Gourbrain (Etienne), de Morlaix, mort à bord le 4 avril 1781.
Bontemps (Théodore), de Lorient.
Diagon (François-Charles), de Lorient.
Rio (Louis), de Lorient.

Guénoc (Louis), de Lorient.
Tromeur (Jean-Jacques), de Lorient.
Le Diot (Yves), de Lorient.
Tatibouet (Jean-Baptiste), de Lorient.
Collet (Jacques), de Lorient, mort à Kingston le 29 septembre 1782.
Le Roux (Louis-Mathurin), de Lorient.
Menoc (Alain), de Lorient.
Le Bouédec (Louis-Pierre), de Lorient.
Turgeon (Mathurin), de Lorient.
Dupont (François), de Lorient, tué au combat du 12 avril 1782.
Lognonec (Louis-Charles), de Lorient, tué au combat du 12 avril 1782.
Le Tellier (Charles), du Havre.
Guillet (François-Joseph), du Havre.
Hacher (Pierre-Gaspard), du Havre.
Le Croq (Pierre-Augustin), du Havre.
Le Moine (Jean-François), du Havre.
Le Bailly (Jean-François), du Havre.
De La Rue (François), du Havre, blessé au combat du 12 avril 1782.
Quartier (Nicolas-Adrien), du Havre, blessé au combat du 12 avril 1782.
Vaquery (Jean-Baptiste-Guillaume), du Havre.
Paquet (Antoine-Guillaume), du Havre.
Marette (Jean-François), du Havre.
Langlois (Pierre-Maxime), du Havre.
Roger (Guillaume-Alexandre), du Havre.
La Vache (Nicolas), de Dieppe.
Hébert (Augustin), de Dieppe.
Joly (Jacques-Jean), de Dieppe.
Viard (Jean-Charles), de Dieppe.
Fréchon (Jacques-Augustin), de Dieppe.
Vasseur (Adrien-Jérôme), de Dieppe.
Fouchard (Jacques-Jean), de Dieppe, blessé au combat du 12 avril 1782.
Lomé (Jacques), de Dieppe.
Piquet (Guillaume), de Dieppe.
Carpentier (Vincent-Modeste), de Dieppe.
Brocard (Jean-Baptiste-Antoine), de Dieppe.
Caplain (François Joseph), de Dieppe.
Girard (Louis), de Dieppe.
Dujardin (François-Noël), de Dieppe.
Robin (Joseph), de Dieppe, mort à bord le 28 février 1782.
Doutreliau (Adrian), de Dieppe.
Viard (Jean), de Dieppe.
Poulain (Jean-Baptiste), de Dieppe.
Nourry (Jean-Antoine), de Dieppe.
Berville (Jean-Antoine), de Dieppe.
Boucher (Antoine-Louis), de Dieppe.
Poisson (Pierre-Nicolas), de Dieppe.
Fromentin (Jacques-Guillaume), de Dieppe, tué au combat du 12 avril 1782.
Aubert (Nicolas Jean), de la Hougue.
Poidevin (Jean-Adrien), de la Hougue.
Cuquemel (Jacques), de la Hougue.
Auger (Pierre-Germain), de la Hougue.
Renard (Jean-François), de la Hougue.
Hermisse (Jacques-Gabriel), de la Hougue.
Bouin (Pierre-Charles-Eustache), de la Hougue.
Martin (Charles-Adrien), de la Hougue.
Jean (Jean-François), de la Hougue.
Le Gendre (Eustache), de la Hougue.
Triquet (Germain-Eustache), de la Hougue.
Triquet (Jacques-Marie), de la Hougue.

Biizu (...), de la Hougue.
Juquemel (Bon-Louis-Barnabé), de la Hougue.
Lefèvre (Jean-François), de la Hougue.
Lefèvre (Jean-Baptiste), de la Hougue.
Denis (Eustache), de la Hougue.
Alain (Nicolas-M...), de la Hougue, mort à bord le 27 avril 1781.
Desroches (Georges), de Granville.
Valost (Julien), de Granville.
Le Breton (Charles), de Granville.
Aublin (Guillaume), de Granville.
Toupet (Louis), de Granville.
Pannier (Pierre), de Granville.
Desnottes (Pierre), de Granville.
Forcel (Guillaume), de Granville, mort à bord le 3 novembre 1781.
Le Norrais (Louis), de Granville.
Loreau (Jean-François), de Granville.
Buchet (Pierre), de Granville.
Quintin (Antoine), de Granville.
Le Connut (Nicolas), de Granville.
Cardin (Charles-Hippolyte), de Granville.
Fillatre (Nicolas), de Granville.
Lemerle (Philippe), de Granville.
De la Place (André), de Granville.
Paris (Pierre), de Granville.
Le Raty (Gilles), de Granville.
Rebours (Louis), de Granville.
Gatebled (Jacques), de Granville, mort à bord le 21 mai 1781.
Uven (Pierre Barthélemy), de Granville.
Dugué (Jacques), de Granville.
Le Breton (Pierre), de Granville, mort de ses blessures le 27 janvier 1782.
Huard (Jean), de Granville.
Menard (François-René), de Granville.
Hersan (François), de Granville.
Le Mettay (Julien), de Granville.
Sébire (Charles), de Granville.
Le Marquis (Louis), de Granville.
James (Charles-François), de Granville.
Ménan (Louis), de Granville.
Cottard (Jacques), de Granville.
Hallay (Marc), de Granville.
Navet (Thomas), de Granville.
Nicole (Charles-Noël), de Granville.
Durand (Pierre), de Granville.
De la Rue (Jean-Baptiste), de Granville, blessé au combat du 12 avril 1782.
Le Seillier (Julien), de Granville.
Adde (Isaac-Jean), de Granville.
Danicau (Joseph), de Granville, mort à bord 28 juin 1781.
Grognard (Jean), de Granville.
Le Roux (Pierre Alexandre), de Granville.
Le Haut (François-Joseph), de Granville.
Le Roy (Jean-Pierre), de Granville.
Le Breton (Laurent), de Granville.
Graudin (François), de Granville.
Dujardin (Charles-M...), de Granville, mort à Kingston le 28 octobre 1782.
Piquet (Pierre Alexandre-Joseph), de Honfleur.
De la Rue (G...-Charlemagne), de Honfleur.
Varin (Léonard), de Honfleur.
Hélié (Jean), de Caen, mort à l'hôpital du Fort-Royal le 7 décembre 1781.
Rouget (François), de Caen.
Faris (Jean-Baptiste), de Caen.
Sébire (Martin), de Caen.

Discret (Jean-François), de Caen.
Tetard (Jean-Louis), de Caen.
Désétablier (Jean), de Caen, mort à bord le 27 juin 1781.
Jouanne (Jean-Baptiste), de Rouen.
Chevrier (Pierre-Bernard), de Rouen.
Aubert (Jean), de Rouen.
Le Coudre (Nicolas), de Rouen, tué au combat du 25 janvier 1782.
De la Lande (Jean-Louis), de Rouen.
Vierville (Étienne), de Rouen.
Jacques (Pierre-André), de Rouen.
Quené (Jacques-Guillaume), de Rouen.
Lundy (Jean-Baptiste-Marcel), de Rouen, tué au combat du 25 janvier 1781.
Bretel (Jean), de Fécamp.
Dambry (Simon-Pierre), de Fécamp.
Selle (Marcel), de Fécamp.
L'Appel (Jean François), de Fécamp.
Chevalier (Benoît-Pierre), de Fécamp.
Lorieult (Jean-Baptiste), de Fécamp.
Monville (Jean-Baptiste-François), de Fécamp.
Verdier (Nicolas), de Fécamp.
Letellier (Pierre), de Fécamp.
Forret (Louis Pierre), de Fécamp, blessé au combat du 12 avril 1782.
Guerrard (Jean-Baptiste), de Fécamp, mort à bord le 20 mai 1781.
Durocher (Jean), de Cherbourg.
Tripey (Jean-Baptiste), de Cherbourg.
Gosselin (Charles-François), de Cherbourg.
Fontaine (Auguste), de Cherbourg.
Crepin (Jacques), de Cherbourg.
Caudron (Jean-Baptiste), de Saint-Valéry.
Heries (Jean-Louis), de Saint Valéry.
Dutertre (Charles), de Saint-Valéry.
Louvel (Jean-François), de Saint-Valéry.
Morlaix (Pierre), de Saint-Valéry.
Troude (Nicolas), de Boulogne.
Ternizien (François), de Boulogne.
Laides (Louis), de Boulogne.
Altazin (Louis), de Boulogne.
Gaussan (Pierre), de Boulogne.
Lot (Jacques Louis-Marie), de Boulogne.
Baugrand (Jean-Baptiste), de Boulogne.
Beaugrand (Pierre), de Boulogne, mort à bord le 23 décembre 1781.
Beignon (Pierre), de la Rochelle.
Chauvin (Pierre), d'Angoulême.
Devier (Mathurin), de Marmande.
Dollet (Philippe), de l'Ile-de-Ré.
Porain (Jean), de l'Ile-de-Ré.
Bessouet (Simon), de l'Ile d'Yeu.
Turbé (Jean), de l'Ile d'Yeu, mort à Kingston le 17 novembre 1782.
Ariasmendy (Joseph), de Saint-Jean-de-Luz.
Billoquet (Raymond), de Bordeaux.
Clavier (Jean), de Bordeaux.
Dossay (Jean), de Bordeaux.
Sceauton (Jean), de Blaye.
Arnou (Jean), des Sables.
Bertonneaux (Pierre), des Sables.
Vincendo (François), des Sables.
Foucard (Julien), des Sables, tué au combat du 12 avril 1782.
L'Estrade (Jean), de Toulouse.
Derieu (Jean), de Montauban.
Gourdet (Dominique), de Saintes.

Dufour (Dominique), de Bayonne, assassiné au combat du 12 avril 1782.
Moulin (François), de Marennes.
Pons (Antoine), de Marseille.
Cordiallier (Antoine), de Toulon.
Ruilles (Pierre), de Toulon.
Tribouxie (Jacques), de Narbonne.
Lartigue (Pierre), de Bayonne.
Pecout (Joseph), d'Arles.
Bunot (Charles), de Nantes, mort de ses blessures le 26 janvier 1782.
Perrot (Jean), de Bordeaux.
Merique (Pierre), de Bordeaux.
Labat (Julien), de Bordeaux.
Valentin (Joseph), de Troyes.
Corrège (Pierre), de Bigorre (Champagne).
Sturgeon (Mathurin), de Lorient.
Beaurepaire (René), de Saint Brieuc.
Aubry (Louis), de Saint-Malo.
Héripé (Thomas), de Saint-Malo.
Valentin (Pierre), de Dieppe.
Dujardin (Jean), de Granville.
Cezerat (Jean), de Montauban.
Fernand (Jean), de Marseille.
Laz (Étienne), de la Ciotat.
Bridot (Georges-Emmanuel), du Havre.
Moreau (Julien), de Royan.
Boyer (Pierre), de Tulle.
Julien (Hyacinthe), de Nice.
Bucouet (Pierre), de Rouen.
Hudot (Marcel), d'Angers.
Pariot (Louis), de la Rochelle.
Mezolier (Jean), de Narbonne.
Azivert (Julien), de Narbonne.
Liot (Louis), de Honfleur.
Thibaudot (M...), de Marennes.
Le Déos (Jean François), de Lorient.
Le Déor (Augustin), de Lorient.
Savadieu (Jean-Antoine), de Toulon.
Bergey (Jean), de Bordeaux, blessé au combat du 12 avril 1782.
Fort (Pierre), de Bordeaux.
Gopau (Jean), de Bordeaux.
Busquet (Jean), de Bordeaux.
Linguin (Jean), de Bordeaux, tué au combat du 12 avril 1782.
Lafleur (Léon), de Bayonne.
Lafargue (Jean), de Bayonne.
Boyer (Jacques), de Bayonne.
La Coste (Jean), de Libourne.
Dubois (Pierre), de Lorient, mort de ses blessures le 25 janvier 1782.
Andrioux (Jean-François), de l'Ile-de-Ré.
Jullien (Jean), de Marseille.
Espagnel (Pierre), de Dinan.
Le Bihan (Jean Joseph), de Vannes.
Auffray (Louis), de Vannes.
Faillon (Pierre), d'Angoulême.
L'Estrigue (Jean), de Bordeaux.
Doillet (Bernard), de Bordeaux.
Villeginquet (Joseph), de Saint-Malo.
Tissot (François), de Nantes, mort de ses blessures le 15 avril 1782.
Albert (Jean), de Nantes.
Paludier (Guillaume), du Croisic.
Michaux (Charles), de la Rochelle.
Pierre (Jean), de Bordeaux.
Joycuze (Michel), de Bordeaux.
Simon (Bastien), de Champagne.
Gilbert (Hilaire), de Saint-Malo.

Fichot (Yves), de Lorient.
Roudeau (Pierre), de Bayonne.
Doucet (Pierre), de Saint-Malo.
Crétien (François), de Saint-Malo.
Guilbert (Jean), de Saint-Malo.
Le Loup (Gabriel-Philippe), du Havre.
Senervieux (Jean), de Bordeaux.
Lagarde (Jean), de Bordeaux.
Martinot (André), de Bordeaux.
Bedat (Martin), de Bordeaux.
Dupont (Jean), de Bordeaux.
Malassis (Jean-François), de la Rochelle.
Hardelle (Guillaume), de Caen.
Deshayes (François-Jean), de Fécamp.
Martinot (Jean), de Bordeaux.
Dejean (Jean), de Bordeaux.
Mursil (Jean), de Bordeaux.
Austin (Marc), de Bordeaux.
Belax (Bernard), de Saint-Jean-de-Luz.
Lissatstson (François), de Saint-Jean-de-Luz.
Berrouette (Jean), de Saint-Jean-de-Luz.
Vigne (Charles), de Bordeaux.
Berger (Antoine), de Bordeaux.
Chapoly (Martial), de Bordeaux.
Guariché (Jean), de Bordeaux.
Guillochon (Jean-Baptiste), de Bordeaux.
Clarque (Pierre), de Bordeaux.
Pesquior (Jean), de Bordeaux.
Bouzic (Antoine), de Bordeaux.
Mémentès (Pierre), de Bordeaux.
Angoc (Arnaud), de Bordeaux.
Maillard (Jean-Pierre), de Bordeaux.
Fourneau (Pierre), de Bordeaux.
Lubin (Jean), de Bordeaux.
Bannet (Jean-Baptiste), de Bordeaux.
Gasquet (François), de Marmande.
Cazal (Pierre), de Bayonne.
Castagnon (Jean), de Toulouse.
Tousan (Simon), de Mortagne.
Augeron (Jean), de Royan.
Lafaye (Pierre), de Saintes.
Gautier (Estienne), de Bordeaux.
Galopeau (Bertrand), de Bordeaux.
Aloze (Jean), de Toulouse.
Aubert (Jacques), de Caen, mort de ses blessures le 4 février 1782.
Cabon (Pierre), de Paimbœuf mort de ses blessures le 26 janvier 1782.
Masson (Sulpice-Henry), de Calais.
Bresson (Eugène), de Moissac.
Favre (Joseph), de Marseille.
Masse (Jean), de Cette.
Mouton (Antoine), de Martigues.
Mal (Jacob), de Dunkerque.
Bommelard, de Dunkerque.
Le Bruine (Jacques-Marin), de Dunkerque.
Vaquery (Gaspard-François), de Dunkerque.
Faure (Michel-Jean), de Dunkerque.
Le Serf (Jean-Joseph), de Dunkerque.
Vivier (Pierre), de Dunkerque.
Durin (Georges), de Dunkerque.
Carpentier (Martin-Dominique), de Dunkerque.
Labbé (Nicolas), de Dunkerque.
Goedanser (François), de Dunkerque.
Boyard (Philippe), de Calais.
Pleuvré (Pierre), de Calais.
Durin (Guillaume), de Dunkerque.

Macaray (Jean), de Dunkerque.
De Cau (Jacques-Roch), de Dunkerque.
Le Claire (Joseph), de Dunkerque.
Pérannès (Gabriel), de Bordeaux.
Gandin (Étienne), de Saint-Valéry.
Lépingle (Nicolas), de Boulogne.
Maqueugneu (François), de Boulogne.

Novices.

Lasserre (Guillaume), de Marmande.
Bernais (Jean), de Marmande.
Louis (Jean), de Marmande.
Dupuis (François), de Marmande.
Martin (Jean), de Marmande.
Thomacet (Étienne), de Marmande.
Milan (Jean), de Marmande, mort à bord le 23 janvier 1781.
Bruno (Pierre), de Montauban.
Hamel (Jacques), de Dieppe.
Hériché (François-Nicolas), de la Hougue.
Aubray (Jean), de la Hougue, mort à Kingston le 4 septembre 1782.
Castel (Gabriel), de Morlaix.
Fontenay (Jean), de Morlaix.
Miller (Marc), de Strasbourg.
Austic (Florent), de Strasbourg.
Versin (Hyacinthe), du Croisic, blessé au combat du 12 avril 1782.
Versin (Félix), du Croisic.
Lainé (Jean), de Dinan.
Eplair (Georges), de Strasbourg.
Jouc (Jean), de Strasbourg.
Boulangeat (Philippe-Auguste), de Brest.
Henry (Jean-Louis), de Brest.
Perrine (Jean-François), de Caen.
Moreau (Martin), de Paimbœuf.
Romier (Jean), de Brest.
Balanec (Jacques), de Lesneven.
Minou (François), de Saint-Malo.
Grangé (Joseph), de Saint-Malo.
Magnan (Nicolas-Toussaint), de Dieppe.
Le Grand (Jacques), de Cherbourg.
Bréhaut (Jacques), de Saint-Brieuc.
Loquin (Julien), de Saint-Brieuc.
Dambourdet (Alain), de Saint-Brieuc.
Perrussot (Jacques), de Saint-Brieuc.
Le Guen (Louis), de Saint-Brieuc, mort à bord le 21 septembre 1781.
Verdun (André), de Lunéville.
Cador (François), de Cholet.
Saillant (Pierre), de Nantes.
Prévost (Jean), de Rennes.
Le Roux (Mathurin), de Dinan, mort à Kingston le 5 octobre 1782.
Chauvry (Charles-Antoine), de Caen.
Guermeur (François), de Reconvrance.
Gigon (Jean-François), de Brest, a eu les deux jambes emportées au combat du 12 avril 1782.
Gravan (Jacques), de Honfleur.
Richard (Yves), de Tréguier.
Le Men (François), de Tréguier.
Fardos (Pierre), de Vannes.
Tritau (Jean-Baptiste), de l'Ile de Ré, mort de ses blessures le 14 avril 1782.
Tonnière (Jean-Baptiste), de Granville.
Guillaume (Jean-Baptiste), de Nantes.
La Bihan (François), de Morlaix.
Chaton (Louis), de Rennes.
Gautier (Joseph), de Rennes.

Broché (Julien), de Château-Gontier.
Blondel (Pierre), de Fécamp, mort à bord le 20 août 1781.
Jarry (François), du Mans.
Chauveau (Noël), de Beaunay, tué au combat du 24 janvier 1782.
Pannier (Pierre), de Dinan.
Bidaman (Yves), de Tréguier.
Viratelle (René), de Brest.
De la Ville (Pierre), de Cognac.
Gicquel (Adrien), de Rennes.
Lochu (René), d'Angers.
Doniol (Pierre), de Nantes.
Le Roux (Pierre-Amant), de Paris.
Rouvray (Louis-Claude), de Paris.
Frigou (Joseph), de Pontivy, mort à bord le 17 juillet 1781.
Barré (Joseph), de Rouen.
Pannier (Gervais), de Blois.
Folas (Maurice), de Blois.
Beaudouin (Claude), de Blois.
Hubert (François), de Blois.
Blin (François), de Blois.
Bezard (Louis), de Blois.
Mario (Pierre), de Blois.
Rocher (Pierre), de Blois.
Alix (René), de Blois.
Petiteau (Guillaume), de Blois, mort à Kingston le 2 novembre 1782.
Léger (Guillaume), de Blois.
Joly (Jean-Marie), de Blois.
Boulon (Charles), de Blois.
Pannier (Clément), de Blois.
Huet (Robert), de Honfleur.
Person (Jacques), de Tréguier.
Maingust (Jean), de Nantes.
Thomerel (Pierre), de Paris.
Rio (Louis-François), de Vannes.
Moricet (Mathurin), de Dinan.
Féger (François), de Saint-Brieuc.
Mondeville (Pierre), de Fécamp.
Le Bras (Jean), de Tréguier.
Lainé (Jean-Baptiste), du Havre.
Chavigneau (Jean), des Sables.
Riou (Jean), de Brest.
Hirla (Etienne), de Saint-Jean-de-Luz.
Collin (Ollivier-François), de Vannes.
Harley (M.), de Saint-Malo.
L'Hostic (François), du Conquet, blessé au combat du 12 avril 1782.
Aube (Jean-M.-Désiré), de Rouen.
Jantant (Jean-Jérôme), de Rouen.
Praux (Honoré) de Noirmoutiers.
Vrigneau (Mathurin), de Noirmoutiers.
Gervier (Jean), de Noirmoutiers.
Pórin (Mathurin), de Noirmoutiers.
Richard (Simon), de Noirmoutiers.
Masseteau (Guillaume), de Noirmoutiers, mort de ses blessures le 26 janvier 1782.
Carouer (Guillaume), de Lorient.
Labourier (Mathurin), de Lorient.
Albaron (Arnaud), de Brest.
Le Méven (Louis), de Saint-Brieuc.
Trudel (Louis), de Granville, mort à Kingston le 30 octobre 1782.
Inizan (Yves), de Quimper.
Carval (Jacques), de Quimper.
Cantin (Jean), de Granville.
Trochon (Thomas), de Granville.
Jaquinot (Etienne), de Châtillon-sur-Seine.

Favenec (Guillaume), de Brest, mort de ses blessures le 28 janvier 1782.
Thomas (Guillaume), de Vannes.
Cousin (Bertrand), de Granville.
Hénon (Mathias), de Lesneven.
Le Berre (Yves), de Saint-Brieuc.
Paranthouin (Yves), de Saint-Brieuc.
Le Sage (Yves), de Saint-Brieuc.
Le Conniat (Tugdval), de Saint-Brieuc.
Le Guen (Jean), de Landerneau.
Canivet (Charles), de Brest.
Lavenan (Jean), de Brest.
Dehaies (Jacques-Marie), de Brest.
Bornic (Laurent-Marie), de Brest.
Ségalin (Hervé), de Brest.
Kerjean (Hervé), de Brest.
Dagorne (François-Alain), de Brest.
Favé (Hervé), de Brest.
Coatéval (Hervé), de Brest.
Puchot (François), de Brest.
Hoaluc (Pierre), de Brest.
Le Reste (Michel), de Brest.
Stéphan (Thomas), de Brest, blessé au combat du 12 avril 1782.
Gourvin (Martin), de Saint-Malo.
Le Moine (Pierre), de Paris.
Palut (Louis), de Vannes, mort à bord le 21 décembre 1781.
Le Touer (Jean-René), de Lorient.
Furet (Joachim), de Lorient.
Le Pitre (Joseph), de Lorient.
Le Meur (François), de Saint-Brieuc.
Bunel (Ambroise), de Saint-Brieuc.
Le Bourhis (Jean), de Saint-Brieuc.
Le Tonon (Joseph), de Saint-Brieuc.

Halte (Antoine), de Saint-Brieuc.
Totivin (M.), de Saint-Brieuc.
Macé (Louis-Jacques), de Dieppe.
Boy (Jacques), de Briançon.
Souchet (Jean), de Paimbœuf.
Duvigot (Jérôme), de Quimper.
Le Goyat (Louis-Eustache), de Quimper.
Fabien (Augustin-François), du Havre.
Prigent (Jacques), de Lambézellec.
Le Jeune (Joseph), de Lannion, mort à bord le 14 septembre 1781.
Dangué (Thomas), de Saint-Malo.
Mounier (Joseph-Jean), de Saint-Malo.
Goyard (Etienne), de Saint-Malo.
Beaurieu (Marie-Joseph), de Saint-Malo, mort le 3 octobre 1780 à Kingston.
Pellerin (Nicolas), de Boston.
Manuch (François), de Lannion.
Ribbotter (Mathieu), de Lannion.
Carrier (Christophe), d'Angoulême, tué au combat du 12 avril 1782.
Ouzon (Pierre), d'Auray.
Le Ray (Julien), de Rennes.
La Muche (Nicolas-Jean-François), de la Hougue.
Burban (Jacques), de Dinan.
Nédellec (Yves), de Lorient.
Bailly (Joseph Nicolas), de Paris.
Rique (Jean-Baptiste), d'Arras.
Hoaluc (Pierre), de Brest.
Perrot (Henry), de Morlaix.
Perrot (Pierre), de Morlaix, mort à l'hôpital le 27 juillet 1781.
Valentin (Pierre), de Paris.
Le Poder (Jean), de Gourin.

Cristin (Nicolas), de Belle-Isle-en-terre.
Desroches (Jean), de Paimbœuf.
Muraille (Jean), de Bordeaux.
Brun (Jacques), de Montpellier.
Brun (Henri), de Montpellier.
Puech (Victor), de Montpellier.
Baldouz (Jean-Marie), de Montpellier, blessé grièvement au combat du 12 avril 1782.
Guyot (Jean-Marie), de Lorient.
Peu (Joseph), de Lorient, mort de ses blessures le 26 janvier 1782.

Domestiques.

Lucas (Guillaume), de Lannion.
Gorec (Vincent), de Guingamp.
Droan (Joachim), de Guingamp.
Rivière (Jean), de Paris.
Gros (Jean), de Belle-Isle.
Polbeau (Pierre-François), de Vienne.
Le Clair (Charles), de Quimper.
Tromelin (Yves), de Landerneau.
Keravel (Jean), de Quimper.
Pépin (Charles-Nicolas), de Rouen.
Vitdecoq (Michel), de Rouen.
Bazin (Jacques), de Lorient.
Qudriou (Julien), de Landerneau.
Vormout (Joseph), de Besançon.
Douard (Pierre), de Vitré.
Alleps (Denis), d'Arles.
Guitton (Louis-Guillaume), de Montauban.
Ségalin (Louis-Robert), de Recouvrance.
Castagnon (Jean), de Toulouse.

L'AIGRETTE.

(Armée en Amérique.—Du 12 septembre 1781 au 31 mars 1782.)

M. le Chevalier DE CAMBIS, Lieutenant de vaisseau, Commandant.

ÉTAT-MAJOR.

Lieutenants de vaisseau.

Le Chevalier de CAMBIS, Commandant.
ISNARD de CANCELADE.

Enseignes de vaisseau.

Le Chevalier d'AURIBAU.
De BEAUREGARD.
Le Chevalier de GROING.

Officiers auxiliaires.

BONFILS de NIPOR.
DURUP.
RENAULD.
Du COZON.
PETIT.
De COURSON.

Chirurgiens.

AIGRETTE de RAINVILLE.
PAIN.
LE GROS.

Aumônier.

MORIN (R. P.), Capucin.

Garde de la marine.

De SALIMBENI.

Volontaires.

Rochet (Philippe), de Chaux.
Cornet (Marie), de Saint-Cyr.
Alleman (Joseph), de Toulon.

Officiers-mariniers de manœuvre.

Coquet (Guillaume), maître, d'Honfleur.
Le Danté (Louis), contremaître, de Recouvrance.
Silvestre (François), contremaître, de Marseille.
Coronet (Pierre), contremaître, de Bayonne.
Ombet (Pierre), quartier-maître, de Saint-Malo.
Mabé (Pierre), quartier-maître, du Croisic.

Joanno (Jean), quartier-maître, de Lorient.
Borie (Antoine), quartier-maître, de Marseille.
Peraux (François), quartier-maître, de Royan.

Officiers-mariniers de pilotage.

Guenon (Jean), premier pilote, de Rochefort.
Nicole (Jean), aide-pilote, de Granville.
Vigoureux (Louis), aide-pilote, de Granville.

Officiers-mariniers de canonnage.

Arnaud (Antoine), premier canonnier, de Toulon.
Fugairon (Joseph), second canonnier, d'Antibes.
Le Prêtre (Jean), aide-canonnier, de Dieppe.
Martin (Louis), aide-canonnier, de Honfleur.

Officiers-mariniers de charpentage.

Durand (Simon), aide-charpentier, de Granville.

Tartois (Pierre), aide-charpentier, de Croisic.
Brochet (Étienne), aide-charpentier, de Marennes.

Officiers-mariniers de calfatage.

Boileau (Jean), maître calfat, de Granville.
Noël (Louis), aide-calfat, de Rochefort.

Officier-marinier de voilerie.

Bossec (Silvestre), second voilier, de Morlaix.

Matelots.

Durand (Jean), d'Agde.
Sivard (François), de Saint-Malo.
Boyé (François), de Marseille.
Souliers (Jean), de Cette.
Sanizu (Henry), de Dinan.
Roussel (Joseph), de Saint-Brieuc.
Nogués (Pierre), de Marmande.
La Croix (Jean), Saint-Mazaire.
Condé (Pierre), de Montauban.
Ardouin (Jacques), de Charité-sur-Loire.
Mauduit (Pierre), de Granville.
Préaut (Guillaume), de Rouen.
Le Coupet (Jean), de Granville.
Chaton (Jean), de Blaye.
Juin (Jérôme), de Dinan.
Paillon (Pierre), d'Angoulême.
Le Mévain (Philippe), de Saint-Brieuc.
Le Jeune (Thomas), de Saint-Malo.
Ancelot (François), de Port-Louis.
Bourse (Antoine), de Saint-Jean-de-Luz.
Langlois (Louis), de Dieppe.
Anné (Jacques), de Martigues.
Martel (Joseph), de Saint-Tropez.
Dourdon (Joseph), de Toulon.
Quilien (Mathurin), de Lorient.
Michelon (Léonard), de Blaye.
Cambon (Louis), de Montauban.
Malenoux (Pierre), de Bordeaux.
Cauret (Barthélémy), de Bordeaux.
Boisseau (Pierre), de Nantes.
Le Sage (Nicolas), de Rouen.
Croisst (Jean), de Bordeaux.
Cabot (Nicolas), de Rouen.
Dossé (François), de Saint-Malo.
Thomé (Jean), de Nantes.
Gauttier (Michel), de Blois.
Mounier (Jérôme), de Saint-Valéry.
Guerlava (Joseph), de Saint-Malo.
Donar (Antoine), de Bordeaux.

Povin (Étienne), de Rochefort.
Quinot (Pierre), de Blaye.
Ménard (Pierre), de Granville.
Brosson (Pierre), de Rennes.
Denechot (Michel), de Blaye.
Langlois (Jacques), de Granville.
Augé (Louis), de Rochefort.
Castelot (Guillaume), de Quimper.
Golan (Jean), de Dinan.
Dantos (Jean), de Bordeaux.
Ollivier (Guillaume), de Saint-Brieuc, noyé le 6 novembre 1781.
Denis (Charles), du Havre.
Gilbert (André), de Brest.
Nadeau (Pierre), d'Oléron.
Ménard (Julien), de Granville.
Chauvet (Julien), de Nantes, noyé le 10 février 1782.
Michel (Marc), de Vannes.
Darat (Antoine), de Toulouse.
Adenet (Charles), d'Antibes, mort le 19 janvier 1782.
Brown (Frédéric), de Charlestown.
Smith (César), de Philadelphie.
William (Thomas), de Philadelphie.
Michel (Joseph), de la Ciotat.
Isnard (Jean), de Marseille.
Lamandée (Jean), de Lorient.
Perron (Jacques), d'Oléron.
Le Mestrie (Jean), de Lorient.
Balan (Jean), de Bordeaux.
Grossia (Jean), de Bordeaux.
Chourourri (Jean), de Bayonne.
Alard (François), de Digne.
Pignol (Laurent), de Marseille.
Lorin (François), de Lyon.
Chevalon (André), de Bordeaux.
Blanc (Jean), de Marseille.
Raymond (François), d'Avignon.
La Neuville (Martin), de Honfleur.
Briand (Joseph), d'Avignon.
Castelin (Joseph), d'Aubagne.
Cottrie (Pierre), de Morlaix.
Coste (Joseph), de Marseille.
Gilbert (Jean), de Saint-Malo.
Barras (Jean), de Marseille.
Sandis (Neklié), Américain.
Jomphn (Williams), Américain.
Brieuc (Gilles), de Guérande.
Moret (Jean), de Marennes.
Mains (Jacques), de Nantes.
Giraud (Jean), de Marseille.
Delsrue (François), de Poitiers.
Ballan (Jean), de Bordeaux.

Roussos (Denys), de Bayonne.
D'Espagno (Jacques), de Bordeaux.
La Costa (Pierre), de Bayonne.
Anselme (Pierre), du Havre.
Lamotte (Jean), de Bayonne.
Daniel (Joseph), de Montauban.
Borré (Bernard), de Bordeaux.
Vudebat (Jean), de Bordeaux.
Berjon (François), de Royan.
Furet (Alexandre), de Saint-Malo.
Bernard (Jérôme), de Bordeaux.
Miyonnet (Jacques), de Royan.
Guichard (Jean), de Saint-Malo.
Latour (Daniel), de Royan.
Bernon (Pierre), de Nantes.
Champagne (Charles), de Rochefort.
Hustaing (Jean), de Bordeaux.
Brolo (André), de Royan.
Laveau (Jacques), de Libourne.
L'Ecaille (Jean), de Fécamp.
Perray (Pierre), de Rochefort.
Portel (Jean), de Rochefort.
Castel (Gilles), de Quimper.
Meguy (Jean), de Granville.

Surnuméraires.

Lisury, de Port-Louis.
Gantaud (Amand), de Bordeaux.
Douen (François), de Nantes.
Troeder (François), de Brest.
Poulin (Nicolas), de Dieppe.

Mousses.

Daniel (Guillaume), de Saint-Renan.
Fontaine (Jean), de Granville.
Giraud (Alexis), de la Rochelle.
Duhamel (Pierre), de Saint-Malo.
Costeau (Jean), de Quimper.
Papaud (Augustin), d'Oléron.
Ducamp (Jean), de Dunkerque.
Dubail (Louis), de Dunkerque.
François (Jean), de Marseille.
Blanchon (François), de Marseille.
Romaigoux (Augustin), de Marseille.
Coder (François), de Marseille.
Duraud (Pierre), de Granville.
Dublai (Jean), de Bordeaux.
Marie (Joseph), de la Ciotat.
Le Goff (Yves), de Brest.

Domestiques.

Travaillou (Joseph), d'Aubagne.
Bugneau (Jean), du Mans.
Perrier (Georges), de Honfleur.

LE DIADÈME.

(De février 1779 à janvier 1781)

M. DAMPIERRE, Capitaine de vaisseau, Commandant.

ÉTAT-MAJOR.

Capitaines de vaisseau.
DAMPIERRE.
De KEROUAN MAHE.

Lieutenants de vaisseau.
DE SIMAR.
Le Chevalier de JACQUELOT, tué le 6 juillet 1779.
Le Chevalier HUON de KERMADEC.
De GOURSOLA.

Enseignes de vaisseau.
DUPLESSIS MAUDUIT.
De SALHA.
De LUZEAUX.
DESEURES.

Officiers Auxiliaires.
LE MINIHI.
De BOMPAR.
SANGUINET.
LA MARTINIERE.
Le Chevalier LILLE de la MOTTE.

Chirurgien-Major.
PICHON.

Aumôniers.
REMY (R. P.), Capucin, mort le 25 août 1779.
DURANDO (R. P. Picard), Carme.
AUMON (R. P. Augustin).

Gardes de la Marine.
BOURGEOIS du HAMBOURG.
Du PERRON DAUFREVILLE.

Volontaires.
Thomas.
Dieudé de Saint-Lazarre.
De Péronne, mort le 5 novembre 1779.
Aufret de Kurlégan, mort le 8 mars 1779.
Villon de Bellefont, mort le 14 juin 1779.
Emeriaud Bauverger.
Bécannière, mort le 15 mai 1781.
Bois-Hamon.
Dizier de Montliveau.
Le Chevalier de Teremay, blessé à Savannah le 9 octobre.
Cazotte, passé comme lieutenant à bord de la flûte "l'Aventure."
Le Roux de Framerville.
Besson.
Demoyré.
Gouillard (Louis).
Dechemiac.

Officiers-mariniers de manœuvre.
Le Rumeur (Jean), premier maître, de Brest, tué le 6 juillet 1779.
Dauger (Adrien), second, de Lorient.
Toumelin (Marc), second, de Lorient.
Jeaunou (François), second maître, de Recouvrance.
Goguin (François), contremaître, de Saint-Malo.
Robert (Louis), contremaître, de Saint-Brieuc.
Audren (Jean), contremaître, de Lorient, tué le 21 mars 1780.
Rochard (Jacques), contremaître, mort le 25 juin 1779.
Roussel (Claude), contremaître, de Saint-Valéry.
Villien (Jean), bosseman, de Brest.
Baucher (François), bosseman, de Lorient.
Rouleau (Jean), bosseman, de la Rochelle.
Le Brun (Charles), quartier-maître, de Rouen, mort le 4 mai 1780.
Le Blois (Yves), quartier-maître, de Recouvrance.
Hervé (Marie), quartier-maître, du Croisic.
Le Sault (Julien), quartier-maître, de Lorient, mort le 14 juin 1779.
Guerrier (Thomas), quartier-maître, de Rouen.
Foucher (Joseph), quartier-maître, de Toulon, mort le 27 mai 1779.
Le Venès (Jean), quartier-maître, de Quimper.
Le Clinche (François), quartier-maître, de Lorient.
Quermeur (Jean), quartier-maître, de Lorient.
Le Maître (Charles), quartier-maître, de Rouen, mort le 4 mai 1780.
Gitard (Paul), quartier-maître, de Lorient, blessé au combat du 6 juillet 1779.
Riaud (Jean), quartier-maître, de Nantes, mort le 8 juillet 1779.
Bouchon (Christophe), quartier-maître, de Honfleur.
Alain (Joseph), quartier-maître, de Vannes, mort le 29 mars 1779 par suite de blessures.
Cadiou (François), quartier-maître, de Brest.
Landel (Jean), quartier-maître, de Vannes.
Canivet (Bernard), quartier-maître, du Camaret, mort le 12 juin 1779.
Marie, quartier-maître, de Bordeaux.
Tessier (Pierre), quartier-maître, de Vannes.
Pelton (Thomas), quartier-maître, de Quimper.
Soubilleau (Charles), quartier-maître, de Rochefort, mort le 8 août 1780.
Le Breton (Thomas), quartier-maître, de Saint-Malo, mort le 25 juillet 1780.

Officiers-mariniers de pilotage.
Fury (Jacques), patron de chaloupe, de Quimper.
Devaux (Jean), patron de canot, de Saint-Valéry.
Pincemin (Noël), patron de canot, de Brest.
De la Salle Brune (Pierre), premier pilote, de Brest, tué le 6 juillet 1779.
Certain (Joseph), second pilote, de Dieppe.
Le Teinturier (François), second pilote, de Brest, blessé au combat du 6 juillet 1779.
Campan (André), aide-pilote, de la Guadeloupe, mort le 30 novembre 1780.
Duval (Nicolas), aide-pilote, de Fécamp.
Jourand (François), aide-pilote, de Saint-Brieuc.
Defuc (Jean-Marie), aide-pilote, de Quimper, tué le 6 juillet 1779.
Bion, aide-pilote, de Dieppe.
Soudril (Jean), aide-pilote, de Fécamp.

Officiers-mariniers de canonnage.
Deslandes (Guillaume), maître canonnier, de Recouvrance.
Bihan (Marc), maître canonnier, de Lorient, blessé au combat du 6 juillet 1779.
Salaun (Jean), second canonnier, de Brest.
Kerjean (Pierre), aide-canonnier, de Recouvrance.
Le Bert (Toussaint), aide-canonnier, de Brest.
Colin (Guillaume), aide-canonnier, de Saint-Malo.
Desroches (Vincent), aide-canonnier, de Granville.
Jully (Charles), aide-canonnier, du Havre, mort le 27 février 1781.
Dufour (Nicolas), aide-canonnier, de la Hougue, mort le 7 juin 1779.
Guilland (Jean), aide-canonnier, de Nantes.
Duyot (Jean), aide-canonnier, de Granville.
Le Tellier (Noël), aide-canonnier, de Fécamp.
Pamparé (Nicolas), aide-canonnier, de Fécamp.
Colas (Barthélémy), aide-canonnier, de Fécamp, mort le 27 juin 1780.
Rivoal (Quinolé), aide-canonnier, de Quimper.
Avenel (François), aide-canonnier, de la Hougue.
Martin (Jean), aide-canonnier, de la Hougue.
Gouès (François), aide-canonnier, de Brest.
Furet (Jean), aide-canonnier, de Saint-Malo.
Moulin (Guillaume), aide-canonnier, de Cherbourg.
Boyard (Claude), aide-canonnier, de Saint-Valéry.
Le Breton (Alain), aide-canonnier, de Quimper.

De la Cour (Jean-Luc), aide-canonnier, de Granville.
Onel (Louis), aide-canonnier, de Calais.
Le Borgne (Jacques), aide-canonnier, de Calais.
Ouarné (Salomon), aide-canonnier, de Brest.
Lemoing (François), aide-canonnier, de Brest.
Maignan (Vincent), aide-canonnier, de la Hougue.
L'Ecuyer (François), aide-canonnier, de la Hougue.
Langlais (Jean), aide-canonnier, de Saint-Malo.
Bepelièvres (Pierre), aide-canonnier, de Saint-Malo.
Etienne (Jean), aide-canonnier, de Marseille.

Officiers-mariniers de charpentage.

Thibert (François), second charpentier, de l'Hermione, blessé au combat du 20 mars 1779.
Vallendon (Jean), second charpentier, de la Rochelle.
Guyot (Yves), aide-charpentier, de Recouvrance.
Le Pennec (Marc), aide-charpentier, de Lorient.
Larondé (Jean), aide-charpentier, de Bordeaux.
Mahé (Thomas), aide-charpentier, de Brest.

Officiers-mariniers de calfatage.

Léost (François), maître calfat, de Recouvrance.
Boulbare (François), second calfat, de Lorient, mort le 28 septembre 1779.
Kermarec (Jacques), aide-calfat, de Lorient.
Kordraon (Yves), aide-calfat, de Brest.
Chottard (Ollivier), aide-calfat, de Brest.
Pérodeau, aide-calfat, de Paimbœuf.

Officiers-mariniers de voilerie.

Lenard (François), maître voilier, de Recouvrance.
Souviran (Michel), second voilier, de Brest.
Nizou (Pierre), aide-voilier, de Douarnenez.
Le Gueanier (Jean), aide-voilier, de Rouen.

Gabiers.

Jolly (Victor), de Fécamp.
Liétoul (Laurent), de Honfleur, mort le 17 mai 1779.
Maury (Philippe), de Lorient.
Piquefeu (Antoine), de Rouen, mort le 3 mai 1779.
Le Cam (Guillaume), de Brest.
Le Bras (Guillaume), de Brest.
Lemoal (Ollivier), de Morlaix.
Icard (Antoine), de Boulogne.
Le Saunier (Louis), de la Hougue.
Inguet (Jean), de Libourne.
Grossin (Louis), de Granville.
Le Roy (François), de Brest.
Guynard (Joseph), de Saint-Brieuc.
Salomon (Vincent), de Dinan.
Morel (Pascal), de Saint-Valéry.
Charles (François), de Lorient.
Henry (Joseph-Petit), de Quimper.

Guérin (Jean), canonnier, de Lesneven, mort le 6 juillet 1779.
Suverre (Richard), de Morlaix, mort le 3 avril 1779.
Parmenat (Denis), de Granville.
Poupot (Joseph), de Brest.
Alain (René), du Croisic, mort le 18 avril 1779.

Timoniers.

Creté (Léonard), de Bordeaux.
Lemoeré (Joseph), de Quimper.
Maistral (Désiré), de Brest.
Gauffeny (Pierre), de Saint-Brieuc.
Joly (Mathurin), de Dinan.
Malbar (Jean), de Bordeaux.

Matelots.

Bellanger (Jean), de Honfleur, mort le 15 octobre 1779.
Godel (Jacques), de la Hougue, mort le 6 août 1779.
Follot (André), de la Hougue, mort le 9 mars 1779.
Filastre (Pierre), de Rouen, mort le 21 mars 1780 d'une blessure.
Briand (Pierre), de Lannion, mort le 11 juin 1780.
Kervegan (Jean), de Vannes, mort le 6 décembre 1779, d'une blessure au combat du 6 juillet 1779.
Le Gezy (Jean), de Caen.
Lafosse (Jacques), de Saint-Valéry.
Guillon (Marie), de Brest.
Beissel (Charles), de la Hougue, mort le 18 août 1779 à l'hôpital de Fort-Royal.
Lambert (François), de Saint-Valéry, tué le 8 juillet 1779.
Blondel (Jacques), de Caen.
Philibert (René), de Recouvrance.
Faux (Pierre), de Bordeaux.
Le Pannetier (Thomas), de Granville, tué le 6 juillet 1779.
Pinsard (Pierre), de Saint-Malo.
Corvec (François), de Vannes.
Langevin (Charles), de Fécamp.
Langlois (Etienne), de Saint-Malo.
Fabre (Laurent), de Brest.
Le Guesne (Nicolas), de Caen, mort à l'hôpital de Fort-Royal le 18 juillet 1779.
Le Gouidec (Michel), de Saint-Brieuc.
Belloncle (Augustin), de Fécamp.
Closarec (Jean), de Lorient.
Briezeau (François), de Rochefort.
Carcaille (Jean), de Saint-Brieuc, mort le 4 janvier 1780.
Tréhen (Jean), de Saint-Brieuc.
Desnoués (Louis), de Saint-Malo.
Hercouet (François), de Saint-Brieuc.
Revel (Hyacinthe), de Saint-Brieuc, mort le 6 décembre 1780.
Le Danten (Célestin), de Saint-Brieuc, tué le 21 mars 1780.
Le Cocq (Laurent), de Saint-Valéry.
Cuissol (François), de Fécamp.
Thomas (Jean), de Lorient, mort le 1er août 1779.
Le Roux (Ringat), de Quimper.
Auger (Antoine), de Granville.
Le Molgat (Dominique), de Vannes.
Berthaut (Charles), de Saint-Malo.
Lelong (Nicolas), de la Hougue.
Lahaye (Guillaume), de la Hougue, mort le 15 juin 1779.

Le Breton (Charles), de Granville.
Berré (François), de Brest.
Racine (Barthélemy), de Rouen.
Gosse (François), de Granville.
Cottard (Pierre), de Granville, mort le 11 juin 1779.
Lescaut (Jean), de Brest, mort le 6 juin 1780.
Le Goubs (Jean), de Brest, mort le 3 juin 1779.
Tissier (Julien), de Granville.
Lefèvre (Jean), de Rouen.
Bœuf (Michel), de Saint-Valéry.
Robinot (François), de Vannes, mort le 24 octobre 1780.
Groult (Jean), de Cherbourg.
Le Dren (Pierre), de Quimper.
Conteval (Goulven), de Brest.
Kergoat (Vincent), de Port-Louis.
Robinot (Thomas), de Saint-Brieuc.
Desprez (François), de Rouen.
Berré (Lazare), de Dinan.
Le Faley (Pierre), de Granville, mort le 9 septembre 1779.
Roso (Jean), de Vannes.
Léonard (Guillaume), de la Hougue.
Bouilleaud (Joseph), de Vannes.
Pérodeau (Louis), de Vannes, mort le 24 juin 1779.
Bertaud (Pierre), de Lorient, mort le 9 janvier 1781.
Auditeu (Louis), de Caen.
Vincent (Robert), de Fécamp, mort le 1er décembre 1779 à l'hôpital de Fort-Royal.
Olichon (Louis), de Lorient, mort le 10 avril 1780.
Corbel (François), de la Hougue, mort le 21 avril 1780.
Pel (Louis), de Honfleur.
L'Ecuyer (François), de la Hougue.
Le Dun (Antoine), de Fécamp.
Michel (Jean), de Fécamp.
Robillard (Jean), du Havre.
Duhamel (Jean), de Fécamp, mort à l'hôpital de Fort-Royal le 22 juillet 1779.
Beurice (Pierre), de Saint-Valéry.
Rocvelin (Alexandre), de Rouen, mort le 27 juin 1780.
Guyamant (Nicolas), de Brest.
Valeau (André), de la Rochelle, mort le 11 juillet 1779 de blessure au combat du 6 juillet 1779.
Auriol (Pierre), de Toulouse.
Cailleau (Guillaume), de Nantes, mort le 30 mai 1779.
Lacaze (Guillaume), de Toulouse.
Massé (Guillaume), de Saint-Malo, blessé au combat du 6 juillet 1779.
Fotin (Jacques), du Havre.
Furdive (Thomas), de la Hougue, mort le 1er janvier 1780.
Fleuray (Joseph), de Vannes.
Le Comte (Julien), de Granville.
Lacene (Arnaud), de Bayonne.
Joubert (Pierre), de Libourne, mort le 25 mai 1779.
Morvan (Urbain), de Quimper.
Alnire (Alexandre), des Sables.
Desroches (Jean), de Granville.
Guillet (Joseph), du Havre, mort le 2 août 1779 à l'hôpital de Fort-Royal.
Grandais (Jacques), de Granville.

Le Breton (Jacques), de Vannes, mort le 27 juillet 1779 à l'hôpital de Fort-Royal.
Faton (Michel), de la Hougue, mort le 17 juin 1779.
Roudot (Jacques), de Quimper.
Gicquel (René), de Saint-Brieuc.
Guerniou (François), de Saint-Brieuc.
Disquelou (Jean), de Quimper.
Mautrel (Jean), de Brest.
Allier (Jean), de Vannes.
Formal (Julien), de Vannes.
Costavec (Joseph), de Vannes.
Limantour (Louis), de Lorient.
Josseau (Yves), de Nantes, mort le 13 juin 1779.
Le Clerc (Charles), de Cherbourg.
Sorel (François), de Cherbourg, mort à l'hôpital de Fort-Royal le 22 juillet 1779.
Lemsuguen (Charles), de Cherbourg, mort le 3 avril 1779.
Barbedienne (Pierre), de Saint-Brieuc, mort le 8 juillet 1779.
Ribot (François), de Cherbourg.
Pilet (François), de la Hougue, blessé au combat du 20 mars 1780.
Tassin (Louis), de la Hougue, mort en novembre 1779.
Chevert (Noël), de Quimper.
Maillard (Jean), de Granville.
Tellier (Jean), de Dieppe.
Du Tertre (Alain), de Morlaix.
Le Pennec (Olivier), de Saint-Brieuc, mort le 16 août 1779 à l'hôpital de Fort-Royal.
Ribout (René), de Vannes.
Vallée (Jacques), de Saint-Brieuc.
Brun (Julien), de Marseille.
Saunier (Guillaume), de Lorient.
Brulé (Pierre), de Nantes.
Delaunay (Jacques), de Dieppe.
Allais (Dominique), de Nantes.
Mandier (Michel), de Granville.
Courré (Jean), de Bordeaux, mort le 23 juin 1779.
Billattre (Étienne), de la Teste.
Deguen (Jean), de Saint-Brieuc.
Mondin (Étienne), de Marmande.
Guérin (Adrien), de Fécamp.
Fontaine (Augustin), de Fécamp, tué le 6 juillet 1779.
Le Biham (Hamon), de Saint-Pol.
Trébaut (André), de Recouvrance.
Delange (Nicolas), de la Hougue, mort le 23 janvier 1780.
Rolland (François), de Vannes.
Chaperon (Pierre), de Nantes, mort le 4 juin 1779.
Eveno (Olivier), de Vannes.
Gicquel (François), de Saint-Brieuc.
Dupont (Isaac), de Boulogne.
La Roque (Jean), de Moissac.
Guhagnon (Tanguy), du Conquet, blessé au combat du 20 mars 1780.
Chauvin (Jean), de Rouen.
Dupuy (François), de Bordeaux.
Keriobitz (Louis), de Paris.
Maudan (Pierre), du Havre.
Charlon (Jean), de Nantes.
Paumerette (Julien), de Quimper.
Donnel (Antoine), de Honfleur.
Bailly (Jean), de Granville.
Le Gallic (Vincent), de Vannes.

Fleury (Jacques), de Vannes.
Prigent (Jean), de Morlaix, mort le 14 juin 1779.
Le Gal (Antoine), de Quimper, mort le 3 décembre 1779.
Broustard, de Quimper.
Rebuc (Jean), de Honfleur.
Chevert (Jacques), de Roscoff.
Langlois (Pierre), de Honfleur.
Conté (Jacques), de Rouen.
Cave (Philippe), de Rouen, mort le 30 novembre 1780.
Jolly (François), de la Hougue.
Renouf (Louis), de la Hougue, mort le 12 juin 1779.
Orango (Jacques), de la Hougue, mort à l'hôpital de Fort-Royal le 12 août 1779.
Lemirre (Jean), de la Hougue.
Alix (François), de la Hougue, mort le 9 septembre 1779.
Bernard (Jean), de Brest.
Rio (Joseph), de Lorient.
Le Bert (Joseph), de Lorient.
Pitel (Augustin), de Honfleur.
Ramé (Michel), de Boulogne.
Berthelé (Mathieu), de Morlaix.
Liot (Jacques), de la Hougue.
Rolland (Jean), de Brest.
Lullier (Jean), de Lambézellec, mort le 16 novembre 1779.
Bristol (François), de Honfleur, mort le 28 août 1779.
Saureau (Louis), de Nantes.
Moguette (Louis), de Brest.
Duvigneau (Louis), de Bordeaux.
Cazeaux (Jean), de Bayonne.
Coupry (Sébastien), de Libourne, mort le 20 avril 1779.
Pinchon (Georges), de Granville.
Menou (Jacques), du Conquet.
Lhopital (Nicolas), de Lorient.
Feuillocat (Jean), de Marmande.
Perdu (François), de Honfleur.
Bardelé (Jean), de Brest, mort le 9 décembre 1780.
La Peire (Jean), de Toulouse.
Le Vieux (Jean), de Dieppe.
Auffray (Julien), de Saint-Brieuc, mort à l'hôpital de Fort-Royal le 26 août 1779.
Maurieau (Prosper), de Rouen, blessé au combat du 6 juillet 1779.
Lidourne (Guillaume), de Quimper.
Le Masson (Gabriel), de Molène, mort le 27 juin 1779.
Poulain (Mathieu), de Lorient.
Bailly (Joseph), de Dieppe.
Nicole (Jean), de Granville, mort le 3 août 1779.
Léger (Jean), du Havre.
Boussard (Julien), de Nantes.
Roux (Pierre), de Blaye.
Bussiec (Jean), de Libourne, mort le 1er janvier 1780 à l'hôpital de Fort-Royal.
Le Blondel (Guillaume), de Granville.
Turpin (Étienne), de Nantes, mort le 25 mai 1779.
Bozec (Joseph), de Vannes.
Goguec (Jean), de Brest.
Poulsin (Pierre), de Rouen.
Pansard (Mathurin), de Saint-Brieuc, mort le 16 février 1780; blessé au combat du 6 juillet 1779.

Gicquel (Jean), de Saint-Brieuc.
Michelot (Jean), de Vannes.
Le Bègue (Nicolas), de Vannes.
Chauvin (Nicolas), de Granville.
Couillard (Jacques), de Granville.
Longrais (François), de Granville.
Arondel (Guillaume), de Granville.
Bescond (Yves), de Quimper.
Le Maréchal (François), de Granville.
Le Roux (Philibert), de Vannes.
Rohais (Julien), du Havre.
Emery (Benoîts), de Honfleur.
Desbois (Charles), de Honfleur, mort le 1er novembre 1779.
Mard (Jean), de Honfleur.
Boistout (Jean), de Fécamp.
Billard (Michel), de Fécamp, mort le 2 septembre 1779 à l'hôpital de Fort-Royal.
Toutain (Jean), de Fécamp, mort le 17 novembre 1779 à l'hôpital de la Grenade.
Sevestre (Michel), de Fécamp.
Dozieu (Pierre), de Rouen, blessé au combat du 6 juillet 1779.
Lametterie (Pierre), de Rouen.
Berranger (Louis), de Rouen, mort le 11 novembre 1779 à l'hôpital de Fort-Royal.
De la Cour (Pierre), de la Hougue.
Valotte (Jean), de la Hougue, mort le 23 avril 1779.
Jébanne (Jean), de la Hougue.
De La Croix (Sébastien), de la Hougue.
Grosois (Nicolas), de la Hougue, mort le 10 octobre 1779.
Dutot (Marin), de la Hougue.
Le Réchebé (Guillaume), de la Hougue, mort le 4 septembre 1779.
Lemanant (Martin), de la Hougue, tué au combat du 6 juillet 1779.
Le Trêché (Louis), de la Hougue.
Sembal (Bon), de la Hougue.
Léonard (Jean), de la Hougue.
Thouaye (Jean), de la Hougue.
Fayard (Philippe), de Fécamp.
Robard (Antoine), de Fécamp.
Havard (Martin), de Fécamp.
Tardif (Hilaire), de Cherbourg.
Lemasson (Jean), de Cherbourg.
Simon (Jean), de Cherbourg.
Pesnel (Guillaume), de la Hougue.
Soubin (Louis), de Recouvrance.
Magdelene (Jacques), de Caen.
Jégo (Yves), de Lorient.
Pennelec (Joseph), de Lorient.
Evano (Julien), de Lorient, mort le 13 avril 1779.
Jégo (Pierre), de Lorient, tué au combat du 21 mars 1780.
Allios (Jean), de Lorient.
Toullec (Marc), de Lorient.
Castousc (Jean), de Lorient, mort le 23 mai 1779.
Padellec (Jean), de Lorient, mort à l'hôpital de Fort-Royal le 9 septembre 1779.
Selavé (Marc), de Lorient.
Menibre (Clément), de Rouen.
Pasquier (Jean), de Fécamp.
Guidou (Jacques), de Quimper.
Ohere (Guillaume), de Saint-Malo.
Guichoux (Jean), de Morlaix, mort le 8 juillet 1779.
Bidault (Guillaume), de Morlaix.

La Motte (Guillaume), de Saint-Brieuc, tué au combat du 6 juillet 1779.
Le Dain (Joseph), de Saint-Brieuc.
Benoîte (Jean), de Rouen.
Quével (Vincent), de Quimper.
Mercier (Hamon), de Morlaix.
Prothel (Laurent), de Honfleur, mort le 22 juin 1779.
Truffert (Charles), de Cherbourg.
Brien (Jean), de Lorient.
Cadoré (Pierre), de Lorient.
Person (René), de Brest, mort le 20 avril 1779.
Branda (Pierre), de Libourne.
Turpin (François), de Nantes.
Claviaux (Jacques), de Marmande, mort le 2 avril 1779.
Dubreuil (Antoine), de Marmande, blessé au combat du 6 juillet 1779.
Bescard (Michel), de Dinan, blessé au combat du 29 mars 1780.
Rognant (Julien), de Saint-Brieuc.
Laurence (Jean), de Granville, mort le 5 mars 1780.
Le Bréchet (Robert), de Lorient.
Cateloup (Pierre), de la Hougue, mort le 21 avril 1779.
Pennamen (François), de Quimper, mort le 29 novembre 1780.
Graton (Pascal), des Sables.
Culle (Jean), de Lorient.
Defer (Jean), de Dieppe, mort le 21 décembre 1779 à l'hôpital de Fort-Royal.
Le Coffe (Pierre), de Rouen.
Le Collen (Thomas), de Saint-Brieuc.
Castanouée (Joseph) de Lorient.
Beaumont (Jean), de Granville, mort le 29 mars 1779.
Griffon (Jean), de Cherbourg.
Castagnac (Jacques), de Libourne, mort le 9 juillet 1779.
Paravaux (Jean), de Royan.
Monnic (Yves), de Lorient.
Lucas (Jean), de la Hougue.
Hervé (Pierre), de Lorient.
Le Chevalier (Claude), de Granville, mort le 21 juillet 1780.
Hervieux (Thomas), du Havre.
Le Sage (Jean), de Saint-Brieuc.
Le Guel (Jacques), de Vannes.
Badenne (Yves), de Morlaix.
Riou (Yves), de Morlaix.
Nozéacmeur (Jean), de Lorient.
Barré (Pierre), de Rouen.
François (Jean), de Brest, mort le 25 décembre 1780.
Alain (François), de Brest.
Rabel (Jean), de Honfleur.
Geslin (François), de Rennes.
Hélo (Louis), de Saint-Brieuc, mort le 4 avril 1779.
Gasquel (François), de Lorient.
Guédec (Pierre), de Brest.
Ségalen (Yves), de Brest.
Moulin (François), de Lorient.
Gervais (Louis), du Havre.
Bourdel (René), de Cherbourg.
Lanuzel (Ambroise), de Brest.
Martin (René), de Cherbourg.
Rouil (Charles), de Cherbourg.
Pitron (Jean), de Cherbourg.

Filhoc (Jean), de Brest.
Moreau (Louis), de Versailles.
Dumoulin (Constant), de Brest.
Perrot (Eustache), de la Hougue.
Quarnain (Michel), du Havre.
Querveu (Philibert), de Recouvrance.
Donnou (Pierre), de Brest.
Martin (Hubert), de Dampierre.
Le Sueur (Matthieu), de Rouen.
Tanguy (Jean), de Brest, mort le 14 novembre 1779.
Floch (Pierre), de Brest, mort le 9 juillet 1779.
Témoing (Sébastien), de Lesneven.
Duval (Jean), de Honfleur.
Bourvellec (Claude), de Lorient.
Le Billant (Guillaume), de Brest.
Keronnés (Jean), de Brest.
Philippe (François), de Brest.
Michel (François), de Brest.
Le Gues (Goulven), de Brest.
Oréacadec (Olivier), de Brest.
Léon (Jean), de Landis.
Legal (Paul), de Lesneven.
Coné (Guillaume), de Landezellec.
Chapelain (Guillaume), de Landerneau.
Méttuy (Benjamin), de Fécamp.
Roullé (François), de Granville.
Herveau (Mathurin), de Vannes.
Glémeut (Michel), de Vannes.
Brault (Thomas), de Dinan, mort le 9 janvier 1780.
Monnier (Joseph), de Dinan.
Huet (Laurent), de Lille, mort le 9 juin 1779.
Dérousseau (Henry), de Lille.
Nicolas (Pierre), de Brest.
Fremont (Jean), du Havre.
Langevin (Guillaume), de Saint-Malo.
Magnan (Jean), de Dieppe.
Poulain (Emmanuel), de Rouen.
Guillemette (Nicolas), de la Hougue, mort le 7 juillet 1779.
Le Quélec (François), de Vannes.
Malleville (Charles), du Havre.
Pinson (Mario), de la Hougue, mort le 17 octobre 1779.
Le Tellier (Valentin), de la Hougue, mort le 9 juillet 1779.
Talmon (Jean), de Vannes.
Crestey (Pierre), de la Hougue, mort le 18 juin 1779.
L'Ecuyer (François), de Rouen, blessé au combat du 20 mars 1780.
Morin (François), de Lorient.
Léonard (Augustin), de la Hougue, mort le 4 août 1780.
Le Neveu (François), de la Hougue.
Sambal (François), de la Hougue, blessé au combat du 20 mars 1780.
Choisy (Michel), de la Hougue.
Hernau (François), de la Hougue.
Maillard (François), de Nantes.
Labalch (Jean), de Quimper.
Galeran (Julien), de Nantes.
Salomon (Jean), de Nantes.
Brossard (Jean), du Croisic.
Perrot (Joseph), du Croisic.
Gauvin (François), du Croisic.
Loiseau (Yves), du Croisic.
Fournier (François), du Croisic.

Graoison (Auguste), de Croisic.
Trécoureux (Guillaume), du Croisic, mort le 13 septembre 1779.
Tosse (François), du Croisic.
Rousseau (André), de Nantes.
Lucas (Pierre), du Croisic, mort le 29 octobre 1779.
Lesueur (Simon), de Paris.
Lidoux (Jean), de Cahors.
Adère (Joseph), de Cahors.
Sagère (Paul), de Cahors, mort le 31 juillet 1779.
Fournier (Raimond), de Cahors.
Philippeau (Jean), de Beyre.
Alexandre (Martin), du Havre, mort le 4 août 1780.
Rufin (Charles), de Bordeaux.
Roumon (Louis), de Rouen.
Noël (Jean), de Dieppe.
Grounier (Charles), de Dieppe.
Blondel (Julien), de Granville.
Lelièvre (André), de la Hougue.
Cotuen (Olivier), de Brest, mort le 12 octobre 1780.
Heustel (Jacques), de Saint-Brieuc.
Patard (François), de Saint-Servan.
Le Neven (Toussaint), de Lorient.
Le Gal (François), de Saint-Brieuc.
Barthélemy (Guillaume), de Bordeaux.
Touzon (Raimon), de Bordeaux, mort le 27 septembre 1779.
Anglare (Jean), de Bordeaux.
Bavilleux (Jean), de Bordeaux.
Guilloux (Bernard), de Bordeaux.
Dupont (Pierre), d'Angers.
Peltier (Alexandre), de Nantes.
Dubreuil (François), de Saint-Malo.
Le Bée (Jean), de Nantes.
Landrin (Mathurin), de Nantes.
Melle (Joseph), de Saint-Malo.
Grelle (Pierre), de Nantes.
David (Jean), de Nantes.
Fourneau (Pierre), de Bordeaux.
Fassenass (Jean), de Bordeaux.
Lacanne (Etienne), de Bordeaux, mort le 29 août 1779.
Vache (Yvon), de Bordeaux.
Roberteau (Pierre), de Nantes.
Gilet (Michel), de Bordeaux.
Jervot (Marie), de Nantes.
Thomas (Bernard), de Boulogne.
Lobris (Lucas), de Hennebont.
François (Louis), de Nantes.
Touzé (Jean), de Nantes, mort le 22 novembre 1780.
Jusset (Julien), de Nantes.
Drouneau (Jean), de Nantes.
Fonsard (Augustin), de Nantes.
Chaumier (René), de Tours.
Le Père (Louis), de Nantes.
Delavau (Pierre), de Nantes.
Visset (Joseph), de Nantes.
Prelet (René), de Nantes.
Fruneau (Bertrand), de Bordeaux.
Cayaud (Joseph), de Marseille.
Beudril (Louis), de Saintes.
Masurier (Marcel), de Bordeaux, mort le 16 décembre 1779.
Pichaud (Jean), de Saintes.
Angot (Jacques), de Honfleur.

Lequidel (Jean), de Honfleur.
Fouquet (François), de Cherbourg.
Landrin (Pierre), de Rouen.
Duhamel (Louis), de Honfleur.
Piquet (Pierre), de Dieppe.
Allaaume (Laurent), de Rouen.
Pigeon (Alexandre), de Lorient.
Rumain (Thomas), de Porspoder, mort le 23 décembre 1779.
Letellier (Jean), de Rouen, mort le 2 août 1780.
Liot (Louis), de Cherbourg.
Duvivier (Pierre), de Rouen, mort le 1er juillet 1780.
Cusson (Pierre), de Rouen.
Degreau (Jean), de Toulouse.
Castouel (Vincent), de Lorient.
Pauchieq (François), de Quimper, mort le 2 octobre 1779.
Garneaux (Jean), d'Angoulême.
Bossier (Pierre), de Bordeaux.
Bonhomme (Pierre), de Marseille.
Deslouves (Bertrand), de Marseille, mort le 14 décembre 1779.
Pluniaud (Jean), de Lorient.
Le Roy (Martin), de Cherbourg.
Derté (François), de Saint-Malo.
Pinabel (Jean), de Cherbourg.
Lepoux (André), de Blaye.
Talonneau (Jean), de Paimbœuf, mort le 23 février 1781.
Moulet (Pierre), de Montauban.
Bouteiller (Pierre), de l'Ile de Ré.
Galibert (Jean), de Cette.
Alerau (Julien), de Bourgneuf.
Jouquet (Pierre), de Rochefort.
Gerval (Louis), du Croisic.
Bertin (Jean), de Bordeaux.
Breton (Jean), de Saint-Malo.
Tourmeuve (Thomas), de Granville.
Le Boulenger (Jean), de Granville.
Capelet (Louis), de Rouen.
Grelié (Julien), de Nantes.
Laurent (Jérôme), de Paris.
Boule (Etienne), de Hennebont.
Tricot (Pierre), de Marseille.
Joffré (Pierre), de Libourne.
Lefèvre (Pierre), de la Hougue.
Macouvia (Raimond), de Toulouse.
Boursault (André), de Rochefort.
Renaud (Jean), de Dinan.
Tanou (Paul), de Quimper.
Saval (Jean), de Rouen.
Beque (François), de la Rochelle.
André (Michel), de Cherbourg.
Heury (Mathurin), de Dinan.
Le Gey (Honoré), de Paimbœuf, mort le 4 décembre 1780; avait été blessé au combat du 20 mars 1780.
Morin (François), de Saint-Brieuc.
Fernaud (Jean), d'Aurillac.
Le Cigne (Louis), de Quimper.
Da Roy (François), de Granville.
Hugouis (Pierre), de Moissac.
Blondot (Jean), du Mans.
Rondefort (Jacques), de la Rochelle.
Calvez (Pierre), de Bordeaux.
Fromagin (Louis), de Saint-Brieuc.
Le Long (François), de Granville.
Sublime (Pierre), de Granville.

Nitois (Jean), de Granville.
Boulenger (Pierre), de Caiais.
Landoi (René), de Saint-Brieuc.
Prieux (François), de Marennes.
Baronois (Martial), de Poitiers.
Faubert (Jean), de Rouen.
Cart (Vincent), d'Aix.
Grande (Jean), de Saint-Brieuc.
Lors (Charles), de Dinan.
Pillon (Jean), de Saint-Malo.
Coupet (Joseph), de Saint-Brieuc.
Grosvallet (Jacques), de Saint-Brieuc.
Lainé (Jean), de Saint-Malo.
Gervais (Jacques), de Cherbourg.
Blanc (Paul), de Toulouse, mort le 23 octobre 1780.
Dulot (François), de Bordeaux.
Robine (Pierre), de Granville.
Danio (François), de Rochefort.
Lamy (François), de Bordeaux.
Thonné (Jacques), de Marennes.
Calmez (Paul), de Bordeaux.
Jonnac (Dominique), de Toulouse, mort le 29 novembre 1780.
Théchené (Barthélémy), de Bordeaux.
Brun (Jean), de Clermont.
Casta (Nicolas), de Bordeaux.
Mercier (Pierre), de Saintes.
Boursaut (Antoine), de Bordeaux.
La Motte (Jean), de Bordeaux, mort le 31 juillet 1780.
Desclos (Jean), de Bordeaux.
Denior (François), de Paris.
Bouès (François), de Bordeaux.
Bouton (Pierre), de Royan, mort le 29 juin 1780.
Sevignon (Louis), de Blaye.
Petereau (Dominique), de Bordeaux.
Simon (Pierre), de Dinan.
Aufré (Jean), de Brest.
Cadet (Jean), de Granville.
Raux (Jean), de Saintes.
Joubert (Pierre), d'Angers.
Auguste (Jacques), de Lorient.
Martin (Joseph), de Nantes.
Foret (François), des Sables.
Barat (Antoine), de Bordeaux.
Roussel (René), de Rochefort.
Bourdel (Jean), de Dinan, mort le 6 juillet 1780.
Laval (Pierre), de Bordeaux.
Vacher (André), de Bordeaux.
Michelot (Pierre), de Bordeaux.
Tren (Jean), de Bordeaux.
Lavergne (François), de Bordeaux.
Laudé (Jean), de Bordeaux.
Gervais (Leonard), de la Hougue.
Paillen (Joseph), de Marseille.
Mésans (Joseph), de Marseille.
Le Moine (Michel), de Granville.
Michel (Etienne), de la Rochelle.
Le Hourtaux (Jean), de Lorient.
Bourg (Jean), de Saint-Malo.
Delonne (Charles), de Rennes.
Hulot (Jean), de Saint-Brieuc.
Salpine (Laurent), de Saint-Brieuc.
Duguin (Jean), de Dinan.
Sensonnier (Adrien), de la Hougue.
Garderet (Pierre), de Saintes.

Beaux (François), de Brignolles.
Lepagnal (Pierre), de Rouen, mort le 18 décembre 1780.
Lolaine (Joseph), de Lannion.
Leny (Pierre), de Vannes.
Brulène (Jacques), de Bergerac.
Mallet (Louis), de Bordeaux.
Dox (Joseph), de Bordeaux.
Darlat (Pierre), de Bayonne.
Tourenne (Jean), de Bordeaux.
Ligouroux (Guillaume), de Bordeaux.
Laurent (Honoré), des Sables.
Jinot (Michel), de Nantes.
Robert (Guillaume), du Croisic.
Potard (Pierre), de Nantes.
Blin (Luc), des Sables.
Coronel (Claude), de Nantes.
Renouf (François), de Nantes.
Dastreau (Jean), de Bordeaux.
Renaud (Louis), de Nantes.
Visset (Joseph), de Saint-Malo.
Labord (Jean), de Saint-Jean-de-Luz.
La Salle (Jean), de Bayonne.
Beauché (Antoine), de Martigues.
La Motte (Jean), de Bordeaux.
Morer (Joseph), de Toulon.
Le Roi (Julien), du Mans.
Maubec (Jean), de Bayonne.
Briant (Louis), de la Ciotat.
Gassisse (Pierre), de Bordeaux.
Destauguer, de Bordeaux.
Olivier (Toussaint), de Marseille.
Tiroud (Jean), de Marseille.
Dufrêne (Joseph), de Saint-Malo.
Du Cossé (Bertrand), de Langon.
Manchy (Joseph), de Bordeaux.
Salomon (Jacques), de Dinan.
Puetel (Etienne), de Granville.
Rigade (Joachim), de Dinan.
Serré (Pierre), de Toulouse.
Gauthier (Pierre), de Nantes.
Laurent (Jean), d'Angoulême.
Le Mêle (Julien), de Saint-Brieuc.
Heraud (Jean), de la Corse.
Vaux (Jean), de Bordeaux.
La Bady (Etienne), de Bordeaux.
Lacombe (Joseph), de Bordeaux.
Cardaillac (Guillaume), de Montauban.
Renaud (Lazare), de Marseille.
Gauthier (Antoine), de Marseille.

Novices.

Guillemette (Jean), de Cherbourg, mort le 11 décembre 1780.
Lehoux (François), de Dieppe, mort le 8 mars 1779.
Costy (Jacques), de Cherbourg.
Guyadec (François), de Morlaix.
Piton (Jean), d'Avranche.
Bienvenu (Mathieu), de Saint-Brieuc.
Simon (Pierre), de Morlaix.
Goüsnan (Claude), de Saint-Pol.
Martin (François), de Morlaix.
Merlin (André), de Paris.
Langlois (Auguste), d'Angers.
Moreau (Gabriel), d'Angers.
Didilon (Charles), de Nancy.
Gravier (Henry), de Tréguier.
Beaudet (Jean), de Dinan.

Bresel (Henri), de Quimper.
Laneau (Jacques), de Nantes.
Guillard (Julien), de Saint-Malo, mort le 2 juin 1779.
Bougot (Julien), de Dinan.
Huel (André), de Lorient.
Février (Mathieu), de Brest.
Le Breton (Jean), de Dieppe.
Blanchard (Guillaume), de Tréguier.
Guevel (Jean), de Dinan.

Surnuméraires.

L'Escaff (Jean), pilote côtier, de Porspoder.
Chefdieu (Paul), apothicaire, de Lisieux, mort à l'hôpital de Fort-Royal le 31 décembre 1779.
Le Bere (François), de Morlaix.
Renaud (François), de Rochefort.
Pinot (Pierre), de Varois.
Depersin (Louis), de Paris.
Chaumont (Antoine), de Dunkerque.
De Fonpré (Jean), de Paris.
Piton (Jean), d'Avranches.
Mouché (Jean), de Nantes.
Bouteille, de Brest.
Pérille (Pierre), de Bayonne.
Thébaut (Jacques), de Saint-Brieuc.
Bucaille (Pierre), de Honfleur.
Champy (Denis), de Paris.
Boujaguete (Etienne), de Marmande.
Roger (Louis), d'Amiens.

Mousses.

Pigné (Jean), de Honfleur.
Sauson (Pierre), de Lorient, mort à l'hôpital de Fort-Royal le 17 décembre 1779.
Guillaume (Jacques), de Fécamp, mort le 26 mai 1779.
Pelletier (Louis), du Havre.
Le Fol (Jacques), de Recouvrance.
Valatte (Pierre), de Landerneau.
Messager (René), de Fougère.
Chevalier (Jean), de Fougère.
Campion (Claude), de Morlaix.

Le Bihan (Nicolas), de Lorient.
Le Bert (Yves), de Recouvrance, mort le 6 décembre 1779.
Trebaol (Philippe), de Saint-Pierre, mort le 8 juin 1779.
Le Goff (Jean), de Recouvrance.
Erjean (Emile), de Camaret.
Le Papa (Goulven), de Lambézellec.
Capitaine (Alain), de Crozon.
Morvan (Robert), de Lambézellec.
Bouriac (Jean), de Rochefort.
Le Roy (Joseph), du Mans.
Deslandes (Laurent), de Recouvrance.
Dubois (Julien), de Lannion, mort le 25 août 1779.
Bollec (Mathieu), de Recouvrance.
Jeaubrieu (Jean), de Lorient.
Le Gale (François), de Brest.
Boudet (Michel), de Brest.
Truguet (Mathieu), de Saint-Brieuc, mort le 24 juin 1779.
Quercadec (Jean), de Saint-Marc.
Colas (François), de Saint-Malo.
Castel (Jacques), de Brest.
Le Sage (Julien), de Saint-Brieuc.
Quervau (Jean), de Brest.
Lelain (Marie), de Brest.
Cornec (François), du Faou.
Le Gal (Gilles), de Landerneau.
Carn (François), de Rosnoevet.
Le Corf (Joseph), de Portrieux.
Le Gars (Yves), de Portrieux.
Le Roy (Claude), de Paris.
Guénédal (Joseph), de Vannes.
Olivier (Alain), de Tréguier, mort le 27 janvier 1780.
Le Présec (Laurent), de Brest.
Gigou (Pierre), de Vannes.
Bijeau (Marc), de Pontevès.
Duménil (Joseph), de Guingamp.
Boulbard (Louis), de Lorient.
Monchor (Victor), de Redon.
Chaton (Jean), de Guingamp, blessé au combat du 20 mars 1780.
Duchin (Pierre), de Lorient.
Guilven (François), de Hennebont.

Le Judec (Louis), de la Roche-Bernard.
Moisan (Pierre), de Redon.
Le Malo (Jacques), de Quimper.
Guerhard (Marc), de Morlaix.
Le Sage (Gilles), de Saint-Brieuc, mort le 11 octobre 1779.
Danislou (Antoine), de Lorient.
Toube (Jean), de Lorient.
Thomas (Jean), de Brest.
Philibert (Martin), de Brest.
Garcaillet (Jean), de Saint-Brieuc, mort le 20 septembre 1779.
Donnis (Pierre), de Saint-Brieuc.
Merlin (Julien), de Paris.
Auger (Louis), de Granville.
Fraval (Louis), de Pontevès.
Jussaume (Jean), de Nantes.
Tachot (Julien), de Saint-Malo.
Hébert (Yves), de Cherbourg.
Valladon (François), de la Rochelle.
Varzou (Toui), de Lannion.
Le Bret (Pierre), de Saint-Malo.
Benoit (Mathurin), de Saint-Malo.
Fevin (Charles), de Nantes.
Le Clinche (Vincent), de Pontivy.
Potrier (Louis), de Paimbœuf.
Morier (Pierre), de Nantes.
Gagné (Jean), de Bordeaux.
Passard (Julien), de Morlaix.
Bléno (Julien), de Nantes.
Renaut (Jean), de Toulon.

Domestiques

Ganache (Louis), de Quimperlé.
Jouen (Michel), de Saint-Renan.
Gateblед (Gabriel), de Quimper.
Burguille (Nicolas), de Quimperlé.
Sout (Jean), de Morlaix.
Hamel (Louis), de Lorient.
Gérot (Corentin), de Quimper.
Le Gof (Marc), de Vannes.
Rolland (Jean), de Quimper.
La Lauze (Jean), de Vannes.
Beauche (Jean), de Vannes, mort le 6 août 1780.

L'ENGAGEANTE.

(De janvier 1781 à janvier 1782)

M. DE KERGARIOU, Capitaine de vaisseau, Commandant.

ÉTAT-MAJOR.

Capitaine de vaisseau.

De KERGARIOU, Commandant.

Lieutenants de vaisseau.

De SECQUEVILLE.
FEIFFE.
Le Chevalier de la ROCHE-SAINT-ANDRÉ.

Enseigne de vaisseau.

De la ROCHEFOUCAULT.

Lieutenants de frégate.

AMELIN.
LE BEL.
SAURES.
COUPRY.

Officier auxiliaire.

KERAOUL.

Chirurgien.

LANGLADE.

Aumônier.

EYSSIERRE (R. P.)

Gardes de la marine.

DE KERGRIST.
ROBION de TROGUINDY.
DELAGE de VOLUDE.

Volontaires.

Le Chevalier Absolut de la Gastine.
De Kergadio, de Chateaulin.
De Montreuil.

Officiers-mariniers de manœuvre.

Pilven (Jean), premier maître, de Recouvrance.
Le Grand (Luc), second maître, de Dinan.

Danger (Adrien), second maître, de Lorient.
Henault (Joseph), contremaître, de Saint-Malo.
Augueraud (Jean), contremaître, de Honfleur.
Fero (Laurent), bosseman, de Paimbœuf.
Beaumont (Louis), bosseman, de Saint-Brieuc.
André (François), quartier-maître, de Dinan.
Richard (Alain), quartier-maître, de Dinan.
Lhostis (Mathurin), quartier-maître, de Saint-Malo.
Picard (Gabriel), quartier-maître, de Saint-Malo.
Le Gouail (Pierre), quartier-maître, de Vannes.

Officiers-mariniers de pilotage.

Le Bihan (Noël), second pilote, du Conquet.
Adelus (Pierre), aide-pilote, de Granville.
Polard (Pierre), aide-pilote, de Lannion.

Officiers-mariniers de canonnage.

Thomas (Louis), aide-canonnier, de Saint-Brieuc.
Duniaux (Jacques), aide-canonnier, de Saint-Malo.
Roussel (François), aide-canonnier, de Dinan.
Guérin (Richard), aide-canonnier, de Granville.
Fatton (Toussaint), aide-canonnier, de la Hougue.
Joulain (Julien), aide-canonnier, de Dinan.
Tanquerai (Jean), aide-canonnier, de Granville.
Le Vert (Joseph), aide-canonnier, de Saint-Brieuc.
Seigle (Jean), aide-canonnier, de Caen.

Officiers-mariniers de charpentage.

Bodenaud (Pierre), maître charpentier, de Recouvrance.
Coupard (François), aide-charpentier, de Granville.
Lainé (Jean), aide-charpentier, de Brest.

Officiers-mariniers de calfatage.

Le Roux (Jean), maître calfat, de Recouvrance.
Laurel (Jean), second calfat, de Dinan.

Officiers-mariniers de voilerie.

Verges (Pierre), second voilier, de la Rochelle.
Bernard (René), aide-voilier, de Saint-Malo.

Officiers-mariniers divers.

Duval (Jean), de Fécamp.
Gourenton (Mathurin), de Saint-Brieuc.
Bouquin (Pierre), de Saint-Brieuc.
Dévareunes (François), de Brest.
Audureau (Yvon), de Blaye.
Cheni (François), de Saint-Brieuc.

Gabiers.

Jeanneau (Mathurin), des Sables.
Marvain (Joseph), de Dinan.
Navigant (Claude), de Granville.

Surcouf (Jean), de Cherbourg.
Remy (François), de Cherbourg.
Renard (Michel), de Saint-Malo.
Le Père (Julien), de Saint-Brieuc.
Pinson (André), des Sables.
Dieu le Saint, de Cancale.
Trigot (Michel), de Saint-Malo.
Angot (Eustache), de Honfleur.
Boivin (Jean), de Granville.

Timoniers.

Courteil (François), de Saint-Brieuc.
Fouchard (Gilles), de Granville.
Le Chevalier (Pierre), de Granville.
Pileur (Jacques), de Fécamp.
Maurice (Mathieu), de Vannes.
Marais (Marcelin), du Havre.
Le Vavasseur (Louis), de Rouen.

Matelots.

Arnoux (Gennevieve), de Belle-Ile-en-Terre.
Pelluet (Jean), de Rennes.
Livinec (Allain), de Recouvrance.
Le Normand (Yves), de Brest, mort le 28 septembre 1782.
Vigneau (Jean), de Bayonne.
Guerrin (Guillaume), de Dinan.
Guichard (Jean), du Cap.
Fustel (Pierre), de Saint-Servan.
Puiney (Jean), de Saint-Malo.
Noël (Félix), de Saint-Servan.
Crespel (Jean), de Saint-Servan.
Pemy (François), de Saint-Servan.
Laforge (Pierre), de Saint-Malo.
Fleury (Gilles), de Saint-Malo.
Le Moine (Jean), de Saint-Malo.
Le Marrié (François), de Saint-Malo, mort à bord le 25 décembre 1781.
Nic (Pierre), de Saint-Malo.
Ameline (Guillaume), de Saint-Malo.
Charrier (Louis), de Vannes.
Clouret (Alain), de Lorient.
Ollivier (Toussaint), de Vannes.
Auger (Joseph), de Lorient.
Seveno (Louis), de Vannes.
Aillet (René), de Dinan.
Chevalier (Gilles), de Dinan.
Boissel (Mathurin), de Dinan.
Macé (Louis), de Dinan.
Deraudier (Jean), de Dinan.
Diez (Nicolas), de Dinan.
Rebillard (Gilles), de Dinan.
Le Mesle (François), de Dinan.
Du Guen (Louis), de Dinan.
Le Monnier (Thomas), de Dinan.
Monnier (Pierre), de Paimbœuf.
Camus (Pierre), de Saint-Brieuc.
Le Dantec (Yves), de Saint-Brieuc.
Guyot (Charles), de Saint-Brieuc.
May (François), de Saint-Brieuc.
Le Moing (Jean), de Quimper.
Le Tournier (François), de Morlaix.
Philipe (François), de Morlaix.
Bernard (Jacques), de Granville.
Le Vigoureux (Jean), de Granville.
Jorey (Etienne), de Granville.
Le Bel (Jacques), de Granville.

L'Ecoulant (Jean), de Granville.
Monduit (Nicolas), de Granville.
Augé (Nicolas), de Granville.
Charles (Pierre), de Granville.
L'Ecluse (Pierre), de Granville.
Fourré (Guillaume), de Dieppe.
Quesneau (Augustin), de Honfleur.
Guillemette (Louis), de Caen.
Salen (Jacques), de Caen.
Le Bourgeois (Germain), de Caen.
Hurel (Jean), de Boulogne.
Le Tellier (Antoine), de Boulogne.
Roger (Michel), de Saintes.
Falanqué (Antoine), de Toulouse.
Chaine (Pierre), de la Rochelle.
Dubourg (Jean), de Marmande.
Launaud (Arnaud), de Bordeaux.
Faux (Jean), de Bordeaux.
Graumont (Jean), de Bordeaux.
Favier (Pierre), de Marennes.
Mouillac (Pierre), de Bayonne.
Fonteno (Pierre), de Libourne.
Papin (Jean), de Marennes.
Prousse (Antoine), de Bordeaux.
Badeau (François), de Bordeaux.
Binquel (Jean), de Bordeaux.
Garosse (Bernard), de Toulouse.
Auger (Jean), de la Rochelle.
Patureau (Jean), de l'Ile de Ré.
Brigeard (Pierre), de l'Ile de Ré.
Paris (Robert), de la Rochelle.
Lafontaine (Pierre), de Bordeaux.
Beaumin (Jérôme), de la Rochelle.
Fourniquer (Claude), de Marseille.
Estelle (Joseph), d'Aix.
Saumas (Honoré), de la Clotat.
Fenouille (Louis), de Martigues.
Thomas (Georges), de Martigues.

Novices.

Gautray (Jacques), d'Angers.
Vincent (Charles), de Cancale.
Furet (François), de Saint-Servan.
Le Bail (Yves), de Tréguier.
Fauvel (Jean), de Caen.
Le Tourneur (Jean), de Caen.
Guillot (Charles), de Caen.
Sabatier (Arnaud), de Bayonne.
Guilbaud (Pierre), de Noirmoutiers.
Le Gueux (Jacques), de Tréguier.
Moitié (Jacques), de Granville.
Gigado (Pierre), de Lorient.
Rio (Yves), de Lorient.
Rio (Julien), de Lorient.
Le Gargan (Georges), de Lorient.
Mognot (Jean), de Dieppe.
Le Testus (Jean), de Granville.
Bellais (Joseph), de Rennes.
Le Vet (Joseph), de Rennes.
Déon (Charles), du Havre.
Picard (Etienne), de la Rochelle.
Meslin (Noël), d'Orléans.
Beaudouin (Louis), d'Orléans.
Meriel (Jean), d'Orléans.
Buisson (François), d'Orléans.
Bigot (Pierre), du Mans.
Flajolle (Michel), de Narbonne.
Asperge (Etienne), de Narbonne.

Surnuméraires

Gatelaud (Laurent), de Marseille.
Crésou (Yves), du Conquet.
Le Roux (Pierre), de Dinan.
Eon (Julien), de Morlaix.
Giraud (Antoine), de Nantes.
Perau (Jean), de Brest.

Mousses.

Biard (Charles), de Saint-Malo.
Saludeu (Jacques), de Saint-Malo.
Dalibot (Thomas), de Saint-Malo.
Gaston (Jacques), de Saint-Servan.

Fuel (Olivier), de Saint-Malo.
Guerin (Pierre), de Saint-Malo.
Gelarde (Jean), de Saint-Servan.
Jacques (Pierre), de Brest.
Barassed (Frédéric), de Rochefort.
Brochard (François), d'Oléron.
Leon (Pierre), de Quimper.
Martinibro (René), de Saint-Malo.
Lorrains (Jean), de Saint-Malo.
Carro (Charles), de Brest.
Rollet (Jean), de Dinan.
Vadet (Jean), de Brest.
Amelin (Jean), du Havre.
Henery (Mathurin), de Saint-Brieuc.

Cousse (Thomas), de Granville.
Bon Amy (Jean), de Royan.
Guilloberl (André), de Morlaix.
Gautier (Jean), de Blaye.
Boissonneau (Joseph), de Saumur.
Ardampoint (Augustin), de Caen.

Domestiques.

Beaumai (Louis), de Cambrai.
Bel Amy (Pierre), de la Martinique.
Rioux (Jouassin), de Tréguier.
Chevallier (François), de Paris.
Menan (François), de Nantes.
Mordanisan (Louis), d'Amiens.

LA CONCORDE

(De janvier 1781 à mai 1782)

M. le Chevalier DE LA TANOUARN, Capitaine de vaisseau, Commandant.

ÉTAT MAJOR.

Capitaine de vaisseau.

Le Chevalier de la TANOUARN, Commandant.

Lieutenants de vaisseau.

Le Chevalier de CAUX.
D'ALPHERAN.

Enseignes de vaisseau.

De CHEZAC.
HAUMONT du TERTRE.
KERMASSON.
MICHELOT.
De RUDEVAL.

Chirurgien.

MULER.

Aumônier.

BUREAU (R. P. Célestin).

Gardes du pavillon.

De BELLINGAUD.
De LOZ de COALGOURHANT.
Le Chevalier de LIROS.

Volontaire.

De Grandchamps (Arnaud), de Nantes.

Officiers-mariniers de manœuvre.

Fraval (Sébastien), premier maître, de Lorient.
Chalonny (Guillaume), second maître, de Lorient.
Dupuch (Joseph), contremaître, de Vannes.
Loquet (Jacques), contremaître, de Saint-Valéry.
Robinant (Gilles), contremaître, de Saint-Brieuc.
Eveillard (Jacques), bosseman, de Saint-Brieuc.

Duchesne (Jacques), bosseman, de Granville.
Vérité (Jean), quartier-maître, de Honfleur.
Jouanne (Louis), quartier-maître, de Saint-Malo.
Peuzelin (Jean), quartier-maître, du Havre.
Bosré (François), quartier-maître, de Brest.
Fanche (André), quartier-maître, de Nantes.
Doublet (Jean), quartier-maître, de Lorient.
Le Vaillant (Guillaume), quartier-maître, de Morlaix.

Officiers-mariniers de pilotage.

David (Jean), patron de chaloupe, de Rochefort.
Le Don (Pierre), patron de canot, de Vannes.
De France (Jean), patron de canot, de Dieppe.
Helan (Joseph), premier pilote, de Brest.
Gammain (Claude), second pilote, de Saint-Valery.
Gervais (Jean), second pilote, de Saint-Valéry.

Officiers-mariniers de canonnage.

Ponpeny (Jean), maître canonnier, de Morlaix.
Maurice (Laurent), second canonnier, de Saint-Brieuc.
Bols (Mathieu), second canonnier, de Brest.
Maho (Gabriel), aide-canonnier, de Brest.
Mauget (Modeste), aide-canonnier, de Dieppe.
Andigoux (Henry), aide-canonnier, de Morlaix.
Morvant (Jean), aide-canonnier, de Saint-Brieuc.
Charpantier (Jean), aide-canonnier, de Honfleur.
Hedesque (Jean), aide-canonnier, de Vannes.
Even (Louis), aide-canonnier, de Saint-Brieuc.

Noël (François), aide-canonnier, de la Hougue.
Godfroy (Pierre), aide-canonnier, de Granville.
Maury (Louis), aide-canonnier, de Calais.
Le Gros (Pierre), aide-canonnier, de Granville.

Officiers-mariniers de charpentage.

Guilloux (Guillaume), aide-charpentier, de Saint-Malo.
Raval (Joseph), aide-charpentier, de Dinan.

Officiers-mariniers de calfatage.

Lehir (Jean), maître calfat, de Brest.
Chamberland (Denis), second calfat, du Havre.
Lestideau (Jean), aide-calfat, de Brest.

Officiers-mariniers de voilerie.

Millour (Claude), maître voilier, de Brest.
Saliote (François), second voilier, de Saint-Malo.
Herjean (Jean), aide-voilier, de Reconvrans.
Lorfevre (Yves), aide-voilier, de Brest.
Beaugendre (Yves), aide-voilier, de Brest.

Gabiers.

Bouteillier (Jean), de Granville.
Le Gouis (François), du Croisic.
Philippe (André), de Honfleur.
Le Maître (Julien), de Saint-Brieuc.
Roger (Jean), de Granville.
Filvesse (Pierre), de Granville.
Deschamps (Jean), du Havre.
Broussard (Etienne), de Rochefort.

Timoniers.

Noël (André), de Granville.
Bazeaux (Joseph), de Bourgneuf.
Siau (Pierre), d'Agde.
Barbé (Nicolas), de Quimper.

Matelots.

Allain (Honoré), de Brest.
Perot (Ollivier), de Brest.
Gral (Jean), de Brest, noyé le 30 juillet 1781.
Rozet (Charles), de Brest.
Labé (Barnabé), de Brest.
Flatto (John), de Boston (Amérique).
Divolec (François), de Vannes.
Le Dantec (Yves), de Saint-Brieuc.
La Clanche (Jean), de Saint-Brieuc.
Ruffay (Joseph), de Saint-Brieuc.
Pair (Joseph), de Morlaix, mort le 18 mai 1781.
Le Jeune (Pierre), de Tréguier.
Hubert (Pierre), de Saint-Malo.
Rouault (François), de Saint-Malo.
Le Monnier (Jean), de Saint-Brieuc.
Monnier (Louis), de Saint-Brieuc.
Rebillard (Yves), de Saint-Brieuc.
Chevalier (Jean), de Saint-Malo.
Noel (Nicolas), de Saint-Malo.
Mettrie (Malo), de Dinan.
Castel (Barthélémy), de Dinan.
Madigeux (Ollivier), de Dinan.
Ferret (Joseph), de Dinan.
Basset (François), de Dinan.
Chicouenne (Laurent), de Dinan.
Launay (François), de Dinan.
Le Tenoux (Jean), de Saint-Brieuc.
Gorgé (Pierre), de Dinan.
Dega (Guillaume), de Dinan.
Boissier (Pierre), de Saint-Malo.
Geolhier (Sébastien), de Belle-Ile.
Rio (Joseph), de Vannes.
Le Goff (Pierre), de Belle-Ile.
Josse (Julien), de Vannes.
Le Don (Louis), de Belle-Ile.
L'horho (Georges), de Quiberon.
Querel (Pierre), de Belle-Ile, mort à bord le 21 juillet 1781.
Brecheq (Robert), de Lorient.
Danielo (Nicolas), de Vannes.
Le Monnier (Jean), de Paimbœuf.
Guesdon (Jean), de Nantes.
Fresneaux (Julien), du Croisic.
Jean (Christophe), du Croisic.
Mabo (Denis), du Croisic.
Quebeau (Luc), de Noirmoutiers.
Thibaut (Joseph), de Noirmoutiers.
Joannis (Julien), du Croisic.
Becha (Etienne), de Nantes.
Gouzan (Jean), de Paimbœuf.
Bernic (Pierre), de Nantes.
Martin (Claude), de Nantes.
Chon (François), de Nantes.
Joffrié (Fleury), de Nantes.
Le Merle (Jean), de Nantes.
Tintrelle (Charles), de Nantes.
Vaillant (Ollivier), de Brest.
Bouin (Pierre), de Brest.
Jouan (Jean), de Nantes, mort le 14 décembre 1781.
Briouart (Louis), de Boulogne.
Paria (André), de Mortagne.
Provot (Jean), d'Angers.
Masson (Pierre), de Fouras.
Peltier (André), des Sables.
Bouju (Jacques), de Nantes, mort à bord le 19 janvier 1782.

Ternier (Bernard), de Toulouse.
Seigneurie (Pierre), du Havre.
Provot (Victor), de Dieppe.
Thezard (Nicolas), de Granville.
Thiery (Pierre), de Dieppe.
Poulain (François), de Dieppe.
Boulan (Pierre), de Dieppe.
Mesnard (Pierre), de Granville.
Nonchaton (Jacques), de Granville.
Lefevre (Jean), de Dieppe.
Quintin (Pierre), de Granville.
Le Landais (Jean), de Granville.
Binet (Nicolas), de Granville.
Lion (Jean), de la Hougue.
Auvray (Jean), de Dieppe.
Magnan (Mathieu), de Dieppe.
Delettre (Pierre), de Dieppe.
Delettre (Jacques), de Dieppe.
Vauquelin (Jacques), de Dieppe.
Raimme (Nicolas), de Dieppe.
Clément (Louis), de Dieppe.
Samson (Pierre), de Rouen.
Coipel (Louis), du Havre.
Rossignol (René), de Calais.
Sénécal (Louis), de Fécamp.
Lamort (François), de Granville.
Carpentier (Charles), de Dieppe.
Trepaz (Jean), de Dieppe.
Duval (Pierre), de Cherbourg.
Blanchet (Pierre), de Granville.
Le Breun (Jacques), de la Hougue.
Guenont (Pierre), de Granville.
Pisan (François), du Havre.
De Rais (Arnaud), de Bordeaux.
Detchevery (Michel), de Saint-Jean-de-Luz.
Hourgaraye (Jean), de Saint-Jean-de-Luz.
Mauduit (Jean), de Saint-Jean-de-Luz, mort à bord le 18 janvier 1782.
Pelgris (Antoine), de Moissac.
Blanc (Augustin), de Marseille.
Colin (Jean), de Saint-Malo.
Tredaut (Augustin), de Saint-Malo.
Chauvinon (Jean), de Bordeaux.
Michineau (Louis), de la Rochelle.
Maréchal (Isidore), de Lille.
Ménard (Louis), de Noirmoutiers.
Thibaut (Simon), de Cognac.
Pellerin (Jean), de Paris.
Dugois (Jean), de Paris.
Poulet (Thomas), de Paris.
Brésille (François), de Saint-Brieuc.
Babin (Antoine), de Pons.
Barat (Antoine), de Toulouse.
Loctau (Jean), de Marennes.
Cazau (Antoine), de Cannes.
Hamon (Jacques), de Nantes.
Miniou (Jean), du Conquet.
Biron (Jean), de Lamballe.
Beigué (Antoine), de Nantes.
Gauthier (François), de Nantes.
Videau (François), de Royan.
Besot (André), de Toulon.
Le Roi (Julien), de Lorient.
Le Cuiche (Jean), de Lorient.
Ferau (Louis), de Granville.
Le Maitre (Jacques), de Montargis.
Robinson (Joseph), Américain.
Robinson (William), Américain.

Weison (Samuel), Américain.
Forestor (Denis), Américain.
Piven (Jacques), Américain.
Orphelin (Jean), de Dieppe.
Guérin (François), de Dieppe.

Novices.

Malevre (Jacques), de Paris.
Rivier (Adrien), de Dieppe.
Sauve (Jean), de Granville.
Robert (Alexandre), de Paris.
Botton (Jacques), de Paimbœuf.
Coquin (Jean), de Honfleur.
Falgueroux (Guillaume), de Vannes.
Legrand (Nicolas), de Paris.
Bion (Jean), de Fécamp.
Bazeau (Jean), de Noirmoutiers.
Gondré (Louis), de Dieppe.
Galliot (François), de Dieppe.
Mouche (Michel), de Dinan.
Delarue (Pierre), de Niort.
Hervé (Jean), de Nantes.
Delaunay (Pierre), de Nantes.
Renault (Joseph), de Nantes, mort le 4 juillet 1781.
Ytier (François), d'Agde.
Chauvin (Marc), de Nantes.
Michel (Marc), de Vannes.
Dangelle (Pierre), de la Corse.
Minguel (Paul), de la Corse.

Surnuméraires.

Fardel (Vincent), de Vannes.
De Foix (Louis), de Vannes.
Lointier (Pierre), de Granville.
La Motte (Joachim), de Brest.
Douville (Jean), de Saint-Malo.
Pointal (Allain), de Saint-Malo.
Giraud (César), de Bourges.
Besson (Pierre), de Saintes.

Moussses.

Peupeny (Laurent), de Morlaix.
Boulanger (François), de Saint-Malo.
Godard (Jean), de Saint-Malo.
La Motte (Joachim), de Brest.
Ropert (Jean), de Nantes.
Bourhis (Hervé), de Brest.
Freoux (Thomas), de Lorient.
Lemessier (Jean), de Lorient.
Guyomar (Louis), de Quimper.
Bourdais (François), de Saint-Brieuc.
Le Moinne (Joseph), de Plœmeur.
Le Page (Jean), de Nantes.
Nicolas (Guillaume), de Brest.
Lefevre (Adrien), du Havre.
Tanguy (François), de Quimper.
Calvès (Jean), de Brest.
Le Blanc (Hyacinthe), de Nantes.
Corbé (Hector), de Lorient.
Kerjean (Hervé), de Brest.
Luc (Pierre), de Bayonne.
Huon (Joseph), de Nantes.
Oileur (Jean), de Port-Louis.
Latinier (Joseph), de Saint-Brieuc.

Domestiques.

Pigeon (Pierre), d'Avranches.
Verne (Jean), de Hennebont.
Michel dit Michel, de Morlaix.
Guillot (Thomas), de Vannes.

LE MAGNANIME.

(De mars 1781 à septembre 1782.)

M. le Comte DE BEGUE, Capitaine de vaisseau, Commandant.

ÉTAT-MAJOR.

Capitaine de vaisseau.

Le Comte de BEGUE.

Lieutenants de vaisseau.

De CAREARADEC
De PARCEVEAUX.
Le Chevalier DEBIZIEN LANGOAT.

Enseignes de vaisseau.

DEMONTIGNY.
De COATAUDON.
MEEONNET de SAINT-MARC.
De GUIQUERNAU.

Officiers auxiliaires.

DUFOSSEY.
LE VILLAIN.
DUJARDIN.
BURGAIN.

Chirurgien-Major.

SERUZIER.

Aumônier.

STANISLAS (R. P.).

Gardes de la marine.

Du CILLARD de SURVILLE.
De ROSSEL.

Volontaires.

Le Begue (Joseph).
Perron (Jean), de Brest.
Langlois (Etienne), de Vernon.
Le Chevalier Kerusec de Tromeres, de Saint-Brieuc.
Le Chevalier de Kerguvelin.
De Villeneuve, de Guingamp.
Desboulletz (Frère).

Officiers-mariniers de manœuvre.

Berthaud (Gabriel), premier maître, de Saint-Malo.
Petit (Louis), premier maître, de Marseille.
Liorzon (Gabriel), second maître, de Recouvrance, tué au combat du 12 avril 1782.
Gralt (Jean), second maître, de Recouvrance.
Guenec (Yves), second maître, de Brest, tué au combat du 12 avril 1782.
Duguay (Victor), contremaître, de Dinan.
Daux (Jean), contremaître, de Calais.
Lamuzel (Jean), contremaître, de Brest, tué au combat du 12 avril 1782.
Quivouron (Mathieu), bosseman, de Conquet.

Alenoau (Henry), bosseman, de Toulon.
Donet (Antoine), quartier-maître, de Honfleur.
Dubois (Julien), quartier-maître, de Saint-Malo.
Meunier (François), quartier-maître, du Croisic, mort le 8 juin 1782.
Lafievre (Marc), quartier-maître, de Saint-Brieuc.
Hautot (Jean), quartier-maître, du Havre.
Trégon (Olivier), quartier-maître, du Havre.
Le Roy (Guillaume), quartier-maître, du Havre.
Baugard (Adrien), quartier-maître, du Havre.
Le Breton (Michel), quartier-maître, de Fécamp.
Biclet (Pierre), quartier-maître, de Nantes.
Chrétien (Jean), quartier-maître, de Cherbourg.
Desroches (Vincent), quartier-maître, de Granville.
Ripert (Jacques), quartier-maître, de Martigues.
Salaun (Guénolé), quartier-maître, du Conquet.
Boyer (Jean), quartier-maître, de Saint-Valéry.
Le Moine (Julien), quartier-maître, de Dinan.
Hardy (Jean), quartier-maître, de Saint-Malo.

Officiers-mariniers de pilotage.

Henry (Jean), premier pilote, de Brest.
Le Noble (Florent), premier pilote, de Granville.
Gautier (Augustin), second pilote, de Saint-Brieuc.
Dudout (Gilles), second pilote, de Granville.
Méqut (Laurent), aide-pilote, de Granville.
Nicole (Jean), aide-pilote, de Granville.
Molé (Jean), aide-pilote, du Croisic.
Noël (Michel), aide-pilote, de Granville, mort le 29 juin 1781.
Tancre (Louis), aide-pilote, de Granville.

Officiers-mariniers de canonnage.

Tombaret (Joseph), maître canonnier, de Toulon.
Astier (Henry), maître canonnier, de Toulon.
Picard (Pierre), maître canonnier, de Toulon.
La Louard (Denis), maître canonnier, du Croisic.
Duchène (Jean), second canonnier, de Granville.
Gaille (Pierre), second canonnier, de Toulon.

Besnard (Nicolas), aide-canonnier, de Dunkerque, mort le 27 mars 1782.
Le Qued (Jean), aide-canonnier, de Saint-Brieuc, tué au combat du 12 avril 1781.
Le Court (Louis), aide-canonnier, de Saint-Brieuc, mort à bord le 8 juillet 1782.
Pécherin (Etienne), aide-canonnier, de Vannes.
Emery (Jean), aide-canonnier, de Saint-Malo.
Batel (Jean), aide-canonnier, de Dieppe.
Louvel (Etienne), aide-canonnier, de Calais.
Le Doux (Pierre), aide-canonnier, de Boulogne.
Roger (Clément), aide-canonnier, de la Hougue.
Bargousse (Joseph), aide-canonnier, de Vannes, mort le 27 décembre 1781.
Roquet (Etienne), aide-canonnier, des Sables.
Prevost (Jean), aide-canonnier, de Boulogne.
Lavic (Charles), aide-canonnier, de Calais.
Soubitet (Jean), aide-canonnier, de Calais.
Fiergot (Jean), aide-canonnier, de Honfleur.
Vallée (Jean), aide-canonnier, de Dieppe.
Hautot (Jean), aide-canonnier, de Fécamp, mort le février 1782.
Delépaule (Jean), aide-canonnier, de Granville.
Guiffart (Louis), aide-canonnier, de Granville.
Sauvage (Charles), aide-canonnier, de Granville.
Barres (Jacques), aide-canonnier, de Dunkerque.
Joucourt (Bazille), aide-canonnier, de Saint-Brieuc.
Lennel (Jean), aide-canonnier, de Boulogne.
Bodin (Pierre), aide-canonnier, de la Rochelle.
Gloaguen (Pierre), aide-canonnier, de Quimper.
Chapon (Michel), aide-canonnier, de Saint-Malo.
Raoul (Jean), aide-canonnier, de Brest.
Dolo (Jacques), aide-canonnier, de Saint-Brieuc.
Cannelier (Pierre), aide-canonnier, de Cherbourg, mort le 30 mai 1782.
Leparit (Jean), aide-canonnier, de Granville.
Tassel (Pierre), aide-canonnier, de Morlaix, mort le 30 mai 1782.
Wacagne (Antoine), aide-canonnier, de Boulogne.
Carpentier (Jean), aide-canonnier, de Dieppe.
Lépine (Louis), aide-canonnier, de Cherbourg.

Officiers-mariniers de charpentage.

Olivier (Jacques), maître charpentier, de Recouvrance.
Le Berre (Jean), second charpentier, de Recouvrance.
Ygou (André), aide-charpentier, du Havre.
Malénes (Henry), aide-charpentier, de Brest, tué au combat du 12 avril 1782.

Officiers-mariniers de calfatage.

Larvor (Jean), maître calfat, de Recouvrance.
Léost (René), second calfat, de Brest.
Lainé (Nicolas), aide-calfat, de Dinan.
Magueur (Jacques), aide-calfat, de Recouvrance.
Le Breton (Louis), aide-calfat, de Dinan.
Le Traul (Yves), aide-calfat, de Brest, mort le 2 janvier 1782.

Officiers-mariniers de voilerie.

Lamarche (Pierre), maître voilier, de Port-Louis, tué au combat du 12 avril 1782.
Lepoisade (Pierre), second voilier, de Lorient.
Hartevan (Michel), aide-voilier, du Havre.
Loréal (Pierre), aide-voilier, de Vannes.

Gabiers.

Portier (Jean), de Saint-Malo.
Dalarose (Jean), de Saint-Malo.
Gateburé (Honoré), de Nantes, mort le 3 mai 1782.
Sablonière (Jacques), de Saint-Malo.
Lefrançois (Jacques), de Cherbourg, mort le 23 octobre 1781.
Gégo (Henry), de Quimper.
Guédec (Jean), de Brest.
Blondel (Jean), de Granville.
Lorbehaye (Claude), de Granville.
Petet (Louis), de Honfleur.
Garnier (Noël), de Saint-Malo.
Perdriel (Jean), de Dinan.
Le Mignon (Jean), de Camaret, mort le 7 septembre 1781.
Léonard (Guillaume), de la Hougue, mort le 3 février 1782.
Mariette (Michel), de Honfleur.
Vrac (Philippe), du Havre.
Le Daux (Nicolas), de l'Ile de Ré.
Georges (Julien), de Dunkerque.
Michel (Jean), de Saint-Valéry, mort à bord le 21 juillet 1782.
Salha (Martin), de Saint-Jean-de-Luz.
Mordus (François), de Brest.
Poisson (Jean), du Havre.
Chevert (Jacques), de Morlaix.
Dumont (Guillaume), de Brest.
Jouvin (Claude), de Granville.

Timoniers.

Esnaud (André), de Dinan.
Bihan (Jean), de Quimper, mort le 24 décembre 1781.
Nogues (Jean), de Bordeaux.
Grossel (Charles), de Saint-Malo.
Le Brun (Pierre), de Granville.
Cochard (Jean), de Granville.
Bedesque (Vincent), de Belle-Ile, mort à bord le 2 octobre 1781.

Le Saux (Jean), de Morlaix, mort à bord le 25 janvier 1781.
Galoure (Jean), de Nantes, mort à bord le 29 septembre 1781.
Le Comte (Jean), de Granville, mort le 29 mai 1782.
Malère (Etienne), de Brest.
Ollivier (René), de Recouvrance.
Evin (Michel), de Brest.
Gourhent (Jean), de Brest.
Le Borgne (François), de Brest.

Matelots.

Verveur (Pierre), de Brest.
Pilven (Tanguy), de Recouvrance.
Martin (Jean), de Rennes.
Le Gréan (Alain), de Brest.
Ulien (Vincent), de Brest.
Aubras (Louis), de Brest.
Henry (Jean), de Recouvrance.
Paillel (Vincent), du Conquet.
Lucas (Nicolas), du Conquet.
Renée (Jean), du Conquet.
Cosant (François), du Conquet.
Stual (Vincent), du Conquet.
Norst (Hilarion), du Conquet.
Tassel (Hervé), de Morlaix.
Le Mité (Jean), de Morlaix.
Lanois (François), de Morlaix.
Perin (Jacques), de Lannion.
André (Jacques), de Morlaix.
Bougant (Yves), de Morlaix.
Le Borgne (Jean), de Morlaix.
Barbel (Julien), de Saint-Malo.
Dossé (François), de Saint-Malo.
Poulin (Jean), de Saint-Malo.
Lahaye (Yves), de Saint-Malo, mort le 15 juin 1782.
Riou (Antoine), de Saint-Malo.
Goyard (Julien), de Saint-Malo, mort le 21 février 1782.
Ozanne (Joseph), de Saint-Malo.
Pigeon (Michel), de Dinan.
Heuzé (Nicolas), de Dinan.
Le Brst (Jean), de Dinan.
Mesliard (François), de Dinan, tué le 12 avril 1782.
Direux (Guillaume), de Dinan.
Cossu (Christophe), de Dinan.
Mitterie (Jean), de Dinan.
Hery (Julien), de Dinan.
Le Bihan (Joseph), de Saint-Malo.
Le Roy (Joseph), de Dinan.
Joibs (Julien), de Dinan, mort à bord le 24 octobre 1781.
Bequet (François), de Saint-Malo.
Fort (Julien), de Saint-Malo, tué au combat du 9 avril 1782.
Christophe (Jean), de Saint-Malo, mort le 30 juin 1781.
Cousin (Joseph), de Dinan.
Outrel (Guillaume), de Saint-Malo.
Plessis (Guillaume).
Delmas (Jean), de Dinan.
Mesnard (François), de Dinan, mort à bord le 27 juillet 1782.
Simon (Guillaume), de Saint-Malo.
Robert (Claude), de Saint-Malo.
Laur (Louis), de Dinan.
Bergé (Antoine), de Saint-Malo.

Calfanteau (Julien), de Saint-Malo.
Le Roux (Yves), du Croisic.
Guyodeau (Pierre), du Croisic.
Evano (Louis), du Croisic.
Fisson (Louis), de Nantes.
Halgand (Julien), du Croisic.
Meahé (Julien), du Croisic, mort le 2 août 1781.
Outin (Pierre), du Croisic.
Orieux (François), du Croisic, mort le 19 octobre 1781.
Chauvelou (Sébastien), de Nantes.
Olive (Jérôme), de Nantes.
Arthaud (Aimé), de Nantes.
Maurisseau (François), de Nantes.
Olive (Jean), de Nantes, mort à bord le 12 avril 1781.
Guy (René), de Nantes, mort à bord le 12 novembre 1781.
Denos (Jean), de Nantes.
Le Breton (Yves), du Croisic, mort à bord le 27 novembre 1781.
Garal (Pierre), de Vannes.
Aucouin (Michel), de Nantes, mort le 6 mai 1782.
Abraham (Pierre), de Nantes.
Caillé (Joseph), de Nantes.
Mainguet (Jean), de Nantes.
Raguedeau (Julien), de Nantes.
Quenel (Mathurin), de Nantes.
Tuai (François), de Lorient.
Costion (François), de Lorient.
Chatton (Jean), de Lorient.
Goiveau (Pierre), de Lorient.
Delong (Gabriel), de Narbonne.
Vergé (Julien), de Lorient.
Fabre (Jean), de Lorient.
Piron (Pierre), de Vannes.
Camaneu (Jean), de Vannes.
Boisela (René), de Vannes.
Brichard (Jacques), de Vannes.
Guillet (Guillaume), de Vannes.
Runault (Marc), de Vannes.
Jarisse (Clair), de Vannes.
Le Campion (Joseph), de Vannes.
Marec (Guillaume), de Quimper.
Quervel (Julien), de Quimper, mort à bord le 17 juillet 1782.
Fhohic (Yves), de Quimper.
Pitton (Laurent), de Quimper.
Guicher (Michel), de Quimper.
Choarial (Jean), de Quimper.
Le Laur (Vinoc), de Quimper, noyé le 25 mars 1781.
Yven (Hervé), de Quimper.
Herlot (Jean), de Quimper.
Riou (Laurent), de Quimper, mort le 23 juillet 1781.
Compessé (Vincent), de Quimper.
Taniou (Allain), de Quimper.
Corlay (Jacques), de Quimper, mort à bord le 12 août 1782.
Chauvin (Philippe), de Saint-Brieuc.
Guillou (Guillaume), de Saint-Brieuc, mort à bord le 15 août 1782.
Pignorel (Mathurin), de Saint-Brieuc.
Trobé (Pierre), de Saint-Brieuc.
Piriau (Pierre), de Saint-Brieuc, mort le 18 juillet 1781.
Chashoulet (François), de Saint-Brieuc.

Hemiot (Jacques), de Saint-Brieuc.
Guilleme (Jacques), de Saint-Brieuc.
Blanchard (Jean), de Saint-Brieuc.
Robert (Jacques), de Saint-Brieuc, mort le 3 mars 1782.
Mainguy (Yves), de Saint-Brieuc.
Lafranc (Jean), de Granville.
Parmentier (Charles), de Honfleur.
Bouchard (Louis), de Honfleur.
Petit (Guillaume), de Honfleur.
Henry (Pierre), de Honfleur.
Vautier (Charles), de Honfleur.
Hébert (Jacques), de Honfleur.
Oriot (Claude), de Dieppe, mort à bord le 10 juillet 1782.
Bithulie (Noël), de Dieppe, tué au combat du 12 avril 1782.
Sévon (Vincent), de Dieppe, mort le 16 juin 1782.
Bouteiller (Nicolas), de Dieppe.
Jumel (Louis), de Dieppe, mort le 18 février 1782.
Girard (Jean), de Dieppe, mort le 27 août 1782.
Defrance (François), de Dieppe.
Duplat (Jean), de Dieppe.
Cahors (Pierre), de Dieppe.
Ollivier (Jean), de Dieppe.
Asselin (Jean), de Dieppe.
Ouin (Jean), de Dieppe.
Neuville (Jean), de Dieppe, mort le 15 octobre 1781.
Gérard (Jean), de Dieppe.
Dumont (Jacques), de Dieppe.
Allard (Nicolas), de Dieppe.
Hulin (Jean), de Cherbourg.
Le Cauvrels (Germain), de Cherbourg.
Griffon (Louis), de Cherbourg.
Jourdain (Thomas), de Cherbourg, mort le 24 juin 1781.
Marcquais (René), de Cherbourg, mort le 1er mai 1781.
Véziel (Jacques), de Cherbourg, mort le 2 mai 1781.
Bernard (Antoine), de Cherbourg.
Vincent (Pierre), de Cherbourg.
Houlin (Julien), de Cherbourg.
Le Buff (Gilles), de Granville.
Chauvel (Jean), de Granville.
Le Sage (Pierre), de Granville, mort le 20 août 1781.
Tanquerey (Gilles), de Granville, mort le 28 avril 1782.
Le Cocq (René), de Granville.
Pain (Jean), de Granville.
Hervieux (François), de Granville.
Le Gentil (Philippe), de Granville, mort le 20 juillet 1781.
Alain (Georges), de Granville, mort à bord le 5 octobre 1781.
Delpierré (Antoine), de Granville, mort le 19 mai 1781.
Chauvin (Louis), de Granville, mort à bord le 23 novembre 1781.
Barnier (Robert), de Granville.
Sébire (Pierre), de Granville, tué au combat du 12 avril 1782.
Gautier (Nicolas), de Granville.
Le Roy (Jean), de Granville.
Vasse (Jean), du Havre.
Le Gras (Jean), du Havre.
Vale (Jean), du Havre.

Frémont (Jacques), du Havre.
Chandelier (Jean), du Havre.
Rosette (Jean), du Havre.
Côté (Jean), du Havre.
Cabot (Guillaume), de Rouen.
Michel (Pierre), de Rouen.
Dufy (Nicolas), de Rouen, mort à bord le 1er septembre 1782.
Murtel (Nicolas), de Rouen.
Liesse (Nicolas), de Rouen, mort le 9 août 1782.
Boireau (Jean), de Rouen, mort le 29 avril 1782.
Trochet (Jacques), de Rouen, mort à bord le 20 août 1782.
Tellier (Robert), de Rouen.
Le Paumier (Marc), de la Hougue.
Desplanches (Luc), de la Hougue.
Pinier (Jean), de la Hougue.
Martin (Charles), de la Hougue, mort le 1er novembre 1781.
Lefèvre (Thomas), de la Hougue.
Galiot (Louis), de la Hougue.
Vignon (Hervé), de la Hougue.
Barré (Guillaume), de Fécamp.
Rique (Thomas), de Fécamp.
Mazerie (Pierre), de Fécamp.
Legros (Nicolas), de Fécamp.
Folie (Jean), de Fécamp.
Lhoumanissié (Jean), de Caen.
Aubert (Jean), de Caen.
Boullement (Jean), de Caen.
Brutier (François), de Boulogne.
Parmentier (Jean), de Saint-Valéry.
Dez (Michel), de Saint-Valéry.
Fournier (Jean), de Saint-Valéry.
Le Bœuf (Jacques), de Saint-Valéry, mort le 5 mai 1781.
Fleurand (André), de Calais.
Lozé (Pierre), de Marennes.
Robin (André), de Blaye.
Etcheverry (Bertrand), de Saint-Jean-de-Luz, mort à bord le 16 avril 1781.
Tournée (Elie), de Bordeaux.
Gassin (Louis), de Martigues.
Guérin (Jean), de Marmande.
Toureaux (Pierre), de Bordeaux.
Queston (Pierre), de Saintes, mort le 25 janvier 1782.
Bertrand (Mathieu), de Marmande.
Quenton (Pierre), de Marennes.
Durand (Jean), de la Rochelle.
Clémenceau (Raymond), de Bordeaux, tué au combat du 12 avril 1782.
Briolle (Jean), de Bordeaux.
Courreau (Jacques), de Bayonne.
Dupons (Jean), de Bayonne, tué au combat du 12 avril 1782.
Patinel (Jean), de Bordeaux.
Henry (Joseph), de Bordeaux, mort à bord le 5 juillet 1782.
Saillin (André), de Bordeaux.
Lescs (Etienne), de Bordeaux.
Rabouin (Jacques), de Bordeaux.
Lambert (Pierre), de Saintes.
Depoux (Jean), de Saintes.
Goudin (Jean), d'Angoulême.
La Cours (Simon), de Bordeaux.
Sourbiers (Antoine), de Marmande.
Peliant (Pierre), de Marennes.
Yeart (Raimond), de Bordeaux.

Lacunat (Jean), de Bordeaux.
Boissonneau (Pierre), de Marennes.
Chastas (François), de Bayonne.
Salat (Rétius), de Saint-Jean-de-Luz.
Rivaud (Pierre), de Blaye.
Martin (Louis), de Marennes.
Lassans (Jean), de Toulouse.
Ruzeau (Jacques), de Rochefort.
Paul (François), de Bordeaux, tué au combat du 12 avril 1782.
Duchêne (Jacques), de Bordeaux.
Despoudre (Martin), de Bayonne.
Laud (Pierre), de Bayonne.
Passerat (Pierre), de Libourne.
Marcillac (Pierre), de Bordeaux, mort à bord le 10 juillet 1782.
Breux (Jean), de Cette.
Talentaud (Jean), de Marseille.
Valin (François), de la Seyne.
Brest (André), de Bandol.
Barciazon (Alexandre), de Cannes.
Laugier (Jean), de Martigues.
Brasson (Jean), de Martigues.
Guillon (Jean), d'Arles.
Godefarhoben (Robert), Américain.
Valamour (René), de Saint-Martin, mort le 7 février 1782.
Patand (Jean), de Trèves.
Simoine (Jean), de Trèves.
Gasseau (Jean), de Trèves.
Maupouing (Joseph), de Trèves.
Despuguse (Claude), de Trèves.
Dufour (Jean), d'Angers.
Osnard (Hilaire), d'Angers.
Pean (René), de Saint-Jacques, mort le 8 janvier 1782.
Robert (Jean), de Saint-Jacques.
Bodo (Jean), de Chanze.
Boissatin (André), de Varennes, mort à bord le 29 juin 1782.
Gambier (Jacques), de Saint-Maurice.
Meslaud (François), de Noyers.
Chedenne (François), de Noyers.
Guenaut (Pierre), de la Chapelle.
Machaus (Claude), de la Chapelle, mort à bord le 21 septembre 1781.
Huau (Antoine), de la Chapelle.
Tolmé (Mario), de la Chapelle.
Blotin (Auguston), de la Chapelle.
Blotin (Martin), de la Chapelle.
Blotin (Louis), de la Chapelle.
Argent (Alain), de Rochevrel.
Gueuau (Yves), Bréhémont.
Machet (Etienne), de la Chapelle.
Ouvrard (Louis), de Saint-Jacques.
Marquès (Pierre), de la Montsoreau.
Garnier (Paul), de Trèves.
Guiard (René), de Gaifain.
Dupin (Philippe), de Marennes.
Sohier (Pierre), de Saumur.
Clément (Jacques), de Saint-Clément.
Petiteau (Pierre), de Saumur.

Novices.

Duval (Félix), de Fécamp.
Lefrançois (Michel), de Fécamp.
Boursier (Antoine), de Paris.
Jacob (François), de Laonion.
Martel (Louis), de Boulogne.

Javry (Cletta), de Quimper.
Guéré (Pierre), de Quimper.
Pouchel (Alain), de Quimper.
Le Roy (Yves), de Quimper.
Quézennec (Mathieu), de Quimper, mort le 8 octobre 1781.
Lordic (Correntin), de Quimper.
Moulie (Alain) de Quimper.
Madec (Michel), de Quimper.
Guéguen (Joachim), de Quimper, mort à bord le 6 octobre 1781.
Bessard (Pierre), de Blois.
Menant (Claude), de Blois.
Moulineau (René), de Blois.
Mozuel (Jean), de Blois.
Lehay (Louis), de Blois.
Bessard (Julien), de Blois.
Guily (Michel), de Montauban.
Le Grossel (Yves), de Lannion.
Deslandes (Louis), du Havre.
Durand (Antoine), de Paris, tué au combat du 12 avril 1782.
Robin (Jean), de Cette.
Pradel (Jacques), de Toulouse, mort le 30 mai 1782.
Folleville (Jacques), de Vannes.
Gaudry (Martin), de Rouen.
Glasson (Pierre), de Rouen.
Nativel (Jean), de Paris.
Paindebled (Jean), de Paris.
Bellanger (Louis), de Fécamp.
Randoux (Jean), de Fécamp, mort le 24 mai 1782.
Mutel (Jean), de Fécamp.
Le Dué (Georges), de Fécamp.
Palfray (Noël), de Fécamp.
Delaunay (Etienne), d'Angers.
Renoux (Pierre), d'Angers.
Beziau (François), d'Angers, mort le 23 mai 1782.
Durand (Pierre), d'Angers.
Hamoneau (Pierre), d'Angers.
Roger (Michel), d'Angers, mort le 27 mars 1782.
Guitter (Pierre), d'Angers.
Lorey (Julien), de Lorient, mort le 10 septembre 1782.
Faudrin (Jean), de Saint-Etienne.
Gigaud (Jean), d'Angers.
Bougron (Jacques), de Poitiers.
Gaumin (Sébastien), d'Orléans.
Dumond (Jean), de Dunkerque.
Martin (Claude), de Blois.

Blein (Jacques), de Blois.
Bessard (Claude), de Blois, mort le 9 octobre 1781.
Mourion (Etienne), de Blois, tué au combat du 12 avril 1782.
Henoux (Pierre) de Blois.
Gautier (Michel), de Blois.
Laurent (Pierre), de Brest.
Lefevre (Joseph), de Dijon.
Manière (Jean), de Caen.

Surnuméraires.

Royo (Jean), du Havre.
Michel (Jean), du Conquet.
Fournier (Pierre), de Brest.
Doublet (André), de Rennes.
Bernard (Sébastien), de Saint-Malo.
Donguy (Jean), d'Avranches.
Hulot (François), de Saint-Malo.
Adam (Pierre), de Tréguier.
Chevalier (François), de Brest.
Beurier (Georges), de Brest.
Chardon (Louis), de Paris.
Cany (Vital), de Lyon.

Mousses.

Thomas (Jean), de Quimper.
Laridon (Yves), de Faou.
Guermedic (Pierre), de Lorient.
Romo (Jacques), de Lorient.
Richard (Jean), de Lorient.
Samedy (Louis), de Lorient.
Duquay (Vincent), de Dinan.
Berthaud (Gabriel), de Saint-Servan.
Even (Louis), de Quimper.
Lefloch (Jacques), de Brest.
Morel (Jean), de Saint-Brieuc.
Rachinel (Jean), de Saint-Malo.
Boudrot (Joseph), de Saint-Malo.
La Rivière (Guillaume), de Saint-Malo.
Le Roy (Alain), de Saint-Malo.
Gaillard (Mathurin), de Saint-Brieuc.
Bazin (Jean), de Saint-Malo.
Ferron (Mathurin), de Saint-Brieuc, mort le 29 avril 1781.
Noël (Michel), de Saint-Malo.
Benoué (Jean), de Saint-Malo.
Quelen (François) de Saint-Malo.
Lucas (Julien), de Saint-Malo.
Morin (Jacques), de Saint-Malo.
Bourdé (Jean), de Saint-Malo.
Morel (Jacques), de Lorient.

Barbezieux (Pierre), de Saintes.
Simon (François), de Lambézellec.
Duval (Pierre), de Saint-Malo.
Duval (Jean), de Saint-Malo, mort le 18 mai 1782.
Douval (Jean), de Guipavas.
Le Sage (Louis), de Saint-Brieuc.
Paul (François), de Quimper.
Fron (Jean), du Havre.
Coussin (Bertrand), de Granville.
Desjardins (Jean), de Boulogne.
Robert (Gilles), de Dinan.
Cotonnet (Jean), de Quimper.
Liorzon (Vincent), de Recouvrance.
L'homme Dieu (Pierre), de Saint-Malo.
Marchand (Jacques), de Nantes.
Pasquier (René), d'Angers.
Amand (Germain), d'Angers, tué au combat du 12 avril 1782.
Huel (Georges), de Saint-Malo.
Boutry (Jean), de Saint-Malo.
Heulin (Gervais), de Saint-Malo.
Pichon (Jean), de Saint-Malo.
Pichard (Gilles), de Saint-Malo.
Paturel (Louis), de Saint-Malo.
Dezé (Jean), de Saint-Malo.
Bataille (Jacques), de Saint-Malo, mort à bord le 23 avril 1781.
Delaunay (Lucas), de Saint-Malo, mort à bord le 18 avril 1781.
Mazim (René), de Lesneven.
Géroux (Marin), de Saint-Malo.
Barré (Louis), de Châteaulin.
Daney (Amable), de Rouen.
Vateau (Ollivier), de Plouescat.
Pommeray (Jean), de Saint-Brieuc.

Domestiques.

Fontas (Pacifique), de Toulouse.
Simon (Jacques), de Lunéville.
Tessier (Louis), de Saint-Esprit.
Guillon (Jacques), de Vannes.
Girard (Martin), de Paris.
Le Roux (Hervé), de Morlaix.
Le Cun (Jean), de Guingamp.
Rolland (Pierre), de Lannion.
Le Guonidec (Yves), de Lannion.
Hamon (Jouan), de Tréguier.
Débouvand (Jean), de Armay-le-Duc.
Cadet (François), de Gourin, mort à bord le 6 août 1782.
Gapillon (Jean), de Rochefort, mort à bord le 9 juillet 1782.

L'IVELLY.

M. le Chevalier DURUMAIN, Lieutenant de vaisseau, Commandant.

ÉTAT-MAJOR.

Lieutenants de vaisseau.

Le Chevalier DURUMAIN.
Le Chevalier de COETANDO.

Enseignes de vaisseau.

Le S.r de BOULAINVILLIERS.
Le Chevalier de SAINT-PERN.

Officiers auxiliaires.

Le S.r DESTOUCHES le BORGNE, mort le 30 novembre 1778.
Le S.r JOLLY.

Chirurgiens-majors.

Le S.r PAVE.
Le S.r de BOISBELOT.

Aumônier.

OMAHONY (Abbé Bartholomé).

Volontaire.

Le S.r MAISONEUVE le MOINE.

Officiers-mariniers de manœuvre.

Emery (Jacques-Louis), premier maître, de Recouvrance.
Quéturus (Hervé), second maître, de Lanbévellec.
Haumond (Pierre-Jean), second maître, de Lorient.
Marrec (Marcel), contremaître, de Saint-Brieuc, mort à bord le 13 mars 1780.
Bodenes (Jean-Marie), bosseman, de Brest.
Le Burs (Jean), bosseman, de Paimpol.
Quivouron (Mathieu), quartier-maître, du Conquet.
Daniel (Pierre), quartier-maître, de Nantes.
Desvaux (Jean), quartier-maître, de Saint-Valéry.
Poirier (François), quartier-maître, de Dinan.
Bernard (André), quartier-maître, de Brest, mort à l'hôpital de Lorient le 25 mars 1780.
Poirier (Georges), quartier-maître, de Dinan.
Frelandin (Pierre), quartier-maître, de Saint-Brieuc.
Cadou (Pierre), quartier-maître, de l'Île d'Yeu.
Quiniou (François), quartier-maître, de Vannes.
Stardier (René), quartier-maître, d'Agen.

Officiers-mariniers de pilotage.

Solo (Jean-Louis), patron de chaloupe, de Saint-Brieuc.
Bouteiller (Louis-Marcel), premier pilote, de Granville.
Le Saulx (Yves), second pilote, de Saint-Brieuc.
Le Huby (Philippe-Charles), aide-pilote, de Granville.

Officiers-mariniers de canonnage.

Pinnié (Pierre), maître canonnier, de Lorient.
Mignard (Jean-Nicolas), premier canonnier, de Brest.
Le Marchand (Jean), second canonnier, de Dinan.
Le Floch (François), aide-canonnier, du Conquet.
Aubrée (Pierre), aide-canonnier, de Honfleur.
Courbé (Louis), aide-canonnier, de Brest.
Touyer (Jean), aide-canonnier, de Saint-Brieuc.
Godin (Jean), aide-canonnier, de Saint-Malo.
Denis (Victor), aide-canonnier, de Saint-Brieuc.
Le Jay (Pierre), aide-canonnier, de Dinan.
Houard (Sébastien), aide-canonnier, de Saint-Brieuc.
Drouet (Georges), aide-canonnier, de Granville.
Bougie (Mathurin), aide-canonnier, de Dinan.
Bergeron (Jean), aide-canonnier, de Rochefort.
Guillaner (Pierre), aide-canonnier, de Morlaix.
Petton (Richard), aide-canonnier, de Granville, mort à l'hôpital de Lorient le 3 mars 1780.
Grignard (Laurent), aide-canonnier, de Saint-Brieuc.
Blot (Louis-Jacques), aide-canonnier, du Havre.

Officiers-mariniers de charpentage.

Le Dantec (Philippe), maître charpentier, de Saint-Brieuc, mort à l'hôpital de Lorient le 8 mars 1780.
Kerno (Jacques), maître charpentier, de Lorient.
Le Munimier (François), second charpentier, de Caen.

Officiers-mariniers de calfatage.

Le Roux (Jean), second calfat, de Recouvrance.
Poiré (Jean-Baptiste), second calfat, du Havre.
Le Tessier (Mathieu), aide-calfat, de Saint-Malo.
Vaillant (Charles), aide-calfat, de Recouvrance, mort à bord le 22 février 1780.

Officiers-mariniers de voilerie.

Houradon (Jean), maître voilier de Bordeaux.
Bois (Antoine), aide-voilier, de Granville.
La Düe (Joseph), aide-voilier, de Saint-Brieuc, mort à bord le 21 octobre 1779.
Gonneau (Claude), aide-voilier, de Saint-Brieuc.

Gabiers.

Thierry (Pierre-François), de Honfleur.
Vigneron (Jean), de Saint-Malo.
Guyot (Guillaume), de Vannes.
Quellec (Laurent), de Belle-Île.
Rebours (Jean-Louis), de Saint-Brieuc.

Timoniers.

Tsurin (Pierre-Julien), d'Ouessant.
Blanchard (Julien), de Saint-Brieuc.
Chapelain (Hervé-Marie), de Recouvrance.
Caucan (Thomas-Marguerite), d'Ouessant.

Matelots.

Fondemer (Laurent), de Granville.
Doré (Mathurin), de Vannes.
Richard (Pierre), de Paimbœuf, mort à bord le 12 juillet 1779.
Gassel (Jean-Marie), de Recouvrance.
Allemart (Jean), de Saint-Brieuc.
Bertho (Jean-Louis), de Belle-Île.
Martin (Louis), de Honfleur.
Guérin (Julien), de Granville, mort à l'hôpital de Lorient.
Besro (Jean-François), de Saint-Brieuc, mort à bord le 30 octobre 1779.
Le Brun (Nicolas), de Morlaix.
Le Blanc (Jacques), de Honfleur.
Frelaudin (Claude), de Saint-Brieuc.
Duroz (Étienne), de Belle-Île.
Moreau (Jean-François), de Saint-Brieuc.
Autin (Guillaume-François), de Fécamp.
Coupé (Laurent-Nicolas), de la Hougue, mort à l'hôpital de Lorient le 11 avril 1781.
Clos (Jean), de Cherbourg, mort à bord le 20 septembre 1779.
Guillou (Louis), de Nantes.
Le Goff (Jean), de Recouvrance.
Garadec (Gilles), d'Ouessant.
Laot (Joseph), du Conquet, mort à l'hôpital de Fort-Royal le 20 juin 1779.
Le Fort (Adrien-Robert), de Boulogne.
Le Fèvre (Jacques-Vallery), de Saint-Valéry.
Le Neveu (Étienne), de la Hougue, mort à l'hôpital de Charleston le 21 novembre 1779.
Chagnon (Jean-François), de Granville.
Goslin (Emmanuel), de Brest.
Guillasser (Tangui), de Morlaix.
Blois (Jean-Marie), de Recouvrance.
Chevalier (Pierre), de Dinan.
Courtel (François-Jules), de Saint-Malo.
Themoin (Jean-François), de Saint-Brieuc.
Huleson (François), de Vannes, mort à bord le 17 février 1780.
Nicolas (Pierre), de Dinan.
Troadec (Pierre), de Morlaix, mort à l'hôpital de Lorient le 7 avril 1780.
Le Gras (Jean-Marie), de Saint-Malo.
Le Gal (Yves), de Tréguier.
Picaud (Bonaventure), de Vannes.

Heisine (Sébastien), de Granville, mort à l'hôpital de Lorient le 11 avril 1780.
Guilloret (Yves), de Lorient.
Marais (Jean-Henry), de Bordeaux.
Lihard (François), de Honfleur.
Nourry (Marcel-Noël), de Dieppe.
Gaillard (Sébastien), de Bordeaux.
Cordel (Pencrace), de Granville, mort à l'hôpital de Lorient le 4 avril 1780.
Tahé (François), de Nantes.
Le Lièvre (Charles-François), de Granville.
Ferret (Louis-Pierre), de Fécamp.
Dérou (Thomas), de Granville.
Malet (Jean), de Granville, mort à bord le 29 août 1779.
Le Vivier (François), de Granville.
Fauvel (Jacques-Suzanne), de Granville, mort à bord le 28 août 1779.
Hatey (Jean-Pierre), de Granville.
Tisseran (Jean), de Dinan, mort à bord le 20 décembre 1779.
Tifaigne (Etienne Camille), de Dieppe.
Le Blanc (Jacques), de Dieppe.
Houard (Marc), de Dieppe.
Aubry (Yves), de la Hougue.
Heurtel (Pierre), de Saint-Brieuc.
Hardy (Antoine), de la Hougue.
Corbel (Jacques), de la Hougue, mort à l'hôpital de la Guadeloupe le 11 janvier 1779.
Galloudec (Vincent), de Vannes.
Rivière (Jacques), de Rouen.
Jernot (Guillaume), de Saint-Brieuc, mort à l'hôpital de Lorient le 29 mars 1780.
Le Goupil (Jacques), de la Hougue.
Marre (Charles), de Rouen.
Maurice (Pierre), de Rouen.
Crosmier (Pierre), de Rouen.
Bourdé (Nicolas), de Rouen.
Gilbert (Jacques), de Rouen.
Radiguois (Louis), de Nantes, mort à l'hôpital de Lorient le 21 mars 1780.
Travers (Louis), de Cherbourg.
Cam (François), du Conquet, mort à l'hôpital de Lorient le 22 mars 1780.
Quersebec (Vincent), du Conquet.
Le Trilly (François), de Granville.
Chatel (Guillaume), de Granville.
Le Chevalier (Luc), de Granville.
Malet (Jean), de Granville.
Coquet (Jacques), de Granville.
Le Goff (Joseph), de Reconvrance.
Girard (Jean-Marie), de Lorient, mort à bord le 16 février 1780.
Charon (Julien), de Nantes.
Navarre (Jean-Baptiste), de Brest.
Maho (Joseph), de Brest.
Le Genty (Joseph), de Granville.
Le Chevalier (Charles), de Granville.

Roussel (Nicolas), de Saint-Brieuc.
Tréhen (Nicolas), de Saint-Brieuc.
Lanuzel (Jean), de Porspoder.
Boubennec (Vincent), de Saint-Brieuc, mort à l'hôpital de Lorient le 5 mars 1780.
Renaud (Michel), de Saint-Brieuc.
Lecher (Jean-Louis), de Saint-Brieuc.
Quémard (Jean), de Saint-Brieuc.
Causan (Jean-Marie), d'Ouessant.
Le Coué (Jean-François), de Brest.
Gaultier (Jean-Marie), de Rennes.
Querré (Sébastien), de Saint-Brieuc.
Cavallon (Barthélemy), du Croisic.
La Haye (Jacques-Christophe), de la Hougue.
Deskans (Claude), de Honfleur.
Léost (René), de Recouvrance.
Provost (Marie-Nicolas), de Rouen.
Hilaire (Jean-François), de la Martinique.
Sieurin (Charles), du Havre.
Le Borgne (René), de Brest.
Hillo (Mathieu), de Saint-Brieuc.
Bacant (François), de Dinan.
Denis (François), de Caen.
Isaac (François), de Fécamp.
Crochet (Julien), de Saint-Brieuc.
Touroude (Raphaël), de Caen.
Marquer (Jean-François), de Honfleur.
Drieux (Antoine), de Fécamp, mort le 12 avril 1780 à l'hôpital de Lorient.
Moriot (Nicolas-Laurent), de Rouen.
Colomb (François), de Montauban.
Guillou (Marc), de Saint-Brieuc.
Fravalle (François), de Vannes.
Le Guillaud (Joseph), de Vannes.
Hery (Guillaume), de Saint-Malo.
Bonhomme (Pierre-Jean), de Dinan.
Morin (François), de Saint-Brieuc, mort à l'hôpital de Lorient le 22 mars 1780.
Puchon (Pierre), de Saint-Malo.
Forrat (Honoré), de l'Ile de Ré.
Bonjour (Guillaume), de Dinan.
Cortonne (André), de Mâcon, mort à bord le 27 février 1780.
Brillant (François), de Dinan.
La Victoire (Pierre), d'Angoulême.
Biton (Yves), de Vannes.
Crolbaud (Jean), de Saint-Brieuc.
Maurice (François), de Vannes.
Hubert (Jean), de Bordeaux.
Lerot (Mathieu), de Libourne.
Girault (Jacques), de Marennes.
L'Eméric (Jean), de Dieppe.
Baudric (Pierre), de Saint-Michel.
Le Dentec (Pierre), de Saint-Malo.
Godichon (Jean), de Libourne.
Vironot (Jacques), de Marennes.

Nessance (Antoine), de Moissac.
Paquet (Pierre), de la Rochelle.
Boucheray (Jean), de Rochefort.
Bicot (Pierre), de Rochefort.

Surnuméraires.

Causan (Jean), pilote côtier, du Conquet, mort à l'hôpital de Fort-Royal le 17 avril 1779.
Ascouet (Charles), second chirurgien, de Brest.
Le Blanc (Menn), second chirurgien, de Rochefort.
Curveur (Julien), aide-chirurgien de Brest.

Commis du munitionnaire.

Cernon (Etienne), de Brest.
Bouzard (Ollivier), de Plouer.
Vigor (Nicolas), de Granville, mort à bord le 8 octobre 1779.

Moussos.

Cernon (Vincent), de Brest.
Colin (Jean), de Brest.
Brard (Armel), de Brest.
Lazennec (Claude-Marie), de Lorient.
Hubert (Jean-Marie), de Tréguier.
Godin (Jean), de Saint-Malo.
Prigent (Jean-François), du Conquet.
Le Cosse (François-Rolland), de Brest, mort à l'hôpital de Lorient le 13 mars 1780.
Pigeon (Julien), de Saint-Malo.
Malgorn (Daniel), d'Ouessant.
Fozecheur (Guillaume), de Saint-Renan.
Calvé (Jean-Marie), de Vannes.
Causan (Paul), d'Ouessant, mort à bord le 3 août 1778.
Tanguy (Allain), de Plouarzel.
Floch (Laurent), du Conquet.
Le Terrien (Guillaume), de Tréguier.
Raoul (Joseph-Marie), de Châtelaudren.
Le Dantec (Jean), de Saint-Brieuc.
Arthur (Ollivier), de Brest.
Caro (Dominique), de Lorient.
Messager (Mathurin), de Lorient.
Le Crocq (Noël), de Lorient.
Botterel (Pierre), de Saint-Malo.

Domestiques.

Sauvé (Mathurin), de Vannes.
Carré (Louis), de Vannes.
Basin (Jacques), de Brest.
Serad (Mathurin), de Lamballe.
Ricard (Ernest), de Quimper.
Le Roux (Hervé), de Brest.
Le Pluard (Jean), de Saint-Brieuc.
Marchand (Jean), de Nantes.

LE NORTHUMBERLAND.

MM. DE BRIQUEVILLE, le Chevalier DE MÉDINE, DE SAINT-CÉZAIRE, Capitaines de vaisseau, Commandants sous les ordres de M. le Marquis DE VAUDREUIL, Lieutenant général.

ÉTAT-MAJOR.

Lieutenant Général

Le Marquis de VAUDREUIL.

Capitaines de Vaisseau.

De BRIQUEVILLE.
De SAINT-CEZAIRE, mort de ses blessures le 4 avril 1782.
Le Chevalier de MÉDINE.

Lieutenants de Vaisseau.

De la METTERIE, tué au combat du 12 avril 1782.
De MONTBRUN.
D'YANVILLE.
De MENOU.
LEVENEUR de BEAUVAIS.
De PARROIS.
De REPENTIGNY.
Le Chevalier DESSON.
Le Chevalier de L'AIGUILLE.

Enseignes de vaisseau.

De COMBAUD.
De CHAUVIGNY.
De GUIQUERNEAU.

Lieutenants de frégate.

AUVRAY de la BLAISSIERE.
De BRUILLAC.

Officiers auxiliaires.

THOREL de la TROUPLINIERE.
Le Chevalier de BEDE.
De CHARMAIL.
GRIFFET
MARTINEAU.
De la BERQUERIE.
De FHOUMIRE (Victor).
BAUSSARD.
BREARD.

Chirurgien-major.

BARRE.

Aumônier.

BARATOIARD (Abbé).

Gardes de la marine.

CUSSY de VOUILLY.
Le Chevalier de BELLEFOND.
Le Chevalier de SAINT-PAIR.
D'IMBERT de le BRET.
De VAULX.
De VASSELOT.
Le Chevalier de BAUNAY.

Volontaires.

Maugé (François), de Granville.
Defontenelle.
Morandais Maillard.
Lhermitte.
Félix (Louis), de Marseille.
Berthelot du Gage, de Saint-Brieuc.
Judot, de Versailles.

Officiers-mariniers de manœuvre.

Jacquelot (Yves), premier maître, de Brest, mort le 23 août 1782.
Tobie (Guillaume), second maître, de Lorient.
Piriou (Jean), second maître, de Camaret.
Romain (Jacques), contremaître, de Granville, mort le 10 septembre 1781.
Le Roux (Malo), contremaître, de Saint-Malo.
Le Chevalier (Guillaume), contremaître, de Granville.
Igou (Louis), bosseman, de Honfleur.
Morne (Luc), bosseman, des Sables.
Grosnier (Jacques), quartier-maître, de Saint-Valéry, tué au combat du 5 septembre 1781.
Pocro (Guillaume), quartier-maître, de Vannes.
Perard (Charles), quartier-maître, de Boulogne.
Renaud (Jean), quartier-maître, de Lorient.
Couillard (Jacques), quartier-maître, de Granville.
Auffret (François), quartier-maître, de Dinan.
Gilles (Jean-Bernard), quartier-maître, de Fécamp.
Bourdon (Julien), quartier-maître, de Fécamp.

Officiers-mariniers de pilotage.

Longueville (Gilles), patron de chaloupe, de Granville.
Le Floch (Jean), patron de canot, de Saint-Brieuc.
Saget (Yves), patron de canot, de Dinan, mort le 13 juin 1782.
Mouton (Jérôme), premier pilote, de Brest.
Buret (François), second pilote, de Saint-Malo.
Lehuby (Nicolas), aide-pilote, de Granville.

Officiers-mariniers de canonnage.

Le Tellier (Pierre), maître canonnier, de Granville.
Bon (Michel), second canonnier, de Granville.
Vautier (Antoine), second canonnier, de Cherbourg.
Pousin (Vincent), second canonnier, de Dieppe.
Fossel (Augustin), aide-canonnier, de Granville.
Jouane (Gilles), aide-canonnier, de Granville.
Hauguain (Etienne), aide-canonnier, de Dieppe.
Groult (Jean), aide-canonnier, de Fécamp, mort à bord le 4 novembre 1781.
Chouquet (Louis), aide-canonnier, de Rouen.
Gommandé (Jean), aide-canonnier, de Brest.
Fitton (Pierre), aide-canonnier, de Granville.
Chesel (Jacques), aide-canonnier, de Granville.
Lemarquis (Jean), aide-canonnier, de Granville.
Lemignon (Nicolas), aide-canonnier, de Fécamp.
Gilbert (Pierre), aide-canonnier, de Granville.
Neveu (Pierre), aide-canonnier, de la Rochelle.
Turenne (Pierre), aide-canonnier, de Bordeaux.
Pascault (Guillaume), aide-canonnier, de Vannes.
Crespinel (Pierre), aide-canonnier, de Granville, mort le 15 juin 1782.
Mornay (Pierre), aide-canonnier, de Boulogne.
Rouvet (Louis), aide-canonnier, de Saint-Malo.
L'Ecrivain (Ollivier), aide-canonnier, de Granville.
Huaux (Jean), aide-canonnier, de Granville.
Le Tellier (Jacques), aide-canonnier, de Granville.
Balatorre (Louis), aide-canonnier, de Rouen.
Chevalier (Pierre), aide-canonnier, de Dinan.
Viret (Nicolas), aide-canonnier, de Granville.
Boucher (Jean), aide-canonnier, de Caen.
Revel (Jean), aide-canonnier, de Saint-Brieuc.
Bonnefoy (Pierre), aide-canonnier, de Caen.
Mazeas (Mathurin), aide-canonnier, du Conquet, mort à bord le 25 février 1782.
Giffard (Charles), aide-canonnier, de Dieppe, mort à bord le 15 juillet 1782.

Officiers-mariniers de charpentage.

Hellon (Etienne), maître charpentier, de Saint-Malo.
Bruet (Jean), second charpentier, de Saint-Malo.
Follevé (Jean), aide-charpentier, de Saint-Malo.
Delorme (Marc), aide-charpentier, de Saint-Malo.
Hausange (Pierre), aide-charpentier, de Saint-Malo, mort le 20 juin 1782.

Officiers-mariniers de calfatage.

Toullec (Yves), maître calfat, de Brest.
Lafrêne (Jacques), second calfat, de Granville.
Roussel (Guillaume), aide-calfat, de Saint-Malo.
Brouard (Louis), aide-calfat, de Dinan.
Vincent (Pierre), aide-calfat, de Saint-Brieuc.

Officiers-mariniers de voilerie.

Guenadou (Rolland), maître voilier de Camaret, mort à bord le 22 janvier 1783.
Bernard (Vincent), second voilier, de Lorient.
Lenaf (François), aide-voilier, de Brest.

Officiers-mariniers divers.

Marais (Gilles), de Cherbourg, mort le 6 juillet 1782.
Bellec (Jean), de Brest.
Calvès (Henry), de Brest.
Beillan (Pierre), de Fécamp.
Binet (Léon), du Havre.
Issoire (Jean), de Marseille.
Guillou (Guillaume), de Brest.
Jézéquel (Etienne), de Brest.
Fornelin (Louis), du Havre.
Hérou (Jean), de Granville.
Gourdan (Pierre), de Granville.
Réal (Etienne), de Marennes.
Le Bret (François), de Saint-Brieuc.
Gourdan (Jean), de Granville.
Avril (Jean), de Nantes.
Martineau (Jean), de Bordeaux.
Couché (Jacques), de Marennes.
La Cour (Jean), de Rochefort.
Adam (Isaac), de Rouen.
Derix (Pierre), de Dunkerque.
Baillache (Joseph), du Havre.
Panchoulle (Jean), de Fécamp.
Verne (Jean), de Quimper.
Millet (Nicolas), de Saint-Jean-d'Angély.
Quéméneur (Jean), de Brest.
Henry (Jean), de Rouen.
Claude (Louis), de Granville.
Gallon (Jean), de Saint-Malo, mort le 27 juillet 1782.
Orange (Charles), de Caen, mort le 5 janvier 1783.
Bonniou (Pierre), de Dinan.
Bouillard (Allain), de Dinan, mort le 11 février 1782.
Bordeaux (Pierre), de Saint-Malo.
Philippe (Gilles), de Granville.
Vavissier (Vincent), des Sables.
Vallier (Joseph), de Saint-Malo.
Thomas (André), de Granville.
Jouglas (Esprit), de Toulon.
Piquet (Jean), de Dieppe, mort à bord le 29 octobre 1781.
Audibert (Nazaire), de Marseille.
Imbert (Claude), de Toulon.
Caussey (Jean), de Granville.
Fouque (Louis), de Toulon.
Saulle (Jean), de Toulon.
Ripert (Jean), de Toulon, mort le 23 juin 1783.
Bernard (Jean), de Toulon, mort le 14 juin 1782.
Alix (Bon), de la Hougue.

Joilly (François), de Saint-Malo.
Creven (Guillaume), de Recouvrance.
Olivier (Nicolas), de Brest.
Lau (Michel), de Brest.
Farin (Charles), de Honfleur.
Campi (Pierre), de Saint-Brieuc.
Perret (Jean), de Granville.
Le Cerf (Charles), du Havre.
Hue (François), du Havre.
Le Caplain (Pierre), de Granville.
Barbier (Joachim), de Nantes.
Robert (Jean), de Fécamp.
Gilbert (Louis), de Cherbourg.
La Rue (Jean), de Saint-Malo.
Falaise (Alexis), de Rouen.
Baron (Pierre), de Dinan.
Lenormand (Jean), de Caen.
Duval (Jacques), de Granville.
Le Pan (François), de l'Ile-aux-Moines.
Causit (Benoit), de Vannes.
Galipet (François), de Granville.
Duval (Julien), de Cherbourg.
Chrétien (Guillaume), de Cherbourg, mort à bord le 26 août 1781.
Boulin (Jacques), de Saint-Malo.
Arsan (Charles), de Granville, mort le 4 décembre 1782.
Gonteau (Jean), de la Ciotat.
Houdain (François), du Havre.
Pinto (Joachim), de Vannes.
Duthuit (Jacques), de Rouen.
Le Broc (Jacques), de Saint-Servan.
Haller (Sébastien), de Nantes.
Minier (Jacques), de Nantes.
Baziro (Jean), de Granville.
Drouet (François), de Dieppe.
Perrier (André), de Nantes.
Du Genêts (André), de Nantes.
Faconay (Claude), de Paimbœuf.
Dupont (Michel), de Granville.
Menard (François), de Granville.
Gatblé (Grégoire), de Quimper.
Morier (Jacques), de Nantes.
Roger (Pierre), de Granville.
Dutertre (François), de Saint-Malo.
Dattin (Jean), de Granville.
Lamort (François), de Granville.

Gabiers et timoniers.

Gren (Pierre), de Brest, mort le 15 juin 1782.
Laville (Pierre), de Blaye.
Decoville (Louis), de Honfleur.
Malheux (André), de Rouen.
Fardet (Bertrand), de Vannes.
Quetel (François), du Havre.
Paquier (Pierre), de Fécamp.
Bidault (Toussaint), de la Hougue.
Pommier (François), de Granville.
Dillay (Pierre), de Granville.
Delatre (Pierre), de Boulogne.
Delourmeau (Antoine), de Marennes.
Fantome (Joseph), de Cherbourg.
Huet (Robert), de Rouen.
Toullec (François), de Brest.
Foille (Barthélémy), de Grenoble.
Langu (René), de Rennes.
Ruzaouen (François), du Conquet.
Bodonnec (Joseph), du Conquet.

Le Boucher, de Brest.
Derrien (Olivier), de Brest.
César (Joseph), de Metz.
Stéphany (Louis), de Brest.
Gilbert (André), de Rennes.
Fany (Hugues), de Dijon.
Février (Mathieu), de Brest.
Le Cerf (Yves), de Saint-Brieuc.
Denis (Noël), de Saint-Brieuc, mort le 8 août 1782.
Le Colenne (Pierre), de Saint-Brieuc.
Nicolas (Pierre), de Saint-Brieuc, mort le 22 septembre 1781.
Vitel (Raoul), de Saint-Brieuc.
Vérité (Yves), de Saint-Brieuc.
Maurice (Louis), de Saint-Brieuc, mort le 17 juin 1782.
Camiot (Laurent), de Saint-Brieuc.
Joanne (René), de Saint-Brieuc.
Lyard (Yves), de Saint-Brieuc.
Duhamel (Yves), de Saint-Brieuc.
Le Gonidec (Guillaume), de Saint-Brieuc.
Camiot (Jean), de Saint-Brieuc, mort à bord le 11 août 1782.
Allain (Louis), de Saint-Brieuc.
Mainguy (François), de Saint-Brieuc, tué au combat du 9 avril 1782.
Thomas (Jean), de Saint-Brieuc.
Le Masson (Jean), de Dinan.
François (Charles), de Saint-Brieuc.
Hervé (Mathurin), de Saint-Brieuc.
Houard (Mathurin), de Saint-Brieuc.
Le Gonidec (François), de Saint-Brieuc.
Herry (Ollivier), de Saint-Brieuc.
Jagot (Jean), de Saint-Brieuc.
Housson (Jean), de Saint-Malo.
De l'Epine (Mathurin), de Saint-Malo.
Dogues (Guillaume), de Saint-Malo.
Bourdenois (Jean), de Saint-Malo.
Fontaine (Jean), de Saint-Malo, mort le 12 mars 1782.
Le Camus (François), de Saint-Malo, mort à bord le 26 août 1781.
Lourmac (Pierre), de Saint-Malo.
Nicolas (Pierre), de Dinan.
Brejeon (André), de Dinan.
Grabot (François), de Dinan.
Santiec (Yves), de Saint-Malo.
Cottard (Julien), de Dinan, mort le 11 février 1782.
Cretien (François), de Dinan, mort à bord le 6 novembre 1781.
Lefranc (Jacques), de Saint-Malo, mort à bord le 21 juillet 1781.
Sevestre (Joseph), de Dinan.
Montier (Mathurin), de Dinan.
Houchet (François), de Dinan.
Hubert (Félix), de Dinan.
Diés (Henry), de Dinan.
Priou (Alain), de Dinan.
Gilbert (Jean), de Saint-Malo.
Robert (Servan), de Saint-Malo.
Beaulieu (Jean), de Dinan, mort le 5 juin 1782.
Le Vent (Jean), de Dinan, mort à bord le 19 août 1781.

Matelots.

Conan (Louis), de Quimper.
Lemaître (François), de Quimper, noyé le 24 mars 1782.

Pontais (Léonard), de Libourne.
Etève (Antoine), de Honfleur.
Toutain (Jean), du Havre, mort le 28 avril 1782.
Melenec (Pierre), de Vannes.
Dourmat (François), de Lorient.
Chapelain (Vincent), de Lorient.
Harnois (Jean), de Lorient.
Hervian (Honoré), de Lorient.
Le Scène (Jacques), de Granville.
Petit (Guillaume), de Granville.
Coupard (Jean), de Granville.
Boisson (Jean), de Rochefort.
Dolmas (Jean), de Montpellier.
Liénard (Pierre), de Nantes.
Bouézec (François), de Lorient.
Grenet (Etienne), de Rouen.
Langlais (Jean), de Saint-Brieuc.
Harel (Jacques), de Nantes, mort le 19 février 1783.
Bucail (Pierre), de Honfleur.
Juliard (Joseph), de Vannes.
Durand (Guillaume), du Croisic.
De Grandmaison (Bernard), de Nantes.
Botaize (Pierre), de Bayonne.
Tasta (Jean), de Bordeaux.
Huzard (Guillaume), de Bordeaux, mort le 31 octobre 1782.
Ropart (Jean), de Nantes.
Cobet (François), de Nantes.
Hilineau (Pierre), des Sables.
Bihan (Jean), des Sables.
Briand (Jean), de Saint-Jean-de-Luz.
Deluy (Jérôme), de Marseille, mort à bord le 13 août 1782.
Adam (Jean), de Blaye.
Gouvard (Pierre), des Sables.
Thibaud (Pascal), de Marmande.
Chevritte (Jean), de Saint-Jean-de-Luz.
Jaunier (Antoine), de Saint-Jean-de-Luz.
Matelas (Martin), de Bayonne.
Miller (André), de Bayonne.
Coppock (Thomas), de Philadelphie.
Jacomet (Bernard), de Bayonne.
Picasuret (Jean), de Saint-Jean-de-Luz.
Arsénaguet (Bernard), d'Arles.
Joulot (Pierre), de Bayonne.
Maurice (César), de la Plaine.
Bennetot (Jean), de Marennes.
David (Joseph), de Blaye.
Denis (François), de Toulouse, mort à bord le 20 juillet 1782.
Garochia (Louis), de Toulouse.
Maillet (Jean), de Bordeaux.
Pudain (Julien), de Dinan.
Fommet (Louis), de Libourne.
Jacquet (François), de Libourne.
Grangion (René), de Saint-Malo.
Suillot (Jean), de Saint-Malo.
Coadou (Jean), de Saint-Brieuc.
Chique (Raimond), de Toulouse.
Bernard (Robert), d'Isigny.
Patouillé (Remy), de Rennes.
Raux (Jean), de Vannes.
Trigan (Bernard), de Toulouse.
Delorme (Jean), de Bordeaux.
Siou (Jean), de Faou.
Fleury (Jean), de Rochefort.
Ducasse (Alexis), de Condamine.

Drouin (François), de Nantes.
Ragody (Pierre), d'Oléron.
Noaille (Jean), de Bayonne.
La Caze (Jean), de Royan.
Remy (Jean), de Paris.
Comte (Michel), de Toulon.
Lafond (Bernard), de Bordeaux.
Flouet (Jacques), de Dieppe.
Philippe (Luc), de Nantes.
Chardounais (Paul), de Saint-Brieuc, tué au combat du 12 avril 1782.
Tournevache (René), de Dinan.
Maneville (Jean), du Havre.
Chapelain (Jacques), de Quimper.
Lainé (Pierre), de Dieppe.
Asdin (Jacques), de Granville.
Agé (Léon), de Jonzac.
Parenton (Yves), de Saint-Brieuc.
Robin (Jacques), de Saint-Malo.
L'Ecossais (Louis), de Fécamp.
Olivier (Jean), de Dieppe.
Heurtaut (François), de Dieppe.
Le Prêtre (Louis), du Havre.
Pelé (Antoine), d'Orléans.
Duchemin (Nicolas), de Rouen.
Gimer (Pierre), du Havre.
Le Puche (Etienne), de Tréguier.
Pierre (Jacques), de Saint-Brieuc.
Clida (Jean), de Royan.
Chantaux (Barthélémy), de Bergerac.
Montalieu (François), de Bordeaux.
Lefournier (Gabriel), de la Hougue.
Beaumont (François), de Honfleur.
Hultin (Julien), de Granville.
Pascal (Jean), du Havre.
Lorrin (Louis), de Dieppe.
Pouchin (Jean), de Cherbourg.
Godichon (Claude), de Rochefort.
Laidé (Jean), du Havre.
Pouchin (Louis-Jean) fils, de Cherbourg.
Harel (Jacques), de Toulouse.
Delâtre (Nicolas), de Rouen.
Gracœur (François), de Dinan.
Grimau (Joseph), de Saint-Malo.
Planche (Joseph), de Marseille.
Cantel (Gabriel), de Lisieux.
Thomas (Jean), de Belle-Ile.
Audu (Pierre), de Dieppe.
Pintel (Pierre), de Saint-Malo.
La Bonne (Jacques), de Nevers.
Petit (Charles), de Saint-Maixent.
Le Roux (Louis), de Lorient.
Poirier (Pierre), de Granville.
Charbonneau (Moïse), de la Rochelle.
Verdun (André), de Lunéville.
Bonnet (Martin), de Fécamp.
Dumont (Jean), de Paris.
Pian (Julien), de Dinan.
Coupit (Jean), de Nantes.
Asselin (Jean), de Dieppe.
Forgé (Jean), d'Alençon.
Charbonnat (Pierre), de Rennes.
Michan (François), d'Auxerre.
Nicole (Charles), de Granville.
Poder (Jean), de Quimper.
Mignan (Louis), de Vannes.
Marechal (Philippe), de Brissac.
Chérel (Joseph), de Rennes.

Blayeau (Jacques), de Lorient.
Bourvalisc (Guillaume), de Lorient.
Mathurin (Pierre), de Saint-Malo.
Josse (Jean), du Havre.

Novices.

Le Sourd (François), de Vannes.
Doroux (Augustin), des Sables.
Daroux (Jacques), des Sables.
Charlot (Jean), de Honfleur.
Friscalenne (Jean), de Honfleur.
Pastey (Jacques), de Honfleur.
Baislin (Jean), de Honfleur, tué au combat du 12 avril 1782.
Guillou (Yves), de Saint-Brieuc.
Monjaret (Nicolas), mort le 24 juin 1781.
Le Galannec (François).
Grosampis (François), mort le 3 octobre 1782.
Le Polloc (Jean), de Tréguier, mort à bord le 6 avril 1781.
Camard (Mathurin), de Saint-Brieuc, mort le 12 juillet 1781.
Le Vaillant (Jacques), de Caen.
Le Quinquis (Hervé), de Saint-Renan, mort le 21 juin 1781.
Georgelin (Julien), de Saint-Brieuc.
Derval (François), des Sables, mort à bord le 16 avril 1781.
Tabrare (Jean), de Vannes, mort le 6 août 1781.
Maguere (Gilles), de Vannes.
Cabon (Yves), de Vannes, mort le 21 septembre 1781.
Charles (Yves), de Tréguier.
L'Ecuyer (Jacques), de Saint-Brieuc.
Tanguy (François), de Saint-Brieuc.
Couture (François), de Honfleur.
Guilbaudeau (François), de Nantes.
Varlet (Louis), de Calais.
Farjet (Armand), de Bordeaux, mort le 27 octobre 1781.
Delpot (Pierre), de Marmande.
Abac (Antoine), d'Orléans.
Dupuis (Antoine), de Marmande.
Touillot (Charles), de Nancy.
Champagne (Joseph), de Vannes, mort le 31 juillet 1781.
Hébert (Jean), de Cherbourg.
Le Sourd (Louis), d'Angers.
Goron (Vincent), de Pontivy.
Goron (Joseph), de Pontivy.
Guibert (Pierre), d'Orléans.
Chauffour (Laurent), d'Orléans.
Le Duc (Henry), de Châteauneuf, tué au combat du 9 avril 1782.
Ducloux (Pierre), de Châteauneuf.
Besnard (Mesmin), de Châteauneuf.
Refau (Grégoire), de la Charité.
Julien (Charles), de la Charité.
Guerente (Pierre), de Rouen.
Rousseau (Pierre), de Lorient.
Verdon (Casimir), des Sables.
Boutet (François), de Saint-Brieuc.
Trotin (François), de Lamballe.
Avenet (François), de Véretz, mort à bord le 19 juillet 1781.
Lor (Pierre), d'Orléans, mort le 16 mai 1782.
Thiron (Martin), d'Orléans.
Pinsau (Jean), d'Orléans, tué au combat du 9 avril 1782.

LE SCIPION.

(De mars 1781 à octobre 1781.)

M. DE CLAVEL, Capitaine de vaisseau, Commandant, puis M. GRIMOUARD, Capitaine de vaisseau, Commandant.

ÉTAT-MAJOR.

Capitaines de vaisseau.

De CLAVEL, Commandant.
GRIMOUARD, blessé au combat du 17 octobre 1782, Commandant.

Lieutenants de vaisseau.

Le Chevalier d'ASSAS, blessé aux combats des 12 avril et 17 octobre 1782.
DESPINASSY.
Le Chevalier de FOUCAUT, blessé au combat du 17 octobre 1782.

Enseignes de vaisseau.

De CLAVEL.
LE ROY DELAGRANGE.
BOUQUIER.
DIAZ.

Lieutenants de frégate.

GUBRIANT.
MISTRAL, blessé au combat du 17 octobre 1782.
OURSEL.
RACOULT.
De BEJURY.

Officier auxiliaire.

DIRON.

Chirurgien.

LA PEYRONIE.

Aumônier.

L'abbé ROUX.

Gardes de la marine.

De TERRAS.
COLLAS de la BARONIE.
DUPATY.
COUTEVILLE, blessé au combat du 17 octobre 1782.

Volontaires.

Desgenet, de Recouvrance.
Gabbé, de Rochefort, tué au combat du 12 avril 1782.
Paslon (Jacques), de Rochefort, blessé au combat du 17 octobre 1782.
Lenouvel (Joseph), de Saint-Aubin, tué au combat du 17 octobre 1782.
Lemaux (Pierre), de Vannes.
Le Chevalier d'Ainfreville.

Officiers-mariniers de manœuvre.

Planchur (Joseph), premier maître, de Toulon, tué au combat du 17 octobre 1782.
Pinson (Louis), premier maître, de Saint-Malo, mort le 30 mai 1782.
Papin (André), second maître, de Marennes, blessé au combat du 17 octobre 1782, mort des suites le 30 octobre 1782.
Thobie (Guillaume), second maître, de Lorient.
Jouet (Jacques), contremaître, de l'Ile de Ré.
Dubois (Jacques), contremaître, du Havre.
Nicouleau (Jean), bosseman, de Libourne.
Laurent (Joseph), bosseman, des Sables, blessé au combat du 12 avril 1782.
Bonssy (Elie), patron de chaloupe, de Marennes.
Fencan (Guillaume), quartier-maître, d'Oléron.
Chétif (Jean), quartier-maître, de Marennes.
Léveillé (Etienne), quartier-maître, de la Rochelle.
Raynaud (Dominique), quartier-maître, de Bayonne.
Pas (François), quartier-maître, de Blaye.
Baudet (Guillaume), quartier-maître, de Libourne.
André (François), quartier-maître, de l'Ile de Ré, blessé au combat du 17 octobre 1782.
Nadaud (Antoine), quartier-maître, de l'Ile de Ré.
Lavau, quartier-maître, des Sables.
Tharnaud (Jean), quartier-maître, de Fécamp.
Maurice (Jacques), quartier-maître, de Nantes.
Diron (Jean), quartier-maître, de Saint-Jean-de-Luz.
Petit (Pierre), quartier-maître, du Havre.

Officiers-mariniers de pilotage.

Dusselle (Zacarie), aide-pilote, de Libourne.
Lacoste (Raymond), aide-pilote, de Bayonne, blessé au combat du 17 octobre, 1782.

Officiers-mariniers de canonnage.

Beaudet (Jean), maître canonnier, de Libourne.
Pyarnier (Raymond), maître canonnier, de Rochefort.
Paulet (Jean), second canonnier, de Toulouse.
Maurin (Louis), second canonnier, de Marennes.
Gazelle (Raymond), second canonnier, de Marmande.
Bouillon (Jean), aide-canonnier, de Bordeaux.
Maureau (François), aide-canonnier, de Rochefort, blessé au combat du 17 octobre 1782.
Rabayre (Louis), aide-canonnier, de Blaye.
Fretier (Louis), aide-canonnier, de Bordeaux.
Deschamps (Jean), aide-canonnier, de Saintes.
Petit (Antoine), aide-canonnier, de l'Ile de Ré.
Galois (Jean), aide-canonnier, des Sables.
Crulau (Jean), aide-canonnier, des Sables.
Orsonneau (Jacques), aide-canonnier, de l'Ile d'Yeu.
Barrouase (Jean), aide-canonnier, des Saintes.
Morgan (Jean), aide-canonnier, de Marmande, mort le 3 mai 1782.
Vincent (Charles), aide-canonnier, de Fécamp.
Penevel (Robert), aide-canonnier, de Fécamp.
Le Roy (Thomas), aide-canonnier, de la Hougue.
Morin (Jean), aide-canonnier, de Saint-Malo.
André (Gabriel), aide-canonnier, d'Angoulême.
Barreau (Pierre), aide-canonnier, d'Angoulême.
Terrien (Louis), aide-canonnier, de Royan, blessé, au combat du 12 avril 1782.
Rulier (Jean), aide-canonnier, de l'Ile de Ré.
Magnan (Maurice), aide-canonnier des Sables.
Rousseau (Antoine), aide-canonnier, des Sables.
Borde (Jean), aide-canonnier, de Bordeaux.
Turin (Michel), aide-canonnier, de Fécamp.
Boucher (René), aide-canonnier, de Cherbourg.
Auger (Louis), aide-canonnier, de Granville.
Jolivet (Jean), aide-canonnier, de Granville.
Lacardouelle (Michel), aide-canonnier, de Granville, mort le 13 juin 1782.
Dulot (Jean), aide-canonnier, de Granville, mort le 10 février 1783.
Thenard (Joseph), aide-canonnier, de Saint-Malo.
Bertaud (Jean), aide-canonnier, d'Oléron, mort le 30 octobre 1782.

Officiers-mariniers de charpentage.

Teissier (Antoine), maître charpentier, de Rochefort, mort le 30 septembre 1781.
Charier (Pierre), second charpentier, de Rochefort.
Bergeron (Jacques), aide-charpentier, de Rochefort.
Maillet (François), aide-charpentier, de Rochefort.
Fournier (Pierre), aide-charpentier, de Rochefort.

Officiers-mariniers de calfatage.

Duqueaut (Gabriel), maître calfat, de Recouvrance.
Besselièvre (Jean), second calfat, de Granville.

Saugé (François), de Blaye.
Lapottrée (Pierre), de Libourne.
Chanjon (Pierre), de Libourne, mort le 13 janvier 1782.
Nougarède (Jean), de Libourne.
Bremon (Félix), de Libourne.
Saint-Aurin (Meno), de Marmande, blessé au combat du 12 avril 1782.
Labrone (Antoine), de Marmande, mort le 15 octobre 1781.
Castau (Antoine), de Marmande, mort le 14 juin 1781.
Moreau (François), de Marmande.
Alien (Jean), de Marmande.
Marattre (Pierre), de Toulouse.
Privat (Jean), de Toulouse, mort le 29 juin 1782.
Laccassat (Bernard), de Toulouse.
Dat (Jacques), de Toulouse.
Tarme (Guillaume), de Montauban.
Cassagne (Bernard), de Montauban, mort le 10 décembre 1781.
Courières (André), de Montauban.
Maffre (Jean), de Montauban.
Gallat (Antoine), de Montauban.
Fiossal (Jean), de Montauban.
Trébuchet (Jean), de Montauban.
Dottelle (Antoine), de Montauban.
Demans (Jacques), de Bayonne, mort le 23 septembre 1781.
Peinnes (Bertrand), de Bayonne, mort le 11 avril 1781.
Paillette (Jean), de Saint-Jean-de-Luz.
Ramillau (Martin), de Saint-Jean-de-Luz.
Cayol (Mathieu), de Marseille.
Marie (Joseph), d'Agde.
Boyer (Etienne), d'Arles.
Girdonné (Jacques), de la Corse, mort le 23 février 1782.
Alleriny (Thomas), de la Corse, mort le 17 février 1782.
Marchavellon (Augustin), de la Corse.
Perrugiano (Barthélemy), de la Corse.
Grégory (Pierre), de la Corse, mort le 18 février 1782.
Cassilogue (Joseph), de Narbonne.
Garcin (Jean), de Toulon.
Chapenel (Pierre), de la Ciotat, mort le 17 octobre 1782.
Rives (Xavier), de Saint-Tropez.
Coulet (Jacques), de Marseille.
Mingaud (Jacques), de Marseille.
Laguel (Vincent), d'Arles.
Abra (Jean), d'Arles.
Maffre (Jean), d'Agde.
Four (Paul), de Narbonne.
Morelly (François), de la Corse.
Tosto (Thomas), de la Corse.
Descroville (Louis), de Dieppe.
Pelvitain (François), de Dieppe.
Rayne (Michel), de Dieppe.
Dutornay (Antoine), de Dieppe.
Monnier (Joseph), de Dieppe.
Hervieux (François), de Dieppe.
Ferret (Guillaume), de Fécamp.
Barré (Pierre), de Fécamp.
Lesosse (Pierre), de Fécamp.
Soudry (Pierre), de Fécamp.
Loizel (Barthélemy), de Fécamp.
Massé (Nicolas), de Fécamp.
Vincent (Noël), du Havre.

Guischard (Joseph), du Havre.
Roscop (Pierre), du Havre.
Daubenec (Nicolas), du Havre.
Maray (Ambroise), du Havre.
Lepage (Louis), du Havre, blessé au combat du 29 avril 1781.
Emery (Joseph), du Havre.
Merien (Jacques), du Havre.
Magdelaine (Etienne), de Honfleur.
Delalay (Charles), de Cherbourg.
Loira (Adrien), de Cherbourg.
Etas (Charles), de Cherbourg.
Menel (Thomas), de Cherbourg, mort le 14 décembre 1781.
Gosselin (Joseph), de Cherbourg.
Reverre (Louis), de Cherbourg.
Bertrand (François), de Cherbourg.
Le Gaillard (Richard), de Cherbourg, tué le 27 mars 1781.
Alix (Denis), de la Hougue.
Broisse (Jean), de la Hougue.
Cuquemelle (Jean), de la Hougue.
Cousin (Gervais), de Rouen.
Langraine (Louis), de Rouen.
Turgis (Quentin), de Rouen.
Le Roy (René), de Granville, blessé au combat du 17 octobre 1782.
Néel (Gilles), de Granville.
Lubert (Joseph), de Granville.
Poirier (Pierre), de Granville.
Peré (René), de Granville.
Esnolle (Jean), de Granville, mort le 31 octobre 1781.
Mette (Jean), de Granville.
Eon (Jean), de Granville.
Hebert (Charles), de Granville.
Lelandois (Michel), de Granville.
Davenelle (Jean), de Granville, blessé au combat du 12 avril 1782.
Eon (Jacques), de Granville, blessé au combat du 17 octobre 1782.
Desroches (Michel), de Granville.
Couillard (Pierre), de Granville.
Bouton (Jean), de Saint-Malo.
Hervé (Pierre), de Saint-Malo.
Fouace (Isaac), de Saint-Malo, noyé le 24 août 1781.
Sallé (Henry), de Saint-Malo.
Huët (Mathurin), de Saint-Malo, tué au combat du 17 octobre 1782.
Pin (Jean), de Saint-Raphaël.
Liot (Claude), de Saint-Tropez.
Dejean (Gabriel), de Cette.
Thomas (Jacques), de Rennes.
Meolo (Noël), de Vitré.
Montreuil (Louis), de Vitré.
Bourgogno (Joseph), de Marseille.
Cadenet (Jean), de Marseille.
Lunare (Mathurin), d'Angers.
Brévart (Jean), de Paris.
Dufrenay (Jacques), de Paris.
Forge (Jean), de Nogent-le-Rotrou.
Barthelemy (Jean), de Metz.
Boucher (Cozard), de Marseille.
Millot (Jean), de Toulouse.
Durand (Jean), de Boulogne.
Lenormand (Vincent), de Vannes.
Montassier (Pierre), de Niort.
Rousset (François), de Saint-Malo.
Honoré (Lazard), de Marseille.
Guilbaud (Jean), de Bordeaux.

Thomasson (Jean), de Marseille.
Ablins (Pierre), de Nantes.
Bernard (Jean), de Nantes.
Perreau (Ollivier), de Nantes, mort le 5 avril 1782.
Charon (Etienne), du Croisic, mort le 31 juillet 1782.
David (Joseph), de Nantes, blessé au combat du 17 octobre 1782.
Trouillard (Michel), de Nantes.
Godet (Joseph), de Nantes.
Delaunay (Julien), de Nantes, mort le 21 février 1782.
Hay (Toussaint), de Nantes.
Millet (Jacques), de Nantes.
Gautier (Jean), de Nantes.
Bruchard (Pierre), de Nantes.
Morassiny (Jean), de la Corse.
Bertrand (Jean), de la Rochelle.
Delaunay (Pierre), de Coutance.
Richard (Jean), du Croisic.
Priou (Jean), du Croisic.
Barouet (Jean), de Bayonne.
Fournier (Barthélemy), de Bayonne, mort le 4 mai 1782.
Piconnet (Bernard), de Blaye.
Peneau (Pierre), de Bordeaux.
Barrouet (Dominique), de Bayonne.
Moche (Maffre), de Toulouse.
Durand (Thomas), du Havre.
Faure (Louis), de Nantes.
Hameau (François), de Saint-Malo, mort le 22 février 1782.
Dupé (François), de Nantes.
Casteneau (Pierre), de Bordeaux.
Jefretot (Joseph), de Saint-Brieuc.
Roussier (Joseph), de Versailles, tué au combat du 17 octobre 1782.
Boissier (Pierre), de Saint-Malo.
Hamon (François), de Saint-Brieuc.
Bouvier (Louis), de Lyon.
Combé (Jean), de Saint-Malo.
Gautier (François), de Dinan.
George (Jacques), de Lorient.
Lepenet (François), de Saint-Malo.
Laudain (François), de Granville.
Labbé (Jean), de Dinan.
Chauvin (Jean), de Chartres.
Berthomé (Adrien), de Nantes.
Godard (Guillaume), de Rennes.
Gauchard (René), de Nantes.
Roger (Mathurin), de Saint-Malo.
Lurron (François), de Libourne.
Lepinotte (Louis), de la Rochelle.
Bonnefaune (Jean), de Boston (Amérique).
Neveux (Pierre), de Bayonne.
Nouvalette (Pierre), de Reims.
Chomin (Julien), de Honfleur.
Tesseigre (Michaud), de Honfleur.
Audibert (Jean), de Toulon.
Sauvage (Louis), du Havre.
Guinard (Pierre), de Saint-Malo.
Lépine (François), de Granville.
Laurent (Jean), de Saint-Martin-de-Ré.
Rozé (Gabriel), de Bergerac.
Astier (François), de Marseille.
Datoche (Jean), de Verdun.
Dupuis (Pierre), de Grenoble.
Rohan (Jacques), de Dinan.
Trouillet (Jacques), de Bordeaux.

Lefèvre (Denis), de Caen.
Vatel (Nicolas), de Rouen, blessé au combat du 17 octobre 1782.
Rougeau (Jean), de Rennes.
Foison (Louis), de Noirmoutiers.
Duprat (Jean), de Cahors.
Pamson (Pierre), du Havre.
Richard (Antoine), de Caen.
Tertour (Benjamin), Américain.
Soulet (François), de Cette.
Magé (Jean), de Nantes.
Fabre (Denis), de Marseille.
Daniel (Pierre), de Paimbœuf.
Lignon (Jean), de Narbonne.
Le Goff (Louis), de Lorient.
Bernay (Jean), de Bordeaux.

Novices.

Rayé (Jean), de Saintes.
Pnillou (Jacques), de Moissac.
Privat (François), de Saintes.
Guilcher (Pierre), de Quimper.
Bourdas (Mathurin), de Rennes.
Bourvelec (Guillaume), de Lorient.
Gaudin (François), de Rennes.
Guiffé (Jean), de Brest.
Monnier (Pierre), de Lorient.
Saunier (Thomas), de Fécamp, mort le 15 janvier 1782.
Toroyer (Charles), de Fécamp.
Maurau (Louis), de Fécamp, mort le 14 avril 1781.
Gloria (Jacques), de Fécamp, mort le 11 juin 1781.
Primo (Nicolas), de Fécamp.
Goupille (Pierre), de Fécamp.
Masson (Jean), de Fécamp.
Dessauroy (Pierre), de Fécamp.
Jouet (Jean), de Fécamp, mort le 1er avril 1781.
Grancher (Pierre), de Fécamp.
Saunier (Martin), de Dieppe, mort le 5 mars 1782.
Auduc (Pierre), de Dieppe.
Le Mercier (René), de Dieppe, mort le 25 août 1781.
Lefèvre (Nicolas), de Dieppe.
Maurien (François), de Dieppe, mort le 23 février 1782.
Roynard (Jean), de Dieppe, mort le 5 juillet 1781.
Tellier (Guillaume), de Dieppe.
Piton (Antoine), de Dieppe, mort le 23 juillet 1781.
Dumont (Adrien), de Dieppe.
Moquet (Jacques), de Dieppe.
Mauger (François), de Cherbourg.
Le Boulanger (Pierre), de Cherbourg.
Frégoure (Eustache), de Cherbourg.
Langlois (Toussaint), de Cherbourg.

Ganne (Jean), de Cherbourg.
Frigaud (Étienne), de Cherbourg.
Mize (François), d'Angers, mort le 27 juin 1781.
Thibault (Maurice), de Paris, tué au combat du 12 avril 1782.
Benoist (Louis), de Rouen.
Piont (Nicolas), de Paris.
Piont (Nicolas), de Paris.
Chatard (Nicolas), de Paris, blessé au combat du 12 avril 1782.
Varin (Louis), de Honfleur, mort le 20 février 1782.
Guillemart (Jacques), de Honfleur.
Henoux (Gaspard), de Honfleur.
Serville (Jean), du Havre.
Le Mour (Yves), de Lorient.
Blaye (Jacques), de Lorient.
Chatard (Gervais), de Paris.
Tranchard (Guillaume), de Paris.
Tessau (Gabriel), de Paris.
Boucher (Jean), de Paris.
Domiquet (Jean), d'Amiens, mort le 6 avril 1781.
Jean (Jacques), de Paris.
Lairoux (François), de Lamarche.
Louet (Gervais), d'Amiens, mort le 11 août 1781.
Loyer (Mathurin), de Saint-Brieuc.
Gégu (Yves), de Saint Brieuc, mort le 1er décembre 1781.
Boissard (Jacques), de Saint Brieuc, mort le 5 juin 1782.
Charbonneau (Nicolas), de la Rochelle.

Surnuméraires.

Negret (Antoine), d'Agde.
Le Gal (Michel), du Conquet.
Prevost (Pierre), du Conquet.
Beoud (René), d'Angers.
Rouzé (Jean), de Rennes.
Clavel (Honor), de Toulon.
Collombel (Michel), de Toulouse.
Gondel (Jacques), de Reims.
Darrien (Jean), de Rennes.
Turge (Claude), de Roanne.
Dousset (Joseph), de Blaye.
Grenouilleau (Charles), de Toulon.
Daugas (François), de Toulouse.

Mousses.

Aigreteau (Jacques), de Marennes.
La Pot (Pierre), de la Rochelle.
Viaud (Pierre), de Marennes.
Blanchard (Jean), de Marennes.
Lagrange (Antoine), de Saintes.
Papelineau (Jean), de la Rochelle.
Joussaume (Jean), de Rochefort.
Danière (Pierre), de Marennes.
Le Bras (Yves), de Pontrieux.

Marquere (Louis), de Nantes.
Cottin (Georges), de Lorient.
Bebon (Guillaume), de Lorient.
Millon (Mathurin), de Lorient.
Roulleau (Ciprien), du Croisic.
Grissau (Jean), de Saint-Malo.
Le Moine (Louis), de Saint-Malo.
Langlois (Augustin), de Saint-Malo.
Rollet (Jean), de Saint Malo.
Gourmelon (Guillaume), de Brest.
Lepage (Yves), de Fontleux.
Imatauda (André), de Vannes.
Deslandes (Louis), de Rennes.
Puentel (Pierre), de Saint-Malo.
Laloy (Michel), de Saint-Malo, mort le 23 juillet 1781.
Charbonnet (Pierre), de Saint Malo.
Cazou (Louis), de Lille.
Dianeilon (Bernard), de Roscanvel.
Le Bonhomme (Jacques), de Saint-Malo.
Donis (Jean), de Caen, noyé le 16 mai 1781.
Labé (Jean), de Saint-Malo.
Loisel (Jean), de Caen.
Jambry (Jean), de Saint-Brieuc.
Josad (Pierre), de Saint-Brieuc.
Cordron (Joseph), de Lorient.
Le Guen (René), de Morlaix.
Baillet (Jacques), de Dieppe.
Soubin (Hervé), de Brest.
Pichol (Hervé), de Morlaix, blessé au combat du 12 avril 1782.
Etienne (Jean), de Saint-Brieuc.
Coistien (Jean), de Brest.
Landrouet (René), de Dinan.
Jouano (Olivier), de Brest.
Loubriz (Jean), de Brest.
Jego (Pierre), de Tréguier.
Gautier (Jean), de Morlaix, mort le 2 août 1781.
Quiffetou (Guillaume), de Lannion.
Cotuin (Yves), de Saint-Brieuc, mort le 6 juillet 1781.
Pedal (Yves), de Brest.
Prevost (Joseph), de Royan.
Guichard (Yves), de Saint-Malo.
Vigneau (Nicolas), de Nancy.

Domestiques.

Le Gal (Jean), de Quimper.
Renaud (Jean), de Toulouse.
Fotin (Benoist), de Lyon.
Lahouce (Yves), de Lannion, mort le 1er juillet 1781.
Dommé (Gilbert), de Clermont.
Jestin (Mathurin), de Guipavas.
Gavein (Simon), de Saint-Malo.
Acmelin (Michel), de Toulon.
Le Roux (Hervé), de Saint-Pol-de-Léon.
Guérin (Joseph), de Rennes.
Escardin (Joseph), de Saint-Malo.

LE SCEPTRE.

(De janvier 1781 à avril 1783.)

M. le Comte DE VAUDREUIL, Capitaine de vaisseau, Commandant, puis M. DE LAPÉROUSE, Capitaine de vaisseau, Commandant.

ÉTAT-MAJOR.

Capitaines de vaisseau.

Le Comte de VAUDREUIL, Commandant.
De LAPÉROUZE, Commandant.
Le Marquis de LUZIGNAN, mort le 21 juillet 1782.
THIERY.

Lieutenants de vaisseau.

MALLET de PUIVALIUR.
De LIGNERIE.
DANTIN.

Enseignes de vaisseau.

De MERVILLE.
DESMIVY DAURIBEAU.
De LAULANIC.
Le Chevalier de PAROY.
DASSOR de BEAUREGARD.
Le Chevalier de BOIRON.
De SAULMIER.
LEGROING.

Lieutenants de frégate.

De SAINT-GERMAIN.
GALIOT DESPERIERES.

Officiers auxiliaires.

LEFEBVRE.
De KERVES de BRUILLAC.
DUCHENE.
MAUBACHIER.
GERARD.
MOREL.

Chirurgiens.

CHEMINEAU MITTON.
DUPONT.

Aumônier.

CLOUPET (Tiburo).

Gardes de la marine.

Le Chevalier de VASSELOT.
BEUFVRIE DESPALIGNY.
LASILVATRIE.
DUVAU.
De MOULIVAULT.
Le Chevalier du PERROUX.
Le Chevalier de SAINT-SERAUD.
De MONTAMAS.
De LABOURDONNAYE.
LE BAILLY.

Volontaires.

Faures (Charles), de Saintes.
Saint-Germain fils.

De Grissac.
Dominger.
Combeau (André), de Ciré.
De Savignac (Bernard), de la Rochelle.
Durand, de Mortagne.
Duchenot, de Saint-Malo.

Officiers-mariniers de manœuvre.

Marquizeau (Charles), premier maître, de Rochefort.
Sinot (Pierre), premier maître, de Saint-Malo.
Sozeau (Pierre), second maître, de la Rochelle.
Turbé (Charles), second maître, de l'Ile d'Yeu.
Loisy (Pierre), contremaître, de Rochefort.
Dupeux (Antoine), contremaître, de l'Ile de Ré.
Jubillard (Pierre), bosseman, d'Oléron, mort à bord le 16 septembre 1782.
Suire (Jacob), bosseman, de Marennes.
Boucheron (Urbain), quartier-maître, de Noirmoutiers.
Henry (François), quartier-maître, de l'Ile d'Yeu.
Orsonneau (Jean), quartier-maître, des Sables.
Chambert (Pierre), quartier-maître, de Saintes.
Brisard (François), quartier-maître, de l'Ile de Ré.
Foucher (Joseph), quartier-maître, des Sables, mort à bord le 30 août 1782.
Pascaud (Jean), quartier-maître, des Sables, tué au combat du 12 avril 1782.
Amiot (Jean), quartier-maître, de Saintes, mort à bord le 11 octobre 1782.
Le Cam (Guillaume), quartier-maître, de Brest, mort à bord le 13 octobre 1782.
Graves (Etienne), quartier-maître, de Marennes.
Bourdonneau (Jacques), quartier-maître, de Marennes.
Morizonneau (Jean), quartier-maître, de Royan.

Officiers-mariniers de pilotage.

Caillot (Pierre), patron de canot, de l'Ile de Ré.
Parenteau (Barthélemy), patron de canot d'Oléron.
Boianeau (Jean), premier pilote, de Rochefort.
Daniel (Jean), second pilote, des Sables.
Bussac (André), second pilote, de Rochefort.
Gaudineau (Pierre), second pilote, de la Rochelle, mort le 13 octobre 1782.

Officiers-mariniers de canonnage.

Macouin (André), maître canonnier, des Sables.

Jourdain (Jean), maître canonnier, de Marennes.
Fortin (Jean), maître canonnier, de Rochefort.
Lafarge (François), second canonnier, de Saintes.
Garnier (André), second canonnier, de Royan.
Gaillard (Charles), second canonnier, de Granville.
Pinto (Thomas), aide-canonnier, de Vannes, mort à bord le 25 septembre 1782.
Paris (André), aide-canonnier, de Royan, mort le 25 juin 1783.
Bazeau (Thomas), aide-canonnier, de Saintes.
Guérin (Joachim), aide-canonnier, des Sables.
Octeau (Jean), aide-canonnier, de la Rochelle.
Chevalier (Pierre), aide-canonnier, de Lupin (Rochefort).
Renaudeau (Louis), aide-canonnier, de Marennes.
Baluteau (Denis), aide-canonnier, de Saintes.
Gendre (Jacques), aide-canonnier, de Toulouse.
Vinet (Jacques), aide-canonnier, de l'Ile d'Aix.
Savignac (Jean), aide-canonnier, de l'Ile de Ré.
Berdet (Louis), aide-canonnier, de Toulouse, mort le 18 octobre 1782.
Auger (Pierre), aide-canonnier, d'Oléron, mort à bord le 3 août 1782.
Gazin (Pierre), aide-canonnier, de Fouras, a eu un bras coupé au combat du 12 avril 1782, mort le 21 dudit.
Perret (Jean), aide-canonnier, de Fouras.
Mesnard (Pierre), aide-canonnier, de Saintes.
Binaud (Jean), aide-canonnier, de Rochefort.
Guirau (Jean), aide-canonnier, de Blaye.
Pain (Pierre), aide-canonnier, de Marennes.
Moulineau (Etienne), aide-canonnier, de Marennes.
Fradet (Antoine), aide-canonnier, de Blaye.
Arnaud (Jacques), aide-canonnier, des Sables.
Taffin (René), aide-canonnier, de Rochefort.
Deschamps (Pierre), aide-canonnier, de Saintes.
Elis (André), aide-canonnier, d'Oléron.
Bitteau (Marc), aide-canonnier, des Sables.
Ducoudray (Guillaume), aide-canonnier, de Camaret, mort le 21 juin 1781.
Leveques (David), aide-canonnier, de Montauban.
Ducasse (Joseph), aide-canonnier, de Bayonne, mort le 16 octobre 1782.

Parisy (Jean), aide-canonnier, de Bayonne.
Barbançon (Jean), aide-canonnier de Cherbourg, mort le 16 février 1783.
Dauger (Adrien), aide-canonnier, de Lorient.
Sidet (Jean), aide-canonnier, de Nantes.

Officiers-mariniers de charpentage.

Oitly (Henry), maître charpentier, de Rochefort, mort à bord le 9 juin 1782.
Roy (André), maître charpentier, de Rochefort.
Laglaine (Louis), second charpentier, de Rochefort.
Rostin (Pierre), second charpentier, de Bordeaux.
Forestier (Jean), aide charpentier, de Rochefort.

Officiers-mariniers de calfatage.

Fragneau (Jacques), maître calfat, de Rochefort, mort à bord le 5 septembre 1783.
Touin (Louis), aide-calfat, de Rochefort.
Chauvin (François), aide-calfat, de Rochefort.
Rousseau (François), aide calfat, de Rochefort.

Officiers-mariniers de voilerie.

Bouquet (Jean), maître voilier, de Rochefort.
Bouet (François), maître voilier, de Rochefort.
Chevrier (Etienne), second voilier, de Port-des-Barques.

Officiers-mariniers divers.

Laurin (Jacques), de Saint-Brieuc.
Girard (Jean), de Dinan, mort à bord le 10 juillet 1782.
Gachet (Jean), de Royan.
Roger (Jean), de Royan, mort le 17 octobre 1782.
Mazouet (Pierre), de Rochefort.
Abramo (Michel), de Rochefort.
Taudin (Jean), de Bordeaux.
Brian (René), des Sables.
Surat (Michel), de Bordeaux, mort le 23 février 1782.
Paulet (Pierre), de Toulouse.
Fouquet (Pierre), de la Rochelle.
Brun (Arnaud), de Blaye, mort le 9 octobre 1782.
Guillaume (Guignolet), du Croisic.
Labat (François), de Marmande, tué au combat du 12 avril 1782.
Rousseau (François), de Marmande.
Siriac (François), de Libourne.
Robert (Louis), de Royan.
Mouchez (Jean), de Marmande, mort le 16 août 1784.
Maudret (Pierre), de l'ile d'Yeu, mort à bord le 3 octobre 1782.
Dutil (Jean), de Marmande.
Redon (Julien), de Saint-Brieuc.
Flamand (Jean), de Brest.
Buteau (Thomas), de Granville.
Jaquette (Honoré), de la Ciotat.
Bequet (Jacques), de Granville.
Gracia (Pierre), de Marseille.
Legrand (Jean), de Dunkerque.
Malenfant (Jean), du Croisic, mort à bord le 6 septembre 1782.

Desustin (Pierre), de Saint-Brieuc, mort à bord le 3 octobre 1782.
Maubieu (Michel), de Brest.
Malenfant (Nicolas), de Saint-Brieuc.
Marsanne (Jean), de Normoutiers.
Juglais (Jean), de Marennes.
Megy (Victor), de Marseille.
Augier (Joseph), de Toulon.
Rouillé (Jean), des Sables.
Bon Ami (Jean), de Rouen.
Robinet (Alexis), de Saint-Brieuc.
Dorion (Simon), du Havre.
Guérin (Mathieu), de Nantes.
Ardouin (René), de Saint-Brieuc.
Barbedienne (François), de Saint-Brieuc.
Laumard (Joseph), de Toulon.
Huguen (François), de Brest.
Roux (Michel), de Libourne.
Fourcades (Joseph), de Normoutiers.
Bresci (Pierre), de Montauban.

Gabiers.

Bernard (Pierre), de Blaye.
De Loyen (Michel), d'Oléron.
Maurin (François), de Saintes, mort le 16 mars 1782.
Filloux (Jacques), de Fouras.
Dibon (René), des Sables.
Gouffet (Pierre), de Saint-Malo.
Roturier (Pierre), de Blaye.
Varin (Pierre), de la Rochelle.
Bignon (Louis), de Blaye.
Gambin (Jean), de Marennes.
Fournier (Charles), de Marennes.

Timoniers.

Boisson (Jean), de Blaye.
Tabois (Pierre), de Saintes.
Torchon (Jean), de la Rochelle.
Andreau (Berthomieu), de Libourne.
Gally (François), de Cherbourg.
Druion (Pierre), de Saintes.
Queron (Jean), de Bordeaux.
Le Breton (Charles), de l'Ile de Ré.
Allard (Jean), de Blaye.
Dupuis (Jean), de Bordeaux.

Matelots.

Martin (Pierre), de Rochefort.
Patron (Jean), de Rochefort.
Gautier (Michel), de Rochefort, mort le 23 janvier 1783.
Gibert (Pierre), de Rochefort, mort à bord le 31 août 1782.
Mallet (Mathieu), de Rochefort.
Age (Pierre), de Rochefort, mort à bord le 9 août 1782.
Aury (Pierre), de Rochefort.
Thelon (Louis), de Rochefort.
Matron (Pierre), de Rochefort.
Perret (Pierre), de Fouras, mort en octobre 1782.
Texier (Pierre), de Rochefort.
Durand (Jean), de Rochefort.
Durand (Pierre), de Rochefort.
Balureau (Jean), de Rochefort.
La Chaume (Henry), de Rochefort.
Pineau (Jean), de Rochefort.
Fort (François), de Rochefort.
Moquet (Léon), de Rochefort.

Moulin (Pierre), de Rochefort.
Pachot (Pierre), de Rochefort.
Raymond (Jean), de Blaye, mort le 2 novembre 1782.
Renaud (Jean), de Blaye.
Desage (Pierre), de Blaye.
Grésil (Pierre), de Rochefort.
Doussand (Antoine), de Blaye.
Rabiot (Nicolas), de Saintes.
Bogouin (Charles), de Saintes, mort le 13 mai 1782.
Pain (Simon), de Saintes.
Chabac (François), de Saintes, blessé au combat du 12 avril 1782.
David (Jean), de Saintes.
Roche (Jacques), de Saintes.
Laurent (Jean), de Saintes.
Guillet (Jean), de Saintes.
Poitevin (Jean), de Saintes, mort le 17 juillet 1781.
Textet (Jean), de Saintes.
Brunet (Louis), de Saintes.
Gilet (Jean), de Saintes.
Garnier (Louis), de Saintes.
Philippot (Jean), de Saintes, mort le 9 février 1783.
Daud (Jacques), de Saintes, tué au combat du 12 avril 1782.
Mazureau (Jean), de Saintes.
Boisblaud (Pierre), de Salaies.
Drouilhou (Jean), d'Angoulême.
Guelopeau (Pierre), d'Angoulême.
Savarnau (Jean), de Marennes.
Barjeau (Jacques), de Marennes.
Jourdain (Jean), de Marennes.
Brun (Pierre), de Marennes.
Valé (Nicolas), de Marennes.
Palnau (Pierre), de Marennes.
Bertin (François), de Marennes.
Seguen (Pierre), de Marennes.
Letard (Jean), de Marennes.
Blois (Etienne), de Marennes, tué au combat du 12 avril 1782.
Berger (Jean), de Marennes.
Boisseau (Pierre), de Marennes.
Paroche (André), de Marennes.
Constantin (Jean), de Marennes.
Gorreau (Pierre), de Marennes.
Tibaudau (Michel), de Marennes.
Moreau (Jean), d'Oléron, mort à bord le 17 août 1782.
Richard (Simon), d'Oléron.
Marot (Pierre), d'Oléron.
Dayan (Pierre), d'Oléron.
Godeau (Guillaume), d'Oléron.
Sagain (Jean), d'Oléron.
Lievre (Pierre), d'Oléron.
Dion (Luc) d'Oléron.
Joyeau (Simon), d'Oléron.
Dagon (André), d'Oléron.
Garnier (Etienne), d'Oléron, mort en octobre 1782.
Dumontel (Jean), d'Oléron.
Steteau (Jacques), d'Oléron.
Videau (Pierre), d'Oléron.
Papeau (Pierre), d'Oléron.
Deloumeau (Philippe), d'Oléron.
Privat (Pierre), d'Oléron.
Bon (François), d'Oléron.
Bouyer (Pierre), d'Oléron.

Plisson (Jean), d'Oléron, blessé au combat du 5 septembre 1781, mort de ses blessures le 14 septembre 1781.
Renaud (Jean), cadet, de Royan.
Berruchet (Michel), de Royan, mort à bord le 14 septembre 1782.
Lucazeau (Jean), de Royan.
Brilouin (Gabriel), de Royan.
Couillo (Jean), de Royan, mort à bord le 10 octobre 1782.
Renaud (Jean), aîné, de Royan.
Gudeau (Nicolas), de Royan, mort le 11 août 1781.
Lièvres (Jacques), de Royan.
Texier (Jean), de la Rochelle.
Garnier (Louis), aîné, de la Rochelle, mort à bord le 17 janvier 1782.
Morillac (Antoine), de la Rochelle.
Tard (Barthélémy), de la Rochelle.
Garnier (Louis), cadet, de la Rochelle.
Simonet (Jean), de la Rochelle.
Muzeau (Pierre), de la Rochelle, mort le 12 novembre 1782.
Tibault (Simon), de la Rochelle.
Coupeau (Jacques), de la Rochelle.
Rousseau (Noël), de la Rochelle, mort à bord le 20 novembre 1781.
Gautron (Thomas), de la Rochelle.
Monnier (Pierre), de la Rochelle.
Lucas (Alexandre), de la Rochelle.
Clion (André), de la Rochelle.
Monnier (Louis), de la Rochelle.
Texier (Jean), de la Rochelle.
Cochard (Jean), de la Rochelle.
Girard (André), de la Rochelle.
Faucheux (Jean), de Cherbourg.
Deguet (Jean), de Granville.
Rollet (Eutrope), de l'Ile de Ré.
Pescher (Etienne), de l'Ile de Ré.
Bernicard (François), de l'Ile de Ré.
Guillodeau (Alexandre), de l'Ile de Ré.
Dupeux (Jean), de l'Ile de Ré.
Ardouin (Adrien), de l'Ile de Ré.
Bourios (Joseph), de l'Ile de Ré.
Reneau (André), de l'Ile de Ré.
Mercereau (Pierre), de l'Ile de Ré.
Cailleau (Jean), de l'Ile de Ré.
Renaud (Pierre), de l'Ile de Ré.
Plaideau (François), de l'Ile de Ré, mort à bord le 26 septembre 1782.
Mignol (Joseph), de l'Ile de Ré.
Remigard (Jean), de l'Ile de Ré.
Raffin (Pierre), de l'Ile de Ré.
Chevalier (Pierre), de l'Ile de Ré.
Bourgneuf (Jacques), de l'Ile de Ré.
Ravan (Jean), des Sables, mort le 10 août 1781.
Papon (Louis), des Sables, mort à bord le 12 septembre 1781.
Prou (Pierre), des Sables.
Guerineau (Jacques), des Sables.
Fevres (Mathurin), des Sables, mort à bord le 17 novembre 1781.
Juteau (Pierre), des Sables.
David (Jean), de l'Ile d'Yeu.
Bonnot (Pierre), des Sables, mort à bord le 20 septembre 1782.
Le Roy (Joseph), de Noirmoutiers.
Galles (Jacques), de Bordeaux, mort le 17 octobre 1782.
Heyraud (Jacques), de Bordeaux.
Caudran (Jean), de Bordeaux.

Franc (Jean), de Bordeaux.
Foucassier (Joseph), de Bordeaux.
Maraudet (Pierre), de Bordeaux.
Carteau (Colin), de Bordeaux.
Luzeau (Pierre), de Bordeaux.
Dutrenil (Bernard), de Bordeaux.
Borde (Arnaud), de Bordeaux.
Bourdieu (Jean), de Bordeaux, mort le 25 novembre 1782.
Bereau (Philippe), de Bordeaux.
Lacombe (Jean) de Bordeaux.
Lacoste (Pierre), de Bordeaux.
Prosper (Jean), de Bordeaux.
Norteaux (Guillaume), de Bordeaux.
Officiat (Jacques), de Bordeaux.
Lafond (Antoine), de Bordeaux.
Betin (Michel), de Bordeaux, mort à bord le 26 septembre 1782.
Roset (Pierre), de Bordeaux.
Bouet (Antoine), de Bordeaux.
Dosard (Jean), de Bordeaux.
Raimond (Pierre), de Bordeaux.
Angaud (Arnaud), de Bordeaux.
Aristoix (Jacques), de Bordeaux.
Lallman (Jean), de Marmande.
Larue (Pierre), de Libourne.
Baye (Bertrand), de Libourne, mort bord le 21 avril 1782.
Montaugon (Jacques), de Libourne.
Chaigneau (Jean), de Libourne.
Caillibeau (Jean), de Libourne.
Guilbert (Louis), de Libourne.
Maurin (Pierre), de Libourne, tué au combat du 12 avril 1782.
Peruche (Etienne), de Libourne.
Simard (Jean), de Libourne.
Brun (Jean), de Libourne.
Pelletan (Jean), de Libourne, mort le 6 août 1781.
Ducasse (Raymond), de Libourne, mort le 2 novembre 1782.
Guignoux (Jean), de Toulouse, mort le 18 juillet 1781.
Arnaud (Pierre), de la Teste.
Morin (Blaise), de Marmande, mort à bord le 3 juin 1782.
Turé (Jean), de Marmande.
Coste (Jean), de Marmande.
Lamarque (Antoine), de Marmande, mort le 11 novembre 1782.
Guillon (Guillaume), de Marmande, mort à bord le 20 septembre 1782.
Duluc (Jean), de Marmande, mort le 2 juillet 1781.
Labeau (François), de Marmande, tué au combat du 12 avril 1782.
Bignon (Michel), de Marmande.
Bordenave (Nicolas), de Marmande.
Faucher (Jean), de Marmande.
Larquey (Simon), de Marmande.
Lagrave (Bertrand), de Marmande.
Lacoste (Louis), de Marmande, tué au combat du 12 avril 1782.
Filliot (Pierre), de Marmande.
Lasalle (Joseph), de Marmande.
Barelet (Louis), de Marmande.
Ricard (Pierre), de Marmande.
Chapouillé (Pierre), de Marmande.
Anseignan (Antoine), de Marmande.
Delpech (Bernard), de Marmande, mort à bord le 10 septembre 1782.
Guitard (Jean), de Marmande.

Duval (Charles), de Marmande, blessé au combat du 12 avril 1782, mort à bord le 12 octobre 1782.
Faisaubat (Pierre), de Marmande.
Bidot (Bernard), de Marmande.
Maladie (Jean), de Marmande.
Raingaud (Joseph), de Marmande.
Lauge (Pierre), de Marmande.
Balaus (Jean), de Marmande.
Olivier (Guillaume), de Marmande, mort le 14 février 1782.
Magelonne (Bertrand), de Toulouse.
Cazevielle (Jean), de Toulouse.
Bizon (Antoine), de Toulouse.
Dambeau (Jean), de Toulouse.
Rivière (Antoine), de Toulouse.
Gaillaguet (François), de Toulouse, mort à bord le 11 octobre 1782.
Fournil (Jacques), de Toulouse.
Pourquier (François), de Toulouse.
Cazés (Jean), de Toulouse.
Lavigne (Jean), de Toulouse.
Lamoureux (Jean), de Toulouse, mort à bord le 7 octobre 1782.
Louberde (Jean), de Toulouse, mort à bord le 3 octobre 1782.
Delpon (Pierre), de Toulouse.
Baron (Jean), de Toulouse, mort le 15 octobre 1782.
Darbos (François), de Toulouse.
Cioutat (François), de Toulouse.
Cioutat (Bernard), de Toulouse.
Double (Jean), de Toulouse.
Caubet (Jean), de Toulouse.
Rouy (Guillaume), de Toulouse.
Massies (Gaspard), de Toulouse, mort à bord le 8 octobre 1782.
Cruzel (Pierre), de Toulouse.
Faugas (Antoine), de Toulouse.
Saux (Jean), de Toulouse.
Serrés (Jean), de Toulouse.
Garigues (Bernard), de Toulouse.
Giret (Etienne), de Toulouse.
Sauturin (Pierre), de Toulouse.
Delmasse (Jean), de la Rochelle, mort le 21 mai 1782.
Pareau (Pierre), de Toulouse.
Publeu (Joseph), de Toulouse, tué au combat du 12 avril 1782.
Boyer (Jean), de Toulouse.
Dellac (Jean), de Toulouse.
Souton (Antoine), de Toulouse.
Salba (Jean), de Toulouse.
Larive (Jean), de Toulouse.
Alexis (Pierre), de Toulouse.
Taillefer (Jean), de Montauban.
Charles (Hugues), de Montauban, mort à bord le 11 octobre 1782.
Bertrand (Pierre), de Montauban.
Dabart (Jean), de Montauban.
Faures (Jean), de Montauban.
Delprat (Jean), de Montauban.
Boyer (Antoine), de Montauban.
Lamoulinery (François), de Montauban.
Angilbert (Jean), de Montauban.
Michelet (Pierre), de Montauban.
Dorel (Etienne), de Montauban.
Floquet (Guillaume), de Montauban.
Lacroix (Bernard), de Montauban.
Martin (Jean), de Montauban, tué au combat du 12 avril 1782.

Guillot (Etienne), de Marennes.
Laps (Jean), de Rochefort.
Garat (Pierre), de Marennes.
Bicolet (François), d'Avranches.
Dupuy (Louis), de la Charité, mort à bord le 18 juin 1781.
Vaillant (Clément), de la Rochelle.
Limoge (François), de Limoges.
Lestoré (François), de Châtillon.
Tavigné (Pierre), de Fougères.
Ménager (André), de Saintes, mort le 28 juillet 1781.
Bruitre (Yves), du Croisic.
Victoire (Pierre), de Montauban.
Trobic (Guillaume), du Croisic.
Augé (Julien), du Croisic.
Pelé (Pierre), de Saint-Malo.
Le Gars (Nicolas), de Nantes.
Thomas (Pierre), de Nantes.
Moriau (Vincent), de Nantes, mort le 6 août 1781.
Oré (Louis), de Nantes.
Chauvert (Julien), de Nantes.
Tellon (Jean), de Rochefort.
Pouvreau (Louis), de Nantes.
Louerat (Honoré), de Nantes.
Diale (Jean), de Nantes, mort à bord le 17 août 1781.
Pascaud (Julien), de Nantes, mort le 21 février 1782.
Robin (Jean), de Nantes.
Drot (Louis), de Nantes.
Libourdais (Joseph), de Nantes.
Cruau (François), de Nantes.
Crenny (François), de Quimper.
Henry (Guillaume), de Tréguier.
Robert (Jacques), de Vannes.
Rivet (Pierre), de Rennes.
Touche (Jean), de Saint-Malo.
Authon (François), de Tréguier, amputé d'un membre au combat du 12 avril 1782.
Nivol (Mathurin), de Dinan a eu une cuisse coupée au combat du 12 avril 1782.
Foisart (Louis), de Saint-Brieuc.
Caillenu (François), d'Angers.
Bouille (Jean), de Paris.
Hamel (Mathieu), d'Elbeuf.
Chef de Ville (Jean), d'Evreux.
Le Condoit (Pierre), de Tréguier.
Galmar (Bastien), du Mans.
Tillon (Mathieu), de Dinan.
Martin (François), d'Elbeuf.
Salaun (Guillaume), de Quimper, tué au combat du 12 avril 1782.
Louete (André), de Granville.
Marmiguez (Louis), de Rennes.
Ludeux (Mathurin), de Nantes, mort à bord le 8 octobre 1782.
Rousseau (Pierre), d'Orléans.
Toudoux (Charles), de Saint-Malo.
Bouju (Claude), d'Alençon, mort le 26 avril 1782.
Boyer (Bernard), d'Orléans.
Berdechée (François), de Nantes.
Charles (Jean), de Dunkerque.
Dubrun (Pierre), de Rennes.
Maugé (Jacques), de Honfleur, mort à bord le 14 août 1782.
Guignant (Bernard), de Bordeaux.
Dias (Jean), de Paris.
Petit (Pierre), de Versailles.

Belato (Bernard), de Saint-Jean-de-Luz.
Parenton (Yves), de Tréguier.
Kervalet (Jean), de Brest.
Lerour (Jean), de Brest.
Galoupeau (Bertrand), de Bordeaux.
Derides (François), de Landerneau, mort à bord le 11 octobre 1782.
Leguens (Jean), de Brest.
Foger (François), de Saint-Brieuc, mort à bord le 10 octobre 1782.
Marsin (Jacques), de Quimper.
Lavenant (Jean), de Morlaix.
Balanet (Bernard), de Brest.
Heuauet (Mathias), de Brest.
Dauleday (Allain), de Saint-Brieuc.
Merveilloux (François), de Morlaix, mort à bord le 11 septembre 1782.
Thomas (Guillaume), de Vannes.
Geoffroy (Pierre), de Dinan.

Surnuméraires.

Cassasus (Charles), de Rochefort.
Cadou (Jean), de l'Ile d'Yeu.
Lescaff (Jean), du Conquet.
Brivin (Jacques), de Rochefort.
Crestien (Pierre), de Périgueux.
Guey (Paul), de Cognac.
Chevalier (Pierre), de Saint-Malo.
Legal (Jean), de Vannes.
Pertuis (Dominique), de Rochefort.
Neveu (Jean), de Rouen.
Viaud (Pierre), de Jarnac, mort le 24 janvier 1782.
Dupon (François), de Jarnac.
Delion (Julien), de Nancy.
Butte (Clément), de Rochefort.
Lanoue (Jean), de Rochefort.
Merino (Jean), de Marennes.
Merie (Pierre), de Marmande.
Florens (Marie), d'Aix.
Parseau (François), de la Martinique.
Giquel (Jacques), de Saint-Brieuc.

Mousses.

Marquizeau (Pierre), de Rochefort.
Girard (François), de Rochefort, mort le 15 octobre 1782.
Bouchard (François), de Soubise.
Querré (François), de Soubise.
Lanoue (Jean), de Rochefort.
Aimond (Pierre), de Rochefort.
Chagné (Pierre), de Moise.
Roustet (Jean), de Rochefort.
Deloumeau (Jacques), de Marennes.
Chaleau (André), de Tonnay-Charente.
Templier (Jean), de Saintes.
Gouin (Jean), de Saintes.
Bouquet (Cristophe), de Saintes.
Thomas (Jean), de Toulon.
Foucher (Jean), de Saintes.
Torchut (Pierre), de Marennes.
Renaud (Antoine), de Rochefort.
Gibeau (François), de Rochefort.
Bouzaine (Joseph), de Rochefort.
Pateau (François), de Rochefort.
Prudhomme (François), de Rochefort.
Benoist (Pierre), de Saintes, mort le 11 janvier 1783.
Lemoine (Jean), de la Rochelle.
Aguard (Jean), de Rochefort.

Papeau (Jean), de Marennes.
Chilleau (René), de la Rochelle.
Barbotin (Jean), d'Angoulême.
Brun (Romain), de Saintes.
Hilaire (Louis), de Saintes.
Gayau (Jean), de Marennes.
Guillot (Jacques), de Marennes, blessé au combat du 12 avril 1782.
Sabourin (Claude), de Saintes.
Vollet (Pierre), de la Rochelle.
Saint-Jest (Pierre), de Rochefort, mort le 24 octobre 1782.
Mesnard (Nicolas), de Rochefort.
Tantin (Etienne), d'Oléron.
Bontemps (Pierre), de Saintes.
Rousselin (Jean), de Marennes.
Porte (Martin), de Saintes.
Bernard (Jean), de Saintes.
Ménagé (Jean), de Saintes.
Vinet (Pierre), de l'Ile d'Yeu.
Guedon (Jean), de Granville.
Thurin (Pierre), de Paris.
Lafon (Jacques), de Rochefort.
Le Leyeur (Laurent), de la Rochelle.
Laforge (Pierre), de Saintes.
Le Leyeur (François), de la Rochelle.
Durand (Mathieu), de Mortagne.
Lefort (Joseph), de Saint-Brieuc.
Nautré (Barthélémy), d'Angoulême.
Vinu (Jean), de Barbezieux.
Philips (Jean-Fidel), de la Rochelle.
Rogron (Marin), de Marennes.
Templé (Mathieu), de Marennes.
Auradou (Gabriel), de la Rochelle.
Guérin (Jean), de Rochefort.
Bontemps (Auguste), de Saintes.
Papeau (Augustin), d'Oléron.
Lombard (Jean), de Marennes.
Savignan (Jean), de Royan.
Pinud (François), d'Angers.
Laurent (George), d'Oléron.
Brillard (André), de Rochefort.
Douguet (Louis), de Marennes.
Le Grous (Jean), de Rochefort.
Cheloux (Pierre), d'Angoulême.
Lescalet (François), de Paris.
Bouguain (Jean), de Brest.
Le Coguet (Thual), de Bréha.
Houjon (Pierre), d'Aurny.
Bernard (Paulin), du Cap.
Couvert (Jean), de Toulon.
Couvert (Claude), de Toulon.
Pézenas (Bernard), de Pézenas.
Néol (Pierre), de Saint-Malo.
Lenormand (Jean), de Saint-Brieuc.
Le Rosec (Gilles), de Saint-Brieuc.
Barau (François), de Quimper.
Guillemin (Alexis), de Port-Louis.
Daniel (Jean), de Tréguier.
Le Drû (François), de Morlaix, mort le 9 mars 1783.
Legne (Pierre), de Morlaix.
Nicolas (Jean), de Morlaix.
Cotter (Mathieu), de Morlaix.
Livier (Philippe), de Morlaix.
Cadeau (François), d'Angers.
Parquion (Jean), de Lannion.
Robin (Joseph), de Saint-Brieuc.
Moreau (Mathieu), de la Rochelle.

Toucas (Henri), de Toulon.
Coquillau (Jacques), de Soubise.
Lizard (Pierre), de Saint-Brieuc.
Beguin (Daniel), de Royan.
Robin (Guillaume), de Concarneau.
Bras (Julien), de Nantes.

Domestiques.

Chevalier (Maurice), de Rouen.
Boyer (Pierre), de Saintes.

Dillon (Jean), de Nantes.
Bazin (Pierre), de Royan.
Lafrance (Pierre), de la Rochelle.
Gallan (François), de Poitiers.
Yves (Jean), de Rennes.
Fromentin (Joseph), de Quimper, mort le 3 janvier 1782.
Le Goff (Louis), de Landudec.
François (Pierre), de la Martinique.

Longeaux, de Paris.
Piquet (Joseph), d'Artois.
César, de Lamballe.
Joseph (Charles), de Cambrai.
Le Roux (Joseph), de Morlaix.
Chartier (Louis), de Morlaix.
Duval (François), de Poitiers.
Davaux (Jean), de Honfleur.
Lemaitre (Jean), de Lorient.

LA COURONNE et LE PLUTON.

(D'octobre 1781 à juin 1783.)

M. DE RIVIERRE, Capitaine de vaisseau, Commandant, et M. MITHON DE GENOUILLY, Capitaine de vaisseau, Commandant, sous les ordres de M. DE LA MOTTE PICQUET, Chef d'escadre.

ÉTAT-MAJOR.

Chef d'escadre.

De la MOTTE PIQUET.

Capitaines de vaisseau.

De RIVIERRE.
MITHON DE GENOUILLY.
Du PARC DE COATRESCAR.
PETIT.

Lieutenants de vaisseau.

DULAC.
De KERANNISANT.
De la VILLE VOLETTE.
DULOUP.
De KERALIO (Arthur).
LE NORMANT DE VICTOR.
DELABINTINAY.
CHAMPAGNY.
De FOUCAULT.

Enseignes de vaisseau.

De SANTIVY.
De RIVIERRE.
Du ROI DE CHAUMARELX.
PIQUET de MELESSE.
De VIELLA.
DELUZEAU.
De MARMERES.
DUPETIT-THOUARS.
De KERSABIEC.

Lieutenant de frégate.

Le chevalier de la GRASSERIE.
GOYON.
FREDOUX.
De MEZANRAN.
COSSONNOIS de la MALIERE.
De KERGADARAN.

Officiers auxiliaires.

PAUMIER.
Le chevalier d'AYMARD.
REYDELET de NERBIEC.
CHAUVIN de la CASSAGNE.

Chirurgiens.

HUGE.
JACOB.

Aumôniers.

MACABE (abbé).
BOUCHER (abbé).

Gardes de la marine.

De TROUJOLY.
DUFOU.
Du BOBERIL.
De VILLERS FRANSSURE.
De MAUPERTUIS.
De MATEISSTE.
De LUZEAU.

Volontaires.

Dureigne.
Prédour.
Burnel, de Rennes.
Pelletier, d'Angers.
Duurdan Le Roy, de Morlaix.
Pilot, de Morlaix.
Villeneuve de Jars, de Guingamp.
Fauchon de l'Aigle, de Paris.
Girard, de Quimper.
Labory, mort à bord le 18 mars 1782.
Fontenay (Claude-Paul).
De Bedeau.
Duval (Alexandre), de Rennes.
Marin, de Caen.
Dessils, de Vannes.
Dodville.

Officiers-mariniers de manœuvre.

Vivien (Marcel), premier maitre, de Rochefort.
Lagarde (Jean), premier maitre, de Rochefort.
Montruel (Jean), second maitre, de Granville.
Goze (Louis), second maitre, de Brest.
Allam (Guillaume), second maitre, de Morlaix.
Jrondeau (Etienne), second maitre, de Rochefort.
Sauzon (Pierre), second maitre, de la Rochelle.

Longrais (Aimable), contremaitre, de Granville.
Devaux (Jean), contremaitre, de Saint-Valéry.
Troadec (Ollivier), de Morlaix, blessé dans le démâtage du vaisseau le 22 décembre 1781.
Le Maitre (Barthelemy), contremaitre, de Granville.
Erateau (René), contremaitre, du Croisic.
Divaunches (Joseph), contremaitre, de Quimper.
Le Brun (Etienne), contremaitre, de Granville.
Saudrai (François), contremaitre, de Brest.
Nicolas (Louis), contremaitre, de Recouvrance.
Bataille (Théodore), contremaitre, de la Hougue.
Brand (Michel), contremaitre, de Rochefort.
Calvès (Maurice), bosseman, de Quimper.
Gressin (Louis), bosseman, de Granville.
Canard (Pierre), bosseman, de Saint-Brieuc.
Bertrand (Pierre), bosseman, de l'Ile d'Yeu.
Le Normand (Jacques), bosseman, de Granville.
Ladam (Jean), bosseman, de Quimper.
Cariou (Jean), bosseman, de Quimper.
Le Comte (Jean), quartier-maitre, de Saint-Brieuc.
Charan (Pierre), quartier-maitre, de Saint-Brieuc.
Henry (Joseph), quartier-maitre, de Saint-Brieuc.
Colleter (Vincent), quartier-maitre, de Morlaix.
Lemoal (Ollivier), quartier maitre, de Morlaix.
Lambert (Guillaume), quartier-maitre, de Marseille.
Gilles (Marc), quartier-maitre, d'Arles.
Le Bel (Louis), quartier-maitre, de Granville.
Herry (Toussaint), quartier-maitre, de Saint-Brieuc.
Brivat (Jean), quartier-maitre, de l'Ile d'Yeu.

Favry (Hervé), quartier-maître, de Granville.
Fleury (Jean), quartier-maître, de la Hougue.
Lescarmeur (Jean), quartier-maître, de Saint-Malo.
Briant (Joseph), quartier-maître, de Dinan.
Podin (Joseph), quartier-maître, de Dinan.
Pommier (Charles), quartier-maître, du Havre.
Quesnart (Jean), quartier-maître, de Saint-Brieuc.
Allain (Jean), quartier-maître, de Brest.
Rivalin (René), quartier-maître, de Saint-Brieuc.
Corre (Yves), quartier-maître, de Brest.
Vignau (Elie), quartier-maître, de Rochefort.
Cardou (François), quartier-maître, de l'Ile d'Yeu.
Tabard (Jean), quartier-maître, de Dieppe.
Couillard (Nicolas), quartier-maître, de Granville.
Becam (Yves), quartier-maître, de Recouvrance.
Chevrier (Emmanuel), quartier-maître, du Havre.
Besmond (Jean), quartier-maître, de Blaye.
André (Claude), quartier-maître, de la Ciotat.

Officiers-mariniers de pilotage.

Thomarel (Jean), patron de chaloupe, de Granville.
Guérin (Jacques), patron de chaloupe, de Granville.
Le Bas (Jean), patron de canot, de Vannes.
Lefort (Médard), patron de canot, de Nantes.
Beven (Pierre), patron de canot, de Vannes.
Louineau (Pierre), pilote, des Sables-d'Olonnes.
Le Rouillé (Simon), second pilote, de Saint-Brieuc.
Quenel (Gabriel), second pilote, du Havre.
Dumas (André), aide-pilote, de Royan.
Giffard (Thomas), aide-pilote, de Dieppe.
Bruneau (Julien), aide-pilote, de Nantes.
Raymond (Pierre), aide-pilote, de Bordeaux.
Perrin (Jean), aide-pilote, de Bordeaux.
Bruneau (Jean), aide-pilote, de Nantes.
Mallet (Jean), aide-pilote, du Havre.
Charlet (Louis), aide-pilote, d'Oléron.
Brun (Gabriel), aide-pilote, d'Agde.
Tanquerai (Louis), aide-pilote, de Granville.
Léger (Louis), aide-pilote, de Nantes, tué au combat du 12 avril 1782.

Officiers-mariniers de canonnage.

Pincet (Antoine), maître canonnier, de Boulogne.
Puchot (Robert), maître canonnier, de Brest.
Clavier (Jean), maître canonnier, de Nantes.
Audemart (Alexandre), second canonnier, de Toulon.
De Lettre (Pierre), second canonnier, de Dieppe.
Marion (Hervé), second canonnier, de la Hougue.
Malenfant (Guillaume), second canonnier, de Saint-Brieuc.

Godebit (Jean), second canonnier, de Dieppe.
Tifagne (Camille), second canonnier, de Dieppe.
Eouzan (Guillaume), aide-canonnier, de Saint-Brieuc.
Babin (Jacques), aide-canonnier, de Saint-Malo.
Le Blanc (Pierre), aide-canonnier, de Saint-Brieuc.
Le Bert (Toussaint), aide-canonnier, de Granville.
Gosselin (Thomas), aide-canonnier, de la Hougue.
Le Lay (Yves), aide-canonnier, de Morlaix.
Loir (Jacques), aide-canonnier, de la Hougue, mort le 7 juin 1782.
Bredel (Allain), aide-canonnier, de Saint-Brieuc, mort à bord le 10 juillet 1782.
Durieux (René), aide-canonnier, du Havre.
Guirau (Jean), aide-canonnier, de Blaye.
Verdois (Pierre), aide-canonnier, de Blaye.
Madiou (Jean), aide-canonnier de Morlaix.
Manière (Vincent), aide-canonnier, de Dieppe.
Le Tertre (François), aide-canonnier, de Saint-Brieuc.
Le Saint (Jean), aide-canonnier, de Saint-Brieuc.
Chevalier (François), aide-canonnier, de Vannes.
Theroude (Tranquille), aide-canonnier, de Dieppe, mort de blessures le 20 mai 1782.
Bibet (Henry), aide-canonnier, de Dieppe.
Miege (Pierre), aide-canonnier, de Dieppe.
Benoit (Julien), aide-canonnier, de Caen.
Le Sage (Louis), aide-canonnier, de la Hougue.
Depierre (Jean), aide-canonnier, de Granville.
Le Pretre (Jean), aide-canonnier, de Boulogne, blessé au combat du 12 avril 1782.
Fromentin (Noel), aide-canonnier, de Dieppe.
Hatey (Antoine), aide-canonnier, de Granville, mort le 30 avril 1782.
Dubuc (Jacques), aide-canonnier, de Dieppe.
L'Espagnol (Hervé), aide-canonnier, de Bordeaux.
Thomas (Jean), aide-canonnier, de Saint-Brieuc.
De la Place (Georges), aide-canonnier, de la Hougue.
Joly (Pierre), aide-canonnier, de la Hougue.
Gautier (Georges), aide-canonnier, de Granville.
Le Boubennec (Jean), aide-canonnier, de Saint-Brieuc.
Minier (Sébastien), aide-canonnier, de Saint-Brieuc.
Amelot (Jean), aide-canonnier, du Havre.
Lefort (Nicolas), aide-canonnier, de Dieppe.
Cayphas (Jean), aide-canonnier, de Quimper.
Korloch (Jean), aide-canonnier, de Quimper.
Moizan (Daniel), aide-canonnier, de Quimper.
Fleury (Jean), aide-canonnier, de Granville.
Casteral (François), aide-canonnier, du Havre.
Courbé (Louis), aide-canonnier, de Brest.

Vaizau (Eléonard), aide-canonnier, de Recouvrance.
Renaud (Jean), aide-canonnier, de Royan.
Du la Loche (Charles), aide-canonnier, de Dieppe.
Bourseau (Pierre), aide-canonnier, de Libourne, mort le 28 mai 1782.

Officiers-mariniers de charpentage.

Berlivet (Pierre), maître charpentier, de Recouvrance.
Larcher (Louis), second charpentier, de Granville.
Jean (François), second charpentier, de Saint-Brieuc.
Lefevre (Jean), aide-charpentier, de Dieppe.
Bouillon (Nicolas), aide-charpentier, de Granville.
Grosse (Jean), aide-charpentier, de Granville.

Officiers-mariniers de calfatage.

Corre (Yves), maître calfat, de Brest.
Lossonard (Jean), maître calfat, de Brest.
Jeau (Joseph), maître calfat, de Dinan.
Gervis (Jean), second calfat, de Dinan.
Maliard (François), second calfat, de Dinan, mort le 14 juin 1782.
Mercerie (Victor), aide-calfat, de Dinan.
Carrouge (Allain), aide-calfat, de Saint-Malo.
Le Gal (Mathieu), aide-calfat, de Quimper.

Officiers-mariniers de voilerie.

Le Moal (Allain), maître voilier, de Lambézellec.
Querlin (François), maître voilier, de Brest.
Resprejet (Mathieu), maître voilier, de Brest, blessé mortellement dans le démâtage du vaisseau le 22 décembre 1781.
Richard (Séraphin), second voilier, de Saint-Brieuc.
Merdrignac (Marcel), aide-voilier, de Saint-Malo.
Nicolas (Yves), aide-voilier, de Saint-Malo.
Lafontage (Daniel), aide-voilier, de Bordeaux.
Tenzin (Jean), aide-voilier, de Bordeaux.

Gabiers.

Lappel (Louis), de Fécamp.
Cadoret (Ollivier), de Vannes.
Gaubert (François) de Saint-Brieuc.
Clément (Marcel), de Vannes.
Daligot (Thomas), de Granville.
Bouvier (Jean), de Saint-Malo.
Le Breton (Pierre), de Granville.
Gaudalle (Antoine), de Lorient.
Constance (Jean), du Havre.
Baldaquin (Joseph), de Cette.
Coudrais (Georges), de Dinan.
Balance (Pierre), de Quimper, tué au combat du 12 avril 1782.
Lamarre (Jacques), de Honfleur.
De Lamer (François), de Caen, mort le 12 avril 1782.
Chatel (Pierre), de Granville.
Betfer (Jean), de Dinan, mort le 5 mars 1782.
Malleville (Charles), du Havre.
Dumaine (Jean), de Dinan.

Pelletier (Pierre), de Fécamp.
Billiard (Jean), de Rouen.
Butel (Pierre), de Rouen.
Marc (Jean), de Rouen.
Henry (Pierre), de Lunéville.
Hébert (Jean), de Rouen.
Téphain (Pierre), de Rouen.
Le Quesne (Georges), de Rouen.
Artur (Pierre), de Caen.
Bellejambe (Jean), de Caen.
Bailleul (Guillaume), de Caen.
Guillouet (Jean), de Caen, mort le 27 mai 1782.
Dutheuil (Jean), de Caen.
Coutel (Jean), de Caen.
Pigeon (Louis), de Caen.
Marie (Germain), de Caen.
Rouland (Pierre), de Cherbourg.
Le Gendre (Vincent), de la Hougue.
Le Gros (Bon), de la Hougue.
Le Parc (Jean), de la Hougue, tué au combat du 12 avril 1782.
L'Eveillé (Louis), de Granville.
Prevost (Jean), de Granville.
La Chèvre (Marcel), de Granville.
Noblet (Jean), de Granville, mort à bord le 5 mars 1782.
Delouette (Jean), de Granville.
Le Charpentier (Jacques), de Granville.
Rocher (Jean), de Granville.
Gatabler (Jean), de Granville.
Gihaut (Nicolas), de Granville.
Crozn (Gilles), de Granville.
Astruc (Marin), de Dunkerque.
Robiens (Georges), de Dunkerque.
Messeman (Baudouin), de Dunkerque, mort le 3 mai 1782.
Dellille (Marcel), de Dunkerque.
Bruyère (Marc), de Boulogne.
Lefevre (Jacques), de Saint-Valéry.
Blacard (Antoine), de Boulogne.
Fortin (Eustache), de Boulogne.
Menier (Feriol), de la Ciotat.
Roubaud (André), de Marseille.
Nicolas (Mathurin), des Sables.
Lafitte (Jean), de Bayonne.
Gautier (Etienne), de Bordeaux.
Labat (Jean), de Bayonne.
Herit (Martin), de Blaye.
Le Breton (Marcel), de Saintes.
Bouron (Pierre), de Saintes.
Hubert (François), de Blaye.
Quellier (Pierre), de Saintes.
Babin (Jean), des Sables.
Hercandeau (Pierre), de l'Ile de Ré.
Reveillon (Pierre), de Libourne.
Suberville (Pierre), de Bordeaux.
Perroux (Louis), des Sables.
Donnat (Jean), de Saintes.
Cayer (Pierre), de Rochefort, mort le 5 juillet 1782.
Uray (Pierre), d'Oléron.
Gouillon (Pierre), de Noirmoutiers.
Chauviteau (Pierre), des Sables.
Grenier (Jean), de Bordeaux.
Durand (Luc), de l'Ile d'Yeu.
Dulac (Jean), de Saintes.
Mozilleau (Jacques), de Bayonne.
Harry (Jean), de l'Ile d'Yeu.

Chauviteau (Yves), des Sables.
Oraponau (François), de l'Ile d'Yeu.
Le Conforgues (Jean), de Bordeaux.
Lastril (Jean), de Bordeaux.
Poirrier (Jacques), de Marennes.
Boileau (Thomas), de Libourne.
Bigné (Bernard), de Bordeaux.
Cazot (Pierre), de Bordeaux.
Pissonneau (Louis), de Montauban.
Devigneau (Jean), de la Teste.
Derieux (Jean), de Montauban.
Blanc (Jean), de Montauban, mort le 1er avril 1782.
Loiseau (Jean), de Bordeaux.
Ducourneau (François), de Bordeaux.
Laveau (Pierre), de Marmande.
Baudeux (Jean), de Bordeaux.
Boids (Pierre), de Moulins.
Fournier (Jacques), de Marseille.
Caouenne (Jacques), de Marseille.
Fleury (François), de Marseille.
Brisson (Dominique), de Marseille.
Cazeau (Jean), de Toulouse.
Dupieux (François), de Moulins, mort le 24 septembre 1782.
Baillif (Pierre), d'Angers, mort le 20 avril 1782.
Geffroy (Louis), de Marseille.
Oliveau (Louis), de Marseille.
Bouriac (Arnaud), de Marseille.
Bonnelle (Pierre), de Marseille, mort à bord le 10 mars 1782.
Fournier (Georges), de Marseille.
Romain (Nicolas), de Dieppe.
Le Roux (Laurent), de Dieppe.
Clement (Jean), de Dieppe.
Boucher (Jean), de Dieppe.
Mortier (François), de Saint-Valéry, mort le 1er juin 1782.
Coipet (Louis), de la Hougue.
Boutrouille (Charles), de Granville, tué au combat du 12 avril 1782.
Perflond (Charles), d'Angers, mort le 10 mai 1782.
Launay (Jean), d'Angers.
Riveron (Jean), d'Angers.
Guittonneau (Jean), de Vannes.
Giquel (Amateur), de Saint-Brieuc.
Bruneau (Jean), du Croisic.
Le Pape (Bernard), de Landerneau.
Almange (Guillaume), de Dinan.
Denoguet (Joseph), de Bayonne.
Esperron (François), de Tours, mort à bord le 22 février 1782.
Bauville (Charles), de la Hougue.
Lefrere (Pierre), d'Angers.
Perrineau (Marcel), d'Angers, mort le 21 mars 1782.
Le Menager (Jean), de Fécamp.
Bourgaud (Louis), d'Angers.
Goubard (Louis), de Dieppe.
André (Jean), de la Hougue, mort le 23 mai 1782.
Damoty (François), de la Hougue.
Olivier (Jean), de Caen.
Guyomard (Yves), de Saint-Brieuc.
Le Deau (Jean), de Tréguier.
Langlois (Gilles), de Dinan.
Chevauchery (Pierre), de Dinan.
Louvel (Pierre), du Havre.

Linnemer (Jean), de Dieppe.
Mathereau (René), d'Angers, mort à bord le 13 mars 1782.
Moreau (Jacques), d'Angers.
Grevery (Sébastien), de Fécamp, mort le 24 mai 1782.
Farge (François), de Lyon.
Caurolsier (César), de Versailles.
Auger (Pierre), de Paris.
Raime (Jean), du Havre.
Hilliou (Jean), de Saint-Brieuc.
Le Bris (François), de Tréguier.
Gautier (François), de Tréguier.
Corlay (François), de Morlaix, mort le 22 septembre 1782.
Corlay (Guillaume), de Morlaix.
Yvenot (François), de Vannes.
Le Bris (Paul), du Conquet, mort le 17 août 1782.
Decré (Jean), de Toulon.
Perherin (Guillaume), de Quimper.
Mossion (Allain), de Quimper.
Redon (Louis), de Paris, mort le 9 mars 1782.
Portic (Allain), de Camaret, mort le 22 février 1782.
Jannoux (Noël), de Camaret.
Abiant (Yves), de Quimper.
Bernard (François), de Saint-Brieuc.
Le Duff (François), de Morlaix, tué au combat du 12 avril 1782.
Duchene (Edme), d'Auxerre.
Enaud (Jean), de Saumur, mort le 22 novembre 1782.
Prieur (Joseph), de Paris.
Terrard (Joseph), de Toulon.
Le Goff (Mathurin), de Vannes, mort le 18 juillet 1782.
Le Cadre (Mathurin), de Vannes.
Codu (Noël), de Quimper.
Le Bars (Jacques), de Quimper.
Le Pape (Mandé), de Quimper.
Le Brun (Jacques), de Quimper, mort à bord le 17 mars 1782.
Cariou (Daniel), de Quimper.
Savina (Hervé), de Quimper.
Le Corre (Guillaume), de Morlaix.
Primot (Philippe), de Morlaix.
André (Pierre), de Lambézellec.
Lavenant (Gabriel), de Brest.
Buchon (Jean), de Saint-Brieuc.
Beaulieu (Hervé), de Rennes.
Corre (Allain), de Morlaix.
Le Querer (Jean), de Morlaix, mort à bord le 22 avril 1782.
Guillou (Jean), de Morlaix.
Guiziou (Marcel), du Conquet.
Lazeunec (Yves), du Conquet.
Le Roy (Jean), de Guipavas.
Renaud (François), de Saint-Brieuc.
Hervé (Joachim), de Saint-Brieuc.
Quintin (Marc), de Saint-Brieuc, mort le 29 mars 1782.
Dupré (Philippe), de Nancy.
Bouilly (Jean), d'Amiens.
Lefere (Pierre), de Saumur.
Palé (Jacques), de Saint-Brieuc.
Le Cocq (Jean), de Paris.
Davoine (Jean), de Saint-Malo.
Prot (Antoine), de Nancy.

Pean (Claude), d'Angers, tué au combat du 12 avril 1782.
Raymond (Louis), du Havre.
Borasme (François), de Soisons, mort le 25 mars 1782.
Vidocoq (Michel), de Rouen.
Vaugeois (Jean), de Granville.
Gondoing (Michel), de Saint-Malo.
Guitton (Jean), de Saint-Malo.
Huet (Louis), d'Orléans.
Adam (Victor), du Havre.
Perret (Joachim), de Dinan.
Boulet (Jean), de Fécamp.
Cauchois (Nicolas), de Dieppe, mort le 2 février 1783.
Moulard (Antoine), de Valéry.
Gadiou (Antoine), de Royan.
Berthomé (François), d'Angoulême.
Touzé (Jacques), de Granville.
Damage (François), de Saint-Malo.
Gaillard (Guillaume), de Périgueux.
François (Jacques), de Nevers.
Marie (Charles), de Granville.
Gipoulet (Pierre), de Toulouse.
Catel (Jean), de Paris.
Potal (Oudart), de Calais.
Prant (André), de Noirmoutiers, mort le 5 mai 1782.
Richer (Alexis), d'Orléans.
Geoffroy (Joseph), de Marseille.
Nicole (Gilles), de Nantes.
Carpentes (Pierre), de Bordeaux.
Daumard (Baptiste), de Bordeaux.
Guimbertau (Pierre), de Libourne.
Clabeau (Jean), de Rochefort.
Framier (Jacques), de Nevers.
Caillaud (Thomas), de Dieppe.
Querrier (Joseph), de Marseille.
Geffroy (Cléret), de Marseille.
Couillé (Marc), de Marseille.
Dravet (Jacques), de Marseille.
Lafitte (Parré), de Bordeaux.
Roubat (Dominique), de Marseille.
Brizard (Pierre), de l'Ile de Ré.
Lefort (Jean), de Bordeaux.
Renom (Pierre), de Honfleur.
Dru (Jean), de Nevers.
Garnier (Jean), de Nevers.
Louvernay (Jean), de Nevers.
Briant (Arnaud), de Tréguier, mort le 7 mai 1782.
Gouam (Jean), de Saint-Brieuc.
Conart (Jean), d'Angers.
Faves (Guillaume), de Morlaix.
Thetier (Jean), de Nantes.
Joly (Pierre), de l'Ile d'Yeu.
Queribel (Jean), de Saint-Pol-de-Léon, mort le 14 juillet 1782.
Falhou (Goulven), de Saint-Pol-de-Léon, mort le 2 août 1782.
Huguan (Yves), de Saint-Pol-de-Léon.
Dourmal (Jean), de Saint-Pol-de-Léon.
Provotz (Guillaume), de Morlaix.
Lescop (Yves), de Saint-Pol-de-Léon.
Beaulieu (Hubert), d'Angers.
Robon (Jacques), de Morlaix, mort le 20 décembre 1782.
Jaet (Guillaume), de Morlaix, mort le 1 juin 1783.
Le Sourd (Sébastien), de Morlaix.

Sermonet (Claude), de Nevers.
Tronhasse (Henri), de Marseille.
Ferry (Joseph), de Libourne.
Martin (Pierre), de Grasse.
Lazay (François), de Marseille.
Frey (Jean), de Bordeaux.
Norey (Charles), de Saint-Brieuc.
Ollivier (Francier), de Marseille.
Prou (Jacques), de l'Ile de Ré.
Firmin (Pierre), de Caen.
Général (Jacques), de Boulogne.
Moulin (Marin), de Rouen.
Devoty (Antoine), de Rouen.
Ray (Jean), de Bordeaux.
Jouanndè (Jacques), de Brest.
Corbier (Charles), de Fécamp.
Lavache (Francois), de Dieppe.
Cousin (Pierre), de Saint-Malo.
Loustric (Jean), de Montauban.
Machineau (Jacques), de la Tremblade.
Crepin (Félix), de Dunkerque.
Pretier (Louis), de Libourne.
Cavalier (Claude), de Nancy.
Caria (Jean), de Riom.
Raimond (François), de Nevers.
Liotel (Jean), de Nantes.
Roula (Jean), de Fécamp.
Lamaison (Jean), de Marmande.
Moulin (Pierre), de Cherbourg.
Le Clerc (Didier), de Toul.
Tord (Jean), de Riom.
Besson (Marin), de Riom.
Le Caze (Joseph), de Riom.
Blaize (Philippe), de la Hougue.
Legal (Joseph), de Lorient.
Stock (Laurent), de Strasbourg.
Parmentier (Noël), de Dieppe.
Colin (Jean), de Bordeaux.
Perrut (Jean), de Bordeaux.
Duranteau (Jean), de Bordeaux.
Cazeau (Jean), de Bordeaux.
Gourandeau (Jean), de Bordeaux.
Andreau (Bernard), de Bordeaux.
Duhec (Arnaud), de Bordeaux.
Sintoux (Pierre), de Bordeaux.
Deluzin (Jean), de Bordeaux.
Favien (François), de Bordeaux.
Noulin (Pierre), de Chartres.
Beaulieu (Joseph), de Dinan.
Beaulieu (Jean), de Dinan.
Plantard (Jean), de Vannes.
Robert (Guillaume), de Saint-Brieuc.
David (Etienne), de Nantes.
Le Boucher (Joseph), de Dinan.
Letaut (Jean), de Landion.
Guselere (Jean), de Rennes.
Fressan (André), d'Angers.
Jenaud (Julien), de Nantes.
L'Espassagne (Gaspard), de Strasbourg.
Jean (Pierre), de Bordeaux.
Crochard (Jacques), de Rouen.
Gillet (Henry), de Paris.
Renard (Jean), de Rennes.
Doré (Maurice), d'Angers.
Perounaux (Julien), de Vannes.
Pillen (George), de Camaret.
Tréguier (Louis), de Lorient.
Couillaut (Charles), de Brest.

Dauguin (Yvenot), de Tréguier.
Moreau (Jean), de Rennes.
Chagnot (Jean), de Paris.
Thibault (Maurice), de Saumur.
Perrioux (Joseph), de Paris.
Gobin (Pierre), de Nantes.
Caplan (Pierre), de Libourne.
Gardereau (François), de Saintes.
Charrière (Antoine), de Rochefort.
Desplaye (Jacques), d'Angers.
Boinard (Pierre), de Marennes.
Thomas (Pierre), de Rochefort.
Moldon (Jean), de Bayonne.
Chobran (Antoine), de Paris.
Mercier (Pierre), de Marennes.
Lannie (Jean), de Brest.
Malenfant (François), de Caen.
Moreau (Jacques), de Nantes.
De la Barrière (François), de Saint-Malo.
Metivier (Jean), de Marennes.

Novices.

Goupille (François), d'Angers, mort à bord le 22 février 1782.
Bouard (Sébastien), d'Orléans.
Cavara (Goulven), de Morlaix.
Vaillant (François), du Conquet, mort le 11 mai 1782.
Heloux (Denis), de Rennes.
Capron (Modeste), de Fécamp.
Ollivier (Jean-Joseph), de Saint-Tropez.
Vidal (Barthélemy), de Montauban.
Péroux (Jacques), de Lyon.
Lecocq (François), de Saint-Brieuc.
Villiers (François), de Paris.
Philibert (Etienne), de Rouen.
Léger (Etienne), de Paris.
Lornet (Jacques), de Paris.
Dufaye (Honoré), de Paris.
Laudry (Louis), de Paris.
Pelletier (Victor), de Paris.
Molerd (Marcel), de Versailles.
Rolland (Claude), de Grely, mort le 31 mars 1782.
Noël (Jacques), de Paris.
Choiard (Jean), de Strasbourg.
Desroches (François), de Versailles.
Caffin (Louis), de Paris.
Jubard (André), de Charon, mort à bord le 10 février 1782.
Chardon (César), de Paris.
Deschamps (Jean), de Fécamp.
Gognet (Nicolas), de Honfleur.
Duval (François), de Caen.
Lefranc (Jean), de Honfleur.
Lefort (Nicolas), de Metz.
Lefort (Jean), de Metz, mort le 24 avril 1782.
Gombart (Louis), d'Abbeville, mort à bord le 8 mai 1782.
Gervais (Nicolas), de Tours.
Bernard (Marcel), de Clermont, mort à bord le 21 avril 1782.
Corbier (Marcel), de Nevers.
Rouaux (Joseph), de Rennes.
Carren (Romain), de Rouen.
Masson (Jean), de Lamballe.

Surnuméraires.

Mazé (Nicolas), de Molène, mort le 3 mars 1782.

Robichon (Jacques), de Recouvrance, mort le 5 juin 1782.
Coeffé (Yves), du Croisic.
Le Grand (François), de Morlaix.
Tournier (Pierre), de la Rochelle.
Duval (Joachim), de Rennes.
Fouchet (Jean), de Pons.
Planche (Jean), de Toulon.
Marchand (Jean), de Brest.
Brunel (Joseph), de Brest.
Baraguay (Pierre), de Paris.
Veillard (Charles), de Rennes.
Dupré (André), de Rennes.
Michel (Louis), de Dunkerque.
Hulot (François), de Saint-Malo.

Mousses.

Allain (Joseph), de Vannes.
Moisan (Mathurin), de Saint-Brieuc.
Drezen (Yves), de Quimper.
Lauden (Jacques), de Saint-Brieuc.
Deredec (Jean), de Saint-Brieuc.
Moulin (Germain), de Saint-Brieuc.
Ansquer (Jean), de Saint-Brieuc.
Juvrier (Jean), de Saint-Brieuc.
Quellec (Daniel), de Quimper, mort le 3 septembre 1782.
Riou (Allain), de Quimper.
Michel (François), de Lannion.
Boular (Jean), de Saint-Brieuc.
Tudo (Gilles), de Saint-Brieuc.
Ladoyer (François), de Saint-Brieuc.
Le Comte (Julien), de Saint-Brieuc.
Malpot (Philippe), de Saint-Brieuc.
Le Rousseau (Yves), de Saint-Brieuc.
Millegan (Yves), de Saint-Brieuc.
Landen (Jean), de Quimper.
Crisméas (Jean), de Morlaix.
Herveau (Yves), de Morlaix.
Farus (Claude), de Morlaix.
Le Masson (Vincent), de Saint-Brieuc.
Motrallin (Joseph), de Saint-Brieuc.
Houlier (Charles), de Saint-Brieuc.
Oizel (Jean), de Saint-Brieuc.

Le Roux (Marc), de Saint-Brieuc.
Guégan (Joseph), de Lannion.
Chevalier (Louis), de Saint-Brieuc.
Foulou (Constant), de Vannes.
Boluzé (François), de Vannes.
Groasin (Jean), de Granville.
Simon (Jean), de Rennes.
Simon (Jean), de Quimper.
Arzel (Jean), de Quimper.
Chenevart (Jean), de Vannes.
Marie (François), de Granville.
Gausse (Pierre), de Granville, tué au combat du 12 avril 1783.
Le Galle (Joseph), de Quimper.
Le Roux (Henry), de Quimper.
Rebut (Pierre), de Nantes.
Maron (Laurent), de Marseille.
Le Baron (Jean), de Brest.
Argouarch (François), de Landivisiau.
Tanguy (François), de Saint-Brieuc.
Rehourg (Jean), de Saint-Brieuc.
Liard (Julien), de Saint-Brieuc.
Le Bert (Nicolas), de Granville.
Corlay (Jean-Clément), de Saint-Brieuc.
Argouarch (Hervé), de Landivisiau.
Robert (Allain), du Faou.
Richard (Séraphin), de Saint-Brieuc.
Bescon (Sébastien), de Pont-l'Abbé, mort le 19 mars 1782.
Le Cochec (Marcel), de Quimper.
Pichon (Jean), de Quimper.
Ferret (Jacques), du Havre, mort le 15 juin 1782.
Guideau (Pierre), de Quimper.
Boissard (Jean), de Quimper.
Bernard (Jean), de Quimper.
Herry (François), de Saint-Brieuc mort le 28 juin 1782.
Raimond (Jacques), de Saint-Brieuc.
Raimond (Guillaume), de Saint-Brieuc.
Le Terry (Michel), de Lannion.
Jacquin (Louis), de Quimper.
Le Roux (Jean), de Brest.
Lavigne (Nicolas), de Saint-Malo.

L'Empereur (René), de Landerneau.
Le Gall (Jacques), de Quimper.
Espriget (Jean), de Brest.
Quesiin (Jean), de Brest.
Merle (Antoine), de la Rochelle.
Morin (Jean), de Brest.
Poisson (Guillaume), de Saint-Pol-de-Léon.
Planche (Vincent), de Toulon.
Cognac (Jean), de Montauban, mort en avril 1782.
Le Guen (François), de Recouvrance.
Mauchillon (Pierre), de Royan.
Macé (Joseph), de Rennes.
Gloarec (Antoine), de Quimper.
Pigeon (Jean), de Saumur.
Rousselet (Pierre), de Brest.
Robert (Roland), de Rouen.
Le Dohers (Yves), de Morlaix.
Morel (Louis), de Rennes.
Raimond (Philippe), de Saint-Brieuc.
Giroux (Jean), de Marseille.
Cailleau (François), de Nantes.
Baron (Claude), de Brest.
Braud (Thomas), d'Oléron.
Barron (Tanguy), de Brest.
Kornicoret (Louis), de Landivisiau.
Bronce (Joseph), de Lorient.
Petit (Yves), de Quimper.
La Brousse (Pierre), de Bordeaux.
Gallud (Jean), de Bordeaux.

Domestiques.

Oudel (Jacques), de Hennebon, mort le 9 juin 1782.
Therobe (Joseph), de Nîmes, mort à bord le 29 juillet 1782.
Bayon (Pierre), de Marseille.
Le Coidou (Pierre), de Tréguier.
Le Goyat (Nicolas), de Quimper.
Hamon (Yves), de Saint-Pol-de-Léon.
Geaime (Pierre), de Querville.
Saint-Louis, de Morlaix.
Le Gosquer (Yves), de Lannion.
Giroux (Jean), de Marseille.

LA BOURGOGNE.

(De 1781 à 1783. La "*Bourgogne*" fit naufrage le 4 février 1783.)

M. le Chevalier DE CHARRITTE, Capitaine de vaisseau, Commandant.

ÉTAT-MAJOR.

Capitaines de vaisseau.

Le Chevalier de CHARRITTE, Commandant.
De CHAMPMARTIN, Commandant.

Lieutenants de vaisseau.

De MENOU.
De PENANDREFF, noyé le 4 février 1783.

Enseignes de vaisseau.

De MEISSENE.
De MENC.

De PINSUM.
De ROQUELAURE.
De MONBADOU.

Lieutenant de frégate.

VAULTIER.

Officiers auxiliaires.

SERRES (Pierre), aîné.
SERRES (Jean), cadet.
Le HARDY.
GUICHET.
MURRAULD ou MARRAULD, noyé dans le naufrage du 4 février 1783.

Chirurgiens-majors.

PINTEAUD (Louis).
PERRON.

Aumônier.

ONESIME (R. P.), Capucin, noyé dans le naufrage du 4 février 1783.

Gardes de la marine.

Des FORGES de FAROUILLE.
FOURRAY de SALIMBENY.
BAHUNO de KEROLIN, blessé dangereusement au combat du 12 avril 1782; fait enseigne de vaisseau le 14 dudit et mort de ses blessures le lendemain 15 avril.

Moguet (Jacques), de Dieppe.
Dantu (Etienne), du Havre.
Verne (Jean-Marie), de Quimper.
Costiou (Louis), de Quimper.
Méraud (François), de Vannes.
Le Tallec (Antoine), de Vannes.
Trossard (Pierre-Marie), de Vannes, noyé dans le naufrage du 4 février 1783.
Le Prêtre (Jean-Baptiste), de Boulogne.
Ramé (Charles), de Boulogne.
Padioleau (Jean), de Nantes.
Girard (Louis), de Nantes.
Caillot (Ollivier-Vincent), de Lorient.
De la Bye (Pierre), de Saint-Valéry.
Desvaux (Antoine-Clément), de Saint-Valéry, noyé le 31 décembre 1782.
Charrier (Jacques), des Sables.
Hucabouriche (Jean), de Saint-Jean-de-Luz.
Potel (Martin), de Bayonne.

Matelots.

Chapelle (Pierre-Etienne), de Toulon.
Caternel (Etienne-François), de Toulon.
Joubert (Antoine), de Toulon.
Bernard (Louis), de Toulon.
Bouquillon (Jean-Baptiste), de Toulon.
Ségaud (Jean-François), de Toulon.
Bérenger (Jacques), de Toulon.
Galeny (Jean Joseph), de Toulon.
Brunet (Joseph), de Toulon.
Pujet (Jean-Honoré), de Toulon, mort à bord le 21 novembre 1781.
Fayet (Jean-Pierre), de la Seyne.
Bouisson (Maury), de la Seyne.
Aycard (Charles-Joseph), de la Seyne.
Riquier (Joseph), de la Ciotat.
Ardinou (Antoine), de la Ciotat.
Baye (Joseph-Antoine), de la Ciotat.
Morel (Bernard), d'Aix.
Carence (Etienne), de Menton.
Tambon (Jean-Louis), de Mazargues.
Gaudin (Jean-Baptiste), de Mazargues.
Durbec (Bruno), de Marseille.
Grimaud (Jacques), de Marseille.
Turcon (Lazare), de Marseille.
Cabasson (Honoré), de Marseille.
Seignon (François-Toussaint), de Marseille.
Martin (Angelin), de Cogolin.
Roudier (Pierre), de Marseille, noyé au naufrage du 4 février 1783.
Vial (Charles), d'Antibes.
Laure (Antoine), d'Antibes.
Combes (Pierre), de Saint-Tropez.
Jourdan (Laurent), de Martigues.
Reboul (Joseph), de Martigues.
Lautier (Joseph), de Cannes.
Daunas (Pierre), de Cannes.
Carles (Charles), de Cannes.
Guirard (Honoré), de Cannes.
Massebœuf (Pierre-Joseph), de Cannes.
Vansyre (Pierre), de Cannes.
Gio (Jean-Pierre), d'Arles.
Beraud (Mathieu), d'Arles.
Voisin (Jean-Baptiste), d'Agde.
Souffret (Pierre), d'Agde.
Debret (François), de Cette.
Poitevin (Pierre), de Nîmes.
Cadory (François), de Narbonne.

Le Gros (Pierre-Robert), du Havre.
Pignol (Roch-Mathieu), du Havre.
Golin (François-Robert), du Havre.
Foucauld (François-André), du Havre, mort à bord le 14 avril 1781.
Maurin (Charles-Modeste), de Honfleur.
Magdelaine (François), de Honfleur, mort à bord le 13 août 1782.
Madiou (Pierre), de Saint-Malo.
Juliot (François), de Saint-Malo.
Peltier (Mathurin), de Saint-Malo, blessé au combat du 12 avril 1782; mort le 19 avril 1783.
Clouard (Michel), de Saint-Malo.
Razile (Pierre), de Saint-Malo.
Malé (Jean), de Saint-Malo.
Breujeon (François), de Saint-Malo.
Jamet (François), de Saint-Malo.
Bouvet (François), de Saint-Malo.
Labé (Antoine), de Saint-Malo.
Guénard (Georges), de Saint-Malo.
Cousin (Pierre), de Saint-Malo.
Le Got (Pierre), de Saint-Malo, mort à bord le 20 novembre 1781.
Jouquenet (Pierre), de Dinan.
Ribourdouille (Jean), de Dinan.
Amiraud (Philippe), de Dinan.
Surget (Alexis), de Dinan.
Bézard (Jean-Pierre), de Dinan, noyé au naufrage du 4 février 1783.
Pinceron (François), de Dinan.
Veillon (Georges), de Dinan.
Hamon (Pierre), de Dinan.
Douaret (Julien), de Dinan.
Le Noir (Pierre), de Dinan, noyé dans le naufrage du 4 février 1783.
Luzel (François), de la Rochelle.
Veillon (François), de la Rochelle.
Coste (Betry-Bertrand), de la Rochelle.
Maurau (Pierre), d'Oléron.
Tessier (Pierre), de Saintes.
Bonnet (Jean-François), de Saintes, noyé dans le naufrage du 4 février 1783.
Guiheurden (Pierre), de la Rochelle.
Quérouas (Pierre), de Brest.
La Corneille (Jean-François), de Brest.
Léon (Jean), de Brest.
Lagadoux (Hervé), de Roscanvel.
Collet (Robert), de Brest, mort à bord le 16 juillet 1781.
Robain (Louis-François), d'Angers.
Terrein (Antoine), de Paris.
Senty (Géraud), de Clermont.
Mandé (Jean-Louis), de Grenoble.
Guilousy (Bertrand), de Rennes.
Coiffard (Pierre), de Nantes.
Lieutel (Jean-Marie), de Nantes.
Combet (Bernard), de Morlaix.
Ravache (Jacques), d'Angers, noyé dans le naufrage du 4 février 1783.
Dufort (Louis), de Cherbourg.
Faudemer (François), de Cherbourg, noyé dans le naufrage du 4 février 1783.
Sevestre (Yves), de Quimper.
Guillot (Jean), de Carhaix.
Doriaut (Pierre-Marie), de Vannes.
Diot (Louis), de Vannes.
Lessard (Jean-Marie), de Lorient.
Le Meur (Jean), de Lorient.
Chevalier (Joseph), de Lorient.
Henvétel (Jean-François), de Saint-Valéry.

Duché (Charles-Noël), de Saint-Valéry, mort à Portsmouth (Amérique), le 19 septembre 1782.
Camonts (Joseph), de la Teste.
Cassagnard (Antoine), de Toulouse.
Serbeau (Jean), de Bordeaux.
Gautier (Mathurin), de Bordeaux.
Rolland (Antoine), de Bordeaux.
Bergeron (Jean), de Bordeaux, mort à bord le 16 mars 1782.
Poidevin (Pierre), de Marmande.
Coefard (Jean), de Marennes.
Beaumartin (Jean), d'Agen, mort à bord le 17 août 1781.
Bertrand (Pierre), de Toulouse.
Cavalle (Pierre), de Bordeaux.
Doudit (Jean), de Bayonne.
Receveur (Guillaume), de Tréguier.
Houard (Laurent), de Saint-Brieuc.
Cottard (Jean), de Saint-Brieuc.
L'Eguillon (Louis), de Saint-Brieuc.
Le Fur (Jacques), de Saint-Brieuc.
Guillard (Guillaume), de Saint-Brieuc, mort à bord le 4 juillet 1781.
Hamon (Julien), de Saint-Brieuc.
Le Cam (Yves), de Saint-Brieuc.
Landrié (Marin), de Granville.
Gucoin (Jean-François), de Granville.
Dujardin (Michel-François), de Granville.
Dubois (Gilles), de Granville.
Adam (Jacques), de Granville.
Corbé (Pierre), de Granville.
Guillemette (Noël), de Granville.
Oussain (Louis), de Granville.
Adam (Guillaume-Charles), de Granville, mort à bord le 23 novembre 1781.
Le Villain (Augustin), de Rouen.
Aubert (Jean-Etienne), de Rouen.
Niel (Antoine), d'Isigny.
Guillot (Jean), de Bayonne.
Renaud (Louis), de Saintes.
Gourmaud (Bertrand), de Dax.
Mauduis (André), de Niort.
Delacroue (Jacques-François), d'Oléron.
Le Comte (René), de Nantes.
Gallaud (Jean), de Chinon.
Gaudichau (Claude), de Rochefort.
Martin (Antoine-François), de Toulouse.
Tarnelle (Pierre), de Montauban.
Bâtiment (Jean), de Montauban.
Delbrenit (Jacques), de Montauban.
Bastide (Pierre), de Montauban.
Golse (Isaac), de Montauban.
Chobard (Guillaume), de Montauban.
Guerrier (Jean), de Montauban.
Conad (Jean), de Montauban.
Oustry (Jean), de Montauban.
Gilbert (Benoît), de Montauban.
Lagubs (François), de Montauban.
Aubert (Antoine), de Montauban, mort à bord le 26 février 1782.
Caffé (Jean), de Montauban.
Serrière (Arnaud), de Montauban.
Buderino (Jean), de Montauban.
Ollivier (Antoine), de Montauban.
Gourdon (Benoît), de Montauban.
Pertet (Arnaud), de Montauban.
Baudet (Jean), de Montauban.
Marty (Jean-François), de Montauban, mort à bord le 15 janvier 1782.

Olivier (Antoine), de Toulon.
Mourier (François) de Toulon.
Fadat (Claude), de Toulon.
Stournel (Marin), de Toulon.
Pons (Jean), de Toulon.
Pumenès (Dominique), de Toulon.
Perrin (Pierre-François), de Toulon.
Ventre (Jacques), de Toulon.
Buisson (Jean-François), de Toulon.
Aumeur (Joseph), de Toulon.
Antoine (Bernard), de Toulon.
Bins (Jean-Georges), de Marseille.
Castau (Pierre), de Marseille.
De Plants (Hippolyte), de Marseille.
Viau (Pierre), de la Seyne.
Broutin (Jacques-Antoine), de la Seyne.
Robin (Julien-Louis), de Lorient.
Eloust (Pierre), de Quimper.

Tanguy (François), de Morlaix.
Moquet (Laurent), de Caen.
Joubin (Louis), de Saint-Brieuc.
Sornet (Jean-Baptiste), de Saint-Malo.
Deslandes (Joseph), de Saint-Malo, noyé dans le naufrage du 4 février 1783.
Troux (Jean-Joseph), du Havre.
Le Corné (Nicolas), du Havre.
Le Beau (Jean-Marie), de Quimper.
Deschamps (Gildas), de Quimper.
Bourin (Lambert), de Quimper.
Bourin (Corentin), de Quimper, noyé dans le naufrage du 4 février 1783.
Paugan (Jean-Marie), de Quimper.
Thomassé (Jean-Marie), de Brest.
Joannès (Jean-Marie), de Brest.
Henry (Didier), de Brest.
Laurent (Jacques), du Faou.

Le Jeune (Guillaume), de Landivisiau.
Daniel (Pierre), de Saint-Malo.
Imbert (Pierre), d'Avignon.
Dolic (François), du Havre.
Perrot (Louis), de Granville.
Perrot (Denis), de Granville, noyé dans le naufrage du 4 février 1783.
Coetval (Hervé), de Recouvrance.
Poulain (Gabriel), du Havre.
Le Duc (Yves), de Tréguier.
Thomassé (Jean-François), de Brest.
Duvicaire (Nicolas), de Clamecy.

Domestiques.
Maunier (Jean), de Bordeaux.
Margant (Guillaume), de Lesneven.
Gourioux (François), de Landerneau.
Herbert (Louis), de Dinan.
Perrin (Louis), de Romans.

LE GLORIEUX.

(1781-1782.)

Au combat du 12 avril 1782, le "*Glorieux*" fut fait prisonnier par les Anglais; le Commandant D'ESCARS y fut tué.

M. le Vicomte D'ESCARS, Capitaine de vaisseau, Commandant.

ÉTAT-MAJOR.

Capitaine de vaisseau.
Le Vicomte d'ESCARS, Commandant, tué au combat du 12 avril 1782.

Lieutenants de vaisseau.
De KERHUE.
De CLONARD.
De TROGOFF.
REHBERIMDER, Suédois, tué au combat du 12 avril 1782.
De SAINT-VILLIERS.

Enseignes de vaisseau.
De BOULAINVILLIERS de CROI.
De PORTZEN-PARC.
De SPADAFORA.
De MONTIGNY.
De BOIRON.
D'AIGREMONT.
De LAHAYE de SILZ.

Officiers auxiliaires.
PETIT.
QUINARD.
MARTINEAU.
GLATTE, blessé au combat du 12 avril 1782.

Chirurgien-major.
BERGERAT.

Aumônier.
ZEPHIRIN (R. P.), Capucin.

Gardes de la marine.
GAYET de VILLENEUVE.
D'UNIENVILLE (Marie).
TREGUEL, (Roussel), blessé au combat du 12 avril 1782.

Volontaire.
DEJARS, de Guingamp.

Officiers-mariniers de manœuvre.
Lefèvre (Pierre), premier maître, de Brest.
Donnars (Joseph), premier maître, de Brest, blessé au combat du 12 avril 1782.
Férier (Romain), deuxième maître, du Havre.
Pricu (Bernard), deuxième maître, de Nantes, tué au combat du 12 avril 1782.
Caroller (Jean), contremaître, de Lorient.
Moussiau (Nicolas), contremaître, d'Oléron.
Auvray (Denis), contremaître, de Lorient, blessé au combat du 12 avril 1782.
Lefèvre (Pierre), bosseman, des Sables.
Blain (Melchior), bosseman, de Granville, blessé au combat du 12 avril 1782.
Le May (Joseph), quartier-maître, du Croisic, blessé au combat du 12 avril 1782.
Duchemin (Charles), quartier-maître, de Granville.
La Barre (Jean), quartier-maître, de Granville, blessé au combat du 12 avril 1782.
Le Gris (Gabriel), quartier-maître, de Honfleur.
Buffet (Mathurin), quartier-maître, des Sables, tué au combat du 25 janvier 1782.
Elouin (Elie), quartier-maître, de Honfleur.
Arguenel (Jean), quartier-maître, de Saint-Malo.
Bienvenu (Julien), quartier-maître, de Lorient.
Dimet (Jean), quartier-maître, de Lorient.
Rumain (Jean), quartier-maître, de Brest.
Escolle (Bernard), quartier-maître, de Marseille, blessé au combat du 12 avril 1782.
Julien (Claude), quartier-maître, de Granville, blessé au combat du 12 avril 1782.

Officiers-mariniers de pilotage.
Legros (Philippe), patron de canot, de Fécamp.
Durbec (Jean-Marie), patron de canot, de Marseille, blessé au combat du 12 avril 1782.
Pincemin (Henry), premier pilote, de Brest, mort de ses blessures le 13 juin 1782.
Bourgeot (Jean-Louis), second pilote, du Havre, blessé au combat du 12 avril 1782.
Copos (Etienne), aide-pilote, de la Teste.
Cadville (Bernard), aide-pilote, de Granville.

Officiers-mariniers de canonnage.
Bruchon (Bernard), maître canonnier, de Brest, tué au combat du 12 avril 1782.
Loudon (Louis), second canonnier, de Lorient, blessé au combat du 12 avril 1782 et mort de ses blessures.
Cabon (René), second canonnier, de Nantes, blessé au combat du 12 avril 1782.
Calvard (Clément), second canonnier, de Vannes.
Autin (Julien), second canonnier, de Granville.
Perrier (Jean-André), aide-canonnier, de Nantes, blessé au combat du 25 janvier 1782.
Cheval (Charles), aide-canonnier, de Fécamp.
Nauquetil (Jean), aide-canonnier, de Fécamp, blessé dans le combat le 25 janvier 1782.
Lyonnais (Jean-Louis), aide-canonnier, de Saint-Brieuc, blessé au combat du 12 avril 1782.
Dosseville (Guillaume), aide-canonnier, de Boulogne, mort à l'hôpital le 23 avril 1782.

Tarreaux (Joseph), aide canonnier, de Normoutiers.
Bouvier (Michel), aide-canonnier, de Dieppe.
Roussel (Jean-Baptiste), aide-canonnier, de Cherbourg.
Le Marchand (Jean-Baptiste), aide-canonnier, de Caen.
Le Gendre (Robert), aide-canonnier, de Honfleur.
Billard (Jean-Baptiste), aide canonnier de Saint Valéry.
Beaugendre (Charles), aide-canonnier, de Granville.
Rachimel (Michel), aide-canonnier, de Granville.
Le Tourneur (Pierre), aide-canonnier, de Granville.
Blozeau (François), aide-canonnier, de Granville.
Hebert (Jean-Baptiste), aide-canonnier, de Granville.
Requet (Richard), aide-canonnier, de Granville.
Querebel (Louis), aide-canonnier, du Conquet, blessé au combat du 12 avril 1782.
Le Mercier (Alexandre), aide-canonnier, de Rouen.
Lornier (Eustache), aide-canonnier, de Rouen.
Le Gallet (Vincent), aide-canonnier, de Saint-Brieuc, tué dans le combat du 12 avril 1782.
Recule (Georges), aide-canonnier, de Granville, blessé dans les combats des 26 janvier et 12 avril 1782.
Guéhéneux (Louis), aide-canonnier, de Recouvrance (Brest).
Guilloux (Bonaventure), aide-canonnier, de Quimper.
Normandin (Nicolas), aide-canonnier, de Dieppe.
Adam (Pierre-Michel), aide-canonnier, de Dieppe.
Vigoureux (Antoine), aide-canonnier, de Dieppe, tué dans le combat du 12 avril 1782.
Beaumont (Jean François), aide-canonnier, de Granville.
Cauvin (Jean-Baptiste), aide canonnier, de Granville.
Le Vicaire (Georges), aide-canonnier, de Granville.
Rouaux (Joseph), aide-canonnier, de Saint-Malo.
Souquet (Guillaume), aide-canonnier, de Saint-Malo.
Labous (Charles), aide-canonnier, de Brest.
Pluet (Alain), aide-canonnier, de Dinan.
Castel (Joseph), aide-canonnier, du Croisic, mort à l'hôpital le 23 mai 1782.
Asqués (Tropes), aide-canonnier, de Toulon.
Ciron (Adrien), aide-canonnier, de Granville, mort de ses blessures le 18 avril 1782.
Simon (Nicolas), aide-canonnier, de Dinan.
Roussel (Antoine), aide-canonnier, de Dinan, mort à bord le 17 novembre 1781.
Longin (Yves), aide-canonnier, de Recouvrance, mort à bord le 17 novembre 1781.
Laujoie (Martin), aide-canonnier, des Sables, blessé dans les combats du 25 janvier et du 12 avril 1782.
Danniau (Louis), aide-canonnier, des Sables, blessé dans les combats du 25 janvier et du 12 avril 1782.

Delzeux (Alexandre), aide-canonnier, de Granville, blessé dans les combats du 25 janvier et du 12 avril 1782.
Rosseau (Pierre Jacques), aide-canonnier, de Dieppe, blessé dans les combats du 25 janvier et du 12 avril 1782.
Le Goff (Nicolas), aide-canonnier, de Belle-Isle.
Coddec (Joseph), aide-canonnier, de Vannes.
Lesquivit (Noël), aide-canonnier, de Brest, mort à Kingston (Jamaïque), le 11 juin 1782.
Meillard (François-Marie), aide-canonnier, de Brest.
Bellile (Julien), aide-canonnier, de Granville.
Le Sens (Charles), aide-canonnier, du Havre.
Bourdaze (Jacques), aide-canonnier, de Dinan, tué au combat du 25 janvier 1782.

Officiers-mariniers de charpentage.

Noël (Jean), maître charpentier, de Granville.
Piquet (François), second charpentier, de Honfleur.
Roparzic (Pierre), second charpentier, de Brest, mort à bord le 31 mars 1782.
Godfroy (Jean Joseph), aide-charpentier, du Havre.
Lahaye (Louis), aide-charpentier, de Brest.
Macé (François), aide charpentier, de Dinan.

Officiers-mariniers de calfatage.

Gesser (Jean-François), maître calfat, de Brest.
Picard (Pierre-Louis), second calfat, de Saint-Brieuc, tué au combat du 25 janvier 1782.
Le Monnier (Jean), aide-calfat, de Honfleur.
Frontin (François), aide-calfat, de Dinan, blessé au combat du 12 avril 1782.

Officiers-mariniers de voilerie.

Conan (René), maître voilier, de Brest.
Donfroy (Jean-Pierre), second voilier, de Granville.
Quérouanton (Guillaume), aide-voilier, de Brest, mort à Kingston (Jamaïque) le 22 juin 1782.
Malenfant (Pierre), aide voilier, de Granville.
Lescauvet (Guillaume), aide-voilier, de Lorient, tué au combat du 25 janvier 1782.

Gabiers.

Raphalin (Jean), de Quimper.
Pluet (Joseph), de Quimper.
Dubois (Jean), de Saint-Brieuc.
Goffeny (Louis), de Saint-Brieuc.
Raoult (Julien) de Lorient.
Guellec (Jean-Marie), de Lorient.
Olliveau (Jean), de Croisic.
Hardy (Nicolas), de Dinan.
Garel (Julien), de Dinan, mort à l'hôpital du Fort-Royal le 30 mai 1782.
Chaumet (François), de Libourne.
Lafond (Joseph), de Libourne, tué dans le combat du 12 avril 1782.
Guiffard (Pierre), de Granville.
Gourdan (Pierre-Jean), de Granville.

Boulanger (Charles Nicolas), de Cherbourg.
Perouse (Hyacinthe), de Nantes.
Le Peinde (Jérôme), de Vannes.
Pérennès (Alain), de Vannes.
Jollain (Julien), de Saint-Malo.
David (Marc), des Sables.
Le Vavasseur (Jean-François), du Havre.
Le Breton (Julien), de Dinan.
Tessier (Jean), de Dinan.
Hamon (Pierre), de Dinan, blessé aux combats des 25 janvier et 12 avril 1782.
Mallet (Jacques), de Granville.
Basson (Jacques), de Caen.
Cavas (Jacques), de Boulogne.
Pichond (Louis), de Saintes.
Rousseau (Nicolas), de l'Ile de Ré, tué dans le combat du 12 avril 1782.

Timoniers.

Jean (Jacques-François), de Granville.
Le Roux (Jacques), de Granville.
Godard (Guillaume), de Honfleur.
Le Blanc (Jean-Baptiste), de Paris, blessé au combat du 12 avril 1782.
Le Bourg (Marc), du Conquet, tué au combat du 25 janvier 1782.
Tréguier (Joseph), de Lorient.
Bouvelur (Joseph), de Lorient.
Andoux (Jean), de Lorient.

Matelots.

Gahagnon (Jean Marie), de Brest.
Donnard (Claude), de Brest.
Le Dain (Ollivier), de Brest.
Le Lay (Thomas), de Brest.
Poucharin (François), de Brest.
Moulu (Christophe), de Brest.
Richer (Noël-Marie), de Brest.
Le Stum (Jean-Guillaume), de Brest, tué au combat du 12 avril 1782.
Cazenauve (Guillaume), de Tarbes.
Pellein (Vincent), du Conquet.
Guilchoud (Ambroise-Hamon), du Conquet, mort à bord le 19 octobre 1781.
Briec (Jean), de Quimper.
Malèot (Sébastien), de Quimper.
Ausquer (Jean), de Quimper.
Quintel (Gabriel), de Quimper.
Herlédeau (Joseph), de Quimper.
Neuès (Pierre), de Quimper.
Poller (François), de Saint-Brieuc.
Nogues (Louis), de Saint-Brieuc.
Huard (Jérôme), de Saint-Brieuc.
Bredel (René), de Saint-Brieuc.
Le Nautre (François), de Saint-Brieuc.
Eouzan (Jean-Marie), de Saint-Brieuc.
Ladoyer (Pierre), de Saint-Brieuc.
Henry (Augustin), de Saint-Brieuc.
Thebeau (François), de Saint-Brieuc.
Robert (Christophe), de Saint-Brieuc.
Cardinal (Florimond), de Saint-Brieuc, mort à l'hôpital le 7 janvier 1782.
Houard (Jean-François), de Saint-Brieuc.
Jacob (Jacques), de Saint-Brieuc.
Conan (François), de Saint-Brieuc.
Jouan (Maurice), de Saint-Brieuc.
Hervauz (Mathieu) de Saint-Brieuc, mort à l'hôpital du Fort-Royal le 27 avril 1782.
Savouroux (Charles), de Saint-Brieuc.

Tannio (Jean), de Saint-Brieuc.
Martin (Jean-François), de Saint-Brieuc.
Henry (François), de Saint-Brieuc.
Massé (Jean), de Saint-Brieuc.
Roussel (Louis), de Saint-Brieuc.
Mévelle (François), de Saint-Brieuc.
Savoureux (Charles), de Saint-Brieuc.
Quintin (François), de Saint-Brieuc, blessé au combat du 12 avril 1782.
Bouzan (Ollivier), de Saint-Brieuc, tué au combat du 25 janvier 1782.
Le Guerne (Simon), de Tréguier, blessé au combat du 12 avril 1782.
Le Bian (Jean), de Morlaix.
Loigne (Louis-Jean), de Lorient.
Guillet (Ollivier), de Lorient.
Rolland (Dominique), de Lorient.
Lot (Louis), de Lorient.
Gargant (François), de Lorient.
Bouler (Jean-Marie), de Lorient.
Durcœur (Jean), de Lorient, tué au combat du 12 avril 1782.
Denis (Pierre), de Lorient, tué au combat du 25 janvier 1782.
Auffret (Joseph), de Vannes.
Cadiou (Guillaume), de Vannes.
Le Bian (Jean), de Vannes.
Frénay (Mathurin), de Vannes.
Chicheleau (Jean), de Belle-Isle, mort à bord le 19 octobre 1781.
Bojec (Jacques), du Croisic.
Barbant (Jean), du Croisic.
Pouaut (Joseph), du Croisic.
Moquet (Julien), du Croisic.
La Soude (Jean-Baptiste), du Croisic.
Allain (Yves), du Croisic, blessé au combat du 12 avril 1782.
Benât (Sébastien), du Croisic, blessé au combat du 12 avril 1782.
Gagneux (Jean), du Croisic.
Boursier (Jean), du Croisic.
Prével (Louis), du Croisic.
Vincent (Jean), du Croisic, dangereusement blessé au combat du 25 janvier 1782.
Cavalin (Pierre), de Paimbœuf.
Doulin (Charles), de Paimbœuf.
Gendron (Jean), de Paimbœuf, blessé au combat du 12 avril 1782.
Guyo (Jean), de Nantes.
Martin (Jean), de Nantes.
Barthélemy (Pierre), de Nantes.
Bouttar (Nicolas), de Nantes.
Berneuf (Jean), de Nantes.
Rousseau (Julien), de Nantes.
Arlau (Simon), de Nantes.
Blot (Jean), de Saint-Malo.
Jamet (François), de Saint-Malo.
Fossard (René-Paul), de Saint-Malo.
Palet (Gabriel), de Saint-Malo, blessé le 12 avril 1782; mort le 25 décembre suivant.
Campion (Christophe), de Saint-Malo.
Hervey (Jean), de Saint-Malo.
Boziel (Guillaume), de Saint-Malo.
Perturel (Joseph), de Saint-Malo, mort à bord le 24 juillet 1781.
Aubin (Jean), de Saint-Malo.
Aubin (Jacques), de Saint-Malo.
Gausselin (Rosalie), de Saint-Malo.
Damon (Samson), de Dinan.
Duval (Jean), de Dinan.
Hautier (René), de Dinan.

Gombre (Guillaume), de Dinan.
Raymond (Joseph), de Dinan.
Sevestre (Pierre), de Dinan.
Denneau (Guillaume) de Dinan.
Villory (Mathurin), de Dinan, mort à bord le 13 novembre 1781.
Brilland (Joseph), de Dinan.
Courcelles (Alain), de Dinan.
Algan (Pierre), de Dinan.
Percevaux (François), de Dinan.
Rendu (Joseph), de Dinan, tué au combat du 25 janvier 1782.
Boden (Germain), de Dinan.
Trancheneur (Jean), de Dinan.
Pelluard (Joseph), de Dinan.
Le Mercier (François), de Dinan.
Belbon (Julien), de Dinan, tué au combat du 12 avril 1782.
Le Chat (Joseph), de Dinan.
Gauchard (Ollivier), de Dinan.
Robert (François), de Dinan.
Boulin (Julien), de Dinan.
Anchoix (Jean), de Dinan, dangereusement blessé au combat du 25 janvier 1782.
Le Claire (François), de Vignac.
Plessis (Marc), de Vignac.
Lejeune (François), de Dinan.
Launay (Mathurin), de Dinan.
Grisson (Jean), de Dinan.
Coupeau (Joseph), de Dinan.
Coulier (François), de Dinan.
Langlais (Pierre), de Dinan.
Leclerc (Louis), de Dinan, tué au combat du 25 janvier 1782.
La Bigne (Jean), de Granville.
Gautier (Jean), de Granville.
Potet (Jacques), de Granville.
Honfroy (Philippe), de Granville, mort à bord le 19 octobre 1781.
Mallet (Jean), de Granville.
Allain (François), de Granville.
Dupont (Simon), de Granville, tué au combat du 12 avril 1782.
Duclos (Jean-Baptiste), de Granville, tué au combat du 25 janvier 1782.
Le Gallet (Thomas), de Granville, mort à bord le 9 février 1782.
Burnouf (René), de Granville.
Gaillard (Gabriel), de Granville.
La Boigne (Louis-Georges), de Granville.
Brie (Luc), de Granville.
Cautro (François), de Granville.
Ranset (Ambroise), de Granville, mort à l'hôpital le 4 janvier 1782.
Baillif (Robert), de Granville.
Desrous (Thomas), de Granville.
Maillard (Joseph), de Granville.
Bibet (Etienne), de Granville.
Chevalier (Laurent), de Granville.
Ancquetil (Thomas-Pierre), de Granville, tué au combat du 12 avril 1782.
Martin (Jean-Baptiste), de Granville, tué au combat du 25 janvier 1782.
Dufrêne (Olivier), de Granville, mort du scorbut le 24 octobre 1781.
Malet (Jean-Louis), du Havre.
Letournin (Ambroise), du Havre.
De Launay (Jean-Baptiste), du Havre.
Poupet (Adrien François), du Havre, tué dans le combat du 12 avril 1782.
Paris (Michel-André), de la Hougue.
La Jeunesse (Joseph), de la Hougue.

Lamouroux (François), de Caen.
Perdrieuc (Toussaint), de Caen.
Marie (Jean-Baptiste), de Caen.
Palier (Jean-Louis), de Caen.
Mallet (Etienne), de Caen, blessé dans les combats des 25 janvier et 12 avril 1782.
Le Foulon (Jean), de Caen.
Audierne (Michel), de Caen, mort du scorbut le 25 novembre 1781.
Vasseling (Jean), de Dieppe.
Le Fèvre (Guillaume), de Dieppe.
Chevalier (Nicolas), de Dieppe.
Grange (Jean-Noël), de Dieppe.
Fortin (Alexandre), de Dieppe.
Edouard (Jean-Louis), de Dieppe.
Dubot (Joseph-Nicolas), de Dieppe, tué au combat du 12 avril 1782.
Cavelier (Louis), de Dieppe.
Léger (Jean), de Dieppe.
Gouvin (Antoine), de Dieppe.
Vallois (François), de Dieppe.
Coniam (Guillaume), de Dieppe.
Reveraud (Antoine), de Dieppe.
Leho (Jean-Hervé), de Dieppe.
Mesnières (Clément), de Rouen.
Tamozic (Laurent-Innocent), de Rouen.
Bataillet (Jacques), de Fécamp.
Coudray (Jean-Baptiste), de Fécamp.
Coruble (Aimable), de Fécamp.
Laporte (Mathieu), de Fécamp.
Tiercelain (Jean-Pierre), de Fécamp.
Depinet (Pierre), de Fécamp.
Dancis (Antoine), de Fécamp.
Duflo (Nicolas), de Fécamp.
Plet (Jean-Jacques), de Fécamp.
Vasselin (Jacques), de Fécamp.
Bénard (Jean-Baptiste), de Fécamp.
Tayetavely, de Boulogne.
Catrain (Jacques), de Dunkerque.
Vélin (Jean-Pierre), de Dunkerque, tué au combat du 12 avril 1782.
Le Crue (Jean), de Rochefort.
Daffroux (Louis), de Rochefort.
Bouille (Pierre), de Rochefort.
Baron (Charles), de Rochefort, tué dans le combat du 12 avril 1782.
Harvoy (Lucien), de Rochefort.
La Branche (François), d'Oléron.
Thénou (Jean-Baptiste), de la Rochelle.
Proux (Jean), de la Rochelle.
Vénard (Louis), de la Rochelle.
Troguet (Nicolas), de la Rochelle.
Bodouin (Mathurin), de la Rochelle.
Michel (Etienne), de la Rochelle.
Deliveau (Pierre), de la Rochelle.
Georget (Pierre), de la Rochelle.
Savé (André), de la Rochelle, mort à l'hôpital du Fort-Royal le 7 mai 1782.
Valeau (Jean), de l'Ile de Ré.
Bruand (Pierre), de Royan.
Piavard (Jean), des Sables.
Peau (Louis), des Sables.
Rabreau (Jacques), des Sables.
Renaud (Isaac), des Sables, blessé dans le combat du 12 avril 1782.
Delaux (Pierre), de Villeneuve d'Agenois.
Guisteau (Jean), de l'Ile d'Yeu.
Cadou (Joseph), de l'Ile d'Yeu.
Gendron (Louis-André), de Noirmoutiers.
Erseaud (André), de Noirmoutiers, mort à bord le 9 janvier 1782.

Michel (Guillaume), de Saint-Brieuc.
Gouanennec (Tugdual), de Saint-Brieuc.
Robert (Laurent), de Saint-Brieuc.
Périchou (Simon), de Saint-Brieuc.
Gicquel (René), de Saint-Brieuc.
De May (Joseph), de Saint-Brieuc.
Moquet (François), de Saint-Brieuc.
Perron (Mathieu), de Lorient.
Squéncer (Jean-Louis), de Lorient.
Coido (Jacques), de Lorient, blessé le 12 avril 1782.
Huchon (Jacques), de Lorient.
Plumette (Paul), de Lorient.
Guilloux (Julien), de Lorient.
Allain (Jean), de Lorient.
Toumelin (Louis), de Lorient.
Quellec (François), de Lorient.
Caravelle (Jean), de Lorient.
Pourquier (Jean-Claude), de Marseille, blessé au combat du 12 avril 1782.
Devès (François), de Marmande.
Colasset (Symphorien), de Saint-Malo.
Jouvencello (Philippe), de Château-Thierry.
Guillou (Pierre), de Tréguier.
Gilbert (Antoine), de Tréguier.

Le Guent (Yves), de Tréguier.
Gilbert (Jean-Louis), de Tréguier.
Derran (René), de Tréguier.
Desforges (François), de Tréguier.
Avé (Bernard), de Tréguier.
Valion (Augustin), de Toulon.
Denis (Julien), du Croisic.
Hingant (Yves), de Morlaix.
Pincemin (Hyacinthe), de Brest.
Morel (Jacques-Philippe), de Fécamp, mort à bord le 1er avril 1782.
Querlidou (Hervé), de Plougueneau.
Dromendy (Jean), de Morlaix, mort à bord le 13 octobre 1781.
Bernard (Mathurin), de Dinan.
Arnoux (Claude), de Dinan.
Boëtté (Guillaume), de Dinan.
Bucaille (Georges), de Dinan.
Desmaux (Jean), de Dinan, blessé au combat du 25 janvier 1782.
Guiché (Jean-Baptiste), de Calais.
Le Gallic (Gilles), de Quimper, mort de ses blessures le 22 mai 1782.
Pendu (Jean), de Morlaix.
Cauvin (Barthélémy), de Granville.
Cointreau (Laurent), d'Angers.

Cointreau (Charles), d'Angers.
Le Breton (Jean-François), de Brest.
Calcater (Joseph), de Brest.
Hubert (Pierre), de Saint-Malo.
Moquet (François), de Rochefort.
Fournière (François), de Rochefort.
Houssel (Jacques), de Dieppe, tué au combat du 12 avril 1782.
Michel (Augustin), de Guingamp.
Kerboul (Joseph), de Lambézellec.
Detcheverry (Pascal), de Bayonne.
Figuète (Jean), de Bayonne.

Domestiques.

Bequé (François), de Passy.
Constantin (Jean-Louis), de Brest.
Alain (Julien), de Fougères.
Goudzou (Jean), de Morlaix.
Connot (Yves), de Tréguier.
Pouaste (Antoine), de Tréguier.
Robert (Etienne), d'Avignon.
Boyer (Jean), de Brive-la-Gaillarde.
Poncelet (Grégoire), de Vitry.
Tiraud (Jean-Baptiste), de Rethel.
Le Grand (Jean), d'Orléans.
Marquis (Jean-Marie), de Quimper.
Lézimout (Antoine), de Brest.

LE CATON.

(De 1779 à fin 1782.)

M. le Comte DE FRAMOND, Capitaine de vaisseau, Commandant.

ÉTAT-MAJOR.

Capitaine de vaisseau.

Le comte de FRAMONT, Commandant.

Lieutenants de vaisseau.

De GOYON de VAUROUAULT.
De SANTO-DOMINGO.
Le chevalier de FERRIERE.

Enseignes de vaisseau.

De MONNY.
De SAINTE-MARIE.
De MAGON.
De MASTILLONY, Napolitain.
De RAAB, mort le 6 septembre 1781, à la suite d'une blessure reçue au combat du 5 du même mois.

Lieutenant de frégate.

CORDIER, fait capitaine de brûlot à la suite du combat du 5 septembre 1781.

Officiers auxiliaires.

LEFEBVRE ou LE FEBVRE.
TRIGANT.
MESSONNIER, de Toulon.
BOISSON, de Toulon.
LABEAN.
COURANT.
GALLET, de Saint-Orens (Gers).

De LALLY, de Nantes.
De GOYON de SAINT-LOYAL, tué au combat du 9 avril 1782.

Chirurgien-major.

Le Sr GOIRAN.

Aumônier.

Le Sr RENEDY (abbé).

Gardes du pavillon et de la marine.

SAMBUCY, Garde du Pavillon.
Du ROUX de VARENNES, Garde de la Marine.
De BLOIS, Garde de la Marine.
De LANTIVY, Garde de la Marine.

Officiers-mariniers de manœuvre.

Grimaldy (Joseph), premier maître, de Saint-Malo, mort à bord le 18 avril 1781.
Morand (Claude), premier maître, de Brest.
Boulanger (René), second maître, de Dinan.
Réal (François), second maître, du Havre.
Daumas (Pierre-Antoine), second maître, de Toulon.
Méhu (Jullien), second maître, de Saint-Malo.
Philipe (Gilles), second maître, de Granville.
Gardon (Nicolas), contremaître, de Toulon.

Aubour (Joseph), contremaître, de Toulon.
Guillot (Antoine), contremaître, de Toulon.
Duval (Pierre-Joseph), contremaître, de Honfleur.
Pernuit (Jean-François), bosseman de Honfleur.
Broban (Jean-Thomas), bosseman, de Granville.
Gay (Jean), bosseman, de Toulon.
Pascal (Laurens), quartier-maître, de la Ciotat, mort à Kingston (Jamaïque), le 3 septembre 1782.
Rougier (Alexandre), quartier-maître, de la Ciotat.
Fouque (Antoine), quartier-maître, de Martigues.
Barnouit (David-Trophin), quartier-maître de Marseille.
Durand (Cléophan), quartier-maître, de Marseille.
Mouton (Joseph), quartier-maître, de la Seyne.
Arnoux (Pierre), quartier-maître, de Martigues.
Volaire (Jean-Pierre), quartier-maître, de Martigues.
François (Joseph), quartier-maître, de Toulon.
Pignatel (Etienne), quartier-maître, de la Ciotat.
Denan (Laurent), quartier-maître, de la Seyne.
Marquat (Jean), quartier-maître, d'Agde.

Azanare (Jacques-Antoine), de Saint-Tropez.
Coudrier (Thomas), de Saint-Tropez, mort à Kingston (Jamaïque) le 20 juin 1782.

Marseille.

Reynier (Simon-Jacques).
L'Hermitte (Louis).
Cosse (Jacques-Antoine).
Rangis (Cyprien).
Maganiose (Honoré).
Peret (Antoine), mort à Kingston le 2 octobre 1782.
Arnaud (Étienne).
Carloc (Honoré).
Clément (Pierre).
Aubert (Antoine-Louis).
Vassor (Antoine).
Blanc (Antoine-Victor).
Seravan (Joseph).
Benedy (Joseph-Jérôme).
Brémond (Jean-Baptiste).
Dalles (Michel-Esprit).
Saumeyre (Guillaume).
Simon (Jean-Joseph), mort à Kingston le 8 octobre 1782.
Ermieu (Joseph).
De Beaumont (Lazare), mort à Kingston le 1er octobre 1782.
Bonnefois (Esprit-Mathieu).
Sapet (Jean-Vincent).
Bœuf (Jacques).
Pascaroit (François).
Bernard (Jacques).
Silvestre (Jacques).
Gauthier (Antoine).
Garcia (Pierre), de Caillery (Sardaigne).

Martigues.

Honnorat (Louis-Joseph).
Sigaud (Cléré).
Terrier (Jean-Louis-Lazare).
Laugier (Claude).
Beaumond (Jean).
Cheiland (Joseph).
Artaud (Michel).
Leydet (Victor).
Deveau (Jean-Joseph), de Saint-Chamas.
Combes (André), d'Arles.
Martin (Joseph), d'Arles.
Combes (André), d'Agde.
Borelly (Étienne), d'Agde.
Mollière (Antoine), de Montpellier, mort le 7 septembre 1781, à la suite d'une blessure reçue au combat du 5 septembre 1781.
Cabelle (Antoine), de Cette.

Corse.

Musseau (Jean).
Robaglia (Antoine), mort le 30 octobre 1780 au Fort-Royal.
Reco (Jean-Baptiste).
Tarria (Augustin).
Antonny (Dominique-Marie-Marc).
Matey (Charles-Antoine).

Piloton (Isaac), de Rochefort.
Sauvaget (Pierre), de Rochefort.
Pain (Anne-Mathieu), de Saint-Germain (Charente-Inférieure).

Gendron (Charles), d'Angoulême.
Picard (Louis), de Rochefort.
Bailly (Henry), de Rochefort.
Gaudin (Jean), d'Angoulême.
Millasseau (Julien), d'Angoulême.
Robert (Jean), d'Angoulême.
Audereau (Pierre), de Marennes.
Moreau (Daniel), de Marennes.
Deliquet (Abraham), de Royan.
Feuillade (Joseph), de Royan, tué au combat du 9 avril 1782.
Henry (Nicolas), de Bordeaux.
Agnès (Guillaume), de Montauban.
Coatuite (Louis), des Sables-d'Olonne.
Lucet (Joseph), des Sables-d'Olonne, mort à bord le 16 novembre 1781.
La Sale (Jean-Baptiste), de Bordeaux.
Moisan (Jean-Baptiste), de Dieppe.
Boisard (Jean-Louis-Michel), de Dieppe.
Giron (Louis), de Granville.
Bisson (Louis-Pierre), du Havre.
Baussict (Henry), de Rouen.
Le Guay (Nicolas-Louis), de Honfleur.
Loizel (Jean-Baptiste), de Honfleur.
Le Roy (Pierre-Jean-Baptiste), de Honfleur.
Humbert (Pierre-Jean-Henry), de Honfleur.
Damour (Jean-Baptiste-Alexandre), de Honfleur.
Trusand (Jean-Baptiste-Charles), de Honfleur.
Fréchon (Jean-Simon), de Dieppe.
Beck (Thomas-Isaac), de Calais.
Alix (Jacques), de Granville.
Vagnon (Jean-Baptiste), de Rouen.
Vagnon (Antoine-Polycarpe), de Rouen.
Rochard (Étienne), de Honfleur.
Liard (Jacques-François), de Honfleur.
Avenel (Taurin-Pierre), de Granville.
Renoux (Guillaume-Augustin), de Granville.
Sauvage (François-Joseph), de Paris.
Doge (Jean-Pierre), de Paris.
Mehu (Julien), de Saint-Malo.
Mondel (Adrien-Pierre), de Rouen.
Quilien (Laurent), de Camaret.
Audie (Mathurin), de Dinan.
Briant (Pierre), de Dinan.
Diveu (Jean), de Dinan.
Dorléans (Jacques), de Dinan, mort à l'hôpital du Fort-Royal le 26 octobre 1780.
Hamon (Patrice), de Brest.
Gourmelon (André), de Brest.
Gauthier (Mathurin), de Dinan.
Sechot (Julien), de Dinan.
Couronné (Charles), de Nantes, tué au combat du 15 mai 1780.
Philipeau (René), de Nantes.
Taconnet (Gilles), de Nantes.
Chauvelon (Julien), de Nantes.
Bertel (Robert), de Nantes.
Lageat (Joseph), de Morlaix.
Mellé (Thomas), de Saint-Malo.
Berthelot (Pierre), de Saint-Malo, mort à l'hôpital du Fort-Royal le 27 mars 1782.
Nicol (Louis), de Saint-Malo, mort à Kingston (Jamaïque) le 2 novembre 1782.
Gavet (Ollivier), de Saint-Malo, mort à Kingston le 27 octobre 1782.
Gallais (Jean), de Saint-Malo.

Quantin (Joseph), de Saint-Malo.
Galenne (Julien), de Saint-Malo.
Bertrand (Pierre), de Saint-Malo.
Le Main (Joseph), de Saint-Malo, mort à Kingston le 20 septembre 1782.
Mallet (Jacques), de Saint-Malo, mort à bord le 20 février 1782.
Le Gentil (Jean), de Saint-Malo, mort à l'hôpital du Fort-Royal le 29 février 1782.
Dodde (Guillaume), de Dinan.
Guillard (François), de Dinan.
Chaignon (Jacques), de Dinan.
Colin (Mathurin), de Dinan.
Dubois (Samson), de Dinan.
Jubel (Jean), de Dinan, tué au combat du 17 avril 1780.
Giguel (Adrien), de Rennes.
Durand (Pierre), de Nantes.
David (Joseph), de Brest.
Ohaton (Marc), de Lorient.
Montanier (François), de Lorient.
Tardivel (René), de Lorient.
Herviaux (Pierre), de Lorient, mort à l'hôpital du Fort-Royal le 17 mars 1781.
Corniard (François), de Saint-Brieuc.
Le Breton (Jean), de Saint-Brieuc.
Bousquet (François), de Saint-Brieuc, mort à l'hôpital du Fort-Royal le 12 février 1781.
Blein (Gabriel), de Saint-Brieuc, mort à l'hôpital du Fort-Royal le 9 avril 1781.
Massary (Antoine), de la Corse.
Grégory (François), de la Corse.
Franchechy (Mathieu-Paul), de la Corse.
Paul (Paul), de la Corse.
Piétry (Ange-Simon), de la Corse.
Dominicy (Dominique), de la Corse.
Sanctiny (Antoine), de la Corse.
Duperrier (Jean), de Bayonne.
Brun (Laurent), de Toulon.
Artus (Victor-Augustin), de Toulon.
Coreille (Nicolas), de Toulon.
Marin (Jean-Charles), de Saint-Tropez.
Roux (Jean), de Saint-Tropez.
Ollivier (Benoît-Antoine), de Saint-Tropez.
Coreil ou Coreille (François-Xavier), de la Ciotat.
Mouraton (Jacques), de la Ciotat.
Prat (Antoine), de la Seyne.
Gasparit (Pierre), de Rochefort.
Barrière (Guillaume-Benoît), de Marseille.
Illiard (Joseph-Barthélémy), de Marseille.
Rempeau (Julien), de Marseille.
Durand (Philipe), de Marseille.
Musea (Pascal), de Marseille.
Guérouard (Pierre), de Marseille.
Marcé (René), de Blaye.
Peirol (Gaspard), d'Arles.
Blandeau (Jean), d'Agde.
Zevaco (Joseph), de la Corse.
Pons (Jean-Antoine), de Narbonne.
Rouquet (Jean-Jacques), de Narbonne.
Vergue (Jean-Baptiste), de Cette.
Boudet (Pierre), de Dinan.
Chauvellon (Pierre), de Nantes.
Bijoin (Julien), de Quimper.
Bellouard (Gilles), de l'Île de Ré.
Mequer (Henry), de l'Île de Ré, mort à Kingston le 16 octobre 1782.
Le Prince (Pierre-Marie), de Morlaix.
Labbé (Jean-Jacques), de Quimper.

Duval (Antoine), de Saint-Malo, mort à Kingston le 19 septembre 1782.
Vuideau (Laurent), de Charente.
Ogor (Louis), d'Oléron.
Renaud (François), de Cognac.
Buisson (Jean), de la Rochelle.
Buisson (Louis), de la Rochelle.
Faucher (Joseph), de l'Ile de Ré.
Roullet (François), de l'Ile d'Yeu.
Dupleix (Henry), de Saintes.
Bontems (Simon), de Saintes.
Deau (Pierre), de l'Ile de Ré, mort à bord le 4 mai 1780.
Loret (Pierre), de Rochefort.
Toulon (Honnoré), d'Hyères.
Brémond (Jean-Baptiste), de Marseille.
Coste (François), de la Seyne.
Lombardon (Joseph), de la Seyne.
Sigaud (Jean-Baptiste), de la Seyne.
L'Angloia (Jacques), de Granville.
Dautoct (Stéphan), de Plouguerneau.
Chapon (Guillaume), de Dinan.
Blanc (Etienne-Ambroise), de Marseille.
Maurin (Antoine), de Marseille.
Duhamel (Ange), de Lamballe.
Consauvo (Dominique), de Toulon.
L'Orange (Jean-Baptiste), de Bordeaux.
Conin (André), de la Rochelle.

Demassoux (Pierre), de Rochefort.
Corre (Jean-Marie), de Roscoff.
Sanès (Jean-Jacques), de Toulon.
Bertradon (Antoine-Benoît), de Toulon.

Surnuméraires.

Volontaires.

Le Sr de Laudin, de Rocamverace.
Le Sr de Brassac, de Marvéjols.
Le Sr du Laurent, de Concarneau.
Maurière (Gérland), deuxième chirurgien, de Castel-Sarrazin.
Tréhoret (Jean-Joseph), pilote côtier, du Conquet.
Satignac (Etienne), aide-chirurgien, de Cherbourg.
Domblimont (Vincent), aide-chirurgien, de Cherbourg.
Dubois (Pierre), aide-chirurgien, de Cherbourg.
Martin (François-Henry), apothicaire, de Toulon.

Munitionnaires.

Vergos (Alain), commis, de Plomastel.
Dubain (Robert), maître valet, de Blois.
Levrard (Julien Jean-Me), second valet, d'Hennebont.
L'Hostis (François), coq, de Morlaix.

Baur (Joseph), boucher, d'Huningue.
Nicolas (Joseph), boulanger, de Nice.
Agnès (Paul-Louis), premier maître armurier, de Brest.
Claveau (Pierre), aide-armurier, du Duveau (Poitou).
Delaire (Antoine), second chirurgien.
Dumail (Pierre), second chirurgien, d'Antichamps.
Raillon (Martial), aide-chirurgien, de Bordeaux.
Le Sr Gauvin de la Jousselinière, volontaire, de Nantes.
Le Sr Bosse (Dominique), volontaire, de Nantes.
Le Sr Pecherin, volontaire, de Nantes.
Manuel (Jean), pilote, de Cassis.
Cottin (Jean), pilote, de Bordeaux.

Domestiques.

Beauchamp (Jean-Baptiste), de Monaco.
Marlanet (Michel), de Meaux.
Dubois (Mathurin), de Mayenne.
Le Mercier (Pierre), de Guingamp.
Delamarre (Jean), de Tréguier.
Mellon (Louis), de la Rochelle.
Diastrenec (Jean), de Belle-Isle-en-Terre.
Cochon (François), de Fougères.

L'AUGUSTE.

(1781 à 1783.)

M. DE BARRAS-SAINT-LAURENT, puis M. DE BOUGAINVILLE, Chefs d'escadre, Commandants.

ÉTAT-MAJOR.

Chefs d'escadre.

De BARRAS-SAINT-LAURENT.
De BOUGAINVILLE.
Le Comte de VAUDREUIL.

Capitaines de vaisseau.

De CLAVIERE.
De CASTELLAU.
De BOTDERU.

Lieutenants de vaisseau.

Le Chevalier de BIRE.
Du MINE.
De THIERY.
ALFERAUD de MOMEJAN.
Le Chevalier de CAUX.
De la VILLELOYAI.
De TRUGUET.
De SAINT-JULIEN.
DORVAUT, tué au combat du 5 septembre 1781.
Des LIGNERIS.
De CARCARADEC.
MERVILLE de CAIRON.

Enseignes de vaisseau.

De SUFFREN.
SARRETTE de COUSEIGUE.

De LESTRANGE.
De FABRY.
De HOGUENHOUSEN.
Le Baron de SEDESTROM.
De MENC.
De VAVINCOURT.
De MONTRUN.
De la FOURCHAIS.

Officiers auxiliaires.

De VIENNE.
D'AUJARD.
DAFFOSSEY.
RAINAU.
SEGOUIN.
Le BRUN.
REDE.
LAPLANCHE.
BLONDELLAS.
LABRETEICHE.

Chirurgiens-majors.

Le TENDRE.
REGNIER.

Aumôniers.

DOROTHE (R. P.), Capucin.
MOREL (R. P.), Prémontré.
PROSPERE (Charles Joseph), Chanoine séculier, de Roubaix.

Gardes de la marine.

De LAUREAL.
CHARETTE de la COUTERIE.
LEFORT de CARNEVILLE.
SARETTE de MONTMARIN.
De BRUCE.
De BEUFVIES-DESPALIGNY.
De SAINT-MAURICE.
De MAUDAT.

Volontaires.

Lallemand (Joseph-Noël).
Moisan, de Dinan.
Daubrot de Vilneuve, de Saint-Pol.
Baron (Yves-Alexis), de Saint-Pol.
Desplus (Charles-François), de Bitary.
L'Escouffier (Antoine), de Saint-Victor.
Lamotte-Bertrand, de Vannes.
Foujerol (Jean), de Dijon.
Hubon (Etienne), de Toulon.
Pignol, de Toulon.

Officiers-mariniers de manœuvre.

Le Cocq (Maurice), premier maître, de Brest.
Bodénès (Jean-Marie), premier maître, de Brest.
Lefort (René), premier maître, du Croisic.
Blin (François), premier maître, de Rochefort.

Officiers-mariniers de charpentage.

Berlivet (Yves), maître charpentier, de Brest.
Caillibaux (Jean), maître charpentier, de Libourne.
Le Bars (Gabriel), maître charpentier, de Recouvrance.
Quiniou (Jean-Louis), second maître charpentier, de Brest.
Villain (Jean), second maître charpentier, de Nantes.
Racicot (Paul), second maître charpentier, de Granville, mort à bord le 29 juillet 1781.
Goulaouic (Michel-Marie), aide-charpentier, de Recouvrance.
Guerrier (Julien), aide-charpentier, de Nantes.
Agasse (Robert-François), aide-charpentier, de Rouen.

Officiers-mariniers de calfatage.

Bozénès (Jean-Marie), maître calfat, de Brest.
Quérivel (Anne), second maître calfat, de Lorient.
Besnard (François), second maître calfat, de Dinan, mort à bord le 9 avril 1783.
Le Fraîche (François), aide-calfat, de Dinan.
Bessard (Noël), aide-calfat, de Dinan.
Pierre (Julien), aide-calfat, de Dinan.
Boisec (Jean), aide-calfat, de Lorient.
Chauve (Dominique), aide-calfat, de Nantes.

Officiers-mariniers de voilerie.

Le Hir (Tanguy), maître voilier, de Brest, mort à bord le 11 juillet 1782.
Duchêne (Vincent), second maître voilier, de Saint-Brieuc.
Deschamps (Nicolas), second maître voilier, de Honfleur.
Girard (Louis), second maître voilier, de Nantes.
Moreau (Jean-René), aide-voilier, de Saint-Brieuc.
Briant (Joseph), aide-voilier, de Nantes.
Martin (François), aide-voilier, de Granville.
Duchêne (Laurent), aide-voilier, de Saint-Brieuc.

Gabiers.

Padiolau (François), de Nantes.
Grand de Grange (Henry), de Quimper.
Gargan (François), de Quimper.
Marchand (Laurent), de Quimper, mort à bord le 5 août 1782.
Blanchet (François), de Granville.
Bucaille (Robert), de Granville.
Thélot (Denis), de Granville.
Le Gal (Jean-Louis), de Brest.
Sautreuil (Nicolas), de Fécamp.
Laurend (Jean), de Fécamp.
Démertot (Jean-François), de Fécamp.
Robert (Noël), de Fécamp.
Bodo (Jean-François), de Saint-Malo.
Guillet (Pierre), de Saint-Malo.
Marchand (Alain), de Saint-Malo.
Lefranc (Pierre-Guillaume), de Honfleur.
Piat (Julien), de Dinan.
Roger (Joseph), de Dinan.
Nobis (Jacques), de Dinan.

Rouaux (François), de Dinan.
Carpentier (Louis-François), du Havre.
Brassard (Jean-Baptiste), du Havre.
Le Coat (Noël), du Conquet.
Kerlaouénau (Denis), de Saint-Brieuc.
Briant (Brieuc), de Saint-Brieuc.
Villard (Laurent), de Toulon.
Huc (Julien-Nicolas), de Dieppe, mort à bord le 1er mai 1781.

Timoniers.

Boutard (David-François), du Havre.
Masson (Pierre), du Havre.
Auffray (Noël-Jacques), du Havre.
Resser (François), du Havre.
Pignol (Roch-Mathieu), du Havre.
Ollivier (Jean-François), du Havre.
Jean (Louis), de Vannes.
Henry (Yves), du Conquet.
Forcel (Jean-François), de Granville.
Le Comte (Charles-François), de Granville.
Quéner (Jean), de Granville.
Salmon (Jean-Thomas), de Granville, tué au combat du 12 avril 1782.
Roquet (Jacques), de Honfleur.
Le Guéru (Jean), de Saint-Brieuc.
Véguard (Jean-Henry), de Cherbourg.
Bourgeois (François), de Cherbourg.
De Vinne (Charles), de Boulogne.
Schet (Pierre), de Rouen, mort à bord le 14 décembre 1781.
Beguenaud (Jean-Michel), de Nantes.
La Tour (Pierre), de Saint-Foix, mort à bord le 12 avril 1782.
Dunel (Nicolas-Alexandre), de Honfleur.
Guilloton (Pierre), de la Rochelle.
Combret (François), de Libourne.
Kersandy (Benoît), de Quimper.
Labatte (Pierre), de Recouvrance.

Matelots.

Monnier (Jean-Martin), de Brest.
Bozénès (Etienne), de Brest.
Boterel (Jean-Marie), de Brest.
Mansfield (Jean), de Brest.
Morvan (Claude), de Brest.
Théolier (Jean-Pierre), de Brest.
Cariou (Bastien), de Brest.
Quescavin (François), de Brest, mort le 6 février 1782 de ses blessures.
Drenne (Pierre), de Nantes.
Banon (Baky), de Toulon.
Villard (Pierre), de Toulon.
Dubois (Pierre), de Toulon.
Guerrot (André), de Toulon.
Barbarou (Joseph), de Toulon.
Martin (Jacques), de Toulon.
Millière (Joseph), de Toulon.
Rudeau (Jean), de Rochefort.
Perrot (Antoine), de Rochefort.
Berthelot (Berthélemy), du Conquet.
Chouan (Guénolé), du Conquet.
Michel (Jean), du Conquet.
La Duf (Guillaume), de Morlaix.
Vasse (Pierre-Ambroise), du Havre.
Baugard (Alain-Joseph), de Quimper.
Poiriel (Guillaume), de Quimper.
Dagorne (Jean), de Quimper.
Groult (Louis), de Quimper.
Le Gal (René), de Quimper.

Castel (Yves), de Quimper.
Donné (Jean), de Saint-Brieuc.
Feutren (Yves), de Saint-Brieuc.
Le Pellé (Julien), de Saint-Brieuc, tué au combat du 5 septembre 1781.
Reboul (Mathurin), de Saint-Brieuc, mort à bord le 30 janvier 1782.
Raul (Julien), de Saint-Brieuc.
Cailler (Yves), de Saint-Brieuc.
Le Terrien (Guillaume), de Saint-Brieuc.
Le Men (Pierre), de Saint-Brieuc, mort à bord le 8 novembre 1782.
Anezon (Jean), de Lorient.
Niobé (Jean), de Lorient.
Stéphan (Guillaume), de Lorient.
Caignet (François), de Lorient.
Le Bail (Laurent), de Lorient.
Raux (Alexis), de Lorient.
Gauthier (Mathurin), de Lorient, mort à bord le 3 février 1781.
Le Neveu (Jean), de Vannes.
Rioual (Jean), de Vannes.
Lorec (Yves-Thomas), de Vannes, tué au combat du 26 janvier 1782.
Le Cors (René), de Belle-Isle-en-mer.
Chalaux (Antoine), de Belle-Isle-en-mer.
Belhot (Jean), de Saint-Malo.
Lamort (François), de Saint-Malo.
Jouet (François), de Saint-Malo.
Brebel (Jean), de Saint-Malo.
Nicolas (Mathurin), de Saint-Malo.
Durand (François), de Saint-Malo.
Tranchemer (Pierre), de Saint-Malo.
Grautré (François), de Saint-Malo.
Julou (Jean), de Saint-Malo.
Louvigné (Marc), de Saint-Malo.
Pallas (Augustin), de Saint-Malo, mort à bord le 15 octobre 1782.
Le Marchand (Laurent) de Saint-Malo.
Guérin (Jean), de Saint-Malo.
Poitrel (Jean), de Saint-Malo.
Loisel (Benoît-Marie), de Saint-Malo.
Savoureux (François), de Saint-Malo.
Etienne (Pierre), de Saint-Malo.
Vincent (Charles), de Saint-Malo.
Saint-Léger (Joseph), de Saint-Malo.
Gillet (Pierre), de Nancy.
Laure (Gilles), de Dinan.
Briginal (Jean), de Dinan.
Barré (Guillaume), de Dinan.
Ruellan (André), de Dinan.
Tranchemer (Joseph), de Dinan.
Balan (Pierre), de Dinan.
Agan (François), de Dinan.
Gravy (Jean), de Dinan.
Le Fol (Henry), de Dinan.
Bethuel (Jean), de Dinan, mort à bord le 15 avril 1782.
Le Bret (Noël), de Dinan.
Roger (Pierre), de Dinan.
Vauthier (François), de Dinan.
Roussel (Mathurin), de Dinan.
Durozel (Louis), de Dinan.
Hervichon (Pierre), de Dinan.
Aubré (Augustin), de Dinan, mort à bord le 4 septembre 1783.
Vingtans (Mathurin), de Dinan.
Agenais (Joseph), de Dinan.
Daigne (Jean), de Dinan.

Cossinou (Jean), de Marmande, mort à bord le 16 juillet 1782.
Cabirol (Jean), de Toulon.
Téchenel (Bertrand), de Toulon.
La Moulinière (Jean), de Montauban.
La Treille (Bertrand), de Montauban.
Galès (Etienne), de Montauban.
Missens (Etienne), de Montauban.
Souilley (Jean), de Montauban, mort à l'hôpital le 13 décembre 1781.
Jay (Pierre), de Libourne.
Dorda (Soubat), de Bayonne.
Corbeau (Louis), de Bayonne.
Serouet (Jean), de Bayonne.
Amestoy (Pierre), de Bayonne.
Chatel (Claude), de Bayonne.
Lubet (Jean), de Bayonne.
Bachet (Bernard), de Bayonne.
Durieux (Vidal), de Bayonne.
Lombard (François), de Bayonne.
Bramariq (Jean), de Bayonne.
Demarest (Jean), de Bayonne.
Richard (Léonard), de Bayonne.
Baudoin (Jean), de Marennes.
Rivière (Alexis-Jean), de Marmande.
Richard (Pierre), de Nantes.
Ségura (Pierre), de Saint-Jean-de-Luz.
Elchepy (Nicolas), de Saint-Jean-de-Luz, mort à bord le 23 mars 1781.
Martin (Joseph-Honoré), de Saint-Tropez.
Blé (Jean), de Saint-Tropez.
Bonhomme (Elie), de Périgueux.
Niquet (Marcel), de Cette.
Le Roy (François), de Saint-Jean-d'Angély.
Clavaux (Jean), de Bordeaux.
Gaillardon (Jean), de la Teste.
Naux (Jean), de la Teste.
Couretto (Jean), de la Teste.
Camin (François), de la Teste, mort à bord le 21 mai 1782.

Novices.

Bordier (Jean), de Dinan.
Rénier (Michel), de Sedan.
Lallemand (Claude), de Paris.
Le Gros (François), de Paris.
Billet (Christophe), de Paris.
Lahue (Jacques), de Paris.
Marin (Jacques), de Paris.
Gauthier (Jean-Charles), de Paris.
Hervin (Louis-Marie), de Paris.
Pédron (Mathurin), de Pontivy, tué au combat du 12 avril 1782.
Collet (François), de Château-Gontier.
Labbé (Nicolas-André), de Dieppe.
Le Mercier (François), de Dieppe.
Talus (Jean-Baptiste), de Dieppe.
Taupin (Jean-François), de Dieppe.
Fromentin (Jacques-Joseph), de Dieppe.
Conseil (Laurent), de Dieppe.
Denis (Louis), de Dieppe, mort à bord le 2 août 1782.
Le Sage (Louis), de Saint-Brieuc.
Le Doré (Pierre), de Saint-Brieuc.
Méheux (Yves), de Saint-Brieuc.
Lorzet (François), de Saint-Brieuc.
Delandes (Jean), de Saint-Brieuc.
Lefèvre (Jean), de Saint-Brieuc.
Hamon (François), de Saint-Brieuc.
Hamon (Yves), de Saint-Brieuc.

Roussel (Mathurin), de Saint-Brieuc.
Prévot (Jean-Baptiste), de Fécamp.
Bourrienne (Noël), de Fécamp.
Lalouette (Louis-Charles), de Fécamp.
Beaudoin (Jean-Baptiste), de Fécamp, mort à bord le 26 avril 1782.
Périgaux (Michel), de Rennes.
Le Port (Jean), de Vannes.
Le Gradic (Louis), de Vannes.
Bodevin (Guillaume), de Vannes, mort à bord le 3 janvier 1782.
Nicolas (Jean), de Vannes.
Raoul (Toussaint), de Vannes.
Bourhis (Grégoire), de Vannes.
Querqueret (Joseph), de Vannes.
Le Floch (Joseph), de Vannes.
Mignau (Louis), de Vannes.
Mahé (Pierre), de Vannes.
Hodo (François), de Vannes.
Rieux (Pierre), de Vannes.
Le Garree (Armel), de Vannes.
Le Vigoureux (Philippe), de Vannes.
Clouarec (François), de Vannes.
Le Goff (Georges), de Vannes.
Le Floch (Jean), de Vannes.
Le Boulho (Pierre), de Vannes.
Orgevin (Guillaume), de Vannes, mort à l'hôpital le 13 janvier 1782.
Brohant (Michel), de Vannes.
Le Gouinec (Guillaume), de Vannes.
Le Guénan (Yves), de Vannes.
Josao (Yves), de Vannes.
Perrotin (Julien), de Vannes.
Guichon (Pierre), de Vannes, mort à bord le 28 juillet 1782.
Volet (Pierre), de Dieppe.
Briant (François), de Dinan.
Bouteille (François), de Toulouse.
Gouard (Laurent), de Fécamp, mort à bord le 13 septembre 1782.
La Paire (Pierre), de Fécamp.
Fougassa (Jean), de Fécamp.
Laguerre (François), de Fécamp.
Pelard (Etienne), de Marmande.
Castagne (Jean), de Marmande.
Brussac (Michel), de Marmande.
Paugan (Jean-Marie), de Morlaix.
Pellé (Jean-Louis), d'Orléans.
Metéreau (Martin), d'Orléans.
Frétay (Barthélémy), d'Orléans.
Bottereau (François), d'Orléans.
Bigau (Jacques), d'Orléans.
Chevalier (Noël), d'Orléans, mort à bord le 13 juillet 1781.
Legrand (Charles-François), de Nevers.
Guillot (Jean-Marie), de Nevers.
Quillet (Bernard), de Nevers.
David (Léonard), de Nevers.
Cervau (Jacques-Marie), de Nevers.
Peroy (Pierre), de Nevers, mort à bord le 11 septembre 1781.
Simon (Jean), de Fécamp.
Gilet (Joseph), de Paris.
Chanier (Jean-Baptiste), de Paris.
Bazin (Jean-Baptiste), de Paris.
Gorce (Joseph), de Nantes.
Gentel (Yves), de Saint-Malo.
Barbier (Jean-François), de Saint-Malo.
Rollandau (Jean), de Noirmoutiers.
Fadié (Julien-Guillaume), de Saint-Servan.

Valoz (Louis), de Saintes.
Cholet (Jean), de Saintes.
Eyon (Jean), de Saintes.
Saint-Orein (Guillaume), de Marmande.
Labardin (Jacques), de Marmande.
Gervau (Jean), d'Oléron.
Roux (Pierre), de Royan.
Danseuville (Pierre), de Royan.
Tauzière (Barthélémy), de Bordeaux.
La Fontaine (Pierre), de Bordeaux.
Vallade (François), de Blaye.
L'Héritier (Pierre), de Libourne.
Pateau (Pierre), de Libourne.
Dumont (Jean), de Libourne.
Trigan (Jean), de Libourne.
Aubain (Elie), de Libourne, mort à bord le 15 avril 1782.
Castagne (Pierre), de Marmande.
Dulac (Jean), de la Teste.
Perroy (Marc), de la Teste.
Buisson (Bertrand), de Toulouse.
Conpeaut (Jean), de Toulouse.
Marie (Jean), de Toulouse.
Plantade (Pierre), de Toulouse.
Cointeau (Jacques), de Toulouse.
Gotoreau (Jean), de Toulouse.
Courte (Jean-Louis), de Toulouse.
Daumince (Pierre), de Toulouse.
Bois (Pierre), de Toulouse.
Dulas (René), de Toulouse.
Delaveau (Honoré), de Toulouse.
Roux (Marcel), de Toulouse.
Guillard (Claude), de Toulouse.
Pilot (Antoine), de Toulouse, mort à bord le 24 février 1781.
Mahé (Pierre), de Saint-Brieuc.
Le Roux (Ambroise), de Laval.
Jannon (Louis), de Lorient, mort à l'hôpital le 26 juin 1782.
Le Gratiel (Julien), de Tréguier.
Sarazin (Pierre), de Saint-Malo.
Duflos (Antoine), de Moulins.
Bocage (Georges-André), de Rouen.
Guérin (Urbain), de Noirmoutiers.
Lauthemau (Laurent), de Brest.
Le Cler (Jacques), de Tours, mort à bord le 29 décembre 1781.
Chadesses (Jacques), de Bordeaux.
Dutemple (Jean), de Bordeaux.
Fougo (Jean), de Bordeaux.
Albert (Bernard), de Bordeaux.
Deschamp (Jacques), de Bordeaux.
La Tourna (Antoine), de Bordeaux.
Lescou (Henry), de Bordeaux.
Thibaut (Pierre), de Bordeaux.
Sallieu (Pierre), de Bordeaux.
Voisin (Michel), de Bordeaux.
Hardouin (Michel), de Bordeaux.
Forget (Michel), de Bordeaux.
Lafargue (François), de Bordeaux.
Duprat (Pierre), de Bordeaux.
Batardier (Vincent), de Bordeaux.
Mugnois (François), de Bordeaux.
Castaing (Pierre), de Bordeaux.
Boucart (Martin), de Bordeaux.
Daubet (Xavier), de Bordeaux.
Pénicau (Jean-Baptiste), de Bordeaux.
Grand (Jacques), de Bordeaux.
Reignac (Etienne), de Bordeaux.
Dugust (Mathieu), de Bordeaux.

La Coste (Bertrand), de Bordeaux.
Perrin (Claude), de Bordeaux.
Hainaud (Pierre), de Bordeaux.
Bois (Jean), de Bordeaux.
Cavaliès (Pierre), de Bordeaux.
Lahore (Laurent), de Bayonne.
Jacobin (Jean-Claude), de Saint-Malo.
Lefèvre (Guillaume), de Saint-Malo.
Farcit (Julien), de Saint-Malo.
Chevalier (Jean), de Saint-Malo.
Madiou (Pierre), de Saint-Malo.
Clouard (Michel), de Saint-Malo.
Prieur (Louis), de Paimbœuf.
Quépars (Mauont), de Bayonne.
Fouqueray (Pierre), de Marmande.
Betteau (Jacques), de la Rochelle, tué au combat du 12 avril 1782.
Mou (Jean), de Narbonne.
Fromage (Gilles), de Granville.
Dupon (Michel), de Granville.
Portier (Joseph), de Quimper.
Besnard (Jean-François), de Nantes.
Richard (Jérôme), de Royan.
Cumus (Thomas), de Royan.
Maillet (Jean), de Royan.
Tréodat (Julien), de Vannes.
Delahaye (Étienne), de Lorient.
Tremeun (Jean-Marie), de Lorient.
Hustin (Pierre), de Saumur.
Lefèvre (Robert), de Rouen.
Billaut (Pierre), de Nantes.
Bégnier (Claude), de Mâcon.
Momants (Antoine), de Châlons-sur-Saône.
Croisel (Jean), de Soissons.
Roussel (François), de Tours.
Lomé (Jacques), de Dieppe.
Magnan (Nicolas), de Dieppe.
Dion (Luc), d'Oléron.
Turin (Pierre), de Lorient.
Le Moal (Jean), de Lorient.
Dugain (Louis), de Dinan.
Guillaumard (Jean), de Saint-Brieuc.
Le Bars (Yves), de Vannes.
Bouilian (Pierre), de Nantes.
Ruello (Guillaume), de Croisic.
Vernoux (Mathurin), de Paimbœuf.
Avis (Thomas), de Honfleur.
Bondreux (Jean), de Nantes.
Bouyer (Antoine), de Toulouse.
Guérin (Jean), de Granville.
Poulain (Nicolas), de Granville.
Fousard (Nicolas), de Granville.
Lemonnier (Louis-Jacques), de Granville, mort à bord le 6 octobre 1782.
Royer (Étienne), de Lyon.
Legadoux (Hervé), de Brest.
Seveste (Yves), de Quimper.
Receveur (Guillaume), de Saint-Brieuc.
Le Cam (Yves), de Saint-Brieuc.
Dayan (Jean-Marie), de Vannes.
Surget (Alexis), du Mans.
Jouguenet (Pierre), de Dinan.
Dufort (Louis), de Nantes.
Toutain (Jean), de Fécamp.
Deschamp (Jean-Baptiste), du Havre.
Cahague (Jacques), de Caen.
De la Barre (Charles-Bançois), de Dieppe.
Dujardin (Michel), de Granville.
Laborde (François), de Libourne.

Yvet (Charles), d'Anjou.
Texier (Pierre), de Saintes.
Poitvin (Pierre), de Marmande.
Morin (Jean), de Marmande.
Guillonau (Jean), de Noirmoutiers.
Guillot (Jacques), de Bayonne.
Delancul (Jean-François), d'Oléron.
Moreau (Jean), de Marmande.
Estève (Pierre), de Libourne.
Bouyer (Pierre), de Libourne.
Durand (Jean), de Libourne.
Rivierre (Pierre), de Libourne.
Bigue (Vincent), de Libourne.
Oriet (François), de la Rochelle.
Renaud (Thomas), de Marennes.
Labé (Antoine), de Marennes.
Mouché (Louis), de Rochefort.
Rougé (Jacques), de Saint-Malo.
Jausse (Louis), de Saint-Malo.
Canel (Adrien-Jean), de Dieppe.
Frémond (Étienne), d'Orléans.

Surnuméraires.

Berthaut (Augustin), secrétaire, de Brest.
Féquant (Jean), secrétaire, de Brest.
Noël (Jean), second chirurgien, de Dinan.
Quintin (Nicolas), second chirurgien, de Saint-Brieuc.
Gamstebec (Olivier), second chirurgien, de Vannes.
Danger (Nicolas), second chirurgien, de Rouen.
Périot (Charles), second chirurgien, de Caen.
Querenet (Joseph), commis, de Granville.
Ezonvau (Jérôme), commis, de Sarrelouis.
Décamp (Charles), commis, de Saint-Valéry.
Perret (Joseph), commis, d'Amiens.
Savoureux (Nicolas), maître valet, de Saint-Malo.
Durant (Jean), maître valet, de Dinan.
Laurent (Jean-Made), maître valet, de Brest.
Nicolas (Mathurin), maître valet, de Dinan.
Le Roux (Androise), maître valet, de Laval.
Jouanno (Pierre), maître valet, de Pontivy.
Le Sage (Louis), maître valet, de Saint-Brieuc.
Ruffet (Mathurin), maître valet, de Redon.
Renai (Jean), maître tonnelier, de Brest.
Lotellier (Yves), maître tonnelier, du Faou.
Derlot (Jean-René), pilote côtier, de Saint-Brieuc.
Feuillet (Jean), pilote côtier, de Dinan.
Dousset (Joseph), pilote côtier, de Blois.

Mousses.

Berlivet (Yves), de Brest.
Guénou (Jean-Marie), de Brest.
Labertèche (Jacques), de Brest.
Colin (Guillaume), de Brest.
Colin (François), de Brest.
Boureau (Jean-Marie), de Brest.
Quérézéon (François), de Brest.
Cidéac (Jean-François), de Brest, tué au combat du 5 septembre 1781.
Col (Charles), de Landerneau.
Masec (Bernard), de Landerneau.

Guyomar (Bastien), de Saint-Renan.
Petit (Aimable), du Croisic.
Pallas (Michel), de Saint-Malo.
Moiré (Louis), de Paris.
Le Duc (Julien), de Vannes.
Josselin (Mathurin), de Vannes.
Olalaus (Antoine), de Vannes.
Bouin (Louis), d'Treillac, tué au combat du 12 avril 1782.
Eauger (Guillaume), de Quimper.
Pépin (Michel), de Granville.
Brau (Pierre), de Dinan.
Rabauté (Jacques), de Dinan.
Morvan (Jacques), de Dinan.
Poupard (Aimable), de Cherbourg.
Poupard (Victor), de Cherbourg.
Fontaine (Jean-François), de Lannion.
Lacroix (Jean), de Bayonne.
Pommobery (Jean-Marie), de Saint-Brieuc.
Rochefort (Jean), de Saint-Brieuc, tué au combat du 5 septembre 1781.
Le Rotz (François), de Brest.
Lemaire (Pierre), de Brest.
Guéguen (Jacques), de Brest.
Rollet (Gilles), de Dinan, mort à bord le 22 juillet 1782.
Dixer (Alexis-René), de Saint-Malo.
Detraix (Joseph), de Morlaix.
Gautier (André), de Noirmoutiers.
Werlire (Julien), de Lorient.
Mouliec (Joseph), de Lorient.
Olitrot (Louis), de Lorient.
Guichard (Jean), de Lorient.
Giard (Louis), de Lorient.
Robinec (Jacques), de Lorient, mort à bord le 5 octobre 1782.
Rouaux (Michel), de Morlaix.
Noblier (Josselin), de Saint-Malo.
Rouenel (Pierre), de Saint-Malo.
Crublier (Jean), de Saint-Malo.
Chalopin (Pierre), de Saint-Malo.
Philippe (Laurent), de Saint-Brieuc.
Pédron (Alexis), de Saint-Brieuc.
Haurier (Sévere), de Saint-Brieuc.
Colin (Jacques), de Paimpol, tué au combat du 12 avril 1782.
Schevin (François), de Honfleur.
Poulmare (Jean-Baptiste), de Saint-Brieuc.
Rault-Botrin (Yves), de Saint-Brieuc.
Rault (Olivier), de Saint-Brieuc.
Dilasser (Hervé), de Morlaix.
Bourvec (Alain), de Morlaix.
Jouannès (Jean-Marie), de Brest.
Durocher (Julien), de Brest.
Guérin (Lorient), de Noirmoutiers.
Duval (Pierre), du Havre.
Sausse (Florentin), du Havre.
Le Clair (Richard), du Havre.
Giraud (Joseph), du Havre.
Falaise (Hyacinthe), du Havre, mort à bord le 15 juin 1781.
Michel (Pierre-Louis), de Kerlouon.
Vigoureux (Jean), de Lorient.
Queunec (Michel), de Morlaix.
Cornec (Joseph), de Crozon.
Houlaire (Pierre), de Saint-Pol-de-Léon.
Hubert (Gilles), de Vannes.
Auger (Jean-Nicolas), du Havre.
Limouzin (Henry), d'Angoulême.
Alpert (Félix-Marie), de Quimperlé.

Duquène (Guillaume), de Brest.
Millet (Louis), de Brest.
Le Cocq (Louis), de Brest.
Tanguy (Jean-François), de Landernesu.
Gossé (Charles), de Lamballe.
Boulon (François), de Saint-Brieuc, tué au combat du 5 septembre 1781.
Le Gal (Laurent), de Saint-Brieuc.
Le Comte (Jean), de Granville.
Fournier (Louis-Etienne), de Paris.
Huby (Joseph), de Saint-Omer.
Pontigny (Jean), de Hennebont.
Guillou (Marc), de Guingamp.
Snin (Jean), du Havre.
Berthaut (Louis), de Granville.
Pateau (François), de Rochefort.

Renaud (Antoine), de Rochefort.
Bontems (Pierre), de Saintes.
Dulangard (Jean), de Lorient.
Robin (Louis-Julien), de Lorient.
Elouette (Pierre), de Quimper.
Thomas (Jean), de Quimper.
Viaud (Pierre), de la Seyne.
Le Duc (Yves), de Tréguier.
Millet (Jean), de la Rochelle.
Leduc (François), d'Angers.
Bergé (René), de Guingamp.
Bartre (Louis), de Vannes.
Pedat (Yves), de Brest.
Le Corné (Jean), de Brest.

Domestiques.

Lahoude (Jean-Louis), d'Avignon.

Buidée (Pierre), de Morlaix.
Hotei (Paul), de Saintes.
Le Page (Hervé), de Brest.
Ago (Laurent), de Rennes.
Le Mercier (Jean), de Mortagne.
Le Lay (Louis), de Quimper.
Michau (Jean), de Quimper.
Duroché (Jean), de Nantes.
Laugier (Antoine), de Toulon.
Charles (Joseph), de Brest.
Daniel (Pierre), de Tréguier.
Gautier (Louis), de Lyon.
Crublier (Jean), de Saint-Malo.
Chapouil (Antoine), de Brive-la-Gaillarde.
Flem (Charles), de Lannion.
Laugier (Antoine), de Toulon.

L'HECTOR.

(1781-1782.)

L'"*Hector*" a aussi fait la campagne d'Amérique sous les ordres du Comte D'ESTAING (1778-1779), à un armement antérieur.

MM. DE MONTECLER, D'ALEINS, DESTOUCHES et DE LA VICOMTÉ, Capitaines de vaisseau, tour à tour Commandants.

ÉTAT-MAJOR.

Capitaines de vaisseau.

De MONTECLER, Commandant.
RENAUD D'ALEINS, Commandant.
DESTOUCHES, Commandant.
De la VICOMTE, Commandant, tué au combat du 12 avril 1782.

Lieutenants de vaisseau.

De CLAIREMBERT.
THIBAULT.
De BANVILLE.
De BEAUMANOIR.
De l'ISLE-SAINT-MARTIN.
Le chevalier de BIZIEN.
De CHABOT.
DESMOULINS.
De la HAYRIE.
BILLE, officier danois.

Enseignes de vaisseau.

Le chevalier de ROQUEFEUIL.
De BOISEON.
Du BOURQUET.
D'ALBERT DES ESSARTS.
De LORT de SERIGNAN.
D'AIGREMONT.
De LIGNY.

Lieutenants de frégate.

GASPARD (Morel).
MALGRA.
De KERMORIAL.
De BASSIERE.
BERTHELOT.
LEMOINE.
De la GARDE.

Officiers auxiliaires.

De la VILLEON.
DUTAILLES.
De PUISFERE.
De BROCHEREUILLE.
BONAVIE.
NICOLAY.

Chirurgiens-majors.

SCIPION.
LAFOND.
BONNIN.

Aumôniers.

De VILLARS (R. P. Bernardin), capucin.
POTTERIE (abbé), séculier.
MORNAY (abbé), séculier.

Gardes de la marine.

Chevalier GUESNY de BEAUREGARD.
De TREDERN.
D'ANDREE de RENOARD.
LE COMTE.
DERVAL.
De PIGNERES.
De la VILLEBRUNE.

Volontaires.

Duval (Jean-Benjamin).
Despéroux (Joseph).
Torquat de la Couillerie.
Le Gricq.
Testard (Paul).
De Trobriand.
Duplessis de Kergaumar.
Trépied (Charles), de Lorient.
Lubet, de Brest.

Béchard.
Varlet (Julien-Paul).

Officiers-mariniers de manœuvre.

Simon (René-Louis), premier maître, de Brest.
Jean (Guillaume), premier maître, de Lorient.
Lamarche (Louis), premier maître, de Lorient.
Ferraut (André), second maître, de Toulon.
Laurec (Joseph), second maître, de Lorient, tué au combat du 12 avril 1782.
Guérandel (Guillaume), contremaître, de Granville.
Le Roux (Julien), contremaître, de Lorient, tué au combat du 12 avril 1782.
Roulois (Joseph), contremaître, de Lorient, tué au combat du 12 avril 1782.
Tournelec (Christophe), bosseman, de Brest.
Le Gallais (Louis), bosseman, de Nantes.
Le Guen (Jean), bosseman, de Riantec.
Langrenay (Pierre), bosseman, du Havre.
Puget (Pierre), bosseman, de Brest.
Fourré (Jean), quartier-maître, de Saint-Malo.
Le May (Yves), quartier-maître, de Saint-Malo.
Robert (René), quartier-maître, de Saint-Malo.
Thépot (Jean), quartier-maître, de Camaret, tué au combat du 12 avril 1782.
Stéphan (Jean-Baptiste), quartier-maître, de Lorient.
Padellec (Jean), quartier-maître, de Lorient.
Le Roy (Joseph), quartier-maître, de Lorient.
Pelardy (Jacques), quartier-maître, de Lorient.

Belin (Etienne), quartier-maître, de Lorient, tué au combat du 12 avril 1782.
Massac (Hervé), quartier-maître, de Nantes.
De la Forge (Jean), quartier-maître, de Dinan.
Martin (François), quartier-maître, de Dinan.
Lorec (Jean), quartier-maître, de Belle-Isle.
Choux (Jacques-Jean), quartier-maître, de Granville.
De France (Jacques), quartier-maître, de Dieppe.
Michel (Honoré), quartier-maître, de la Ciotat.
Le Goff (Jean), quartier-maître, de Brest.
Le Blois (Jean-Marie), quartier-maître, de Brest.
Tixon (Jean-Baptiste), quartier-maître, de Honfleur.
Gueit (André), quartier-maître, de Toulon.
Meslou (Jean), quartier-maître, de Royan.
Gouarne (Guillaume), quartier-maître, de Saint-Malo.

Officiers-mariniers de pilotage.

Rolland (Yves), premier pilote, de Recouvrance.
Dubuisson (Robert), second pilote, de Rouen.
Le Pontois (Louis), second pilote, de Granville.
Poitier (Jean-Baptiste), aide-pilote, de Granville.
Thurninger (Mathias), aide-pilote, de Nantes.
Elie (Charles), aide-pilote, de Granville.

Officiers-mariniers de canonnage.

Nicolas (Jean-René), maître canonnier, de Lorient, tué au combat du 12 avril 1782.
Gratelou (Pierre), maître canonnier, de Port-Louis, mort à bord le 9 octobre 1781.
Bonnegras (Jean-Pierre), second canonnier, de Toulon.
Imbert (Jacques), second canonnier, de Toulon.
Audibert (Louis), second canonnier, de Toulon.
Pony (Jean-Marie), second canonnier, de Lorient.
Certain (Pierre), aide-canonnier, de la Hougue.
Vigor (André), aide-canonnier, de la Hougue.
Simon (Jean), aide-canonnier, de Saint-Valéry.
Pédron (Raoul), aide-canonnier, de Saint-Brieuc.
Criquet (Thomas), aide-canonnier, de Saint-Malo.
Rouvet (François), aide-canonnier, de Saint-Malo, blessé au combat du 12 avril 1782.
Danet (Guillaume), aide-canonnier, de Lorient.
Blanc (Louis-Charles), aide-canonnier, de Marseille.
Durand (Louis), aide-canonnier, de Toulon.
La Vergne (Jean-Louis), aide-canonnier, de Toulon.
Charot (Antoine), aide-canonnier, de Toulon.
Turcant (Pierre), aide-canonnier, de Toulon.
Bougie (Mathurin), aide-canonnier, de Dinan.

Gorius (Pierre), aide-canonnier, de Boulogne.
Le Fort (Jean), aide-canonnier, de Dieppe.
Dujardin (Nicolas), aide-canonnier, de Dieppe.
Troquet (François), aide-canonnier, de Dieppe, blessé au combat du 12 avril 1782.
Gressin (Victor), aide-canonnier, de Caen.
Aubray (Jacques), aide-canonnier, de Caen.
Tubœuf (Jean-Baptiste), aide-canonnier, de Caen.
Bigeard (Joseph), aide-canonnier, de Nantes.
Savoureux (Jean), aide-canonnier, de Nantes.
Baligant (Gilles), aide-canonnier, de Recouvrance.
Jaouen (Jean-Marie), aide-canonnier, de Brest.
Conteval (Gonteau), aide-canonnier, de Brest.
Marais (Gilles), aide-canonnier, de Rouen.
Le Fay (Bernard), aide-canonnier, de Belle-Isle.
Pellegrin (Joseph), aide-canonnier, de Toulon.
Bataille (Augustin), aide-canonnier, de Dieppe.
Gondrée (Alexis), aide-canonnier, de Dieppe.
Desbois (François), aide-canonnier, de Saint-Malo.
Burel (François), aide-canonnier, de Saint-Brieuc.
Saunier (Jean-Pierre), aide-canonnier, de Dunkerque.
Bonnier (Julien), aide-canonnier, de Saint-Malo.
Duvergé (Louis), aide-canonnier, de Cherbourg.

Officiers-mariniers de charpentage.

Georget (Jean), premier maître charpentier, de Lorient.
Lafosse (Pierre), second charpentier, de Granville.
Barthélémy (Thomas), second charpentier, de Havre.
Albo (Mathurin), aide-charpentier, de Lorient.
Bonder (Louis), aide-charpentier, de Brest.
Meudec (Jean), aide-charpentier, de Brest.
Voisin (Paterne), aide-charpentier, de Lorient.
Danet (Jean-Louis), aide-charpentier, de Lorient.

Officiers-mariniers de calfatage.

Boulaire (Jean), premier maître calfat, de Lorient.
Jagoury (Louis), second maître calfat, de Saint-Servan.
Nicolas (Joseph), aide-calfat, de Lorient.
Le Thiec (Louis), aide-calfat, de Lorient.
Gourmelon (Nicolas), aide-calfat, de Roscoff.

Officiers-mariniers de voilerie.

Kerjean (Hervé), premier maître voilier, de Lorient, mort à bord le 20 septembre 1781.
Jantel (Céleste), second maître voilier, de Lorient, blessé au combat du 12 avril 1782.
Jigouzeau (Mathurin), aide-voilier, de Lorient.

Fortvieux (Pierre), aide-voilier, de Saint-Malo, mort à l'hôpital du Fort-Royal le 6 avril 1782.

Gabiers et Timoniers.

Quarré (Mathieu), de Quimper.
Poulain (Laurent), de Saint-Brieuc.
Dionis (Jacques), de Honfleur, blessé au combat du 12 avril 1782.
Marchand (Pierre), de Fécamp, mort à bord le 12 octobre 1781.
Grennelec (Pierre), de Nantes.
Pavin (Georges), du Croisic.
Cuvelaire (Jean-François), de Saint-Valéry.
Hervé (Pierre), de Saint-Malo.
Dupuis (Joseph), de Saint-Malo, mort à bord le 12 octobre 1781.
Moreau (Michel), de Marseille.
Soujou (Augustin), de Marseille.
Audoui (Simon), de Nantes.
Rossignol (Joseph), de Nantes.
Luceus (Charles), de Nantes.
Le Vavasseur (Jean), de Nantes.
Besnier (François), de Nantes.
Graoua (Vincent), de Brest.
Jégard (Julien), de Lorient.
Calvart (Joseph), de Lorient.
Sciou (Joseph), de Lorient.
Féculaffé (Joseph), de Lorient.
Querneau (Michel), de Lorient, mort à bord le 3 août 1781.
Ruvel (François), de Saint-Brieuc.
Boulaire (Michel), de Saint-Brieuc.
Chatte (Pierre), de Saint-Brieuc.
Calvé (François), de Saint-Malo.
Le Butel (Pierre), de Fécamp, mort à bord le 17 novembre 1781.
Moisan (Mathurin), de Dinan.
Fouasse (François), de Dinan.
Garnier (François), de Dinan, mort à bord le 23 février 1782.
Jovet (Barthélémy), de Dinan, mort à bord le 20 septembre 1781.
Avril (Pierre), de Dinan, blessé au combat du 12 avril 1782.
Mignot (Antoine), de Rouen.

Matelots.

Tabourner (Joseph), de Lorient.
Desfrénou (Julien), de Lorient.
Juffray (Yves), de Lorient.
Rolland (André), de Lorient.
Sévignan (Yves), de Lorient.
Le Bretou (Nicolas), de Lorient, a eu les deux jambes emportées au combat du 12 avril 1782.
Bain (Vincent), de Lorient.
Melayer (Julien), de Lorient.
Audrain (Joseph), de Lorient.
Gourgeau (Jean), de Lorient.
Dulescoët (Jean-Baptiste), de Lorient.
Grenier (Pierre), de Lorient.
Le Cour (Jacques), de Lorient, tué au combat du 12 avril 1782.
Le Moller (Louis), de Lorient.
Le Quellec (Julien), de Lorient.
Le Doux (Julien), de Lorient.
Rome (Félix), de Lorient.
Moillic (Germain), de Lorient.
Le Roux (Charles), de Lorient.
Le Nain (Louis), de Lorient.
Corail (Pierre), de Lorient.

Le Coz (Noël), de Lorient.
Corollier (Jean), de Lorient.
Joannès (Martin), de Lorient.
Clément (Pierre), de Lorient.
Matelot (François), de Lorient, mort au Fort-Royal le 25 janvier 1782.
Tréhan (Jean-Charles), de Belle-Isle.
Dibreder (Charles), de Belle-Isle.
Le Port (Maurice), de Belle-Isle.
Gallen (François), de Belle-Isle.
Loréal (Louis), de Belle-Isle.
Bedesque (Jean), de Belle-Isle.
Samson (Laurent), de Belle-Isle.
Allguen (Guillaume), de Belle-Isle.
Samson (Maurice), de Belle-Isle.
Olliero (Jean-Marie), de Belle-Isle.
Guégan (Albin), de Belle-Isle.
Dolanec (Nicolas), de Belle-Isle.
Le Sergent (Gabriel), de Belle-Isle.
Vallet (Charles), de Belle-Isle.
Illiaquer (Nicolas), de Belle-Isle.
Salacun (Guillaume), de Belle-Isle.
Senestre (François), de Belle-Isle.
Quervero (Pierre), de Vannes.
Le Vavasseur (Joseph), de Vannes.
Le Roux (Armand), de Vannes.
Verdier (Jacques), de Vannes.
Le Nayl (Jean-François), de Vannes.
Cadoret (Claude), de Vannes.
Couriguex (Jean-Marie), de Vannes.
Mesnard (Julien), de Dinan.
Auffret (Jean), de Dinan.
Gaudin (Pierre), de Dinan, mort au combat du 12 avril 1782.
Croniard (François), de Saint-Brieuc.
Simon (Pierre), de Saint-Brieuc.
Furrat (Jean), de Saint-Brieuc.
Le Goff (Pierre), de Saint-Brieuc.
Lorguen (Yves), de Saint-Brieuc, tué au combat du 12 avril 1782.
Terlet (François), de Saint-Brieuc.
Touzé (François), de Saint-Brieuc.
Thomas (Pierre-François), de Saint-Brieuc, tué au combat du 12 avril 1782.
Bellaye (Jean), de Saint-Brieuc.
Beaujéard (François), de Saint-Brieuc.
Corlais (Jean-Louis), de Saint-Brieuc.
Kerhic (François), de Saint-Brieuc.
Auffret (Jean), de Saint-Brieuc.
Olivier (Marc), de Saint-Brieuc.
Moquaire (Jacques), de Saint-Brieuc.
Salaun (Jean), de Saint-Brieuc.
Hervé (Jean), de Saint-Malo.
Mesnard (Pierre), de Saint-Malo.
Bézielle (Joseph), de Saint-Malo, tué au combat du 12 avril 1782.
Boursault (Louis), de Saint-Malo.
Rogny (François), de Saint-Malo.
Belin (Malo), de Saint-Malo.
Percevault (Jean), de Saint-Malo.
Guérinot (Jean), de Saint-Malo, tué au combat du 12 avril 1782.
Hervy (François), de Saint-Malo.
Lainé (Ambroise), de Saint-Malo.
Vissonneau (Simon), de Saint-Malo.
Le Blanc (Simon), de Saint-Malo, tué au combat du 12 avril 1782.
Gouerne (Antoine), de Saint-Malo.
Le Page (Jean-Baptiste), de Saint-Malo.
Chauvin (Jacques), de Saint-Malo, tué au combat du 12 avril 1782.

Hénault (Vincent), de Saint-Malo.
Bouvier (Joseph), de Saint-Malo.
Maillard (David), de Saint-Malo.
Couriou (Claude), de Saint-Malo.
Berré (François), de Saint-Malo.
La Porte (Jacques), de Saint-Malo, tué au combat du 12 avril 1782.
Chedeville (Jean), de Saint-Malo.
Robidou (Jean), de Saint-Malo.
Paillet (René), de Saint-Malo, mort à bord le 27 octobre 1781.
Rouillé (Louis), de Saint-Malo.
Godard (Laurent), de Saint-Malo.
Le Bret (François), de Saint-Malo.
Gillet (Louis), de Dinan.
Thomas (Mathurin), de Dinan.
Botrel (Mathurin), de Dinan.
Ferrant (Jean), de Dinan.
Burget (Maurice), de Dinan.
Briand (Jean), de Dinan.
Thomas (Julien), de Dinan.
Amiot (Gilles), de Dinan.
Le Bret (Louis), de Dinan.
Le May (Jacques), de Dinan.
Récollé (Augustin), de Dinan.
Rama (Yves), de Dinan.
Bénard (Pierre), de Dinan.
Le Bret (Pierre), de Dinan.
Thomas (Pierre), de Dinan.
Gourneuf (François), de Dinan, mort à bord le 30 octobre 1781.
Lesquin (Julien), de Dinan.
Cerissier (Pierre), de Dinan.
Jégu (Mathurin), de Dinan.
Paris (Charles), de Dinan.
Lefondré (Louis), de Dinan.
Bamet (Guillaume), de Dinan.
Goupil (Simon), de Dinan.
Gourgan (Louis), de Dinan, tué au combat du 12 avril 1782.
Morin (Paul), de la Rochelle.
Dumonceau (Jean), de la Rochelle.
Brousteau (Jean), de Marmande.
Fauconneau (Jean), de Marmande.
Poujade (Jean), de Moissac.
Charrier (Jacques), de Marennes.
Vironneau (Jacques), de Marennes.
Jastennet (Jean), de Bordeaux.
Juin (Pierre), de Bordeaux.
Renard (Jean), de Bordeaux.
Conseil (André), de Bordeaux.
Le Roy (Jacques), de Saintes.
Verjeau (Jean), de Saintes.
Moreau (Pierre), de Royan.
Auger (Antoine), de Montauban.
Gralou (Jean), de Montauban.
Cholet (Antoine), de Montauban.
Cholet (Vidal), de Montauban.
Aristot (Louis), de Bayonne.
Bordelans (Pierre), de Bayonne.
Saint-Marc (Armand), de Bayonne.
Jucsint (Pierre), de Bayonne.
Darjelle (François), de Bayonne.
Sabatier (François), de Bayonne.
Casado (Pierre), de Bayonne.
Larieux (Pierre), de Bayonne.
Vignsau (Antoine), de Bayonne.
Marsan (Jean-François), de Bayonne, mort à bord le 21 avril 1781.
Faissantieux (Jean), de Bayonne.

Laroque (Jean), de Bayonne.
Jussent (Jean), de Bayonne.
Savatté (Jean), de Bayonne.
Mitton (Pierre), de Niort.
Dauphin (Louis), de Niort, tué au combat du 12 avril 1782.
Bouchet (Pierre), de Saintes.
Robert (Louis), de Marennes.
Gaillard (Pierre), d'Oléron.
Ablan (François), de Marmande.
Babin (Louis), de Libourne.
Aimés (Jean-Joseph), de Cette.
Berthaud (François), de Nantes.
Robiqué (Jean-Baptiste), de Nantes.
Le Ray (Yves), de Nantes.
Pouvreaud (Jacques), de Nantes.
Martin (Laurent), de Nantes.
Chiron (François), de Nantes.
Riou (Côme), de Nantes.
Dugast (Jean-Pierre), de Nantes, blessé au combat du 12 avril 1782.—Amputé des deux jambes.
Charon (Pierre), de Nantes.
Damon (Jean), de Nantes.
Jégu (Joseph), de Nantes.
Dugast (Ambroise), de Nantes.
Boudrot (Louis), de Nantes.
Blanchard (Jean), de Nantes.
Loiran (François), de Nantes, tué au combat du 12 avril 1782.
Chevalier (Jean), de Nantes.
Landrin (Honoré), de Nantes.
Fourisse (Similien), de Nantes.
Moisdon (Jean), de Nantes.
Drohan (Charles), de Nantes.
Daudun (Pierre), de Nantes.
Prou (Pierre), de Nantes.
Moisdon (François), de Nantes.
Landrin (Jean), de Nantes.
David (Jean), de Nantes.
Bruneau (Pierre), de Nantes, tué au combat du 12 avril 1782.
Calleau (Pierre), du Croisic.
Tabary (Jean), du Croisic.
Berthau (François), du Croisic.
Valé (Joseph), de Paimbœuf.
Angély (Louis), de Saint-Nazaire.
Le Rouzic (François), de Vannes.
Julien (François), de Granville.
Roussel (Louis), de Granville.
Le Granvillay (Louis), de Granville.
Rusut (Toussaint), de Granville.
Roussel (Vincent), de Granville, mort à bord le 8 septembre 1781.
Langevin (Julien-François), de Caen.
Langevin (Pierre), de Caen.
Langlois (Augustin), de Caen.
Dupuis (Jacques), de Caen.
La Hupe (Pierre), de Caen.
Certain (Jean), de Caen.
Le Gris (Philippe), de Rouen.
Allais (Alexandre), de Rouen.
Auzou (Pierre), de Rouen.
Le Petit (Boniface), de Rouen.
Roussel (Louis), de Rouen.
Agnès (Jean), de Rouen.
Duménil (Jean), de Rouen.
Praut (François), de Rouen.
Chauniet (Guillaume), de Rouen, mort à bord le 21 octobre 1781.

Adam (Guillaume), du Havre.
Le Ferquier (Jacques), du Havre.
Dieu (Jean-Baptiste), de Honfleur.
De Launay (Nicolas), de Honfleur.
De Launay (Romain), de Honfleur.
Le Clerc (Thomas), de la Hougue.
Olive (Jean), de la Hougue.
Aubert (Philippe), de Dieppe.
Léger (Etienne), de Fécamp.
Isaac (François), de Fécamp.
Henry (Jean-Baptiste), de Fécamp.
Combes (Henry), d'Agde.
Gomard (Antoine), de Saint-Valery.
Orville (Jean-Baptiste), de Saint-Valéry.
Serry (François), de Saint-Valéry.
Barielle (Jean), de Marseille.
Colombert (Yves), de Quimper.
Le Mab (Jean), de Quimper.
Clech (Jean), de Quimper.
Le Hir (Pierre), de Brest.
Dutertre (Charles), de Brest.
Guérin (Noël), de Brest, blessé au combat du 12 avril 1782.
Quimper (François), de Landion.
Bélizaire (Urbain), de Brest.
Bouhin (Jules), du Mans.
Corseron (Sulpice), du Prieur-Pol, tué au combat du 12 avril 1782.
Dumazet (François), de Grenoble.
Collet (Barthélemy), de Lyon.
Le Rey (Gabriel), de Rennes.
Coulon (Jean), de Toulon.
Froux (Antoine), de Nantes.
Olivier (Pierre), de Saumur.
Brun (Jean), de Libourne.
Valous (Jean-Baptiste), de Marseille.
Durand (Jean), de Bordeaux.
Lafontaine (Pierre), de Bordeaux.
Legrand (Julien), de Nantes.
Tessier (Pierre), de Saint-Nazaire.
Bournis (Louis), de Saint-Brieuc, tué au combat du 12 avril 1782.
Jourand (Augustin) de Saint-Brieuc.
Alliet (Pierre), de Saint-Malo.
Jaffray (Félix), de Saint-Malo.
Rouvelle (Claude), de Lorient.
Rouxel (François), de Dinan.
Redo (Jean-Baptiste), de Marseille.
Claude (Jacques), de Boulogne.
Morel (Laurent), de Brest.
Ropars (Joseph), de Calais.
Fournier (François), de Saint-Valéry.
Duvonte (Pierre), de Bayonne.
Lanire (Robert), de Bayonne.
Lebreton (François), de Nantes.
Le Roux (Pierre), de Nantes.
Romain (Jean), de Rouen.
Simonau (Jean-Louis), de Rouen.
Vernoil (Nicolas), de Rouen.
Jean (François-Pierre), de Vierso, tué au combat du 12 avril 1782.
Giroux (Jean-Baptiste), de Nanterre.
Pagnaux (François), du Mans.
Marichaud (Claude), de Pontivy.
Jeaudey (Jean-Baptiste), de Moulins.

Novices.

Sommé (Jean-Baptiste), de Paris.
Banse (Claude-Jean), de Paris, blessé au combat du 12 avril 1782.

Bréau (Claude-Marie), de Cources.
Branchu (Jean), de Saint-Malo.
Chevalier (Jean), de Fougères.
Fautant (Louis), de Pontivy.
Tessier (Guillaume), de la Roche Bernard.
Simian (Jacques), de Montauban.
Jégo (Julien), de Saint-Brieuc.
Pichon (Pierre), de Rennes.
Rolland (Yves-Jean), de Vannes, blessé au combat du 12 avril 1782.
Frémont (Claude-François), de Briançon, blessé au combat du 12 avril 1782.
Martin (Claude), de Paris, tué au combat du 12 avril 1782.
Dalibau (Augustin), d'Angers.
Viguer (François), d'Angers, tué au combat du 12 avril 1782.
Moreau (Jacques), de Rennes.
Marais (Joseph), de Rennes.
Dubreuil (Jules), de Rennes.
Le Fèvre (Modeste), du Havre.
Tourtiau (Jean), du Mans.
Démou (Joseph), de Poitiers.
Le Bas (Pierre), de Caen.
Noël (Pierre-François), de Caen.
Santerolle (Emmanuel), de Caen, blessé au combat du 12 avril 1782.
La Coude (Nicolas), de Caen.
Dilès (Guillaume), de Caen.
Baudouin (Guillaume), de Caen.
Alain (Gilles), de Caen.
Mesnil (Thomas-Henry), de Caen.
Angot (Elézard), de Caen.
Allain (Germain), de Caen.
Bordebais (Joseph), de Fougères.
Lamy (Pierre-François), de Cherbourg.
Gayreau (Pierre), de Cherbourg.
Selles (François), de Cherbourg.
Perrin (Henry-Joseph), de Rouen.
Huet (Jean-Baptiste), de Rouen.
Huet (André-Adrien), de Rouen, mort à bord le 23 février 1782.
Petit (Pierre), de Paris, tué au combat du 12 avril 1782.
Quéval (Jean), du Havre.
Le Lohan (Gilles), de Saint-Brieuc.
Augé (Jacques), de Nantes.
Caillé (Louis), de Briare.
Boisson (Laurent), de Briare.
Coullois (Henry), de Briare.
Jousselin (Jean), de Briare.
Le Riche (Jean-Baptiste), de Briare.
Carré (René), de Briare.
Bréhau (Pierre), de Briare.
Cagnat (Etienne), de Briare.
Vassau (Etienne), de Briare.
Cuiry (Jean), de Briare.
Pillon (François), de Briare.
Henry (François), de Briare.
Laval (Pierre), de Briare.
Gaumé (Martin), de Saint-Georges (Tours).
Chartier (Silvain), de Saint-Georges (Tours).
Le Bert (Pierre), de Saint-Georges (Tours).
Besnard (Jean), de Saint-Georges (Tours).
Richard (Pierre), de Saint-Georges (Tours), blessé au combat du 12 avril 1782.
Lair (François), de Saint-Georges (Tours).
Gaudion (Pierre), de Saint-Georges (Tours).

Archambeau (Louis), de Saint-Georges (Tours).
Guiguache (François), de Saint-Georges (Tours).
Bénard (Pierre), de Saint-Georges (Tours).
Béranger (François), de Saint-Georges (Tours), blessé au combat du 12 avril 1782.
Archambaud (Jérôme), de Saint-Georges (Tours).
Archambaud (Pierre), de Saint-Georges (Tours).
Biot (François), de Saint-Georges (Tours).
Bénard (Antoine), de Saint-Georges (Tours).
Cornier (Gilles), de Saint-Georges (Tours).
Alléaume (Silvain), de Saint-Georges (Tours), blessé au combat du 12 avril 1782, a eu les deux bras emportés.
Beauzou (André), de Saint-Georges (Tours).
Courteau (Charles), de Saint-Georges (Tours).
L'Echelon (Alexis), de Cosne.
Gervais (Louis), de Cosne.
Le Blanc (Jacques), de Cosne.
Le Duc (Edme), de Cosne.
Dugesne (Pierre), de Cosne.
Groslier (Michel), de Cosne.
Villacrou (Jean), de Cosne.
Petit (Etienne), de Cosne.
Bouin (François), de Cosne.
Dugesne (Louis), de Cosne, mort à bord le 8 décembre 1781.
Dessigny (Jean Baptiste), de Paris.
Cresson (Louis-Marie), de Paris.
Ouazel (Joseph), de Dinan, mort à bord le 7 octobre 1781.
Carré (Yves), de Lorient.
Le Brech (Joseph), de Lorient.
Versin (Pierre), de Rouen.

Surnuméraires.

Le Fay (Pierre), pilote côtier, de Port-Louis.
Bariou (Guillaume), pilote côtier, de Quimper.
Louvrier (Jean), apothicaire, de Laval.
Cicquet (Jean-Baptiste), commis, de Lorient.
Le Goff (Jean-Jacques), commis, de Pont-Scorff.
Bougar (François), tonnelier, de Saint-Brieuc.
Couteau (Joseph), tonnelier, de Tulle.
Le Lec (Jean-René), premier maître valet, de Vannes.
Mallery (Alexis), second maître valet, de Vannes.
Divet (Henry), boulanger, de Saint-Martin-de-Janzé (Rennes).
Michel (Jacques), armurier, de Toulon.
Huchet (Pierre), armurier, de Nantes.
Mercier (Gilles), boucher, de Lorient.

Mousses.

Noury (Mathurin), de Dinan.
Nivel (Pierre), de Dinan.
Le Grain (François), de Dinan.
Fro (Pierre), de Lorient.
Gouëlo (Michel), de Lorient.
Pontré (Louis-Antoine), de Lorient.
Georget (Jean-Corentin), de Lorient.
Cadoré (Pierre), de Lorient.

Le Goff (Julien), de Lorient.
Michel (François), de Lorient.
Denis (Hervé), de Lorient.
Guyes (Paul), de Lorient, blessé au combat du 12 avril 1782.
Gilbert (Jacques), de Lorient, blessé au combat du 12 avril 1782.
Boger (Yves), de Lorient, blessé au combat du 12 avril 1782.
Florieux (Michel), de Lorient.
Moulleo (Pierre), de Lorient.
Mettrie (Pierre), de Lorient.
Carrouer (François), de Lorient.
Bourhis (François), de Lorient, noyé le 19 août 1781.
Jacob (Jean-Pierre), de Lorient.
Le Bars (Mathieu), de Lorient.
Juquello (Joseph), de Lorient.
Stéphant (Joseph), de Lorient, tué au combat du 12 avril 1782.
Bertin (Claude-Henry), de Nantes.
Gautier (Julien), de Vannes.
Nicol (Marc), de Vannes.
Fondé (Jean-Jacques), d'Hennebont.
Marchand (François), de Groix.
Richard (Pierre), de Saint-Malo.

Le Blanc (Pierre), de Saint-Malo.
Pallec (Pierre-Marie), d'Auray, blessé au combat du 12 avril 1782.
Gratalou (Pierre-Louis), de Port-Louis.
Simon (Pierre), de Fougères.
Le Ny (Joseph), de Langudic.
Mancel (Gilles), de Granville.
Daniel (Ollivier), de Port-Louis.
Le Valider (Jean), de Rostrenen.
Le Cunff (Joseph), de Guémené.
L'estrade (Louis), de Lomalo (Lorient), tué au combat du 12 avril 1782.
Rolland (Louis), de Recouvrance (Brest).
Rolland (Noël), de Saint-Brieuc.
Maron (Laurent), de Marseille.
Tertouin (Louis), de Quimper.
Le Coeur (Jean-René), de Quimper, mort le 15 octobre 1781.
Le Blanc (Yves), de Pleudaniel.
Jagory (Louis), de Saint-Malo.
Daniel (Pierre), de Lorient.
Gaudal (Julien), de Lorient.
Le Bail (Guillaume), de Lorient, mort à bord le 1er août 1781.
Broussais (Jean), de Dinan.
Harouard (Julien), de Dinan.

Prédou (Louis), de Dinan.
Hasard (Anne), de Dinan.
Enedo (Jean), de Dinan.
Le Goff (François), de Pontivy.
Modeste (François-Louis), de Brest.
Gion (Jean-Baptiste), de Brest.
Blouin (Yves), de Tréguier.
Pédron (Hilaire), de Saint-Brieuc.
Hamon (Charles), de Lorient.
Pron (Jean), de Luçon.
Lamarche (Pierre), de Port-Louis.
Thépôt (Joseph-Ollivier), de Quimper, mort à bord le 26 janvier 1782.
Paulo (Mathieu), de Quimper, tué au combat du 12 avril 1782.

Domestiques.

Mével (Pierre), de Quimper.
Le Guella (François), de Loperhet.
Raspail (Gabriel), de Valence.
Causie (François), de Morlaix.
Mallard (Pierre), de Rochefort.
Marc (Jean-Baptiste), de Saint-Germain-en-Laye.
Bernier (Jean), de Gourin.
Chatay (Antoine), de Morlaix.
Carel (Jean), de Quimper.

LE SAGITTAIRE.

(De janvier 1781 à septembre 1782.)

M. DE CASTELANNE MAJASTRE, Capitaine de vaisseau, Commandant; M. DE MONTLUC DE LA BOURDONNAYE, Lieutenant de vaisseau, Commandant.

ÉTAT-MAJOR.

Capitaine de vaisseau.

DE CASTELANNE MAJASTRE, Commandant.

Lieutenants de vaisseau.

DE MONTLUC de la BOURDONNAYE.
DE BEAUREPAIRE.
DES PORCELLETS.

Enseignes de vaisseau.

DES COLBERT de TURGIS.
DE BIARGES.
GAUTHIER de BADASSET.
DE CAFARELLY.
DE FERANT.
LAVILLERAUET.
LA BARRE DULORENT.
DUVERGIER.

Lieutenants de frégate.

DENAUS (André).
DELMAS (Jean).
BERNARD (Antoine).
RAINGUENOIR.
TREVELO.

Officiers auxiliaires.

THUROT.
TOURNEUR.

Chirurgiens.

CLEMENT.
Du CAILLEE.

Aumôniers.

DAMASE BERNARDY (R. P.), Récollet.
BARNABE (R. P.), Capucin, mort le 9 juillet 1781.
FREDERIC (R. P.), Capucin, de Bourges.

Garde de la marine.

DEYROUX de PONTEVES.

Volontaires.

Le Requier (Ollivier), de Rennes.
Rainguenoir.
Audibert (Lange), de Toulon.
Faucon (Pierre), de Cuges.
Maubrille (Charles), de Besançon.

Officiers-mariniers de manœuvre.

Méric (Jean), premier maître, de Toulon.
Estier (Jean), second maître, de Toulon.
Roux (Jacques), second maître, de Toulon.
Gueillet (Benoist), contremaître, de Toulon.
Barille (Louis), contremaître, de Toulon.
Carles (Jean), contremaître, de Toulon.
Pomet (François), bosseman, de Toulon.

Ganivet (Jean), bosseman, de Toulon.
Maury (Louis), bosseman, de Toulon.
Rimbaud (Jean), bosseman, de Marseille.
Cadière (Donat), bosseman, de Toulon, mort à bord le 7 juin 1781.
Castellan (Etienne), quartier-maître, de Toulon.
Brisenary (Michel), quartier-maître, de Toulon.
Probace (Antoine), quartier-maître, de Marseille.
Guigou (Pierre), quartier-maître, de Toulon.
Lavagne (Jean), quartier-maître, de Marseille, mort à bord le 14 juin 1781.
Bichon (Jean), quartier-maître, de Marseille.
Blanc (Jean), quartier-maître, de Marseille.
Jourdan (Jean), quartier-maître d'Aubagne.
Botfer (Jean), quartier-maître, de Dinan.
Guyot (Laurent), quartier-maître, du Conquet, mort à bord le 7 avril 1781.
Langrené (Pierre), quartier-maître, du Havre, mort le 15 mai 1782.
Lemenant (Jean), quartier-maître, du Havre.
Kerodrin (François), quartier-maître, de Camaret.
Delorme (Jacques), quartier-maître, de Saint-Valéry.
Bonifay (Fabien), quartier-maître, de la Ciotat.

Jeansycume (Augustin), quartier-maître, de la Ciotat.
Lefrançois (Jean), quartier-maître, de Granville.
Fontaine (Jacques), quartier-maître, de Saint-Valéry.
Cogram (Michel), quartier-maître, de Dinan.

Officiers-mariniers de pilotage.

Dibon (Pierre), second pilote, des Sables.
Guigoux (Lazard), aide-pilote, de la Seyne.
Espitalier (Antoine), aide-pilote, de Toulon.
Bousquet (Gabriel), aide-pilote, d'Agde.

Officiers-mariniers de canonnage.

Simon (Zacharie), maître canonnier, de Toulon.
Vidal (Honoré), second canonnier, de la Seyne.
Jaubert (Dominique), second canonnier, de Toulon.
Pomet (Jean), aide-canonnier, de Marseille.
Aubert (Jean), aide-canonnier, de Toulon.
Lucas (Charles), aide-canonnier, de Six-Fours.
Piston (Antoine), aide-canonnier, de Toulon.
Tampon (Jean), aide-canonnier, de Toulon.
Martinenq (Joseph), aide-canonnier, de Toulon.
Paulet (Paul), aide canonnier, de Toulon.
Musse (Benoist), aide-canonnier, de Cannes.
Basilly (Joseph), aide-canonnier, de Marseille.
Maubec (Nicolas), aide-canonnier, de Martigues.
Reinaud (Louis), aide-canonnier, de Toulon.
Vidal (Blaize), aide-canonnier, de Six-Fours.
Roux (Pierre), aide-canonnier, de Marseille, mort le 10 juillet 1781.
Quoy (Toussaint), aide-canonnier, de Marseille.
Jourdan (Nicolas), aide-canonnier, de Marseille.
Bouy (Jean), aide-canonnier, de Toulon.
Gazan (François), aide-canonnier, de Cannes.
Laurent (Joseph), aide-canonnier, d'Arles.
Fabre (Jean), aide-canonnier, d'Agde.
Garcin (Jean), aide-canonnier, de Marseille.
Borrin (Grégoire), aide-canonnier, de Marseille.
Salle (Thomas), aide-canonnier, de Caen.
Buteau (François), aide-canonnier, de Rochefort.
Brunet (Jean), aide-canonnier, de Saint-Valéry.

Officiers-mariniers de charpentage.

Vendre (Joseph), second charpentier, de Toulon.
Bouges (Philippe), second charpentier, de Toulon.
Jasse (Dominique), second charpentier, de Dieppe.
Pichot (Joseph), aide-charpentier, de la Valette.
Morel (Claude), aide-charpentier, de Dunkerque.

Pottier (Nicolas), aide charpentier, de Brest.
Michel (Jean), aide-charpentier, de Toulon, mort le 10 juillet 1781.

Officiers-mariniers de calfatage.

Rimbaud (Jean), second calfat, de Toulon.
Brouquier (Jean), aide-calfat, de Toulon.
Simon (Pierre), aide-calfat, de Six-Fours.
Le Mosl (Maurice), aide-calfat, de Brest.

Officiers-mariniers de voilerie.

Blanc (Jean), maître voilier, de Marseille.
Bimien (Pierre), maître voilier, de Brest.
Ripert (Jean), aide-voilier, de Martigues.
Garnier (Jean), aide-voilier, de Marseille.
Garnier (Jacques), aide-voilier, de Marseille, mort le 16 juin 1781.

Gabiers.

Cormier (Jean), de Marseille.
Tarabot (Pierre), de Marseille.
Mourien (Nicolas), de Marseille.
Libon (Denis), de Marseille.
Laugier (Boniface), de Marseille.
Olive (Jean), de Marseille.
Nivès (François), de Quimper.
Sauvage (Charles), du Havre.
Chaussy (Gilles), de Saint-Brieuc.
Chiffond (Jean), de Bordeaux.
Lefoux (André), de Quimper.

Timoniers.

Duzien (Ange), de Marseille.
Rouvier (Simon), de Marseille.
Castagnole (Jacques), de Marseille.
Marin (Jean), de la Seyne.
Roubier (Joseph), de Saint-Raphael, mort le 30 juin 1781.
Pessenegre (François), de la Ciotat.
Gasquet (Jean), de la Ciotat.
Gerbaud (Michel), de Martigues.
Deveaux (Pierre), de Marseille.
Doumet (Jean), de Toulon.
Regnault (Louis), de Marseille.

Matelots.

Guiol (Jean), de Toulon.
Michel (Albert), de Toulon.
Benoist (Gérard), de Toulon.
Berton (Barthelemy), de Toulon, noyé le 28 décembre 1781.
Passac (Joseph), de Toulon.
Lardieu (Jean), de Bordeaux.
Jourdan (Joseph), de Toulon.
Georgi (Joseph), de Toulon.
Martin (Louis), de Toulon.
Aubert (André), de Toulon.
Martinenq (Sauveur), de la Seyne.
Gauthier (Jean), de la Seyne.
Fabre (Louis), de la Seyne.
Martinenq (Philippe), de la Seyne.
Trotobas (Jean), de la Ciotat.
Durbec (Jean), de la Ciotat.
Suquet (Joseph), de la Ciotat.
Brest (François), de la Ciotat.
Foirache (Joseph), de Saint-Raphael.
Cay (Augustin), de Saint-Raphael.
Fouque (Jean), de Saint-Tropez.
Fouque (Claude), de Saint-Tropez, mort le 10 avril 1781.

Boise (Jean), de Marseille.
Guérin (Jean), de Marseille.
Robert (Honoré), de Marseille.
Jeaufiret (Etienne), de Marseille.
Jeanteaume (Joseph), de Marseille.
Bienvenu (Jean), de Marseille.
Mouren (Louis), de Marseille.
Corny (Ange), de Marseille.
Berns (Jacques), de Marseille.
Sibille (André), de Marseille.
Lupy (Dominique), de Marseille.
Chonquet (Louis), de Marseille.
Voulaire (Louis), de Marseille.
Gras (Jérôme), de Marseille, mort le 26 mai 1782.
Chapeau (Jean), de Marseille.
Vincent (Charles), de Marseille.
Barnagier (Jean), de Marseille.
Icard (Jean), de Marseille.
Vinly (Michel), de Marseille.
Rinse (Jean), de Marseille.
Brack (Paul), de Marseille.
Jourdan (Jérôme), de Marseille.
Grasset (Jean), de Marseille, mort le 14 juin 1781.
Jambon (Antoine), de Marseille.
Guillemet (Honoré), de Marseille.
Mauras (Antoine), de Marseille.
Blanc (Louis), de Marseille.
Tevaud (Jacques), de Marseille.
Barthalais (Bonaventure), de Martigues.
Varse (Pierre), de Martigues.
Antoine (Vincent), de Martigues.
Cazau (Claude), de Cannes.
Manent (Raphael), de Cannes.
Balanchy (Etienne), de Cannes.
Maroflin (Pierre), de Cannes.
Mazet (Henri), d'Arles.
Amiel (Louis), d'Agde.
Faret (Antoine), d'Agde.
Lourdat (Jean), de Narbonne.
Feruchy (Michel), de Bastia.
Legier (Charles), de Marseille.
Charles (Jean), de Bayonne.
Lafargue (Jean), de Bordeaux.
Beaussa (Jean), de Bordeaux.
Boucinet (Etienne), de Bordeaux.
Garnier (François), de Bordeaux.
Marassier (Louis), de Bordeaux, mort le 27 juillet 1781.
Stéphant (Guillaume), de Brest.
Oison (Jean), d'Arles.
Agadies (Jean), de Cette.
Marseille (Barthelemy), de Cette.
Gasquet (Dominique), de Toulon.
Cabonnet (Joseph), de Toulon.
Boudillon (Joseph), de Marseille.
Guay (Louis), de Toulon.
Pignauteau (Jacques), de Marseille.
Berthelot (Pierre), de Marseille.
Gras (François), de Marseille, mort le 25 mars 1781.
Thoureau (Jacques), de Marseille.
Thoris (Pierre), de Marseille.
Clement (Joseph), de Toulon.
Jurré (Louis), de Toulon.
Guillot (Louis), de Toulon.
Senes (Jean), d'Hyères.
Blanquet (Jean), de Toulon.
Grosset (Jean), de Dieppe.

Boileau (François), de Granville.
Le Sage (Jean), du Havre.
Hurteau (Barnabé), de Vannes, mort le 16 juin 1781.
Saunier (Mathurin), des Sables.
Le Galle (François), de Vannes.
L'Huissier (Alexandre), de Vannes.
Masson (Jacques), de Quimper.
Evin (Joseph), de Quimper, mort le 22 juin 1781.
Trélu (Pierre), de Quimper.
Léon (Guillaume), de Quimper.
Bussières (François), de Nantes.
Picot (André), de Nantes.
Huet (Jean), de Nantes.
Petron (Ollivier), du Croisic.
Dufour (Pierre), de Limoges.
Boisse (Joseph), de Toulouse.
Gautier (Jean), de Saint-Brieuc.
Aubert (François), de Fécamp.
Blondel (Nicolas), de Dieppe.
Aubert (Jean), de Fécamp.
Le Gros (Jean), de Dinan, mort le 10 juillet 1781.
Guillaume (Julien), de Dinan.
Godiche (Jean), de Vitré.
Le Lièvre (Julien), de Vitré.
Guyen (Louis), de Quimper.
Boilet (Jean), de Saint-Brieuc.
Le Treu (Pierre), de Limoges.
Court (Honoré), de Cannes.
Cloquet (Jean), de Dieppe.
Coupeau (Pierre), de Dinan.
Cheval (Louis), de Rouen.
Gabonnel (Antoine), de Lyon.
Poisson (Joseph), de Nantes.
Lothellier (Mathieu), de Saint-Brieuc.
Valence (Joseph), de Marseille.
Guiol (Jean), des Sables.
Renard (Pierre), de Saumur.
Gaudreuil (François), de Saint-Malo.
Mesnard (Pierre), de Granville.
Pudneau (André), de l'Ile de Ré.
Michard (Louis), de Lorient.
Karleou (François), de Vannes.
Guyot (Nicolas), du Conquet.
Rajol (Guillaume), de Lamballe.
Le Corre (Louis), de Vannes.
Cochard (Pierre), de Nantes.
Augustin (Léonard), de Moussa.
Lami (Etienne), de Nimes.
Braine (Guillaume), Américain.
Paul (Antoine), de Marseille.
Hurly (Pierre), de Saint-Valéry.
Miny (Jean), d'Audierne.

Galot (Guillaume), d'Audierne.
Claquet (Yves), d'Audierne.
Pivers (René), de Brest.
Théros (André), de Bordeaux.
Juvin (Louis), de Toulon.
Girardeau (François), de Marennes.
Cruwellier (Joseph), de la Ciotat.
Bareille (Pierre), de Bordeaux.
Dupuis (Jean), de Bordeaux.
Fichon (Vincent), de Nantes.
Devos (Philippe), d'Arcachon.
Fory (Jacques), de Bordeaux.
Keler (John), Américain.
Cassan (Jean), de Libourne.
Rovel (Antoine), de Nice, mort le 9 septembre 1782.
Colardot (Jean), de Blaye.
Labadin (Pierre), de Lamballe.
Valsin (Pierre), de Fécamp.
Delaune (Jean), de Fécamp.
Aumond (Jean), de Fécamp.
Tougard (Jacques), de Fécamp.
Dragon (Jean), de Fécamp.
Lami (Charles), de Caen.
Mousset (Jean), de Caen.
Desvaux (Gilles), de Caen.
Pedron (Yves), du Croisic.
Ducas (Jean), de Bayonne.
Quiclet (Pierre), de Nantes.
Furey (Raimond), de Bordeaux.
Jeannot (Jean), de Vannes.
Caze (Paul), de Toulouse.
Moulade (Pierre), de Boulogne.
Elie (André), de Granville.
Daudrey (Etienne), de Marseille, mort le 11 octobre 1781.
Cavey (Joseph), du Havre.
Picardin (Charles), de Dinan.
Lalande (Jacques), de Bayonne.
Bonifay (Antoine), de Marseille.
Roulant (Charles), de Granville.
Fleury (Michel), de Nantes.
Marsant (Jean), de Bordeaux.
Personne (Manuel), de Saint-Valéry.
Lézenard (Léonard), de Bordeaux.
Fagus (Alexandre), de Saint-Valéry.
Charon (Marc), de Marseille.
Letellier (Jean), de Saint-Valéry, mort le 29 septembre 1781.
Rodin (Jean), de la Ciotat.
Cayolle (Jacques), de Marseille.
Darquin (Antoine), de Saint-Malo.
Noblet (Jean), de Bordeaux.
Gilard (Alexis), de Nantes.

Laugier (Claude), de Martigues, mort le 22 mai 1782.
Miny (Pascal), d'Audierne.

Novice.

Barbaroux (Jean), de Toulon.

Surnuméraires.

Legal (Pierre), du Conquet.
Fleury (Pierre), de Dijon.
Roubier (Augustin), de Marseille.
Barbaroux (Antoine), de Toulon.
Pare (Pierre), de Saint-Etienne.
Delinot (Jean), de Vannes.

Mousses.

Vendra (Augustin), de Toulon.
Jourdan (Dominique), de Toulon.
Verse (Joseph), de Toulon.
Faucon (Jean), de Toulon.
Michel (Jean), de Toulon.
Andrieu (Jean), de Toulon.
Convers (Pierre), de Nimes.
Beauchamps (Léonard), de Toulon.
Prunet (Joseph), de Paris.
Guienne (Michel), de Chambéry.
Guillard (Joseph), de Lyon, mort le 11 septembre 1781.
Lourdat (Thomas), de Narbonne.
Ganivot (Gaspart), de Toulon.
Musses (François), de Cannes.
Mury (Jean), de Toulon.
Chevrolat (Claude), de Mâcon.
Debois (Etienne), de Toulon.
Pertuis (François), de Toulon.
Roux (Jean), de Saint-Raphael.
Verse (François), de Toulon.
Rey (Etienne), de Marseille.
Arnaux (Antoine), de la Ciotat.
Ganivet (François), de Toulon.
Guérard (Antoine), de Toulon.
Duret (Pierre), de Marennes.
Bérard (Pierre), de Toulon.
Gaudin (Jean), de Vitré.
Le Cam (Jean), de Saint-Brieuc.
Le Gorme (Claude), de Sainte-Brieuc, mort le 2 août 1781.
Roulin (Pierre), de Rochefort.
Coulon (Jean), de la Seyne.

Domestiques.

Cordonnier (Denis), de Lyon.
Enaud (René), du Mans.
Grenard (Guillanme), de Morlaix.
Ollivier (Vincent), de Lamballe.
Remi (Pierre), de Chalon, mort le 29 mai 1782.

LE SERPENT.

(CUTTER.)

(De juin 1780 à juin 1782.)

M. AMÉ DE LA LAUNE, Lieutenant de vaisseau, Commandant.

ÉTAT-MAJOR.

Lieutenants de vaisseau.

AMÉ de la LAUNE, blessé au combat du 25 septembre 1780.
Le Chevalier de SERCEY.
Le Chevalier de MAULEVRIER.

Lieutenants de frégate.

VANSTABEL.
Le COMTE.
POURRE, mort le 17 août 1790.
VANNOT, blessé au combat du 25 septembre 1780.
TOSTAIN, blessé au combat du 25 septembre 1780.
DUBOURG AFFROY, blessé au combat du 3 septembre 1780.

Enseignes de vaisseau.

Le Chevalier de SAINT-MARC
De TRINQUALLEON.

Officiers auxiliaires.

BELLIER.
DUPLESSIX.

Chirurgiens.

LE PRINCE.
MAUCLERC.
VANNOT de SAINT-FARGEAU.

Garde de la marine.

CHAPOTIN.

Officiers mariniers de manœuvre.

Richel (Jean), premier maître, de Dunkerque.
Benaudet (Simon), second maître, de Dunkerque.
Jambon (Pierre), contremaître, de Dunkerque.
Barth (Jean), boseman, de Bordeaux.
Libert (Jean), quartier-maître, de Boulogne.
Desvrés (Gabriel), quartier-maître, de Boulogne.
Belleville (Robert), quartier-maître, de Boulogne.
Dupont (Louis), quartier-maître, de la Rochelle.
Lautonne (Pierre), quartier-maître, de Boulogne.
Palette (Jean), quartier-maître, de Boulogne.
Auger (Jean), quartier-maître, de Fécamp.

Officiers-mariniers du canonnage.

Cafflers (Antoine), second canonnier, de Boulogne.
Libert (Antoine), aide-canonnier, de Boulogne.
Gournay (Jacques), aide-canonnier, de Boulogne, blessé au combat du 3 septembre 1780.
Mercier (Pierre), aide-canonnier, de Calais.
Bourgois (Jean), aide-canonnier, de Boulogne.
Libert (Pierre), aide-canonnier, de Boulogne.
Lavé (Jacques), aide-canonnier, de Calais.
Gin (Nicolas), aide-canonnier, de Boulogne, blessé au combat du 3 septembre 1780.
Pinchon (Gabriel), aide-canonnier, de Saint-Valéry, mort à bord le 3 avril 1782.
Carus (Pierre), aide-canonnier, de Dunkerque.
Petit (Jacques), aide-canonnier, de Calais.

Officiers mariniers de charpentage.

Caillot (Achille), maître charpentier, de Boulogne.
Quéré (Hervé), maître charpentier, de Brest.

Officier-marinier de calfatage

Deligny (Jean), maître calfat, de Brest.

Officier-marinier de voilerie.

Caron (Jean), maître voilier, de Paimbœuf.

Matelots.

Delliau (Jean), de Boulogne.
Gaussin (Martin), de Boulogne.
Testard (Charles), de Boulogne, mort à bord le 21 octobre 1781.
Barraud (Pierre), de la Rochelle.
La Borde (Jean), de Bayonne.
La Court (Simon), de Bordeaux.
Bondry (Jean), de la Rochelle.
Quitrebert (Pierre), de Vannes.
Le Doux (Joseph), de Boulogne.
Brunet (Nicolas), de Saint-Valéry, mort à bord le 24 octobre 1781.
Boyard (Pierre), de Saint-Valéry.
Bourgeis (Louis), de Boulogne.
Freschon (Gabriel), de Saint-Valéry.
Partier (Gilles), de Saint-Malo.
Magendre (Louis), de Saint-Malo.
Le Quien (Jean), de Dieppe.
Jorlet (Nicolas), de Boulogne.
Housté (Philippe), de Calais.
Le Berge (Théodore), de Dunkerque.
Fottin (Pierre), de Saint-Valéry.
Ambard (Joseph), de Marseille.
Asseport (Joseph), du Croisic.
Druet (André), de la Rochelle.
Floch (Louis), de Morlaix.
Haunot (Jean), de Cherbourg.
Dubois (Bernard), de Bordeaux.
Fouzy (Pierre), de Lyon.
Le Pretre (Jean), de Bayonne.
Vésinah (Augustin), de la Rochelle.
Guillet (Isaac), de Bordeaux.
Marbœuf (Pierre), de Nantes.
Blondin (Jean), de Saint-Valéry.
Gofeau (Charles), de l'Ile de Ré.
Silos (Louis), de Hevre.
La Chaud (Pierre), de Bordeaux.
La Fourcade (Jean), de Bayonne.
Marcadie (Jean), de Bordeaux.
Linquin (Pierre), de Vannes.
Siron (Jean), de Bordeaux.
Beaulieu (Laurent), de Bordeaux.
Symonet (Jean), de Saintes.
Le Blond (Charles), de la Hougue.
Vatripon (Remy), de Saint-Valéry.
La Borde (Pierre), de Bordeaux.
Fin (Raymond), de Saint-Jean-de-Luz.
Bergere (Barthélemi), de Lormont.
Bétusard (Pierre), de Bayonne.
Martin (Jean), de l'Aiguille.
Goujon (Éléonore), de Lannion.
La Borde (Bernard), de Bayonne.
Sanguinet (Joseph), de Bayonne.
Liotaud (François), de Marseille.
Boyard (Charles), de Calais.
Le Fèvre (André), de Versailles.
Dufot (Ambroise), de Nantes.
Desjardin (Jacques), de Calais.
Du Bois (Mathieu), de Boulogne.
Calde (Jean-François), de Marseille.
Ligny (Bastien), de Dunkerque.
Felonx (Jean), de Marseille.
Bonaz (Jean), de Marennes.
Billout (Jean), de Lormont.
La Seine (Nicolas), de Honfleur.
David (Mathieu), de l'Ile de Ré.
Olivier (Elézard), de Fréjus.
Balais (Julien), de Nantes, mort le 4 mai 1782.
Bauvais (Jean), de Reims.
Taussier (Jean), de Bayonne.
Grégoir (Julien), de Vannes.
Landrieux (Pierre), de Bayonne.
De Guise (Elie), de Lormont.
La Natte (Jean), de Bordeaux.
La Martony (Pierre), de Bordeaux.
Rouys (Joseph), d'Arles.
Fischen (Jean), de Boulogne.
Bruguet (Georges), de Toulouse.
Fayre (Germain), de Paris.

Surnuméraires.

Ouen (Jacques), d'Ouessant.
De la Touche (François), de Fougères.
Bertin (Simon), de Bordeaux.
Geoffroy (Michel), de Saintes.
Anquetil (Guillaume), de la Hougue.

Mousses.

Declercq (Cornil), de Dunkerque.
Fialaut (Louis), de Dunkerque.
Claud (Nicolas), de Vienne, tué dans le combat du 3 septembre 1780.
Jacques (Louis), de Calais.
Pavaré (Germain), de Paris.

Mahé (René), de Lorient.
D'Aigremont (Jean), de Caen.
Jouanne (Etienne), de Caen.
Moudrar (Marin), de Caen.
Plessis (Joseph), de Saint-Malo.
Tossier (Jean-Baptiste), de Marseille.
Bois (Jean-Baptiste), de Rennes.

Domestiques.

Devin (Jean-Baptiste), de Paris.
Robart (Silvain), de Chartres.
Rivierre (Charles), de Gravelines.
De la Bie (Philippe), de Calais.
Colsenet (Pierre), de Châlons-sur-Marne.
Prieur (Julien), de Lamballe.

LA DILIGENTE.

(1781 à 1782)

Fit naufrage le 3 février 1782 au cap Henry, en Virginie.

Le Chevalier DE CLOUARD, Lieutenant de vaisseau, Commandant.

ÉTAT-MAJOR.

Lieutenant de vaisseau.

Le Chevalier de CLOUARD, Commandant.

Enseignes de vaisseau.

Le Chevalier de SAINT-VINCENT.
De PENFENTENYO.

Lieutenants de frégate.

GLATTE.
BLANCHARD.
BONCHEROT.
DESAGENOT.

Chirurgien-major.

ARNOUX.

Garde de la marine.

Du NIEUVILLE.

Officiers-mariniers de manœuvre.

Coroller (Jean), second maître, de Lorient, noyé dans le naufrage du 3 février 1782.
Brosseau (Louis), second maître, de Paimbœuf, noyé dans le naufrage du 3 février 1782.
Hamonneau (Jean), contremaître, de Saint-Brieuc.
Gurrigoud (Pierre), contremaître, de Lorient.
Daniel (François), contremaître, de Saint-Malo.
Gallochean (Charles), bosseman, des Sables.
Kérézéon (Jean-Marie), bosseman, de Brest.
L'Evêque (Jean), quartier-maître, de Saint-Malo.
Pelavoine (Jean), quartier-maître, de Saint-Malo.
Donnard (Claude), quartier-maître, de Brest.

Officiers-mariniers de pilotage.

Lauget (Jean), second pilot, de Cherbourg.
Auliac (Louis), aide-pilote, de Bayonne.

Officiers-mariniers de canonnage.

Savignac (Jean), maître canonnier, de Saint-Malo.
Chabert (Jacques), second canonnier, de Mâcon.
Langlois (François), aide-canonnier, de Saint-Malo.
Grard (Thomas), aide-canonnier, de Dunkerque.
Raserry (François), aide-canonnier, de Mâcon.
Cazimir (Louis), aide-canonnier, de Toulon.
Rapin (Antoine), aide-canonnier, de Bordeaux, noyé au naufrage du 3 février 1782.

Officier-marinier de charpentage.

Bonnier (René), maître charpentier, de Brest.

Officier-marinier de calfatage.

Neau (René), second calfat, de la Rochelle.

Officiers-mariniers de voilerie.

Meilloc (François), maître voilier, de Brest.
Hüe (Guillaume), second voilier, du Havre.

Gabiers et Timoniers.

Girard (Joseph), de Vannes.
Orcsneaux (Jean-Baptiste), de Vannes.
Martin (François), des Sables.
Thomas (Jean), de Quimper.
Varin (Pierre), de la Rochelle.
Bernard (Jacques), du Croisic.
Dugast (Pierre), de Saint-Malo.
Mancer (Laurent), de Blaye, noyé dans le naufrage du 3 février 1782.
Châtel (Guillaume), de Granville.
Henry (Jean), de Granville.
Rousse (Pierre), de Marseille.
Adoul (Joseph), de Martigues.
Bernard (Martin), de Honfleur.
Noel (Bernard), de Bordeaux.

Matelots.

Carrière (Guillaume), de Marseille.
L'Engagé (Louis), de Vannes.
Henriot (Louis), de Vannes.
Franaye (Martin), de Vannes, noyé dans le naufrage du 3 février 1782.
Giraudin (Louis), de Saint-Etienne.
Viger (Pierre), de Bordeaux.
Coste (Pierre), de Bordeaux.
Desson (Jean), de Bordeaux.
Moreau (François), de Saint-Brieuc.
Simonnet (Jean), de Saint-Brieuc.
Bellec (Jean), de Saint-Brieuc.
Lalande (Jean), de Saint-Brieuc.
Mellin (Louis), de Quimper.
Bellec (Jean-Marie), de Quimper.
Rivoillin (Alain), de Morlaix.
Hurel (Emmanuel), de Rouen, noyé dans le naufrage du 3 février 1782.
Hache (Jean-Baptiste), de Nantes.
Baudat (Charles), de Nantes.
Meviars (René), de Nantes.
Quéras (Julien), de Nantes.
Liénard (Jacques), de Nantes.
Mainiad (Jacques), de Rouen.
Bernard (Jean-Baptiste), de Rouen.
Le Clerc (Jean), de Saint-Malo.
Le Blanc (Julien), de Saint-Malo.
Blanche (Léon), de Saint-Malo.
Mellin (Louis), de Granville.
Coffard (Gilles), de Granville.
Blanchet (Michel), de Dieppe.
Le Roy (François), de Brest.
Lazeme (Claude), de Brest.
Kerboul (Joseph), de Brest, noyé dans le naufrage du 3 février 1782.
Couvreau (Pierre), de Blaye.
Reinier (Jacques), de Toulouse.
Verdun (Bertrand), de Toulouse.
Prout (Pierre), de Paris.
Caubet (Pierre), de Paris.
Vaillant (Pierre), de Paris.
Huriot (Jean-Baptiste), de Lunéville.
Thomas (Jacques), de Châteaubourg.
Duguel (Joseph), de Laval.
Léger (Pierre), d'Angoulême.
Drieux (Jean), de Dinan.
Huret (François), de Dinan.
Harrot (Ollivier), de Dinan.
Hery (François), de Dinan, mort à l'hôpital le 15 décembre 1781.
Pincard (François), de Dinan, noyé dans le naufrage du 3 février 1782.
La Paire (Pierre), de Bordeaux.
Bouchardot (Pierre), de Bordeaux.
Gaudsbert (Jean), de Noirmontiers.

Quétot (Pierre), de Cherbourg.
Bordelais (Joseph), de Fougères.
Dauguin (Pierre), de Saint-Valéry.
Haimond (Jacques), de Rochefort.
Rousse (Jean-Pierre), de Marseille, mort à bord le 16 décembre 1781.
Rivet (Pierre), de Rennes.
Maréchal (Joseph), de Lorient.
Hée (Louis), du Havre.
Le Caër (François), de Guingamp.
Laforêt (Léonard), de Guérande.

Surnuméraires.

Duchenay (Julien), de Fougères.
Le Pile (Laurent), de Dinan.
Counan (François), de Jarnac.
Lainé (Jacques), de Jarnac.
Basset (René), de Limoges, mort à l'hôpital d'York le 25 octobre 1781.
Monché (Jacques), de Nantes.
Fleury (Lesieur), de Cherbourg.
Gérard (Pierre), de Rochefort.
Ténevin (François), de Rochefort.
Morgenot (Jean-Baptiste), de Rochefort.

Novices.

Lambert (Maurice), des Sables.
Labarre (Augustin), de Paris, mort à Hampton le 1er janvier 1782.
Dupont (Pierre), de l'Ile d'Yeu, noyé dans le naufrage du 3 février 1782.
Querrichard (Ollivier), de Saint-Brieuc.
Le Meur (Martin), de Saint-Brieuc.
Garsin (Joseph), de Toulon.

Brunet (Michel), de Toulon.
Boyer (Pierre), de Toulon.
Loboz (Laurent), de Toulon.
Reinquelev (Pierre), de Laval, noyé dans le naufrage du 3 février 1782.
Le Belle (Guillaume), de Marseille.
Carouse (Etienne), de Marseille.
Collet (François), de Nantes, noyé dans le naufrage du 4 février 1782.
Godard (François), de Rochefort.
Gracien (Jacques), de Rochefort.
Doutto (Jean), de Rochefort.
Bardin (François), de Blaye, noyé dans le naufrage du 3 février 1782.
Roustaut (Guillaume), de Pauillac, noyé dans le naufrage du 3 février 1782.
Voisin (Jean-Baptiste), de Dunkerque.
Moreau (Joseph), de Nantes.
Géraud (Joseph), de Nantes.
Radelorie (Louis), de Lorient.
Guay (Louis), du Havre.
Normand (Louis), de Paris.
Rheunier (Jacques), de Saint-Malo.
Guillebert (Louis), de Saint-Malo.
Le Roy (Gilles), de Saint-Malo.
Le Thuillier (Pierre), de Fécamp.
Michel (Laurent), de Cassis.
Le Gall (Jacques), de Lorient.
Bellet (Jean), de Bordeaux.
Moreau (Louis), d'Oléron.
Durand (Jean), de Rochefort.
Laplace (Antoine), de Bouzigues.
Le Pain (Jean), de Honfleur.
Roques (Louis), de Marennes.

Mousses.

Gouëlo (Michel), de Lorient.
Dardelle (Pierre), de Lorient, mort à bord le 12 novembre 1781.
Livinec (Nicolas), de Landerneau.
Prudhomme (René), de Marennes, noyé dans le naufrage du 3 février 1782.
Bardot (François), de Nantes.
Raguedeaux, de Nantes.
Sukel (Martin), de Dinan.
Marobouquet (Pierre), de Rouen.
Campion (Thomas), de Honfleur.
Duchesne (François), de Saint-Brieuc.
Vallée (Louis), de Granville.
Jardine (Louis), de Fécamp.
Bénard (Nicolas), de Fécamp.
Le Gendre (Philippe), de Cherbourg.
Artur (Eustache), de Cherbourg.
Hive (Jean), du Havre.
Driot (André), de Rochefort.
Hudelot (Jean-Baptiste), de Paris.
Michel (Christophe), de Paris.
Rivy (Guillaume), de Rennes.
Kerrichard (Yves), de Saint-Brieuc.
Bazin (Nicolas), de Lorient.
Kerjean (Yves), de Brest.

Domestiques.

Mathieu (Félix), de Troyes.
Sauvage (Pierre), de Saint-Malo.
Le Gall (Pierre), de Lannion.
Calcataire (Joseph), de Brest.
Cavillé (Pierre), de Paris.

LE SAINT-ESPRIT.

(1781 à 1782.)

M. le Marquis DE CHABERT, Chef d'escadre, Commandant.

ÉTAT-MAJOR.

Chef d'escadre.

Le Marquis de CHABERT, Commandant.

Capitaine de Vaisseau.

De CHAUSSEGROS.

Lieutenants de Vaisseau.

Le Chevalier de CAMBIS.
Le Baron de SAINT-REMY de VALOIS.
Des TOURS.
De BROVES.
Le Chevalier de FAYARD.
De ROQUEFEUIL.
De SCHUZSLEIRANS, Suédois.
De ROSINSTAING, Suédois.
De ROYALIN, Suédois.
De KRIEGER, Danois.

Enseignes de Vaisseau.

De PAUMIER.
KEREL de KERAVEL.

Lieutenants de frégate.

NEZET.
MOLINY.
Le GRAND.
Le LAMER, très grièvement blessé aux jambes, aux mains et au visage, au combat du 29 avril 1781.

Officier auxiliaire.

Du CROQUET du GANDA.

Chirurgien-Major.

MUS.

Aumôniers.

BERTIMINIEUX (R. P.).
MOREL (R. P.) Piémontais.
THOMAS (R. P. Bonté), Récollet.

Gardes de la marine.

CONAN d'ANCOURS.
De FOUCAULT.
Le GROUIN.
De SAINT-CAPRAIS, Napolitain.

Volontaires.

De Chalus de Saint-Hilaire (Charles).
De Fontevieux (Charles).
Desbordes de Landrièves.
Le Clerc (Yves).
Boyer (Robert).
Rochot (Philippe).
Doré (Xavier).
Mus (Barthélémy).
Acher (Jean).
Bérurey.
Houet (François), de Paris.
Baron (Scouard).
De Brouillac.

Officiers-mariniers de manœuvre.

L'Estrade (Jérôme), premier maître, de Lorient.
Le Gal (Thomas), premier maître, de Lorient.
Quentric (Matharin), premier maître, de Recouvrance.
Pomerel (François), second maître, de Dinan.

Chapel (Jean), second maître, de Granville.
Coquet (Guillaume), second maître, de Granville.
Noël (Hamon), contremaître, de Brest.
Laparat (Jean), contremaître, de Brest.
Arnaud (François), contremaître, de Toulon.
Ollivier (Antoine), contremaître, de Toulon.
Le Boucher (Jacques), contremaître, de Caen.
Courché (Simon), contremaître, du Havre.
Le Dieu (François), contremaître, de Lorient.
Alard (Julien), contremaître, de Saint-Malo.
Perros (Marc), contremaître, de Saint-Malo.
Desselier (Charles), contremaître, de Honfleur.
Dossen (Jean-Baptiste), contremaître, de Honfleur.
Joré (Jean-Adrien), contremaître, de Granville.
Cherflour (Jean), bosseman, de Bordeaux.
Thébaud (Jean), bosseman, de Saint-Brieuc.
Giliou (Pierre), bosseman, de Nantes.
Aubry (Guillaume), bosseman, de Caen.
Sales (Pierre), bosseman, de Caen, mort à bord le 4 mars 1781.
Joannis (Pierre), bosseman, de Lorient.
Laurent (Maurice), bosseman, des Sables.
Tricard (François), bosseman, de Granville.
Guédgan (François), bosseman, de Vannes, mort à Hampton le 27 octobre 1781.
Pannier (Pierre), quartier-maître, de Granville.
Le Gravéran (Nicolas), quartier-maître, de Granville.
Banville (Pierre), quartier-maître, de Granville.
Guillaume (Jacques), quartier-maître, de Granville.
Créance (Julien), quartier-maître, de Granville.
Avril (Louis-Jean), quartier-maître, de Granville, mort à l'hôpital du Fort-Royal le 20 mai 1782.
Coiard (François), quartier-maître, de Granville.
Durand (Pierre), quartier-maître, de Granville, blessé au combat du 5 septembre 1781; mort le 10 septembre suivant.
Massé (Jean), quartier-maître, de Honfleur.
Corel (Guillaume), quartier-maître, de Saint-Malo.
Brillaut (Thomas), quartier-maître, de Saint-Malo.
Chopin (Jean-Baptiste), quartier-maître, du Havre.
Anty (Pierre), quartier-maître, du Havre.
Mesnel (Louis), quartier-maître, de l'Ile d'Yeu.
Masson (Théodore), quartier-maître, de l'Ile d'Yeu.
Cugny (Jean), quartier-maître, de Boulogne-sur-mer.
Fougue (Pierre), quartier-maître, de la Hougue.
Tolmer (Christophe), quartier-maître, de la Hougue.

Rouaut (François), quartier-maître, de Saint-Brieuc.
Robinot (Jean), quartier-maître, de Saint-Brieuc.
Roussel (Jean), quartier-maître, de Saint-Brieuc.
Quémar (Mathurin), quartier-maître, de Saint-Brieuc, mort à bord de fièvre le 21 octobre 1781.
Hamon (René), quartier-maître, de Saint-Brieuc, mort à bord le 13 mai 1782.
Le Landais (Pierre), quartier-maître, de Dinan.
Le Diot (Grégoire), quartier-maître, de Lorient.
Brejon (Jean), quartier-maître, de Royan.
Régnier (Guillaume), quartier-maître, de Dinan.
Le Breton (Louis), quartier-maître, de Noirmoutiers.
Even (René), quartier-maître, du Croisic.
Robin (Pierre), quartier-maître, de Brest.
Raillard (Jean-Marie), quartier-maître, de Brest.
Guénon (Jean), quartier-maître, de Rochefort.

Officiers-mariniers de pilotage.

Berthomé (Maurice), premier pilote, des Sables.
Colet (Charles), second pilote, de Recouvrance.
Robin (Louis), aide-pilote, de Recouvrance.
Daniel (François), aide-pilote, des Sables.
Héron (Aubin), aide-pilote, de Cherbourg.
Cocagne (André), aide-pilote, de Rouen.
Philippe (Pierre), aide-pilote, de Saint-Brieuc, mort à bord le 15 août 1781.

Officiers-mariniers de canonnage.

Caillé (Honoré), maître canonnier, de Brest.
Mocard (Julien), maître canonnier, de Lorient.
Le Minec (Jean), maître canonnier, de Lorient, mort à bord le 17 juillet 1782.
Arnaud (Antoine), second canonnier, de Toulon.
Cédran (Laurent), second canonnier, de Toulon.
Joseph (Théodore), second canonnier, de Toulon.
David (Antoine), second canonnier, de Toulon.
Pléquier (Pierre), second canonnier, de Granville.
Auffray (Pierre), second canonnier, de Boulogne.
Giraud (Jean), second canonnier, de la Rochelle.
Tréanton (Jean), second canonnier, de Brest.
Bizian (Vincent), second canonnier, de Brest.
Nicole (Pierre), second canonnier, de Dieppe, mort à l'hôpital du Fort-Royal le 22 février 1782.
Nicolas (Guillaume), aide-canonnier, de Dinan.
Desdevises (Pierre), aide-canonnier, de Granville.
Pouletel (Jean-François), aide-canonnier, de Granville.
Le Hobey (Jean), aide-canonnier, de Granville.

Le Réquier (André), aide-canonnier, de Granville.
Bedel (Jean-Baptiste), aide-canonnier, de Granville, tué au combat du 5 septembre 1781.
Sens (Guillaume), aide-canonnier, du Havre.
Darenty (Pierre), aide-canonnier, de Dieppe.
Fromentin (Antoine), aide-canonnier, de Dieppe.
Méliot (François), aide-canonnier, de Dieppe.
Elie (Pierre), aide-canonnier, de Dieppe.
Fromentin (Etienne), aide-canonnier, de Dieppe.
Marie (François), aide-canonnier, de Dieppe.
Duriez (Marc-Antoine), aide-canonnier, de Calais, mort au Fort-Royal le 9 octobre 1781.
Blanchet (François), aide-canonnier, de Saint-Malo.
Durand (Pierre), aide-canonnier, de Saint-Malo.
Durand (Joseph), aide-canonnier, de Saint-Malo.
Chauvin (Jacques), aide-canonnier, de Granville.
Boit (Pierre), aide-canonnier, de Granville.
Huault (Jacques), aide-canonnier, de Granville.
Basset (Jacques), aide-canonnier, de Granville, tué au combat du 5 septembre 1781.
Le Monnier (Noel), aide-canonnier, de la Hougue.
Fauché (Antoine), aide-canonnier, de la Hougue.
Fréchon (Gabriel), aide-canonnier, de Saint-Valéry.
Le Roux (Jacques), aide-canonnier, de Saint-Valéry.
Rou (Antoine), aide-canonnier, de Saint-Valéry.
Milan (Michel), aide-canonnier, de Saint-Valéry, mort à l'hôpital du Fort-Royal le 16 juin 1782.
Jeansaume (Jacques), aide-canonnier, de la Ciotat.
Le Doux (Antoine), aide-canonnier, de Boulogne.
Naguery (François), aide-canonnier, de Boulogne.
Gournay (Pierre), aide-canonnier, de Boulogne.
Olivier (Michel), aide-canonnier, de Saint-Brieuc.
Bourgeois (Gilles), aide-canonnier, de Caen.
Chalme (Jean), aide-canonnier, de Quimper.
Bescond (Jean), aide-canonnier, de Saint-Brieuc, mort à bord le 18 octobre 1781.

Officiers-mariniers de charpentage.

Perrot (Joseph), maître charpentier, de Brest.
Bouvier (Jean-Baptiste), second charpentier, de Dinan.
Grosleau (Jacques), second charpentier, de Nantes.
Vidsment (Jean-François), aide-charpentier, de Saint-Brieuc.
Gral (Jean), aide-charpentier, de Brest.
Le Gobien (André), aide-charpentier, de Dinan.

Paon (Jean-Baptiste), aide-charpentier, du Havre.
Désormeaux (Charles), aide-charpentier, de Nantes, mort à bord le 22 janvier 1781.

Officiers-mariniers de calfatage.

Alain (Guillaume), maître calfat, de Brest.
Jaulin (Julien), second calfat, de Granville.
Le Brun (Nicolas), second calfat, de Granville, mort à bord le 17 août 1781.
Vidallot (Jean), aide-calfat, du Havre.
Drouet (Barthélémy), aide-calfat, de Saint-Malo.
La Rivière (Jean), aide-calfat, de Saint-Malo.
Jugou (François), aide-calfat, de Dinan, noyé dans la baie de Chesapeack le 16 septembre 1781.
Heurteven (Pierre), aide-calfat, de Granville.
Ginsy (Pierre), aide-calfat, du Havre.

Officiers-mariniers de voilerie.

Hervé (Jean-Louis), second voilier, de Saint-Malo.
Le Gal (Jean-Marie), aide-voilier, de Brest.
Auray (Pierre), aide-voilier, de Nantes.
Vermont (Paul), aide-voilier, de Caen.

Gabiers.

Le Neven (Pierre), de la Hougue.
Arselin (Olivier), de Dinan.
Mousset (Julien), de Dinan, mort à la mer le 15 juillet 1781.
Mousset (Amaury), de Dinan.
Le Maître (Jean), de Granville.
Mariou (Joseph), de Granville.
Dechamp (Jean), de Granville.
Banville (François), de Granville.
Le Buff (Thomas), de Granville.
Julien (Thomas), de Granville.
Marie (François), de Granville.
Benoît (Pierre), de Granville.
Larbehaye (Charles), de Granville.
Pomier (Julien), de Granville.
Jacquet (Thomas), de Granville.
Le Hérissé (Jean), de Granville.
Le Tellic (Etienne), de Granville.
Gosse (Nicolas), de Granville.
Bouchard (Jean-Baptiste), de Granville.
Bry (François), de Granville.
Hersan (Pierre), de Granville.
Deguen (Alain), de Saint-Brieuc.
Pâturel (François), de Saint-Brieuc.
Roussel (Nicolas), de Saint-Brieuc.
Bayé (Jean), de Saint-Malo.
Valée (Louis), de Saint-Malo.
Durand (Nicolas), de Saint-Malo, mort à l'hôpital du Fort-Royal le 24 février 1782.
Hamonian (Jean), de Saint-Malo.
Segneurie (Robert), de Saint-Malo.
Burgot (Jean), de Saint-Malo, tué au combat du 5 septembre 1781.
Le Goff (Jean), de Saint-Malo, mort à bord le 30 août 1781.
Barthélémy (Louis), de Fécamp, tué au combat du 5 septembre 1781.
Pimont (Georges), de Fécamp.
La Personne (Roland), de Brest.
Dupin (Georges), de Nantes.
Vaisseau (Pierre), d' Paimbœuf.
Terrier (Jacques), de Honfleur, mort à bord le 27 juin 1781.

Grosses (Laurent), de Dieppe, mort à l'hôpital du Cap le 23 juillet 1781.
Oula (Pierre-Nicolas), de Dieppe, mort de ses blessures le 8 septembre 1781.
Caisy (Antoine), de Marseille.
Deloy (Jean-Baptiste), de Marseille.

Timoniers.

Dupré (Léonard), de Dunkerque.
Michaud (Pierre), des Sables.
Boyer (Laurent), des Sables.
Vigreux (Simon), des Sables.
Thierry (Hubert), de Granville.
Rabasse (Antoine), de Granville.
Duchene (Jean), de Granville, mort à l'hôpital du Cap le 5 septembre 1781.
Créance (Guillaume), de Granville, tué au combat du 5 septembre 1781.
Boiseux (Laurent), du Havre, mort à l'hôpital du Cap le 30 juillet 1781.
Crosset (Jacques), de Dieppe.
Philis (Jean-François), de Dieppe, mort à bord le 15 juin 1782.
Chabaud (Alexis), de Saint-Brieuc.
Laviel (Gabriel), de la Hougue.
Semilly (François), de la Hougue.
Dufresne (Pierre), de Dinan.
Duparc (Guy), de Saint-Malo.
Caucher (Jean), de Saint-Malo.
Loizet (Jean), de Saint-Malo, mort à bord le 17 février 1782.
Le Bon (Alexandre), d'Ouessant.
Diamand (Nicolas), de Brest.

Matelots.

Perrot (Gilles), de Tréguier.
Chevillard (Jean), de Rennes.
Gledel (Blaise), de Rennes.
Gestin (Jean), de Brest.
Le Cann (Jean), de Brest.
Rabours (Etienne), de Brest.
Cerrun (Jean-François), de Brest.
Le Cann (Yves), de Brest.
L'Ecuyer (Jean), de Mayenne.
Autret (Yves), du Conquet.
Pochar (Yves), du Conquet, mort à l'hôpital du Fort-Royal le 16 mars 1782.
Masse (Louis), de Paris.
Quinec (Louis), de Paris.
Le Ny (Jean), de Morlaix.
Le Ny (Jacques), de Morlaix.
Robin (Jean), de Morlaix.
Castel (René), de Morlaix.
Even (Julien), de Morlaix.
Mariadec (Pierre), de Morlaix.
Marec (François), de Morlaix.
Margelly (Pierre), de Saint-Brieuc.
Queration (François), de Saint-Brieuc.
Lognon (Degdual), de Saint-Brieuc.
Morin (Louis), de Saint-Brieuc.
Plétan (François), de Saint-Brieuc.
Richard (François), de Saint-Brieuc, mort à bord le 18 août 1781.
Gautier (Pierre), de Saint-Brieuc, mort à l'hôpital de Hampton le 26 octobre 1781.
Chartier (François), de Saint-Brieuc, mort à l'hôpital du Fort-Royal le 8 juin 1781.
Le Mognar (Louis), de Saint-Brieuc.
Prigent (Guillaume), de Saint-Brieuc.
Roussel (Louis), de Saint-Brieuc.
Le Grand (François), de Saint-Brieuc.

Tourniot (André), de Saint-Brieuc.
Taillandier (Henry), de Saint-Brieuc.
Fautreul (Tugdual), de Saint-Brieuc, mort à bord de fièvre le 8 juin 1781.
Déniès (Thomas), de Saint-Brieuc.
Nédélec (Laurent), de Saint-Brieuc.
Henry (Guillaume), de Saint-Brieuc.
Minio (Antoine), de Saint-Brieuc, mort de fièvre à bord le 27 août 1781.
Demoy (Jean), de Saint-Brieuc, mort à bord le 26 avril 1781.
Amicel (Mathurin), de Saint-Brieuc, mort à l'hôpital du Cap le 30 mai 1782.
Savary (Pierre), de Saint-Malo.
Vitel (Joseph), de Saint-Malo.
Mousson (Julien), de Saint-Malo, mort à l'hôpital du Fort-Royal le 23 janvier 1782.
Guyot (Olivier), de Saint-Malo, mort à bord le 9 juillet 1781.
Saillans (Michel), de Saint-Malo, mort à bord le 16 septembre 1781.
Toutin (Eustache), de Saint-Malo, mort à l'hôpital du Cap le 9 septembre 1781.
Sicot (Guillaume), de Saint-Malo.
Ménage (Eutrope), de Saint-Malo.
Hestan (Pierre), de Saint-Malo.
Huet (Joseph), de Saint-Malo.
Monier (Pierre), de Saint-Malo.
Dies (Jean), de Saint-Malo.
Lefrançois (Jacques), de Saint-Malo.
Burnel (Barthélémy), de Saint-Malo.
Gilbert (Thomas), de Saint-Malo.
Martin (Charles), de Saint-Malo.
Briand (Guillaume), de Saint-Malo, mort à l'hôpital du Fort-Royal le 27 janvier 1781.
Huet (Jérôme), de Saint-Malo, mort à l'hôpital du Fort-Royal le 11 janvier 1782.
Rivière (François), de Saint-Malo, mort à bord de fièvre le 19 août 1781.
Bouricau (Olivier), de Saint-Malo, mort au Fort-Royal le 6 février 1781.
Salatin (Marc), de Saint-Malo.
Baron (Jean), de Saint-Malo.
Bréjon (Augustin), de Saint-Malo.
Hamon (Guillaume), de Saint-Malo.
De Larmo (Godefroy), de Saint-Malo.
Cochard (Joseph), de Saint-Malo.
Lanselin (Thomas), de Saint-Malo.
Quarri (Thimothée), de Saint-Malo.
Girouard (Julien), de Saint-Malo.
Cloche (Jean), de Saint-Malo, mort à l'hôpital du Fort-Royal le 19 octobre 1782.
Janvier (Mathurin), de Dinan.
Halbert (Jean), de Dinan.
Briginal (François), de Dinan.
Godu (Gilles), de Dinan.
Brugalet (Joseph), de Dinan.
Joube (Pierre), de Dinan.
Sevignac (Julien), de Dinan.
Even (Jean), de Dinan.
Le Chat (Yves), de Dinan.
Laure (Louis), de Dinan.
Gervy (Guillaume), de Dinan.
Deniot (Louis), de Dinan.
Le Roy (Julien), de Dinan.
Le Meuffe (Joseph), de Dinan.
Noël (Claude), de Dinan.
Le Dantec (Vincent), de Dinan.
Nicolin (Alain), de Dinan.
Palan (Mathieu), de Dinan.

Folange (François), de Dinan.
Le Grand (Charles), de Dinan.
Bertin (Joseph), de Dinan.
Colin (Yves), de Quimper.
Charrot (Jean), de Quimper, mort à l'hôpital de Hampton le 18 octobre 1781.
Belbéoch (Hervé), de Quimper, mort à bord le 27 octobre 1781.
Outin (Pierre), de Nantes.
Tusseau (Louis), de Nantes.
Le Page (François), de Nantes.
Foubert (François), de Nantes.
Hamon (Joseph), de Nantes, mort à bord de fièvre le 17 février 1782.
Fanton (Louis), de Nantes.
L'Evêque (Laurent), de Nantes.
Beaugu (Pierre), de Nantes.
Bouraier (Jacques), de Nantes.
Raimbaud (François), de Nantes.
Janneau (Claude), de Nantes, mort à bord le 30 mai 1781.
Mauriceau (Jean), de Nantes, mort au Fort-Royal le 10 juillet 1781.
Huchet (François), de Nantes.
Saurin (Pierre), de Nantes, mort à l'hôpital du Fort-Royal le 13 février 1781.
Moyon (Julien), fils de Jean, du Croisic.
Moyon (Julien), fils de Jacques, du Croisic.
Mahé (Denis), du Croisic.
Le Bourdiel (Pierre), du Croisic.
Lambert (Pierre), du Croisic.
Fraval (François), de Lorient.
Dréano (Marc), de Lorient.
Le Diol (Louis), de Lorient.
Guillot (Louis), de Lorient.
Ridoubler (Jean), de Vannes.
Madec (François), de Vannes.
Rival (Denis), de Vannes.
Le Clerc (Etienne), de Belle-Isle.
Bécailla (Augustin), du Havre.
Jean (Antoine), du Havre.
Milet (Jacques), du Havre.
Marie (Jacques), du Havre.
Le Brun (Antoine), du Havre.
Trochau (Thomas), du Havre.
Candon (Jean-Baptiste), du Havre.
Bonatre (Pierre), du Havre.
L'Huriers (Jean), du Havre.
Hamon (Etienne), du Havre.
Le Cœur (Jean), du Havre.
Talfarel (Auguste), du Havre.
Cordier (Jean), de Honfleur.
Duhaut (Baptiste), de Honfleur.
Guesdon (Jean-Baptiste), de Dieppe.
Bénard (Marcel), de Dieppe.
Masson (Nicolas), de Dieppe.
Fromentin (Jean), de Dieppe.
Vasseur (François), de Dieppe.
Bonhomme (Claude), de Dieppe.
Cloquet (Etienne), de Dieppe.
Decorde (Louis), de Dieppe.
Planage (Jean), de Rouen.
Semelaine (Jean), de Rouen.
Béranger (Antoine), de Rouen.
Guilbert (Jean), de Rouen.
La Fiamme (Jean), de Cherbourg.
Auvray (Guillaume), de la Hougue.
Talvar (Michel), de la Hougue, mort à l'hôpital du Fort-Royal le 14 septembre 1781.
Hubert (Jean-François), de la Hougue, mort à bord le 10 août 1781.

Coffey (Jean-François), de la Hougue, mort à l'hôpital du Fort-Royal le 13 septembre 1781.
De la Cime (Pierre), de Fécamp.
Roger (Isaac), de Fécamp.
Mayeux (Pierre), de Fécamp.
Gouard (Jacques), de Fécamp.
Loisel (Pierre), de Fécamp.
L'Orieul (Jean), de Fécamp.
Le Page (Pierre), de Fécamp.
Cordet (Jean-Baptiste), de Granville.
Campion (Pierre), de Granville.
Quenel (André), de Granville.
Huc (Jean), de Granville.
Fouché (Jacques), de Granville.
Talva (Charles-Michel), de Granville, mort à bord le 17 février 1782.
Billard (François), de Granville, mort à bord le 9 mai 1782
Bourgeois (François), de Granville, mort à l'hôpital du Fort-Royal le 19 juillet 1781.
Harel (Pierre), de Granville.
Bédouin (Christophe), de Granville.
Héon (Jean), de Granville.
L'Ainé (Nicolas), de Granville.
Le Brun (Jean), de Granville.
Blondel (Jacques), de Granville.
Le Maitre (Michel), de Granville.
Briant (Louis), de Granville.
Le Landais (Pierre), de Granville.
Lavandier (Julien), de Granville.
Réquier (François), de Granville.
Pèlerin (Pierre), de Granville.
Picot (Jacques), de Granville.
Gosse (Jean), de Granville.
Le Neveu (Julien), de Granville.
Ermange (Nicolas), de Granville.
Millier (François), de Granville, tué au combat du 5 septembre 1781.
Le Réel (Louis), de Granville.
Avril (Nicolas), de Granville.
Théra (Pierre), de Granville.
Colombel (Jacques), de Granville.
Le Fresna (Pierre), de Granville.
Bourré (François), de Granville, noyé à Chesapeach le 10 février 1781.
Amiot (Jacques), de Granville, mort à l'hôpital du Fort-Royal le 29 juin 1782.
Menidré (René), de Granville, mort à l'hôpital du Fort-Royal de 3 avril 1782.
Menidré (Jacques), de Granville, tué au combat du 5 septembre 1781.
Canivet (Jacques), de Granville, mort à l'hôpital du Fort-Royal le 26 janvier 1782.
Tellier (Julien), de Granville.
Potdevin (Jean), de Granville.
Deroches (Georges), de Granville.
De la Lande (Jean), de Granville.
Capé (Louis), de Granville.
Le Huc (Jean), de Granville.
Girard (Richard), de Granville.
Thébaud (Jean), de Granville.
Varin (Pierre), de Granville.
Mainguy (Jean), de Granville.
Le Vicaire (Gilles), de Granville.
Gudebois (Jean), de Granville.
Le Marc (Jean), de Granville.
Olivier (Jean), de Granville.
Blanchet (André), de Granville.
Le Garadeu (Jean), de Granville.

Godefroy (Jean), de Granville, mort à l'hôpital du Fort-Royal le 22 décembre 1781.
Le Croenier (Julien), de Granville.
Le Viviers (Jean), de Granville.
Montagues (Gilles), de Granville.
Lefèvre (Jean), de Granville.
Le Hule (Jean), de Granville.
Lebodé (Jacques), de Granville.
Melin (Thomas), de Granville.
Izabelle (Pierre), de Granville.
Duchâne (Jean), de Granville.
Le Monnier (Pierre), de Granville, mort à l'hôpital de Hampton le 21 mars 1781.
Maloray (Simon), de Granville, mort à l'hôpital de Hampton le 21 janvier 1781.
La Rose (Jean-François), de Granville, mort à bord le 20 septembre 1781.
Primpin (Eugène), de Caen.
Lareth (Marin), de Caen.
Dufour (Robert), de Caen, mort à bord le 9 juillet 1781.
Roux (Jean-Baptiste), de Saint-Valéry-sur-Somme.
Buseau (Louis), de Saint-Valéry-sur-Somme.
Ducastel (Antoine), de Saint-Valéry-sur-Somme.
Heurtel (Jean-Baptiste), de Saint-Valéry-sur-Somme.
Leclerc (Charles), de Saint-Valéry-sur-Somme.
Buseau (Nicolas), de Saint-Valéry-sur-Somme.
Douane (Jean-Baptiste), de Saint-Valéry-sur-Somme.
Perceval (Baptiste), de Saint-Valéry-sur-Somme, mort à bord le 16 novembre 1781.
Copin (Marc), de Boulogne.
Gourchan (Pierre), de Rochefort.
Delavau (Etienne), de Rochefort.
Darnaud (Jacques), de Rochefort.
Bruneau (Jean), de Marennes.
Chaviteau (Jacques), de l'Ile d'Yeu.
Lucas (Charles), de l'Ile d'Yeu.
Turbé (Pierre), de l'Ile d'Yeu.
Daimé (Jean), de Bordeaux.
Vidal (Pierre), de Toulouse.
Pougeol (Bernard), de Montauban.
La Fourcade (Baptiste), de Bayonne.

Novices.

Hochar (Thomas), de Granville.
Duverger (Barthélémy), de Granville.
Le Marchand (Joseph), de Fécamp.
Picot (Thomas), de Fécamp.
Fournier (Jean), de Fougères.
Gentil (Guillaume), de Saint-Brieuc.
Berroche (Yves), de Saint-Brieuc.
Riou (Yves), de Saint-Brieuc.
Saint-Cust (Olivier), de Saint-Brieuc.
Le Gau (Lucas), de Saint-Brieuc.
Adam (Yves), de Saint-Brieuc.
Nicolas (Sébastien), de Saint-Brieuc.
Horeth (Thomas), de Saint-Brieuc.
Kermorvan (Mathurin), de Saint-Brieuc.
Hamon (Guénolé), de Saint-Brieuc, mort à bord le 29 septembre 1781.
Quershero (Jean-Pierre), de Saint-Brieuc, mort à l'hôpital du Fort-Royal le 14 mars 1782.
Bayon (Jacques), de Saint-Brieuc, mort à l'hôpital du Fort-Royal le 5 juillet 1781.

Buisson (François), de Toulon.
Fabre (Michel), de Toulon.
Grisolle (Joseph), de Toulon.
Christian (Antoine), de Toulon.
Bertrand (Louis), de Martigues.
Sabattier (Jean-Baptiste), d'Hyères.
Sabattier (Jacques), d'Hyères.
Arnaud (Paul), d'Hyères.
Arnaud (Joseph), d'Hyères.

Domestiques.

Cordouan (Jean-Baptiste), de Toulon.
Martin (Félix), de Toulon.
Fezet (Barthélémy), d'Albi.
Morel (Jean), de Rennes.
Tavayon (Joseph), d'Aubagne.
Peyre (François), d'Avranches.
Michel (Joseph), de la Ciotat.
Parron (Louis), de Guéméné.

Guillot (Jean), de Guéméné.
Le Nestic (François), de Guéméné.
Germain (Nicolas), de Hennebont.
Carion (Corentin), de Quimper.
Maurice (Nicolas), de Chartres.
Bouvier (François), de Paris.
Gavauden (Jean-Baptiste), de Paris.
Corneu (Pierre), de Saint-Brieuc.
André (Guillaume), de Brest.

L'AMAZONE.

(From 1st January, 1781, to the 29th July, 1782, date when taken by the English, and from 30th July, 1782, when retaken, to the 3d August, 1783.)

M. le Chevalier DE VILLAGES, Capitaine de vaisseau, Commandant; — M. DE MONGUIOT, Lieutenant de vaisseau, Commandant; M. DE GASTON, Lieutenant de vaisseau, Commandant.

ÉTAT-MAJOR.

Capitaine de vaisseau.

Le Chevalier de VILLAGES, Commandant.

Lieutenants de vaisseau.

De MONGUIOT, Commandant, tué au combat du 29 juillet 1782.
De GASTON, Commandant.
De CAMUS.

Enseignes de vaisseau.

Le chevalier de ROSPIEC.
Le chevalier DUPETITHOUARD.
De la GUIGNERAY.
De L'EPINE, mort le 31 octobre 1782.

Lieutenant de frégate.

GAZAN, tué au combat du 29 juillet 1782.

Officiers auxiliaires.

OILLIC, tué au combat du 29 juillet 1782.
MAISSONNIER.
RUELLAND de la VILLE-BERNO.
THOMIZE (Victor).
LE HUBY.
De MIRIT.
De MONTBLANC.
NOURRY.

Chirurgiens.

COMPAIN.
LHERMITE (Jean).

Aumônier.

MACHUNQ (John).

Gardes de la marine.

LA MOTTE GUYOMARAIS.
De MARTIGNAN.
De BOUBERT.
LE CHAT.
D'ENTRECHAUX.

Volontaires.

Huet (François), du Havre.
Bordo, du Fort-Royal.

Officiers-mariniers de manœuvre.

Philippe (Laurent), premier maître, de Toulon.
Andreau (Paul), premier maître, de Toulon.
Foulain (Laurent), second maître, de Saint-Brieuc.
Jaunet (Pierre), second maître, des Sables.
Massié (Louis), second maître, de Granville.
Poirier (Pierre), contremaître, des Sables.
Souache (Jean), contremaître du Havre.
Maugé (Barthélemy), contremaître, de Belle-Ile.
Le Teurtre (Jacques), bosseman, de Fécamp.
Sicle (Jean), bosseman, de Saint-Brieuc.
Ollivier (Mathurin), bosseman, de Nantes.
Massé (Joseph), bosseman, de Paimbœuf.
Houart (François), quartier-maître, de Saint-Brieuc.
Dutertre (François), quartier-maître, de Lannion.
Le Hegarade (Jacques), quartier-maître, de Saint-Brieuc, blessé au combat du 29 juillet 1782.
Caillo (Augustin), quartier-maître, du Havre.
Thomis (Romain), quartier-maître, du Havre.
Le Goubin (Gédéon), quartier-maître, de Granville.
Soleil (Alexis-Beau), quartier-maître, de Nantes, tué au combat du 29 juillet 1782.
Lavergne (Louis), quartier-maître, des Sables.
Pépin (André), quartier-maître, de Saint-Malo.
Poisson (Pierre), quartier-maître, de Fécamp.
Chopin (Jean), quartier-maître, du Havre.
Fournier (Jean), quartier-maître, de Nantes.
Manchin (Jean), quartier-maître, de Bordeaux.
Pilez (Jean), quartier-maître, de Fécamp.
Sorre (Marc), quartier-maître, de Dieppe.

Officiers-mariniers de pilotage.

Le Saux (Louis), patron de canot, de l'Ileaux-Moines.
Le Ray (Augustin), premier pilote, de Nantes.
Baladier (Pierre), premier pilote, de Calais.
Robert (Jean), second pilote, de Granville.
Carbonel (Jean), aide-pilote, de Marseille.
Viaud (Dominique), aide-pilote, de Bordeaux.
Willaumez (Jean), aide-pilote, de Belle-Ile.
Auzel (Antoine), aide-pilote, de Marseille.
Allaire (Julien), aide-pilote, du Croisic.

Officiers-mariniers de canonnage.

Casteingue (Jean), premier canonnier, de Nantes.
Denis (Victor), second canonnier, de Saint-Brieuc.
Coindreaux (Jacques), aide-canonnier, de Nantes, blessé au combat du 29 juillet 1782.
Bertheau (Robert), aide-canonnier, de Fécamp.
Robert (Jean), aide-canonnier, de Fécamp.
Le Mittord (Philipe), aide-canonnier, de Granville, tué au combat du 29 juillet 1782.
Guillarer (Pierre), aide-canonnier, de Morlaix.
Pinçon (Adrien), aide-canonnier, de Granville.
Buchet (Jean), aide-canonnier, de Granville.
Deranton (Jean), aide-canonnier, de Moisac.
Aspot (Jean), aide-canonnier, du Croisic.
Danial (Michel), aide-canonnier, du Croisic, blessé au combat du 29 juillet 1782.
Viollot (Claude), aide-canonnier, des Sables.
Raymond (Bernard), aide-canonnier, de Blaye.
Patin (Bernard), aide-canonnier, de Saint-Jean-de-Luz, tué au combat du 29 juillet 1782.
Parigord (Gilles), aide-canonnier, de Saint-Malo.

Officiers-mariniers de charpentage.

Hostein (Jean), second charpentier, de Bordeaux.
Chaux (Ollivier), aide-charpentier, de Dinan.

Officiers-mariniers de calfatage.

Guillard (Joseph), maître calfat, de Dinan.
Huguen (Jacques), second calfat, de Brest.
Le Cocq (Georges), aide-calfat, du Havre, mort le 12 août 1782.
Le Roux (Joseph), aide calfat, de Dinan.
Le Moine (François), aide-calfat, de Brest.

Officiers-mariniers de voilerie.

Guillouar (Jean), maître voilier, de Vannes.
Guérin (Jean), second voilier, de Honfleur.
Bernard (Vincent), aide-voilier, de Lorient.

Gabiers et Timoniers

Liard (Jean), de Saint-Malo.
Chambré (Thomas), de Dieppe, tué au combat du 29 juillet 1782.
Fatoux (Denis), de Granville.
Le Breton (Philippe), de Fécamp.
La Mer (...), de Morlaix.
L'Espant (Gilles), de Granville, tué au combat du 29 juillet 1782.
Picard (Julien), de Vannes.
Jean (Yves), de Nantes.
Jarry (Louis), du Havre.
Burel (François), de Saint-Brieuc.
Mignier (Laurent), de Saint-Brieuc, mort à bord le 3 avril 1783.
Rosnein (Pierre), de Rouen.
Rouel (Jean), de Cherbourg, mort le 26 octobre 1781.
Corby (Pierre), du Havre.
Guenet (Denis), du Havre.
Quimper (Toussaint), de Saint-Malo.

Matelots.

Perrès (Jean), de Brest.
Thomas (Jean), du Havre.
Morel (René), de Rennes.
Prévost (Jean), du Conquet.
Le Coat (Claude), de Conquet.
Pen (Bernard), du Conquet.
Poullaouec (Jean), du Conquet.
Lafarque (François), de Castres.
Dhonin (Antoine), d'Arras.
Quinion (Jean), de Brest.
Deniers (Jean), de Rennes.
Martin (Joseph), de Nantes.
Choinet (Jean), de Nantes.
Guéril (Charles), de Nantes.
Ardouin (Jean), du Croisic.
Ronnet (Jacques), du Croisic.
Bernard (Julien), de Nantes.
Desplanches (Jean), du Croisic.
De la Motte (Jacques), de Nantes.
Berteaux (François), du Croisic.
Challoux (Pierre), de Nantes.
Fontenay (Laurent), d'Angers.
Le Luc (Nicolas), de Vannes.
Potrenat (Guillaume), de Vannes, tué au combat du 29 juillet 1782.
Gouzer (Jean), de Vannes.
Guymard (Julien), de Lorient.
Hoavale (Dominique), de Vannes.
Le Monnier (Jean), de Dinan.
Mérial (Jean), de Dinan.
Relfer (Mathurin), de Dinan.
Adam (François), de Saint-Malo.
Langlais (Pierre), de Saint-Malo.
Auger (Guillaume), de Saint-Malo.

Pion (Pierre), de Saint-Malo.
Huet (Jean), de Saint-Malo.
Clément (François), de Dinan.
Becher (Charles), de Saint-Malo.
Robin (René), de Saint-Malo.
Martin (Barnabé), de Saint-Malo.
Chevalier (Yves), de Dinan.
Jégu (Pierre), de Saint-Malo, tué au combat du 29 juillet 1782.
Dulcerot (Julien), de Dinan.
Bienvenu (Jacques), de Saint-Malo.
Grignard (André), de Dinan.
Colombelle (Jean), de Dinan.
Rollot (Jean), de Saint-Malo.
Vidament (Yves), de Saint-Brieuc.
Beaucher (Olivier), de Saint-Brieuc.
Jaunard (Yves), de Saint-Brieuc.
Guillon (Marc), de Saint-Brieuc.
Tertrier (Joseph), de Saint-Brieuc, mort le ... octobre 1782.
Le Bloizc (Antoine), de Saint-Brieuc.
Duchesn (Jean), de Saint-Brieuc.
Le Roux (Gabriel), de Saint-Brieuc.
Poulmar (Guillaume), de Saint-Brieuc.
Duchesne (Yves), de Saint-Brieuc.
Jagu (Mathurin), de Saint-Brieuc.
Poulan (Guillaume), de Saint-Brieuc.
Caro (Jean), de Saint-Brieuc.
Bigot (Vincent), de Saint-Brieuc.
Seguillon (Louis), de Saint-Brieuc.
Le Protoge (Pierre), de Saint-Brieuc.
Corre (Pierre), de Saint-Brieuc.
Moral (François), de Saint-Brieuc.
Tremeur (Jean), de Lorient, tué au combat du 29 juillet 1782.
Sicherot (François), de Lorient.
Guiader (Jacques), de Lorient.
Calvas (François), de Morlaix.
Lanno (Jean), de Morlaix.
Philipe (Laurent), de Morlaix.
Labé (Jean), de Lannion.
Cayeux (Louis), de Dieppe, mort à bord le 26 octobre 1781.
Michaux (Samuel), de Dieppe.
Baillot (Jean), de Dieppe.
Baudry (Alexandre), de Rouen.
Grenet (Etienne), de Rouen.
Quetier (Jacques), du Havre.
Mounier (Edouard), de Rouen.
Jorre (Ouard), de Rouen.
Le Clerc (Pierre), de Rouen.
Chouquet (Joseph), de Rouen.
Allain (François), de Granville.
Paturel (François), de Granville.
Le Gallais (Adrien), de Granville.
Lorès (François), de Granville.
Duhoux (Jean), de Granville.
Le Trony (Julien), de Granville.
Dupré (Jean), de Granville.
Burnouf (François), de Granville.
Forget (Pierre), de Granville.
Campion (François), de Granville.
Grenier (Pierre), de Caen.
Guyot (Jean), de Caen.
Benoit (Jean), de Caen.
Picot (Charles), de Caen.
Augé (Jacques), de Caen.
Housmeur (Jacques), du Havre.
Argentin (Jean), du Havre, tué au combat du 29 juillet 1782.

Ingrout (Jean), du Havre.
Le Couts (Jean), du Havre.
Denne (Augustin), du Havre.
Cobert (Jean), du Havre.
Le Ger (Michel), du Havre.
Banné (Jacques), du Havre.
Ponne (Thomas), du Havre.
Guerin (René), de Honfleur.
Hauchais (Michel), de Fécamp.
Miossan (Jean), de Marmande, mort à bord le 2 décembre 1781.
Bavin (Jean), des Sables.
Deschamps (André), des Sables, tué au combat du 29 juillet 1782.
Payonsat (Jean), de Bordeaux.
Roudot (Martin), de Bordeaux.
Rechouilel (Guillaume), de Marennes.
Fouillade (Jean), de Moissac.
Blanchard (François), de Marennes.
Nouvel (Jean), de Toulouse.
Perré (Pierre), de Moissac.
Castaigne (Arnaud), de Moissac.
Plante (Guillaume), de Moissac.
Quartal (Gabriel), de Moissac.
Duranton (Pierre), de Moissac.
Faure (Jean), de Saintes.
Paris (Etienne), de Moissac.
Boissonreaux (Jean), de Saintes.
Taillefer (Antoine), de Montauban.
L'Eglise (Pierre), de Bordeaux.
Lafayette (André), de Vannes.
Larrieu (Bernard), de Bayonne.
Piton (Pierre), des Sables.
Ecarlate (Jacques), de Rochefort.
Fabre (André), de la Seyne.
Droussard (Jean), de Marseille.
Tufolix (Jean), de Montpellier.
Allain (Jean), de la Valette.
Charpentier (Jacques), de Toulon.
Mesques (Jacques), de Saint-Tropez.
Michard (Jean), Américain, de Philadelphie.
Bristol (Joe), Américain, de Savannah.
Wouillam (Jean), Américain.
Wouillam (Thomas), Américain.
Mécanel (James), Américain.

Novices.

Le Tertre (Yves), de Saint-Brieuc.
Joubin (Claude), de Saint-Brieuc.
Trouillet (François), de la Rochelle.
Girardeau (Jacques), de Noirmoutiers.
Tessier (Etienne), de Noirmoutiers.
Renaudin (Pierre), de Noirmoutiers.
Robard (Pierre), de Noirmoutiers.
Noleau (Pierre), de Noirmoutiers.
Bessean (Jean), de Noirmoutiers.
Ropert (Yves), de Tréguier.
Pinaud (Thomas), de Noirmoutiers.
Moron (Barnabé), d'Orléans.
Rolland (Jean), de Nevers.
Aubey (Nicolas), de Caen.
Daniel (Mathieu), de Saint-Brieuc.
Pied Plat (Louis), de Noirmoutiers.
Billat (Jacques), de Noirmoutiers.
Le Moine (René), d'Angers.
Quercy (Guillaume), de Cahors.
Laurent (Jean), de Rennes.
Duflot (François), de Paris.
Bruhaîn (François), de Vannes.

Mirond (Jean), de Toulon.
Drouillard (Etienne), de l'Ile de Ré.
Anneaux (Joseph), de Saint-Brieuc.

Surnuméraires.

Grenet (Etienne), de Rouen.
Phily (Joseph), de Saint-Malo.
Buffeteau (Pierre), de Saintes.
Ebert (Vincent), de Chartres.
Ebert (Pierre), de Chartres.
Kessart (Jean), de Brest.
Lanne (Jean), du Havre.
Gauthier (Jean), de Rennes.
Thomas (Laurent), de Saint-Brieuc.
Rechain (Louis), d'Angoulême.
Maillet (François), de Saintes.

Mousses.

Denis (Joseph), de Saint-Brieuc.
Polignac (Michel), de Beconvrance.

Annès (Yves), de Brest.
Le Lay (Corentin), de Brest.
Le Moine (Corentin), de Lorient.
Lastenee (Pierre), de Brest.
Hidriot (Laurent), de Saint-Brieuc.
Le Gouisse (François), de Dinan.
Davril (Louis), de Paris.
Fiand (Simon), de Caen.
Cricz (Julien), du Mans.
Le Rigouleux (Louis), de Saint-Brieuc.
Barron (Claude), de Brest.
Minier (Pierre), de Saint-Brieuc.
Cato (Jean), de Saint-Brieuc.
Arnaud (Antoine), de Saint-Brieuc.
Ruys (Joseph), de Toulon.
Le Teurtre (Jean), de Fécamp.
Campion (Jean), de Granville.
Le Gleudic (Guillaume), de Saint-Brieuc.
Roueland (Vincent), de Saint-Brieuc.

Requior (André), de Granville.
Le Rumeur (Jean), de Morlaix.
Le Maigre (René), de Saint-Brieuc.
Carrié (Yves), de Morlaix.
Rioux (Julien), de Pontivy.
Cardinet (Bertrand), de Vannes.
Goilean (Jean), de Saint-Brieuc.
Agnès (Jean), de Granville.
Raymond (Guillaume), de Saint-Brieuc.
Fradin (François), de la Rochelle.
Soulard (Louis), de Marennes.
Guilloux (Jean), de Lannion.

Domestiques.

Carret (Louis), de Vannes.
Poulmar (Guillaume), de Saint-Brieuc.
Le Roux (Jean), de Morlaix.
Quiniou (Jean), de Brest.
Le Guet (Jacques), de Tréguier.

L'EXPÉRIMENT.

(D'avril 1780 à août 1783.)

M. DE MARTELLY CHAUTARD, Capitaine de vaisseau, Commandant; M. le Chevalier DE MÉDINE, Capitaine de vaisseau, Commandant; M. DE LANGLE, Lieutenant de vaisseau, Commandant; M. le Chevalier DE COATLÈS, Lieutenant de vaisseau, Commandant.

ÉTAT-MAJOR.

Capitaines de vaisseau.

De MARTELLY CHAUTARD, Commandant.
Le Chevalier de MEDINE, Commandant.

Lieutenants de vaisseau.

De LANGLE, Commandant.
Le Chevalier de COATLES, Commandant.
DESPRES.
De SAINT-JULIEN de CHAMBON.
De CREQUI.
Le Chevalier de RUAT.

Enseignes de vaisseau.

Le Chevalier de CHARBONNEAU.
Le GAC.
Le Chevalier de la MONNERAYE.
Le Chevalier de KARCARADEC.
De MONTBADON.
Le Chevalier de FORBIN.
BEAUSSIER de LISLE.
D'HEUREUX.

Lieutenants de frégate.

MARTIN (Dominique).
DESCOREIS.
ROYER.
De VILLIERS.
La BAT.
Le BOUCHER.

Officiers auxiliaires.

REGNIER.
De WASTRE.
Le BRETON TENNIC, de Saint-Malo.

Chirurgiens.

TESTORIS.
GERBE.
CAMBON, mort le 20 mai 1782.
D'AUGER.

Aumônier.

TANCAS (R. P. Bonice).

Gardes de la marine.

De la MAISON BLANCHE.
De CARBONNEAU.

Volontaires.

Trogoff.
La Ruelle.
Messein (Jean).
Diesol d'Espinasse.
Gauché (Louis), de Blois.
Rolland (Fidel), de Tréguier.
Descoreil (Charles), d'Ollioules.
Bouaneau (Antoine), d'Ollioules.
Revertegat (Jean), de Toulon, mort le 3 mars 1781.
Hodoyer (Charles), de Calais.
Raphanel (Antoine), d'Agde.

Officiers-mariniers de manœuvre.

Gouirau (Jean), premier maître, de Toulon.
David (Jean), second maître, de Toulon.
Valentin (Blaize), contremaître, de la Ciotat.
André (Claude), quartier-maître, de Bandol.
Meynier (Pierre), quartier-maître, de Toulon.

Achard (Pierre), quartier-maître, de Martigues.
Coutau (Joseph), quartier-maître, de Toulon.
Boyer (Pierre), quartier-maître, de Toulon.
Jauffret (Jean), quartier-maître, de Marseille.
Figuières (Antoine), quartier-maître, de Marseille.
Guérin (Antoine), quartier-maître, de Martigues, mort le 17 septembre 1780.
Olivier (Etienne), quartier-maître, de Cassis, mort le 13 décembre 1780.
Nicolas (Honoré), quartier-maître, d'Agde, mort le 14 septembre 1782.
Boyer (Jean), quartier-maître, de Toulon.
Goutard (Jérôme), quartier-maître, de Marseille, mort le 4 mai 1782.

Officiers-mariniers de pilotage.

Catelin (François) premier pilote, de Toulon.
Riboulet (Pierre), second pilote, de la Ciotat.
Tolozan (Louis), aide-pilote, d'Ollioules, mort le 16 avril 1781.
Lardeyrol (Joseph), aide-pilote, de Saint-Chamas, mort le 1er février 1781.
Laget (Antoine), aide-pilote, de Martigues.

Officiers-mariniers de canonnage.

David (Pierre), maître canonnier, de Toulon.
Fleurant (Jean), second canonnier, de Toulon.
Imbert (Joseph), second canonnier, de Toulon.
La Chapelle (Etienne), aide-canonnier, de Toulon.

Girard (Jean), aide-canonnier, de Toulon.
Morel (Honoré), aide-canonnier, de Toulon.
Vial (Joseph), aide-canonnier, de Six-Fours.
Violet (Jean), aide-canonnier, de Martigues.
Riche (François), aide-canonnier, de Toulon.
Canvy (Antoine), aide-canonnier, d'Antibes.
Pourquier (Jean), aide-canonnier, de Six-Fours.
Modenna (Bernard), aide-canonnier, de Toulon.
Gueyt (Laurent), aide-canonnier, de Toulon.
Poumeau (Joseph), aide-canonnier, de Marseille.
Misce (Joseph), aide-canonnier, de Marseille.
Barbe (Antoine), aide-canonnier, de Normande.
Cambon (Pierre), aide-canonnier, de Martigues.
Blacas (Honoré), aide-canonnier, de Marseille.
Liautaud (Jean), aide-canonnier, de Toulon.
Liautaud (Baptiste), aide-canonnier, de Toulon.
Ventre (Jean), aide-canonnier, de la Ciotat.
Eyriès (Simon), aide-canonnier, de la Ciotat.
Juglas (Joseph), aide-canonnier, de la Seyne.
Pinou (Nicolas), aide-canonnier, de la Seyne.
Jacomasse (Mathieu), aide-canonnier, de Marseille.
Barthe (Blaize), aide-canonnier, de Narbonne.
Blaquière (Pierre), aide-canonnier, d'Agde, mort le 7 février 1781.

Officiers-mariniers de charpentage.

Pignol (Gabriel), maître charpentier, de Toulon.
Augier (Joseph), second charpentier, de Toulon, mort le 14 juin 1781.
Pignol (André), aide-charpentier, d'Agde.
Pichaud (Jean), aide-charpentier, de la Valette.

Officiers-mariniers de calfatage.

Eynaud (Jean), maître calfat, de Toulon.
Arnoux (François), second calfat, de Toulon.
Bouisson (Pierre), aide-calfat, d'Agde.
Joly (Louis), aide-calfat, d'Agde.

Officiers-mariniers de voilerie.

Guiraud (François), maître voilier, de Toulon.
Martinenq (Joseph), second voilier, de Six-Fours.
Gretian (Jean), aide-voilier, d'Agde.

Officiers-mariniers divers.

Audibert (Jean), de la Seyne, mort le 1er janvier 1781.
Jouven (Louis), de Toulon, mort le 10 février 1781.
Valierre (Augustin), de Marseille.
Barin (Joseph), de la Seyne.
Raynaud (Jacques), du Havre.

Ardouin (Antoine), de Brest.
Denis (Jean), de Saint-Brieuc.
De la Rue (Jean), de Granville.
Genès (Charles), du Havre.
Gilbert (Louis), de Saint-Malo.
Grozel (Louis), de Granville.
Liberge (Jean), du Havre, mort à bord le 17 juin 1788.
Devaux (Joseph), de Saint-Chamas.
Vaugrau (Charles), de Granville.
Trojet (René), des Sables.
Berjonneau (André), des Sables.
Silvy (François), de Cassis.
Villy (Declat), de Toulon.
Pedron (Augustin), de Saint-Brieuc.
Quibel (Charles), de Rouen.
De Wastre (Dominique), de Calais.
L'Ecrevin (Michel), de Toulon.
Coste (François), de Brest.
Delcour (Guillaume), de Toulon.
Pouquier (Pierre), de la Seyne.
Moulard (Léger), de Toulon.
Diot (André), de Toulon.
Ventre (Pierre), de Noirlac, mort le 13 novembre 1782.
Loubrick (Jean), de Brest.
Estimarel (François), de Toulon.
Gauthier (Laurent), de Dinan.

Gabiers.

Fragony (Pierre), de Marseille.
Allemand (François), de Marseille.
Taurel (Joseph), de la Ciotat.
Ripert (Antoine), de Toulon.
Girard (François), de la Seyne.
Geoffroy (Lazare), de la Seyne.
Mazières (François), de Saint-Tropez.
Valarin (Pierre), de Marseille.
Ventre (Honoré), de la Ciotat.
Carles (Joseph), d'Antibes.
Lambert (Jean), de Marseille.
Leydet (Jean), de Marseille.
Eyreste (Jean), de Saint-Tropez.
Manuel (Simon), de la Corse.
Vernier (Jean), de Marseille, mort le 10 décembre 1782.
Emerie (Jean), de Honfleur.
Noël (Julien), de Dinan, mort le 24 août 1781.
Muerel (Louis), du Havre.
Benoist (Julien), de Vannes.
Chalopin (Mathurin), de Dinan.
Amelin (François), de la Martinique.

Timoniers.

Mage (Jean), de la Ciotat.
Rourier (Antoine), de la Ciotat.
Audibert (Antoine), de Martigues.
Catagne (Antoine), de la Ciotat.
Barbaroux (André), de Bandol, mort le 30 mars 1782.
Donnat (Augustin), de la Ciotat.
Fournier (Jean), de Toulon.
Angier (Jean), de Toulon.
Salva (Louis), de Marseille.

Matelots.

Guiraud (Antoine), d'Ollioules, mort le 22 mai 1781.
Joly (Honoré), de Toulon.

Crotte (Jean), d'Hyères.
David (Jean), de Toulon.
Tessières (Louis), de Toulon, mort le 5 octobre 1781.
Daumas (Joseph), de Toulon.
Reboul (Joseph), de Toulon.
Garrat (Lazare), de la Seyne.
Roubin (Antoine), d'Ollioules, mort le 22 décembre 1781.
Bouvet (Jean), de la Seyne.
Audibert (Laurent), de Six-Fours, mort le 4 février 1783.
Bayo (Jean), de Bandol.
Mery (Antoine), de Bandol.
Beaudouin (François), de Bandol.
Gauthier (François), de Bandol.
Raveau (Jean), de la Ciotat, mort le 24 octobre 1782.
Brun (Jean), de Bandol.
Giquet (Jacques), de la Ciotat.
Candolph (François), de la Ciotat.
Toche (François), de la Ciotat.
Eynoud (Jean), de la Ciotat.
Bonifay (Antoine), de la Ciotat.
Arnaud (François), de Bandol.
Descogis (Claude), de la Ciotat.
Dol (Jacques), de la Cadière, mort le 7 juillet 1781.
Eynaud (Joseph), de Bandol.
Benas (Toussaint), de la Cadière.
Jourdan (Louis), de la Ciotat.
Blanc (Jean), de la Ciotat, mort le 4 octobre 1780.
Saurin (Pierre), de la Ciotat, mort le 9 octobre 1780.
Abeille (Jean), de la Ciotat.
Guérouard (Joseph), de la Cadière, mort le 1er mai 1781.
Chiquet (Lange), de Bandol.
Sauteron (Tropez), de Saint-Tropez.
Gimbert (François), de Saint-Maxime.
Gauthier (Pierre), de Cogolin.
Rivet (Joseph), de Saint-Maxime.
Hermieux (Thomas), de Cogolin.
Fremont (Joseph), de Fréjus.
Touze (François), de Cogolin.
Touze (Jean), de Cogolin.
Jean (Jean), de Fréjus.
Cauvin (Jean), de Cogolin.
Jubelin (François), de Saint-Tropez.
Agnery (Antoine), de Fréjus.
Saquier (Constantin), de Fréjus.
Berlet (Honoré), de Cogolin.
Pin (Pierre), de Raphael, mort à bord le 7 août 1781.
George (Honoré), de Raphael.
Clérian (Joseph), de Saint-Tropez.
Agarat (François), de Saint-Maxime.
Hugues (Nicolas), de Saint-Tropez.
Isnard (Jean), de Marseille.
Isnard (Joseph), de Marseille.
Piria (David), de Marseille.
Rampal (Laurent), de Marseille, mort le 15 juin 1781.
Cambart (Michel), de Marseille.
Roumion (Jacques), de Marseille.
Blanc (Louis), de Marseille.
Amatouche (Philippe), de Marseille, mort le 6 décembre 1780.
Amphoux (Antoine), de Marseille, mort le 6 juillet 1780.

Sanés (Jean), de Marseille.
Audibert (Sauveur), de Marseille.
Gilly (Louis), de Marseille.
Dominge (Jean), de Marseille.
Ziglio (Joseph), de Marseille.
Vérandy (Jérôme), de Marseille.
Bourges (Claude), de Marseille.
Durand (François), de Marseille.
Guests (Nicolas), de Marseille, mort le 23 novembre 1780.
Lambert (Maurice), de Marseille, mort le 29 novembre 1780.
Magnand (Jean), de Marseille.
Teissières (François), de Marseille.
Delny (Antoine), de Marseille.
Richaud (Etienne), de Marseille.
Gauthier (Sébastien), de Marseille, mort le 30 novembre 1782.
Icardent (Louis), de Marseille.
Giraud (Laurent), de Marseille.
Terey (François), de Marseille.
Gilly (Jean), de Marseille.
Azans (Jean), de Cassis.
Tardieu (Jean), de Marseille.
Pascal (Etienne), de Marseille.
Groffy (Jérôme), de Marseille.
Bucille (Antoine), de Marseille.
Colpès (Guillaume), de Marseille.
Sasna (Pierre), de Marseille.
Sasna (Jean), de Marseille.
Josseran (Joseph), de Marseille.
Soubra (Jean), de Martigues, mort le 17 avril 1781.
Achard (Jean), de Martigues.
Olivier (Jean), de Martigues.
Simiot (Jean), de Martigues.
Chabanas (Jean), de Martigues.
Auberge (Jean), de Saint-Chamas.
Gouiran (Pierre), de Martigues.
Gouiran (Barthélémy), de Martigues.
Rougier (Jean), de Martigues, mort à bord le 7 décembre 1782.
Vidal (Joseph), de Martigues, mort le 5 mars 1781.
Buscaille (Jean), d'Antibes, mort le 18 décembre 1782.
Goulet (Claude), d'Antibes, mort le 21 janvier 1781.
Raimbert (Jean), de Grasse.
Cauvy (Jean), de Cannes.
Blacas (Donat), de Cannes.
Dany (Joseph), de Cannes, mort à bord le 20 septembre 1782.
Michel (Blaise), d'Arles.
Raymont (Noël), d'Arles.
Luqueterie (Jean), d'Arles.
Colivar (Jean), d'Arles.
Vigue (Philippe), de Cette.
Roux (Jacques), de Cette.
Fernet (Jean), de Cette.
Richard (Jean), de Cette.
Couronne (Pierre), d'Agde.
Couloub (Joseph), de Narbonne.
Piétry (Joseph), de la Corse.
Rebora (Joseph), de la Corse.
Butto (Jean), de la Corse.
Polidory (Noël), de la Corse.
Almella (Ange), de la Corse.
Polidori (Jean), de la Corse.
Bernardiny (Ange), de la Corse.
Olivery (Bastien), de la Corse.

Carpentier (François), de la Corse, mort le 17 février 1781.
Anciany (Charles), de la Corse, mort le 9 janvier 1782.
Pranciany (Pierre), de la Corse.
Modeste (Jean), de Brest.
Bernard (Jacques), de Quimper.
L'Espinasse (Antoine), de Châlons.
Créach (Jean), de Morlaix.
Guérin (Yves), de Dinan.
Balet (Jean), de Dinan.
Faisant (François), de Dinan.
Fourcaut (Jean), de Vitré.
Philippes (Claude), de Saint-Brieuc.
Brivaux (Jean), de Saint-Brieuc.
Chauvin (Louis), de Nantes.
Boudry (François), de Nantes.
Chauvel (Louis), de Nantes.
Le Saint (François), de Nantes.
Le Roux (Louis), de Dieppe.
Butsaud (Jean), de Granville, mort le 11 janvier 1782.
La Tour (Pierre), de Fécamp.
Mourillon (Pierre), de Fécamp.
Vigot (Adrien), de Granville.
Dagory (Louis), de Granville.
Martin (Louis), du Havre.
Méchent (Jean), de Saint-Jean-d'Angély.
Billard (Gabriel), d'Oléron, mort le 26 octobre 1782.
Foureau (Pierre), de Saint-Jean-d'Angély.
Tesson (Jacques), de Saintes.
Montauzier (Charles), d'Oléron.
Guillot (André), d'Angoulême.
Coignet (Michel), de la Rochelle.
Bourget (Mathurin), des Sables.
De Labre (Hyacinthe), de la Rochelle.
Picard (Joseph), de la Rochelle, mort à bord le 29 octobre 1781.
Meunier (François), de Bordeaux.
Giraud (Jean), de la Teste.
La Couture (Jean), de Bordeaux.
Therondel (David), de Bordeaux.
Losquier (Jean), de Bordeaux.
Coste (Jean), de Bordeaux.
Caza Major (Jean), de Bordeaux.
Favouira (Augustin), de Bordeaux.
Cabassou (Jean), de Bordeaux.
Elie (Joseph), de Bordeaux.
Alexis (Jean), de Bordeaux.
Castaguet (Pierre), de la Teste.
Nouvelet (Pierre), de Bordeaux.
Perret (Pierre), de Bordeaux.
Lafitte (Jacques), de Bordeaux.
Parado (Pierre), de Périgueux, mort le 20 janvier 1782.
Molarin (Jean), de Bordeaux.
Blanc (Michel), de Moissac.
Palas (Joseph), de Moissac.
Balatte (Louis), de Moissac.
Bonard (Jean), de Moissac.
Guerby (Edmond), de Lyon.
Colettc (Jacques), de Bordeaux.
Charpentier (Jacques), de Blaye.
Bordoquet (Gabriel), de Saint-Jean-de-Luz.
Azomar (Hubert), de Castres.
Cazot (Arnaud), de Bayonne.
Idiard (Jean), de Bayonne, mort le 12 février 1781.
Guiran (Jean), de Bayonne.

David (Michel), de Carcassonne.
La Romange (Jacques), de Montauban.
Brechon (Antoine), de Montauban.
Boët (René) de Boulogne.
Jacob (Pierre), de Dunkerque.
Clinchard (Jacques), de Toulon.
Daranda (Jean), d'Ollioules.
Perron (Jean), d'Ollioules.
Raou (Martin), d'Aubagne.
Long (Antoine), d'Aubagne, mort le 27 janvier 1781.
Pey (Jean), de Marseille.
Pignon (Jacques), de Martigues.
Bremont (Eustache), de Martigues, mort le 13 janvier 1782.
Gouiran (Jacques), de Martigues, mort le 1er juin 1782.
Mintone (Augustin), de Lunel, mort le 3 mai 1781.
Gardelle (Joseph), de Lunel.
Pojugue (Etienne), de Lunel.
Maine (Jacques), de Lunel.
Gibert (Jean), de Lunel.
Gaubert (Antoine), d'Aiguemortes.
Du Masse (Augustin), de Carpentras.
Rigaud (François), d'Aiguemortes.

Novices.

Bonneau (Gaetan), de Lagarde.
Massot (Jean), de Toulon.
Jouan (Joseph), de Toulon.
Peletier (Jean), de Toulon.
Gauthier (Jean), d'Angers.
Bourgeois (Jacques), d'Orléans.
Le Normand (Honoré), d'Amiens.
Goudet (Antoine) de Clermont.
Morin (René), de Tours.
Rousselet (Pierre), de Paris.
Paumier (André), de Cluny.
Du Chateau (Michel), de Lyon.
Bebussé (Allain), de Saint-Malo.
Barthélémy (Joseph), de Montélimar.
Rochet (François), de Clermont.
Ridel (Louis), de Versailles.
Boisrobert (Jean), de Nantes.
Parmentier (François), de Paris.
Le Breton (Jean), de Dieppe.
Guillement (François), de Reims.
Michel (Pierre), de Marseille.
La Chapelle (Jean), de Nancy.
Lannion (Jacques), de Rennes.
Clément (Pierre), d'Angers.
Magadour (Julien), de Lorient.
Lorielle (Jean), de Chartres.
Messenger (Joseph), de Marseille.
Meunier (Louis), de Dijon.
Duchemin (Louis), de Paris.

Surnuméraires.

Ricaud (Gaspard), de Toulon.
Constantin (François), d'Avignon.
Guérin (François), de Toulon.
Lombart (Laurent), de Six-Fours.
Cauvin (Joseph), de Marseille.
Lemoigne (Charles), d'Orléans.
Baroigne (François), de Paris.
Gérard (Alexis), de Toulon.
Rimbault (Louis), de Toulon.
Lafond (Pierre), de Toulon, mort à bord le 22 juillet 1782.

Tardieu (Etienne), de Toulon.
Giraud (Thomas), de Rochefort.
Massot (Joseph), de Toulon.
Cadou (Jacques), de l'Ile d'Yeu.

Mousses.

Biscaye (Jean), de Toulon, mort à bord le 16 février 1781.
Biscaye (André), de Toulon.
La Place (Pierre), de Toulon.
Massot (Henry), de Toulon.
Sende (Jean), de Toulon.
Boyer (Tropés), de Toulon.
Sage (Hyacinthe), de Toulon.
Fabre (Louis), d'Ollioules.
Augier (Jean), de Toulon.
Rey (Barthélémy), de Toulon.
Laugier (Joseph), de Toulon.

Tassy (Joseph), d'Ollioules.
Boutier (Jacques), de Limoges.
Vialaren (Jean), de Toulon.
Dauphin (Jean), de Toulon.
Liautaud (Laurent), de la Martinique.
Chenier (Pierre), de Nantes.
La Treille (Jean), de Bordeaux.
Biscard (Joseph), de Marseille.
David (Jean), d'Aix.
Rivière (Alexandre), de Rochefort.
Poitier (Nicolas), du Mans.
Jouvin (Honoré), de Toulon.
Gauthier (Jean), de Marseille.
Arnaud (Etienne), de Marseille.
Etourneau (Gabriel), de Saintes.
Robin (Jean), de Lorient.
Nicolas (Jean), d'Antibes.
Ferrier (Jean), de Marseille.

Domestiques.

Hamelin (Louis), d'Avranches.
Gentron (Antoine), de Vienne.
Baudouin (Paul), de Toulon.
Ritter (Daniel), de la Seyne.
Liret (Joseph), de Nantes.
Giraud (Louis), de Toulon.
Cheval (Pierre), de Paris.
Tudoret (Olivier), de Belle-Ile-en-Terre.
Thomas (Louis), de Paris.
Poitier (Nicolas), du Mans.
Cheval (Philippe), de Paris.
Lomer (François), de Boulogne.
Le Graud (Jacques), de Saint-Brieuc.
Tardos (Laurent), de Bayonne.
Menage (Joseph), de Ploermel.
Menagoum (Germain), de Brest.

ESCADRES DES COMTES DE GUICHEN ET DE GRASSE.

L'INDIEN DEVENU LE RÉFLÉCHY.

LE 10 AOÛT 1780.

(De janvier 1780 à août 1782.)

MM. De Balleroy, de Boades, Bernard de Marigny, le Chevalier de Médine et Clavel, Capitaines de vaisseau, Commandants.

ÉTAT-MAJOR.

Capitaines de vaisseau.

De BALLEROY.
De BOADES, tué au combat du 8 septembre 1781.
De MARIGNY (Bernard).
Le Chevalier de MEDINE.

Lieutenants de vaisseau.

DUCHILLAU.
DESPIEZ.
De GOUZILLON.
Le Chevalier de ROQUEFEUILLE.
DE CHARNIERE, mort le 11 février 1780 à bord.
DURAND de la PENNE.

Capitaine de brulot.

DUDEZERSEUL.

Lieutenants de frégate.

De la MOTTE.
De FORESTIER.
BROSSARD.
De FORESTIER de QUILLIEN.
TERRIEN.
Le FEBURE.
LUCADOU.
De CHIFFOLIAU.
Des FOSSES (Hubert).

Enseignes de vaisseau.

De LAULAINE.
De BOISQUEHENNEUC.
Le Chevalier de la HAYRIE.
Du GREZ.

Officiers auxiliaires.

De BARRAS.
MARTIN.

Chirurgien-major.

DAVID.

Aumôniers.

DIEUDONNE (R. P.), Capucin.
DUPONT (R. P.), Capucin.
De ROREY (R. P. Sébastien), Capucin.
PANOUS (R. P.), Capucin.

Gardes de la marine.

LE MENEUST.
TROMELIN.
De CHATEAUFIER.
De VILLERMONT.

Volontaires.

Deniel.
De Champreux.
Maistral.

Officiers-mariniers.

Carriot (Maurice), premier maître, de Brest.
Cariou (Jean), premier maître, de Brest, mort à bord le 13 septembre 1781.
Gral (Jean), second maître, de Recouvrance.
Tartu (François), second maître, de Recouvrance, tué dans le combat du 17 avril 1780.
Martin (Joseph), second maître, de Brest, mort à l'hôpital de Fort Royal le 19 janvier 1782.
Gourvelin (Jacques), contremaître, de Recouvrance.
Paris (Guillaume), contremaître, de Brest.
Le Blanc (François), bosseman, de Recouvrance.
Feuregard (Olivier), bosseman, de Saint-Malo.
Guéchet (François), bosseman, de Dieppe, mort le 22 août 1781 à l'hôpital de Fort-Royal.
Lélibs (Pierre), quartier-maître, de Recouvrance.
Boutin (Pierre), quartier-maître, d'Oléron.
Juliard (Joseph), quartier-maître, de l'Ile de Ré.
Prillaud (Louis), quartier-maître, de l'Ile de Ré.
Traget (René), quartier-maître, des Sables.
Eloy (Gabriel), quartier-maître, de l'Ile de Ré.
Dupeux (Jacques), quartier-maître, de l'Ile de Ré.
De Nœux (Philippe), quartier-maître, de Blaye.
Sévolodec (Jean), quartier-maître, de Recouvrance.
Mercier (Pierre), quartier-maître, de l'Ile de Ré, mort le 8 septembre 1780.
Trochon (Gervan), patron de chaloupe, de Dinan.
Robert (Michel), patron de canot, de Dinan.
Brourard (Isaac), patron de canot, de Dinan.
Guillou (Gilles), premier pilote, de Bourgneuf.
Remonté (Louis), second pilote, de Saint-Valéry.
Bigot (Olivier), second pilote, de Honfleur, mort à l'hôpital de Fort-Royal le 6 mars 1782.
Le Breton (Silvestre), second pilote, de Saint Brieuc, mort le 26 juin 1782.
Blanchet (Michel), aide-pilote, de Noirmoutiers.
Thomasy (Jean), aide-pilote, du Croisic.

*The only vessels of the fleet of Count de Guichen, of which mention may be made here, are those that that general officer left in the waters of the Antilles when he returned to Europe and which were incorporated with the fleet of the Count de Grasse.

Tartus (François), maître canonnier, de Brest.
Guilbert (Marcel), maître canonnier, de Granville.
Quilien (Jean), second canonnier, de Brest.
Ficher (Guillaume), second canonnier, de Brest.
Leming (Nicolas), second canonnier, de Recouvrance.
Dano (Michel), aide-canonnier, de Vannes.
Cariot (Guillaume), aide-canonnier, de Recouvrance.
Radouit (Paul), aide-canonnier, de l'Ile de Ré.
Catala (Louis), aide-canonnier, de Montaubau.
Gaillard (Jean), aide-canonnier, de Saintes.
Garders (Thomas), aide-canonnier, de Royan.
Bosse (Louis), aide-canonnier, de Bordeaux.
Vigneau (Jacques), aide-canonnier, de Bordeaux.
Jacques (Martin), aide-canonnier, de Rochefort.
Papin (Pierre), aide-canonnier, de Royan.
Papin (Elie), aide-canonnier, du Port-des-Barques (Rochefort).
Poireau (François), aide-canonnier, de l'Ile de Ré.
Saboureau (Jean), aide-canonnier, de Rochefort.
Gaudremot (Mathurin), aide-canonnier, des Sables.
Guimberteau (Paul), aide-canonnier, de Bayonne.
Rivaud (Jean), aide-canonnier, de Royan.
Bonnet (Antoine), aide-canonnier, de Bordeaux.
Toupet (Antoine), aide-canonnier, de Granville.
Boissier (François), aide-canonnier, de Saintes.
Poulain (Jacques), aide-canonnier, de Saint-Valéry.
Crapoulet (Etienne), aide-canonnier, de Saint-Valéry, mort à l'hôpital de Fort-Royal le 13 avril 1782.
Eliès (Jérôme), maître charpentier, de Recouvrance, mort le 25 octobre 1781.
De Lalande (Pierre), second charpentier, du Havre, mort le 28 septembre 1781.
Beaulieu (Pierre), aide-charpentier, de la Rochelle.
Dumoulin (Pierre), aide-charpentier, de Rochefort.
Sivinian (Jean), maître calfat, de Recouvrance.
Langevin (Jean), second calfat, de Recouvrance.
Raoul (Tanguy), aide-calfat, de Recouvrance, mort le 14 juillet 1781.
Bangé (Silvain), aide-calfat, de Rochefort.
Guillard (François), maître voilier, de Saint-Malo.
Princhard (Louis), second voilier, de la Rochelle.
La Guette (Martial), aide-voilier, de Bordeaux.
Bonissant (Jean), de Cherbourg.
Le Mesle (Jean), de Saint-Malo.
Bertrand (Jean), de Honfleur.
Le Breton (Georges), de Saint-Malo.
Le Corps (Jacques), de Morlaix.
Viralette (Jean), de Brest.

Giraud (Jean), de Nantes.
Le Mord (Maurice), de Granville.
Salaun (Auguste), de Brest.
Guichet (Louis), de Dieppe.
Pignorel (Louis), de Saint-Brieuc, blessé au combat du 5 septembre 1781.
Gasconay (Dominique), de Marseille.
Semanié (Pierre), de Marseille.
Viollet (Antoine), d'Agde.
Jelié (Jean), de Narbonne.
Fabron (Benoist), de Marseille.
Dupuy (Joseph), de Toulon.
Tallau (Dominique), de Toulon.
Riel (François), de Cette.
Bernard (Jean), de Marseille.
Pourquer (Joseph), de la Seyne.
Mazet (Joseph), de Saint-Tropez, mort le 17 février 1781.
Arnaud (Jean), de Marseille.
Broissard (Pierre), de Saint-Malo.
Rideau (François), de Lorient.
Dufour (Guillaume), de la Hougue.
Jouet (Adrien), de Fécamp, mort le 18 juillet 1781.
Olivier (Thomas), de Nantes, mort à l'hôpital de Fort-Royal le 27 mars 1782.
Prefontaine (Nicolas), de Cherbourg.
Gauchet (Pierre), de Saint-Malo.
Le Roy (Louis), de Dinan.
Gouez (Jean), de Brest.
Jehan (Marc), de Saint-Malo.
Piriou (Gabriel), de Brest, tué au combat du 5 septembre 1781.
Ruche (Cézard), de Saint-Malo.
Rensudin (Jean), de Nantes.
Baugran (Louis), de Dunkerque.
Le Bon (Étienne), de Granville.
Monnier (Martin), de Fécamp.
Charpentier (Jean), de Granville.
Grêlé (Louis), de Granville.
Le Blond (Louis), de Dieppe.
Poddevin (Jacques), de Saint-Valéry.
Lemeur (Guillaume), de Vannes.
Dezeeau (Nicolas), de Caen.
Constantin (Pierre), de Dieppe.
Couraye (Thomas), de Granville.
Percepied (René), de Granville.
Roger (Marie), de Caen, mort le 1er juillet 1782.
Pegneau (Barthelemy), de Rochefort.
Bourgeot (Jean), de Bordeaux.
Manbrare (Mathieu), de Rochefort.
Auguel (Nicolas), de Dieppe.
Raynaud (Jacques), du Havre.
Destouche (Pierre), de Granville.
Charneau (Joseph), de Fécamp.
Charles (Pierre), d'Antibes.
Martin (Barthélémy), de Narbonne.
Batarel (Laurent), de Marseille.
David (Jean), de Marseille.
Payan (Jacques), de Toulon.
Isouar (Jean), de Marseille.

Gabiers.

Méchenot (Etienne), de Marennes.
André (Jacques), de l'Ile de Ré.
Ragaudy (Jacques), de l'Ile de Ré.
Guilbeau (Pierre), des Sables.
L'Esaieu (Jacques), de l'Ile de Ré.
Arnoud (Jacques), des Sables.

Nicole (Jean), de Dieppe.
Lamort (Jacques), de Granville.
Raffin (Jean), des Sables.
Laidez (Nicolas), de Boulogne.
Le Dormeur (Pierre), de Dinan.

Timoniers.

Angibaud (Jacques), des Sables.
Moreau (Louis), de Royan.
Boscas (Jean), de la Rochelle.
Fochard (François), de Blaye, mort le 12 août 1781.
Quérel (Raymond), de Bordeaux.
Dussoy (Jeannis), de Bayonne.
Marais (Joseph), de Honfleur.
Buéveu (Pierre), de Quimper.
Isnard (Laurent), de Toulon.
Etienne (Michel), de Toulon.
Fernest (Jean), de Libourne.
Combret (Jean), de Bordeaux.

Matelots.

Le Gal (Gaspard), de Brest.
Pignoret (Louis), de Saint-Brieuc.
Gautier (Louis), de Brest.
Pouligain (Jean), de Brest.
Simon (Antoine), de Brest.
Bertin (Guillaume), d'Angoulême.
Le Coz (Jacques), de Brest.
Albert (Jean), de Vitré.
Poineuf (Vincent), de Vannes.
Gilbert (André), de Rennes.
Lamy (George), de Rochefort.
Le Gal (Yves), de Morlaix.
Le Seaux (Claude), de Morlaix.
Danniès (Etienne), de Morlaix, mort le 30 mai 1782.
Mendal (Olivier), de Saint-Brieuc.
Rivalan (Pierre), de Saint-Brieuc.
Bœucher (Pierre), de Saint-Brieuc.
Bourin (Jean), de Quimper.
Anbouin (Jean), de Rochefort.
Charon (Jean), de Rochefort, mort le 17 août 1781.
Berthureau (Pierre), de Rochefort, blessé au combat du 5 septembre 1781, et mort des suites de ses blessures le 16 du dit.
Charon (Jean), de Rochefort.
Robin (Pierre), de Rochefort, tué au combat du 5 septembre 1781.
Renard (Jacques), de Rochefort.
Bural (Jean), de Rochefort.
Rousseau (Louis), de Rochefort.
Forestier (Raimond), de Rochefort.
Nézencais (Antoine), de Vannes.
Jacob (Jean), de Vannes.
Brouillard (Marc), de Vannes.
Nadreau (Jean), de Saintes.
Michaud (Jacques), de Saintes, mort le 2 février 1780.
Manès (Jean), de Saintes.
Le Gouet (Pierre), de Saintes.
Froumont (Jean), de Granville, mort le 17 octobre 1781.
Lamy (Charles Michel), de Granville.
Beaulès (Jacques), de Granville, mort le 21 juillet 1781.
Lamy (Jacques), de Granville.
Barharet (François), de Saint-Malo.
La Pierre (François), de Dinan, mort le 22 janvier 1781.

Salomon (François), de Dinan, mort le 14 octobre 1781.
Paturel (Marc), de Saint-Malo.
Portrœt (Pierre), de Saint-Malo.
Avril (Jean), de Dinan, mort à l'hôpital de Fort-Royal le 25 juillet 1782.
Poulouin (Nicolas), de Dinan, mort à bord le 18 janvier 1782.
Durel (Gilles), de Dinan, mort le 3 octobre 1781.
Ferret (Thomas), de Dinan.
Clément (Gabriel), de Dinan.
Gautier (Guillaume), de Dinan.
Carré (Jacques), de Dinan, noyé à Brest le 8 août 1782.
Hursin (Julien), de Dinan, mort à bord le 14 juin 1781.
Le Bouvier (René), de Dinan.
Fajat (Thomas), de Dinan, mort le 1er mai 1782.
Enault (Antoine), de Dinan, mort le 7 septembre 1780.
Denis (Jean), de Saint-Malo.
Morin (Jean), de Dinan.
Gilbert (Auguste), de Dinan.
Langlois (Yves), de Saint-Malo.
Beaulieu (Jean), de Dinan.
Carré (Jean), de Dinan.
Bodin (François), de Dinan.
Paden (Pierre), de Dinan.
Boudron (Joseph), de Dinan, mort à l'hôpital de Fort-Royal le 22 juillet 1781.
Lainé (Pierre), d'Angoulême.
Roy (Louis), d'Angoulême.
Gabloteau (Nicolas), d'Angoulême.
Beauchette (Louis), de Saint-Malo.
Mahé (Pierre), de Quimper.
Michel (Jean), de Quimper.
Peillot (Mathurin), de Quimper, mort à l'hôpital de Fort-Royal le 18 mai 1782.
Jamet (Pierre), de Quimper.
Joyet (Daniel), de Marennes.
Sureau (François), de Marennes.
Mourouzeau (Jean), de Marennes.
Relleau (Etienne), de Marennes.
Godeau (François), de Marennes.
Jadeau (Jean), de Marennes.
Soulard (Pierre), de Marennes.
Aluason (Jean), de Marennes.
Droit (Pierre), de Marennes.
Neuville (André), de l'Ile d'Oléron.
Nadeau (Pierre), de l'Ile d'Oléron.
Couilleau (Jean), de l'Ile d'Oléron.
Massé (Pierre), de l'Ile d'Oléron.
Caillot (Jacques), de Bordeaux.
Perinet (Pierre), de Royan.
Bonfils (André), de Royan.
Giraud (Pierre), de Royan.
Boucherie (Jean), de Royan.
Le Bon (Jean), de Royan.
Coutan (Daniel), de Royan, mort à l'hôpital de Fort-Royal le 6 septembre 1781.
Moreau (Jacques), de Royan.
Robert (Jean), de Royan.
Bagereau (Charles), de la Rochelle.
Guigné (Louis), de la Rochelle.
Coudraen (Charles), de la Rochelle.
Charier (Pierre), de la Rochelle.
Talon (Pierre), de la Rochelle.
Martin (Valentin), de la Rochelle.

Cadeau (Pierre), de l'Ile de Ré, mort le 14 septembre 1781.
Mouneau (Etienne), de l'Ile de Ré.
Viaud (Jacques), de l'Ile de Ré.
Chavanceau (Luc), de l'Ile de Ré.
Boutoiller (François), de l'Ile de Ré.
Martin (Pierre), de l'Ile de Ré.
Rolureau (Denis), de l'Ile de Ré.
Bouchard (Pierre), de l'Ile de Ré.
Rozet (André), de l'Ile de Ré.
Bureau (Henry), de l'Ile de Ré.
Bonin (François), de l'Ile de Ré.
Le Fort (Jean), de l'Ile de Ré, mort à l'hôpital de Fort-Royal le 21 janvier 1781.
Dollet (Philippe), de l'Ile de Ré.
Grelé (Michel), de l'Ile de Ré.
Pelletier (Augustin), des Sables.
Froux (Jean), des Sables.
Guérin (Honoré), des Sables.
Fortineau (Augustin), des Sables.
Pierroux (Michel), des Sables.
Manescot (Laurent), des Sables, mort le 14 juin 1782.
Julard (René), des Sables.
Guérin (François), de Noirmoutiers.
Souzeau (Pierre), de Noirmoutiers.
Lambert (Claude), de Noirmoutiers.
Nau (Louis), de Noirmoutiers.
Péau (René), de Noirmoutiers.
Le Gaye (Julien), de Noirmoutiers.
Cauchel (Joseph), de Noirmoutiers.
Davoine (François), de l'Ile d'Yeu.
Bagony (Jean), de l'Ile d'Yeu.
Turbe (Antoine), de l'Ile d'Yeu.
Roy (Denis), de l'Ile d'Yeu.
Guillot (Paul), de Bordeaux.
Millet (Bernard), de Bordeaux, mort le 24 août 1781.
Mayon (Louis), de Bordeaux.
Lamenardie (Jean), de Bordeaux.
Vigno (Dominique), de Bordeaux.
Pin (François), de Bordeaux.
La Taste (Jean), de Bordeaux.
Le Roy (Bernard), de Bordeaux.
Ferrières (Pierre), de Bordeaux, mort le 20 décembre 1781.
Robert (Pierre), de Libourne.
Larp (Henri), de Libourne, mort à l'hôpital de Fort-Royal le 30 mai 1782.
Bessere (Bernard), de Libourne.
Rouchon (Jean), de Libourne.
Neuville (Jean), de Libourne.
Blanc (Raymond), de Libourne.
Gaury (Jean), de Libourne.
Bernaujon (Jean), de Libourne.
Gourence (Léonard), de Libourne.
Lubera (Pierre), de Libourne.
Gastounet (Jean), de Libourne.
Mangon (Jacques), de Libourne.
Decard (Jean), de la Teste.
Geron (Jean), de la Teste.
La Porte (Pierre), de la Teste.
Deronne (Jean), de Marmande.
Mitteau (Pierre), de Marmande.
Decouls (Charles), de Marmande, mort le 23 mars 1782.
Breonon (Antoine), de Montauban, tué au combat du 9 avril 1782.
Bouisseau (Bernard), de Marmande.
Estets (François), de Toulouse.

Siadoux (Bernard), de Toulouse.
Querol (Jean), de Toulouse.
La Breau (Antoine), de Toulouse.
Rustand (Pierre), de Toulouse.
Angerin (Pierre), de Toulouse.
Merle (Jacques), de Montauban.
Osolie (Jean), de Montauban.
Delpuche (Raymond), de Montauban, mort le 15 juillet 1781.
Exberol (Jean), de Montauban, mort le 26 juin 1782.
Noël (Pierre), de Montauban.
Delmas (Gaspard), de Montauban.
Sales (Antoine), de Montauban.
Fort (Claude), de Montauban.
Paunet (Jean), de Montauban.
Oger (Vidsau), de Montauban.
Bezial (Joseph), de Montauban.
Sales (Guillaume), de Montauban, mort le 9 septembre 1781.
Montimer (Joseph), de Montauban.
Bous (Pierre), de Montauban.
Lassaire (Guillaume), de Toulouse.
De Charles (Michel), de Saint Jean de Luz.
Detchevery (Joannis), de Saint-Jean-de-Luz, mort le 11 février 1782.
Tourbillé (Simon), de Saint-Jean-de-Luz.
Diturbide (Pierre), de Saint-Jean-de-Luz.
La Bouriere (Jean), de Bayonne.
De Barcissant (Jean), de Bayonne.
Castra (Antoine), de Bayonne.
Chatellier (Dominique), de Bayonne.
Bosse (Guillaume), de Marmande.
Petit (Jean), de Bordeaux.
Bigot (Jean), de Honfleur.
Valois (Jean), de Honfleur, mort le 17 juillet 1781.
Fouenard (Jacques), de Honfleur.
Aubré (Jean), de Honfleur.
Houssaye (Pierre), de Honfleur, mort le 21 août 1781.
Gachet (Charles), de Dieppe.
Orian (Michel), de Dieppe.
Poulain (Jean), de Dieppe, mort le 8 juillet 1782.
Clémence (Augustin), de Dieppe.
Danois (Jean), de Dieppe.
Salloy (Jean), de Dieppe.
Menil (Jacques), de la Hougue.
Mignot (Bon), de la Hougue.
Rosse (Joseph), de Dieppe.
D'Aubert (Louis), de Rouen, noyé le 15 novembre 1780.
Chevalier (Jacques), de Boulogne.
Leydé (Gabriel), de Boulogne.
Chevalier (Jean), de Boulogne.
Crapoulet (Jean), de Saint-Valéry, mort le 21 janvier 1782.
Vacogue (Jacques), de Saint-Valéry.
Palette (Noël), de Saint-Valéry, tué au combat du 5 septembre 1781.
Vacogne (Michel), de Saint-Valéry, a eu une jambe emportée par un boulet au combat du 26 janvier 1782.
Guilbert (Jean-Baptiste), de Saint-Valéry, mort le 3 mars 1781.
Norel (Jean), de Saint-Valéry.
Guilbert (Pierre), de Saint-Valéry.
Silvestre (Julien), de Bourgneuf.
Cimny (Jean), de Nantes.
Arsendor (François), de Nantes.

Guerueque (Etienne), de Nantes.
Le Duc (Jean), de Croisic.
Giraud (Pierre), de Lorient.
Laurent (Antoine), de Lorient.
Le Baillif (Audrien), de Granville, mort le 10 août 1781.
Molley (Jacques), de Granville.
Dupont (Jean), de Granville.
Fleury (Pierre), de Granville.
Réfait (Charles), de Granville.
Rouault (Nicolas), de Granville.
Dauleau (André), de Granville.
Le Petit (Jean), de Cherbourg.
Cizeaux (Valentin), de Bordeaux.
Sarasin (Pierre), de Bordeaux.
Bonnet (Jean), de Bordeaux, mort le 20 octobre 1781.
Missie (Martin), de Bordeaux.
Sarazin (Louis), d'Argenton.
Boireau (Jean), de Bordeaux.
La Maison (Antoine), de Bordeaux.
Françon (Julien), de Coze.
Chateau (Vincent), de Bordeaux, mort le 13 septembre 1781.
Guiraut (Pierre), de Bordeaux.
L'Allemagne (Pierre), de Bordeaux.
Roux (Jean), de Bordeaux.
Fromant (Pierre), de Bordeaux.
Bonnat (Forti), de Bordeaux.
Grasque (Joseph), de Marseille.
Gaillard (Crepin), de la Ciotat.
Sicard (Jean), de la Seyne.
Gaillard (Paul), de Marseille.
Vidal (Augustin), de Martigue.
Lozet (Jacques), de la Seyne.
Garon (François), de Marseille.
Eylié (Pierre), de Marseille.
Aalbert (Joseph), de Narbonne, blessé au combat du 25 janvier 1782, mort à la suite de ses blessures le 2 février 1782.
Gauzin (François), de Toulon.
Guimier (Jean), de Narbonne.
Coste (Joseph), de Toulon.
Premet (Antoine), de Marseille.
Coigneau (François), de Bayonne.
Delasse (Antoine), de Cardillac.
Costre (Etienne), d'Aurillac.
Medine (François), de la Tremblade.
Fleury (Augustin), de Marseille.
Serafin (Pierre), de Marseille.
Limouzin (Antoine), de Bordeaux.
Lubet (Jean), de Marmande.
Roubaut (François), de Bordeaux.
Testaud (Christophe), de Bordeaux.
Martin (Antoine), de Toulouse.
Robin (François), de Toulouse.
Labat (Pierre), de Bordeaux.
Larieux (Pierre), de Bordeaux.
Perrot (Jean), de Bordeaux.
Dieu (Bertrand), de Bordeaux.
Plejat (Pierre), de Cette.
Querro (Jean), de Saint-Brieuc, tué au combat du 5 septembre 1781.
Larieux (Joseph), de Caen.
Durand (François), d'Arles.
Ballat (Louis), de Bordeaux.
Gallereu (Mathurin), de Nantes.
Carpentier (Arnaud), de Bordeaux.
Bogaud (Jean), de Libourne.
Clavery (François), de Bordeaux.

Menon (Jean), de Bordeaux.
Roux (Jacques), de Rochefort.
Morin (François), de Royan.
Pascal (Jean), de Royan.
Genost (Paul), de Marennes.
Baudry (Jean), de Marennes.
De Lorival (Guillaume), de Bordeaux.
Laporte (Baptiste), de Bordeaux.
Guillet (André), de Bordeaux.
Hardouin (Pierre), de Bordeaux.
Mauguay (François), de Bayonne.
Marzelé (Jean), de Bayonne.
Pujot (Etienne), de Bayonne.
Chardel (Jacques), de Bayonne.
Roux (Jean), de Bayonne.
Souof (Etienne), de Marseille.
Méchen (Alexis), de Rochefort.
Vincent (Joseph), de Marseille.
Pujol (Paul), de Bordeaux.
Mariol (Jean), de Marmande.
Jaïde (Joseph), de Toulon, mort à l'hôpital de Fort-Royal le 7 février 1782.
Enault (Jean), de Saint-Brieuc.
Lorin (Jacques), de Honfleur.
Dupré (Pierre), de Bordeaux.
Michel (François), de Bordeaux.
Sitoura (Pierre), de Saint Jean-de-Luz.
Casso (Jean), de Saint-Jean-de-Luz.
Bertenaud (Jean), de Bordeaux.
Lespinasse (Antoine), de Châlons.
Bernard (Jacques), de Caen.
Savay (Maurice), de Morlaix.
Julien (Jean), de Marseille.
Costa (Antoine), de Marmande.
Goguet (Jacques), de Bordeaux.
Dupuy (Jean), de Bordeaux.
Bignerean (Antoine), de Bordeaux.
Robert (Jean), de Bordeaux, mort des suites de blessures le 16 avril 1782.
Jacob (Pierre), de Dunkerque.
Martin (Grégoire), de Lorient.
Lautrel (Antoine), de Dijon.
Lelièvre (Bernard), du Mans.
Vautron (Louis), de Dijon.
Fierville (François), de Caen.
Reque (Jean), de la Corse.
Prevost (Jean), de Fécamp.
Huguet (Louis), de Toulon.
Derin (René), de la Rochelle.
Mamain (Charles), de Bordeaux.
Anneau (Toussaint), de Toulon.
Janan (Jean), de Lorient.
Murel (Pierre), de Paris.
Cocherie (Pierre), de Dinan.

Novices.

Le Oacheur (Charles), de Caen.
Graffine (Charles), de Caen.
Fouché (Martin), de Caen.
Le Glinec (Robert), de Caen.
Guurnay (Jean), de Caen, mort le 5 septembre 1780.
Le Breton (Jean), de Caen.
Le Cointe (Joachim), de Caen.
Dewès (Pierre), de Caen.
Hamon (François), de Caen.
Littard (Etienne), de Caen.
Pesqueret (François), de Caen.
Lamarre (Louis), de Caen.

Marquant (Louis), de Caen.
Toulon (Pierre), de Cuisic.
Camps (François), de Bayonne, mort le 20 janvier 1782.
Lavergne (Jacques), de Bordeaux.
Jugleau (Guillaume), de Lorient.
Fromentin (François), de Rochefort, mort le 10 mars 1781.
Bertin (Michel), de Saintes.
Tesson (Jacques), de Saintes.
Clochard (Pierre), de Saintes.
Gaillard (François), de Saintes.
Bourdigal (Pierre), d'Oléron, mort le 9 septembre 1780.
Grelet (Pierre), de l'Ile de Ré.
Massé (Sébastien), de l'Ile de Ré.
Rault (Etienne), de l'Ile de Ré, mort le 16 février 1781.
Jamon (Nicolas), de l'Ile de Ré.
Genusson (Etienne), de l'Ile de Ré.
Bernard (Jacques), de l'Ile de Ré.
Papon (Louis), de l'Ile de Ré.
Martineau (Jean), de l'Ile de Ré, mort le 1er mars 1781.
Bernard (Nicolas), de l'Ile de Ré.
Portin (Jean), de l'Ile de Ré.
Bergeron (Louis), de l'Ile de Ré.
Péché (Pierre), de l'Ile de Ré.
Chaigne (Etienne), de l'Ile de Ré.
Bernard (Pierre), de l'Ile de Ré.
Dirat (François), de Blaye.
Alain (Jean), de Blaye.
Rossignol (Jacques), de Blaye.
Faure (Antoine), de Libourne.
Commerle (Joseph), de Marmande, mort le 29 août 1781.
Castagnol (Giraud), de Marmande.
Laserre (Jean), de Toulouse.
Boyer (Alexandre), de Toulouse.
Marat (Baptiste), de Bayonne.
Barbazan (Jean), de Bayonne.
Prot (Louis), de la Rochelle.
Maitre (Joseph), d'Oléron.
Nadeau (Louis), d'Oléron.
Seguin (Jacques), de Marennes.
Geros (Marie), de Paris.
Thomas (Philippe), de Morlaix.
Le Cam (Guillaume), de Morlaix.
Garet (Alexis), de Nantes.
Tesserre (Pierre), de Marseille.
Latroille (Jean), de Bordeaux.
Lenay (Jean), de Vannes.
Marenville (Jean), de Rouen.
Hanguel (Guillaume), du Havre, mort le 3 mars 1781.
Denis (Charlet), du Havre.
Nard (Thomas), du Havre.
Vimont (Pierre), du Havre.
Beaumont (Marin), de Granville.
Jeanno (Marc), de Vannes.
Conort (Jean), de Saint-Brieuc.
Bihel (Jean), de Cherbourg.
Paris (Charles), de Cherbourg.
Paris (Bon), de Cherbourg.
Canu (Pierre), de Cherbourg.
Lautour (Louis), de Cherbourg.
Durand (Guillaume), de Morlaix.
Le Prêtre (Guillaume), de Lorient.
Le Gal (Jacques), de Saint-Brieuc.
Jean (Bazille), de Saint-Brieuc.

Le Clerc (Guillaume), de Saint-Malo.
Lehellec (Julien), de Morlaix.
Delaunay (Jérôme), de Paris.
Sellier (Jean), de Montauban, tué au combat du 5 septembre 1781.
Nicolas (Julien), de Hennebont.
Alain (Pierre), de Lorient.
Renoux (Jean), de Vitré.
Sousestre (Jean), de Vitré.
Hervé (François), de Morlaix.
Roulouard (Jean), de Dinan.
Le Carré (Mathurin), de Saint-Brieuc.
Le Roy (Mathurin), de Lorient.
Herveau (Félix), de Ploermel.
Portra (Pierre), de Tours.
Cougrard (Michel), de Morlaix.
Gueraud (Thibault), de Saint-Brieuc.
Rolland (Jean), de Saint-Brieuc.
Richard (Edmond), de Saint-Brieuc.
Picard (Mathurin), de Granville.

Surnuméraires.

Jannot (Joseph), de Besançon.
Bondier (Pierre), de Potrieux.
Talarmin (Yves), du Conquet.
Doufourneau (François), de Bourges.
Bouvier (Clément), d'Albi.
Blanchard (Gilles), de Nantes.
Etelin (Jean), de Brest.
Philippeau (Pierre), de Nantes.
Castel (Alain), de Brest.
Lucas (Gabriel), de Brest.
Lostis (Claude), de Brest, mort à bord le 18 septembre 1781.
Troadec (Guillaume), de Brest.
Chardonneau (Louis), de Tours.
Riantec (Pierre), de Saintes.
Dirat (Joseph), de Bordeaux.
Boisjean (Gabriel), de Rochefort.
Pinjou (François), de Marseille.
Paslon (Jean), de Rochefort.
Racapat (Jean), de Rochefort.
Durand (Guillaume), de Rochefort.
Durand (Guillaume), de Morlaix.

Ferrant (Jean), de Toulon.
Peranet (Antoine), de Toulon.
Bonhomme (Jean), de Toulon.
Mouquet (Jean), de Dieppe.

Mousses.

Lucas (Gabriel), de Brest.
Thomas (Pierre), de Royan.
Bonin (François), de Saintes.
Chevillon (Maurice), de Rochefort.
Dumas (François), de Saintes.
Manbard (Charles), de l'Ile de Ré.
Bernard (François), de Royan.
Chauvin (Isaac), de Royan.
Jean (Pierre), de Royan, mort le 30 mai 1781.
Lanen (Charles), de Royan.
Nadeau (Pierre), d'Oléron, tué au combat du 12 avril 17
Rousseau (Pierre), de Saintes.
Martin (Jean), de Royan.
Brognon (Antoine), de la Rochelle, mort à bord le 7 février 1782.
Thebeine (Mathurin), de Brest.
Ardouin (Etienne), de Tours, mort à bord le 13 mars 1781.
Babœuf (Jean), de Marennes.
Mousseau (Augustin), d'Oléron.
Frain (Pierre), de Saint Savinien.
Albert (Jacques), d'Oléron.
Dableau (Pierre), de la Rochelle.
Bernard (François), de la Croix (Toulouse).
Moine (Jean), de Saintes.
Bignole (Joseph), de Marmande.
Emond (Louis), de la Rochelle.
Hasard (Louis), du Port-des-Barques (Rochefort).
Rambert (Joseph), de Saintes.
Vidal (Jacques), de Saintes.
Pelletier (Jacques), de Charente.
Tourtelot (Jacques), de Saintes.
Keranvel (René), de Quimper.
Bailly (Jean), de Brest.
De Jean (Jean), de Royan.
Ruteau (Julien), de Rennes.

Toupel (Antoine), de Granville.
Nadellec (Jean), de Brest, mort le 16 décembre 1781.
Minot (Jacques), de Brest.
Le Bechec (Pierre), de Morlaix.
Jamet (Pierre), de Saint-Malo.
Bigot (Jacques), de Honfleur.
Le Caille (Jean), de Plouzané.
Guillard (François), de Saint-Malo.
Guillard (Pierre), de Saint-Malo.
Rostagnard (Jean), de Brest.
Lucas (Nicolas), de Brest.
Aufred (Maurice), de Quimper.
Wigot (Jean), de Brest.
Payen (Marc), de Rennes.
Marchand (Jacques), de Brest.
Mathmol (Jean), de Toulon.
Savia (Jacques), de Lorient.
Gocesin (Jean), de Bordeaux.
Puin (Jean), de Lorient.
Marc (René), de Brest.
Laurent (Jean), de Quimper.
Brognon (Pierre), de la Rochelle.
Rocheteau (Bastien), de Saintes.
Richebau (Jean), de Marseille.
Etourneau (Gabriel), de Saintes.
Marquet (Louis), de Rennes.

Domestiques.

Le Pate (Joseph), de Morlaix.
Maurice (Antoine), de Bordeaux.
Boursoul (Jean), de Saint-Brieuc.
Chiron (Jean), de Tréguier, mort le 17 août 1781.
Vasse (Jean), d'Arras.
Merdy (Pierre), de Brest.
Allain (Yves), de Tréguier.
Pouliquen (Joseph), de Morlaix.
Allance (Yves), de Tréguier.
Théron (François), de Paris.
Cabet (Jacques), de Bayonne.
Riviere (Charles), de Gravelines.
Arronard (Louis), de Paris.
Giraud (Louis), de Toulon.

LE MARSEILLAIS.

(1781-1782)

M. le Marquis DE CASTELLANE-MAJASTRE, Capitaine de vaisseau, Commandant.

ÉTAT-MAJOR.

Capitaines de vaisseau.

Le Marquis de CASTELLANE-MAJASTRE, Commandant.
Le Marquis de CHAMPMARTIN, Second.

Lieutenants de vaisseau.

De BEAUREPAIRE.
De PORCELETS.

Enseignes de vaisseau.

COLBERT-TURGIS.
De BIARGES-SAINT HIPPOLYTE.

De BADASSET.
De CAFFARELLY.
De VILLENEUVE.

Officiers auxiliaires.

DELMAS.
BERNARD.
VANUSQUY.
MARTIN de la MARTINIERE.
GASELIN.
VILLIERS.

Chirurgien-major.

CLEMENT.

Aumônier.

DAMAS (R. P.), Récollet.

Gardes de la marine.

De CUERS.
De VASSON.
BERNARDIN-GRENIER.

Officiers-mariniers de manœuvre.

Méric (Jean-Baptiste), premier maître, de Toulon.
Roux (Jacques), premier maître, de Toulon.
Soliman (Guillaume), second maître, de Brest.

Dorette (Martin), second maître, de Bayonne.
Dagaut (Louis), second maître, du Croisic.
Basille (Louis), contremaître, de Toulon.
Maury (Louis), contremaître, de Toulon.
Castellan (Etienne), contremaître, de Toulon.
Burnet (Pierre), boosseman, de Toulon.
Benoît (Jacques), boosseman, du Croisic.
Michelon (Jean-Joseph), boosseman, de la Seyne, a eu la jambe gauche emportée, blessé très grièvement à la tête et à la jambe droite au combat du 25 janvier 1782; mort de ses blessures.
Charbonnier (Joseph), quartier-maître, de la Ciotat.
Bichon (Jean Jacques), quartier-maître, de Cassis.
Jourdan (Jean-Baptiste), quartier-maître, de Marseille.
Jeanselme (Charles), quartier-maître, de Marseille.
Gercy (Jean-Baptiste), quartier-maître, de Marseille.
Esteling (Louis), quartier-maître, de Saint-Tropez.
Flambart (Etienne), quartier-maître, du Havre.
Dupré (Pierre), quartier-maître, de l'Ile de Ré.
Bodet (Pierre), quartier-maître, de l'Ile de Ré.
Gendron (Germain), quartier maître, de Noirmoutiers, mort à bord le 13 mai 1781.
Poiron (Charles), quartier-maître, de Nantes.
Auger (Louis), quartier-maître, de Marennes.
Despin (Henry), quartier-maître, de Cherbourg.
Adam (Jacques), quartier-maître, d'Antibes.
Rimbaud (Jean-Antoine), quartier maître, de Marseille.
Serin (Gabriel), quartier-maître, de Marseille.
Michel (Jean), quartier-maître, de Marseille.
Germain (Antoine), quartier-maître, de Marseille.
Dupuis (Jacques), quartier-maître, de Dieppe.

Officiers-mariniers de pilotage.

Quibelle (Charles), premier pilote, de Rouen.
Reboul (Etienne), second pilote, d'Agde.
Larose (Jean-Joseph), second pilote, de Marseille, grièvement blessé au combat du 25 janvier 1782.
Catelin (François), second pilote, de Toulon.
Percheron (Jean), second pilote, de Saintes, blessé au combat du 25 janvier 1782.
Anselme (Jean-François), aide-pilote, de Marseille, tué au combat du 12 avril 1782.

Officiers-mariniers de canonnage.

Simon (Gaëtan), maître canonnier, de Toulon.
Poitevin (Jacques), maître canonnier, de Rochefort.
Le Marquis (Pierre), maître canonnier, de Lorient.
Décugis (Louis), second canonnier, de Toulon.

Bertrand (Jean-Louis), second canonnier, de Toulon.
Gezan (Jean), second canonnier, de Marseille.
Aruix (Etienne), second canonnier, de l'Ile de Ré.
Lafond (Augustin), aide-canonnier, de Toulon.
Marin (Jean-Jacques), aide-canonnier, de Marseille.
Brancassy (Jean-André), aide-canonnier, de Toulon.
Isnard (Jean-Baptiste), aide-canonnier, de Toulon.
Garnier (Guillaume), aide-canonnier, de Toulon.
Maunier (Barthélémy), aide canonnier, de Toulon.
Le Roux (Philippe), aide-canonnier, de Toulon.
Eisouard (Mathieu), aide-canonnier, de Toulon.
Pouriaut (Gaspard), aide-canonnier, de Toulon.
Léonard (François), aide-canonnier, d'Arles.
Lion (Philibert), aide-canonnier, d'Arles.
Giles (Antoine), aide-canonnier, de Toulon.
David (Jean-Pierre), aide-canonnier, de Toulon.
Courent (Nicolas), aide-canonnier, de Toulon.
Pigeaut (Gaspard), aide-canonnier, de Toulon.
Etienne (Pierre), aide-canonnier, de Six-Fours.
Camion (Barnabé), aide-canonnier, de Saint-Tropez.
Blanc (Jacques), aide-canonnier, de Fréjus.
Pujol (Pierre), aide-canonnier, de Marseille.
Camoin (Jean), aide-canonnier, de Marseille.
Baudin (Jean-Pierre), aide-canonnier, de Marseille.
Boniface (Jean-Baptiste), aide-canonnier, de Marseille.
Loyal (François), aide-canonnier, de Dinan.
Ludic (Jean), aide-canonnier, de Vannes.
Forestier (Jean), aide-canonnier, de Granville.
Vermond (Pierre), aide-canonnier, de Caen.
Cheillan (Jean-Antoine), aide-canonnier, de Saint-Tropez.
Chaumerond (Pierre), aide-canonnier, d'Arles.
Morel (Louis), aide-canonnier, de Toulon.
Cambaud (Guillaume), aide-canonnier, de Toulon.
Eiguier (Jean-Louis), aide-canonnier, de Toulon.
Duault (Jean), aide-canonnier, de Granville, mort de ses blessures le 6 mai 1782.

Officiers-mariniers de charpentage.

Gasquet (Hyacinthe), maître charpentier, de Toulon.
Mathou (Antoine), second charpentier, de la Seyne.
Gautier (Jean), aide-charpentier, de la Seyne.
Lesourd (François), aide-charpentier, de Honfleur.
Brison (Mathurin), aide-charpentier, de Nantes.

Officiers-mariniers de calfatage.

Nouveau (Jean-Marie), maître calfat, de Toulon.
Nouveau (Joseph), second calfat, de Toulon.
Peruchot (Jean), aide-calfat, de Bourgneuf.
Guyot (Augustin), aide-calfat, de Toulon.
Trabot (François), aide-calfat, de Toulon.

Officiers-mariniers de voilerie.

Icard (Laurent), maître voilier, de Toulon.
Violette (Jean-François), second voilier, de Martigues, tué au combat du 26 janvier 1782.
Périgaut (Claude), aide-voilier, de Saint-Brieuc, tué au combat du 26 janvier 1782.

Gabiers et Timoniers.

Brouquier (Barthélémy), de Toulon.
Gasquet (Jean-Baptiste), de Toulon, blessé au combat du 27 janvier 1782.
Gaymard (Louis-Antoine), de la Ciotat.
Guilbaud (René), de l'Ile de Ré.
Adam (Gilles), de Granville, mort de ses blessures le 11 février 1782.
Du Guilly (Alexis), de Dinan.
Fouret (Jacques), de Nantes.
Minutty (Jean), de la Seyne.
Lamelle (Etienne), de Cherbourg, tué au combat du 5 octobre 1781.
Péric (Gabriel), du Conquet, tué au combat du 26 janvier 1782.
Benet (Jean), de Bordeaux.
Glémaud (Pierre), de Saint Brieuc, blessé au combat du 26 janvier 1782.
Lefranc (Laurent), de Granville.
Lantouin (Honoré), de la Ciotat.
Boncaud (Pierre), de Marennes.
Debien (Pierre), de la Rochelle.
Lefort (René), de Nantes.
Magerau (François), de Vannes.
Nicolas (François-Marie), de Brest.
Lattier (Jean-Baptiste), de Honfleur.
Denis (Jean), de Marseille.
Labadie (André), de Bordeaux.
Duffront (Jacques), de Bordeaux.
Desgosnet (Jean-Baptiste), de Nantes.
Levœux (Yves), de Vannes.
Simion (Guillaume), de Rouen.
Allès (Pierre), de Saint-Maxime.
Audinet (Louis), de Mauvannes.
Bonifay (Barthélémy), de la Ciotat.
Pourcelly (Jean-Joseph), de la Ciotat.
Icard (Joseph), de Marseille.
Jeanson (Jacques-Etienne), de la Ciotat.
Décugis (Antoine-Clair), de la Ciotat.
Jaubert (Joseph), de la Ciotat.
Blanc (Jean-Louis), de la Ciotat.
Janseaume (François), de la Ciotat, mort de ses blessures le 13 février 1782.
Arnaud (Jacques), de la Ciotat.
Bertin (Jacques), des Sables.
Legall (Jean), de Brest.
Bouvier (Pierre-Barthélémy), du Havre.
Legendre (Louis), de Saint-Malo.
Querseraud (Jean), de Vannes.
Dujon (Jean), des Sables.
Marcelle (Joseph), de Toulon.

Matelots.

Martin (Barthélémy), de Toulon.
Périès (François), de Toulon.

Toucas (Joseph), de Toulon.
Sénès (Fleury), de Toulon.
Sarus (Jean), de Toulon.
Mérial (Jean-Baptiste), de Toulon.
Martin (Jean Joseph), de Toulon.
Bourdon (Joseph), de Toulon.
Pelin (Joseph), de Toulon.
Faury (Joseph), de la Cadière.
Bertrand (François), de Cannes.
Fabre (Jean François), de Six-Fours.
Puyre (François), de la Seyne.
Deluy (Louis), de la Seyne.
Raphaël (Tropez), de Saint-Maxime.
Cocoral (Jean Louis), de Saint-Tropez.
Bertrand (Roch-Blaise), de Saint-Tropez.
Grasson (Joseph), de Saint-Tropez.
Girard (Innocent), de Saint Tropez.
Paul (Jean-Joseph), de la Ciotat.
Icard (Jean-Joseph), de la Ciotat.
Icard (Louis), de la Ciotat.
Foulon (Étienne), de la Ciotat.
Coussenille (Augustin), de la Ciotat.
Allègre (Pierre-Dominique), de la Ciotat.
Arnaud (Jean-Pierre), de la Ciotat.
Bernardin (Michel), de la Ciotat.
Blanc (Jean-Pierre), de Cassis.
Brest (Jean dit Ange), de Bandol.
Veller (Joseph), de Marseille.
Rey (Gaspard), de Marseille.
Robinet (Claude-Thomas), de Marseille.
Meiffren (Jean-François), de Marseille.
Giraud (Joseph-Lazare), de Marseille.
Coutel (Jean-Antoine), de Marseille.
Vachier (Louis), de Marseille.
Anivot (Antoine), de Marseille.
Souche (Jean-Pierre), de Marseille.
Autran (Jean-Baptiste), de Marseille.
Chaudel (Jean Claude), de Marseille, tué au combat du 12 avril 1782.
Boniface (Louis), de Marseille.
Fos (Jean), de Marseille.
Fraisinet (Paul), de Marseille.
Raffel (Pierre-Suffren), de Marseille.
Souleyy (Pierre), de Marseille.
Cauvy (Charles), de Marseille.
Astoud (Clément), de Marseille.
François (Jean-Marie), de Marseille.
Viany (Pierre), de Marseille.
Blayon (Joseph-Marc), de Marseille.
Thouvenain (Pierre), de Marseille.
Martin (Antoine), de Marseille.
Jourdan (Jean-Baptiste), de Marseille.
Amphoux (Philippe), de Marseille.
Hurpbert (Barnabé), de Marseille.
Ginouard (Joseph), de Marseille.
Revert (Jean-Baptiste), de Marseille.
Eidoux (Jacques-Étienne), de Marseille.
Danis (Joseph), de Marseille.
Almeric (Louis), de Marseille.
Julien (Louis), de Marseille.
Renaud (Jean-Louis), de Marseille.
Audry (Bernard), de Marseille.
Audry (François), de Marseille.
Carrière (Antoine), de Marseille.
Figuière (Nicolas), de Marseille, tué au combat du 12 avril 1782.
Martin (Jean Joseph), de Marseille.
Oreille (Joseph), de Marseille.
Henry (Dominique), de Marseille.

Olive (Jean-Baptiste), de Marseille.
Bizot (Jean Baptiste), de Marseille.
Roibonet (Jean-Baptiste), de Marseille.
Teissère (Martin), de Marseille.
Clergeon (Jacques-Noël), de Marseille.
Beauchier (Jacques-Pascal), de Marseille.
Bonfils (Jean), de Marseille.
Pierre (François), de Marseille.
Fabre (Jean-Baptiste), de Marseille.
Sears (Michel), de Marseille, mort à bord le 9 octobre 1781.
Durand (Jacques), de Marseille.
Vibert (André), de Marseille.
Sibilly (Joseph), de Marseille.
Carbonel (Joseph-Antoine), de Marseille.
Ravel (Jacques), de Marseille.
Béranger (François), de Marseille.
Trélan (Louis-Michel), de Marseille.
Baille (Joseph Antoine), de Marseille.
Olive (Joseph), de Marseille.
Gilouse (Joseph), de Martigues.
Brunet (Joseph), de Martigues.
Piston (Guillaume), de Martigues.
Fouque (Michel), de Martigues.
Dasplan (Claude), de Martigues.
Audibert (Jean-Louis), de Martigues.
Véran (Jacques-Joseph), de Martigues.
Laugier (Jean Jacques), de Martigues.
Le Blanc (Augustin), de Martigues.
Robert (Jean), de Martigues.
Baipart (Martin), de Martigues, tué au combat du 9 avril 1782.
Gras (Jacques), d'Antibes.
Mille (Jean), d'Arles.
Lauthier (Anathase), d'Arles.
Dausanne (Antoine), d'Arles.
Aubrespin (Jean-Joseph), d'Arles.
Bresson (Baptiste), d'Arles.
Tourte (Louis), d'Arles, blessé deux fois au combat du 12 avril 1782.
Malaudran (Antoine), d'Arles.
Malaudran (Joseph), d'Arles.
Mauriès (Jacques), d'Arles.
Blanchard (Étienne), d'Arles.
Pignard (Honoré), d'Arles.
Fournier (Jacques), d'Arles.
Moullas (Louis), d'Arles.
Martin (Alexis-Toussaint), d'Arles.
Magnan (Antoine), d'Arles.
Rabousse (Claude), de Tarascon.
Chabardès (Jean-Baptiste), d'Agde.
Chaussy (Jacques), d'Agde.
Richard (Jean-François), d'Agde.
Malbet (Claude), d'Agde.
Pauluel (Jean), d'Agde.
Briol (Pierre), d'Agde.
Lamotte (Antoine), d'Agde.
Auribat (Jean), d'Agde.
Boulet (Jacob), d'Agde.
Descor (Joseph), d'Agde, mort à l'hôpital le 30 mars 1782.
Piton (Pierre), de Cette.
Moulinaz (Antoine), de Cette.
Ribe (Jean-Baptiste), de Cette.
Bousquet (Étienne), de Cette.
Bastide (Antoine), de Cette.
Pouget (Antoine), de Cette.
Augé (André), de Narbonne.
Lescure (Louis), de Narbonne.
Bosq (Jean François), de Narbonne.

Claude (Bayonnais), de Narbonne.
D'Auterihle (Pierre), de Bayonne.
Lespara (Jean), de Bayonne.
La Cave (Pierre), de Bayonne.
Dérien (Noël-Marc), de Brest.
Kéraudrin (Jean-Louis), de Brest.
Louvois (Yves Marie), de Brest.
Le Roux (Alain), de Brest.
Le Boucher (Hervé), de Brest.
Renaud (Jean-François), de Brest.
Dupaty (Jean-Marie), de Brest.
Léger (Pierre-Papin), d'Angoulême.
Le Picard (Gouven), de Saint-Renan.
Morel (Jean), de Rennes.
Bedex (François), de Belle-Isle.
Raoul (Pierre), de Tréguier.
Marelé (Pierre), de Tréguier.
Migno (Louis), de Saint-Brieuc.
Guyomard (Pierre), de Saint-Brieuc.
Bedon (Pierre), de Saint-Brieuc.
Jonnet (Joseph), de Saint-Brieuc.
Jucuet (Jean), de Saint-Brieuc.
Hamon (Yves), de Saint-Brieuc.
Léran (Jean-Marie), de Morlaix.
Foss (Claude), de Morlaix.
Le Gallic (Roland), de Morlaix.
Le Guilloux (René), de Morlaix.
Guillot (Sylvestre), de Morlaix.
Guillard (Marc), de Saint-Malo.
Richard (Jean), de Saint-Malo.
Rusult (Jean), de Saint-Malo.
Enon (François), de Saint-Malo.
Dore (Jean), de Saint-Malo.
Godeau (Louis), de Saint-Malo.
Bonet (Guillaume), de Saint-Malo, mort de ses blessures le 14 septembre 1781.
Croiset (Joseph), de Dinan.
Le Béchot (François), de Dinan.
Desroches (Joachim), de Dinan.
Pélerin (Guillaume), de Rouen.
Rémois (Pierre), de Rouen.
Huguès (François), de Caen.
Joly (Christophe), de la Hougue.
Daffrène (Jean), de la Hougue.
Yvray (Jacques), de la Hougue.
Pontiaus (Gabriel), de la Hougue.
Briard (Barthélémy), de la Hougue.
Paysan (David), de la Hougue.
Maquet (Jacques), de Saint-Valery.
Le Page (Pierre), de Honfleur.
Grain (Louis), du Havre.
Le Breton (Pierre-Martin), du Havre.
Bertrand (Baptiste), du Havre.
Onimard (Pierre), du Havre.
Fragneau (Jacques), du Havre.
Ferron (Pierre), de Fécamp.
Porel (Jean-Pierre), de Fécamp.
Cavalier (Jean-Baptiste), de Fécamp, tué au combat du 9 avril 1782.
Cadorel (Jean), de Vannes.
Noblanc (Marc), de Vannes.
Linguet (Julien), de Vannes.
Pérottin (Jean), de Vannes.
Rostiguère (François), de Vannes.
Nic (François), de Vannes.
Crajan (Clément), de Vannes.
Lamelle (François), de Vannes.
Quilien (Mathurin), de Vannes.
Fichon (Jean-Patet), de Vannes, mort à bord le 24 avril 1782.

Maroc (Jean-François), de Lorient.
Tourtel (Jean), de Dieppe.
Caperon (Pierre), de Dieppe.
Allais (Antoine), de Dieppe.
Baunin (Jean), d'Angers.
Blouin (Louis), d'Angers.
Benoiste (Pierre), du Croisic.
Lauraux (Jean), du Croisic.
Dovins (Pierre), du Croisic.
Chardevel (François), du Croisic.
Coupry (Julien), du Croisic.
Fontaine (François), du Croisic.
Bacanet (Jean), du Croisic.
Baolet (Guillaume), du Croisic.
Ménager (Augustin), du Croisic, mort à bord le 12 janvier 1782.
Gihino (Christophe), de Quimper.
Urvois (Michel), de Quimper.
Campion (Mathieu), de Quimper.
Coquet (Yves), de Quimper.
Beausicard (Louis), de Quimper.
Legal (Pierre-Marie), de Quimper.
Renaud (Jacques), de Quimper.
Cotard (Thomas), de Granville.
Le Breton (Michel), de Granville.
Le Brillant (Thomas), de Granville.
Hatté (André), de Granville.
Nicole (Jacques), de Granville.
Kervel (Louis-Yves), de Granville.
Fauvel (Louis), de Granville.
Cordel (Pierre), de Granville.
Le Loup (Jean), de Granville, mort de ses blessures le 5 mai 1782.
Prévost (Barthélémy), d'Oléron.
Garnier (Louis), de la Rochelle.
Gelle (Pierre), de Royan.
Lorgan (François), de la Teste.
Penot (Thomas), de Saintes.
Verdier (Jacques), de Saintes, mort à bord le 19 septembre 1781.
Bertrand (Jean), de Libourne.
Grassel (Jean), de Libourne.
Bernard (Pierre), de Bordeaux.
Renoux (Vincent), de Bordeaux.
Vignol (Barthélémy), de Bordeaux.
Magne (Jean), de Bordeaux.
Mounerot (Pierre), de Bordeaux.
Fleury (Joseph), de Bordeaux.
Nicolas (Jean), de Bordeaux, tué au combat du 12 avril 1782.
Saillant (Jacques), de Rochefort.
Coupée (Claude), de Montauban.
Crouzetay (Pierre), de Béziers.
Diare (Joseph), de Saintes.
Bourdaix (Louis), des Sables.
Aubert (Jean), de Blaye.
Berthelé (Jean), de Lyon.
Petit (Pierre), d'Hyères.
Guipal (Jacques), de Béziers.
Brocard (Vincent), de la Corse.
Long (Alexis), de La Garde (Toulon).
Chalion (Léonard), de Lyon.
Basin (François), de Lyon.
Lorgues (Jean-Joseph), de Saint-Tropez.
Fayan (François), de Mâcon.
Simonet (Claude), de Mâcon.
Bariteau (Jean), de Nevers.
Arbin (Gilbert), de Nevers.
Coquart (Pierre), de Nevers.

Novices.

Blanc (François), de Cireste.
Bayle (Guillaume), de Cireste.
Lallemand (Joseph), de Beaucaire.
Maquet (Joseph), de Perpignan.
Mahaut (Simon), de Cherbourg.
Rimbaud (Toussaint), de Toulon.
Rimbaud (Jean-Baptiste), de Toulon.
Perret (Guillaume), de Toulon.
Tambon (Jacques), de Toulon.
Roussel (Raymond), d'Agde.
Nauce (Jean-Baptiste), de Marseille.
Sergue (Charles), de Marseille.
Rey (Joseph), d'Aubagne.
Coinde (Claude), de Lyon.
Sol (Gaspard), de Lyon.
Augé (Thomas), de Lyon.
Martin (Jean-Baptiste), de Marseille.
Durbec (Jean-Joseph), de Marseille.
Colomban (Jean-Baptiste), de Marseille, tué au combat du 26 janvier 1782.
Mélier (Charles), de Saint-Malo.
Pigneau (Jacques), de Saint-Malo.
Mangin (Robert-Simon), de Honfleur, tué au combat du 17 avril 1782.
Ropteau (Jean-Pierre), de Bonneval.
Blanchard (François), de Tournay.
Hinque (Jules-Marie), de Cambrai.
Hinque (Joseph), de Cambrai, tué le 26 janvier 1782.
Lacroix (Antoine), de Paris.
Villien (Bernard), de Paris.
Renoir (Thomas), de Paris.
Joly (Pierre), de Rennes.
Deffere (Charles), de Beauvais.
Dardière (René), de Vitré.
Tardivet (Jean), de Saint-Brieuc.
Méria (Pierre), de Rennes.
Rivel (Julien), de Rennes.
Corbès (François), de Brest.
Reverdy (Pierre), de Marseille.
Barbe (Joseph), de la Ciotat.
Kervren (Joseph), de Quimper.
Martin (Honoré), de Cannes.
Gay (Alexis), de Toulon.
Preire (Antoine), de Toulon.
Espanet (Joseph), de Toulon.
Bonifay (Marcel), de la Cadière.
Taverneau (Toussaint), de Saint-Valéry.
Hanot (Jean), de Fécamp.
Lainé (Jean-Simon), de Fécamp.
Duval (Nicolas), de Fécamp.
Avenel (Jean-François), de Fécamp.
Philippe (David Louis), de Fécamp.
Tanay (Jean-Charles), de Saint-Valéry.
Frère (Joseph), de Dinan, tué au combat du 12 avril 1782.
Lahaye (Pierre), de Saint-Brieuc.
Héry (Charles), de Saint-Brieuc.
Cabaret (François), de Saint-Brieuc.
Benoît (Ollivier), de Saint-Brieuc.
Hamon (Guillaume), de Vannes.
Lelorec (Jean), de Vannes.
Le Quetec (Jean), de Vannes.
Dorso (Philippe), de Vannes.
Laudren (Pierre), de Vannes.
Chaix (Eustache), de Vannes.
Gouzer (Jean), de Vannes.
Lamée (Jean), de Saint-Brieuc.

Laurent (Casimir), des Sables.
Dinel (Jean), de Paris.
Descamps (Jean-Baptiste), de Honfleur.
Pujos (Jean-Baptiste), de Marmande.
Masère (Bernard), de Marmande.
Potel (Louis), de Poissy.
Duparc (Étienne), de Rouen.
Monville (Emmanuel), de Fécamp.
Scudier (René), de Dinan.
Tabourel (Louis), de Honfleur.
Floch (Thomas), de Quimper.
Lefevre (Romain), de Dieppe.
Chastier (Pierre-Marie), du Havre, mort à bord le 23 août 1782.
Guyot (François), de Vannes.
Cason (Pierre), de Montpellier.
Pialot (Louis), de Montpellier.
Laroche (André), d'Angers.
Gardane (Joseph), de Marseille.
Capot (Jean), de Bordeaux.
Arnaud (Joseph), de la Ciotat, tué au combat du 12 avril 1782.

Surnuméraires.

Renaudin (Jean-Antoine), secrétaire, de Metz.
Floch (Claude), pilote côtier, de Morlaix.
Rulteaud (Claude), apothicaire, de Paris.
Guillabert (Joseph), second chirurgien, de Saint-Tropez.
Blache (Antoine), commis, de Toulon.
Roux (Jean), maître valet, de Toulon.
Barjetton (Laurent), maître valet, de Toulon.
Degrossy (Dominique), tonnelier, de Toulon.
Le Noir (Philibert), tonnelier, de Toulon.
Denaus (Pierre), boulanger, d'Aix, mort à bord le 8 avril 1781.
Mouges (Balthazard), boucher, de Toulon.
Hosteint (Pierre), armurier, de Bordeaux.

Mousses.

Lauvan (Cyprien), de Toulon.
Lauvan (Jean), de Toulon.
Thomas (Jean-Joseph), de Toulon.
Garnier (Joseph), de Toulon.
Gaymard (Augustin), de Pignan (Toulon).
Garnier (Louis), du Broussan.
Bertrand (Jean-Joseph), de Marseille.
Venel (Louis), de la Seyne.
Boyer (Jean-Joseph), d'Ollioules.
Boyer (Augustin), d'Ollioules.
Arnaud (Pierre), de Toulon.
Féraud (Jean), de Toulon.
Lacroix (Louis), de Toulon.
Paul (Jean-André), de Six-fours.
Paul (Pierre-François), de Six-fours.
Gleize (Augustin), de Montpellier.
Arnaud (Jean-Baptiste), de la Ciotat.
Alexis (Jean-Laurent), de Marseille.
Arnaud (Jean-Joseph), de Digne.
Benoît (Toussaint), de Roquevaire.
Passard (Jacques), de Quimper.
Bedel (René), de Lorient.
Dagorn (Bertrand), de Lorient.
Alain (Pierre), de Brest.
Leroy (Jean-Marie), de Brest.
Laurent (Jean), de Morlaix.
Vigoureux (Sébastien), de Morlaix.

Elouel (Pierre), de Morlaix.
Legal (François), de Landerneau.
Malzach (Charles), du Havre.
Beaud (Bernard), de Blaye.
Richard (Louis), de Vannes.
Duhamel (Pierre), de Saint-Malo.
Simon (François), de Toulon.
Martin (Pierre), d'Angers.
Guibert (Nicolas), d'Angers.
Trotier (Jacques), d'Angers.
Cornus (Michel), d'Angers.
Patris (Etienne), d'Angers.
Rouault (François), d'Angers.
Gauter (Pierre), d'Hennebont.
Baillard (René), de Vannes.
Conan (Vincent), de Vannes.
Saugaire (Pierre), de Toulon.

Roux (Jean-Pierre), de Toulon.
Estève (Jean), de Toulon.
Fabre (René), de Rochefort.
Touchard (Joseph), de Dinan.
Touchard (Mathieu), de Dinan, mort à bord le 21 février 1782.
Le Normand (Etienne), de Lorient.
Le Masson (Germain), de Lorient.
Le Métayer (Guillaume), de Lorient.
Tudot (Gilles), de Saint-Brieuc.
Perron (Jean), de la Hougue.
Lecorre (Jean), de Gouesnon.
Larzur (Yves), de Lannion.
Capitaine (Samson), de Tréguier.
Colombel (Nicolas), de Dieppe.
Hartaud (Louis), d'Angers.
Fripier (Jacques), d'Angers.

Domestiques.

Bahut (Pierre), de Castres.
Perrein (Louis), de Grenoble.
Vidal (Bastien), de Barcelonette.
Prigent (Jean Marie), de Vannes.
Prigent (François), de Vannes.
Prigent (Joseph), de Vannes.
Crétée (Pierre-Etienne), de Rouen.
Laffond (Joseph), de Marseille.
Peyron (Louis), d'Aix.
Grammouse (Nicolas), de Nantes.
Ollivier (François), de la Ciotat.
Roy (Pierre), de Bourges.
Rollet (Jean), de Gastine.
Carel (Louis), de Loudéac.
Tudoret (Ollivier), de Belle Isle en Terre.
Le Maistre (André), de Saint-Etienne.

LE CITOYEN.

(1781 à 1783.)

M. D'ETHY, Capitaine de vaisseau, Commandant.

ÉTAT-MAJOR.

Capitaine de vaisseau.

D'ETHY, Commandant.

Lieutenants de vaisseau.

Des MINES.
MERRONET de SAINT-MARC.
KEROEFOED (Georges), Suédois.
Le VENEUR de BEAUVAIS.
Le Chevalier de L'ESCURE de SAINT-DENIS.
De TRUGUET.
De MESSEMET.
De FOUDRAS.

Enseignes de vaisseau.

De COLBERT-TURGIS.
De BOIRAN de SAINT-LEGER.
De MARTELLENY.

Lieutenants de frégate.

MOREL.
De COURSON.

Officiers auxiliaires.

DUFILIOL.
DENAUS.
NINON.
GAY.

Aumôniers.

DIEUDONNE (R. P.), Capucin.
DAMAS (R. P.), Capucin.

Chirurgiens-majors.

LEGROS.
PAIN (Jean).

Gardes de la marine.

D'IMBERT LE BRET.
De BILLIOTTY.

D'OZOUVILLE de BEUZEVAL.
Le Chevalier de CUSSY de VOUILLY.
DESSUS-LEPONT.
De la BARONNAY (Colas).

Volontaires.

Huchet (Jean-Bernard), de Honfleur.
Gay (Jacques François), de Toulon.
Berthelot du Gage, de Moncontour.
Perrot (Pierre), de Besançon.
Palou (Jacques), de Rochefort.

Officiers-mariniers de manœuvre.

Péron (Joseph), premier maître, de Toulon.
Perrot (Pierre), de Besançon.
Palou (Jacques), de Rochefort.
Péron (Joseph), premier maître, de Toulon.
Tanguy (René), premier maître, de Brest.
Perflou (René), premier maître, de Brest.
Herel (Guillaume), premier maître, de Lannion.
Tessier (Louis), second maître, des Sables.
Bâtonnier (Jean), second maître, de Brest.
Desselliers (Charles), second maître, de Honfleur.
Fromentin (Nicolas), second maître, de Boulogne.
Valence (Jérôme), contremaître, de Bayonne.
Duguin (Jean), contremaître, du Croisic.
Baudry (Pierre), contremaître, de la Rochelle.
Pilu (Charles), contremaître, de Fécamp.
Gervaux (Jean-François), contremaître, de Morlaix.
Lieutaud (Jean), contremaître, de Saint-Brieuc.
Huet (René), bosseman, de Nantes.
Lirot (Etienne), bosseman, de Brest.
Minguet (Paul), bosseman, de Nantes.
Liard (Guillaume), bosseman, de Saint-Brieuc.

Belisle (Mathieu), patron de canot, de Saint-Valéry.
Arlet (Philippe), patron de canot, de Saint-Valéry.
Guerné (Louis), patron de canot, de Nantes.
Gaspard (Louis), quartier-maître, de Bordeaux.
Le Roux (Pierre), quartier-maître, de Brest.
Le Men (Guillaume), quartier-maître, de Brest.
Le Fèvre (Germain), quartier-maître, de Saint-Malo.
Du Rignon (Mathurin), quartier-maître, de Saint-Malo.
Le Nevet (Claude), quartier-maître, de Saint-Malo.
Duchaunoir (François), quartier-maître, de Dunkerque.
Rouget (Melchior), quartier-maître, de Martigues.
Le Vicaire (Pierre), quartier-maître, de Granville.
Lhermitte (Nicolas), quartier-maître, de Fécamp.
Ondral (Emmanuel), quartier-maître, du Havre.
Bastel (Pierre), quartier-maître, de la Rochelle.
Potelle (Pierre), quartier-maître, de Honfleur.
Allouet (Pierre), quartier-maître, de Dinan.
Dagorne (Jean), quartier-maître, de Dinan, mort à l'hôpital du Fort-Royal le 8 avril 1782.
Corbiller (Pierre), quartier-maître, de Nantes.
Coufoulin (Jean), quartier-maître, de Bordeaux.
Deshays (Jean-Antoine), quartier-maître, de Rouen.
Chassis (Jean-Antoine), quartier-maître, de Saint Tropez.
Bonvalet (Nicolas), quartier-maître, de la Hougue.

Dérenty (Louis), quartier-maître, de Dieppe.
Armavine (Antoine), quartier-maître, de Saint-Valéry, tué au combat du 12 avril 1782.
Gaillard (Pierre), quartier-maître, de Granville.
Le Roux (Yves), quartier-maître, de Lambézellec.
La Combe (Jean), quartier-maître, de Bordeaux.
Le Gay (Guillaume), quartier-maître, de Dinan.
Antoine (François), quartier-maître, de Fécamp.
Austin (Pierre), quartier-maître, de Bordeaux.
Verrousse (Isaac), quartier-maître, d'Oléron.
Jaouen (Yves), quartier-maître, de Brest.
Lidier (Ignace), quartier-maître, de Martigues.
Lelgo (René-Jean), quartier-maître, du Croisic.
Amice (René), quartier-maître, du Croisic.
Navret (Jean), quartier-maître, de Saint-Brieuc.
Maudret (Jacques), quartier-maître, des Sables.
Le Tard (Pierre), quartier-maître, des Sables.
Gougy (André), quartier-maître, de Honfleur.
Chauvelon (Jean), quartier-maître, de Nantes.
Baron (Mathieu), quartier-maître, de Groix.
Du Maine (André), quartier-maître, de Dieppe.
Melin (Barthélémy), quartier-maître, de Dinan.
Rouelle (Charles), quartier-maître, du Havre.
Chaisie (Casimir), quartier-maître, du Havre.
Alais (Aubert-Victor), quartier-maître, de Honfleur.
Poignan (Jean), quartier-maître, de Saint-Malo.
Cugny (Jean-Joseph), quartier-maître, de Boulogne.
Galet (Jean), quartier-maître, de Boulogne.
Moulin (Joseph), quartier-maître, de Morlaix.
Gigou (Jean-François), quartier-maître, de Brest.

Officiers-mariniers de pilotage.

Gay (Antoine), premier pilote, de Toulon.
Lathuile (Julien), second pilote, de Paris.
Fabre (Louis), second pilote, de Toulon.
Perron (Antoine), second pilote, de Toulon.
Keraudrin (Pierre-Marie), aide-pilote, de Pontivy.
Lahorie (Henry), aide-pilote, du Havre.
Durand (Gilles), aide-pilote, de Granville.

Officiers-mariniers de canonnage.

Boyer (Jean-Joseph), maître canonnier, de Toulon.
Julien (Laurent), maître canonnier, de Toulon.
Gasteau (Michel), maître canonnier, de Toulon.

Azan (Jacques), maître canonnier, de Toulon.
Riotteau (Augustin), maître canonnier, de Toulon.
Roustan (Dominique), maître canonnier, de Toulon.
Pondaven (Corentin), second canonnier, de Brest.
Moinner (Pierre), second canonnier, de Lorient.
Maillou (Maurice), second canonnier, des Sables.
Le Canalier (Jacques), aide-canonnier, de Cherbourg.
La Sage (Charles), aide-canonnier, de la Hougue.
L'Epine (Louis), aide-canonnier, de la Hougue.
Fréchon (Jean-Baptiste), aide-canonnier, de Saint-Valéry.
Duménil (Louis-Malo), aide-canonnier, de Granville.
Héroux (Louis), aide-canonnier, de Granville.
Le Doux (Pierre), aide-canonnier, de Granville.
Lemierre (François), aide-canonnier, de Granville.
Couvert (Julien), aide-canonnier, de Granville, tué au combat du 12 avril 1782.
Launoir (Jean), aide-canonnier, de Saint-Brieuc.
Ruffien (François), aide-canonnier, de Saint-Malo.
Raffrai (Jean), aide-canonnier, de Saint-Malo.
Eloy (Laurent), aide-canonnier, de Rouen.
Boizal (Pierre-Félix), aide-canonnier, de Dieppe.
Millaud (Louis), aide-canonnier, de Rochefort.
Le Vaillant (Thomas), aide-canonnier, du Croisic.
Petel (Gilles), aide-canonnier, de Dinan.
Ducheur (Jean), aide-canonnier, de Dinan.
Pervé (François), aide-canonnier, de Brest.
Salaun (François), aide-canonnier, de Brest, mort à bord le 6 octobre 1781.
Coulon (Pierre-Claude), aide-canonnier, de Saint-Valéry.
Vermont (Jacques), aide-canonnier, de Caen.
Aubert (François), aide-canonnier, de Caen.
Vatel (Nicolas), aide-canonnier, de Rouen.

Officiers-mariniers de charpentage.

Morvan (Jean-Pierre), maître charpentier, du Brest.
Rihouet (Simon), second charpentier, de Granville.
Brindejonc (François), second charpentier, de Saint-Malo.
Collet (Jacques), aide-charpentier, de Granville.
Daniellou (Pierre), aide-charpentier, de Brest.
Chevalier (Charles), aide-charpentier, du Havre.
Vilain (Bernard), aide-charpentier, du Havre.

Officiers-mariniers de calfatage.

Tréguier (Jean), maître calfat, de Brest.
Chaignon (Yves), second calfat, de Dinan.

Teyssier (François), aide-calfat, de Dinan.
Yven (François), aide-calfat, de Brest.
Claret (Jean), aide-calfat, de Paimbœuf.

Officiers-mariniers de voilerie.

Laporte (Jean), maître voilier, de Brest, mort à bord le 28 novembre 1782.
Ménard (Joseph), second voilier, de Saint-Brieuc.
Gleinot (Laurent), aide-voilier, de Saint-Brieuc.
Hazard (Guillaume), aide-voilier, de Brest, mort à bord le 17 mars 1783.

Gabiers.

Merlen (Antoine), de l'Ile de Ré.
Lescaff (Michel), du Conquet.
Rolland (Pierre), de Martigues.
Percevaux (François), de Dinan.
Coanoux (Jacques), de Dinan.
Hué (Malo), de Dinan.
Allain (Georges), de Granville.
Guénon (François), de Granville, tué au combat du 12 avril 1782.
Malenfant (Jean), de Saint-Brieuc.
Josse (Joseph), de Saint-Brieuc.
Kernavalount (Sylvestre), de Saint-Brieuc.
Le Quec (François), de Saint-Brieuc.
Allain (Louis), de Saint-Brieuc.
Bevel (Abel), de Vannes, mort de maladie à bord le 20 octobre 1781.
Jeuvresse (Pierre), de Granville.
Jouvin (Claude), de Granville.
Daulin (Charles), de Granville.
Dutertre (Alexandre), de Saint-Valéry.
Le Vieux (Joseph), de Saint-Malo.
Jarnot (Jean), de Saint-Malo.
Casselle (Pierre), de Marseille.
Greaune (Pierre), de Dinan.
Paulet (Joseph), de Dinan.
Plessis (Augustin), de Dinan.
Pépin (François), de Dinan.
Gruchet (Marc), de Dinan.
Petit (Pierre), de Marennes.
Laborde (Arnaud), de Bayonne.
Branu (Benjamin), de Honfleur.
Le Blanc (Jean), de Honfleur.
Jean (Pierre-Marie), de Rochefort.
Bilbot (Jean), de Rochefort.
Filleul (François), de Libourne.
Laumier (Pierre), de Saint-Valéry.
Masselin (Jean-Baptiste), de Rouen.
Hébert (Michel), de Rouen.
Pontif (Etienne), de Rouen.
Le Vapeur (Louis), du Havre.
Houlmard (Joseph), du Havre.
Pépin (Pierre), de Saint-Malo.

Timoniers.

Terrien (Augustin), de Nantes.
David (Antoine), de Dieppe.
Midrier (Jean-Jacques), de Rouen.
Hébert (Nicolas), de Rouen.
Le Vavasseur (Noël), de Rouen.
Guyanné (André), de Granville.
Le Lièvre (Jean-François), de Granville.
Le Gentil (Michel), de Granville.
Le Cannelier (Jean-François), de Cherbourg, tué au combat du 12 avril 1782.
Girard (Joseph-Marie), de Dunkerque, noyé en rade de Chesapeake le 31 août 1781.

Mazurier (Jean), de Dinan.
Coccherie (Mathurin), de Dinan.
Chaignon (Yves), de Dinan, tué au combat du 12 avril 1782.
Menoury (Jean), des Sables.
Marijot (Baptiste), de la Rochelle.
Martin (Charles), de la Rochelle, mort à bord le 26 octobre 1781.
Artaud (François), de Marennes.
Mercier (Pierre), de Marennes.
Langlenné (Jean-Baptiste), de Bordeaux.
Le Duc (Pierre), de Saint-Malo.
Le Gagnoux (Pierre), de Saint-Malo.
Briant (Claude), de Bréhat (Saint-Brieuc.)
Perrin (François), de Saint-Brieuc.
Levey (Marc), de Tréguier.
Passavant (François-Joseph), du Havre.
Noirejean (Jean-Louis), du Havre.
Le Paumier (Pierre-Jacques), de la Hougue.
Billon (Jean-Marie), de Brest.
Bodénès (Jacques), de Brest.
Léonnec (Etienne), de Brest.
Surciron (François), de Brest.

Matelots.

Nicolas (Pierre), de Roscanvel.
Bain (Jean-Baptiste), de Rennes.
Bourziche (François), de Vitré.
Husson (François), de Paris.
Thibié (Jean-Marie), de Quimper.
Thépot (Hervé), de Camaret.
Gibout (Michel), de Montauban-de-Bretagne.
Le Gault (Louis), de Rennes.
Talin (Jean), d'Hennebont.
Fleury (Jean-Elie), de Brest.
Le Moal (Jérôme), de Brest.
Le Moal (René), de Brest.
Faudille (Jean), de Brest.
Carret (Georges), de Morlaix.
Le Moan (Yves-Marie), de Morlaix.
Stéphan (Jean), de Morlaix.
Toux (Yves), de Morlaix.
Dorruel (Gilles), de Morlaix, mort à l'hôpital du Fort-Royal le 22 février 1782.
Le Gras (Pierre), de Lannion.
Perrot (Mathurin-François), de Quimper.
Perennès (Jean), de Quimper.
Pennauc'h (Louis), de Quimper.
Uzelac (Jean-Louis), de Quimper.
Dufresne (Mathurin-Elie), de Quimper.
Pichon (Noël), de Quimper, mort à bord de maladie le 24 août 1781.
Louarne (Pierre), de Saint-Malo.
Thébaut (Julien), de Saint-Malo.
Pillard (Pierre-Gabriel), de Saint-Malo.
Bougeaux (Jean), de Saint-Malo.
Bourret (Jean), de Saint-Malo.
Briançon (Nicolas), de Saint-Malo.
Nivot (Jean), de Saint-Malo.
Josse (Louis), de Saint-Malo.
Coüard (Jacques), de Cancale.
Ely (Joseph), de Saint-Malo.
Gautier (Guillaume), de Saint-Malo.
Le Comte (François), de Saint-Malo.
Thébaud (Jean), de Saint-Malo.
Henry (Pierre), de Saint-Malo.
Gagnier (Jean-Baptiste), de Saint-Malo.
Cerisier (Marc), de Saint-Malo.

Goelou (François), de Saint-Malo.
Pelletier (Joseph), de Saint-Malo, mort à bord de maladie le 16 octobre 1781.
Gautier (Pierre), de Saint-Malo.
Guilbert (François), de Saint-Malo.
Aubry (Michel), de Saint-Malo.
Bordelais (Jean), de Saint-Malo.
Mayerbe (Charles), de Tréguier.
Saillot (Jean), de Tréguier.
Lourmus (Pierre), de Tréguier.
Le Hélidu (René), de Saint-Brieuc.
Le Bigot (François), de Dinan.
Doublard (Louis), de Dinan.
Le Gand (François), de Dinan.
Guérin (Mathurin), de Dinan.
Touré (Jean), de Dinan.
Pivert (Mathurin), de Dinan.
Dingué (Pierre), de Dinan.
Nogués (Joseph), de Dinan.
Roussel (Guillaume), de Dinan, tué au combat le 12 avril 1782.
Poudard (Joseph), de Dinan.
Le Grand (Pierre), de Dinan.
Blin (Julien), du Dinan.
Housset (Joseph), de Dinan.
Juliot (Nicolas), de Dinan.
Desroches (Jean), de Dinan.
Lainé (Mathieu), de Dinan.
Le Roy (Etienne), de Dinan.
Brillant (Pierre), de Dinan.
Balland (Pierre), de Dinan.
Renaud (Christophe), de Dinan.
Barré (François), de Dinan.
Guilhon (François), de Dinan.
Le Chatton (Charles), de Dinan.
Le Forestier (Pierre), de Dinan.
Roussel (Pierre), de Dinan.
Gauthier (René), de Dinan.
Burget (Maurice), de Dinan.
Faverou (Julien), de Dinan.
Genrin (Mathurin), de Dinan.
Eiliaire (Jean), de Saint-Brieuc.
Le Gallou (Philippe), de Saint-Brieuc.
Le Bihan (Yves), de Saint-Brieuc.
Renou (Allain), de Saint-Brieuc.
Rebourg (Mathurin), de Saint-Brieuc.
Allain (Jean), de Saint-Brieuc.
Le Galuche (Pierre), de Saint-Brieuc.
Cotillard (Guillaume), de Saint-Brieuc.
Le Fèvre (Laurent), de Saint-Brieuc.
Guevel (Gilles), de Saint-Brieuc.
Le Dû (Louis), de Saint-Brieuc, mort noyé le 25 octobre 1781.
Duchêne (Pierre), de Saint-Brieuc.
Rédou (Jean), de Saint-Brieuc.
Savené (Maurice), de Saint-Brieuc.
Guillard (Jean), de Saint-Brieuc.
Mével (Jean), de Saint-Brieuc.
Guémar (Pierre), de Saint-Brieuc.
Rolland (Yves), de Saint-Brieuc.
Paudain (Julien), de Saint-Brieuc.
Tesson (François), de Saint-Brieuc.
Bouchard (Jacques), de Saint-Brieuc.
Treyot (Pierre), de Saint-Brieuc.
Dayaut (Esprit), de Saint-Brieuc.
Le Bay (Guillaume), du Croisic.
Le Roux (Jacques), du Croisic.
Monard (Ambroise), du Croisic.
Laurat (Georges), du Croisic.
Formon (Pierre), du Croisic.

Huet (Pierre-Jean), du Croisic.
Guillery (Louis), de Nantes.
Le Roy (François), de Nantes.
David (Jean), de Nantes.
Cézor (Louis), de Nantes.
Azan (Pierre), de Nantes.
Formon (Pierre), de Nantes.
Merdel (Jean), de Nantes.
Bureau (Antoine), de Nantes.
Régent (Thomas), de Nantes.
Aury (Louis-François), de Nantes, mort à bord le 10 avril 1783.
Gautier (Pierre), de Painbœuf.
Derent (Pierre), de Paimbœuf.
Fessard (Pierre), d'Orléans.
Massé (Jacques), de Lorient.
Le Guay (Maurice), de Lorient.
Beauchet (Jean-Jacques), de Lorient.
Lieucontour (Guillaume), de Lorient.
Le Lortro (Marc), de Lorient.
Brien (Charles), de Lorient.
René (Jean-Mathurin), de Vannes.
Haymond (Laurent), de Vannes.
Le Grand (Jean), de Vannes.
Bevel (Vincent), de Vannes.
Le Rebours (Denis), de Vannes.
Thomas (Mathurin), de Vannes.
Guillaume (Yves), de Vannes.
Bréjeon (Charles), de Vannes, mort de maladie à bord le 13 novembre 1781.
Gouzer (Albin), de Belle-Isle.
Lestorey (Michel), du Havre.
Croteau (Nicolas-Martin), du Havre.
Chevalier (Emmanuel), du Havre.
Baudry (Jean-Marie), du Havre.
Michaud (Charles), de Fécamp.
Arnaud (Charles-César), de Honfleur.
La Bourg (Joseph), de Honfleur.
Charpentier (Louis-Simon), de Honfleur.
Lefranc (Jean-Baptiste), de Honfleur.
Tranchevant (Joseph-Maurice), de Honfleur.
Frescaline (Jean), de Honfleur.
Couture (François), de Honfleur.
Rogue (Thomas), de Fécamp.
Chancerel (Pierre), de Fécamp.
L'Eudier (Jean), de Fécamp.
Le Jeune (Etienne), de Fécamp, mort à l'hôpital du Fort-Royal le 6 février 1782.
Frocourt (Pierre-Jacques), de Rouen.
Roger (Jacques), de Rouen.
Le Court (François), de Rouen.
Ronné (Nicolas), de Rouen.
Chouquet (Pierre-Charles), de Rouen.
Gosse (Prosper), de Rouen.
Saunier (Elie), de Rouen.
Jacques (Edme), de Rouen, tué au combat du 12 avril 1782.
Barbier (Pierre), de Rouen.
La Coste (Jean-Nicolas), de Rouen.
Gentil (Jean-Baptiste), de Rouen.
Badaire (Jean-Louis), de Rouen.
Fleury (Jean-François), de Rouen.
De la Lande (Ignace), de Rouen.
Tesser (François), de Caen.
Broton (Adrien), de Dieppe.
Tallier (Guillaume), de Dieppe.
Bernard (Sylvestre-Laurent), de Dieppe.
Allard (Nicolas), de Dieppe.
Legras (Mathieu), de Dieppe.

Canac (Pierre-François), de Cherbourg.
Catherine (Pierre), de Cherbourg.
Doucet (Pierre), de Cherbourg.
Le Rossignol (François), de Cherbourg.
Le Canelier (Jacques), de Cherbourg.
Petit (Jacques), de Cherbourg.
Lucas (Jean), de Cherbourg.
Henry (Jean-René), de Cherbourg.
Capel (Guillaume), de Cherbourg.
Maugis (Christophe-Joseph), de la Hougue.
Roblot (Marin), de la Hougue.
Ferrand (Antoine), de la Hougue.
Poly (Mathieu), de la Hougue.
Pommier (Pierre-François), de la Hougue.
Bernard (Jacques), de Quetteville.
Daubray (Gilles), de Granville.
Robine (Claude), de Granville.
Le Cannelier (Nicolas), de Granville.
Baucet (Antoine), de Granville.
Cambernou (Jacques-Antoine), de Granville, mort à bord le 2 août 1781.
De Launc (François), de Granville.
Le Goupil (Louis), de Granville.
Tanqueray (Pierre), de Granville.
Renaud (Jacques), de Granville.
Doutant (Jacques), de Granville.
Louistel (Jacques-Antoine), de Granville, tué au combat du 12 avril 1782.
Moal (François), de Granville.
Morel (François), de Granville.
Le Marquis (Pierre), de Granville.
Le Tellier (Louis), de Granville.
Coupan (Jean-François), de Granville.
Néel (Charles), de Granville.
Gaillard (Julien), de Granville, mort à bord le 30 juillet 1782.
Barreau (Elie), de Rochefort.
Maccaud (Charles), de Rochefort.
Quimper (Charles), de Rochefort.
Charles (Broizé), de Rochefort.
Doucet (François), de Rochefort, mort à bord le 18 avril 1782.
Drouillard (Etienne), de Royan.
Cheneau (Jacques), de Royan.
Hardouin (Gabriel), de Royan.
Martineau (Gabriel), de Royan.
Boisnard (Jean), de Royan, mort à l'hôpital du Fort-Royal le 24 décembre 1781.
Gabaury (Etienne), de la Rochelle.
Simonnet (Pierre), de la Rochelle.
Bouron (René), de la Rochelle.
Rollet (Jean), de la Rochelle.
Paraçou (Jean), de Montauban.
Philibert (Louis), de l'Ile de Ré.
Papin (Symphorien), de l'Ile de Ré.
Nicolas (Guillaume), de Blaye, mort à l'hôpital du Fort-Royal le 29 juin 1781.
Deloumeau (Pierre), de Marennes.
Delidau (Jean), de Marennes.
Raine (Pierre), de Marennes.
Cerclé (André), de Marennes.
Haussaut (Louis), d'Oléron.
Lenormand (Jean), d'Oléron.
Griffon (Isaac), de Rochefort.
Jolibois (François), de Rochefort.
Colineau (François), de Rochefort.
Jourdain (François), de Rochefort, mort à bord le 10 mai 1781.
Raby (Jean), d'Angoulême.
Chauvin (Jean), de Libourne.

Dubois (Jean), de Rochefort.
Beaumont (Pierre), de Rochefort.
Chapelin (Jean), de Rochefort.
Mars (Jean), de Rochefort.
Boisson (Jean), de Rochefort.
Passera (Pierre), de Libourne.
Chapelin (Etienne), de Royan.
Artaud (Jean), de Royan.
Bedard (Pierre), de Royan.
Bourneau (Théodore), de Royan, mort à bord de maladie le 15 juin 1781.
Sabatier (Antoine), de Lyon.
Conoix (Jean), de Saintes.
Courron (Philippe), de Saintes.
Garnier (Louis), de Saintes.
Bernard (Barthélémy), de Lorimont, fait prisonnier.
Carbonnas (François), de Libourne.
Carbireau (Elie), de Libourne.
Gombaud (Jean), de Libourne, mort à bord de maladie le 18 novembre 1781.
Allard (Simon), de Blaye.
Clout (Jean), de Blaye.
Auduleau (Jean), de Blaye.
Calsaque (Guillaume), de la Teste.
Dessaux (Nicolas), de la Teste.
Laude (Jean), de la Teste.
Souffleteau (André), de la Teste.
Valade (Jean), de Bordeaux.
Moulinier (Pierre), de Bordeaux.
Briscaussole (Arnaud), de Moissac.
Billier (Thomas), de Toulouse, tué au combat du 12 avril 1782.
Chapoulis (Marie), de Bordeaux.
Maudille (Jacques), de Bordeaux.
Fradin (Jean), de Bordeaux.
Ruffier (Jean-Léonard), de Bordeaux.
Barthélémy (Pierre), de Bordeaux.
Naulet (Jean), de Bordeaux.
Bher (Pierre), de Bordeaux.
Marandel (Pierre), de Bordeaux.
Gaspard (Jean), de Bordeaux.
Charly (Pierre), de Bordeaux.
Aussarois (Denis), de Bordeaux.
Cassagne (Jean), de Montauban.
Coulommier (Pierre-Amand), de Toulouse.
Caperau (Jean), de Toulouse, mort à bord le 29 janvier 1782.
Double (Giraud), de Marmande.
Duhald (Jean), de Bayonne.
Laffond (Louis), de Bayonne.
Brun (Jean), de Libourne.
Peruche (Etienne), de Libourne.
Fournier (Guillaume), de Libourne.
Brillant (Jean-Baptiste), de Saint-Jean-de-Luz.
Isoire (Claude), de la Ciotat.
Ricard (Jean-Baptiste), de Marseille.
Bernard (François), de Marseille.
François (Jean-Paul), de Marseille.
Rose (Antoine), de Marseille.
Biscaye (Antoine), de Marseille.
Marie (Pierre), de Marseille.
Bois (Louis), de Saint-Tropez.
Martin (Jean), de Carcassonne.
Servant (Augustin), de Narbonne.
Germain (Joseph), d'Aix.
Arsenéguet (Bernard), d'Arles.
Lefeuillant-Vito (Jacques), de Saint-Valéry.

Mercier (Jean), de Saint-Valéry.
Dupont (Hubert), de Calais.
Langagne (André), de Boulogne.
Bizot (Pierre), de Dunkerque.
Nacart (Bertin-Joseph), de Dunkerque.
Général (Elays), Américain.
Maxfield (Jean), Américain.
Truble (Joseph), Américain.
Johnson (Ismael), Américain.

Novices.

Aufray (Louis), de Vitré.
Lizé (Louis-François), de Vitré, mort à bord de maladie le 16 novembre 1781.
Poulottier (Jean-Tréneur), de Rennes.
Bournas (Jean-Marie), de Rennes.
Guimbert (Julien), de Rennes.
Jugon (Pierre), de Rennes.
Floch (Jean), de Rennes.
Périlla (Pierre), de Bayonne.
Tremblay (François), de Paris.
Moreau (Louis), de la Rochelle.
Bouloch (Jean), de Saint-Malo.
Le Roy (Laurent), de Saint-Malo.
Le Toadec (François), de Quimperlé.
Le Moine (Guillaume), de Quimper.
Roussel (Jean), de Dinan.
Le Mercier (Claude), de Metz.
Le Toutin (Jean), de Saint-Brieuc.
Aufray (Louis), de Vitré.
Lizé (Louis-François) de Vitré.
Le Noireau (René), de Vitré.
Lavadec (Pierre), de Lorient.
Cannelle (Joseph), de Granville.
Huet (François), de Granville.
Céleste (Clément), de Nantes.
Colin (Yves), de Tréguier.
Goirin (Guillaume), de Vannes.
Huguen (Charles), de Morlaix.
Gauvin (François), de Saint-Brieuc.
Collet (René), de Saint-Brieuc.
André (Felix), de Saint-Brieuc.
Goasdoué (Jean), de Saint-Brieuc.
Le Vasseur (Pierre-Martin), du Havre.
Saudrel (Michel-Allain), du Havre, noyé le 25 octobre 1781.
Le Tailleur (Jean-Baptiste), du Havre.
Samson (Louis), de Cherbourg.
Guiéne (François-Pierre), de Cherbourg.
Henry (Antoine), de Cherbourg.
Le Carpentier (Philippe), de Cherbourg.
Chanteloup (Thomas), de Cherbourg.
Comfroy (Jean-Jacques), de Cherbourg, mort à bord le 9 août 1782.
Jeannet (Charles), de Cherbourg.
Le Roy (Yves), de Dinan.
Pobet (Guillaume), d'Audierne.
Cornic (François), d'Hennebont.
Landais (Julien), de Rennes.
Puisau (Laurent), de Saint-Méen.
Mouasdiau (Toussaint), de Paris.
Madin (Louis), de Paris.
Micault (François), d'Angers.
Sarpade (Jean-Baptiste), de Rethel.
Rustuel (François), de Lorient.
Coroler (Louis), de Lorient.
Daniel (Ollivier), de Lorient.
Quérit (Jean), de Lorient.
Raoul (Yves), de Lorient.

Giquelet (André), de Lorient, mort à bord de maladie le 13 septembre 1781.
Martiné (Pierre), de Reims.
Maunin (François), de Lyon.
Dirondelles (François), de Paris.
Toussaint (Jean-Marie), de Paris.
Le Lièvre (Jacques), d'Alençon.
Le Loarer (Etienne), de Saint-Brieuc.
Gegou (Yves), de Saint-Brieuc.
Boyner (François), de Saint-Malo.
Bulger (Barthélémy), de Saint-Malo.
Brisset (Jean), d'Angers.
Bourigad (Mathurin), d'Angers.
Perrin de Keraudrin (Vincent), de Pontivy.
Huguon (Gabriel), de Morlaix.
Triton (Hervé), de Quimper.
Blanche (Honoré), de Marseille.
Talarvin (Claude), de Brest.
Marcello (François), de Rennes.
Mallet (Jacques), de Dinan, mort à l'hôpital du Fort Royal le 8 avril 1782.
Querré (François), de Saint-Brieuc.
Guillosson (Pierre), de Saint-Brieuc.
Le Boise (Yves), de Saint-Brieuc.
Gouin (Joseph), des Sables.
Quernieux (Benoît), de Quimper.
Guéran (Pierre Marie), de Fécamp.
Vimbert (Nicolas), de Fécamp.
Le Houx (Jean), de Dieppe.
Pavu (Vincent), de Dieppe.
Samson (Thomas), de Dieppe.
Michel (Nicolas), de Dieppe.
Ducatel (Jean), de Dieppe.
Aubé (Louis), de Dieppe.
Poulain (Jean), de Dieppe.
Battel (Jean Baptiste), de Dieppe.
Gille (Jean), de Dieppe.
Crével (André), de Dieppe.
Le Roux (Louis), de Dieppe, mort à bord de maladie le 25 octobre 1781.
Vaillant (Jacques), de Fécamp.
Lavigne (François), de Dinan.
Lorrain (Pierre), de Fougères.
Bertrand (Pierre), de l'Ile de Ré.
Santerre (François), de Fécamp.
Aubert (Charles), de Fécamp.
Monier (François), de Fécamp.
Horlaville (Alexandre), de Fécamp.
Gilbert (Charles), de Dinan.
Gautier (François), de Dinan.
Pipin (Laurent), de Dinan.
Delorme (Jean), de Dinan.
Josse (Ollivier), de Dinan, mort à bord le 4 septembre 1781.
Godet (Jean-Henri), de Caen.
Maréal (Jean-Baptiste), de Caen.
Dejardin (Louis), de Calais.
Le Saux (Etienne), de Saint-Brieuc.
Colin (François), de Saint-Brieuc.
Raymond (Louis), de Saint-Brieuc.
Pénisson (Etienne), des Sables.
D'Autot (Pierre), des Saintes.
Timbal (Bernard), de Bayeux.

Benoist (Pierre), de Blaye.
Boresse (Jean), de Montpellier.
Baquet (Pierre), de Montpellier.
Bussières (David), de Rodez.
Hénard (Philippe), d'Angoulême.
Filiard (Claude), de Mâcon.
Morel (Pierre-Désiré), de Besançon, mort à bord le 24 juillet 1782.
Pocquet (Jean-Baptiste), de Dunkerque.
Stenard (Louis), de Dunkerque.
Comtois (Martin), de Dunkerque, mort à bord le 14 juin 1783.
Bertrand (Jean), de Marseille.
Lanry (Pierre), de Nantes.
Lauge (Michel), d'Avignon.
Rousseau (François), de Nantes.
Bazin (Gabriel), de Nantes.
Chevalier (François), de Clermont.
Billard (Pierre), de Brest.
Bouleur (Pierre), de Lorient.
Lucas (Charles), de Saint-Malo.
Courtil (Martin), de Mans.
Maréchal (Verbin), de Solly.
Terrin (Antoine-Baptiste), de Pau.
Savergis (Léger), de Limoges.
Le Baud (Jean-Marie), de Quimper.
Dupuis (Jean-Louis), de Caen.
Harlny (François), de Saint-Valéry.
Debaud (Simon), de Lyon.
Clémence (Jean-Baptiste), de Dieppe.
Adam (Bernard), de Granville.
Hérissé (Luc-Julien), de Granville.
Jézéquel (Armel), de Brest.
Moudenés (Jean-Baptiste), de Brest.
Le Coffre (Symphorien), de Quimper.

Surnuméraires.

Tréménteur (François), pilote côtier, de Roscoff.
Bescond (Jean), pilote côtier, de Morlaix.
Duval (Jean), commis, de Saint-Malo.
Kermel (Jean), commis, de Brest.
La Pape (Hervé), tonnelier, de Brest.
Delorme (Jean-Baptiste), armurier, de Lyon.
Maubuchon (Jean-Marie), boulanger, de Guingamp.

Mousses.

Garabie (Jean), de Granville.
Garabie (Julien), de Granville.
Blain (Jean), de Granville.
Allain (Jacques), de Granville.
Heildé (Pierre), de Quimper, mort à bord de maladie le 13 octobre 1782.
Coriol (Jacques), de Rennes.
Méheu (Jacques), de Lamballe.
Grison (François), de Dinan.
Perron (Bernard), de Morlaix.
Bouloc (Frédéric), de Saint-Brieuc.
Potin (Charles), de Landéda, mort à bord de maladie le 13 novembre 1781.
Maurice (Charles), de Redon.
François (Pierre), de Saint Cloud.
Chenault (René), d'Angers.
Porta (Charles-François), de Versailles.

Jouanne (Barthélemy), de Pontivy.
Colen (François), de Tréguier.
Raout (Auguste), de Laval.
De Toux (Autray), de Morlaix.
Mailloche (Noël), de Landerneau.
Revereau (Charles), de Lorient.
Amon (Guillaume), de Brest.
Querré (François), de Brest.
Le Gouez (Jacques), de Brest.
Kervarec (Jean), de Brest.
Ferrey (Jean-Marie), de Brest.
Du Quin (Jean-Louis), de Brest.
Berthou (Joseph), de Marseille.
Le Troadec (François), de Tréguier.
Kergras (Jean-François), de Tréguier.
Le Moing (Blaise), de Tréguier.
Le Bert (Yves), de Tréguier.
Tréménten (Charles), de Morlaix.
Gay (Joseph-Paul), de Toulon.
Dervès (Jean), de Quimper, mort à bord de maladie le 12 novembre 1781.
Pouher (Jean-Pierre), de Lorient.
Jouhannis (Joseph), de Lorient.
Baugard (Alexis), de Lorient.
Le Moing (Jean-René), de Lorient.
Duplessis (Pierre), de Calais.
Fournier (Jean-Baptiste), de Toulon.
Valée (Vincent), de Vannes.
Le Vavasseur (Jean Pierre), de Vannes.
Gigoux (Yves), de Morlaix.
Monnier (Jean-Vincent), de Dieppe.
Besnier (Jean), de Dinan.
Alouette (Gille), de Dinan.
Royères (Louis), de Dinan.
Raymond (Pierre), de Calais.
Le Parc (Jean-Marie), de Morlaix.
Guyard (Etienne), de Saint-Malo.
Chevrelotte (Claude), de Mâcon.
Léon (Michel), de Fougères.
Garand (René), de Fougères.
Destourné (Mathurin-Isaac), de Caen.
Bailly (Pierre-François), de Saint-Valéry.
Moy (Isidore), de Dinan.
Fauché (Alain), de Dinan.
Moy (Charles-François), de Dinan, tué au combat du 12 avril 1782.
Grézel (Julien), de Granville.
Brussot (Yves), de Dinan.
Marsillac (Pierre), de Bordeaux.

Domestiques.

Cazard (Jean-Baptiste), de Rennes.
Frossard (Nicolas), de Lyon.
Lefevre (Ignace), de Lyon.
Capilou (Jean), de Rochefort.
Le Grand (Jean), d'Orléans.
Guével (Tanguy), du Conquet.
Cadiou (Paul), de Saint-Servan.
Pennoit (Pierre), de Lamballe, mort à l'hôpital le 13 juin 1782.
Sordel (Jean), de Marseille.
Saint Yves, de Brest.
Bailly (Pierre), de Nantes.
La Gatte (Pierre), de Six-Fours.

L'ACTIONNAIRE.

(1779 à 1781.)

M. DE L'ARCHANTEL, puis M. le Chevalier DE BOTDERU, Capitaines de vaisseau, Commandants.

ÉTAT-MAJOR.

Capitaines de vaisseau.

De L'ARCHANTEL, Commandant, mort le 23 janvier 1781.
Le Chevalier du BOTDERU, Commandant.
Le Chevalier de COHARS, Second.

Lieutenants de vaisseau.

De L'ARCHANTEL, Lieutenant de vaisseau, Capitaine en second, puis Commandant, mort le 15 juillet 1781.
De GOESBRIANT, Lieutenant de vaisseau, puis Commandant.
De TROMELIN.

Enseignes de vaisseau.

D'ABADIE, mort à bord le 19 décembre 1780.
L'ERONDEL.
De MONS.
De la FERTE.
De MORTEAU.
De la HOUSSAYE.

Officiers auxiliaires.

Le Chevalier GILARD de L'ARCHANTEL.
De MAYRAL.
De KERGADARAN.
AVICE.
Le Chevalier de CORIOLIS.
LEON.

Lieutenant de frégate.

Le Sr BROSSARD, de Carhaix.

Chirurgiens-majors.

Le Sr JANOU, mort à Port-au-Prince le 9 août 1781.
Le Sr CELLIER.
Le Sr REJOU.
Le Sr AUFFRET.

Aumônier.

De VILLEFRANCHE (R. P. Jean-François).

Gardes de la Marine.

BOURRY de VAYRES, Garde de la Marine, puis Enseigne de vaisseau.
KERVEN de KERSULEN, Garde de la Marine.
DUBOT, Garde de la Marine.

Officiers-mariniers de manœuvre.

Le Greneur (Louis), premier maître, de Brest, noyé en mer le 15 novembre 1781.

Le Moing (François-Louis), premier maître, de Brest.
Yvon (Gilles), second maître, de Brest.
Le Borgne (François), second maître, de Recouvrance (Brest).
Amis (Julien), contremaître, de Saint-Malo.
Coulommière (Simon-Pierre), contremaître, de Brest.
Riélan (Charles), contremaître, de Brest, mort à bord le 11 juin 1781.
Picquet (René), contremaître, de Paimbœuf.
Simon (Louis-Marie), boseman, de Brest.
Thomain (Guillaume), boseman, de Brest.
Vatel (Jean), boseman, de Granville.
Goascos (Jean-Marie), boseman, de Camaret.
Enau (Charles), patron de canot, de Dinan.
Le Guen (Hervé), quartier-maître, de Brest, mort à bord le 15 juin 1781.
Cariou (Jacques), quartier-maître, de Brest.
Cupel (Charles), quartier-maître, de Brest, mort le 26 juin 1781, à bord.
Le Roy (Jean-Marie), quartier-maître, de Brest.
Cloarec (Jean-Marie), quartier-maître, de Brest, mort à bord le 7 juillet 1781.
La Plante (Jean-Baptiste), quartier-maître, de Recouvrance (Brest).
Floch (François), quartier-maître, du Conquet.
Duplessis (Sébastien), quartier-maître, de Nantes.
Charuau (François), quartier-maître, de Marennes, mort en mer le 16 mars 1780.
Dupuis (Alexis), quartier-maître, de l'Ile de Ré.
Garlantesec (Joseph Marie), quartier-maître, de Brest.
Morvan (Louis), quartier-maître, de Brest.
Le Maître (Thomas-François), quartier-maître, de Granville, noyé en mer le 21 novembre 1781.
Corbé (Goulven), quartier-maître, de Brest.
Averti (André), quartier-maître, de Nantes.
Gauthier (Jean), quartier-maître, de Saint-Brieuc.
Zion (Jérôme), quartier-maître, de Saint-Brieuc.
Rolland (Barthélémy), quartier-maître, de Boston.
Solec ou Soler (Pierre), quartier-maître, de Vannes.
Le Maître (Vincent), quartier-maître, de Lorient.
Bois (Jean-Baptiste), quartier-maître, de Granville.
Clément (François), quartier-maître, de Dieppe.

Rollando (Vincent), quartier-maître, de Vannes.
Ropars (Gabriel), quartier-maître, de Lorient.
Le Motte (Auger), quartier-maître, de Marennes.
Louet (Jean-Jacques), quartier-maître, de Saint-Malo.
Tanon ou Tanou (Claude), quartier-maître, de Marseille.
Le Breton (Louis), quartier-maître de Noirmoutiers.
Fougue (Pierre), quartier-maître, de la Hougue.
Dufour (Louis), quartier-maître, de Lorient.
Bizien (Yves), quartier-maître, du Conquet.
Guindey (Daniel), quartier-maître, de Royan.
Polet (Pierre), quartier-maître, de Bordeaux.
L'Evêque (Augustin), quartier-maître, de Paimbœuf.
Oudot (Laurent), quartier-maître, de Nantes.

Officiers-mariniers de pilotage.

Coupard (Jacques), premier pilote, de Brest.
Desvarennes (Pierre), premier pilote, de Brest.
Pichot (Sébastien-Louis-Marie), second pilote, de Brest.
Hérault (Jacques), second pilote, de la Rochelle.
Delitré (Antoine), second pilote, de Nantes.
Le Nud (Jacques), second pilote, du Havre.
Cailleau (Jean-Marie), aide-pilote, des Sables.
Basset (Marie-Philippe), aide-pilote, de Dunkerque.
Lathus (Julien), aide-pilote, de Marennes.

Officiers-mariniers de canonnage.

Bosquet (Gabriel), second canonnier, de Brest.
Brûlé (Jean-Jacques), second canonnier, de Dieppe.
Payen (Pierre), second canonnier, de Marennes.
Morvan (Jean-François), second canonnier, de Brest.
Robert (Jacques), second canonnier, de Dinan.
Gautier (Christophe), aide-canonnier, de Marennes.
Mercier (Eustache), aide-canonnier, de l'Ile de Ré.
Boulut (Jean), aide-canonnier, de Bordeaux.
Chaniau (Louis), aide-canonnier, des Sables.

Bou (Pierre), aide-canonnier, de Royan.
Pinchon (Etienne), aide-canonnier, de Rochefort, mort à bord le 30 avril 1780.
Grossen (Pierre), aide-canonnier, de Noirmoutiers, mort à l'hôpital du Fort-Royal le 17 octobre 1781.
Veillon (François), aide-canonnier, de Saintes.
Gaymaut (Jacques), aide-canonnier, de Saintes.
Simon (Jacques), aide-canonnier, des Sables d'Olonne.
Renom (Louis), aide-canonnier, de Bordeaux.
Fontenau (Nicolas), aide-canonnier, de Rochefort.
Rivet (Jean), aide-canonnier, de Rochefort, mort à l'hôpital le 20 mai 1780.
Rousseau (Pierre), aide-canonnier de l'Île de Ré.
Mercier (Etienne), aide-canonnier, de Rochefort.
Gourain (Barthélemy), aide-canonnier, de Rochefort.
Deniau (François), aide-canonnier, de Rochefort.
Le Breton (Alain), aide-canonnier, de Quimper, mort à l'hôpital le 20 novembre 1780.
Meslins (Nicolas), aide-canonnier, de Granville.
Beyot (Laurent), aide-canonnier, de Saint-Brieuc.
Raux (Jacques), aide-canonnier, de Saint-Brieuc.
Lefort (François), aide-canonnier, de Dinan.
Barré (Jacques), aide-canonnier, de Saint-Malo.
Le Saint (Valentin), aide-canonnier, du Conquet.
André (Etienne), aide-canonnier, de Recouvrance (Brest).
Pansard (Jean), aide-canonnier, de Saint-Brieuc.
Desclaux (Pierre), aide-canonnier, de Toulouse.
Courrois (Charles), aide-canonnier, d'Audierne, mort à bord le 6 février 1780.
Le Roux (Jacques), aide-canonnier, de Granville.
Viet (François), aide-canonnier, de Saint-Malo.
Mahé (Pierre), aide-canonnier, de Saint-Brieuc.
Le Curreur (Daniel), aide-canonnier, de Saint-Brieuc.
Saint-Denis (Charles), aide-canonnier, de Rochefort.
Calvès (Bertrand), aide-canonnier, de Rochefort.
Molet (Jacques), aide-canonnier, des Sables d'Olonne.
Maffoy (Pierre), aide-canonnier, de Boulogne.
Daux (Jacques), aide-canonnier, de Rochefort.
Désétables (Jean), aide-canonnier, de Caen.
Bataille (Jean-Louis), aide-canonnier, de Saint-Valéry.
Le Portz (Yves), aide-canonnier, de Lorient.
Poulain (Jean), aide-canonnier, du Havre.
Parie (Jean), aide-canonnier, de la Hougue.

Officiers-mariniers de charpentage.

Le Moing (Jean), second charpentier, de Recouvrance (Brest).
Symon (François), second charpentier, de Nantes.
Puelle (Joseph), second charpentier, de Saint-Malo.
Poussaden (Adrien), aide-charpentier, de Brest.
Bouillon (Jean-François), aide-charpentier, de Granville.
Lefèvre (Jacques), aide-charpentier, de Saint-Malo.
Folliard (Joseph), aide-charpentier, de Saint-Malo.

Officiers-mariniers de calfatage.

Chapelain (François), maître calfat, de Recouvrance (Brest), mort à bord le 19 juin 1780.
Lostie (Guillaume), maître calfat, de Brest.
Le Breton (François), second calfat, de Dinan.
Saisùn (Tanguy-François), second calfat, de Brest.
Geoffroy (Pierre), aide calfat, de Rochefort.
Le Breton (Tanguy), aide-calfat, de Recouvrance (Brest).
Le Doux (François), aide-calfat, de Recouvrance (Brest).

Officiers-mariniers de voilerie

Guinion (François), maître voilier, de Brest.
L'Escot (René-Nicolas), maître voilier, de Brest.
Thépot (Jean-Marie), second voilier, de Recouvrance (Brest).
Silvestre (Pierre), aide-voilier, de Saint-Malo.
Jandreau (Denis), aide-voilier, de la Rochelle.

Gabiers.

Bazin (Jacques), de Royan.
Guindet (Daniel), de Royan.
Moisson (Pierre), de Royan.
Pelletier (Jean), des Sables d'Olonne.
Borre (Louis), de l'Île de Ré.
Renom (Jean), de la Rochelle.
Guezo (Guillaume), du Croisic.
Lavenant (Tanguy), du Conquet.
Ollivier (Jean-André), de Granville, mort à bord le 18 juin 1781.

Timoniers.

Isacard (Joseph), de Noirmoutiers.
Corre (Pierre-Augustin), de Roscoff, mort à l'hôpital le 20 avril 1780.
Le Mée (Jean), de Saint-Brieuc, mort à l'hôpital le 20 octobre 1781.
Ruiller (Jacques), de l'Île de Ré, mort à bord le 14 octobre 1780.
L'Évêque (Nicolas), du Havre.
Severre (Mathieu), de Morlaix.

Matelots.

La Porte (Martin), de Brest.
Pincé (Yves), de Brest.
Piriou (Jean-Marie), de Brest, mort à l'hôpital du Fort-Royal le 24 mai 1780.
Guillermou (Jean-Marie), de Recouvrance (Brest).
Perrot (Etienne), de Recouvrance (Brest).
Parrot (Yves), de Saint-Renan.
Léost (Gabriel), de Saint-Renan.
Bonnard (Jacques), de Saint-Renan, mort à l'hôpital du Fort Royal le 27 juillet 1780.
Martin (Pierre), de Brest.
Riousi (Yves), de Brest.
Poulain (Jean-Marie), de Brest.
Greven (Hugues), de Brest.
Pleibert (Jean René), de Brest, mort à bord le 18 juin 1781.
Gleo (Guillaume), de Recouvrance (Brest).
Belcourt (Joseph-Noël), de Brest, mort à l'hôpital du Fort-Royal le 25 juin 1780.
Antoniou (Yves-Marie), de Brest.
Le Moine (Louis-Jacques), de Chateaulin, mort à bord le 20 mars 1780.
Maubien (Julien), de Brest, mort à bord le 8 juillet 1781.
Guillasser (Jean), de Morlaix.
Laudier (Laurent), de Saint-Malo.
Colas (Jean), de Dinan.
Colas (Ollivier), de Dinan, mort en mer le 17 février 1780.
Guillot (François), de Dinan, mort à l'hôpital du Fort-Royal le 6 août 1780.
Goindey (Jacques), de Dinan.
Rivierre (Casimir), de Dinan.
Frin (Jean), de Dinan, mort à l'hôpital du Fort-Royal le 7 juin 1780.
Louvel (René), de Dinan.
Chauvin (Pierre), de Dinan, mort à bord le 5 août 1781.
Samson (Dominique), de Dinan.
Bernard (Jean), de Dinan.
Harel (Jean), de Dinan, mort à bord le 9 février 1780.
Loisel (Antoine), de Dinan.
Balavoine (Guillaume), de Dinan, mort à l'hôpital du Fort-Royal le 13 août 1781.
Roussel (Gilles), de Dinan, mort le 15 janvier 1781, à l'hôpital du Fort-Royal.
Rosel (Jean), de Dinan, mort à l'hôpital du Fort-Royal le 12 août 1780.
Carillet (Ollivier), de Dinan.
Arondel (Guillaume), de Dinan, mort à bord le 7 avril 1780.
Richard (Germain), de Dinan.
Chartier (Pierre), de Dinan.
Agenet (Joseph), de Dinan.
Colin (Mathurin), de Dinan.
Mauclere (Gabriel), de Dinan.
Trochon (Pierre), de Dinan.
Toutain (Louis), de Dinan.
Guignard (Claude), de Dinan, mort à l'hôpital du Fort-Royal le 20 août 1780.
Macé (Joseph), de Dinan, mort à bord le 7 juillet 1781.
Thomas (Julien), de Dinan.
Samson (François), de Dinan.
Betuel (Samson), de Dinan, mort à bord le 17 mai 1780.
Gérard (Jean), de Saint-Malo.
Langeron (Jean), de Saint-Malo, mort à bord le 27 janvier 1781.
Heartru (Gilles), de Saint-Malo.
Furet (Pierre Julien), de Saint-Malo, mort à l'hôpital du Fort-Royal le 23 décembre 1780.

Le Breton (Thomas), de Saint-Malo, mort à l'hôpital du Fort-Royal le 3 avril 1780.
Daré (François-Jean), de Saint-Malo.
Dufrèche (Pierre), de Dinan.
Hubert (Guillaume), de Dinan.
Le Moine (Pierre), de Dinan.
Lucas (Jacques), de Dinan.
Douet (Mathurin), de Dinan.
Brandilly (Pierre), de Dinan, mort à bord le 17 octobre 1781.
Marchand (François), de Pleurtuit, mort à bord le 28 juillet 1780.
Eon (Joseph), de Dinan.
Hamon (Vincent), de Dinan.
Letendre (Hippolyte), de Dinan.
Le Roux (Etienne), de Dinan.
Bertau (Julien), de Dinan.
Robert (Joseph), de Dinan, mort à l'hôpital du Cap le 26 décembre 1780.
Desaise (Gilles), de Dinan.
Laffiché (Michel), de Dinan, tué au combat du 15 mai 1780.
Querré (Jean), de Quimper.
Marzin (François) de Quimper.
Menès (Jean), de Quimper, mort à bord le 27 février 1781.
Ollivier (Michel), du Croisic.
Fouché (Michel), de Paimbœuf.
Chevalier (Claude-Marie), de Paimbœuf.
Robard (Etienne), de Paimbœuf.
Loozat (Charles), de Paimbœuf.
Delay (Julien), de Paimbœuf.
Corrouge (Pierre), de Saint-Brieuc.
Le Borgne (Guillaume), de Saint-Brieuc.
Le Dû (Laurent), de Saint-Brieuc.
Tanguy (Jean), de Saint-Brieuc.
Fleury (Vincent), de Saint-Brieuc, mort à bord le 15 février 1781.
Le Gonidec (Guillaume), de Saint-Brieuc, mort à l'hôpital du Fort Royal le 4 novembre 1780.
Le Maine (Philippe), de Saint-Brieuc, mort à bord le 3 septembre 1780.
Clément (Joseph), de Saint-Brieuc, mort à l'hôpital du Fort-Royal le 25 novembre 1781.
Beauchet (Pierre), de Saint-Brieuc.
Tardivel (Marc), de Saint-Brieuc.
Quémard (François), de Saint-Brieuc.
Le Fèvre (François), de Saint-Brieuc.
Séguillon (Yves), de Saint-Brieuc, mort à bord le 7 juillet 1781.
Le Blay (François), de Saint-Brieuc, mort à bord le 4 juillet 1781.
Nicolle (Joseph), de Saint-Brieuc.
Yvon (Julien), de Saint-Brieuc.
Gennevé (André), du Havre.
De la Ris (Thomas-Robert), du Havre.
Sellier (Charles), de Granville.
Hermange (Michel-François), de Granville, mort à l'hôpital du Fort-Royal le 4 décembre 1780.
Le Gentil (Jean), de Granville, tué au combat du 17 avril 1780.
Moisson (Jean), de Granville.
Iger (François), de Granville.
Caillard (Charles), de Granville.
Robine (Gand), de Granville, mort en mer le 19 février 1780.
La Motte (Jean-Baptiste), de Granville, mort à bord le 27 mars 1781.
Caillard (Charles), de Granville.
Aublin (Jean-François), de Granville.

Toupet (Jean-Nicolas), de Granville.
Esnée (Gilles-François), de Granville, mort à l'hôpital du Fort-Royal le 16 avril 1780.
Jacquet (Guillaume), de Granville, mort à bord le 19 juin 1781.
Ménildré (Jacques-François), de Granville, mort à l'hôpital du Fort-Royal le 31 décembre 1780.
Joret (Thomas), de Granville, mort à l'hôpital du Fort-Royal le 24 août 1780.
Alix (Thomas), de Granville, mort à bord le 8 juin 1781.
Dubois (François), de Granville, mort à l'hôpital du Fort-Royal le 31 mars 1780.
Anquetil (Jean-Philippe), de Fécamp.
Haubert (Nicolas), de Fécamp.
Gillard (François), de la Hougue.
Mahé (Pierre), de la Hougue.
Lombard (Thomas), de Honfleur, mort à bord le 22 avril 1781.
Rolland (Jean-François), de Honfleur.
Tanier (Jacques), de Honfleur.
Fay (Michel), de Rouen.
His (Louis), de Rouen.
Clairet (Valentin), de Rouen, mort à bord le 22 septembre 1781.
Mercier (Jacques-Philippe), de Rouen, mort à bord le 15 juillet 1781.
Dragniau (Jean), de Rochefort, mort à l'hôpital du Fort-Royal le 13 août 1780.
Charon (Jacques), de Rochefort.
Pellé (Antoine), de Rochefort.
Renom (Jean), de Rochefort.
Le Goa (Jean-Philippe), de Rochefort.
Prou (Pierre), de Rochefort.
Loiseau (Jacques), de Rochefort, mort à l'hôpital du Fort-Royal le 12 mai 1780.
Gerneau (François), de Rochefort, mort à l'hôpital du Fort-Royal le 12 août 1780.
Bourguignon, dit Brasseauvant (Louis), de Rochefort.
Leps (André), de la Rochelle.
Ravasseau (Pierre), de Saintes.
Aloul (Jean), de Saintes.
Vigneau (Pierre), de Saintes.
Gourdon (Joseph), de Saintes, mort à bord le 16 juillet 1781.
Pichot (Pierre), de Rochefort.
Brossais (Jacques), de Rochefort, mort à l'hôpital du Fort-Royal le 25 mai 1780.
Guignard (Pierre), d'Angoulême.
Ordonneau (Philippe), d'Angoulême.
Prévauteau (Pierre), d'Angoulême.
Massoneau (Pierre), d'Angoulême.
La Coste (Jacques), d'Angoulême.
Vatteau (Jacques), d'Angoulême.
Babin (Jean), d'Angoulême.
Berthomet (François), d'Angoulême.
Tabeau (Jean), d'Angoulême.
Guérin (Louis), de Marennes.
Chardavoine (Pierre), de Marennes, mort à l'hôpital du Fort-Royal le 28 avril 1780.
Prou (Jean), de Marennes.
Moreau (Jean), de Marennes, mort à l'hôpital du Fort Royal le 3 juin 1780.
Drouillard (Jean), de Marennes, mort à bord le 2 mai 1780.
Borré (Nicolas), de Marennes, mort à l'hôpital du Fort-Royal le 13 avril 1780.
Chevalier (François), de Marennes, mort à l'hôpital du Fort-Royal le 4 avril 1780.
Dupuis (Pierre), d'Oléron.
Régnier (Jean), d'Oléron.

Rousseau (André), d'Oléron.
Morceau (Jean), d'Oléron, mort à l'hôpital du Fort-Royal le 4 avril 1780.
Blanchet (Etienne), d'Oléron.
Denoué (Charles), d'Oléron.
Mettre (Joseph), d'Oléron.
Régnier (Charles), d'Oléron, mort à l'hôpital du Fort-Royal le 4 juin 1780.
Guibert (Elie), d'Oléron, mort à l'hôpital de Saint-Pierre (Martinique), le 28 juin 1780.
Gadiou (Antoine), de Royan.
Main (Isaac), de Royan.
Le Roy (Pierre), de Royan.
Guérin (Jacques), de Royan.
Goron (Daniel), de Royan.
Bureau (Alexandre), de Royan.
Le Clerq (Jean), de Royan, mort à bord le 5 février 1781.
Viaud (Louis), de Royan, mort à l'hôpital du Fort-Royal le 9 avril 1780.
Ayraud (Mathurin), de la Rochelle.
Brussier (Louis), de la Rochelle.
Emard (François), de la Rochelle.
Gabrieau (François), de la Rochelle.
Nadeau (Pierre), de la Rochelle.
Corre (François), de la Rochelle.
Papin (Jean-Baptiste), de la Rochelle.
Gabout (Pierre), de la Rochelle.
Durand (Pierre), de la Rochelle.
Jugou (Louis), de la Rochelle.
Morin (Jacques), de la Rochelle.
Magnier (Charles), de la Rochelle, mort à bord le 23 janvier 1781.
Le Roy (Jean), de la Rochelle.
Renaud (André), de l'Ile de Ré.
Télot (Joseph), de l'Ile de Ré.
Génieux (Antoine), de l'Ile de Ré.
Palot (Etienne), de l'Ile de Ré.
Grenier (Pierre), de l'Ile de Ré.
Rigault (Louis), de l'Ile de Ré.
Touzeau (Louis), de l'Ile de Ré.
Ravon (André-Pascal), des Sables d'Olonne.
Lavergne (André), des Sables d'Olonne.
Molet (Jacques), des Sables d'Olonne.
Mathé (Jean), des Sables d'Olonne.
Bruneteau (Jean Jacques), des Sables d'Olonne, mort à bord le 25 mai 1781.
Jouannau (Charles), des Sables d'Olonne.
Rousseau (Jacques), des Sables d'Olonne, mort à l'hôpital du Fort-Royal le 20 avril 1780.
Gazon (Gilles), de Noirmoutiers.
Violeau (Jacques), de Noirmoutiers.
Taillay (Alexis), de Noirmoutiers.
Le Roy (Joachin), de Noirmoutiers.
Massonnet (Mathieu), de Noirmoutiers.
Dumontel (Jean), de l'Ile d'Yeu.
Violet (Jean), de Bordeaux.
Lalanne (Jean), de Bordeaux.
Beaume (Pierre), de Bordeaux.
Laurent (Jean), de Bordeaux.
Casse (Jean), de Bordeaux.
Chaffort (Pierre), de Bordeaux.
Fort (Jean), de Bordeaux.
Pérès (Jean), de Bordeaux.
Négrand (Joseph), de Bordeaux.
Cornet (Pierre), de Bordeaux.
Massingaud (Maurillon), de Bordeaux.
Sabrand (Pierre), de Bordeaux.
Bernard (Pierre), de Blaye.

Masson (Étienne), de Blaye.
Séguineau (Jean), de Blaye.
Morrangeau (Pierre), de Blaye.
Bernard (Laurent), de Blaye.
Maigre (Pierre), de Libourne.
Joubert (Pierre), de Libourne.
Ségu (Jean), de Libourne.
Buchaud (Simon), de Libourne.
La Marque (Pierre), de Libourne, mort à bord le 18 mai 1781.
Fraîche (Jean), de Libourne, mort à l'hôpital de Saint-Pierre le 26 juillet 1780.
Bossuet (François), de Libourne, mort à l'hôpital du Fort-Royal le 11 avril 1780.
Martin (Elie), de Libourne, mort à l'hôpital du Fort-Royal le 30 avril 1780.
Surin (Bertrand), de Libourne.
Marin (Pierre-François), de Libourne, mort à bord le 21 mai 1780.
Arnaud (Charles), de la Teste.
Moreau (Thomas), de Marmande.
Ragon (Raymond), de Toulouse.
Trégan (Georges), de Toulouse.
Lartigue (Jean), de Toulouse.
Ducros (Jean), de Toulouse, mort à bord le 13 octobre 1781.
Bentebulle (Antoine), de Toulouse, mort à l'hôpital du Fort-Royal le 29 avril 1780.
Cointe (Pierre), de Toulouse.
Toulza (Antoine), de Toulouse, mort à l'hôpital du Fort-Royal le 23 avril 1780.
Bouquet (Antoine), de Toulouse, mort à l'hôpital du Fort-Royal le 21 mars 1780.
Claverie (Antoine), de Montauban.
Aubaré (Guillaume), de Montauban.
Bonnesoux (Pierre), de Montauban.
Trabarel (Jean), de Montauban.
Marti (Jean), de Montauban, mort à l'hôpital du Fort-Royal le 3 avril 1780.
Saxi (Jean), de Montauban, mort en mer le 16 février 1780.
Boslé (Bernard), de Montauban, mort à l'hôpital du Fort-Royal le 24 avril 1780.
Salles (Jean), de Montauban, mort à bord le 1er juin 1781.
Bourdelles (Louis), de Montauban.
Malbert (Hilaire), de Montauban.
Combe (François), de Montauban.
Detcheverry (Jean), de Saint-Jean-de-Luz.
Cheneau (Charles), de Royan.
Marcadec (François), de Saint-Brieuc.
Le Breton (Antoine-Marie), de Brest.
Postal (Joseph), de Dinan.
Bonny (Philippe), de Lannion.
Nicolas (Jean), de Lannion.
Bahic (Jean), de Lannion.
Bihannic (Ollivier), de Lannion.
Le Gonic (Nicolas), de Lannion.
Gerveau (François), de Rochefort.
Leps (André), de Rochefort.
Gozin (Pierre), de Rochefort.
Fouché (Jean), de Saintes.
Jousseaume (Jean), d'Angoulême.
Cochard (Pierre), de la Rochelle.
Dinan (Jean), de Royan.
Riclet (François), de l'Ile de Ré.
Sourisseau (Michel), de l'Ile de Ré.
Jutard (Étienne), de Noirmoutiers.
Fraché (Joseph), de Noirmoutiers.
Deromas (Jean), de Blaye.
Saugeon (Pierre), de Libourne.

Ormière (Pierre), de Toulouse.
Riguaille (Jean), de Montauban.
Bonnesoux (François), de Montauban.
Ferrières (Bernard), de Montauban.
La Bruyère (Pierre), de Montauban.
Taride (Jean), de Montauban.
Sabatier (Jean), de Montauban.
Juael (Jean), de Montauban.
Prié (Antoine), de Montauban.
Auger (Jean), de Montauban.
Augeric (Jean), de Montauban.
Pargant (François), de Montauban.
Coquet (Nicolas-Romain), de Dieppe.
Binet (Julien-Antoine), de Granville.
Hervé (Julien-Marie), de Vannes.
Gautrin (Joseph), de Saint-Brieuc.
Eterveau (Jean), de Saint-Brieuc.
Perdrigeon (Louis), de Rochefort.
Bryer (Simon), de Saintes.
Rey (Jean), de l'Ile de Ré.
Anduit (François), de Marennes.
Gaillard (Guillaume), de Périgueux.
Gérard (Jean), de Royan.
Bertin (François), de Royan.
Michelet (Jacques), de Royan.
Ladou (Pierre), de Royan.
John (Antoine), de Marennes.
Alger (Henri), de Paris.
Grenier (Pierre), de Sainte-Menehould.
Desgroces (Charles), d'Angers.
Vasselin (Jean), de Saint-Malo.
Beaudouin (Jean), de Saint-Malo.
Cadiou (Gilles), de Saint-Malo.
Portier (Gilles), de Saint-Malo.
Bouan (Claude), de Saint-Malo, mort à bord le 25 février 1781.
Fouquault (Marc), de Saint-Malo, mort au Cap le 13 octobre 1780.
Marchand (Jean), de Saint-Malo.
Thébeault (Pierre), de Saint-Malo.
Duval (Guillaume), de Dinan.
Brouard (Laurent), de Dinan.
Padins (Pierre), de Toulouse.
Brot (Guillaume), de Fougères.
Sabattier (André), de Martigues.
Michel (Pierre), de Saint-Brieuc.
Gamard (Toussaint), de Saint-Brieuc, mort à bord le 6 juillet 1781.
Clairin (Jean), de Saint-Brieuc, mort à bord le 1er juillet 1781.
Le Mauchette (Louis), de Tréguier.
Journet (Pierre), de Paris.
Le Blu (Grégoire), de Nantes.
Guérard (Jean), de Nantes.
Bulot (François), de Nantes.
Ficquet (Mathurin), de Nantes.
Rousseau (Pierre), de Nantes.
Polaré (Jean), de Nantes.
Barte (François), de Bordeaux.
Ducas (Jean), de Bordeaux.
Cordet (Jean), de Bordeaux.
La Borde (Mathias), de Bordeaux.
Monaclou (François), de Bordeaux.
Signoret (Jean), de Bordeaux.
La Bail (Etienne), de Bordeaux.
Demaux (Pierre), de Bordeaux.
Anot (Jean-Baptiste), de Cherbourg.
Morin (Thomas), de Cherbourg.
Blin (Jean), de Saint-Malo.
Fréchon (Jean-Simon), de Dieppe.

Landé (Jean), de Brest.
Morier (Etienne), de Cette.
Bernier (Nicolas), de Dunkerque.
Tanique (Jean), de Toulouse.
Tilly (Noël), du Croisic.
Guillon (Gilles), de Tréguier.
Lansier (Jean), d'Arles.
Ouvré (Etienne), d'Angers, mort à bord le 22 septembre 1781.
Béziers (Jean), de Montoir (Nantes).
Marguin (Jean), de Paimbœuf.
Matelot (Joachim), de Lorient.
Lévêque (Augustin), du Havre.
Caudal (Joseph), de Vannes.
Quidellou (Yves), de Vannes, mort à bord le 17 mai 1781.
Le Mogne (Jean), de Nantes.
La Raison (Martin), de Nantes.
Chenet (Pierre), de Nantes.
Fautre (Jean), de Nantes.
Toublanc (Jean), de Nantes.
Le Pay (Joseph), de Nantes.
Gailleau (Toussaint), de Nantes.
Fortineau (Eloi), de Nantes.
Horvan (Jean), de Nantes.
Denis (Pierre), de Nantes.
Portiron (François), de Nantes.
David (Julien), de Nantes.
Goret (Julien), de Nantes.
Gouvard (Julien), de Nantes, mort à bord le 24 juin 1781.
Abraham (Charles), de Nantes.
Rochet (Jean), de Nantes.
Evrard (Jacques), de Fougères.
Gaudrion (Pierre), de Caen.
Renard (Joseph), de Saint-Malo, mort à bord le 17 janvier 1781.
Pelletier (François-Marie), de Quimper.
Lamy (Jean), de Bayonne.
Dubos (Julien), de Bayonne.
Georget (Isaac), de Tarascon.
Delorme (François), de Marseille.
Philippe (Louis), de Bayonne.
Parat (Pierre), de Bayonne.
Jendreau (François), de Marennes.
Saguin (Joseph), de Marennes.
Rivière (François), de Marennes.
Baucher (Jean), de Bayonne.
Le Peley (Joseph), de Montauban.
Vincent (Joseph), de Marseille.
De Launay (René-François), de Marseille.
Aubertin (Joseph), de Marseille.
Lormiex (François), de Marseille.
Aguistre (Georges), de Marseille.
Taillay (Jean), de Marseille, mort à l'hôpital du Fort-Royal le 6 décembre 1780.
Boré (Georges), de Marseille.
Hutrel (Gilles), de Dieppe.
Roger (Joseph), du Havre, mort à bord le 13 avril 1781.
Huby (Pierre), de Granville.
Fouvet (Pierre), de Granville, mort à l'hôpital du Fort-Royal le 30 novembre 1780.
Pansard (Joseph), de Bordeaux.
Fayet (Pierre), de Bayonne.
Fontenay (Michel), de Lyon.
Riou (Jean-Pierre), de Lorient.
Brisson (Pierre), de Quimper.
Le Soeur (Pierre-Cyprien), de Rouen.
Nael (Joseph), de Vannes.
Desbois (Georges), de Bourges.

S. Doc. 77, 58-2——14

Antoine (Jean), de Marseille.
Biston (François), de Lyon.
Fenousse (Nicolas), de Lyon.
Pirogue (Jean), de Narbonne.
Laty (François), de Tarascon.
La Vigne (Pierre), de Tarascon.
Cayenne (Pierre) de Tarascon.
Poisson (Pierre), de Nantes.
Schmitz (David), Américain.
Cristiam (Benedic), Américain.
Silvain (Jean), Américain.
Renel (Jeins), Américain, mort à bord le 8 janvier 1781.
Rivière (Luc), de Saint-Malo.
Paudel (Joseph), de Bordeaux.
Rozier (Jean), de Marseille.
Antoine (Jean), de Marseille.
Capequi (Jean-Baptiste), de Bayonne.
Gigadin (François), de Bordeaux.
Lenormand (Alexis-Nicolas), de Fécamp.
Piet (Nicolas), de Rouen.
Canon (Jean), Américain.
Talin (Robert), Américain.
Nobles (Jean), Américain.
Williams (Jeins), Américain.
Ouest (Naten), Américain.
Pain (Servinez), Américain.
Loutès (Jean), Américain.
Reidems (Alexandre), Américain, mort à bord le 31 mars 1781.
Perrin (Pierre), de Noirmoutiers.
Richard (Jean), de la Hougue.
Taniou (Bastien), de Brest.
Visco (François), de Saint-Malo.
Le Fay (Edouard), de Rouen.
Gournay (Jacques), de Boulogne.
Arnaud (Pierre), de Blaye.
Dalbarade (Guillaume), de Saint-Jean-de-Luz.
Gauthier (Guillaume), de Bordeaux.
Bertrand (Guillaume), de Bordeaux.
Ferru (André), de Marseille.
Le Lame (Jean), de Bordeaux.
La Tour (Pierre), de Nantes.
Blondeau (René), de Poitiers.
Even (Augustin), de Marseille.
Ricou (Yves-Louis), d'Angers.
Perrot (Julien), de Nantes.
Bertrand (Pierre), de Nantes.
Saillaud (Raymond), de Bordeaux.
Chaumet (Pierre), de Bordeaux.
Mounier (Antoine), de Lorient.
Raby (Jean), de Rouen.
Launay (Georges), de Honfleur.
Fleury (Christophe-Barthélémy), de Nancy.
Valcourt (Jean-François), de Rouen.
Lavardin (Jean), de Bordeaux.
Rigodaine (Marcel), de Toulouse.
Abgrall (Julien), de Morlaix.
Fiacre (Pierre), de la Rochelle.
Moutard (Jean), de Rochefort.
Postic (Julien), de Saint-Malo.
Doret (Jean), de Saint-Malo.
Sicot (Guillaume), de Dinan.
Vidal (Pierre), de Toulouse.
Aubra (Louis), de Paris.
Brussac (Marcel), de Marmande.
Jutteau (Jean), de Rennes.
Malard (Jacques), de Libourne.

La Louet (Jacques), de Bordeaux.
L'Hermitte (Pascal), de Belle-Isle.
Gracel (Bernard), de Bordeaux.

Volontaires.

Le Sr de Kerlivio, de Saint-Pol-de-Léon.
Périon, de Saint-Pol-de-Léon.
Mins, de Saint-Pol-de-Léon.
Boussac, de Toulouse.

Novices.

Chemin (Pierre), d'Oléron.
Janvier (Pierre), de la Rochelle.
Vergereau (Pierre), de la Rochelle.
Soreil (Ambroise-Louis), de la Rochelle.
Cailleau (Pierre), de l'Ile de Ré.
Bourgeois (Jacques), de l'Ile de Ré.
Séjourné (Jean), de l'Ile de Ré, mort à l'hôpital de Saint-Pierre le 7 juillet 1780.
Michaud (Vincent), de l'Ile de Ré, mort au Cap le 18 octobre 1780.
Monnier (Etienne), de l'Ile de Ré.
Texier (Jean), de l'Ile de Ré.
Henry (Michel), de l'Ile de Ré.
Héraudière (Jean), de l'Ile de Ré.
Guillon (André), de l'Ile de Ré.
L'Estrade (Philippe), de l'Ile de Ré.
Thibault (Jacques), de l'Ile de Ré, mort à l'hôpital du Fort-Royal le 20 mai 1780.
Furchet (André), de l'Ile de Ré, mort à l'hôpital du Fort-Royal le 5 avril 1780.
Jousseaume (Mathieu), de l'Ile de Ré, mort à l'hôpital de Saint-Pierre le 15 juin 1780.
Picard (Fabien), de l'Ile de Ré, mort à bord le 7 avril 1780.
Boyer (Jean), de l'Ile de Ré, mort à l'hôpital du Fort-Royal le 30 avril 1780.
Guillochel (Pierre), de l'Ile de Ré.
Patureau (Jacques), de l'Ile de Ré.
Valet (Michel), de l'Ile de Ré.
Regreny (Augustin), de l'Ile de Ré.
Dupeux (Daniel), de l'Ile de Ré.
Neveu (Etienne), de l'Ile de Ré.
Vrigneau (Louis), de l'Ile de Ré.
Rault (Jacques), de l'Ile de Ré.
Laurent (Etienne), de l'Ile de Ré.
Regreny (Mathieu), de l'Ile de Ré.
Goulan (Alexandre), de l'Ile de Ré.
Bariteau (André), de l'Ile de Ré, mort à bord le 1er mai 1780.
Marès (Jacques), de Marmande, mort à bord le 2 janvier 1780.
Chateignier (Pierre), de Marmande, mort à l'hôpital de Saint-Pierre le 6 juillet 1780.
Lartigue (Arnaud), de Bayonne, mort à bord le 20 juin 1780.
Garandel (Yves-Louis), de Brest.
L'Etourneau (Pierre), de Fougères.
Nicole (Guillaume), de Granville.
Le Comte (Guillaume), de Granville.
Leber (Jean-Rolland), de Fécamp.
Jouannes (Pierre), de Granville, mort en mer le 23 mars 1780.
Roquet (Louis), de Granville.
Roquet (Jean), de Granville.
Pinçon (Louis), de Granville.
Fauvel (Michel), de Granville.
Garabie (Louis), de Granville.
Dubois (Jean), de Granville.
Butord (Pierre), de Granville, mort à l'hôpital du Fort-Royal le 4 décembre 1780.

Talva (Jean), de Granville, mort à l'hôpital du Fort-Royal le 26 juin 1780.
Tellon (Pierre), de la Rochelle.
Annis (Jacques), de l'Ile de Ré.
Vittel (Jacques), de Dieppe, mort le 24 mai 1780 à bord.
Alain (Jean-Baptiste), du Havre.
Godfroy (François), de Honfleur.
Alain (François), de Honfleur.
Le Fee (Ollivier), de Honfleur, mort à bord le 4 février 1781.
Peltier (Noël-François), de Fécamp.
Vasseur (Pierre), de Fécamp.
Renouf (Pierre), de la Hougue.
Frémy (François), de la Hougue.
Le Fevre (Jean), de la Hougue, mort en mer le 8 mars 1780.
Le Forestier (Jean), de Guingamp.
Kerdilès (Hervé) de Dirinon, mort à bord le 23 juillet 1780.
Sacremann (Baptiste), de Strasbourg.
Le Peton (François), de Lannion.
Doublé (François), de Morlaix.
Garnier (Joseph), de Marennes.
Vignieux (Louis), de la Rochelle.
Bouteillier (Pierre), de la Rochelle.
Dubois (Pierre), de l'Ile de Ré.
Annis (Dominique), de l'Ile de Ré.
Rousseau (Michel), de l'Ile de Ré.
Conaux (Jacques), de l'Ile de Ré.
Daniel (Danaz-Eutrope), de Vannes.
Pierre (Jean), de Narbonne.
Coulon (Jean-François), de Narbonne.
L'Antoine (Jean), de Toulouse.
Marée (François), de Toulouse.

Surnuméraires et Divers.

Leysour (Michel), de Porspoder.
Meloc (Claude), de Porspoder.
Le Roux (Hyacinthe), de Brest.
Josse (Joseph), de Rennes.
Descamps (Jean-Baptiste), de Quimper.
Renal (André), apothicaire, du Berry.
Guillaume (Nicolas-François), commis, mort à bord le 1er juin 1781.
Davodo (François), premier valet, de Nantes.
Bois (Jacques), second valet, de Brest, mort à bord le 30 avril 1781.
Le Mercier (Patrice), coq, de Guingamp.
Le Roy (Louis), boucher, de Dinan.
Fournier (Claude), boulanger, de Clermont.
Rivot (André), maître armurier, de Poitiers.
Drié (Benjamin), aide-armurier, de Rochefort.
Jourjon (François), aide-armurier, de Saint-Etienne.

Mousses.

Diarat (Joseph), de Saintes.
Borion (Guillaume), de Saintes, tué au combat du 17 avril 1780.
Carro (Joseph), de Brest, mort au Cap le 16 octobre 1780.
Payen (Joseph), de Marennes.
Baron (Jean), de Marennes.
Couperon (Pierre), de Marennes.
Fauvel (Joseph), de Saint-Malo.
Querlan (Louis-Marie), de Recouvrance (Brest).
Beaudel (Jacques), de Royan.

Elie (François), de Rochefort.
Bompain (Jean), de Rochefort.
La Voïce (Jacques), de Landivisiau.
Mondeuille (Jean), de Saintes, mort à l'hôpital de Fort-Royal le 19 avril 1780.
Dinay (Guillaume), de Saint-Malo.
Boiteau (Alexandre), de la Rochelle.
Renard (François), de la Rochelle, mort à bord le 9 septembre 1780.
Sortin (Pierre), de Rochefort.
Lappetou (Antoine), de Marennes.
Moreau (Pierre), de Saintes.
Pourceau (Jean-Baptiste), d'Oléron.
Aubry (Jean-Marie), de Treguier.
Floch (Yves), de Brest.
Le Roy (Louis Marie), de Brest.
Rebel (Germain), de Dinan, mort à bord le 17 juin 1781.
Grenier (Philippe), de Lorient.
Sallamoux (Thomas), de Dinan.
Le Bouder (Joseph Marie), de Brest.
Dutertre (Guillaume), de Saint-Brieuc.
Héliès (Louis-Augustin), de Landerneau.
Le Meul (Jacques), de Landerneau.
Guillermic (Guillaume), de Lesneven, mort à bord le 27 août 1781.
Noël (Henry), de la Rochelle.
Bouet (Jean), de la Rochelle.
Thras (Jean), de l'Ile de Ré.
Guilbeau (Louis), de l'Ile de Ré.

Sorain (Hippolyte), de Saint-Brieuc.
Soulard (Jean), de Royan.
Robin (Jean), de Saintes.
Querrier (André), de Paris.
Prince (Yves), de Brest.
Le Lande (Jean-Marie), de Brest.
Daynet (Louis), de Marennes.
Serignet (Jean), de Marennes.
Pontigny (Jean-François), d'Hennebont.
Choulopin (Pierre), de Dinan.
Lauche (René), de Lorient.
Lanion (Louis), de Brest.
Le Bras (Julien), de Nantes.
Bissan (Antoine), de Saint-Malo.
Roussillon (Pierre), de Bordeaux.
Le Masson (Jean), de Morlaix.
Boulot (Jean-Baptiste), de Fécamp.
Giboulet (Pierre), de Poitiers.
Batard (Julien), de Saint-Malo.
Tanoie (Guillaume), du Croisic.
Le Tellier (Jean-Baptiste), de Granville.
Alvète (Yves), de Saint-Brieuc.
Bertin (Marcel), de Saintes.
Henry (Charles), de Dinan.
Huche (Jacques) de Caen.
Eduolier (Jean), de Narbonne.
Bacord (Jean-M.), de Marseille.
Bouderie (Jean), de Tarascon.
Genel (Pierre), de Bordeaux.
Lartigue (Jean), de Bordeaux.

Dibois (Jacques), de Bordeaux.
Biguet (Bernard), de Bordeaux.
Le Brasse (Gilles), de Brest.
Lavoué (Jacques), de Granville.
Cuilleau (Antoine), des Sables-d'Olonne.
Churpier (Honoré), de Narbonne.
Mercier (Pierre), de Saintes.
Janeau (Baptiste), de Libourne.
Bienquel (Pierre), de Nantes.
Trelin (François), de Nantes.
Quartier (René) d'Angers.
Coiffier (René), d'Angers.
Vaughan (James), Américain.
Daniel (Louis), du Croisic.
Pesquer (Charles), de Toulouse.
Héry (Jacques), de Dinan.
Laffond (Bertrand), de Bayonne.
Berton (Jacques), de Toulouse.
Maurise (Jacques), de Cette.
Discret (Jean-François), de Caen.

Domestiques.

Sbire (Jean), de Caen.
Martin (François), de Lannion.
Ruellan (Pierre), de Saint-Brieuc.
Le Goff (Yves), de Plestin.
Huet (Pierre), de Lisieux.
La Valette (Pierre), de Vannes.
Guéguen (Jean), de Morlaix.

LE VAILLANT.

(1781-1782.)

M. le Chevalier DE CANY, Capitaine de vaisseau, Commandant.

ÉTAT-MAJOR.

Capitaines de vaisseau.

De CANY, Commandant.
De MARIGNY, Commandant.

Lieutenants de vaisseau.

De BROVES.
De QUEREBARS.

Enseignes de vaisseau.

D'ARS.
De SAINTE-MARGUERITHE.
De REIGNES.
Du TREVOUX.
De VALOIS.
De TORNQUIST, Suédois.

Lieutenants de frégate.

ASTEUGUE.
MALIN.

Officiers Auxiliaires.

D'OZOUVILLE.
ROUDIER.
LE ROY.
BURGAIN.

Chirurgiens-Majors.

JACOB.
CHAVANNE.

Aumônier.

MARC (R. P.), Capucin.

Gardes de la marine.

De CHARY.
LA SOUAILAZ.

Volontaires.

Bachelot (Joseph), de Villeneuve-de-Venise.
Lesnuyer (Louis), du Croisic.
Andréau (Paul), premier maître, de Toulon.
Humon (Charles), premier maître, de Brest.
Boëtard (Jacques), second maître, de Granville.
Guequel (Louis), second maître, d'Hennebont.
Guichet (Louis), contremaître, de Dieppe.
Fiston (Jean), contremaître, de Toulon.
Fol (Michel), bosseman, d'Hennebont.
Chalony (Jean), bosseman, d'Hennebont.

Masson (Jacques), bosseman, de l'Ile d'Yeu.
Salzin (Augustin), bosseman, de Brest.
La Cloche (Jean), quartier-maître, de Lorient.
Robart (François), quartier-maître, de Lorient.
Bihan (François), quartier-maître, de Brest.
Cœur (Mathieu), quartier-maître, de Quimper.
Le Lièvre (Jean), quartier-maître, de Granville.
Dubois (Charles), quartier-maître, de Granville.
Bouraget (Charles), quartier-maître, de Granville.
Montigny (Hyacinthe), quartier-maître, de Granville.
Marie (Nicolas), quartier-maître, de Granville.
Jullen (Thomas), quartier-maître, de Saint-Malo.
Guépel (Julien), quartier-maître, de Saint-Malo.
Trevers (Jean), quartier-maître, de Saint-Malo.
Hervy (Ollivier), quartier-maître, de Saint-Malo.

Thierry (François), quartier-maître, de Saint-Malo.
Larvor (François), quartier-maître, de Brest.

Officiers-mariniers de pilotage.

Lisoul (Pierre), premier pilote, de Paimbœuf.
Paresy (Pierre), second pilote, de Dieppe.
Tancray (Jean), second pilote, d'Agon.
De Mennes (Etienne), aide-pilote, du Port-Louis.
Le Caplain (Jean), aide-pilote, de Granville.
Le Blanc (Ambroise), aide-pilote, de Dieppe.

Officiers-mariniers de canonnage.

Javelot (Nicolas), maître canonnier, de Lorient.
Huguen (François), maître canonnier, de Recouvrance.
Querelle (Pierre), second canonnier, de Port-Louis.
Dano (Joseph), second canonnier, de Lorient.
Offret (Toussaint), second canonnier, d'Hennebont.
Le Ralle (Gilles), second canonnier, de Saint-Malo.
Duponchel (François), aide-canonnier, de Dieppe.
Le Merle (Jean), aide-canonnier, de Saint-Malo.
Garnier (François), aide-canonnier, de Saint-Malo.
Guermot (Julien), aide-canonnier, de Saint-Malo.
Fleury (Cosme), aide-canonnier, de Cherbourg.
Auchamps (Jean), aide-canonnier, de Saint-Brieuc.
Guilbert (Michel), aide-canonnier, de Granville.
Constantin (Nicolas), aide-canonnier, de Granville.
Corlobet (Nicolas), aide-canonnier, de Vannes.
Scouarnec (René), aide-canonnier, de Quimper.
Ferrel (Robert), aide-canonnier, du Havre.
Le Clerq (Jean), aide-canonnier, de Dinan.
Le Breton (Georges), aide-canonnier, de Cancale.
Caïffas (Jean), aide-canonnier, d'Audierne.
Evrard (Marc), aide-canonnier, de Calais.
Le Prêtre (Pierre), aide-canonnier, de Calais.
Bertrand (Jean-Baptiste), aide-canonnier, de Honfleur.
Beuzelin (Pierre), aide-canonnier, de Honfleur.
Gin (Alexis), aide-canonnier, de Boulogne.
Le Roux (Joseph), aide-canonnier, de Saint-Valéry.
Tartu (François), aide-canonnier, de Brest.
Quilien (Jean), aide-canonnier, de Brest.

Officiers-mariniers de charpentage.

Le Grand (Etienne), maître charpentier, de Nantes.
Maurice (François), maître charpentier, de Lorient, mort à l'hôpital de Hampton le 10 janvier 1782.
Lesquer (Valentin), aide-charpentier, de Lorient.

Dupré (Mathurin), aide-charpentier, de Lorient.
Thierry (François), aide-charpentier, de Saint-Malo.
Alligot (Marc), aide-charpentier, de Camaret.
Bonnisseau (Jean), aide-charpentier, de Cherbourg.

Officiers-mariniers de calfatage.

Bergot (Alain), maître calfat, de Brest.
Ponde (Julien), second calfat, de Granville.
Mesnard (Pierre), aide-calfat, de Granville.
Brudé (François), aide-calfat, de Granville.
Le Corre (Jacques), aide-calfat, de Morlaix.

Officiers-mariniers de voilerie.

Gaudremont (Nicolas), maître voilier, de Lorient.
Lamour (Denis), second voilier, de Lorient.
Jarré (Jean), aide-voilier, de Lorient.
Le Duc (Nicolas), aide-voilier, de Saint-Servan.

Gabiers et Timoniers.

Blavet (Bertrand), de Lorient.
Dano (Jacques), de Lorient.
Le Manissier (Pierre), de Caen.
Prunie (Guillaume), du Havre.
Picot (Michel), de Saint-Malo.
Dubois (Julien), de Saint-Malo.
Rioux (Laurent), de Quimper.
Furée (François), de Quimper.
Grater (Louis), de Quimper.
Aubert (Etienne), de Paimbœuf.
Le Mazurier (Julien), de Granville.
Le Capelain (Nicolas), de Granville.
Gourné (Gilles), de Granville.
Pelé (Charles), de Granville.
Viratelle (Jean), de Brest.
Rassine (Pierre), de Cherbourg.
Breton (Pierre), de Saint-Valéry.

Matelots.

Morel (Esprit), du Havre.
Querric (François), de Lorient.
Ribaru (Pierre), de Bayonne.
Baquer (Guillaume), de Libourne.
Le Clerq (Pierre), de Dieppe.
Cabou (Martin), de Guérande.
Bernard (Pierre), de Nantes.
Giraud (Jean), de Nantes.
Doucet (Mathurin), de Nantes.
Couru (Joseph), de Nantes.
Dufort (Vincent), de Nantes.
Lion (Guillaume), de Saint-Servan.
Dingé (Jacques), de Saint-Servan.
Pouliguenne (Yves), de Quimper.
Garrey (Joseph), de Quimper.
Nourry (Jean), de Dinan.
Moignon (Jean), de Dinan.
Trehen (Malo), de Dinan.
Bazile (Gilles), de Dinan.
Guiomard (Etienne), de Lorient.
Salo (Pierre), de Lorient.
Duguyot (Angustin), de Lorient.
Richard (Guillaume), de Lorient.
Prunard (Jean), de Lorient.
Tavec (Pierre), de Lorient.
Gabriel (Julien), de Lorient.

La Grenade (Jean), de Lorient.
Ferron (Jean), de Saint-Malo.
Acher (Louis), de Saint-Malo.
Milan (Sébastien), de Saint-Malo.
Houedin (Mathurin), de Saint-Malo.
Dudouits (Alain), de Saint-Malo.
Marie (Louis), de Saint-Malo.
Tallec (Jacques), de Pont-Scorff.
Pezetto (Jean), de la Ciotat.
Bernier (Jean), de Nantes.
Bronois (Pierre), de Nantes.
Rousseau (Jean), de Nantes.
Avard (Mathurin), de Nantes.
Merlan (Jean), de Nantes.
Ricordeau (François), de Nantes.
Riau (Michel), du Croisic.
Le Marquant (Jean), de la Hougue.
Le Bert (Nicolas), de Granville.
Moreau (Alexandre), de Paimbœuf.
Granger (Mathurin), de l'Ile de Ré.
Porel (François), de Saint-Servan.
Labbé (Louis), de Saint-Servan.
Toscas (Pierre), de la Ciotat.
Pérès (Jean), de Brest.
Derlieux (Jean-Marie), de Brest, mort à bord le 24 octobre 1781.
Bonnet (Bertrand), de Bordeaux.
Mignard (Pierre), de Rouen.
Wilhomme (Louis), de Belle-Isle.
Quiquet (Henri), d'Hennebont.
Allain (Pierre), d'Hennebont.
Goha (Jean), de Pontivy.
Regnier (Jean), de Pontivy.
La Payer (Bernard), de Marennes.
Barré (Etienne), de Mont-de-Marsan.
Doudonne (Pierre), de Mont-de-Marsan.
Darmagnac (Jean), de Mont-de-Marsan.
Pierre (Luc), de Saint-Enogat.
Préau (André), de Noirmoutiers.
Quernisgant (Yvon), de Quimper.
Batard (Pierre), de Paimbœuf.
Bizet (Pierre), de Paimbœuf.
Ravily (Pierre), de Montluc.
Simon (Louis), de Saint-Brieuc.
Breton (Yves), de Saint-Brieuc.
Lheureux (Maurice), de Brest.
Robert (Esprit), d'Arles.
Gosselin (Pierre), de Honfleur.
Belhomme (Jacques), de Cherbourg.
Henry (Thomas), de Cherbourg.
Guilbaud (Guillaume), de Saintes.
Potiers (Julien), d'Avranches.
Pellerin (Jean), de Nantes.
Durand (Jean), de Nantes.
Plancheur (Pierre), de Nantes.
Huno (Julien), de Nantes.
Poissons (Pierre), de Chalon-sur-Saône.
Pescaud (Charles), de Toulouse.
Pommiés (Jean), de Toulouse.
Laborde (Jean), de Saint-Servan.
Lacombe (Barthélémy), de Bayonne.
La Fourcade (Jean), de Bayonne.
Quereste (Jean), de Quimper.
Pregau (Julien), de Quimper.
Choquet (Guillaume), de Quimper.
De Kerarurn (Jean-Touissant), de Quimper.
Le Guyon (Louis), de Quimper.
Rousse (Jacques), de Marseille.
Le Rué (Jean), du Croisic.

Arnoux (Jean), de Dinan.
Boubrean (Jean), de Dinan.
Bucaille (Guillaume), de Dinan.
Dabon (Pierre), de Dinan.
Ancelain (Pierre) de Honfleur.
Le Bay (Pierre), de Rouen.
Lissillour (Philippe), de Launion.
Poulou (François), de Granville.
Le Loup (François), de Granville.
Dulin (Jean), de Granville.
Bonard (Gilles), d'Isigny.
Rondel (François), de Pleurtuit.
Jouan (Pierre), de Saint-Malo.
Milon (Thomas), de Saint-Malo.
Gautier (Pierre), de Saint-Malo.
Belfey (François), de Saint-Malo.
Bazin (Jean), de Lorient.
Benato (Paul), de Lorient.
Morin (Pierre), de Saint-Brieuc.
Druaud (Honoré), de Saint-Brieuc.
Faucon (Jean), de Saint-Brieuc.
Réguidel (Vincent), de Vannes.
Borre (Noël), de Saint-Malo.
Bonheur (François), de Montauban.
Lota (François), de Montauban.
La Capel (Jean), de Montauban.
Dubourg (Jean), de Montauban.
Capel (Pierre), de Toulouse.
Cazan (François), de Bayonne.
Le Dain (Thomas), de Rennes.
Passeley (Léonore), de Granville.
Souclé (Jacques), de Granville.
Jeoffroi (Jean), de Granville.

Novices.

Merdio (Martin), d'Angers.
Joly (Pierre), d'Angers.
Sevestre (Agnaut), d'Angers.
Poupin (Etienne), de Rennes.
Simon (Pierre), de Rennes.
Le Pré (Pierre), de Vannes.
Vis-de-Loup (Jacques), de Pontivy.
Pellerin (Jean), de Dol.
De Lambray (Jacques), de Saint-Brieuc.
Blévert (Michel), de Quintin.
Mouville (Jean), de Rouen.
Loustia (Julien), de Rennes.
Bannère (Pierre), de Rennes.
Tarel (Joseph), de Rennes.
Toulaud (Jean), de Rennes.
Richard (Pierre), de Rennes.
La Touche (Jacques), de Rennes.
Rousseau (Joseph), d'Ernée.
Poutin (Rolland), de Treguier.
Meunier (François), de Toul.
Gaillard (Germain), de Laval, mort à l'hôpital du Fort-Royal le 8 juillet 1781.
Rochard (Pierre), de Saint-Brieuc.
Bury (Pierre), du Mans.

Marcadec (Jean), du Mans.
Guévin (Bertrand), de Saint-Malo.
Destraud (Bernard), de Paris.
Chapelier (Georges), d'Orléans.
Le Doux (Noël), de Rouen.
Garnier (Pierre), du Puy-en-Velay.
Bazier (Barthélémy), de Paris.
Boutigny (Roch), de Paris.
Guenec (Ferdinand), de Paris.
Lainé (Jean-Louis), de Paris, mort à l'hôpital du Fort-Royal le 8 août 1781.
Croc (Mathieu), de Quimper.
Pichavan (Jean), de Quimper.
Querré (Corentin), de Quimper.
Querré (Corentin), de Quimper, mort à l'hôpital du Fort Royal le 30 juillet 1781.
Pichavan (Mathieu), de Quimper, mort à bord le 17 octobre 1781.
Thomas (André), de Limeray.
Blain (Simon), de Limeray.
Lesseu (Jean), de Limeray.
Lucassau (Charles), de Limeray.
Thierry (Louis), de Limeray.
Gaucher (Nicolas), de Limeray.
Marchand (Jean), de Limeray.
Petit (Louis), de Châteauneuf.
Samson (Jean), de Châteauneuf.
Partuis (Martial), de Châteauneuf.
Picanon (Louis), de Châteauneuf.
Robert (Etienne), de Châteauneuf.
Baudin (Pierre), de Châteauneuf.
David (Pierre), de Châteauneuf.
Breton (Lazare), de Châteauneuf.
Laroche (François), de Châteauneuf.
Parsonneau (Jean), de Châteauneuf.
Amsaou (Jean), de Châteauneuf.
Salmon (Clément), de Châteauneuf.
La Garoche (François), de Montauban.
Louazel (Louis), de Dinan.
Le Roy (François), de Dinan.
Gaillac (Pierre), d'Angers.
Cosson (François), de Saint-Brieuc.
Langro (Julien), de Vannes.
Baltet (Nicolas), de Dieppe.
Vachard (Jean), de Dieppe.
Rose (Jean), de Honfleur.
Riouit (Louis), de Honfleur.
Coignard (Antoine), de Honfleur.
Ferret (Jean-Baptiste), de Honfleur.
Le Tailleur (Jacques), de Honfleur.
Liagin (Jean), de Honfleur.

Surnuméraires.

Ribaud (Jacques), de Dieppe.
La Boude (Sébastien), de Saint-Malo.
Dréan (Georges), d'Auray.
Piriou (Yves), de Lannion.
Grenier (Guillaume), de Brioude.

Paugera (Julien), d'Hennebont.
Ribouchon (Jean), de Vannes.
Berger (Jacques), de Valence.

Mousses.

Pogame (Gabriel), de Brest.
Guillaume (Malo), de Saint-Malo.
Kerguenteuil (Christophe), de Landivisiau.
Jaglot (Guillaume), du Faouët.
Bauminy (Matharin), du Faouët.
Baunin (Joseph), du Faouët.
Bogrand (Louis), de Dinan.
Paris (François), de Dinan.
Lineou (Georges), d'Hennebont.
Le Fraye (Yvon), d'Hennebont.
Crujon (Joseph), d'Hennebont.
Mion (Arnaud), d'Hennebont.
Boulbard (Charles), d'Hennebont.
Audriu (Julien), du Port-Louis.
Jaffré (Jean), de Lorient.
Le Bart (Jean), de Lorient.
Javelot (François), de Lorient.
Lognonet (Julien), de Lorient.
Lagadec (Jean-François), d'Orient.
Barba (Jean-François), d'Auray.
Bodet (Julien), d'Auray.
Guillat (Alexis), d'Auray.
Guillat (Thomas), d'Auray.
Baunin (Pierre), du Faouët.
Le Faillé (Julien), du Faouët.
Revelot (Denis), de Josselin.
Barbé (Joseph), de Vannes.
Quereneur (Charles), de Guingamp.
Blaquier (Pierre), de Gudec.
Le Guyader (Augustin), de Gudec.
Le Port (Jean), d'Erdeven.
Corvac (Jean-Marie), de Lorient.
Pagu (Jean-François), de Lorient.
Bourdon (Louis), de Lorient.
Bennetot (Jean), de Lorient.
Daniel (Jean-Louis), de Recouvrance.
Guéguen (Guillaume), de Brest.
Renaut (Anaudry), de Dinan.
Dutertre (Malo), de Dinan.
Gautier (François), de Dinan.
Colas (Julien), de Dinan.
Bourval (Joseph), de Saint-Brieuc.

Domestiques.

Molins (Jacques), de Pontivy.
Mauguen (Jean-Louis), de Pontivy.
Le Fèvre (Marc), de Quimper.
Havois (Julien), de Rennes.
Le Gal (Julien), d'Hennebont.
Guugris (Pierre), de Paris.
Dubouveur (Jean), d'Arnay-le-Duc.
Le Premier (Pierre), d'Arnay-le-Duc.
Tallec (Vincent), de Paimpol.

LE SOUVERAIN.

(De septembre 1779 à janvier 1781.)

M. le Chevalier DE GLANDEVÈS, Capitaine de vaisseau, Commandant.

ÉTAT-MAJOR.

Capitaine de vaisseau.

Le Chevalier de GLANDEVÈS.

Lieutenants de vaisseau.

Le S¹ de PATHY.
Le S¹ de MOLLIERE.
Le Chevalier de FRAMONT.
Le S¹ de MANDOLX LA PALU.

Enseigne de vaisseau.

Le S¹ LOMENIE.

Lieutenants de frégate.

Le S¹ REY (Gaspard).
Le S¹ DALEST.
Le S¹ ROUSTAN (Pierre).
Le S¹ L'EGUILLON (Charles).
Le S¹ DUVAL.
Le S¹ AGUEL.

Chirurgiens-majors.

Le S¹ COQUEREL.
Le S¹ VIZIGNEUX.

Chirurgien entretenu.

Le S¹ MONT-BLANC.

Aumônier.

Le S¹ MOULLET.

Gardes du pavillon et de la marine.

D'AMPEROUX.
D'OMERET.
De FLAMENG, mort à bord le 3 octobre 1780.
De la GRANGE.

Officiers-mariniers de manœuvre.

Allègre (Jacques), premier maître, de Toulon.
Gailet (Michel), premier maître, de Toulon.
Foraud (Yacinthe), premier maître, de la Seyne.
Gaillard (Jean), second maître, de la Seyne, mort à bord le 8 septembre 1780.
Mouttet (Charles), second maître, de Marseille.
Chabert (François), second maître, d'Antibes.
Bousquet (Cyprien), contremaître, de la Seyne.
Sabatier (Honoré), contremaître, de Toulon.
Pommé (Honoré), bosseman, de Toulon.
Cadière (Doucet), bosseman, de Toulon.
Brun (Vincent), bosseman, de Toulon.

Pignon (Louis-Etienne), bosseman, de Toulon.
Gannau (Augustin), quartier-maître, de la Ciotat.
Vialles (Jacques), quartier-maître, d'Agde.
Beaussier (Esprit), quartier-maître, de la Seyne.
Richard (Joseph), quartier-maître, de la Ciotat.
Rougier (François), quartier-maître, de la Ciotat.
Toche (Antoine), quartier-maître, de la Ciotat.
Gaffareau (Antoine), quartier-maître, de la Ciotat, mort à l'hôpital de Fort-Royal le 15 mai 1780.
Denans (Pierre), quartier-maître, de Six-Fours.
Mamet (Pierre), quartier-maître, d'Agde.
Chauvet (Baptiste), quartier-maître, de Marseille.
Vidal (Michel), quartier-maître, de la Seyne.
Pellabon (Dominique), quartier-maître, de Marseille.
Blanc (Michel), quartier-maître, de Marseille, mort à bord le 18 juin 1780.
Foucard (Charles), quartier-maître, d'Antibes.
Plancheur (François), quartier-maître, d'Antibes.
Pellegrin (Toussaint), quartier-maître, de Toulon.
Pillen (Charles), quartier-maître, de Fécamp.
Herveaux (François), quartier-maître, de Morlaix.

Officiers-mariniers de pilotage.

Portier (Pierre), premier pilote, de Quimper.
Berthalus (Romain), second pilote, de Toulon.
Rimbaud (François), second pilote, de Toulon.
Guitton (Jacques), aide-pilote, des Sables-d'Olonne.
Rouvière (Antoine), aide-pilote, d'Agde.
Rouvière (Marc), aide-pilote, d'Agde.

Officiers-mariniers de canonnage.

Hugues (Louis), maître canonnier, de Toulon.
Roudairon (François), maître canonnier, de Toulon.
Lescuer (Nicolas), second canonnier, de Toulon.
Fouque (Antoine), second canonnier, de Toulon.
Daniel (Joseph), aide-canonnier, de Toulon.
Jouglas (Baptiste), aide-canonnier, de Six-Fours.
Célery (Pierre), aide-canonnier, de Saint-Jean-de-Luz.

Langlacé (Claude), aide-canonnier, de Saint-Valéry.
Seive (Joseph), aide-canonnier, de Toulon, mort à l'hôpital de Fort-Royal le 8 octobre 1780.
Fuguiron (François), aide-canonnier, d'Antibes.
Berthélémy (Antoine), aide-canonnier, de la Ciotat, mort à l'hôpital de Fort-Royal le 30 mai 1780.
Roux (Michel), aide-canonnier, de Libourne.
Canadeady (André), aide-canonnier, de Marseille.
Charder (Jean), aide-canonnier, de Honfleur.
Néel (Jean), aide-canonnier, de Granville, mort à l'hôpital de Fort-Royal le 11 mai 1780.
Godefroy (Michel), aide-canonnier, de la Hougue, mort le 19 mars 1780.
Lefevre (Jacques), aide-canonnier, de Dieppe.
Mazurié (Nicolas), aide-canonnier, de Fécamp.
Raffin (Pierre), aide-canonnier, de Lorient.
Marchand (Pierre), aide-canonnier, de Fécamp.
Bigot (Charles), aide-canonnier, d'Antibes.
La Roque (Germain), aide-canonnier, de la Hougue.

Officiers-mariniers de charpentage.

Sibon (Etienne), maître charpentier, de Toulon.
Pichaud (Nicolas), second charpentier, de Toulon, mort à l'hôpital de Fort-Royal le 29 mars 1780.
Goré (Baptiste), second charpentier, de Saint-Valéry.
Jaume (Cyprien), aide-charpentier, de la Seyne.

Officiers-mariniers de calfatage.

Martinenq (Antoine), second calfat, de Six-Fours.
Pourquier (Lourent), aide-calfat, de la Seyne.
Rouge (Laurent), aide-calfat, de Toulon.

Officiers-mariniers de voilerie.

Durbec (Jacques), maître voilier, de Toulon.
Fabre (Antoine), second voilier, de Six-Fours.
Blain (Jean), aide-voilier, de Arles.

Gabiers.

Gaby (Gabriel), de Martigues.
Brun (Philippe), de Bayonne.
Lambert (Guillaume), de Marseille.
Lombard (Jacques), de la Ciotat.
Beaujeu (Jean), des Sables-d'Olonne.

Croze (Honoré), d'Arles.
Tauxier (Antoine), de Toulon.

Timoniers.

Villeneuve (Pierre), de Bayonne.
Cassau (Jean), de Narbonne.
Vigneux (Pierre), de Nantes.
Hugues (Joseph), de Marseille.
Degaye (Pascal), de Marseille.
Pellé (Pascal), de Bastia.
Pavés (Pierre), de Toulon.

Matelots.

Ferrus (Joseph), de Toulon.
Michai (Jacques), de Toulon.
Garité (Pierre), de Libourne.
La Roche (Bertrand), de Bordeaux.
Roumeu (Louis), de Toulon.
Viau (Nicolas), d'Hyères.
Aureny (François), de Toulon.
Picard (Jacques), de Toulon.
Vassot (Raphaël), de Toulon.
Bonnifay (Pierre), de Toulon.
Roustan (Honoré), de Toulon.
Rolland (Joseph), de Gap.
Gazau (Antoine), d'Hyères.
Blochon (Louis), de Toulon.
Chardon (Jean), de Lyon.
Moutet (Mathieu), de Toulon.
Bertrand (Pierre), de la Garde.
Laugier (Laurent), de la Seyne.
Jourdan (Laurent), de la Seyne.
Toucas (Laurent), de la Seyne.
Estissane (Antoine), de la Seyne.
Ventre (Dominique), de la Seyne.
Moustier (Louis), de la Seyne.
Guelt (Fortune), de la Seyne.
Coulet (Louis), de la Seyne.
Rouvet (André), de la Seyne.
Ventre (Joseph), de la Seyne, mort à l'hôpital de Fort-Royal le 12 avril 1780.
Goeze (Laurent), de la Seyne.
Cayol (Thomas), de la Seyne.
Daniel (Charles), de la Seyne.
Valentin (Jean), de la Seyne.
Bousquet (Jacques), de la Seyne.
Sabatier (Joseph), de la Seyne.
Daniel (Pierre), de la Seyne.
Rouband (Jean), de la Seyne.
Cay (Laurent), de la Seyne.
Picard (Pierre), de la Seyne.
Reverdy (Jean), de la Seyne.
Andrac (Barthélemy), de la Seyne.
Coreil (François), de la Seyne.
Sabatier (Grégoire), de la Seyne.
Daniel (Jean), de la Seyne.
Bertrand (Joseph), de la Seyne.
Jambon (Jean), de la Ciotat, mort le 12 mars 1780.
Bonnaud (Pierre), de la Ciotat.
Daumas (Charles), de la Ciotat.
Bonfils (Louis), de la Ciotat.
Caussemille (Louis), de la Ciotat, mort à l'hôpital de Fort-Royal le 3 mai 1780.
Garcin (Joseph), de la Ciotat.
Figet (Baptiste), de Bandol.
Gambou (Honoré), de la Ciotat.
Martin (Louis), de la Ciotat.
Boyer (Pierre), de la Ciotat.

Costa (Antoine), de la Ciotat.
Caboufigue (Jacques), de la Ciotat.
Ricaud (André), de la Ciotat.
Castelnat (Pierre), de Marseille.
Cayol (Antoine), de Marseille.
Rudier (Louis), de Fécamp.
George (Jean), de Nantes, mort à bord le 2 décembre 1780.
Gardanne (Antoine), de Saint-Tropez.
Arnoux (Honoré), de Nice.
Costa (Joseph), de Saint-Tropez.
Maurin (Charles), de Saint-Tropez.
Brest (Ignace), de Saint-Tropez.
Jauvet (Ignace), de Saint-Tropez.
Olivier (Baptiste), de Marseille.
Héraud (François), de Marseille.
Fabre (Hyacinthe), de Marseille.
Zerbon (François), de Marseille.
Copica (Guillaume), de Marseille.
Brun (Noël), de Marseille.
Jaubert (Pierre), de Marseille.
Coste (Augustin), de Marseille.
Geriou (Mathieu), de Marseille, mort le 20 octobre 1779.
David (Joseph), de Marseille.
Mayol (Arnaud), de Marseille.
Jouffroy (Louis), de Marseille.
Vachier (Joseph), de Marseille.
Borgnes (Pierre), de Marseille.
Cassaplou (Joseph), de Marseille.
Sauneu (François), de Marseille.
Julien (Baptiste), de Marseille.
Jonnny (André), de Nice.
Revest (Séraphin), de Saint Tropez.
Toucas (Louis), de Marseille.
Latif (Baptiste), de Marseille, mort à l'hôpital de Fort-Royal le 27 avril 1780.
Richon (Nicolas), d'Antibes.
Fort (François), de Marseille.
Daluré (Jean), de Marseille.
Breton (Pierre), de Marseille.
Gousnar (Victor), de Marseille, mort à l'hôpital de Fort Royal le 9 avril 1780.
Audibert (Antoine), de Martigues.
Eouve (Dominique), de Marseille.
Maure (Baptiste), de Marseille.
Beer (Paul), de Marseille.
Arnaud (Martin), de Marseille.
Richaud (Joseph), de Marseille, mort le 14 mars 1780 à bord.
Thournière (Jean), de Marseille.
Valon (Jean), de Marseille.
Basson (Jean), de Marseille.
Julien (Joseph), de Marseille.
Dagarre (Joseph), de Marseille.
Constant (Marcel), de Marseille, mort à l'hôpital de Fort-Royal le 14 mai 1780.
Gontier (François), de Marseille.
Renaud (Jérôme), de Marseille.
Mabily (Louis), de Marseille.
Moustié (Jacques), de Marseille, mort à l'hôpital de Fort-Royal le 23 avril 1780.
Rabinot (Jean), de Marseille.
Millet (René), de Marseille.
Danicant (Charles), de Fécamp.
Eresten (Toussaint), de Saint-Brieuc.
Perrein (Gille), de Saint-Brieuc.
Bordelais (Jean), de Saint-Malo.
Jutté (René), de Lorient.
Pratter (Ollivier), de Tréguier.

Grenier (Gilles), de Paris.
Guiader (Alain), de Brest, mort à l'hôpital de Fort-Royal le 30 mars 1780.
Vallières (François), de Lorient.
Chapus (André), de Martigues.
Chapus (Amant), de Saint-Chamas.
Castillon (Pascal), de Berre.
Dauphin (Gaétan), de Berre.
Loydet (Joseph), de Saint-Chamas.
Pellegrin (Paul), de Berre.
Simon (Jean), de Saint-Chamas.
Reimondon (Barthélémy), de la Couronne.
Adoult (Antoine), de Martigues, mort à bord le 12 octobre 1780.
Degrany (Joseph), d'Antibes, mort à bord le 7 février 1780.
Lévy (Pierre), de Cannes.
Kasanion (Pierre), de Cannes.
Cavalier (François), de Grasse.
Chaumeras (César), d'Arles.
Bernard (Baptiste), d'Arles.
Chabert (Joseph), d'Arles.
Berrielon (Joseph), d'Arles.
Reymelon (Antoine), d'Arles.
Arnaud (Jean), d'Arles.
Laffont (Antoine), d'Aramon, mort le 26 avril 1780 à l'hôpital de Fort-Royal.
Gardon (Gaspard), d'Aramon.
Gillepintes (Pierre), de Villeneuve.
Bart (Baptiste), d'Arles.
Clément (Jacques), d'Arles.
Boyer (Etienne), de Tarascon.
Molsen (Claude), d'Arles.
Court (Antoine), d'Arles.
Vinely (Louis), d'Arles.
Roux de Balthassar, d'Arles.
Bigot (Jean), d'Arles.
Lientaud (Joseph), de Roquemaure.
Machard (Jacques), de Roquemaure.
Roumière (Jean), de Roquemaure.
Gaubert (Claude), de Roquemaure.
Roulet (Jacques), de Roquemaure.
Isnard (Antoine), de Tarascon, mort le 5 mars 1780.
Barde (Joseph), d'Arles.
Saisset (Barthélemy), d'Agde.
Masson (Jean), d'Agde.
Jambert (Jacques), d'Agde.
Bose (Jean), d'Agde, mort à bord le 3 décembre 1780.
Baylès (Jean), d'Agde.
Rech (Dominique), d'Agde, mort à bord le 10 février 1780.
Combas (Jean), de Vias.
Deufé (Jean), de Vias, mort à bord le 1er septembre 1780.
Rey (Jean), de Vias.
Poujol (Guillaume), de Marseille, mort à l'hôpital de Fort-Royal le 30 mai 1780.
Guiraud (Jean), de Biars.
Martin (Etienne), d'Agde.
Reynier (François), d'Agde, mort à bord le 20 août 1780.
Caumet (Jacques), de Marseille.
Routier (Jean), de Mont-Blanc.
Portugal (Pierre), de Biars.
Marié (Joseph), d'Agde.
De Barbazzu (Sever), de Cette.
Tourrou (François), de Cette.
Mourrut (Gabriel), de Narbonne.

Ferrier (Étienne), de Narbonne, mort le 16 octobre 1779.
Lavoyrie (Guillaume), de Narbonne.
Caman (François), de Narbonne.
Sirven (Antoine), de Narbonne.
Delprat (Alexis), de Castelnaudary.
Saunier (Jean), de Narbonne.
Cauquil (Raymond), de Narbonne.
Dupon (Pierre), de Narbonne.
Cairat (Guillaume), de Couran.
Amiel (Jean), de Cuxac.
Durand (Joseph), du Canet, mort à l'hôpital de Fort-Royal le 18 mai 1780.
Pons (Joseph), de Narbonne.
Mélanis (Antoine), de Bastia.
Pellé (Ignace), de Bastia, mort à bord le 11 février 1780.
Puje (Jean), de Saint-Jean-de-Luz.
Biron (Jean), de Bayonne.
Pelly (Jacques), de Martigues.
Girouard (Pierre), de Marseille.
Leroux (Ambroise), de Laval.
Dupon (Jean), de Saint-Malo.
Legouard (Louis), de Brest.
Cauvul (Joichin), de Vannes.
Gab (Pierre), de Marseille.
Audibert (Louis), de Cannes, mort à l'hôpital de Fort-Royal le 12 avril 1780.
Cazagnol (Joseph), de Fiton.
Limousin (Pierre), de Portel.
Alary (Jérôme), de Sijean.
Alary (Philippe), de Sijean.
Lièvre (Thomas), de Lyon.
Nogaret (Antoine), de Montauban.
Bessenot (Guillaume), de Quimper.
Billard (Jean), du Havre.
Forestier (Pierre), de Dinan.
Gigais (Jean), d'Isigny, mort le 28 mai 1780 à l'hôpital de Fort-Royal.
Lautier (Noel), de Saint-Brieuc.
Gérard (Toussaint), de Paris.
Mathurin (Jacques), de Saint-Malo.
Loilier (Louis), du Croisic.
Guinard (Mathurin), du Croisic.
Fraval (Pierre), de Lorient, mort le 13 septembre 1780.
Colineau (Marc), de Vannes.
Charlot (Jean), de Nantes.
Hamon (Michel), de Saint-Malo.
Gerineau (Jean), de Nantes.
Revel (Antoine), de Lorient.
Gaspard (Noël), de Paris.
Lagroux (Jacques), de Paris.
La Croix (Étienne), de Bordeaux.
Pinot (Nicolas), de Libourne.
Durand (Pierre), de Libourne.
Laval (Pierre), de Bordeaux.
Dubois (Antoine), de Bordeaux.
Védrinel (Jean), de Moissac.
Biarné dit Cazalet (Jean), de Bordeaux.
Labat (Bernard), de Bordeaux.
Plasan (Raimond), de Bordeaux.
Gagère (Jean), de Bordeaux.
Luc (Michel), de Marmande.
Labat (Pierre), de Bordeaux.
Villatte (Arnaud), de Bordeaux.
Defargue (Pierre), de Bordeaux.
Baissié (Joseph), de Bordeaux.
Ferus (André), de Toulon.
Benneté (Jean), de Bordeaux.

Marchand (André), des Sables-d'Olonne.
Chapeau (François), de Blaye.
Le Flocq (Charles), de Vannes.
Durand (Ollivier), de Saint-Malo.
Le Roy (Gabriel), de Lesneven.
Le Bret (Yves), de Saint-Brieuc.
Chapon (Jacques), du Croisic.
Berthau (François), du Croisic.
Capitaine (Augustin), de Lorient.
Queré (Noël), de Brest.
Le Maitre (Vincent), de Lorient.
Tallec (Joichin), de Vannes.
Gabriel (François), de Lorient.
Brivoil (Jean), de Lorient.
Mahé (Jean), de Saint-Malo.
Hamon (Hallin), de Ponscorff.
Guyomard (Pierre), de Morlaix.
Lorhan (Vincent), de Port-Louis.
Gardien (Joseph), de Lorient.
Quellec (Yves), de Lorient.
Cloaret (Claude), de Lorient.
Leguellec (Jean), de Lorient.
Le Gallan (Jacques), de Lorient.
Pontanguer (Joseph), de Lorient.
Alliot (Jean), de Lorient.
Legal (Jacques), de Lorient.
Moello (Bertrami), de Lorient, mort à bord le 9 octobre 1780.
Castavec (Julien), de Lorient.
Priol (Jean), de Lorient.
Pellerin (Joseph), de Lorient.
Corvoisier (Michel), de Saint-Malo.
Dubrux (Gabriel) de Bordeaux.
Drezenné (Dominique), de Saint-Brieuc, mort à bord le 10 avril 1780.
Lemonier (Louis), de Lorient.
Tanqueré (Jacques), de Granville.
Pommier (Pierre), de Granville.
Chatenay (Joseph), de Paris.
Foret (François), de Vannes.
Nōs (Jean), de Lorient.
Leluc (Pierre), de Lorient.
Ringard (Pierre), du Croisic.
Quellec (Louis), de Vannes, mort à bord le 11 novembre 1780.
Langlois (François), de Dieppe.
Gloria (Jean), de Brest.
Levert (Pierre), de Rochefort.
Ruffé (Toussaint), de Dinan.
Lemare (Pierre), de Granville.
Belnor (Joseph), de Saint-Malo.
Dartenay (Gille), de la Hoogue.
Legras (Allin), de Saint-Brieuc.
Mallet (Jean), du Croisic.
Perrier (André), de Granville.
Gihaus (Jean), de Granville.
Delacour (Guillaume), de Cherbourg.
Cornillet (Guillaume), de Saint-Brieuc, mort le 20 mai 1780.
Massiette (Augustin), de Dieppe.
Jauffret (Léon), de Saint-Tropez.
Troquet (Jean), de Dieppe.
Simon (Charles), de Dieppe.
Soyer (Jacques), de Rouen.
Caiyeux (Yves), de Brest.
Hubert (Malo), de Saint-Malo.
Duflot (Augustin), de Dieppe.
Grenier (Jean), de Libourne, mort à bord le 7 octobre 1780.
Audut (François), de Rouen.

Lieuron (Henry), de Martigues.
Laurent (Horace), de Nice.
Rossi (Jacques), de la Corse.
Duret (Louis), de la Corse.
Moudielly (Antoine), de la Corse.
Jacquinard (Jean), de la Corse.
Léandry (Toussaint), de la Corse.
Diastra (Jacques), de la Corse.
Alleriny (Thomas), de la Corse.
Luc (Marguety), de la Corse.
Xanty (François), de la Corse.
Lacaspoulie (François), de la Corse.
Albertiny (Simon), de la Corse.
Masse (Jean), de la Corse.
Marchevelon (Augustin), de la Corse.
Ferrugiano (Barthélémy), de la Corse.
Gregory (Pierre), de la Corse.
Bomardy dit Malafedé (Dominique), de la Corse.
Daliguer (Melchior), de Toulon.
Baldaquin (Joseph), de Cette.
Bigot (Julien), de Saint-Malo.
Fluriot (René), de Tréguier.

Novices.

Artigues (Pons), de Toulon.
Possel (Jacques), de Toulon.
Broly (Pierre), de Lyon.
Forget (François), de Lyon.
Duchêne (Pierre), de Beaumont.
Richard (Claude), de Saint-André.
Jobert (Philippe), de Lyon, mort le 7 février 1780.
Premonet (Antoine), de Pont-de-Vaux.
Danet (Claude), de Lyon, mort le 12 avril 1780 à l'hôpital de Fort-Royal.
Laget (Julien), de Lyon.
Javelle (André), de Saint-Étienne.
Pauze (Jacques), de Roannes.
Mathevou (Jacques), de Lyon.
Ravier (Claude), de Lyon, mort à bord le 13 octobre 1780.
Mauca (Joseph), de Grenoble.
Achard (Joseph), de Romans.
Milian (Barthélémy), de Lyons.
L'Arrivée (Jacques), de Lyon.
Passepoint (Pierre), de Saint-Flour, mort le 16 avril 1780 à l'hôpital de Fort-Royal.
Jury (Thimothée), de Roanne.
Gandossier (Claude), de Villefranche.
Thibaudier (Jacques), de Lyon, mort le 5 avril 1780 à l'hôpital de Fort-Royal.
Aubaneau (Antoine), de Cannes.
Guttin (Étienne), de Lyon.
Pignard (Jean), de Lyon.
Garcin (Laurent), de Draguignan.
De Jean (Étienne), de Montpellier.
Gueré (Bernard), de Rennes.
Coulas (Pierre), de Bordeaux.
Tessonneaux (Pierre), de Saintes.
Huideau (Jacques), de Vannes.
Luet (Daniel), de l'Île de Ré.

Surnuméraires.

Duret (Jean), pilote côtier, de l'Île de Ré.
Moutet (Mathieu), secrétaire, de Tourves.
Bouteiller (Charles), secrétaire, de Brest.
Fargeau (Pierre), pilote pratique, de Fort-Royal.
Beauchêre (André), second chirurgien, de Briançon.

Verney (François), second chirurgien, de Briançon.
Muillard (Charles), second chirurgien, de Briançon.
Beraud (Pierre), aide-chirurgien, de Toulouse.
Ferret (Baptiste), aide-chirurgien, d'Aix.
Cadolan (Michel), aide-chirurgien, d'Aix.

Volontaires.

Agnel (Alexandre).
Pavin (Jacques).
Bonnefoy (Louis), a eu une jambe emportée dans un combat.
Marrouin (Adrien).
Beqc (Jacques).

Commis du munitionnaire.

Roustan (François), de Toulon.
Giraud (Gaspard), de la Valette.
Ginoux (Honoré), de Toulon.
Pagnet (André), de Marseille.
Demore (Joseph), de Toulon, mort à bord le 4 octobre 1780.
Pouyon (Gaspard), de Soullers.
Castel (Jacques), de Soulliers.
Chaperon (François), d'Aix.

Mousses.

Michel (Nicolas), de Pontevès.
Michel (Modeste), de Pontevès, mort à bord le 28 juillet 1780.
Allemand (Joseph), de Revest.
Lebeau (Jean), d'Aix.
Louvay (Jean), de Paris.
Ventre (Honoré), d'Evenos.
Lyon (François), de Toulon.
Sabbatier (Thomas), de Toulon.
Paret (Honoré), de Toulon.
Giraud (Jean), de Crau.
Depeille (Jean), de Cuers.
Borel (Blaize), de la Ciotat.
Cantoin (Pierre), de Marseille.
Fournier (Lazare), de la Seyne.
Garot (Laurent), de la Seyne.
Veuvre (Jean), de la Seyne, mort à l'hôpital de Fort-Royal le 10 avril 1780.
Granat (Joseph), de Grenoble.
Bernard (François), de la Seyne.
Escure (André), de la Seyne.
Negrel (Joseph), de la Seyne.
Arnaud (Joseph), de Riez.
Fercat (Estienne), de la Seyne.
Michel (Alexis), de Toulon.

Roustan (Vincent), de Toulon.
Mathieu (Bernard), de Toulon.
Chabert (Montet), de la Valette.
Eremond (Antoine), de Marseille.
Alliet (Jean), de Narbonne.
Thomas (André), d'Avignon.
Corribes (Joseph), d'Hyères.
Troicin (François), de Marseille.
Barthou (Joseph), de la Ciotat.
Simon (Bernard), de Marseille.
Bonifay (Michel), de Cuges.
Brun (Jean), de la Cadière.
Buissavi (Jacques), de Lyon.
Pagot (Joseph), de la Seyne.
Achard (Pierre), de la Seyne.
Ambard (Joseph), de Soulliers.
Depeille (François), de Nice.
Treffay (Corentin), de Quimper.
Menard (Louis), de Nantes.

Valets.

Suriat (Joseph), de Seaux.
Bayou (Pierre), de Marseille.
Rastin (Pierre), de Soulliers.
Lanc (Jean), de Saint-Malo.

L'HERCULE.

(De mars 1781 à juin 1783.)

MM. le Vicomte DE TURPIN, DE LA CLOCHETTERIE, le Chevalier DE PUGET BRAS, Capitaines de vaisseau, Commandants.

ÉTAT-MAJOR.

Capitaines de vaisseau.

Le vicomte de TURPIN, Commandant.
De la CLOCHETTERIE, Commandant, tué au combat du 12 avril 1782.
Le Chevalier de PUGET BRAS, Commandant.
De la TOURNERIE, mort le 6 septembre 1781.

Lieutenants de vaisseau.

Le Chevalier de COATLES.
De L'ETENDUERE.
Le Chevalier de FAYARD.

Enseignes de vaisseau.

RUAT.
POTIER.
CHARBONNEAU.
De FRESIER.
De BASTEROT.
De la ROCHE KERANDRAON.
De BOUQUIER.

Lieutenants de frégate.

BONHOMME.
GRENIER-PEZENAS.
BROUCHEREUIL.
De COETNEMPREN.

DUBOSQ.
THENOUIC.

Chirurgien-major.

BENOIT.

Aumôniers.

CALVET (R. P. Severin).
POTIER (R. P. René).

Gardes de la marine.

DUQUESNE de LAMBRUN.
DELAHAYE, mort le 29 mars 1782.
LE GAC DE L'ARMORIQUE.
LE ROUX de la CORBINIERE.
DODARD.
CHARET.
BOLERIL.

Volontaires.

De Grenier de Pezenas, de Bordeaux.
Duord (Gabriel), de Marennes.
Cassaigne (Jacques), de Bordeaux.
Renaud (Augustin), de Versailles.
Raimond (Alexandre), de Paris.

Officiers-mariniers de manœuvre.

Griffon (Simon), premier maître, de Rochefort.
Martin (Pierre), premier maître, d'Oléron.

Kerneaut (Jean), second maître, de Lorient.
Jean (Pierre), second maître, de Nantes.
Cormier (Jean), second maître, de Royan, mort le 1er mai 1781.
Boril (Pierre), contremaître, de l'Ile de Ré.
Duguin (Pierre), contremaître, du Croisic.
Maurisset (François), bosseman, de la Rochelle.
Garcin (Dominique), bosseman, de Saint-Malo.
Le Vilain (François), quartier-maître, du Havre.
Nourry (Julien), quartier-maître, de Saint-Malo.
Maillet (Pierre), quartier-maître, de Marennes.
Berjonneau (André), quartier-maître, des Sables.
Bardel (Pierre), quartier-maître, de Blaye, noyé le 14 avril 1781.
Barrière (Etienne), quartier-maître, de la Rochelle.
Despeaux (Guillaume), quartier-maître, de Bordeaux.
Bouchonneau (Joseph), quartier-maître, de l'Ile de Ré.
Hauvet (Pierre), quartier-maître, de Cherbourg.
Macé (Yves), quartier-maître, de Quimper.
Boursy (Etienne), quartier-maître, de Rouen.
Mego (Daniel), quartier-maître, de Royan.

Tison (Jean), quartier-maître, de Honfleur.
Guilloux (Vincent), quartier-maître, de Morlaix.
Cabot (Jacques), quartier-maître, de Dieppe.
Kervellec (Pierre), quartier-maître, de Camaret.
Berginal (Jean), quartier-maître, de Granville.
Questel (Julien), quartier-maître, de Vannes.
Bies (Pierre), quartier-maître, de Blaye.

Officiers-mariniers de pilotage.

Daugaud (Jean), patron de chaloupe, de Blaye.
Emary (Charles), patron de chaloupe, de Honfleur.
Pellegrin (François), patron de chaloupe, de Honfleur.
Dewattre (Dominique), premier pilote, de Calais.
Bly (Vincent), second pilote, de Rouen.
Lautour (Nicolas), second pilote, de Lorient, tué au combat du 12 avril 1782.
Ratuit (François), aide-pilote, de l'Ile de Ré.
Michel (Jean), aide-pilote, de Fécamp.
Houssaif (Pierre), aide-pilote, de Dieppe.
Leloch (Jean), aide-pilote, de Rochefort.

Officiers-mariniers de canonnage.

Rouauit (Raimond), maître canonnier, de Rochefort.
Lautier (Antoine), maître canonnier, de Toulon.
Néron (Joseph), second canonnier, de l'Ile de Ré.
Massif (Louis), second canonnier, de Fécamp.
Girard (Daniel), second canonnier, de l'Ile de Ré.
Gassis (Bernard), aide-canonnier, de Bordeaux.
Couillebeau (André), aide-canonnier, de l'Ile de Ré.
Cazenove (Jean), aide-canonnier, de Moissac.
Grippon (Louis), aide-canonnier, de Marennes.
Boré (Joseph), aide-canonnier, des Sables.
Béranger (François), aide-canonnier, de la Rochelle.
Sourisseau (Jacques), aide-canonnier, de l'Ile de Ré.
Genieux (Pierre), aide-canonnier, de l'Ile de Ré.
Laperelle (Jacques), aide-canonnier, de Honfleur.
Vasseur (Jean), aide-canonnier, de Dieppe.
Saunier (François), aide-canonnier, de Caen.
Blanchard (Pierre), aide-canonnier, d'Angoulême.
Rigault (Jean), aide-canonnier, de l'Ile de Ré.
Belanger (Louis), aide-canonnier, de l'Ile de Ré.
Chuzeau (Jean), aide-canonnier, des Sables.
Graveran (Arnaud), aide-canonnier, de Blaye.
Servant (Pierre), aide-canonnier, de Libourne.
Quenaudry (Jean), aide-canonnier, de Libourne.
Guibal (Bernard), aide-canonnier, de Montauban.
Cazenove (Antoine), aide-canonnier, de Montauban.
Raoul (Pierre), aide-canonnier, de Quimper, blessé au combat du 12 avril 1782, mort le 8 mai 1782.
Minoux (Michel), aide-canonnier, de Saint-Malo, mort le 11 novembre 1781.
Chevrier (Jacques), aide-canonnier, des Sables, mort le 2 février 1782.
Monnier (Charles), aide-canonnier, de Cherbourg, mort le 20 septembre 1782.
Desbrieux (Mathurin), aide-canonnier, de Montauban.
Huguen (Alain), aide-canonnier, de Brest.
Vollet (Pierre), aide-canonnier, de Dieppe.
Moncomble (Toussaint), aide-canonnier, de Saint-Valéry.
Callouin (Jean), aide-canonnier, de Boulogne.
Varin (Charles), aide-canonnier, de Rouen.
Carpentier (Nicolas), aide-canonnier, de Dieppe.
Butel (Jean), aide-canonnier, de Saintes.
Laurent (François), aide-canonnier, de Lorient.
Bourgain (Jean), aide-canonnier, de Boulogne, mort le 12 octobre 1781.
Fournier (Jean), aide-canonnier, de Saint-Valéry, noyé le 11 juin 1783.

Officiers-mariniers de charpentage.

Le Goa (Jean), maître charpentier, de Rochefort.
Piveteau (Antoine), maître charpentier, de Rochefort, mort le 26 juillet 1781.
Estailleau (Jacques), second charpentier, de Rochefort.
Lacet (Louis), second charpentier, de Rochefort.
Aury (Etienne), aide-charpentier, de Rochefort.

Officiers-mariniers de calfatage.

Normand (Gabriel), maître calfat, de Brest.
Moquet (Jean), second calfat, de Rochefort.
Piriou (Goulven), second calfat, de Brest.
Bazouin (Jean), aide-calfat, de Rochefort.
Gahagnon (Tanguy), aide-calfat, du Conquet.
Jézéquel (Jean), aide-calfat, de Brest.

Officiers-mariniers de voilerie.

Porchat (Julien), maître voilier, de Nantes.
Nezereau (Jean), second voilier, de Marennes.
Pinot (Jean), second voilier, de Nantes.
Angibaud (Julien), aide-voilier, de Nantes.
Quermel (Jean), aide-voilier, de Camaret.
Ricard (André), aide-voilier, de Bordeaux.
Gachet (Jean), aide-voilier, de Bordeaux.

Officiers-mariniers divers.

Chiron (Jean), d'Oléron.
Maillard (Jean), de Nantes.
Dubois (François), de Saint-Malo, mort le 15 septembre 1781.
Le Rey (Pierre), de Vannes, mort le 28 janvier 1782.
Priou (Julien), de Vannes.
Buzelin (Georges), du Havre.
Champion (Robert), de Rouen.
Fraval (François), de Vannes.
Rotenne (François), de Vannes, mort le 6 octobre 1782.
Garrut (Jean), de Toulon.
Crensveur (Pierre), de Morlaix.
Petit (Pierre), de Dieppe.
Grosslam (Jean), de Boulogne, blessé aux combats des 26 janvier et 12 avril 1782.
Blanchet (Michel), de Granville.
Sir (Jean), de Rochefort.
Le Bailly (Antoine), de Granville.
Denis (Jean), de Saint-Brieuc.
Imbert (Jean), de Bayonne.
Bertin (Jean), de Fécamp, mort le 3 octobre 1781.
Brun (Jean), de Granville, mort le 1er octobre 1781.
Joannés (Olivier), de Saint-Brieuc.
Salvetat (Simon), de Honfleur.
Bernard (Thomas), de Dieppe.
Marion (Pierre), du Havre.
Croisié (Charles), du Croisic.
Hebert (Nicolas), de Dieppe.
Honen (Nicolas), de Dieppe.
Laurieu (François), de Fécamp.
Clauzier (François), de Dinan.
Hiard (François), de Dinan.

Gabiers.

Le Chais (Pierre), de Saint-Brieuc.
Bonnet (André), de Marennes.
Trouillard (Guillaume), d'Oléron.
Gaboril (Jacques), de Royan.
Chardavoine (Antoine), de Royan.
Lambert (Jacques), de la Rochelle.
Barré (Pierre), de la Rochelle.
Radouit (Pierre), de l'Ile de Ré, mort le 25 janvier 1782.
Delage (Laurent), de l'Ile de Ré.
Dubernay (Jacques), de l'Ile de Ré.
Perrier (Pierre), de l'Ile de Ré.
Landais (Jean), de l'Ile de Ré.
Texier (Pierre), des Sables.
Fromentin (Jean), de l'Ile de Ré.
Poulmar (Guillaume), de Bordeaux.
Latapy (François), de Toulouse, tué au combat du 29 avril 1781.
Correl (Jean), de Bayonne.
Dumeuil (Jean), de Saint-Malo.
Dufresne (François), de Granville.
Cheminot (Jean), de Saint-Malo, mort le 15 mars 1782.
Galenne (Jean), de Belle-Ile, mort le 7 janvier 1782.
Froux (François), de Nantes.
Chastré (Louis), de Nantes.
Sauteau (Maurice), de Nantes.
Boislier (Jean), de Honfleur.
Lafond (Bernard), de Bordeaux.
Arnaudeau (Pierre), de Blaye.
Boulineau (Pierre), de Blaye.
Gasse (François), de Blaye.
Audebert (Jean), de Bordeaux.
Harel (Pierre), de Dinan.
Chaloupin (Mathurin), de Dinan.
Lossoy (François), de Dinan.
Dubois (Pierre), des Sables.

Timoniers.

Domé (Jean), de Bordeaux.
Chapeau (Pierre), de l'Ile de Ré, blessé au combat du 23 janvier 1782, mort le 6 avril 1782.
David (Charles), de l'Ile d'Yeu.

Eddel (Jean), de l'Île de Ré.
Lucas (Paul), de Saint-Malo, mort le 18 avril 1782.
Dumont (Gaspart), de Saint-Malo.
Carriou (François), de Morlaix.
Heraut (François), de Brest.
Roasse (Jean), de Marseille.
Poret (Jean), de Fécamp.
Le Clerc (Marie), de Paris.

Matelots.

Le Borgne (Pierre), du Conquet, mort le 27 juillet 1782.
Quemeneur (Jacques), de Brest.
Thilly (François), du Croisic.
Laurent (Pierre), de Nantes.
Boisadan (Pierre), de Nantes.
Eté (François), de Nantes.
Joncaire (Jean), de Nantes.
Rousse (Antoine), de Marseille, mort le octobre 1781.
Moncel (Nicolas), de Nantes.
Riperon (Auguste), de Paimbœuf.
Patron (Pierre), de Nantes.
Le Breton (Jacques), du Croisic, mort le 12 mars 1782.
Cosset (Jean), du Croisic, mort à bord le 24 juillet 1782.
Maurice (Marc), de Saint-Brieuc.
Touin (Antoine), de Saint-Brieuc.
Berthelo (Jacques), de Saint Brieuc.
Levoque (Yves), de Saint Brieuc.
Le Clercq (François), de Saint-Brieuc.
Durand (Gilles), de Saint-Brieuc.
Le Moindre (Mathieu), de Saint-Brieuc.
Le Roy (Jacques), de Saint-Brieuc.
Paturel (Marc), de Saint-Brieuc.
Le Chandetec (Yves), de Vannes.
Le Menier (Joseph), de Vannes.
Riaud (Jean), de Vannes.
Prau (Louis), de Vannes.
Layer (Mathieu), de Vannes.
Le Daut (Pierre), de Vannes, mort le 21 février 1782.
Jouannet (Mathurin), de Vannes, mort le 7 octobre 1781.
Mahé (Bertrand), de Vannes.
Henric (Louis), de Vannes.
Thomelin (Jean), de Vannes.
Le Cointre (Jean), de Dinan.
Fin (François), de Dinan.
Roussel (François), de Dinan.
Audouart (Jacques), de Saint Malo.
Lancelin (Mathieu), de Saint-Malo.
Roussel (Pierre), de Dinan.
Roussin (Nicolas), de Dinan.
Hautiere (Jean), de Dinan.
Le Sage (Olivier), de Dinan.
Hilaire (Pierre), de Saint-Malo.
Hervé (François), de Quimper, mort le 30 octobre 1781.
Friel (Mathurin), de Tréguier.
Le Pillet (Yves), de Tréguier, mort le 12 juin 1782.
Branelec (Jean), de Morlaix.
Thoux (Yves), de Morlaix.
Bernat (Pierre), du Havre.
Tellier (Pierre), du Havre.
Marpeley (Louis), du Havre.
Daniel (Charles), du Havre.

Jamel (Jean), de Honfleur, mort à bord le 6 septembre 1781.
Merienl (Jean), de Honfleur.
Merieul (Louis), de Honfleur.
Prieur (André), de Honfleur.
La Neuville (André), de Honfleur.
Robi (Jacques), de Honfleur, mort le 23 février 1782.
Sivat (Jean), de Honfleur.
Jager (Jean), de Honfleur.
Mathieu (François), de Honfleur.
Souré (Jean), de Granville.
L'Huillier (Denis), de Granville.
Piton (Gilles), de Granville.
Launay (Charles), de Granville, mort le 24 novembre 1781.
Delin (Pierre), de Granville.
Desnos (Louis), de Granville.
Juville (Alexandre), de Cherbourg.
Gabin (Charles), de Cherbourg.
Chaussé (Jacques), de Cherbourg, mort le 5 mars 1782.
Leverre (Jean), de Granville.
Champion (Jean), de Granville.
Leroy (Jean), de Granville.
Oudessot (Jean), de Rouen.
Lesguier (Pierre), de Rouen.
Dis (Charles), de Rouen.
Meriel (Jean), de Rouen.
Le Gendre (Charles), de Rouen, mort 17 novembre 1781.
Le Fels (Louis), de Rouen.
Herbout (Antoine), de Rouen.
Noel (Pierre), de Caen.
Lefranc (François), d'Avranches.
Dusebout (Pierre), de Rouen.
Bouvier (Pierre), de Rouen.
Cremont (Guillaume), de Rouen.
Bacmex (Nicolas), de Dieppe.
Quotteville (Jean), de Dieppe.
Basile (Jean), de Dieppe.
Fontenier (Michel), de Dieppe.
Zellet (Jean), de la Hougue.
Pauchet (Charles), de Saint-Valéry, mort le 27 janvier 1782.
Lamy (Jean), de Calais.
Durget (Grégoire), de Fonta-Gap.
Cot (Antoine), de Marseille.
Duchard (Jean), de Marseille.
Malaubert (Jean), de Marseille.
Jaureguibery (Dominique), de Bayonne.
Duchauna (Jean), de Bayonne.
Sulusbéré (Hannès), de Bayonne.
Harcomendy (Martin), de Bayonne.
Marmoren (Martin), de Bayonne.
Predore (Michel), de Bayonne, mort le 28 février 1782.
Machaura (Joannès), de Bayonne.
Aristirico (Joannès), de Saint-Jean-de-Luz, mort le 5 janvier 1782.
Lesgoua (Antoine), de Saint-Jean-de-Luz.
Bormin (Joannès), de Saint-Jean-de-Luz, mort le 10 septembre 1782.
Larre (Hannès), de Saint-Jean-de-Luz.
Delalre (Marc), de Bayonne.
Roindard (Pierre), de Saint-Jean-de-Luz.
Aspaja (Jean), de Bayonne, mort le 1er juin 1781.
Larague (François), de Bayonne, mort le 6 avril 1781.

Cassoli (Pierre), de Saint-Jean-de-Luz.
Diharbit (Simon), de Saint-Jean-de-Luz.
Dolinague (Joseph), de Saint-Jean-de-Luz.
Duhalde (Louis), de Saint-Jean-de-Luz.
Legarde (Jean), de Saint-Jean-de-Luz.
Jantel (Arnaud), de Blaye.
Mona (François), de Bordeaux.
Broc (Bernard), de Bordeaux.
Calat (Guillaume), de Bordeaux.
De Plais (André), de Bordeaux.
Detchepart (Pierre), de Saint-Jean-de-Luz.
Salé (Bertrand), de Saint-Jean-de-Luz, mort le 3 novembre 1781.
Capabody (Pierre), de Saint-Jean-de-Luz.
Ristenoby (Jean), de Saint-Jean-de-Luz.
Laboa (Joannès), de Bayonne.
Roux (Jean), de Toulouse.
Calaques (Pierre), de Toulouse.
Jarding (Jean), de Toulouse.
Millor (Jean), de Toulouse.
Guy (Pierre), de Toulouse.
Louis (Louis), de Toulouse, mort le 3 décembre 1781.
Gouly (Pierre), de Toulouse.
Lebrenn (Antoine), de Montauban.
Le Bet (Pierre), de Montauban.
Monce (Jean), de Montauban.
Delvecke (Raymond), de Montauban.
Javlat (Jean), de Montauban.
Brousson (Jean), de Montauban.
Lacroix (Jean), de Montauban.
Caisere (Pierre), de Toulouse.
Juliard (Raymond), de Toulouse.
Verdun (Bertrand), de Toulouse.
Guillard (Jean), de Lorient.
Rollard (Michel), de Quimper.
Girard (Pierre), de la Rochelle.
Combourt (Henry), de la Rochelle.
Fetis (Michel), de la Rochelle.
Senou (Thomas), de la Rochelle.
Martineau (François), de la Rochelle.
Chabry (Jacques), de Rochefort.
Roux (Jean), de Rochefort.
Fremont (Louis), de Rochefort.
Teate (Joseph), de Rochefort.
Pierron (Louis), des Sables.
Payron (Jean), de Rochefort.
Siccard (Jean), de Rochefort.
Le Boule (Pierre), de Rochefort.
Garlopeau (Jean), d'Angoulême.
Sellier (Jean), de Marennes.
Tessier (Jacques), de Marennes.
Joffreau (François), d'Oléron.
Tessard (André), d'Oléron.
Feranteau (Jean), d'Oléron.
Morin (Jean), d'Oléron.
Morin (Alexis), d'Oléron.
Rullier (Pierre), de Royan.
Godeau (Pierre), de Royan.
Dion (Pierre), de Royan.
Moiron (Jacques), de Royan.
Touseau (Daniel), de Royan.
L'Épine (Jean), de Royan, mort le 8 mars 1782.
Boiteau (Pierre), de Royan.
Turbé (Nicolas), de l'Île de Ré.
Baudel (Jean), l'Île de Ré.

Bourgel (Pierre), de l'Ile de Ré, mort le 14 janvier 1783.
Meunier (André), de l'Ile de Ré.
Besson (Antoine), de l'Ile de Ré.
Cognac (Jacques), de l'Ile de Ré.
Beaudel (Jacques), de l'Ile de Ré.
Papon (Jean), de l'Ile de Ré.
Renaud (Mathieu), de l'Ile de Ré.
Rimbert (François), des Sables.
Michaud (Louis), des Sables.
Brossard (Victor), des Sables.
Guilbeau (Joseph), des Sables.
Million (Jacques), de l'Ile d'Yeu.
Groissard (Jean), de Noirmoutiers.
Bernardin (Claude), de l'Ile d'Yeu.
Andouin (Louis), de Blaye, mort le 19 juin 1782.
Goffe (Bernard), de Blaye, mort le 28 juin 1782.
Moncel (Jean), de Blaye.
Gélinot (Gervais), de Blaye.
Verdeau (Jean), de Blaye.
Dartiguales (Jean), de Bordeaux.
Carere (André), de Bordeaux, mort le 31 mars 1782.
Pidoux (Gabriel), de Bordeaux.
Losca (Etienne), de Bordeaux.
Brignolle (Bernard), de Bordeaux.
Reynard (Jacques), de Bordeaux.
Marchand (Pierre), de Bordeaux.
Massain (Jacques), de Bordeaux.
Buil (Bernard), de Bordeaux.
Delorme (Jean), de Blaye.
Bal (Dominique), de Bordeaux.
Dupuy (Jean), de Bordeaux.
Barde (Jean), de Bordeaux, mort le 2 mai 1782.
Chateau (Barthelemy), de Bordeaux.
Marange (Jean), de Bordeaux.
Corsilleau (Pierre), de Bordeaux.
Gaudin (Pierre), de Bordeaux.
Bouchardeau (Pierre), de Bordeaux.
Mallet (Pierre), de Bordeaux.
Gonbeau (Joseph), des Saintes.
Castelle (Pierre), de Bordeaux.
Dupuy (Thomas), de Libourne.
Chataignier (Simon), de Libourne, mort le 17 mars 1782.
La Cour (Joseph), de Libourne.
Delaye (Etienne), de Libourne.
Rocher (Jean), de Libourne.
Dumasse (Jean), de Marmande.
Dubourdieu (Jean), de Marmande.
Rabier (Thomas), de Marmande.
Després (Jean), d'Arles.
Gautier (Joseph), de Marseille.
Lautier (Pierre), de Toulon.
Clausier (François), de Saintes, mort le 5 avril 1781.
Querré (Yves), de Morlaix.
Josse (Jean), de Saint-Brieuc, mort le 10 août 1781.
Convenant (François), de Saint-Malo.
Deliou (Julien), de Concarneau.
Bournigcel (Pierre), de Nantes, tué au combat du 29 avril 1781.
Pinguet (Pierre), de Honfleur.
Pinel (Jean), de Cherbourg.
Barbet (Julien), de Granville.
Marquet (Pierre), de la Rochelle, mort le 20 août 1781.

Samery (Jean), de Marseille.
Renaud (Guillaume), de Narbonne.
Reguier (Jacques), de Marseille, noyé le 12 mai 1781.
Carmellé (Joachim), de Marseille, mort le 10 novembre 1781.
Le Goff (Hervé), de Brest, tué au combat du 26 janvier 1782.
Boinenau (François), de Vannes, mort le 23 novembre 1781.
Sauvage (Jean), d'Isigny, mort le 21 février 1782.
Ballot (Jean), de Dinan.
Pichet (François) d'Angers.
Le Roux (Noël), de Dieppe, mort le 19 mars 1782.
Hubert (Pierre), de Saint-Malo.
Le Foulon (François), de Caen.
Bruno (Jean), de Libourne.
Maillet (Pierre), de Saintes.
Bourdon (Jean), de Caen.
Fagou (Martin), de Saint-Jean-de-Luz.
Espier (Jean), de Paris, mort le 21 octobre 1782.
Lombia (Pierre), de Montauban.
Maurice (Jean), de Paimbœuf.
Kerloch (Jean), de Quimper.
Gautier (Pierre), de Paimbœuf.
Lary (Dominique), de Bordeaux.
Bousquet (Léonard), de Bordeaux.
Cécile (Jean), de Rouen.
Degouere (Jean), de Bordeaux.
Martin (Jean), de Saint-Malo.
Cantin (Pierre), de Reims.
Noury (Jean), de Rennes.
Chapin (Jean), de Saint-Malo.
Allé (Louis), de Rennes.
Nigaud (Nicolas), de Vendôme, mort le 16 juillet 1782.
Letellier (Jean), de Caen.
Arrivet (Jean), d'Oléron.
Bourriom (Etienne), de Toulon.
Quarriou (Laurent), de Brest.
Pitra (Joseph), de Lyon.
Manuche (Noël), de Libourne.
Langevin (Jean), de Fécamp.
Gallot (Augustin), de Paris.
Hurtin (André), de Nantes.
Husson (Jean), de Charleville.
Figuier (Honoré), de Grasse.
Desclaud (Louis), de Montauban.
Garçon (Jacques), de Marennes.
Suzot (François), de la Rochelle.
Jullin (Arnaud), de Toulouse.
Coaffart (Pierre), de Nantes.
Hamon (Julien), de Saint-Brieuc.
Gassier (Jean), de Libourne.
Lainé (Augustin), de la Rochelle.
Claret (Jean), de Martignes.
Lecourfie (Augustin), de Dieppe.
Denis (Laurent), de Saint-Brieuc.
Rouget (François), de Caen.
Cotillon (Jean), de Brest.
Gourmellon (Guillaume), de Brest.
Jaffrai (Ervé), de Morlaix.
Roussé (Augustin), de Saint-Malo.
Fichoux (Guillaume), de Quimper.
Goron (François), de Saint-Malo.
Liard (François), de Saint-Brieuc.
Robert (Christophe), de Saint-Brieuc.

Giquel (René), de Saint-Brieuc.
Lesca (Jean), de Bordeaux.
Le Monier (Louis), de Lorient.
Chaillard (Augustin), de Paimbœuf.
Ruta (Etienne), de Paimbœuf.
Lejenne (Guillaume), de Saint-Brieuc.
Logarrés (Pierre), de Saint-Brieuc.
Amiot (Pierre), de Dinan.
Massuré (Pierre), du Havre.
Petit (Jean), de Dieppe.
Bonnet (Charles), de Boulogne.
Guichard (Jean), de Marseille.
Thomas (André), d'Avignon.
Thomas (François), de Tours.
Lorgand (Guillaume), de Dinan.
Eveno (René), de Lorient.
Carro (Gilles), de Saint-Brieuc.
Philipot (Joseph), de Saint-Malo.
Auvray (Louis), de Saint-Malo, mort le 9 octobre 1781.
Papail (Elie), de Saint-Malo.
Floch (Pierre), de Saint-Malo.
Langevin (Jean), de Saumur.
Rollin (Louis), de Granville.
Chapelle (Charles), de Fécamp.
Jugelé (Jean), de Granville.
Renault (Jean), d'Orléans.
Guadomp (Martin), de Tours.
Graffier (René), de Tours.
Peruchot (Pierre), de Tours.
Ferré (François), de Lille.
Ozou (Jean), de Paris, mort le 20 août 1781.
Gillot (Etienne), de Paris.
Dos (Toussaint), de Dinan, mort le 6 juillet 1781.

Novices.

Moreau (Jean), de l'Ile de Ré.
Renouard (Jean), de l'Ile de Ré, mort le 4 octobre 1781.
Roulet (Noël), de Fécamp.
Leleu (Jacques), de Fécamp.
Houlbregne (Jacques), de Fécamp.
Godofroy (François), de Granville, mort le 25 juillet 1781.
Lefrançois (Laurent), de Granville.
Mabié (Jean), de Cherbourg, tué au combat du 25 janvier 1782.
Fromentin (François), de Dieppe.
Grenel (Juste), de Dieppe.
Marchand (Guillaume), de l'Aujon, mort le 23 janvier 1782.
Boudrainville (Jean), de la Hougue.
Pabé (Jean), de Dieppe, noyé le 24 septembre 1781.
Buteaux (Laurent), de Dunkerque.
Labé (François), de Dinan.
Magnan (Jean), de Marmande, mort le 20 octobre 1782.
Caquet (Félix) de Marmande, noyé le 9 mai 1782.
La Vieuville (Jean), de Dieppe.
Cocq (Pierre), de la Rochelle.
Bonneau (Pierre), de Royan.
Saleau (Etienne), de Royan, mort le 13 novembre 1782.
Auger (François), d'Oléron.
Belanger (Jean), de l'Ile de Ré.
Raynard (Pierre), de Rochefort.
Prou (Pierre), de la Rochelle.
Racaud (François), de l'Ile de Ré.

Glaux (Philippe), de Saint-Brieuc.
Goldever (François), de Morlaix.
Bourdé (Germain), de Quimper.
Nédélec (Gabriel), de Plouguerneau.
Ruolleau (Jacques), de Noirmoutiers.
Perocheau (Jacques), de Noirmoutiers.
Gagneux (Julien), de Noirmoutiers.
Rusteau (Jean), de Noirmoutiers.
Angaud (Noël), de Noirmoutiers.
Pecot (Augustin), de Nantes.
Huchet (Michel), de Paris.
Latouche (Nicolas), de Paris.
Ray (Louis), de Saint-Malo.
Aché (Guillaume), du Havre.
Le Pichon (Jean), de Vannes.
Nicol (Jean), de Morlaix.
Berthaut (Julien), de Saint-Malo, mort à bord le 12 juillet 1782.
Vallé (Jean), de Croisic, mort le 8 octobre 1781.
Lenoir (Jacques), de Lorient.
Blain (Étienne), de Saint-Malo.
Le Moing (Jean), de Lorient, mort à bord le 16 août 1781.
Guyader (Dominique), de Lorient.
Loquay (Marc), de Lorient, mort le 8 janvier 1782.
Kerblat (Laurent), de Lorient.
Morvant (Julien), de Lorient.
Pavic (Jean), de Lorient, mort le 2e juillet 1782.
Le Roy (Julien), de Lorient, mort à bord le 15 juillet 1781.
Parivara (Jean), de Lorient.
Le Moine (Jean), de Lorient.
Ferraud (Yves), de Lorient.
Tesseron (Mathurin), de Nantes.
Rabuty (Joseph), de Passy.
Taudouin (Louis), de Châteauneuf.
Dambreville (Charles), de Paris.
Cailleau (Pierre), de Saint-Pol-de-Léon.
Créach (Jean), de Saint-Pol-de-Léon.
Ouvenant (René), de Lorient.

Surnuméraires.

Arsonneau (Antoine), de l'Ile d'Yeu.
Grosset (Michel), de Lannion.

Deschamps (Pierre), de Belle-Ile.
Thomas (Mathurin), de Saint-Brieuc.
Thebert (Louis), de Lamballe.
Mangin (Jacques), de Saintes.
Faitou (Guillaume), de Bergerac.
Fouron (Mathieu), de Montauban.
Giraud (Thomas), de Mauzé.
Garnon (Nicolas), de Rennes.
Mercier (Abraham), de Saumur.
Guppy (Jacques), d'Amérique.
Dufrenne (Noël), de Saint-Malo.
Le Pot (Louis), de Saint-Brieuc.
Vidal (Manuel), de Toulon.

Mousses.

Moinot (Pierre), de Rochefort.
Duqué (Jean), de Sables.
Bertrand (Jean), de Marennes.
Bidet (Antoine), de Saintes.
Foblin (Bernard), de Rochefort.
Girard (Alexandre), de Rochefort.
Dronnet (Jean), de Saintes.
Janois (Pierre), de l'Ile de Ré.
Jeune (Pierre), de Royan.
Gagard (Louis), de la Rochelle.
Mecchain (Jacques), d'Oléron.
Faucon (André), de Rochefort.
Moinais (Mathurin), de Rochefort.
Riveau (Jean), de Rochefort.
Robert (Joseph), de Lamballe.
Hamon (Guillaume), de Quimper.
Daniel (Laurent), de Saint-Brieuc.
Vademcourt (André), d'Oléron.
Hemon (Joseph), de Concarneau.
Bronneau (Jacques), de Rochefort.
Hervé (Pierre), de Vannes.
Loreste (Ollivier), de Roscoff.
Page (Yves), de Morlaix.
Ballaville (Étienne), de Paris.
Galteau (François), de Saintes.
Audeau (Mathurin), de Vannes.
Neuillé (Blaise), de la Rochelle.
Salomon (Barthélémy), de Saint-Brieuc.

Salomon (Gabriel), de Saint-Brieuc.
Vivavent (Jacques), de la Rochelle.
Briant (Pierre), de Lorient.
Bertiz (Jean), de Rochefort.
Le Guen (Guillaume), de Saint Pol de Léon, mort le 1er août 1781.
Croquennec (Yves), de Morlaix.
Vérité (Mathurin), de Saint Brieuc.
Le Dal (Étienne), de Plouguerneau.
Nédélec (Corentin), de Plouguerneau.
Nédélec (Corentin), de Plouguerneau.
Dupré (Charles), de Marennes.
Brosset (Gaspard), de Paris.
Torquerand (Jean), de Morlaix.
Calvès (Michel), de Brest.
Bruger (François), de Quimper.
Lomen (Gilles), de Morlaix.
Lenoir (Claude), de Quimper.
Perron (Yves), de Dinan.
Gorbieux (Jean), de Royan, mort le 24 juillet 1781.
Chapeau (Pierre), de Saint-Brieuc, mort le 10 juin 1782.
Huriantec (Pierre), de Kervily.
Malcot (Jacques), de Lorient.
Affourdeau (Julien), de Lorient.
Salveiat (Simon), de Honfleur.
La Rumeur (Jean), de Recouvrance.
Moileux (François), de Plouguerneau.
Hurtel (Félix).
Cousseaux (Jean).

Domestiques.

Adnet (Charles), d'Antibes, mort le 19 janvier 1782.
Le Calle (Michel), de Lannion.
Menesguen (Antoine), de Brest.
Ménage (François), de Ploermel.
Robert (Nicolas), de Tréguier.
Neri (Philippe), de Lyon.
Le Gouidec (Yves), de Lannion.
Pichon (Jacques), de Vannes.
Frégimont (Gabriel), de Bordeaux.

ESCADRE DU COMTE DE TERNAY.

(ARMÉE DE ROCHAMBEAU.)

Charles Henri d'Arsac, dit le Chevalier de Ternay, Mort en Amérique le 15 décembre 1780, Chef d'escadre.

LE DUC-DE-BOURGOGNE.

(1780 à 1783.)

M. le Chevalier de Ternay, Chef d'escadre, Commandant; M. Destouches, Brigadier des armées navales, Commandant; M. le Comte de Barras, Chef d'escadre, Commandant.

ÉTAT-MAJOR.

Chefs d'escadre.

Le Chevalier de TERNAY, Commandant, mort le 15 décembre 1780.
DESTOUCHES, brigadier des armées navales, Commandant.
Le Comte de BARRAS, Commandant.
D'ESPINOUSE, Commandant.

Capitaines de pavillon.

De MEDINE.
De CHAMPMARTIN.

Capitaines en second.

De la VICOMTE.
De CHARRITTE.

Lieutenants de vaisseau.

DELERONDEL.
De GRANCHAIN.
Le Comte de CAPELLIS.
De PERRIERES.
De CHABOT.
De KERMORIAL.
DUMOULIN.
De CAUK.
D'ALPHERAN.
De MESNARD.
De MENOU.
DOUVILLE, Américain.
FISKER, Danois.
BILL, Danois.

Capitaines de brulot.

Des LOGES.
CARRO.
De BERTHELOT.
De MAISONEUVE.

Enseignes de vaisseau.

SAULNIER.
BAUDRAN, mort à bord le 5 août 1780.
De SAINT-VINCENT (Robert).
SCOT.
VIS-DE-LOUP, mort à l'hôpital de Fort-Royal le 30 avril 1782.
De GOESBRIANT.
D'AIGREMONT.
De BELLEGARDE.
De MONTBADON.
D'IMBERT.
De PINSUM.

Lieutenants de frégate.

BUSSON.
VILLECRIS.
SALAMBIER.
Du PINQUERRE-PANOL, de Guingamp.
BUSHERE.
LEMOINE.
De la GARDE.
DARTON de MONTBAS.
DELMOTHE.
OUVELY.

Chirurgiens-majors.

LARAT.
BONNIN.
LEGER.

Aumôniers.

GUERUESLE (R. P.)
MEURNAY (abbé).

Gardes de la marine.

De CHASOT, mort à bord le 16 janvier 1781.
LAROCHE SAINT-ANDRE DE GANUCHERE.
De la ROCHEFOUCAULD.
De VILLEBRUNE.
De la HOUSSAYE.
De LIGNY.
De la GUERIVIERRE.
PIGNIERRE.
MORELLE de la CARBONNIERE.
DEFAROUIL-DES-FORGES.

Pilotes américains.

Bernich (Samuel), de Boston.
Sillinguste (William), de Boston.
Daggeth (William), de Boston.
Delano (Calvin), de Boston.
Vincent, de Boston.

Volontaires d'honneur.

Lochouaru.
Montrille.
Pignol (Alexandre).
La Neuville.
Charpentier.
Deslages de Kerouvel.

Officiers-mariniers de manœuvre.

Robic (Louis), premier maître, de Lorient.
L'Official (Paul), premier maître, de Brest.
Romieux (Antoine), premier maître, de Toulon.
Blin (Marc), second maître, de Saint-Malo.
Mahé (Jean), second maître, de Nantes.
Moulinary (André), second maître, de la Ciotat.
Le Coat (Hamon), second maître, de Brest.
Collin (Jean-Marie), contremaître, de Brest.
Cottin (Joseph), contremaître, de Lorient.
Maheu (Adrien), contremaître, de Fécamp.
Siffard (Jean), contremaître, de la Seyne.
Parchepied (Emmanuel), contremaître, du Havre, mort à bord le 13 avril 1782.
Valteau (Louis), bosseman, de Saint-Malo.
Brigand (Jacques), bosseman, de Dunkerque, mort au Fort-Royal le 19 juin 1782.
Robine (Olivier), bosseman, de Granville.
Lecomte (Jean-Baptiste), bosseman, du Havre.
Gaff (Jean), bosseman, de Toulon.

Mulotin (Victor), bosseman, de Fécamp.
Guilchet (Michel), bosseman, de Quimper.
Punnier (Gilles), bosseman, de Granville, mort à la mer le 10 avril 1782.
Chaouenne (Badoc), quartier-maître, du Conquet.
Mercier (Jean-François), quartier-maître, de Morlaix.
Le Roux (Pierre), quartier-maître, de Morlaix.
Perron (Michel), quartier-maître, de Saint-Brieuc, mort à bord le 10 novembre 1782.
Gauchy (Jean-Jacques), quartier-maître, de Rouen.
David (Julien), quartier-maître, de Nantes.
Outré (Jacques), quartier-maître, de Saint-Malo.
Bauchai (Jean), quartier-maître, de Saint-Malo.
Vians (Claude), quartier-maître, de Toulon.
Malejac (André), quartier-maître, de Brest.
Kérézéon (Jean-Marie), quartier-maître, de Brest.
Ledec (Guillaume), quartier-maître, de Brest.
Henri (André), quartier-maître, de Brest, tué au combat du 9 avril 1782.
Pierre (Jean-François), quartier-maître, de Dieppe.
Potel (Martin), quartier-maître, de Bayonne.
Marquebouquet (Pierre), quartier-maître, de Rouen.
Vilette (Pierre), quartier-maître, d'Agde.
Cambon (Jean), quartier-maître, d'Agde.
Durand (Étienne), quartier-maître, de Narbonne.
Barbier (Jacques), quartier-maître, des Sables-d'Olonne.
Jamonneau (Jean), quartier-maître, de Nantes.
Mouillé (Mathurin), quartier-maître, de Nantes.
Lefranc (André), quartier-maître, de Saint-Malo.
Rous (Jean), quartier-maître, de Dieppe.
Mahon (Julien), quartier-maître, de Lorient.
Deraison (Michel), quartier-maître, de Morlaix.
Le Landais (Pierre), quartier-maître, de Dinan.

Officiers-mariniers de pilotage.

Delmothe (Jean), premier pilote, de Brest.
Alliès (Charles), premier pilote, de Brest.
Dréanon (Yves), premier pilote, de Nantes.
Leclerc (Louis), second pilote, de Paris.
Le Poultain (Jacques), second pilote, de Granville.
Froment (Jean-Baptiste), second pilote, de Rouen.
Yven (Jean), aide-pilote, de Brest.
Mamineau (Pierre), aide-pilote, de Brest.
Gardin (Jean), aide-pilote, de Honfleur.
Raguideau (Pierre), aide-pilote, de Nantes.
Desageneaux (Joseph), aide-pilote, de Nantes.
Proustaud (Raimond), aide-pilote, de Nantes.

Officiers-mariniers de canonnage.

Duval (Servan), maître canonnier, de Saint-Malo.
Darré (Pierre), maître canonnier, de Rouen.

Guéroux (Noël), maître canonnier, du Havre.
Malherbe (Jean), maître canonnier, du Havre.
Thomas (Jean), maître canonnier, de Lorient.
Lemoing (Guillaume), second canonnier, de Brest.
Hamelin (Pierre), second canonnier, de Granville.
Riche (François), second canonnier, de Toulon.
Duchesne (Alexandre), second canonnier, de Saint-Valery-en-Somme.
Raffin (Pierre), second canonnier, de Lorient.
Lebègue (Yves), aide-canonnier, de Brest.
Kerouel (Yves), aide-canonnier, de Brest.
Lemoine (Pierre), aide-canonnier, de Brest.
Fossey (Casimir), aide-canonnier, de la Hougue.
Boccage (Pierre), aide-canonnier, de la Hougue.
Fleury (Jean), aide-canonnier, de la Hougue, mort à l'hôpital de Fort-Royal le 22 mai 1782.
Vacescarpe (Nicolas), aide-canonnier, de Lorient.
Duvivier (Quintin), aide-canonnier, de Lorient.
Bernard (Anselme), aide-canonnier, de Dieppe.
Lavache (Guillaume), aide-canonnier, de Dieppe.
August (Étienne), aide-canonnier, de Dieppe.
Guérin (Jean-Baptiste), aide-canonnier, de Dieppe.
Cordier (Jacques), aide-canonnier, de Dieppe, mort à la mer le 9 septembre 1780.
Quintin (Thomas), aide-canonnier, de Saint-Malo.
Coutté (Marc), aide-canonnier, de Saint-Malo, mort au Fort-Royal le 8 juin 1781.
Leport (Thomas), aide-canonnier, de Saint-Malo.
Larguet (Jean), aide-canonnier, de Vannes.
Collas (Jean), aide-canonnier, de Granville.
Larchon (Pierre), aide-canonnier, de Granville.
Desroches (Georges), aide-canonnier, de Granville.
Lecoupé (Jean-François), aide-canonnier, de Granville, mort à bord le 24 juin 1782.
Mallet (Julien), aide-canonnier, de Granville, mort à la mer le 14 juin 1780.
Gibon (Philippe), aide-canonnier, de Fécamp.
Cypierre (François), aide-canonnier, de Fécamp, mort à la mer le 14 juillet 1780.
Raimond (Jean), aide-canonnier, de Cherbourg.
Rault (François), aide-canonnier, de Cherbourg.
Latour-Cariou (Guy), aide-canonnier, de Quimper.
Blouet (Bertrand), aide-canonnier, de Quimper, mort à l'hôpital le 9 avril 1781.
Perron (Pierre), aide-canonnier, de Belle-Isle.
Pacot (Nicolas), aide-canonnier, de Dinan.
Chouquet (Louis), aide-canonnier, de Rouen.
Delmothe (François), aide-canonnier, de Brest.

Schmitz (Joseph), aide-canonnier, de Brest.
Jain (Jean-Baptiste), aide-canonnier, de Dunkerque.
Leprestre (François), aide-canonnier, de Dunkerque.
Le Doux (Antoine), aide-canonnier, de Boulogne, mort à l'hôpital le 11 octobre 1782.
Hautemanière (Étienne), aide-canonnier, de Dieppe.
Saumelas (Pierre-Suzard), aide-canonnier, d'Arles.
Angoumar (André), aide-canonnier, du Havre.
Bucheris (Pierre), aide-canonnier, de Royan.
Garrigue (Barthélemy), aide-canonnier, de Bordeaux.
Valteau (François), aide-canonnier, de Saint-Malo.
Talhemond (François), aide-canonnier, de Lorient, mort à bord le 6 octobre 1781.

Officiers-mariniers de charpentage.

Sarsiron (Charles), maître charpentier, de Brest.
Graffard (Joseph), second charpentier, de Saint-Malo.
Lesteven (Jean-Louis), aide-charpentier, de Brest.
Lemaux (Guillaume), aide-charpentier, de Lorient.
Languy (Barthélemy), aide-charpentier, de Bordeaux.
Deliesne (Félix), aide-charpentier, du Havre, mort à bord le 28 février 1783.

Officiers-mariniers de calfatage.

Morvan (François), maître calfat, de Brest.
Modeste (Hamon), second calfat, de Brest.
Tourneur (Julien), second calfat, de Granville.
Loy (François), second calfat, de Saint-Brieuc.
Rohan (Marc), second calfat, de Brest, mort à la mer le 11 août 1782.
Yvon (Jacques), aide-calfat, de Granville.
Lestiédau (Jean), aide-calfat, de Brest.
Peton (Jacques), aide-calfat, de Brest.
Tanguy (Allain), aide-calfat, de Brest.
Legal (Antoine), aide-calfat, de Brest.
Ro (François), aide-calfat, de Saint-Brieuc.
Gabillard (Louis), aide-calfat, de Dinan.

Officiers-mariniers de voilerie.

Fiolet (Aubin), maître voilier, de Lorient.
Niel (Emmanuel), second voilier, du Havre.
Boudan (Jean-Joseph), aide-voilier, de Saint-Malo.
Poupinet (Jean), aide-voilier, de Brest.

Gabiers et Timoniers.

Bougeart (Étienne), de Saint-Brieuc.
Thomas (François), de Saint-Brieuc.
Gauthier (Joseph), de Saint-Brieuc.
Roussel (Pierre), de Saint-Brieuc, mort à l'hôpital du Fort-Royal le 18 juin 1782.
Savari (Étienne), de Granville.
Rabasse (Antoine), de Granville.
Fougeray (Ollivier), de Granville.
Severne (François), de Granville.
Lemonnier (Jean-Baptiste), de Honfleur.
Lemonnier (Louis), de Dinan.

Deschamps (Adrien-Saint), de Fécamp.
Le Dué (Nicolas), du Havre.
Pastorelle (Noël), de Saint-Malo.
Huot (Alain), de Saint-Malo.
Gravé (Jean-François), de Belle-Isle, tué au combat du 12 avril 1782.
Laborie (Jean-Baptiste), de Dunkerque.
Harnou (Jean-Baptiste), de Quimper.
Audren (Joseph), de Quimper.
Ergo (Jean-Marie), du Croisic.
Hurtelle (Nicolas), de Saint-Valéry-sur-Somme.
Leblond (Jean-Baptiste), de Rouen.
Girard (François), de Mazière.
Leroy (Daniel), de Brest.
Goulard (Michel), de Brest.
Sarcillet (Pierre), de Vannes.
Boucher (Jacques), de Brest, mort à l'hôpital du Fort-Royal le 29 juin 1782.
Morret (Jacques), de Dieppe.
Lerselien (Isaac), de Cherbourg.
Lebrun (Nicolas), de Morlaix.

Matelots

Froust (Joseph), de Brest.
Daniélou (Jean), de Brest.
Quérouas (Michel), de Brest.
Rollin (Jean), de Brest.
Chopin (François), de Brest.
Morin (François), de Brest.
Mezaire (Joachim), de Brest, mort à l'hôpital du Fort-Royal le 18 juin 1782.
Licorsset (Jean), de Brest.
Guilheurdin (Pierre), de Rennes.
Albert (Jean), de Rennes.
Nicole (Gilles), de Rennes, mort à la mer le 1 octobre 1781.
Lebras (Hervé), de Brésalis (près Landerneau), mort à bord le 27 octobre 1782.
Morelle (Laurent), d'Embrun.
Etienne (Julien), de Vannes.
Calouve (Guillaume), de Vannes.
Lemagnen (Gamelle), de Vannes.
Morvan (Julien), de Vannes.
Dérian (Henri), de Vannes.
Marzin (François), de Morlaix.
Lebrun (Yves), de Morlaix.
Quémeneur (Jacques), de Morlaix.
Lauger (Nicolas), de Morlaix.
Tanguy (Guy), de Morlaix.
Masson (François), de Morlaix.
Jegoux (Guillaume), de Morlaix.
Mériadec (Guillaume), de Morlaix.
Olivier (Noël), de Morlaix.
Primot (Jean), de Morlaix.
Goulen (François), de Morlaix.
Cambral (Bernard), de Morlaix, mort à l'hôpital du Fort-Royal le 5 juin 1782.
Leroux (Yves), de Lambézellec.
Lafonte (Louis), de Quimper.
Le Guluche (Guillaume), de Saint-Brieuc.
Malcava (François), de Saint-Brieuc.
Querro (Jean), de Saint-Brieuc.
Barras (Julien), de Saint-Brieuc.
Lefol (Louis), de Saint-Brieuc.
Rehel (Jean), de Saint-Brieuc.
Caria (Eugène), de Saint-Brieuc.
Pansart (Pierre), de Saint-Brieuc.
Chapelain (Jean), de Saint-Brieuc.
Darlot (René), de Saint-Brieuc.

Reguier (Jacques), de Saint-Brieuc.
Caurougs (Olivier), de Saint-Brieuc.
Robert (Louis), de Saint-Brieuc, mort à l'hôpital du Fort-Royal le 31 décembre 1781.
Hascoët (Yves), de Saint-Brieuc, mort à la mer le 2 avril 1782.
Videment (François), de Saint-Brieuc, mort à la mer le 21 juin 1780, à la suite de ses blessures.
Daniel (François), de Saint-Brieuc.
Poussain (Jacques), de Saint-Brieuc.
Labour (Lucas), de Saint-Brieuc.
Guilhermon (Jean), de Saint-Brieuc.
Loinss (Alexis), de Saint-Brieuc, mort à la mer le 12 juillet 1782.
Visusch (Jean-François), de Saint-Malo.
Jouet (Jacques), de Saint-Malo.
de Guillerm, de Saint-Malo.
Perrin (Jean), de Saint-Malo.
Laure (Jean), de Saint-Malo.
Lecresson (Guillaume), de Saint-Malo.
Martin (Pierre), de Saint-Malo.
Mesnard (Guillaume), de Saint-Malo.
Duval (Louis), de Saint-Malo.
Aimé (Jules), de Saint-Malo.
Ricou (Pierre), de Saint-Malo.
Mabille (Thomas), de Saint-Malo.
Lebidoux (Olivier), de Saint-Malo.
Aoyer (François), de Saint-Malo, mort au Fort-Royal le 17 avril 1781.
Lavellée (Pierre), de Saint-Malo, mort à bord le 9 juillet 1782.
Durose (André), de Saint-Malo, tué au combat du 12 avril 1782.
Lebonin (Guillaume), de Saint-Malo.
Quintin (René), de Saint-Malo.
Lefrançois (Joseph), de Saint-Malo.
Guerrier (René), de Saint-Malo.
LeUbé (Jules), de Saint-Malo.
Purgis (Michel), de Saint-Malo.
Corimon (Julien), de Saint-Malo.
Monnier (Julien), de Saint-Malo.
Loizeau (Charles), de Saint-Malo.
Elie (Jean), de Saint-Malo.
Durand (Mathieu), de Saint-Malo.
Guillaume (François), de Saint-Malo.
Girard (Henri), de Saint-Malo.
Morgan (Gudon), de Saint-Malo.
Felignier (Antoine), de Saint-Malo.
Le Grout (Jean), de Saint-Malo.
Bouvet (François), de Saint-Malo.
Henry (Michel), de Saint-Malo.
Pincerne (Charles), de Dinan.
Bodi (Guillaume), de Dinan.
Perras (Jean), de Dinan.
Renard (Jacques), de Dinan.
Loret (Jean), de Dinan.
Gautier (Jean), de Dinan.
Rieu (Jean), de Dinan.
Lemoine (Louis), de Dinan, mort à l'hôpital du Fort-Royal le 13 octobre 1782.
Larive (Jacques), de Dinan, mort à la mer le 10 juillet 1782.
Duguen (Pierre), du Dinan, mort à l'hôpital du Fort-Royal le 18 juin 1782.
Pepin (Jean), de Dinan.
Romy (Jacques), de Dinan.
Origneard (André), de Dinan.
Hamond (Pierre), de Dinan.
Dallet (Jean), de Saint-Malo.

Lamasin (René), de Quimper.
Police (Noël), de Quimper.
Furic (Marc), de Quimper.
Capisel (Guillaume), de Quimper.
Lemarac (Louis), de Quimper.
Costiou (Louis), de Quimper.
Capitel (Corentin), de Quimper.
Leroux (Jacques), de Quimper.
Cournes (Vincent), de Quimper.
Goizion (Riega), de Quimper, mort à l'hôpital le 6 août 1781.
Scouarnec (Jacques), de Quimper.
Bolore (Jean), de Quimper.
Sauban (Marc), de Quimper.
Olivier (Etienne), de Quimper.
Furic (Nicolas), de Quimper.
Bidan (Jean), de Quimper.
Rohiguen (Pierre), de Quimper.
Tanguy (Jean), de Quimper.
Guillaume (Mathieu), de Quimper, mort à l'hôpital du Fort-Royal le 7 septembre 1782.
Quintin (Louis), de Quimper.
Lebail (Antoine), de Quimper.
Tréguyer (Mathieu), de Quimper.
Berret (Yves-François), de Quimper, mort à l'hôpital du Fort-Royal le 22 mai 1782.
Tanio (Nicolas), de Quimper, mort à bord le 24 juin 1782.
Bouller (Noël), de Quimper.
Pérellac (Pierre), de Quimper.
Nizon (François), de Quimper.
Baisseon (Maurice), de Quimper.
Lesseguillon (Louis), de Quimper.
Carnès (Jean-Marie), de Quimper.
Cotonec (Guillaume), de Quimper.
Loïcolio (Blaise), de Belle-Isle-en-Mer.
L'Huissier (Jacques), de Belle-Isle-en-Mer.
Concerre (Bruno), de Lorient.
Echoac (Joseph), de Lorient.
Nagel (Joseph), de Lorient.
Riconse (Gilles), de Lorient.
Tellouedec (Pierre), de Vannes.
Pambeni (Louis), de Lochrist (Hennebont), mort au Fort-Royal le 12 avril 1782.
Juhel (Mathieu), de Port-Louis.
Lenoar (Jean), de Port-Louis.
Garré (Jean), de Nantes, mort à la mer le 12 avril 1782.
Robin (François), de Nantes, mort à l'hôpital le 1 février 1782.
Banelle (Jean), de Caen, mort à bord le 1 mai 1782.
Bourgeois (Louis), de Nantes.
Onard (Jacques), de Nantes.
Mesnil (Julien), de Redon.
Olive (Jacques), de Nantes.
Corance (Jean), de Nantes.
Thibaudeau (Pierre), de Nantes.
Haché (Jean-Baptiste), de Nantes.
Geoffret (Pierre), de Nantes.
Guillaume (René), de Nantes, mort à la mer le 16 avril 1782.
Bâtard (Christophe), de Nantes.
Etienne (Pierre), de Nantes.
Gérault (Renaud), de Nantes.
Mahé (Joseph), de Nantes.
Joysux (Philibert), de Nantes.
Telesier (Pierre), de Nantes.

Picho (Jean), de Nantes.
Moyon (Joachim), de Nantes.
Durouvois (Aimable), du Havre.
Toutain (Joseph), du Havre.
Estève (Antoine), du Havre.
Auger (David), du Havre.
Robais (Nicolas), du Havre.
Lepetitpas (Jacques), du Havre.
Boissel (Charles), de Honfleur.
Gouyer (François), de Honfleur.
Pilaste (Laurent), de Honfleur.
Alix (Augustin), de Honfleur.
Hermé (Modeste), de Honfleur, mort à la mer le 14 avril 1782.
Prestaud (Charles), de Dieppe.
Idemer (Denis), de Dieppe.
Valté (Nicolas), de Dieppe.
Hennin (François), de Dieppe, mort à l'hôpital le 26 décembre 1781.
Fromentin (Nicolas), de Dieppe, mort à l'hôpital le 17 août 1780.
Clémence (Vincent), de Dieppe.
Duharnois (Jacques), de Dieppe, mort au Fort Royal le 23 février 1781.
David (Adrien), de Dieppe.
Giffard (Nicolas), de Dieppe.
Clémance (Charles), de Dieppe.
Ancelle (Nicolas), de Dieppe.
Agué (Jean-Baptiste), de Dieppe.
Laumé (Pierre), de Dieppe.
Leblond (Nicolas), de Dieppe.
Dubois (Jean), de Dieppe.
Vasselin (Antoine), de Dieppe, mort à l'hôpital du Fort-Royal le 30 octobre 1782.
Joly (Louis), de Dieppe.
Billoquet (Augustin), de Dieppe.
Bruneval (Michel), de Dieppe.
Compiègne (Antoine), de Dieppe, tué au combat du 12 avril 1782.
Langevin (Gabriel), de Dieppe.
Picot (François), de Dieppe.
Lecouste (Augustin), de Dieppe.
Roussel (Dominique), de Dieppe.
Roussel (Pierre), de Dieppe.
Cavard (Denis), de Dieppe.
Fily (Nicolas), de Dieppe.
Catelin (Jacques), de Dieppe.
Lavache (Guillaume), de Dieppe.
Desroués (Charles), de Dieppe.
Hérissé (Hubert), de Dieppe.
Leblond (Michel), de Dieppe.
Mogno (Louis), de Dieppe.
Planque (Augustin), de Dieppe.
Thuillier (Jean-Charles), de Fécamp, mort à la mer le 6 juillet 1782.
Richard (Michel), de Fécamp.
Calbrix (Jean), de Fécamp.
Ausou (Simon), de Fécamp.
Normand (Emmanuel), de Fécamp, mort à la mer le 2 juillet 1780.
Besnard (Nicolas), de Fécamp.
Lecœur (Adrien), de Fécamp.
Tiercelin (Jacques), de Fécamp, tué au combat du 12 avril 1782.
Thierry (Jean), de Fécamp, mort à l'hôpital du Fort-Royal le 29 janvier 1782.
Noix (Jean-Baptiste), de Fécamp.
Barré (Jean), de Fécamp.
Lefèvre (Barnabé), de Fécamp.
Etienne (Nicolas), de Fécamp.

Cyprien (Adrien), de Fécamp, mort au Fort-Royal le 8 septembre 1782.
Legros (Philippe), de Fécamp, mort à l'hôpital du Fort-Royal le 29 mars 1782.
Gaillardon (Guillaume), de Fécamp, mort à la mer le 14 avril 1782.
Imbaud (Louis), de Fécamp, mort à la mer le 27 juillet 1780.
Bocquet (Jean-Baptiste), de Fécamp.
Pupin (Nicolas), de Fécamp.
Martin (Charles), de Fécamp.
Renaud (Louis), de Rouen.
Grout (Charles), de Rouen.
Marette (Louis), de Rouen.
Tougeart (Félix), de Rouen.
Huart (Théodore), de Rouen, mort à la mer le 12 avril 1782.
Lefort (Pierre), de Rouen.
Frémond (Pierre), de Rouen.
Frémond (Hyacinthe), de Rouen, mort à la mer le 16 mars 1781.
Coulon (Guillaume), de Rouen, blessé à la jambe au combat du 12 avril 1782.
Quémin (Jean-Baptiste), de Rouen.
Gancelle (Adrien), de Rouen.
Armand (Joseph), de Rouen.
Chauvin (François), de Rouen.
Rabardin (Thomas), de Rouen.
Delavigne (Noël), de Rouen.
Allais (Gabriel), de Rouen.
Levreux (François), de Rouen, mort à bord le 5 octobre 1780.
Moulin (Pierre), de Cherbourg.
Potel (Jacques), de Cherbourg.
De la Lée (Nicolas), de Cherbourg.
Lecomte (Thomas), de Cherbourg.
Anquetil (Alexandre), de Cherbourg.
Letellier (Daniel), de Cherbourg.
Lemierre (Jean-Baptiste), de Cherbourg.
Lejeune (François-Germain), de Cherbourg, mort à bord le 25 juin 1782.
Mesnil (Charles), de Cherbourg.
Colin (Pierre), de Cherbourg.
Gervais (Bon), de la Hougue.
Gosselin (Jean-François), de la Hougue.
Gosselin (Jacques), de la Hougue.
Hébert (Jean), de la Hougue.
Corbec (Nicolas-Jean), de la Hougue, mort à la mer le 6 août 1782.
Sanbal (Jean), de la Hougue.
Valette (Jean-Baptiste), de la Hougue, mort à l'hôpital du Fort-Royal le 22 avril 1782.
Malenfant (Georges), de Granville.
Dupont (Jean), de Granville.
Hamelin (Pierre), de Granville.
Elie (Barthélemy), de Granville.
L'Hermite (Jean), de Granville.
Lebas (Charles-François), de Granville, mort à l'hôpital le 29 mai 1781.
Esnol (Jean), de Granville, mort à la mer le 31 août 1780.
Daniel (Vincent), de Granville, mort à la mer le 13 avril 1783.
Simon (Denis), de Granville, mort à la mer le 13 juillet 1782.
Henri (Jean), de Granville.
Brière (François), de Granville.
Langrome (Nicolas), de Granville.
Fautrel (François), de Granville.
Hadea (Julien), de Granville.
Gaverand (François), de Granville.

Dufresne (Georges), de Granville.
Bouteloup (Julien), de Granville.
Follin (Luc), de Granville.
Hervieux (Jean), de Granville.
Duchesne (Georges), de Granville.
Lenormand (Jean), de Granville.
Lebasle (Jean-Marie), de Granville.
Bauchet (Jacques), de Granville.
Brière (Nicolas), de Granville.
Néelle (Louis), de Granville.
Desbois (Georges), de Granville.
Couillard (Gilles), de Granville.
La Louet (François), de Granville.
Lecourt (Jean-Pierre), de Granville, mort à la mer le 14 janvier 1782.
Chales (François), de Granville.
Faudemer (Louis), de Granville.
Galliot (Jean), de Granville, mort à l'hôpital du Fort-Royal le 6 mai 1782.
Lorendû (Charles-François), de Granville, mort au Fort-Royal le 4 avril 1782.
Le Songeur (Pierre), de Granville, mort à la mer le 16 avril 1782.
Levicaire (Jean), de Granville, mort à l'hôpital le 23 septembre 1780.
Thomas (Georges), de Granville.
La Loy (Michel), de Granville.
Coquet (Jean), de Granville.
Norrais (Jacques), de Granville.
Durelle (Jacques), de Granville.
Esnol (Jacques), de Granville, mort au Fort-Royal le 4 avril 1781.
Debreuil (Nicolas), de Granville.
Thomas (Julien), de Granville.
Duval (Nicolas), de Granville.
Duval (Jean-Baptiste), de Granville.
Lemassû (Alexis), de Granville.
Le Gentil (François), de Granville.
Erard (Jacques), de Granville.
Hervieux (Jean-Baptiste), de Granville, mort à l'hôpital le 22 juin 1781.
Gire (François), de Granville, mort à l'hôpital le 26 avril 1781.
Roussel (François), de Granville.
Nouvel (Pierre), de Granville.
Potel (Nicolas), de Granville.
Goubin (Pierre), de Granville.
Richard (Joseph), de Granville.
Pillet (Michel), de Granville.
Le François (Lo), de Granville.
Lecuir (Guillaume), de Granville.
Patel (Joseph), de Granville.
Potel (Jean-Baptiste), de Granville.
Gosselin (Germain), de Granville.
Gosselin (Louis), de Granville.
Elie (François-Pierre), de Granville, mort à bord le 13 mai 1781.
Daubré (Nicolas), de Granville, mort au Fort-Royal le 20 août 1783.
Raisin (Louis), de Granville.
Lannois (Antoine), de Granville.
Daubré (Claude), de Granville.
Prieur (Guillaume), de Granville.
Groult (Jean-Baptiste), de Granville.
Piton (Pierre), de Granville.
Guilbert (Jean-Pierre), de Granville.
Le Boutellier (Jacques), de Granville, mort à bord le 6 juillet 1781.
Jeanne (Paul), de Granville.
Lenoir (Guillaume), de Granville.
Lebreton (Philippe), de Granville.

Bello (Jean-Marie), de Lorient, mort à bord le 23 août 1780.
Ringuet (Joseph), de Morlaix.
Augis (François), de Morlaix.
Quémeneur (Yves), de Morlaix, mort à la mer le 20 janvier 1783.
Morvan (Guillaume), de Saint-Brieuc.
Dromendi (Jean), de Saint-Brieuc.
Costiou (Jean), de Saint-Brieuc.
Martin (Pierre), de Saint-Brieuc.
Maujaret (Jean), de Saint-Brieuc.
Letourneur (Claude), de Saint-Brieuc tué au combat du 12 avril 1782.
Dupont (Jacques), de Granville.
Noël (François), de Saint-Malo.
Furet (Guillaume), de Saint-Malo.
Lainé (Jean), de Saint-Malo.
Bauchel (Alexis), de Saint-Malo.
Leclerc (Guillaume), de Saint-Malo.
Leclerc (Joseph), de Saint-Malo.
Esnou (François), de Saint-Malo.
Lablanc (Julien), de Saint-Malo.
Nicolais (Antoine), de Brest.
Hervé (Gabriel), de Brest.
Calonec (Jean-Baptiste), de Brest.
Lorriquet (Hervé), de Brest.
Lepape (François), de Brest.
Moulec (Jean-Marie), de Brest.
Ellicu (Jean), de Brest.

Tromenec (Charles), de Quimper.
Tromenec (André), de Quimper.
Lepage (Jean-Louis), de Quimper.
Dibvre (Charles), de Quimper, mort à l'hôpital le 12 août 1780.
Dufour (Mathurin), de Morlaix.
Bauga (François), de Morlaix.
Genay (Louis), de Lorient.
Bricé (Joachim), de Lorient.
Vrignaut (Gilles), de Lorient.
Dutertre (Jean), de Brest.
Perrin (Pierre), de Brest.
Juffret (Joseph), de Brest.
Signiard (Jérôme), de Brest.
Botorel (Hervé), de Brest.
Audis (Julien), de Brest.
Droult (Maurice), de Caen.
Aze (Louis), de Caen.
Deterville (Julien), de Caen.
Basset (Nicolas), de Caen.
Asmand (François), de Caen.
Robillard (Charles), de Caen.
Etienne (Jean-Baptiste), de Caen.
Lemarchand (Jacques), de Caen.
Robillard (Pierre), de Caen, mort à bord le 26 octobre 1780.
Haliet (Charles), de Saint-Malo.
Brice (Armand), de Saint-Malo.
Vallon (Pierre), de Saint-Malo.

Fontennier (Louis), de Saint-Malo, tué au combat du 9 avril 1782.
Boucher (Pierre), de Rennes.
Lemaire (Joachim), de Landivisiau.
Poulain (Gabriel), du Havre.
Jeannot (Jean), de Saintes.
Savignon (Pierre), de Saintes.
Mario (Jean), de Saintes.
François (Pierre), de Saint-Cloud.

Domestiques.

Leroux (Hervé), de Rouen.
Le Goulet (Jean), de Guingamp.
Cha'my (François), de Laval.
Piquet (Joseph), d'Arras.
Le Tanaf (Claude), de Tréguier.
Sauvage (Pierre), de Saint-Malo.
Martin (Louis), de Valognes.
Cottin (Jean-Louis), de Nantes.
Prieur (Julien), de Lamballe.
Surello (François), de Loudéac, mort à bord le 11 octobre 1782.
Bouder (Jean-Baptiste), de Marseille.
Gourdan (Jean), de Contances, mort à bord le 28 juin 1782.
Boinau (Joseph), de la Rochelle.
Bahurde (Pierre), de Toulon.
Rillon (Louis), de Nîmes.
Broutin (André), de la Seyne.

LE JASON.

(De mai 1779 à janvier 1781.)

M. DE LA MARTHONIE, Capitaine de vaisseau, Commandant.

ÉTAT-MAJOR.

Capitaines de vaisseau.

De la MARTHONIE, Commandant.
Le Chevalier de la LORANCY.

Lieutenants de vaisseau.

De MARTEL-LAINE.
De LORENCY.

Enseignes de vaisseau.

De TRUGUET-CADET.
Le Chevalier de LYLE-CALIAN.
De CALAMAN.

Lieutenants de frégate.

BOERY.
GAZAN.
AURELY.
TOLON.
BOUET.
MELCHIOR-VIDAU.
MEOLAN, de Saint-Malo.
RAMARD, de Saint-Malo.
LACAM, de Saint-Malo.
GUILLEMET, de Saint-Malo.

Chirurgien.

SALOME.

Aumôniers.

DIDIER (R. P.).
AUDIBERT (Jérôme).

Gardes de la marine.

Le Chevalier DUQUESNOL.
LE COMTE.
De MONTMEYAN.
De CUERS.

Officiers-mariniers de manœuvre.

Augias (François), premier maître, de Toulon.
Artigues (Augustin), premier maître, de Toulon, mort le 17 août 1780.
Diaque (Michel), second maître, de Toulon.
Imbert (François), contremaître, de Toulon.
Ross (Jean), quartier-maître, de Marseille.
Janselme (Charles), quartier-maître, de la Ciotat.
Ferraudin (Gaspard), quartier-maître, de Marseille.
Boyer (Joseph), quartier-maître, de la Ciotat.
Salinau (Henry), quartier-maître, de Toulon.
Dorotte (Martin), quartier-maître, de Bayonne.

Vallier (Augustin), quartier-maître, de Marseille.
Ferrat (Jacques), quartier-maître, de Toulon.
Boulet (Joseph), quartier-maître, de Toulon.
Laugier (Alexandre), quartier-maître, de Toulon.
De Terroir (Jourdan-Jean), quartier-maître, de Marseille.
Issautier (Joseph), quartier-maître, de Marseille.
Durand (Jean), quartier-maître, de Marseille.
Figaniere (Antoine), quartier-maître, de Toulon.
Mémier (Pierre), quartier-maître, de Toulon.
Facrot (Pierre), quartier-maître, de Marseille.
Brest (Gabriel), quartier-maître, de Marseille.
Lagreou (Onufré), quartier-maître, de Marseille.
Gercy (Jean-Pascal), quartier-maître, de Marseille.
Austry (Bernard), quartier-maître, d'Agde.
Michel (Jean-Antoine), quartier-maître, de Toulon.
Alexis (Jean), quartier-maître, de Marseille.

Reboul (Jean), de Marseille.
Gaffarel (Jean), de Marseille.
Blanqui (Jean), de Marseille.
Souche (Jean), de Marseille.
Bertrand (Joseph), de Marseille.
Colombet (Jean), de Marseille.
Bregade (Jean), de Marseille.
Autran (Jean), de Marseille.
Mille (Jean), de Marseille.
Gazin (Antoine), de Marseille.
Grain (Louis), de Marseille.
Chaudet (Jean), de Marseille.
Cazal (Michel), de Marseille.
Boilon (Charles), de Marseille.
Boniface (Louis), de Cassis.
Blanc (Antoine), de Marseille.
Fraisainet (François), de Marseille.
Gardanne (Joseph), de Marseille.
Raffel (Pierre), de Marseille.
Babet (Pierre), de Marseille, mort le 10 juillet 1779.
Puech (Jean), de Marseille.
Maurel (François), de Marseille.
Garcin (Honoré), de Saint-Tropez.
Jauffret (Louis), de Saint-Tropez.
Cauvy (Charles), de Saint-Tropez.
Surle (Jean), de Saint-Tropez.
Gracson (Joseph), de Saint-Tropez.
Roger (André), de Marseille.
François (Jean-Marie), de Morlaix.
Mongin (Alexandre), de Martigues.
Latty (Joseph), de Marseille.
Manzolin (Michel), de Marseille.
Blayon (Joseph), de Marseille.
Vitry (Nicolas), de Marseille.
Touvenin (François), de Marseille.
Topoul (Jean), de Marseille.
Patot (François), de Martigues.
Besson (Jean), de Marseille.
Giraud (Claude), de Martigues.
Martin (Antoine), de Mazargue.
Jourdan (Jean), de Mazargue.
Amphoux (Philippe), de Marseille.
Amphoux (Jean), de Marseille.
René (Jean), de Marseille.
Humbert (Barnabé), de Marseille.
Revest (Jean), de Marseille.
Eldoux (Jean), de Marseille.
Fabre (Jean), de Marseille, mort le 15 septembre 1780.
Tardieu (Jean), de Marseille.
Dani (Joseph), de Marseille.
Bonifai (Jean), de Marseille.
Almaric (Louis), de Marseille.
Marin (Alexis), de Marseille, mort le 27 décembre 1780.
Long (François), de Marseille.
Ripert (Antoine), de Marseille, mort le 28 mars 1780.
Julien (Louis), de Marseille.
Augier (Antoine), de Marseille.
Piston (Guillaume), de Martignes.
Fouque (Michel), de Martigues.
Camouin (Jean), de la Couronne.
Veran (Jean), de la Couronne.
Dasplan (Claude), de la Couronne.
Laugier (Jean), de Martigues.
Fabre (Henry), de Saint-Chamas.
Fabre (Joseph), de Saint-Chamas.
Darbec (Antoine), de Saint-Chamas.

Silvestre (Jacques), de Saint-Chamas.
Julien (Cosme), de Martigues.
Ardisson (Honoré), de Saint-Chamas, tué au combat du 17 avril 1780.
Guillaume (Jean), de Saint-Chamas.
Audibert (Jean Louis), de Martigues.
Vidal (Joseph), de Martigues, blessé au combat du 17 avril 1780.
Ripert (Martin), de Martigues.
Pilly (Jean), de Vallauris.
Gras (Jacques), d'Antibes.
Mille (Jean), d'Arles.
Lautier (Anathaze), d'Arles.
Daussanne dit le Blondin (Antoine), de Maussanne.
Daussanne (Antoine), de Maussanne.
Lautier (Athanase), d'Arles.
Aubrespin (Jean), de Villeneuve.
Bresson (Baptiste), de Villeneuve.
Malaudran (Antoine), de Villeneuve.
David (Jacques), de Villeneuve.
Tourte (Louis), de Villeneuve.
Malaudran (Joseph), de Villeneuve.
Mouret (Jacques), d'Arles.
Demoute (Laurent), de Villeneuve.
Rods (Joseph), de Villeneuve.
Datuy (André), de Villeneuve.
Capeau (Vincent), de Tarascon.
Pascal (Pierre), de Villeneuve.
Massot (Pons), de Villeneuve.
Massot (Louis), de Villeneuve.
Gras (Claude), de Tarascon.
Begard (Lange), d'Arles.
Bonnand (Honoré), d'Arles.
Blancard (Jean), d'Arles.
Dupré (Jean), d'Arles.
Bayle (Jean), d'Arles.
Pignard (Honoré), d'Arles.
Fournier (Jacques), d'Arles.
Mouillas (Louis), de Beaucaire.
Martin (François), de Beaucaire, blessé au combat du 17 avril 1780.
Chabardès (Jean), de Villeneuve.
Decor (Jean), de Béziers.
Gay (Etienne), de Marseillan.
Chaussy (Jacques), de Marseillan.
Valensac (François), de Béziers, blessé au combat du 17 avril 1780.
Reuse (Joseph), d'Agde.
Bailat (Jean), d'Agde, tué au combat du 17 avril 1780.
Richard (Jean), d'Agde.
Mallet (Claude), d'Agde, blessé au combat du 17 avril 1780.
Pliou (Pierre), de Cette.
Gardon (Jean), de Lyon.
Benezet (Pierre), de Cette.
Molina (Antoine), de Cette.
Riba (Jean), de Cette, blessé au combat du 17 avril 1780.
Bouquet (Etienne), de Cette.
Peslin (Joseph), de Narbonne.
Augé (André), de Narbonne.
L'Escure (Louis), de Narbonne.
Bosq (Jean), de Narbonne.
Hutton (François), de Boston.
Gotharp (Guillaume), de Boston.
Trask (Jacques), de Boston.
Pistri (Pierre), de la Corse.
Durand (Jean), de la Clotat, tué au combat du 17 avril 1780.

Bosq (Joseph), de la Cadière.
Bernardin (Michel), de la Cadière.
Giraud (Joseph), de la Cadière.
Banou (Lazare), de la Cadière.
Materou (Joseph), de Saint-Soriès, mort le 10 septembre 1780.
Renaud (Jean), de Saint-Zacharie.
Bouda (Pierre), de Canet.
Audry (Bernard), de Saint-Joseph.
Carriere (Antoine), de Canet.
Moustier (François), de Notre-Dame de la Garde.
Puget (Henry), de Marseille.
Audry (François), de Marseille.
Martin (Jean), de Marseille.
Constantin (Pierre), de Marseille.
Henry (Dominique), d'Aubagne.
Olive (Jean), d'Aubagne.
Feraud (Jean), d'Aubagne.
Bisot (Jean), d'Aubagne.
Paumel (Jean), d'Agde.
Briol (Pierre), de Ponselles.
Guion (Jacques), de Toulon, mort le 8 mars 1780.
Denis (Jean), de Marennes.
Sellier (Jacques), de Marennes.
Gresseau (Pierre), d'Oléron.
Audinet (Louis), de Marennes.
Prévôt (Barthélémy), d'Oléron.
Chardavoine (Pierre), d'Oléron.
Méchin (Jacques), de l'Ile de Ré.
Bernard (Etienne), de l'Ile de Ré, mort au combat du 17 avril 1780.
Guilbeau (René), de l'Ile de Ré.
Roccard (Jean), de l'Ile de Ré.
Querault (Louis), des Sables.
Monségu (Jean), de Bayonne.
Roassière (Guillaume), de Dinan.
Le Gal (Vincent), de Quimper.
Chabot (Jacques), de Honfleur.
Ferval (François), de Honfleur.
Daguenay (Jean), de Granville.
Soleil (Nicolas), de Granville.
Cotart (Thomas), de Granville.
Douvolle (Paol), de Granville.
Crevedac (Jean), de Granville.
Adam (Gilles), de Granville.
Rabot (Olivier), de Granville.
Philipe (Gilles), de Granville.
Mahé (Jean), de Granville.
Le Roux (Guillaume), de Granville.
Boisvin (François), du Havre.
Fayet (Pierre), du Havre.
Le Breton (Pierre), du Havre.
Moulet (Jean), de Limoges.
Barbier (François), de Vannes.
Codoret (Jean), de Vannes.
Guiard (Marc), de Saint-Malo.
Laine (Louis), de Pontorson.
Le Bœuf (Yves), de Vannes, blessé au combat du 17 avril 1780.
Melin (Yves), de Quimper, mort le 13 janvier 1780.
Blin (Simon), de Rennes.
Boulek (Jacques), de Brest.
Plassard (Jacques), de Quimper.
Meslier (Charles), de Saint-Malo.
Barbe (Michel), de Marmande.
Renaud (Jacques), de Quimper.
Pagelet (François), de Granville.

Herlin (Corentin), de Quimper.
Bordelai (Pierre), de Montauban.
Le Maitre (Nicolas), de Strasbourg.
Mangin (Robert), de Honfleur.
Lefran (Joseph), de Cherbourg.
Floury (Pierre), de Saint-Brieuc.
Bougrand (Louis), de Paris.
Le Brest (Corentin), de Paris.
Briau (Bertrand), de Saint-Brieuc.
Simon (Gabriel), de Saint-Brieuc, mort le 21 mars 1780.
Guillemes (Jacques), de Cherbourg.
Tranquier (Mathieu), de Beaucaire.
Martin (Jean), de Marseille.
Martin (Pierre), de Cannes.
Durber (Jean), de Marseille.
Lorgan (François), de la Teste.
Brissonne (Louis), de la Teste.
Brissonne (Joseph), de la Teste.
Felixe (Félix), de la Corse.
Melion (Louis), de l'Isle Ré.
Celle (Pierre), de Royan.
Garnier (Louis), de la Rochelle.
Keriero (Jean), de Vannes.
Mallet (Etienne), de Caen.
Brillant (Thomas), de Granville.
Fourrée (Jacques), de Nantes.
Le Blanc (Augustin), de Martigues.
Pelerin (Guillaume), de Rouen.
Fautrer (Etienne), de Fécamp.
Giraud (Michel), de Nantes.
Porel (Jean), de Fécamp.
Minuty (Joseph), de la Seyne.
Buaut (Jean), de Saint-Malo.
Enou (François), de Saint-Malo.
Arribat (Jean), d'Agde.
Guiraud (Gabriel), d'Agde.
Menée (François), de Vannes.
Bournigal (Pierre), de Nantes.
Taconneau (Mathurin), de Nantes.
Cigalou (André), de Marseille.
Luville (Jean), de Bordeaux.
Le Marelée (Pierre), de Tréguier.
Lattay (Honoré), de Martigues.
Lerau (Jean-Marie), de Morlaix.
Bonnet (Guillaume), de Saint-Malo.
Migno (Louis), de Saint-Brieuc.
Dufresne (Jean), de la Hougue.
Yvray (Jacques), de la Hougue.
Chigny (Guillaume), de Brest.
Doré (Jean), de Saint-Malo.
Feas (Claude), de Morlaix.
Le Gallée (Roliand), de Lannion.
Font-Louis (Gabriel), de la Hougue.
Le Pellier (Pierre), de la Hougue, mort le 1 novembre 1780.
Mahoux (Simon), de Cherbourg.
Bauain (Jean), d'Auray.
Le Gai (Claude), de Brest.
Breard (Barthélemy), de la Hougue.
Robert (Jean), Martigues.
Brun (Pierre), de Lunel.
Nicolle (Jacques), de Granville.
Bertrand (François), de Cannes.
Auger (Thomas), de Lyon.
Guillé (Alexis), de Toulon.
Reibouet (Pierre), de Marseille.
Dauterrible (Pierre), de Bayonne.

Faysan (David), de la Hougue.
Guilloux (René), de Morlaix.

Novices.

Daumas (Joseph), de Digne.
Laliemaud (Joseph), de Beaucaire.
Camoin (André), de Toulon.
Boulot (Bertrand), de Clermont-Ferrand, mort le 12 octobre 1780.
Valentin (Jean), de Nantes.
Mallet (Jean), de Saint-Flour.
Marquet (Joseph), de Perpignan.
Laselle (Jean-Pierre), de Berthoux (Lot).
De Valencelle (Joseph), de Toulon.
Condroyer (Joseph), de Toulon.
Rimbaud (Jean), de Toulon.
Rimbaud (Toussaint), de Toulon.
Reymond (Paul), de Misoa.
Fasse (Jean), d'Imbriot.
Auton (Jean), de Menton.
Antoine (André), de Chateauroux.
Roussel (Raymond), d'Agde.
Nance (Jean), de Marseille.
Jourdan (Jean), de Saint-Maixent.
Julien (Pascal), de Toulon, blessé au combat du 17 avril 1780.
Roubies (Augustin), de Marseille.
Farges (Charles), de Lyon.
Pervet (Guillaume), de Toulon.
Néro (Barthélemy), de Lyon.
Martin (Joseph), de Fréjus.
Couinde (Claude), de Lyon.
Sol (Gaspard), de Lyon.
Rei (Joseph), d'Aubagne.

Surnuméraires.

Bernard (Pierre), de Six-Fours.
Laigre (René), de l'Ile de Ré.
Brucq (Joseph), de l'Ile de Ré.
L'Eperon (Nicolas), de Toulon.
Richard (Dominique), de Tarascon.
Raimond (Jean), d'Agde.
Labonne (Guillaume), d'Angoulême.
Gastaud (Roch), de Puget.
Camoin (Jean), de Marseille.
Maurel (Louis), de Toulon.
Macarri (Louis), de Toulon.
Thomas (Ambroise), de Toulon.
Guichard (Jean), de Saint-Etienne.

Volontaires

Rigordy (Benoit), de Barjols.
Arnaud (Louis), d'Entrecasteaux.
Gautier (François), de Toulon.

Mousses.

Bache (Joseph), de la Ciotat.
Thomas (Jean-Joseph), de Toulon.
Tambon (Jacques), de Lorgues.
Andriou (Jean), de Toulon, mort le 15 juillet 1780.
Romain (Joseph), de Toulon.
Colombon (Jean), de Marseille.
Fenet (Joseph), de Toulon.
Pascal (François), de Martigues.
Malortigue (Louis), d'Arles.
Bertrand (Jean), de Marseille.
Venel (Louis), de la Seyne.

Boyer (Jean), d'Ollioules.
Boyer (Augustin), d'Ollioules.
Arnaud (Pierre), de Toulon.
Gleize (Augustin), de Montpellier.
Gastaud (Pierre), de Toulon.
Trouillet (François), de Rives.
Rouvier (Joseph), de Toulon.
La Croix (Louis), de Toulon.
Ferand (Jean), de Toulon.
Paul (Pierre), de Six-Fours.
Paul (Jean-André), de Six-Fours.
Sicard (Alexis), d'Avignon.
Defraisse (François), de Toulon.
Renoird (Toussaint), de Toulon.
Arnaud (Antoine), de la Ciotat.
Arnaud (Jean-Gaspard), de la Ciotat.
Alexis (Jean), de Marseille.
Arnaud (Joseph), de Digne.
Banoit (Toussaint), de Roquevaire.
Ourrie (François), de Saint-Pol-de-Léon.
François (Jean), de Morlaix.
Garon (Joseph), de Marseille.

Gardes côtes.

Lambert (Pierre), de Fécamp.
Cavallier (Jean), de Fécamp.
Ferraud (Pierre), de Fécamp.
Carcide (Guillaume), de Fécamp, mort le 29 août 1780.
Jouet (Charles), de Fécamp.
Coleau (Pierre), de Fécamp.
Le Brun (François), de Fécamp.
Gouts (Jean), de Fécamp.
Vannier (Jean), de Honfleur.
Lombard (Jean), de Dieppe, mort le 8 mai 1780.
Mazurier (Jean), de Dieppe.
Torzil (Jean), de Dieppe.
Burel (Guillaume), de Dieppe.
Caperon (Pierre), de Dieppe.
Bidel (Jacques), de Fécamp.
Larcheveque (Jean), de Fécamp.
Cocatrix (Charles), de Fécamp, mort le 16 juillet 1780.
Masson (Jacques), de Fécamp.
Gavel (Jacques), de Fécamp, mort le 7 juillet 1780.
Samson (Pierre), de Fécamp, mort le 27 avril 1780.
Petit (Pierre), de Fécamp.
Monnier (Pierre), de Fécamp.
Robert (Dominique), de Fécamp, mort le 19 août 1780.
Goupard (Michel), de Fécamp, mort le 14 mars 1780.
Dubrix (Nicolas), de Fécamp.
Deschamps (Jacques), de Fécamp, mort le 6 mai 1780.
Bache (Joseph), de Fécamp.
Boisaart (Jean), de Fécamp.
Cordier (Modeste), de Fécamp.
Mastrier (Jean), de Fécamp, mort le 16 décembre 1780.
Alianne (Pierre), de Fécamp.
Pépin (Nicolas), de Fécamp.
Le Canu (Jean), de Fécamp.
Le Vasseur (Michel), de Fécamp.
Demolierre (Pierre), de Fécamp.
Lisbonne (Nicolas), de Fécamp.
Tournel (Louis), de Fécamp.

Le Maître (Noël), de Fécamp.
L'Évêque (Marin), de Fécamp.
Le Page (Pierre), de Honfleur.
Le Sauvage de Signy (Jean), de Granville.
Le Breton (Michel), de Granville.
Aubré (Jacques), de Honfleur.
Rougemard (Jacques), de Granville.

Sénécal (Pierre), de Granville.
Dumaguy (Jean), de Granville.
Bordinière (Denis), de Granville.
Pemont (Jacques), de Granville, mort le 10 avril 1780.
Thery (Hilaire), de Dieppe.
Allain (Jean), de Dieppe.
Trochet (Pierre), de Dieppe.

Domestiques.

Barnel (Etienne), de Briançon.
Lombard (Pierre), de Digne.
Lacroix (Louis), de Saint-Denis.
Bonet (Jacques), de Digne.
Lachat (Claude), de Rouen.
Dory (Pierre), de Carpentras.
Ginier (Pierre), de Cuers.

LE JASON.

(1780 à 1782.)

Le "*Jason*" fut pris par les Anglais après la défaite du comte DE GRASSE, le 10 avril 1782, et son équipage conduit à la Jamaïque.

M. DE LA CLOCHETTERIE, puis M. le Chevalier DE VILLAGES, Capitaines de vaisseau, Commandants.

ÉTAT-MAJOR.

Capitaines de vaisseau.

De la CLOCHETTERIE, Commandant.
Chevalier de VILLAGES, Commandant.

Lieutenants de vaisseau.

Du PERREAU.
DOUVILLE.

Enseignes de vaisseau.

LE ROUX DE LA CORBINIERE.
De la GUIGUERAY.
Du TREVOUX.
De BOISCHATEAU.
De BARNAVE.
De LA ROCHE-KERANDRAON.
BASTELOT DE LA BARRIERE.

Lieutenants de frégate.

HENIN, du Havre.
PIGNOT.
GOHIER.
PASSART.

Chirurgien-major.

PILLOT.

Aumôniers.

DOWD (Abbé), Irlandais.
FREDERIC (R. P.), Capucin, de Bourges.
MAURICE (R. P.), Capucin.

Gardes de la marine.

DUVERN DE PRAIL.
De la VILLEGOUAN.

Volontaires.

Defaussé (Hubert), de Saint-Brieuc.
Ribier, du Folgoët, mort à l'hôpital de Kingston (Jamaïque), le 10 juillet 1782.

Officiers-mariniers de manœuvre.

Blonc (Julien), premier maître, de Brest.
Turquet (Yves), premier maître, de Brest.
Sens (Thomas), second maître, de Paimbœuf.

Violette (Jacques), second maître, de Saint-Valéry.
Joannes (Joseph), contremaître, de Brest.
Ménard (Jean), contremaître, de Saint-Brieuc.
Lequay (Guillaume), bosseman, d'Hennebont.
Daniel (Etienne), bosseman, de Brest.
Carpentier (Louis), quartier-maître, de La Hougue.
Hertault (Denis), quartier-maître, de Dieppe.
Gouesmel (François), quartier-maître, de Honfleur.
Le Mentec (Dominique), quartier-maître, de Quimper.
Nivès (Jean), quartier-maître, de Quimper, mort à l'hôpital de la Jamaïque le 10 octobre 1782.
Rebours (Louis), quartier-maître, de Saint-Brieuc.
Butau (Thomas), quartier-maître, de Granville.
Fouchard (Etienne), quartier-maître, de Granville.
De La Planche (Gilles), quartier-maître, de Granville.
Mahé (Pierre), quartier-maître, de Nantes.
Querré (Nicolas), quartier-maître, de Brest.
Geffroy (Jean-Marie), quartier-maître, de Morlaix.
Boissonneau (Jean), quartier-maître, de Marmande.
Vertuga (Joseph), quartier-maître, de Marmande.

Officiers-mariniers de pilotage.

Caffiery (Guillaume), premier pilote, de Brest.
Deschamps (Jean-Baptiste), second pilote, de Honfleur.
Mesnier (Catherine), second pilote, de Caen.
Boissée (Guillaume), aide-pilote, de Honfleur.
Deschamps (François), aide-pilote, de Honfleur, mort à Kingston le 25 juillet 1782.

Officiers-mariniers de canonnage.

Hardouin (Jean-Baptiste), maître, canonnier, de Toulon.

Ignard (Jean-Louis), maître canonnier, de Toulon, tué au combat du 9 avril 1782.
Riban (Antoine), second canonnier, de Brest.
Nivès (Guillaume), second canonnier, de Quimper.
Boloré (Dominique), second canonnier, de Quimper.
Mouillon (Jean), second canonnier, de Quimper, mort à la Jamaïque le 22 juillet 1782.
Santy (Edme), aide-canonnier, de Marseille.
Dumouchel (Robert), aide-canonnier, du Havre.
Clément (Claude), aide-canonnier, de Granville.
Guérin (Gilles), aide-canonnier, de Granville.
Clément (Louis), aide-canonnier, de Granville.
Fleury (Cosme), aide-canonnier, de Cherbourg.
Normand (Jean), aide-canonnier, de Rouen.
Dupuis (Charles), aide-canonnier, de Fécamp.
Préminy (André), aide-canonnier, de Fécamp.
Damiens (Vincent), aide-canonnier, de Dieppe.
Morée (Guillaume), aide-canonnier, de Dieppe.
Chaplain (Henry), aide-canonnier, de Vannes.
Beaupied (Bertrand), aide-canonnier, de Saint-Malo.
Contin (Joseph), aide-canonnier, de Saint-Malo.
Le Marchand (Guillaume), aide-canonnier, de Saint-Malo.
Le Moquaire (Jean), aide-canonnier, de la Rochelle.
Blondin (Jacques), aide-canonnier, de Saint-Valéry.
Demieure (Antoine), aide-canonnier, de Saint-Valéry, mort à la Jamaïque, le 17 novembre 1782.

Officiers-mariniers de charpentage.

Jamin (Julien), maître charpentier, de Brest.

Labour (Jean), second charpentier, de Nantes.
Lefoy (François), aide-charpentier, de Rochefort.
Joret (François), aide-charpentier, de Granville.

Officiers-mariniers de calfatage.

Ganu (Jean-François), maître calfat, de Brest.
Le Chevalier (Jacques), second calfat, de Granville.
Le Vicaire (Jean-François), aide-calfat, de Granville.
Houzon (François), aide-calfat, de Granville.

Officiers-mariniers de voilerie.

Francheteau (Jacques), maître voilier, de l'île de Ré.
Le Goas (Jean-Louis), second voilier, de Brest.
Bital (Pierre), aide-voilier, de Saint-Malo.

Gabiers.

Mequin (André), de Granville.
Larcher (Jean Baptiste), de Granville.
Bequet (Jacques), de Granville.
Julienne (Pierre), de Granville.
Destouches (Pierre), de Granville.
Lamuse (Julien), de Granville.
Tesson (Jacques), de Granville, mort à la Jamaïque le 30 octobre 1782.
Thuileis (Louis), de Granville.
Etorse (Guillaume), de Granville.
Debray (Yves), de Vannes.
Le Roy (Vincent), de Quimper.
Ségalou (Pierre), de Quimper.
Guincheux (Jean), de Saint-Malo.
Cadoret (François), de Saint-Brieuc.
Boulard (Claude), de Saint-Brieuc, mort à l'hôpital de Newport le 2 décembre 1781.
Timon (Jacques), du Marseille.
Roussel (Pierre), de Dinan.
Bréhus (Jean), de Roscoff.
Le Mercier (Jean), du Havre, mort à bord le 17 mars 1781.

Timoniers.

Le Meur (François), de Saint Brieuc, mort à la Jamaïque le 7 novembre 1782.
Godebin (Vincent), de Rouen.
Le Moine (Joseph), de Brest.
Danneville (Jean), de Dieppe.
Timon (Joseph), du Croisic.
Liard (Etienne), de Honfleur.
Roulé (Gaud), de Granville, mort à la Jamaïque le 24 octobre 1782.
Quergrohen (Ambroise), de Vannes, mort à la Jamaïque le 4 novembre 1782.
ur (Jean), de Saint Malo.

Matelots.

Abaléa (Dominique), de Brest.
Pellier (François), de Brest.
Oleneur (Yves), de Brest.
Dumoulin (Constant), de Brest.
Kervoal (René), de Brest.
Laziou (Thomas), de Brest, mort à la Jamaïque le 30 septembre 1782.
Fourré (Jean), du Croisic.
Noud (Jean), de Nantes.

Roquet (Alexis), de Nantes.
Deslauriers (Jean), de Nantes.
Hériot (Louis), de Nantes.
Gaudet (Jean), de Nantes, noyé à Newport le 21 mars 1781.
Ravalec (Michel), de Lorient.
Henry (Bertrand), de Lorient, mort à la Jamaïque le 21 juillet 1782.
Sévenc (Joseph), de Vannes.
Mahé (Pierre), de Vannes.
Jégo (Yves), de Vannes.
Le Roux (François), de Vannes, mort à la Jamaïque le 25 novembre 1782.
Lhuissier (Louis), de Belle-Isle.
Costelot (Guillaume), de Quimper.
Tanguy (Jean), de Quimper.
Luxonjouard (Louis), de Quimper.
Lorivic (Corentin), de Quimper.
Ochidie (Charles), de Quimper.
Mazeo (Fidèle), de Quimper.
Le Guen (Jean), de Quimper.
Jaffron (Mathurin), de Quimper.
Peninan (Jean), de Quimper.
Mezzion (François), de Quimper, mort prisonnier des Anglais en juillet 1782.
Tiberge (Christophe), de Quimper.
Lenergique (Claude), de Quimper.
Fleur (Maurice), de Quimper.
Briezon (Joseph), de Quimper.
Saouza (Jean), de Quimper.
Rose (Maurice), de Quimper.
Riou (Joseph), de Quimper.
Béry (Martin-François), de Quimper, mort à l'hôpital le 16 mars 1781.
Closrec (Michel), de Quimper.
Kérivel (Mathieu), de Quimper.
Didailler (Jean), de Quimper.
Benoet (François), de Quimper.
Couic (Guillaume), de Quimper, mort à l'hôpital de Newport le 7 avril 1781.
Morvan (Corentin), de Quimper, mort à la Jamaïque le 29 octobre 1782.
Le Berre (Allain), de Quimper.
Boudiger (Guillaume), de Quimper.
Robiou (Jean), de Quimper.
Dagou (Corentin), de Quimper.
Jaffrézy (Yves), de Quimper.
Lescop (Yves), de Quimper.
Farion (François), de Quimper.
Simon (André), de Quimper.
Le Roux (Noël), de Quimper.
Quélen (Yves), de Quimper.
Crozon (Jean), de Quimper.
Picolet (Pierre), de Quimper.
Poder (Tanguy), de Morlaix.
Hervé (Alexis), de Saint-Brieuc.
Le Maître (Jacques), de Saint-Brieuc.
Cornu (Ollivier), de Saint-Brieuc, mort à la Jamaïque le 21 juillet 1782.
Teucon (Jean), de Saint-Brieuc.
Joreet (Yves), de Saint-Brieuc.
Lanclen (Jean), de Saint-Brieuc.
Thomas (Antoine), de Saint-Brieuc.
Gautier (Jean), de Saint-Malo.
Bazuet (Joseph), de Saint-Malo.
Clausier (Jean), de Saint-Malo.
Le Drû (Michel), de Saint-Malo.
Rouault (François), de Saint-Malo.
Busson (Julien), de Saint-Malo.
Simon (Jean), de Saint-Malo.

Simon (Félix), de Saint-Malo.
Robillard (Ollivier), de Saint-Malo, mort à la Jamaïque le 21 novembre 1782.
Boulan (François), de Saint-Malo.
Belliot (Louis), de Saint-Malo.
Langevin (Guillaume), de Saint-Malo.
Moisan (Thomas), de Saint-Malo.
Perrée (Thomas), de Saint-Malo.
Langevin (Allain), de Saint-Malo.
Paris (Jean), de Saint-Malo.
Reculo (Louis), de Saint-Malo.
Delalande (Louis), de Saint-Malo, mort à l'hôpital le 3 janvier 1781.
Coudan (Jean), de Dinan.
Poinugo (Joseph), de Dinan.
Nicolas (Jean), de Dinan.
Nicoles (Noël), de Dinan.
Le Roux (Mathurin), de Dinan.
Hyly (Jean-François), de Dinan, tué au combat du 26 janvier 1782.
Brindejone (Jean), de Dinan, mort à la Jamaïque le 21 septembre 1782.
Labbé (Jean), de Dinan, mort à l'hôpital de la Jamaïque le 6 novembre 1782.
Trontin (Jean), de Dinan.
Tombret (Pierre), de Dinan.
Piban (Pierre), de Dinan.
Gaumin (Malo), de Dinan.
Coscard (François), de Dinan.
Grimbaux (Henry), de Granville.
Piton (Charles), de Granville.
Maignac (Antoine), de Granville.
Léveillé (Etienne), de Granville.
Le Gagneur (François), de Granville.
Le Gagneur (Pierre), de Granville.
Morel (Jacques), de Granville, mort à l'hôpital de Fort-Royal le 15 juin 1782.
Catrin (Noël), de Granville, tué au combat du 16 mars 1781.
Philippe (Pierre), de Granville, tué au combat du 16 mars 1781.
Liron (Patrice), de Granville, mort à la Jamaïque le 18 octobre 1782.
Bequet (François), de Granville, noyé à la mer le 30 juillet 1780.
Le Cigne (Pierre), de Granville.
Launay (Louis), de Granville.
Launay (François), de Granville.
Hamelin (Clément), de Granville.
Fateau (Louis), de Granville.
Le Paire (Jean), de Granville.
Yvon (Michel), de Granville.
Jugan (Julien), de Granville.
Gascot (Abraham), de Granville.
Le Norais (Louis), de Granville.
Allain (Jacques), de Granville.
Jugan (François), de Granville.
Boivin (Jean-Baptiste), de Granville.
Le Catelier (Jean), de Granville.
Frémont (Jacques), de Granville, mort à l'hôpital de la Jamaïque le 20 juin 1782.
Trilly (Thomas), de Granville, mort à l'hôpital de la Jamaïque le 10 novembre 1782.
Lamort (François), de Granville.
Bonfort (Jacques), de Granville.
Le Gendre (Georges), de Granville.
Gudrin (Pierre), de Granville, mort à l'hôpital de la Jamaïque le 17 juillet 1782.
De la Planche (Jean-Baptiste), de Granville.
Le Buff (Gilles), de Granville.
Le Caplain (Gilles), de Granville.

Lerondel (Christophe), de Granville.
Tullet (Julien), de Granville, mort à l'hôpital de la Jamaïque le 19 octobre 1782.
Butot (Julien), de Granville.
Le Brack (Julien), de Granville.
Delisle (Nicolas), de Granville.
Le Sage (Pascal), de Granville.
Quinette (Robert), de Granville.
Besnier (Julien), de Granville.
Blaiseau (Charles), de Granville, mort à l'hôpital de Newport le 16 avril 1781.
Simon (Jean-Jacques), de Granville, mort à l'hôpital de Newport le 7 novembre 1780.
Saillard (Barthélémy), de Granville, mort à l'hôpital de Newport le 10 juillet 1781.
Geffroy (Jean-Baptiste), de Granville.
Daniel (François), de Granville.
Girard (Michel), de Granville.
Adam (Jacques), de Granville.
Louitel (Jean-Baptiste), de Granville.
Miolle (Toussain), de Granville.
Touquerande (Louis), de Granville.
Coualard (François), de Granville.
Lefèvre (Pierre), de Granville, mort à l'hôpital de la Jamaïque le 17 octobre 1782.
Beaugendre (Jacques), de Granville, mort à l'hôpital de la Jamaïque le 7 novembre 1782.
Gauchet (Gilles), de Granville, noyé dans la rade de Newport le 26 décembre 1780.
Loritte (Gilles), de Granville.
Robine (Nicolas), de Granville.
Enouf (Jacques), de Granville.
Enouf (Gilles), de Granville.
Turgis (Michel), de Granville.
Le Honivet (Jacques), de Granville.
Dupont (Gilles), de Granville, mort à l'hôpital de la Jamaïque le 10 octobre 1782.
Potier (Alexandre), de Honfleur.
Cottin (Jean-Baptiste), de Honfleur.
Oserain (Augustin), de Honfleur.
Morin (François), de Honfleur.
Philisor (Philippe), de Honfleur.
Gaudel (Pierre), de Caen.
Delamarre (Pierre), de Caen.
Bunel (Germain), de Caen.
Beaulieu (Pierre), de Caen.
Landrin (Pierre), de Dieppe.
Duponchel (Vincent), de Dieppe.
Rambure (Claude), de Dieppe.
Belhomme (Paul), de Dieppe.
Fromentin (François), de Dieppe.
Rimbert (Charles), de Dieppe.
Poreau (Charles), de Dieppe.
Périgaud (Augustin), de Dieppe.
Serrée (Augustin), de Dieppe.
Langlois (Jean), de Dieppe.
Granché (Philippe), de Dieppe.
Phily (Jacques), de Dieppe.
Hermeré (Jean-Baptiste), de Dieppe.
Lansel (Jean-Baptiste), de Dieppe.
David (Nicolas), de Dieppe.
Clémence (Jean-Baptiste), de Dieppe.
Clémence (Charles), de Dieppe.
Aubry (Pierre), de Dieppe.
Miège (Jean-Baptiste), de Dieppe.
Fréchon (Thomas), de Dieppe, mutilé par un boulet le 26 janvier 1782 au combat; mort le 6 février 1782.
Mauger (Adrien), de Dieppe.
Clémence (Michel), de Dieppe.

Sadé (Pierre), de Dieppe.
Fromentin (Pierre), de Dieppe.
Desmelliers (Jean-Louis), de Rouen, mort à l'hôpital de Newport le 21 avril 1781.
Duval (Nicolas), de Rouen.
Gaumont (Irénée), de Rouen.
Rault (François), de Cherbourg.
Le Petit (Jean-Baptiste), de Cherbourg.
Trubert (Jean-François), de Cherbourg.
Tanqueray (François), de Cherbourg.
Hébert (Louis-Joseph), de Cherbourg, mort à l'hôpital de Newport le 8 juin 1781.
Capron (Jacques), de Fécamp.
Depinay (Jean), de Fécamp.
Boux (François), de Fécamp.
Mulotin (Adrien), de Fécamp.
Le Tondu (Michel), de la Hougue.
Mullard (Louis), de la Hougue.
Bacon (Jean-Louis), de la Hougue, mort à l'hôpital de Newport le 18 juin 1781.
Huet (Jean), de la Hougue.
Lépine (Christophe), de la Hougue.
Le Fèvre (Joseph), de la Hougue.
Laurent (Michel), de la Hougue.
Aubert (Jacques), du Havre.
Delahaye (Pierre), du Havre.
Pollet (Pierre), du Havre.
Cotty (Fabien), du Havre.
Mainet (Jean-Joseph), du Havre.
Delpierre (François), de Boulogne.
Bailly (Adrien), de Saint-Valéry-sur-Somme.
Bras (Michel), de Saint-Valéry-sur-Somme.
Rouve (Dominique), de Marseille.
Argène (Jacques), de Marseille.
Bouteille (Jean), de Marseille, mort à bord le 1er juillet 1781.
Féraud (Benoît), de Saint-Tropez.
Blanquy (Jean), de Saint-Tropez.
Baouée (Balthazard), de Saint-Tropez.
Vigé (Jean), de Bordeaux.
Taras (François), de Bordeaux.
Bruno (Pierre), de Bordeaux.
Dantot (Jean), de Bordeaux.
Emerry (Pierre), de Bordeaux.
Cassagne (Antoine), de Bordeaux.
Desage (Pierre), de Blaye.
Desmazieux (Jean), de Bayonne.
Dubois (Pierre), des Sables-d'Olonne.
Croguennec (Guy), de Morlaix.

Novices.

Le Gout (Gabriel), de Saint-Malo.
Fenon (Jean-Baptiste), de Marseille.
Papin (Antoine), du Havre.
Aubareth (Henry), de Frontignan.
Aimard (Ange), d'Arles.
Lacour (Christophe), de Quimper, blessé au combat du 26 janvier 1782; mort à la Jamaïque en septembre 1782.
Cloarec (François), de Quimper.
Goascos (Barthélemy), de Quimper.
Fournel (Jacques), de Cherbourg.
Paris (Nicolas), de Cherbourg.
Roblin (Raoul), de Vannes.
Le Goff (Nicolas), de Lorient.
Boutter (Jean), de Lorient.
Bérot (Julien), de Granville.
Besnard (Jean), de Granville.
Follin (Pierre), de Granville.

Jouvingille (Simon), de Granville.
Désétables (Louis), de Caen.
Avisse (Jean), de Caen.
Chastel (Charles), de Caen.
Hunot (Jean), de Fécamp.
Poisson (Jacques), de Fécamp.
Duchâtel (Adrien), de Fécamp.
Masurier (Jacques), de Fécamp, mort à bord le 22 novembre 1781.
Morel (Guillaume), de Dieppe.
Crevert (André), de Dieppe.
Ribaucourt (Claude), de Dieppe.
La Closerie (Emmanuel), de Dieppe.
Auger (Emmanuel), de Dieppe.
Dupuis (Robert), de Dieppe.
Goguet (Augustin), de Dieppe.
Bouvier (Pierre), de Dieppe.
Lange (Louis), de Dieppe.
Bouvet (Pierre-Vincent), de Dieppe, mort à l'hôpital de Newport le 5 août 1781.
Fortin (François-Philippe), de Dieppe, mort à l'hôpital de la Jamaïque, le 21 juillet 1782.
Galenne (Etienne), de Saint-Malo.
Mallet (Jean), de Saint-Malo.
Fougeray (Victor), de Saint-Malo, mort à l'hôpital de la Jamaïque le 21 juin 1782.
Rochard (Mathurin), de Saint-Brieuc, mort à l'hôpital de la Jamaïque le 18 novembre 1782.
Prigent (Guillaume), de Saint-Brieuc.
Coret (Jacques), de Saint-Brieuc.
Le Bellec (Yves), de Saint-Brieuc.
Gendron (Louis), de Nantes.
Mauricet (Louis), de Nantes.
Rocher (René), de Nantes.
Girard (François), de Nantes, mort à l'hôpital de la Jamaïque le 14 juin 1782.
Gouzin (Pierre), de Fougères.
Sausay (Jean), de Fougères.
Sausay (François), de Fougères.
Larcher (Yves), de Fougères, mort à bord le 20 mai 1780.
Laurent (Guillaume), de Lannion.
Prigent (François), de Tréguier, mort à l'hôpital de Newport le 23 avril 1781.
Ach (Vincent), de Lannilis.
Pouget (Jacques), de Morlaix.
Le Saulx (Guillaume), de Morlaix, mort dans les prisons de la Jamaïque le 17 octobre 1782.
Mancon (Jacques), de Rochefort.
Couëlan (Mathurin), de Dinan.
Renaud (Julien), de Dinan.
Ancel (Robert), de Vaux, près Caen.
Couloogne (Jacques), de Vias, près Agde.
Beauchet (Jean), du Croisic.
Valliot (Joseph), du Croisic.
Valliot (Julien), du Croisic.
Daunay (Charles), du Croisic.
Valliot (Simon), du Croisic, mort à l'hôpital de Newport le 16 mai 1781.
Rinquet (René), du Croisic, mort à l'hôpital de Newport le 18 mars 1781.
Cabaret (Guillaume), de Vannes.
Janno (Jean), de Vannes.
Aubert (Jean-Baptiste), de Caen.
Le Brun (Nicolas), de Rouen.
Le Gars (Jean-Louis), de Morlaix.
Emeraud (Joseph), de Josselin.
Le Moing (Jacques), de Quimper.
Baron (Jean), de Quimper.

Sergent (Victor), de Boulogne.
Manger (Antoine), du Mouzet.
Beaumont (Jean Baptiste), de Cambrai.
Fuiray (Antoine), de Toulouse.
Excoubes (François), de Toulouse.
La Roche (Jean-François), de Toulouse.
Dubreuil (François), de Tarbes.
Parvador (Clément), de Noirmoutiers.
Compau (Jean), de Castelsarrasin.
Le Lüe (Pierre), de Castelsarrasin.
Dabrun (Martin), de Bordeaux.
Legal (Jean-Marie), de Brest.
Jacquin (François), de Vincennes, mort à bord le 12 juillet 1781.
Lesquel (Henry), de Carhaix.

Surnuméraires.

Le Métour (Jean), de Cherbourg.
Le Dru (Jacques), de Cherbourg.
Cesarini (Étienne), de Rochefort.
Bourrier (Henry), de Saint-Brieuc.
Gabellou (Pierre), d'Hennebont.
Castel (Fidèle), d'Hennebont.
Raou (Charles), de Tréguier, mort à l'hôpital de Rhode-Island, le 7 août 1780.
Gigat (Julien), de Léogan.
Cotte (Jean Marie), de Brest.
Flamand (Esprit), de Brest, mort à l'hôpital de la Jamaïque le 23 octobre 1782.
Mélies (Paul), de Bordeaux.
Le Duf (Jean), du Conquet.
Quénénour (François), de Conquet.

Mousses.

Guelava (Mathurin), de Dinan.
Rétif (Jean), de Dinan.

Mépriel (Louis), de Dinan.
Ferrot (Yves), de Dinan.
Coutelot (Jean), de Quimper.
Nicolas (Joseph), de Quimper.
Rupars (Toussaint), de Brest.
Ferret (Jean-Baptiste), de Brest.
Pichard (Jean), de Brest.
Bochard (Jean), de Brest.
Thépot (Guillaume), de Brest.
Le Moine (Pierre), de Brest, mort à l'hôpital de la Jamaïque le 11 septembre 1782.
Tanguy (François), de Morlaix.
Pineux (Jean), de Morlaix.
Malegolle (François), de Morlaix.
Le Rumeur (Jean-Marie), de Morlaix.
Boisset (Jean Baptiste), de Honfleur.
Nogues (Joachim), de Josselin.
Prigent (Claude), de Tréguier.
Coyacou (Nicolas), de Tréguier.
Le Clouch (Guillaume), de Tréguier.
Bodevoau (Louis), de Tréguier.
Soulou (François), de Tréguier, mort à l'hôpital de Newport le 11 août 1781.
Le Borgne (Yves), de Saint-Brieuc.
Le Nével (Jean), de Saint-Brieuc.
Olivry (Guillaume), de Saint-Brieuc.
Chauvet (Michel), de Fougères.
Bouget (Hyacinthe), de Lannion.
Ignard (Laurent), de Brest.
Thuel (François), de Redon.
Coquet (Joseph), de Toulon.
Lalond (Jean), de Toulon.
Osus (Antoine), de Marseille.
Naïs (Joseph), de Vannes.

Lucas (Jean), de Vannes.
Devigne (Louis), de Saintes.
Jousseau (Pierre), de Cognac.
Guibault (Jean), de Rochefort.
Germain (Pierre), de la Ciotat.
Langlois (Abraham), d'Abbeville.
Grandpray (François), d'Avranches.
Rousseau (Jean-Marie) de Rennes.
Henry (Joseph), de Rennes, mort à l'hôpital de la Jamaïque le 18 octobre, 1782.
Vicuson (Étienne), de Saint-Malo.
Mounier (Alexandre), du Havre.
Morel (Bernard), de Paris.
Davril (Jean Louis), de Paris.
Charles (Jean), de Dunkerque.
Hélo (Henry), de Carhaix, mort à l'hôpital de Rhode-Island le 1er septembre, 1780.

Domestiques.

Evegi dout (Gabriel), de Bordeaux.
La Fourcade (Baptiste), de Bayonne.
Chaulot (Antoine), de Meaux.
Gougel (Jacques), de Dijon.
Millon (René), de Morlaix.
Louvrier (Joseph), de Morlaix.
Le Vuzou (Pierre), de Guingamp.
Badenec (Guillaume), de Guingamp.
Gomes (René), de Saint-Brieuc.
Bouteloau (Jean), de Laçon.
Périn (Thurien), de Quintin.
Lambert (Jacques), de Fougères.
Le Roux (Hervé), de Saint-Pol-de-Léon.
Clereau (Jean), de Rennes.
Charlemagne (François), de Laon.
Gauguery (Pierre), de Paris.

LA PROVENCE.

(1780 à 1782.)

M. DE LOMBARD, Capitaine de vaisseau, Commandant.

ÉTAT-MAJOR.

Capitaine de vaisseau.

DE LOMBARD, Commandant.

Lieutenants de vaisseau.

DE MESNARD.
MAVANNE-L'HERMITE.
Le Chevalier DE BUOR.
PUKE.
D'ARS.

Enseignes de vaisseau.

DE GARAT.
DE BREMOY.
WATROUVILLE.

Lieutenants de frégate.

PERRAULT.
LE VACHEDES.
CONTREPONT.
QUESNEL.
MASSOT (fils).

Chirurgien-Major.

BELLOT.

Aumônier

LE ROY (R. P.) Récollet.

Gardes de la marine.

PENFENTENYO DE KERVERE-
GUEN.
DE SOL DE GRISOLLES

Volontaires.

De la Vauderdière (Joseph-Even), de Nantes.
Franquette d'Ancremelle (Alexandre), de Chat-Laudren.
Le Corre (Jean-François), de Vannes.
Bryard (Thomas-Jean-Baptiste), de Vannes.

Officiers-mariniers de manœuvre.

Elie (François), premier maître, de Brest.
Jacquelot (Yves), premier maître, de Brest.
Dixneuf (Jean), second maître, de Nantes.
Elouet (Pierre), second maître, de Brest.

Lafosse (Jean), contremaître, de Granville.
Vasselin (G.), contremaître, de Boulogne.
Desveaux (Martin), contremaître, de Vannes.
Le Dantec (Jean), contremaître, de Brest.
Le Pallay (Charles), quartier-maître, de Granville.
Panier (Jean), quartier-maître, de Granville.
Ermange (Michel), quartier-maître, de Granville.
Rozey (Pierre), quartier-maître, de Granville.
Champion (Julien), quartier-maître, de Granville.
Hamel (Jacques), quartier-maître, de Honfleur.
Guéhant (Jean), quartier-maître, de Saint-Brieuc.
Hornio (Marc), quartier-maître, de Saint-Brieuc.
Duchesne (Guillaume), quartier-maître, de Saint-Brieuc.
Deniau (Jean), quartier-maître, de Nantes.

Le Moine (Pierre), quartier-maître, de Nantes.
Chenouu (Charles), quartier-maître, de Nantes.
Beuvint (Pierre), quartier-maître, de Nantes.
Le Bourg (Pierre), quartier-maître, de Brest.
Morvant (François), quartier-maître, de Brest.
Betuel (Jean), quartier-maître, de Saint-Malo.
David (Pierre), quartier-maître, de Saint-Malo.
Lainé (François), quartier-maître, de Saint-Malo.
Deniau (Gilles), quartier-maître, de Montauban.
Maréchal (Pierre), quartier-maître, de Rouen.
Fuveleau (André), quartier-maître, des Sables.
Boyer (Etienne), quartier-maître, des Sables.
Gautreau (Pascal), quartier-maître, des Sables.

Officiers-mariniers de pilotage.

Le Traou (Augustin), premier pilote, de Quimper.
Thomas (Jacques), second pilote, de Honfleur.
Le Gallais (Jean-Baptiste), second pilote, de Granville.
Harang (Victor), aide-pilote, de Honfleur.
Champalone (Alexis), aide-pilote, de Nantes.
Mancel (Alexis), aide-pilote, de Saint-Malo.

Officiers-mariniers de canonnage.

L'Alliment (Louis), maître canonnier, de Rochefort.
Brisson (François), maître canonnier, de Rochefort.
Lefèvre (François), second canonnier, de Granville.
Le Moine (Pierre), second canonnier, de Granville, mort à bord le 8 novembre 1780.
Grégoire (Jean), aide-canonnier, de Libourne.
Duchêne (Thomas), aide-canonnier, de Granville.
Loison (Pierre), aide-canonnier, de Granville.
Daimoville (Pierre), aide-canonnier, de Granville.
Le Chevalier (Charles), aide-canonnier, de Granville.
Girou (Jean-Baptiste), aide-canonnier, de Granville.
Dutot (Pierre), aide-canonnier, de Granville.
Noblet (François), aide-canonnier, de Granville.
Barnabé (Georges), aide-canonnier, de Vannes.
Malneau (Jean), aide-canonnier, de Rochefort.
Deslieus (Robert), aide-canonnier, de Dieppe.
Joly (Pierre), aide-canonnier, de Dieppe.
Sainsour (François), aide-canonnier, de Dieppe.
Duplessis (Pierre), aide-canonnier, de Dieppe.

Guérin (Pierre), aide-canonnier, de Dieppe.
Lafraise (André), aide-canonnier, de Libourne, mort à l'hôpital du Cap le 15 décembre 1781.
Le Quesne (Quentin), aide-canonnier, de Caen.

Officiers-mariniers de charpentage.

Gons (Thomas), maître charpentier, de Granville.
Le Coupé (Jean), second charpentier, de Granville.
Dangers (Jean), aide-charpentier, de Granville.
Le Tourneur (François), aide-charpentier, de Granville.

Officiers-mariniers de calfatage.

Paul (François), maître calfat, de Brest.
Liron (Thomas), second calfat, de Granville.
Vincent (Pierre), aide-calfat, de Saint-Brieuc.
Guibert (Laurent), aide-calfat, de Saint-Brieuc.

Officiers-mariniers de voilerie.

Meudec (Jean), maître voilier, de Brest.
Floch (Jean-François), second voilier, de Brest.
Mazé (Joseph), aide-voilier, de Brest.
Bervas (Joseph), aide-voilier, de Brest.

Gabiers et timoniers.

Halgand (Jean), de Nantes.
Mahé (Jean), de Nantes.
Rousseau (Louis), de Nantes.
Kervarec (Guillaume), de Quimper.
Le Manissier (Pierre), de Caen.
Sainseur (Nicolas), de Dieppe.
Duhornay (Antoine), de Dieppe.
Dujardin (Moïse), de Dieppe.
Mealé (Gilles), de Saint-Malo.
Dordelin (Julien), de Granville.
Bouillon (Pierre), de Granville.
Avril (Jacques), de Granville.
Allard (Jean), d'Oléron.
Maquière (Jean-Baptiste), de Honfleur.
Bellot (Guillaume), de Dinan.
Hinguant (François), de Saint-Brieuc.
Rossard (Jacques), d'Orléans.

Matelots.

Dréano (François), de Vannes.
Meudic (Yves), de Brest.
Le Moine (Jean), de Brest.
Collet (Jacques), de Brest.
Chinquelin (Magloire), de Morlaix.
Laurent (Michel), de Saint-Brieuc.
Moreau (Thibaud), de Saint-Brieuc.
Le Friec (Vincent), de Saint-Brieuc.
Le Tertre (Jean), de Saint-Brieuc.
Le Basque (François), de Saint-Brieuc.
Perrin (Jean), de Saint-Brieuc.
Glaud (Marc), de Saint-Brieuc.
Romain (Jacques), de Saint-Brieuc.
Hervé (Guillaume), de Saint-Brieuc.
Purien (Claude), de Saint-Brieuc.
Carpier (Jean-Louis), de Saint-Brieuc.
Floury (Guillaume), de Saint-Brieuc.
Troinon (Joseph), de Saint-Brieuc.

Henri (Yves), de Saint-Brieuc.
L'Epargné (Jean), de Saint-Brieuc.
Le Dos (Alain), de Saint-Brieuc.
Ferchal (Claude), de Saint-Brieuc, mort à l'hôpital de Newport le 28 mars 1781.
Robert (François), de Saint-Malo.
Poulain (Jacques), de Saint-Malo.
Blanchet (Laurent), de Saint-Malo.
Briant (Jean), de Saint-Malo.
Brebel (Guy), de Saint-Malo.
Buet (Julien), de Saint-Malo.
Renaut (Jean), de Saint-Malo.
Renaut (Michel), de Saint-Malo.
Lucas (Jean), de Saint-Malo.
Billy (Gabriel), de Saint-Malo.
Samson (Jean), de Saint-Malo, mort à bord le 23 décembre 1781.
Tory (Gabriel), de Saint-Malo.
Hamon (Michel), de Dinan.
Girouard (Rault), de Dinan.
Massé (Pierre), de Dinan.
Bougre (François), de Dinan.
Trussard (Charles), de Dinan.
Hamon (André), de Dinan.
Cadet (Nicolas), de Dinan.
Silvestre (Augustin), de Dinan.
Pertouzel (François), de Dinan.
Guinard (Guillaume), de Dinan.
Le Roy (François), de Dinan.
Gourdel (Mathurin), de Dinan.
Abraham (Jacques), de Dinan.
Le Bihan (Jean), de Quimper.
Gloaguen (Louis), de Quimper.
Boursicorn (Guillaume), de Quimper.
Nouvel (Alain), de Quimper.
Madezeau (Guillaume), de Quimper.
Ollivier (Yves), de Quimper, mort à bord le 2 avril 1780.
Guével (Vincent), de Quimper.
Brun (Jean), de Quimper.
Manuel (Yves), de Quimper.
Montfort (Pierre), de Quimper.
Donval (Noel-François), de Quimper, mort à bord le 18 février 1782.
Albert (Thomas), de Nantes.
Roux (Jacques), de Nantes.
Dousset (Guillaume), de Nantes.
Arsenot (Etienne), de Nantes.
Galond (Laurent), de Nantes.
Gellin (Jean), de Nantes.
Guénelin (Augustin), de Nantes.
Le Breton (Yves), de Nantes, tombé à la mer et noyé le 5 mai 1781.
Noyer (Jean), de Nantes.
Foucaut (Pierre), de Nantes.
Méa (François), de Nantes.
Moyen (Etienne), de Nantes.
Halgande (François), de Nantes.
Vince (Guillaume), de Nantes.
Outin (Pierre), de Nantes.
Outin (Guillaume), de Nantes.
Guillard (Guillaume), de Nantes.
Capurane (Olivier), de Nantes.
Drouin (Jean), de Vannes.
Bozec (Nicolas), de Vannes.
Cravic (Guillaume), de Vannes.
Yvel (Joseph), de Vannes.
Saunier (Jean), de Vannes, mort à bord le 7 juillet 1780.
Rioult (Pierre), de Honfleur.

Champagne (Pierre), de Honfleur.
Portel (Marin), de Honfleur.
Rousset (Jean), de Dieppe.
Robin (Joseph), de Dieppe.
Saunier (Charles), de Dieppe.
Robin (Augustin), de Dieppe.
Carou (Jacques), de Dieppe.
Huguet (François), de Dieppe.
Carle (Jean-Louis), de Dieppe.
Turbet (Jean-Baptiste), de Dieppe.
Vincent (Gabriel), de Dieppe.
Cucu (François), de Dieppe.
Heu (Michel), de Dieppe.
Le Vasseur (Jean), de Dieppe.
Bouy (Nicolas), de Dieppe.
Blondel (Laurent), de Dieppe.
Merlier (Jacques), de Dieppe, mort à l'hôpital de Newport le 26 mars 1781.
Le Tendre (Thomas), de Fécamp.
Monnier (Nicolas), de Fécamp.
Sevestre (Nicolas), de Fécamp, mort à bord le 30 septembre 1781.
Le Goupy (Nicolas), de la Hougue.
Grosos (Guillaume), de la Hougue.
Fleury (Jacques), de la Hougue.
Bouquet (Martial), de Rouen.
Marage (Denys), de Rouen.
Delamarre (André), de Rouen.
Flavigny (Eustache), de Rouen.
Habire (Pierre), de Cherbourg.
Noël (Jean), de Cherbourg.
Marin (Raymond), de Cherbourg.
Le Roy (Pierre), de Caen.
Cardine (Richard), de Caen.
Tardif (Jean), de Caen.
Clairet (Charles), de Caen.
Guyot (Jacques), de Caen.
Auvray (François), de Caen.
Salaün (Louis), de Caen.
Desmarres (Pierre), de Caen, noyé le 25 décembre 1781.
Vadet (Jean), de Granville.
Baucel (Julien), de Granville.
Lehode (François), de Granville.
Jeanne (Thomas), de Granville.
Laurence (Denis), de Granville, mort à bord le 6 décembre 1781.
Vigot (Jean), de Granville.
Dubois (Jean), de Granville.
Barbey (Louis), de Granville.
Le Capelain (Jean), de Granville.
Compart (François), de Granville.
Hédouin (Pierre), de Granville.
Jehanne (Jean-Baptiste), de Granville.
Le Marchand (René), de Granville, mort à Newport le 8 août 1781.
Cochard (Noël), de Granville.
Guérin (Noël), de Granville.
Baldevesque (Jacques), de Granville.
Duperron (Germain), de Granville.
Champion (Gilles), de Granville.
Gaudon (Jacques), de Granville.
Richard (François), de Granville.
Le Cornu (Charles), de Granville.
Helley (Clément), de Saint-Valéry-sur-Somme.
Trouil (Antoine), de Saint-Valéry-sur-Somme.
Sauvage (Laurent), de Saint-Valéry-sur-Somme.

Morel (Louis), de Saint-Valéry-sur-Somme.
Morel (Jacques), de Saint-Valéry-sur-Somme.
Poulain (Simon), de Saint-Valéry-sur-Somme.
Darras (Jacques), de Saint-Valéry-sur-Somme.
Croisy (Nicolas), de Rochefort.
Denechau (Michel), de Blaye.
Eigard (Jean), de Bordeaux.
Charon (André), de Bordeaux.
Brunel (Jean), de Bordeaux.
Bonnefoux (François), de Moissac.
Davach (Antoine), de Moissac.
Ruaul (Jean), de Libourne.
Guichard (Jean), de Libourne.
Tournier (Jean), de Libourne.
Chalonet (Jean), de Libourne.
Blanchard (Pierre), de la Rochelle.
Ayral (Antoine), de Montauban.
Coutant (Joseph), de Tréguier.
Canord (Jean), de la Gène.
Sargeard (Jean), de la Gène.
Guillamet (André), de Paris.
Dinan (Jean François), de Royan, mort à l'hôpital de Newport le 8 décembre 1780.
Mordrelle (Pierre), de Dinan.
Prat (Pierre), de Bordeaux.
Rabé (Pierre), de Granville.
Samson (Augustin), de Marzeille.
Querrelle (Jean-Baptiste), de Toulon.

Novices.

Vasseur (Pierre), de Fécamp, mort à bord le 22 février 1782.
Le Brun (Jean), de Fécamp, mort à bord le 18 juin 1780.
Angot (Pierre), de Caen.
Double (Jean-Baptiste), de la Hougue.
Gérard (Jean), de la Hougue.
Le Petit (Jean), de la Hougue.
Lormelat (Gabriel), de Caen.
Duval (Dubois), de Caen.
Chrétien (Pierre), de Caen.
Marin (Marin), de Caen.
Baugnon (Alexis), de Saumur.
Rouault (Louis), de Dinan.
Journé (Jean), d'Étampes.
Briv (Pierre), de Tréguier.
Bareau (Jacques), de Noirmoutiers, mort à bord le 1er septembre 1780.
Gontier (Sébastien), de Noirmoutiers, mort d'une blessure reçue au combat du 16 mars 1781.
Ratel (Charles), de Saint-Brieuc, mort à l'hôpital de Newport le 29 mars 1781.
La Caille (Nicolas), de Fécamp.
Modat (Nicolas), de Fécamp.
Gusadon (Augustin), de Fécamp.
Féret (Guillaume), de Dieppe.
Goupillon (Pierre), de Dieppe.
Parmentier (Michel), de Dieppe.
Le Vigoureux (François), de Dieppe.
Delaune (François), de Dieppe.
Planque (Jean), de Dieppe.
L'Aîné (Gilles), de Dieppe.
Le Gagneux (Jacques), de Dieppe.
Soin (Jean François), de Dieppe, mort à bord le 18 décembre 1781.
Tonnelier (Pierre), de Saint-Valéry-sur-Somme.

Vasseur (Jean-Baptiste), de Saint-Valéry-sur-Somme.
Brasilant (Pierre), de Saint-Valéry-sur-Somme.
Le Gendre (Jean-François), de Saint-Valéry-sur-Somme.
Nédélec (Grégoire), de Quimper.
Jardin (Toussaint), de Dunkerque.
Couet (Marin), du Mans.
Bougerain (Geffroy), du Mans.
Goupy (Joseph), de Rennes.
Brosson (Pierre), de Rennes.
Grandmoulin (Jean), de Rennes.
Quergy (François), de Saint-Brieuc.
Bernard (Michel), de Saint-Brieuc.
Drouet (Jean), d'Angers.
Pannau (Pierre), d'Angers.
Giraud (Ollivier), d'Angers.
Bedot (François), de Rouen.
La Leu (Adrien), de Rouen.
Cignou (Joseph), de Marseille.
Deschamps (Jean), de Bayeux.
Le Berzic (Louis), de Lannion.
Lefert (François), de Vannes.
Dupont (Mathurin), de la Rochelle.
Le Bay (Jean), de Painbœuf.
Menard (Pierre), d'Avranches.
Clément (Vincent), de Dinan.
Plagne (Guillaume), de Montauban.
Gariat (Jean), de Montauban.

Surnuméraires.

Châtelain (Daniel), de Quimper.
Baldever (Louis), de Granville.
Le Sieux (Thomas), de Granville.
Le Gras (Guillaume), de Granville.
Langeron (Jean), de Granville.
L'Aîné (Julien), de Dinan.
Marabaut (Jean), de Dinan.
Carel (Guillaume), de Vannes.
Sausset (René), de Rennes.

Mousses.

La Combe (Jean-Baptiste), de Belle-Isle.
Friec (Claude), de Saint-Brieuc.
Chauvin (Louis), de Saint-Brieuc.
Kereneur (Charles), de Saint-Brieuc.
Kereneur (Yves), de Saint-Brieuc.
Dos (Jean-Louis), de Saint-Brieuc.
Brigand (Joseph), de Saint-Brieuc, tombé à la mer et noyé le 22 juillet 1781.
Le Coupé (Jean), de Granville.
Dutot (Jean-Baptiste), de Granville.
Daugers (Charles), de Granville.
Frétel (Louis), de Granville.
Le Traon (Louis), de Châteaulin.
Demeuré (François), de Châteaulin.
Le Pape (Jean-François), de Quimper.
Le Masson (Hervé), de Quimper.
Jaunard (Antoine), de Saintes.
Henry (Antoine), de Marseille.
Moinard (Yves), de Saint-Malo.
Samson (Jean), de Saint-Malo.
Morderet (Thomas), de Saint-Malo, mort à l'hôpital de Newport le 31 octobre 1780.
Nicolie (Joseph), de Vannes.
Pagot (Joseph), de Lyon.
Risque (Jean-Baptiste), d'Arras.
Ragotin (Pierre), de Brest.

Desar (Michel), de Brest.
Le Borgne (Sébastien), de Brest.
Le Gac (Didier), de Brest.
Chapuis (Pierre), de Paris.
Le Souder (Jean-Jacques), de Launion.
Héliet (Jean-Marie), de Launion, mort à bord le 5 octobre 1780.
Reignand (Joseph), de Nice.
Delahaye (Michel), de Rouen.
David (Augustin), de Rouen.
Lefèvre (Charles), de Rouen.

Le Roux (Jean-Baptiste), de Caen.
Auvray (Thomas), de Caen.
Rohan (Michel), de Caen.
Vapée (Antoine), de Honfleur.
Larminier (Paul), de Dieppe.
Penoët (Yves), de Guingamp.
Morel (Noël), de Saint-Méen.
Quelleu (Jean), de Saint-Méen.
Bouiller (Pierre), de Saint-Méen.
Pisdevache (Jean), de Saint-Méen.
Salmon (Amateur), de Dinan.

Courtaille (Pierre), de Dinan.
Glochon (Joseph), de Dinan.

Domestiques.

Fournier (François) de Rocroy.
Hervé (Jean), de Lamballe.
Bertrand (Henry), de Toul.
Brosset (Joseph), de Rennes.
Dreullette (Charles), de Quimper.
Clech (Jean), de Plouguerneau.
Silbert (Samuel), de Poullaouën.

L'ÉVEILLÉ.

(De mars 1780 à septembre 1782.)

M. LE GARDEUR DE TILLY, Capitaine de vaisseau, Commandant.

ÉTAT-MAJOR.

Capitaine de vaisseau.

Le GARDEUR DE TILLY, Commandant, blessé au combat du 12 avril 1782.

Lieutenants de vaisseau.

De BEAUVOIR, blessé au combat du 12 avril 1782.
De FONDELIN, mort à bord le 29 novembre 1780.
Le Chevalier MASLYS LE GRAND, mort à bord le 14 mai 1781.

Enseignes de vaisseau.

DU COUEDIC.
SAULNIER.
LUNVEN DE KERBIGUET, blessé le 12 avril 1782.
De CAMUS.
DUPONT.

Lieutenants de frégate.

PARFAIT, mort le 25 juin 1780.
COSTE (Armand).
FUSTEL DE LA VILLE LE HOUX.
POTTIER, blessé le 12 avril 1782.
SEGRETIER.

Chirurgien.

CAILLAUD.

Aumônier.

MORRISSON (Roger).

Gardes de la marine.

De TILLY.
DESMURES (Valantin).

Pilotes pratiques Américains.

Dillingham (Edward), de Newport.
Gardinere (Joseph), de Newport.
Leger (James), du Cap Henry.
Barnich (Lemuel).
Ballard (William).
Champlain (Lemuel), de Nonlondone.
Geffren (Samuel), de Newport.
West (Georges), de Marthas Wineyard.

Volontaires.

Le Nourry de Momirel (Vincent).
De Perrot.

Officiers-mariniers de manœuvre.

Férandeau (Charles), premier maître, de Rochefort, blessé au combat du 12 avril 1782.
Louis (Jean), premier maître, de la Rochelle.
Revault (François), second maître, du Havre.
Audubert (Pierre), second maître, du Croisic.
Le Baron (Jean), contremaître, de Honfleur, blessé au combat du 26 janvier 1782.
Andouart (André), contremaître, de Saint-Malo.
Fleury (Pierre), bosseman, de Granville, mort le 20 juillet 1780.
Boyard (Jean), quartier-maître, de Dieppe.
Halley (Yves), quartier-maître, de Dinan.
Doussin (Thomas), quartier-maître, de Saint-Malo.
Godefroy (Michel), quartier-maître, de Saint-Malo, blessé au combat du 12 avril 1782, mort le 28 mai 1782.
Sublin (Alexis), quartier-maître, de Granville.
Radoub (Antoine), quartier-maître, de Dieppe, blessé au combat du 12 avril 1782, mort le 7 mai 1782.
Le Maître (Jacques), quartier-maître, de Granville.
Chaton (Jacques), quartier-maître, de Lorient.
Goasou (Michel), quartier-maître, de Dinan.
Duval (Alexandre), quartier-maître, du Havre.
Le Febvre (Denis), quartier-maître, de Fécamp.
Mesnard (Pierre), quartier-maître, de Marennes, blessé au combat du 12 avril 1782.
De la Planche (François), quartier-maître, de Granville.

Officiers-mariniers de pilotage.

Doliot (Pierre), premier pilote, de Caen.
Giraux (Gildat), second pilote, de Nantes.

Officiers-mariniers de canonnage.

Julien (Jacques), maître canonnier, de Rochefort.
Gaubin (Louis), maître canonnier, du Havre, tué au combat du 12 avril 1782.
Guillaume (Jean), second canonnier, de Granville, mort le 5 juillet 1780.
Delisles (Julien), second canonnier, de Saint-Malo.
Fortin (Pierre), aide-canonnier, de Boulogne.
Fauconnier (Jean), aide-canonnier, de Dieppe, tué dans le combat du 12 avril 1782.
Le Tellier (Jacques), aide-canonnier, de Caen.
Drouet (Georges), aide-canonnier, de Granville, blessé au combat du 12 avril 1782.
Stéphan (Jean), aide-canonnier, d'Ouessant, blessé au combat du 12 avril 1782.
Richard (Jean), aide-canonnier, de Saint-Brieuc, blessé au combat du 12 avril 1782.
Lefort (Benoit), aide-canonnier, de Saint-Valéry.
Cava (Louis), aide-canonnier, de Saint-Valéry, blessé au combat du 12 avril 1782.
Redon (Jean), aide-canonnier, de Saint-Brieuc, mort à bord le 11 juillet 1782.
Tanguy (Philippe), aide-canonnier, de Saint-Brieuc.
Colas (Yves), aide-canonnier, de Saint-Malo.
Limier (Mathieu), aide-canonnier, de Brest.
Pau (Charles), aide-canonnier, de Dieppe.
Le Gras (Jean-Nicolas), aide-canonnier, de Dieppe, blessé au combat du 12 avril 1782.
Reine (Louis), aide-canonnier, de Dieppe.
Boulogne (Aubin), aide-canonnier, de Dieppe.
Richard (Augustin), aide-canonnier, de Dinan.
Le Mœuff (Claude), aide-canonnier, du Croisic.
Grossain (Gilles), aide-canonnier, de Saint-Malo.
Petit (Severe), aide-canonnier, de Rouen, blessé au combat du 26 janvier 1782.
Pairer (Dominique), aide-canonnier, de Rouen.

— 237 —

Dalisle (Nicolas), aide-canonnier de Rouen, mort le 5 juillet 1782.
Harvel (René), aide-canonnier, de la Hougue.
Bon (Pierre), aide-canonnier, de Royan.

Officiers-mariniers de charpentage.

Drouineau (Crépin), maître charpentier, de Rochefort.
Fetelle (Jean), second charpentier, de Granville.
Le Monnier (Joseph), aide-charpentier, de Saint-Malo, mort le 4 juin 1782.
Lhotelier (Nicolas), aide-charpentier, de Dinan.

Officiers-mariniers de calfatage.

Arnot (Michel), maître calfat, de Rochefort, blessé au combat du 12 avril 1782.
Le François (Jean), second calfat, de Saint-Malo, blessé au combat du 12 avril 1782.
Le Comte (Guillaume), aide calfat, de Granville.

Officiers-mariniers de voilerie.

Catot (François), maître voilier, de Landerneau.
Cloarec (Yves), second voilier, de Lorient, blessé le 12 avril 1782, mort le 2 mai 1782.

Officiers mariniers divers.

Guillou (Pierre), de Brest.
Le Guillou (René), de Brest, blessé au combat du 12 avril 1782, mort le 14 du dit.
Hervé (Yves), de Quimper.
Coupart (Jacques), de Brest, blessé au combat du 12 avril 1782.
Le Cerf (Pierre), de Cherbourg.
Moutagne (Julien), de Granville, mort le 20 juin 1782.
Jadé (Julien), de Quimper, blessé au combat du 12 avril 1782.
Cahoignon (Michel), de Brest.
Le Marié (Michel), de Rouen.
Tinevesse (François), de Brest, blessé au combat du 12 avril 1782.
Brossaud (Pierre), de Paimbœuf.
Buron (René), de Nantes.
Duperrier (Guillaume), du Croisic.
Aboutin (Guillaume), de Rochefort.

Gabiers.

Michel (François), de Toulon.
Cochon (Louis), du Havre.
Le Floch (Jean), de Vannes, mort le 16 mars 1781.
Guyot (Alain), de Morlaix.
Morisset (Thomas), de Rochefort.
Chalot (Gabriel), de Saint-Malo, mort le 2 mai 1781.
Babin (Jean), de Saint-Malo, mort le 19 juin 1782.
Langevin (Joseph), de Saint-Malo.
Even (Augustin), de Saint-Brieuc, mort à bord le 9 août 1782.
Bien Assis (Jean), de Saint-Malo.
Guérard (André), de Dinan, mort le 21 juillet 1780.

Timoniers.

Rouvet (Jean), de Saint-Malo.
Dubois (Philipe), de Saint-Malo.
Tournelle (Guillaume), de Saint-Malo.

Lefebvre (Louis), du Havre.
Goess (Jean), de Granville.
Le Marchand (Pierre), de Dieppe.
Rivierre (Pierre), de Libourne.
Lauvy (Thomas), de Saint-Brieuc.
Le Moal (Jean), de Saint-Brieuc.
Grosset (Guillaume), de Dieppe.
Mecquet (Pierre), de Granville.
Clavaux (François), de la Rochelle.
Courtin (Jean), de Dieppe.
Lagrée (Jacques), du Croisic.
Lagrée (Julien), du Croisic.
Devaux (Jean), de Morlaix.
Masson (Charles), de Dieppe.

Matelots.

Monach (Claude), de Brest.
Oheron (Joseph), de Vannes.
Miniou (Yves), d'Ouessant, mort le 29 mai 1781.
Toulan (Hervé), d'Ouessant.
Tual (Thomas), d'Ouessant, mort à bord le 8 août 1782.
Crédach (André), d'Ouessant, mort à bord le 2 juillet 1782.
Bernard (Jean), d'Ouessant, mort le 9 janvier 1781.
Brillant (René), de Lannion.
Castel (François), de Morlaix.
Nicole (Jean), de Saint-Brieuc.
Hery (Vincent), de Saint-Brieuc.
Masséa (Jacques), de Saint-Brieuc.
Blanchard (Jean), de Saint-Brieuc.
Richard (Jean), de Saint-Brieuc.
Poilpot (Jean), de Saint-Brieuc.
Guillou (Jean), de Saint-Brieuc, mort le 22 mars 1780.
Lascanfre (Jean), de Saint-Brieuc, mort le 28 juin 1782.
Camard (Yves), de Saint-Brieuc.
Burel (Alain), de Saint-Brieuc.
Jubel (René), de Saint-Brieuc.
Michel (Louis), de Saint-Brieuc.
Goquen (Jacques), de Saint-Brieuc.
Kerlavaloir (Jacques), de Saint-Brieuc.
Denis (Louis), de Saint-Brieuc.
Mendé (François), de Saint-Brieuc.
Perigault (Philipe), de Saint-Brieuc.
Morvans (François), de Saint-Brieuc.
Le Fur (Jacques), de Saint-Brieuc.
Le Monnier (Joseph), de Saint-Malo, mort le 27 juillet 1780.
Gégu (Julien), de Saint-Malo.
Guérinot (Pierre), de Saint-Malo.
Le Boucher (Pierre), de Saint-Malo, mort le 3 juin 1782.
Jouquemard (Guillaume), de Saint-Malo.
Mousson (Jean), de Saint-Malo, mort le 15 mai 1781.
Dugué (Pierre), de Saint-Malo.
Chapelain (Louis), de Saint-Malo.
Le Noir (Louis), de Rennes, blessé au combat du 12 avril 1782.
Bazir (Pierre), de Saint-Malo.
Simon (Marc), de Dinan.
Riché (Julien), de Dinan.
Grasœur (Jean), de Dinan.
Avril (François), de Dinan.
Morin (Joseph), de Dinan.
Pihau (Pierre), de Dinan, mort à bord le 6 décembre 1781.

Robert (Pierre), de Dinan.
Houit (Jean), de Dinan, blessé au combat du 12 avril 1782.
Robert (Vincent), de Dinan.
Chaignon (Michel), de Dinan.
Rabin (Alain), de Dinan.
Briand (François), de Dinan.
Le Bars (Pierre), de Quimper.
Carrion (Guillaume), de Quimper, mort à bord le 3 juillet 1782.
Dailliau (Jean), de Quimper.
Gouxlou (Louis), de Quimper, mort le 19 avril 1782.
Flohic (Jean), de Quimper.
Le Thorel (Vincent), de Quimper.
Le Blas (Corantin), de Quimper.
Le Bris (Joseph), de Quimper.
Rivoalan (Gabriel), de Quimper.
Le Fol (Antoine), de Quimper, mort le 3 février 1781.
Noluchon (François), de Quimper.
Philipon (Clémin), de Quimper.
Le Scavener (Noël), de Quimper.
Le Theo (Jean), de Quimper.
Le Bris (Alain), de Quimper.
Guégaut (Jacques), de Lorient.
Even (Colombain), de Lorient.
Le Pesquer (Louis), de Lorient.
Monnier (Julien), de Lorient.
Perruchaux (Ollivier), de Lorient, mort le 26 avril 1781.
Tristan (Simon), de Lorient.
Nérot (Vincent), de Lorient.
Horvian (Jacques), de Lorient.
Phily (Jean), d'Audierne.
Le Guilloud (Joseph), de Vannes.
Bataille (Guillaume), de Nantes.
Gendron (Louis), de Nantes.
Birgant (Pierre), du Croisic.
Dubuisson (René), de Nantes.
Bertho (François), de Nantes, mort à bord le 17 novembre 1781.
Le Hondé (Nicolas), de Nantes, blessé au combat du 12 avril 1782.
Fournel (Julien), du Havre, mort à bord le 31 juillet 1782.
Le Page (Georges), du Havre.
Jean (Louis), de la Hougue.
Mommelet (Simon), de Honfleur.
Le Prêtre (Michel), de Dieppe.
Petit (Jean), de Dieppe.
Fréchon (Romain), de Dieppe.
Clémença (Pierre), de Dieppe.
Blanchet (Michel), de Dieppe.
Carpentier (Charles), de Dieppe, mort le 5 octobre 1780.
Duhornay (Charles), de Dieppe.
Duhornay (Louis), de Dieppe.
Le Prêtre (Pierre), de Dieppe, mort le 28 avril 1781.
Fermant (Jean), de Dieppe.
Drouaux (Jean), de Dieppe.
Dromaux (Félix), de Dieppe.
Potel (Charles), de Dieppe.
Lefort (Jean), de Dieppe.
Busaboc (Louis), de Dieppe, blessé au combat du 26 janvier 1782.
Robert (Nicolas), de Dieppe.
Cloquette (Etienne), de Dieppe.
Poulin (Guillaume), de Dieppe.
Litte (Jean), de Dieppe.

Ferrand (Pierre), de Dieppe.
Richard (Laurent), de Fécamp.
Bunel (François), de Fécamp, tué au combat du 12 avril 1782.
Gentit (Jean), de Fécamp.
Blondelle (Guillaume), de Fécamp.
Pizias (Jean), de Fécamp, mort le 10 avril 1781.
Morel (Louis), de Rouen.
Lefrançois (François), de Rouen.
Daniel (Pierre), de Rouen, mort le 2 septembre 1780.
Béranger (André), de Rouen.
Le Vaillant (Alexandre), de Rouen.
Dray (François), d'Orléans.
Tessel (Jean), de Caen.
Tessel (Jacques), de Caen.
Nicole (Jean), de Caen.
Toulorge (Paul), de Cherbourg.
Bihel (Guillaume), de Cherbourg.
Ferron (Nicolas), de la Hougue.
Le Tanneur (Jean), de la Hougue.
Godel (Etienne), de la Hougue.
Herache (Luc), de la Hougue, mort le 19 février 1781.
Hédouin (Jean), de Granville.
Esnault (Julien), de Granville.
Le Pault (Gilles), de Granville, mort le 12 février 1782.
Salmon (Gabriel), de Granville.
Goublin (Jacques), de Granville.
La Mort (Antoine), de Granville, blessé au combat du 12 avril 1782.
Le Buf (Joseph), de Granville, blessé au combat du 12 avril 1782.
La Mort (Jacques), de Granville.
Le Buf (Nicolas), de Granville, mort le 24 avril 1781.
Lagronne (Michel), de Granville.
Delisle (Pierre), de Granville.
Biron (Jean), de Granville.
Rousselle (François), de Granville, mort le 22 juin 1781.
Tostin (Nicolas), de Granville.
Cacquevelle (Pierre), de Granville, blessé au combat du 12 avril 1782.
Le Touzša (Julien), de Granville.
Huault (Adrien), de Granville.
Le Gros (Louis), de Granville.
Le Tourneur (Jacques), de Granville.
Cloquete (Jacques), de Saint-Valéry.
Vincent (François), de Saint-Valéry.
Berthe (Nicolas), de Saint-Valéry.
Danée (Noël), de Saint-Valéry.
Robycq (Nicolas), de Saint-Valéry.
Demicurro (Pierre), de Saint-Valéry.
De Grecque (Antoine), de Saint-Valéry.
Desbordes (André), de Boulogne.
Bataille (Jean-Baptiste), de Saint-Valéry.
Dubois (Louis), de Bordeaux.
Chantereau (Martin), de Libourne.
Douasse (Jean), de Libourne.
Pommier (Jean), de Bayonne.
Gazin (Jean), de Bayonne.
Alluson (Jean), de Marennes, mort le 13 avril 1782.
Bechon (Etienne), de Bordeaux.
Chaignau (Etienne), de Libourne.
Barrere (Jean), de Bayonne.
Bordory (Martial), de Bordeaux.
Collonges (Luc), de Bordeaux.

Descloz (Jean), de Bordeaux, blessé au combat du 26 janvier 1782.
Salot (Pierre), de Royan.
Guitonneau (Pierre), de Noirmontiers.
Dublex (Etienne), de Libourne.
Isart (Jean), de Libourne, tué au combat du 26 janvier 1782.
Gautier (Jean), de Bordeaux, mort le 23 juillet 1780.
Frustier (Michel), de Bordeaux.
Rids (Michel), de Bordeaux.
Turbez (Antoine), de l'Ile d'Yeu.
Marcé (Arnault), de Blaye, mort le 16 juillet 1780.
Menué (Jacques), de Saintes.
Giraudot (Pierre), de l'Ile de Ré.
Pledeau (Pierre), de l'Ile de Ré.
Deschamps (Guillaume), des Sables-d'Olonne.
You (Mathurin), des Sables-d'Olonne.
Reynaud (André), de la Seyne.
Le Grand (Pierre), de Saint-Malo.
Esplau (Jean), de Cette.
Dervieux (Médari), de Saint-Etienne.
Brimaud (Pierre), de Angoulême.
Olivas (Julien), de Nantes, mort le 16 septembre 1780.
Le Blanc (Joseph), de Nantes.
Morau (Jean), de Nantes.
Bonin (Julien), de Nantes.
Colignan (Pierre), de Rennes.
Hervé (Joseph), de Vannes.
Guesnel (Pierre), de Nantes.
Le Gal (Jacques), de Nantes, tué au combat du 12 avril 1782.
Le Heudé (René), de Nantes.
Marion (Joseph), de Dinan.
Renaud (Jean), de Nantes.
Chailliot (François), de la Rochelle.
Du Roucette (Louis), de Nîmes.
La Roche (Charles), de Menton.
Chevalier (Jean), de Caen.
Adam (Jean), de Sarlat.
Bouvard (Jean), de Dijon, blessé au combat du 12 avril 1782.
Pelletier (Jean), des Sables-d'Olonne.
Hubeau (Louis), de Lorient.
Michaud (Julien), de Nantes.
Pon (Joseph), de Dinan.
Thomas (Laurent), de Vannes.
Le Vivier (François), de Granville.
Ozon (François), de Granville.
Auger (Louis), de Granville.
Chalmet (Guillaume), de Granville.
La Brissois (Michel), de Cherbourg.
Loire (Jacques), de Cherbourg.
Trebel (Georges), de Fécamp.
Eu (Michel), de Honfleur.
Havard (François), de Granville.
Le Tourneur (Pierre), de Granville.
Alain (Pierre), de Granville.
Echaud (Julien), de Lorient.
Brune (Arnaud), de Toulouse, mort à bord le 2 juin 1782.
Balles (Bernard), de Toulouse.
Vatte (Maurice), de Lorient.
Le Boulanger (Michel), de Cherbourg.
Le Gal (Jean), de Morlaix.
Dunet (Jean), de Saint-Valéry.
Mathelin (Pierre), du Croisic.

Balavoine (Guillaume), de Lamballe.
Gégot (Louis), de Saint-Brieuc.

Novices.

Dufour (Jean), de Paris.
Drieux (Jean), de Dinan.
Clouet (Jean), de Fougères.
Letournel (Jean), de Fougères.
Le Coq (François), de Fougères.
Baunier (Olivier), de Saint-Brieuc.
Crevons (Pierre), de Caen.
Le Freté (Louis), de Caen.
Auger (Jacques), de Caen.
Quérinault (Julien), de Fougères.
Rolland (Julien), de Dinan.
Monnint (Jean), de Paris.
Lamy (Julien), de Granville, mort le 13 avril 1781.
Bocquet (Thomas), de Fécamp.
Plusquellec (Olivier), de Saint-Brieuc.
Sarrazin (René), de la Rochelle, mort le 3 janvier 1781.
Brillart (Charles), de Boulogne.
Hérault (Marie), de Paris.
Caclos (François), de Saint-Valéry.
Loiseau (Julien), du Croisic.
Mariete (François), du Croisic.
Huriot (Jean), de Lunéville.
Lefrançois (Henry), de Caen.
Larivin (François), de Saint-Brieuc, mort le 16 mars 1782.
Richard (François), de Saint-Brieuc.
Bouvais (Julien), de Dinan.
Fourier (François), de Calais.
Darguin (Pierre), de Saint-Valéry.
Dumaniel (Nicolas), de Dieppe.
Mariete (François), de Dieppe, mort le 28 juillet 1780.
Troude (François), de la Hougue.
Renaud (Charles), de Rennes.
Le Lièvre (Thomas), de Paris.
Billard (Jean), de la Hougue.
Lesfrais (Jean), de Saint-Brieuc, mort le 22 décembre 1780.
Paulet (Nicolas), de Fécamp.
Peltier (André), de Versailles.
Bisson (Jean), du Havre.
Trabais (Jean), de l'Ile de Ré.
Divanac (René), de Quimper, blessé au combat du 12 avril 1782.
Le Marchand (François), de Nantes, mort le 19 septembre 1780.
Martin (Guillaume), de Nantes, mort le 26 septembre 1780.
Tourtier (Eustache), de Fougères.
Trotain (Pierre), de Nantes.
Consoille (Jacques), de Royan, blessé au combat du 12 avril 1782.

Surnuméraires.

Caille (Augustin), de Saint-Malo.
Fournier (Louis), de Vitré, mort le 13 juillet 1780.
Tual (Marc), de Vitré, mort à bord le 12 novembre 1781.
Keromnès (Augustin), d'Hennebont.
Chaouen (Jean), du Conquet.
Prat (Budoc), de Porspoder, mort le 18 juillet 1780.
Bouchaud (Julien), de Nantes.

Mousses.

Goason (Michel), de Dinan.
Format (Pierre), de Lorient, tué au combat du 12 avril 1782.
Hallex (Yves), de Dinan.
Le Gac (Jean), de Morlaix, blessé au combat, 12 avril 1782.
Riou (Yves), de Morlaix.
Douard (Pierre), de Dinan.
Le Dentec (Thomas), de Saint-Brieuc.
Amiot (Guyon), de Cherbourg.
Seven (Étienne), de Rennes.
Rolland (Guillaume), de Quimper.
Breton (Jean), de la Hougue, mort le 10 octobre 1780.
Enault (Jean), de Granville.
Monnier (Vincent), de Saint-Brieuc.
Burban (Julien), de Dinan.
Le Berre (Jean), de Saint-Brieuc.
Bertot (Jacques), de Vannes.

Colas (Jean), de Saint-Malo.
Perresso (Simon), de Landerneau, mort à bord le 6 septembre 1782.
Cottard (Jean), de Saint-Brieuc.
Le Duf (Marie), de Morlaix.
Evanot (Jean), de Vannes.
Guillouand (Joseph), de Dinan.
Soubenne (Jean), de Brest.
Coédic (Jean), de Guingamp.
Le Berre (François), de Saint-Brieuc.
Le Floch (François), de Saint-Brieuc.
Corbin (Jacques), de Lambezelles.
Clearec (Jérôme), de Brest.
Voisin (Jean), de Cherbourg.
Laurent (Étienne), de Rouen.
Clément (Jean), de Granville, blessé au combat du 12 avril 1782.
Denis (Pierre), de Saint-Valéry.
Modolonde (Jacques), de Honfleur.
Heuzé (Jean), de Caen.
Le Jarre (Julien), de Rennes.

Deshayes (Adrien), de Rouen.
Brossand (Jacques), de l'Aulbeuf.
Guillemote (Jean), de Vannes.

Domestiques.

Le Baron (Yves), d'Avranches.
Lainé (Yves), de Morlaix.
Gaudichon (François), d'Angoulême.
Perrin (François), de Tréguier.
Corbel (Mathurin), de Lamballe.
Marquer (Jean), de Périgueux.
Cotée (François), de Nantes.

Hevreson (Tom), matelot américain.
Japhets (Georges), matelot américain.
Seves (Pierre), matelot américain, mort le 20 avril 1781.
Manero (Lingeman), matelot américain.
Hall (Georges), matelot américain, mort le 20 avril 1781.

LE CONQUÉRANT.

(De janvier 1780 à août 1782.)

M. DE LA GRANDIÈRE, Capitaine de vaisseau, Commandant.

ÉTAT-MAJOR.

Capitaines de vaisseau.

De la GRANDIÈRE, Commandant.
De CHEFFONTAINE, tué au combat du 16 mars 1781.
De CATELAN.

Lieutenants de vaisseau.

DUPUY.
NANCOF.
BLESSINGS.

Enseignes de vaisseau.

De KERGUS, mort le 20 mars 1781.
BUSSY.
DUPAC DE BELLEGARDE.
MACARTY.
Le Chevalier de la JONQUIÈRE.
ROBERT DE SAINT-VINCENT.
Le Chevalier de MAULEVRIER.
De la ROCHE-KERANDRAON.

Lieutenants de frégate.

COUPRY.
MAURACIN.
Le CORDIER.
DESHAYER.
GUEZENNEC, tué au combat du 16 mars 1781.
Le Chevalier DABOUVILLE LE PAGE.
VAUTIER.

Chirurgien.

PARFAIT.

Aumônier.

ROUTEL, abbé.

Gardes de la marine.

Le Chevalier DERVAT.
De LIVEC.
TOURMEL (Charles).
De LEYRITZ.
Le Chevalier de la GRANDIÈRE.

Volontaires.

Girard (Maurice), de Quimper.
Pitot (Pierre), de Morlaix.
Pitot (François), de Morlaix.
Cartel (Jean), de Saint-Brieuc.

Officiers-mariniers de manœuvre.

Tretout (Jean), premier maître, de Recouvrance, tué au combat du 16 mars 1781.
Juttard (Léger), second maître, du Croisic, mort le 12 juillet 1780.
Guénec (Mathurin), second maître, de Port-Louis.
Mouevabant (Joseph), second maître, de Calais.
Le Moing (Gilles), contremaître, de Lorient.
Longueville (Luc), bosseman, de Granville.
Jouan (Yves), bosseman, de Brest.
Ermange (Thomas), quartier-maître, de Granville.
Durieux (Joseph), quartier-maître, de Granville.
Gourio (Toussaint), quartier-maître, de Saint-Brieuc, tué au combat du 12 avril 1782.
Ruel (Nicolas), quartier-maître, de Granville.
Urvois (Antoine), quartier-maître, de Lorient.

Boyo (Laurent), quartier-maître, de Saint-Brieuc.
Caro (Guillaume), quartier-maître, de Lorient.
Grassin (Jacques), quartier-maître, de Lorient.
Lefèvre (François), quartier-maître, de Lorient.

Officiers-mariniers de pilotage.

Bless (Joseph), patron de canot, de Morlaix.
Desvarennes (François), premier pilote, de Brest.
Augard (François), second pilote, de Calais.
Floch (Jean), second pilote, de Morlaix.
Ludeline (François), aide-pilote, de Honfleur.
Le Postre (Victor), aide-pilote, de Honfleur.

Officiers-mariniers de canonnage.

Grossard (François), maître canonnier, de Brest.
Moutrot (Jean), maître canonnier, de Saint-Valéry.
Goujet (Nicolas), second canonnier, de Lorient.
Magnan (Pierre), second canonnier, de Brest.
Clémence (Nicolas), aide-canonnier, de Dieppe.
Julien (Jacques), aide-canonnier, de Granville.
Daras (François), aide-canonnier, de Saint-Valéry.
Thébaut (Joseph), aide-canonnier, de Dinan.
Boucher (Thomas), aide-canonnier, de Dieppe.

Moirtiers (Georges), aide-canonnier, de Saint-Valéry.
Perigo (Gilles), aide-canonnier, de Cancale.
Hurtel (Nicolas), aide-canonnier, de Dieppe.
Menage (Prosper), aide-canonnier, de Granville, mort à bord le 18 juillet 1782.
Calvès (Julien), aide-canonnier, de Saint-Malo, tué au combat du 12 avril 1782.
Anquetille (Pierre), aide-canonnier, de Granville, mort le 18 octobre 1780.
Le Gendre (Jean), aide-canonnier, de Granville, tué au combat du 16 mars 1781.
Lamour (Jean), aide-canonnier, de Calais.
Devimes (Jacques), aide-canonnier, de Dunkerque.
Demay (Jacques), aide-canonnier, de Boulogne.
Coquet (Jean), aide-canonnier, de Dieppe.
Jutet (Pierre), aide-canonnier, de Boulogne.
Duvivier (Quintin), aide-canonnier, de Lorient.
Goudé (Jean), aide-canonnier, de Saint-Malo.
Baudo (Ollivier), aide-canonnier, de Vannes.
Le François (Lambert), aide-canonnier, de la Hougue.

Officiers-mariniers de charpentage.

Yvard (Jean), second charpentier, de Boulogne.
Bunet (Julien), second charpentier, de Saint-Malo.
Cordon (Thomas), aide-charpentier, de Saint-Malo.
Kermorvant (Charles), aide-charpentier, de Lorient, tué au combat du 16 mars 1781.

Officiers-mariniers de calfatage.

Quédec (Jean), maître calfat, de Recouvrance.
Guernevés (Barthélémy), second calfat, de Lorient.
L'Hotellier (Lewis), aide-calfat, de Saint-Malo.
Quatre Sols (Pierre), aide-calfat, de Dinan.
Bagousse (Michel), aide-calfat, de Vannes.

Officiers-mariniers de voilerie.

Euzile (André), maître voilier, de Brest.
Calvarin (Yves), second voilier, du Conquet.
Le Colin (Joachim), aide-voilier, de Saint-Brieuc.
Mayan (Charles), aide-voilier, de Saint-Valéry, mort le 18 octobre 1780.

Officiers-mariniers divers.

Richardais (Pierre), de Saint-Malo.
Boulet (Alexis), de Nantes.
Lionnais (François), de Saint-Brieuc.
Le Baupin (Blaise), de Nantes.
Riollan (Claude), de Nantes.
La Satte (François), de Nantes.
Thomas (Jean), du Croisic.
Saulny (Julien), de Nantes.
Cuer (Gaspard), de Martigues.
Berny (Jacques), du Croisic.
Le Duc (Marie), de Belle-Isle.
Le Bas (Jacques), de la Hougue.
Paris (Pierre), de la Hougue, mort le 22 juillet 1780.

Alix (Denis), de la Hougue, mort de blessures le 14 avril 1782.
Dumais (Etienne), de Dieppe.
Le Pantonnier (Toussaint), de Cherbourg.
Marion (Benoit), de Brest.
Vilair (Jean), de Saint-Valéry.
Manteau (Jérôme), de Paimbœuf.
Debecq (Joseph), de Nantes.
Garigon (Pierre), de Lorient.
Le Bihan (Yves), de Saint-Brieuc.
Rivière (Pierre), d'Hennebont, tué au combat du 16 mars 1781.
Badier (Gabriel), d'Angers.
Delaunay (Urbain), d'Angers, mort le 19 juillet 1782.
Le Zaine (Laurent), de Nantes.
Guénot (Joseph), de Nantes.
Tison (Charles), du Havre, tué au combat du 16 mars 1781.
Devaux (Jean), de Calais.
Billot (Pierre), de Noirmoutiers.
Haté (Jean), de Granville.
Richard (Louis), de Saint-Brieuc.
Couloc (Jean), de Quimper.
Briliant (Mathurin), de Nantes.
Gral (Guillaume), de Morlaix.
Arismondy (Joseph), de Toulon.
Tétu (Jean), de Saint-Valéry.
Chevalier (Mathurin), de Saint-Brieuc.
Serotte (Pierre), de Granville.
Coquet (Jacques), de Granville.
Boyar (Nicolas), de Saint-Valéry, mort à bord le 19 juin 1782.
Pilliard (Guillaume), de la Hougue.
Raimond (Jean), de Saint-Valéry.
Guedon (Pierre), de Dieppe.
Fromentin (François), de Dieppe, mort à bord le 12 juillet 1782.
Le Breton (Gilles), de Granville.
Lagarde (Bertrand), de Bordeaux.
Le Monnier (Adrien), de Fécamp.
Duquincourt (Charles), de Saint-Valéry.
Bittel (Pierre), de Saint-Malo.
Arlo (Louis), de Dieppe.
Girond (Jean), de Granville, mort en mer le 23 juillet 1782.
Le Guen (Julien), de Quiberon.
Fourny (Marc), de Boulogne.
Faucheur (Henry), de Saint-Malo.
Quimper (Jean), de Saint-Brieuc.
Bourgeois (Jean), de Dieppe.

Gabiers.

Quinio (Denis), de Vannes, mort le 15 juillet 1780.
Quimper (Jean), de Saint-Brieuc.
Bourgeois (Jean), de Dieppe.
Portier (Joseph), de Saint-Malo, mort le 21 juillet 1780.
Bachelot (Jean), du Croisic.
Emery (Pierre), de Saint-Malo.
La Musse (Guillaume), de Granville, mort le 12 mai 1782.
Fouquet (Laurent), de Saint-Malo, tué au combat du 9 avril 1782.
Péan (Hilarion), de Rennes.
Follain (René), de Granville.
Le Bas (Jean), de Granville.
Dugué (François), de Lorient.
Lapie (Jean), de Dinan.
Le Brach (Louis), de Port-Louis.

Timoniers.

Rault (Noël), de Saint-Malo.
Evin (Jean), de Saint-Brieuc.
Letellier (Jacques), de Granville, mort le 26 mars 1782.
André (Jean), de Saint-Malo.
Guille (Pierre), de Granville.
Banville (Jean), de Granville.
Jego (Joachim), de Saint-Malo, mort à bord le 13 juillet 1782.
Rio (Guillaume), de Vannes.
Fauchard (Jean), de Bordeaux, tué au combat du 16 mars 1781.
Morel (François), de Honfleur.
Rio (Laurent), de Vannes, mort le 3 septembre 1780.
Liron (Barthélémy), de Dinan.
Durand (Georges), de Granville.
Rebours (Guillaume), de Granville.
Vaslin (Louis), de Fécamp.
Asselin (Jean), de Saint-Valéry.
Baron (Laurent), de Saint-Malo.
André (Jacques), de Saint-Malo.
Bizien (Ollivier), de Morlaix.
Hardy (Joseph), de Lorient.
Bourgeoise (Benoit), de Cherbourg, mort le 16 juillet 1780.

Matelots.

Kros (Yves), du Conquet.
Thomas (Jean), de Rennes.
Le Mézec (Vincent), de Vannes.
Langlois (François), de Versailles.
Chaussaux (Pierre), de Paris.
Lescuré (Louis), de Paris, tué au combat du 16 mars 1781.
Rio (Colombeau), de Vannes.
Jaillard (Jean), de Paris.
Lagadou (Charles), de Recouvrance.
De la Haya (Jean), de Brest, mort le 27 juin 1780.
Galiot (François), de Vannes.
Boitel (Vincent), de Belle-Isle.
Tridivic (Sébastien), de Vannes, mort le 26 juillet 1780.
Quervaroc (Philippe), de Vannes.
Corvec (Pierre), de Vannes, mort le 5 juillet 1780.
Le Bozec (Pierre), de Vannes.
Bellego (Julien), de Vannes.
Michel (Marc), de Vannes.
Rousic (Guillaume), de Vannes.
Loréal (Simon), de Belle-Isle.
Rivalin (Jean), de Vannes, mort le 23 juillet 1780.
Querlo (Christophe), de Vannes.
Bedesqué (François), de Belle-Isle.
Thomas (Vincent), de Belle-Isle.
Guberit (Jean), de Belle-Isle, mort le 7 janvier 1782.
Auchois (André), de Belle-Isle.
Lhermitte (François), de Belle-Isle.
Dreau (Félix), de Vannes.
Quinio (Jean), de Vannes, tué au combat du 16 mars 1781.
Rouzine (Jean), d'Hennebont.
Burel (Jean), de Saint-Brieuc.
Le Horgne (François), de Saint-Brieuc.
Morice (Yves), de Saint-Brieuc.
Le Blanc (Julien), de Saint-Brieuc.
Le Gal (Ollivier), de Trégnier.

Gonidec (Yves), de Saint-Brieuc.
Gailloux (Jean), de Saint-Brieuc.
Gourmelon (Jean), de Saint-Brieuc.
Le Fleuve (Olivier), de Saint-Brieuc, mort le 15 juillet 1780.
Richard (Tudnaël), de Tréguier, mort le 29 avril 1781.
Duportail (Jean), de Saint-Brieuc.
Gauthier (Olivier), de Saint-Brieuc.
Le Goah (Étienne), de Saint-Brieuc.
Fleury (François), de Saint-Malo.
Boisard (Jean), de Saint-Malo, mort le 13 juillet 1780.
Chartier (Pierre), de Saint-Malo.
Anger (Jean), de Dinan, mort le 25 avril 1782.
Carré (Laurent), de Dinan.
Blanchard (François), de Saint-Malo.
Gouteux (Jean), de Saint-Malo, mort le 17 août 1780.
Quéronnès (Louis), de Saint-Malo.
Le Bal (Pierre), de Saint-Malo.
Guilbert (Charles), de Saint-Malo.
De Lisle (Louis), de Saint-Malo.
Houchet (François), de Saint-Malo.
Plessis (Gilles), de Saint-Malo.
Simon (Joseph), de Saint-Malo, mort le 20 mai 1780.
Berre (Mathurin), de Dinan, mort le 3 juillet 1780.
Pommier (François), de Saint-Malo.
Mahé (Pierre), de Saint-Malo.
Orange (Yves), de Dinan.
Miete (Jean), de Saint-Malo.
Le Loup (Louis), de Saint-Malo.
Gezeau (Yves), de Dinan.
Auffray (Gabriel), de Saint-Malo.
Le Boussec (Jean), de Fougères.
Berhier (Jacques), de Nantes.
Brahuant (Pierre), de Paimbœuf.
Gérard (Jacques), de Paimbœuf.
Brahuant (Pierre), de Paimbœuf.
Éraud (Gilles), de Paimbœuf.
Youmet (Pierre), de Granville, mort le 19 juin 1780.
Lamort (Charles), de Granville.
Yven (Joseph), de Granville, mort le 22 juin 1782.
Roussel (Jean), de Granville.
Manet (Grégoire), de Granville.
Poidevin (Louis), de Granville, mort le 17 mai 1782, de blessures.
Alix (Julien), de Granville.
Le Verrant (Jean), de Granville.
Foucard (Jean), de Granville.
Le Bel (Guillaume), de Granville.
Luron (Pierre), de Granville.
La Vey (Nicolas), de Granville.
Mahé (Pierre), de Granville, mort le 27 juin 1780.
Guillard (Jean), de Granville, tué au combat du 16 mars 1781.
Crepinet (Nicolas), de Granville, mort le 27 avril 1781.
Saint-Lo (Jean), de Granville, tué au combat du 16 mars 1781.
Burel (Nicolas), de Fécamp.
Douville (Nicolas), de Fécamp.
Duhamel (François), de Fécamp.
Fortunat (Pierre), de Fécamp.
Caniel (Charles), de Fécamp.
Buquet (Jacques), de Fécamp.

Garon (Jacques), de Dieppe.
Senechal (Antoine), de Dieppe.
Pacquet (Jean), de Dieppe.
Mordé (Jean), de Dieppe.
Hollinque (Julien), de Dieppe.
Forget (Charles), de Dieppe.
Creton (Nicolas), de Dieppe, tué au combat du 16 mars 1781.
Poisson (David), de Dieppe.
Poidevin (Martin), de la Hougue.
Le Hot (Michel), de la Hougue, tué au combat du 12 avril 1782.
Le Hot (Louis), de la Hougue.
Haley (Georges), de la Hougue.
Le Blond (Nicolas), de la Hougue.
Nordet (Thomas), de la Hougue.
Pérot (Jean), de la Hougue.
Angot (Jacques), de Rouen.
Poyer (André), de Rouen.
Desaulle (Jean), de Saint-Valéry.
Froid (Jacques), de Saint-Valéry.
Marchand (Louis), d'Alençon, mort à bord le 19 juin 1782.
Dez (Charles), de Saint-Valéry, tué au combat du 16 mars 1781.
Dasquet (Jean), de Moissac.
De Lexœ (François), de Bordeaux.
Coste (Pierre), de Lorient.
Quéramby (Pierre), de Lorient, mort le 11 juillet 1780.
Hamon (Marie), de Lorient, mort le 30 juillet 1780.
Le Sol (Simon), de Port-Louis.
Perot (Louis), de Riantec, mort le 29 juillet 1780.
Le Guen (Julien), de Quiberon.
Thomé (Toussaint), de Riantec.
Evin (Vincent), de Lorient.
Lescouct (Jean), de Riantec, mort le 3 janvier 1782.
Le Borgne (François), de Riantec, mort le 18 juillet 1780.
Rolland (Yves), de Lorient.
Le Quelloc (Jean), de Riantec.
Thomas (Nicolas), de Lorient.
Le Morguier (Joseph), de Lorient.
Even (Pierre), de Lorient.
Querlo (Joseph), de Lorient.
Naour (Henry), de Quimper.
Huguen (André), de Morlaix, mort le 2 octobre 1780.
Derien (Étienne), de Morlaix, mort le 15 juillet 1780.
Marchand (Pierre), du Havre.
Le Floch (Julien), de Locmariaquer, mort le 19 août 1780.
Portier (Mathurin), de Cancale, noyé le 12 mars 1781.
Salo (Michel), de Lorient.
Le Cerf (Vincent), de Lorient.
Ollivier (François), de Lorient.
Le Cerf (Mathurin), de Lorient, mort le 9 février 1781.
Rouxel (Jacques), de Saint-Brieuc, mort à bord le 8 juillet 1782.
Bessé (Louis), de Sens.
Cabun (Guillaume), de Lorient.
Bourdon (Hubert), de Sedan, mort le 14 janvier 1781.
Le Bourder (Pierre), de Ploemeur, mort le 7 août 1780.
Golza (Pierre), de Toul.

Patrice (Roger), de Coutances, mort le 9 juin 1780.
Bloche (Jean), du Havre, tué au combat du 12 avril 1782.
Lartille (Jean), de Bayonne.
Darrispitte (Pierre), de Bayonne, mort le 2 avril 1782.
Huguet (Charles), de Bayonne, mort le 29 mars 1781.
Demaux (Jean), de Bordeaux.
Boisson (André), de la Rochelle.
Auriol (Pierre), de Toulouse.
Dubieux (Étienne), de Bayonne.
Touron (André), de Cette, mort le 23 avril 1781.
Saussié (Antoine), de Paris.
Baudet (Pierre), de Rochefort.
Gris (Jean), de Rochefort, mort le 22 octobre 1780.
Prillau (Étienne), de l'Ile de Ré, mort le 15 juillet 1780.
Gaumar (Jean), de l'Ile de Ré.
Richard (Pierre), de l'Ile de Ré.
Lauzis (Nicolas), de l'Ile de Ré.
Bernard (Jérôme), de l'Ile de Ré, mort le 3 juillet 1780.
Joly (Étienne), de la Rochelle, mort le 16 mars 1781.
Hayet (Pierre), de Dinan.
Jouet (Jean), de Fécamp.
Burril (Pierre), de Dieppe, mort le 14 juillet 1780.
Chaignon (Nicolas), de Dinan.
Legendre (Jean), de Rouen.
Lizay (Jean), de Nantes.
Azau (Joseph), de Moissac.
Le Coaze (Pierre), de Lorient.
Very (François), de Saint-Brieuc.
Guerrier (Noël), de Quimper, mort le 7 juillet 1780.
Rabassin (Jean), de Marseille.
Lacombe (Pierre), de Marseille.
Dupuis (Jean), de Fécamp.
Toré (Jean), de Fécamp.
Ravary (Pierre), de Bordeaux.
Le Cop (Pierre), de Bayonne.
Portsy (Guillaume), de Granville.
Devé (Louis), de Fécamp.
Lézener (Claude), de Brest.
Valais (Jacques), de Granville.
Capitaine (Allain), de Brest.
Grenet (Louis), de Paimbœuf.
Aubucq (François), de Granville.
Chastelier (François), de Saint-Brieuc.
Picart (Charles), de Saint-Brieuc.
Davenal (Louis), de Granville, mort à bord le 16 juin 1782.
Blanchard (Guillaume), de Saint-Malo.
Allain (Ollivier), de Saint-Brieuc.
Stéphan (René), de Brest.
Alleaume (Louis), de Rouen.
Kerrien (Hervé), de Morlaix.
Le Bail (Nicolas), de Brest.
Lenoir (Toussaint), de Saint-Brieuc.
Le Trop (Jean), de Saint-Brieuc.
Guéguen (Joseph), de Saint-Brieuc.
Martin (Jacques), de Saint-Malo.
Boulvert (Julien), de Saint-Malo.
Cayer (Allain), de Quimper.
Moulin (Louis), de Quimper.
Costiou (François), de Quimper.

Herledan (Allain), de Quimper.
Le Fay (Jean), de Quimper.
Le Port (Louis), de Quimper.
Colimbert (Pierre), de Quimper, mort le 16 mars 1782.
Carel (Pierre), du Havre.
Levieux (Pierre), de Dieppe.
Guérard (Michel), de Dieppe.
Le Bourge (Charles), de Dieppe.
Galopin (Denis), de Rouen, mort le 23 janvier 1782.
Paquet (Jean), de la Hougue.
Le Gluet (Jacques), de Granville, mort le 9 avril 1782.
Bouteloup (Laurent), de Granville.
Hervieux (Guillaume), de Granville.
Chenet (Jacques), de Granville.
Coquet (Joseph), de Granville.
Aubry (François), de Saint-Malo.
Calcaterre (Marie), de Dunkerque.
Creton (Nicolas), de Saint-Valéry.
Renaud (André), de Royan.
Tessier (André), de Noirmoutiers.
Gaudet (Jean), de Bordeaux, mort le 26 mai 1782.
Gadieux (André), de l'Ile de Ré.
Joly (Jean), de Bordeaux.
Placide (Pierre), de Bordeaux.
Toulouse (Joseph), de Toulouse.
Pousselet (Jean), de Sedan.
Coulomb (Jacques), de Toulouse.
Gouy (Pierre), de Paimbœuf, mort le 25 avril 1782.
Merley (Honoré), de Paimbœuf.
Quibel (Louis), de Dieppe.
Rotte (Julien), de Lorient.
Godemur (André), de Quimper.
Michel (Noël), de Saint-Brieuc.
Trebailler (Louis), de Vannes.
Lefevre (Jean), de Saint-Malo.
Le Breton (Jean), de Granville.
You (Olivier), de Saint-Malo.
Richard (Yves), de Saint-Brieuc.
Baillemon (Jacques), de Rouen.
Ravenet (Pierre), de Honfleur.
Audinot (Joseph), de Nantes.
Maingand (Nicolas), de Quimper.
Pommelet (Joseph), de Camaret.
Blanchet (Guillaume), de Lyon.
Adair (Julien), d'Amiens.
Le Bret (François), de Granville.
Valais (François), de Rennes.
Dannery (Modeste), d'Angers.
Guyomard (Isidore), de Lorient.
Faron (André), de Dunkerque.
Rolland (Vincent), d'Hennebont.
Quentin (Jean), de Caen.
Vernier (François), de Besançon.
Delaunay (Nicolas), de Nantes.
Tumbray (Pierre), de Dinan.
Derrien (Yves), de Morlaix.
Le Breton (Alexis), de Brest.
Herman (Pierre), de Dunkerque.
Buquet (Pierre), de Fécamp.
Hervé (François), de Morlaix.
Gland (Pierre), de Saint-Brieuc, mort le 1er avril 1781.
Chariot (Claude), de Rouen.
Cottard (Thomas), de Granville, tué au combat du 16 mars 1781.

Mainguenaud (Jean), d'Oléron.
Cottard (François), de Granville.
La Vallée (Jacques), du Havre, mort le 17 juillet 1780.
Gavet (Jean), de Saint-Malo.
Revest (Jean), de Dinan.
Cherault (François), de Nantes.
Brianceau (André), de Pellerin.
Auffray (François), de Saint-Etienne, mort le 20 juillet 1780.
Prin (Jean), de Pellerin.
Guspain (Nicolas), de Blois.
Julien (Pierre), de Nantes.
André (Pierre), de Saint-Nazaire.
Chumiaux (Julien), de Nantes.
Beniguet (Claude), de Vannes.
Le Rouellec (Julien), de Vannes.
Rebourt (Antoine), de Martigues, tué au combat du 16 mars 1781.
Maillot (Joseph), d'Auch.
Boizart (Pierre), de Fécamp.
Pries (Antoine), de Montauban, mort le 7 juillet 1780.
Bondu (Joseph), de Nantes.
Renard (Jean), de la Seyne, mort le 7 juin 1780.
Hicard (Antoine), de la Ciotat.
Benaudet (Louis), de l'Ile de Ré, mort le 11 juillet 1780.
Hude (Jean), de l'Ile de Ré.
Giquel (Zacharie), du Croisic.
Cornichet (François), du Croisic.
Richard (Louis), d'Angers.
Salladin (Pierre), de Pellerin.
Roland (Simon), du Pellerin.
Magouet (Joseph), d'Angers.
Lehuédé (Michel), du Croisic.
Brunot (Jean), de Paimbœuf.
Poilvet (Georges), de Paimbœuf.
Rivet (Pierre), de Paimbœuf.
Monnereau (Jean), de Libourne.
Barrere (Jean), de Bayonne.
Bezard (Jean), de Dinan.
Baille (Jean), de Saint-Tropez, mort le 18 juillet 1780.
Arnaud (Jean), de la Ciotat.
Perotte (Louis), de Brest, mort le 20 août 1780.
Guimard (Pierre), du Croisic.
Meunier (Etienne), de Martigues.
Lemans (Jean), de Libourne, mort le 26 avril 1781.
Chartier (Pierre), de Saint-Brieuc, tué au combat du 12 avril 1782.
Le Loup (Pierre), du Havre.
Dulu (Jacques), de Paimbœuf, tué au combat du 16 mars 1781.
Allain (Jacques), de Saint-Nazaire.
Calvès (Yves), de Saint-Brieuc.
Boude (Jean), de Nantes.
Catteau (François), de Nantes, tué au combat du 16 mars 1781.
Baron (Jacques), de Toulouse.
Journal (Thomas), de Nantes.
Beaulieu (Laurent), de Saint-Malo.
Beuvant (Jean), de Lannion.
Frottin (Pierre), de Morlaix.
Payen (Joseph), de la Hougue.
Combaud (Charles), de la Rochelle.
Gossin (Laurent), de Libourne.
Sambin (Joseph), de Marseille.

Dumont (Jean), de Saint-Brieuc, tué le 16 mars 1781.
Le Fort (Louis), de Bordeaux.
Roux (Joseph), de Nantes.
Melo (Jacques), de Lorient.
Nicolas (Mathurin), des Sables.
Clavery (François), de Dunkerque.
Gaillard (Joseph), de Dunkerque.
Chevalier (Thomas), du Havre.
Sabot (Honoré), de Dieppe.
Chazeau (François), de Dieppe.
Hebert (Charles), de Dieppe.
Le Roux (Jean), de Dieppe.
Poyen (Louis), de Dieppe.
Uroumel (Gilles), de Saint-Malo, tué au combat du 16 mars 1781.
Risasse (Jean), des Sables.
Jouan (Jean), de Saint-Brieuc.
Pinard (Jean), d'Oléron.
Le Guay (Charles), de la Hougue, tué au combat du 16 mars 1781.
Godard (Antoine), de Dieppe.
Marmion (Joseph), de Granville.
Perré (Charles), de Granville, mort le 16 avril 1781.
Pelard (Pierre), de Nantes, mort à bord le 11 juillet 1782.
Pineau (Pierre), de Nantes.
Farotet (Nicolas), de Nantes.
Godet (François), de Granville.
Durelle (Isidore), de la Hougue.
Rio (René), du Croisic.
Huet (Jacques), de Nantes.
Godet (Jean), de Caen.
Le Bas (Jean), de la Hougue.
Vigneux (Michel), de Nantes.
Prunier (Jean), de Boulogne.

Novices.

Le Brun (Jean), de Nantes.
Ollivier (Joseph), de Granville.
Le Seine (Louis), de Granville.
Benoit (Georges), de Granville.
Salo (Jacques), de Saint-Brieuc.
Audibert (Jean), de Port-Louis, mort le 18 juillet 1781.
Boc (Martin), de Lorient.
Allain (Julien), d'Auray, mort le 31 mars 1781.
Herbert (Félix), de Lorient.
Verdier (Louis), de Calais, mort le 8 février 1780.
Singerie (Pierre), de Charleville.
Le Riche (Jean), de Paris.
Macé (Corentin), de Quimper, mort le 28 juillet 1780.
Blanchet (Jean), d'Alençon.
Jaunet (Jean), de Paris.
Selo (Joseph), de Vannes.
Gouvy (Pierre), de Saint-Brieuc.
Corlais (Louis), de Saint-Brieuc.
Rolland (Jean), de Saint-Brieuc.
Lapic (Jean), de Granville.
Alix (Jacques), de Granville.
Vérité (Jean), de Saint-Brieuc.
Paulard (Jean), de Lannion.
Hervé (Yves), de Brest.
Rouillard (Pierre), d'Angers.
Valais (Pierre), de Saint-Malo, mort le 22 juillet 1780.
Guillou (Jean), de Morlaix, mort le 16 juillet 1780.

Madec (Guillaume), de Morlaix.
Le Rousseau (François), de Saint-Brieuc, mort le 24 juillet 1780.
Coty (François), de Morlaix.
Quéril (Toussaint), de Morlaix.
Dalmard (Jean), de Saint-Brieuc.
Halbot (Nicolas), de Granville.
Cayard (Claude), de Choisy-le-Roi.
Hellouis (Julien), de Saint-Malo, tué au combat du 16 mars 1780.
Charrier (Joseph), de Nantes.
Bourse (Jacques), de Saint-Valery, tué au combat du 16 mars 1781.
Dupont (Louis), de Saint-Valery, tué au combat du 12 avril 1782.
Le Blond (Charles), de Saint-Valery, mort le 25 mai 1781.
Coquerel (André), de Saint-Valery.
Le Masson (Pierre), de Morlaix.
Gilles (Germain), d'Angers.
Le Pautonnier (Jean), de Granville.
Riou (Simon), de Tréguier.
Buot (Fidèle), de Rouen.
Fournier (Pierre), du Havre.
Le Loire (Pierre), de Boulogne.
Painchon (François), de Dunkerque.
Frotteville (Jacques), de Calais, mort le 11 octobre 1781.
Le Roux (Mathurin), de Morlaix.
Fauchoir (Charles), de Boulogne.
Le Corre (Antoine), de Morlaix.

Surnuméraires.

Le Roux (Pierre), de Roscoff.
Foret (Guillaume), de Morlaix, mort le 4 avril 1782.
Fagant (François), de Quimper.

Giulard (Jean), du Croisic.
Frédol (Pierre), de Rennes.
Goret (François), de Bordeaux.
Chauvin (Jean), de Saintes, tué au combat du 16 mars 1781.
Melot (René), de Brest.
Hardy (Jacques), de Paris.
Cottée (Jean), de Brest.

Mousses.

Garo (Paul), de Vitré.
Alquenec (Louis), de Lorient.
Guiot (Joseph), de Vannes.
Plumagloire (Jean), de Saint-Brieuc, mort le 22 juin 1780.
Thébaut (Mathurin), de Saint-Malo.
Vorde (Jean), de Saint-Malo.
Marc (Jean), de Quimper.
Thérien (Jean), de Tréguier.
Quédec (Jean), de Recouvrance.
Le Cosse (Vincent), de Recouvrance.
Robin (Yves), de Recouvrance.
Calvarin (François), du Conquet.
Ollivier (Louis), de Tonnay-Charente.
Hily (Jacques), de Saint-Malo.
Trélout (Charles), de Brest.
Mordellec (Guillaume), de Lannion.
Ménard (Pierre), du Croisic.
Aribar (Bertrand), de Dinan.
Floch (Jean), de Landerneau.
Plaix (Julien), de Rennes.
Hervé (Jean), de Dinan.
Gigouret (Jean), de Lannion.
Lacoste (Guillaume), de Lorient.
Garnier (Cristophe), de Rennes.

Samson (Jean), de Lorient.
Chavalier (Jean), de Lorient.
Le Gouvy (Jean), de Vannes.
Perigo (Gilles), de Cancale.
Le Moyne (Pierre), de Lorient.
Dreulin (Joseph), de Dinan.
Le Dantec (Louis), de Saint-Brieuc, tué au combat du 16 mars 1781.
Mehu (Louis), de Lanisolle.
Giquet (Jacques), de Saint-Brieuc.
Le Mouet (Ollivier), de Saint-Brieuc, tué au combat du 12 avril 1782.
Coudret (Jean), de Saint-Malo.
Laurent (Joseph), du Conquet.
Louzeot (Jérôme), de Morlaix.
Fretel (René), de Granville.
Bauchet (Georges), de Granville, mort le 2 novembre 1780.
Masseau (Charles), de Mayenne, tué au combat du 16 mars 1781.
Barreau (Noël), de Paimbœuf.
Desmohers (Pierre), de Paimbœuf.
Massier (Joseph), de Nantes.
Mathieu (Guillaume), de Quimper.
Peltier (Julien), de Nantes.
Richard (Pierre), de Morlaix.
Arimondy (Joseph), de Toulon.

Domestiques.

Richebourg (Guillaume), de Troyes.
Mouillard (Louis), d'Hennebont.
Le Roux (Louis), de Quimper.
Lamarre (Yves), de Landivisiau.
Jean (Yves), de Tréguier.
Mahé (Pierre), de Tréguier.
Le Tehion (Pierre), de Morlaix.

L'ARDENT.

(D'avril 1780 à avril 1782.)

M. le Chevalier BERNARD DE MARIGNY, puis M. DE GOUZILLON, Capitaines de vaisseau, Commandants.

ÉTAT-MAJOR.

Chef d'escadre.

Le Chevalier de MOUTEIL.

Capitaines de vaisseau.

Le Chevalier de MARIGNY (Bernard).
De GOUZILLON.

Lieutenants de vaisseau.

ISNARD de CAUCELADE.
De LAUNAY TROMELIN.
De MANCLES LE GRAND.

Enseignes de vaisseau.

Le Chevalier de SAINT-PERN.
Le GROING DE LA ROMAGÈRE.
Le VENEUR DE SIEURNE.
De TOURVILLE.
De PIGNIÈRES.
De MONTAIGNE.
De la TRANCHADE.

Lieutenants de frégate.

DUPUIS.
MAUGON.
Le MOISSE.
BOURGEOIS.

Aumôniers.

GERMAIN (R. P.).
SURIGNEAU (R. P. Athanase).

Chirurgien-Major.

PROBY.

Gardes de la marine.

De CHEUX.
Le SEIGE DE LA VILLEBRUNE.
De DIENNE.

Volontaires.

Touchard de Granval (René), du Havre.
Deniel (Louis), de Nantes.
Fleury (Joseph), de Saint-Brieuc.

Le Gallic de Gourin.
Cornet de Saint-Arc.

Officiers-mariniers de manœuvre.

Desplanches (Patrice), premier maître, de Brest.
Desvarennes (Jacques), premier maître, de Brest.
Lesteven (Yves), second maître, de Lambézellec.
Le Hir (Guillaume), second maître, de Recouvrance.
Batard (Pierre), contremaître, de Granville, mort le 15 octobre 1782.
Corre (François), contremaître, de Brest.
Ropars (Pierre), bosseman, de Morlaix.
Flamand (Joseph), bosseman, de Brest.
Piouff (Michel), bosseman, de Quimper.
La Plante (Jean), quartier-maître, de Recouvrance, tué au combat du 12 avril 1782.
Deslandes (Charles), quartier-maître, de Dinan, mort le 7 octobre 1782.

Gervais (Jacques), quartier-maître, de l'Ile de Ré.
Joyat (Antoine), quartier-maître, des Sables, blessé au combat du 16 mars 1781, mort des suites le 20 dudit.
Nicolas (Jean), quartier-maître, de l'Ile de Ré.
Arnoux (Antoine), quartier-maître, de l'Ile de Ré.
Guillouni (Bernard), quartier-maître, de Saint-Malo.
Prévot (Julien), quartier-maître, de Saint-Brieuc.
Vizé (Jean), quartier-maître, de Saint-Malo, mort le 13 avril 1781.
Fouché (Gabriel), quartier-maître, de Saint-Malo.
Tribalet (Jean), quartier-maître, de Dinan.
Gicquel (René), quartier-maître, de Saint-Malo.
Ragot (Jean), quartier-maître, de Saint-Brieuc.
Rolline (Pierre), quartier-maître, de Granville, mort à bord le 5 juin 1780.
Lefrançois (Thomas), quartier-maître, de Rouen.
Prigent (Jean), quartier-maître, de Brest, mort le 29 septembre 1782.

Officiers-mariniers de pilotage.

Godard (Guillaume), patron de canot, de Granville.
Cousin (Michel), patron de canot de Granville.
De Bonnevault (Vincent), patron de canot, de Brest.
Goulay (Jean), second pilote, de Honfleur.
Perrier (Jacques), second pilote, de Granville.
Témoin (François), aide-pilote, de Saint-Brieuc, mort le 10 février 1782.
Frechon (Jean), aide-pilote, de Dieppe.

Officiers-mariniers de canonnage.

Dupuis (Jean), maître canonnier, de Recouvrance, mort le 22 juin 1782.
Delisle (Louis), maître canonnier, de Saint-Malo.
Léon (Pierre), second canonnier, de Brest, blessé au combat du 16 mars 1781, mort des suites le 3 mai 1781.
Hervieux (Jacques), aide-canonnier, de Cherbourg, mort le 11 octobre 1782.
Lemieux (Jean), aide-canonnier, de la Hougue, mort le 19 octobre 1782.
Gouarnigou (Laurent), aide-canonnier, de Morlaix.
Cordon (Jean), aide-canonnier, de Saint-Brieuc, mort le 18 mai 1780.
Le Rendu (Guy), aide-canonnier, de Granville, mort le 24 avril 1781.
Roger (François), aide-canonnier, de Granville, mort le 11 novembre 1781.
Mallet (Pierre), aide-canonnier, de l'Ile d'Yeu.
Foucard (Pierre), aide-canonnier, de Granville, mort à bord le 19 février 1782.
Thomas (Jean), aide-canonnier, de Granville.
Langené (Louis), aide-canonnier, de Granville, mort le 18 mars 1782.
Billan (Julien), aide-canonnier, de Brest.
Coupeaux (François), aide-canonnier, de Dinan.
Hébert (Vincent), aide-canonnier, de Granville.

Minaut (Jacques), aide-canonnier, de Granville.
Charbonnat (Jean), aide-canonnier, de Saint-Brieuc, mort le 19 mars 1782.
Grimaux (Thomas), aide-canonnier, de Granville, mort le 15 juillet 1782.
Berginal (Jean), aide-canonnier, de Granville.
Burnouf (Guillaume), aide-canonnier, de la Hougue.
Gautier (Michel), aide-canonnier, de la Hougue, mort le 15 mars 1782.
Léost (Jean), aide-canonnier, de Quimper.
Livinec (Jean), aide-canonnier, de Quimper.
Grard (François), aide-canonnier, de Dunkerque.
Prigent (Jean), aide-canonnier, de Recouvrance, mort à bord le 9 novembre 1781.
Pascouet (Claude), aide-canonnier, de Lambézellec, mort à l'hôpital de Newport le 6 avril 1781.

Officiers-mariniers de charpentage.

Jotra (Adrien), aide-charpentier, du Havre.
Saudraye (Pierre), aide-charpentier, de Dinan.

Officiers-mariniers de calfatage.

Gouasdoué (Jean), maître calfat, de Recouvrance.
Cottin (Etienne), second calfat, du Havre, mort le 9 octobre 1782.
Pizeaux (Louis), aide-calfat, du Havre.
Jourdain (Joseph), aide-calfat, de Recouvrance.

Officiers-mariniers de voilerie.

Conniat (Pierre), maître voilier, de Recouvrance.
Le Blanc (Guillaume), second voilier, de Brest.
Briand (Alexis), aide-voilier, de Saint-Brieuc.
Laumornier (Simon), cordier, de Versailles, tué au combat du 12 avril 1782.

Gabiers.

Boitard (Thomas), de Granville.
Giro (Charles), de la Rochelle.
Longueville (Charles), de Granville.
Jeanne (Nicolas), de Granville.
Louineau (Thomas), des Sables.
Cousinard (Charles), de Saint-Malo, mort à bord le 21 juin 1780.
Berthelot (Jean), de Dunkerque.
Le Gamby (Jean), de la Hougue.
Quintin (Mathurin), de Saint-Malo.
Raimond (François), de Dinan.
Noël (Jean), de Saint-Malo.
Travers (Jean), de Saint-Malo.
Andrieux (François), de Morlaix.
Fenouiller (François), de Fécamp, mort le 14 mai 1782.
Doron (François), de Granville.
Landreau (Jean), de Rochefort.
Cabiot (Pierre), de Morlaix.
Mimac (Olivier), de Saint-Malo.
Magné (Charles), de Rennes.
Daulau (André), de Granville.

Timoniers.

Mathé (Jacques), des Sables.
Marais (Louis), de Honfleur.

Joubin (François), de Saint-Brieuc.
Aleaume (André), de Dinan.
Rebours (Lucas), de Saint-Brieuc.

Matelots.

Quelennec (Yves), de Brest.
Le Borgne (René), de Lambézellec.
Reguer (Jean), de Morlaix.
Hamon (Laurent), de Morlaix.
Coussin (Toussaint), de Morlaix, tué au combat du 12 avril 1782.
Millet (François), de Saint-Brieuc.
L'Ecuyer (Louis), de Saint-Brieuc.
Moreau (Jean), de Saint-Brieuc.
Bertaud (Etienne), de Saint-Brieuc.
Courtel (François), de Saint-Brieuc.
Bagot (François), de Saint-Brieuc.
Tresgros (Jean), de Saint-Brieuc.
Vizien (Georges), de Guingamp.
Moro (François), de Saint-Brieuc.
Poupon (Louis), de Saint-Brieuc, mort le 22 mars 1782.
Corlai (Michel), de Saint-Brieuc.
Thomas (Guillaume), de Saint-Brieuc.
Le Bret (François), de Saint-Brieuc.
Guénanen (Charles), de Saint-Brieuc.
Couppé (Pierre), de Saint-Brieuc.
Toussard (Jean), de Saint-Malo.
Odé (Louis), de Saint-Malo.
Le François (Mathurin), de Saint-Malo.
Bernard (Augustin), de Saint-Malo.
Duchesne (Mathurin), de Saint-Malo.
Parnel (Ollivier) de Saint-Malo.
Dumouches (Thomas), de Saint-Malo.
Droguet (Marc), de Saint-Malo, tué au combat du 16 mars 1781.
Gilbert (Jean), de Saint-Malo.
Manoury (Michel), de Saint-Malo.
Aumont (Pierre), de Saint-Malo, mort à bord le 7 novembre 1781.
Jalé (Jean), de Saint-Malo, mort à bord le 21 décembre 1781.
Jagorel (Jean), de Saint-Malo, tué au combat du 18 mars 1781.
Mathias (François), de Saint-Malo, mort le 29 mars 1782.
Cauzic (Laurent), de Saint-Malo.
Secardin (Pierre), de Dinan, mort le 1er août 1781.
Durand (Guillaume), de Dinan.
Herry (François), de Dinan.
Leclerc (Jean), de Dinan.
Beaumont (Pierre), de Dinan.
Le Moine (Evrard), de Dinan.
Sauvage (Jacques), de Dinan, mort le 18 avril 1782.
Fouché (Jean), de Dinan.
Leclerc (Raphaël), de Dinan.
Salaun (Jacques), de Dinan.
Tréguier (Mathieu), de Quimper.
Referret (Jean), de Quimper.
Ninon (François), de Quimper.
Bouler (Noël), de Quimper.
Léost (François), de Quimper.
Legal (Jean), de Quimper.
Lemoal (Jean), de Quimper.
Bourhis (Mathurin), de Lorient.
Franly (Jean), de Lorient.
Piron (Joseph), de Vannes.
Moreau (Joseph), de Belle-Isle.
Le Bert (Yves), de Vannes.

Le Maître (René), de Vannes, mort le 29 décembre 1781.
Malieu (Etienne), de Vannes, tué au combat du 16 mars 1781.
Le Barbier (Jean), de Vannes.
Guilbaut (Jean), de Nantes.
Bonnet (Jacques), de Nantes.
Le Bot (Pierre), de Nantes.
Pinçon (Joseph), de Nantes, mort le 7 mars 1782.
Auger (René), de Nantes.
Mérique (Martial), de Nantes.
Le Duc (Jean), de Nantes.
Lespert (Alain), du Croisic.
Simon (Michel), du Croisic.
Mathieu (Pierre), le Nantes.
Hevin (Gilles).
Moyon (Joachim).
Boudreau (Jean).
Berou (Macherin).
Thomas (Augustin), du Havre, mort le 19 avril 1781.
Le Croc (Joseph), de Havre.
Lefaix (Jean), de Honfleur.
Liégeard (Jacques), de Honfleur.
Avisse (Thomas), de Honfleur.
Rocque (Pierre), de Honfleur.
Germain (Jean), de Honfleur.
Goulay (Jean), ainé, de Honfleur.
Croix (Jean), de Honfleur.
Germain (Léon), de Honfleur.
De Kans (Victor), de Honfleur.
Goulay (Jean), cadet, de Honfleur.
Desmarres (Richard), de Honfleur.
Lefevre (Jean), de Honfleur, mort le 19 février 1782.
Vauselin (Hubert), de Honfleur.
Alix (Augustin), de Honfleur.
Grosset (Jean), de Dieppe, mort le 11 mai 1782.
Mauger (Jean), de Dieppe.
Quetteville (François), de Dieppe.
Picard (Joseph), de Dieppe.
Legras (François), de Dieppe.
Drouet (Louis), de Dieppe.
Heu (Jean), de Dieppe.
Canu (Charles), de Dieppe.
De la Rue (Guillaume-Jean), de Dieppe.
Breton (Jacques), de Dieppe.
Gribouval (Jean), de Dieppe, mort le 29 août 1780.
Perrée (Guillaume), de Dieppe.
Defrance (Pierre-Richard), de Dieppe.
Lefevre (Nicolas), de Dieppe.
Toutain (Nicolas), de Dieppe.
Massif (Jean), de Fécamp.
Thomas (Nicolas), de Fécamp, mort le 9 juin 1782.
Dufour (François), de Fécamp, mort le 6 juin 1782.
Poirier (Nicolas), de Fécamp.
Biot (Jean), de Fécamp.
Morin (Etienne), de Fécamp, mort le 7 janvier 1782.
Duchemin (Martin), de Fécamp.
Duchemin (Jean), de Fécamp.
Maillard (Pierre), de Fécamp, mort le 6 septembre 1782.
Le Comte (Nicolas), de Fécamp, mort le 11 janvier 1782.
Hosmond (Jean), de Fécamp.

Bachelet (Nicolas), de Fécamp, mort le 15 janvier 1782.
La Roche (François), de Fécamp.
Taillebot (Pierre), de Fécamp.
Allais (Nicolas), de Fécamp.
Hosmont (François), de Fécamp, mort le 28 décembre 1781.
Dulibert (Joseph), de Fécamp.
Perrier (Jean), de Fécamp.
Vaslin (Clément), jeune, de Fécamp, mort le 3 octobre 1782.
Lefevre (Jacques), de Fécamp, mort à bord le 2 juillet 1780.
Le Comte (Nicolas), de Fécamp, mort à bord le 21 décembre 1781.
Vaslin (Clément), ainé, de Fécamp, mort le 3 octobre 1782.
Maillard (Pierre), de Fécamp, mort le 15 septembre 1782.
Le Merle (Jean), de Fécamp.
Houlbreque (Jean), de Fécamp, tué au combat du 12 avril 1782.
Herard (Daniel), de Fécamp.
Herard (Nicolas), de Fécamp, noyé le 17 octobre 1781.
Auger (François), de Fécamp, mort le 31 janvier 1782.
Frieur (Valery), de Fécamp.
Corbier (Jacques), de Fécamp, blessé au combat du 16 mars 1781, mort des suites le 19 juin 1781.
Recher (Jean), de Fécamp.
Picard (Louis), de Fécamp, mort le 5 mars 1782.
Hubert (Pierre), de Fécamp, mort le 23 avril 1781.
Thomas (Noël), de Fécamp.
Thomas (Jacques), de Fécamp.
Le Maître (Antoine), de Rouen.
Joly (Etienne).
Poulain (Pierre).
Dufournay (François), tué au combat du 16 mars 1781.
Hervieux (Jean), de Caen.
De Lange (Jean), de Caen, mort le 12 avril 1782.
Pacquet (Jean), de Caen, tué au combat du 12 avril 1782.
Loire (Etienne), de Caen.
Giot (François), de Cherbourg.
Le Tellier (Pierre), de Cherbourg, mort à bord le 8 février 1782.
Lefournier (David), de Cherbourg.
Le Rossignol (Jean), de Cherbourg.
Le Cannelier (Jean), de Cherbourg.
Flambart (Guillaume), de Cherbourg.
Le Marchand (Nicolas), de Cherbourg, mort le 6 mai 1781.
Gauvin (François), de Cherbourg.
Le Lerre (François), de Cherbourg.
Le Rossignol (Simon), de Cherbourg.
Le Vigot (Marc), de la Hougue, mort le 26 septembre 1782.
Auger (Noël), de la Hougue, mort le 1er novembre 1782.
Dessaux (Jean), de la Hougue.
De Pierrepont (Guillaume), de la Hougue, blessé au combat du 12 avril 1782.
Laurence (Jacques), de Granville.
Guerin (Jean), de Granville.
Gropinel (Nicolas), de Granville.
Girard (Noël), de Granville.
Cruchon (Louis), de Granville.

Leloup (Louis), de Granville.
Meslin (Jacques), de Granville.
Meslin (Louis), de Granville.
Le Monnier (Louis), de Granville.
Le Doré (Jacques), de Granville, mort le 2 avril 1782.
Le Noir (Guillaume), de Granville.
Mahé (Philippe), de Granville.
Mahé (Nicolas), de Granville.
Morel (Jean), de Granville.
Bouchard (Michel), de Granville.
Le Catelier (Jacques), de Granville, mort le 10 mars 1782.
Le Catelier (Jean), de Granville, mort le 10 mars 1782.
Angot (Jean), de Granville.
André (Vigor), de Granville.
Robine (Jean), de Granville.
Menard (Jean), de Granville.
Potel (François), de Granville.
Buneel (Gilles), de Granville.
Langeneat (François), de Granville, tué au combat du 16 mars 1781.
Faussant (Nicolas), de Granville.
Lainé (Jean), de Granville.
Poulain (Nicolas), de Granville.
Drieux (Gilles), de Granville.
Pebouin (Thomas), de Granville, mort le 7 octobre 1782.
Lativel (Henry), de Granville.
Jeanne (Paul), de Granville.
Le Bouvier (Jean), de Granville.
Le Moine (Pierre), de Granville, mort le 22 janvier 1782.
Besnoit (Ollivier), de Granville.
Paintonnet (Pierre), de Granville.
Le Bonhomme (Yves), de Morlaix.
Alliés (Joseph), d'Agde.
Jardilié (Laurent), de Moulins.
Coquin (François), de Rouen.
Rivière (Pierre), de Rouen, mort le 6 avril 1782.
Devillers (Louis), de Cherbourg.
André (Mathieu), de Brest.
Ghily (Jacques), de Dieppe.
Brianet (Antoine), de Paris.

Novices.

Duval (Jacques), de Honfleur, mort le 21 décembre 1781.
Cahoux (Michel), de Saint Malo, mort le 14 février 1782.
Pichot (Jean), de Paimbœuf.
Lehour (René), de Paimbœuf, mort le 5 janvier 1782.
Boismain (Augustin), de Paimbœuf.
Chesneau (Jean), de Paimbœuf, mort le 9 juin 1781.
Declandes (Pierre), de Caen.
Guilbert (Jean), de Caen.
Baudu (Pierre), de Rennes, mort le 16 juillet 1780.
Babic (François), de Honfleur.
Clach (François), de Plougasnou.
Dubos (Jean), de Saint-Valéry.
Vignole (Nicolas), de Saint-Valéry, mort le 21 décembre 1781.
Caillac (Louis), de Saint-Valéry.
Desfossés (Pierre), de Saint-Valéry.
Guillet (Jacques), de Laval.
Foligné (Antoine), de Saint-Malo.

Bazire (Jacques), de Caen.
Le Barsic (Pierre), de Guingamp, mort le 3 mai 1782.
Christophe (Louis), de Quimperlé.

Surnuméraires.

Minet (Jacques), de Brest.
Henry (Jacques), du Conquet, blessé au combat du 16 mars 1781, mort des suites le 29 mars 1781.
Lesnard (Yves), de Bréha, tué au combat du 12 avril 1782.
Buffeteau (Henry), de Saintes.
Huguelin (Jean), de Rochefort.
Thomas (Jean), de Paimpol.
Le Pouillier (Marc), de Lorient.
Dalteau (Guillaume), de Honfleur, mort le 19 mars 1782.

Mousses.

Launay (Jean), de Rennes, tué au combat du 16 mars 1781.
Girard (Jean), de Granville.
Aublot (Philippe), de Paris.
Tresgros (Jean), de Saint-Brieuc.
Pelloteur (François), de Recouvrance.
Grout (Jean), de Saint-Malo.

Raimon (François), de Dinan.
Augeron (Pierre), de Granville.
Pouillaouec (Yves), de Recouvrance.
Cotty (Charles), du Havre.
Le Beyer (Pierre), de Brest.
Marec (René), de Plouguerneau.
Prinjaux (Denis), de Saint-Malo.
Le Cocq (Jean), de Lorient.
Hubert (Paul), de Fougères.
Rebours (Michel), de Recouvrance.
Yvinec (Nicolas), de Landerneau.
Le Blanc (François), de Toulon.
Inferné (Joseph), de Toulon, mort à bord le 13 janvier 1782.
Bervas (Guillaume), de Brest.
Madiou (Alexandre), de Morlaix.
Guyomard (Jean), de Saint-Brieuc.
Paul (Mathieu), de Quimper.
Ruello (Guillaume), de Nantes.
Bouillaud (Pierre), de Nantes.
Bouillaud (Jean), de Nantes.
Duclos Bougon (Pierre), de Caen.
Trotel (Gabriel), de Recouvrance.
Fichet (Joseph), de Saint-Malo, mort le 26 avril 1782.
Lehot (Allain), de Rennes.

Monnier (Jacques), de Brest.
Le Brice (Gilles), de Tréguier.
Baroche (Jacques), de Honfleur, mort le 30 décembre 1780.
Piquet (François), de Honfleur.
Cordonner (Yves), de Morlaix.
Cabiot (Jean), de Morlaix.
Mennier (Georges), de Rouen.
Lecuille (Jean), de Brest.
Hervé (François), de Lorient.
Kerenbrun (Joseph), de Brest.

Domestiques.

Le Theau (Yves), de Rennes, mort à bord le 22 mai 1781.
Monnier (Jean), de Brest.
Martin (Germain), de Castelnaudary.
Cloarec (Yves), de Morlaix, mort à bord le 11 février 1782.
Echelard (Michel), de Saint-Malo.
Martin (Jean), de Fécamp.
La Bruyère (David), de Brest.
Villejean (Mathurin), de Saint-Brieuc, noyé le 19 décembre 1781.
Jago (Julien), de Rennes.
Le Gal (Jean), de Brest.
Gouacoulou (Pierre), de Morlaix.

LE NEPTUNE.

(De février 1780 à juin 1783.)

MM. Destouches, le Chevalier de Médine, de Renaud d'Aleins, Capitaines de vaisseau, Commandants.

ÉTAT-MAJOR.

Capitaines de vaisseau.

DESTOUCHES, commandant.
Le Chevalier de MÉDINE, commandant.
De RENAUD D'ALEINS, commandant.
De la VICOMTE.

Lieutenants de vaisseau.

BEAUPOIL de SAINT-AULAIRE.
De CHABOT.
De KERMORIAL.
De MOULINS.
De BILLE.
De GRANCHAIN.
Le Chevalier de ROQUEFEUIL.
De FERRIERE.
DOUVILLE, américain.
De LYLE SAINT-MARTIN.
D'ALBERT des ESSARTS.
De LORT PERIGNAN.

Enseignes de vaisseau.

DUPARC.
D'ANDRE de RENOARD, mort le 27 avril 1782.
Du BOURGUET.
Le COMTE.
VIS de LOUP du LISCOUET.
SCOT.
SAUNIER.

De SAINT-VINCENT (Robert).
De la CROIX.
De GABRIANT.
D'AIGREMONT.

Lieutenants de frégate.

BERTHELOT.
BASSIERE.
Le MOINE.
La GARDE.
BUSSON.
VILLEGRIS.
BOSC.

Officiers auxiliaires.

TAVEAU.
BONNAVIE.
MALGRAS.
NICOLAY.
DUTAILLAY.
PINQUERE.

Capitaine de brulot.

DESLOGES de KEROPART.

Chirurgiens.

BONNIN.
La FON.
LARRAT.

Aumôniers.

MEURNAI (Abbé).
QUERUCHE (R. P.).

WANTON (Jean), prêtre américain.
HOBDAY (François), prêtre américain.
POTTERIE (Abbé), prêtre séculier.

Gardes de la marine.

LIGNI.
La GUERIVIERRE.
PIGNIERE.
La ROCHE GANACHER.
Le Chevalier La ROCHEFOUCAUT.
La HOUSSAYE.
De MOREL.
De MOUCHERON.

Volontaires.

Perrin (Bernard), de Rochefort.
Le Minihi (Emmanuel), de Rennes.
Grignard (Charles), de Dinan, blessé au combat du 16 mars 1781, mort le 20 dudit.
Cazenave (Philipe), de Saint-Jean-de-Luz, mort le 3 juillet 1780.

Officiers-mariniers de manœuvre.

Barré (Jean), premier maître, de la Rochelle.
Martin (Pierre), premier maître, du Havre.
Rozé (Joseph), second maître, de la Rochelle.
Augros (Jacques), second maître, de Marennes.
Allaire (Julien), contremaître, de Saint-Malo.

Chauvin (Pierre), contremaître, de Ma­rennes, tué au combat du 16 mars 1781.
Alix (Pierre), contremaître, de Granville.
Le Gouat (Louis), bosseman, de Lorient.
Coulineau (Simon), bosseman, de l'Ile de Ré.
Ferranan (Nicolas), quartier-maître, de Dieppe, blessé au combat du 16 mars 1781.
Gentet (Joachim), quartier-maître, des Sables.
Ridel (Philipe), quartier-maître, de Hon­fleur.
Thuillier (Joseph), quartier-maître, de la Rochelle.
Gibeau (Jean), quartier-maître, de la Ro­chelle.
André (Pierre), quartier-maître, de l'Ile de Ré.
Doullé (Alexandre), quartier-maître, du Havre.
Jagot (Jean), quartier-maître, de Saint-Malo.
Le Monnier (Jean), quartier-maître, de Dinan.
Coquet (Jacques), quartier-maître, de Di­eppe.
Dubosq (Nicolas), quartier-maître, de Fé­camp.
Boissy (Henry), quartier-maître, de Ma­rennes.

Officiers-mariniers de pilotage.

Bigot (Jacques), patron de chaloupe, de l'Ile de Ré.
Goal (Honant), patron de canot, de la Ro­chelle.
Canel (Pierre), patron de canot, de Dieppe.
Ferrand (Jacques), premier pilote, des Sa­bles.
Lauger (Jean), second pilote, de Cher­bourg.
Bouillonné (Jean), second pilote, de Dinan.
Monnier (Joseph), aide-pilote, de Vannes.
Prévôt (Jacques), aide-pilote, d'Oléron.

Officiers-mariniers de canonnage.

Claironin (Jacques), maître canonnier, de Rochefort.
Le Noret (Jean), second canonnier, d'Oues­sant.
Godart (Jean), second canonnier, de Saint-Valéry.
Danneville (Jacques), aide-canonnier, de Dieppe.
Aubré (René-Vivert), aide-canonnier, de Honfleur.
Le Roux (Nicolas), aide-canonnier, de Di­eppe.
Lachelier (Berthélemy), aide-canonnier, de Dieppe.
Mariette (Jacques), aide-canonnier, de Di­eppe.
Roger (Michel), aide-canonnier, de Dieppe.
Roger (Jean-Charles), aide-canonnier, de Dieppe.
Le Mêle (Pierre), aide-canonnier, de Ro­chefort.
Kergouliss (François), aide-canonnier, de Vannes.
Peltier (Richard), aide-canonnier, de la Hougue.
Langlois (Guillaume), aide-canonnier, de Cherbourg.
Le Breton (François), aide-canonnier, de Dieppe, mort le 2 novembre 1782.

Lachelier (Michel), aide-canonnier, de Di­eppe, mort le 9 août 1780.
Dupunchel (Alexandre), aide-canonnier, de Saint-Valéry.
Le Gal (Mathieu), aide-canonnier, d'Oues­sant.
Ropart (Valentin), aide-canonnier, de Re­couvrance.
Bartaux (Paul), aide-canonnier, de Royan.
Trochon (Servan), aide-canonnier, de Di­nan, mort le 18 décembre 1780.
Piston (Jacques), aide-canonnier, de Tou­lon.
Thomas (Jean), aide-canonnier, de Caen.
Le Blanc (Julien), aide-canonnier, de Gran­ville, mort le 16 janvier 1781.
Boutelier (Joseph), aide-canonnier, de Saint-Malo.
Viaux (François), aide-canonnier, de l'Ile de Ré.
Guilbeaux (François), aide-canonnier, de l'Ile de Ré.
Gadiou (Nicolas), aide-canonnier, de l'Ile de Ré.
Faveraux (Jacques), aide-canonnier, des Sables.

Officiers-mariniers de charpentage.

Garnier (Jean), second charpentier, de Ro­chefort.
Le Thomé (Joseph), aide-charpentier, de Brest.
La Vigne (Jean), aide-charpentier, de Ro­chefort.
Maténec (Henri), aide-charpentier, de Brest.

Officiers-mariniers de calfatage.

La Haye (Jean), maître calfat, de Roche­fort.
Aubert (Nicolas), second calfat, de Gran­ville.
Marterre (Jacques), aide-calfat, de Roche­fort.
Fosse (Joseph), aide-calfat, de Saint-Malo.
Lefevre (Nicolas), aide-calfat, du Havre.

Officiers-mariniers de voilerie.

Bernard (Raimond), maître voilier, de Royan.
Menaux (Pierre), second voilier, de la Ro­chelle.
Catelain (Alexandre), aide-voilier, de Mar­tigues.
Tarhaux (Pierre), aide-voilier, de Honfleur, tué au combat du 16 mars 1781.

Officiers-mariniers divers.

Vanier (Jean), de Honfleur.
Guillou (Joseph), de Vannes.
Beaugendre (Joseph), de Brest.
Marion (Vincent), de Recouvrance.
Rigal (Bertrand), de Bordeaux.
Le Moine (Denis), de Granville.
Coureau (Jacques), de Bayonne.
Duverger (Joseph), de Saint-Malo.
Le Vasseur (Jean), de Honfleur.
Milliere (Joseph), du Havre.
Rambeaud (Hiacinte), de Lorient.
Pillet (Louis), de l'Ile d'Yeu.
Briand (Pierre), des Sables.

Gabiers.

Berthelé (Jean), d'Ouessant.
Danneau (Jean), de Vannes.

Quoran (Pascal), de Morlaix.
Vérité (Ignason), de Saint-Jean-de-Luz.
Heurtaux (Jean), de Dieppe, mort le 28 août 1782.
Quentin (François), de Marennes.
Le Huée (Joseph), de Brest.
Mahé (Martin), de Granville.
Fourré (François), de Saint-Brieuc.
Dupré (Joseph), du Havre.
Divéléa (Joseph), de Vannes.
Le Pescaire (François), de Dinan.
Mallard (François), de Camaret.
Godel (Guillaume), de la Hougue.
Le Rat (François), de Honfleur.
Corssint (Pierre), de Libourne.
Thomas (Jean), de Quimper.
Patel (Michel), de Granville.

Timoniers.

Coz (Jean), de Quimper.
Machefaux (Jean), de Vannes.
Boisard (Jean), des Sables.
Boyer (Jacques), des Sables.
Martin (François), des Sables.
Anquetil (Pierre), de Granville.
Coquet (Jean), de Fécamp, blessé au com­bat du 16 mars 1781, mort le 11 avril 1781.
Robin (Jean), de Dieppe.
Le Roy (Budoc), du Conquet.
Beaudat (Joseph), de Nantes.
Avoine (Jacques), de Cherbourg.

Matelots.

Faurés (Noël), de Brest.
Pirion (Jacques), de Brest, mort le 9 août 1782.
Evrard (Mathurin), de Brest.
Evrard (Nicolas), de Brest.
Pellé (Julien), de Recouvrance.
Le Roy (Marc), de Brest.
Charles (Jean), de Recouvrance.
Sevélec (Joseph), de Camaret.
Stéphan (Remi), de Camaret.
Le Pendu (Jean), de Camaret.
Mahœut (François), de Camaret, mort le 31 janvier 1782.
Audrain (Jean), de Tréguier.
Gouhas (Joseph), de Vannes.
Rezeau (Joseph), de Vannes.
Mauffe (François), de Vannes.
Martelot (Jean), de Vannes.
Le Corvée (Joseph), de Vannes.
Rican (Michel), de Locmariaquer, tué au combat du 20 juin 1780.
Bourdiec (Pierre), de Vannes, mort le 26 août 1782.
Gouguée (Laurent), de Vannes.
Rediguel (Nicolas), de Vannes.
Giquel (Jean), de Vannes, mort le 23 février 1782.
Crouillon (Joseph), de Vannes.
Thomas (Joseph), de Vannes.
Le Brice (Yves), de Vannes.
Corvée (Mathieu), de Vannes.
Clodrec (Nicolas), de Vannes.
Le Corvec (Jean), de Vannes.
Le Sause (François), de Vannes, mort le 15 mars 1782.
Malaupert (François), de Vannes.
La Luc (Cristophe), de Vannes.
Le Gouuré (Mathieu), de Vannes.

Le Quélec (Pierre), de Vannes.
Guégan (Pierre), de Vannes.
Le Moal (Joseph), de Quimper.
Mabil (Mathieu), de Quimper.
Couillandre (Yves), de Quimper.
Mahé (Jean), de Quimper.
Le Foy (Vincent), de Quimper.
Hugaud (Jean), de Quimper.
Le Posquer (François), de Quimper.
Archan (Urbain), de Quimper.
Berric (Jean), de Quimper.
Castel (Gabriel), de Morlaix.
Loudoux (Sébastien), de Morlaix.
Quiqueur (François), de Morlaix.
Roudot (Laurent), de Morlaix.
Le Bert (Charles), de Morlaix.
Rognian (Pierre), de Morlaix, tué au combat du 25 janvier 1782.
Bienvenu (Jacques), de Saint-Malo.
L'Oisel (Charles), de Saint-Malo, mort le 2 avril 1781.
Mongendre (Paul), de Dinan.
Auger (Etienne), de Saint-Malo.
Cambourg (François), de Saint-Malo.
Launay (Thomas), de Saint-Malo, mort le 31 juillet 1782.
Chemin (Pierre), de Saint-Malo.
Le Gentil (Julien), de Saint-Malo.
Delorme (Etienne), de Saint-Malo.
Auger (François), de Dinan, mort le 25 juin 1782.
Géraux (Mathurin), de Dinan.
Briant (Vincent), de Dinan.
Dubois (Samson), de Dinan.
Hubert (François), de Dinan.
Beaudoir (Jacques), de Dinan.
André (Jean), de Dinan.
Duchemin (Julien), de Dinan.
Bordat (Louis), de Dinan.
Langlois (Jacques), de Dinan, mort le 6 septembre 1782.
Longeard (Louis), de Saint-Brieuc.
Le Garat (Pierre), de Saint-Brieuc.
Jouran (Guillaume), de Saint-Brieuc.
Couffard (Julien), de Saint-Brieuc.
Fromentin (Guillaume), de Saint-Brieuc.
Duchêne (Jean), de Saint-Brieuc.
Daniel (Jean), de Saint-Brieuc.
Rault (Jacques), de Saint-Brieuc.
Le Breton (Pierre), de Saint-Brieuc.
Rousel (Joseph), de Saint-Brieuc.
Le Breton (François), de Saint-Brieuc.
Rabel (Jean), de Saint-Brieuc.
Le Breton (Joseph), de Saint-Brieuc.
Le Kerhic (Guillaume), de Saint-Brieuc.
Le Coutelde (Pierre), de Saint-Brieuc.
Le Gal (Thomas), de Saint-Brieuc.
Beaudet (François), de Saint-Brieuc.
Philipe (Sébastien), de Saint-Brieuc.
Legal (Jean), de Saint-Brieuc.
Carcaliet (François), de Saint-Brieuc.
Morisseau (Joseph), de Nantes.
Le May (Joseph), de Nantes.
Halgan (Jean), de Nantes.
Jouaud (Etienne), de Nantes.
Maré (Etienne), de Nantes.
Varin (Jean), de Rouen.
Tellier (Michel), de Rouen.
Adam (Augustin), de Rouen.
Dupain (Guillaume), de Rouen.

Le Maître (François), de Rouen.
Doutreleau (Jean), de Fécamp, tué au combat du 12 avril 1782.
Prieur (Joseph), de Fécamp.
Le Vanneur (Jean), de Fécamp.
Joutet (Adrien), de Fécamp.
Rolland (Florent), de Fécamp.
Hochot (Michel), de Fécamp.
Guérard (Jean), de Fécamp.
Le François (Philipe), du Havre.
Coutelier (Louis), du Havre.
Martel (François), du Havre.
Vacquery (Aimable), du Havre.
Perron (Guillaume), du Havre, mort le 1er juillet 1782.
Colete (Guillaume), de Honfleur.
Le Breton (Henri), de Honfleur.
Le François (Michel), de Honfleur.
Hellouin (Pierre), de Honfleur.
Le Coq (Jean), de Granville.
Le Gallais (Pierre), de Granville.
Julene (Jean), de Granville.
L'Ecaudé (Jean), de Granville.
Vimont (Louis), de Granville.
Tanqueray (Jean), de Granville.
Quesnel (Jacques), de Granville.
La Vieille (Michel), de Granville.
Néel (Michel), de Granville.
Le Ballais (Nicolas), de Granville.
Sorel (Nicolas), de Granville.
Planquier (Charles), de Granville.
Le Gallais (Noël), de Granville.
Le Carpentier (Pierre), de Granville.
Rosey (Jean), de Granville.
Girard (Jean), de Granville.
Gasseau (Simon), de Granville.
Bourget (Jean), de Granville.
Ollivier (Jean-Michel), de Dieppe.
Languerre (Jean), de Dieppe.
Flochet (Jacques), de Dieppe.
Roger (Michel), de Dieppe.
La Vache (Joseph), de Dieppe.
Du Jardin (Louis), de Dieppe.
Cloquette (Michel), de Dieppe.
Pottevin (Pierre), de Dieppe, mort le 20 novembre 1782.
La Vache (Jean), de Dieppe.
Ras (Jean), de Dieppe.
Bouteliar (Charles), de Dieppe.
Compiègne (Louis), de Dieppe, mort le 22 septembre 1780.
Girard (Louis), de Dieppe, tué au combat du 12 avril 1782.
Saval (Charles), de Dieppe, mort le 23 septembre 1782.
Le Sueur (Thomas), de Dieppe.
Mauger (Adrien), de Dieppe.
Curle (Jean), de Dieppe.
Barbet (Jean), d'Isigny.
Picault (Louis), de la Hougue.
Alley (Hervé), de la Hougue.
Fontaine (Jean), de la Hougue, mort le 12 avril 1781.
Quilbec (Jacques), de la Hougue.
Gilles (Pierre), de la Hougue.
Vigot (Guillaume), de la Hougue, mort le 10 avril 1781.
Paris (Pierre), de la Hougue, mort le 21 juin 1782.
De Launay (Bon), de Cherbourg.
Le Laidier (Bernard), de Cherbourg.

Micsses (Jacques), de Cherbourg, mort le 23 septembre 1782.
Bunel (Jacques), de Cherbourg.
Hamel (Thomas), de Cherbourg.
Le Boucher (Pierre), de Cherbourg.
Huret (Nicolas), de Boulogne.
De Long (Michel), de Saint-Valéry.
Raimond (Louis), de Saint-Valéry.
Pottevin (Crépin), de Saint-Valéry.
Pottevin (Louis), de Saint-Valéry.
Candat (Louis), de Saint-Valéry.
Perucher (Pierre), de Calais.
Fontaneau (Jacques), de Rochefort.
Breau (Augustin), des Sables.
Gendreneau (Jean), des Sables.
Barreau (Jacques), des Sables, mort le 20 juillet 1780.
Renaud (Louis), de la Rochelle, mort le 5 juillet 1780.
Gaborit (Mathieu), de Royan.
Bouchereau (André), de Rochefort, mort le 1er juin 1782.
Bonnet (Jean), de Bordeaux.
Cochard (Pierre), de la Rochelle, mort le 24 octobre 1780.
Le Bon (Jean) de la Rochelle.
Blanchard (Jean), d'Angoulême, mort le 11 mai 1783.
Talon (Pierre), de la Rochelle.
Gresiller (Paul), de Royan.
Roturaux (François), de l'Ile de Ré.
Monnet (Pierre), de Moisac.
Deschams (Pierre), de Bordeaux.
Perrot (François), de Bordeaux.
Grelot (Pierre), de Bordeaux.
Michaud (Pierre), de Bordeaux.
Barateau (Jean), de Blaye.
Fraiche (André), de Bordeaux.
Latreille (Joanis), de Saint-Jean-de-Luz.
Signorel (Jacques), de Blaye, mort le 18 juin 1780.
Bouillat (Pierre), de l'Ile de Ré.
Bourgeois (Etienne), de l'Ile de Ré.
Gaumard (Etienne), de l'Ile de Ré, mort le 4 juillet 1780.
Prou (Jean), de Marennes.
Prunet (François), de Marennes.
Borré (Alexis), de Royan, mort le 12 août 1782.
Trouvat (Pierre), de Marennes, mort le 12 juillet 1780.
Du Mât (Jacques), de Marennes.
Roussel (Raimond), de Montauban.
Romieux (Guillaume), de Toulouse.
Gauchet (Joseph), de Noirmoutiers, mort le 9 juillet 1780.
Juttard (Etienne), de Noirmoutiers.
Lambert (Claude), de Noirmoutiers, mort le 17 septembre 1780.
Garbaillon (Martin), de Saint-Jean-de-Luz, mort le 22 octobre 1782.
Brun (Jean), de Saint-Jean-de-Luz, mort le 23 juin 1782.
Pradel (Guillaume), de Toulouse.
Bressol (Guillaume), de Moissac.
Breuil (Pierre), d'Angoulême.
Barges (Jacques), d'Angoulême.
Deschams (Pierre), de Rochefort.
Bonaudet (Laurent), de l'Ile de Ré.
Desroux (Marie), des Sables.
Larosst (Etienne), de Bayonne.

Boudin (Claude), de Dijon, tué au combat du 12 avril 1782.
Bleu (Guillaume), de Narbonne.
Pollet (Pierre), de Marseille.
Guézénec (Yves), de Saint-Brieuc, mort le 15 septembre 1782.
Poussard (Jean), d'Angoulême.
Henry (Joseph), de Dinan, mort le 10 janvier 1782.
Mabil (Jean), de Dinan.
Ancoin (Jean), de Dinan.
Desbois (François), de Dinan.
Mébu (Jean), de Saint-Malo.
Raffrai (Joseph), de Saint-Malo.
Colas (Laurent), de Saint-Brieuc, mort le 2 novembre 1782.
Daniel (Mathurin), de Saint-Brieuc.
Flohic (Corentin), de Quimper.
Le Bris (André), de Quimper.
Capitaine (Jacques), de Quimper.
Le Rat (Michel), de Granville.
Le Mouchoir (Olivier), de Granville, mort le 12 août 1782.
Dapilly (Louis), de Granville.
Favel (Jean), de Granville.
Bâton (Bernard), de Granville.
Le Chevalier (Jean), de Granville.
Le Marchand (Jean), de Granville.
Gomée (Antoine), de Dieppe.
Vautier (Jean), de Honfleur, tué au combat du 20 juin 1780.
Martot (Pierre), de Fécamp.
Hervé (Julien), de Vannes.
Trufert (Jacques), de Cherbourg.
Le Vallois (Michel), de Cherbourg.
Gens (Louis), de Boulogne.
Le Prêtre (François), de Boulogne.
Clin (Mathurin), de Paon.
Carrière (Antoine), de Vannes.
Jeanne (Jean), de Fécamp.
Guyomard (Jean), de Morlaix.
Le Gendre (Vincent), de la Hougue.
Didier (Louis), de Honfleur.
Nicole (Gilles), de Rennes.
Le Gal (Jacques), de Lorient.
Le Gal (François), de Quimperlé.
Mariadec (Guillaume), de Morlaix.
Prévôt (Joseph), de la Rochelle.
Babin (Louis), de Libourne.
Aimas (Jean), de Cette.
Juel (Jacques), de Granville.
Duffaut (Jacques), de Bordeaux.
Le Page (Pierre), de Honfleur.
Ponthon (Jean), de Bayonne.
Valentin (Nicolas), de Saint-Valéry.
Le Roux (François), de Saint-Malo.
Vitel (Pierre), de Saint-Brieuc.
Ruffe (Toussaint), de Dinan.
Bigot (Julien), de Dinan.

Novices.

Rocard (Pierre), de l'Ile de Ré, mort le 9 juillet 1780.
Laurent (Yves), de Lesneven.
Paquier (Jean), de Paris.
Jourdan (Jacques), de Granville.
Le Court (François), de Mayenne.
Guéguen (Olivier), de Morlaix.
Gourdelier (Olivier), de Rennes.

Huet (Jean), de Granville.
Cotté (François), de Bordeaux, mort le 9 novembre 1781.
Porret (Charles), de Fécamp, blessé au combat du 12 avril 1782, mort le 21 du dit.
Porret (François), de Fécamp.
Piedfort (Jean), de Fécamp.
Huc (Antoine), de Granville.
Fausset (Jean), de Granville.
Fremin (Thomas), de Granville.
Ouen (Jean), de Granville.
Simon (Martin), de Dieppe, mort le 20 avril 1780.
Martin (Jean), de Dieppe.
Aubert (Antoine), de Dieppe.
Colombelle (Jean), de Dinan.
Coubelle (Pierre), de Calais.
Pannatier (Charles), de Granville, mort le 1er octobre 1780.
Beuron (François), de Caen.
Boyer (Louis), de Caen, mort le 24 août 1780.
Frémont (Antoine), de Caen.
Baron (Jean), de Caen.
Mauger (Pierre), de Caen.
Le Brasseur (Nicolas), de Dieppe.
Beluteau (Antoine), de Dieppe.
Ridel (Jean), de Honfleur.
Muzier (Nicolas), de Honfleur.
Boutin (Augustin), de Saint-Valéry.
Turc (Jean), de Saint-Valéry, mort le 18 octobre 1780.
Fournier (François), de Saint-Valery.
Pineau (Charles), de Dinan.
Goustam (Tanguy), de Brest.
Jolie (François), de Dieppe.
Jussal (Etienne), d'Agde.
Aunis (Dominique), de l'Ile de Ré.
Grandjou (Jean), de Marseille.
De Sausse (Charles), de Marseille.
Toutain (Mathurin), de Brest.
Michel (Pierre), de Saint-Brieuc, mort le 14 avril 1782.
Cornelier (Pierre), de Saint-Brieuc, mort le 17 novembre 1782.
Gisal (Jean), de Saint-Brieuc.
Ricaux (André), de Saint-Malo, mort le 13 juillet 1782.
Fauchoux (Julien), de Saint-Malo, mort le 24 juin 1782.
Furet (Etienne), de Saint-Malo.
Ropart (Joseph), de Calais.
Oubin (Jean), de Noirmoutiers, tué au combat du 12 avril 1782.
Caumar (Léon), de Noirmoutiers.
Lautienne (André), de Paris.
Jouan (Jean), de Saint-Brieuc.
Blanchard (Pierre), d'Oléron.
Bahin (Jean), de Paris.
Vaillant (Pierre), de Paris.
Perrot (René), de Brest.
Baye (Jean), de Saint-Malo.
Houdert (Victor), de Paris.
Tamon (Jean), de Crozon.
Beaumaine (Olivier), de Morlaix.
Dubuisson (René), de Rennes.
La Gars (Jean), de Tréguier, mort le 22 mai 1782.
Bienfait (Pierre), de Paris.
Henrion (François), de Nancy.

Perrer (André), de Lyon.
Laforge (Jean), de Nancy.
Godin (François), de Paris.
Lusage (Léonard), de Limoges.
Cochois (Louis), de Lorient.
Paillenfer (Dominique), de Caen.
Renard (Jean), d'Angers.
Thomas (Pierre), de Paris.
Verger (Jean), de Dinan, mort le 28 juin 1784.
Le Roux (Charles), tué au combat du 12 avril 1782.
Brunet (François), de Grenoble.
Donjean (Antoine), d'Autun.
Coquart (Laurent), de Lyon.

Surnuméraires.

Fourneau (Joseph), de Noirmoutiers.
Cuq (Bernard), de l'Ile de Ré.
Le Roux (Jean), de Brest.
Rivierre (Jean), de Granville.
Poupard (Jean), de Rochefort.
Guillaser (Hervé), de Morlaix.
Trouds (Victor), de Rochefort.
Bastard (François), de Bordeaux.
Loyer (Jean), de Coutances.
Lefèvre (Jules), de Quimper.
Larrat (André), de Bordeaux.
Bourbier (Pierre), de Lorient.
Bouguet (Louis), de Saint Brieuc.

Mousses.

Legal (Pierre), de Saint-Brieuc.
David (Charles), de Rochefort.
Marouil (Pierre), d'Auray.
Favaix (Yves), de Morlaix.
Favot (Pierre), de Morlaix.
Hubart (Alain), de Brest.
Tangui (Nédélec), de Faon.
Guilbeaux (François), de l'Ile de Ré.
Augros (Jacques), de Marennes.
Prou (Jean), de Luçon.
Lépine (Jean), de la Tremblade.
Jeannot (Jean), de Saintes.
Rabasse (Louis), de Dinan.
Perron (Pierre), de Rennes.
Gautier (Henri), de Calais.
Barré (Jean), de la Rochelle.
Poirier (Jean), de la Rochelle.
Chosse (Charles), de Saint-Brieuc.
André (Bertrand), de Bayonne.
Lestuine (Laurent), de Lorient.
Herault (Pierre), de la Rochelle.
Soulards (Jean), de Royan.
Moisssac (Louis), de Rennes.
Rouaux (Jacques), de Saint-Brieuc.
Favet (Jacques), de Lesneven.
Menard (Cristophe), de la Rochelle.
Gendron (Antoine), de Nantes.
Eparvier (Jean), de Clermont.
Février (Jean), de Rochefort.
Billet (Simon), de Rochefort.
Blondel (Daniel), de Autun.
Laristu (Bernard), de Bayonne.
Nombrard (Louis), de Royan, mort le 26 août 1782.
Savignon (Jean), de la Rochelle.
Thépot (Joseph), de Quimper.

Le Cam (Louis), de Tréguier, mort le 11 juin 1782.
Le Roux (François), de Tréguier.
Houdart (Noël), de Rouen.
Julien (Jacques), de Morlaix.
Guérardic (Jean), de Morlaix.
Daniel (Jean), de Saint-Brieuc.
Lestume (Pierre), de Brest.
Calorneau (Jean), de Brest.
Le Vénard (Jean), de Saint-Malo.
Turpin (André), de Rennes.
Auzaime (Henri), de Saint-Malo, tué au combat du 12 avril 1782.

Boucher (Pierre), de Rennes.
Gautier (Jean), de Dinan.
Duguilly (Simon), de Dinan.
Jacques (Louis), de Morlaix, mort le 8 février 1781.
Le Cler (Gabriel), de Brest.
Jourdain (Jean), de Saint-Renan.
Le Chevalier (Jacques), de Saint-Brieuc.
Perrot (François), de Quimper.
Le Roux (Julien), de Rennes.
Audi (Julien), de Brest.
Digmady (Joseph), de la Rochelle.
Geezel (Hercule), américain, de Boston.

Domestiques.

Robin (Jean), de Saintes.
Le Bars (Claude), de Quimper.
Evain (Philippe), de Quimperlé.
Marquis (Jean), de Quimper.
Lamoureux (François), de Marennes.
Bijou (David), de Thouars.
Houley (Pierre), de Verdun.
Le Meur (Jean), de Lorient, mort le 4 juin 1782.
Le Roux (Jean), de Morlaix.
Csusic (François), de Morlaix, mort le 26 janvier 1782.

ARMÉE DE TERRE

RÉGIMENT DE BOURBONNAIS.

Le premier colonel de ce régiment fut Philibert marquis de Malestang, le 6 mars 1597. Les drapeaux d'ordonnance de ce corps étaient composés de deux quartiers violets et de deux quartiers bleu d'azur. Le drapeau colonel était entièrement blanc.

Ce régiment porta, durant les premières années, successivement les noms de ses colonels. Il prit le nom de Bourbonnais, le 1ᵉʳ février 1678. Sa longue histoire offre une série des plus hauts et des plus vaillants faits d'armes.

Le marquis de Laval (Anne-Alexandre-Marie-Sulpice de Montmorency) prit le commandement de ce régiment le 13 avril 1776, comme mestre de camp ou colonel.

Ses successeurs furent:

Le prince de Broglie (Charles-Louis-Victor) le 1ᵉʳ juillet 1783;
Le baron de Pouzet (François-Henri) le 23 novembre 1791;
Le chevalier d'Arlande de Salton (Louis-François-Pierre) le 8 mai 1792.

Le Bourbonnais était en Corse en l'année de la déclaration de l'indépendance américaine. En cette même année, 1776, il quitta cette île. En 1779, après que la guerre eût été déclarée à la France par l'Angleterre, à cause du traité d'amitié avec les États-Unis et la reconnaissance de leur indépendance par le gouvernement français, il fut dirigé sur la Bretagne, occupa quelque temps Rennes, passa, au mois de juin, à Brest où il s'embarqua enfin le 2 avril 1780. Il était le plus ancien des quatre régiments que le comte de Rochambeau conduisait aux États-Unis.

Cette petite armée arriva au mois de juillet à Newport et les Américains lui remirent immédiatement la garde de tous les retranchements élevés sur la côte du Rhode-Island contre lesquels le général anglais, Clinton, qui avait dû abandonner ces retranchements l'année précédente, préparait une redoutable expédition. L'arrivée de l'armée française le fit abandonner.

Le Bourbonnais passa l'hiver dans ces quartiers et ce ne fut qu'en juin 1781 que l'armée de Rochambeau fut concentrée et réunie à l'armée américaine. Les deux armées ensemble firent route pour York-Town, dans le sud et sur la baie de la Chesapeak.

Le 21 juillet, 2,500 hommes de l'armée de Rochambeau, les régiments de Bourbonnais et Royal-Deux-Ponts, ainsi qu'un bataillon formé des compagnies d'élite de Soissonnais, commandés par le chevalier de Chastellux, poussèrent une reconnaissance sur Kingsbridge et forcèrent les Anglais à replier tous leurs postes. Les troupes françaises, après une marche remarquable, par une chaleur excessive qui ne put abattre leur ardeur et leur gaîté, arrivèrent le 13 août aux portes de Philadelphie. L'affluence des habitants, quand elles entrèrent dans cette ville après avoir fait une halte pour se parer, fut immense sur leur passage. Les maisons étaient pavoisées aux couleurs des deux nations, et quand les guerriers français défilèrent sous les yeux du Congrès, cette assemblée les honora de son salut fraternel et de ses acclamations. La population entière leur fit fête.

Les troupes françaises ne s'arrêtèrent qu'un jour à Philadelphie. On apprit que la flotte du comte de Grasse venait d'entrer dans la Chesapeak. Elles se rendirent alors vers le fond de la baie où quelques compagnies s'embarquèrent. Le reste des troupes se dirigea sur Baltimore et de là sur Annapolis, où l'on trouva des bâtiments de transport. Les deux flottilles ayant parcouru la baie entrèrent dans la rivière de James, et les régiments qu'elles avaient à bord se joignirent à ceux que le comte de Grasse avait amenés des Antilles et que le marquis de Saint-Simon commandait. Ce général était à la tête des régiments d'Agénois, de Gatinais (bientôt nommé Royal-Auvergne) et de Touraine. Le comte de Rochambeau avait avec lui ceux de Bourbonnais, Soissonnais, Saintonge et Royal-Deux-Ponts.

Ces troupes formant un effectif d'environ 7,500 hommes, réunis à autant d'Américains, vinrent le 28 septembre former l'investissement d'York-Town. Les Français furent chargés de l'attaque de gauche, et ce fut le Bourbonnais qui ouvrit la tranchée le 7 octobre 1781. Le 15 du même mois, il repoussa vigoureusement une sortie, et, le 19, Cornwallis se résigna à capituler. Le régiment occupa aussitôt tous les postes de son attaque et inscrivit sur ses drapeaux une nouvelle victoire.

Les régiments qui étaient venus des Antilles se rembarquèrent le 4 novembre; et, le 14, les quatre régiments de Rochambeau entrèrent en quartiers à Williamsbourg. Ils demeurèrent là pendant la campagne de 1782; au mois de mars 1783, ils se rendirent à Rhode-Island où les attendait la flotte de M. de Vaudreuil qui devait les

ramener en France. Un des vaisseaux de M. de Vaudreuil ayant péri dans une tempête, les États-Unis donnèrent un exemple touchant de reconnaissance à la France en faisant cadeau à cette nation du premier vaisseau de guerre qu'ils avaient construit, le seul qu'ils possédassent à cette époque, l'*America* de 74 canons.

A son arrivée en France, le Bourbonnais fut envoyé à Metz. Ce régiment perdit son ancien nom, en 1791. Il devint alors le 13ᵉ régiment d'infanterie; et le 13ᵉ régiment d'infanterie actuel, stationné à Nevers, lui fait suite.

Anne-Alexandre-Marie-Sulpice-Joseph, Marquis DE LAVAL, né à Paris le 22 janvier 1747, Colonel.

[Translation.]

RÉGIMENT DE BOURBONNAIS.

The first colonel of this regiment was Philibert Marquis de Mérestang, March 6, 1597. The *ordonnance* flags of this corps were composed of two quarters violet and two quarters sky blue. The colonel's flag was entirely white.

This regiment bore, during the first years, successively the names of its colonels. It took the name of Bourbonnais the 1st of February, 1673. Its long history includes a series of the highest and the most valiant "faits d'armes."

The Marquis de Laval (Anne-Alexandre-Marie-Sulpice de Montmorency) took command of this regiment April 18, 1776, as master of the camp, or colonel.

His successors were:

The Prince de Broglie (Charles-Louis-Victor) 4th July, 1783;
Le Baron de Poutet (François-Henri) November 23, 1791;
Le Chevalier d'Arlande de Salton (Louis-François-Pierre) May 8, 1792.

The Bourbonnais was in Corsica the year of the declaration of American independence. In the same year, 1776, the Bourbonnais left Corsica. In 1779, after war had been declared by England against France on account of the treaty of friendship with the United States and the recognition of their independence by the French Government, it was ordered to Brittany, to occupy Rennes, passed thence to Brest in June, where it embarked finally for America April 7, 1780. It was the oldest of the four regiments which the Count de Rochambeau conducted to the United States.

This little army arrived in the month of July at Newport, and the Americans placed it immediately in command of all the retrenchments thrown up along the coast of Rhode Island, against which the English general, Clinton, who had abandoned these works the year preceding, prepared a redoubtable expedition. The arrival of the French army caused it to be abandoned.

The Bourbonnais passed the winter in these quarters, and it was not until June, 1781, that the army of Rochambeau was concentrated and united to the American army. The two armies together marched to Yorktown to the south and on the Chesapeake Bay.

The 21st July, 2,500 men of the army of Rochambeau, the regiments de Bourbonnais and Royal-Deux-Ponts, also a battalion formed of the "compagnies d'élite de Soissonnais," commanded by the Chevalier de Chastellux, pushed a reconnaissance to Kingsbridge and forced the English to withdraw all their posts. The French troops, after a remarkable march in an excessive heat which neither lessened their ardor nor gayety, arrived the 15th August at the gates of Philadelphia. The affluence of the inhabitants, when they entered the city after a halt to arrange their clothing, was immense along the route. The houses were decked with flags of the two nations, and when the French warriors passed in review under the eyes of Congress, that assembly honored them with its fraternal salute and its acclamations. The entire population fêted them.

The French troops stopped but one day at Philadelphia. They learned that the fleet of the Count de Grasse had just entered the Chesapeake. They therefore marched to the bay, where some companies were embarked. The rest of the troops were sent to Baltimore and thence to Annapolis, where transports were found in readiness. The two fleets, having passed through the bay, entered the James River, and the regiments on board joined with those which the Count de Grasse had brought from the Antilles and which were commanded by the Marquis de Saint-Simon. This general was at the head of the regiments d'Agénois, Gatinais (soon after named Royal-Auvergne), and Touraine. The Count de Rochambeau had with him those of the Bourbonnais, Soissonnais, Saintonge, and Royal-Deux-Ponts.

These troops formed an effective force of about 7,500 men, united to as many Americans, which on the 28th September invested Yorktown. The French were charged with the attack on the left, and it was the Bourbonnais which opened the *tranchée* on the 7th October, 1781. The 15th of the same month it was the Bourbonnais which vigorously repelled a sortie of the enemy, and the 19th Cornwallis capitulated. The regiment occupied all the posts attacked and inscribed thus on its colors a new victory.

The regiments which had come from the Antilles reembarked the 4th November, and the 14th, the four regiments under Rochambeau went into quarters at Williamsburg, where they remained during the campaign of 1782. In the month of March, 1782, they went to Rhode Island, where the fleet of M. de Vaudreuil awaited in order to take them back to France. One of the vessels of M. de Vaudreuil having been lost in a tempest, the United States gave a touching example of gratitude to France in making a gift to that nation of the first vessel of war which the United States had constructed, the only one which they possessed at that epoch, the *America*, of 74 guns.

On its arrival in France the Bourbonnais was sent to Metz. This regiment changed its ancient name in 1791. It became then the 13th regiment of infantry; and the 13th regiment of infantry which is stationed now at Nevers is the regiment which has succeeded the old one.

ÉTAT-MAJOR.

Colonel.

Le marquis de LAVAL (Anne-Alexandre-Marie-Sulpice-Joseph). A reçu, le 5 déc. 1781, le grade de brigadier pour sa conduite à York-Town.

Colonel en second.

Le vicomte de ROCHAMBEAU (Donatien-Marie-Joseph de Vimeur), né à Paris, le 7 avril 1755. Le 5 déc. 1781, reçut l'espérance d'un régiment sans être assujetti à l'ancienneté de six ans de commission de colonel, pour sa bonne conduite à York-Town.

Lieutenant-colonel.

De BRESSOLLES (Gilbert), né le 3 déc. 1739, à La Plaine [Bourbonnais]. Le 5 déc. 1781, pensionné dans l'ordre de Saint-Louis, pour sa bonne conduite à York-Town.

Major.

De GAMBS (Jean-Daniel), né à Strasbourg en 1741. Le 5 déc. 1781, pensionné, pour sa bonne conduite à York-Town.

Quartier-maître trésorier.

BESUCHET (Antoine-Joseph), né à Salins, le 31 déc. 1733. Retiré le 25 avril 1786.

Capitaines commandants et en second.

PETIT de MONTFORT (François-Ferdinand-Gilbert), né à Amiens, le 2 janv. 1740. Chevalier de Saint-Louis, du 9 août 1781.

De LOSSE de BAYAC (Charles-Joseph), né à Finetal [Périgord], le 19 mars 1742. Reçut le rang de major en 1782.

De LANET (François-Claude), né à La Garde [Berry], le 11 nov. 1738. Capitaine commandant des grenadiers, du 6 oct. 1780, le 5 déc. 1781, a reçu la croix de Saint-Louis et l'espérance d'un commandement de bataillon pour sa bonne conduite à York-Town.

De CAZALS (Pierre-Reymond-Marie), né à Toulouse, le 24 juin 1739. Capitaine commandant les grenadiers, le 15 avril 1780; d'une autre compagnie, le 1er juin 1782.

Le SEIGNEUR du CHEVALIER (René-Adrien), né à Notre-Dame-de-la-Chapelle [diocèse de Rouen], le 1er août 1743. Capitaine commandant, le 19 mars 1780; major du Soissonnais en 1784.

LASSUDERIE de CAMPANES (Pierre), né 1739, à ... Capitaine commandant des chasseurs, le 19 mars 1780, aux grenadiers en 1784, pensionné le 2 avril 1782 pour sa conduite à York-Town.

DESONDES (Jean-Antoine-François), né à Auerlon en 1744. Capitaine commandant, le 19 mars 1780; nommé en 1787 à la lieutenance de Roy de Longwy.

De LA BRUE (Jacques-Joseph-Augustin-Marie), né à Bordeaux, le 1er nov. 1743. Capitaine commandant, le 19 mars 1780; de la compagnie des grenadiers en 1784.

RIFFAULT DUPLEXY (Marie-Athanase), né à Saint-Martin-de-Sablé, le 28 juin 1744. Capitaine commandant, le 6 mars 1780. Retiré en 1787.

Le chevalier de CHALVET de ROCHEMONTEIX (Henry-Marie-Philippe), né à Toulouse, le 4 juill. 1747. Capitaine commandant, le 6 avril 1780. Retiré en 1782.

De CORN de PEYROUX (Guillaume-Joseph-Blaise-Marie), né à Brives, le 4 janv. 1751. Capitaine commandant, le 15 avril 1780; des grenadiers, le juill. 1787.

Le chevalier du FAURE de PROUILHAC (Marie-Joseph), né à Figeac, le 20 févr. 1750. Capitaine commandant, le 1er juin 1782.

De MAUNY (Louis-François-Philippe), né à ..., le 3 oct. 1749. Capitaine commandant, le 3 déc. 1782; était capitaine en second, du 19 mars 1780.

CHENNEVIÈRES (Guillaume), né à la paroisse de l'Hermitage [Normandie]. Capitaine en second, des grenadiers, le 6 juin 1780; capitaine commandant en 1784.

DANCEAU de MORAND (Jean-Louis-Antoine-François-Gaston), né à Toulouse, le 7 avril 1751. Capitaine en second, du 19 mars 1780.

De la CHASSAIGNE (Michel), né à Saint-Laurent [Guyenne], le 4 mai 1749. Capitaine en second, du 19 mars 1780.

De SAINT-AUBIN (Joseph), né à Rocquebrune [Armagnac], le 8 sept. 1724. Capitaine commandant en 1784; était capitaine en second, du 19 mars 1780.

De HITTON (Jean), né à Pau, le ... 1751. Capitaine commandant, le 19 mai 1780; était capitaine en second, du 6 avril 1780.

Le ROUX de KERNINON (Marie-Pierre-Hubert-Ange-Joseph), né à Ploubek [diocèse de Tréguier]. Capitaine commandant, le 21 juin 1785; était capitaine en second, du 6 avril 1780.

Le chevalier D'ARLANDE (Jean-Charles), né à Tournon, le 20 oct. 1749. Capitaine en second, du 17 avril 1780. Retiré en 1787.

Lieutenants.[a]

Le chevalier de LAMEZAN (Thomas-Nonaillan), né à ..., le 3 mai 1754.

Le chevalier D'ARLANDE de SALTON (Louis-François-Pierre), né à Tournon, le 19 mars 1780. Capitaine en second en 1784; capitaine commandant en 1787.

De CHAZELLES de BARGUES (Antoine), né à Salers [Auvergne], le 23 nov. 1752. Capitaine en second, du 1er juin 1782.

De CAMPENNE DESCHAUX (Pierre), né à Bégori [Diocèse de Bayonne], le 3 sept. 1753. Lieutenant en premier, du 19 mars 1780; capitaine en second en déc. 1782, mort en 1781.

De RODUREL de SEILHAC (Jean-Marthal), né à Tulle [Limousin]. Lieutenant en premier, du 19 mars 1780, capitaine en 1783.

De SIEURAC (Pierre), né à Gaillac [Languedoc], le 15 févr. 1730. Lieutenant en premier, du 19 mars 1780, honoré d'une gratification en 1782.

Le chevalier de CORIOLIS (Jean-Baptiste-Etienne), né à Aix [Provence], le 18 mai 1754. Lieutenant en premier, du 19 mars 1780; capitaine en 1784; honoré d'une gratification pour sa bonne conduite à York-Town.

D'ARTIGUE (Simon), né à Grenade [Gascogne], le 2 mars 1756. Lieutenant en premier, du 6 avril 1780; capitaine en 1784.

EYCHENNE (Jean-Pierre), né à ..., le 28 mars 1751. Lieutenant en premier, du 6 avril 1780. Chevalier de Saint-Louis en 1783.

LAMY de BOISCOUTEAU (Joseph), né à Saint-Pourçain, le 1er sept. 1755. Lieutenant en premier, du 15 avril 1780, a abandonné en 1785.

De ROCHEFERMOY (Mathieu), né à la Martinique, le 30 août 1755. Lieutenant en premier, du 6 mars 1780, a abandonné en 1782.

De CASTERAS (Léonard), né le 2 mars 1756, à ... Lieutenant en premier, le 8 oct. 1781.

CARRA de SAINT-CYR (Jean-François), ... Lieutenant en second, du 19 mars 1780.

De JOUSSERAND (Antoine-Alexis), né à Biron [diocèse d'Angoulême], le 14 sept. 1757. Lieutenant en second, du 19 mars 1780; capitaine en 1787.

AUBERT du BAYET (Jean-Baptiste-Annibal), né à Mobile [Louisiane], le 19 août 1757. Lieutenant en second, le 1er mars 1780, lieutenant en premier en 1784.

VERGUES de COMEIRAS (Jean-Henry-François), né à Nars [Généralité de Montauban], le 5 nov. 1756. Sous-lieutenant, le 19 mars 1780; mort en 1781.

NABONNE (André), né à Ledreze [Gascogne], le 21 sept. 1753. Lieutenant en second, le 8 avril 1780; en premier en 1782.

CROURAT (Jacques), né à Congue [Languedoc], le 15 févr. 1752. Lieutenant en second, le 8 avril 1780. Retiré en 1787.

[a] Au moment du départ pour l'Amérique.

BAUDINET de COURCEL (Pierre-Charles), né à Metz, le 11 août 1756. Lieutenant en second, eu 1780.

De SILLY (Hyacinthe), né à ....., le 24 janv. 1769. Sous-lieutenant en 1780; lieutenant en second en 1785.

Du FAURE de PROUILHAC (Raymond-Denis-Aimé), né à Gramât, le 23 janv. 1759. Sous-lieutenant en 1780.

CARDON de VIDAMPIERRE (Charles-Joseph) né à Nancy, le 12 sept. 1760. Sous-lieutenant, le 6 avril 1780.

De BERNE de LAVEAU (Jean-Baptiste-Antoine), né à ....., le 27 août 1761.

FOURIER de POCHARD (Sébastien), né à Mirecourt le 2 janv. 1760. Sous-lieutenant en 1779; lieutenant en 1782.

De TUGNOT (Claude-Paul). Sous-lieutenant en 1779; lieutenant en 1782.

GAUDIN (Claude), né à Paris, le 3 oct. 1740. Sous-lieutenant en 1779; lieutenant en 1782.

De MELLET (Jean), né à ..... Sous-lieutenant en 1779.

De BUSSELOT (Nicolas-François-Chrétien-Henry). Sous-lieutenant en 1781.

De CATEY (François-César), Sous-lieutenant en 1780; s'est trouvé à trois combats pendant la guerre d'Amérique et a essuyé un naufrage.

GIEMARD ou GYEMARE (Dominique-César-Gabriel-Augustin), né à Saint-Hilaire-de-Soysay, le 4 nov. 1758.

De HAUSSEN (Pierre - Hyacinthe). Sous-lieutenant, du 6 avril 1780.

De la GARDE de MAURE (François). Sous-lieutenant, du 19 mars 1780.

GRAMMONT de VILLEMONTEIX (Joseph). Sous-lieutenant, du 19 mars 1780.

De HITTON (Anne-Pierre), né le 31 oct. 1762 à [Pau?].

De GINESTE (Dominique), né le 30 avril 1756. Sous-lieutenant, du 6 mars 1780.

De MONMONNIER (Gilles-Charles-Félix-Angélique). Sous-lieutenant, du 19 mars 1780.

BINET de MARCOGNET (Pierre-Louis), né à ....., le 14 nov. 1763. Sous-lieutenant en juill. 1782.

Élèves de l'école militaire.[a]

D'ESPIARD (Julien), né à Lieurnois (diocèse d'Autun, le 8 janvier 1766.

De LAVAU de BEAUMONT (François-Irland).

De la SAIGE (Pierre-Marie).

De GRISOLS de CHASSAN (Antoine-Ponsonville).

DAMAS de FARIAUX (Louis-Alexandre-Joseph).

De DREUX de NANCRE (Pierre-Guislain-Joseph-François).

Le VASSEUR (Hyacinthe), né le 5 juillet 1765.

Compagnie de grenadiers,[b] de Lauet, capitaine.

Duron (Antoine), né à Tulle (1744), S. 1er avril 1762, R. pour 8 ans le 1er oct. 1777.

Despis (Mathieu), né à Bourges (1717), S. 18 oct. 1755, R. pour 8 ans le 5 sept. 1773.

Janson (François), né à Longueville (1738), S. 17 mars 1758, R. pour 8 ans le 9 déc. 1778.

Grisard (Jean-Baptiste), né à Paris (1744), S. 14 avril 1761, R. pour 4 ans le 28 avril 1779.

Charron (Félix-François), né à Lille (1751), S. 10 Oct. 1767, R. pour 8 ans le 16 oct. 1770.

Dussart (Fidel-Amand-Joseph), né à Lille (1748), S. 28 déc. 1764, R. pour 8 ans le 25 sept. 1778.

Vidal (Arnaut), né à Castel-Franc [Quercy] (1743), S. 17 déc. 1761, R. pour 8 ans le 8 sept. 1774.

Boisdin (Jérôme), né à Vaux [Picardie] (1741), S. 3 déc. 1765, R. pour 8 ans le 27 sept. 1778.

Gatien (Etienne), dit Labatie, né à Melan [Dauphiné] (1748), S. 21 avril 1765, R. pour 8 ans le 19 avril 1773.

Brion (Jérôme), né à Verneuil-sur-Seine (1747), S. 18 mars 1767, R. pour 8 ans le 4 janv. 1774.

Arnetiaux (Marc-François-Joseph), né à Lille (1717), S. 20 déc. 1768, R. pour 8 ans le 4 janv. 1774.

Veissier (François), né à Cathus [Quercy] (1748), S. le 6 mai 1769, R. pour 8 ans le 4 janv. 1774.

Racine (Romain-Joseph), né à Lille (1751), S. le 18 sept. 1767, R. pour 8 ans le 1er sept. 1773.

Dujonquoy (Charles-Joseph), né à Lille (1748), S. 29 janv. 1766, tué au combat de Chesapeak, le 16 mars 1781.

Voymet (François-Ferdinand), né à Lille (1753), S. 10 mai 1770, R. pour 8 ans le 12 sept. 1774.

Allart (François), né à Paris (1750), S. 20 avril 1767, R. pour 8 ans le 4 janv. 1774.

Bagle (Louis), né à Armentières [Flandre] (1744), S. 1er mai 1764, R. pour 8 ans le 2 fév. 1779.

Gagneux (François), né à Saint-Michel [Thiérache] (1752), S. 21 nov. 1768, R. pour 8 ans le 18 août 1774.

Dumetz (Antoine), né à Albias [Quercy] (1754), S. 3 janv. 1770, R. pour 8 ans le 29 déc. 1774.

Feuillerat (Paul), né à Rimont [comté de Foix] (1753), S. 19 sept. 1770, R. pour 8 ans le 12 sept. 1774.

Bleuzet, né à Valenciennes (1752), S. 9 nov. 1768, R. pour 8 ans le 6 sept. 1773 et le 14 juill. 1783.

Hussière (Etienne), dit Heussier, né à Saint-Hippolyte [Languedoc] (1754), S. 21 sept. 1770, R. pour 8 ans le 21 sept. 1774.

Benitrier (Jean-Baptiste), dit Benittier, né à Bordeaux (1754), S. 2 fév. 1771, R. pour 8 ans le 4 janv. 1775.

Adam (Pierre), né à Toulouse (1755), S. 28 juill. 1772, congédié le 30 juin 1783.

Bonamy (Pierre), né à Mène [Bourgogne] (1754), S. 22 fév. 1772, congédié le 30 juin 1783.

Félix (Jacques), né à Mianges [Dauphiné] (1752), S. 21 fév. 1773, R. pour 8 ans le 17 fév. 1779.

Sauvy (Alexis), né à Bideren [Languedoc] (1753), S. 22 nov. 1770, R. pour 8 ans le 22 nov. 1777, mort à l'hôpital de Metz le 2 janv. 1784.

Combe (Jacques), né à Narbonne [Languedoc] (1754), S. 8 oct. 1770, R. pour 8 ans le 17 sept. 1774.

Blanquetière (Adrien), dit Belleûn, né à Rozières (1743), S. 15 avril 1760, R. pour 8 ans le 6 janv. 1773 et pour 4 ans le 26 nov. 1783.

Nicolas (Pierre), né à Simpen [Champagne] (1752), S. 20 oct. 1768, mort à l'hôpital d'Angoud le 27 mars 1782.

Lecques (Jacques), dit Lâque, né à Montpellier (1752), S. 19 oct. 1773, congédié le 30 juin 1783.

Lagrave (Alexandre), né à Mont-le-Marsan [Guyenne] (1755), S. 25 avril 1774, congédié le 30 juin 1783.

Guibert (Armand), dit Guilbert, né à Rodez (1749), S. 1er mai 1774, congédié le 30 juin 1783.

Paniolet (Jean), dit Panolet, né à Cannes [Languedoc] (1753), S. 22 déc. 1772, mort à l'hôpital de Williamsburg le 19 mai 1782.

Gouffran, né à Nantes (1756), S. 17 août 1772, congédié le 30 juin 1783.

Liénard (Jean), né à Naillon-Courcherer (1752), S. 18 nov. 1773, congédié le 30 juin 1783.

Lecques (Antoine), dit Antoine, né à Montpellier (1754), S. 19 oct. 1773, congédié le 30 juin 1783.

Verrier (Joseph), né à Villefranche (1747), S. 23 avril 1775, mort à l'hôpital de Williamsburg le 2 mars 1782.

Billion (Michel), né à Aramon [Languedoc] (1747), S. 7 juin 1775, R. pour 8 ans le 25 avril 1779.

Bridant (François), né à Sous-sur-Saône [Franche-Comté] (1740), S. 1er mai 1759, R. pour 8 ans le 30 avril 1775.

Le Roy (Jean-François), né à Cuffies [Soissonnais] (1747), S. 3 oct. 1764, R. pour 8 ans le 26 sept. 1778.

Barait (Jean-Baptiste), né à Maillères [Languedoc] (1750), S. 26 sept. 1775, congédié le 21 octobre 1783.

D'Avrit (Antoine-François), né à Annonullin [Flandre] (1740), S. 24 janv. 1766, R. pour 8 ans le 24 sept. 1778.

Cedro (Claude), né à Charnoy [Comté] (1753), S. 22 fév. 1775, R. pour 8 ans le 1er mars 1779.

Ponce (Claude), né à Aix (1756), S. 15 juill. 1775, congédié le 15 juillet 1783.

Roumet (Sily), (1754), S. 1er janv. 1776, congédié le 30 nov. 1783.

D'Ayan (Joachim), né à Avignon (1760), S. 28 août 1773, congédié le 30 juin 1783.

Begny (Antoine), dit Eequi, né à Lyon (1757), S. 16 mars 1773, congédié le 30 juin 1783.

Alliaud (Laurent) né à Grenoble (1758) S. 3 janv. 1770, R. pour 8 ans le 3 déc. 1783.

Chicon (Jean), né à Duc [Beaune] (1737), S. 29 nov. 1755, mort à l'hôpital d'Hennebon le 18 mars 1782.

Clermont (Pierre), né à Saint-Donat [Dauphiné] (1736), S. 17 juin 1773, congédié le 30 juin 1783.

Palliet (Jean), né à Momat [Lyonnais] (1747), S. 6 juill. 1766, R. pour 8 ans le 24 sept. 1778.

[a] Envoyée de France rejoindre le Bourbonnais en octobre 1781 sur la *Pauline*.

[b] Pour ne pas surcharger le texte nous avons cru devoir employer pour toutes les Listes concernant l'armée de terre les abréviations suivantes:

S. = Entré au service.

R. = Rengagé.

Jonseur (Jean), dit Mansfeld, né à Epeletourge [Lorraine allemande] (1754), S. 4 avril 1777, congédié le 10 déc. 1783.

Quanet (François), dit Rotharic, né à Nancy (1760), S. 17 juin 1777, R. pour 8 ans le 2 janv. 1784.

Guilly (Augustin-Joseph), dit Nicéphore, né à Lille (1758), S. 17 août 1777.

Charon (Dominique), dit Pausanias, né à Essey [Lorraine] (1761), S. 25 août 1777, mort à Newport le 20 juill. 1780.

Pottier (Jean), dit Horace, né à Rosières-aux-Salines [Lorraine] (1750), S. 4 oct. 1777.

Binjamin (Joseph-Gonhère), dit Storide, né à Hadingen [Flandre] (1759), S. 4 oct. 1777, R. pour 8 ans le 5 sept. 1783.

Chabannier (François), dit Désiré, né à Tarascon (1750), S. 26 juin 1775.

Jean (Claude-Jülle), dit Ragotzy, né à Kerprisch [Lorraine] (1761), S. 26 nov. 1777, R. pour 8 ans le 5 sept. 1783.

Maréchal (François), dit Claudius, né à Malancourt [Lorraine] (1759), S. 6 déc. 1777, mort en mer le 14 juill. 1780.

Berthe (Jean-Baptiste), dit Pontoise, né à Pontoise [près Paris] (1747), S. 4 avril 1765, R. pour 8 ans le 28 sept. 1778.

Priam (Louis-Julien), né à Paris (1755), S. 18 févr. 1778, R. pour 8 ans le 2 janv. 1784.

Breuyer (Jean-Michel), dit Probus, né à Commes [Flandre] (1759), S. 25 févr. 1778.

Gilbert (Pierre), dit Lyncée, né à Arches-et-Champs [Lorraine] (1759), S. 30 avril 1778.

Lamy (Jean), dit Hérode, né à Salins [Franche-Comté] (1758), S. 22 mars 1778.

Desjardine (Jean), dit Nicias, né à Vic-en-Lorraine (1761), S. 24 juin 1778, R. pour 8 ans le 20 nov. 1783.

Laurent (Joseph), dit Théophile, né à Letraye [Lorraine] (1754), S. 24 juin 1778, mort à Rochefort en 1781.

Liévin (Joseph), dit Polígone, né à Fretin [Flandre] (1757), S. 24 oct. 1778.

Franc (René), dit Fritzjamer, né à Bangé [Maine] (1755), S. 26 nov. 1778.

Colomiés (Louis-Joseph), dit Calignon, né à Aire [Artois] (1753), S. 1er nov. 1778, mort à l'hôpital de Beauvais le 10 nov. 1783.

Cornat (Come-Denis), dit Cléante, né à Germigny [Bourgogne] (1756), S. 18 déc. 1778, R. pour 8 ans le 16 oct. 1783.

D'Aleth (Detteo), dit Daleth, né à Welslingen [Alsace] (1757), S. 1er janv. 1779.

Roty (Louis), né à Baisieux [Flandre] (1757), S. 1er janv. 1779.

Giloteau (François-Antoine), né à Vervins [Picardie] (1751), S. 22 févr. 1779.

Mézières (Sébastien), né à Bazincourt [province de Brillon en Barrois] (1756), S. 15 mars 1779.

Gourel (Jean-Baptiste), né à Brillon-en-Barrois (1757), S. 15 mars 1779, mort à l'hôpital de Baltimore le 30 sept. 1782.

Toulouse (Pierre-André), né à Pressy [Picardie] (1760), S. 19 mars 1779.

Rivière (Louis-Auguste-Joseph), né à Lille (1759), S. 1er mai 1779, mort à l'hôpital de Baltimore le 30 sept. 1782.

Desclaux (François), né à Toulouse (1756), S. 1er juill. 1772, R. pour 8 ans le 1er oct. 1778.

Ybord (Joseph-Michel), né à Aix [Provence] (1747), S. 21 déc. 1775, mort à Newport en 1781.

Morin (Etienne-Antoine), dit Tibère, né à Versailles (1758), S. 1er nov. 1779, réformé le 10 juill. 1781.

Huard (Pierre), dit D'Ars, né à Aix [Lorraine] (1759), S. 1er juill. 1779.

L'Œuillet (Antoine), né à Ambonnières [Picardie] (1752), S. 8 juin 1768, congédié le 5 juill. 1783.

Anselin (Jean-Pierre), dit Elpénor, né à Bazincourt [Artois] (1760), S. 1er janv. 1780.

Renaud (Thomas), dit Curieux, né à Argenteuil [près Paris] (1749), S. 1er janv. 1780.

Landreau (Jean), né à Servo [Saintonge] (1752), S. 15 mars 1770, R. pour 8 ans le 6 mars 1776.

Vita (Pierre), né à Reims (1750), S. 13 sept. 1766, R. pour 8 ans le 31 déc. 1774.

Vautrin (Pierre), né à Issy [Champagne] (1756), S. 28 janv. 1780.

Théron (Jean), dit Thellyas, né à Vérac [Quercy] (1761), S. 30 mars 1780.

Buisson (Jean-Joseph), né à Le Quesnoy [Hainault] (1758), S. 30 avril 1780, R. pour 8 ans le 31 déc. 1774.

Microt (Jean), né à Ange [Champagne] (1751), S. 17 avril 1780.

Lami (Jean), dit Hérode, né à Salins [Franche-Comté] (1758), S. 22 mars 1778.

Mourin (Charles-Joseph), né à Avignon (1760), S. 27 avril 1776, congédié le 10 déc. 1783.

Bertrand (Etienne), dit Camille, né à Tonnoy [Lorraine] (1760), S. 1er févr. 1778.

Jaulois (Simon), né à Dijon (1756), S. 30 sept. 1776, R. pour 8 ans le 1er oct. 1780.

Balme (Laurent), né à Paris (1752), S. 6 avril 1780.

Jolivet (François), né à Marble [Blésois] (1758), S. 20 nov. 1778, mort à Williamsburg le 23 avril 1782.

Lemaire (Jean), né à Chevreuse [près Paris] (1747), S. 3 avril 1765, R. pour 8 ans le 16 mai 1779.

Cramé (Jean-Baptiste), né à Arras (1760), S. 15 mars 1779.

Farguer (Jean-Nicolas), dit Magellan, né à Paris (1760), 20 S. sept. 1778.

Bernard (François), dit Absalon, né à Guérigny [Nivernois] (1746), S. 6 juill. 1775, congédié le 6 juill. 1783.

Bérard (Pierre-François), dit Sévé, né à Versailles (1756), S. 8 sept. 1776.

Goy (Jean-Pierre), né à Quingey [Franche-Comté] (1752), S. 6 sept. 1775, R. pour 8 ans le 9 nov. 1779.

Touvenin (Louis), né à Vauconleurs [Champagne] (1759), S. 15 sept. 1778, R. pour 8 ans le 2 janv. 1784.

Colignac (Jacques), né à Saint-Hippolyte [Languedoc] (1751), S. 21 nov. 1778, R. pour 8 ans le 4 sept. 1783.

Bertin (Jean), né à Bervac [Guyenne] (1748), S. 3 avril 1777.

Boilon (Jean-Baptiste), né à Anjou [Franche-Comté] (1759), S. 2 févr. 1778.

Py (Nicolas), né à Ornans [Franche-Comté] (1744), S. 16 mars 1761, R. pour 8 ans le 3 mai 1779.

Charvais (Valentin), dit Charvet, né à Saint-Jean-sur-Reyssouze (1752), S. 8 avril 1777, R. pour 8 ans le 7 sept. 1783.

Vinette (René), né à Montsakey [Poitou] (1754), S. 19 juin 1778.

Razoir (Jean), né à Senlis (1759), S. 1er mai 1778.

Compagnie du Plessis.

Goursault (Jean-Baptiste), né à Bourg-de-Beuvanne [Champagne] (1730), S. 1er mai 1753, mort à l'hôpital de Lamballe le 3 juin 1780.

Thommaret (Etienne), dit Alançon, né à Paris (1747), S. 13 avril 1766, R. pour 8 ans le 31 déc. 1778.

Martel (Bernard), né à Toulouse (1753), S. 22 avril 1773, R. pour 8 ans le 7 mars 1779.

Guillemain (Jean-Louis), né à Montauban (1754), S. 10 janv. 1772, R. pour 8 ans le 26 sept. 1778.

Senestre (Jean), né à Marennes [Saintonge] (1749), S. 11 juin 1765, R. pour 4 ans le 31 oct. 1777.

Louis (Etienne), né à Boussy [Franche-Comté] (1750), S. 4 oct. 1766, R. pour 8 ans le 20 avril 1779.

Pichault (Etienne), né à Courbevoie [près Paris] (1742), S. 1er janv. 1761, R. pour 8 ans le janv. 1778.

Terville (André-Philippe), né à Vaubranche [près de Thionville] (1742), S. 12 avril 1761, mort à l'hôpital de Williamsburg le 11 nov. 1781.

Barbeau (François), né à Causy [Gascogne] (1749), S. 14 avril 1769, R. pour 8 ans le 10 oct. 1777.

Voisin (Blaise), né à Plantey [Beauce] (1750), S. 9 avril 1769, R. pour 8 ans le 8 sept. 1774.

Henry (Pierre), né à Pontcharra [Dauphiné] (1744), S. 17 mars 1762, mort à l'hôpital d'Angers le 20 nov. 1782.

Silvestre (Jacques), né à Courseon [Provence] (1744), S. 1er avril 1762, R. pour 8 ans le 2 janv. 1778.

Blondel (Joseph), né à La Madeleine [Picardie] (1744), S. 16 sept. 1764, R. pour 8 ans le 6 janv. 1779.

Raclaux (Louis), né à Joigny [Bourgogne] (1741), S. 6 déc. 1764, mort à l'hôpital de Brest le 21 juin 1783.

Roussel (Jean-Baptiste), né à Versailles (1747), S. 4 avril 1783, R. pour 8 ans le 25 sept. 1778, tué au siège d'York le 14 oct. 1781.

Soludier (Jean), né à Casques [Agenais] (1747), S. 21 mars 1765, R. pour 8 ans le 25 sept. 1778.

Dedaux (Pierre), né à Le Blanc [Berry] (1746), S. 18 avril 1768, congédié le 30 juin 1783.

Carière (Jacques-Philippe), né à Antibes [Provence] (1748), S. 1er mars 1768, R. pour 8 ans le 6 sept. 1783.

Messin (Guillaume), né à La Bazoche [Normandie] (1746), S. 14 févr. 1769, R. pour 8 ans le 27 déc. 1783.

Pantière (Pierre), né à Nonette-sur-Passavant [Poitou] (1752), S. 1er avril 1770, R. pour 8 ans le 3 sept. 1777.

Evrault (Boulanger), né à Guincourt-en-Beauvoisis (1745), S. 3 oct. 1764.

Groc (Augustin), né à Sabucher [Albigeois] (1755), S. 4 mai 1772.

Basset (Joseph), né à Lyon (1755), S. 15 nov. 1772.

Lubrault (Pierre), né à Bruique [Quercy] (1754), S. 27 déc. 1772, R. pour 8 ans le 25 sept. 1778.

Danis (Joseph), né à Toulouse (1757), S. 21 févr. 1779.

Parquets (Iran), né à Nizas [Languedoc] (1756), S. 17 mai 1773, congédié le 30 juin 1783.

Moreau (Joseph), né à Enevi [Anjou] (1752), S. 17 juin 1773, R. pour 8 ans le 19 nov. 1779.

Gentil (Joseph), né à Toulouse (1756), S. 21 août 1773, mort à l'hôpital de la Providence le 26 sept. 1780.

Boulet (Jean-Baptiste-François), né à Seclin [Flandre] (1761), S. 9 juill. 1779.
Ossepez (Louis), né à Le Puy (1762), S. 11 mai 1780, réformé le 30 nov. 1783.
L'Eguillier (Jean-Claude), né à Paris (1752), S. 27 déc. 1776, mort à l'hôpital de Metz le 13 janv. 1784.
Rouaret (Charles), né à Grenoble (1756), S. 13 mai 1776, congédié le 30 nov. 1784.
Bourlan (Pierre), né à Paris (1751), S. 2 sept. 1778.
Hillac (Vital), né à Toulouse (1756), S. 2 déc. 1774.
Cavé (Pierre), né à Ry [Normandie] (1749), S. 15 déc. 1768, R. pour 8 ans le 15 déc. 1776.
Gathiot (Joseph), né à Troyes (1748), S. 21 oct. 1766, R. pour 8 ans le 25 sept. 1778.
Jourdain (Jean), né à Gauville [Picardie] (1747), S. 16 juin 1766, congédié le 30 juin 1783.
Roger (Louis-François), dit Zoroastre, né à Seclin [Flandre] (1758), S. 24 mars 1780, mort à Newport le 16 sept. 1780.
L'Ainé (Louis), né à Bourges (1749), S. 5 avril 1766 R. pour 8 ans le 28 sept. 1778.
Proux (Pierre), né à Notre-Dame-de-la-Tressonaille [Poitou] (1758), S. 4 sept. 1778, mort à Williamsburg le 19 janv. 1782.
Thierry (Jean-Antoine), né à Inchy [Artois] (1747), S. 4 nov. 1765, R. pour 8 ans le 4 nov. 1773.
Ravaille (Olivier), né à Toulouse (1757), S. 3 mars 1777, mort à Newport le 9 oct. 1780.
Roger (Louis-François-Joseph), dit Zoroastre, né à Seclin [Flandre] (1758), S. 1er mars 1780, mort à Newport le 1er juill. 1780.

Campagnie de Montfort.

Dauniac (Bernard), dit Latour, né à Fleuret-la-Tour [Perrigord] (1736), S. 1er avril 1756, R. pour 8 ans le 15 sept. 1778, passé sergent-major le 13 oct. 1783
Segala (Antoine), né à Cahors (1731), S. 2 oct. 1756, mort à Baltimore le 11 nov. 1782.
Borne (Louis), né à La Chaussée [Languedoc] (1732), S. 24 août 1762, R. pour 4 ans le 17 sept. 1779.
Aisbernardo (Antoine), né à Salernay-sur-Guy (1737), S. 3 févr. 1769, congédié le 30 nov. 1783.
Barbary (Jean), né à Gressy [Quercy] (1722), S. 11 avril 1754, parti pour les Invalides le 11 juill. 1782.
Morgue (Jean), né à Dalbos [Quercy] (1740), S. 18 déc. 1761, R. pour 8 ans le 28 sept. 1773.
Grémont (Jacques-François), né à Paris (1747), S. 4 avril 1765, mort en mer le 8 févr. 1783.
Huguet (Louis), né à Paris (1725), S. 12 janv. 1754, mort à Williamsburg le 14 déc. 1781.
Desroches (Jacques), né à Villefranche (1755), S. 1er juill. 1772, congédié le 30 juin 1783.
La Carrière (Jean), dit Cristiern, né à Dangland (1741), S. 4 janv. 1761, R. pour 8 ans le 3 avril 1778.
Oudinet (Henry), né à Halles [Champagne] (1741), S. 28 sept. 1764, R. pour 8 ans le 26 août 1774.
Gugnepain (André), né à Nixy [Bourgogne] (1741), S. 15 juin 1761, R. pour 8 ans le 15 juin 1778.

Lagarigue (François), né à Saint-Céret [Quercy] (1729), S. 28 mars 1755, R. pour 4 ans le 23 sept. 1778.
Carrière (François), dit Cincinatus, né à Berquille (1738), S. 15 avril 1760, R. pour 8 ans le 30 avril 1777.
Julien (Claude), né à Vataly [Franche-Comté] (1744), S. 2 mai 1762, congédié le 30 nov. 1783.
Viance (Antoine), né à Martel [Quercy] (1743), S. 24 févr. 1761, R. pour 4 ans le 5 oct. 1778.
Menet (Jean), né à Chamarans [près de Tulle] (1748), S. 16 avril 1766, R. pour 8 ans le 25 avril 1779, mort chez lui le 1er avril 1784.
Gras (Claude), né à Severoux [Clermontois] (1735), S. 15 juin 1761, R. pour 8 ans le 15 juin 1778.
Le Roy (Nicolas), dit Clarendon, né à Poissy [Tirrache] (1748), S. 3 oct. 1764, R. pour 8 ans le 25 sept. 1778.
Bagle (Joseph), dit Cléomède, né à Lille (1744), S. 16 sept. 1765, R. pour 8 ans le 25 sept. 1778.
Garnier (Laurent), dit Colbert, né à Bagneux [près Paris] (1737), S. 1er oct. 1766, mort en mer le 13 juill. 1780.
Rivat (Jean), né à Saint-Perdon [Languedoc] (1752), S. 26 sept. 1770, R. pour 8 ans le 10 oct. 1777.
Forest (Simon), né à Concots [Quercy] (1753), S. 28 oct. 1771, R. pour 8 ans le 28 janv. 1778.
Boyer (Ambroise), dit Coligny, né à Montagne [près Libourne] (1740), S. 4 mai 1772, R. pour 8 ans le 23 nov. 1778.
Montguillain (Nicolas), né à Roquefort [Guienne] (1741), S. 23 août 1772, R. pour 8 ans le 25 sept. 1778.
Desmouillés (Augustin), né à Cevé [Gascogne] (1732), S. 13 févr. 1773, parti pour la pension le 1er avril 1774.
Vrimaud (Antoine), dit Grimaud, né à Marnique [Auvergne] (1756), S. 12 mars 1773, R. le 25 sept. 1778.
Flottard (Jean-François), né à Toulouse (1753), S. 21 févr. 1773, congédié le 21 févr. 1781.
Darrac (Pierre), né à Moustrons [Béarn] (1755), S. 20 mai 1773, congédié le 20 mai 1781.
Perrot (Louis), dit Colomb, né à Saint-Jean-de-Fosse [Languedoc] (1752), S. 20 avril 1774, mort à l'hôpital de Newport.
Lapart (Pierre), dit Colomb, né à Fleurat, [Périgord] (1758), S. 21 mars 1774, R. pour 8 ans le 17 févr. 1779.
Gallot (Pierre), né à Montpellier (1756), S. 23 févr. 1774, congédié le 30 juin 1783.
Fournier (Antoine), né à Vibelaye [Rouergue] (1752), S. 14 nov. 1773, mort ou noyé le 7 févr. 1783.
Beauveaux (François), né à Saudrais [Franche-Comté] (1755), S. 21 mars 1774, mort ou noyé le 7 févr. 1783.
Chignon (Louis), né à Brugnot [Provence] (1757), S. 25 sept. 1774, congédié le 30 juin 1783.
Remy (André), dit Clotaire, né à Pierrefitte [Lorraine] (1756), S. 20 sept. 1774, R. pour 8 ans le 2 mars 1779.
Descors (Jean), né à Montiort [Gascogne] (1757), S. 2 oct. 1774, congédié le 30 juin 1783.
Rodier (Antoine), né à Castelnand [Rouergue] (1758), S. 12 sept. 1774, R. pour 8 ans le 26 sept. 1778.
Riola (François), né à Grenoble (1757), S. 26 oct. 1774, congédié le 30 juin 1783.

Castagnier (François), né à Segna [Rouergue] (1756), S. 27 oct. 1774, R. pour 8 ans le 20 nov. 1778.
Maxplet (Jean), né à Toulouse (1756), S. 22 déc. 1774, congédié le 30 juin 1783.
Ferry (François), né à Flagey [Franche-Comté] (1756), S. 13 oct. 1775, mort à Newport le 13 nov. 1780.
Le Maire (Jean), dit Dardanus, né à Langres (1741), S. 22 févr. 1775, congédié le 30 juin 1783.
La Barthe (Jean), dit Darius, né à Maurs [Auvergne] (1757), S. 7 juin 1775, noyé le 7 févr. 1783.
Fevre (Claude), dit Demetrius, né à Monile-Vernois [Franche-Comté] (1756), S. 27 sept. 1775, mort à Hennebont le 9 mai 1780.
Bergougnoux (Jean), né à Gravat [Quercy] (1756), S. 2 oct. 1775, congédié le 21 oct. 1783.
Charvet (Edmond), né à Grenoble (1758), S. 22 déc. 1775, congédié le 30 nov. 1783.
Onrsat (Jean), né à Aurillac (1759), S. 17 févr. 1776, congédié le 30 nov. 1783.
Le Roy (Charles), dit Conins, né à Pœn [Picardie] (1759), S. 8 mars 1776, congédié le 30 nov. 1783.
Martin (Jean), dit Commode, né à Montpellier (1759), S. 22 avril 1776.
Mery (Antoine), né à Vauvert [Languedoc] (1758), S. 12 mai 1776, mort à Williamsburg le 14 févr. 1782.
Roulet (Barthélémy), né à Beauvoisin [Dauphiné] (1754), S. 6 août 1776, mort à Newport le 16 oct. 1780.
Secarnardy (Sébastien), dit Constance, né à Gray (1759), S. 13 nov. 1776, R. pour 8 ans le 8 sept. 1783.
Alain (Jean), dit Constantin, né à Toulouse (1759), S. 27 nov. 1776, R. pour 8 ans le 3 avril 1784.
Bonnat (Guillaume), dit Coriolan, né à Toulouse (1758), S. 27 nov. 1776.
Morat (Pierre), dit Corbulon, né à La Chatre [Berry] (1751), S. 30 nov. 1776, R. pour 8 ans le 13 sept. 1783.
Rataboux (Jean), dit Cortez, né à Rhodez [Rouergue] (1758), S. 2 déc. 1776, congédié le 30 nov. 1783.
Clavelot (Claude), dit Corneille, né à Chagny [Bourgogne] (1761), S. 5 janv. 1777.
Rounat (Pierre), dit Courtenay, né à Pierreville [Normandie] (1727), S. 1er avril 1762, R. pour 8 ans le 18 janv. 1779.
Guillard (Antoine), né à Le Preux [Auvergne] (1742), S. 25 févr. 1767, R. pour 8 ans le 8 mars 1779.
Gulot (Philippe), dit Créon, né à Lieucourt [Franche-Comté] (1759), S. 17 févr. 1777.
Nounax (Charles), dit Aristide, né à Lieucourt [Franche-Comté] (1761), S. 17 févr. 1777, R. pour 8 ans le 7 sept. 1783.
Millier (Jean), dit Vulcain, né à Clasirof [Lorraine] (1759), S. 3 mars 1777.
Antoine (François), dit Vauban, né à Nancy (1761), S. 3 mars 1777, noyé le 7 févr. 1783.
Maillard (Claude), dit Rubens, né à Vinceil [Lorraine] (1761), S. 3 mars 1777.
Collignon (François), dit Vegèe, né à Nancy (1761), S. 11 mars 1777.
Masson (Nicolas), dit Tolède, né à Nancy (1758), S. 11 mars 1777.
Maussat (Pierre), dit Asot, né à Brives [Limousin] (1760), S. 27 mars 1777, réformé le 25 sept. 1780.

281

Corrière (Pierre) dit Ganymède, né à Marguéville [Lorraine] (1759), S. 4 avril 1777.

Valdaus (Joseph), dit Phèdre, né à Saint-Maurice [Lorraine] (1755), S. 14 mai 1777, R. pour 8 ans le 2 nov. 1783.

Souchay (Jean), dit Lysippe, né à Paris (1750), S. 22 mai 1777.

Renaud (Jean-François) dit Archélaüs, né à Nancy (1757), S. 25 juin 1777.

Liberal (Pierre), dit Laberius, né à Amplepuis [Beaujolais] (1760), S. 3 juill. 1777.

Bouchard (Jean Pierre), dit Recaret, né à Dieuville [Lorraine] (1759), S. 4 oct. 1777.

Desmouillés (Jean-Martin), dit Admète, né à Saint-Omer (1753), S. 10 sept. 1773, congédié le 3 juill. 1783.

Allard (Pierre), dit Boniface, né à Lans [...] (1753), S. 21 déc. 1772, congédié le 30 juin 1783.

Gouchenot (Jean) dit Othon, né à Mirecourt [Lorraine] (1751), S. 17 oct. 1777, R. pour 8 ans le 6 sept. 1783.

Le Clerc (Jean-Baptiste), dit Nabat, né à Rosières [Lorraine] (1756), S. 17 oct. 1777, noyé le 7 fév. 1784.

Bogillot (Jean-Baptiste), dit Bezançon, né à Besançon (1750), S. 1er mars 1778, congédié le 8 juin 1784.

Toussaint (Joseph), dit Crassus, né à Gérardmer [Lorraine] (1758), S. 5 mars 1778, R. pour 8 ans le 20 sept. 1783.

Lacroix (Antoine), dit Léandre, né à Maude [Auvergne] (1761), S. 22 mars 1778.

Henrique (Etienne), dit Doria, né à Nemyane [Auvergne] (1760), S. 15 avril 1778, mort à l'hôpital le 20 avril 1780.

Colin (Pierre Henry), dit Nicomède, né à Crolles [Dauphiné] (1751), S. 30 avril 1778.

Voiriot (François), dit Absalon, né à Mirecourt [Lorraine] (1762), S. 1er mai 1778.

Vautry (Nicolas), dit Cinna, né à Dommartin-les-Vallois [Lorraine] (1750), S. 23 juin 1778, mort à Newport le 3 août 1780.

Lefevre (Dominique), dit Lazare, né à Igney [Lorraine] (1761), S. 23 oct. 1778.

Chassillard (Pierre), dit Catulus, né à Brives [Limousin] (1760), S. 24 oct. 1778.

Bausmont (Charles), dit Custine, né à Cuesmes [Lorraine] (1760), S. 26 oct. 1778, R. pour 8 ans le 7 sept. 1783.

Carré (Bernard-Etienne), dit Breton, né à Cuesmes [Lorraine] (1762), S. 22 fév. 1779, R. pour 8 ans le 14 sept. 1783.

Burlon (André), né à Beaucaisant [Dauphiné] (1760), S. 24 avril 1779, mort à Newport le 14 janv. 1781.

Delporte (Pierre Joseph), né à Lille (1762), S. 1er juill. 1779.

Harmain (Pierre), dit Armain, né à Cahors (1745), S. 1er mai 1762, R. pour 8 ans le 13 juill. 1774.

Husson (Michel), dit Descartes, né à Malancourt [Lorraine] (1738), S. 2 nov. 1777, mort à Pondichéry le 28 mars 1783.

Benier (Jean), dit Cicéron, né à Laval (1758), S. 1er déc. 1779, noyé le 7 fév. 1784.

Delahaye (Pierre-Charles), dit Côme, né à Rouen (1754), S. 1er déc. 1779, R. pour 8 ans le 23 févr. 1784.

Boitel (François), né à Morgny [Picardie] (1751), S. 6 juill. 1764, R. pour 8 ans le 6 sept. 1777.

Tribouillet (Louis), né à Bonne [Provence] (1754), S. 1er août 1770, R. pour 8 ans le 20 sept. 1774, mort à Newcastle le 4 juill. 1782.

Delplanq (François), dit Enée, né à Jetinnes [Hainaut] (1754), S. 4 oct. 1777, noyé au naufrage de "la Bourgogne" le 7 févr. 1784.

Carmailloux (René), né à Marsille [Bretagne] (1754), S. 23 nov. 1777, mort à l'hôpital le 7 avril 1783.

Denope (Guillaume), né à Jasnin [Lorraine allemande] (1740), S. 12 mai 1761, R. pour 8 ans le 16 mai 1779.

Dumas (Jean), né à Sommières [Languedoc] (1738), S. 20 mars 1767, R. pour 8 ans le 8 mars 1780.

L'Image (Charles-Antoine), né à Moncourt [Picardie] (1733), S. 22 nov. 1767, R. pour 8 ans le 29 novembre 1779.

Labonté (Arnoult), né à Triplate [Lorraine] (1751), S. 25 nov. 1768, R. pour 8 ans le 7 septembre 1783.

Deriquem (François), né à La Vacquerie [Picardie] (1748), S. 18 juin 1772, R. pour 8 ans le 9 déc. 1777.

Richard (Charles), dit Richardin, né à Autun [Bourgogne] (1760), S. 3 juin 1777, R. pour 8 ans le 15 avril 1784.

Colomb (Michel), dit Colombe, né à Paris (1760), S. 4 août [...], mort à l'hôpital de Metz le 6 nov. 1783.

Lebian (Laurent), né à Landerneau [Bretagne] (1749), S. 5 nov. 1777, R. pour 8 ans le 6 sept. 1783.

Pouget (Pierre), né à Seillxe [Limousin] (1757), S. 3 févr. 1778, R. pour 8 ans le 7 sept. 1783.

Bonet (Jean-Claude), dit Bonnetier, né à Saint-Acques [Velay] (1759), S. 18 mai 1778, R. pour 8 ans le 5 oct. 1783.

Retour (François), né à Houdan [Beauce] (1783), S. 12 juillet 1778.

Horain (Jean-Baptiste), né à Valenciennes (1754), S. 21 déc. 1772, R. pour 8 ans le 8 mars 1779, mort à l'hôpital de Beauvais le 25 août 1783.

Compagnie de Losse.

Dhermigny (Louis-Alexandre), né à Eel [Picardie] (1741), S. 15 avril 1769, R. pour 8 ans le 14 oct. 1778, adjudant le 3 déc. 1782.

Cellières (Gaspard), né à Cahors (1739), S. 22 mars 1761, R. pour 8 ans le 14 juill. 1783.

La Calmette (Pierre), né à Bellac [Limousin] (1744), S. 21 avril 1766, congédié le 30 juin 1783.

La Cour (Simon), né à Liancourt [Picardie] (1722), S. 24 juin 1754, parti pour les Invalides le 1er mai 1783.

Le Rouge (Pierre), dit Le Pirus, né à Roubaix (1742), S. 11 mai 1765, R. pour 8 ans le 25 sept. 1778.

Pontus (Cyprien), dit Cambrai (1745), S. 1 avril 1765, R. pour 8 ans le 13 sept. 1778.

Culeron (Jean-Baptiste), né à Cholat [près Saint-Etienne] (1745), S. 6 juill. 1766, R. pour 8 ans le 6 juill. 1778, mort en mer le 21 févr. 1783.

Michel (Jean), né à Langue [Querey] (1740), S. 18 avril 1761, R. pour 8 ans le 15 oct. 1778.

Marc (Pierre), né à Maule [Beauce] (1737), S. 13 avril 1762, R. pour 8 ans le 22 sept. 1778, et 4 ans le 4 juill. 1783.

Gradel (Albert-Joseph), né à Saint-Amand (1736), S. 8 mars 1759, R. pour 4 ans le 8 mars 1779.

Gudol (Nicolas-Iph.), né à Morede [Gascogne] (1735), S. 24 mars 1760, R. pour 4 ans le 25 sept. 1778.

Barasse (François), né à Camps [Languedoc] (1740), S. 23 sept. 1751, R. pour 8 ans le 8 mars 1779.

Jarriot (Nicolas), né à Paris (1747), S. 11 févr. 1765, R. pour 8 ans le 12 déc. 1778.

Gourmand (Pierre), né à Reims (1747), S. 5 oct. 1766, R. pour 8 ans le 14 déc. 1778.

Jacquet (Louis), né à Tournus [Bourgogne] (1752), S. 15 nov. 1768, R. pour 8 ans le 30 juin 1783.

Coupey (Jean-Baptiste), dit Britannicus, né à Armentières [Flandre] (1741), S. 26 févr. 1769, R. pour 8 ans le 31 août 1774.

Tournillac (François), né à Birac [Normandie] (1753), S. 11 janv. 1771, R. pour 8 ans le 24 mai 1784.

Montbrun (Pierre), né à Canmore [Gascogne] (1752), S. 12 mai 1771, R. pour 8 ans le 14 mai 1780.

Horrin (Jean-Baptiste), dit Horain, né à Valenciennes (1754), S. 21 déc. 1772, R. pour 8 ans le 8 mars 1779.

Bérard (Paul Serge), né à Narbonne [Languedoc] (1757), S. 26 mars 1772, mort à Baltimore le 10 août 1782.

Chatillon (François), né à Riom [Auvergne] (1752), S. 31 mars 1773, mort à Brest le 13 mai 1782.

Domergues (Jacques), dit Amory, né à Saint-Gély [Languedoc] (1751), S. 21 août 1773, congédié le 20 juin 1784.

Colin (George), né à Bougey [Franche-Comté] (1748), S. 18 nov. 1773, congédié le 30 juin 1783.

Michain (André), né à Lyon (1756), S. 20 nov. 1773.

Petit (Désiré), dit Amurat, né à Ry [Franche-Comté] (1758), 1er janv. 1774, R. pour 8 ans le 25 sept 1778.

Huot (Jean), né à Sinonde [Bourgogne] (1753), S. 28 janv. 1774, congédié le 30 juin 1783.

Moneau (Nicolas), dit Monot, né à Mottier [Bresse] (1752), S. 1er févr. 1774, congédié le 30 juin 1783.

Perrier (Laurent), dit Anacréon, né à Douzit [Gascogne] (1755), S. 18 mars 1774, R. pour 8 ans le 25 sept. 1778.

Mignot (Etienne), né à Dôle (1757), S. 27 févr. 1774, R. pour 8 ans le 21 sept. 1778.

Vinas (Pierre), dit Vinasse, né à Florensac [Languedoc] (1757), S. 1er nov. 1774, R. pour 8 ans le 2 janv. 1779.

Martin (Benoît), dit Anténor, né à Saint-Jean-de-Bedas (1752), S. 13 nov. 1774, congédié le 13 nov. 1782.

Duburnet (François), né à Mâcon (1758), S. 1er févr. 1775, mort le 24 sept. 1782.

Cornu (Joseph), né à Albi (1755), S. 1er janv. 1775, R. pour 8 ans le 7 janv. 1779.

Beauky (Joseph), dit Beaunqui, né à Colombier [Franche-Comté] (1756), S. 25 févr. 1775, R. pour 8 ans le 25 avril 1779.

Serriès (Jacques), dit Coyribs, né à Aurillac (1756), S. 13 janv. 1775, congédié le 30 juin 1783.

Muradet (Jean), né à Aurillac (1758), S. 20 mars 1775, congédié le 5 juill. 1783.

Jucla (Louis), dit Giela, né à Lombey [Dauphiné] (1759), S. 7 juin 1775.

Grimal (Pierre), né à Aurillac (1753), S. 2 juin 1775, congédié le 30 juin 1783.

Guinenet (Jean-Baptiste), né à Saint-Gir [Dauphiné] (1757), S. 2 juin 1775, congédié le 30 juin 1783.

Durieux de Madron (Jean), dit Madron, né à Saint-Verden [Comté de Foix] (1759), S. 27 août 1775, congédié le 27 déc. 1782.

Camat (Jacques), dit Camal, né à Montpellier (1755), S. 21 déc. 1775, congédié le 30 nov. 1783.

Gaille (Louis), dit Gail, né à Le Vigan [Languedoc] (1759), S. 2 févr. 1776, congédié le 30 nov. 1783.

L'Erade (Antoine), né à Saint-Michel [Quercy] (1750), S. 22 févr. 1778, congédié le 30 nov. 1783.

Datfin (Claude), né à Dijon (1758), S. 2 juin 1770, congédié le 30 nov. 1783.

Bord (André), dit Agis, né à Alais [Languedoc] (1760), S. 18 oct. 1776, R. pour 8 ans le 5 sept. 1783.

Robert (Claude), dit Alberoni, né à Gibomnel [Lorraine] (1757), S. 14 déc. 1776, R. pour 8 ans le 5 sept. 1783.

Charier (Jacques), dit Charrier, né à Machecoul [Bretagne] (1754), S. 2 janv. 1764, R. pour 1 an le 2 janv. 1779.

Béché (Louis-Charles), dit Amasius, né à Paris (1759), S. 26 déc. 1776, congédié le 30 nov. 1783.

Turrel (Pierre-Antoine), dit Anastase, né à Blamont [Evêchés] (1747), S. 24 déc. 1776.

Gaye (Claude), dit Ancre, né à Saint-Saturnin [Vivarais] (1760), S. 1ᵉʳ janv. 1777, R. pour 8 ans le 15 nov. 1783.

Terminaux (Nicolas), dit Nathan, né à Cappé [Lorraine allemande] (1761), S. 23 févr. 1777, R. pour 8 ans le 22 mars 1784.

Adam (François), dit Zacarie, né à Rambervillers [Lorraine] (1761), S. 3 mars 1777.

Riffle (Jacques), dit Théodore, né à Rosières-aux-Salines [Lorraine] (1760), S. 11 mars 1777, mort en mer le 7 févr. 1783.

François (Pierre-Michel), dit Beaufort, né à Versailles (1759), S. 27 mars 1777, R. pour 8 ans le 30 sept. 1783.

Girard (Claude-François), dit Erechtée, né à Dombasle [Lorraine] (1750), S. 27 mars 1777, réformé le 30 nov. 1783.

Pierrot (François), dit Tutard, né à Nancy (1759), S. 4 avril 1777, congédié le 30 nov. 1783.

Mourtier (Jean-Louis), dit Nabis, né à Vergy [Picardie] (1758), S. 12 avril 1777, mort à Boston le 21 août 1780.

Cuisinier (Sébastien), dit Narsès, né à Nancy (1758), S. 12 avril 1777, parti pour les Invalides le 24 janvier 1784.

Crepin (Louis), dit Stuart, né à Clermont (1760), S. 22 avril 1777.

Lenoir (Jean-Baptiste), dit Sapor, né à Dieuze [Lorraine] (1761), S. 30 mai 1777.

Vivarès (Antoine), dit Antigène, né aux Bouriges [Languedoc] (1761), S. 25 juin 1777, mort à Brest le 16 mai 1782.

Ivon (Alexis), dit Procope, né à Gany (1759), S. 4 août 1777, R. pour 4 ans le 9 sept. 1783.

Nauclair (Maximilien), dit Ninus, né à Bourbourg [près de Cambrai] (1760), S. 17 août 1777.

Aubertin (Bernard), dit Diodore, né à Rosières-aux-Salines [Lorraine] (1759), S. 10 sept. 1777.

Cocard (Jean-Baptiste), dit Timothée, né à Ville-sur-Terre [Champagne] (1757), S. 18 sept. 1777, mort à Lamballe le 14 juill. 1783.

Delpierre (Liévin), dit Ebroni, né à Roubaix (1759), S. 4 oct. 1777.

Dupuy (Magloire), dit Dredeguerre, né à Lille (1759), S. 4 oct. 1777, R. pour 8 ans le 28 mars 1784.

Pierron (Gérard), dit Storca, né à Cheillas [Lorraine] (1759), S. 25 oct. 1777.

Lorimay (François), dit Magon, né à Gondrecourt [Franche-Comté] (1757), S. 20 déc. 1777.

Lorimay (Claude), dit Maherbat, né à Gondrecourt [Franche-Comté] (1760), S. 20 déc. 1777.

Tricot (Antoine), dit Perronne, né à Brenouille [Picardie] (1753), S. 23 déc. 1777.

Chalet (Etienne), dit Thon, né à Champenoux [Lorraine] (1744), S. 23 déc. 1777.

Despas (Gabriel), dit Abagao, né à Lauraët [Guienne] (1751), S. 25 févr. 1778, mort à la Providence le 13 sept. 1780.

Flamand (Antoine-Joseph), dit Daniel, né à Lille (1749), S. 23 mars 1778.

Legrand (François-Stanislas), dit Blamont, né à Blamont [Lorraine] (1760), S. 30 mars 1778, R. pour 8 ans le 5 sept. 1783.

Mathis (Jacques), dit Tatuis, né à Epinal (1751), S. 1ᵉʳ mai 1778.

David (Pierre), dit Stanislas, né à Rennes (1762), S. 22 juin 1778.

Leroy (Léopold), dit Florent, né à Lunéville (1762), S. 23 juin 1778.

Dufour (Isidore), né à Gaudens (1754), S. 21 nov. 1772, congédié le 30 juin 1783.

Laumont (Joseph), dit Locke, né à Oubinat (1760), S. 24 oct. 1778, mort à Newport le 13 oct. 1780.

Georges (Joseph), dit Georgius, né à Malancourt [Lorraine] (1759), S. 26 oct. 1778, R. pour 8 ans le 1ᵉʳ janv. 1784.

Charaux (Nicolas), dit Cadmus, né à Viéville-en-Haye [Lorraine] (1761), S. 18 déc. 1778.

Noël (Louis-Joseph), dit Naas, né à Saint-Omer (1761), S. 1ᵉʳ janvier 1779.

Espinat (Léonard), né à Tulle (1757), S. 13 mars 1773, R. pour 8 ans le 14 oct. 1778.

Guérin (François), né à Le Vigan (1763), S. 22 févr. 1779.

Baratoux (Louis), né à Lamballe (1757), S. 28 juin 1779, mort à d'Angers le 23 août 1781.

Louvran de la Chauffetière (Alexandre), né à Condé [Hainaut] (1759), S. 8 mars 1766, R. pour 8 ans le 11 mars 1779.

Denis (Jean-François), né à Paris (1759), S. 1ᵉʳ février 1777, R. pour 8 ans le 22 août 1784.

Leborgne (Charles-Joseph), dit Borée, né à Lanoy [Flandre] (1763), S. 1ᵉʳ sept. 1779, R. pour 8 ans le 9 sept. 1783.

Samin (Adrien-François), dit Spartien, né à Seling [Flandre] (1759), S. 28 oct. 1779, congédié le 31 mars 1784.

Charette (Michel), dit Pamphile, né à Carpentras (1760), S. 1ᵉʳ nov. 1779.

Besard (Jean-Marie), dit Apollon, né à Rennes (1761), S. 1ᵉʳ déc. 1779, mort à Williamsburg le 6 janv. 1782.

Crenier (Charles), dit Vlisse, né à Brie-Compte-Robert (1751), S. 26 déc. 1779, mort à Boston le 30 août 1780.

Chauvin (Pierre-Antoine), dit Cirus, né à Paris (1762), S. 26 déc. 1779.

Nicolas (Jean), né à Bincourt [Lorraine] (1721), S. 20 mai 1758, noyé au naufrage de "la Diligente" le 16 févr. 1782.

Brasseur (Pierre), dit Bacon, né à Brives (1760), S. 24 oct. 1778, R. pour 8 ans le 28 mars 1784.

Danet (Marie-Joseph), né à Seve [près Paris] (1757), S. 4 juin 1777.

Cramé (Jean-Baptiste), né à Arras (1760), S. 15 mars 1776.

Devandaglo (Gilbert), né à Montargat [Bourbonnais] (1758), S. 16 févr. 1777.

Desjen (Désiré), né à Saint-Germain [Gatinais] (1738), S. 6 avril 1766, R. pour 8 ans le 20 oct. 1778.

Déprez (Louis-Joseph), né à Pont-Evaudin [Flandre] (1751), S. 1ᵉʳ mai 1777.

Hériot (Claude), né à Buée [Comté] (1754), S. 26 oct. 1776, réformé le 30 nov. 1783.

Tomot (Benoît), né à Saint-Jean-sur-Ressource [Bresse] (1754), S. 21 nov. 1776, R. pour 8 ans le 5 sept. 1783.

Clairet (André), né à Bussière [en Comté] (1754), S. 30 nov. 1776, R. pour 8 ans le 11 déc. 1781.

Daumont (Jean), né à Chancilly [Bourgogne] (1756), S. 7 janv. 1777.

Martin (Augustin-Joseph), né à Arras (1757), S. 8 févr. 1777, R. pour 8 ans le 15 nov. 1783.

Lemoîle (Jean-Claude), né à Ploirac [Bretagne] (1755), S. 16 mars 1777, R. pour 8 ans le 15 nov. 1783.

Loup (François), né à Dieppe (1759), S. 17 oct. 1777, mort à Rouen le 24 sept. 1783.

Cloirèque (Jean-Marie), né à Quimper (1760), S. 14 mai 1778.

Bondonnot (Armand), né à Saumur (1759), S. 19 mai 1778, réformé le 30 nov. 1783.

Deroy (Simon), né à Saint-Labin-de-Villebaron (1751), S. 24 août 1778, mort à Newport le 22 déc. 1782.

David (Louis), né à Menon-le-Château (1752), S. 19 déc. 1779.

Bénault (Louis), né à Saint-Aubin [Maine] (1752), S. 14 sept. 1780, réformé le 5 sept. 1783.

Guyard (René), dit René, né à Conflans [Anjou] (1763), S. 11 nov. 1780, réformé le 30 déc. 1783.

Compagnie de Cazals.

Claudot (Nicolas), né à Vezon [Lorraine] (1742), S. 18 févr. 1761, R. le 26 nov. 1783 pour 4 ans.

La Fosse (Jean-Baptiste), né à Versailles (1757), S. 3 juill. 1734, mort à Brest le 12 juill. 1783.

Vasseur (Pierre), né à Cocheuel [Brie] (1748), S. 4 avril 1759, mort en mer le 16 janv. 1783.

Inard (Etienne), dit Saint-Maurice, né à Saint-Maurice [Quercy] (1741), S. 1ᵉʳ juin 1761, R. pour 8 ans le 24 sept. 1778.

Pottier (Jean-Pierre), né à Cartienville [Normandie] (1737), S. 26 oct. 1756, parti pour la pension le 1ᵉʳ avril 1784.

L'Orge (Jean-François-Gardan), né à Milly [Gâtinais] (1746), S. 1ᵉʳ sept. 1762, R. pour 8 ans le 26 déc. 1778.

Courbel (Raymond), né à Aurillac (1747), S. 17 oct. 1766, congédié le 9 août 1783.

Faucon (Pierre-François), né à Choisy (1740), S. 21 juin 1762, congédié le 30 juin 1783.

Lignac (Pierre), né à Coulonge (1731), S. 14 avril 1756, parti pour la pension le 5 juill. 1783.

Molet (Nicolas), né à Metz (1741), S. 18 févr. 1761, R. pour 8 ans le 18 févr. 1779.

Rhode (Louis), né à Damezele [Auvergne] (1740), S. 15 juin 1761, R. pour 8 ans le 24 sept. 1778.

Maréchal (Jean), né à Metz (1737), S. 10 oct. 1763, R. pour 8 ans le 8 mars 1779.

Dussard (Joseph-François), dit Annibal, né à Lille (1747), S. 1 oct. 1764, R. pour 8 ans le 23 sept. 1778.

Vanac (Joseph), né à Lille (1745), S. 4 mars 1765, R. pour 8 ans le 25 sept. 1778.

Thierry (Antoine), né à Incly [Artois] (1747), S. 4 nov. 1765, R. pour 8 ans le 4 oct. 1785.

Bellière (Jean), né à Oriel [Languedoc] (1741), S. 30 nov. 1765, congédié le 30 juin 1783.

Bouteiller (Jean-Baptiste), né à Villers-Marmery [Champagne] (1735), S. 19 févr. 1766, parti pour les Invalides le 1er avril 1784.

Hurtault (René), né à Chinon [Touraine] (1748), S. 23 août 1766.

Belliard (Jean), dit Belliard, né à Vezin [Anjou] (1741), S. 23 août 1766.

Noël (Jean), né à Pierrevillers (1739), S. 25 avril 1767, mort à Williamsburg le 7 juin 1782.

Le Bey (François), né à Chevannes [Picardie] (1745), S. 21 oct. 1766, congédié le 21 oct. 1782.

Bertrand (Jean-Ignace), dit Aminthe, né à Edon [Artois] (1751), S. 28 janv. 1767, mort à La Rochelle le 25 juill. 1783.

Dehoute (Jean-Louis), né à Besançon (1748), S. 22 nov. 1768, R. pour 8 ans le 1er oct. 1778.

Duroch (Joseph), né à Plombières [Lorraine] (1750), S. 1er févr. 1771, R. pour 8 ans le 1er févr. 1778.

Souffren (Léonard), né à Fleurat [Périgord] (1754), S. 13 févr. 1771, R. pour 8 ans le 3 oct. 1778.

Pelletier (Jean), né à Cuzan [près de Montbrison] (1755), S. 14 avril 1771, R. pour 8 ans le 12 sept. 1783.

Carrière (Étienne), né à Nîmes (1754), S. 27 avril 1771, R. pour 8 ans le 17 févr. 1784.

Manadet (Bernard), né à Saint-Gnon [Gascogne] (1753), S. 23 déc. 1772, R. pour 8 ans le 4 janv. 1779; mort au siège d'York le 17 oct. 1781.

Renault (Pierre), dit Archimède, né à Champanier [Dauphiné] (1753), S. 23 déc. 1772, congédié le 30 juin 1783.

Serriès (Joseph), dit Arioste, né à Aurillac (1748), S. 22 févr. 1773, congédié le 22 févr. 1780.

Laporte (Pierre), né à Montpellier (1756), S. 3 juill. 1773, R. pour 8 ans le 25 sept. 1778.

Pany (Jean), né à Clapière [Languedoc] (1755), S. 3 juill. 1773, mort à Boston le 5 août 1780.

Arnicy (Joseph), né à Nîmes (1757), S. 27 août 1773, congédié le 30 juin 1783.

Tessier (Jean), né à Bordeaux (1745), S. 20 oct. 1773, mort à Boston le 22 juill. 1780.

David (Joseph), né à Monpazier (1745), S. 1er nov. 1773, congédié le 30 juin 1783.

Bailly (Étienne), né à Motier [Bresse] (1753), S. 19 févr. 1774, R. pour 8 ans le 25 sept. 1778.

Bonov (Antoine), né à Vie [Auvergne] (1754), S. 1er avril 1774, mort à Lauballe le 17 juin 1780.

Mayeur (Pierre), né à Toulouse (1754), S. 1er nov. 1774, congédié le 30 juin 1783.

Decour (Jacques), né à Toulouse (1757), S. 28 déc. 1774, R. pour 8 ans le 4 janv. 1779.

Maréchal (Joseph), dit Aristot, né à Vesoul (1759), S. 19 janv. 1775, R. pour 8 ans le 27 avril 1779.

Meingeville (Jean), né à Toulouse (1757), S. 8 juin 1775, R. pour 8 ans le 28 juin 1779.

Roubichon (Jean-Baptiste), né à Mallan [Languedoc] (1750), S. 1er avril 1775, congédié le 25 août 1783.

Normandet (Étienne), né à Plagne [Périgord] (1758), S. 1er avril 1776, congédié le 10 déc. 1783.

Chateau (Louis), dit Artaban, né à Milly [Gâtinais] (1758), S. 13 nov. 1776.

Sparbée (François), dit Andrubat, né à Lille [Jourdain] (1759), S. 27 nov. 1776, réformé le 30 nov. 1783.

Hyon (Dominique), dit Asop, né à Toulouse (1766), S. 27 nov. 1776.

Birkell (Nicolas), dit Atrée, né à Arguetoises [Lorraine allemande] (1758), S. 10 déc. 1776.

Vignot (Jean), dit Atut, né à Saint-Foix-d'Agrefeuille [Languedoc] (1757), S. 9 déc. 1776, mort à Bess le 21 juin 1782.

Royer (Jean-Baptiste), dit Attila, né à Frobois [Lorraine] (1757), S. 9 déc. 1776, réformé le 5 sept. 1783.

Le Gendre (Nicolas), dit Noé, né à Daumeud [Normandie] (1760), S. 15 janv. 1777, mort à Lauballe le 14 mai 1780.

Duffort (Antoine), dit Maradin, né à Fousean [Gascogne] (1758), S. 1er janv. 1777.

Rives (Dominique), dit Néron, né à Bertrain [Languedoc] (1740), S. 15 déc. 1776.

Accreman (Jean), dit Parfait, né à Longeville [Lorraine allemande] (1760), S. 19 janv. 1777.

Jolivet (Michel), dit Diogène, né à Vesoul (1761), S. févr. 1777.

Petit (Florentin), dit Silla, né à Nancy (1755), S. 3 mars 1777.

Thouvenot (Jean), dit Ptolémée, né à Nancy (1761), S. 11 mars 1777.

Nogent (Jean), dit Emanuel, né à Henricourt [Lorraine] (1757), S. 27 mars 1777, R. pour 8 ans le 29 déc. 1783.

Geitzler (Casmir), dit Phatzbourg, né à Phalsbourg [Alsace] (1752), S. 27 mars 1777.

Lindem (Nicolas), dit Furstemberg, né à Welsem [Alsace] (1755), S. 14 mai 1777.

Grillot (Louis), dit Sévère, né à Plombières [Lorraine] (1761), S. 30 mai 1777, congédié le 29 oct. 1783.

Nautier (François), dit Servilius, né à Amiens (1730), S. 17 juin 1777.

Kierfer (Martin), dit Keith, né à Marquesdieu [Alsace] (1759), S. 3 juill. 1777, mort à Boston le 5 août 1780.

Chenetter (Félix), dit Alsace, né à Kaispischechen [Alsace] (1759), S. 11 juill. 1777.

Huc (Portien), dit Patamène, né à Laigle [Normandie] (1750), S. 2 sept. 1777, R. pour 8 ans le 17 févr. 1784.

Charrier (Pierre), dit Théodose, né à Saint-Nicolas [Lorraine] (1758), S. 12 sept. 1777.

De Foix (Pierre-Victor), dit Montagne, né à Amiens [Picardie] (1755), S. 16 oct. 1777, R. pour 8 ans le 17 oct. 1783.

Courtois (Étienne), dit Soliman, né à Vannecourt [Lorraine] (1757), S. 25 oct. 1776, tué au siège d'York le 12 oct. 1781.

Guillaume (Alexis), dit Polidore, né à Hendrésu [Lorraine] (1752), S. 10 nov. 1777, passé caporal le 11 nov. 1781.

Kling (Jacob), dit Arbogaste, né à Kervil [Lorraine allemande] (1759), S. 12 déc. 1777.

Dalvin (Louis-Joseph), dit Salomon, né à Bouschek [Flandre] (1752), S. 25 févr. 1778.

Julien (Pierre), dit Barberousse, né à Mezin [Guienne] (1755), S. 22 mars 1778, mort à Boston le 23 juill. 1780.

Filcau (Pierre), dit Cumberland, né à Saint-Leu [près Paris] (1752), S. 26 avril 1778.

Cadenave (Joseph), dit Sorgins, né à Hachen [Gascogne] (1758), S. 22 avril 1778.

Faune (Jean-Baptiste), dit Dourlans, né à Ancoche [Picardie] (1750), S. 24 déc. 1776, congédié le 30 sept. 1783.

Perron (Jean), dit Anezé, né à Poitiers [Poitou] (1740), S. 24 juin 1778.

Destribair (Jean), dit Moloch, né à Pont-à-Mousson [Lorraine] (1762), S. 24 juin 1778, passé caporal le 19 juin 1782.

Evrard (Joseph), dit Melon, né à Boville [devant Bayon] (1761), S. 24 juin 1778.

Nolex (Auguste-Désiré), dit Montluc, né à Gand [Flandre] (1760), S. 16 sept. 1778.

Saget (André), dit Sophocle, né à Villeneuve Mégrigna [Champagne] (1758), S. 23 oct. 1779, mort à la Providence le 7 oct. 1780.

Pégoriès (Thomas), dit Petronius, né à Lodève [Languedoc] (1759), S. 24 oct. 1778.

Henard (Jean), dit Homère, né à Vandeleville [Lorraine] (1758), S. 26 oct. 1778.

Luner (Adrien), né à Strasbourg [Alsace] (1762), S. 26 oct. 1778.

Vantenan (Claude), né à Milry [Lorraine] (1757), S. 1er janv. 1779.

Genty (Pierre), né à Bussan [Lorraine] (1763), S. 1er janv. 1779, mort à la Providence le 20 sept. 1780.

Bassecourt (Jean-Baptiste-Joseph), né à Lille (1750), S. 1er janv. 1779, R. pour 6 ans le 4 oct. 1783.

Duval (Romejan), né à Paris (1762), S. 10 mars 1779.

Lebeau (Louis), né à Paris (1757), S. 26 mars 1779, congédié le 10 juill. 1781.

Vilhoir (Jean), né à Bitche-Viller [Lorraine allemande] (1757), S. 10 mars 1779.

D'Altombe (Pierre-François), dit Wervich, né à Warwichen [Flandre] (1760), S. 1er mai 1779, R. pour 8 ans le 1er mars 1784.

Lugné (André), dit Lisio, né à Saint-Martin-en-Forêt (1762), S. 1er juill. 1779.

Bleuchot (Jean), né à Vesoul [Franche-Comté] (1759), S. 2 mars 1779, R. pour 8 ans le 8 mars 1779.

Boilard (Joseph), dit Batna, né à Plodema [Bretagne] (1761), S. 18 sept. 1779, mort à la Providence le 13 sept. 1780.

Leroy (Jean-Baptiste), dit Phaëton, né à Nancy (1760), S. 1er nov. 1779.

Labigne (Jean), dit Lille (1757), S. 1er nov. 1779 [Bretagne] (1758), S. 1er nov. 1779.

Vincent (Charles), dit Marcellus, né à Paris (1758), S. 17 mars 1780.

Dubois (François-Joseph), dit Abailard, né à Lille (1757), S. 24 mars 1780, R. pour 8 ans le 17 févr. 1784.

Husson (Toussaint), né à Vendôme (1756), S. 23 juill. 1779, R. pour 8 ans le 21 févr. 1784.

Lautrete (Maurice), né à Montbron [Angoumois] (1749), S. 1 mai 1772, R. pour 8 ans le 26 févr. 1779.

Vita (Pierre), né à Reims (1737), S. 13 sept. 1766, R. pour 8 ans le 31 déc. 1774.

Galtier (Alexis), né à Montpellier (1757), S. 10 août 1774, R. pour 8 ans le 2 oct. 1778.
Stophel (Philippe-Denis), dit Hopbel, né à Arbois (Franche-Comté) (1749), S. 30 avril 1775, R. pour 8 ans le 5 nov. 1779.
Gruyer (Jacques), né à Vaivre [Franche-Comté] (1738), S. 30 mai 1765, R. pour 8 ans le 25 nov. 1778.
Chevreuse (François), né à Metz (1751), S. 1er avril 1770, R. pour 8 ans le 3 janv. 1776.
Meunier (Jean), né à Balleroy (1755), S. 27 déc. 1776.
Auvres (Pierre), né à Villepreux [près Paris] (1754), S. 9 sept. 1778.
Buhaux (Louis), né à Glaux [Normandie] (1746), S. 13 nov. 1772, R. pour 8 ans le 13 mai 1778.
Paris (Pierre), dit Beaudoin, né à Chailly [Franche-Comté] (1757), S. 4 avril 1777, réformé le 30 nov. 1783.
Lucas (Gilles), né à Pont-Château [Bretagne] (1754), S. 31 mars 1777.
La Rousse (Jean), né à Paris (1750), S. 28 oct. 1777.
Laporte (Jean-Baptiste), dit Sophôcle, né à Peligneul [Forez] (1748), S. 14 févr. 1777, congédié le 30 nov. 1783.
Lasalle (Jacques), né à Remilly [Champagne] (1757), S. 16 févr. 1777.
Laporte (Léonard), dit Nerva, né à Besançon (1755), S. 13 mars 1776.
Régis (Jean), dit Bomilcar, né à Tulle (1759), S. 1er sept. 1776.
Brulé (Pierre-Louis), né à Paris (1740), S. 12 nov. 1764, R. pour 8 ans le 1er avril 1776; réformé le 30 nov. 1783.
Legros (Jacques), né à Seguin [Angoumois] (1755), S. 4 mars 1754, R. pour 8 ans le 27 mars 1780.
Vergnol (Louis), né à Favart [Limousin] (1758), S. 1er sept. 1776.
Millier (Jean), dit Millière, né à Châteauvillain [Champagne], (1749), S. 7 mars 1767, R. pour 8 ans le 17 févr. 1779.

Compagnie de La Brue.

Perrot (Silvain), né à Bourg-de-Guson [Marche] (1749), S. 1er avril 1758, R. pour 8 ans le 26 sept. 1778.
Ducrotois (André), né à Vignacourt [Picardie] (1747), S. 20 oct. 1765, parti pour les Invalides le 1er mars 1783.
Dutartre (Pierre), né à Paris (1760), S. 18 mars 1754, parti pour la pension le 1er Avril 1784.
Barret (Nicolas), né à Sussy [Bourgogne] (1746), S. 13 déc. 1766, mort à Porto-Cabello le 22 mars 1783.
D'Azema (Jean-Louis-Joseph Edme), né à Toulouse (1747), S. 1er janv. 1775, mort le 7 févr. 1783.
Darras (André-François), né à Bapaume [Artois] (1753), S. 27 févr. 1769, mort à Metz le 13 déc. 1783.
Maréchal (Joseph), dit Brutus, né à Bonna [Bugey] (1756), S. 14 mars 1760, R. pour 8 ans le 27 janv. 1774.
Fargue (Michel), né à Montauban [Quercy] (1736), S. 3 déc. 1760, R. pour 8 ans le 3 avril 1778.
Bonnal (Jean), né à Gynal [Rouergue] (1735), S. 1er déc. 1759, R. pour 8 ans le 8 mars 1775.
Froux (André), né à Provins (1746), S. 5 oct. 1766, congédié le 6 juill. 1783.
Grisel (Toussaint), né à Versailles (1744), S. 16 févr. 1769, R. pour 8 ans le 20 oct. 1783.

Jaspar (Nicolas), né à Epernay (1749), S. 4 mars 1767, R. pour 8 ans le 17 mai 1779.
Boucher (Louis), dit Chalcas, né à Montfort-l'Amaury (1736), S. 27 sept. 1759, R. pour 8 ans le 30 oct. 1772; congédié le 9 juin 1782.
Deltort (Augustin), né à Negrepelisse [Quercy] (1727), S. 11 déc. 1760, R. pour 8 ans le 26 févr. 1771, et 4 ans le 21 déc. 1782.
Boutry (Augustin), né à Lille (1738), S. 8 avril 1764, R. pour 8 ans le 26 févr. 1778.
Audiger (Germain), né à La Madeleine-Nonancourt [Normandie] (1738), S. 1er mars 1767, R. pour 8 ans le 1er oct. 1778.
Artuy (Jean), né à Saint-Clément [Anjou] (1747), S. 7 févr. 1766, R. pour 8 ans le 1er oct. 1778.
Bernizet (Jean-Marie), né à Beaujeux [Beaujolais] (1744), S. 10 janv. 1767, R. pour 8 ans le 25 avril 1779.
Malvaux (Pierre-Charles), né à Annetu [Beauce] (1742), S. 18 avril 1767, R. pour 8 ans le 5 mai 1779.
Ganeval (Désiré), né à Lons-le-Saunier [Franche-Comté] (1744), S. 4 juin 1767, R. pour 8 ans le 9 juin 1778.
George (Joseph), né à Agnière [Bourgogne] (1747), S. 7 déc. 1767, R. pour 8 ans le 26 juin 1783.
Le Riche (Louis-Jean), né à Lille (1749), S. 7 déc. 1767, R. pour 8 ans le 29 nov. 1783.
Logeois (Fidel-Amand-Constant), né à Arras (1752), S. 28 août 1768, R. pour 8 ans le 26 août 1774, et 8 ans le 15 nov. 1783.
Martin (Paul), dit Catigula, né à Vian [Enjoue] (1744), S. 6 mars 1769, R. pour 8 ans le 5 mars 1777.
Rossignol (François-Joseph), né à Lille (1751), S. 20 mars 1770, mort à Villiamsburg le 5 juin 1782.
Le Sire (Pierre), dit Capet, né à Montbard [Bourgogne] (1751), S. 6 janv. 1771, R. pour 8 ans le 12 sept. 1783.
Chabrefitz, né à Perigueux (1756), S. 4 mai 1772.
Le Gendre (François), né à Ham [Picardie] (1738), S. 6 déc. 1759, R. pour 8 ans le 26 sept. 1778.
Agier (Jean), né à Montpellier (1758), S. 23 oct. 1778.
Bussière (Vincent), né à Tulle (1756), S. 2 janv. 1773, congédié le 2 janv. 1781.
Fraichoux (Blaise), né à Toulouse (1758), S. 1er janv. 1774, congédié le 6 juill. 1783.
Raphael (Albert), dit Salembier, né à Lille (1746), S. 10 févr. 1774, R. pour 8 ans le 25 sept. 1778.
Paudelay (Pierre), né à Mauregean [Gascogne] (1756), S. 2 mai 1774.
Boutry (Nicolas), né à Lille (1732), S. 10 févr. 1758, R. pour 8 ans le 27 sept. 1778.
Ribaux (Claude), né à Boissy-la-Belle (1734), S. 14 mars 1757, congédié le 22 oct. 1783.
Guyot (Joseph), né à Toulon (1758), S. 26 juin 1775, congédié le 20 juill. 1783.
Pages (Jean), né à Montpellier (1756), S. 7 juill. 1775, congédié le 14 févr. 1784.
Ponciaux (François), né à Figeac (1758), S. 23 févr. 1776.
Rouillard (Jacques), dit Childebert, né à Paris (1758), S. 15 janv. 1777.
Daussin (Jean-Pierre), dit Childebrand, né à Clurbet [Normandie] (1760), S. 15 janv. 1777.

Vettetin (François), né à Mailly [Picardie] (1759), S. 24 déc. 1776.
Barte (François), dit Sully, né à Nancy (1761), S. 11 mars 1777, R. pour 8 ans le 10 sept. 1783.
Le Feu (Louis), né à Vignacourt [Picardie] (1758), S. 19 mars 1777, R. pour 8 ans le 28 mars 1774.
Cronier (François), dit Saturne, né à Vignacourt [Picardie] (1751), S. 19 mars 1777.
Le Maire (Pierre), dit Saladin, né à Clesset [Picardie] (1747) S. 19 mars 1777.
Lefèvre (Jean-Baptiste), dit Epaminondas, né à Vignacourt [Picardie] (1759), S. 27 mars 1777.
Daniel (Jacques), dit Malezieux, né à Guignen [Bretagne] (1752), S. 12 avril 1777.
Le Sueur (Jean-Baptiste), dit Maxence, né à Amiens (1758), S. 12 avril 1777.
Rondot (Jean), dit Montpensier, né à Rosières-aux-Salines [Lorraine] (1751), S. 21 avril 1777.
Gousselain (André), dit Méduse, né à Rubempré [Picardie] (1760), S. 6 mai 1777, R. pour 8 ans le 3 janv. 1784.
Le Roux (Firmin), dit Pétrarque, né à Amiens (1759), S. 22 mai 1777.
Acloque (Jean-Baptiste), dit Tite-Live, né à Amiens (1761), S. 7 juin 1777.
Grandjean (Joseph), dit Essex, né à Nancy (1761), S. 27 juill. 1777.
Pelletier (Thomas), dit Castor, né à Paris (1761), S. 11 sept. 1777.
Edouard (Jean-Baptiste), dit Childéric, né à Amiens (1759), S. 18 sept. 1777.
Chantrieux (Louis-François), dit Hiéron, né à Amiens (1759), S. 18 sept. 1777.
Dubois (Jean-Baptiste), dit Ladislas, né à Amiens (1760), S. 8 oct. 1777.
Eide (César-Auguste), dit Pline, né à Hauterive [Languedoc] (1755), S. 25 oct. 1777.
Gergeon (Nicolas), dit Antipater, né à Amiens (1759), S. 2 nov. 1777.
Chaborel (Jean-Baptiste), dit Tydée né à Beauzée [Lorraine] (1761), S. 10 nov. 1777.
Flau (Charles), dit Therme, né à Passy [près Paris] (1760), S. 10 nov. 1777, R. pour 8 ans le 16 oct. 1783.
Sucintho (Honoré), dit Quintilien, né à Amiens (1761), S. 26 nov. 1777.
Magné (Pierre), dit Radamanthe, né à Amiens (1759), S. 26 nov. 1777.
Cremence (Jean-Baptiste), né à Strasbourg (1753), S. 7 sept. 1777.
Duret (François), né à Châlon-sur-Saône (1753), S. 2 mars 1769, R. pour 8 ans le 20 sept. 1774.
Lacroix (Jean-Claude-Curé), dit Germanicus, né à Rambervillers [Lorraine] (1749), S. 25 févr. 1778.
Bertrand (Etienne), dit Camille, né à Tonnoy [Lorraine] (1762), S. 25 févr. 1778.
Détal (Jean-Baptiste), dit Cassiodore, né à Bavouvillers [Picardie] (1761), S. 21 avril 1778.
Gamard (Jean-Baptiste), dit Cujas, né à Amiens (1762), S. 21 avril 1778.
Benac (Jean-Marie), né à Escanecrabe [Gascogne] (1753), S. 18 juin 1773.
Desaubri (Nicolas), dit Guillaume, né à Pont-à-Mousson [Lorraine] (1761), S. 21 juin 1778.
Ackey (Ignace), né à Strasbourg (1753), S. 21 juin 1778, mort à Newport le 13 oct. 1780.
Rouaret (Jacques), né à Nimes (1759), S. 25 avril 1775, congédié le 30 juin 1783.

Lafin (Jeanpetit), dit Lysandre, né à Paris (1740), S. 16 sept. 1778, mort à Williamsburg le 30 nov. 1781.

Bertrand (Etienne), dit Batadau, né à Nomeny [Lorraine] (1752), S. 16 sept. 1778.

Cantéré (Pierre-Joseph), dit Condé, né à Lille (1761), S. 24 oct. 1778.

Maire (Lazare-Minos), né à Croué-le-Châtel [Bourgogne] (1759), S. 24 oct. 1778, R. pour 8 ans le 5 sept. 1783.

Philbert (Nicolas), dit Plumet, né à Arches et Champs [Lorraine] (1755), S. 24 oct. 1778 mort à Metz le 2 sept. 1783.

Vincent (Jean Baptiste), dit Vérus, né à Anrillac (1762), S. 24 oct. 1778, passé caporal le 26 déc. 1783.

Buttin (Pierre), dit Boivin, né à Neuvy [Touraine] (1760), S. 26 oct. 1778.

Picot (François-Jean), dit Pic, né à Mandres [Lorraine] (1760), S. 1er nov. 1778.

Clément (Jean Pierre), dit Cignus, né à Saint-Jean [Rouergue] (1759), S. 18 déc. 1778, mort à d'Angers le 7 avril 1783.

Prudal (Jean Baptiste), dit Prusias, né à Sainte-Emilie [Gévaudan] (1760), S. 18 déc. 1778.

Levêque (Charles-André), né à Douai (1762), S. 1er janv. 1779, congédié le 31 mars 1784.

Derouave (François-Joseph), né à Lille (1763), S. 1er janv. 1779.

Debonnaire (Aimé-Joseph), né à Lille (1762), S. 1er janv. 1779, mort à Newport le 17 mars 1781.

Pinot (Jérôme), né à Brives (1762), S. 11 mars 1779.

Noël (Etienne-Thomas), né à Troyes, né à Troyes (1762), S. 25 avril 1779.

Tilleux (Jean-François), dit Tempête, né à Verwicq [Flandre] (1761), S. 1er mai 1779.

Bossard (Jean-Baptiste), dit Bergues, né à Lannoy [Flandre] (1760), S. 1er mai 1779.

Lucas (Joseph), dit Lucullus, né à Pierré [Bretagne] (1759), S. 1er mai 1779.

Coursier (Antoine-Joseph), dit Coursier, né à Lille (1752), S. 29 juillet 1768, R. pour 8 ans le 1er janv. 1777.

Pay (Michel), dit Pandore, né à Hernest-su-Maine (1762), S. 28 juin 1779, réformé le 30 nov. 1783.

Bernard (Marc-André), dit Pylade, né à Combrecourt [Flandre] (1760), S. 28 oct. 1779.

Orbain (Ferdinand), dit Pau, né à Anzin [Hainaut] (1764), S. 1er déc. 1779.

Fornay (Jean Baptiste), dit Charlemagne, né à Contaimaison [Picardie] (1744), S. 1er déc. 1779.

Devillers (Gabriel), dit Pompée, né à Jobville [Haute-Marne] (1760), S. 1er janv. 1780, mort à Williamsburg le 26 déc. 1781.

Deconean (Pierre), dit Riom, né à Coterdès [Auvergne] (1759), S. 1er janv. 1780.

Forzet (Gabriel), dit Décius, né à Massac [Auvergne] (1761), S. 1er janv. 1780, mort à Nord-Castle le 19 août 1781.

Simonet (Pierre), né à Sevan [Poitou] (1759), S. 1er avril 1779.

Rose (Laurent) né à Bordeaux (1755), S. 14 avril 1771, R. pour 8 ans le 14 avril 1778, mort à Lunéville le 25 févr. 1784.

Grégoire (Charles), dit Périclès, né à Paris (1761), S. 1er mars 1780, réformé le 14 sept. 1783.

Genty (Jacques), né à Versailles (1751), S. 11 août 1768, mort à Baltimore le 23 mars 1783.

Le Fèvre (Jean François), né à Mouveaux [Flandre] (1760), S. 1er mars 1780, mort à Baltimore le 17 mars 1783.

Derocher (Jean-Marie), dit Dagobert né à Marquette [Flandre] (1760), S. 3 avril 1780.

Lamotte (François), né à Marquette [Flandre] (1760), S. 3 avril 1780.

Combe (Louis-Jean), né à Paris (1750), S. d. mars 1778.

Sibolle (Henry-Alexandre), né à Dunkerque (1760), S. 4 juin 1780, R. pour 8 ans le 17 févr. 1784.

Claveran (Mathurin), né à Bouchemaine [près d'Angers] (1749), S. 24 nov. 1777.

Brochet (Jean), né à Montaigu [Poitou] (1760), S. 28 mai 1778, R. pour 8 ans le 17 févr. 1784.

Nansau (Joseph), né à Paris (1759), S. 27 août 1779, R. pour 8 ans le 7 sept. 1783.

Pataux (Philippe), né à Bonnétable [Maine] (1736), S. 1er mars 1762, R. pour 8 ans le 19 oct. 1778.

Lognier (Léonard), né à Traversay [Limousin] (1760), S. 2 déc. 1777, R. pour 8 ans le 5 sept. 1783.

Daignot (René), né à Blois (1758), S. 9 juill. 1778.

Thibaut (Jérôme), dit Nemours, né à Milly [Gâtinois] (1759), S. 13 nov. 1776, réformé le 30 nov. 1783.

Leclerc (Louis), né à Neuville-Saint-Vaast [Artois] (1760), S. 16 févr. 1776, congédié le 30 nov. 1783.

Duhaut (Philippe-Joseph), né à Lille (1747), S. 1er mai 1764, R. pour 8 ans le 24 oct. 1780.

Bouvier (Antoine), né à Villeneuve [Dauphiné] (1756), S. 1er avril 1760, R. pour 8 ans le 25 avril 1779.

Castelanne (Pierre-Antoine), dit Rambuze, né à Tourcoing (1764), S. 26 févr. 1780, congédié le 1er mars 1784.

Gobert (Jean), dit Télémaque, né à Nîmes (1757), S. 20 juillet 1778, R. pour 8 ans le 12 févr. 1779.

Baudin (Claude), dit Bélidor, né à Fontaine Française (1755), S. 30 oct. 1773, R. pour 8 ans le 1er oct. 1778.

Landrave (Jean-Pierre), dit Géta, né à Coutances [Normandie] (1762), S. 26 févr. 1780.

Crétal (François-Seraphin), dit Ramond, né à Lille (1759), S. 26 févr. 1780.

Voisin (Blaise), né à Plantey [Beauce] (1760), S. 9 avril 1769, R. pour 8 ans le 8 sept. 1774.

Baratout (François-Mathurin), dit Blainville, né à Auriale [Bretagne] (1750), S. 13 sept. 1774, R. pour 8 ans le 14 janv. 1784.

Krip (Jean), dit Puffendorf, né à Krauvilliers [Lorraine allemande] (1761), S. 22 mai 1777, R. pour 8 ans le 2 janv. 1784.

Taconet (Jacques), né à Paris (1739), S. 19 juill. 1777, R. pour 2 ans le 9 mars 1784.

Rasoir (Jean), né à Senlis [Picardie] (1759), S. 1er mai 1778, R. pour 8 ans le 8 avril 1784.

Compagnie du Chevallier.

Razet (Jean), né à Auch (1747), S. 5 mai 1758, parti pour la pension le 1er avril 1784.

Cochard (Louis-Nicolas), né à La Ferté-sous-Jouarre [Brie] (1741), S. 17 jours 1761, R. pour 4 ans le 15 janv. 1780.

Legros (Jacques), né à Seguin [Angoumois] (1727), S. 4 mars 1754, R. pour 4 ans le 27 mars 1780.

Lafrance (Antoine-François), né à Nîmes [Dauphiné] (1726), S. 22 avril 1759, R. pour 8 ans le 12 nov. 1772.

Coupey (Louis-Joseph), né à Armentières [Flandre] (1743), S. 31 mai 1766, mort le 7 févr. 1783.

Gache (Claude), dit Dauphiné, né à Montagne [Dauphiné] (1744), S. 1er janv. 1762, parti pour les Invalides le 9 avril 1784.

Bezieux (Jean-Joseph), né à Valenciennes (1757), S. 6 déc. 1769, R. pour 8 ans le 25 sept. 1778.

Artus (Nicolas), né à Artou [Beauce] (1757), S. 18 mai 1769, R. pour 8 ans le 25 sept. 1778.

Fauchard (Jean), né à Mirecourt (1736), S. 21 mai 1762, parti pour les Invalides le 11 juill. 1782.

Bans (Philippe-Iph.), né à Bombert [Artois] (1730), S. 5 oct. 1767, R. pour 8 ans le 26 sept. 1783.

Graviche (Jean-Baptiste), né à Tulle (1751), S. 21 févr. 1775, congédié le 21 février 1784.

Droulet (Charles-Louis), né à Lille (1749), S. 8 sept. 1769, mort le 7 févr. 1783.

Steve (Antoine), né à La Chapelle [Languedoc] (1731), S. 13 oct. 1751, mort le 19 juin 1782.

Le Roy (Jean), dit Clovis, né à Maurs [Auvergne] (1733), S. 20 avril 1753, R. pour 8 ans le 20 sept. 1779.

Singlaude (Jean), né à Limagne [Quercy] (1736), S. 1er avril 1756, parti pour la pension le 5 juill. 1783.

Henon (Adrien), né à Covenvillère [Picardie] (1737), S. 15 avril 1760, R. pour 8 ans le 20 juin 1774.

Fleuriot (Jean), né à Venizi [Bourgogne] (1735), S. 11 déc. 1760, R. pour 8 ans le 10 janv. 1779.

Vidal (Guillaume), dit Bachus, né à Aurillac (1738), S. 4 mai 1762, R. pour 8 ans le 28 sept. 1778.

Mazure (Charles), né à Gournay [Picardie] (1742), S. 21 juin 1762, congédié le 20 déc. 1783.

Dotté (Ignace-Iph.), né à Etaples [Flandre] (1736), S. 16 sept. 1761, R. pour 8 ans le 28 sept. 1778.

Berthes (Jean-François), né à Offin [Artois] (1740), S. 21 févr. 1766, R. pour 4 ans le 13 oct. 1778.

Boucher (Germain), dit Bayons, né à Le Lude (1740), S. 20 févr. 1766, R. pour 8 ans le 25 sept. 1778.

Gerard (Mann), dit Bajazet, né à Loyent-Fouy [Beauce] (1741), S. 8 déc. 1766, R. pour 8 ans le 7 janv. 1779.

Loret (François), né à Montlhéry (1746), S. 5 oct. 1767, R. pour 8 ans le 3 juill. 1783.

Charles (Antoine), dit Bazile, né à Henon [Champagne] (1749), S. 13 avril 1769, R. pour 8 ans le 2 mars 1774.

Sens (Adrien), né à Douai (1737), S. 20 juill. 1769, R. pour 8 ans le 8 févr. 1777.

Bringuier (Jean), né à Montpellier (1746), S. 18 oct. 1772, congédié le 17 oct. 1780.

Benuet (Jean-Antoine), né à Montpellier (1754), S. 18 oct. 1772, R. pour 4 ans le 24 août 1781.

Conget (Alexis), né à Toulon (1755), S. 18 oct. 1772, R. pour 8 ans le 13 janv. 1779.

Bataille (Mathias), né à Tournay [Flandre] (1750), S. 22 févr. 1773, congédié le 22 févr. 1784.

Couret (Gabriel), né à Perpignan (1755), S. 11 mars 1773, R. pour 8 ans le 14 oct. 1778.

Beaudin (Claude), dit Belidor, né à Fontaine-Française [Bourgogne] (1755), S. 19 oct. 1773, R. pour 8 ans le 1er oct. 1778.

Chauvert (Pierre), né à Tulle (1757), S. 16 nov. 1773, cong. le 8 déc. 1781.

Spech (Pierre), né à Ronsière [Languedoc] (1753), S. 21 déc. 1773, mort le 7 févr. 1783.

Mazué (Claude-Pierre), né à Moité [près Dôle] (1755), S. 9 janv. 1774, R. pour 8 ans le 2 oct. 1778, mort à Brest le 3 juill. 1783.

Travaillot (Jean), né à Terrasson [Périgord] (1752), S. 12 mars 1774, mort le 7 févr. 1783.

Gonnor (François) né à Tulle (1758), S. 1er mai 1774, R. pour 8 ans le 7 févr. 1779.

Cayla (Jean-Pierre), dit Burdane, né à Saint-Céré [Quercy] (1746), S. 1er sept. 1774, congédié le 26 juin 1783.

Cluzan (Bernard) né à Tulle (1746), S. 1er déc. 1774, congédié le 11 juill. 1783.

Sombagnier (Jean), né à Saint-Luc-Chalas [Gascogne] (1748), S. 22 févr. 1775, R. pour 8 ans le 28 févr. 1779.

La Combe (Étienne), né à Ghise [Quercy] (1758), S. 22 févr. 1775, congédié le 22 oct. 1783.

Buluze (Pierre), né à Tulle (1758), S. 1er sept. 1776.

Minot (Jean) dit Boileau, né à Melle [Poitou] (1759), S. 1er sept. 1776.

Vergnole (Louis) dit Bonaventure, né à Favart [près de Tulle] (1758), S. 1er sept. 1776.

Le Roy (Pierre), dit Balthazar, né à Corté [Corse] (1758), S. 1er sept. 1776.

Noël (Pierre), dit Brienne, né à Nancy (1757), S. 24 déc. 1776.

Messin (Joseph), dit Lorrbus, né à Dieurbois [près de Verdun] (1760), S. 15 janv. 1777.

Warcher (Jacques), dit Vertu, né à Chamagne [Lorraine] (1760), S. 11 mars 1777.

Garète (Nicolas), dit Tantale, né à Nancy (1759), S. 11 mars 1777.

L'hermitte (Claude), dit Stillicon, né à Nancy (1759), S. 19 mars 1777.

Eyrolle (Blaise), dit Aurélien, né à Tulle (1760), S. 27 mars 1777, congédié le 22 oct. 1783.

Pérotte (Pierre), dit Arétas, né à Tulle (1760), S. 27 mars 1777, congédié le 22 oct. 1783.

Chocrunx (Grégoire-Iph.), dit Pelopidas, né à Equerne [Flandre] (1759), S. 17 août 1777, mort à Brest le 4 oct. 1780.

Frémaux (Alexandre-Iph.), dit Octavien, né à Roubaix (1760), S. 17 août 1777, mort le 7 févr. 1783.

Mongy (Raimond), dit Beziers, né à Béziers [Languedoc] (1740), S. 17 août 1777, mort à Newport le 4 déc. 1780.

Louis (Jean-Marie), dit Bocace, né à Villenoix [Brie] (1759), S. 18 sept. 1777.

Perimond (Nicolas), dit Bellerophon, né à Abbeville (1759), S. 26 sept. 1777, mort à Metz le 9 nov. 1783.

Roussel (Puscat-Iph.), né à Roubaix (1757), S. 16 oct. 1777.

Berthe (Joseph), dit Gratien, né à Saint-Pol [Artois] (1760), S. 16 oct. 1777, R. pour 8 ans le 31 déc. 1783.

Danse (Louis-Iph.), né à Lille (1759), S. 26 nov. 1777.

Vanson (Nicolas-Charles), dit Clinias, né à Epernay (1758), S. 19 déc. 1777, mort à Brest le 25 mai 1782.

Rensudin (François), dit Vigilence, né à Clermont [Clermontois] (1759), S. 20 déc. 1777, réformé le 30 nov. 1783.

Perce (Jean), dit Saluste, né à Serre [Auvergne] (1760), S. 22 juin 1778.

Picoux (Jacques), né à Montaillier [Auvergne] (1756), S. 1er janv. 1775, mort à Newport le 10 août 1780.

Devaux (Jean), dit Belus, né à Anze [Gascogne] (1760), S. 6 mars 1778, mort à Lamballe le 10 mai 1780.

Lavachère (Jean), dit Bellegarde, né à Saint-Céret [Quercy] (1760), S. 22 mars 1778.

Salindre (François), dit Aceste, né à Alais (1760), S. 16 avril 1778.

Camelot (Léopold), dit Vitellius, né à Nancy (1760), S. 1er mai 1778, réformé le 30 nov. 1783.

Gillot (François), dit Gallien, né à Bar-le-Duc (1761), S. 1er mai 1778.

Joindy (Louis), dit Jule, né à Paris (1762), S. 16 sept. 1778.

Remacle (Dominique), dit Romain, né à Mircourt [Lorraine] (1762), S. 23 oct. 1778.

Michel (Jean-Joseph), dit Mircourt, né à Amblimont [Lorraine] (1761), S. 24 oct. 1778.

Delhays (Jacques), dit Abt, né à Ath-en-Hainont (1761), S. 24 oct. 1778.

Vergne (Jean-Baptiste), dit Aristophâne, né à Tulle (1760), S. 27 mars 1777.

De Vial (François), dit Aubusson, né à Tulle (1761), S. 27 mars 1777, mort chez lui le 29 sept. 1781.

Chopin (Nicolas), né à Brittant (1759), S. 15 juin 1761, R. pour 4 ans le 26 sept. 1782.

Guérin (Nicolas), dit Grimaldy, né à Nancy (1761), S. 4 avril 1777.

Terrier (Dominique), dit Lesdiguière, né à Grenoble (1755), S. 28 avril 1777, R. pour 8 ans le 3 janv. 1784.

Jacquin (Louis), dit L'Aurore, né à Autray [Lorraine] (1757), S. 22 mai 1777.

Dufour (Joseph), dit Stenon, né à Amiens (1761), S. 17 juin 1777.

André (Jean), dit Bonneval, né à Remiremont (1761), S. 17 août 1777.

Diénel (François-Iph.), dit Pelaps, né à Equerne [Flandre] (1759), S. 17 août 1777.

Letoquard (Stanislas), dit Liebnitz, né à Lille (1761), S. 24 oct. 1778.

Petry (Joseph), dit Pélican, né à Dieuse [Lorraine] (1761), S. 24 oct. 1778.

D'Arras (Charlemagne), dit Dacier, né à Amiens (1762), S. 26 oct. 1778.

L'Hermitte (Christophe), dit Lange, né à Nancy (1760), S. 26 oct. 1778.

Guidez (François), dit Gordius, né à Valenciennes (1759), S. 1er nov. 1778.

Laurent (Joseph), dit Lisiare, né à Agnenville [Lorraine] (1761), S. 1er nov. 1778, mort à Newport le 13 nov. 1780.

Guillet (Louis), dit Galba, né à Saint-Clément [Anjou] (1762), S. 1er nov. 1778, R. pour 8 ans le 7 sept. 1783.

Trial (Jean), dit Tristan, né à Aubair [Languedoc] (1757), S. 1er janv. 1779, réformé le 5 sept. 1783.

Vivien (Jean-Baptiste), dit Vérité, né à Lisieux [Normandie] (1761), S. 1er janv. 1779.

Féron (Étienne), dit La Ferté, né à Brinou-l'Archevêque [Bourgogne] (1761), S. 22 févr. 1779.

Legendre (Louis), dit Anon, né à Chanzal [Bretagne] (1759), S. 1er juill. 1779.

Lebrelon (Pierre), dit Brama, né à Cadilhac [Bretagne] (1761), S. 19 sept. 1779, mort le 7 févr. 1783.

Plumeren (Pierre), dit Cautemio, né à Saint-Jean-en-Bonneval [Poitou] (1761), S. 1er nov. 1779.

Latouche (René-Laurent), dit Baylo, né à Longuet [Anjou] (1762), S. 1er nov. 1779, réformé la 15 mars 1784.

Boucard (Jean-Baptiste), dit Tournon, né à Cussey [Franche-Comté] (1758), S. 1er nov. 1779, mort le 7 février 1783.

Manèque (Constant), dit Dioclétien, né à Valenciennes (1761), S. 1er nov. 1779.

Testelin (Louis-Joseph), dit Brennus, né à Lille (1761), S. 1er déc. 1779, tué au combat de Chesapeak le 16 mars 1781.

Guillaume (Joseph), dit Barbazan, né à Vauchamps [Champagne] (1754), S. 1er janv. 1780, mort à Williamsburg le 7 juin 1782.

Gaudin (Etienne-Joseph), dit Barnabé, né à Roubaix (1762), S. 1er janv. 1780, mort le 7 févr. 1783.

Luminaux (Jean-Antoine), dit Gallion, né à Nantes (1764), S. 1er janv. 1780, congédié le 22 oct. 1783.

Caladon (Louis), dit Adelphe, né à Le Vigan (1762), S. 1er janv. 1780.

Desguirard (Géraud), né à Cassaniouze [Auvergne] (1753), S. 22 avril 1771, R. pour 8 ans le 7 sept. 1783.

Blondel (François), dit Guéret, né à Magnan-Laval (1753), S. 1er mars 1780.

Bourat (Claude), dit Paulin, né à Sainte-Cécile [Bourgogne] (1761), S. 1er mars 1780.

Chaffart (Louis-Casimir-Joseph), dit Orphée, né à Lille (1758), S. 1er mars 1780.

Vaucorbeil (Louis), né à Paris (1749), S. 3 déc. 1768, caporal du 9 mai 1782.

Lapis (Dominique), dit Corse, né à Bastia [Corse] (1760), S. 11 mars 1777.

Gremont (Jacques-François), né à Paris (1734), S. 17 nov. 1764, mort en mer le 7 févr. 1783.

Simon (Joseph), né à Rennes (1760), S. 23 oct. 1780, mort à Metz le 1er avril 1784.

Roché (Pierre), dit Rouché, né à Muzamet (1751), S. 9 déc. 1770, R. pour 8 ans le 25 sept. 1778.

Roussel (Louis), dit Noyon, né à Noyon [Picardie] (1749), S. 5 déc. 1775, congédié le 30 nov. 1783.

Mathon (Charles), né à Digne (1755), S. 22 févr. 1777.

Gaudet (François), né à Arbois [Franche-Comté] (1757), S. 2 févr. 1778.

Serret (Charles), né à Villejuif [près de Paris] (1758), S. 4 avril 1778.

Pinaut (Pierre), né à Bussière [Poitou] (1753), S. 19 juin 1778, R. pour 8 ans le 24 août 1784.

Gaulois (Pierre-François), né à Villecresnes [Brie] (1763), S. 14 janv. 1780, R. pour 8 ans le 26 mars 1784.

Tumelin (Nicolas), né à Montpionne [Barrois] (1756), S. 1er avril 1777, mort à Williamsburg le 9 mars 1782.

Bardet (Jean), né à Paris (1736), S. 5 juin 1775, R. pour 8 ans le 4 nov. 1779.

Perrin (Denis), né à Viriat [Bresse] (1750), S. 7 janv. 1777, réformé le 30 nov. 1783.

Guillot (Jean) né à Saint-Dyé-sur-Loire (1756), S. 12 juill. 1778.

Fabre (Joseph), dit Vivarais, né à Blaziert-en-Vivarais (1758), S. 31 mars 1776, congédié le 30 nov. 1783.

Turmeaux (Honoré), né à Villerbon [Beauce] (1753), S. 20 févr. 1778.
Menestrier (Nicolas), né à Châlon [Bourgogne] (1753), S. 5 mars 1778.
Tarlé (Jean), né à Lamballe [Bretagne] (1760), S. 21 juill. 1780, reformé le 30 nov. 1783.

Compagnie de Chalvet.

Feyolard (Jacques), né à Cormaranche [Bresse] (1737), S. 23 oct. 1755, parti pour la pension le 5 juill. 1783.
Guyon (Jean-Baptiste), né à Châlon [Bourgogne] (1743), S. 30 avril 1767, R. pour 8 ans le 22 sept. 1783.
Dupuy (Joseph), né à Saint-Gervais [Dauphiné] (1724), S. 11 mai 1759, parti pour la pension le 1er mai 1783.
Bernier (Jean), né à Apos (1737), S. 30 déc. 1755, R. pour 8 ans le 7 oct. 1779.
Bourrot (Nicolas), né à Monjaux [Lorraine] (1642), S. 10 juin 1661, mort en mer le 29 déc. 1782.
Freneux (Jean), né à Loches [Touraine] (1733), S. 19 mars 1757, mort à Porto Cabello le 17 août 1783.
Blampain (Nicolas), né à Novelles-en-Hainaut (1736), S. 21 févr. 1760, R. pour 8 ans le 30 nov. 1777.
Ponton (Jean-Pierre), né à Vernon (1726), S. 9 mai 1754, R. pour 8 ans le 4 juin 1777.
Morus (Jean), né à Montclar [Languedoc] (1733), S. 1er mai 1762, R. pour 8 ans le 20 nov. 1774.
Le Roux (Philippe), né à Arras (1760), S. 1er mars 1776, R. pour 8 ans le 2 févr. 1784.
Wartel (Jean-Baptiste), né à Lille (1740), S. 10 août 1755, R. pour 4 ans le 24 sept. 1778.
Pajot (Guillaume), né à Bordeaux (1731), S. 5 nov. 1755, R. pour 8 ans le 5 nov. 1777.
Warchon (Pierre-Joseph), né à Tompeau [Franche-Comté] (1737), S. 20 févr. 1762, R. pour 8 ans le 17 oct. 1779.
Bétille (Jean), né à Ereste [Quercy] (1733), S. 16 mars 1765, mort à Metz le 8 nov. 1783.
Piquelin (Alexandre-Jph.), né à Lille (1749), S. 6 sept. 1765, congédié le 6 sept. 1781.
Siry (Jean-Baptiste), dit Seyrie, né à Antey [Champagne] (1744), S. 4 avril 1765, R. pour 2 ans le 8 févr. 1780.
Pennequin (Alexis), né à Lille (1749), S. 12 nov. 1765, R. pour 8 ans le 27 déc. 1778.
Martin (Nicolas), dit Aguesseau, né au Quesnoy [Picardie] (1741), S. 16 juin 1766, R. pour 8 ans le 2 oct. 1778.
Signeux (Mathurin), né à Saint-Sébastien (1741), S. 23 août 1766, R. pour 4 ans le 29 janv. 1779.
Millier (Jean), né à Chateauvillain [Champagne] (1749), S. 7 mars 1766, R. pour 8 ans le 17 févr. 1779.
La Fosse (Antoine), dit Chilpéric, né à Fontaine-le-Bourg (1737), S. 23 févr. 1762, mort à Williamsburg le 12 févr. 1782.
La Rose (Nicolas), dit Nadasty, né à Mirecourt (1755), S. 16 févr. 1771, R. pour 8 ans le 10 avril 1779.
Droüen (Pierre), né à Angers (1755), S. 1er mars 1771, R. pour 8 ans le 25 sept. 1778.
Repeyroux (Jean), né à Tronsand [Périgord] (1751), S. 1er mars 1771, R. pour 8 ans le 24 sept. 1778.
L'Ecaillet (Pontus), né à Lille (1753), S. 2 mars 1771, R. pour 8 ans le 6 oct. 1779.
Lainé (Pierre), né à Courbien (1743), S. 21 févr. 1773, congédié le 30 nov. 1783.

Boissy (Etienne), né à Caylus [Quercy] (1733), S. 16 avril 1755, mort à l'hôpital d'Angers le 23 août 1782.
Grasset (Charles), né à Anilhac [Auvergne] (1740), S. 10 mai 1773, congédié le 9 mai 1781.
Bessel (François), né à Issle (1757), S. 21 sept. 1773, congédié le 30 juin 1783.
Fort (Thomas), né à Limoges (1756), S. 14 nov. 1773, congédié le 9 févr. 1784.
Morel (Louis), né à Desseret [Normandie] (1753), S. 2 déc. 1773, R. pour 8 ans le 25 sept. 1778.
Le Court (Henry), né à Marseille (1738), S. 7 avril 1795, R. pour 8 ans le 13 janv. 1779.
La Barthe (Antoine), né à Aix (1758), S. 7 mars 1774, congédié le 19 nov. 1780.
Le Clerc (Charles), dit Amittié, né à Magney [Franche-Comté] (1756), S. 17 mars 1774.
Baudoin (Joseph), né à Aix (1758), S. 15 avril 1774, congédié le 21 oct. 1783.
Hugues (Barthélemy), né à Cannes (1756), S. 16 avril 1774, congédié le 30 juin 1783.
Haiguière (Gaetan), né à Toulon (1758), S. 11 janv. 1775.
Péricot (Jacques), né à Seyssins [Dauphiné] (1754), S. 21 déc. 1774, R. pour 8 ans le 1er mars 1779.
Carrié (Joseph), né à Montpellier (1756), S. 21 déc. 1774.
Rigaud (Julien), dit Amour, né à Guignes [Provence] (1756), S. 11 janv. 1775, congédié le 30 juin 1783.
Maranda (Pierre), né à Villefranche (1756), S. 22 avril 1775, R. pour 8 ans le 23 avril 1779.
Vergne (Jean-François), dit Cassandre, né à Toulouse (1757), S. 5 juin 1775, congédié le 30 juin 1783.
Maurvy (Jean-Pierre), dit Mauroy, né à Flavy-le-Martel [Picardie] (1757), S. 1er janv. 1776, congédié le 30 nov. 1783.
Fabre (Hipolyte), dit Amphion, né à Aix (1760), S. 18 juin 1776, congédié le 30 nov. 1783.
Cubrespine (Pierre-Joseph), dit Aly, né à Aurillac (1760), S. 24 nov. 1776.
Pognan (Curieo), dit Zamaure, né à Gelgne-sous-Vaudémont [Lorraine] (1760), S. 21 déc. 1776.
Phigniel (Theophile), dit Amand, né à Ganges [Languedoc] (1758), S. 24 déc. 1776, mort à Newport le 6 août 1780.
Boudon (Guillaume), dit Amasis, né à Ganges [Languedoc] (1758), S. 24 déc. 1776.
Ouy (Joseph), né à Saint-Omer (1754), S. 1er janv. 1777.
Douet (Joseph), dit Amphitryon, né à Sedan (1760), S. 15 janv. 1777.
Maréchal (Toussaint), dit Egiste, né à Norrency [Lorraine] (1761), S. 1er janv. 1777.
Roussy (Jean), dit Armagnac, né à Lunel-Viel [Languedoc] (1761), S. 1er févr. 1777, R. pour 8 ans le 6 sept. 1783.
Forget (Joseph), dit Tertullien, né à Rambervillers (près de Toul) (1761), S. 17 févr. 1777.
Forters (Joseph), dit Montezuma, né à Mirecourt (1759), S. 23 févr. 1777, mort à l'hôpital du Cap Français le 1er mai 1783.
Mathisury (Nicolas), dit Neptune, né à Napes [Lorraine] (1759), S. 23 févr. 1777.
Dubussy (Jean-Louis), dit Mérovée, né à Paris (1761), S. 23 févr. 1777.

Dubussy (Denis-Nicolas), dit Clodion, né à Paris (1769), S. 23 févr. 1777.
Boulet (Pierre-Noel), dit Catulle, né à Paris (1759), S. 23 févr. 1777, R. pour 8 ans le 11 sept. 1783.
Husson (Benoit), dit Maximien, né à Bitche [Lorraine allemande] (1760), S. 23 févr. 1777.
Pierre (Jean-Baptiste), dit Orécui, né à Larrain [Lorraine] (1760), S. 3 mars 1777.
Roussel (Mansuy), dit Valois, né à Nancy (1760), S. 3 mars 1777, mort au camp de Philipsburg le 1er août 1781.
Pitton (François), dit Jovien, né à Lisieux [Normandie] (1761), S. 10 mars 1777.
Julliard (Jean-Baptiste), dit Isale, né à Toulon (1761), S. 19 mars 1777.
Barié (Jacques), dit Becchoris, né à Béziers (1758), S. 27 mars 1777.
Collet (Georges), dit Cléomène, né à Landicourt [Lorraine] (1754), S. 4 avril 1777, mort à Newport le 16 juil. 1780.
Charoyer (Joseph), dit Socrate, né à Ogné-aux-Eaux [Lorraine] (1753), S. 20 mai 1777, R. pour 8 ans le 29 déc. 1783.
Bessière (Renault), dit Malais, né à Carcassonne (1757), S. 20 juin 1777.
Charoyer (François), dit Ascudrus, né à Cugné-aux-Eaux [Lorraine] (1759), S. 28 juin 1777.
Amable (Constant-Jean-Baptiste), dit Artois, né à Arras (1760), S. 27 juill. 1777, mort à Baltimore le 29 janv. 1783.
L'Ecaillé (Hippolyte-Jph.), dit Pellegrin, né à Lille (1761), S. 17 août 1777.
Champenois (Jean), dit Amboise, né à Paris (1758), S. 18 sept. 1777.
Bourget (Charles-Antoine), dit Amilcar, né à Paris (1757), S. 18 sept. 1777, R. pour 8 ans le 8 nov. 1783.
Vasseur (François-Jph.), dit Fulgeur, né à Bencamp [Flandre] (1757), S. 4 oct. 1777, R. pour 8 ans le 16 nov. 1783.
Tuo (Pierre), né à Nimes (1756), S. 23 juin 1773, R. pour 8 ans le 23 févr. 1779.
Duclos (Jean), dit Molière, né à Lisieux [Normandie] (1760), S. 17 oct. 1777.
Roussel (Antoine), dit Numérius, né à Ville-sur-Illian [Lorraine] (1760), S. 18 oct. 1777, R. pour 8 ans le 17 oct. 1783.
Aquart (Nabor), dit Pygmalion, né à Saint-Nabor [Lorraine] (1757), S. 6 nov. 1777.
Hodoux (Alexis-Jph.), dit Andronic, né à Lille (1759), S. 20 nov. 1777, R. pour 8 ans le 6 oct. 1783.
Craboullet (Claude), dit Pope, né à Nancy (1762), S. 15 févr. 1778.
Husson (Dominique), dit Guttenberg, né à Bitche [Lorraine Allemande] (1762), S. 14 févr. 1778.
Sestre (Pierre), dit Fénéion, né à Saint-Céret [Quercy] (1760), S. 22 mars 1778, R. pour 8 ans le 6 sept. 1783.
Lahaye (François-Girard), dit Beausoleil, né à Briey aux Trois-Evêchés [près de Metz] (1762), S. 23 juin 1778, R. pour 8 ans le 8 oct. 1783.
Gasser (Joseph), dit Andromaque, né à la verrerie royale de Saint-Quirin (1760), S. 1er mai 1778.
Renaud (Jean), né à Belleville [Champagne] (1741), S. 20 mai 1767, mort à Newport le 8 sept. 1780.
Breuguière (Jacques), dit Fontenoy, né à Fontenoy-le-Château [Lorraine] (1759), S. 1er nov. 1778, mort à Baltimore le 7 mars 1783.

Bailly (Antoine), dit Brissac, né à Pont-à-Mousson (1762), S. 20 déc. 1778.

Mahouet (François), né à Saint-Mas au Maine (1763), S. 6 avril 1779, mort à Saint-Jean-d'Angely le 15 nov. 1782.

Denis (Jean-Balthasar), dit Démonax, né à Versailles (1760), S. 28 juin 1779.

Desgeraux (Joseph), dit Lamballe, né à Maroué [Bretagne] (1755), S. 29 juin 1779.

Daussac (Jean), né à Toulouse (1752), S. 1er mai 1771, R. pour 8 ans le 23 sept. 1778.

Clauzier (Joseph), dit Moréri, né à Avignon (1762), S. 1er nov. 1779.

Lefevre (Pierre-François-Joseph), dit Alfred, né à Armentières [Flandre] (1761), S. 28 oct. 1779, R. pour 8 ans le 6 avril 1784.

Delmare (Louis-François), dit Saint-Sauveur, né à Lille (1761), S. 28 oct. 1779, parti pour les Invalides le 24 janv. 1784.

Bridoux (Jean-Baptiste), dit Gassion, né à Etaume [Flandre] (1761), S. 1er janv. 1780, passé aux volontaires pour l'Amérique le 12 sept. 1781.

Francru (Henri-Antoine), dit Raphaël, né à Lille (1764), S. 1er janv. 1780.

Boulmier (Louis), dit Montargis, né à Montargis [Gatinais] (1762), S. 1er janv. 1780.

Le Grand (Dominique-François), né à Bruyères [Lorraine] (1760), S. 12 avril 1780.

Mourin (Charles-Joseph), né à Avignon (1760), S. 27 avril 1776.

Caballiot (Nicolas-Albert), né à Momeny (1745), S. 25 févr. 1778, réformé le 30 nov. 1783.

Bregnet (Pierre), né à Sainte-Croix-en-Bresse (1759), S. 25 mai 1779, réformé le 30 nov. 1783.

Torcat (Félix-Joseph), né à Mollans [Dauphiné] (1759), S. 29 avril 1780, congédié le 31 mars 1784.

Saffroy (Jean-Louis), né à Joigny [Bourgogne] (1754), S. 30 juill. 1778, tué au siège d'York le 7 oct. 1781.

Martin (Pierre-Aspin), né à Melun [Brie] (1752), S. 31 août 1775, congédié le 31 août 1783.

Bellier (Pierre), né à Vineuil [près de Blois] (1747), S. 8 mars 1776.

Siaux (Claude), né à Autun [Bourgogne] (1750), S. 26 avril 1776, congédié le 30 nov. 1783.

Robert (Charles), né à Frette [Franche-Comté] (1756), S. 26 oct. 1776.

Gaillard (Jean-Pierre), né à Saint-Victor-l'Abbaye [Normandie] (1743), S. 1er nov. 1773, réformé le 30 nov. 1783.

Roussel (Pierre-Nicolas), dit Cléomène, né à Campane-Vardier [Artois] (1750), S. 1er nov. 1774, R. pour 6 ans le 6 nov. 1778.

Brulé (Louis), né à Paris (1728), S. 29 nov. 1764, R. pour 8 ans le 1er avril 1779.

La Croix (Joseph), né à Lyon (1750), S. 20 avril 1778.

Claudel (Martin), dit Colonne, né à Cortieux [Lorraine] (1761), S. 16 sept. 1778, R. pour 8 ans le 22 sept. 1783.

Vaucorbelle (Louis), né à Paris (1752), S. 13 déc. 1768, R. pour 8 ans le 30 juin 1783.

Martin (Charles), dit Montécuculli, né à Grenoble (1755), S. 27 sept. 1775, congédié le 24 déc. 1783.

Dougnac (Bernard), dit Latour, né à Périgueux (1736), S. 1er avril 1756, R. pour 4 ans le 15 sept. 1778.

Compagnie de chasseurs, de LASSUDERIE, capitaine.

Kelbet (François-Xavier), né à Benfeld [Alsace] (1742), S. 13 nov. 1761, R. pour 4 ans le 16 janv. 1784.

Brunet (Claude-Marie), né à Paris (1741), S. 18 nov. 1760, mort en mer le 2 juin 1780.

Lenoir (André), né à Grenoble (1742), S. 3 déc. 1761, R. pour 8 ans le 25 sept. 1779.

Inard (Claude), né à Lyon (1745), S. 8 oct. 1761, R. pour 8 ans le 11 déc. 1779.

Blanquet (Jean), né à Rosières [Picardie] (1739), S. 13 avril 1760, R. pour 4 ans le 15 mai 1783.

Boitel (Charles), dit Eugène, né à Omavillers [Picardie] (1748), S. 17 juin 1766, R. pour 8 ans le 10 déc. 1778.

Vicard (Jean-Baptiste), né à Lille (1750), S. 7 mars 1768, R. pour 8 ans le 22 août 1775.

Chevrier (Jean-Baptiste), né à Grenoble (1752), S. 2 mai 1768, R. pour 4 ans le 4 sept. 1776.

Dussol (Antoine), né à Courmond [Auvergne] (1751), S. 1er oct. 1772, congédié le 30 juin 1783.

Wagon (Louis-Joseph), né à Ladre-Saint-Quentin (1751), S. 27 août 1767, congédié le 21 août 1783.

Douchet (Jean), né à Douai (1750), S. 27 oct. 1766, mort le 8 févr. 1783.

Ivain (Pierre), né à Aire [Artois] (1762), S. 1er nov. 1768, R. pour 4 ans le 25 août 1784.

Rubinot (Nicolas), né à Vagney [Lorraine] (1760), S. 11 avril 1768, congédié le 30 nov. 1783.

Thierry (Charles), dit Fabius, né à Tonnerre [Bourgogne] (1737), S. 27 mars 1757, R. pour 4 ans le 20 sept. 1778.

La Caze (Jean), né à Reylière [Quercy] (1741), S. 15 févr. 1761, mort en mer le 3 juin 1780.

Imbaux (Etienne), né à Malherbe [Bourgogne] (1740), S. 1er août 1762, R. pour 8 ans le 26 sept. 1778.

Verrier (Nicolas), né à Bellefontaine [Picardie] (1744), S. 6 déc. 1764, mort en mer le 15 juin 1780.

Julien (Jean-Baptiste), dit Ferdinand, né à Suresnes [près Paris] (1747), S. 6 déc. 1764, mort à Boston le 20 juill. 1780.

Hector (Denis-Léonard), né à Archere [Berry] (1742), S. 6 déc. 1764, R. pour 8 ans le 27 sept. 1778.

Seliquet (Jean), né à Bourg-de-la-Mure [Dauphiné] (1746), S. 10 mars 1765, mort à l'hôpital de Williamsburg le 14 mars 1782.

Dussard (Joachim-Joseph), dit Frédérick, né à Lille (1748), S. 21 oct. 1765, R. pour 8 ans le 17 déc. 1778.

Joubert (Pierre), né à La Pouzade [Quercy] (1744), S. 25 nov. 1765, R. pour 8 ans le 26 sept. 1778.

Carière (Jean), dit Gaston, né à Messigny [Bourgogne] (1745), S. 13 avril 1766, R. pour 8 ans le 15 janv. 1779.

Saligay (Pierre), né à Védié [près Rhodes] (1745), S. 18 avril 1766, congédié le 31 mai 1782.

Neveux (Louis), né à Chitray [Berry] (1746), S. 18 avril 1766, mort en mer le 14 juin 1780.

Delforge (Sébastien), né à Lille (1747), S. 29 sept. 1766, mort à l'hôpital de Sedan le 30 déc. 1783.

Sentrey (Charles-Ignace), né à Armentières [Flandre] (1749), S. 28 janv. 1767, R. pour 8 ans le 9 juill. 1779.

Le Gros (Jean-Joseph), dit Godefroy, né à Saint-Claude [Franche-Comté] (1750), S. 14 oct. 1768, R. pour 8 ans le 8 janv. 1776.

Vigand (Jean), né à Pierrefort [Auvergne] (1745), S. 25 janv. 1769, R. pour 8 ans le 3 août 1774.

Morlot (Charles-Jean-Baptiste), né à Lille (1751), S. 18 avril 1769, R. pour 8 ans le 16 juill. 1774.

Chevalier (Jean-Pierre), dit Hercule, né à Pierreville (1753), S. 18 sept. 1770, R. pour 8 ans le 6 oct. 1783.

Frémaux (Louis), né à Lille (1754), S. 2 mars 1771, mort à Newport le 4 sept. 1780.

Valentin (Etienne), né à Villeneuve-Magdelon [Languedoc] (1755), S. 11 mars 1773, R. pour 8 ans le 13 janv. 1779.

Le Maître (Louis), né à Moulin-la-Marche (1754), S. 20 avril 1773, R. pour 8 ans le 26 sept. 1778.

Albady (Théodore), dit Tancrède, né à Tilliac [Gascogne] (1755), S. 1er mai 1773, congédié le 6 juill. 1783.

Gobert (Jean), dit Télémaque, né à Nîmes (1757), S. 20 juill. 1773, R. pour 8 ans le 12 févr. 1779.

Guidon (François), né à Marseille (1754), S. 20 sept. 1773, congédié le 30 juin 1783.

Bargerac (Claude), né à Vannes (1754), S. 1er oct. 1773, R. pour 8 ans le 8 janv. 1779.

Valadier (Martin), né à Tulle (1753), S. 23 févr. 1774, R. pour 8 ans le 30 sept. 1778.

Oudot (François), né à Vesoul (1751), S. 6 août 1774, congédié le 6 août 1782.

Caupenne (Jean), né à Mont-de-Marsan (1757), S. 1er mars 1775, parti pour les Invalides le 1er avril 1784.

Bernadec (François), né à Ossatte [Comté de Foix] (1753), S. 3 sept. 1775, congédié le 30 nov. 1783.

Thibault (Jérôme), dit Nemours, né à Milly [près de Melun] (1759), S. 13 nov. 1776.

La Vergne (Louis), dit Oreste, né à Toulouse (1759), S. 27 nov. 1776, congédié le 30 nov. 1783.

Godet (Jean-Baptiste), dit Ovide, né à Milly [près de Melun] (1757), S. 1er janv. 1777, congédié le 30 nov. 1783.

Aimé (François), dit Trajean, né à Toulouse (1759), S. 1er févr. 1777, mort le 8 févr. 1783.

Wagron (Florentin), dit Clisson, né à Lattre-Saint-Quentin [Artois] (1757), S. 23 févr. 1777.

Le Zérat (Jean-Antoine), dit Luxembourg, né à Preffel (1751), S. 3 mars 1777.

Couteron (Pierre), dit Azov, né à Saint-Jean-Désosse (1758), S. 3 mars 1777, R. pour 8 ans le 13 oct. 1783.

Nolibois (Jean), né à Mont-de-Marsan (1754), S. 10 janv. 1772, R. pour 8 ans le 7 janv. 1779.

Dupuis (Antoine), dit Villars, né à Toulouse (1754), S. 4 avril 1777.

Caffin (Jean-Baptiste-Honoré), dit Mentor, né à Amiens (1751), S. 21 avril 1777, R. pour 8 ans le 9 janv. 1784.

Pinçon (Jacques-Adrien), dit Platon, né à Ours [Picardie] (1747), S. 6 mai 1777, mort à Boston le 4 août 1780.

Caffin (Nicolas), dit Pharamond, né à Amiens (1759), 22 mai 1777.

Caugnard (Jacques-Firmin), dit Romulus, né à Amiens (1760), S. 18 juin 1777, R. pour 8 ans le 10 oct. 1783.

Boutfroy (Antoine), dit Domitien, né à Cerfaux [Picardie] (1760), S. 26 juin 1777, mort à Baltimore le 9 janv. 1781.

Gadier (Pierre), dit Fercée, né à Louvencourt [Picardie] (1756), S. 19 juill. 1777.

Martin (Nicolas), dit Salins, né à Badonviller (1761), S. 19 juill. 1777, mort à Newport le 20 août 1780.

Racine (Louis-Joseph), dit Mercy, né à Lille (1761), S. 17 août 1777.

Beckelit (George), né à Miderche [Lorraine allemande] (1756), S. 13 oct. 1777.

Boyer le Dieu (Jean-Baptiste), dit Virgile, né à Amiens (1757), S. 17 oct. 1777, mort le 8 févr. 1783.

Maréchal (Nicolas), dit Phénix, né à Vaudeville [Lorraine] (1756), S. 25 oct. 1777, R. pour 8 ans le 7 sept. 1783.

Léeronard (Jean-Baptiste), dit Cronivet, né à Espierres (près de Lille) (1756), S. 28 nov. 1777.

Brahy (Jacques), né à Alais [Languedoc] (1756), S. 1 août 1778, congédié le 11 juill. 1782.

Lamblin (Jacques), dit Porphire, né à Farbes [Flandre] (1754), S. 30 janv. 1778, mort à Metz le 4 mars 1784.

Penequin (Louis), dit Pharnace, né à Lille (1753), S. 30 janv. 1778.

Devaux (Jacques), né à Uzerche [près de Limoges] (1758), S. 9 janv. 1776, R. pour 8 ans le 7 sept. 1783.

Guyon (Jean-Marc), dit Cohorn, né à Saint-Pierreville [Vivarais] (1757), S. 20 mars 1778.

Pellegry (Jean), dit Léopold, né à Tulle (1759), S. 20 avril 1778.

Chenu (Jean-Baptiste), dit Newton, né à Chalon-sur-Saône (1760), S. 1er mai 1778, mort à Bordon le 28 juill. 1780.

Léonard (Joseph), dit Guise, né à Noncourt [Lorraine] (1761), S. 24 juin 1778.

Desfossés (Claude), dit Gilbert, né à Neuilly-sur-Seine (1759), S. 24 juin 1778, mort à Boston le 8 sept. 1780.

Devage (Jean), dit Actéon, né à Pagnyla-Blanche-Côte [Lorraine] (1760), S. 29 juin 1778.

Boulanger (Jean), dit Duguesclin, né à Dieppe (1742), S. 27 août 1778, mort en mer le 25 juin 1780.

Guinez (Jean-Baptiste), dit Giscon, né à Orchies [Flandre] (1760), S. 16 sept. 1778, parti pour les Invalides le 1er avril 1784.

Fremoux (André), dit Fréjus né à Lannoy [Flandre] (1760), S. 24 oct. 1778.

Ganiez (Fulcrand), dit Gordien, né au Cayla [Languedoc] (1760), S. 24 oct. 1778.

Caron (Jean-René), né à Saint-Waast [Picardie] (1762), S. 1er janv. 1779.

Vogt (Michel), né à Uhrviller [Alsace] (1761), S. 2 janv. 1779.

Gatraux (Jean-Jacques), né à Presse [Picardie] (1761), S. 11 mars 1779, mort en mer le 7 juin 1780.

Dumont (Étienne), né à Brives (1762), S. 11 mars 1779.

Bernard (Martial), né à La Panouse [Rouergue] (1760), S. 22 févr. 1779.

Sproit (Donat), dit Lannoy, né à Lannoy [Flandre] (1761), S. 1er mai 1779, mort à Lambalie le 12 août 1780.

Ollvier (François-Lyon-Filon), dit Lyon, né à Bolé [Bretagne] (1762), S. 1er mai 1779.

Legrand (Alexandre), né à Rennes (1758), S. 1er mai 1779, congédié le 11 juill. 1782.

Batifol (Nicolas), dit Brie, né à Paris (1759), S. 1er mai 1779.

Bréhot (Joseph), dit Beste, né à Paris (1740), S. 16 sept. 1778, mort à Boston le 7 juill. 1780.

Varmote (Florent), né à Arras (1761), S. 28 juin 1779.

Debaque (Pierre-François), dit Armentières, né à Armentières [Flandre] (1761), S. 1er juill. 1779.

Ragage (Jean-Baptiste), né à Mandres [près Pont-à-Mousson] (1761), S. 1er juill. 1779.

Vigreux (Georges), né à Letanne [Champagne] (1758), S. 1er juill. 1779.

Duturban (Pierre-Joseph), dit Triton, né à Lille (1758), S. 1er sept. 1779, R. pour 8 ans le 10 oct. 1783.

Fortin (François-Marie), né à Rennes (1754), S. 19 sept. 1779.

Delaberlerie (Victor-Leclair), dit Gustave, né à Perret [Bretagne] (1755), S. 28 oct. 1779, congédié le 30 nov. 1783.

Desmont (Antoine-François-Joseph), dit Solard, né à Sedin [Flandre] (1759), S. 28 oct. 1779, tué au siège d'York le 15 oct. 1781.

Barberousse (Julien), dit Bourbon, né à Valette [Bretagne] (1753), S. 1er nov. 1779, R. pour 8 ans le 10 oct. 1783.

Ledroit (Jacques), dit Bertolle, né à Mayenne [Maine] (1756), S. 1er janv. 1780.

Spesollas (Robert), dit Jupiter, né à Linnan [Auvergne] (1762), S. 1er janv. 1780.

Chabrier (Fleury), dit Maxence, né à Tourcoing (1760), S. 23 mars 1780, tué au siège d'York-Town le 15 oct. 1781.

Colardet (Nicolas), dit Acaste, né à Frocourt-la-Marche [Lorraine] (1760), S. 1er mars 1780.

Dupuis (François), dit Pépin, né à Tulle (1762), S. 1er mars 1780.

Fiot (René), dit Athis, né à La Baroque [Normandie] (1762), S. 1er mars 1780.

Desjardins (Jean), dit Josué, né à Rubelles [Brie] (1758), S. 1er mars 1780.

Gruyez (Nicolas), né à Biche [Lorraine Allemande] (1743), S. 28 nov. 1775, mort le 8 févr. 1783.

Carle (Joseph), né à Montpellier (1756), S. 21 déc. 1774, congédié le 6 juill. 1783.

Falgères (François), né à Aurillac (1757), S. 24 févr. 1773, R. pour 8 ans le 29 oct. 1778.

Fouquère (René), né à Rennes (1754), S. 1er mars 1780, mort en mer le 3 juill. 1780.

Quincieux (Antoine), né à Bourgoin [Dauphiné] (1752), S. 18 mars 1772, mort le 8 févr. 1783.

Riffle (Jacques), dit Théodore, né à Rosières-aux-Salines [Lorraine] (1760), S. 11 mars 1777, mort le 8 févr. 1783.

Basset (Joseph), né à Lyon (1757), S. 15 nov. 1772, congédié le 6 juill. 1783.

Bastide (Louis), né à Taillade [Limousin] (1756), S. 15 mai 1773, congédié le 6 juill. 1783.

Tapinaux (Gaudin), né à Cazères [Gascogne] (1769), S. 1er févr. 1776, congédié le 30 nov. 1783.

Fritz (Jean-Joseph), né à Bruxelles (1748), S. 5 oct. 1766, R. pour 8 ans le 25 sept. 1778.

Stibal (Pierre), né à Carnache [Languedoc] (1756), S. 6 janv. 1773, R. pour 8 ans le 20 janv. 1779.

Guittet (Joseph), dit Bélisaire, né à Grenoble (1758), S. 20 nov. 1775, R. pour 8 ans le 12 janv. 1779.

Péricot (Jacques), né à Soyssins [Dauphiné] (1756), S. 21 déc. 1774, R. pour 8 ans le 1er mars 1779.

RÉGIMENT DE SOISSONNAIS.

Le premier mestre de camp ou colonel de ce régiment fut le comte de GRANCY (Jacques-Raoul de Médavy), le 3 février 1630;

Le douzième, le comte de SAINT-MAISME (Jean-Baptiste-Louis-Philippe de Félix d'Ollières), le 29 juin 1775;

Le treizième, le comte de LA TOUR-MAUBOURG (Marie-Charles-César-Florimond de Fay), le 10 mars 1788;

Le quatorzième, d'ESPEYRON (Pierre), le 25 juillet 1791;

Le dernier, DUPORTAL (Félix-Antoine), le 8 mars 1792.

Le 6 avril 1780, les deux bataillons du régiment s'embarquèrent à Brest avec le comte de Rochambeau pour aller porter secours aux États-Unis d'Amérique. Débarqué au mois de juillet à Newport avec le Bourbonnais, il fut, comme lui d'abord employé à la garde des forts du Rhode-Island, et participa à toutes les opérations principales de l'armée de Rochambeau jusqu'au siège d'York-Town. Le 21 juillet 1781, les compagnies d'élite du Soissonnais prirent part à l'expédition du chevalier de Chastellux sur Kingsbridge. Le 15 août, après que l'armée eut contraint les Anglais à replier tous leurs postes, le Soissonnais vint, avec les autres régiments qui la

composaient, à Philadelphie rendre les honneurs au Congrès. Il fut avec les autres vivement acclamé. Enfin le 28 septembre il se trouvait devant York-Town. Il y ouvrit la tranchée à gauche avec le Bourbonnais, dans la nuit du 6 au 7 octobre. Cornwallis se rendit le 19 et le Soissonnais prit alors ses quartiers d'hiver à Hampton. Il y demeura jusqu'au mois de mars 1783, époque à laquelle il s'embarqua pour revenir en France.

En 1791, ce régiment perdit son nom de Soissonnais, qu'il remplaça par la désignation de 40ᵉ régiment d'infanterie. Le 40ᵉ d'infanterie actuel, en garnison à Nîmes, lui fait suite.

JEAN-BAPTISTE-LOUIS-PHILIPPE DE FÉLIX D'OLIÈRES, Comte DE SAINT-MAISME, né à Olières (diocèse d'Aix) le 25 décembre 1751, Colonel.

[Translation.]
RÉGIMENT DE SOISSONNAIS.

The first *mestre de camp* or colonel of this regiment was the Count de GRANCY (Jacques-Raoul de Médavy), the 3d February, 1630;

The twelfth, Count de SAINT-MAISME (Jean-Baptiste-Louis-Philippe de Félix d'Olières), the 29th June, 1775;

The thirteenth, Count de LA TOUR-MAUBOURG (Marie-Charles-César-Florimond de Fay), the 10th March, 1788;

The fourteenth, D'ESPEYRON (Pierre), the 25th July, 1791;

The last, DUPORTAL (Félix-Antoine), the 8th March, 1793.

The 6th April, 1780, two battalions of the regiment embarked at Brest with the Count de Rochambeau to carry succor to the United States of America. Landed in July at Newport with the Bourbonnais, it was at first, like the Bourbonnais, employed to defend the forts of Rhode Island, and participated in all the principal operations of the army of Rochambeau down to the siege of Yorktown. The 21st July, 1781, the *compagnies d'élite du Soissonnais* took part in the expedition of Chevalier de Chastellux at Kingsbridge. The 15th August, after the army had forced the English to withdraw all their posts, the Soissonnais came, with other regiments that composed it, to Philadelphia, to render honors to Congress. It was, with the others, loudly acclaimed. Finally, on the 28th September, it was at Yorktown. It opened *la tranchée* on the left, with the Bourbonnais, on the night of the 6th to 7th October. Cornwallis surrendered the 19th, and the Soissonnais went into winter quarters at Hampton. It remained there until the month of March, 1783, when it embarked to return to France.

In 1791 this regiment lost its name of Soissonnais, which was replaced by the designation of the 40th regiment of infantry. The 40th infantry, now in garrison at Nîmes, succeeded and is the same.

JEAN-BAPTISTE-LOUIS-PHILIPPE DE FÉLIX D'OLIÈRES, Count DE SAINT-MAISME, was born at Olières (diocese of Aix), December 25, 1751, colonel.

ÉTAT-MAJOR.
Colonel.

Le comte de FELIX d'OLIERES de SAINT-MAISME (Jean-Baptiste-Louis-Philippe), né à Olières (diocèse d'Aix), le 25 déc. 1751. Colonel du 29 juin 1775; brigadier en 1784. Le 5 déc. 1781, a reçu une lettre de satisfaction pour sa bonne conduite à York-Town.

Colonels en second.

Le vicomte de NOAILLES (Louis-Marie), né à Paris, le 17 avril 1756, second fils du maréchal de Mouchy. Colonel en second du 8 mars 1780; nommé colonel des dragons en 1782 pour sa bonne conduite à York-Town.

Le comte de SEGUR (Louis-Philippe), né à Paris, le 10 sept. 1753. Colonel en second, du 27 janv. 1782, en remplacement du vicomte de Noailles. Les comtes de Ségur et de Noailles avaient voulu partir comme volontaires avec Lafayette. La résistance de leur famille les en empêcha. Ils partirent avec leur régiment.

Lieutenant-colonel.

D'ANSELME (Bernard-Joseph), né à Apt [Provence], le 26 août 1737. Lieutenant-colonel, du 22 avril 1762. Le 5 déc. 1781, a obtenu une pension dans l'ordre de Saint-Louis, pour sa bonne conduite à York-Town. Colonel en 1789.

Major.

D'ESPEYROUS (Pierre), né à Barthélemy [Perche], le 11 oct. 1734. Major en 1780; lieutenant-colonel en 1784. Le 5 déc. 1781, pensionné pour sa bonne conduite à York-Town.

Quartier-maître trésorier.

L'ESTRIQUIER (Jean), né à Metz, le 6 sept. 1736.

Capitaines commandants.

DIDIER (Pierre), né à Dijon, le 20 sept. 1729. Le 7 avril, a obtenu une pension de retraite; le 9 mars 1782, augmentation de cette pension pour avoir fait la campagne d'York-Town, quoique en retraite.

De BIEN de CHEVIGNY (Frédéric-François-Louis, né à Avalon, le 13 avril 1737. Le 4 avril 1781, a obtenu une pension de retraite; le 8 mars 1782, augmentation de cette pension pour avoir fait la campagne d'York-Town, quoique en retraite.

De BAUDRE (Olivier-Victor), né à Bayeux, le 21 mars 1736. Le 5 déc. 1781, reçut l'espérance d'une lieutenance-colonelle pour sa bonne conduite à York-Town.

De MARIN (Jean-Baptiste), né à Tarascon, le 13 sept. 1737. Blessé dangereusement au siège d'York-Town; obtint, le 5 déc. 1781, la croix de Saint-Louis et une pension de retraite; mort bientôt après de sa blessure.

De GILBERT (Melchior-Joseph), né à Die [Dauphiné], le 4 oct. 1737. Le 5 déc. 1781, chevalier de Saint-Louis pour sa bonne conduite à York-Town.

De la GARDETTE (Joseph-Bernard-Modeste-Anselme), né à Apt [Provence], le 24 juill. 1740. Chevalier de Saint-Louis, le 5 déc. 1781, pour sa bonne conduite à York-Town.

De la BOYERE (Jean-Pierre-Bérage), né à Aix [Provence], le 26 février 1736. Chevalier de Saint-Louis, le 5 déc. 1781, pour sa bonne conduite à York-Town.

De SAINT-LEGER (Charles-Louis-Boel), né à Paris, le 26 mars 1736. Capitaine de chasseurs le 19 mars 1780.

Du PALAIS (Pierre-Alexandre de Guémar), né le 1ᵉʳ mars 1741, à Die [Dauphiné]. Chevalier de Saint-Louis en août 1781.

Capitaines en second.

Le BRET (Jean-François), né le 25 nov. 1742, à Bélusson [Normandie].

De SINETY (François-Armand), né à Apt [Provence], le 23 juill. 1743. Capitaine commandant du 15 avril 1780.

De BAZIN (Guillaume), né à Marmande [Gascogne], le 24 mai 1740. Capitaine en second du 8 oct. 1780.

JAYET de BAUDET (Jean-Baptiste-Antoine), né à Charlemont, le 15 fév. 1735. Capitaine commandant le 18 nov. 1781; a obtenu gratification le 8 déc. 1781, pour sa bonne conduite à York-Town.

De MENOU (Louis-Armand-François), né à Montségur, le 19 nov. 1744. Le 5 déc. 1781, reçut l'espérance d'une majorité pour sa bonne conduite à York-Town.

De MOYRIA (Joseph-Marie-Anne), né à Bourg [Bresse], le 19 févr. 1781, pour sa bonne conduite à York-Town.

De SAINT-VICTOR (François-Anselme), né à Bonnieux [Comtat Venaissin]. Capitaine commandant, le 8 févr. 1782, major en 1784.

DUBOIS de SAINT GEMME de la GRANGE (Jean-Michel), né à Montségur [Guyenne], le 25 avril 1741. Capitaine commandant en 1782.

Du GATS de VAREILLES (Alexis), né à Lyon le 14 août 1744. Capitaine en second du 8 mars 1780, chevalier de Saint-Louis, le 2 avril 1782.

De la CATERIE (Justin), né le 1er août 1742, à Vire [Normandie]. Capitaine en second, le 19 mars 1780.

Lieutenants en premier.

BOISDELLE de SUGEROLLES (Jean-Pierre), né le 1er sept. 1753. Capitaine en second, du 15 avril 1780; capitaine commandant en 1782.

WENDLING (André), né à Strasbourg, le 15 févr. 1730. Capitaine en second, du 8 oct. 1780.

BAROIS (Jérôme-Nicolas), né à Reims, le 28 août 1728. Capitaine en second, du 18 juin 1780.

D'ECOUSSIN DUVALES (Jean-Grégoire), né à Montmoreau [Languedoc].

De CALDAGUES (Pierre-Raymond), né à Aurillac, le 3 août 1747. Du 5 déc. 1781, une pension pour sa bonne conduite à York-Town.

De la BURTHE (Jacques-Antoine), né à Port-sur-Saône [diocèse de Besançon], le 22 sept. 1759. Capitaine en second en déc. 1781.

De GIOU (Jean-Antoine), né à Aurillac, le 22 sept. 1752. Capitaine en second, du 16 déc. 1782.

De CROUZET de RAISSAC (Marie-Auguste-Dominique), né à Revel [Languedoc], le 27 sept. 1750. Capitaine en second, du 19 déc. 1781.

BESSONIES de SAINT HILAIRE (Charles-Marie-Martial), né à Figeac, le 30 janv. 1752. Premier lieutenant, du 19 mars 1780; capitaine en second en 1782.

Le chevalier de MUKY de CAUMONT (Nicolas-Louis-Antoine-Camille-Alphonse), né à Valenciennes, le 24 nov. 1753. Premier lieutenant, du 19 mars 1780.

Lieutenants en second.

MAQUOY (Robert-Joseph), né à Namur, le 28 mai 1742. Capitaine en 1782.

De MAUVIS de VILLARS (Antoine-Alexandre), né à Poitiers, le 22 août 1752. Premier lieutenant en 1780; mort en 1782.

Le chevalier de MENOU (Pierre-Armand), né à Montségur, le 5 avril 1755. Premier lieutenant, du 19 avril 1780; capitaine en 1787.

Le chevalier de GUERPEL (Charles-Antoine), né à Mouint [généralité d'Alençon], le 4 févr. 1755.

De GOTHO (Jean-Jacques-Marie), né à Marseille, le 3 août 1749. Lieutenant en second en 1779.

Le ROUX de KNINON (Louis-Jacques-Anne-Henri), né à Rennes, le 27 juill. 1752. Lieutenant en premier, du 16 déc. 1781.

De BOUILLONNAIS (Antoine-François-Joseph), né à Champ-Aubert [diocèse de Sées]. Lieutenant en second, du 19 déc. 1781.

HUE de SULLY (Armand-Hervé-Victor), né à Sully [diocèse de Bayeux], le 27 avril 1757. Lieutenant en second, du 19 mars 1780.

De MONTEPIN (Pierre-François-Raymond), né à Bagé-le-Châtel [Bresse]. Lieutenant en second, du 19 mars 1780.

DURSUE (Jacques-Philippe-Auguste), né à Mondeville [généralité de Caen]. Lieutenant en second du 19 mars 1780.

Le chevalier de BONNE (Joseph Lolivier), né à Nibiez [sénéchaussée de Sisteron], le 11 juill. 1757. Lieutenant en second, du 15 avril 1780.

De GAILLARD (Louis), né à Aix, le 11 mars 1757. Lieutenant en second, du 15 avril 1780.

PONTEVES D'EYBOUX (Marie-Jean-Balthazar), né le 5 déc. 1781, gratification pour sa bonne conduite à York-Town.

D'AVALLON (Jean-Victor-Léonard-Gauthier). Lieutenant en second en 1781.

De BONNEFOUS (Joseph). Lieutenant en second en 1781.

De LOUBAT (Joseph-Louis-Régis).

De MARIN (Antoine-Dominique).

De GIRARD (Pierre-Michel-Auguste).

De ROBERNIER (Louis-Jean-Baptiste-Silvestre), né à Montfort [diocèse de Fréjus], le 30 déc. 1769.

De MIOLLIS (Sextius-Alexandre-François), né à Aix [Provence], le 28 sept. 1759, blessé au siège d'York-Town; obtint pension à cette occasion.

De BARRAS (Pierre-François-Xavier), né à Thouard [diocèse de Digne], le 21 janv. 1760.

De VILLENEUVE DE FLAGOSC (Jean-Baptiste-Léonce-Ours). A touché en 1784 une pension gagnée à York-Town.

De POTHONIER (Jean-Paul), né à Catignac [diocèse de Fréjus], le 26 janv. 1759.

De PROYER (Joseph-Henri-Jean-Baptiste), né à Avignon, le 8 oct. 1761.

D'ARANDEL (Louis), né le 30 janv. 1764.

De la MOUE D'ANNEBAULT (Jean-Antoine-Henri).

BERTHIER de BERTHUIS (Charles-Louis-Jean-Alexandre), né à Versailles, le 17 mars 1759. Mort en Amérique.

D'ARTHUS (Jean-Baptiste-Joseph-Louis). Sous-lieutenant en 1780.

D'ALPHERAN (Félix), né le 6 avril 1744.

GUICHARD (Pierre), né à Thionville, le 8 déc. 1730. Blessé le 16 mars 1781 devant New-York.

MAGUSIS. Entré au service comme simple soldat en 1742; officier au Soissonnais en 1763, fut présent à Yorktown malgré les nombreuses blessures qu'il avait reçues durant les guerres précédentes.

*Compagnie de grenadiers, * Meneau, capitaine.*

Rochard (François), dit Dauphiné, né à Villars (1735), S. 15 févr. 1756, sergent-major du 14 nov. 1782.

Bonnin (Joseph), dit La Réjouissance, né à Lons-le-Saunier (1739), S. 28 déc. 1757, réjouiné le 14 nov. 1782.

Laboureux (Jacques), dit La Branche, né à Marolly 1735, S. 3 févr. 1754, R. pour 8 ans le 18 sept. 1775.

Jacob (Nicolas), dit Berceaux, né à Prettes (1733), S. 3 févr. 1754, R. pour 8 ans le 18 sept. 1775.

Puard (Etienne), dit Vadeboncœur, né aux Nobles (1737), S. 22 déc. 1755, R. pour 8 ans le 14 oct. 1775.

Chambin (Milan), dit La Joye, né à Maligny (1736). S. 1er mars 1755, R. pour 8 ans le 18 sept. 1775.

Bet Bèze (Martin), dit La Couture, né à Moreux (1737), S. 15 mars 1758, R. pour 8 ans du 1er janv. 1775.

Bouldin (Joseph), dit La Générale, né à Bollène [Comtat Venaissin] (1732), S. 31 oct. 1766, S. pour 8 ans du 1er nov. 1770.

Estran (Antoine), dit La Tendresse, né à Saint-Restitut [Dauphiné] (1745), S. 27 juin 1765, R. pour 8 ans du 27 juin 1773.

Mariot (Jean-Pierre), né à Villesavary [Languedoc] (1737), S. 6 déc. 1766, R. pour 8 ans du 6 déc. 1774. Sergent en 1783.

Barillaud (Pierre-Jacques), dit Boisgingand, né à Mirambeau [saintonge] (1741), S. 12 avril 1766, R. pour 8 ans du 12 avril 1774.

Valandier (Alexandre-Joseph), dit Bell isle, né à Lille [Flandre] (1741), S. 12 sept. 1766, R. pour 8 ans du 30 nov. 1774.

Baron (Jean-Louis), né à Versailles (1741), S. 12 oct. 1761, R. pour 8 ans du 12 oct. 1775; sergent le 6 avril 1780.

Saint-Romain (Claude), né à Tournus [Bourgogne] (1742), S. 13 nov. 1766, R. pour 8 ans du 13 nov. 1774.

Maillot (Clément), né à Cambrai (1742), S. 20 août 1766, R. pour 8 ans du 5 mars 1775.

Simon (Antoine), né à Anglard (Quercy) (1742), S. 15 mars 1765, R. pour 8 ans du 13 mars 1773.

Long (Antoine), dit L'Eveillé, né à Saint-Paul-Trois-Châteaux [Dauphiné] (1751), S. 10 nov. 1766, R. pour 8 ans du 10 nov. 1774.

Osum (Pierre), dit La Lime, né à Montbrison (1751), S. 22 janv. 1767, R. pour 8 ans du 23 janv. 1774.

Rigolème (Dominique), né à Lyon (1751), S. 22 janv. 1770, R. pour 8 ans du 22 janv. 1778.

Bonnefoy (Jean), né à Sault [Avignon] (1753), S. 20 mars 1770, R. pour 8 ans du 20 mars 1778.

Campion (Jacques), dit Sans Peur, né à Chambéry (1752), S. 1er avril 1770, R. pour 8 ans du 1er avril 1778.

Girard (Benoît), né à Lyon (1754), S. 30 avril 1770, R. pour 8 ans du 30 avril 1778.

Chervet (Antoine), né à Chambéry (1754), S. 10 nov. 1770, mort le 25 août à l'hôpital de Newport [Amérique].

Bergé (Joseph), dit La Fleur, né à Montségur [Guyenne] (1754), S. 16 nov. 1770; congédié le 31 sept. 1783.

Rondel (Louis), né à Carentan (1741), S. 3 avril 1774, congédié le 16 oct. 1784.

Crespin (Jean), dit Beausoleil, né à Mâcon (1757), S. 8 juin 1774.

Debrie (Louis), dit Bellepointe, né à Mâcon (1753), S. 8 juin 1774, mort le 30 avril 1781, à l'hôpital de Newport [Amérique].

Abréviation: S. = Entré au service; R. = Rengagé.

Ollivier (Vidal), né à Varin [Rouergue] (1754), S. 1er avril 1773, congédié le 8 sept. 1783.

Luras (Humbert), dit Saint-Cyr, né à Saint-Cyr [Lyonnais] (1751), S. 22 mars 1769, R. pour 8 ans le 23 mars 1777.

Beauce (Lazare), dit Jasmin, né à Marseille (1747), S. 17 avril 1766, passé sergent le 20 juin 1781.

Brenier (Claude), né à Chevroux [Bourgogne] (1757), S. 18 sept. 1773, congédié le 8 sept. 1786.

Vidal (Armand), né à Carcassonne (1757), S. 27 mars 1773, congédié le 15 sept. 1783.

Chevalier (François), né à Saint-Lô (1741), S. 2 avril 1775.

Bissot (Antoine), dit L'Orange, né à Orange [Dauphiné] (1745), S. 30 avril 1775, congédié le 8 sept. 1783.

Cézardroy (François), dit Cézard, né à Clans [Franche-Comté] (1755), S. 12 nov. 1772.

Rosier (François), né à Mornas [Comtat Venaissin] (1751), S. 14 mars 1773.

Etienne (Claude), né à Apt [Provence] (1753), S. 1er avril 1773.

Picard (Denis), né à Adam [Franche-Comté] (1755), S. 1er avril 1773, congédié le 8 sept. 1783.

Berruyer (Claude), né à Lyon (1756), S. 14 juill. 1773, congédié le 8 sept. 1783.

Brenier (Louis), né à Saint-Lô (1752), S. 18 sept. 1773, congédié le 8 sept. 1783.

Poulain (Jacques), né à Saint-Lô (1757), S. 19 juill. 1774, mort le 21 sept. 1780, à l'hôpital de Newport en Amérique.

Large (Augustin), dit Dombes, né à Chaiamont (1755), S. 4 janv. 1773, congédié le 1er mai 1785.

Garigues (Jean), né à Poginier [Languedoc] (1749), S. 26 oct. 1767, R. pour 8 ans le 26 oct. 1775.

Barthes (Jean), né à Castelnaudary (1752), S. 12 nov. 1770, congédié le 14 sept. 1786.

Giard (Guillaume), né à Thorigny [Normandie] (1760), S. 19 déc. 1775, passé caporal le 1er mars 1782.

Dufrand (Joseph), né à Mâcon (1758), S. 11 févr. 1774, congédié le 8 sept. 1783.

Vignon (François), né à Die [Dauphiné] (1755), S. 29 avril 1776, caporal le 21 janv. 1781.

Bouvier (Pierre), dit Pompée, né à Monségur [Guyenne] (1757), S. 20 janv. 1775.

Girard (Louis), dit La Grandeur, né à Die [Dauphiné] (1757), S. 29 avril 1776, congédié le 29 avril 1784.

Gourdin (Etienne), né à Neuville [Picardie] (1756), S. 25 juin 1776, congédié le 25 juin 1784.

Teinland (Louis), né à Sunière [Vivarais] (1753), S. 26 sept. 1774, congédié le 8 sept. 1783.

Poulain (Charles), dit Desnoyers, né à Saint-Lô (1758), S. 13 oct. 1774, mort le 16 mars 1781, au combat naval près la baie de Chesapeak.

Paget (Antoine), dit Mornas, né à Mornas [Comtat Venaissin] (1758), S. 14 mars 1773, R. pour 8 ans le 14 mars 1781.

Frontieu (Jean), dit Auguste, né à Tournon (1759), S. 9 déc. 1774, R. pour 4 ans le 9 déc. 1782.

Adore (Louis), né à Besançon (1758), S. 3 sept. 1773, mort le 19 mars 1781, à la suite du combat naval du 16, sur le vaisseau "Le Conquérant."

Roy (Gabriel), dit La Plante, né à Tours (1757), S. 22 déc. 1774, congédié le 8 sept. 1783.

Sénécat (Jean), né à Allemagne [Normandie] (1753), S. 18 déc. 1775, congédié le 8 sept. 1783.

Gilles (Sanson-Enouf), né à Picou [Normandie] (1755), S. 25 mars 1776, congédié le 25 mars 1784.

Le Doux (Jean-Louis), né à Bollène [Comtat Venaissin] (1751), S. 26 févr. 1768, congédié le 26 févr. 1784.

Milon (André), né à Lyon (1751), S. 14 mars 1777.

Lequeux (Joseph), dit Duchâteau, né à Cateau-Cambrésis (1760), S. 3 sept. 1776, congédié le 3 sept. 1784.

Farroy (Jean-Nicolas), né à Muy [Franche-Comté] (1759), S. 25 juill. 1777, caporal le 26 juill. 1780.

Bessonnet (Jean-Baptiste), dit Cœur de Roy, né à Poitiers (1757), S. 28 déc. 1776, congédié le 30 juill. 1785.

Bry (Jean), né à Laval (1757), S. 21 oct. 1773, congédié le 8 sept. 1783.

Régnier (Simon), né à Saint-Vivien [Guyenne] (1760), S. 27 avril 1775, congédié le 1er mai 1784.

Roche (Antoine), dit Aulérac, né à La Chapelle [Auvergne] (1760), S. 24 mars 1777, congédié le 30 juill. 1785.

Gausse (Philippe), dit Valenciennes, né à Valenciennes (1759), S. 8 mars 1777, mort le 26 sept. 1781, à Williambourg en Amérique.

Sercy (Georges), né à Bey [Bourgogne] (1757), S. 13 oct. 1776.

Boutreux (Pierre-Charles), né à Paris (1756), S. 10 février 1776, congédié le 10 févr. 1784.

Elba (Louis-Joseph), dit La Bonté, né à Sombrin [Artois] (1760), S. 16 janv. 1776.

Martin (Edme), dit Auxerre, né à Auxerre (1757), S. 7 mars 1777.

Lafarge (François), dit Rivierre, né à Mâcon (1758), S. 11 août 1774, R. pour 4 ans du 11 août 1782.

Dangé Massu (Pierre), né à La Caine [Normandie] (1758), S. 20 sept. 1774, congédié du 8 sept. 1782.

Lainé (Jacques), dit Jolicœur, né à Poitiers (1756), S. 10 nov. 1773, passé caporal en 1783.

Boutarée (Jean), né à Figeac (1758), S. 21 déc. 1774, passé aux chasseurs en 1783.

Chevron (Charles), né à Château-Gontier [Anjou] (1743), S. 3 août 1779, congédié le 5 avril 1784.

Roys (François), né à Argentan (1753), S. 14 déc. 1776, congédié le 8 sept. 1784.

Decoudu (Joseph), né à Arras (1754), S. 1er avril 1776, congédié le 1er avril 1784.

Royaux (Claude), né à Flacey (1754), S. 6 nov. 1776, mort le 26 août 1780, à Newport, en Amérique.

Borelly (Pierre), dit Perriès, né à Castelnaudary (1757), S. 19 nov. 1779.

Dubois (Jean), né à Alençon (1760), S. 1er janv. 1780, mort le 22 mars 1781, à Newport, en Amérique.

Ambry (Jean), né à Villepinte (1759), S. 9 avril 1778.

Lacaze (Le Beau), né à Marseille (1746), S. 17 avril 1766, congédié en 1785.

Desclaux (Etienne), né à Figeac (1760), S. 9 sept. 1776, congédié en 1786.

Chambin (Milan), né à Maligny [Bourgogne] (1754), S. 1er mars 1775, passé dans les fusiliers en 1781.

Moreau (Etienne), né à Loison [Artois] (1760), S. 1er mars 1777, passé aux chasseurs le 31 août 1784.

Donis (Pierre-Denis), né à Miramont [Agenois] (1758), S. 1er mai 1776, passé caporal en 1784.

Cibus (Simon), dit Saint-Esprit, né à Marseille (1758), S. 8 sept. 1773, congédié en 1784.

Béraud (Jean-Pierre), dit Fleur d'Amour, né à Bollène (1762), S. 23 mars 1778, passé caporal aux chasseurs le 16 avril 1785.

Tadier (Yves), né à Lannion [Bretagne] (1760), S. 24 mars 1778.

Gros (Etienne), né à Farges [Bourgogne] (1758), S. 23 mars 1777, congédié le 30 juill. 1785.

Amblard (Louis), né à Lussac (1750), S. 19 févr. 1778, mort le 9 août 1785, à l'hôpital de Tarascon.

Giroud (Pierre), né à Raveux (1750), S. 11 sept. 1777, mort le 16 sept. 1780, à l'hôpital de Newport.

Pourraz (Honoré), né à Tain [Dauphiné] (1750), S. 26 sept. 1774, congédié le 8 sept. 1783.

Joubert (Mathieu), né à Die [Dauphiné] (1756), S. 29 avril 1776, congédié le 29 avril 1784.

De Bray (Jean-François), né à Corneville [Picardie] (1761), S. 29 avril 1779, R. pour 4 ans le 20 avril 1787.

Buxerolles (Guillaume), né à Nogion [Guyenne] (1746), S. 14 avril 1770, passé sergent-major aux chasseurs, le 16 sept. 1784.

Tarascon (Etienne), né à Tarascon (1756), S. 17 avril 1776, congédié le 7 avril 1784.

Titquaz (Nicolas), dit Coudé, né à Rieu de Condé (1758), S. 18 oct. 1776, mort le 4 mars 1782, à l'hôpital d'York.

Petit (Jean-Baptiste), né à Deuil (1758), S. 18 oct. 1776, grenadier du 6 avril 1780.

Lainé (Gabriel), né à Argentan (1762), S. 9 janv. 1778, R. pour 8 ans le 9 janv. 1786.

Furnaud (Jean-Baptiste), né à Saint-Saturnin (1762), S. 9 avril 1779, congédié du 9 avril 1787.

Finet (Jean), dit Languedoc, né à Villepinte (1739), S. 14 déc. 1757, caporal du 6 avril 1780.

Compagnie Didier.

Bonnot (François), né à Bollène [Comtat Venaissin] (1740), S. 24 mars 1762, sergent-major du 7 juin 1776, décédé le 1er févr. 1781.

Bernier (Jean), dit L'Espérance, né à Palornay [Franche-Comté] (1738), S. 26 déc. 1757, sergent du 8 févr. 1783, mort le 12 oct. à l'hôpital de Baltimore.

Couvreur (Laurent), dit La Volonté, né à Deune [Franche-Comté] (1731), S. 21 déc. 1755, sergent, parti pour la solde le 6 août 1783.

Monet (Jean-Louis), né à Bollène [Comtat Venaissin] (1741), S. 1er janv. 1762, sergent, mort le 6 mars 1782 à l'hôpital d'York.

Gayé (Joseph), dit L'Aimable, né à Marseille [Provence] (1745), S. 29 avril 1767, R. pour 8 ans du 29 avril 1775.

Le Sieur (Louis-François), né à Paris (1740), S. 27 avril 1758, parti pour la solde le 31 mars 1784.

Roy (Michel), né à Bécède [Languedoc] (1751), S. 18 janv. 1767, congédié le 8 sept. 1783.

Malauvan (Jacques), dit Béthune, né à Béthune [Artois] (1741), S. 14 févr. 1767, congédié le 17 janv. 1784.

Maillefau (Jean), dit Dauphiné, né à Chameiot [Dauphiné] (1749), S. 14 févr. 1767, congédié le 31 déc. 1783.

La Croix (Jean-Baptiste), né à Marines [Brie] (1745), S. 1er mars 1752, R. pour 8 ans du 1er mars 1775.

Monts (Augustin), dit Le Douceur, né à Reval [Languedoc] (1717), S. 24 oct. 1756, congédié le 8 sept. 1783.

Loup (Jean), dit Lafontaine, né à Saint-Maurice [Bourgogne] (1728), S. 1er oct. 1752, parti pour la solde le 1er mars 1782.

Magnn (Jean), dit Bellefin, né à Saint-Marcelin [Dauphiné] (1729), S. 13 mars 1750, mort le 14 août 1780, à l'hôpital de Newport.

Galinard (François), dit Béarnois, né à Gier [Béarn] (1732), S. 10 déc. 1757, parti le 1er mars 1782.

Germignac (Jacques), dit Saintonge, né à Germignac [Saintonge] (1740), S. 12 mars 1759, congédié le 15 sept. 1783.

Juillet (Claude), né à Sainte-Agnès [Franche-Comté] (1742), S. 3 avril 1767, R. pour 8 ans le 3 avril 1775.

Fazedy (Jean-Baptiste), dit Jolibois, né à Bassey [Provence] (1713), S. 1er mars 1752, congédié le 29 fév. 1784.

Tatomer (André), dit Avignon, né à Avignon [Comtat Venaissin] (1742), S. 1er juin 1762, R. pour 8 ans du 1er juin 1776.

Nicolas (Michel), dit Montargis, né à Moulinet [Gâtinais] (1740), S. 1er juin 1762, congédié le 1er juin 1784.

Cussac (Jean), dit La Bonté, né à Foix (1740), S. 13 déc. 1764.

Benivady (Laurent), né à Piolenc [Comtat Venaissin] (1754), S. 28 déc. 1770.

Couvie (Barthélemy), dit La Violette, né à Pierrelatte [Dauphiné] (1754), S. 28 déc. 1770, R. pour 8 ans le 29 déc. 1778.

Chaussée (Laurent), né à Poitiers (1760), S. 3 janv. 1773, R. pour 4 ans du 3 janv. 1781.

Nivers (Jacques), né à Châtellerault (1748), S. 3 janv. 1773.

Lagonnie (Pierre), né à Verteuil [province d'Angenois] (1756), S. 7. fév. 1773, mort le 20 nov. 1784 à l'hôpital de Montpellier.

Declerc (Claude), né à Vence [Provence] (1749), S. 1er avril 1773, congédié le 8 sept. 1783.

Côme (Jean), né à Gigondas [Dauphiné] (1746), S. 2 avril 1774, R. pour 8 ans du 2 avril 1781.

Coutureau (François), dit La Terreur, né à Damas [Guyenne] (1754), S. 5 avril 1775, congédié le 8 sept. 1783.

Gavaudant (Michel), né à Vienne [Dauphiné] (1754), S. 14 juillet 1773, mort le 27 sept. 1781 sur le "Richmond" dans la baie de Chesapeak.

Brousseau (René), dit Francœur, né à Poitiers [Poitou] (1753), S. 10 nov. 1773, congédié le 12 sept. 1783.

Bonhuire (Jean), né à Noirétable [Forez] (1747), S. 4 déc. 1773, R. pour 4 ans le 4 déc. 1781.

Larsonneur (Louis), dit Dubourg, né à Pontlevy [Normandie] (1752), S. 7 déc. 1773, congédié le 7 déc. 1781.

Champellier (Claude), dit Vive l'Amour, né à Neuville [Lyonnais] (1747), S. 31 déc. 1773, congédié le 31 déc. 1780.

Fio (Jean), dit Berry, né à Châteauroux (1752), S. 15 mars 1774, R. pour 4 ans du 16 mars 1781.

Fayard (François), dit Devers, né à Saint-Igny [Beaujolais] (1743), S. 20 déc. 1774, congédié le 8 sept. 1783.

Terrier (Antoine), dit Tournus, né à Tournus [Bourgogne] (1745), S. 20 déc. 1771, R. pour 4 ans du 20 déc. 1782.

Le Brun (Antoine), né à Coutances [Normandie] (1754), S. 16 janv. 1776, congédié le 8 sept. 1783.

Le Tellier (Pierre), dit La Couture, né à Saint-Lô [Normandie] (1756), S. 31 juill. 1775, congédié le 8 sept. 1784.

Le Grand (Louis), né à Saint-Lô [Normandie] (1757), S. 31 juill. 1775, congédié le 8 sept. 1783.

Petit (Nicolas), dit Du Château, né à Doussy-Château [Picardie] (1758), S. 19 oct. 1775, congédié le 19 oct. 1783.

Savary (Augustin), né à Mareuil [Artois] (1757), S. 5 nov. 1775, congédié le 5 nov. 1783.

Tiroy (Joseph), né à Saint-Paul [Artois] (1754), S. 29 nov. 1775, congédié le 27 janv. 1784.

Houlet (Jacques), né à Paris (1755), S. 5 déc. 1775.

Haile (Pierre), dit Artois, né à Arras (1757), S. 14 déc. 1775.

Mathé (Alexandre), né à Paris (1760), S. 10 mars 1776.

Galnet (Jean), né à Roullac [Auvergne] (1750), S. 23 mars 1776.

Chéno (Jacques), né à Alençon (1760), S. 3 avril 1776.

Marais (Louis), né à Argentan (1758), S. 11 avril 1776.

Lancel (Joseph), né à Saint-Paul [Artois] (1760), S. 17 avril 1776.

Bosq (François), né à Romey [Dauphiné] (1757), S. 20 avril 1776.

Monteauset (Jean-Claude), né à Mariote [Beaujolais] (1755), S. 5 nov. 1776, congédié le 5 nov. 1784.

Despons (Pierre), né à Cadaillac [Quercy] (1758), S. 9 déc. 1776, congédié le déc. 1784.

Boisset (Pierre-François), né à Figeac [Quercy] (1760), S. 9 déc. 1776, mort le 5 mars 1783 à Porto-Cabello.

La Fabrée (Jean), né à Vermot [Quercy] (1758), S. 9 déc. 1776, congédié le 9 déc. 1784.

Riousse (Jean-Baptiste), né à Saint-Vallier [Dauphiné] (1755), S. 11 déc. 1776, congédié le 11 déc. 1784.

Roque (Antoine), né à Bolzon [Quercy] (1755), S. 6 janv. 1777.

Colin (Nicolas), né à Saint-Dizier [Champagne] (1759), S. 31 déc. 1777.

Carré (Arnould), né à Verdouin [près Arras] (1758), S. 1er fév. 1777.

Gris (Claude), né à Tournu [Bourgogne] (1761), S. 13 mars 1777.

Martol (Jacques), né à Thorigny [Normandie] (1758), S. 26 mars 1777.

Dupont (Antoine), né à Terray-en-Bugey (1759), S. 28 mars 1777.

Bontoux (Jacques), né à Pont Saint Esprit [Languedoc] (1760), S. 6 mai 1777, congédié le 17 août 1783.

Dourne (Jean), dit La Pierre, né à Figeac [Quercy] (1757), S. 9 mai 1777, congédié le 9 mai 1785.

Sourry (Robert), né à Cambrai (1761), S. 10 mai 1777.

Toulotte (Henri-François), né à Villers-Cotterets (1761), S. 27 mai 1777.

Carré (François-Joseph), né à Verdouin [près Arras] (1761), S. 4 août 1777, congédié le 4 août 1785.

Deraulle (Pierre-François), né à Fourmes [Flandre] (1743), S. 21 août 1777, mort le 6 avril 1782, à l'hôpital d'York.

Bouillon (René), né à Tournu [Bourgogne] (1760), S. 6 oct. 1777.

Sénécal (Michel), né à Mentabot [Normandie] (1760), S. 14 oct. 1777, congédié le 14 oct. 1785.

Joly (Jean), né à Lyon (1762), S. 22 oct. 1777.

Auvray (Louis), né à Sainteny [Normandie] (1758), S. 20 nov. 1777.

Belamy (Louis), né à Sainteny [Normandie] (1752), S. 21 déc. 1777, congédié le 20 nov. 1785.

Ducret (Jean), né à Jogy [près Tournu, Bourgogne] (1762), S. 1er mars 1778.

Morand (Jean), né à Verdun [Lorraine] (1755), S. 10 mars 1778.

Geoffroy (Guillaume), S. 1er mars 1778, passé sergent major le 1er mai 1780.

La Porte (Antoine), né à Castelnaudary [Languedoc] (1759), S. 9 avril 1778, congédié le 9 avril 1786.

Rouyre (Jean), né à Montréal [Languedoc] (1760), S. 8 avril 1778, congédié le 9 avril 1786.

Gourgoniou (François-Laurent), né à Bolane [Comtat d'Avignon] (1761), S. 12 avril 1778.

Poirier (Nicolas), né à Clermont (1740), S. 12 avril 1778, congédié le 12 avril 1786.

Grobon (Claude), né à Pont-de-Beauvoisin [Dauphiné] (1763), S. 18 avril 1778, mort le 13 avril 1782, à l'hôpital d'York.

Mangin (Alexandre), né à Saint-Lô [Normandie] (1761), S. 5 sept. 1778, congédié le 1er mai 1784.

Brives (Pierre), né à Bouillon [Comtat Venaissin] (1756), S. 20 oct. 1778, congédié le 28 oct. 1786.

Lejeune (Nicolas), né à Fonnecourt [Picardie] (1760), S. 21 oct. 1778.

Journet (Antoine), né à Suze [Dauphiné] (1761), S. 28 déc. 1778.

Aubertin (Jean), né à Varennes [Champagne] (1762), S. 17 mars 1779.

Hutaut (François), dit Langevin, né à Saint-Martin-de-Beaupreez [Anjou] (1757), S. 17 mars 1779.

Soulier (Barthélemy), né à Ampierre [Champagne] (1757), S. 11 avril 1779, mort le 4 sept. 1780, à l'hôpital de Newport.

De Bray (Jean-François), né à Bonneville [Picardie] (1761), S. 20 avril 1779.

Vadel (Louis), S. 1er juin 1779, parti pour les Invalides le 25 mars 1785.

Morel (Jean François), S. 1er juill. 1779, congédié le 24 sept. 1785.

Florentin (Jean-François), né à Rembat [Lorraine] (1758), S. 29 sept. 1779.

Florentin (Jean-Louis), né à Rembat [Lorraine] (1758), S. 29 sept. 1779.

Guidon (Jacques), dit La Porte, S. 25 sept. 1779, R. pour 8 ans du 14 déc. 1779.

Deschets (Jean-Louis), né à Paris (1762), S. 16 nov. 1779.

Née (François), né à Saint-Martin-d'Auloguy [Normandie] (1757), S. 20 nov. 1779.

Mamon (Jean-Marie), né à Tournus [Bourgogne] (1764), S. 15 déc. 1779, congédié le 10 janv. 1785.

Bregevin (Antoine), né à Saint-Denis [Isle de France] (1758), S. 16 fév. 1780, congédié le 7 août 1783.

Courtier (Pierre), né à Charmentray [Brie] (1762), S. 15 fév. 1780, congédié le 31 déc. 1782.

Mariage (Gratien-Joseph), né à Beaucamps [Flandre] (1761), S. 9 juill. 1776.

Boudé (Julien), né à Fontaines [Normandie] (1761), S. 18 mars 1780, congédié le 15 avril 1782.

Defranc (Joseph), S. 11 fév. 1772.

Félix (Louis), S. 30 nov. 1772.
Picard (Antoine), S. 2 avril 1776.
Zamore (Augustin), dit Fortuné, S. 17 févr. 1777, mort en juin 1783, sur le "Neptune."
Poix (Pierre-Louis), S. 13 juill. 1779.
Fabrigue (Raymond), S. 18 janv. 1767, congédié le 3 sept. 1783.
Bouvier (Claude), S. 23 déc. 1776.
Simart (Gilbert), né à Clermont (1737), S. 8 oct. 1763, mort le 11 juin 1786 à l'hôpital d'Uzès.
Provot (Charles), né à Rozières [Lorraine] (1751), S. 1er nov. 1777, mort le 18 janv. 1782 à Williamburg en Amérique.
Pignol (Jean-Joseph), né à Saint-Jérôme [Provence] (1740), S. 21 sept. 1766, mort le 31 juill. 1781 à Boston.
Vincent (Augustin), né à Nogent-sur-Marne (1740), S. 8 févr. 1773, mort le 30 sept. 1782 à Baltimore.
Hunout (Augustin), dit Argentan, né à Argentan [Normandie] (1757), S. 1er déc. 1775, R. pour 4 ans le 1er déc. 1783.
Behoule (Raymond), dit Prêt à Boire, né à Châteauneuf [Dauphiné] (1753), S. 28 avril 1776, incorporé du régiment d'Auvergne le 18 juin 1781.
Pothier (Urbain), né à Angers (1760), S. 11 sept. 1779, incorporé du régiment d'Auvergne le 18 juin 1781.
Grelay (Jean), né à Enseuil [Berry], (1758), S. 13 mars, 1779, incorporé du régiment d'Auvergne le 18 juin 1781.
Ducost (Jean), né à Foix [Guyenne] (1749) S. 8 mai 1779, incorporé du régiment d'Auvergne le 18 juin 1781.
Pépinot (Charles-Étienne), né à Anet-en-Brie (1761), S. 11 juill. 1780, incorporé du régiment d'Auvergne le 18 juin 1781.
Chenaux (André), né à Mailly (1761), S. 3 juill. 1780, incorporé du régiment d'Auvergne le 18 juin 1781.
Bernay (Jean-Baptiste), dit La Tulipe, né à Rigny (1762), S. 1er mars 1786.
Rantier (Jacques), dit Saint-Esprit, S. 15 sept. 1765, caporal passé aux chasseurs le 9 sept. 1783.
Pugibet (Antoine), S. 21 mai 1770, mort à York le 8 mars 1782

Compagnie de Bien de Chevigny

Silvestre (Firmin), né à Gorlès [Provence] (1737), S. 11 avril 1757, sergent-major du 7 juin 1776, parti pour la solde le 3 mars 1784.
De Fleurans (Pierre), né à Lissac [Quercy] (1746), S. 15 avril 1765, passé sergent-major aux chasseurs le 1er févr. 1782.
Detruchet (Jean Baptiste), né à Piolenc [Comtat Venaissin] (1749), S. 16 nov. 1766, passé sergent aux grenadiers le 17 nov. 1781.
Le Blanc (Pierre), né à Laval [Maine] (1736), S. 24 janv. 1756, parti pour la solde le 25 mars 1785.
Coutureau (Jean), dit Saintonge, né à Ledouc [Saintonge] (1738), S. 4 janv. 1759, R. du 23 nov. 1774.
Geoffroy (Laurent), dit Fleur d'Épine, né à Rennes [Bretagne] (1738), S. 19 mars 1759, R. du 27 nov. 1774.
Bonnot (Jean-Baptiste), né à Bolène [Comtat Venaissin] (1745), S. 1er janv. 1770, R. pour 8 ans le 1er janv. 1778, sergent du 17 janv. 1778.
Borelly (Jean-Barthélemy), né à Marseille (1746), S. 3 nov. 1766, R. pour 3 ans du 24 oct. 1782, sergent du 8 mai 1782.

Jonnard (Jacques), né à Chabenil [Dauphiné] (1746), S. 5 mars 1767, R. pour 4 ans du 5 mars 1782, caporal du 7 juin 1778.
Jougan (François), dit La Violette, né à Saint-Jean-sur-Vilaine [Bretagne] (1736), S. 29 mars 1759, passé tambour le 16 sept. 1784.
Chandelier (Jean-Baptiste), dit Bas Rocher, né à Yvetot [Normandie] (1759), S. 1er mai 1775.
Eudes (François), dit L'Etoile, né à Avranches (1736), S. 3 avril 1753, passé aux grenadiers le 21 janv. 1781.
Mériotte (Sébastien), dit Divertissant, né à Jouy-sur-les-Côtes [Lorraine] (1735), S. 26 déc. 1755, mort le 27 sept. 1782, à Baltimore.
Frérot (Edme), dit Sans Chagrin, né à Châtillon-sur-Seine (1738), S. 3 avril 1757, congédié le 1er sept. 1783.
Moreau (Edme), dit Bourguignon, né à Lentilly [Bourgogne] (1735), S. 23 avril 1758, parti pour la solde le 25 mars 1785.
Sauvage (Jean), né au Quernet [Bourgogne] (1735), S. 23 avril 1758, congédié le 31 août 1784.
Crost (Jacques), dit Belair, né à Issel [Languedoc] (1746), S. 26 mars 1767, congédié le 8 sept. 1783.
Domerque (Jean), né à Saint-Jacques [Languedoc] (1739), S. 29 avril 1767, R. pour 4 ans du 29 avril 1783.
Escarguel (Pierre), dit Sans Quar ier, né à Faucille [près Castelnaudary] (1751), S. 26 févr. 1768, congédié le 26 févr. 1784.
Henry (Pierre), dit Tranquille, né à Castelnaudary [Languedoc] (1754), S. 11 oct. 1770, R. pour 8 ans le 11 oct. 1778.
Lux (Etienne), dit Montfort, né à Montfort [Gascogne] (1754), S. 21 nov. 1772, passé caporal en 1784.
Géant (Julien), dit Prestaboire, né à Barenton [Normandie] (1742), S. 15 mars 1773, congédié le 22 juill. 1785.
Cayrol (Jacques), dit Carcassonne, né à Carcassonne (1750), S. 29 mars 1773, congédié le 8 sept. 1783.
Allemand (Ozias), dit Roussillon, né à Roussillon [Provence] (1750), S. 1er avril 1773, congédié le 8 sept. 1783.
Gernissen (Jean), dit Sans Souci, né à Saint-Symphorien [Beaujolais] (1739), S. 1er avril 1773, congédié le 8 sept. 1783.
Fourinot (Jean), dit Sans Peur, né à Pontacq [Bearn] (1753), S. 16 avril 1773, congédié le 8 sept. 1783.
Conrade (Joseph), dit La Valeur, né à Bigone (1753), S. 16 avril 1773, congédié le 8 sept. 1783.
Crozat (Benoit), né à Vaubrenard [Beaujolais] (1752), S. 14 juill. 1773, caporal le 1er janv. 1781.
Esperon (Gabriel), dit La Grenade, né à Arbigny [Bourgogne] (1746), S. 3 sept. 1773, congédié le 4 sept. 1785.
Favier (Jean-Baptiste), né à Barroux [Comtat Venaissin] (1749), S. 29 mars 1774, congédié le 30 mars 1776.
Barnier (Jean-Pierre), dit Monmignon, né à Pouey Sala [Dauphiné] (1750), S. 9 mai 1774, congédié le 9 mai 1782.
Connétable (Nicolas), né à Briquebosq [Normandie] (1746), S. 3 mars 1774, congédié le 16 sept. 1785.
Lucpoullet, dit Durocher, né à Saint-Lô (1753), S. 19 juill. 1774.
Fert (Mathurin), dit Montplaisir, né à Alençon (1755), S. 5 nov. 1774, R. du 5 déc. 1782.

Pradier (Simon), né à Figeac (1755), S. 21 déc. 1774, R. du 21 déc. 1782.
Issaly (Jean), dit Branched'or, né à Figeac (1755), S. 21 déc. 1774, R. le 8 sept. 1783.
Guérin (Augustin), né à Fierville [Normandie] (1757), S. 29 janv. 1775.
Clément (Joseph), dit Francœur, né à Saint-Rozier [Dauphiné] (1752), S. 23 mars 1775.
Martin (Félix), dit Faugeaux, né à Fangeaux [Languedoc] (1756), S. 30 avril 1775, R. pour 4 ans du 30 avril 1783.
Valet (Jean-Gros), dit Saint-Brieux, né à Saint-Brieux (1756), S. 30 avril 1775, R. pour 4 ans du 30 avril 1783.
Requrs (Michel), né à Saint-Lô [Normandie] (1757), S. 29 sept. 1775, passé aux chasseurs le 1er févr. 1782.
Le Jard (Jean), né à Lauréla [Bretagne] (1753), S. 29 sept. 1775, congédié le 29 sept. 1783.
Le Gouz (Louis), né à Becherel [Bretagne] (1756), S. 2 oct. 1775, congédié le 1er oct. 1783.
Blanché (François), né à Alençon [Normandie] (1758), S. 6 oct. 1775.
Dufour (Pierre), né à Raphy [Picardie] (1748), S. 7 nov. 1775, mort le 10 mars 1781 à l'hôpital de la Providence en Amérique.
Turquet (Jean), né à Bray [Picardie] (1762), S. 9 nov. 1779, congédié le 9 nov. 1783.
Boyer (François), né à Dieau [Languedoc] (1757), S. 25 mars 1776, congédié le 25 mars 1784.
Lainé (Louis), né à Argentan (1760), S. 14 avril 1776, mort le 31 août 1780 à Brest.
Fournier (François), né à Ambronay [Bourgogne] (1758), S. 29 avril 1776.
Lorrain (Pierre), né à Metz (1751), S. 11 août 1776, mort le 17 janv. 1783 à Baltimore.
Lourdelet (Augustin), né à Germigny [Brie] (1748), S. 5 sept. 1776, congédié le 5 sept. 1784
Jacoby (Nicolas), né à Hergugney [Lorraine] (1769), S. 8 oct. 1776, tué à la tranchée le 19 oct. 1781.
Vioie (Jean), né à René [Maine] (1757), S. 17 oct. 1776, congédié le 17 oct. 1784.
Garnier (Jean-Pierre), né à Paris (1757), S. 7 déc. 1776, congédié le 7 déc. 1784.
Cassaire (Pierre), dit L'Éveillé, né à Piaviotes [Quercy] (1760), S. 9 déc. 1776, congédié le 9 déc. 1784.
Gay (Jean-Baptiste), né à Bouillac [Quercy] (1757), S. 9 déc. 1776, congédié le 9 déc. 1784.
Bessonnet (Charles), né à Poitiers (1755), S. 28 déc. 1776.
Mariel (Simon), dit La Bussière, né à Buxières [Champagne] (1759), S. 31 janv. 1777.
Bulle (Antoine), né à Besançon (1752), S. 6 févr. 1777, congédié le 2 mai 1783.
Mathieu (Jacques), né à Chantemerle [Provence] (1757), S. 1er mars 1777, congédié le 1er mars 1785.
Guérin (Jean-Claude), né à Tournus [Bourgogne] (1759), S. 30 mars 1777, congédié le 30 mars 1785.
Gachor (Jean), né à Pierrelaye [Bourgogne] (1752), S. 21 mars 1777, congédié le 21 mai 1785.
Gontenoire (Maurice), né à Givors (1752), S. 7 juin 1777, congédié le 3 déc. 1783.

Beaurain (Pierre-Antoine), né à Paris (1751), S. 6 oct. 1772, caporal, congédié le 8 sept. 1785.

Paquay (Jean-Joseph), né à Ginée [Picardie] (1757), S. 11 août 1777, mort le 2 sept. [...] à l'hôpital de Prekill en Amérique.

Vincent (Pierre-Bernard), né à Condieux [Rennes] (1758), S. 7 sept 1777, congédié le 7 sept. 1785.

Gonard (Étienne), né à Saint-Étienne (1759), S. 24 nov. 1777.

Parrey (François), né à Legny (1761), S. 2 déc. 1777.

Dupart (Antoine), né à Piolenc [Comte Venaissin] (1759), S. 4 déc. 1777, congédié le 4 déc. 1785.

Buchillot (Denis), né à Paris (1760), S. 7 déc. 1777, congédié le 16 janv. 1784.

Bouton (Daniel-Joseph), né à Valenciennes (1761), S. 12 déc. 1777.

Aché (Pierre), né à Paris (1757), S. 19 déc. 1777.

Cadillon (Louis), né à Pau (1755), S. 9 janv. 1778, congédié le 9 janv. 1786.

Moisson (Pierre), né à Villefranche [Champagne] (1759), S. 21 févr 1778, congédié le 21 févr. 1786.

Geoffroy (Jean), dit Amant, né à Houdan [Beauce] (1756), S. 21 févr. 1778, mort le 2 avril 1782 à l'hôpital d'York.

Sevenier (Symphorien), né à Vautignan (1759), S. 25 mars 1778, déserté le 17 janv. 1784.

Ducros (Jean-Baptiste), né à Châlon-sur-Saône (1761), S. 23 mars 1778.

Embry (Jean), né à Villepinte [Languedoc] (1760), S. 9 avril 1778, passé grenadiers le 15 avril 1780.

Raurba (Théodore), né à Lissac [Quercy] (1760), S. 21 avril 1778, congédié le 20 avril 1778.

Moncroy (Charles), né à Saint-Samson [Normandie] (1760), S. 19 mai 1778, mort le 13 sept. 1780 à l'hôpital de Newport.

Pernat (Elov), né à Avignon (1760), S. 21 mai 1778.

Ninsonne (Alexandre), né à Quincy [Bourgogne] (1759), S. 24 juill. 1778.

Brissollier (Joseph), né à Argentan [Normandie] (1760), S. 2 août 1778.

Armand (Jean), né à Paris (1760), S. 6 sept. 1778, parti pour les Invalides le 25 mars 1785.

Dufour (Nicolas), né à Tarascon (1759), S. 29 sept. 1778, congédié le 31 mai 1786.

Dugalier (Paul), né à Buller (1759), S. 25 déc. 1778, congédié le 25 déc. 1786.

Montesauit (Jacques), dit La Valeur, S. 31 déc. 1778, mort le 11 août 1780 à Newport.

Luguier (Pierre-Nicolas), né à Paris (1755), S. 26 avr. 1779.

Hormès (Pierre), né à Héreuille [Lorraine] (1759), S. 26 févr. 1779, passé aux grenadiers le 15 juill 1784.

Girardin (Jean-Baptiste), né à Hauteville [Champagne] (1758), S. 17 mars 1779, congédié le 10 sept. 1784.

Le Blanc (Jean), dit Tourné, né à Tournus [Bourgogne] (1760), S. 23 mars 1779.

Padé (Jean Baptiste), dit Acheux, né à Acheux [Picardie] (1760), S. 27 mars 1779, passé caporal à la compagnie Cazin.

Cochet (Louis), né à Semlvey [Bourgogne] (1760), S. 25 avril 1779.

Bastouille (Louis), né à Bréède [Languedoc] (1762), S. 17 mai 1779.

Embry (Pierre), né à Issel [Languedoc] (1752), S. 17 mai 1779.

La Tauppe (Olivier), dit Jolicœur, né à Tournus [Bourgogne] (1751), S. 12 mars 1779, mort le 21 mars 1782 à l'hôpital d'York.

Desormaux (Mathieu), né à Versailles (1762), S. 11 juin 1779, passé aux grenadiers le 5 sept. 1785.

Grizot (Jean-Baptiste), né à Aigny [Champagne] (1755), S. 7 sept. 1779.

Guérin (Pierre), né à Saint-Julien (Bourgogne) (1757), S. 9 nov. 1779.

Neman (Bastien), né à Dosmy [Bourgogne] (1761), S. 3 déc. 1779, passé aux grenadiers le 8 août 1785.

Nègre (Honoré), né à Paris (1766), S. 11 févr. 1780.

Ernoud (Jacques-Édouard), S. 21 juill. 1779.

Carcey (Jean-Nicole), né à Maz [Franche-Comté] (1750), S. 25 juill. 1777.

Beaupoil (Antoine), né à Pierre [Franche-Comté] (1750), S. 3 avril 1755, congédié en 1780.

Guillot (Étienne), né à Versailles (1762), S. 21 févr. 1780.

Saulnier (Michel), dit Sans Façon, né à Paris (1764), S. 11 mars 1780.

Boidereau (Louis), dit Brind'Amour, né à La Beede [Languedoc] (1761), S. 6 mars 1779.

Dumoulin (Gaspard), né à Gouzon [Maine] (1760), S. 21 févr. 1779.

Milsot (Nicolas), dit Saint-Éloy, né à Saint-Georges [Beauce] (1757), S. 17 juin 1777.

Duflot (Joseph), dit Dartois, né à Bajaume [Languedoc] (1750), S. 5 avril 1772.

Villemarre (Jacques), dit Mazarin, né à Bethel [Champagne] (1756), S. 19 mars 1775.

Fringant (Bastien), né à Liorme [Chaumont] (1758), S. 1er avril 1776.

Gauthier (Bernard), né à Bezal [Bretagne] (1761), S. 26 août 1779, mort à l'hôpital de Newport le 6 juill. 1781.

Cauve (Barthélémy), dit La Violette, S. 28 sept. 1778, congédié le 15 sept. 1786.

Rozières (François), S. 14 mars 1775.

Rumbert (Joseph), S. 27 sept. 1760, R. pour 8 ans le 21 nov. 1774.

Meaugeard (Antoine), né à Yerres [Brie] (1750), S. 25 mars 1775.

Desjardins (François), dit La Forme, né à Fulaise [Normandie] (1760), S. 3 févr. 1775.

Louvard, dit Gosselin, né à Fulaise [Normandie] (1761), S. 3 févr. 1779.

Perraud (Joseph), dit Fleur d'Épine, né à Macon (1760), S. 8 juin 1774.

Dounier (François), né à Gordes [Provence] (1760), S. 18 janv. 1779, mort le 19 oct. 1781, à York.

Padé (Jean-Louis), dit Isidore, né à Chépy [Picardie] (1763), S. 15 avril 1779.

Compagnie de chasseurs, de Baudré, capitaine.

Plantade (Louis), né à Saint-Jean-d'Angély [Saintonge] (1753), S. 25 juin 1759, sergent-major, congédié le 8 sept. 1783.

Genes (François), né à Rosière-aux-Salines [Lorraine] (1738), S. 17 mars 1756, sergent, R. de 4 mars 1780.

Dolphin (Joseph), né à Landrecies [Hainaut] (1746), S. 17 avril 1758, sergent, R. du 16 avril 1776 pour 8 ans.

Le Comte (Pierre), né à Lyon (1738), S. 29 avr. 1759, sergent, mort le 15 oct. 1781, à York.

Louvet (François), né à Thiaucourt [Lorraine] (1739), S. 19 mars 1759, sergent, congédié le 8 sept. 1783.

Jancom (François), dit Belarbre, né à Saint-Marcel [Dauphiné] (1734), S. 29 févr. 1756, sergent, du 10 oct. 1780.

Rondel (Jacques), né à Saint-Pois [Normandie] (1732), S. 17 févr. 1756, R. pour 8 ans le 30 nov. 1774.

Moligny (Joseph), dit Piedmont, né à Verceil [Piémont] (1752), S. 22 avril 1768, passé sergent le 9 sept. 1783.

Durand (François), né à Piolenc [Comtat Venaissin] (1747), S. 26 juin 1765, passé sergent le 9 sept. 1783.

Jeandon (Étienne), né à Saint-Germain [Bresse] (1740), S. 3 mai 1765, parti pour la solde le 6 avril 1784.

Ribes (Alexandre), dit Vive l'Amour, né à Saint-Ferreol [Dauphiné] (1740), S. 11 avril 1761, congédié le 8 sept. 1783.

Ménétrier (Jean-Baptiste), dit Vainqueur, né à Dôle [Franche-Comté] (1732), S. 28 févr. 1752, congédié le 1er juin 1784.

Jeannot (Nicolas), né à La Réole [Guyenne] (1740), S. 13 avril 1762, congédié le 15 avril 1784.

Galderick (Parent), dit La Verdure, né à Perpignan (1740), S. 1er nov. 1764, R. pour 4 ans du 1er nov. 1784.

Lafont (François), né à Perpignan (1740), S. 3 déc. 1764, congédié le 4 déc. 1784.

Miot (Hilaire), dit Sans Chagrin, né à Grandchamp [Champagne] (1740), S. 7 mars 1765, R. pour 8 ans du 7 mars 1773.

Bonnet (Isidore), né à Langres [Champagne] (1744), S. 7 mai 1765, congédié le 23 août 1785.

Marillat (Laurent), dit Blondin, né à Montaud [Dauphiné] (1746), S. 10 avril 1766, mort le 13 août 1780 à Newport.

Andriou (Pierre), dit Bienvenu, né à Thor [Comtat Venaissin] (1745), S. 5 nov. 1766, congédié le 8 sept. 1783.

Philippes (Antoine), né à Marseille [Provence] (1744), S. 12 nov. 1766, congédié le 15 nov. 1786.

Querol (Pierre), dit La Sarre, né à La Serre [Languedoc] (1746), S. 6 déc. 1766, congédié le 9 sept. 1783.

Crotte (Jean-Antoine), dit Vivarais, né à Vesseaux [Vivarais] (1745), S. 24 déc. 1766, R. pour 8 ans du 24 déc. 1774.

Delfaut (François), né à Caviale [Quercy] (1747), S. 4 mars 1767, congédié le 8 sept. 1783.

Cazchet (François), dit Louis, né à Vignenet [Languedoc] (1747), S. 18 janv. 1767.

Cayol (Jacques), dit Marseille, né à Ansan [Provence] (1760), S. 6 mars 1767.

Brotin (Guillaume), dit L'Air, né à Seillenard [Bourgogne] (1758), S. 12 avril 1767.

Boy (Jean), dit Fleur d'Amour, né à La Réole [Guyenne] (1747), S. 12 avril 1767, congédié le 8 sept. 1783.

Laganne (Claude), dit La Brisée, né à Lissac [Quercy] (1746), S. 29 mai 1767, passé aux chasseurs le 31 août 1784.

Quaire (Marie-Joseph), né à Dreuilhe [Languedoc] (1751), S. 20 févr. 1768, congédié le 26 févr. 1784.

La Chaise (Jean), dit Jolicœur, né à Saint-Hilaire [Guyenne] (1751), S. 10 mars 1768, congédié le 10 mars 1784.

Clavaux (François), né à Rodent [Comtat Venaissin] (1752), S. 18 févr. 1768, congédié le 22 juill. 1783.

Offergs (François), dit Uléry, né à Enaud [Languedoc] (1751), S. 8 févr. 1769, congédié le 9 sept. 1783.

Archambaux (François), dit Tourbelle, né à Bédarieux [Languedoc] (1751), S. 3 mars 1769, R. pour 8 ans du 3 mars 1777.

Rey (Pierre), dit César, né à Bonsagnes [Languedoc] (1744), S. 3 mars 1769, R. pour 8 ans du 3 mars 1777.

Routès (Jean), dit La Force, né à La Force [Languedoc] (1743), S. 2 oct. 1769, congédié le 2 oct. 1785.

Bichet (Antoine), dit Comtois, né à Chambornay [Franche-Comté] (1754), S. 20 avril 1770, passé caporal le 11 juin 1784.

Monnet (Philippe), dit Fanfare, né à Arrérieux [près Dombes] (1754), S. 1er févr. 1771, passé caporal le 16 avril 1786.

Gombaut (Joseph), dit Montauciel, né à Beignon [Bretagne] (1754), S. 20 mars 1772, R. pour 8 ans le 20 mars 1780.

Bouchery (Bertrand), né à Saint-Vincent-d'Excideuil [Périgord] (1742), S. 27 sept. 1772, congédié le 8 sept. 1783.

Breisse (François), dit La Réjouissance, né à Saint-Aulais [Vivarais] (1754), S. 15 déc. 1772, R. pour 8 ans du 15 déc. 1780.

La Croix (Jean), né à Belvèze [Périgord] (1749) S. 16 févr. 1773, mort le 25 oct. 1781 à l'hôpital d'York.

Devèze (Pierre), dit La Vigueur, né à Castelnau [Guyenne] (1754), S. 20 févr. 1773, R. pour 8 ans le 20 févr. 1781.

Canivet (Michel) né à Notre-Dame-d'Elle [Normandie] (1752), S. 15 mars 1773, R. le 15 mars 1781.

Milon (Pierre), né à Vorn [Angoumois] (1750), S. 9 mai 1773, R. pour 8 ans le 9 mai 1781.

Robert (Jean), né à Saillant [Auvergne] (1752), S. 19 mai 1773, R. pour 8 ans le 19 mai 1781.

Paris (François), dit Branche d'Or, né à Tournus [Bourgogne] (1753), S. 19 mai 1773, R. pour 8 ans le 19 mai 1781.

Lebrun (Jean), né à Saint-Lô [Normandie] (1753), S. 31 mai 1773, R. pour 8 ans le 31 mai 1781.

Grandjon (Claude), né à Chazellet [pr. Forez] (1751), S. 18 juin 1773, R. du 22 juill. 1785.

Morillon (François), dit Prestaboire, né à Epercieux [pr. Forez] (1752), S. 18 juin 1773, mort le 28 sept. 1780 à Newport.

Monaut (Michel), dit Bellefin, né à Saint-Lô (1755), S. 19 sept. 1773, congédié le 28 sept. 1783.

Hérous (Michel), dit Vadeboncœur, né à Angleville [Normandie] (1753), S. 12 nov. 1773, R. du 12 nov. 1781, pour 8 ans.

Bouglé (Eustache), dit Dumaine, né à Bourg [Maine] (1748), S. 1er mai 1774, congédié le 8 sept. 1783.

Dutour (Pierre), né à Encausse [Comminges] (1755), S. 23 mars 1775, passé caporal le 16 sept. 1780.

Sourson (Jean), dit Figeac, né à Camboulit [Quercy] (1755), S. 31 mars 1783, mort le 15 oct. 1781 au siège d'York.

Gausselin (Nicolas), dit Tempête, né à Saint-Lô [Normandie] (1753), S. 31 juill. 1775, passé aux grenadiers le 1er sept. 1780.

Rivoire (Jean-Baptiste), né à Lyon (1749), S. 24 oct. 1775, congédié le 28 oct. 1783.

Rollet (Jean), né à Saint-Remy [Provence] (1752), S. 27 janv. 1776, congédié le 27 janv. 1784.

Gagneur (François), né à Châtillon [Berry] (1743), S. 27 mars 1776.

Decot (Jacques), né à Argentan [Normandie] (1748), S. 27 mars 1776.

Brunet (Jean-Louis), né à Bormes [Provence] (1755), S. 20 oct. 1776.

Beaugat (Jean Baptiste), dit Beauregard, né à Lyon (1758), S. 6 nov. 1776, parti pour les Invalides le 16 avril 1784.

Guillermet (Silvestre), né à Chaparellan [Dauphiné] (1755), S. 4 déc. 1776, congédié le 4 déc. 1784.

Caritau (Jean), né à Gréalou [Quercy] (1756), S. 9 déc. 1776, congédié le 9 déc. 1784.

Rivière (Jacques), né à Poitiers (1755), S. 28 déc. 1776, congédié le 22 juill. 1785.

Quentin (Pierre), né à Saint-Gobain [Picardie] (1756), S. 17 févr. 1777, congédié le 27 févr. 1784.

Dallier (Pierre), né à Grayssens [Languedoc] (1759), S. 27 mars 1777, congédié le 22 juill. 1785.

Ballat (Pierre), né à Neuf-Eglise [Auvergne] (1750), S. 5 avril 1777, passé caporal en 1782.

Guénon (François), né à Coutances [Normandie] (1760), S. 9 oct. 1777.

Candon (Pierre), né à Saint-Lô [Normandie] (1758), S. 9 oct. 1777.

Godin (Pierre) né à Valenciennes (1757), S. 27 déc. 1777, congédié le 27 déc. 1785.

Delaunay (Jean-Louis), né à Argentan [Normandie] (1759), S. 9 janv. 1778.

Daniel (Antoine), né à Bayeux [Normandie] (1746), S. 22 janv. 1778, congédié le 22 janv. 1786.

La François (Jean), né à Bayeux [Normandie] (1750), S. 22 janv. 1778.

La Porte (Joseph), né à Castelnaudary [Languedoc] (1760), S. 11 févr. 1778.

Maillot (Clément), né à Cambrai (1741), S. 20 août 1760, R. pour 8 ans du 5 mai 1775.

Mellet (Michel), né à Argentan [Normandie] (1749), S. avril 1760, congédié le 8 sept. 1783.

Lefevre (Célestin), né à Monchy-aux-Bois [près Arras] (1758), S. 16 avril 1778, passé aux grenadiers le 13 juill. 1784.

Roulland (Jean-Louis), né à Torigni [Normandie] (1759), S. 5 mai 1778, congédié le 5 mai 1786.

Barrey (Hyacinthe), né à Crennes [près Argentan, Normandie] (1761), S. 24 mai 1778, mort le 6 mai 1783 sur le "Triomphant."

Devilleron (Honoré), né à Villers Cotterêts (1755), S. 30 mai 1778, passé caporal le 7 sept. 1780.

Josset (Nicolas), né à Dieue [près Verdun] (1758), S. 11 nov. 1778, congédié le 11 nov. 1786.

Coye (Michel), né à Saint-Jacques [Provence] (1759), S. 12 nov. 1778, congédié le 31 déc. 1786.

Bonnaventure (Louis-François), né à Doullens [Picardie] (1758), S. 25 févr. 1779, congédié le 20 juill. 1780.

Lépagolx (François), né à Soulogne [Normandie] (1758), S. 16 mars 1780.

Lesage (Jacques), né à Abbeville [Picardie] (1760), S. 15 mars 1779.

Darbonne (Pierre), né à Milly [Fontainebleau] (1757), S. 15 juill. 1779, congédié le 11 mars 1784.

Quarae (Nicolas), dit Nancy, né à Neuville [Lorraine] (1727), S. 1er juin 1779, mort le 25 déc. 1784.

Rouillon (Louis), né à Saint-Quennit (1744), S. 6 mars 1778, mort le 15 sept. 1784.

Dubois (Jean), né à Olivet [Normandie] (1760), S. 17 oct. 1779.

De Bouasoir (Claude), né à Corbeil [Isle de France] (1762), S. 27 oct. 1779, passé sergent en 1783.

Cavalier (Jean), né aux Pajols [Languedoc] (1748), S. 25 juin 1775, congédié le 8 sept. 1783.

Desmarais (François), né à Argentan [Normandie] (1756), S. 30 avril 1776.

Bonnefoy (Jean), né à Sault [Provence] (1752), S. 20 mars 1770, R. pour 8 ans du 20 mars 1778.

Seriès (Pierre), dit Crozit, né à Aurillac [Amérique] (1755), S. 28 mars 1774.

Gonzel (Alexandre), né à Saint-Arnoult [Normandie] (1758), S. 19 sept. 1779.

Gauthier (Jean-Joseph), né à Mézières (1758), S. 30 mars 1778, congédié le 31 déc. 1783.

Sauvage (François), dit Laramée, né à Tenay [Bourgogne] (1753), S. 30 nov. 1772, congédié le 8 sept. 1783.

Sauvage (François), né à Vervine [Picardie] (1757), S. 11 déc. 1778.

Bonnet (Joseph), dit Fleur d'Epine, né à Bram [Languedoc] (1747), S. 14 nov. 1766, congédié le 14 nov. 1786.

Pingué (Jean), dit Blondin, né à Figeac [Quercy] (1762), S. 16 août 1777.

Belin (Claude), dit Bel Amour, S. 19 mai 1773, R. pour 8 ans du 19 mai 1781.

Connot (Thomas), né à Sées [Normandie] (1756), S. 2 déc. 1773, mort le 4 oct. 1781 à Newport.

Henri (Pierre), dit Tranquille, S. 16 oct. 1770, congédié le 13 oct. 1786.

Collier (Thomas), dit Divertissant, S. 10 avril 1776, caporal du 9 sept. 1783.

Campion (Jacques), dit Carignan, S. 1er avril 1770, R. pour 8 ans du 1er avril 1778.

Girard (Benoît), S. 30 avril 1770, R. pour 8 ans le 30 avril 1778.

Serre (François), né à Roussillon [Provence] (1762), S. 9 avril 1779.

De Launay (Pierre), dit La Prudence, S. 15 févr. 1779.

Michelet (Jean-Pierre), né à Poitiers (1760), S. 31 mars 1777, mort le 23 sept. 1781 à Chesapeak.

Leblond (Jean), dit Blondin, né à Saint-Lô [Normandie] (1752), S. 13 mai 1770, mort à Montpellier le 8 oct. 1780.

Cousin (Jean), né à Notre-Dame-de-la-Rouvière (1760), S. 29 nov. 1777, R. pour 4 ans du 29 oct. 1785.

Cazajoux (Jean), dit La Grenade, né à Agos [près Bigorre], S. 16 avril 1773, congédié le 31 déc. 1785.

Huault (Jacques), S. 11 avril 1778, congédié le 11 avril 1786.

Motice (Jean-Marie), S. 29 nov. 1774, congédié le 8 sept. 1783.

Barberot (Pierre), S. 8 avril 1778, R. pour 4 ans le 8 avril 1786.

Barillot (Pierre-Jacques), S. 12 avril 1766, congédié le 8 sept. 1783.

De Fleurans (Pierre), né à Lisante [Quercy] (1743), S. 15 avril 1765, fait porte-drapeau le 31 mars 1774.

Requrs (Michel), S. 29 sept. 1775, R. pour 4 ans du 29 sept. 1783.

Delanche (Jean), né à Saint-Maurice [Vivarais] (1760), S. 11 janv. 1778, congédié le 11 janv. 1786.

Labat (Jean), dit La Franchise, né à Bazas [Guyenne] (1746), S. 29 avril 1770, congédié le 8 sept. 1783.

Gillet (Jean-Jacques), né à Tourans [Bourgogne] (1760), S. 17 mars 1779.
Le Rebourg (Philippe), né à Gourfaleur [Normandie] (1754), S. 13 avril 1779, mort le 27 oct. 1780 à Newport.
Bayssac (Pierre), né à Figeac [Querey] (1763), S. 13 avril 1779.
Seignel (Durand), né à Saint-Urcize [Auvergne] (1757), S. 13 avril 1779.
Rigaud (Etienne), né à Varennes (1759), S. 15 juill. 1779.
Guerard (Joseph), né à Héricy [près Fontainebleau] (1762), S. 19 août 1779.
La Croix (Jean), né à Marnay [Châlon] (1758), S. 25 oct. 1779.
Charmé (Mathieu), né à Farges [Bourgogne] (1762), S. 25 oct. 1779.
Gugié (Antoine), né à Montmartre (1757), S. 16 nov. 1779.
Glace (François), né à Angoulême (1753), S. 4 déc. 1779.
Richard (Georges), né à Bar-le-Duc (1763), S. 26 nov. 1779.
Guérin (François), né à Tournus [Bourgogne] (1762), S. 19 déc. 1779, passé caporal le 6 oct. 1781.
Jouanin (Charles), né à Champigny [Bourgogne] (1761), S. 3 janv. 1780, passé caporal le 26 déc. 1784.
Masselin (Michel), né à Chinon (1761), S. 9 janv. 1780, congédié le 21 juill. 1783.
Marcau (Michel), né à Saint-Germain (1761), S. 13 janv. 1780.
Flamand (Jean), né à Saint-Lô (1763), S. 23 janv. 1780, mort le 29 juill. 1781 à Newport en Amérique.
Vaumorel (Joseph), né à Mercey [Bourgogne] (1755), S. 18 déc. 1755, congédié le 18 déc. 1783.
Henousse (Jacques), né à Lille [Flandre] (1757), S. 25 févr. 1780, mort le 3 févr. 1781 à Newport.
Jot (Jean-Charles), né à Habarcq [Artois] (1758), S. 6 juin 1778.
Portail (Joseph), né à Cordès [Languedoc] (1760), S. 28 mai 1778.
Goland (Jean), né à Simandre [Bourgogne] (1755), S. 29 juin 1779.
La Roche (Etienne), né à Roche d'Isère [Dauphiné] (1762), S. 19 mars 1779, mort à l'hôpital d'York, le 11 oct. 1782.
Baron (Jean-Louis), né à Versailles (1749), S. 12 oct. 1761, congédié le 31 déc. 1783.
Labat (Jean), dit La Franchise, né à Bazas [Guyenne] (1749), S. 29 avril 1778, passé aux chasseurs le 29 juill. 1782.
Andinat (Jean), dit Bourbon, né à Castelnaudary (1740), S. 12 oct. 1761, congédié le 31 déc. 1783.
Roussel (Jean-Antoine), né à Paris (1754), S. 13 avril 1774.
Dordé (Jean), né à Figeac (1759), S. 11 mars 1777.
Montarnal (François), né à Cassagnouse (1752), S. 7 mai 1776.
Malide (Jacques), né à Vitry [Champagne] (1748), S. 20 avril 1780.
Curé (François), né à Choisy [Brie] (1750), S. 22 avril 1779.
Masselin (Raymond), né à Thèse [Sisteron] (1747), S. 25 nov. 1771, R. pour 4 ans du 25 nov. 1783.
Lavigne (Claude), né à Saint-Brieuc [Bretagne] (1750), S. 1ᵉʳ avril 1773.
Bernard (Antoine), né à Sameraux [Bourgogne] (1758), S. 21 févr. 1780.

Lebrun (Guillaume), dit La Volonté, né à la Chapelle [Normandie] (1754), S. 25 avril 1776.
Loix (Marcel), né à Montreuil (1756), S. 21 oct. 1777.
Compris (Pierre), né à Nantes (1759), S. 10 mars 1779.
Gorgé (François), dit Sans Quartier, né à Chamery [Bourgogne] (1762), S. 7 mai 1779.
Dutertre (René), né à Montfort [Lamaury] (1758), S. 9 sept. 1779.
Leproux (François), né à Montfranc [Limousin] (1758), S. 1ᵉʳ juin 1780.
Gouzy, dit La Rose, né à Gabriac [Rouergue] (1762), S. 1ᵉʳ oct. 1780, mort à l'hôpital de Baltimore, le 4 oct. 1782.

Compagnie de Gilbert.

Touvré (Alexandre), né à Grandvan [Franche-Comté] (1740), S. 28 janv. 1759, sergent du 21 janv. 1775, R. du 6 déc. 1774 pour 8 ans.
Pugibet (Antoine), né à Aleth [Languedoc] (1743), S. 21 mai 1770, sergent, R. du 21 mai 1778 pour 8 ans.
Guégy (Charles), dit La Victoire, né à La Chapelle-Saint-Guillin [Franche-Comté] (1740), S. 6 mars 1767, caporal, R. du 6 mars 1775 pour 8 ans.
Charbonnier (Claude), dit L'Amoureux, né à Jostac [Vivarais] (1746), S. 27 juin 1765, caporal, congédié le 8 sept. 1783.
Sépèdre (Antoine), né à Saint-Cir [Querey] (1748), S. 21 déc. 1765, sergent du 1ᵉʳ mars 1778, R. pour 8 ans du 1ᵉʳ mars 1778.
Minoux (Claude), dit Nancy, né à Abbainville [Lorraine] (1738), S. 16 avril 1762, caporal, R. du 16 avril 1776.
Douzel (Pierre), dit La Réolle, né à La Réolle [Guyenne] (1754), S. 13 avril 1762, caporal, R. du 13 avril 1776.
Lambergé (Gaspard), dit Bienvenu, né à Seilhard [Bourgogne] (1739), S. 17 mai 1759, tambour, R. du 21 nov. 1778.
Houquette (Claude), dit Beauséjour, né à Lons-le-Saunier [Franche-Comté] (1736), S. 21 déc. 1755, R. pour 8 ans du 6 oct. 1776.
Bratin (Jean-Baptiste), dit De Laurier, né à Saint-Aubin [Anjou] (1734), S. 18 déc. 1760, R. pour 8 ans du 2 janv. 1776.
Lacan (Bernard), dit Prestaboire, né à Terroux [Querey] (1754), S. 11 mars 1761, R. pour 8 ans du 28 mars 1775.
Marié (Charles), né à Alençon [Normandie] (1756), S. 28 mars 1761, R. pour 8 ans du 28 mars 1775.
Villard (Claude), dit Francœur, né à Moirent [Franche-Comté] (1740), S. 27 janv. 1762, R. pour 8 ans du 27 janv. 1776.
Paul (Pierre), dit Saint-Paul, né à Marseille (1748), S. 14 mars 1765, congédié par ancienneté le 16 sept. 1783.
Guitter (Joseph), dit La Plaine, né à Claira [Roussillon] (1748), S. 9 sept. 1765, congédié par ancienneté le 9 sept. 1785.
Bourdajoux (Pierre), dit Bienaimé, né à Saintes (1748), S. 12 avril 1766, congédié le 8 sept. 1783.
Gautnier (Honoré), dit La Violette, né à Sérignan [Contat Venaissin] (1746), S. 26 déc. 1766, congédié le 26 déc. 1783.
Guillon (François), dit La Douceur, né à Ouséac [Bresse] (1748), S. 9 janv. 1767, mort le 28 mai 1782 à York en Virginie.
Bonseigneur (Joseph), né à Sephème [Provence] (1750), S. 1ᵉʳ avril 1767, congédié par ancienneté le 8 sept. 1783.

Bernard (Jacques), né à Andeville [Bourgogne] (1750), S. 18 févr. 1774, congédié par ancienneté le 8 sept. 1783.
Perrin (François), dit La Lime, né à Mâcon [Bourgogne] (1756), S. 14 mars 1774, décédé au service le 8 sept. 1785.
Mazilly (François), dit La Saône, né à Moublet [Bourgogne] (1756), S. 11 août 1774, congédié le 8 sept. 1783.
Haye (Michel), dit Desjardins, né à Saint-Martin-des-Landes [Normandie] (1754), S. 29 déc. 1774, congédié le 8 sept. 1783.
Guérinot (Jean), dit La Grandeur, né à Loches [Touraine] (1750), S. 9 févr. 1775, congédié le 8 sept. 1783.
Vergniotte (Pierre), dit Monségur, né à Monségur [Guyenne] (1758), S. 27 avril 1775, congédié le 8 sept. 1783.
Perrotte (Denis), né à Gavray [Normandie] (1758), S. 31 juill. 1775, congédié le 8 sept. 1783.
Leglatain (Marc), dit Saint-Brieux, né à Saint-Brieux (1754), S. 25 sept. 1775, congédié le 8 sept. 1783.
Behain (Jacques), né à Gavray [Normandie] (1756), S. 3 oct. 1775, congédié le 8 sept. 1783.
Chanteloup (Jean), dit La Durandière, né à Laval [Normandie] (1758), S. 8 oct. 1775, congédié le 8 sept. 1783.
Flamand (Joseph), né à Avesnes [Hainault] (1757), S. 1ᵉʳ janv. 1778, passé aux grenadiers le 5 juill. 1781.
Parisot (Pierre), né à Port-sur-Saône (1760), S. 8 mars 1780.
Brun (Pierre), né à Cyr [près Vesoul] (1762), S. 1ᵉʳ avril 1780.
Gauvin (Léonard), dit Divortissant, né à Saint-Figuan-de-la-Corne [Languedoc] (1749), S. 9 nov. 1767, sergent aux grenadiers le 16 nov. 1783.
Guillard (Pierre), dit Saint-Amand, né à Saint-Amand [Hainault] (1743), S. 18 janv. 1762, congédié le 18 janv. 1784.
Perron (Antoine), né à Rus [Provence] (1743), S. 14 mars 1765, R. pour 8 ans le 14 mars 1781.
Nicolet (Benoist), né à Lyon (1755), S. 21 oct. 1775, congédié le 8 sept. 1783.
Le Coq, né à Sées [Normandie] (1755), S. 7 oct. 1775, congédié le 8 sept. 1783.
Goy (Joseph), né à Loyette [Bourgogne] (1752), S. 28 juin 1775, passé aux chasseurs le 30 août 1784.
Corbin (Pierre), né à Quélongroy [Beauce] (1757), S. 5 févr. 1779.
Guichard (Antoine-Pierre), né à Congenies [Languedoc] (1763), S. 1ᵉʳ mars 1771, sergent-major le 1ᵉʳ févr. 1778, fait porte-drapeau en 1782.
Tessandier (Pierre), né à Denas [Guyenne] (1736), S. 17 mars 1756, sergent, parti pour la solde le 31 mars 1784.
Large (Benoit), dit Belhumeur, né à Regnée [Beaujolais] (1732), S. 6 mars 1751, sergent, parti pour la solde le 31 mars 1784.
Perpillat (Antoine), né à Pubty [Franche-Comté] (1738), S. 21 déc. 1755, parti pour la solde le 25 mars 1785.
Claude (Nicolas), dit Beauséjour, né à Lons-le-Saunier [Franche-Comté] (1726), S. 21 déc. 1755, parti pour la solde le 25 mars 1785.
Belard (Jean), né à Saint-Aignan [Guyenne] (1750), S. 4 avril 1773.
Praud (Quentin), né à Lyon (1754), S. 30 nov. 1772, congédié par ancienneté le 8 oct. 1783.

Marie (Etienne), dit Beaujolais, né en Beaujolais (1754), S. 1er janv. 1773, congédié par ancienneté le 8 sept. 1783.

Amblard (André), dit Sans Soucy, né à Lussac [Vivarais] (1756), S. 1er avril 1773, passé caporal le 6 nov. 1780.

Monin (François), né à Ambérieux (1756), S. 18 juin 1773, congédié le 8 sept. 1783.

Chapuy (Jacques), dit L'Espérance, né à Bourg-de-Bon (1754), S. 21 oct. 1773, caporal le 14 sept. 1780.

Rouxy (Jacques), dit L'Embarras, né à Boissières [Vivarais] (1756), S. 8 janv. 1774.

Finois (Antoine), né à Arras (1759), S. 24 janv. 1776.

Le Pilot (Jean), né à Verquigneul [Artois] (1759), S. 1er mars 1776.

Habnit (Jacques), né à Craundon [Normandie] (1759), S. 11 avril 1776.

Girard (Jean), dit Lorrain, né à Ponchoux [Lorraine] (1756), S. 11 avril 1776.

Dauphin (François), né à Valenciennes [Hainaut] (1758), S. 15 avril 1776.

Guilles (Charles), né à Lyon (1759), S. 22 avril 1776, congédié par ancienneté de service le 22 avril 1784.

Marfan (François), né à Ambronay [Bourgogne] (1758), S. 22 avril 1776.

Larquay (Bernard), né à Monségur [Guyenne] (1751), S. 1er mai 1776.

Liancourt (Jean-Pierre), né à Emery [Picardie] (1755), S. 15 mai 1776, congédié le 5 mai 1784 par ancienneté.

Perrot (Claude), dit François, né à Dôle (1759), S. 24 juin 1776, congédié le 24 juin 1784 par ancienneté.

D'Artois (Charles), né à Cremigny [Champagne] (1759), S. 12 août 1776.

Le Gey (François), né à Verdun-sur-Saône [Bourgogne] (1758), S. 28 sept. 1776, congédié le 30 janv. 1784.

Cermet (Louis), né à Maubec [Dauphiné] (1749), S. 13 oct. 1776, mort à Porto-Cabello le 31 mars 1783.

David (Pierre), né à Tournel [Bourgogne] (1756), S. 29 oct. 1776.

Hubert (Antoine), né à Romano [Dauphiné] (1756), S. 22 nov. 1776.

Decaisne, né à Guise [Picardie] (1756), S. 24 sept. 1776.

Barillet (Pierre), né à Châteauroux [Berry] (1754), S. 7 déc. 1776, passé caporal en 1783.

Combaux (Jean), né à Châteauroux (1759), S. 7 déc. 1776, congédié le 7 déc. 1784 par ancienneté.

Masbou (Pierre), né à Saint-Busson [Quercy] (1759), S. 9 déc. 1776.

Martin (Pierre), né à Saint-Busson [Quercy] (1759), S. 9 déc. 1776.

Plagnol (Jean-Pierre), né à Corn [Quercy] (1758), S. 9 déc. 1776, mort à l'hôpital d'York le 1er mars 1782.

Dufour (Antoine), né à Arras (1759), S. 25 déc. 1776.

Conte (Antoine), né à Saint-Sery [Quercy] (1754), S. 6 janv. 1777, R. le 6 janv. 1785 pour 4 ans.

La Chance (Jean), né à Grey (1756), S. 23 mars 1777, R. pour 4 ans le 23 mars 1785.

Terrien (Jean-Baptiste), né à Tournus [Bourgogne] (1748), S. 18 janv. 1767.

Martin (Jean), dit Blondin, né à Courtenay [Bourgogne] (1758), S. 15 juill. 1777, passé aux grenadiers le 1er oct. 1780.

Gogue (François), dit Vaton, né à Souillac [Dauphiné] (1757), S. 13 août 1777, tambour.

Valentrou (Pierre), né à Sedan [Champagne] (1759), S. 7 sept. 1777.

Petit (Aimable-Joseph), né à Arras (1761), S. 25 nov. 1777, passé aux grenadiers le 1er avril 1781.

Palin (André-Marie), dit Saturnin, né à Lyon (1761), S. 26 déc. 1777, mort à l'hôpital de l'armée de Rochambeau le 24 oct. 1782.

Ginieys (François), dit Dauphiné, né à Châteaux [Dauphiné] (1760), S. 7 févr. 1778, R. pour 4 ans du 7 févr. 1788.

Boyen (Jean), né à Lussac [Vivarais] (1758), S. 19 févr. 1778, passé aux grenadiers en nov. 1783.

Grandpierre (Antoine), dit Richard, né à Lussac [Vivarais] (1761), S. 19 févr. 1778.

Fosse (Félix), né à Valenciennes (1761), S. 25 févr. 1778, décédé en 1782.

Paquère (Jean), né à Guemicourt [Artois] (1759), S. 12 mars 1778.

Bruno Moro, dit Lajonchette, né à Gigondas [près Orange, Dauphiné] (1761), S. 23 mars 1778, R. pour 4 ans du 23 mars 1786.

Isnard (André), né à Gigondas [près Orange, Dauphiné] (1757), S. 23 mars 1778.

Janvin (Louis), né à Lons-le-Saunier (1756), S. 19 mars 1778.

Roques (Barthélemy) dit Lajeunesse, né à Saint-Jean-de-Morienne [Savoie] (1751), S. 19 mai 1778.

Stinoy (Pierre-Joseph), né à Arras (1761), S. 1er avril 1778.

Temporal (Joseph), né à Pont-de-Vaux (1761), S. 26 juin 1778.

Grenier (Michel), né à Sainte-Cécile [Comtat Venaissin] (1760), S. 20 oct. 1778.

Pugibet (Antoine), né à Lith [Languedoc] (1749), S. 21 mars 1770, R. pour 8 ans du 21 mai 1778.

Gasair (Joseph), né à Apt [Provence] (1749), S. 30 janv. 1769, passé sergent le 11 juin 1784.

Delannay (François), né à Sées (1758), S. 21 déc. 1778, mort le 28 févr. 1784 à Orgon.

Pauplin (Jean), né à Beaune [Gatinois] (1760), S. 21 déc. 1778, congédié le 21 déc. 1786 par ancienneté.

Caron (Julien), né à Reims (1757), S. 23 déc. 1775, congédié le 21 mars 1782.

Devismes (François), né à Notre-Dame-de-la-Chapelle [Picardie] (1759), S. 12 mars 1779, R. du 12 mars 1787.

Marchand (Toussaint), né à Soussoirs [Hainaut] (1759), S. 13 mars 1779.

Clément (Antoine), né à Beaucamp [Picardie] (1762), S. 10 avril 1779, passé aux grenadiers le 1er nov. 1783.

Combe (Joseph), né à Amiens (1762), S. 3 avril 1779.

Lhiopole (François), né à Châteauneuf [Bourgogne] (1761), S. 23 avril 1779.

Royer (Etienne), né à Argentan [Normandie] (1760), S. 16 juin 1779.

Collin (Claude), dit Monplaisir, né à Reims (1740), S. 23 avril 1758, mort le 10 sept. 1780 à l'hôpital de Newport.

Begache (Charles-Joseph), né à Saucourt [Picardie] (1761), S. 13 août 1779.

Lionvée (Martin), né à Ambon [Bretagne] (1754), S. 13 août 1779.

Amelan (Jean-François), né à Néauphle [Normandie] (1760), S. 15 août 1779.

Crob (Jean), né à Trèves [Allemagne] (1761), S. 26 août 1779, passé musicien à l'état-major.

Crob (Charles), né à Trèves [Allemagne] (1762), S. 26 août 1779, passé musicien à l'état-major.

Collon (François), dit Fleur d'Amour, né à Gigondas [Dauphiné] (1758), S. 19 févr. 1779.

Mavie (Pierre), né à Baune [Bourgogne] (1760), S. 15 oct. 1779.

Trémonint (Claude), né à Saint-Pierre [Vienne] (1763), S. 9 janv. 1780.

Million (Antoine), né Port-Saône [Franche-Comté] (1760), S. 8 mars 1780.

Compagnie Anselme de la Gardette.

Bruchet (Charles), né à Chagny (1731), S. 2d mars 1754, R. pour 4 ans du 6 oct. 1775.

Garaguel (François), dit Lajoncette, né à Revel [Languedoc] (1740), S. 24 oct. 1766, sergent-major du 15 avril 1780.

Barbier (Pierre), né à Châtelaisne (1722), S. 30 déc. 1766, parti pour la solde le 21 avril 1784.

Ribat (Antoine), né à Saint-Andéol [Vivarais] (1726), S. 16 janv. 1746, parti pour la solde le 6 août 1783.

Duneau (Julien) dit La Plaine, né à Saint-Barthélemy [Maine] (1729), S. 2 févr. 1756, parti pour les Invalides le 31 mars 1784.

Goinet (Jean), dit Vaillant, né à Ramasse [Bresse] (1753), S. 8 oct. 1756, R. pour 8 ans du 23 nov. 1774.

Rose (Jean-Baptiste), dit La Violette, né à Cumerneux [Picardie] (1740), S. 20 sept. 1760, congédié le 8 sept. 1783.

Gourand (Georges), dit Santigny, né à Santigny (1730), S. 21 avril 1775, R. pour 8 ans du 18 sept. 1775.

Pratel (Claude), dit La Jeunesse, né à Saint-Agnès [Franche Comté] (1732), S. 21 déc. 1755, R. pour 8 ans du 16 nov. 1772.

Clapes (Jean), dit Beluir, né à Perpignan [Roussillon] (1748), S. 8 janv. 1765, R. pour 8 ans du 8 janv. 1773.

Robin (Pierre), dit Buzas, né à Bazas [Guyenne] (1735), S. 19 nov. 1770, R. du 19 nov. 1778.

Roijon (Laurent), dit Franceur, né à Villeauneuf [Champagne] (1727), S. 15 mars 1757, parti pour les Invalides le 31 mars 1784.

Mabric (Raymond), dit L'Hardy, né à Saint-Papoul [Languedoc] (1749), S. 28 juill. 1767, congédié le 8 sept. 1783.

Bouin (Julien), dit Saint-Brieux, né à Saint-Brieuc [Bretagne] (1737), S. 21 févr. 1756, parti pour les Invalides le 31 mai 1784.

Jumeaux (Antoine), dit Brind'amour, né à Troyes [Champagne] (1737), S. 3 avril 1757, mort le 23 août 1783 à Toulon.

Chatel (Jacques), dit Joly, né à Beaupierre [Dauphiné] (1739), S. 29 avril 1758, R. pour 8 ans du 5 janv. 1776.

Jossard (François-Christophe), né à Paris [Saint-Paul] (1738), S. 17 avril 1758, mort le 7 avril 1782 à York.

Cressant (Jean), dit La Couture, né à Bourgneuf (1738), S. 26 janv. 1760, R. du 30 nov. 1782 pour 4 ans.

Fossard (Jean-François), dit Dumesnil, né à Dumesnil [Normandie] (1743), S. 25 févr. 1762, congédié le 25 févr. 1784.

D'Andec (Guillaume), dit Beausoleil, né à Fougerolles [Maine] (1755), S. 1er avril 1762, R. pour 8 ans du 1er avril 1776.

Carrière (Bernard), né à Pamiers [Foix] (1741), S. 4 avril 1763, congédié le 4 avril 1769.

Bénivady (Pierre), dit Mornas, né à Mornas [Comtat Venaissin] (1743), S. 7 avril 1765, R. pour 4 ans du 7 avril 1781.

Tarc (Claude), dit Rousset, né à Rousset [Comtat Venaissin] (1745), S. 21 févr. 1766, congédié le 21 févr. 1786.

Guiraud (Pierre), dit Bienaimé, né à Dreuil [Languedoc] (1742), S. 10 avril 1766, R. le 10 avril 1774.

Riche (Pierre) dit La Fleur, né à Limoux [Languedoc] (1742), S. 10 avril 1766, R. le 10 avril 1774.

Riche (Pierre), dit La Fleur, né à Limoux [Languedoc] (1747), S. 22 oct. 1766, congédié le 8 sept. 1783.

Faure (Pierre), dit Aurillac, né à Aurillac [Auvergne] (1747), S. 18 déc. 1766, mort le 18 sept. 1783 à Cnors.

Fonserville (Pierre), né à Carlaillac [Quercy] (1744), S. 18 déc. 1766, congédié le 8 sept. 1783.

Bonques (François), né à Caraman [Languedoc] (1748), S. 9 févr. 1767, R. pour 8 ans du 9 févr. 1775.

Montgerard (Philippe), dit Rivière, né à Bisseuil [Champagne] (1743), S. 14 avril 1767, R. pour 8 ans de 14 avril 1775.

Fournier (Henri), dit Tranquille, né à Gardanne [Provence] (1740), S. 1er mars 1768, congédié le 1er mars 1784.

Boujon (Claude), dit Dauphiné, né à Ninay (1753), S. 25 févr. 1769, R. pour 8 ans du 25 févr. 1777.

Cambournat (Jean), dit Belhumeur, né à Cautenam [Rouergue] (1745), S. 12 nov. 1770, R. pour 8 ans de 12 nov. 1778.

Torrier (Jean-François), né à Lantenne [Franche-Comté] (1747), S. 1er févr. 1771, R. pour 8 ans du 1er févr. 1779.

Elbret (Antoine), dit La Douceur, né à Saint-Libra [Agenois] (1749), S. 11 oct. 1771, R. pour 8 ans le 11 oct. 1779.

Blanche (Jean-Marie), dit La Lime, né à Vannes [Bretagne] (1751), S. 1er janv. 1773, congédié le 8 sept. 1783.

Thullière (Jean-Pierre), dit La Liberté, né à Saint-Céré [Quercy] (1752), S. 11 févr. 1773, mort le 11 oct. 1782 à Baltimore.

Lugan (Antoine), dit L'Eveillé, né à Figeac [Quercy] (1748), S. 11 févr. 1773, congédié le 8 sept. 1783.

Lafite (Jean), né à Marpais [Gascogne] (1744), S. 21 avril 1773, congédié le 8 sept. 1783.

Veyrières (Antoine), né à Capile Biron [Agenois] (1750), S. 6 mai 1773, congédié le 8 sept. 1783.

Mortreux (Jean), dit Sans Chagrin, né à Saint-Lô [Normandie] (1751), S. 19 sept. 1773, congédié le 8 sept. 1783.

Biard (Robert), dit Bonvivant, né à Saint-Lô [Normandie] (1750), S. 8 févr. 1774, congédié le 8 sept. 1783.

Martrier (Bertrand), dit Sans Soucy, né à Vire [Normandie] (1754), S. 4 avril 1774, congédié le 8 sept. 1783.

Hazé (Jacques), né à Signerolle [Perche] (1754), S. 1er mai 1774, congédié le 8 sept. 1783.

Perotte (Jean-François), dit Bel Amour, né à Gavray [Normandie] (1750), S. 3 juill. 1774, congédié le 8 sept. 1783.

Valin (Claude), dit La Guerre, né à Lyon (1753), S. 11 oct. 1774, congédié le 8 sept. 1783.

Balard (Guillaume), dit La Saône, né à Lyon (1754), S. 12 oct. 1774, congédié le 8 sept. 1783.

Jourdan (Pierre-François), né à Gavray [Normandie] (1751), S. 6 oct. 1775, congédié le 16 oct. 1783.

Roch (François), dit Maillebois, né à Maillebois [Perche] (1747), S. 11 oct. 1775, congédié le 11 oct. 1783.

Veroul (Jean-Pierre), né à Laussac [Rouergue] (1769), S. 8 févr. 1776, congédié le 8 févr. 1784.

Benard (Gabriel), né à Soissons (1755), S. 24 févr. 1776, congédié le 24 févr. 1784.

Tardieu (Gabriel), dit L'Orange, né à Tarascon (1752), S. 7 avril 1776, congédié le 7 avril 1784.

Robert (Jean), né à Tarascon (1760), S. 7 avril 1776, congédié le 7 avril 1784.

Belledent (Pierre), dit Fleur d'Amour, né à Tarascon [Provence] (1757), S. 7 avril 1776, mort le 25 févr. 1781 à York.

Barassin (Pierre), dit La Victoire, né à Tarascon (1756), S. 7 avril 1776.

Collier (Thomas), né à Nesle [Champagne] (1760), S. 10 avril 1776.

Lainé (Jacques), né à Argentan (1757), S. 11 avril 1776.

Mineau (Jean), né à Auxerre [Bourgogne] (1752), S. 22 avril 1776.

Pacotte (Charles), né à Tournus [Bourgogne] (1760), S. 13 oct. 1776.

Trachait (Louis-Joseph), né à Autricourt [Artois] (1758), S. 18 oct. 1776.

Bertrand (Nicolas), né à Givors [Forest] (1757), S. 24 oct. 1776.

Deneubourg (Dominique), né à Arras (1749), S. 2 nov. 1776.

Prudhomeu (Jean-François), né à Mont-sur-Seroise [Picardie] (1759), S. 7 nov. 1776.

Sollier (Guillaume), né à Aurillac (1757), S. 9 déc. 1776.

Massier (Pierre), né à Aurillac (1760), S. 9 déc. 1776.

Hangeard (Philibert), né à Tournus [Bourgogne] (1756), S. 11 déc. 1776.

Fernet (Jean), né à Figeac [Quercy] (1759), S. 6 janv. 1777.

Bonnet (Joseph-Mathieu), S. 7 févr. 1777, congédié le 8 sept. 1783.

Le Rossignol (Huguet), dit Clermont, né à La Chapelle [Auvergne] (1752), S. 24 avril 1777, congédié le 22 juill. 1785.

Boudon (Joseph), né à Grignan [Dauphiné] (1759), S. 23 avril 1777.

Bonnot (Joseph), né à Cambray (1760), S. 16 août 1777.

Reboul (François), né à Digne [Provence] (1758), S. 10 sept. 1777, mort le 30 mars 1781 à Newport.

Cousin (Jean), né à Bayeux [Normandie] (1760), S. 20 nov. 1777.

Guignard (Pierre), né à Vienne [Dauphiné] (1759), S. 26 déc. 1777, congédié le 17 janv. 1785.

Laforest (Thomas), né à Argentan (1757), S. 9 janv. 1778, congédié le 17 janv. 1785.

Picout (Denis), né à Barry [près Meaux] (1760), S. 24 janv. 1778, congédié le 24 janv. 1786.

Grange (Denis), né à Saint-Jean [Hainault] (1761), S. 23 mars 1778.

Saint-Sulpice (Denis-Joseph), né à Saint-Julien [Bresse] (1761), S. 23 mars 1778, mort le 9 juill. 1781 à la rade de Toulon.

Ganivet (Jean-Baptiste), né à Dijon [Bourgogne] (1761), S. 23 mars 1778.

Augros (Pierre), dit Le Maçonnois, né à Flagy [Bourgogne] (1756), S. 29 mars 1778, congédié le 30 mars 1786.

Sopèdre (Antoine), S. 1er mars 1778, mort le 16 oct. 1781 à York.

Maurice (Joseph), né à Doinne [Périgord] (1761), S. 11 avril 1778.

Meunier (Louis), né à Lille (1764), S. 1er mai 1778, congédié le 30 avril 1786.

Gros (Pierre), dit Tournus, né à Saint-Jean [Bourgogne] (1761), S. 2 mai 1778, passé caporal en 1785.

Grassa (Jean-Joseph), né à Avignon [Comtat Venaissin] (1761), S. 22 mai 1778.

Goisy (Louis), né à Brie (1762), S. 20 oct. 1778.

Genet (Nicolas), né à Danainville [près Chartres] (1758), S. 4 nov. 1778, congédié le 4 nov. 1786.

Séguier (François), né à Thorey [Gâtinois] (1752), S. 21 nov. 1778.

Daumay (Joseph), né à Goût [Provence] (1761), S. 28 déc. 1778.

David (Jean), S. 1er déc. 1778, passé sergent en 1782.

Levées (Charles-François), né à Abbeville [Picardie] (1761), S. 25 janv. 1779, réformé le 7 oct. 1785.

Le Chardaut (Louis), né à Saint-Germain [Normandie] (1762), S. 26 févr. 1779.

Dehez (Louis-François), né à Abbeville [Picardie] (1763), S. 8 mars 1779.

Pacotte (François), dit Joliecœur, né à Tournus [Bourgogne] (1762), S. 17 mars 1779.

Guy (Edme), né à Montache [Champagne] (1761), S. 15 avril 1779.

Devot (Louis-Théodore), né à Abbeville [Picardie] (1760), S. 1er mai 1779.

Fontaine (Jean-Baptiste), né à Paris (1760), S. 4 mai 1779.

Haret (René), né à Couzy [Normandie] (1759), S. 11 juin 1779.

Le Tambre, né à Vatteville [Normandie] (1759), S. 5 juill. 1779.

Renard (Claude), né à Dethivan [Beauce] (1760), S. 13 juill. 1779.

Cunier (Claude), né à Villetaux [Franche-Comté] (1761), S. 15 juill. 1779.

Mauvessant (Mathurin), dit Saint-Brieuc, S. 1er juin 1779.

Gausselin (André), né à Paris (1761), S. 29 août 1779.

Pelletier (François), né à Tournus [Bourgogne] (1761), S. 9 déc. 1779.

Lièvre (Joseph), né à Foucherant [Bourgogne] (1762), S. 27 déc. 1779.

Durand (Jean), né à Paris (1760), S. 27 déc. 1779.

Dupin (Arnoul), né à Paris (1763), S. 26 janv. 1780, congédié le 30 nov. 1783.

Agein (Jean), né à Argentan [Normandie] (1762), S. 17 févr. 1780.

Boisselot (Denis), né à Mâcon [Bourgogne] (1760), S. 7 avril 1780.

Begingette (Jean), dit Saint-Médard, né à Roquebrane [Guyenne] (1754), S. 30 avril 1770, sergent, R. pour 8 ans de 30 avril 1784.

Barennes (Pierre), dit L'Espérance, né à Valenciennes [Hainault] (1748), S. 1er mai 1761, sergent-major en 1782.

Rolandin (Joseph), S. 5 mars 1770, R. le 5 mars 1778.

Roland (Jean-Nicolas), S. 14 sept. 1768, R. le 14 sept. 1776.

Colomb (François), S. 18 févr. 1769, congédié en 1785.

Ducrouzet (Benoît), S. 14 juill. 1773, R. pour 4 ans en 1781.

Adam (Louis), dit La Volonté, né à Paris (1742), S. 3 déc. 1755, passé caporal en 1783.
Beaume (Étienne), dit Crespin, né à Compaire [Rouergue] (1745), S. 24 avril 1771, passé appointé en sept. 1784.
Joannic (Jean), né à Vannes [Bretagne] (1749), S. 2 mars 1774, passé aux chasseurs le 31 août 1784.
Thierry (Jacques), né à Rouen (1748), S. 5 févr. 1776.
Barthon (Joseph), né à Pagny (1746), S. 1er avril 1777, resté en 1783 à l'hôpital de Boston.
Hervé (Julien), né à Moncontour [Bretagne] (1751), S. 5 nov. 1776.
Philippart (Dominique), né à Roubaix [Flandre] (1750), S. 17 nov. 1778, congédié le 14 déc. 1783.
Gendron (Pierre), dit Colombier, né à Colombier [Mayenne] (1756), S. 2 avril 1779.
Petmivaz (Pierre), dit Saint-Pierre, né à Tonquerry [Bretagne] (1763), S. 1er août 1779.

Compagnie La Boyère.

Melchiord (Louis-Joseph), né à Favence [Provence] (1740), S. 21 janv. 1765, fait adjoint le 15 avril 1780.
Martin (Jean-Pierre), né à Motte (Guyenne] (1751), S. 10 avril 1758, passé sergent en 1782.
Fourmaud (Antoine), né à Congenies [Languedoc] (1748), S. 11 mars 1767, sergent du 16 août 1773.
Danis (Louis), dit Desjardins, né à Serre [Normandie] (1732), S. 2 mars 1759, R. pour 8 ans le 25 nov. 1774.
Le Doux (Jean), né à Bolenne [Comtat Venaissin] (1750), S. 26 févr. 1768, R. pour 8 ans le 26 févr. 1776.
Caldéroux (Joakim), né à Castelnaudary [Languedoc] (1754), S. 1er avril 1770, R. pour 8 ans le 1er avril 1778.
Fretin (Pierre-Joseph), dit La Fontaine, né à Lons-le-Saunier [Franche-Comté] (1738), S. 7 avril 1757, R. pour 8 ans du 18 sept. 1775.
Rateau (Laurent), dit La Violette, né à Villevesque [Anjou] (1735), S. 17 févr. 1756, mort le 18 mars 1783 à Baltimore.
Fachat (Jean), dit Montpensier, né à Rozières [Lorraine] (1740), S. 17 avril 1761, R. pour 8 ans en 1775.
Armand (Antoine), né à Castelnaudary [Languedoc] (1731), S. 23 déc. 1767, R. pour 8 ans en 1775.
Gassin (Joseph), dit Jardinier, né à Apt [Provence] (1730), S. 30 janv. 1768, R. pour 8 ans en 1777.
Vadel (Louis), né à Saint-Ouen [Lorraine] (1735), S. 21 nov. 1756, caporal pour 8 ans le 12 nov. 1776.
Demazières (Joakim), dit Fleur d'Épine, né à Lille (1744), S. 18 janv. 1762, R. pour 8 ans du 18 janv. 1783.
Constant (Henri), dit La Lancette, né à Lille (1746), S. 18 janv. 1762, R. pour 8 ans du 18 janv. 1783.
Monger (François), dit Villeneuve, né à Villeneuve [Bourgogne] (1729), S. 4 mars 1752, R. pour 8 ans le 4 mars 1776.
Hazard (Pierre), dit Sans Soucy, né à Athis [Champagne] (1726), S. 24 mars 1752, R. pour 8 ans le 24 mars 1776.
Denis (Louis), dit Desjardins, né à Serre [Normandie] (1732), S. 2 mars 1759, R. pour 8 ans le 25 nov. 1774.

Gresnot (Joseph), dit Villacourt, né à Villacourt [Lorraine] (1730), S. 5 mars 1755, parti pour la solde le 22 avril 1782.
Angerey (Jean-Baptiste), dit La Prairie, né à Pont-de-Larche [Normandie] (1749), S. 1er juin 1762, parti pour les Invalides le 31 mars 1786.
Magnan (Jacques), dit La Croix, né à Anthot [Normandie] (1744), S. 1er juin 1762, R. pour 8 ans le 1er juin 1770.
Lunel (Joseph), dit Bionaimé, né à Betenne [Comtat Venaissin] (1738), S. 27 janv. 1765, congédié le 4 sept. 1782.
Germain (Louis), né à Pernes [Comtat Venaissin] (1723), S. 7 mars 1755, parti pour les Invalides le 31 mai 1780.
Criton (Pierre), dit Vadeboncœur, né à Vendez [Poitou] (1735), S. 12 sept. 1765, R. pour 8 ans du 12 sept. 1773.
Michaud (Pierre), dit Cadet, né à Roussel [Comtat Venaissin] (1740), S. 8 déc. 1765, R. le 8 déc. 1773.
Lanuitte (Armand), dit Belledœur, né à Saint-Soucy [Armagnac] (1741), S. 9 oct. 1766, congédié le 8 sept. 1783.
Petit (François), né à Lyon (1749), S. 14 mars 1767, mort le 6 août 1782 à Westpoint en Amérique.
Murtet (François), dit La Déroute, né à Bourg [Forez] (1749), S. 21 juill. 1767, congédié le 8 sept. 1783.
Blanchard (Étienne), né à Lebelles [Dauphiné] (1737), S. 12 août 1769, congédié le 12 mars 1777.
Picard (Antoine), né à Pouilly [Bourgogne] (1748), S. 1er mars 1770, congédié le 1er mars 1778.
Bergeon (Jean), dit Fleury, né à Neuville [Lyonnois] (1747), S. 6 déc. 1772, R. du 6 déc. 1780.
Pernaut (Nicolas), dit Rivière, né à Tournus [Bourgogne] (1746), S. 6 déc. 1772, congédié le 8 sept. 1783.
Bourril (Vincent), né à Poitiers (1751), S. 11 févr. 1773.
Belin (Claude), dit Belamour, né à Lyon (1749), S. 19 mai 1773.
Creuzel (Pierre), dit Saint-Louis, né à Lyon (1752), S. 21 oct. 1773, passé caporal le 9 sept. 1783.
Gavaillon (Antoine), dit Tonnerre, né à Lyon (1753), S. 3 nov. 1773, passé caporal le 26 juill. 1781.
Elliot (Thomas), dit La Liberté, né à Saint-Lô [Normandie] (1754), S. 20 sept. 1774.
Barrot (Charles), dit Franceur, né à Crarulle [Bourgogne] (1747), S. 12 oct. 1774, R. le 12 oct. 1782.
Palan (Charles), né à Jarz (1748), S. 2 nov. 1774, mort le 15 oct. 1782 à l'hôpital d'Alais.
Beauju (Charles), dit La Rose, né à Saint-Germain-Laval [Forez] (1744), S. 7 févr. 1775.
Bonnefoy (Bernard), né à Saint-Étienne (1751), S. 23 mars 1775, congédié le 8 sept. 1783.
Vidal (Pierre), né à Saint-Étienne (1750), S. 23 mars 1775, congédié le 8 sept. 1783.
Fauchet (Gabriel), né à La Chapelle [Normandie] (1756), S. 29 nov. 1775.
Cagnes (Simon), né à Menegon (1757), S. 7 oct. 1775, congédié le 8 sept. 1783.
Elba (Louis-Joseph), né à Sombria [Artois] (1754), S. 16 janv. 1776.
Roz (Jean-François), né à Vertauboz [Franche-Comté] (1756), S. 21 janv. 1776.

Guyo (Jean-Louis), né à Arras (1758), S. 25 fév. 1776.
Roussel (Jean-Baptiste), né à Mouchy-au-Bois [Artois] (1758), S. 25 mars 1776.
Desmarais (François), né à Argentan [Normandie] (1756), S. 30 avril 1776, congédié le 3 mai 1784.
Griffon (Jean), né à Roquebrune [Guyenne] (1758), S. 1er mai 1784.
Henry (Paul), né à Paris (1758), S. 26 mai 1776.
Bourdon (Antoine), né à Bousseuil [Picardie] (1754), S. 5 juill. 1776, congédié le 5 juill. 1784.
Masse (Louis-Joseph), né à Lille (1758), S. 7 juill. 1776, congédié le 5 juill. 1784.
Divry (André), né à Versailles (1755), S. 16 août 1776, congédié le 16 août 1784.
Rose (Joachim), né à Paris (1760), S. 23 août 1776.
Mocquignon (Antoine), né à Saint-Liévin (1755), S. 6 sept. 1776.
Lahaye (Mathieu-Joseph), né à Lille (1754), S. 3 sept. 1776.
Chevalier (Charles), né à Paris (1760), S. 18 sept. 1776.
Thiolat (Henri), né à Paris (1759), S. 28 sept. 1776.
Sion (Jean), né à Manguenat (1754), S. 20 oct. 1776.
David (Claude), né à Tournus [Bourgogne] (1759), S. 29 oct. 1776.
Gay (Jean), né à Bouillac [Quercy] (1755), S. 9 déc. 1776, mort le 14 sept. 1780 à Newport en Amérique.
Béziers (Jacques), né à Bennes [Quercy] (1758), S. 9 déc. 1776.
Hinard (François), né à Tours (1757), S. 28 déc. 1776, mort le 21 oct. 1780 à Newport en Amérique.
Bibal (François), né à Figeac [Quercy] (1761), S. 6 janv. 1777.
Meunier (Pierre), né à Châlons (1758), S. 14 févr. 1777.
Barthelemy (François), né à Cosne [Nivernois] (1758), S. 11 mars 1777.
Bailly (Vincent), né à Poitiers (1751), S. 20 mars 1777.
Fremant (Louis), né à Bayeux [Normandie] (1750), S. 20 mars 1777.
Chanignon (Pierre), né à Barrière [Auvergne] (1757), S. 20 mars 1777.
Carrey (Jean-Nicolas), né à May [Franche-Comté] (1757), S. 26 juill. 1777.
Jotourt (Jean-Baptiste), né à Sens [Bourgogne] (1760), S. 6 nov. 1777.
Vaslin (Michel), né à Mortagne (1754), S. 29 nov. 1777.
Chatellier (Jacques), né à Saint-Anne [Normandie] (1757), S. 7 déc. 1777.
Groud (Pierre), né à Bayeux [Normandie] (1750), S. 11 déc. 1777.
Foucault (André), né à Paris (1750), S. 19 déc. 1777.
Valos (Vincent), né à Villeneuve-de-Berg [Vivarais] (1759), S. 11 janv. 1778.
Dubois (Pierre), né à Saint-Amand [Hainaut] (1757), S. 1er févr. 1778.
Daulier (Pierre), né à Châlons (1754), S. 1er févr. 1778.
Puissant (Étienne), né à Norroy [Lorraine] (1762), S. 14 mars 1778, mort le 26 mars 1782 à l'hôpital d'York.
Perche (Louis), né à Saint-Mihiel [Lorraine] (1760), S. 14 mars 1778, mort le 3 août 1781 à l'hôpital d'York.
Barron (Louis), S. 1er mars 1778.

Parrot (Etienne), S. 26 mars 1778.
Bernard (Louis), né à Poitiers (1750), S. 18 avril 1778.
Page (Jean-François), né à Villotte [Franche-Comté] (1740), S. 29 déc. 1775.
Morinoy (Jean), dit Crespy, né à Dunkerque (1757), S. 18 juill. 1778.
Chambard (Denis), S. 22 mars 1762.
Touvré (Alexandre), S. 26 sept. 1778.
Sadé (Antoine), né à Saint-Omer (1762), S. 11 déc. 1778.
Sanevé (Nicolas), né à Saint-Julien-du-Sault [Champagne] (1757), S. 13 janv. 1779.
Dauvergne (Jacques), né à Beaubray [Normandie] (1759), S. 4 mars 1779, mort le 6 juill. à l'hôpital d'York.
Blondel (Nicolas), né à Tours [Picardie] (1762), S. 17 avril 1777, mort le 31 mars 1782 à l'hôpital d'York.
Fournier (Joseph), né à Ambronay [Bourgogne] (1760), S. 12 avril 1779.
Gatel (François), né à Argentan [Normandie] (1760), S. 15 avril 1779, mort le 18 août 1784 à l'hôpital d'Uzès.
Riquet (François), né à Abbeville (1763), S. 21 avril 1779.
Paratge (Pierre-Louis), né à Issel [Languedoc] (1761), S. 17 mai 1779.
Brières (Joseph), né à Versailles (1756), S. 11 juin 1779.
Moret (Richard), né à Versailles (1762), S. 11 juin 1779.
Cochin (Thomas), né à Versailles (1763), S. 11 juin 1779.
Dubourg (Nicolas), né à Attigny [Champagne] (1760), S. 25 sept. 1779, mort le 19 juin 1782 à l'hôpital de Williamsburg.
Rougier (Claude), S. 19 sept. 1779.
Nely (Jean Nicolas), né à Morville [Lorraine] (1761), S. 16 oct. 1779.
Cosson (Michel), né à Saunay [près du Mans] (1760), S. 16 oct. 1779.
Mercier (René), né à Angers (1762) S. 11 nov. 1779.
Goyon (Claude), né à Mâcon [Bourgogne] (1764), S. 15 déc. 1779.
Piard (Joseph), S. 1er déc. 1779, mort le 21 oct. 1783 à Cadix.
Joubert (Jean), né à Paris (1761), S. 6 janv. 1780.
Cosson (Louis), né à Joinville [Champagne] (1753), S. 6 janv. 1780.
Chaffaut (Pierre), né à Genoch [Flandre] (1755), S. 29 févr. 1780.
Le Gendre, S. 12 juill. 1777, mort le 2 oct. 1780 à l'hôpital de Newport en Amérique.
Brunet (Jean-Louis), S. 20 oct. 1779, mort le 20 févr. 1780 à l'hôpital d'York en Virginie.
Vignon (François), S. 19 avril 1776.
Saint-Just (Alexis), né à Lyon (1755), S. 26 mai 1771.
Trouchy (Mathieu), né à Violet [Languedoc] (1754), S. 2 avril 1779, mort le 4 août 1781 à l'hôpital de North Castle en Amérique.
Dutertre (François), dit Breton, né à Casseville [Bretagne] (1757), S. 29 juin 1774.
Bellegarde (Pierre), né à Saint-Jean-de-Kiré [Languedoc] (1740), S. 4 févr. 1780.
Vedje (Denis), dit La Sagesse, né à Elbeuf [Normandie] (1759), S. 26 févr. 1776, congédié le 26 févr. 1784.

Viennois (Jean-Marie), dit Chartres, né à Lataye-en-Beauce (1756), S. 1er juin 1777, congédié le 22 juill. 1783.
Marian (Jacques), dit Marc, né à Rignac (1760), S. 10 oct. 1778, congédié le 10 oct. 1786.
Igny (Antoine), dit Versailles, né à Versailles (1761), S. 22 août 1779.
Bertrand (Hugues), né à Meurette [Guyenne] (1761), S. 21 févr. 1780.
Bigot (Jean-Jacques), né à Saint-Pierre [Normandie] (1757), S. 11 mai 1780.

Campagnie de Saint-Léger.

Rességuier (François), né à Issel [Languedoc] (1747), S. 29 mai 1766, sergent-major, R. pour 8 ans du 29 mai 1774.
Chevalier (Jean-Pierre), né à Cardaillac [Quercy] (1735), S. 1er mars 1754, sergent parti pour la solde le 31 mars 1784.
Côlet (Charles), dit Saint-Louis, né à Trevoux [Dombes] (1745), S. 27 juin 1765, mort le 4 août 1780 à l'hôpital de Newport, sergent du 1er déc. 1775.
D'Auriol (Jean-François), né à Saint-Cernin [Rouergue] (1754), S. 29 avril 1773, passé sergent le 6 août 1781.
Bailly (François), né à l'antaise [Franche-Comté] (1741), S. 16 avril 1762, congédié le 15 avril 1784.
Fabrigue (Raymond), né à Sonillac [Languedoc] (1748), S. 18 janv. 1767, R. pour 8 ans du 18 janv. 1775, sergent du 21 nov. 1780.
Constaury (Antoine), dit La Fleur, né à Coromolles [Provence] (1745), S. 16 févr. 1767, R. pour 8 ans du 16 févr. 1775.
Fabié (Jean), dit Montpeyroux, né à Montpeyroux [Languedoc] (1741), S. 26 nov. 1764, congédié le 8 sept. 1783.
Biez (Paul), dit Royer, né à Airoux [Languedoc] (1748), S. 14 janv. 1768, congédié le 14 janv. 1784.
Bonnet (Joseph-Mathieu), né à Bourg-en-Bresse (1750), S. 24 mars 1774.
Mary (Louis), né à Alençon [Normandie] (1739), S. 28 mars 1761, R. pour 8 ans du 28 mars 1779.
Becombes (Jacques), dit Lafontaine, né à Perpignan (1748), S. 12 janv. 1765, R. pour 4 ans du 12 janv. 1781.
Idier (Antoine), dit La Ramée, né à Puginier [Languedoc] (1749), S. 6 nov. 1765, R. pour 4 ans le 6 nov. 1781.
Boul (Michel), né à Marseille (1737), S. 26 déc. 1765, congédié le 8 sept. 1783.
Ruben (Jean), dit Comtois, né à Busset (1736), S. 19 févr. 1766, R. pour 8 ans du 19 févr. 1778.
Boyon (Nicolas), dit Beausoleil, né à Toulon [Picardie] (1744), S. 6 mars 1766, R. pour 8 ans du 6 mars 1774.
Bonneau (François), dit Sans Quartier, né à Vogué [Vivarais] (1738), S. 24 janv. 1768, congédié le 25 janv. 1784.
Costaury (Claude), dit Grignan, né à Groselle [Provence] (1742), S. 28 août 1768, congédié le 16 sept. 1784.
Chaise (Léonard), dit Vadeboncœur, né à Marsillac [Limousin] (1761), S. 25 nov. 1770, R. pour 8 ans du 25 nov. 1778.
Jasmin (Joseph), dit Maurice, né à Argis [Bresse] (1738), S. 15 févr. 1773, mort le 28 févr. 1783 en mer sur le "Neptune."
Bernard (Guillaume), né à Sonilles [Normandie] (1749), S. 15 mars 1773.
Jacquet (Joseph), dit Sans Soucy, né à Eatenelle [près Tournus, Bourgogne] (1750), S. 22 mars 1773, congédié le 8 sept. 1784.

Le Brun (Joseph), né à Baume [Dauphiné] (1749), S. 29 avril 1773, congédié le 8 sept. 1783.
Moulinier (Jean), né à Mensignac [Périgord] (1751), S. 3 mai 1773, congédié le 8 sept. 1783.
Lafond (Joseph), dit La Lime, né à Lyon (1751), S. 4 déc. 1773.
Lequinial (Philibert), dit L'Aimable, né à Paimpol (1754), S. 19 févr. 1774, R. pour 4 ans du 19 févr. 1782.
Costey (Jean-Pierre), dit Vive l'amour, né à Neuilly-L'Evêque [Normandie] (1751), S. 26 juin 1774, passé aux chasseurs en 1784.
Collet (Alexandre), né à Conches [Normandie] (1755), S. 5 août 1774, congédié le 5 août 1786.
Dumotel (Potérin), né à Caen [Normandie] (1754), S. 20 sept. 1774.
Cézard (Louis), né à Préty [Bresse] (1754), S. 22 nov. 1774.
Frontier (Jean), né à Tournus [Bourgogne] (1756), S. 9 déc. 1774.
Melon (Charles), né à Mouségur [Guyenne] (1755), S. 20 janv. 1775, congédié le 8 sept. 1783.
Jouve (Pierre), né à Gourdan [Bas-Languedoc] (1743), S. 27 avril 1775, congédié le 8 sept. 1783.
Braux (Thomas), dit Gaillard, né à Alençon [Normandie] (1757), S. 7 oct. 1775, congédié le 8 sept. 1783.
Waringaux (Jean), né aux Bœufs [Picardie] (1752), S. 9 nov. 1775, mort le 30 sept. 1780, à l'hôpital de Newport.
Guy (Louis), né à Chalon [Bourgogne] (1755), S. 10 mars 1776, congédié le 10 mars 1784.
Mercher (Alexandre), né à Long [Picardie] (1754), S. 14 mars 1776, congédié le 14 mars 1784.
Grimaud (Antoine), né à Camps [Provence] (1754), S. 7 avril 1786, congédié le 7 avril 1784.
Blavet (Pierre), né à Argentan [Normandie] (1758), S. 30 avril 1776.
Labourcy (Antoine), dit Divertissant, né à Lyon (1740), S. 31 oct. 1766, congédié le 8 sept. 1783.
Thirut (Jean), né à Sancy [Brie] (1754), S. 25 avril 1776, réformé le 5 oct. 1783.
La Mouche (Jean-Jérôme), né à Troyes (1739), S. 3 sept. 1776, congédié le 8 sept. 1784.
Fiajolet (Pierre), né à Turcey [Bourgogne] (1755), S. 10 oct. 1776, congédié le 17 oct. 1784.
Lyonnois (Pierre), né à Paris [Saint-Sulpice] (1756), S. 27 nov. 1776, mort le 6 mars 1782, à l'hôpital d'York.
Chomard (Jean), né à Thory [Bourgogne] (1754), S. 1er déc. 1776, mort le 12 sept. 1780, à l'hôpital de Newport.
Nolot (Georges), né à Valois [Bourgogne] (1751), S. 1er déc. 1776.
Gay (Jean-Pierre), né à Bouillac [Quercy] (1759), S. 9 déc. 1776, congédié le 8 déc. 1784.
Frontier (Claude), né à Tournus [Bourgogne] (1760), S. 11 déc. 1776, passé aux chasseurs le 15 nov. 1783.
Bouvier (Claude), né à Lyon (1759), S. 23 déc. 1776, R. du 23 déc. 1784.
Depayre (Louis), né à Gramat [Quercy] (1761), S. 11 mars 1777, passé caporal le 9 sept. 1783.
Bourgongnioux (Jean), dit Gramat, né à Gramat [Quercy] (1761), S. 11 mars 1777, mort le 16 sept. 1780, à l'hôpital de Newport.

Auvergnon (Pierre), né à Monpazier [Périgord] (1751), S. 16 févr. 1773.

Bontems (Jean), né à Monplaisant [Périgord] (1742), S. 16 févr. 1773, congédié le 8 sept. 1783.

Peyron (Jean-Baptiste), né à Paris (1750), S. 24 févr. 1773, congédié le 22 juill. 1785.

Payant (Vincent), né à Saint-Alexandre (1754), S. 14 mars 1773, passé aux grenadiers en 1781.

Ricou (Louis), dit Billefin, né à Monségur [Provence] (1756), S. 29 avril 1773, congédié le 8 sept. 1783.

Bernard (Etienne), né à Jarrier [Savoie] (1749), S. 19 mai 1773, congédié le 8 sept. 1873.

Roitoux (Pierre), né à Mâcon [Bourgogne] (1755), S. 14 mars 1774.

Hennequin (François), né à Coutances [Normandie] (1752), S. 13 oct. 1774, congédié le 8 sept. 1783.

Connoissant (Pierre), dit Lefranc, né à Saint-Lô [Normandie] (1755), S. 16 janv. 1775.

La Personne (Jean-François), né à Paris (1756), S. 6 févr. 1756.

Jouve (Guillaume), né à Gordes [Provence] (1756), S. 22 mars 1775, congédié le 8 sept. 1783.

Bouscarle (Hyacinthe), dit Fleur d'Epine, né à Gordes [Provence] (1756), S. 23 mars 1775.

Grandmaison (Pierre), né à Saint-Martin-de-Tallevende [Normandie] (1758), S. 1er avril 1775, congédié le 8 sept. 1783.

Amilliers (Pierre), dit Fleury, né à Fleurieux [Lyonnois] (1753), S. 27 avril 1775, congédié le 8 sept. 1783.

Vergier (Jean), dit Brindamour, né à Dieulivol [Guyenne] (1757), S. 27 avril 1775.

Grenier (Gabriel), né à Piolenc [Comtat Venaissin] (1754), S. 30 avril 1775.

Humeau (Jean), né à Juvigné [Maine] (1746), S. 6 oct. 1775, mort le 5 sept. 1780, à l'hôpital de Newport.

Deneux (Jacques), né à Amiens [Picardie] (1756), S. 19 oct. 1775, congédié le 19 oct. 1783.

Boutru (Pierre-Charles), né à Paris (1759), S. 10 janv. 1776.

Lemors (Louis-François), né à Arras [Artois] (1758), S. 10 févr. 1776, congédié le 20 févr. 1784.

Clamaron (François), né à Paris (1747), S. 24 mars 1776.

D'Ourchy (Nicolas), né à Loeuilly [Picardie] (1756), S. 2 avril 1776, congédié le 2 avril 1784.

Duvivier (Jean-Pierre), né à Paris (1760), S. 5 juill. 1776, passé aux grenadiers le 11 déc. 1781.

Perzy (François), né à Ancy-Legrand [Artois] (1758), S. 14 août 1776, congédié le 14 août 1784.

Decrion (Louis-Joseph), né à Roubaix [Flandre] (1757), S. 3 sept. 1776, congédié le 3 sept. 1784.

Damiens (Nicolas), dit l'Espérance, né à Ecueil [Champagne] (1754), S. 5 nov. 1776), congédié le 16 sept. 1784.

Borelly (Pierre), dit Poirica, né à Castelnaudary [Languedoc] (1760), S. 11 déc. 1776.

Foulier (Jacques), né à Paris [Sainte-Marguerite] (1757), S. 21 déc. 1776, congédié le 6 févr. 1784.

Chabot (Pierre), né à Vicques [Normandie] (1759), S. 2 déc. 1776.

Bizot (Jean), né à Maffliers [Isle-de-France] (1760), S. 26 déc. 1776, passé aux chasseurs le 31 août 1784.

Bonnefoy (Pierre), né à Figeac [Quercy] (1757), S. 6 janv. 1777, congédié le 22 juill. 1785.

Pandua (Jean-Baptiste), né à Madagascar (1761), S. 17 janv. 1777, nègre, engagé comme musicien.

Ocigné (Claude), dit Sans Soucy, né à Lyon (1761), S. 18 févr. 1777, passé caporal en mai 1786.

Vergier (Joseph), né à Rouville [Provence] (1758), S. 1er mars 1777.

Dordé (Jean), né à Figeac [Normandie] (1759), S. 11 mars 1777, congédié le 18 août 1785.

Fieu (Pierre), dit Grenoble, né à Saint-Aupre [Dauphiné] (1755), S. 11 mars 1777, R. pour 4 ans du 11 mars 1785.

Flamand (Claude), né à Chuzelles [Dauphiné] (1757), S. 13 mars 1777, congédié le 13 mars 1785.

Fontanges (François), né à Fontanges [Auvergne] (1757), S. 13 mars 1777.

Lefebvre (François), né à Saint-Vigor [Normandie] (1758), S. 23 mars 1777.

Molardon (Louis-Jacques), né à Toul (1759), S. 28 mars 1777.

Déssaux (Louis), né à La Cornière [Normandie] (1760), S. 2 avril 1777.

Ferrand (Pierre), né à Bineau [Rouergue] (1755), S. 11 avril 1777, R. pour 4 ans le 11 mars 1785.

Boquet (Denis), né à Dijon (1760), S. 11 juin 1777, parti pour les Invalides le 16 avril 1784.

Peuvion (Lambert), né au Gros Caillou [près Paris] (1756), S. 2 juill. 1777, congédié le 16 sept. 1785.

Colla (Marc), né à Argentat (1755), S. 16 août 1777, congédié le 16 août 1784.

Givot (Claude), né à Appaix [Dauphiné] (1758), S. 10 nov. 1777, congédié le 10 nov. 1785.

Langlois (Jacques), né à Neuilly [Normandie] (1757), S. 29 nov. 1777, mort le 17 oct. 1781 à l'armée.

Parmentier (Pierre), né à Sées [Normandie] (1757), S. 29 nov. 1777.

Guérit (Adrien), né à Bouchée [Hainault] (1761), S. 1er déc. 1777, caporal le 20 déc. 1780.

Guérit (Elie), né à Bouchain [Hainaut] (1758), S. 21 déc. 1777, congédié le 21 déc. 1785.

Marigné (Jacques), né à Argentan [Normandie] (1750), S. 9 janv. 1778, congédié le 9 janv. 1786.

Rouny (Jean-Pierre), né à Grignan [Provence] (1761), S. 19 févr. 1778, R. le 19 févr. 1786.

Noël (Jean-Baptiste), né à Floyon [Flandre] (1762), S. 23 févr. 1778, passé aux grenadiers le 9 sept. 1783.

Jacob (Pierre), né à Terrebasse [près Vienne, Dauphiné] (1761), S. 7 mars 1778, congédié le 8 mars 1786.

Lefèvre (Michel), né à Argentan [Normandie] (1760), S. 8 mars 1778, passé aux grenadiers le 9 sept. 1783.

Delause (Louis), né à Alais [Languedoc] (1760), S. 8 mars 1778, congédié le 8 mars 1786.

Ducros (Claude-François), S. 1er mars 1778, congédié le 8 sept. 1786.

Euffia (Jean), S. 1er mars 1778, mort le 8 janv. 1784, à l'hôpital de Toulon.

Le Monnier (Joachim), né à Thorigny [Normandie] (1760), S. 31 mars 1778, passé aux grenadiers le 13 juill. 1784.

Marguier (François), né à Rouax [Lorraine] (1760), S. 8 avril 1778, R. pour 8 ans le 8 août 1786.

Barberot (Pierre), né à Treuilly [Franche-Comté] (1761), S. 8 avril 1778, passé aux chasseurs le 14 nov. 1781.

Broc (Jacques), né à La Réole [Guyenne] (1760), S. 17 avril 1778, congédié le 17 avril 1786.

De Nogens (Joseph), né à Pont-de-Vaux [Bresse] (1762), S. 20 juin 1778.

Borgien (Joseph), dit L'Allemand, né à Pont-de-Vaux [Bresse] (1761), S. 28 juin 1778, congédié le 28 juin 1786.

Voidieu (Joseph), né à Villeneuve-de-Berry [Vivarais] (1761), S. 25 juill. 1778, parti pour les Invalides le 16 avril 1784.

Mayet (Joseph), né à Saint-Cécile [Comtat Venaissin] (1758), S. 20 oct. 1778, congédié le 20 oct. 1786.

Hormé (Jean-François), né à Freiteneuille [Picardie] (1758), S. 7 oct. 1778, congédié le 8 sept. 1783 comme sergent.

Dieu (Charles), né à Péronne (1756), S. 13 janv. 1779.

Delaunay (Pierre), dit Prudence, né à Argentan [Normandie] (1761), S. 15 févr. 1779.

Bénard (Pierre), né à Carentan [Normandie] (1756), S. 4 févr. 1779, congédié le 8 sept. 1783.

Farnaud (Jean-Baptiste), né à Saint-Saturnin [Provence] (1762), S. 9 avril 1779.

Serre (François), né à Roussillon [Provence] (1762), S. 9 avril 1779.

Coubrun (Ambroise), né à Géfosse [Normandie] (1760), S. 14 avril 1779.

Mancel (Louis), né à Nozay [Isle de France] (1760), S. 15 avril 1779, mort à l'hôpital de Toulon le 1er août 1783.

Castel (Etienne), né à Margal [Languedoc] (1762), S. 24 avril 1779.

Vergès (Jean-Baptiste), né à Sainte-Opportune-la-Campagne [près Evreux] (1763), S. 2 juin 1779.

Fessard (Charles-Nicolas), né à Villetarte [Normandie] (1761), S. 13 sept. 1779.

Bresson (Henri), né à Vaux [Champagne] (1760), S. 11 mai 1755, sergent-fourrier du 11 juin 1776, R. du 25 sept. 1779.

Colet (Pierre), né à Chevigné [Beauce] (1760), S. 7 oct. 1779.

Picard (Charles-François), né à Crèvecoeur [Picardie] (1755), S. 31 oct. 1779.

Roitoux (Pierre), dit Vivelamour, né à Mâcon [Bourgogne] (1755), S. 14 mars 1774, mort le 6 mai 1782 à l'hôpital d'York.

Duplessis (Louis), né à Conches [Normandie] (1754), S. 10 mars 1750, passé aux grenadiers le 13 juill. 1784.

Cailleu (Louis), né à Malleville-en-Caux [près Caudebec] (1762), S. 1er mars 1780, mort le 20 nov. 1782 à l'hôpital de Baltimore.

La Veuße (Jean), né à Monségur [Guyenne] (1761), S. 29 mars 1780, passé aux grenadiers le 5 sept. 1783.

Marty (Jean), dit La Liberté, né à Lombersan (Auvergne) (1747), S. 11 nov. 1767, sergent-major, congédié le 20 févr. 1784.

Tabouret (Barthélemy), né à Bayonne (1754), S. 12 oct. 1772, congédié le 1ᵉʳ sept. 1784.

Fouquet (Pierre), né à Vendôme (Beauce) (1750), S. 3 juill. 1779, passé aux chasseurs le 29 sept. 1780.

Dufeu (Étienne), né à Sens (1758), S. 14 oct. 1777, congédié le 16 oct. 1780.

Eavot (Jean), né à Mancey (Bourgogne) (1760), S. 19 déc. 1779.

Gayet (Jean), né à Hermanville (Normandie) (1758), S. 14 févr. 1780, mort le 8 mai 1782 à l'hôpital de l'armée.

Fontavia (Anne), né à Fleury (prov. Forez) (1736), S. 18 juill. 1783, rayé des contrôles le 16 sept. 1784.

RÉGIMENT DE SAINTONGE.

Le premier colonel de ce régiment fut le marquis de BLIGNY (François-Germain le Canus), le 8 septembre 1684.

Le onzième, le vicomte de CUSTINE (Adam-Philippe), le 8 mars 1780;

Le douzième, le vicomte de ROCHAMBEAU—fils du général, comte de Rochambeau—(Donatien-Marie-Joseph de Vimeur), le 11 novembre 1782.

Le dernier, DES FRANCS (Jean-Claude), le 24 octobre 1792.

Le 26 avril 1775, alors que le régiment était à Toul, il fut réuni à l'ancien régiment de Cambrésis, qui devint son deuxième bataillon. Saintonge s'embarqua à Brest le 10 avril 1780 pour les États-Unis d'Amérique. Il avait été précédé par des volontaires impatients de combattre pour la liberté. Le 15 juillet 1779, à la prise de Stony-Point, le major de Fleury était arrivé le premier dans les retranchements des Anglais et avait abattu le drapeau britannique. A la paix, le congrès décerna à ce brave officier une médaille qui lui fut remise par l'illustre Franklin.

Le régiment avait à sa tête le vicomte de Custine. Custine qui était précédemment colonel de Rouergue avait demandé et obtenu de remplacer à la tête de Saintonge le vicomte de Béranger, nommé brigadier le 3 janvier 1780, au moment où son régiment était désigné pour s'embarquer. A son retour Custine reprit le régiment de Rouergue. Le vicomte de Rochambeau remplaça Custine à la tête de Saintonge et obtint ensuite le régiment d'Auvergne.

Le régiment de Saintonge prit part à toute la campagne. Il se distingua à York-Town. Il passa l'hiver qui suivit aux États-Unis et fut transporté en 1782 aux Antilles. Il rentra à Brest en juillet 1783.

Thomas Balch dit de ce régiment, dans son ouvrage intitulé *The French in America: The history of this regiment blends with that of the army itself.*

En 1791, Saintonge fut désigné sous l'indication de 82ᵉ régiment d'infanterie. Le 82ᵉ régiment actuel qui lui fait suite est en garnison à Montargis.

ADAM-PHILIPPE, Comte DE CUSTINE SARRECK, né à Metz le 4 février 1740, Colonel.

(Translation.)

REGIMENT DE SAINTONGE.

The first colonel of this regiment was the Marquis de BLIGNY (François-Germain le Canus), the 8th September, 1684;

The eleventh, the Viscount de CUSTINE (Adam Philippe), 8th March, 1780;

The twelfth, the Viscount de ROCHAMBEAU—son of the general, Count de Rochambeau—(Donatien-Marie-Joseph de Vimeur), 11th November, 1782;

The last, DES FRANCS (Jean Claude), 24th October, 1792.

The 26th April, 1775, whilst the regiment was at Toul, it was united to the ancient regiment de Cambrésis, which became its second battalion. Saintonge embarked at Brest April 10, 1780, for the United States of America. It had been preceded by volunteers impatient to combat for liberty. The 15th July, 1779, at the capture of Stony Point, Major de Fleury was the first to arrive in the British trenches and pulled down the British flag. When peace was declared, Congress accorded this brave officer a medal, which was presented to him by the illustrious Franklin.

The regiment had at its head the Viscount Custine. Custine, who was formerly colonel of Rouergue, demanded and obtained that he might replace as chief of the Saintonge the Viscount de Béranger, appointed brigadier January 3, 1780, at the moment his regiment was designated to go abroad. On his return Custine again took command of the regiment Rouergue. The Viscount de Rochambeau replaced Custine at the head of the Saintonge and obtained at the same time the regiment d'Auvergne.

The regiment Saintonge participated in the entire campaign. It distinguished itself at Yorktown. It passed the following winter in the United States and was sent in 1782 to the Antilles. It returned to Brest in July, 1783.

Thomas Balch says of this regiment in his work entitled *The French in America: The history of this regiment blends with that of the army itself.*

In 1791 Saintonge was designated as the 82d regiment of infantry. The 82d regiment which succeeded this regiment is now in garrison at Montargis.

ADAM-PHILIPPE, Count DE CUSTINE SARRECK, born at Metz February 4, 1740, colonel.

ÉTAT-MAJOR.

Colonel.

Le comte de CUSTINE de SARRECK (Adam-Philippe), né à Metz, le 4 févr. 1740. Colonel du 8 mars 1780; le 5 déc. 1781 reçut une lettre de satisfaction et l'espérance d'un gouvernement de son grade à l'occasion de sa bonne conduite à York-Town. Gouverneur de Toulon le 19 avril 1782; remplacé par le vicomte de Rochambeau à cette date.

Colonel en second.

Le comte de CASTRIES de CHARLUS (Armand-Charles-Augustin), né à Paris, le 3 mai 1756. Du 5 déc. 1781 susceptible de la charge de mestre de camp général de la cavalerie, six mois avant l'âge de vingt-neuf ans pour sa conduite distinguée à York-Town.

Lieutenant-colonel.

Le chevalier CHAUDRON de la VALETTE (Charles-François), né à Montfort [Bourbonnais], le 5 juin 1731. Brigadier le 5 déc. 1781 pour sa conduite distinguée à la prise d'York-Town.

Major.

TEISSEYDRE de FLEURY (François-Louis), né à Saint-Hippolyte, le 20 août 1749. Noté en 1781 comme s'étant distingué à York-Town.

Quartier-maître trésorier.

LA FAGE (Bernard), né le 6 janv. 1734, à Saint-Hilaire [comté de Foix].

Capitaines commandants.

Le baron de FERRETTE (Jean-Baptiste), né à Cernay [Alsace], le 13 janv. 1736. Le 5 déc. 1781 reçut l'espérance d'une lieutenance-colonelle pour sa bonne conduite à York-Town.

GOROT de BEAUMONT (Alexis-Jean-François), né à Limoges, le 25 juill. 1735. Le 5 déc. 1781, a obtenu une pension pour sa bonne conduite à York-Town.

De WOUVES (Pierre-Daniel-Banard), né à Héry [Bourgogne], le 3 janv. 1740.

DAURIEN de MADRON de BRIE (Jean-Georges-Prosper), né près Saverdun [comté de Foix], le 25 nov. 1737. Le 5 déc. 1781, honoré d'une gratification pour sa bonne conduite à York-Town.

DUCHESNE (Jacques), né à Chevreux [Poitou], le 13 déc. 1734. Chevalier de Saint-Louis en 1781.

De la FALNERE (Léonard-Lefebvre), né à Richelieu [Poitou], le 30 juill. 1743.

De la CORBIERE (Antoine-Madeleine), né à Avranches, le 11 août 1743. Chevalier de Saint-Louis le 5 déc. 1781 pour sa bonne conduite à York-Town.

De BERTRIER des FORETS (André), né à Saint-Denis-le-Chosson, le 8 févr. 1743. Capitaine du 19 mars 1780; mort en 1781.

De BOISBRAS BEDEE (Ange-Armand), né à Rennes, le 1er mars 1742. Chevalier de Saint-Louis, le 5 déc. 1781 pour sa bonne conduite à York-Town.

Des ROCHES (Philippe-Henry), né à Périgueux, le 8 nov. 1742. Chevalier de Saint-Louis, du 5 déc. 1781 pour sa bonne conduite à York-Town.

DENOS ou d'ENOS ou des NOES (Augustin-Roussalin) né à Caen le 10 avril 1741. Le 5 déc. 1781, chevalier de Saint-Louis pour sa bonne conduite à York-Town.

SCOT de COULANGES (Jacques), né le 25 juill. (1742), à Espigné [Touraine]. Chevalier de Saint-Louis, le 5 déc. 1781 pour sa bonne conduite à York-Town.

De GOURVOL (Pierre), né à Saint-Maurice-de-Nivernais, le 11 nov. 1745. Chevalier de Saint-Louis en 1782.

Le chevalier de CHAMPAGNE (Pierre-Charles-Marie), né à Angers, en janv. 1746. Capitaine en second, du 12 mars 1780; capitaine commandant en 1782.

BELLEMARE de SAINT-CYR (Marc-Antoine-Georges), né au Breuil [Normandie], le 3 mai 1749. Capitaine en 1780; capitaine commandant en 1782.

JAMES de LONGUEVILLE (Charles-Philippe), né au château de Saint-Vincent de Larochefoucault [Angoumois]. Capitaine en second en 1780; capitaine commandant en 1782.

De RECUSSON (Jacques-Alexandre), né à Fécamp, le 6 juill. 1745. Capitaine en 1780; capitaine commandant en 1782.

De GRATEL DOLOMIEU (Alphonse-Louis-François), né à La Cote-Saint-André [Dauphiné]. Capitaine en 1780; capitaine commandant en 1786.

Lieutenants en premier.

De MARGUERIT (Charles-François-Sébastien), né à Falaise, le 21 mars 1746. Capitaine en 1780; capitaine commandant en 1787.

Du ROSEL ou ROZEL (Louis-Joseph Jacques), né à Saint-Germain-du-Crioult [Basse Normandie], le 31 juill. 1746. Lieutenant en premier en 1779; capitaine en 1782.

Le chevalier du ROSEL (Gilles), né à Saint-Germain-du-Crioult, le 30 oct. 1748. Lieutenant en 1780; capitaine en 1782.

De WALES ou VALLES (Christophe), né à Châteaudun, le 3 févr. 1753. Lieutenant en 1780; capitaine en 1782.

De la CHENAYE (Claude-François-Fernandin), né à Blamont, le 21 avril 1748. Lieutenant en 1780.

Le chevalier de COULAINE (Augustin-Pierre-Quirit), né à Louans, le 27 sept. 1754. Lieutenant en 1780; capitaine en 1782.

De BELLEMARE de NEUVILLE (Henry-Léonard-Louis) né le 19 juin 1754, à Brionne [généralité de Rouen].

LAFUTSUN de LACARRE (Jean-Henry), né à l'Ile d'Oléron, le 19 oct. 1754. Premier lieutenant en 1780, capitaine.

De CHAMPETIER (Claude), né à Famzou [Vivarais]. Premier lieutenant du 15 avril 1780.

De VILLEFRANCHE (Louis-Joseph-Genton), né à Alby, le 20 avril 1764. Lieutenant en premier en 1780; capitaine en 1782.

Lieutenants en second.

Le chevalier de TASCHER (Louis-François-Philibert), né au château de Glay, près La Ferté-Bernard [Maine], le 17 août 1754.

MONTAULIEU d'ARFAVON (Jean-Paul-Julien), né à Valréas dans le Comtat, le 18 oct. 1755. Lieutenant en second en 1780; lieutenant en premier en 1782.

De QUIRIT de COULAINE (François-René), né le 2 déc. 1757, à Louans [diocèse de Tours]. Lieutenant en 1782.

Des VIGNES (Pierre), né à Aubergenville [Isle de France], le 4 juin 1757. Lieutenant, du 12 mars 1780.

DUPERRON de MADIRAN (Joseph-Laurent), né à Cromeilles [Béarn], en août 1749. Lieutenant en second en 1780; lieutenant en premier 1782.

CHAUDRON de la VALETTE (Balthazar-Edme), né à Evreux, le 22 nov. 1758, lieutenant en second en 1780; lieutenant en premier en 1782.

De RESTE (Jean-Georges), né à Saint-Ybars [comté de Foix], le 3 févr. 1746. Lieutenant en second en 1780; lieutenant en premier en 1782.

De MESTRE (Jean), né à Monastier [diocèse d'Agen], le 6 nov. 1752. Lieutenant en second en 1780; lieutenant en premier en 1782.

Le MONIER (René), né à Fresnay-le-Vicomte, le 6 févr. 1742. Lieutenant en 1780; lieutenant en premier en 1783.

Du TEIL (Jean-Michel), né à Pommier [diocèse de Vienne, Dauphiné]. Lieutenant en 1780; en premier en 1782.

Sous-Lieutenants.

De JOUSSELIN (Louis-Gabriel-François), né en 1756, le 15 avril.

De SEGUIN de PIEGON (Etienne-René), né en 1758, le 6 mai.

DUPONT d'AUBEVOYE de LAUBERDIERE (Louis-François), le 29 oct. 1759. Aide de camp de Rochambeau; récompensé en 1782 pour sa bonne conduit à York-Town.

De LONGUEVILLE de JAMES (Jean-Joachim), né au château de Saint-Vincent de la Rochefoucault [Angoumois], le 24 août 1762. Blessé à York-Town.

Martin (Pierre), né à Coinel (1759), S. 11 juill. 1775.

Braltret (Nicolas), né à Toul (1758), S. 13 avril 1775.

Christophe (Joseph), dit Cœur d'Acier, né à Saint-Michel-de-Bordeaux (1758), S. 22 mai 1775, mort le 6 sept. 1783.

Thouron (Pierre), né à Apremont [Lorraine] (1759), S. 5 juill. 1775.

Négrier (Jean), né à Nancy [Lorraine] (1760), S. 10 avril 1776.

Honot (Benoît-Joseph), né à Nancy [Lorraine] (1759), S. 9 janv. 1776.

Lucas (Charles), né à Bivelet (1759), S. 12 déc. 1776.

Gautier (Jacques), né à Doiron [Poitou] (1758), S. 19 mars 1778.

Bouillon (Pierre), né à Saint-Pierre [Normandie] (1758), S. 6 mai 1779.

Carpentier (Pierre-François), né à Yvrench [près Amiens] (1757), S. 7 nov. 1777.

Monginot (Jean), né à Perret (1758), S. 29 juin 1775.

Bastien (Antoine), né à Brinvilliers (1758), S. 6 déc. 1777.

Pesse (Jean), né à Aix-la-Chapelle (1757), S. 24 juin 1777.

Barbecave (Paul), dit La Lancette, né à Scot [Béarn] (1739), S. 18 juill. 1768, R. pour 8 ans le 19 juill. 1776.

Gragnon (Pierre), dit La Liberté, né à Rabastens en Bigorre (1753), S. 10 déc. 1773.

Richard (Pierre), né à Nancy (1759), S. 6 juill. 1774.

Codert (Claude), né à Dijon [Bourgogne] (1760), S. 11 déc. 1776.

L'Ecuyer (Pierre), né à Abbeville [Picardie] (1756), S. 8 mars 1778.

Morel (Jean-Thomas), né à Toul (1759), S. 3 déc. 1775.

Ruffin (Jean-Balthazard), né à Norquerque (1758), S. 16 nov. 1777.

Boichaud (Nicolas), dit Vive l'Amour, né à Maubois (1758), S. 1ᵉʳ avril 1776.

Genin (Claude), né à Nivollet en Bugey (1761), S. 15 janv. 1778.

Le Hêtre (Jean-Baptiste), né à Claville [Normandie] (1752), S. 24 janv. 1769, R. pour 8 ans en 1777.

Virozel (Jean), né à Manges [Rouergue] (1754), S. 6 nov. 1772.

Barrois (Pierre), né à Nancy (1758), S. 12 sept. 1775.

Achambaut (Charles), né à Hesdin [Artois] (1761), S. 19 juill. 1777, passé caporal en 1784.

Le Mille (Charles), né à Amiens (1758), S. 22, 1776.

Estival (Dominique), né à Griny [Artois] (1758), S. 23 juill. 1777.

Nicolas (Jean), dit Pleuzy, né à Toul (1747), S. 6 févr. 1770, R. pour 8 ans le 6 févr. 1778.

Grebert (Jérôme), né à Fruges [Artois] (1761), S. 27 juin 1777.

Petit (Christophe), né à Toul (1760), S. 17 févr. 1776, caporal en 1784.

Longrais (Nicolas), né à Fontenay [près Caen] (1740), S. 15 févr. 1759, R. pour 8 ans le 15 févr. 1775.

La Chapelle (Claude), né à Paris (1756), S. 25 nov. 1774.

Vergne (François), né à Châteauroux [Berry] (1753), S. 13 août 1769, mort le 16 avril 1783.

Girard (Claude), né à Cette [Languedoc] (1761), S. 18 avril 1769, sergent-major le 1ᵉʳ juill. 1785.

Sary (Michel), né à Jarnac [Saintonge] (1758), S. 22 sept. 1774.

Pelletier (François), né à Perrancey [Champagne] (1760), S. 28 mai 1776, congédié le 28 mai 1784.

Lemi (Jean), né à Bernay [Normandie] (1762), S. 14 avril 1778.

Tellier (Charles), né à Amiens (1757), S. 20 févr. 1778.

Cuvier (Joseph), né à Colombey [Lorraine] (1760), S. 16 août 1776.

Bos (Baptiste), né à Saint-Ybars [comté de Foix] (1760), S. 29 mars 1778.

Dougreau (François), né à l'Isle-Bouchard (1756), S. 10 juin 1777.

Henriot (François), né à Baronville-Drouze [près Metz] (1755), S. 9 sept. 1774, congédié le 6 juill. 1783.

Parrot (Jean), né à Angers (1758), S. 16 mars 1776.

Person (Jean), né à Contrisson [Lorraine] (1757), S. 6 oct. 1776.

Cloquenot (Jean), né à Magny [Bourgogne] (1760), S. 16 mars 1776, congédié le 23 mars 1784.

Froment (Henri-Joseph), né à Château-Porcien [Champagne] (1760), S. 15 oct. 1776, congédié le 15 oct. 1784.

Le Blond (Joseph), né à Mathay [Franche-Comté] (1760), S. 11 juin 1776.

Sosieu (Joseph), né à Bois-Gervilly [Bretagne] (1743), S. 6 mars 1769, R. pour 8 ans le 6 mars 1777.

Fournier (Charles), né à Châteaudun [Beauce] (1761), S. 1ᵉʳ avril 1779.

Fouré (Pierre), né à Saint-Gondran [Bretagne] (1762), S. 4 juill. 1779.

Longuat (Joseph), né à Saint-Martin-de-l'Ile-de-Ré (1751), S. 1ᵉʳ mars 1771, a quitté le régiment le 26 févr. 1784.

Mathurel (Louis), né à Paris (1758), S. 29 janv. 1775.

Tournay (Claude), né à Nancy (1760), S. 1ᵉʳ oct. 1776, congédié le 10 oct. 1784.

Poncet (François-Joseph), né à Maîche [Franche-Comté] (1758), S. 23 mars 1776, congédié le 23 mars 1784.

Bonnet (Pierre), né à Périgourd (1758), S. 6 mars 1776.

Crimer (Pierre), né à Bigne-Basse [près Abbeville] (1762), S. 15 févr. 1778, mort le 19 déc. 1785.

Alexandre (Pierre-André), né à Domqueur [Picardie] (1761), S. 21 oct. 1777, congédié le 16 juin 1785.

Guéraud (Pierre), né à Saint-Martin-de-l'Ile-de-Ré (1763), S. 1ᵉʳ mars 1780 mort le 22 août 1784.

Renaud (Laurent), né à Menillot (1757), S. 12 juin 1774, passé dans la compagnie de Roche le 21 avril 1784.

Chaignet (François), né à Dijon (1753), S. 22 août 1780, mort le 15 févr. 1784.

Dameduy (Pierre), né à Saint-Martin-de-l'Ile-de-Ré (1751), S. 1ᵉʳ juill. 1769, congédié le 23 août 1785.

Poinçon (Gilles), né à Saint-Thual [Bretagne] (1761), S. 1ᵉʳ sept. 1779.

Benoît (Jean), né à Remoncourt [Lorraine] (1756), S. 22 nov. 1775.

Duchesne (Léonard), né à La Rochefoucauld [Angoumois] (1760), S. 5 juill. 1778.

Ferdinand (François), né à Fillièvres [Artois] (1762), S. 20 févr. 1779, mort le 17 oct. 1785.

Hainot (Jean-Baptiste), né à Planc [Normandie] (1761), S. 3 janv. 1780.

Marcoux (Jean-Claude), né à Salins [Franche-Comté] (1760), S. 29 avril 1776, congédié le 29 avril 1784.

Folet (Antoine), né à Wiry [Picardie] (1759), S. 17 oct. 1776.

Longrai (Olivier), né à Avranches [Normandie] (1759), S. 22 déc. 1779.

Dufraisne (Jacques), né à Rosières [Anjou] (1759), S. 31 août 1778, congédié le 31 août 1784.

Brast (François), né à Abbeville (1761), S. 26 févr. 1777, passé caporal en 1786.

Roi (Guillaume), né à Marthon [Périgord] (1762), S. 1ᵉʳ avril 1779.

Dagust (Jean), né à Landiers [Bretagne] (1755), S. 1ᵉʳ janv. 1780.

Biot (François), né à Alençon [Normandie] (1748), S. 6 oct. 1768, passé dans Courvol le 23 oct. 1783.

Estival (Dominique), né à Griny [Artois] (1758), S. 23 juill. 1777, congédié le 16 juill. 1785.

Moreau (Pierre), né à Chinon [Touraine] (1762), S. 1ᵉʳ janv. 1779.

Huet (Philippe), dit Eustais, né à Nantes (1758), S. 9 nov. 1774.

Le Bœuf (Jean-Martin), né à Reims (1760), S. 19 févr. 1777.

Morel (Jean-Thomas), né à Toul (1759), S. 3 déc. 1775.

Tournier (André), né à Courmangoux [Bresse] (1751), S. 7 mars 1769, congédié le 20 août 1785.

Faugeard (Urbain), né à Chinon [Touraine] (1760), S. 18 févr. 1778, congédié le 18 févr. 1786.

Robert (Christophe), né à Reims (1760), S. 17 sept. 1776.

Gouron (Louis), né à Tours (1751), S. 21 oct. 1773.

Même (Pierre-Joseph), né à L'Isle-en-Flandre (1743), S. 1ᵉʳ mars 1773.

Masson (François), né à Paris [Saint-Sulpice] (1757), S. 1ᵉʳ Mai 1770, R. pour 8 ans le 1ᵉʳ mai 1778.

Laroyenne (Jean-Baptiste), né à Plancher-Mines [Franche-Comté] (1760), S. 20 nov. 1777.

Mercier (Sébastien), né à Troussey [Lorraine] (1758), S. 28 août 1775.

Launay (Nicolas), né à Bourg-de-Croiseille [Maine] (1748), S. 30 Oct. 1771, R. pour 8 ans le 30 oct. 1779.

Archambault (Charles-Louis), né à Hedin [Artois] (1761), S. 19 juill. 1777.

Archambault (Charles-Louis), né à Hesdin [Artois] (1761), S. 1ᵉʳ nov. 1777.

Guyard (Maurice), né à Gualardon [Beauce] (1763), S. 4 juill. 1779, congédié le 23 juin 1786.

Compagnie de Wouves.

Gacset (Jean), né à Besançon (1739), S. 21 janv. 1756, sergent-major parti pour la solde le 1ᵉʳ juill. 1783.

Perault (François), né à Guéret (1741), S. 20 janv. 1759, sergent parti pour la solde le 31 juill. 1783.

D'Esauders (Jean), né à Beauville [Guyenne] (1743), S. 2 sept. 1773, sergent.

Henri (François), dit Verdun, né à Verdun (1740), S. 10 déc. 1758, caporal, congédié le 6 juin 1785.

Le Herle (Nicolas), né à Mailly [Marne], (1751), S. 1ᵉʳ mars 1770, passé musicien à l'état-major le 15 sept. 1784.

Tiviat (Jean), dit Bonsecours, né à Sauson [près Nancy] (1752), S. 26 oct. 1755, caporal, congédié le 28 mars 1785.

Rigal (Raymond), né à Tours (1747), S. 20 sept. 1754.

Constant (Jean), né à Villers-la-Montagne [Lorraine] (1751), S. 1 mars 1768, congédié le 17 mars 1784.

Sauttier (Pierre), dit Belamour, né à Amiens (1741), S. 11 avril 1758, mort le 28 mars 1784.

Lausiene (Lausiue), né à Autun [Bourgogne] (1756), S. 17 avril 1760, mort à Brest le 22 juin 1783.

Masieu (Paul), dit La Joye, né à Liancourt [près Rouen] (1746), S. 1ᵉʳ mars 1766, R. pour 8 ans le 1ᵉʳ mars 1774.

Corczevaud (Jean-Marie), dit Bauchedor, né à Ciery [près Soissons] (1749), S. 1ᵉʳ sept. 1766, R. pour 8 ans le 17 mars 1774.

Dupont (Charles), dit La Roze, né à Bourg-de-Pange (1729), S. 15 sept. 1758, parti pour les Invalides les 1ᵉʳ mai 1784.

Munier (Jean-Baptiste), dit Longjury, né à Longwy (1749), S. 20 janv. 1767, mort à Newport le 15 sept. 1780.

Jacob (Gilles), né à Saint-Brieuc (1750), S. 9 avril 1767, congédié le 6 juill. 1783.

Genet (Jean), dit Bourguignon, né à Beaune (1743), S. 12 févr. 1769, R. le 12 févr. pour 8 ans, 1777.

Goyer (Jean), né à Devors [près Châteaudun] (1751), S. 8 sept. 1769, mort à York le 26 janv. 1782.

Révol (Jean), dit Sans Chagrin, né à Mâcon (1742), S. 10 sept. 1769, mort à Newport le 29 avril 1781.

Ecope (Christopher), dit La Bombe, né à Chamlencourt [Joinville] (1758), S. 10 mars 1770, R. le 16 mars 1778.

Micsea (Pierre), dit Brindamour, né à Gianon [Bourgogne] (1751), S. 14 avril 1770, R. le 14 avril 1776.

Davinet (Pierre), dit Vivvay, né à Bourg-de-Posse (1754), S. 10 juill. 1771.

Beaupied (Jean), dit Lapierre, né à Bordeaux (1755), S. 9 sept. 1772, mort le 1ᵉʳ sept. 1780.

Chevalier (Barthelemy), dit La Peinture, né à Angoulême (1755), S. 4 déc. 1772, congédié le 6 juill. 1783.

Lefevre (Nicolas), dit Vaingninis, né à Poissons [Champagne] (1759), S. 18 déc. 1772, congédié le 6 juill. 1784.

Magne (Bernard), né à Bourg-de-Loine (1756), S. 10 janv. 1773, congédié le 10 janv. 1784.

Cotelle (Athanase), dit Tranquille, né à Douai (1751), S. 20 sept. 1773.

Gilaud (Etienne), dit Saint-Amand, né à Poitiers (1755), S. 3 oct. 1773.

Limousin (Guillaume), dit Sanguin, né à Limoges (1754), S. 31 oct. 1773, congédié le 1ᵉʳ juill. 1783.

Barbot (Pierre), né à Martillac (Guyenne) (1754), S. 3 déc. 1773.

Vevisselle (Benoit), né à Chazelles (1749), S. 25 févr. 1774, parti pour la pension le 10 mai 1784.

Perdrijas (Jean), dit La Tourmente, né à Saint-Remy-de-Bordeaux (1758), S. 23 mai 1774.

Gaillod (Jean), dit Bellair, né à Lovie (près Bordeaux) (1757), S. 1ᵉʳ sept. 1774.

Arnaud (Jean), dit Lajeunesse, né à Niort (1755), S. 22 sept. 1774.

Mareuil (Nicolas), né à Conzé [Normandie] (1756), S. 9 déc 1774.

Herzut (Jacques), dit La Liberté, né à Cocenel [Bretagne] (1757), S. 24 janv. 1775.

Soleil (Nicolas), né à Toul (1758), S. 4 sept. 1775, congédié le 14 oct. 1783.

Deniopol (Denis), né à Rouen (1729), S. 3 mars 1776, congédié le 13 mars 1784.

Robin (Jacques), né à Mirebeau [près Dijon] (1755), S. 5 mars 1776, mort le 14 nov. 1780.

Cornette (Nicolas), né à Montdidier [Picardie] (1760), S. 16 mars 1776, mort le 7 sept. 1780.

Ignace (Claude), né à Ferrière [près Baumes-les-Dames] (1757), S. 1ᵉʳ avril 1776, congédié le 19 avril 1784.

Laute (Jean), né à Val-de-Roulans [près Baumes-les-Dames] (1760), S. 21 avril 1776.

Guerrin (Jean-Baptiste), né à Tuvay [près Baumes-les-Dames] (1759), S. 3 mai 1776, mort le 23 déc. 1784.

Danel (Louis), né à Carpois-au-Bois [Lorraine] (1760), S. 16 mai 1776, passé caporal le 5 nov. 1786.

Blond (Joseph), né à Misthay [près Baumes-les-Dames] (1760), S. 11 juin 1776.

Loizillon (Vincent), né à Lenevay (1759), S. 1ᵉʳ sept. 1776, congédié le 1ᵉʳ sept 1784.

Batty (Jean-Baptiste), né à Landres [près Sedan] (1758), S. 12 sept. 1776.

Ballon (Etienne), né à Saint-Jean (1759), S. 12 sept. 1776.

Marchand (Bernard), né à Créty [Bourgogne] (1758), S. 21 sept. 1776, congédié le 21 sept. 1784.

Frémy (Pierre), né à Saumur [Anjou] (1760), S. 24 sept. 1776.

Becard (Louis-Joseph), né à Frévent [Artois] (1749), S. 1ᵉʳ déc. 1785, mort le 27 sept. 1786.

Bernard (Denis), né à Crépey [Lorraine] (1758), S. 30 sept. 1776, congédié le 30 sept. 1784.

Mondoigt (Jean-Baptiste), né à Juvincourt (1758), S. 12 oct. 1776, congédié le 18 oct. 1784.

Jacquot (Nicolas), né à Charleville (1760), S. 19 oct. 1776.

Roquancourt (Jean-Baptiste), né à Abbeville (1856), S. 22 oct. 1776, congédié le 23 oct. 1784.

Fevre (Joseph), né à Courchapon [Franche-Comté] (1760), S. 30 oct. 1776.

Perrot (Jacques), né à Seuilly [Touraine] (1758), S. 11 nov. 1776, rayé des contrôles le 1ᵉʳ oct. 1785.

Elouvin (Jean-Baptiste), né à Vislacourt (1757), S. 13 nov. 1776.

Beucler (Georges), né à Pierre-Fontaine [Franche-Comté] (1752), S. 22 nov. 1776, congédié le 22 sept. 1784.

Braqué (Nicolas), né à Abbeville (1759), S. 1ᵉʳ janv. 1777.

Lizambour (Jean-Baptiste), né à Abbeville (1761), S. 1ᵉʳ janv. 1777.

Roquancour (Jacques), né à Abbeville (1754), S. 6 juin 1777.

Clautsn (Nicolas), né à Rethel Mazarin [Champagne] (1759), S. 24 juin 1777.

Gaudé (Joseph), né à Reims (1760), S. 6 juill. 1777.

Homain (Philippe), né à Abbeville [Picardie] (1758), S. 10 août 1777, mort le 27 sept. 1783.

Delatre (Philippe), né à Vergoain [Artois] (1759), S. 12 oct. 1777.

Chassain (Louis), né à Cette (1760), S. 17 mars 1778.

Cochoix (Jacques), né à Bacqueville [Caux] (1757), S. 14 avril 1778, congédié le 14 avril 1786.

Raumond (Nicolas), né à Paris (1758), S. 10 avril 1778.

Devaux (Michel), né à Gouville [Normandie] (1751), S. 1ᵉʳ août 1778.

Le Doux (Jean), né à Amiens (1762), S. 12 sept. 1778.

Badoru (Jean), né aux Beauers (1761), S. 30 sept. 1778.

Maurel (Louis), né à Dunkerque (1762), S. 20 sept. 1778.

Belhache (André), né à Bernay [Normandie] (1760), S. 2 févr. 1779.

Flechau (Jean), né à Paris (1763), S. 5 févr. 1779.

Junte (Pierre), né à Montoubican [Maine] (1758), S. 4 mars 1779.

Bailly (Jean-François), né à Valognes (1758), S. 24 avril 1779.

Lehoday (Gilles), né à Villedieu (1760), S. 24 avril 1779.

Bozac (Jean), né à Chadran (1745), S. 4 juill. 1779, congédié le 19 avril 1784.

Bezard (Denis), né à La Ferté-Lowendal (1755), S. 27 juin 1772, congédié le 27 juin 1784.

Jamoy (Pierre), né à Vignoe [Bretagne] (1761), S. 1ᵉʳ nov. 1779, mort le 30 nov. 1782.

Broutel (Antoine), né à Hesdin [Artois] (1764), S. 8 janv. 1780.

Dufresney (Jacob), né à Hesdin [Artois] (1764), S. 8 janv. 1780.

Ruelot (Joachim), né à Trémerel [Bretagne] (1765), S. 1ᵉʳ mars 1780, congédié le 21 févr. 1784.

Mangout (Dominique), né à Toul (1751), S. 2 mars 1780, mort à Newport le 24 avril 1781.

Platier (Pierre), né à Château-Gontier [Anjou] (1759), S. 2 mars 1780.

Le Nel (Henri), né à Chassepierre [Luxembourg] (1758), S. 10 avril 1780.

Raymond (Jean), dit La Bonté, né à Brie [Angoumois] (1735), S. 1ᵉʳ avril 1760, mort le 10 nov. 1760.

Masson (François), né à Chinon (1757), S. 19 mars 1778.

Rossel (Louis), né à Seclin [Flandre] (1744), S. 11 déc. 1772, mort à Newport le 1ᵉʳ juin 1781.

Desforges (Louis), né à Lusigny (1745), S. 18 déc. 1767.

Mitier (Jacques), né à Nîmes (1748), S. 1ᵉʳ avril 1773.

Grimaud (Jean), dit La Forme, né à Saint-Martin [près Toulouse] (1739), S. 20 déc. 1758, parti pour la pension le 16 avril 1786.

Ceris (Louis), né à Bordeaux (1741), S. 9 nov. 1769.

Morel (Jacques), né à Prangey [Champagne] (1754), S. 18 sept. 1777.

Le Bel (Louis), né à Amiens (1735), S. 25 sept. 1766, congédié le 6 juill. 1783.

Manesse (Charles-Joseph), dit La Fleur, né à Maubeuge (1711), S. 28 déc. 1755.

Cazac (Jacques), dit La Fortune, né à Toulouse (1743), S. 5 févr. 1767, passé caporal le 1ᵉʳ mai 1785.

Tournon (François), dit Montauban, né à Montauban (1729), S. 9 févr. 1769.

Dufraigne (François), né au Quartier [Auvergne] (1743), S. 22 avril 1771, R. pour 8 ans le 20 avril 1779.

Vincent (Jean), né à Senones [Lorraine] (1754), S. 10 mai 1777.

Homasson (François), né à Dorat [Auvergne] (1747), S. le 30 mai 1777.

Tilloy (Jean), né à Arras (1761), S. 24 juin 1761, congédié le 21 avril 1784.

Diette (Pierre), né à Tours (1750), S. 1er déc. 1760.

Marnyac (Joseph), né à Périgueux (1757), S. 17 juin 1773, congédié le 6 juill. 1783.

Martray (Louis), né à Néron [Nivernais] (1749), S. 26 nov. 1769, passé caporal en 1785.

André (Louis), né à Carcassonne (1754), S. 1er janv. 1770, passé sergent en 1786.

Carrière (Jean-Bernard), né à Toulouse (1756), S. 27 oct. 1773, congédié le 6 juill. 1783.

Rousseau (François), né à Régé (1754), S. 30 avril 1774, congédié le 6 juill. 1783.

Freville (René), né à Cahan (1758), S. 23 oct. 1776.

Brachy (Denis), dit Sans Quartier, né à Mâcon (1751), S. 10 nov. 1769.

Fabre (René), né à Carcassonne (1754), S. 1er janv. 1770, passé sergent en 1786.

Dubuch (Marc), né à Saint-Martin [Normandie] (1749), S. 16 juill. 1776.

Le Moine (Jean), né à Villedieu [Normandie] (1755), S. 21 oct. 1771, passé sergent en 1785.

Dupuy (Jean), né à Rennes (1759), S. 8 nov. 1788.

Chouard (Pierre), né à Dijon (1752), S. 5 mars 1776, congédié le 8 oct. 1784.

Fouré (Pierre), né à Saint-Gondran [Bretagne] (1762), S. 4 juill. 1779.

Dufresne (Mathurin), né à Saint-Louand [Bretagne, près Chinon] (1750), S. 6 avril 1769, passé sergent en 1786.

Accard (Isidore), né à Abbeville (1761), S. 9 mars 1778.

Gilbert (Denis), dit Laramée, né à Champlitte [Franche-Comté] (1758), S. 1er déc. 1778.

Bouillon (Barthélemy), né à Vernaison [Lyonnais] (1757), S. 22 sept. 1776.

Robert (Claude-François), né à Mont-de-Vougney [Franche-Comté] (1757), S. 23 mars 1776.

Compagnie Duchesne.

Allard (Sébastien), né à Montigny [Beauce] (1725), S. 19 sept. 1755, congédié le 1er juill. 1783.

Paumiers (Jean), dit Brindamour, né à Manvoisin [Gascogne] (1732), S. 28 avril 1758, congédié le 28 mars 1784.

Benoît (René), dit Dumaine, né à Darné [Bas-Maine] (1728), S. 3 mars 1759, congédié le 21 nov. 1783.

Biot (François), né à Alençon [Normandie] (1748), S. 6 oct. 1768, passé aux grenadiers le 1er mars 1784.

Neaux (Louis), dit Vadeboncœur, né à Varuize [Saintonge] (1735), S. 31 juill. 1760.

Laforest (Pierre), dit Sans Remission, né à Versailles (1735), S. 2 juill. 1763.

Fournier (Louis), né à Taillis [Bretagne] (1724), S. 17 oct. 1761, parti pour les Invalides le 1er mai 1784.

Louvet (Pierre), dit Beausoleil, né à Rouen (1752), S. 2 juill. 1768, congédié le 2 juill. 1784.

Le Clerc (Pierre), né à Rouvray-Saint-Florentin [Beauce] (1747), S. 2 juill. 1768, mort le 25 août 1783.

Nolet (Pierre), dit Sans Chagrin, né à Libourne (1751), S. 13 août 1768, congédié le 1er juill. 1783.

Villette (Pierre), né à La Houle [Normandie] (1751), S. 1er nov. 1769, caporal en 1785.

Poiron (Mathurin), né à Monnières [Bretagne] (1745), S. 13 janv. 1770, mort le 5 oct. 1782.

Chartier (Jean), né à Amboise [Touraine] (1737), S. 10 nov. 1774, mort le 22 sept. 1786.

Boidin (René), né à Poitiers (1755), S. 1er mai 1773, passé caporal le 1er nov. 1786.

Wigny (Charles), né à Sos [Normandie] (1755), S. 17 oct. 1773, mort en mer le 15 mai 1780.

Guichet (René), né à La Dandais [Anjou] (1757), S. 11 nov. 1773, congédié le 6 juill. 1783.

Deshayes (Jacques), né à Flacourt [Normandie] (1744), S. 9 nov. 1774, mort le 25 juill. 1786.

Le Brun (Philippe), né à Rouen (1757), S. 20 nov. 1774, congédié le 6 juill. 1783.

Boudevilla (Jean-Baptiste), né à Champcourt-en-Bassigny (1755), S. 20 nov. 1774, congédié le 6 juill. 1783.

Moulinié (Jean), né à Bournazel [Albigeois] (1753), S. 27 mars 1775.

Gilbert (Julien), né à Paris (1760), S. 24 janv. 1776.

Robert (Claude-François), né à Mont-de-Vougney [Franche-Comté] (1757), S. 23 mars 1776.

Quenin (Antoine), né à Dambelin [Franche-Comté] (1740), S. 4 mai 1776.

Dutertre (François), né à Moron [Normandie] (1757), S. 24 mars 1776, congédié le 24 mars 1784.

Levon (Jean), dit Lavigne, né à Sées [Normandie] (1759), S. 27 mars 1776, mort sur l' "Ardent" le 16 mars 1781.

Bar (Jacques), né à Grenay [Dauphiné] (1759), S. 29 avril 1776.

Rouvier (Jean-Pierre), né à Toul (1760), S. 8 mai 1776, congédié le 8 mai 1784.

Franot (Pierre), né à Commercy (1758), S. 28 juill. 1776.

Jeoffroy (François), né à Bassompierre [Lorraine] (1757), S. 4 avril 1776, congédié le 4 août 1784.

Dufraine (Jacques), né à Rozières [Anjou] (1759), S. 27 août 1776, passé aux grenadiers le 1er janv. 1784.

Peletier (Claude), né à Brognon [Champagne] (1751), S. 22 sept. 1776.

Gauché (François), né à Dijon (1756), S. 22 sept. 1776.

Calot (Michel), né à Fontevrault (1758), S. 24 sept. 1776.

Martin (Jacques), né à Cuisy [Lorraine] (1758), S. 17 oct. 1776, congédié le 17 oct. 1784.

Ubert (Jean-Louis), né à Reims (1754), S. 29 oct. 1776.

Gantié (Louis), né à Clause [Anjou] (1756), S. 1er nov. 1776.

Crolero (Pierre-Joseph), né à Chaudefontaine [près Besançon] (1757), S. 18 déc. 1776, congédié le 7 juill. 1785.

Niel (Jean-Baptiste), né à Millam [Flandre] (1757), S. 16 févr. 1777.

Laporte (Laurent), né à l'Isle-de-Ré (1755), S. 23 oct. 1775.

Dubois (Jean), né à Lémeré [Touraine] (1756), S. 16 nov. 1776.

Nouel (Étienne), né à Rouen (1769), S. 1er juin 1777, mort le 15 mai 1781.

Bouvenc (Pierre-Louis), né à Ay [près Epernay] (1760), S. 24 juin 1777.

Philibert (Jean-Claude), né à Coucy-la-Ville (1759), S. 17 oct. 1776, mort le 26 mars 1783.

Danjoüe (Jean), né à Champ-du-Boult [Normandie] (1757), S. 1er nov. 1777.

Detouche (François), né à Brizay [Anjou] (1755), S. 6 déc. 1777.

Leprete (François), né à Frevent [Artois] (1761), S. 6 déc. 1777.

Hebert (François), né à Paris (1756), S. 27 juin 1772.

Estival (Jean-Baptiste), né à Grimy [Artois] (1762), S. 16 janv. 1778.

Lembert (Joseph), né à La Loge [Artois] (1761), S. 12 févr. 1778, congédié le 23 avril 1786.

Verette (François), né à Saint-Léonard [Normandie] (1755), S. 25 févr. 1778, mort à Newport le 29 nov. 1780.

Verette (Dominique), né à Saint-Léonard [Normandie] (1759), S. 25 févr. 1778, mort à Newport le 11 déc. 1780.

Bisson (Pierre), né à Benet (1725), S. 11 nov. 1763, mort à Newport le 5 août 1780.

Rattio (Grégoire), né à L'Isle-en-Dodon [Gascogne] (1759), S. 25 mars 1778, mort à Newport le 22 nov. 1780.

Lanoire (David), né à Montbéliard [Franche-Comté] (1760), S. 28 mars 1778.

Patalier (Joseph-François), né à Rouen (1761), S. 3 avril 1778, mort à New-York le 14 avril 1782.

Ruban (Guillaume), né à Silfinc [Bretagne] (1759), S. 10 mai 1778, mort à New-York le 20 déc. 1780.

Vasseur (Pierre-Alexandre), né à Montboubert [Amiens] (1761), S. 11 juill. 1778, mort à Newport le 6 avril 1781.

Dubois (Pierre), né à Sées [Normandie] (1762), S. 25 juill. 1778, mort sur l' "Ardent" le 16 mars 1781.

Maurel (Jérôme), né à Cette (1750), S. 19 avril 1767, mort à Newport le 11 oct. 1780.

Diot (Jean), né à Courcebœufs [Le Mans] (1755), S. 2 déc. 1778.

Marguillé (René), né à Pézé [Le Mans] (1759), S. 2 déc. 1778, congédié le 10 déc. 1786.

Pinon (François), né à Beaumont-la-Rousse (1761), S. 4 déc. 1778.

Cruche (Charles), né à Saint-Calais [Le Mans] (1761), S. 16 déc. 1778.

Bourgouin (Jacques), dit La Douceur, né au Mans (1754), S. 16 nov. 1772.

Bertrand (Jean), né à Mézières (1758), S. 12 oct. 1776, congédié le 12 oct. 1784.

Curé (Étienne), né à Montsleblanc (1762), S. 17 mars 1779.

Le Blanc (André), né à Thionville (1761), S. 3 avril 1779.

Mefray (Jean), né à Pézé [Le Mans] (1762), S. 22 févr. 1779.

Limard (Pierre), né à Cancale [Bretagne] (1762), S. 5 juill. 1770.

Guvard (Maurice), né à Gallardon [près Chartres] (1763), S. 4 juill. 1778, passé aux grenadiers en 1784.

Bord (Pierre), né à Saint-Léonard [près Limoges] (1764), S. 1er janv. 1780, mort le 5 juill. 1781.

Perusson (François), né à Saint-Léonard [près Limoges] (1761), S. 1er janv. 1780.

Esnaut (Jean-Baptiste), né à Plana [près Lisieux] (1761), S. 3 janv. 1780.

La Gache (Gervais), né à Headin [Artois] (1764), S. 5 janv. 1780.

Colin (Pierre), né à Plélan [Bretagne] (1761), S. 8 janv. 1780, mort le 22 nov. 1785.
Le Page (Jean), né à Bédé [Bretagne] (1759), S. 1er févr. 1780, mort le 27 juill. 1780.
Vidon (Louis), né à Montfort-l'Amauri (1752), S. 28 févr. 1780.
Bisat (Charles), né à Montfort-l'Amauri (1757), S. 28 févr. 1780.
Girard (Louis), né à Saint-Vast [Normandie] (1764), S. 29 mars 1780.
Vicozel (Antoine), né à Monzières [Languedoc] (1749), S. 1er mars 1769.
Léonard (Louis), né à Saint-Pour de Tournière [Languedoc] (1745), S. 30 avril 1767.
Alexandre (Jean), né à Thiécourt [Bourbie] (1729), S. 1er févr. 1755, mort le 9 mars 1784.
Bastaille (Jean), né à Outtez [Béarn] (1754), S. 8 déc. 1757, mort le 6 mars 1783.
Lombard (Joseph), né à Saint-Sulpice-de-Mareuil (Périgord) (1744), S. 1er mai 1769.
Gurde (Jean-Pierre), dit La Lance, né à Montjeux [Dauphiné] (1742), S. 4 févr. 1771, mort le 27 sept. 1786.
Martin (François), né à Meursault [Bourgogne] (1748), S. 5 déc. 1774, congédié le 6 juill. 1783.
Noque (Louis), dit Saint Privat, né à Saint-Privat-de-Vallongne [Cévennes] (1747), S. 20 nov. 1775, congédié le 22 nov. 1783.
Monviot (Antoine), dit Bologne, né à Bologne [Champagne] (1760), S. 2 janv. 1777.
Chipot (Pierre), né à Creil (1750), S. 18 juin 1777.
Brachère (François), né à Nancy (1753), S. 10 sept. 1777.
Morel (Jacques), né à Prangey [Champagne] (1754), S. 18 sept. 1777.
Duchargé (Jacques), dit Bellefin, né à Tours (1757), S. 7 déc. 1778.
Dupont (Louis), dit Pona, né à Pona [Champagne] (1755), S. 19 déc. 1777.
Foucret Michel, né à Anger (1761), S. 18 févr. 1780.
Toutin (Joseph), dit La Giroffiée, né à Pougard (1756), S. 28 déc. 1780.
Guyton (René), dit Fleur d'Epine, né à Souligné [Maine] (1750), S. 14 nov. 1780.
Estival (Dominique), né à Gruny [Artois] (1758), S. 23 juill. 1777.
Langrené (Jean-Baptiste), né à Arras (1748), S. 9 janv. 1765.
Gillain (Noël), né à Palaiseau [Normandie] (1754), S. 8 janv. 1771.
Mème (Pierre-Joseph), né à Lille (1743), S. 1er mars 1773.
Favard (Jean), né à Vrainville [Lorraine] (1757), S. 23 oct. 1775.
Chevalier (Joseph), dit La Brie, né à Bourbon (1758), S. 1er nov. 1758.
Basset (François), né à Lyon (1747), S. 3 mars 1770.
Lauliot (Pierre), né à Soissons (1736), S. 2 juill. 1774.
Saussier (Pierre), dit La Roche, né à Fresnay en Gombey (1744), S. 12 févr. 1768.
Becereur (Antoine Joseph), né à Framboisans [Besançon] (1758), S. 12 févr. 1778.
Gondran (Jean-Louis), né à Saint-Paul-Trois-Châteaux [près Grenoble] (1753), S. 1er janv. 1759.
Courville (Jean), né à Reims (1756), S. 21 sept. 1776.

Lefebvre (Pierre), né à Millebosc (1759), S. 23 mars 1778.
Ruvat (Etienne), dit Belle-rose, né à Saint-Etienne en Forez (1759), S. 2 juill. 1768, congédié le 6 nov. 1786.
Desrosiers (Marcel), né à Saint-Cloud (1748), S. 1er janv. 1769.
Guyotte (Jean), né à Pocny (1768), S. 12 avril 1776.
Bonhomme (Guillaume), dit Carray, né à Bouldy (Querry) (1751), S. 16 oct. 1777.
Cheminot (Jean), né à Coux et Montendre (1751), S. 1er nov. 1772.
Lombard (Joseph), dit Duchâteau, né à Saint-Sulpice-de-Mareuil [Périgord] (1744), S. 1er mai 1770, congédié le 23 déc. 1785.
Le Navaux (Joseph), né à Issudeville [Normandie] (1752), S. 22 févr. 1770.
Durand (François), né à Beaulieu [Languedoc] (1745), S. 4 mai 1769.
Thyriat (Pierre), né à Nancy (1758), S. 24 sept. 1776.

Compagnie de la Corbière.

Gardel (Jacques), né à Bordes [Comté de Foix] (1726), S. 21 oct. 1763.
Mathé (Claude), dit Vincent, né à la Chapelle-sous-Chaux [Alsace] (1728), S. 3 nov. 1756, mort le 19 févr. 1784.
Barbeau (François), né à Metz [Lorraine] (1733), S. 1er avril 1770, mort en 1782.
Rhode (Charles), né à Saluere [près Bourg-en-Bresse] (1752), S. 22 nov. 1768, congédié 22 nov. 1784.
Poisseau (Raymond), né à Chalon-sur-Saône (1735), S. 1er janv. 1759, mort à Newport le 10 sept. 1780.
Rubignat (Antoine), né à Guerrot (1741), S. 7 mai 1760, mort le 25 avril 1786.
Dufresne (Mathurin), né à Saint-Louand (1750), S. 6 avril 1769.
Laborré (Jacques), dit Bellerose, né à Nuits [Bourgogne] (1737), S. 26 août 1755.
Miclant (Emeri), né à Bourg-de-Jorenne [Saintonge] (1762), S. 16 nov. 1772.
Guerret (Pierre), né à Trèle [évêché de Rennes] (1754), S. 11 nov. 1763.
Petit (Jean), né à Marex [Rouergue] (1752), S. 4 mars 1769, mort le 21 mai 1785.
Colly (Nicolas), né à Bellefontaine [près Metz] (1757), S. 8 mars 1769, congédié le 13 juin 1785.
Ernous (Joseph), né à La Flèche [Anjou] (1754), S. 15 janv. 1770, congédié le 15 janv. 1786.
Lagoyer (Pierre), dit La Forge, né au Mans (1754), S. 20 oct. 1772, congédié le 7 nov. 1785.
Propin (Jean), né à Saint-Foy [Agenois] (1756), S. 1er mai 1773, congédié le 6 juill. 1785.
Sudre (Pierre), né à Bordeaux (1756), S. 21 oct. 1773.
Devis (Pierre), dit Lafitte, né à Langon [Guyenne] (1755), S. 2 avril 1773, mort à Newport le 5 août 1780.
Ferrier (Claude), né à Coulandon [Bourbonnais] (1751), S. 18 janv. 1774.
Piechant (Charles), né à Toul (1755), S. 7 nov. 1774, congédié le 7 nov. 1785.
Fuxel (François), né à Vaucouleurs [près Toul] (1759), S. 17 avril 1775, rayé des contrôles le 1er avril 1784.
Coutrel (Pierre), né à Epernay (1756), S. 26 mai 1775, congédié le 7 nov. 1783.
Aubry (Nicolas), né à Sané-de-Ribary (1758), S. 4 févr. 1776, congédié le 13 févr. 1784.

Tournier (Gilbiére), né à Gras [près Beaumedes-Dames] (1754), S. 14 mars 1776.
Laurent (Claude), né à Gilly [Bourgogne] (1758), S. 30 mars 1776, mort à Newport le 10 nov. 1780.
Lambart (Pierre), né à Nixéville [Lorraine] (1757), S. 2 avril 1776, congédié le 2 avril 1784.
Baroin (Philippe), né à Saint-Sernin-du-Plain [Bourgogne] (1758), S. 18 avril 1776.
Baux (Pierre), né à Magnès les Jalvon (1758), S. 21 avril 1776, mort le 14 avril 1786.
Hautier (Antoine), né à Brantôme [Périgord] (1758), S. 29 avril 1776, congédié le 30 avril 1784.
Carré (Charles), né à Souzay [Anjou] (1758), S. 29 avril 1776, réformé le 20 août 1786.
Gros (Jacques-François), né à La Chapelle [Franche-Comté] (1756), S. 3 mai 1776.
Tisserand (Jean), né à Turay [Franche-Comté] (1759), S. 3 mai 1776.
Barthélemy (Etienne), né à Beaune [Bourgogne] (1755), S. 25 mai 1776, mort le 6 oct. 1783.
Leymarie (Jacques), né à Cabus [Périgord] (1760), S. 29 avril 1776, congédié le 30 juill. 1785.
Hénard (François), né à Commercy (1756), S. 3 juin 1776, congédié le 3 juin 1784.
Capitaine (Fernand), né à Massey [Lorraine] (1760), S. 7 juin 1776, mort le 22 juin 1783.
Arnaud (Claude-François), né à Saulx [Franche-Comté] (1759), S. 22 juin 1776.
Riquet (Jean-Baptiste), né à Bezannes (1751), S. 13 sept. 1776, congédié le 21 avril 1784.
Boguinot (Louis), né à Chenay (Champagne) (1758), S. 28 sept. 1776, mort à Newport le 16 sept. 1780.
Marie (Jean), né à Vaucouleurs [Lorraine] (1755), S. 28 sept. 1776, congédié le 28 sept. 1784.
Baylle (Jean-Baptiste), né à Reims (1754), S. 15 oct. 1776, mort à Baltimore le 15 sept. 1782.
Perrotot (Urbain), né à Couziers [Touraine] (1789), S. 21 oct. 1776.
Bedouet (Louis), né à Tours (1759), S. 21 oct. 1776, congédié le 21 oct. 1784.
Normand (Pierre-Constant), né à Domart-en-Ponthieu [près Amiens] (1760), S. 24 oct. 1776, congédié le 24 oct. 1784.
Tillier (Jean Baptiste), né à Bonnières [Artois] (1760), S. 25 oct. 1776, congédié le 25 oct. 1784.
Le Jeune (Louis), né à Boulogne (1759), S. 30 oct. 1776, mort à Newport le 17 sept. 1780.
Bony (Pierre), né à Vielverge [Bourgogne] (1751), S. 11 déc. 1776, congédié le 20 avril 1784.
Guezlin (Jean), né à Vielverge [Bourgogne] (1751), S. 11 déc. 1776, mort le 5 juin 1784.
Carré (Etienne), né à Bailly le-Ralatin (1758), S. 11 déc. 1776, mort à Newport le 1er juill. 1782.
Le Bœuf (Jean-Martin), né à Reims (1760), S. 19 févr. 1777, passé aux grenadiers en 1784.
Daigout (Jean), né à Saulaï (1759), S. 21 mars 1777, mort le 14 avril 1784.
Monjoye (René), né à Monthois (1757), S. 2 avril 1777.
Guillard (Louis), né à Connerre (1769), S. 2 avril 1777, congédié le 23 juill. 1785.

Cayeu (Jean-Baptiste), né à Saint-Valéry [Picardie] (1755), S. 8 mai 1777, mort le 13 mars 1783.

Duval (Antoine), né à Cahon [Picardie] (1757), S. 2 juin 1777, congédié le 13 juin 1785.

Pourchin de Terme, né à Besson (1759), S. 14 juin 1777, mort à Newport le 17 sept. 1780.

Vendal (Victor-Joseph), né à Blingel [Artois] (1759), S. 6 juill. 1777, mort à Newport le 23 août 1780.

Annerey (Philippe), né à Blingel [Artois] (1757), S. 6 juill. 1777, congédié le 26 juill. 1785.

Cayeux (Antoine-Jacques), né à Abbeville (1760), S. 28 nov. 1777, mort à Newport le 13 sept. 1780.

Maxan (Guillaume), né à Abbeville (1754), S. 14 déc. 1777.

Samson (Jean-Jacques), né à Abbeville (1758), S. 9 déc. 1777, congédié le 24 juin 1786.

Vacage (Simon-Antoine), né à Paris (1760), S. 14 oct. 1776, congédié le 14 oct. 1784.

Deborde (Jean), né à Chinon (1756), S. 19 mars 1778.

Bequet (Charlemagne), né à Saint-Valéry [Picardie] (1755), S. 5 mars 1778, congédié le 20 avril 1786.

Pinguet (Claude), né à Candes [Touraine] (1760), S. 25 juin 1778, congédié le 1er juin 1784.

Dommanget (Florent), né à Châlons (1750), S. 24 janv. 1777.

Courtilliet (Jean), dit Branched'or, né à Saumur [Anjou] (1760), S. 12 août 1778, congédié le 13 juin 1785.

Massut (François), né à Tertain [Languedoc] (1758), S. 16 janv. 1779.

Moreau (Pierre), né à Chinon [Touraine] (1762), S. 27 janv. 1779, passé aux grenadiers le 1er mars 1784.

Cardolin (Maurice), dit Beauraisin, né en Bretagne (1752), S. 9 nov. 1774.

Templet (Jacques), né à Vassy (1758), S. 1er mai 1779.

Rey (Antoine), né à Renage [Dauphiné] (1763), S. 1er mai 1779.

Dumont (Eugène), né à La Charité-sur-Loire (1758), S. 1er mai 1779.

Salmon (Jean-Baptiste), né à Marsal [Lorraine] (1759), S. 29 déc. 1775, parti pour les Invalides le 1er mai 1784.

Lainé (François), né à Colleville [Normandie] (1760), S. 1er nov. 1779, mort à Newport le 27 août 1780.

Massaery (Joseph), né à Chinon [Touraine] (1756), S. 19 mars 1778, congédié le 15 avril 1786.

Sube (Pierre), né à Tours (1758), S. 1er sept. 1780, congédié le 26 févr. 1784.

Richet (Charles), né à Millebosc [Normandie] (1750), S. 19 avril 1768, adjudant le 1er juill. 1785.

Hainque (Lambert), né à Paris (1755), S. 1er janv. 1772.

Le Comte (Jacques), dit Nevers, né à Achun [Nivernais] (1754), S. 17 févr. 1773, congédié le 5 août 1784.

Lahaye (Alexis), né à Saint-Maurice [près La Rochelle] (1761), S. 3 oct. 1769, mort le 10 sept. 1782.

Dimu (Claude), dit Mérey, né à Pouilly [Bourgogne] (1743), S. 23 févr. 1767, mort le 30 mars 1783.

Malgousyre (Jean-Baptiste), né à Albi [Languedoc] (1751), S. 30 avril 1776.

Monsion (Jean), né à Avranches [Normandie] (1761), S. 22 avril 1779.

Nouvel (Jean), né à Marcey [Normandie] (1757), S. 15 mai 1779, mort à Providence le 1er mars 1782.

Aldat (Louis), né à Tonnerre [Bourgogne] (1735), S. 12 févr. 1766.

Sauzerot (Simon), dit Tranquille, né à Grézillé [Anjou] (1719), S. 1er nov. 1764, mort le 13 janv. 1785.

Delportes (Pierre-Joseph), né en Artois (1733), S. 28 mars 1766, mort le 22 déc. 1783.

Gombeau (Bernard), né à Saint-Jean-Lherm [Languedoc] (1749), S. 15 mars 1775, congédié le 7 nov. 1783.

La Roque (Jean), dit Fleur d'Oranger, né à Rodez (1753), S. 22 mars 1776, congédié le 22 mars 1784.

Greget (Jean-Claude), né à Plaucher [Franche-Comté] (1753), S. 11 nov. 1776, congédié le 11 nov. 1784.

Poly (Jacques), né à Troyes (1756), S. 9 avril 1777.

Grenouillet (Gérard), né à Blainville [Lorraine] (1756), S. 1er nov. 1777.

Caumet (Pierre), né à Loupian [Languedoc] (1756), S. 13 mars 1778.

Rouge (Jean), né à Montesquieu [Gascogne] (1755), S. 16 mai 1778, congédié le 26 mai 1786.

Lamblin (Claude), né à Ronchamp [Franche-Comté] (1747), S. 19 mars 1778.

Le Comte (Jean-Pierre), né à Santeuil [Beauce] (1749), S. 5 nov. 1778, mort le 19 mars 1783.

Gilbert (Denys), dit La Ramée, né à Champlitte [Franche-Comté] (1758), S. 1er déc. 1778.

Gélion (Pierre-Claude), né à Arlay [Franche-Comté] (1753), S. 16 déc. 1778, congédié le 26 déc. 1786.

Baroche (Jean), dit La Douceur, né à Javron [Maine] (1752), S. 7 juill. 1779.

Ridet (Alexis), dit Manceau, né à Contilly [Maine] (1759), S. 15 juin 1779.

Cheron (Jacques), né à Savignac [Périgord] (1758), S. 23 nov. 1780, mort le 16 sept. 1782.

Le Bret (Pierre-Louis), dit La Volonté, né à Fécamp [Normandie] (1759), S. 6 oct. 1780.

Bauné (Jean), dit La Clef des Cœurs, né à Courcemont [Maine] (1760), S. 14 nov. 1780, mort le 3 nov. 1786.

Allot (François), né à Saint-Aubin-d'Aubigné [Bretagne] (1742), S. 6 oct. 1768, congédié le 6 juin 1785.

Barbeau (Pierre), né à Martillac [Guyenne] (1754), S. 3 déc. 1773, congédié le 7 nov. 1783.

Le Doux (Jean), né à Amiens (1735), S. 2 juill. 1768, mort le 2 nov. 1782.

Marquilly (Barthélemy), né à Estaires [Flandre] (1739), S. 15 juill. 1755, congédié le 1er juill. 1783.

Cheminot (Jean), né à Coux-et-Montendre [Saintonge] (1751), S. 1er nov. 1772.

Boischand (Pierre), né à Maubourget (1732), S. 10 août 1776, congédié le 10 août 1784.

Manne (Pierre), dit Sans Quartier, né à la Serre [Dauphiné] (1744), S. 1er nov. 1768, congédié le 1er nov. 1784.

Thomas (Etienne), né à Thun [près Saint-Amand] (1759), S. 5 juill. 1776.

Menier (René), né à Huismes [Touraine] (1754), S. 11 nov. 1776.

L'Espagnol (Jean-Bernard), né à Saint-Ybars [Comté de Foix] (1758), S. 16 mai 1778.

Lelin (Jean-Baptiste), né à Périgueux (1754), S. 25 mars 1780, mort le 2 déc. 1783.

Guillard (Jean), né à Connerré [Mans] (1755), S. 2 avril 1777, congédié le 26 juill. 1785.

Montjoye (René), né à Montoire [près Le Mans] (1757), S. 2 avril 1777, congédié le 26 juill. 1785.

Renaud (Laurent), né à Menillot [près Toul] (1757), S. 12 juin 1774.

La Planche (Guillaume), né à Angoulême (1755), S. 1er avril 1778, mort le 12 juin 1785.

Menu (Remy), né à Reims (1780), S. 13 oct. 1776.

Siméon (Nicolas), né à Auxonne (1757), S. 16 oct. 1776.

Blandin (Charles), né à Vellexon [Franche-Comté] (1753), S. 1er sept. 1776.

Plantin (Jean-François), né à Reims (1756), S. 4 oct. 1776, mort le 16 nov. 1786.

Lefevre (Jacques), né à Saulzoir [près Hesdin, Artois] (1761), S. 8 févr. 1778, congédié le 6 févr. 1786.

Herbet (Pierre-François), né à Fillièvres [près Hesdin, Artois] (1760), S. 19 juill. 1777.

Auger (Joseph), né à Toul (1762), S. 1er févr. 1778.

Compagnie de Bodée.

Touron (Joseph), né à Brin [près Nancy] (1736), S. 26 nov. 1755, parti pour la pension le 30 mars 1784.

Chaiseau (François), né à Saint-Sulpice [près Périgueux] (1733), S. 4 mars 1762, congédié le 6 juill. 1783.

Jolas (André), né à Avanche-de-Brey [Lorraine] (1746), S. 24 avril 1769, mort à la Providence le 18 sept. 1780.

Dumoutier (Jean-Baptiste), né à Versailles (1745), S. 12 févr. 1766.

Picant (Jean Marie), né à Rennes (1744), S. 6 oct. 1768.

Audebert (Arnould), né à Périgueux (1745), S. 13 oct. 1784.

Proux (Antoine), né à Saint-Aubin-d'Aubigny [Poitou] (1751), S. 8 oct. 1769, mort le 1er mai 1784.

Bernierre (Joseph), né à Bordeaux (1749), S. 12 oct. 1769, congédié le 14 oct. 1785.

Le Bourg (Bertrand), né à Plouharnel [Basse-Bretagne] (1743), S. 7 nov. 1769.

Gavignon (Pierre), né à Seron [Berry] (1752), S. 1er janv. 1770, mort le 21 oct. 1782.

Durand (René), né à Bauzy [Anjou] (1752), S. 12 janv. 1770, congédié le 12 janv. 1780.

Fouché (Simon), né à Paris (1749), S. 1er nov. 1771, parti pour la pension le 28 mars 1784.

Guillou (Jean), né à Grandpré (1754), S. 17 févr. 1773.

Gouron (Louis), né à Tours (1751), S. 21 oct. 1773.

Coutureaux (François), né à Bourgueil [Anjou] (1751), S. 16 mai 1774, congédié le 6 juill. 1783.

Trémont (Joseph-Didier), né à Nancy (1757), S. 4 juill. 1783.

Drapier (Louis), né à Doncourt [près Toul] (1756), S. 13 nov. 1774, mort le 16 févr. 1783, sur le "Duc de Bourgogne."

Letertre (Jean), né au Mans (1759), S. 28 janv. 1776, congédié le 28 févr. 1784.

Ferrier (Etienne), né à Angoulême (1746), S. 1ᵉʳ mars 1770.

Longuet (Joseph), né à Saint-Martin-de-l'Isle-de-Ré (1751), S. 1ᵉʳ mars 1771, mort le 21 janv. 1785.

Bégin (Joseph), né à Remoncourt [Lorraine] (1757), S. 15 nov. 1775, mort le 14 oct. 1786.

Lombard (Joseph), dit Duchaseau, né à Saint-Sulpice-de-Mareuil [Périgord] (1744), S. 1ᵉʳ mai 1770, passé sergent le 7 juin 1785.

Monniot (Antoine), dit Bologne, né à Bologne [Champagne] (1759), S. 2 janv. 1777.

Vaillant (Jean-François), né à Nouval [près Clermont, Picardie] (1750), S. 16 mars 1770, passé fourrier le 1ᵉʳ sept. 1785.

Esterin (François), dit Villeneuve, né à Bordeaux (1756), S. 22 nov. 1772.

Le Moine (Jean), né à Villedieu (1755), S. 21 oct 1771, passé sergent le 1ᵉʳ sept. 1785.

Bar (Jacques), né à Grenay [Dauphiné] (1759), S. 29 avril 1776, mort le 18 déc. 1786.

Martroy (Louis), né à Néron [Nivernais] (1749), S. 26 nov. 1769, caporal le 23 oct. 1785.

Boisdin (René), né à Poitiers (1755), S. 1ᵉʳ mai 1773, caporal le 1ᵉʳ nov. 1785.

Brulot (François-Adrien), né à La Colonne [Brie] (1753), S. 1ᵉʳ mars 1770, caporal le 1ᵉʳ mai 1786.

Lebert (Charles-Gabriel-Antoine), né à Orléans (1754), S. 15 août 1770, sergent le 14 août 1786.

Devavre (Charles), né à Paris (1754), S. 9 nov. 1777.

Compagnie des forets.

Baudin (Jean), né à Bagneaux [Bourgogne] (1735), S. 7 sept. 1755, mort à Newport le 30 juin 1780.

Grenet (François), né à Paris (1736), S. 1ᵉʳ janv. 1754, parti pour la pension le 4 nov. 1783.

Ladouche (Pierre), dit Lagrandeur, né à Dax [Gascogne] (1734), S. 7 mai 1752, parti pour la pension le 30 mars 1784.

Humbert (François), né à Brazey [Bourgogne] (1734), S. 1ᵉʳ avril 1756, parti pour la pension le 1ᵉʳ juill. 1783.

Pellicat (Antoine), né à Montluçon (1744), S. 15 oct. 1769, mort le 3 janv. 1783.

Duchan (Joseph), dit Lafleur, né à Mimort [Gascogne] (1755), S. 16 oct. 1774, congédié le 13 déc. 1783.

Meunier (Nicolas), né à Lérouville (1748), S. 3 mai 1767, mort à Newport le 19 avril 1781.

Esterin (François), dit Villeneuve, né à Bordeaux (1756), S. 2 nov. 1772, passé sergent le 21 août 1785.

Constant (Benoît), né à Dijon (1748), S. 1ᵉʳ mars 1766, mort à Newport le 27 mai 1781.

Montet (Antoine), dit Lacouture, né à Granges [Auvergne] (1742), S. 7 nov. 1764, mort le 12 oct. 1786.

Vaseur (Jacques), dit Vadeboncœur, né à Auxy-le-Château [Picardie] (1748), S. 1ᵉʳ nov. 1765, congédié le 17 juin 1785.

Tessier (Jean-Baptiste), dit Latendresse, né à Cette (1751), S. 20 avril 1767, mort en mer le 28 juill. 1780.

Poujol (Joseph), né à Bordeaux (1756), S. 4 déc. 1772, congédié le 16 févr. 1784.

Peyhouran (Antoine), dit Lyonnais, né à Lyon (1749), S. 8 avril 1773, congédié le 6 nov. 1783.

Barutaud (Zacarie), né à Saint-Junien [Limousin] (1752), S. 19 avril 1773, mort en mer le 24 juin 1780.

Bernard (Jean), dit Belfleur, né à Nieul [Saintonge] (1751), S. 2 sept. 1773, congédié le 6 nov. 1783.

Lamarque (David), dit Cizeaud, né à Saint-Mont [près d'Auch] (1754), S. 3 oct. 1773, passé caporal le 1ᵉʳ mai 1784.

Vergnein (Jacques), dit L'Eveillé, né à Marmande [Guyenne] (1756), S. 24 oct. 1773.

Rogniaut (Pierre), dit Francœur, né à Chinon [Bretagne] (1753), S. 9 août 1774, mort le 21 sept. 1782.

Bahnaud (Jacques), né à Notre-Dame-de-Clisson (1754), S. 14 juill. 1774, congédié le 6 nov. 1783.

Ladouche (François), né à Bordeaux (1756), S. 29 juill. 1771, rayé des contrôles le 18 juin 1784.

Cormiet (Joseph), dit Maussaud, né aux Noyers [près du Mans] (1751), S. 9 nov. 1774, congédié le 6 nov. 1783.

Rivail (Guillaume), dit La Flamme, né à Guingarop [Bretagne] (1748), S. 14 févr. 1775.

Dulée (Bernardet), dit La Tulipe, né à Tarramé [près Limoges] (1758), S. 20 févr. 1776.

Demy (Jacques), né à Sevrat-par-Redon [Bretagne] (1743), S. 28 mars 1775, congédié le 6 nov. 1783.

Merceron (Armée), dit Nantais, né à Nantes (1755), S. 6 avril 1775, congédié le 6 nov. 1783.

Laroche (Claude), né à Vézelise [Lorraine] (1758), S. 9 nov. 1775, congédié le 15 déc. 1783.

Lavigne (Arnaud), né à Bussières-en-Rouergue (1751), S. 9 janv. 1776, resté malade en Amérique le 11 juin 1783.

Sancey (Joseph), né à Besançon (1759), S. 19 janv. 1776.

Perron (Joseph), né à Clerval [Beauce] (1753), S. 14 mars 1776, congédié le 13 déc. 1783.

Quenaire (Jean-Baptiste), né à Nancy (1760), S. 25 avril 1775, congédié le 25 avril 1784.

Benoist (Jean), dit Vaucouleurs, né à Vaucouleurs [Champagne] (1759), S. 16 mai 1776, congédié le 16 mai 1784.

Noppe (Louis), né à Dunkerque (1759), S. 18 mai 1776, congédié le 18 mai 1784.

Vautier (Jean), né à Commercy (1757), S. 18 mai 1776, congédié le 18 mai 1784.

George (Nicolas), né à Bouvron [près Toul] (1756), S. 19 mai 1776, congédié le 19 mai 1784.

Michel (Joseph), né à Commercy (1756), S. 27 mai 1776, congédié le 27 mai 1784.

Roussel (Jean), dit Vilcey-sur-Trey [près Toul] (1753), S. 10 juill. 1776, congédié le 21 avril 1784.

Nédée (Augustin), né à Guesnain (1750), S. 28 août 1776, congédié le 28 août 1784.

Houpillard (Jacques), né à Reims (1759), S. 13 Sept. 1776, mort à la tranchée d'York le 17 oct. 1781.

Levieux (François), né à Ligny [près Bar-le-Duc] (1759), S. 18 sept. 1776, congédié le 18 sept. 1784.

Courtois (Antoine), né à Dexauforge [Lorraine] (1755), S. 24 sept. 1776, congédié le 6 nov. 1783.

Parrée (Jacques), né à Tours (1758), S. 30 sept. 1776, mort le 12 sept. 1782.

Rollin (Renés), né à Reims (1759), S. 13 oct. 1776, mort le 11 août 1782.

Porcher (Jean-Louis), né à Plachy [près Amiens] (1760), S. 23 oct. 1776, congédié le 24 oct. 1784.

Liebert (Jean-Baptiste), né à Saulchoy [Picardie] (1753), S. 23 oct. 1776, mort à York le 21 mars 1782.

Pollée (François), né à Dampierre [près Saumur] (1756), S. 16 nov. 1776, congédié le 16 nov. 1784.

Determiny (Nicolas), né à Buigny-Saint-Maclou [Picardie] (1760), S. 16 févr. 1777, mort le 24 avril 1782.

Carrou (François), né à Buigny-Saint-Maclou [Picardie] (1757), S. 16 févr. 1777, congédié le 26 juill. 1785.

Detalminy (Pierre), né à Buigny-Saint-Maclou [Picardie] (1759), S. 16 févr. 1777, congédié le 23 avril 1786.

Bras (François), né à Abbeville (1761), S. 26 févr. 1777.

Reveillon (Antoine), né à Aire [Artois] (1758), S. 26 févr. 1777.

Boniverd (Jean-Claude), né à Tasseron [Bresse] (1748), S. 10 avril 1777.

Dupont (Louis), né à Elbœuf (1754), S. 10 avril 1777.

Duval (Cézard), né à Boulogne [Picardie] (1760), S. 9 juin 1777, congédié le 26 juill. 1785.

Touzard (Antoine), né à Hesdin [Artois] (1758), S. 26 juin 1777.

Gantré (Hipidor), né à Fillièvres [Artois] (1760), S. 19 juill. 1777.

Horbet (Pierre-François), né à Fillièvres [Artois] (1760), S. 19 juill. 1777.

Belleville (Pierre-Joseph), né à Villedain [Artois] (1761), S. 29 août 1777, mort à Newport le 9 sept. 1780.

Benoist (François), né à Fillièvres [Artois] (1755), S. 14 sept. 1777.

Pierrin (Philippe), né à Quend [Picardie] (1761), S. 20 oct. 1777, mort le 31 janv. 1785.

Penta (Jacques), né à Vitteaux [Bourgogne] (1760), S. 1ᵉʳ oct. 1776, congédié le 1ᵉʳ oct. 1784.

Petignot (Jean-Pierre), né à Bourg-de-Frey [Franche-Comté] (1756), S. 27 févr. 1778, congédié le 12 avril 1786.

Acard (Isidor), né à Abbeville (1761), S. 3 mars 1778.

Flamant (André), né à Rieux [comté de Foix] (1760), S. 26 mars 1778, congédié le 25 juin 1781.

Bardel (François), né à Périgueux (1762), S. 2 avril 1778, congédié le 14 avril 1786.

Huchet (Jean-Baptiste), né à Vironchaux [Picardie] (1757), S. 11 avril 1778, congédié le 21 avril 1786.

Dejoux (Yves), né à Ploërmel [Bretagne] (1758), S. 14 mai 1778.

Beguet (Mathurin), né à Misserinc [Bretagne] (1749), S. 19 mai 1778.

Bonnot (François), né à Caro [Bretagne] (1748), S. 19 mai 1778, mort à la Providence le 9 sept. 1780.

Fourneaud (Guillaume), né à Laval [Maine] (1755), S. 1ᵉʳ avril 1779.

Roy (Guillaume), né à Marthon [Périgord] (1762), S. 1ᵉʳ avril 1779.

Granet (Joseph Théophile), né à Montauban (1751), S. 8 nov. 1768, congédié le 16 nov. 1784.

Vrigny (Jacques), dit L'Ami, né à Sées [Normandie] (1756), S. 17 oct. 1773, congédié le 6 nov. 1783.

Loit (Jacques), né à Rosay [Normandie] (1753), S. 29 janv. 1777.

Bamsule (Julien), né au Tanu [Normandie] (1755), S. 29 janv. 1777.

Blanc (Barthélemy), né à Cette (1749), S. 20 avril 1767, congédié le 6 juill. 1783.

Bourdin (Pierre), né à Château-du-Loir (1758), S. 21 mars 1777, congédié le 26 juill. 1785.

Fourquier (Jean-Baptiste), né à Vignacourt [Picardie] (1752), S. 1ᵉʳ mai 1777, congédié le 26 juillet 1785.

Jacques (François), né à Abbeville (1756), S. 6 juin 1777.

Ménart (Pierre-François), né à Tagnon [Champagne] (1757), S. 5 juill. 1777, congédié le 19 juin 1785.

Bourgeois (Pierre-Jacques), né à Abbeville (1759), S. 17 juill. 1777, mort le 11 oct. 1784.

Mouton (Jean-Baptiste), né à Bermicourt [Artois] (1758), S. 14 sept. 1777.

Blon (Louis-Joseph), né à Arnonville [Artois] (1759), S. 9 oct. 1777.

Delosier (Antoine), né à Pont-sans-Pareil [près Calais] (1759), S. 19 oct. 1777.

Lyon (Charles-Vaast-Pamphile), né à Hesdin [Artois] (1761), S. 1ᵉʳ nov. 1777, congédié le 1ᵉʳ nov. 1785.

Le Blond (Joseph), né à Borin [Artois] (1759), S. 19 nov. 1777.

L'Écuyer (François), né à Marconel [Artois] (1757), S. 17 déc. 1777, mort à Newport le 8 sept. 1789.

Jugan (André), né à Bezons [près Paris] (1761), S. 31 janv. 1778.

Conclerc (Nicolas), né à Clerval [Franche-Comté] (1762), S. 3 févr. 1778, congédié le 5 févr. 1786.

Petit (Louis-Antoine), né à Rouen (1755), S. 6 mars 1778.

Robert (François), né à Millebose [Normandie] (1762), S. 23 mars 1778, congédié le 22 juin 1786.

Filiatre (Charles), né à Ambreville [près Dieppe] (1759), S. 16 mars 1778, mort à Newport le 23 août 1780.

Lorrain (Georges), né à Granges [Franche-Comté] (1760), S. 28 mars 1778, mort le 14 sept. 1782.

Jeanne (Nicolas), né à Bellangerville [Normandie] (1748), S. 3 avril 1778.

Batté (Pierre-Joseph), né au Crotoy [Picardie] (1760), S. 1ᵉʳ mai 1778, mort le 16 août 1782.

Deborde (Jean), né à Chinon [Touraine] (1756), S. 19 mars 1778.

Courtilliet (François), né à Chinon [Touraine] (1751), S. 18 févr. 1776.

Faujean (Urbain), né à Chinon [Touraine] (1751), S. 18 févr. 1776.

Masson (François), né à Chinon [Touraine] (1757), S. 19 mars 1778.

Joret (François), né à Saint-Florent [Angoumois] (1757), S. 31 mars 1776, congédié le 31 mars 1784.

Mesureux (Augustin) né à Auxy-le-Château [Artois] (1757), S. 19 déc. 1778.

La Verdure (Jean-Baptiste), né au Quesnoy [Artois] (1763), S. 10 févr. 1779.

Marie (Louis), né à Cherbourg (1768), S. 1ᵉʳ avril 1779.

Geret (Louis), né à Saint-Denis-des-Puits [Châteaudun] (1757), S. 3 avril 1779.

Louvel (Etienne-François), né à Paris (1762),S.6 avril 1779, congédié le 19 juin 1785.

Renaud (Jean-Baptiste-François), né à Reims (1762), S. 1ᵉʳ mai 1779, congédié le 21 avril 1784.

Martinaud (Jean), dit La Fleur, né à Argilly [Bourgogne] (1735), S. 1ᵉʳ sept. 1755, parti pour la pension le 6 juin 1785.

Chauvin (Julien), né au Rondoir [Bretagne] (1757), S. 1ᵉʳ nov. 1779, mort à Williamsburg le 31 oct. 1781.

Choux (Philippe), né à Saint-Pern [Bretagne] (1753), S. 22 août 1779, congédié le 18 févr. 1784.

Gaudreuil (Joseph), né à Saint-André [Bretagne] (1761), S. 29 août 1779, parti pour la pension le 1ᵉʳ mai 1784.

Pinson (Charles), né à Bonnétable [Maine] (1759), S. 1ᵉʳ janv. 1780.

David (Henri), né à Saint-Aubin [près Châteaudun] (1762), S. 5 janv. 1780.

Thebault (François), né à Ploineur [Bretagne] (1762), S. 8 janv. 1780.

Voisin (Louis), né en Normandie [près Valognes] (1751), S. 2 mars 1780.

Guiraud (Antoine), né à Caussade [Guyenne] (1733), S. 2 juill. 1768, parti pour la pension le 30 mars 1784.

Chiquot (Jean), né à Lourdoueix-Saint-Pierre [Berry] (1751), S. 28 déc. 1768, congédié le 6 juill. 1783.

Mercier (Sébastien), né à Troussey [Lorraine] (1758), S. 28 août 1775.

Dafouille (Ferdinand), né à Neufchâteau (1758), S. 26 déc. 1775, passé sergent le 18 juin 1784.

Boursier (André), né à Toul (1755), S. 26 janv. 1776.

Bresson (François), né à Lyon (1761), S. 12 janv. 1780, mort le 29 mars 1783.

Berland (Antoine), dit L'Hardy, né à Saint-Chinian-de-la-Corne [Languedoc] (1734), S. 30 avril 1767, congédié le 6 juill. 1783.

Cotte de la Haye (Joseph), né à Chatte [Dauphiné] (1750), S. 24 oct. 1776, congédié le 23 oct. 1784.

Le Grand (Louis-Charles-Michel-Marie), né à Dieppe (1751), S. 9 mars 1777, congédié le 20 févr. 1784.

Varlette (Jean-Louis), né à Reims (1756), S. 25 oct. 1777, congédié le 25 oct. 1785.

Le Jeune (Louis), né à Ay [Champagne] (1753), S. 7 déc. 1777, parti pour les Invalides le 1ᵉʳ mai 1784.

Garnier (Dominique), né à Rambervillers [Lorraine] (1751), S. 25 janv. 1779.

Soyeux (Claude-Joseph), dit Jolicœur, né à Matigny [Picardie] (1756), S. 8 févr. 1779.

Fortin (Louis), né à Loches [Touraine] (1757), S. 20 avril 1779.

Daniel (Pierre-François), né à Vitré [Bretagne] (1754), S. 12 juin 1779.

Dennefer (François - Paul - Jean - Marie - Charles), né à Péronne [Picardie] (1760), S. 13 juill. 1779, mort le 23 déc. 1782.

Tellier (Pierre Nicolas), né à Sées [Normandie] (1759), S. 17 juill. 1779, mort le 14 août 1782.

Hurion (Louis), né à Pagny-sur-Meuse (1756), S. 26 sept. 1774.

Rimberg (Jacques), né à Lezoux [Auvergne] (1758), S. 2 oct. 1768, passé caporal le 21 avril 1784.

Renault (Claude-François), né à Saulx [Franche-Comté] (1756), S. 22 juin 1776.

Du Long (Jean-Baptiste), dit Le Girofée, né à Royan [Guyenne] (1756), S. 23 sept. 1773.

Guéraud (Jean), né à Neuvy [Touraine] (1753), S. 3 oct. 1768, congédié le 14 oct. 1783.

Le Royanne (Jean-Baptiste), né à Plancher-les-Mines [Franche-Comté] (1760), S. 20 nov. 1777.

Bourbon (Pierre), né à Gambais [Beauce] (1760), S. 23 févr. 1780.

Roussely (Etienne), dit Martin, né à Monac [Limousin] (1735), S. 1ᵉʳ avril 1760, mort le 23 nov. 1783.

Guillot (Jacques), né à Saint-Jean-de-Losne [Bourgogne] (1750), S. 20 janv. 1769, congédié le 30 juill. 1785.

Desperrois (Jacques), né à Préville [Normandie] (1759), S. 31 mars 1780.

Dupuy (Jean), né à Rennes (1749), S. 8 nov. 1768, passé aux grenadiers le 5 nov. 1786.

Brulot (François-Adrien), né à Coutommes [Brie] (1743), S. 1ᵉʳ mars 1770, passé caporal le 1ᵉʳ juill. 1784.

Beuzelin (Jean), né à Colleville [Normandie] (1749), S. 29 juin 1778, congédié le 1ᵉʳ août 1786.

Roquencourt (Jacques), né à Abbeville (1755), S. 6 juin 1777.

Le Grand (Louis-Théodore), né à Angers (1753), S. 17 nov. 1775.

Barrer (Benoit-Joseph), né à Paris (1755), S. 24 nov. 1774.

Durbecq (Jacques), dit Sans Peur, né à Rocroy (1753), S. 6 déc. 1769, mort le 13 oct. 1786.

Huet (Nicolas-Siméon), né à Aussonce [près Reims] (1757), S. 16 oct. 1776.

Colin (Michel), né à Joinville [Champagne] (1749), S. 22 avril 1770, mort le 30 oct. 1786.

Rey (Antoine), né à Renage [Dauphiné] (1763), S. 1ᵉʳ mai 1779.

Grisat (Jean-Claude), dit Bellefleur, né à Plancher-Bas [Franche-Comté] (1751), S. 11 nov. 1776.

Compagnie de la Foindre.

Duwez (Augustin-Roman), né à Arras (1739), S. 25 août 1755, congédié pour la pension le 1ᵉʳ févr. 1782.

Fréard (Jean-François), né à Château-Gaillard [Bellai] (1738), S. 1ᵉʳ avril 1752, congédié le 1ᵉʳ juill. 1783.

Guy (Jacques), né à Dampierre [Franche-Comté] (1738), S. 11 janv. 1764, congédié le 28 mars 1784.

Dubois (Jean né à Marsilly [Normandie] (1736), S. 22 févr. 1762, mort le 25 oct. 1786.

Salir (Pierre), né à Guérande [Bretagne] (1747), S. 1ᵉʳ avril 1770, congédié le 6 juill. 1783.

Suitz (Gaspard), dit L'Allemand, né à Brett [Belfort] (1739), S. 1ᵉʳ janv. 1756, parti pour la pension le 28 mars 1784.

Desfossoes (Louis), né à Amiens [Picardie] (1742), S. 1ᵉʳ oct. 1758, parti pour les Invalides le 1ᵉʳ mai 1784.

Langrené (Jean-Baptiste), né à Arras (1748), S. 9 janv. 1765, passé caporal le 1ᵉʳ déc. 1781.

Vergne (François), né à Châteauroux [Berri] (1753), S. 13 août 1769, passé caporal le 25 août 1781.

Maurel (Pierre), né à Arize (1735), S. 15 mars 1754, parti pour la pension le 1ᵉʳ juill. 1783.

Petillon (Georges), dit La France, né à Chalette [près Nogent-sur-Seine] (1738), S. 7 avril 1757, mort à Newport le 10 janv. 1781.

Striff (Martin), né à Cernay [Alsace] (1739), S. 12 nov. 1758, mort le 4 nov. 1783.

Cuisinier (Pierre), dit L'Orange, né à Antignac [Auvergne] (1754), S. 24 avril 1774, congédié le 6 juill. 1783.

Berthé (Jean-Nicolas), né à La-Chapelle-Dun [Franche-Comté] (1755), S. 26 mars 1778.

Vaillant (Jean-François), né à Nouval [Picardie] (1750), S. 16 mars 1770, passé sergent le 21 avril 1785.

Gouts (Jacques), dit Campagnac, né à Leyran [Guyenne] (1758), S. 1er sept. 1774.

Masson (François), né à Chinon [Touraine] (1757), S. 19 mars 1778, congédié le 1er avril 1786.

Gaudin (François), né à Chinon [Touraine] (1758), S. 17 oct. 1776, congédié le 17 oct. 1784.

Piolet (Charles-Eloi), né à Millencourt [Picardie] (1757), S. 16 juin 1778, congédié le 16 août 1786.

Jacob (Henry), né à Montdauphin [Dauphiné] (1748), S. 4 oct. 1773.

Pelletier (Antoine), né à Toul (1758), S. 27 févr. 1774, passé musicien le 17 sept. 1784.

Plantin (Alexis), né à Vatan [Berry] (1756), S. 17 août 1772, mort le 20 déc. 1784.

Bejein (Joseph), né à Remoncourt [Lorraine] (1757), S. 15 nov. 1775, passé caporal le 16 nov. 1784.

Desfouilles (Ferdinand), né à Neufchateau [Beauce] (1758), S. 26 déc. 1775, congédié le 23 avril 1786.

Lamblin (Claude-Joseph), né à Ronchamp [Franche-Comté] (1747), S. 19 mars 1778, mort le 24 déc. 1784.

Des Bray (Nicolas), né à Saint-Hilaire [Champagne] (1756), S. 12 oct. 1776.

Peltier (Jacques), né à Courchaton [Franche-Comté] (1749), S. 5 nov. 1776.

Le Lièvre (Jean-Nicolas), né à Hautbos [Picardie] (1750), S. 19 juill. 1777, caporal le 1er mars 1785.

Villette (Pierre), né à Toul (1753), S. 1er nov. 1769, congédié le 1er nov. 1785.

Brast (François), né à Abbeville (1761), S. 26 févr. 1777, caporal le 23 avril 1786.

Etival (Jean-Baptiste), né à Gruny [Artois] (1762), S. 16 janv. 1778, tambour le 1er mai 1786.

Tissèdre (Jean), né à Saint-Loup [Gascogne] (1747), S. 25 mai 1773, sergent-major le 1er juill. 1786.

Daniel (Louis), né à Carpris-aux-Bois [Lorraine] (1760), S. 16 mai 1776.

Compagnie Lefebvre de la Falnère.

Laccord (Léonard), né à Saint-Germain [près Limoges] (1742), S. 6 mars 1768, mort le 10 août 1782.

Vandal (Guillaume-Joseph), né à Humières [Artois] (1731), S. 10 oct. 1757, parti pour la pension le 28 mars 1784.

Farine (Antoine-Mouille), dit Saint-Maurice, né à Troyes (1758), S. 1er déc. 1758, parti pour la pension le 6 juin 1785.

Camblon (Laurent), dit La Lancette, né à Saint-Jean-Pondge [Béarn] (1754), S. 23 avril 1773, congédié le 6 juill. 1789.

Roulaud (François), dit La Douceur, né à Amiens (1736), S. 11 avril 1758, parti pour la pension le 6 juin 1785.

Gillot (Claude), né à Soulenge [près Bourges] (1735), S. 11 avril 1758, mort le 17 mars 1784.

Gilbert (Jean), né à Chassagnes [près Mauriac, Haute-Auvergne] (1737), S. 5 mars 1756, parti pour la pension le 6 juin 1785.

Rocher (Louis), dit Beausoleil, né à L'Home [près le Mans] (1736), S. 1er nov. 1759, parti pour les Invalides le 1er mai 1784.

Martin (Jean), dit Laguy, né à Nantes (1719), S. 25 oct. 1755, mort à la Providence le 23 août 1780.

Badier (Antoine), né à Is-sur-Tille [Bourgogne] (1737), S. 1er janv. 1756, parti pour la pension le 28 mars 1784.

Gobin (François), dit Fleur d'Epine, né à Eloye [Normandie] (1739), S. 25 déc. 1755, parti pour les Invalides le 22 mai 1786.

Tessier (Jean), dit Laviolette, né à Créon [près Bordeaux] (1754), S. 1er janv. 1773, mort à Newport le 13 août 1781.

Jullard (Jean), dit Laplume, né à Riaux [Franche-Comté] (1737), S. 7 janv. 1773, parti pour les Invalides le 22 mai 1786.

Puchique (Joseph), dit Cœurderoy, né à Quimper (1753), S. 20 janv. 1773, mort en mer le 4 juill. 1780.

Causson (Pierre), dit Branchedor, né à Bordeaux (1754), S. 7 févr. 1773, mort le 25 mars 1783.

Lavan (Nicolas), dit La Girofée, né à Dourneau [Lorraine] (1742), S. 1er mai 1773, mort le 12 mars 1786.

Thibault (Jean), dit Cézar, né à Melevey [Beauce] (1752), S. 28 juin 1773.

Moualhet (Arnould), dit La Liberté, né à Porthesse [Guyenne] (1751), S. 4 nov. 1778.

Maubec (Louis), dit Tailleur, né à Aire-en-Armagnac (1754), S. 5 nov. 1773, congédié le 5 nov. 1780.

Peltant (François), né à Vitray [Poitou] (1745), S. 23 janv. 1774.

Teysse (Noël), dit Rustique, né à Consigney [Anjou] (1755), S. 22 août 1774, mort à Newport le 26 juill. 1780.

La Jeunesse (Pierre), dit Sans-Regret, né à Saint-Pardon [Guyenne] (1754), S. 22 août 1774.

Bonnard (Michel), dit Sans-Façon, né à Cheynat [Auvergne] (1745), S. 1er sept. 1774.

Mériadec (Pierre), dit Saint-Amant, né à Morlaix (1738), S. 22 sept. 1774, congédié le 22 sept. 1783.

Ganau (Léger), dit Frappe d'Abord, né à Saint-Nicolas-de-Saumur [Anjou] (1745), S. 29 mars 1775, congédié le 10 déc. 1783.

Jumeau (Jean), né à Saint-Germain-le-Bel [près Limoges] (1758), S. 28 mars 1775, mort le 1er oct. 1783.

Cheville (Jean), né à Nancy (1759), S. 25 juin 1775, congédié le 10 déc. 1783.

Schemesseur (Christophe), né à Moussey [Lorraine] (1758), S. 7 oct. 1775.

Marcolin (Philippe), né à Orine [près Toul] (1757), S. 30 oct. 1775.

Martellet (Claude), né à Trechatel [Bourgogne] (1758), S. 5 mars 1776, mort le 31 août 1786.

Moneau (Pierre-Joseph), né à Bel-Air [Franche-Comté] (1756), S. 22 mars 1776, mort à Newport le 17 sept. 1780.

Monin (Simon), né à Bel-Air [Franche-Comté] (1750), S. 22 mars 1776, mort le 19 sept. 1784.

Jourdain (Etienne), né à Epreville [près Rouen] (1756), S. 21 avril 1776.

Louche (Jean), né à La Comté [Maine] (1748), S. 29 avril 1776.

Linge (François), né à Toul (1760), S. 5 mai 1776, congédié le 5 mai 1784.

Gassooin (Bernard-Louis), né à Evreux [Normandie] (1759), S. 16 juin 1776, congédié le 16 janv. 1784.

Menuecq (Joseph), né à Vézelise [Lorraine] (1758), S. 11 juill. 1776.

Jaminet (Sébastien), né à Louyé [Normandie] (1745), S. 16 juill. 1776, mort le 12 août 1782.

Cézar (Joseph), né à Barigny [Lorraine] (1757), S. 4 août 1776, congédié le 4 août 1784.

Miget (Jean-Claude), né à Chatay [Franche-Comté] (1754), S. 28 août 1776, congédié le 28 août 1784.

Son (Joseph), né à Reims (1758), S. 13 sept. 1776, congédié le 13 sept. 1784.

Piler (Jean-Baptiste), né à Mézières [Champagne] (1759), S. 22 sept. 1776, congédié le 20 mai 1784.

Suty (Claude), né à Gondreville [Lorraine] (1759), S. 28 sept. 1776, mort le 1er févr. 1786.

Dufraine (Louis), né à Saint-Martin-de-Gennes [Anjou] (1756), S. 28 sept. 1776.

Garnier (Claude), né à Etiolles (1760), S. 5 oct. 1776, congédié le 10 oct. 1784.

Prudum (Louis), né à Sécharge [près Verdun] (1758), S. 16 oct. 1776.

Jeanqui (Antoine), dit Guy, né à Soissons [Picardie] (1754), S. 16 oct. 1776.

Hyvert (Jean), né à Chinon [Touraine] (1758), S. 1er nov. 1776, congédié le 1er nov. 1784.

Charlier (Jean-Baptiste), né à Charleville (1749), S. 22 nov. 1776, mort le 25 déc. 1780.

Pournier (Jacques), né à Vollandry [Anjou] (1758), S. 21 mars 1777.

Joachim (Philippe), né à Eriey [près Fontainebleau] (1749), S. 1er avril 1777.

Duchâtel (Pierre-Jacques), né à Abbeville (1754), S. 3 mai 1777, mort le 10 déc. 1784.

Valois (Thomas), né à Beaumont-en-Argonne [Champagne] (1759), S. 24 juin 1777.

Magnié (Pierre-Nicolas), né à Fruges [Artois] (1759), S. 22 sept. 1777, mort le 4 sept. 1786.

Gruhé (Joachim-Joseph), né à Fruges [Artois] (1761), S. 23 sept. 1777, mort le 6 août 1786.

Belair (Jean), né à Jonzac [Saintonge] (1759), S. 22 déc. 1777, congédié le 30 sept. 1783.

Cayeux (François), né à Abbeville (1760), S. 8 mars 1778, congédié le 10 avril 1786.

Broyelle (Antoine), né à Saint-Martin-de-Bec [Picardie] (1758), S. 10 mars 1778, passé caporal le 7 janv. 1785.

Welquer (Jacques-Joseph), né à Bachy [Flandre] (1761), S. 17 mars 1778.

Drin (Jacques-Charles), né à Vironchaux [Picardie] (1756), S. 17 mars 1778, mort en mer le 13 juill. 1780.

Marinier (Toussaint), né à Bernay [Normandie] (1759), S. 20 mars 1778, mort à Newport le 17 nov. 1780.

Doré (Adrien), né à Bernay [Normandie] (1760), S. 27 mars 1778, congédié le 21 avril 1784.

Burel (Jean), né à Bernay [Normandie] (1756), S. 1er avril 1778.

Cheneau (Guillaume), né à Nauzaren [Périgord] (1757), S. 20 avril 1778.

Robert (Henri-Constantin), né à Paris (1757), S. 26 avril 1778.

Brunel (Jean-Claude), né à Amiens (1762), S. 6 juin 1778.

Manichon (Guillaume), né à Les Poix [Champagne] (1755), S. 4 oct. 1776, parti pour les Invalides le 1er mai 1784.

Plantier (Jean-François), né à Reims (1756), S. 4 oct. 1776, passé caporal le 1er mars 1785.

Debret (Nicolas), né à Saint-Hilaire [Champagne] (1756), S. 12 oct. 1776, passé caporal le 13 déc. 1784.

Soin (Gabriel-Alexis), né à Reims (1754), S. 12 oct. 1776, congédié le 15 déc. 1783.

Fet (Etienne), né à Pin [près Tours] (1754), S. 25 oct. 1776, congédié le 25 oct. 1784.

Roy (Jean-Jacques), né à Bermont [Franche-Comté] (1752), S. 7 nov. 1776, mort en mer le 13 mai 1780.

Jolly (Pierre), né à Pont-de-Roide [près Beaume-les-Dames] (1756), S. 22 nov. 1776, congédié le 22 nov. 1784.

Couvert (Jacques), né à Abbeville (1760), S. 12 déc. 1776.

Cavillon (André), né à Abbeville (1760), S. 30 janv. 1777, congédié le 26 juill. 1785.

Hamel (Pierre), né à Vire [Normandie] (1757), S. 8 févr. 1777, mort le 6 sept. 1782.

Lié (Pierre), dit L'Aimable, né à Abbeville (1759), S. 14 mars 1777.

Dubesset (Louis), né à Brineux [près Hesdin, Artois] (1759), S. 27 juin 1777.

Sterque (Dell), né à Plancher-les-Mines [Franche-Comté] (1759), S. 20 nov. 1777, mort à Newport le 17 avril 1781.

Beaudoin (Louis-Henry), né à Abbeville (1754), S. 29 janv. 1778, parti pour les Invalides le 24 sept. 1784.

Richard (Toussaint), né à Féchain [Hainaut] (1760), S. 13 févr. 1778, mort à Newport le 6 oct. 1780.

Risse (Laurent), né à Plancher-les-Mines [Franche-Comté] (1757), S. 24 févr. 1778, congédié le 24 févr. 1786.

Gilliet (Félix), né à Plancher-les-Mines [Franche-Comté] (1760), S. 24 févr. 1778.

Augé (Joseph), né à Toul (1762), S. 1er févr. 1778, passé caporal le 12 févr. 1786.

Aumassy (Pierre), né à Périgueux (1753), S. 1er mars 1778, congédié le 1er avril 1786.

Maupin (Pierre), né à Domvast [Picardie] (1762), S. 16 sept. 1778.

Guilbert (Joseph), né à Bléquin [Artois] (1759), S. 30 oct. 1778, congédié le 26 nov. 1786.

Vernier (Alexis), né à La Combe Sommotte [Franche-Comté] (1758), S. 30 oct. 1778.

Anglade (Jean-Louis), dit Marius, né à Carcassonne (1752), S. 2 sept. 1778, passé sergent-major le 17 avril 1786.

Bleau (François-Cyprien), né à Campagne [près Hesdin, Artois] (1760), S. 5 déc. 1778, congédié le 9 déc. 1786.

Flohot (Pierre-Bazile), né à Grolay [près Paris] (1754), S. 4 janv. 1779.

Fourneau (Louis), né à Saint-Epain [Touraine] (1760), S. 17 mars 1779.

Noyelle (André), né à Hesdin [Artois] (1758), S. 1er mai 1779.

Guétard (Sébastien), né à La Bâtie Montgascou [Dauphiné] (1756), S. 1er mai 1779, mort à la Providence le 10 sept. 1780.

Gabert (Guillaume), né à Tullins [près Grenoble] (1760), S. 15 mai 1779.

Meignier (Jean-Baptiste), né à Avignon (1741), S. 15 juill. 1766, passé adjudant le 17 nov. 1781.

Lemoille (Charles), né à Tréméven [Bretagne] (1756), S. 1er sept. 1772, rayé des contrôles le 1er oct. 1785.

Dartique (Pierre), né à Hesdin [Artois] (1761), S. 27 juin 1777.

Magnain (Jean), né à La Rochelle (1755), S. 1er nov. 1772, passé caporal le 13 nov. 1784.

Pair (Michel), né à Nüremberg [Allemagne] (1758), S. 27 nov. 1773, congédié le 10 août 1784.

Coutel (Guillaume), né à Sedan (1744), S. 19 déc. 1779, mort à Williamsburg le 31 janv. 1782.

Primo (Gilles), né à Antrain [Bretagne] (1760), S. 1er janv. 1780, mort le 2e déc. 1782.

Jouan (Pierre), dit Sans Souci, né à Courdemanche [Normandie] (1758), S. 1er mars 1780.

Cardin (Charles), né à Sacny [Normandie] (1761), S. 31 mars 1780.

Gauthier (Jean-François), né à Saurisbourg [Beauce] (1757), S. 10 avril 1780.

Corbière (Jean), né à Paulinet [près Albi] (1743), S. 4 nov. 1769.

Petitemanche (Hilaire), né à Lenoncourt [Lorraine] (1756), S. 4 sept. 1774, congédié le 6 juill. 1783.

Vilmain (George), né à Blamont [Lorraine] (1756), S. 1er déc. 1775.

Mercier (Nicolas), né à Troussey [Lorraine] (1758), S. 28 août 1775.

Prieur (Jean-Louis), né à Mauregard [Brie] (1751), S. 17 nov. 1775, mort le 9 oct. 1786.

Daniaud (Louis), né à Cognade (1754), S. 13 août 1772, congédié le 13 août 1784.

Rainesse (François), né à Boulognac [Albigeois] (1756), S. 16 mars 1774, congédié le 6 juill. 1783.

Gigoult (Louis), né à Fontenoy [près Toul] (1757), S. 25 août 1776.

Vernier (Jean-Baptiste), dit Lorrain, né à Vézelise [Lorraine] (1754), S. 17 août 1775, congédié le 14 sept. 1783.

Gilot (Jean-Antoine), né à Sorcy [Lorraine] (1759), S. 23 avril 1776, parti pour la pension le 28 mars 1784.

Majart (Nicolas), né à Reims (1751), S. 22 nov. 1776.

Jacquelin (Louis), né à Chinon [près Tours] (1757), S. 21 mars 1777.

Renaud (Jean-Claude), né à Antechaux [près Baume-les-Dames] (1760), S. 28 mars 1778.

Martin (Georges), né à Toul (1753), S. 24 oct. 1774, congédié le 6 juill. 1783.

Toulon (Louis), né à Marcé [Anjou] (1734), S. 1er nov. 1765, congédié le 6 juill. 1783.

Jarry (François), né au Lude [Anjou] (1737), S. 23 août 1768.

Laforgue (Pierre), né à Bordeaux (1749), S. 6 juill. 1773, congédié le 6 juill. 1783.

Billard (Jean-Baptiste), né à Cravant [Bourgogne] (1719), S. 1er sept. 1773, congédié le 6 juill. 1783.

Montigné (Louis), dit Lacouture, né à Le Mans (1748), S. 1er mars 1774, congédié le 6 juill. 1783.

Sauveton (Christophe), né à Lyon (1754), S. 3 août 1776, congédié le 3 août 1784.

Rousselot (Joseph), dit Vadebonceour, né à Soulnot [Franche-Comté] (1749), S. 2 nov. 1776, congédié le 2 nov. 1784.

Peltier (Jacques), né à Courchaton [Franche-Comté] (1749), S. 5 nov. 1776, passé caporal le 1er mai 1785.

Taures (Louis), dit Joinville, né à Joinville (1751), S. 15 nov. 1776, congédié le 25 nov. 1784.

Le Blanc (Etienne), né à Frenay [Dauphiné] (1755), S. 21 mars 1777.

Petiteau (Benigne), né à Aprey [Bourgogne] (1750), S. 22 août 1777, mort le 12 sept. 1783.

Goujot (François), né à La Rochechouart [Poitou] (1753), S. 25 oct. 1777, mort le 3 août 1780.

Assaud (Pierre-Paul), né à Loupian [Languedoc] (1752), S. 13 mars 1778.

Gilles (Antoine), dit Gevaudan, né à Laubert en Gevaudan [près Mende] (1751), S. 30 mars 1778.

Le Clerc (Alexis), dit Belleflour, né à Bacqueville [Normandie] (1724), S. 7 avril 1759, parti pour la pension le 6 juin 1785.

De la Prade (Guillaume-Laleine), né à Gaillac [Comté de Foix] (1754), S. 1er mai 1773, congédié le 1er déc. 1782.

Launay (Pierre), né à La Croixille [près Le Mans] (1748), S. 30 oct. 1771, passé sergent le 7 juin 1785.

Duperier (Antoine), né à Mugron en Béarn [près Pau] (1752), S. 13 avril 1774, passé adjudant le 15 sept. 1784.

Margotty (Jean), dit Sans Façon, né à Pressignac [Périgord] (1728), S. 18 avril 1771.

Prévôt (François), né à Abbeville (1760), S. 25 oct. 1776, congédié le 25 oct. 1784.

Birbal (Merlin), né à Cordes [près Albi] (1759), S. 12 mars 1777.

Roussel (Jean), né à Bourgueil [près Chinon, Touraine] (1752), S. 3 août 1770, passé sergent le 7 juin 1785.

Bader (François), dit Bourguignon, né à Longwy [Bourgogne] (1759), S. 9 janv. 1779, passé sergent le 1er janv. 1785.

Malbran (Jean), né à Tours (1761), S. 21 mars 1777.

Gilbert (Jean), né à Brunoy [près Paris] (1752), S. 18 août 1779.

Rivière (Antoine), né à Brindas [Bourgogne] (1747), S. 18 mai 1776, congédié le 19 mai 1784.

Lamarque (David), dit Ciseaux, né à Semon [Gascogne] (1754), S. 3 oct. 1773, caporal le 1er mai 1784.

Doce (Barthélemy), né à Saint Antoine [Quercy] (1739), S. 4 janv. 1769, passé sergent le 1er nov. 1785.

Bigaux (Nicolas-Prosper), né à Dreux [Normandie] (1747), S. 6 févr. 1770.

Broyaille (Antoine), né à Saint-Martin-le-Sec [Picardie] (1758), S. 10 mars 1778.

Versain (Antoine), né à Haguenau [Basse-Alsace] (1760), S. 29 Sept. 1779.

Vaillant (Jean-François), né à Noyal [Picardie] (1750), S. 10 mars 1770, passé caporal le 5 nov. 1786.

Courtois (Guillaume), né à Bois-Normand [Normandie] (1758), S. 1er avril 1778.

Chamande (Michel), dit Fontaine, né à Bourg-en-Bresse (1734), S. 4 mars 1768, mort le 13 Oct. 1786.

Lassalle (Pierre-Nicolas), né à Avize [près Epernay] (1751), S. 3 juin 1777.

Durand (François), né à Beaulieu [Languedoc] (1749), S. 4 mai 1769.

Menu (Remi), né à Reims (1760), S. 13 oct. 1776.

RÉGIMENT DE ROYAL-DEUX-PONTS.

(OFFICIERS SEULEMENT.)

Le premier colonel de ce régiment fut le duc de Deux-Ponts (Christian), le 1ᵉʳ avril 1757.

Le deuxième, le marquis de Deux-Ponts (Christian), le 10 mars 1788.

A ce dernier succéda Louis-Amable des Prez le 25 juillet 1791, puis Jean-Christophe Wisch le 12 octobre 1792.

Ce régiment fut levé par le duc de Deux-Ponts en vertu d'une commission du 1ᵉʳ avril 1757.

Il fut réduit à deux bataillons le 21 décembre 1762. Il était alors en Allemagne, où le 10 octobre, il s'était emparé de la garnison de Wolfenbüttel. Il était à Dunkerque en 1774, à Metz en 1778, à Montivilliers et à Harfleur en mai 1779, à Landerneau, à Saint-Pol-de-Léon en décembre 1779 et il s'embarquait à Brest le 4 avril 1780 pour l'Amérique. Il fut un des quatre régiments que le comte de Rochambeau conduisit aux États-Unis. Royal-Deux-Ponts se distingua beaucoup en octobre 1781, au siège d'York-Town, et surtout le 14 octobre à l'attaque des redoutes, où il rivalisa de bravoure avec Gatinais (Royal-Auvergne).

Washington, au nom du congrès, offrit à chacun de ces régiments trois pièces de canon qu'ils avaient prises. Ce fut le colonel-commandant, comte de Forbach du Royal-Deux-Ponts qui, dans cet assaut, eut la gloire de pénétrer le premier dans les retranchements des Anglais. Arrivé au sommet il tendit la main à un grenadier pour l'aider à monter. Ce grenadier tombe à ses pieds mortellement frappé, le colonel présente sa main à un autre avec le plus grand sang-froid. Ce brave officier qui avait été légèrement blessé d'un éclat de pierre arriva bientôt à Brest sur la frégate "Andromaque," chargé par le congrès américain de faire hommage au roi de quelques-uns des drapeaux enlevés à l'armée de Lord Cornwalis. Il était le neveu du duc de Deux-Ponts; il prit ensuite le titre de marquis de Deux-Ponts.

Le régiment Royal-Deux-Ponts revint en Europe en juillet 1783.

Il devint en 1791 le 99ᵉ régiment d'infanterie; le 99ᵉ régiment d'infanterie, qui est en garnison à Bourgoin et à Lyon, lui fait suite.

Comte Christian de Forbach de Deux-Ponts, né à Deux-Ponts en 1754, Colonel.

[Translation.]

RÉGIMENT DE ROYAL-DEUX-PONTS.

(OFFICERS ONLY.)

The first colonel of this regiment was the Duke de Deux-Ponts (Christian), the 1st April, 1757.

The second was the Marquis de Deux-Ponts (Christian), the 10th March, 1788.

To the last named succeeded Louis-Amable des Prez the 25th July, then Jean-Christophe Wisch October 12, 1792.

This regiment was raised by the Duke of Deux-Ponts by virtue of a commission dated the 1st April, 1757.

The regiment was reduced to two battalions December 21, 1762. It was then in Germany, where October 10 it captured the garrison of Wolfenbüttel. It was at Dunkerque in 1774, at Metz in 1778, at Montivilliers and at Harfleur in May, 1779, at Landerneau, at Saint-Pol-de-Léon in December, 1779, and it embarked at Brest April 4, 1780, for America. It was one of the four regiments which the Count de Rochambeau conducted to the United States. Royal-Deux-Ponts distinguished itself greatly October, 1781, at Yorktown, and especially on the 14th October in the attack on the redoutes, where it rivaled in bravery with Gatinais (Royal-Auvergne).

Washington, in the name of Congress, offered to each of these regiments three pieces of cannon which they had taken from the enemy. It was the colonel commanding, Count de Forbach of Royal-Deux-Ponts, who in the assault had the glory to enter first the English intrenchments. Arrived on the summit he offered his hand to a grenadier to help him up; the grenadier fell at his feet mortally wounded; the colonel presented his hand to another with the utmost coolness. This brave officer, who was slightly wounded by the bursting of a stone, arrived at Brest on the frigate Andromaque, charged by the American Congress to present to the king some of the flags taken from the army of Lord Cornwallis. He was the nephew of the Duke de Deux-Ponts; he took subsequently the title of Marquis de Deux-Ponts.

The regiment Royal-Deux-Ponts returned to Europe in July, 1783.

It became in 1791 the ninety-ninth regiment of infantry. The ninety-ninth regiment is now in garrison at Bourgoin and at Lyon.

Count Christian de Forbach de Deux-Ponts born at Deux-Ponts in 1754, Colonel.

ÉTAT-MAJOR.

Colonel.

Le comte de FORBACH de DEUX-PONTS (Christian), né à Deux-Ponts, en 1754.

Colonel en second.

Le vicomte de DEUX-PONTS (Guillaume), remplacé par de FERSEN en 1782.

Lieutenants-colonels.

De HADEN.
Le baron d'ESEBECK, né à Deux-Ponts, en 1740.

Major.

De PREZ, né en 1730, au pays de Vaud.

Quartier-maître trésorier.

ANCIAUX.

Capitaines commandants.

Le baron de FURSTENWAERTHER.
Le baron de WISCH.
De KLOCK.
De FLAD.
De THUILLIERES, né en Lorraine.
De SUNNAHL.
De STACK.
Du HAINAULT, né à Manheim.

RUHLE de LILIENSTERN.
CHARLES de CABANNES, né à Luttange en 1742.

Capitaines en second.

MAX de CABANNES.
Le baron de HAACKE.
De FIRCKS.
Le baron d'ESEBECK.
De MÜHLENFELS.
De LUDWIG.
Le baron de JOHANN.
Le chevalier de HAACKE.
Le baron de CLOSEN.

Premiers lieutenants.

Le comte de SPANER.
Le baron de KALB, fils du général de ce nom, né en Saxe.
Le baron de SCHWENGSFELD.
Le baron de GLAUBITZ.
Le baron de TRUCHSESS.
Le baron de BIBRA, né à Bergame, en 1756.
D'ICHTERSHEIM l'aîné.

Lieutenants en second.

De BERTRAND, né à Avignon, le 25 déc. 1758.
D'ICHTERSHEIM.
De SCHAUENBOURG.
Du PUGET, né à Cuiseaux [Bourgogne], le 19 mai 1755.

BALTHAZAR de SCHAUENBOURG.
STOERTZ.
Le baron de RATHSAMHAUSEN.
Le baron de GUNTZER.
De GEISPITZHEIM.
Le baron de GALATIN, né à Genève, le 19 mars 1758.

Sous-lieutenants.

De FRADELLES, né à Dixmude [Flandre], le 31 août 1755.
De SCHWERIN.
De BERGH.
De HUMBERT.
De GALLOIS, né à Créhange-de-Saint-Empire, en 1760.
SCHUTZ.
De HOEN (Philippe).
De GALONNIE de VARIZE.
Le baron de LUCKNER.
De CUSTINE.
De TESHERY.
De RIBEAUPIERRE.
D'EGLOFFSHEIM.
De ZOLLER.
De RUPPLIN.
De SAVIGNAC.
De MARTINES.
De TSCHUDY.
De la ROCHE.
De VERGET.
LEVAL.

RÉGIMENT D'AGÉNOIS.

(OFFICIERS SEULEMENT)

Le premier colonel de ce régiment fut le marquis de CRILLON (Louis-Pierre-Nicolasque des Balbi de Bertons), le 18 avril 1776;
Le deuxième, le baron de CADIGAN (Charles Dupleix), le 11 novembre 1776;
Le troisième, le comte d'AUTICHAMP (Antoine-Joseph-Eulalie de Beaumont), le 3 octobre 1779;
Le quatrième, le marquis de ROUGÉ (Catherine-Jean-Alexis), le 1er juillet 1783;
Le septième, LEBLANC DE LA COURBE (Jacques-Hyacinthe), le 26 octobre 1792.

Le 1er et le 2e bataillons se trouvaient aux Antilles en 1779, quand une partie du régiment s'embarqua sur la flotte du comte d'Estaing et prit une part glorieuse au siège de Savannah. Le lieutenant Blandat fut tué à la sortie du 24 septembre. Le 9 octobre, à l'attaque infructueuse des retranchements, le capitaine du Barry et trois sous-lieutenants furent blessés.

En 1781, le régiment se réunit à la Martinique et s'embarqua sur la flotte du comte de Grasse pour aller renforcer l'armée que le comte de Rochambeau commandait sur le continent américain. Il arriva, le 15 août, avec Gatinais et Touraine, dans la baie de la Chesapeake, au moment où le général Cornwallis était cerné dans ses retranchements de York-Town par Washington et Rochambeau. Le marquis de Saint-Simon qui conduisait ce renfort, débarqua le 2 septembre dans le haut du James-River et se porta, le 4, à Williamsbourg à quatre lieues d'York-Town, où il se trouva avec le marquis de Lafayette qui commandait un corps d'Américains. Le 3 octobre deux compagnies de grenadiers et de chasseurs d'Agénois attaquèrent les piquets anglais et les forcèrent à se replier sur les ouvrages de la place. La tranchée fut ouverte le 6 au soir; le 15, Agénois repoussa une sortie, et le 19, lord Cornwallis capitula.

Le régiment se rembarqua le 5 novembre pour retourner à la Martinique.

Dans les derniers jours de 1781, une partie du régiment prit encore passage sur les vaisseaux du comte de Grasse. Il contribua à la prise de Bristone-Hill, le 12 février 1782, où l'on fit prisonnier de guerre le régiment Royal-Écossais, l'ancien Douglas, qui avait quitté le service de la France en 1678.

En 1791, l'Agénois devint le 16ᵉ d'infanterie; le 16ᵉ d'infanterie actuel, qui lui fait suite, est en garnison à Montbrison et à Saint-Étienne.

CHARLES DUPLEIX, Baron DE CADIGNAN, né le 28 janvier 1738, Colonel.
ANTOINE-JOSEPH-EULALIE DE BEAUMONT, Comte D'AUTICHAMP, né à Angers le 10 décembre 1744, Colonel.

[Translation.]

RÉGIMENT D'AGÉNOIS.

(OFFICERS ONLY.)

The first colonel of this regiment was the Marquis de CHILLON (Louis-Pierre Nicolasque des Balbi de Bertons), April 18, 1776;

The second, Baron de CADIGNAN (Charles Dupleix), November 11, 1776;

The third, Count d'AUTICHAMP (Antoine-Joseph-Eulalie de Beaumont), October 3, 1779;

The fourth, Marquis de ROUGÉ (Catherine-Jean-Alexis), July 1, 1783;

The seventh, LEBLANC DE LA COURBE (Jacques-Hyacinthe), October 26, 1792;

The first and second battalions were at the Antilles in 1779, when a part of the regiment embarked with the fleet of Count d'Estaing and took a glorious part in the siege of Savannah. Lieutenant Blandat was killed at the *sortie* of the 24th September. The 9th of October, at the furious attack made on the intrenchments, Captain Barry and three sublieutenants were wounded.

The regiment assembled at la Martinique in 1781 and embarked with the fleet of the Count de Grasse to reinforce the army which Count Rochambeau commanded in America. It arrived August 15 with Gatinois and Touraine in the Chesapeake Bay at the moment that General Cornwallis was surrounded in his retrenchments at Yorktown by Washington and Rochambeau. The Marquis de Saint Simon, who conducted this reinforcement, landed the 2d September at the head of the James River, marched to Williamsbourg the 4th, four *lieues d' York-Town*, where he joined the Marquis de Lafayette who commanded a corps of Americans. The 3d October two companies of grenadiers and chasseurs d'Agenois attacked the British pickets and forced them to fall back upon their main fortifications. The trenchée was opened on the night of the 6th; the 15th the Agenois repulsed a sortie, and the 19th Lord Cornwallis capitulated.

The regiment reembarked the 5th November to return to la Martinique. In the last days of 1781 a part of the regiment took passage on the vessels of the Count de Grasse. It contributed to the capture of Bristone Hill the 12th February, 1782, when it captured the Royal-Écossais regiment, formerly the Douglas, which had served in the French army in 1678.

In 1791 the Agenois became the sixteenth infantry; the sixteenth infantry is actually in garrison at Montbrison and Saint-Étienne.

CHARLES DUPLEIX, Baron de CADIGNAN, born January 28, 1738, Colonel.
ANTOINE-JOSEPH-EULALIE DE BEAUMONT, Count D'AUTICHAMP, born at Angers December 10, 1744, Colonel.

ÉTAT-MAJOR.

Colonels

Le baron de CADIGNAN (Charles-Dupleix), né le 28 janvier 1738. Mort le 22 juin 1778 à Saint-Domingue.

Le comte de BEAUMONT D'AUTICHAMP (Antoine-Joseph-Eulalie), né à Angers, le 10 déc. 1744. Conduite distinguée à Saint-Christophe.

Colonels en second

Le comte de CRILLON (Louis-Alexandre-Pierre-Nolasque), né à Paris, le 11 décembre 1744.

Le chevalier DULAU D'ALLEMANS (Pierre-Marie), né à Champeix (diocèse de Limoux).

Lieutenants-colonels

RAYNE de CANTIS (Joseph), né à Marmande, le 15 mars 1718.

Le chevalier de CADIGNAN (Jean-Baptiste-Gerard-Dupleix), né à Cauzon, le 22 mai 1758. Conduite distinguée à Saint-Christophe.

Majors

PICAULT DESDORIDES (Jean-François-Louis).

Le chevalier de SAGNARIGUE (Jean-Baptiste), né à Perpignan, le 30 oct. 1742. Mort le 2 janvier 1781, à Saint-Domingue.

Quartier-maître trésorier

De BARRES (Jean-Gérard), né en 1740, à Saint-Antoine (Dauphiné).

Capitaines

SEGUIER de TERSON (Philippe), né à Castres, le 20 mai 1749.

De LUSTRAC (Jean-Joseph), né à Luasse (diocèse d'Aire, Gascogne), le 25 nov. 1723. S'est distingué au siège d'Yorck.

De BERACLE (Jean-Baptiste-Emmanuel), né à Paris, le 3 févr. 1775.

La ROCHE COQUET (Marc-Antoine), né à Agen, le 30 juill. 1744.

RICHARD (Pierre-Nicolas), né à Rennes, le 6 juill. 1736.

De LESPES (Jean-Joseph), né à Mongron, près Tartres (Gascogne), le 8 déc. 1751. Mort le 7 mars 1782 des blessures qu'il avait reçues au siège de Saint-Christophe.

Le chevalier de SAINT-GERMAIN (Charles), né à La Selle (généralité d'Alençon), le 10 août 1740.

D'AUGUSSIN de BOURGUISSON (Pierre-Charles) né à Épigny (Touraine), en janvier 1749.

Le chevalier D'YPRES (Charles-Joseph), né à Eu (Normandie), le 18 mars 1740. Mort le 15 juin 1780.

D'IMBERT du BARRY (Denis), né à Paylaurens (Languedoc), le 11 févr. 1742. A obtenu le 19 avril 1782, une pension pour sa bonne conduite à Saint-Christophe et en considération de sa blessure reçue à Savannah.

Le chevalier de DEANOUS (Paul-Esprit), né à Serignan (combat d'Avignon), le 26 juin 1744.

DESMARETS (Pierre-Henry-Adrien), né à Arras, le 11 janv. 1742.

De MARANS (Joseph), né à Branage, le 24 nov. 1744.

De CAIRE (François), né à Faucon [près Embrun], le 17 févr. 1740.
DE la CORBIERE (René-Aimé-Gilbert-François), né à Saint-Martin-de-Jussien [diocèse d'Avranches], le 11 févr. 1742. Fait chevalier de Saint-Louis, le 5 déc. 1781, pour s'être distingué à York.
Le SAIGE de VILLEBRUNE (Servant-Paul), né à Sullion [diocèse de Saint-Malo], le 25 sept. 1747. Tué au siège du château de Saint-Christophe en 1782.
De SOYRES (Jean-François), né à La Réole [généralité de Bordeaux], le 5 févr. 1750.
De CAUMONT (Jean-Baptiste-François-Joseph), né à La Chapelle [diocèse d'Amiens], le 28 janv. 1747.
De FAYDEAU (Pierre-François-Clément), né à Poitiers, le 11 nov. 1747.

Lieutenants.

GRENIER de CAUVILLE (Jacques-François), né à Biennae [diocèse de Rouen], le 5 avril 1752.
BLAUDAT (Mathieu), né le 7 janv. 1725, à Malans [Franche-Comté]. Tué au siège de Savannah le 27 sept. 1779.
Le Chevalier D'IMBERT (François-Gineste), né à Puylaurens, le 26 janv. 1751.
DROUILHET de SIGALAS (Ignace), né à Marmande [généralité de Bordeaux], le 26 novembre 1752. Blessé au siège d'York en 1781.
De KERMAREC de TRORON (Louis-Jean-Eusèbe), né à Quimperlé, le 8 déc. 1747. Bonne conduit à York; Blessé aux combats des 9 et 12 avril 1782, livrés par M. le comte de Grasse.
Le chevalier GINESTE de NAJAC (Charles), né à Puylaurens, le 25 janv. 1754.
POCQUET de PUYLERY de SAINT-SAUVEUR (Mathieu-Louis-Claude), né à la Martinique, le 10 déc. 1750. Blessé à Savannah où il s'est distingué; blessé à la prise d'York.
La COUSSAYE (Claude-Eugène), né à Saint-Savin [près Bourges], le 2 sept. 1753. Bonne conduite à Saint-Christophe.

PRADELLES de la TOUR SAINT-JEAN (Jean-Jacques-Élisabeth), né à Castres, le 23 juill. 1753.
Le COCQ de L'ECOTAY (Jean-Baptiste-Marie-Pierre), né à Chaméré-le-Roy [Touraine], le 20 oct. 1752.
De PIOLENC (Joseph-Louis-Gabriel), né au Saint-Esprit, le 12 juillet 1766.
DASNIERES (Robert), né à Vitrac [généralité de la Rochelle], le 15 juill. 1752.
De la DANDELLE (François-Marie), né le 11 août 1758.
D'HOUDETOT de COLOMBY (Marc-Joseph), né à Saint-Martin-de-Fressengeas, le 18 juin 1752. Blessé au siège d'York; bonne conduite à York.
De VOISINS (Jean-Joseph-Roger), né à Nevers, le 9 février 1757. Bonne conduite à Saint-Christophe.
GINESTE de NAJAC (Étienne-Marguerite-Anne), né le 19 janv. 1758.
Le HOUX (Michel), né à Torcé [Maine], le 5 oct. 1736. Passé en Amérique en 1756 où il a fait toutes les campagnes.
De MAZELLIER (Pierre-Dominique-Marie).
PIGNOL de ROCREUSE (Gaspard-Jean-Joseph-Olivier). A obtenu la commission de capitaine pour avoir par son courage et sa fermeté sauvé 168 hommes de 200, qu'il commandait étant embarqué sur le navire "Les trois Henriettes" qui a fait naufrage sur les Antioches [près Oléron] en allant en Amérique le 23 mai 1779.

[Translation.]

Obtained a captain's commission for having by his courage and firmness saved 168 men of 200 whom he commanded on the ship "Les trois Henriettes" which was shipwrecked on the Antioches near [Oléron] in going to America May 23, 1779.

De CAUSSENS du BOUSEL (Michel), né le 21 sept. 1757.

Sous-Lieutenants.

De PUJOL (Charles-Emanuel-Jean-Denis), né le 21 juin 1757.

De la CROIX (Jean), né à Sainte-Croix-du-Mont, le 15 avril 1759.
De PARFOURU de JOUVEAU (Jacques-Marcel), né le 23 sept. 1761.
De BRUGES (Louis-André-Hyacinthe), né le 26 août 1761.
BROSSIER de BESSENAY (Claude-Christophe), né à Lyon, le 2 nov. 1760.
De RAMBOS de la FITTE de MONTEGUT (Antoine-Jean).
De FABARS (François-Joseph-Alexandre).
De COQUET (Gabriel-François). Blessé aux combats du 9 ou du 12 avril 1782, livrés par M. le comte de Grasse.
De ROUILHAN (Jean-Claude), né le 9 oct. 1761. Capitaine et chevalier de Saint-Louis à sa rentrée en France.
CAILLIOU de la FORGERIE (Jean-François). Tué aux combats du 9 ou du 12 avril 1782 donnés par M. le comte de Grasse.
DU BUQ de MARCUSSY (Abraham).
PORTAL de MOUX (Pierre-Christophe). Tué au combat du 12 avril 1782, livré par M. le comte de Grasse.
CHAUSSEPIED (Michel), né à Brion en 1733. Bonne conduite à York.
DAGNE de la VOUTE (Charles-René), né le 3 juill. 1761.
BERARD de MAURAIGE (Christophe-Philippe). A eu la jambe gauche cassée à l'affaire de Savannah le 9 oct. 1780, est resté sur le champ de bataille et a été pendant quatre mois prisonnier de guerre dans les hôpitaux ennemis.
GOUZIE (Maurice), né à Castelnaudary, en 1757. Bonne conduite à York; tué à Saint-Christophe en févr. 1782.
De MONTLONG (Sébastien), né à Lyon, le 15 juill. 1758. Bonne conduite à York; tué au siège de Saint-Christophe en 1782.
PREVOST (Pierre Dominique), né à Bruxelles, le 3 avril 1739. A fait toutes les campagnes d'Amérique de 1776 à 1783.
De LAUMONT (Marie-Robert), né au fond de l'Île à Vache [Île de Saint-Domingue], en 1762. Blessé au siège d'York en 1781.

RÉGIMENT DE GATINAIS.

(ROYAL-AUVERGNE)

Par ordonnance du 25 mars 1776, le régiment d'Auvergne avait été partagé en deux. Les 1er et 3e bataillons étaient restés d'Auvergne; les 2e et 4e bataillons avaient formé le régiment de Gâtinais. C'est ce dernier qui reçut, en 1781, le nom de Royal-Auvergne.

Les colonels de ce régiment, ou mestres de camp, furent successivement:

1° Le marquis de CAUPENNE (Louis-Henri), 15 avril 1776;
2° Le comte de BRIEY DE LANDRES (Jean-Gabriel), 9 mai 1778;
3° Le marquis de ROSTAING (Jean-Antoine-Marie-Germain), 27 octobre 1778;
4° Le vicomte de ROCHAMBEAU (Donatien), 1er juillet 1783;
5° De TOURVILLE (Charles-Bertin-Gaston CHAPUIS), 25 juillet 1791;
6° De FONTBONNE (Alexandre-Louis), 8 juillet 1792.

Pour se distinguer d'Auvergne, Gâtinais prit le collet jaune et les boutons blancs. Ses drapeaux furent noirs et violets, ces couleurs disposées comme dans les drapeaux du régiment d'Auxerrois.

Le 2e bataillon qui était à la Martinique depuis le 20 novembre 1775, passa en 1777 à Saint-Domingue. Le 1er bataillon, qui était allé à Calais en juin 1776, partit à la fin de cette année pour Bordeaux et s'y embarqua, le 25 septembre 1777, pour rejoindre le 2e bataillon. Le régiment resta en garnison au Cap jusqu'en 1779. Cette

année, il fut mis à bord de la flotte du comte d'Estaing et se trouva, du 15 septembre au 20 octobre, au siège de Savannah. Les compagnies de chasseurs se couvrirent de gloire, le 9 octobre, à l'attaque des retranchements. Elles avaient pris pour mot d'ordre et de ralliement *Auvergne* et *d'Assas*. Le sous-lieutenant LEVERT entra le premier dans les retranchements, dont les défenseurs étonnés de tant d'audace, prirent la fuite en jetant leurs armes. Les Anglais cependant revinrent bientôt plus nombreux, et ces braves compagnies restées sans appui, ayant perdu la moitié de leur effectif, furent obligées de reculer. Elles se retirèrent en bon ordre, emportant leurs morts et leurs blessés, parmi lesquels étaient le vicomte de BÉTHIZY, colonel en second, percé de trois coups de feu à la main gauche, au bras droit et dans le ventre; le capitaine SIREUIL, frappé d'un biscaïen au côté; le capitaine de FOUCAULT, renversé par le souffle d'un boulet; le lieutenant de JUSTAMONT, tué raide; le chevalier de la ROCHE-NEGLY, qui avait reçu un biscaïen à la tête et qu'on fut obligé de trépaner; et le chevalier de TOURVILLE, qu'une balle avait traversé du téton droit à l'épaule. Le sous-lieutenant LEVERT avait eu ses habits criblés de balles.

Après la levée de ce siège, Gâtinais retourna au Cap, et en 1781, il fit partie du corps d'armée que le marquis de Saint-Simon conduisit aux États-Unis pour renforcer l'armée de Rochambeau. Il prit une part glorieuse au siège d'York-Town et à la capitulation de lord Cornwallis. Le 14 octobre, avec Royal-Deux-Ponts, et sous les ordres du lieutenant-colonel de LESTRADE, il attaqua avec une extrême bravoure et emporta d'emblée les deux redoutes de la gauche des retranchements. Le capitaine de chasseurs de SIREUIL fut encore blessé et cette fois très grièvement avec deux autres officiers. Après la victoire, Washington, en exprimant sa reconnaissance et son admiration aux généraux français, leur prit d'offrir en son nom aux régiments Gâtinais et Royal-Deux-Ponts les trois pièces de canon qu'ils avaient enlevées dans les redoutes. Gâtinais se rembarqua peu après et revint à Saint-Domingue.

Une ordonnance du 11 juillet 1782 changea le nom du régiment et lui donna, en récompense de sa belle conduite en Amérique, le titre de Royal-Auvergne. Cette faveur fut accordée au régiment sur la demande du comte de Rochambeau, qui au siège d'York Town, au moment d'une attaque décisive, s'adressant aux grenadiers de Gâtinais, leur avait dit: "Enfants, montrez que Gâtinais et Auvergne c'est tout un." Les Grenadiers jurèrent de se faire tuer jusqu'au dernier pour mériter qu'on leur rendît le titre d'Auvergne.

En 1791, Royal-Auvergne devint le 18ᵉ d'infanterie, puis fut licencié en 1794. Le 18ᵉ d'infanterie actuel, qui lui fait suite, est en garnison à Pau.

JUSTE-ANTOINE-HENRY-MARIE-GERMAIN, Marquis DE ROSTAING, Colonel.

[Translation.]

RÉGIMENT DE GATINAIS.

(ROYAL-AUVERGNE.)

By the ordonnance of March 25, 1776, the regiment d'Auvergne was split in two. The first and third battalions remained as d'Auvergne; the second and fourth battalions formed the regiment de Gâtinais. It was the last which in 1781 received the name of Royal-Auvergne.

The Colonels of this regiment, or mestres de camp, were successively:

(1) The Marquis de CAUPENNE (Louis-Henri), 18th April, 1776;
(2) The Count de BRIEY DE LANDRES (Jean-Gabriel), 9th May, 1778;
(3) The Marquis de ROSTAING (Jean-Antoine-Marie-Germain), 27th October, 1778;
(4) The Viscount de ROCHAMBEAU (Donatien) 1st July, 1783;
(5) De TOURVILLE (Charles-Bertin Gaston CHAPUIS), 25th July, 1791;
(6) De FONTBONNE (Alexandre-Louis), 8th July, 1792.

To distinguish itself from d'Auvergne, Gâtinais adopted a yellow collar and white buttons. Its colors were black and violet, these colors being arranged as in the flags of the regiment d'Auxerrois.

The second battalion, which was at la Martinique since November 20, 1775, went to Saint-Domingo in 1777. The first battalion, which was at Calais in June, 1776, left at the end of that year for Bordeaux, and there embarked the 25th September, 1777, to rejoin the second battalion. The regiment remained in garrison at the Cape until 1779. That year it was placed on board of vessels of the fleet of Count d'Estaing, and the 15th September to 20th October was at the siege of Savannah. The companies of chasseurs covered themselves with glory, the 9th of October, at the attack on the retrenchments. They took for *mot d'ordre* and rally *Auvergne* and *d'Assas*. The sublieutenant LEVERT was the first to enter the entrenchments, whose defenders, astonished at such audacity, fled, throwing away their arms. The English, nevertheless, returned more numerous, and the brave companies, without support, having lost the half of their number, were obliged to retire. They withdrew in good order, carrying off their dead and wounded, among whom the Viscount de BÉTHIZY, colonel second, with

three wounds, in the left hand, the right arm, and in the stomach; Captain SIREUIL, wounded with a *biscaïen* in the side; Captain de FOUCAULT, knocked down by the wind from a cannon ball; Lieutenant de JUSTAMONT, killed outright; Chevalier de la ROCHE-NEGLEY, who had received a *biscaïen* shot in the head and who they trepanned; Chevalier de TOURVILLE, wounded by a ball which passed from the right breast (*téton*) to the shoulder; sublieutenant LEVERT had his clothes riddled with bullets.

After the siege was raised, Gâtinais returned to the Cape, and in 1781 it was made a part of the corps d'armée which the Marquis de Saint Simon led to the United States to reinforce Rochambeau. It took a glorious part in the siege of Yorktown and the capitulation of Lord Cornwallis. The 14th October, with the Royal Deux-Ponts and under Lieutenant-colonel de Lestrade, it attacked with extreme bravery, and carried at the first offset, two redoubts on the left of the works. Captain Sireuil, of the chasseurs, was again wounded, this time very seriously, with two other officers. After the victory, Washington, in expressing his reconnaissance and admiration to the French generals, begged them to offer in his name to the regiments Gâtinais and Royal-Deux-Ponts the three pieces of cannon which they had captured from the redoubts. Gâtinais reembarked soon after and returned to Saint-Domingo.

An ordonnance of the 11th July, 1782, changed the name of the regiment and gave it, in recognition of its splendid conduct in America, the title of the Royal-Auvergne. That favor was accorded the regiment at the request of Count Rochambeau, who, at the siege of Yorktown, at the moment of a decisive attack, addressing himself to the grenadiers de Gâtinais, said: "Boys, show that Gâtinais and Auvergne are one." The grenadiers swore to be slain, even to the last man, to merit that they be given back the title of Auvergne.

In 1791 Royal-Auvergne became the eighteenth infantry, then was discharged in 1794. The eighteenth infantry, which has now succeeded, is in garrison at Pau.

JUSTE-ANTOINE-HENRY-MARIE-GERMAIN, Marquis DE ROSTAING, Colonel.

ÉTAT-MAJOR.

Colonel commandant.

Le marquis de ROSTAING (Juste-Antoine-Henry-Marie-Germain). Le grade de brigadier lui a été conféré, le 5 déc. 1781, pour s'être distingué à la prise d'York.

Colonel en second.

Le vicomte de BETHISY (Jacques-Eléonor), né à Calais, le 4 déc. 1748. Blessé grièvement à Savannah en 1779.

Lieutenant-colonel.

De l'ESTRADE (Claude), né au Puy [Velay], le 5 avril 1730. Brigadier par distinction, le 5 déc. 1781, pour ses actions courageuses à Yorck, en Virginie.

Major.

CHAPUIS de TOURVILLE (Charles-Bertin-Gaston), né à Hettange-la-Grande, le 4 janv. 1740. Bons services en Amérique où il a fait près d'un an les fonctions de major-général.

Quartier-maître trésorier.

VAUDRIME (François), né à Avaucboux, le 7 sept. 1735. Rang de capitaine, le 16 nov. 1783.

Capitaines.

De LALBENQUE (Jean-François), né le 23 déc. 1730, à La Tour [Quercy]. Fait prisonnier au combat du 12 avril 1782, sur le vaisseau l' "Hector."

Le chevalier de ROUVERIE de CABRIERES (Charles), né à Nîmes, le 5 janv. 1741. A reçu le croix de chevalier de Saint-Louis, pour sa bonne conduite à Yorck.

De VACHON (Pierre-Charles-François), né le 12 avril 1742, à Retournac [Velay]. A reçu la croix de chevalier de Saint-Louis, le 5 déc. 1781, pour la prise d'Yorck.

De CHAUMONT (Pierre-Alexandre), né le 25 mars 1740, au Petit Mesnil (Champagne). Retraité le 13 nov. 1781.

De SIREUIL (Jean-Jarien), né le 25 déc. 1742, à Limenil [Perigord]. Blessé à Savannah et à York; mort à l'hôpital de Williamsbourg le 29 déc. 1781 (suite de ses blessures).

DUDROT (Marc-Antoine), né à Charleville, le 16 janv. 1743. Fait chevalier de Saint-Louis, le 5 déc. 1781, pour la prise d'York.

DOMERGUE de SAINT-FLORENT (François-Isaac), né à La Coupe [Languedoc], en 1742. Fait chevalier de Saint-Louis, le 5 déc. 1781, pour sa bonne conduite à Yorck.

La BORDE de PECOMME (Jean-François), né à La Bastide [Armagnac], le 7 févr. 1743. Fait chevalier de Saint-Louis, le 5 déc. 1781, pour la prise d'Yorck.

De LANGON (Jean-Jacques), né à Aire [Guyenne], le 14 févr. 1737. Fait chevalier de Saint-Louis, le 5 déc. 1781, pour sa bonne conduite à Yorck.

De COUSSOT (Joseph-Henry).

LEMUET de BELOMBRE de JUSSY (Louis-Stanislas), né à Auxerre, le 6 janv. 1744. Mort le 15 nov. 1781.

De FOUCAULT (Jean-Simon-David), né à l'Ile de Ré, le 26 févr. 1741. Blessé à Savannah.

De BELCASTEL (Mathieu-Sébastien), né à Sarrelouis, le 13 févr. 1745. Mort à Saint-Domingue le 7 janv. 1780.

Le chevalier de BORDENAVE (Jean-Ignace), né au Mont-de-Marsan, le 13 déc. 1742. Fait chevalier de Saint-Louis, le 5 déc. 1781, pour la prise d'Yorck.

De VILLELONGUE de SAINT-MOREL (Aliénasse-François-Anne-Nicolas), né à Saint-Marcel, le 20 mars 1748.

Le chevalier d'ASSAS (Louis-André), né à Alais, le 2 avril 1749. Nommé à la majorité du régiment du Cap à Saint-Domingue, le 25 mai 1787.

De MASCARON (Philippe-Louis-Beau), né à Vauvert [Languedoc], le 22 janv. 1744. Belle conduite à Yorck.

De MOLIERES (André-Louis-Florent), né à Chambly [Diocèse de Beauvais], le 17 déc. 1749. Bonne conduite à Yorck.

CARRERE de LOUBERE (François), né au Mont-de-Marsan, le 4 mai 1750. Bonne conduite à Yorck.

Le chevalier de VILLENEUVE de BERTHELOT (Augustin-Clément), né à Resigné [Anjou], le 19 août 1750. Mort en 1781 des blessures qu'il a reçues au siège d'York.

De FONTBONNE (Alexandre-Louis), né à Etoile [Dauphiné]. Capitaine commandant en 1786.

Le chevalier de CHALENDAR (Jean-Baptiste-Marguerite), né à Bounal [Diocèse du Puy], le 16 avril 1751. Belle conduite à York; fait prisonnier au combat du 12 avril 1782, sur le vaisseau "Le Caton."

De LA MORRE de VILLE AUX BOIS (Claude-Antoine), né à Bar-le-Duc, le 5 mai 1757. Capitaine en second en 1786.

De LA ROCHENEGLY (Gabriel-François), né à Chamblas, le 4 oct. 1757. Blessé à Savannah; fait prisonnier au combat du 12 avril 1782, sur le vaisseau "Le Caton."

Lieutenants.

Du BROCA (Pierre), né à Cazalis [Guyenne], le 14 mai 1751.

BOISLEVE du PLANTYS (Anne-Pierre), né à Blou [Diocèse d'Angers], le 3 janv. 1751. Capitaine en second, le 14 nov. 1781.

De CHABOT (René), né à Vendôme, le 3 oct. 1754. Tué le 30 sept. 1780, sur la frégate marchande "l'Espérance de Bordeaux," en rentrant en France.

De BASQUIAT (François-Léonard), né à Saint-Sever, le 29 janv. 1747. Capitaine en second le 16 nov. 1781.

Gatinot (Jean-Julien), né à Quinsac [près Bordeaux] (1755), S. 18 févr. 1776, congédié le 12 août 1783.

Vincent (Victor), né à Saint-Chef [Dauphiné] (1756), S. 17 mai 1776, mort le 26 févr. 1780.

Deschamps (Jacques), né à Aussay [Poitou] (1759), S. 15 nov. 1776, R. pour 8 ans le 7 sept. 1780.

Chapiers (Henry), né à Nevers (1759), S. 31 déc. 1775, resté au régiment du Cap le 30 avril 1783.

Beaudouin (Antoine), dit La Victoire, né à Rocherville [près de Chartres] (1757), S. 9 août 1779, mort en mer le 7 juill. 1783.

Desprès (Jean-Baptiste), dit Cœurderoy, né à Valenciennes (1762), S. 13 oct. 1775, congédié le 17 févr. 1784.

Nay (René), dit Le Guerrier, né à Angers (1760), S. 25 nov. 1776, congédié le 8 mai 1783.

Batz (Joseph), dit Tranchemontagne, né à Miron [Basse Guyenne] (1759), S. 15 août 1777.

Lambleau (Nicolas), dit Vadeboncœur, né à Reims (1762), S. 12 avril 1778.

Boulanger (Benoît), dit Forcéville, né à Beauvais (1756), S. 1er août 1779, congédié le 1er nov. 1782.

Pellerin de Chanteroux (Louis-Jean-François), dit Sans-Souci, né à Compiègne (1758), S. 1er mai 1780, mort le 25 août 1780.

Marcin (Paul), dit La Violette, né à La Chaize [Nivernois] (1752), S. 24 déc. 1770, congédié le 19 nov. 1783.

Bonnot (René), dit Bellerose, né à Saint-Jean [Bourbonnais] (1752), S. 21 oct. 1775, congédié le 8 mai 1783.

Chamois (Claude-Denis), dit Branche d'Or, né à Arnay [Franche-Comté] (1761), S. 18 janv. 1778, mort en Virginie le 8 nov. 1781.

Vesier (Antoine), né à Arson [Picardie] (1747), S. 1er août 1779, resté au régiment du Cap le 30 avril 1783.

Stoudert (Claude), né à Lyon (1752), S. 27 déc. 1767, tué à Yorck le 14 oct. 1781.

Legras (Louis-François), né à Chanmont [Vexin] (1746), S. 9 août 1779.

Bediaux (Pierre), né à Paris (1749), S. 8 oct. 1766, congédié le 11 août 1783.

Lefevre (Joseph), dit Vive Le Roi, né à Neuvilly [près Cambrai] (1761), S. 7 nov. 1778.

Georges (Jacques), dit La Girofiée, né à Cublaise [Beaujolais] (1761), S. 12 déc. 1780, congédié le 5 janv. 1782.

Parmentier (Louis), né à Saint-Jean-aux-Bois [près Compiègne] (1757), S. 18 avril 1775.

Caramoussa (Pierre), dit La Tempête, né à Revel [Languedoc] (1760), S. 6 sept. 1777, mort le 18 août 1782.

Abert (Honoré), dit Belle Lune, né à Brignoles [Provence] (1753), S. 29 avril 1773.

Peignon (François), né à Dol [Bretagne] (1757), S. 2 févr. 1777, blessé à Yorck en 1781.

Paulmier (Jean-Alexandre), né à Nemours [près Paris] (1753), S. 5 déc. 1772, congédié le 1er nov. 1782.

Renard (François), dit Divertissement, né à Chessy-la-Braye [Champagne] (1756), S. 21 nov. 1774, mort le 9 août 1782.

Bechelet (Jean), dit Belair, né à Rouen [Normandie] (1754), S. 30 mars 1773, resté au régiment du Cap le 30 avril 1783.

Gabriel (Armand), dit Latendresse, né à Lerré [près Munster, Westphalie] (1753), S. 12 juill. 1781.

Fraisse (Jean), dit Fine Lame, né à Montauban [Quercy] (1750), S. 24 janv. 1768, resté au régiment du Cap le 30 avril 1783.

Pascal (Jean-Baptiste), né à Seigne [près Mende] (1757), S. 12 oct. 1776, resté au régiment du Cap le 30 avril 1783.

Jourdan (Claude-Etienne), né à Romans [Dauphiné] (1759), S. 12 janv. 1776, congédié le 13 mai 1783.

Lépicier (François), dit Printemps, né à Ballancourt [Bourgogne] (1760), S. 31 août 1778.

Béchain (Claude), né à Sarrelouis [Lorraine] (1751), S. 2 mai 1777, mort le 1er oct. 1782.

Bonnet (Joseph), né à Saint-Jean-de-Tavaillon [Dauphiné] (1757), S. 7 sept. 1776, mort le 31 août 1782.

Barré (François), né à Saint-Antoine [Dauphiné] (1754), S. 10 mars 1771, mort le 13 févr. 1784.

Maugnot (Joseph), né à Besançon (1749), S. 15 mars 1771, congédié le 11 août 1783.

Mormiche (Hilaire), dit Le Juste, né à Josnes [près Orléans] (1756), S. 17 mai 1776.

Chambon (Louis), né à Bourges (1753), S. 5 sept. 1773, congédié le 11 août 1783.

Tournier (Hilaire), né à Cirey [Franche-Comté] (1750), S. 1er janv. 1776, congédié le 27 janv. 1784.

Fabry (Jean-Baptiste), dit La Verdure, né à Chaoury [Bourgogne] (1760), S. 6 nov. 1776, resté au régiment du Cap le 30 avril 1783.

Buriat (Jacques), né à Saint-Paterne [près Nevers] (1752), S. 7 oct. 1769, resté au régiment du Cap le 30 avril 1783.

Masson (Jacques), né à Châteaudun [Beauce] (1758), S. 26 oct. 1775, congédié le 28 oct. 1783.

Mathieu (Jacques-René), dit Le Souverain, né à Neuilly-sur-Marne (1758), S. 3 mai 1775, congédié le 11 mai 1783.

Guillaumont (Pierre), dit Versailles, né à Versailles (1754), S. 15 avril 1775, congédié le 11 août 1783.

Spassime (Joseph), né à Malagnac [près Millau] (1755), S. 18 janv. 1778, resté au régiment du Cap le 30 avril 1783.

Crispin (Joseph), dit Montpellier, né à Chambeauzil-de-Pétouin [Languedoc] (1763), S. 22 nov. 1778, resté au régiment du Cap le 30 avril 1783.

Terrier (Claude), né à Saint-Just [Bresse] (1755), S. 13 nov. 1771, congédié le 14 nov. 1783.

Castenet (Philippe-Jacques), né à Strasbourg (1749), S. 1er avril 1764, congédié le 1er avril 1784.

Gaucher (Louis-Joseph), né à Lyon (1761), S. 13 juin 1776, congédié le 13 juin 1784.

Ordentiaux (Guillaume), dit Berry, né à Leré [Berry] (1758), S. 26 avril 1776, congédié le 26 avril 1784.

D'Equen (Pamphile), né à Villers-Cotterets [près Soissons] (1752), S. 18 mai 1775, congédié le 10 avril 1784.

Compagnie de Cabrières.

Gatette (Jean), né à Tissey [Bourgogne] (1738), S. 18 avril 1756, parti pour la pension le 13 mars 1781.

Humbert (Louis-François), né à Essonnes [près Paris] (1745), S. 14 sept. 1772, congédié le 11 août 1783.

Billy (Georges), né à Mulhausen [Alsace] (1729), S. 21 avril 1766, mort le 14 févr. 1781.

Guenard (Pierre), né à Aillevillers [Comté] (1744), S. 22 avril 1765, mort le 6 nov. 1781.

Rouzet (Pierre), né à Rogecdur [Languedoc] (1750), S. 25 nov. 1763.

La Lance (Bugnes), né à Besançon (1754), S. 12 mars 1770.

Laborde (Joseph), né à Saint-Géry [Guyenne] (1740), S. 29 janv. 1761, R.

Degouy (Charles), né à Argenteuil [près Paris] (1747), S. 21 oct. 1766, R. pour 8 ans le 13 nov. 1772.

Vasseur (Charles), né à Amiens (1749), S. 14 nov. 1767, passé sergent-major le 24 août 1783.

Brochet (Nicolas), né à Aillevillers [Comté] (1750), S. 17 mars 1769, congédié le 18 mars 1784.

Mayette (Michel), né à Seigne [Lorraine Allemande] (1741), S. 7 janv. 1769.

Lacroix (Nicolas), né à Fays-Billot [Bourgogne] (1752), S. 15 mai 1769, R. pour 8 ans en 1774.

Marin (Paul), né à La Chaise [près Nevers] (1752), S. 24 déc. 1770, passé aux grenadiers le 6 juill. 1780.

Courbille (Pierre), né à Mametz [près Soissons] (1753), S. 1er avril 1773.

Lecoin (Jean), né à Lagny [Champagne] (1751), S. 7 juin 1772, R. pour 8 ans le 9 oct. 1776.

Daron (Nicolas), né à Vermandovillers [Picardie] (1756), S. 17 janv. 1773, congédié le 11 août 1783.

Lavignette (Nicolas), né à Réville [Lorraine] (1752), S. 30 juin 1773, resté au régiment du Cap le 30 avril 1783.

Finafrock (Pierre), né à Saarwerden [Alsace] (1756), S. 9 janv. 1774.

Artaux (Jacques), né à l'Etoile [Dauphiné] (1756), S. 6 avril 1774.

Rousillon (François), né à Saint-Sulpice [près Nevers] (1754), S. 19 nov. 1774, passé caporal le 11 janv. 1780.

Leroux (Jean), né à Die [Dauphiné] (1764), S. 13 déc. 1774, congédié le 28 avril 1784.

Liotard (Etienne), né à Bollène [près Avignon] (1764), S. 27 mars 1775, congédié le 11 août 1783.

Parmentier (Louis), né à Saint-Jean-aux-Bois [près Compiègne] (1751), S. 18 avril 1775.

Guillot (Pierre), né à Vitré [Bretagne] (1749), S. 30 avril 1775, congédié le 10 août 1783.

Thomas (François), né à Charleville [Champagne] (1751), S. 4 mai 1775, congédié le 8 mai 1783.

Varsin (Thibault), né à Baugy [Berry] (1755), S. 7 déc. 1776.

Servier (François), né à Bourges (1755) S. 11 déc. 1775, congédié le 11 déc. 1783.

Lafranchise (Joseph), né à.... [Bas-Hainaut] (1759), S. 24 janv. 1776, congédié le 24 janv. 1784.

Labarre (Louis), né à Venette [Picardie] (1759), S. 1er avril 1776, mort le 18 avril 1780.

Saunier (Bernard), né à Villeneuve-le-Roi (1760), S. 17 avril 1776, mort le 1er sept. 1782.

Thiefry (Augustin), né à Condé [Hainaut] (1759), S. 24 avril 1776.

Ferray (Joseph), né à près Cambrai (1758), S. 10 août 1776, passé caporal le 4 août 1780.

Coté (Antoine), né à Laviennes [Bugey] (1729), S. 15 oct. 1755, parti pour la pension le 5 janv. 1782.

Vivier (Jean), né à Moulins (1759), S. 7 sept. 1776.
Jobert (Etienne), né à Saint-Aigne (1760), S. 7 sept. 1776, tué à Savannah le 10 oct. 1779.
Lode (Pierre), né à Rosey [Picardie] (1750), S. 16 sept. 1776.
Ete (Jean-Baptiste-Alexandre), né à Amiens (1752), S. 30 sept. 1776.
Le Port (Jacques), né à Serv [Bourgogne] (1757), S. 5 oct. 1776.
Raymond (Charles), né à Nouaville [Angoumois] (1759), S. 25 oct. 1776, blessé à York mort en Virginie en 1781.
Nouveaux (Jean), né à Mansle [Saintonge] (1758), S. 28 oct. 1776.
Lion (Claude), né à Nîmes (1760), S. 3 déc. 1776.
Missl (Pierre), né dans le Languedoc (1750), S. 15 janv. 1777, mort le 25 juin 1780.
Jusserand (Nicolas), né à Issoudun [Berry] (1758), S. 21 janv. 1777, resté au régiment du Cap le 30 avril 1783.
Vesinet (Alexandre), né à Aire [Languedoc] (1754), S. 15 janv. 1777.
Duich (Jean-Baptiste), né à Orthevielle [Gascogne] (1759), S. 10 févr. 1777, passé caporal le 16 juill. 1781.
Leturjon (Joseph), né à Ballon [Touraine] (1759), S. 14 sept. 1777.
Lafargue (Jean), né à Eyregave [Basse-Guyenne] (1757), S. 17 sept. 1777, congédié le 4 mars 1784.
Allech (Jean-Pierre) né à Tonneins [Agenois] (1759), S. 8 mars 1777, congédié le 20 nov. 1783.
Brun (Toussaint), né à Agny (1759) S. 5 avril 1777.
Labadie (François), né à Baculs [Languedoc] (1759), S. 10 avril 1777.
Boisset (Antoine), né à Nîmes (1752), S. 15 avril 1760, R. pour 8 ans le 6 juin 1776.
Magne (Louis), né à Le Puy (1758), S. 3 mai 1777, mort le 8 avril 1782.
Grégoire (Pierre), né à Lyon (1758), S. 11 mai 1777, congédié le 28 mai 1784.
Thomas (Pierre-Vincent), né à Evaux [Poitou] (1758), S. 22 mai 1777.
Daremont (Jean), né près de Dax [Guyenne] (1753), S. 15 juin 1777.
Laite (Jean), né à Beaumarchais [Gascogne] (1746), S. 18 juin 1777.
Gudot (Mathieu), né près d'Auch [Gascogne] (1761), S. 30 juill. 1777.
Ferrou (Jean-Baptiste), né à Paris (1741), S. 9 mai 1769 R. pour 8 ans le 25 août 1777.
Moligay (Pierre), né à Auvillars [Gascogne] (1763), S. 21 août 1777.
Jettrot (Pierre), né à Bordeaux (1760), S. 21 août 1777.
Darmandioux (Jean), né à Agimont [Guyenne] (1757), S. 23 juin 1777.
Doberte (Jean), né à Langeas-en-Plaine (1758), S. 30 août 1777, tué à Savannah le 24 sept. 1779.
La Borde (Jean), né à Saint-Sever [Guyenne] (1755), S. 3 sept. 1777.
Vaudamé (Michel), né à Bruxelles [Brabant] (1749), S. 3 sept. 1777.
Giraud (Joseph), né à Saint-Macaire [Poitou] (1755), S. 15 sept. 1777, tué à York le 14 oct. 1781.
Courrier (Jean), né à Toulouse (1754) S. 16 déc. 1777, resté au régiment du Cap le 30 avril 1783.

Dufiou (Jean-Louis), né à Paris (1752), S. 18 janv. 1778, congédié en nov. 1783.
Mesnard (Jacques), né à Saint-Martin d'Abbois [Champagne] (1751), S. 08 janv. 1778.
Daroy (Bertrand), né à Agimont [Guyenne] (1760), S. 18 janv. 1778, mort en Virginie le 13 nov. 1782.
Joannes (André), né à Grand Chantilly [près Paris] (1760), S. 12 avril 1778, mort en 1779.
Gadot (Georges), né à Toux [Bourgogne] (1759), S. 12 avril 1778, mort le 25 mai 1781.
Garat (Joseph), né à Limoges (1762), S. 12 avril 1778, mort le 10 août 1779.
Duval (Michel), dit Joliceour, né à Paris (1759), S. 1er avril 1779, mort le 21 avril 1780.
Berno (Jean-Baptiste), dit Belle Fleur, né à Villers-Chemin [Franche-Comté] (1760), S. 1er avril 1779, mort le 1er juill. 1780.
Champy (François), dit La Tulipe, né à Sermine [Brie] (1761), S. 1er août 1779, rentré en 1781.
Forestier (Joseph), dit Bellerose, né à Valenciennes (1756), S. 1er août 1779, mort le 19 mars 1780.
Michou (Etienne), né à Nîmes (1760), S. 5 août 1779, congédié le 11 nov. 1782.
Cochoix (Philippe), dit Charlemagne, né à Rouen (1761), S. 9 août 1779, mort le 28 avril 1780.
Bonnet (Jean), dit Sans Souci, né à Monestier de Clermont [Dauphiné] (1760), S. 1er août 1779, mort le 31 juill. 1780.
Jussy (Joseph), né à Besançon (1754), S. 12 mars 1770, congédié le 15 mai 1781.
Dupas (Pierre-Claude), né à Beauvignies [Flandre] (1760), S. 22 févr. 1776, congédié le 22 févr. 1784.
Piou (Pierre), dit Bellehumeur, né à Cassignol [Berry] (1741), S. 9 févr. 1756, parti pour la pension le 11 août 1783.
Léonard (Jean), dit Berlin, né à Colmar [Alsace] (1745), S. 14 janv. 1762, mort le 27 oct. 1782.
Delaye (Mathias), dit Dubuisson né à Arras (1749), S. 1er janv. 1775, mort le 30 déc. 1782.
Deshayes (François), dit Fleur d'Epine, né à Orbec [Normandie] (1758), S. 2 févr. 1778, mort le 1er nov. 1781.
Blanchard (Etienne-Louis) dit Monte au Ciel, né à Paris (1754), S. 6 juin 1775, congédié le 11 août 1783.
Biat (Jean), dit Prêt à Boire, né à Pargny [Champagne] (1752), S. 28 oct. 1775, mort le 30 juill. 1782.
Lamarre (Antoine), dit Sans Regret, né à Versailles (1758), S. 26 avril 1778, congédié en nov. 1783.
Daussent (Pierre), dit Belle Rose, né à Paris (1763), S. 22 avril 1780, mort le 15 oct. 1781.
Hervé (Michel), dit Laverdure, né à Saint-Aignan-sur-Ballon [Maine] (1761), S. 12 juill. 1780, mort le 6 déc. 1781.
Vincent (Louis-Marie), dit Clermont, né à Sainte-Menehould [Champagne] (1748), S. 28 août 1778, réformé en nov. 1783.
Brugnot (Jean-Baptiste), dit Monzac, né à Mehangen [Lorraine] (1760), S. 30 avril 1776, mort le 2 janv. 1782.
Wandreweck (Amand), né à Lille-en-Flandre (1754), S. 14 mars 1774, mort le 11 nov. 1781.
Trisal (Nicolas), dit Lafable, né à Gelerac [Auvergne] (1752), S. 15 janv. 1772, mort le 17 janv. 1782.

Dumas (Louis), dit Beausoleil, né à Calvisson [Languedoc] (1763), S. 4 juin 1779, resté au régiment du Cap le 30 avril 1783.
Mathieu (Jean), dit L'Eveillé, né à Le Puy-en-Velay (1741), S. 14 juill. 1781.
Petit (Jean), dit La Ramée, né à Saint-Amand [Berry] (1754), S. 21 juin 1781, congédié le 4 mars 1784.
Delubre (Louis), dit Bontemps, né à Hirson (1754), S. 9 oct. 1777, mort le 24 oct. 1782.
Langlez (Albert-Joseph), dit La Lancette, né à Béthune [Artois] (1763), S. 2 janv. 1781.
Dex (Pierre-Louis-Joseph), dit Sans Quartier, né à Carniers [Artois] (1761), S. 21 janv. 1781, mort le 5 oct. 1782.
Patian (Jean-Maurice), dit La Bonté, né à Saint-Maurice-sur-Laveron [Orléanais] (1758), S. 27 févr. 1776, mort le 21 sept. 1782.
Dubail (Antoine), dit Bon Retour, né à Fontenelle [Thierache] (1758), S. 2 oct. 1776, congédié en nov. 1783.
Molton (Joseph), dit La Fleur né à Douai (1754), S. 1er nov. 1774, mort le 15 déc. 1782.
Boudier (Etienne), né à Chaumigny [Brie] (1762), S. 26 août 1780, mort le 4 juill. 1782.
Le Comte (Marin), né à Gaumirvé [Maine] (1760), S. 19 avril 1777, mort le 15 déc. 1782.
Fregneau (Jean-Baptiste), dit L'Enfer né à Cizé [Saintonge] (1762), S. 20 oct. 1780, congédié le 8 mai 1783.
Chatard (Louis), dit Laverdure, né à Villerclès Caguicourt [Artois] (1763), S. 16 déc. 1781, mort le 17 juill. 1782.
Coudat (Martial), né à Legresse [Languedoc] (1756), S. 13 juin 1772, mort le 21 sept. 1782.
Pissot (Lange), dit L'Amour, né à Eclaron [Champagne] (1758), S. 24 nov. 1773, resté au régiment du Cap le 30 avril 1783.
Archambault (Jean), dit Sans Crainte, né à Cussey [Touraine] (1756), S. 8 janv. 1780, resté au régiment du Cap le 30 avril 1783.
Durand (François-Guillaume-Etienne), né à Versoix-en-France [Evêché de Genève] (1756), S. 29 oct. 1778.

Compagnie Dudrot.

Rosier (Michel), né à Avignon (1740), S. 1er mai 1759, passé sergent-major le 16 juill. 1781.
L'Avril (Jacques), né à Villeroy [près Besançon] (1744), S. 19 avril 1759, R. pour 8 ans le 23 avril 1777.
Richard (Alexis), né à Vraincourt [Lorraine] (1747), S. 22 août 1765, mort le 15 avril 1780.
Pincé (Pierre), né à Champ-Bellé [Bretagne] (1734), S. 15 mai 1758, mort le 27 oct. 1780.
Mathieu (Jean), né à Montaigu [Gascogne] (1728), S. 4 mai 1758, parti pour la pension le 5 janv. 1782.
Fourca (Claude), né à Nîmes (1749), S. 3 juill. 1762, mort le 1er mai 1780.
Bulle (Jean-Joseph), né à Besançon (1758), S. 18 déc. 1774, blessé à York, mort en Virginie en 1781.
Le Gros (Pierre), né à Lalobbe [Champagne] (1757), S. 26 mars 1770, passé sergent le 9 août 1776.

Duns (Antoine), né à Montauban (1753), S. 1er févr. 1785, parti pour la pension le 13 mars 1784.

Duroud (Sébastien), né à Besançon (1749), S. 25 janv. 1767, passé sergent le 4 nov. 1783.

Doré (Michel), né à Melun [Brie] (1734), S. 21 mars 1768, mort le 1er août 1782.

Courta (André), né à Clandy-en-Blaisois [près Blois] (1750), S. 15 avril 1771, mort le 30 août 1782.

Dezé (André), né à Dunkerque (1757), S. 10 sept. 1772, tué à York le 14 oct. 1781.

Moulin (Jean-Jacques), né à Géroménil [Lorraine] (1755), S. 21 févr. 1783, passé aux grenadiers le 15 oct. 1781.

Decoune (Louis), né à Méricourt [Picardie] (1753), S. 17 sept. 1773, tué à York le 12 oct. 1781.

Dezé (Antoine), né à Dunkerque (1758), S. 27 janv. 1774, congédié 11 août 1783.

Chenevart (Denis), né à Paris (1752), S. 16 févr. 1775, passé sergent le 16 oct. 1782.

Menexon (Alexis), né à Colombey-les-Eglises [Champagne] (1752), S. 24 juill. 1775, mort le 19 sept. 1780.

Horlier (Antoine), né à Douai (1759), S. 18 oct. 1775.

Bonnot (René), né à Saint-Jean [Bourbonnais] (1752), S. 21 oct. 1775, congédié le 8 mai 1783.

Patrond (Jean), né à Bezennes [Champagne] (1757), S. 3 janv. 1774, congédié le 3 févr. 1784.

Laproutte (Guillaume), né à Loye [Bourgogne] (1757), S. 5 janv. 1776, congédié le 5 janv. 1784.

Le Clerc (Jean), né à Paris (1759), S. 29 janv. 1776, passé sergent le 25 août 1780.

Bise (Charles), né à Douai (1759), S. 3 févr. 1776, mort le 27 juin 1780.

Meugiot (Jean-Baptiste), né à Besançon [Comté] (1760), S. 4 avril 1776, mort le 3 mars 1780.

Boulandin (Claude), né à Nevers (1758), S. 8 août 1776, mort le 20 mars 1779.

Jolly (François), né à Nevers (1753), S. 22 mai 1776, prisonnier le 12 avril 1782.

Tillé (Jean), né à Saint-Denis [près Paris] (1759), S. 15 mars 1775.

Escofier (Pierre), né à Douai (1758), S. 30 sept. 1776, congédié le 2 déc. 1783.

Bretet (Charles-François), né à Troësnes [Picardie] (1750), S. 1er oct. 1776.

Nay (René), né à Neuvic [Guyenne] (1746), S. 25 nov. 1776, congédié le 8 mai 1783.

Brumache (Guillaume), né à Dax [Guyenne] (1757), S. 8 oct. 1776, mort le 27 févr. 1781.

Gazin (François), né à Corbeil [Ile de France] (1758), S. 28 déc. 1776, congédié le 28 oct. 1783.

Paignon (François), né à Dol [Bretagne] (1757), S. 2 févr. 1777, parti le 30 avril 1783 ayant été blessé à Yorck.

Savans (Vincent), né à Cuignac [Gascogne] (1754), S. 21 févr. 1777.

Beruau (Pierre), né à Reims [Champagne] (1760), S. 30 avril 1777, resté au régiment du Cap le 30 avril 1783.

La Parre (Vincent), né à Castillon (1761), S. 15 avril 1777.

Lataude (Ramière), né à Montimare [Basse Guyenne] (1756), S. 5 mai 1777, resté au régiment du Cap le 30 avril 1783.

Léoturd (Jean-Baptiste), né au Puy [Velay] (1759), S. 17 mai 1777.

Hayé (Jean), né à Amont [Gascogne] (1760), S. 3 juin 1777.

Lafargue (Michel), né à Agimont [Gascogne] (1752), S. 23 juin 1777, mort le 13 déc. 1780.

Marceresu (Paul), né à Chaville [Ile de France] (1748), S. 16 janv. 1770, R. pour 8 ans le 27 oct. 1776.

Pachy (Nicolas-Joseph), né à Bie-Féuival [Guyenne] (1761), S. 29 juill. 1777, passé caporal le 16 juill. 1781.

Dubroca (Jean-François), né à Lamienne [Gascogne] (1759), S. 7 août 1777, congédié le 8 mai 1783.

Masson (Hilaire), né à Givet [Hainaut] (1750), S. 26 août 1777, mort en mer le 23 juin 1783.

Butz (Joseph), né à Miron [Basse Guyenne] (1755), S. 15 août 1777.

Berquier (Jean), né à Grenoble [Dauphiné] (1760), S. 20 août 1777.

Monturier (Charles), né à Douai (1734), S. 4 déc. 1764, mort en mer le 7 févr. 1779.

Mousseau (Jean-Antoine), né à Paris (1754), S. 16 déc. 1777, congédié le 28 oct. 1783.

Clavery (Pierre), né à Castillon [Béarn] (1758), S. 19 janv. 1778.

Rousseau (Pierre), né à Chartres (1757), S. 12 janv. 1778, réformé le 20 nov. 1783.

Maréchal (François), né à Chanvirey-le-Château [Franche-Comté] (1749), S. 12 oct. 1766, resté au régiment du Cap le 30 avril 1783.

Vial (François), né à Fougerolles [Comté] (1750), S. 23 août 1760, mort le 9 févr. 1783.

Halou (Jean-Baptiste), né à Mantes [Bretagne] (1760), S. 18 juin 1778.

Toupain (Jean), né à Manosque [Provence] (1753), S. 6 avril 1772.

Tripotin (Antoine), né à Courville [Champagne] (1758), S. 11 avril 1759, parti pour la pension le 1er févr. 1784.

Martin (François), dit La Terreur, né à Gènes [Bourgogne] (1740), S. 1er août 1779, mort en mer le 29 juin 1783.

Gourdin (Antoine), dit La Tulipe, né à Pont-de-Veyle [Bresse] (1758), S. 1er août 1779, congédié le 27 févr. 1784.

Minière (Louis), dit Américain, né au Cap-Français (1756), S. 1er août 1779, mort le 10 juin 1781.

Dégout (Charles-Joachim), dit La Liberté, né à Paris (1750), S. 1er août 1779, mort au Port de Pay le 8 août 1782.

Regner (Pierre-Joseph), dit La Bourgogne, né à Aulot [Bourgogne] (1759), S. 1er août 1779, congédié le 15 mai 1783.

Granger (Jean), dit La Guerre, né à Montbrison [Forez] (1750), S. 1er août 1779, réformé en novembre 1783.

Saut (Toussaint-Joseph), dit Saint-Louis, né à Valenciennes (1761), S. 1er août 1779, congédié le 28 oct. 1783.

Serre (Jean-Pierre), dit Sans Rémission, né à Saint-Michel [Languedoc] (1752), S. 1er août 1779, mort le 19 oct. 1782.

Valour (Benoit), dit Divertissant, né à Saint Pal-de-Mons [Velay] (1752), S. 1er août 1779, mort le 6 août 1780.

Berger (Pierre), dit L'Espérance, né à Bourges (1755), S. 1er août 1779, mort le 23 juin 1780.

Combe (Jean-Baptiste), dit Laforest, né au Val en Forez [près Lyon] (1758), S. 1er août 1779, réformé le 16 déc. 1783.

Julien (Jean), dit Bisefert, né à Gaillac [Rouergue] (1759), S. 1er août 1779, mort le 28 avril 1780.

Martial (Jacquery), dit La Victoire, né au Cap Français [Ile et Côte de Saint Domingue] (1750), S. 1er août 1779, congédié le 8 mai 1783.

Balou (Jean-Baptiste), dit La Douceur, né à Paris (1761), S. 1er août 1779, mort le 27 févr. 1780.

Jolly (François), dit La Gloire, né à Pierrepont [Picardie] (1754), S. 1er août 1779, mort le 12 avril 1780.

Desplantes (Vincent), dit Sans Quartier, né à Marseille (1761), S. 26 juill. 1780, mort le 16 sept. 1782.

Tillion (Jean), dit Fleur d'Epine, né à Liège (1759), S. 21 oct. 1780, mort le 29 déc. 1780.

Renaud (Joseph), dit La Douceur, né à Grenoble [Dauphiné] (1763), S. 28 août 6780.

Melinge (Pierre), né à Saint-Martial-de-Mirambeau [Saintonge] (1748), S. 11 déc. 1780, mort le 1er mars 1781.

Dumey (Pierre), dit Léveillé, né à Limoges (1764), S. 12 févr. 1781.

Clavier (Jean-Baptiste), dit Fleur d'Epine, né à Saint-Plaiot [Provence] (1759), S. 13 févr. 1781.

Escalia (André), dit La Rose, né à Portela [Piémont] (1757), S. 16 mars 1781, resté au régiment du Cap le 30 avril 1783.

Cassebois (Jean), dit Sans Regret, né à Sompuis [Champagne] (1760), S. 16 mars 1781, réformé le 20 nov. 1783.

Terrasse (Simon), né à Landau [Alsace] (1744), S. 6 août 1762, mort le 7 févr. 1782.

Bouché (Jean), dit Bonaventure, né à Martel [Anjou] (1758), S. 1er févr. 1780.

Champeau (Jean-Baptiste), dit Réjoui, né à Auxerre [Bourgogne] (1761), S. 10 déc. 1779, mort le 13 févr. 1782.

Planchenet (Simon), dit Coutances, né à Cenma [Normandie] (1754), S. 22 août 1773, mort le 25 juill. 1782.

Le Berton (Antoine), dit La Générale, né à Paris (1756), S. 3 mars 1776, mort le 13 août 1782.

Grapin (Nicolas), dit L'Aurore, né à Perigny [Bourgogne] (1761), S. 22 mai 1780, mort en Virginie en 1782.

Villette (Léonard), dit Sans Peur, né à Saint-Germain [Limousin] (1736), S. 21 nov. 1767, mort le 10 juill. 1782.

Bareille (Genin), dit Lactionnaire né à Castillon [Guyenne] (1759), S. 6 avril 1778, mort le 2 août 1782.

Riotte (Pierre), dit Bellefin, né à Lyon (1751), S. 23 févr. 1766, mort le 23 oct. 1781.

Marchand (François), dit Belle Fleur, né à Couptrain [Maine] (1763), S. 3 août 1778.

Bouzy (Jacques), né à Paris (1747), S. 18 oct. 1773, congédié le 17 juill. 1781.

Vitré (Jean-Louis), dit Rempart, né à Villiers-Guislain [Cambrésis] (1757), S. 17 janv. 1777, mort en Virginie le 24 nov. 1781.

Moutenot (Jean-Claude), né à Jussey [Franche-Comté] (1755), S. 10 sept. 1776, mort le 24 juin 1782.

Chevalier (Joseph), né à l'Etoile [Dauphiné] (1736), S. 22 nov. 1755, mort en Virginie le 22 nov. 1781.

Chavaillard (Thomas), né à Vouzeron [Berry] (1760), S. 30 oct. 1779, mort en Virginie le 26 nov. 1781.

Nicole (Jean-Baptiste), dit Brisefer, né à Poitiers [Poitou] (1757), S. 16 juill. 1779, mort le 14 nov. 1781.

Béranger (Pierre), dit La Fortune, né à Châteauneuf (1759), S. 1er août 1779, mort le 8 mai 1780.

Jean (Pierre), né à Montreuil-au-Houlme (1757), S. 1er août 1779, mort le 7 déc. 1781.

Garlon (Pierre), dit L'Epine, né à Paris (1759), S. 1er août 1779, mort le 27 nov. 1780.

Garsin (Joseph), dit Sans Chagrin, né à Carpentras (1759), S. 1er août 1779, resté au régiment du Cap le 30 avril 1783.

Winquel (Jean), dit Sans Quartier, né à Steinberg [Allemagne] (1760), S. 1er août 1779, mort le 8 juill. 1780.

Ruffet (François), dit Lafrisure, né à Matignon [Bretagne] (1762), S. 13 sept. 1779.

Gagerd (Nicolas), dit Vadeboncœur, né à Etampes [Beauce] (1755), S. 1er août 1779, parti pour la pension le 31 mars 1784.

Planchon (François), né à Sancerre [Berry] (1749), S. 3 févr. 1776, réformé le 28 oct. 1783.

Boursault (Pierre), né à Reims [Champagne] (1760), S. 30 avril 1777, resté au régiment du Cap le 30 avril 1783.

Roger (Jacques), né à Loches [Touraine] (1762), S. 8 avril 1780, resté au régiment du Cap le 30 avril 1783.

Petit (Pierre), dit Villeneuve, né à Sens [Bourgogne] (1754), S. 7 avril 1777.

Mongeron (Dominique), dit La Bonté, né à Fauvrier [Lorraine] (1756), S. 26 janv. 1778, mort le 19 sept. 1781.

Bega (Nicolas), dit Soissonnais, né à Bezu-le-Querey (1759), S. 22 mars 1778, mort le 20 nov. 1781.

Médoc (Pierre-Joseph), né à Assy-en-Brie [Lorraine] (1762), S. 25 sept. 1780, resté au régiment du Cap le 30 avril 1783.

Poucean (Jean-Claude), né à Tresilly [Comté] (1751), S. 1er juin 1766, mort le 20 nov. 1782.

Dubuc (Denis), né à Rouen (1759), S. 13 oct. 1776, resté au régiment du Cap le 30 avril 1783.

Boyer (Jean-Baptiste), dit Lamoureux, né à Tours (1739), S. 5 déc. 1775, mort le 17 oct. 1782.

Reine (Paul), né à Paris (1752), S. 19 sept. 1778, mort le 8 déc. 1782.

Savart (Germain), dit Francœur, né à Signy [Bourgogne] (1751), S. 23 avril 1764, resté au régiment du Cap le 30 avril 1783.

Jobert (François), dit Dunois, né à La Chapelle [Beauce] (1742), S. 17 nov. 1763, mort au port de Paix en 1782.

Rousy (Charles), né à Courtemanche [Beauce] (1762), S. 5 août 1778, mort le 11 oct. 1781.

Milliot (Gaspard), né à Nancy (1755), S. 17 sept. 1780, mort le 27 sept. 1781.

Pimpras (Etienne), dit Jolicœur, né à Tours (1750), S. 11 nov. 1780.

Blanchard (Guillaume), né à Orléans (1759), S. 6 avril 1776, congédié le 28 févr. 1784.

Bertrand (Laurent), dit Avignon, né à Caromb [Comtat Venaissin] (1758), S. 25 mars 1777, resté au régiment du Cap le 30 avril 1783.

Matelle (Pierre-François), dit L'Etendart, né à Proville [Cambrésis] (1758), S. 6 mai 1777, mort le 27 sept. 1781.

Lefevre (Fortunat), né à Preigney [Comté] (1755), S. 1er janv. 1765, mort le 11 juill. 1782.

Clusel (Armand), dit Sans Crainte, né à Bonsquet [Rouergue] (1736), S. 1er août 1779, parti pour les Invalides le 1er janv. 1784.

Brisançon (Louis), né à Rouen (1747), S. 8 mai 1779, mort le 26 déc. 1781.

D'Almas (Antoine), né à Retranguerro [Auvergne] (1740), S. 24 avril 1766, mort le 13 déc. 1782.

Normand (Eloy), né à Tilloy [Picardie] (1751), S. 22 févr. 1779, mort en Virginie le 3 juin 1782.

Pierson (Pierre-Adam), né à Walvraidoff [Lorraine Allemande] (1736), S. 2 août 1770 mort le 9 juill. 1782.

Liénard (Barthélemy), né à Laurent-Court [Lorraine] (1763), S. 14 mai 1780, mort le 6 janv. 1782.

Doliger (Jean-Baptiste), né à Abbeville [Picardie] (1761), S. 28 sept. 1776, resté au régiment du Cap le 30 avril 1783.

Viel (François), né à Saint-Pierre-d'Entremont (Normandie] (1757), S. 12 avril 1779, congédié le 28 oct. 1783.

Guyon (Nicolas), dit Auguste, né à Cryon [Lorraine] (1756), S. 14 déc. 1774, mort le 30 juill. 1782.

Barba (Jean-Joseph), né à Ibigny [Touraine] (1749), S. 18 mars 1771, mort au Cap le 17 juin 1783.

Bauré (Daniel), dit Fleur d'Oranger, né à Rioux [Saintonge] (1758), S. 17 avril 1776, congédié le 17 avril 1784.

Nachon (Athanase), né à Aire [Artois] (1758), S. 10 janv. 1777, mort le 15 oct. 1782.

Migette (François-Remi), né à Longuyon [Lorraine] (1758), S. 20 avril 1780, mort le 6 août 1782.

Boucher (Jean), né à Pauvres-en-Perthois (1747), S. 7 avril 1765, mort le 9 nov. 1782.

Carré (Remy), né à Sorey [Champagne] (1755), S. 7 sept. 1775, congédié le 7 sept. 1783.

Duprat (Jean), né à Mont-de-Marsan [Gascogne] (1762), S. 26 juin 1777.

Viette (Etienne), né à La Rochelle (1756), S. 7 nov. 1779, congédié le 6 avril 1784.

Paurrot (Joseph), dit Hainault, né à Mortagne [Perche] (1750), S. 1er avril 1778, mort le 2 janv. 1784.

Provot (Jean-Baptiste), né à Lixhausen [Alsace] (1756), S. 19 déc. 1773, R. pour 8 ans le 9 févr. 1779.

Cretin (Henry), né à Montigny [Franche-Comté] (1757), S. 26 avril 1769, R. pour 8 ans le 24 mai 1773.

Barthelomy (Joseph), né à Ville-Nouvelle [province du Quercy] (1757), S. 11 oct. 1777, R. pour 8 ans le 24 oct. 1781.

Beauchet (François), né à Bouligny [Lorraine] (1759), S. 31 mai 1776, congédié le 31 mai 1784.

Compagnie Ialbenque.

Morin (Guillaume), né à Caen [Normandie] (1735), S. 29 févr. 1764, mort le 12 mai 1780.

Klencriche (Jean), né à Louterbach [Alsace] (1743), S. 19 juill. 1766, passé sergent-major le 16 oct. 1781.

Vial (François), né à Fougerolles [Comté] (1750), S. 22 août 1766, mort le 9 févr. 1783.

Sechetz (Jean), né à Haguenau [Alsace] (1750), S. 9 oct. 1767, mort le 1er avril 1780.

Poncet (Jean-Baptiste), né à Serme [Comté] (1754), S. 25 sept. 1773, mort le 7 janv. 1781.

Le Bret (Joseph), né à Neuilly [Ile de France] (1745), S. 18 juill. 1761, resté au régiment du Cap le 30 avril 1783.

Félix (Jacques), né à Gezen [Comté] (1753), S. 21 oct. 1769, R. pour 8 ans le 11 oct. 1776.

Galette (François), né à Velay [Bourgogne] (1753), S. 6 févr. 1772, R. pour 8 ans le 13 oct. 1776.

Jame (Pierre), né à Bayeux [Normandie] (1758), S. 31 oct. 1772.

Limente (Mathieu), né à Nevers (1757), S. 29 nov. 1774, mort le 6 juill. 1780.

Jacquesay (Pierre), né à Saint-Loup [Comté] (1757), S. 23 janv. 1775, congédié le 10 août 1783.

Boudinet (Claude), né à Nevers (1759), S. 21 août 1775, congédié au Cap le 13 mai 1783.

Berthetou (Jean), né à Aix [Lyonnais] (1758), S. 23 sept. 1775.

Desprès (Jean-Baptiste), né à Valenciennes [Hainaut] (1758), S. 15 oct. 1775, congédié le 17 févr. 1784.

Bazin (Bernard), né à Remely [Champagne] (1753), S. 18 oct. 1775.

Tillier (Claude), né à Paurière-en-Forest (1754), S. 15 oct. 1775, tué à Savannah le 24 sept. 1779.

Trinquet (Nicolas), né à Nevers (1758), S. 15 nov. 1775.

Ducrot (Nicolas), né à Thionville [Lorraine] (1760), S. 9 déc. 1775.

Charon (Germain), né à Saint-Julien [Beauce] (1757), S. 16 déc. 1775, mort le 9 janv. 1783.

Fauché (Antoine), né à Bouvigny [Flandre] (1760), S. 9 sept. 1776, mort en 1779.

Dupart (Elide-Pierre), né à Fanvigny [Auvergne] (1760), S. 22 sept. 1776, congédié le 22 févr. 1784.

Montagne (Pierre-Antoine-Joseph), né à Roney [Flandre] (1760), S. 25 mars 1776.

Le Blanc (Gabriel), né à Carcé [Bourgogne] (1759), S. 17 avril 1776.

Chepy (Etienne), né à Vitry-le-François [Champagne] (1758), S. 19 avril 1776, congédié le 19 avril 1784.

Roussillon (Jean), né à Saint-Sulpice [Nivernois] (1756), S. 30 avril 1776.

Houzé (Michel-Joseph), né à Saint-Amand [Hainaut] (1758), S. 18 juin 1776, mort à Cadix en 1780.

Boulnier (Etienne), né à Coutances (1738), S. 22 mai 1764, mort en mer en 1780.

Robin (Philipe), né à Champlin [Nivernais] (1760), S. 12 juill. 1776, mort à Cadix en 1780.

Vigoureux (François), né à Tamray [Nivernais] (1760), S. 12 juill. 1776, mort le 28 oct. 1781.

Daubaton (Nicolas), né à Frely-Saint-Gaugeon (1740), S. 6 sept. 1770, resté au régiment du Cap le 30 avril 1783.

Didelot (Nicolas), né à Paris (1757), S. 18 août 1776.

Grenet (Nicolas), né à Beauvais [Picardie] (1758), S. 23 août 1776.

Prévot (Nicolas-Joseph), né à Aire [Artois] (1760), S. 4 sept. 1776.

Cailleux (Denis), né à Montreuil [Picardie] (1751), S. 26 sept. 1776.

Paris (Antoine), né à Iverny [Brie] (1756), S. 30 sept. 1776.

Durand (Léonard), né à Lamarche [Limousin] (1744), S. 29 mars 1766, R. pour 8 ans le 15 janv. 1777.

Vitry (Antoine), né à Paris (1743), S. 6 sept. 1766, congédié le 10 août 1783.

Poucelet (Jean-Baptiste), né à Montain [Champagne] (1746), S. 14 nov. 1767, R. pour 8 ans le 6 avril 1774.

Buriat (Jacques), né à Saint-Parize [Nivernais] (1752), S. 7 oct. 1769, resté au régiment du Cap le 30 avril 1783.

Camaret (Marie-Joseph), né à Noyon [Picardie] (1748), S. 9 juill. 1770, R. pour 8 ans le 5 avril 1777.

François (Charles), né à Wargnies [Picardie] (1758), S. 21 nov. 1771, resté au régiment du Cap le 30 avril 1783.

Martin (René), né à Sancerre [Poitou] (1749), S. 14 janv. 1772, R. pour 8 ans le 11 oct. 1776.

Seredan (Nicolas), né à Cernay [Champagne] (1756), S. 26 mars 1772.

Bertrand (Jean), né à Le Puy-en-Velay (1753), S. 23 sept. 1773, mort le 4 déc. 1780.

Restouble (Barthélémy), né à Frontignan [Languedoc] (1749), S. 29 sept. 1773, mort le 19 juill. 1782.

Riblerre (Jean), né à Nimes [Languedoc] (1755), S. 17 avril 1774, passé caporal le 3 avril 1780.

Bruley (Louis-Félix), né à Marcilly [Brie] (1749), S. 12 avril 1775, congédié le 15 déc. 1783.

Dumas (Charles), né à Montreuil [Anjou] (1755), S. 27 août 1775, tué à Savannah le 24 sept. 1779.

Hateau (Pierre), né à Abbeville [Picardie] (1757), S. 28 oct. 1776, tué à Savannah le 10 oct. 1779.

Daurier (Charles), né à Saint-Paulin [Auvergne] (1761), S. 20 mars 1777.

Delot (Jean), né à Maigrue [Gascogne] (1761), S. 27 juin 1777, tué à Savannah le 10 oct. 1779.

Pegal (Antoine), né à Montauban [Languedoc] (1760), S. 21 août 1777.

Campagnol (Jean), né à Peyrehorade [Guyenne] (1750), S. 14 août 1777, mort le 25 nov. 1779.

Livache (Etienne), né à Beaujeu [Anjou] (1726), S. 1er mars 1765, parti pour la pension le 13 mars 1781.

Olavier (Jean), né à Saint-Laurent [Bretagne] (1751), S. 25 avril 1775, réformé le 28 oct. 1783.

Lacrivier (Philippe), né à Pamiers [Comté de Foix] (1754), S. 11 sept. 1777, réformé le 28 oct. 1783.

Vachère (André), né à Saint-Jean [Auvergne] (1746), S. 11 avril 1767, tué à York le 14 oct. 1781.

Tabaret (Joseph), né à Saint-Jean-en-Daux (1755), S. 26 nov. 1776, mort en Virginie le 22 mars 1782.

Michel (François), né à Saint-Sulpice [Nivernais] (1756), S. 4 mars 1774, réformé le 3 mars 1784.

Haymard (Jean), né à Mazerier [Bourbonnais] (1757), S. 28 juin 1774.

Massé (Nicolas), né à Doulle [Lorraine] (1756), S. 21 août 1774, mort en mer le 2 nov. 1779.

Desville (Louis), né à Saint-Vallier [Dauphiné] (1754), S. 14 juin 1776, congédié le 15 mai 1781.

Hainauld (Julien), né à Rouvray [Bourgogne] (1750), S. 9 juill. 1776, congédié le 8 mai 1783.

Parmentier (Antoine-François), né à Brayne [Lorraine] (1757), S. 27 juin 1777, tué à Savannah le 10 oct. 1779.

Bailly (Claude), né à Chalons-sur-Loire [Anjou] (1757), S. 18 nov. 1776, mort en 1781.

Bonnet (Gabriel), né à Clonas [Dauphiné] (1761), S. 16 déc. 1777, parti pour le 1er avril 1780.

Missas (Louis), né à Reims (1757), S. 16 déc. 1777, parti pour les Invalides le 1er févr. 1784.

Sallemon (Antoine), né à Paris (1756), S. 16 déc. 1777, mort le 22 nov. 1781.

Jobin (Louis), né à Muy [Bourgogne] (1759), S. 18 janv. 1776, resté au régiment du Cap le 30 avril 1783.

Lanou (Michel), né à Vire [Normandie] (1758), S. 18 janv. 1778, mort le 11 mars 1781.

Grosse (Antoine), né à Léran [Comté de Foix] (1750), S. 12 avril 1778, mort le 9 avril 1780.

Assier (Jean), né à Domeyrat [Auvergne] (1754), S. 8 janv. 1778, mort en 1781.

Robé (Joseph), né à Remiremont [Lorraine] (1758), S. 18 janv. 1778, congédié le 28 nov. 1783.

Robert (François), né à Lever-Voiser [Comté] (1758), S. 12 avril 1778, congédié le 5 déc. 1783.

Gracia (Jean), né à Bouligny [Lorraine] (1760), 12 avril 1778, mort le 24 mars 1780.

Nichau (François), né à Paris (1751), S. 22 juill. 1774, congédié le 30 nov. 1783.

Ketre (Christian), dit Latendresse, né à Franoais [Hesse] (1756), S. 13 déc. 1778.

Maille (Jean), dit Sans Façon, né à Tanière [Hesse] (1756), S. 13 déc. 1778.

Deveaux (François), né à Hautieux [Basse-Normandie] (1749), S. 11 juill. 1775, mort le 28 juill. 1781.

Sourin (Joseph), né à Arc [Franche-Comté] (1755), S. 17 janv. 1779, mort le 3 mars 1780.

Plaquet (Médard), né à Ronchois [Normandie] (1744), S. 1er nov. 1765, tué à Savannah le 10 oct. 1779.

Miller (Jean-Ronthe), dit Fleur d'Amour, né à Battenheim [Alsace] (1762), S. 22 févr. 1779, mort en Virginie le 22 mars 1781.

Maubracq (Armand), né à Bordeaux (1746), S. 19 juin 1779, resté au régiment du Cap le 30 avril 1783.

Boisse (Jean), dit Cahors, né à Gigouzac [Quercy] (1742), S. 1er août 1779, mort en mer le 10 nov. 1779.

Cussel (Vincent), dit Jolicœur, né en Italie (1756), S. 1er août 1779, tué à Savannah le 10 oct. 1779.

Tasdit (Michel), dit Bataille, né à Macon-sur-Saône [Bourgogne] (1757), S. 1er août 1779.

La Coste (Jean), né à Casoleau [Gascogne] (1748), S. 11 avril 1767, tué à York le 14 oct. 1781.

Tallard (Jean), né à La Croix [près Nevers] (1749), S. 15 févr. 1771, parti pour la retraite le 11 août 1782.

Bèze (Antoine), né à Saint-Omer [Picardie] (1752), S. 8 mars 1770, tué à York le 11 oct. 1781.

Poche (Antoine), né à Paris (1754), S. 13 nov. 1771, mort à Charleston en 1780.

Marton (Joseph), né à Villefranche [Beaujolais] (1755), S. 22 mars 1774.

Stal (Joseph), né à Orchies [Flandre] (1760), S. 27 févr. 1776, congédié le 28 oct. 1783.

Sonnier (Bernard), né à Villeneuve-le-Roi [Bourgogne] (1762), S. 17 avril 1776, mort le 1er sept. 1782.

Chapy (Etienne), né à Vitry-le-François [Champagne] (1752), S. 19 avril 1776, congédié le 19 avril 1784.

Le Port (Jacques), né à Saizy [Bourgogne] (1757), S. 5 oct. 1776.

Lacollé (Jean-François), né à Nanteuil ou Nantouillet [Beauce] (1757), S. 15 nov. 1776, resté au régiment du Cap le 30 avril 1783.

Dumont (Denis), né à Melun [Brie] (1754), S. 7 déc. 1776, mort en Virginie le 12 mars 1781.

Touzé (Jean), né à Castelnau Barbarens [Gascogne] (1780), S. 19 févr. 1777, tué à York le 14 oct. 1781.

Aillier (Jean-Pierre), né à Tonneins [Agenois] (1760), S. 8 mars 1777, congédié le 20 nov. 1783.

Bonnet (Grégoire), né à Lyon (1756), S. 1er avril 1777, resté au régiment du Cap le 30 avril 1783.

Chalonneaux (Joseph), né à Sanlon-en-Bourgogne (1758), S. 1er avril 1777, congédié le 20 nov. 1783.

Bernard (Jean-Baptiste), né à Saintes [Saintonge] (1758), S. 16 déc. 1777, resté au régiment du Cap le 30 avril 1783.

Suplis (Louis-François), né à Reims [Champagne] (1758), S. 16 déc. 1777, resté au régiment du Cap le 30 avril 1783.

Haumette (Pierre), né à Briscac [Berry] (1757), S. 16 déc. 1777, resté au régiment du Cap le 30 avril 1783.

Lescouvette (Pierre), né à Toulouse (1760), S. 16 déc. 1777, mort le 8 déc. 1782.

Texier (Charles), né à Versailles (1760), S. 12 avril 1778, resté au régiment du Cap le 30 avril 1783.

Jobert (Antoine), né à Saint-Remy-sur-Creuse [près Poitiers] (1743), S. 3 sept. 1778, congédié le 20 nov. 1783.

Pierson (Charles), né à Wassy [près Joinville, Champagne] (1748), S. 30 mai 1780, mort en Virginie le 21 nov. 1781.

Sorbetz (Barthélémy), né à Aire [Guyenne] (1755), S. 26 avril 1775, tué à York le 14 oct. 1781.

Jacqueray (Pierre-Joseph), né à Saint-Loup [Comté] (1758), S. 13 juin 1775, congédié le 10 août 1783.

Laurenceau (Jean), dit Belle Humeur, né à Castres [Albigeois] (1760), S. 16 mars 1781, mort le 29 déc. 1781.

Bourgé (Etienne), né à Bigarroque [Périgord] (1760), S. 24 févr. 1777.

Née (Guillaume), dit Bataille, né à Caudebec [Normandie] (1752), S. 28 mars 1779, resté au régiment du Cap le 30 avril 1783.

Le Maire (Etienne), dit Tranquille, né à Meaux [Brie] (1755), S. 2 oct. 1776, congédié le 28 oct. 1783.

Julien (Claude), dit Francœur, né à Louhans [Bourgogne] (1755), S. 12 mai 1778, tué à York le 14 oct. 1781.

Terrier (Nicolas), dit Pret à Boire, né à Châlons [Champagne] (1754), S. 11 sept. 1776, congédié le 18 janv. 1784.

Oudart (Noël), dit L'Eveillé, né à Montreuil [Ile de France] (1756), S. 3 févr. 1776, congédié le 1er nov. 1783.

Engler (Louis), dit Sans Peur, né à Saint-Avold [Lorraine allemande] (1752), S. 3 févr. 1775, congédié le 10 août 1783.

Chevreaux (André), né à Varzy [Auxerrois] (1761), S. 20 janv. 1777, mort le 22 juill. 1782.

Restaing (Joseph), né à Le Puy-en-Velay (1763), S. 5 mars 1780, mort le 20 oct. 1782.

Perissein (Pierre-Joseph), né à Saint-Jean D'Arves [Savoie] (1742), S. 18 févr. 1765, mort le 6 août 1782.

André (Louis), né à Caen [Normandie] (1763), S. 12 oct. 1780, mort le 13 sept. 1782.

Morel (Joseph), né à Merbier [Franche-Comté] (1760), S. 14 sept. 1777, mort le 14 oct. 1782.

Noel (André), né à Le Puy-en-Velay (1750), S. 6 avril 1780, mort le 31 oct. 1782.

Deshayes (François), né à Orbec [Normandie] (1758), S. 2 févr. 1775, congédié le 4 févr. 1784.

Des Bretons (Pierre-Antoine), né à Fresnay-le-Comté [Maine] (1747), S. 16 mai 1767, resté au régiment du Cap le 30 avril 1783.

Pémalle (Claude), dit Rozières, né à Bar-le-Duc (1762), S. 11 déc. 1779, resté au régiment du Cap le 30 avril 1783.

Gauthier (Pierre), né à Louviers [Normandie] (1757), S. 19 déc. 1778, mort le 18 août 1782.

Dubeau (Etienne), né à Abbeville [Picardie] (1763), S. 9 janv. 1779, mort le 22 sept. 1782.

Jeannin (Denis), né à Villeneuve-Saint-Georges [Brie] (1756), S. 15 mars 1781, réformé en 1783.

Foucault (Antoine), né à Clermont [Auvergne] (1760), S. 15 juin 1780, mort le 28 mars 1783.

Le Mots (Pierre), dit La Flèche, né à La Flèche [Anjou] (1751), S. 4 févr. 1771, mort le 4 août 1782.

Bouvel (François), né à Montauban [Bretagne] (1762), S. 28 juin 1778, mort le 9 déc. 1782.

Feuilly (Jacques), né à Saint-Firmin [Berry] (1744), S. 20 oct. 1779, mort le 21 sept. 1781.

Poinsignon (Nicolas), dit Des Lauriers, né à Ronff [Lorraine] (1732), S. 7 sept. 1754, parti pour la pension le 11 août 1783.

Victor (Louis), dit Triomphant, né à Beauroussel [l'arche] (1745), S. 17 févr. 1771, mort le 9 oct. 1782.

Pierrard (Pierre), né à Fley [Bourgogne] (1752), S. 18 janv. 1778, resté au régiment du Cap le 30 avril 1783.

François, (Hippolite-Gabriel), né à La Ferté-sous-Jouarre [Brie] (1761), S. 9 juill. 1777, réformé en 1783.

Chatal (Etienne), né à Saint-Morillon [Languedoc] (1762), S. 10 déc. 1780, réformé en 1783.

Ploudron (Jacques), né à Paulhenc [Auvergne] (1757), S. 12 juill. 1777, noyé le 21 juill. 1781.

Vigant (Etienne-Eustache), né à Civray [Poitou] (1758), S. 2 juill. 1777, congédié le 20 févr. 1784.

Bonnafoux (Antoine), né à Alais [Languedoc] (1761), S. 5 déc. 1780, congédié le 28 oct. 1783.

Bruly (Guillaume-Gille), né à Laurme [près Carentan] (1749), S. 16 déc. 1777, congédié le 28 oct. 1783.

Coudroy (Jean-Louis), né à Moislains [près Péronne] (1745), S. 12 sept. 1765, congédié le 7 mai 1783.

Compagnie Saint-Florent.

Barrere (Bertrand), né à Despas [Gascogne] (1741), S. 26 avril 1775, parti pour la solde le 1er févr. 1784.

Clédes (Jean), né à Boussy [Guyenne] (1755), S. 1er mai 1773, congédié le 10 août 1783.

Audinot (Jacques), né à Paris (1753), S. 5 août 1774, congédié le 10 août 1783.

Godin (Jean-François), né à Ohambéry [Savoye] (1732), S. 19 nov. 1754, parti pour la pension le 20 juin 1780.

Frutté (Benoist), né à Rocroy [Champagne] (1750), S. 15 mars 1769, resté au régiment du Cap le 30 avril 1783.

Barthélemy (François), né à Etais [Bourgogne] (1752), S. 28 nov. 1773.

Boillier (Gaspard), né à Besançon (1749), S. 1er avril 1774, mort en Espagne en 1783.

Aumont (Pierre), né à Frantigné [Champagne] (1750), S. 27 févr. 1775, mort le 20 mars 1780.

Bertrand (Jean), né à Auriac [près Agen] (1757), S. 26 avril 1775.

Dubois (Philibert), né à Brasser [Bourgogne] (1757), S. 1er avril 1777, réformé le 28 oct. 1783.

Dufat (Michel-Philippe), né à Riennes [Guyenne] (1758), S. 18 déc. 1777, mort en Virginie le 10 nov. 1781.

Jovy (Jean-François), né à Paris (1758), S. 16 déc. 1777, congédié le 28 oct. 1783.

Delmont (Jean) né à Brieul [Bas Limousin] (1759), S. 20 déc. 1777, resté au régiment du Cap le 30 avril 1783.

Hudes (Jean), né à Rouen [Normandie] (1753), S. 16 déc. 1777, tué à Savannah le 10 oct. 1779.

Marcadier (Pierre), né à Montauban [Quercy] (1758), S. 18 janv. 1778, tué à Savannah le 10 oct. 1779.

Gérard (Laurent-Jean), dit Sans Chagrin, né à Sean [Comté] (1757), S. 1er août 1779, mort le 10 mars 1780.

Blanc (François), dit La Rose, né à Tarascon [Provence] (1762), S. 1er août 1779, mort le 21 oct. 1782.

Robert (Joseph), dit Belle Pointe, né à Casselardit (1757), S. 1er août 1779, mort le 2 oct. 1779.

Oudart (Jean-Louis), dit Vadeboncœur, né à Boulogne-sur-Mer (1755), S. 1er août 1779, mort le 28 sept. 1779.

Paul (Joseph-Toussaint), dit Saint-Louis, né à Valenciennes (1761), S. 1er août 1779, congédié le 28 oct. 1783.

Thillier (Jean), né à Saint-Denis [près Paris] (1759), S. 15 mars 1775, R. pour 8 ans le 9 août 1779.

Gervais (François), dit Francœur, né à Saint-Jean-de-Gardonuingue [près Anduze] (1759), S. 16 mars 1781.

Bouisson (Jacques), dit Bel Amour, né à Montpellier [Languedoc] (1759), S. 18 juill. 1781.

Beaudouin (Pierre), dit La Rigueur, né à Niort [Poitou] (1763), S. 28 sept. 1780, mort à La Rochelle le 22 juill. 1783.

Masquilier (François), dit Condé, né à Guigny [Flandre] (1744), S. 31 janv. 1766, R. pour 8 ans le 12 déc. 1781.

Robert (Etienne), dit Clermont, né à Clermont [Auvergne] (1755), S. 7 juill. 1773, mort le 28 mai 1782.

Fusquel (Pierre), dit Bienveillant, né à Guines [Picardie] (1756), S. 16 avril 1775, mort le 21 sept. 1781.

Le Favre (François), dit La Déroute, né à Abbeville [Picardie] (1758), S. 20 nov. 1775, mort le 2 août 1782.

Habstot (François), dit Du Breuil, né à Metz [Evechés] (1751), S. 31 janv. 1776, mort le 11 juill. 1782.

Roux (Louis), né à Saint-Lubin [Beauce] (1751), S. 14 juill. 1775, mort le 23 août 1782.

Duplais (Jean), dit Bresse, né à Suxsy [Berry] (1761), S. 2 avril 1777, mort le 22 août 1782.

Marre Bois (Jean-Pierre), dit Picard, né à Ostel [Soissonnois] (1761), S. 8 oct. 1777, mort le 17 août 1782.

Le Favre (François), né à Yponisse [Bourgogne] (1760), S. 2 mai 1777, mort le 12 juill. 1782.

Barbot (Antoine), né à Magny-Lessart [Ile de France] (1743), S. 2 avril 1778, mort à Newport le 15 juin 1782.

Vergot (Pierre), dit La Faveur, né à Villeneuve [Languedoc] (1760), S. 1er mars 1779, réformé le 24 avril 1784.

Mexier (Jean-Baptiste), dit Charleville, né à Tailly [Champagne] (1763), S. 26 avril 1778, mort le 4 août 1782.

Oudot (Claude), dit Lafeuillade, né à Plombières [Lorraine] (1761), S. 21 août 1779, mort le 14 déc. 1781.

Richaume (Pierre), dit Vitry, né à Vitry [Champagne] (1760), S. 13 nov. 1779, mort le 24 août 1782.

Charièrre (Jean-Louis), né à Jeantes [Picardie] (1763), S. 18 mai 1780.

Boutin (Mais), dit Belle Rose, né à Patoy [Bretagne] (1763), S. 4 juin 1780.

Boudin (Jean-Baptiste), dit Sans Quartier, né à Frevent [Artois] (1763), S. 25 août 1780, mort le 17 juin 1782.

Auger (Etienne), dit La Réjouissance, né à Amiens [Picardie] (1760), S. 22 avril 1773, mort le 13 févr. 1783.

Paquier (Antoine), dit Point-du-Jour, né à Lyon (1763), S. 18 janv. 1781.

Leger (Pierre-François), dit La Liberté, né à Paris (1761), S. 9 sept. 1778, mort le 12 juill. 1782.

Crinon (Nicolas-Joseph), dit La Victoire, né à Cagnicourt [Artois] (1758), S. 25 juin 1781, mort le 26 août 1782.

Renaud (Georges), dit Sans Façon, né à Sette Lange [Luxembourg français, près Thionville] (1760), S. 10 mars 1781, réformé le 28 oct. 1783.

Coste (Antoine), né à Chaud [Languedoc] (1758), S. 18 janv. 1778, resté au régiment du Cap le 30 avril 1783.

Bosson (Jean), dit Sans Chagrin, né à Gex [Bourgogne] (1755), S. 12 juill. 1781, resté au régiment du Cap le 30 avril 1783.

Jutel (Philippe-François), né à Paris (1756), S. 15 août 1781.

Gauthier (Jean), dit Divertissant, né à Alençon [Normandie] (1744), S. 10 août 1763, mort le 9 août 1782.

Pholinne (Etienne), né à Uzès [Languedoc] (1747), S. 5 déc. 1767, mort au Port au Prince.

Dorget (Claude), né à Dombrot [Lorraine] (1758), S. 15 nov. 1776, congédié le 15 mai 1784.

Poinsot (François), né à Longeville [près Metz, Lorraine] (1756), S. 7 déc. 1776, congédié le 8 juin 1784.

Fort (François), né à Etain [Lorraine] (1757), S. 15 nov. 1776.

— 318 —

Broché (Nicolas), né à Attlevillers [Franche-Comté] (1750), S. 17 mars 1768, congédié le 17 mars 1784.

Dupont (Jean), dit Boulogne, né à Boulogne-sur-Mer (1739), S. 12 mai 1776, congédié le 9 mai 1784.

Garnier (Joseph), né à Saussenil [Champagne] (1757), S. 15 nov. 1776.

Forêt (Adrien), né à Dommartin [Picardie] (1751), S. 15 déc. 1769, mort le 3 août 1782.

Compagnie de Chaumont.

Palis (Paul), né à Thionville [près Metz] (1752), S. 1ᵉʳ avril 1774, mort à York le 20 oct. 1781.

Tourmol (Louis), né à Autruche [Picardie] (1742), S. 15 mai 1758, adjudant le 1ᵉʳ mars 1783.

Emanuel (François), dit Hurault, né à Amance [Lorraine] (1748), S. 1ᵉʳ sept. 1767, congédié le 1ᵉʳ nov. 1780.

Guénin (Pierre), né à Monthard [Bourgogne] (1735), S. 5 avril 1758, R. pour 8 ans le 29 mars 1772.

Jacob (Claude-Etienne), né à Vesoul [Comté] (1737), S. 10 sept. 1755, mort le 16 nov. 1779.

Sauvat (André), né à Saint-Thurin [Auvergne] (1754), S. 15 nov. 1772, congédié le 11 août 1783.

Rabut (Antoine), né à Saint-Quentin [Picardie] (1750), S. 25 oct. 1766, mort le 3 févr. 1780.

Janin (Jean-Claude), né à Sampigny [Lorraine] (1754), S. 2 avril 1774, congédié le 11 août 1783.

Bize (Jacques-François), né à Pierrefontaine [Franche-Comté] (1755), S. 4 sept. 1774, mort en Virginie le 15 mai 1782.

Maurice (Jean), né à Saint-Pierre [Gascogne] (1760), S. 7 déc. 1779, tué à Savannah le 10 oct. 1779.

Servet (Michel), né à Durtal [Anjou] (1753), S. 1ᵉʳ avril 1777, resté au régiment du Cap le 30 avril 1783.

Desbayes (Louis), né à Fontaines-en-Beauce [Beauce] (1757), S. 21 nov. 1776, mort le 11 oct. 1780.

Magnau (Jacques), né à Mettary [Touraine] (1742), S. 1ᵉʳ avril 1777, mort le 15 mai 1780.

Galiaque (Jean-Baptiste), né à La Chapelle [près Paris] (1758), S. 16 déc. 1777, mort le 27 août 1781.

Pertiant (François), né à Moux [Bourgogne] (1757), S. 18 déc. 1777, mort le 7 août 1779.

L'Avergne (André) né à Ars [Ile de Ré] (1769), S. 16 déc. 1777, mort le 22 oct. 1779.

Royer (Charles Jacques), né à Paris 1755, S. 16 déc. 1777, mort le 2 janv. 1780.

Chicheria (Jean), né à Pons [Saintonge] (1756), S. 6 déc. 1777, tué à bord le 23 mars 1780.

Gilaud (Pierre-Paul), né à Meaux [Brie] (1747), S. 16 déc. 1777, mort le 18 oct. 1780.

Bedel (Jean), né à Montoulun (1757), S. 18 janv. 1778, resté au régiment du Cap le 30 avril 1783.

Mayenx (François), né à Orléans (1756), S. 18 janv. 1778, mort le 11 nov. 1779.

Pipart (Jean-François), né à Crèvecœur [Brie] (1754), S. 18 janv. 1778, resté au régiment du Cap le 30 avril 1783.

Dufour (Charles), né à Dreux [Beauce] (1757), S. 18 janv. 1778, mort le 31 oct. 1781.

Simon (Jacques), né à Romaine-sur-les-Côtes [Bretagne] (1757), S. 12 avril 1778, mort le régiment du Cap le 30 avril 1783.

Pochaligou (Corentin), né à Quimperlé [Basse-Bretagne] (1757), S. 12 avril 1778, mort le 27 févr. 1782.

Mouille Farine (Claude-Joseph), né à Troyes [Champagne] (1758), S. 12 avril 1778, resté au régiment du Cap le 30 avril 1783.

Augaros (Antoine), né à Auxonne [Bourgogne] (1759), S. 1ᵉʳ avril 1777, congédié au Cap le 8 mai 1783.

Josse (Pierre), né à Chartres [Beauce] (1758), S. 12 avril 1778, congédié le 28 oct. 1783.

Cauvin (Jean-Pierre), dit L'Assemblée, né à Saint-Pierre-sur-Dive [Basse Normandie] (1758), S. 1ᵉʳ août 1779, mort le 3 mai 1780.

Hébert (François), né à Danizy [Picardie] (1758), S. 1ᵉʳ août 1779, mort le 8 nov. 1779.

Baye (Armand), dit La Lune, né à Langon [Guyenne] (1758), S. 1ᵉʳ août 1779, mort le 5 mars 1780.

Bournier (Bernard), dit Brin d'Amour, né à Beaune [Bourgogne] (1758), S. 1ᵉʳ août 1779, congédié le 28 oct. 1783.

Ayet (Etienne), dit Latour, né à Thônes [Savoie] (1758), S. 1ᵉʳ août 1779, mort le 23 oct. 1780.

Duprès (Barthélemy), dit La Violette, né à La Motte [Guyenne] (1760), S. 1ᵉʳ août 1778.

Leiogier (Jean-Martin), dit Bellehumeur, né à Saint-Maurice-de-Lignon [Velay] (1753), S. 1ᵉʳ août 1779.

Souriguière (Bernard), dit Vadeboncœur, né à Aussère [près Toulouse] (1758), S. 3 nov. 1779, resté au régiment du Cap le 30 avril 1783.

Hugonin (Félix), dit La Valence, né à Bordeaux (1757), S. 7 août 1780, réformé le 26 oct. 1783.

Huguenot (Marc), dit Sans Façon, né à Saint-Vincent [Orléanais] (1756), S. 1ᵉʳ août 1779, mort le 14 août 1780.

La Rose (Fabien), dit La Forgne, né à Saint-Chamant [Limousin] (1775), 28 sept. 1780, mort le 18 nov. 1780.

Domino (Jean), dit La Douceur, né à Saint Surin [Médoc] (1764), S. 21 mars 1781, tué à York le 13 oct. 1781.

Rannesire (Pierre), dit Le Protecteur, né à Sarrebourg [Lorraine allemande] (1753), S. 16 mars 1781, congédié le 28 oct. 1783.

Le Moine (Pierre), dit La Forme, né à Versailles (1756), S. 9 avril 1781.

Masson (Jean-Baptiste), dit La Volonté, né à D'Anneret [Languedoc] (1760), S. 17 avril 1781.

Clément (François), dit Bien Aimé, né à Draguignan (1759), S. 16 mars 1781, resté au régiment du Cap le 30 avril 1783.

Bisian (Lamoral-Joseph), dit Ferdinand, né à Valenciennes [Hainau] (1748), S. 3 juin 1781, resté au régiment du Cap le 30 avril 1783.

Courtat (André), né à Clamy [Blésois] (1750), S. 15 avril 1771, mort le 30 août 1782.

Fuchs (Joseph), dit Brisefer, né à Roufach [Alsace] (1760), S. 16 mars 1781, mort le 30 juill. 1781.

Bourgeat (Claude), dit Bourguignon, né à Lacrost [Bourgogne] (1760), S. 22 juin 1781, resté au régiment du Cap le 30 avril 1783.

D'Evezin (Amand), né à Turain [Flandre] (1745), S. 28 janv. 1761, mort le 2 juill. 1782.

Lestrades (Jean-Baptiste), dit La Valeur, né à Toulouse [Languedoc] (1739), S. 9 févr. 1767, parti pour la pension le 5 janv. 1782.

Guolin (Nicolas), dit Vexin, né à Neuilly-en-Vexin [près Pontoise] (1751), S. 6 juin 1777, mort en Virginie le 13 nov. 1781.

Beaudiant (François), dit La Bonté, né à Moncla [Béarn] (1758), S. 22 mars 1778, mort le 4 août 1782.

Dubettier (Antoine), dit Sans Quartier, né à Paris (1758), S. 20 août 1778, mort le 6 juill. 1782.

De Lannoy (Jean-Pierre), dit Lafeuillade, né à Fontainebleau (1761), S. 1ᵉʳ déc. 1778, mort le 23 nov. 1781.

Spinga (Laurent), dit L'Orange, né à Besançon [Franche-Comté] (1761), S. 5 févr. 1780, resté au régiment du Cap le 30 avril 1783.

Gaignat (Pierre), dit Belle Fleur, né à Milly-en-Gâtinais (1762), S. 19 févr. 1780, mort le 13 mai 1782.

Catol (Jean), dit La Gaité, né à Montchauvel [Normandie] (1762), S. 1ᵉʳ mars 1780, mort en Virginie le 2 nov. 1781.

Perry (Joseph), dit Prêt à Boire, né à Fougères [Bretagne] (1756), S. 17 avril 1780, mort le 20 janv. 1782.

Lauras (Antoine), dit Sans Façon né à Saint-Rome [Rouergue] (1762), S. 20 avril 1780, mort en janv. 1782.

Finet (Pierre), dit L'Artois, né à Hesdin [Artois] (1761), S. 15 juin 1780, mort le 1ᵉʳ janv. 1782.

Le Simple (Nicolas), dit Stainville, né à Dreux [Beauce] (1764), S. 13 oct. 1780.

Bardou (Jean-François), dit L'Escard, né à La Bastide Clairence [Bas Navarrais] (1755), S. 11 août 1779, mort le 12 nov. 1781.

Perret (Claude), dit Dijon, né à Dijon [Bourgogne] (1755), S. 21 mai 1780, réformé le 11 févr. 1784.

Denizot (Jean-Baptiste), né à Vorges [Picardie] (1733), S. 20 oct. 1763, parti pour les Invalides le 1ᵉʳ janv. 1784.

Pilau (Jean), dit Sans Soucy, né à Vaudenasse [Bourgogne] (1754), S. 27 févr. 1774, mort le 5 déc. 1781.

Ospell (Mathieu), né à Ferouville [Lorraine] (1751), S. 28 août 1767, mort le 3 déc. 1781.

Champion (Louis), né à Sermaize [Champagne] (1724), S. 16 déc. 1755, parti pour la pension le 5 janv. 1782.

Lœil (Jean-Baptiste), dit Beaudiscours, né à Cambrai (1758), S. 8 août 1776, resté au régiment du Cap le 30 avril 1783.

Robust (Louis), dit Bellefin, né à Oreancey [Bourgogne] (1751), S. 6 août 1776, congédié le 29 nov. 1783.

Carrat (Pierre), dit Berrichon, né à Issoudun [Berry] (1753), S. 17 juin 1780, congédié le 8 mai 1783.

Monjoux (Pierre), dit l'Invincible, né à Montpellier [Languedoc] (1761), S. 16 mars 1781, réformé le 20 nov. 1783.

Fortin (Pierre), dit Sans Peur, né à Viseche [Bretagne] (1748), S. 30 nov. 1779, renvoyé à son régiment le 29 mai 1782.

Marcadier (Pierre), dit l'espérance, né à Chalac [Saintonge] (1755), S. 25 janv. 1779, mort le 28 déc. 1782.

Maubert (François), dit Basoche, né à Bazoche [Normandie] (1756), S. 15 oct. 1779, resté au régiment du Cap le 30 avril 1783.

319

Le Roux (René-Hyacinthe), dit Figaro, né à Rennes [Bretagne] (1760), S. 1er août 1780, mort le 21 nov. 1782.

Le Veff (Jean), dit Tranquille, né à Barntret [Bretagne] (1750), S. 8 oct. 1779, mort le 30 août 1782.

Mercier (Claude), dit Beausseron, né à Angerville [Beauce] (1754), S. 22 févr. 1781, resté au régiment du Cap le 30 avril 1783.

Daraud (Gilles), dit La Verdure, né à Saint-Laurent [Normandie] (1765), S. 3 août 1781, resté au régiment du Cap le 30 avril 1783.

Guillain (Bruno), dit Alexandre, né à Béthune [Artois] (1762), S. 10 déc. 1780, mort le 24 sept. 1782.

La Marche (Joseph), dit Bellerose, né à Saint Cyprien [Périgord] (1760), S. 28 mars 1781, mort le 25 août 1782.

Moignon (Jean-Baptiste), dit La Faveur, né à Riom [Auvergne] (1744), S. 28 nov. 1765, mort le 3 oct. 1782.

Rouré (Louis), dit L'Automne, né à Versailles (1762), S. 6 juill. 1776, congédié le 4 avril 1784.

Rouré (Honoré), dit L'Insensible, né à Blois (1762), S. 28 nov. 1780, mort le 27 oct. 1782.

Ducreux (Philippe-René), dit Lagrandeur, né à Ruffort [Franche-Comté] (1752), S. 5 oct. 1776, mort le 13 oct. 1782.

Le Moy (Jacques), dit Condé, né à Condé [Normandie] (1760), S. 30 août 1780, mort le 9 févr. 1783.

Queroy (Etienne), dit Baleaillet, né à Corbeil [Ile de France] (1757), S. 18 mars 1778, congédié le 28 oct. 1783.

Marie (Antoine), né à .... [Limousin] (1757), S. 7 déc. 1776, congédié le 18 mai 1784.

Bellier (Claude), né à Vitré [Bretagne] (1723), S. 3 janv. 1757, parti pour la pension le 1er janv. 1784.

Jameaux (Gaspard), né à Anjou [Dauphiné] (1760), S. 29 mars 1776, congédié le 4 mars 1784.

Couque (Jean), né à Quintimont [Agenois] (1762), S. 20 mars 1777.

Perez (Claude), né à Dijon (1755), S. 24 mai 1780, congédié le 7 févr. 1784.

Simonin (Jean-Jacques), né à Meulan-sur-Seine [Ile de France] (1754), S. 18 janv. 1778, resté au régiment du Cap le 30 avril 1784.

Duviviers (Pierre), né à Beaumont-le-Roger [Normandie] (1755), S. 1er nov. 1771, congédié le 1 avril 1784.

Salisson (Jean-François), né à Saint-Chamond [Lyonnais] (1740), S. 6 janv. 1767, mort le 12 sept. 1783.

Gailiot (Michel), né à Luthenay [Nivernais] (1755), S. 27 févr. 1771, congédié le 11 août 1783.

Vicubled (François), né à Durtal [Normandie] (1754), S. 1er avril 1777, congédié le 18 juin 1784.

Goguelet (Jean), né à Roudue [Bourgogne] (1760), S. 8 juin 1776, congédié le 8 juin 1784.

Mary (Antoine), né à La Girsse [Limousin] (1757), S. 7 déc. 1776, congédié le 18 mai 1784.

Jubelain (Jean), né à Saint-Antoine-de-Gangue [Auvergne] (1754), S. 15 nov. 1772, congédié le 11 août 1783.

Patin (Jean), né à Besançon (1760), S. 1er janv. 1769, congédié au Cap le 8 mai 1783.

RÉGIMENT DE TOURAINE.

Le premier colonel de ce régiment fut le baron du PLESSIS-JOIGNY (Timoléon de Congressan) le 29 avril 1625.

Il fut réorganisé le 16 avril 1775, après avoir été partagé en deux régiments dont l'un garda le nom et les drapeaux de Touraine et l'autre prit le titre de Savoie-Carignan.

Le premier colonel du nouveau régiment de Touraine fut le marquis de LAVAL (Anne-Alexandre-Marie-Sulpice Joseph de Montmorency) le 26 avril 1775.

Ses successeurs furent: le marquis de SAINT-SIMON MAUBLÉRU (Claude-Anne) le 29 juin 1775.

Le vicomte de POUDENX (Henri-François Liamart) le 13 avril 1780.

Le vicomte de MIRABEAU (André-Boniface-Louis de Riquetti) le 10 mars 1788.

Le dernier, CHARLOT (Guillaume) le 17 août 1792.

Vers la fin de 1779, le Touraine s'embarqua à Brest pour les îles d'Amérique.

Le 12 avril 1780, ce régiment partit avec Agénois et Gatinais sur la flotte du comte de Grasse pour aller renforcer autour d'York-Town l'armée de Rochambeau. Le marquis de Saint-Simon commandait les forces de renfort. Il s'embarqua le 5 août et arriva le 15 dans la baie de la Chesapeak. Il prit part au siège d'York-Town; puis retourna aux Antilles. Après un court séjour à la Martinique, il réembarqua sur la flotte du comte de Grasse et arriva le 11 janvier 1782 en vue de l'île Saint-Christophe. Il contribua à la prise de Bristone-Hill. Touraine rentra en France en 1783. Il devint le 33e d'infanterie en 1791. Le 33e actuel est en garnison à Arras.

HENRY-FRANÇOIS LIAMART, Vicomte DE POUDENX, né à Paris le 1er août 1748, Colonel.

[Translation.]

RÉGIMENT DE TOURAINE.

The first colonel of this regiment was Baron du PLESSIS-JOIGNY (Timoléon de Congressan), April 29, 1625. It was reorganized April 16, 1775, after having been divided into two regiments, one of which kept the name and the colors of Touraine; the other took the title of Savoie-Carignan.

The first colonel of the new regiment de Touraine was the Marquis de LAVAL (Anne-Alexandre-Marie-Sulpice Joseph de Montmorency), April 26, 1775.

His successors were: The Marquis of SAINT-SIMON MAUBLÉRU (Claude-Anne), June 29, 1775.

The Vicount de POUDENX (Henri-François Liamard), April 13, 1780.

The last, CHARLOT (Guillaume), August 17, 1792.

Toward the last of 1779, the Touraine sailed from Brest for the American islands.

The 12th April, 1780, this regiment left with Agenois and Gatinais with the fleet of Count de Grasse to reenforce the army of Rochambeau around Yorktown. The Marquis of Saint-Simon commanded the reenforcements. It embarked the 5th of August and arrived the 15th in the Chesapeake Bay. It took part in the seige

of Yorktown, then returned to the Antilles. After a short stay at Martinique it reembarked with the fleet of the Count de Grasse and arrived January, 1782, in sight of the island of St. Christopher. It contributed to the capture of Bristone Hill. Touraine returned to France in 1783. It became the Thirty-third Infantry in 1791. The Thirty-third is actually in garrison at Arras.

HENRY-FRANÇOIS LIAMART, Vicount DE POUDENX, born in Paris 1st August, 1748, Colonel.

ÉTAT-MAJOR.

Colonel, mestre de camp.

Le vicomte de POUDENX (Henry-François-Liamart), né à Paris, le 1ᵉʳ août 1748. A reçu, le 5 déc. 1781, une lettre de satisfaction pour sa bonne conduite à Saint-Christophe et à York.

Mestres de camp en second.

Le comte de FLECHIN de VAMIN (Charles-François-Joseph). A reçu, le 5 déc. 1781, une lettre de satisfaction pour sa bonne conduite à York (Virginie).

Le Chevalier de RIQUETTI de MIRABEAU (André-Boniface-Louis), né à Paris, le 30 nov. 1754. S'est trouvé en 1780 aux combats de M. de Guichen et s'est distingué à Saint-Christophe où il a été blessé.

Lieutenant-colonel.

Du MOULIN de la BARTELLE de MONTLEZUN (Jean-François), né à Aire [Guyenne], le 14 juin 1729. A reçu une forte contusion aux combats des 9 et 12 avril 1782 livrés par M. le comte de Grasse.

Major.

De MENONVILLE (Louis-Antoine-Thibault). A obtenu une pension à l'occasion du siège d'York.

Quartier-maître trésorier.

REYNAUD (Pierre), né à Marseille, le 3 avril 1781. A pris le rang de capitaine, le 30 mars 1780.

Capitaines.

La COSTE de la MARQUE (Guillaume-Marcillac), né à Argentat [Limousin], en mai 1733.

PAUDIN de BEAUREGARD de ROMMEFORT (Charles-Pierre), né à Cognac, le 15 juin 1740. Chevalier de Saint-Louis, le 24 juin 1780.

DOMERGUE de BEAUREGARD (Joseph), né à Mende [Gévaudan], le 24 févr. 1736.

De LAUNAY (Jean-Baptiste-René-Clément), né à Ruffeveil [Normandie], en nov. 1739. Bonne conduite à York.

DESBORDES (Charles-Etienne-Marguerite), né à Bourg [Bresse], le 21 août 1736.

CHARLOT (Guillaume), né à Foingrave [Guienne], le 21 mars 1736. Fait chevalier de Saint-Louis le 5 déc. 1781, pour sa bonne conduite à York.

SAVARY (Charles-François), né à Paris, le 5 mai 1738. Mort en 1782.

DUCASSE (Paul), né à Mirande, le 15 avril 1736. Fait chevalier de Saint-Louis, le 15 sept. 1782.

De TARDIVY de THORENC (Jean-Baptiste-Gnerillot-Albert), né à Grasse, le 12 juin 1748.

GALTIER D'ALOSE (Joseph-Philémon), né à Merueis [Languedoc]. Fait capitaine commandant, le 22 mai 1780.

SANTIS DESPENANT (Marc-Antoine), né à Castelnau en 1745.

Le chevalier de MARCY de SIGNY (Jean-Claude), né à Laon, le 10 nov. 1750. A péri en 1780 sur le vaisseau de commerce du Hâvre "Le Phénix."

Le chevalier de CLAMOUZE (André-Bernard), né à Valenciennes, le 21 déc. 1752. Mort en 1780.

RAYNAULT de PASSEPLANE (Charles-Augustin-Alexandre), né le 25 janv. 1752, à Salvetat. Fait capitaine commandant le 12 nov. 1782.

NORMANDIN (Jean-Pierre), né à Montélimar, le 1ᵉʳ mai 1730. Mort le 2 avril 1780.

Le chevalier ARON de REBOURGUIL (Louis-Etienne), né le 16 févr. 1749 à Milhau [Rouergue]. Le 5 déc. 1781, a reçu la promesse d'une majorité d'infanterie, à l'occasion du zèle et du talent qu'il a particulièrement montrés à York.

Le chevalier de BEDOS de CAMPAN (Henry-Dominique-André), né à Puylaurens, le 13 mars 1753. Fait capitaine commandant, le 4 janv. 1783.

De VEZIAN (Pierre-Jacques-Jean-Marguerite), né à Montpellier, le 1ᵉʳ mai 1753. Mort en 1780 sur la frégate du Roy.

VIJAN AURIOL de BAUDREUIL (Jacques-Henry), né le 21 janv. 1751 à Saint Pierre-le-Montier [Nivernais]. Fait capitaine commandant, le 30 mai 1784.

Le chevalier de BONNE (Jean), né le 22 juill. 1750 à Viviers-les-Montagnes. Bonne conduite à Saint-Christophe.

Lieutenants.

PARMENTIER (Jacques-Joseph), né à Heigen, le 15 août 1728. Belle conduite à York.

Le GRAS de VAUBERY (Louis-François-Alexandre-Edouard), né à Montgenes, le 3 sept. 1754.

De GOURCY (Joseph), né à Dommartin, le 8 févr. 1754. Fait capitaine en second, le 1ᵉʳ janv. 1781.

De PONTAVICE des LANDES (Jean-Joseph-Marie), né à Fougères, le 11 févr. 1755. Fait capitaine en second, le 1ᵉʳ janv. 1781.

HEMARD (François-Xavier), né à Verdun, le 15 juin 1752. Fait capitaine en second, le 1ᵉʳ janv. 1782.

BEATRIX (François-Félix), né à Valognes, le 11 avril 1753. Mort en 1780.

BAILLYAT de PRECHATEAU (Nicolas-François), né à Dijon, le 26 févr. 1753. Fait capitaine en second, le 1ᵉʳ janv. 1782.

Le CHEVALIER (Gilles-Michel), né à Bonroger [Normandie], en mai 1730. Fait capitaine, le 14 janv. 1783.

De BRANCHE (Pierre-Nicolas), né à Laon, le 23 sept. 1755. Fait capitaine en second, le 13 juill. 1782.

Le chevalier de CREMOUX (Jean-Marie), né à Périgueux, le 8 avril 1758. Fait capitaine en second, le 12 nov. 1782.

PATET (Joseph), né à Montville, le 30 nov. 1741. Fait lieutenant en premier, le 28 févr. 1783.

De la ROCHE VERNAY (Henry), né à Loudun, le 5 août 1757. Fait lieutenant en premier, le 1ᵉʳ août 1780.

De POMMERY (Marie-François-Bonaventure), né à Laon, le 10 août 1757. Fait lieutenant en premier, le 1ᵉʳ janv. 1781.

CARDON de VIDAMPIERRE (Jean-Joseph-Antoine), né le 1ᵉʳ nov. 1758. Fait lieutenant en premier, le 1ᵉʳ janv. 1782.

Sous-lieutenants.

FRANÇOIS (Jean), né à Metz, le 12 juill. 1735. A obtenu, le 4 avril 1781, une pension de retraite.

De BRESSOLLES (François-Denis), né le 12 juill. 1759, à La Celle [diocèse de Bourges]. Fait lieutenant en second, le 22 mai 1780.

De MATHEY (Joseph-Casimir-François), né à Carpentras, le 5 août 1760. Fait lieutenant en second, le 22 mai 1780.

Le COQ de BOIS BAUDRAN (Jean-Gaspard). Fait lieutenant en second, le 1ᵉʳ août 1780.

D'ALBENAS (Jean-Joseph). Fait lieutenant en second, le 1ᵉʳ sept. 1780.

De RETZ (Auguste-Guillaume-Honoré). Fait lieutenant en second, le 1ᵉʳ janv. 1781.

De MONTALEMBERT (Casimir), né le 11 avril 1763. Fait lieutenant en second, le 1ᵉʳ janv. 1781; blessé légèrement aux combats du 9 au 12 avril 1782 donnés par M. le comte de Grasse.

Du JONQUOIS (Jacques-Marie-Louis-Eléonore).

De FLORIT de la TOUR de CLAMOUZE (Clément-Antoine-Simon), né le 25 nov. 1762. Fait lieutenant en second, le 1ᵉʳ janv. 1782.

De MARQUET de MARCY (François-Guillaume), né le 28 sept. 1763. Fait lieutenant en second, le 1ᵉʳ janv. 1782.

De BANAL (Antoine-Pierre-Gabriel). Fait lieutenant en second, le 1ᵉʳ janv. 1782.

Du BAC (Jean-Baptiste). Mort en 1781 sur la frégate "La Diane."

DUHAMEL de la BOTHELIERE (Michel-Aimé Fidel), né le 10 oct. 1759. Fait lieutenant en second, le 4 janv. 1783.

Du MOULIN de MONTLEZUN de la BARTHELLIE (Barthélemi-Sernin), né le 8 déc. 1762. Fait lieutenant en second, le 24 juin 1782.

De la PORTE (Pierre-Jean-Baptiste), né le 31 janv. 1781. Fait lieutenant en second, le 13 juill. 1782.

BLONDEL de BONNEUIL DAZAINCOURT (Augustin-Charles-Marie). Fait lieutenant en second, le 12 nov. 1782.

Du PERON (Jean-Marie), né le 8 avril 1764. Fait lieutenant en second, le 30 mai 1784.

Le chevalier de CASTELNAU (Jean) fait lieutenant en second, le 30 mai 1781.

SEIGNEURET (Louis), né le 11 mai 1730, à Bazoches [Perche]. Le 28 juill. 1782, a reçu la croix de chevalier de Saint-Louis et une pension de retraite.

Compagnie de la Coste. *

Bernard (Pierre), né à Wadelincourt [Trois-Évêchés] (1727), S. 4 mars 1752, parti pour la pension le 30 juin 1783.

Darvieux (François), né à Macha [près Saint-Étienne] (1730), S. 20 mars 1754, mort à Kingston en janvier 1781.

Dumousseau (Michel), né à Saint-Léger [Nivernais] (1731), S. 26 mars 1754, parti pour la pension le 30 déc. 1783.

Chauvet (Dominique), né à Revel [Provence] (1727), S. 6 avril 1754, mort à Kingston en 1781.

Picard (Jean), né à Courtry [Bourgogne] (1734), S. 5 mars 1758, R. pour 8 ans le 1er oct. 1779.

Ronflier (Julien), né au Mans (1730), S. 27 avril 1758, mort à la Pointe-Anse le 12 déc. 1781.

Brassier (Julien), né à Saint-Germain [Anjou] (1745), S. 6 déc. 1763, mort, étant prisonnier de guerre en sept. 1781.

Glatignon (René), né à Lovenay [Maine] (1741), S. 26 déc. 1764, R. pour 8 ans le 11 nov. 1778.

Jacob (Pierre-François), né à Pierrefontaine [Franche-Comté] (1740), S. 21 déc. 1764, R. pour 8 ans le 1er oct. 1776.

Graffet (Isaac), né à Sacy [Normandie] (1747), S. 15 mars 1765, R. pour 8 ans le 1er nov. 1783.

Nozier (Jacques), dit Ramponeau, né à Val [Vivarais] (1748), S. 24 avril 1766, R. pour 4 ans le 7 oct. 1778.

Michel (Antoine), né à Allauche [Auvergne] (1746), S. 23 oct. 1766, mort au Cap le 9 juin 1782.

Bruton (Jacques), né à Vouvray (1745), S. 23 févr. 1767, R. pour 8 ans le 14 nov. 1783.

Noirot (André), né à Neuf-Brisach (1736), S. 28 mars 1767, mort à Kingston le 14 nov. 1780.

Robert (Pierre), né à Marseille (1744), S. 15 avril 1767, congédié le 10 août 1783.

Lerth (Jean-François), né à Dunkerque (1742), S. 1er nov. 1768, R. pour 8 ans le 1er nov. 1777.

Brachet (Jean), né à Tourtus [Languedoc] (1752), S. 7 août 1762, R. pour 8 ans le 17 janv. 1780.

Le Roux (Jean), dit Nouilles, né à Chanteloup [Normandie] (1752), S. 26 juin 1772, mort au Cap le 2 nov. 1781.

Andonneau (Noël), dit Arganson, né à Chateaudun [Beauce] (1751), S. 15 sept. 1772, R. pour 8 ans le 8 nov. 1778.

Denyot (Pierre), dit Colbert, né à Vendôme [près d'Orléans] (1748), S. 21 oct. 1772, R. pour 8 ans le 6 juin 1779.

Bras (Jean), dit Benjamin, né à Courgenay [Bourgogne] (1752), S. 14 nov. 1772, R. pour 8 ans le 14 nov. 1780.

Sarrazin (Jean-Claude), dit Lange, né à Antoisson [Franche-Comté] (1755), S. 16 déc. 1773, mort le 31 janv. 1782.

Fontainier (Antoine), dit Rohan, né à Saint-Chely-d'Aubrée [Rouergue] (1758), S. 8 mars 1775, mort au Cap le 28 août 1781.

Maliet (Guillaume), dit Rouergue, né à Saint-Geniez [Rouergue] (1757), S. 8 mars 1776, mort le 27 oct. 1781.

Le Brun (Edme), né à Arrentières [Champagne] (1747), S. 2 sept. 1775, mort le 24 nov. 1781.

Faure (Pierre), né à Empurany [Vivarais] (1756), S. 25 nov. 1775, mort à la Petite Anse le 27 janv. 1782.

Boucher (Pierre), né à Romans [Dauphiné] (1758), S. 25 nov. 1775, mort en juin 1781.

Docant (François), dit Roch, né à Sommières [Languedoc] (1759), S. 2 déc. 1775, R. pour 4 ans le 2 déc. 1779.

David (Philibert), né à Epcon [Auvergne] (1750), S. 15 déc. 1775, R. pour 4 ans le 15 déc. 1779.

Courbet (Antoine), dit Riboteur, né à Saint-Hilaire [Dauphiné] (1750), S. 4 févr. 1776, mort le 19 déc. 1781.

Salles (Isaac), né à Sauve (près d'Alais) (1758), S. 9 mai 1776.

Simonneau (Etienne-Michel), né à Paris (1750), S. 15 mai 1776, congédié le 6 déc. 1783.

Robert (Jean), dit Richard, né à Fosange [Auvergne] (1760), S. 13 juill. 1776, congédié le 18 nov. 1782.

Del (Charles), né à Pesmes [Franche-Comté] (1750), S. 27 sept. 1776, R. pour 8 ans le 25 févr. 1783.

Chaudier (Joseph), né à Romans [Dauphiné] (1759), S. 13 oct. 1776, R. pour 4 ans le 23 nov. 1781.

Arzillier (Guillaume), dit Romans, né à Viam [Vivarais] (1756), S. 15 nov. 1776, mort au Cap le 17 mars 1782.

Charpentier (Jacques), né à Fresne-le-Vicomte [Normandie] (1756), S. 7 janv. 1777, rayé des contrôles le 15 oct. 1782.

Dreuilhet (Dominique), né à Auch [Gascogne] (1758), S. 14 janv. 1777, mort le 24 nov. 1781.

Lagneau (Jacques), né à Chaumont [Champagne] (1760), S. 18 févr. 1777, mort au Cap le 20 avril 1783.

Cappelet (Charles), dit Rossignol, né à Prémont [Cambresis] (1759), S. 23 juill. 1777, mort à Kingston en févr. 1781.

Hénon (Louis-François), dit Raymond, né à Montauban [Picardie] (1760), S. 2 août 1777, R. pour 4 ans le 24 nov. 1783.

Roue (Jean), né à Saint-Laurent (1760), S. 17 août 1777.

Dumont (Jean-Baptiste), dit Ruzé, né à Lille (1761), S. 10 déc. 1778, R. pour 8 ans le 25 oct. 1783.

Courtois (Nicolas-Charles), né à Nogent-sur-Seine [Champagne] (1760), S. 18 déc. 1778, mort au Cap le 21 sept. 1782.

Laverne (Jean), dit Ravage, né à Piaux [Auvergne] (1761), S. 2 févr. 1779, R. pour 4 ans le 23 nov. 1783.

Traineau (André), dit Romanet, né à Rouen (1759), S. 30 nov. 1779, mort le 5 avril 1782.

Limel (Antoine-François), dit Rofin, né à Paris (1762), S. 1er nov. 1778, mort au Cap le 1er août 1782.

Salomon (André), dit Rabé, né à Rossien [Dauphiné] (1759), S. 15 oct. 1779.

Hyménée (Claude), dit Rigobert, né à Beaussale [Languedoc] (1756), S. 18 oct. 1779, R. pour 4 ans le 23 nov. 1783.

Giraud (François), dit Roussel, né à Neuilly [près de Paris] (1755), S. 20 oct. 1779, mort le 6 janv. 1782.

Lambert (Blaise), dit Bascir, né à Besançon [Franche-Comté] (1763), S. 2 nov. 1779, mort le 24 nov. 1781.

Gault (Nicolas), dit Rabaton, né à Paris (1760), S. 30 déc. 1779, R. pour 4 ans le 23 nov. 1783.

Monnoire (Charles), né à Beaucaire (1737), S. 1er janv. 1755, mort au Cap le 3 mars 1783.

Georges (Claude), dit Saint-Georges, né à Marbache [près Nancy] (1730), S. 21 mai 1758, mort le 17 mars 1782.

Planchard (Jean), dit Ranconet, né à Néris [près de Moulins] (1743), S. 1er mai 1760, mort au Cap le 3 oct. 1782.

Dieulevan (Joseph), dit Recouvrance, né à Neufchâtel [près d'Alençon] (1740), S. 21 mars 1760, mort au Cap le 4 juill. 1782.

Mayeux (Louis), dit Refuge, né à Launois [Bretagne] (1736), S. 25 avril 1765, mort au Cap le 26 nov. 1782.

Bierne (David), dit Ram, né à Saint-Jean-de-Cornies [près de Montpellier] (1748), S. 6 avril 1766, mort en mer le 15 avril 1782.

Vital (Simon), dit Rapé, né à La Petite Racn [près de Sonones] (1754), S. 11 janv. 1770, R. pour 8 ans le 3 janv. 1776.

Barey (Jean François), dit Rival, né à Revigny-sur-Meuse (1751), S. 10 déc. 1772, mort à Williamsbourg le 31 déc. 1781.

Denis (François), dit Replique, né à Pange [près de Metz] (1755), S. 3 nov. 1774, mort au Cap le 11 janv. 1782.

Valette (Jean), dit Ramée, né à Saint-Jean La Palu [près de Limoges] (1755), S. 17 janv. 1775, mort au Cap le 3 juin 1782.

Renaudot (Jacques), dit Riccoboni, né à Chancenne [près de Besançon] (1754), S. 1er juill. 1775, mort au Cap le 16 oct. 1782.

Queray (Jean-Baptiste), dit Ramussé, né à Amiens (1752), S. 19 févr. 1776, congédié le 5 déc. 1783.

Viard (Dominique), dit Robustin, né à Epinal (1762), S. 21 févr. 1776, mort au Cap le 27 août 1782.

Gauthier (Antoine), dit Rotrou, né à Saint-Nicolas [près Nancy] (1749), S. 24 févr. 1776, mort au Cap le 12 févr. 1783.

Sipeyre (Jean), dit Rancy, né à Nîmes (1759), S. 29 mars 1776, mort au Cap le 24 déc. 1781.

Perrin (Jean), dit Robinson, né à Bazouges-La-Pérouse [Bretagne] (1756), S. 9 déc. 1776, mort au Cap le 29 juin 1782.

Jenne (Jean), dit Rhin, né à Courceilles [près Besançon] (1762), S. 25 janv. 1777, mort au Cap le 15 juin 1782.

Noiret (Nicolas), dit Renommée, né à Neuville-les-This [près de Châlons] (1761), S. 30 janv. 1778, mort au Cap le 1er sept. 1782.

Bily (Mathurin), dit Rivery, né à La Rozey [Bretagne] (1758), S. 27 avril 1778, mort au Cap le 21 août 1782.

Valentin (Simon), dit Raisin, né à Gérardmer [Lorraine] (1759), S. 10 mars 1778, mort au Cap le 16 nov. 1782.

Sainau (Jacques), dit Renaudeau, né à Nogent-sur-Seine (1762), S. 18 déc. 1778, réformé le 7 déc. 1783.

Rimbeau (Jean), dit Remigny, né à Longues [Touraine] (1760), S. 10 janv. 1779, réformé le 6 déc. 1783.

Huteau (Louis), dit Ricard, né à Lieuville [près d'Orléans] (1759), S. 19 mai 1779, mort en mer le 18 nov. 1781.

a Abréviation : S. = Entré au service ; R. = Rengagé. Translation: Abbreviations, S. = Service; R. = Reenlisted.

Vincent (Jean), dit Ratier, né à La Flèche [Touraine] (1762), S. 18 août 1779.

Bourguiot (Joseph), dit Ruelle, né à La Flèche [Touraine] (1761), S. 7 déc. 1779, congédié le 25 avril 1783.

Quaisse (Antoine), dit Ruzinot, né à Gray-la-Ville [près Besançon] (1762), S. 16 févr. 1780, mort au Cap le 13 juill. 1782.

Mory (François), dit Ravel, né à Ecluselles [près de Châteauneuf] (1763), S. 21 févr. 1780.

Jaïn (Jean-Charles), dit Ramuzat, né à Tilleul-Lambert (1764), S. 17 mars 1780.

Henry (Nicolas), dit Riffé, né à Pérou [près de Langres] (1762), S. 25 mars 1780, mort au Cap le 22 sept. 1782.

Philippe (Jean-Baptiste), dit Romain, né à Senozan [près de Mâcon] (1757), S. 6 avril 1780.

La Rüe (François), dit Rozean, né à Craye [près de Beauvais] (1760), S. 16 avril 1780.

Costail (Sidet), dit Runoir, né à Langeac (1753), S. 12 juin 1780, mort à Williamsbourg le 4 nov. 1781.

Drevet (Pierre-François), dit Rambouillet, né Beauvais (1763), S. 21 juin 1780.

Guerrei (Pierre), dit Ruffé, né à Nancy (1763), S. 6 août 1780.

Colin (Jean-Pierre), dit Rabutin, né à Sivry (1762), S. 6 août 1780.

Antoine (Etienne), dit Riz, né à Paris (1764), S. 7 oct. 1780, mort au Cap le 18 juill. 1782.

Lozet (François-Joseph), dit Lozet, né à Banville [près de Longwy] (1761), S. 6 mai 1780, mort au Cap le 9 juin 1782.

Molandre (Louis), né à Saint-Dizier, (1750), S. 21 nov. 1767, R. pour 8 ans le 21 nov. 1775.

Caperon (Roch), né à Viviers (1758), S. 12 juin 1776.

Colar (André), né à Boyenne [près d'Angers] (1749), S. 6 janv. 1760, mort à Williamsbourg le 30 oct. 1781.

Coisy (Isidor), né à Amiens (1759), S. 1er mai 1773, R. pour 8 ans le 1er mai 1781.

Thibaud (Jean), dit Boulay, né à Saint-Pierre [près Laigle] (1758), S. 16 mars 1777, mort au Cap le 23 août 1782.

Fouquet (Georges), né à Baccarat (1761), S. 6 janv. 1777, mort au Cap le 21 juin 1782.

Bellanger (Pierre), né à Léglantiers [près de Clermont] (1760), S. 6 déc. 1777, mort au Cap le 22 août 1782.

Dumas (Jacques), né à Nîmes (1762), S. 24 mars 1780.

Bassemaison (Gabriel), né à Châteaulin (1764), S. 10 sept. 1779, mort au Cap le 17 juin 1782.

Villatte (Jean), né à Agnac (1752), S. 16 mai 1781, mort au Cap le 9 nov. 1782.

Noxot (Louis-Joseph), né à D'Afresoy (1754), S. 18 oct. 1770, R. pour 8 ans le 8 oct. 1776.

Charbaudet (Jean), dit Armant, né à Poigny [près Meaux] (1752), S. 1er nov. 1776.

Michaut (Claude), né à Choye [près Gray] (1757), S. 31 juill. 1777.

Senoble (Claude), né à Fontaine-Mâcon [près Nogent-sur-Seine] (1761), S. 7 nov 1779.

Charles (François), né à Romeville [près Neufchâteau] (1759), S. 5 déc. 1779, mort au Cap le 21 mai 1780.

Le Maire (Louis-Antoine), né à Sens (1764), S. 26 mai 1780.

Le Chêne (François) dit Duchêne, né à Bourges (1745), S. 30 nov. 1763, mort au Cap le 26 mai 1782.

Flamand (Jean-Nicolas), né à Gros-Theil [près Rouen] (1755), S. 10 févr. 1774, mort au Cap le 15 août 1782.

Volant (Jacques), né à Montélimar [Dauphiné] (1753), S. 21 sept. 1776, mort au Cap le 27 juin 1782.

Bergorat (Michel), né à Le Busson [près de Guéret] (1759), S. 4 oct. 1777.

Pradine (Jean-Pierre), né à Gardebiaux [près d'Alby] (1761), S. 1er déc. 1777, mort au Cap le 10 sept. 1782.

Barbier (Michel), dit Ferrasse, né à Saint-Germain-en-Laye [Ile de France] (1755), S. 23 mars 1778.

Prevost (Louis), né à Danneil [près Beauvais] (1754), S. 1er févr. 1772, mort au Cap le 5 janv. 1783.

Auzoux (Jean-Baptiste), né à Louviers (1756), S. 16 nov. 1773, mort au Cap le 25 sept. 1782.

Defer (Louis-Charles), né Saint-Maur [Ile de France] (1762), S. 31 oct. 1780, mort au Cap le 13 sept. 1782.

Eibbes (Jean-Baptiste), né à Clermont (1748), S. 20 avril 1781, mort au Cap le 3 juin 1782.

André (Germain), né à Issoudun (1757), S. 3 avril 1778.

Cloaret (René), né à Loqueffort [près de Châteaulin] (1760), S. 5 mai 1778, mort au Cap le 2 sept. 1782.

Chenaux (Pierre-Joseph), né à Noisy [près Versailles] (1746), S. 15 juin 1773, R. pour 4 ans en 1781.

Vire (Jean), né à Saint-Just [près Lyon] (1763), S. 29 mars 1773, R. pour 4 ans en 1780.

Mougel (Pierre), né à Remoncourt [près Mirecourt] (1760), S. 17 mars 1777.

Grenier (Jean), né à Sommières (1754), S. 11 juin 1776, congédié le 3 août 1783.

Le Grand (Pierre-François), né à Comines (1754), S. 14 juill. 1770.

Bonnafous (Guillaume), né à Lamothe (1759), S. 15 déc. 1775, congédié le 5 déc. 1783.

Boudard (Paul), né à Sedan (1762), S. 28 oct. 1776.

Bardin (Claude), né à Dijon (1754), S. 28 juin 1776, R. pour 8 ans le 4 nov. 1783.

Lembleu (François), né à Loudun [Poitou] (1757), S. 13 avril 1776, R. pour 8 ans le 21 nov. 1783.

Duval (Jean-Baptiste), né à Saint-Pierre-ès-Champs (1746), S. 1er avril 1768, R. pour 8 ans le 31 mars 1776.

Le Breton (Nicolas-Pierre-Alexis), né à Caen (1754), S. 9 oct. 1777, mort au Cap le 22 juill. 1782.

Compagnie de Thorone.

Forest (Michel), né à Malval [près Saint-Etienne] (1724), S. 7 août 1757, parti pour les Invalides le 30 juin 1789.

Jamais (Sébastien), né à La Ville-Basse-de-Brie [Trois Evêchés] (1741), S. 24 nov. 1761, mort le 13 nov. 1781.

Drapier (Pierre), né à Valenciennes (1743), S. 1er juin 1763, tué au Cap le 9 avril 1782.

Rigal (Jean-Baptiste-Joseph-Henry), né à Douai (1746), S. 4 déc. 1764, mort au Cap le 7 janv. 1783.

Person (Claude), né à Vellexon [Franche-Comté] (1749), S. 14 avril 1766, congédié le 2 août 1783.

Souly (Pierre), dit Saint-Hilaire, né à Saint-Hilaire [près Montpellier] (1749), S. 9 nov. 1774, congédié le 12 oct. 1783.

Ferriot (Jean), né à Chambon [Forez] (1749), S. 1er déc. 1775, mort à Saint-Domingue le 26 nov. 1781.

Dugas (Antoine), né à Le-Bas-de-Malbeaux [Languedoc] (1758), S. 4 déc. 1775, congédié le 5 déc. 1783.

Royer (François), né à Lanteuil [Normandie] (1755), S. 10 août 1776, passé caporal le 24 août 1782.

Camille (Pierre), né à Paris (1757), S. 10 nov. 1776, congédié le 10 mai 1783.

Piot (Jacques), né à Rueil [près Paris] (1753), S. 10 nov. 1776, mort le 14 mars 1782.

Lorain (François), né à Montaéville [en Clermontois] (1758), S. 8 déc. 1776, mort en mer le 10 juin 1782.

Videvard (Henry), dit Dubois, né à Metz [Trois Evêchés] (1766), S. 17 févr. 1777, mort au Cap le 2 juill. 1782.

Ladoucette (François), dit Doucet, né à Pariondrupt [Lorraine] (1758), S. 5 mars 1777, mort au Cap le 9 nov. 1782.

Vachiron (Pierre), dit Daun, né à Amplepuis [Beaujolais] (1760), S. 30 mai 1777, congédié le 18 nov. 1782.

Feuillet (Henry), né à Viviers [Vivarais] (1749), S. 18 mars 1787, congédié le 5 août 1783.

Fouilly (Louis-Charles), dit D'Accord, né à Ambrières [Champagne] (1757), S. 18 juill. 1777, mort au Cap le 7 juill. 1782.

Arnaud (Jean-Baptiste), dit Déricourt, né à Paris (1756), S. 2 oct. 1777, parti pour les Invalides le 4 mars 1784.

Duquesnay (Pierre-Etienne), né à Rouen [Normandie] (1759), S. 16 juill. 1777.

Davreux (Ambroise-Joseph), né à Marcoilles [Hainaut] (1759), S. 16 juill. 1777, mort au Cap le 23 juin 1782.

Graverie (Jean-Antoine), dit Darius, né à Crécy [Brie] (1759), S. 5 sept. 1776, congédié le 31 mars 1784.

Gorse (François), né à Baziège [Languedoc] (1744), S. 18 mars 1765, congédié le 3 août 1783.

Isnard (Jean-Baptiste), dit Destin, né à Reillanne [Provence] (1757), S. 30 déc. 1778, mort au Cap le 10 oct. 1782.

Piquet (Jean-Baptiste), dit Dieu, né à Monthairons [Barrois] (1760), S. 2 févr. 1779, mort au Cap le 3 janv. 1783.

Toque (Benjamin-Robert), dit Départ, né à Rouen [Normandie] (1763), S. 9 mai 1779, mort au Cap le 19 août 1782.

D'Aunay (Julien), né à Le Plouyé [Bretagne] (1744), S. 20 oct. 1779, mort au Cap le 12 août 1782.

Hubert (Joseph), dit Derronay, né à Grandpré [Champagne] (1763), S. 2 déc. 1779.

Brossier (Joseph), dit Dorival, né à Sisteron [Provence] (1758), S. 15 déc. 1778, mort au Cap le 27 oct. 1782.

Desman (Pierre), dit Deman, né à Angoulême (1763), S. 15 déc. 1778, mort au Cap le 20 août 1782.

Denis (Louis), né à Banthelu [Normandie] (1757), S. 20 oct. 1779, mort au Cap le 14 juin 1782.

Marcadé (François), dit Duchâteau, né à Paris (1763), S. 28 oct. 1770, congédié le 29 févr. 1784.

Michaud (Louis-Simon), dit Deshallières, né à Du Poëne [Ile de France] (1748), S. 19 nov. 1779, mort au Cap le 2 janv. 1782.

Lambelet (Pierre), dit Dijon, né à Sault [Bourgogne] (1741), S. 18 nov. 1779, mort au Cap le 23 juill. 1782.

Martin (Joseph), né à Nevers (1737), S. 4 mars 1777, mort au Cap le 13 juin 1782.

Mollière (Lazare), né à Jussie [Angoumois] (1738), S. 19 janv. 1776, R. pour 4 ans le 14 nov. 1778.

Duvois (François), né à Conflans [Lorraine] (1753), S. 26 oct. 1774, R. pour 8 ans le 22 janv. 1779.

Vaugin (Claude), dit Dulaurent, né à Loy-sur-Seille [Trois-Evêchés] (1739), S. 15 oct. 1761, mort au Cap le 31 déc. 1780.

Journet (Bennet), né à Cruzilles [Bresse] (1749), S. 26 oct. 1766, mort au Cap le 16 juin 1782.

Roussel (Jean-Louis), dit D'Aguesseau, né à Saint-Quentin [Picardie] (1741), S. 31 janv. 1766, mort au Cap le 20 juin 1782.

Girard (Jean), né à Mariendal [Lorraine Allemande] (1749), S. 27 juill. 1767, mort au Cap le 19 août 1782.

Gigot (Pierre), dit D'Aubenton, né à Cussy-le-Châtel [Bourgogne] (1763), S. 25 mars 1774, congédié le 2 août 1783.

Le Clerc (Gabriel), dit D'Ouvillier, né à Nancy (1763), S. 22 janv. 1777, R. pour 8 ans le 22 déc. 1781.

Ratau (Philippe), dit Dubary, né à Autun (1757), S. 27 févr. 1777, tué à bord du "Scipion" le 17 oct. 1782.

Hibert (François), dit Doulan, né à Orléans (1762), S. 29 janv. 1780, congédié le 20 nov. 1782.

Isambart (Charles-François), dit Donchery, né à Paris (1763), S. 18 mars 1780, mort au Cap le 12 juin 1782.

Thion (Jean-Claude), dit Diligent, né à Pesmes [près d'Auxonne] (1764), S. 3 avril 1780, parti pour les Invalides le 30 janv. 1783.

Mouchin (Léger), dit Duprat, né à Orléans (1762), S. 20 avril 1780.

Le Clerc (Louis-Léonard), dit Durtal, né à Orléans (1763), S. 6 mai 1780.

Benos (André), dit Desroches, né à Rouvray-Sainte-Croix [près d'Orléans] (1741), S. 7 mai 1780, mort à l'hôpital du fort Royal le 17 avril 1782.

Xrhouvet (Louis-Philippe), dit Dumoulin, né à Vincennes [près Paris] (1758), S. 17 mai 1780, congédié le 10 mai 1783.

Chaudet (Antoine), dit Digne, né à Loudes [près Le Puy] (1749), S. 19 mai 1780.

Boulet (Claude), dit Dombasle, né à Paris (1761), S. 29 mai 1780.

Boulnoir (Claude-Victor), dit Delande, né à Bérancourt [près de Soissons] (1757), S. 9 août 1780.

Poidevin (Marie-Alexandre), dit D'Argencourt, né à Paris (1761), S. 28 sept. 1777, mort au Cap le 18 juin 1782.

Blanchon (Jean-Blaise), dit Deschamps, né à Chaudières [près Le Puy] (1762), S. 3 nov. 1777.

Froment (Pierre), dit Duportail, né à Nîmes [Languedoc] (1759), S. 1er sept. 1774, mort le 22 déc. 1781.

Bellot (François), dit Dravincourt, né à La Chapelle-sous-Chaux [Haute-Alsace] (1761), S. 1 mai 1777.

Dinot (Louis), né à Saint-Quentin (1748), S. 1er nov. 1778, mort au Cap le 18 juin 1782.

Vinot (Edme) dit Divoir, né à Tonnerre (1761), S. 25 déc. 1778, mort au Cap le 8 juill. 1782.

Masson (Jean), dit Duconseil, né à Graine-sur-Ours [près Bar-sur-Seine] (1761), S. 19 janv. 1779, mort au Cap le 30 juill. 1782.

Peltier (Jean), dit Brad'Or, né à Saulgé-l'Hôpital [Maine] (1761), S. 19 nov. 1779, mort au Cap le 6 juill. 1782.

Barbay (Martin), dit Dusaillant, né à Paris (1754), S. 17 sept. 1781, congédié le 9 nov. 1782.

Meetant (Claude-François), né à Travise [près Vesoul] (1757), S. 16 déc. 1772, R. pour 8 ans le 4 sept. 1780.

Desroches (Simon), né à Orléans (1745), S. 25 oct. 1780, mort au Cap le 20 août 1782.

Coche (Pierre), né à Saint-Sorlin-d'Arves [en Savoie] (1747), S. 29 déc. 1780, mort au Cap le 19 août 1782.

Cardinaux (Jean-François), né à Paris (1761), S. 19 juin 1777.

Menet (Joseph), né à Rocroy [Champagne] (1760), S. 18 mars 1777, mort au Cap le 14 août 1782.

Brie (Noël), né à Parman (1739), S. 29 juill. 1769, R. pour 8 ans le 29 juill. 1781.

Suard (Pierre), né à Saint-Denis [Anjou] (1760), S. 27 mars 1776.

Thevenot (Claude), né à Cussy [près Dijon] (1760), S. 30 déc. 1779, mort au Cap le 14 juill. 1782.

Morissot (Jacques), né à Angers (1760), S. 28 oct. 1780.

Pacquin (Jean), né à Houdelaincourt [près Gondrecourt] (1760), S. 26 févr. 1781, mort au Cap le 24 juill. 1782.

Boursot (Louis), né à Macsangy (1760), S. 17 avril 1781, mort au Cap le 19 août 1782.

Frayon (Antoine), né à Valence (1762), S. 15 févr. 1777.

Maras (Thomas-Annable), dit Cléron, né à Paris (1761), S. 17 mars 1779, congédié le 10 mai 1783.

Goupy (Julien), dit Coromandel, né à Châteaubourg [près Vitré] (1755), S. 19 mars 1776, mort au Cap le 26 juill. 1782.

Stavial (François), né à Maillon [près d'Alby] (1751), S. 25 févr. 1767, mort au Cap le 12 juin 1782.

Delarges (Christophe), né à Lyon (1748), S. 31 mars 1768, mort au Cap le 25 juin 1782.

Chauvin (Jean), né à Le Péage [près Taulignan] (1764), S. 10 déc. 1780, mort au Cap le 10 août 1782.

Giffon (Alexis), né à Bagnols (1761), S. 10 déc. 1780, mort au Cap le 2 sept. 1782.

Delmas (Jean), né à Longes (1754), S. 11 avril 1781, mort le 20 août 1782.

Alliard (Antoine), né à Etampes [Beauce] (1756), S. 31 mars 1776, mort au Cap le 22 mai 1782.

Foucault (Morin), né à Savigny [près Mortain] (1758), S. 29 nov. 1776, mort au combat du 12 avril 1782.

Jode (Vincent), né à Beaucaire (1747), S. 23 avril 1765, parti pour les Invalides le 4 mars 1781.

Dumas (Etienne), né à Pluviers [près Périgueux] (1759), S. 29 déc. 1778, mort au Cap le 6 sept. 1782.

Moreau (Julien), né à Ploërmel [près Rennes] (1756), S. 1er déc. 1777, R. pour 8 ans le 31 déc. 1783.

Vigé (Pierre), né à Bergerac (1761), S. 11 mars 1779, mort au Cap le 23 juin 1782.

L'Allemand (Michel-Jean-Martial), né à Torigni [près Caen] (1759), S. 27 juin 1780, mort au Cap le 19 août 1782.

Verdant (Louis), né à Avesnes [près Valenciennes] (1762), S. 25 déc. 1780, mort au Cap le 16 déc. 1782.

Brunot (Augustin), né à Fontevrault [près Poitiers] (1748), S. 1er avril 1766, R. pour 4 ans le 19 oct. 1778.

Briquet (Pierre-Antoine), né à Cessière [près Laon] (1760), S. 3 juin 1773, mort au Cap le 25 juin 1782.

Roger (Joseph), né à Guise [près d'Amiens] (1760), S. 2 mai 1779.

Dessin (Jacques), né à Orléans (1739), S. 25 août 1775, mort sur le "Scipion" (suite de blessures) le 21 oct. 1782.

Queras (Claude), dit Quras, né à Naves [près Gannat] (1737), S. 26 oct. 1758, R. pour 4 ans le 21 nov. 1778.

Sovillier (Pierre), né à Hesdin [près Lille] (1741), S. 17 oct. 1764, mort au Cap le 15 août 1782.

Grobert (Jean), dit Divertissant, né à Salins (1745), S. 5 mars 1765, mort au Cap le 20 juin 1782.

Cladet (Charles), dit Berger, né à Casset [près Moulins] (1751), S. 27 sept. 1775, mort au Cap le 23 juill. 1782.

Dumont (Pierre-Joseph), né à Loos [près Lille] (1760), S. 16 déc. 1776.

Bousicq (François), né à Orléans (1757), S. 2 juill. 1780, mort au Cap le 23 août 1782.

Jouvellier (Antoine), né à Saint-Lubin [près Châteaudun] (1742), S. 21 août 1780, mort à l'hôpital de Périgueux le 25 janv. 1784.

Montant (Louis), né à Sigogne [près Nevers] (1761), S. 29 oct. 1780.

Grenet (Jean), né à Orléans (1750), S. 26 nov. 1780, mort au Cap le 7 juill. 1782.

Demonet (Antoine), né à Nevers (1762), S. 5 déc. 1780.

Breton (François), né à Boisseau (1756), S. 1er mai 1781, mort au Cap le 14 juill. 1782.

L'Etang (Henry), né à Saint-Marc à Frougier [près Guéret] (1749), S. 3 nov. 1777, mort au Cap le 1er oct. 1782.

Severin (Pierre), né à Thionville (1747), S. 21 janv. 1765, R. pour 8 ans le 24 avril 1780.

Mercier (Nicolas), né à Saint-Nicolas (1756), S. 28 janv. 1772, R. pour 8 ans le 22 janv. 1779.

Jumancour (Nicolas), né à Autremencourt [près Soissons] (1757), S. 26 janv. 1777.

Peisson (Pierre) né à Romans [Dauphiné] (1757), S. 11 oct. 1776.

Dain (Jean-Louis), né à Montchâlons [près Laon] (1759), S. 31 mars 1777.

Delormes (Luc), né à Orléans (1762), S. 31 août 1779.

Dehors (Pierre-Alexandre), né à Damleuse [près Beauvais] (1752), S. 5 nov. 1769, R. pour 8 ans le 5 sept. 1777.

Giroux (Charles), né à Paris (1755), S. 1er déc. 1778.

Cariotte (Claude), né à Saint-Pierre-le-Ciel [près Grenoble, Dauphiné] (1751), S. 11 déc. 1768, R. pour 8 ans le 2 oct. 1778.

Martin (Pierre), né à Diercelet [Lorraine] (1753), S. 24 août 1773, congédié le 2 août 1783.

La Cour (Charles-François), né à Rinaucourt [près Vicq] (1754), S. 11 oct. 1773, R pour 4 ans le 24 mars 1779.

Marquet (Pierre), né à Navenne [près de Vesoul] (1758), S. 10 avril 1777.

Cassegrain (François), né à Baigneaux [près d'Orléans] (1762), S. 5 sept. 1780.

Baudron (Urbain), né à Montourtier [près Le Mans] (1760), S. 26 nov. 1780.

Degaste (Jean), dit Drusus, né à Rambouillet [Beauce] (1762), S. 1er déc. 1780.

Ledoux (Pierre), né à Genève (1761), S. 5 nov. 1778, réformé le 6 déc. 1783.

Picaud (Pierre-François), né à Moncavret (Bourbonnais) (1758), S. 20 sept. 1778.

Boissinet (Pierre), né à Paris (1753), S. 15 mars 1780.

Compagnie de Savery.

Godrillet (Jean), né à Saint-Jean-des-Amegues [Nivernais] (1728), S. 25 janv. 1759, parti pour les Invalides le 30 juin 1783.

Fabre (Paul), né à Castelnaudary [Languedoc] (1738), S. 1er févr. 1756, mort le 26 déc. 1781.

Richard (Pierre), né à Fontaine [Franche-Comté] (1759), S. 15 mars 1756, mort au Cap le 13 janv. 1782.

Abraham (René), né à Rozières [Anjou] (1724), S. 25 août 1757, parti pour les Invalides le 1er juin 1782.

Pariel (Léonard), né à Régny [Forez] (1738), S. 1er sept. 1758, mort le 27 nov. 1781.

Giquet (Jean-Gérard), né à Rennes [Bretagne] (1744), S. 10 sept. 1761, mort au Cap le 15 juill. 1782.

Janot (Noël), né à Saint-Sylvain [Touraine] (1744), S. 13 nov. 1763, congédié avec pension le 1er janv. 1786.

Prossavin (Claude), né à Poligny [Franche-Comté] (1729), S. 17 nov. 1763, mort à Orléans le 19 sept. 1782.

Dufour (Jean), né à Grisolles [Languedoc] (1747), S. 24 mars 1765, congédié le 10 mai 1783.

Le Roy (Gabriel), né à Montemont [Savoye] (1746), S. 16 nov. 1765, mort au Cap le 14 juin 1782.

Coffin (Jean), dit Lælus, né à Charleville [Champagne] (1744), S. 17 avril 1766, mort à Saint-Domingue le 10 avril 1781.

Blaye (Pierre), né à Janjac [Vivarais] (1750), S. 18 mars 1767, mort en mer le 22 nov. 1781.

Constant (Antoine), né à Saint-Clément-de-Régnat [Auvergne] (1736), S. 27 mars 1767, mort en mer le 19 avril 1782.

Colas (Martin), dit Latinus, né à Vitré [Bretagne] (1751), S. 29 avril 1767, mort à Ouanaminthe le 20 oct. 1781.

Peith (Joseph), né à Lauterbourg [Alsace] (1749), S. 28 août 1767, mort au fort Dauphin le 22 déc. 1781.

Bargevin (François), né à Pouilly-sur-Loire [Gatinois] (1749), S. 18 janv. 1768, mort au fort Royal le 3 janv. 1782.

Roch (Félix), né à La Folie [près Landrecies] (1746), S. 16 nov. 1768, mort au Cap le 21 juin 1782.

Mouget (Joseph), né à Chèvy-la-Côte [Lorraine] (1750), S. 22 janv. 1769, mort au fort Dauphin le 4 déc. 1781.

George (Michel), né à Wolfsheim [Alsace] (1751), S. 24 mai 1769, mort à la Petite-Anse le 21 janv. 1782.

Vidot (Dominique), dit La Jeunesse, né à Bruyat [Bourbonnais] (1752), S. 10 avril 1770, mort au fort Dauphin le 28 nov. 1781.

Barbet (Jean-Baptiste), dit La Roche, né à La Roche-Yon [Normandie] (1751), S. 21 mars 1771, mort au fort Dauphin le 19 oct. 1781.

Michel (Georges), dit Coligny, né à Foville [Trois Évêchés] (1751), S. 8 mars 1773, mort au fort Royal le 9 avril 1782.

Bisson (Pierre), dit Demetrius, né à Paris (1752), S. 24 mars 1773, mort au fort Dauphin le 2 janv. 1782.

Daty (Jean), dit Foix, né à Guipry [Bretagne] (1763), S. 30 mars 1773, mort au fort Dauphin le 22 déc. 1781.

Guéprotte (Clément), dit Beaumanoir, né à Dornon [Trois Évêchés] (1754), S. 5 oct. 1773, mort au Cap le 6 févr. 1783.

Trotte (Pierre), dit Pharaon, né à Trélon [Hainaut] (1748), S. 26 déc. 1773, mort au fort Dauphin le 9 nov. 1781.

Olanier (Jacques), né à Briançon [Dauphiné] (1754), S. 6 déc. 1774, congédié le 10 mai 1783.

Brun (Melchior-Jean), dit Toulouse, né à Toulouse (1755), S. 5 janv. 1775.

Pages (Pierre), dit Arcas, né à Montpellier (1757), S. 11 juin 1775, tué au siège de Bristone-hill (Île Saint-Christophe) le 23 janv. 1782.

Bisson (Guillaume), né à Paris (1757), S. 6 sept. 1775, mort au fort Dauphin le 26 nov. 1781.

Alabes (Charles-Marie), né à Marseille (1757), S. 13 janv. 1776, congédié le 6 déc. 1783.

Pradhout (Jean-Pierre), né à Alais [Cévennes] (1759), S. 22 mai 1776, mort le 3 déc. 1781.

Champol (Claude), né à Saint-Jean-La-Bussière [Beaujolais] (1759), S. 22 mars 1776, rayé des contrôles le 21 nov. 1782 (mort chez lui).

Colin (Nicolas), dit Lausus, né à Domèvre-sur-Durbion [Lorraine] (1756), S. 22 mars 1776, mort à la Petite-Anse le 22 déc. 1781.

Courtois (Jean), né à Sommières [Languedoc] (1758), S. 6 avril 1776, mort au Cap le 13 juin 1782.

Charrière (Pierre), né à Saint-Étienne [Forez] (1759), S. 5 mai 1776, mort au Cap le 15 juill. 1782.

Bonafond (Charles), dit Linus, né à Paris (1759), S. 8 mai 1776, congédié le 27 mai 1784.

Favre (Joseph), né au Gran-Bornand [République de Genève] (1758), S. 12 juin 1776, congédié le 5 déc. 1783.

Fage (Alexis), dit Liban, né à Alais [Cévennes] (1759), S. 16 juin 1776, mort le 25 févr. 1782.

André (Vincent), né à Saint-Jean-d'Aroyan [Dauphiné] (1760), S. 4 juill. 1776, congédié le 5 déc. 1783.

Fargeon (Jean-Antoine), né à Grasse [Vivarais] (1757), S. 14 juill. 1776, mort en mer le 14 août 1781.

Dalignère (Antoine), né à Moulins [Bourbonnais] (1759), S. 23 oct. 1776, mort au fort Dauphin le 19 nov. 1781.

Perdrox (Laurent), né à Marcey [Anjou] (1754), S. 28 janv. 1777, mort au fort Dauphin le 26 nov. 1781.

Dumarest (Pierre), né à Romagne [Trois Évêchés] (1757), S. 20 févr. 1777, mort au Cap le 26 nov. 1782.

Begouin (Joseph), né à Fontevrault [près Poitiers] (1759), S. 28 févr. 1777, mort à la Petite-Anse le 19 déc. 1781.

Roux (Toussaint), dit Lowendal, né à Saint-Étienne [Forez] (1760), S. 17 févr. 1777, mort à Saint-Domingue le 25 mars 1781.

Blin (Benoist), dit Louvain, né à Bressieux [Lyonnais] (1755), S. 11 juin 1777, mort au Cap le 13 juin 1782.

Dounewon (François), dit Lauret, né à Chemery [Lorraine Allemande] (1759), S. 7 janv. 1778, mort au fort Dauphin le 4 déc. 1781.

Maréchal (Louis), né à Sannois [Île de France] (1748), S. 27 mars 1768, mort à Ouanaminthe le 20 nov. 1781.

Berthuy (Guillaume), né à Monjou [Auvergne] (1742), S. 16 avril 1776, congédié le 6 août 1783.

Guérin (Jean-Louis), dit Lafontaine, né à Sannois [Île de France] (1756), S. 16 oct. 1778, mort au Cap le 9 mai 1782.

Tampier (Jacques), dit Lafrance, né à Bézancourt [Île de France] (1759), S. 16 oct. 1778, mort le 21 mars 1782.

Bertremieux (François-Thomas), dit Lance, né à Souty [Artois] (1761), S. 26 oct. 1778, mort le 24 nov. 1782.

Pennequin (Jean-Baptiste-Joseph), dit Lothaire, né à Lille (1761), S. 10 déc. 1778, mort au Cap le 3 déc. 1781.

Willems (Alexis-Joseph), dit L'Orange, né à Lille (1761), S. 2 févr. 1779, mort au Cap le 25 sept. 1781.

Caus (Jean-Louis), dit Lahire, né à Graincourt [Artois] (1762), S. 2 févr. 1779, rayé des contrôles le 25 mars 1782.

Gouverneur (François-Nicolas Eloy), né à Paris (1748), S. 20 avril 1779, tué à bord du "Marseillois" le 9 avril 1782.

Caillot (Pierre), né à Le Quartier-Saint-Julien [Provence] (1759), S. 10 juill. 1759, mort au fort Dauphin le 5 déc. 1781.

Philippe (Pierre), dit Léonard, né à Amiens [Picardie] (1760), S. 30 oct. 1779, mort au fort Dauphin le 18 nov. 1781.

Gérard (Jean), dit Lisimon, né à Montmiral [près de Mende] (1755), S. 13 févr. 1765, mort à Cambray le 22 mai 1782.

Le Roux (Jean), dit Lactance, né à Saint-Nicolas [Orléanais] (1762), S. 23 nov. 1779, mort au Cap le 5 juin 1782.

Mougel (Nicolas), dit Lazare, né à Bessoncourt [Alsace] (1759), S. 21 mars 1778, mort le 13 nov. 1781.

Bletterie (Pierre), dit Liebonne, né à Clermont [Auvergne] (1758), S. 9 déc. 1778, mort en mer le 24 nov. 1781.

Simon (Jean-Baptiste-François), dit Souvier, né à Notre-Dame-D'Aliermont [Normandie] (1762), S. 10 déc. 1778, mort au Cap le 13 août 1782.

Simon (Jean-Louis), dit Lautrebourg, né à Bischheim [Strasbourg] (1763), S. 24 févr. 1779, mort au Cap le 1er juill. 1782.

Avril (Paul), dit Limoges, né à Magnac [près Limoges] (1744), S. 21 mai 1779, mort au Cap le 2 mars 1782.

Le Queux (Gaspard), dit Limbourg, né à Charmes [près Liège] (1752), S. 6 sept. 1779, mort à Brest le 11 mai 1783.

Minet (Jean-Jacques), dit Lacombe, né à Château-Porcien [près Châlons] (1765), S. 5 oct. 1779, mort au Cap le 3 juill. 1782.

Menier (André), dit Libourne, né à Sémestis [près Bordeaux] (1763), S. 11 oct. 1779, mort au Port au Prince le 4 mai 1781.

Poul (Jacques), dit Loyal, né à Saint-Cosme [près Montpellier] (1760), S. 15 oct. 1779, tué au siège de Bristone-hill le 5 févr. 1782.

Cochery (Jean-Nicolas), dit Lancastre, né à Paris (1759), S. 20 oct. 1779, congédié le 1er avril 1784.

Perin (Claude), dit Loyauté, né à Paris (1753), S. 21 oct. 1779, mort au fort Royal le 9 déc. 1781.

Lina (Jean-Claude), dit Namur, né à Achi-mourt [Lorraine] (1759), S. 20 nov. 1777.

Cordebat (Nicolas), dit Neuville, né à Flornoy [Champagne] (1761), S. 13 déc. 1777, mort au Cap le 24 août 1781.

Parlon (Pierre), dit Navarre, né à Paris (1762), S. 1er avril 1778.

Quevin (Louis-Pierre), dit Normandie, né à Grand-Quevilly [Normandie] (1758), S. 13 août 1778, R. pour 8 ans le 29 sept. 1783.

Audierne (Jean-Louis), né à Paris (1757), S. 16 oct. 1775, congédié le 16 oct. 1783.

Riet (Jean), dit Naff, né à Chavagnac [Auvergne] (1759), S. 14 oct. 1778, mort au fort Royal le 18 déc. 1781.

Demaison (Jean-Charles), dit Nanterre, né à Morcourt [Picardie] (1763), S. 29 mars 1779.

Motte (Pierre), dit Numa, né à Rouen [Normandie] (1763), S. 12 juin 1779.

Horelle (François), dit Nancy, né à Ruffigné [Bretagne] (1756), S. 11 juill. 1779.

Harin (François), dit Nantes, né à Québriac [Bretagne] (1750), S. 26 juill. 1779.

Gastelière (Nicolas), né à Montargis [près d'Orléans] (1758), S. 10 août 1779, tué au siège à Saint-Christophe le 23 janv. 1782.

Bissouet (Charles), dit Nathan, né à Caen [Normandie] (1762), S. 1er juill. 1779, mort à Saint-Christophe le 28 janv. 1782.

Cordier (Jean-Louis), dit Nicias, né à Dieppe [Normandie] (1762), S. 4 juill. 1779.

Guillot (Simon), dit Nessus, né à Orléans (1763), S. 16 sept. 1779, R. pour 8 ans le 30 oct. 1784.

Poncet (Louis-Joseph), dit Nicomède, né à Paris (1759), S. 2 nov. 1779, congédié le 30 janv. 1783.

Gagnepain (Jacques), dit Nivernois, né à Mennecy [Ile de France] (1760), S. 29 nov. 1779.

Dupuis (Charles), dit Ninèvres, né à Orléans (1763), S. 1er déc. 1779, tué à Bristonehill le 23 janv. 1782.

Mouret (Etienne), dit Navissot, né à Fougerolles [Franche-Comté] (1762), S. 14 févr. 1778.

Richet (Claude), dit Naufrage, né à Laguissé [Picardie] (1760), S. 19 nov. 1778.

Janimart (Dominique), dit Ninard, né à Toulouse [Languedoc] (1760), S. 9 déc. 1778.

Cannette (Léonard), dit Novillard, né à Pontgouin [Beauce] (1748), S. 10 avril 1779.

Herinier (André), dit Nivelon, né à Verceil [Italie] (1742), S. 4 sept. 1779, mort à l'hôpital de Cadix le 5 janv. 1783.

Denis (Pierre), dit Nivel, né à Saint-Vivien [Saintonge] (1759), S. 15 oct. 1779.

Bonnefemme (Pierre), dit Nizidor, né à Aubagnau [Gascogne] (1753), S. 11 oct. 1779.

Morel (Antoine), dit Nankin, né à Dijon [Bourgogne] (1756), S. 15 oct. 1779.

Lagier (Louis), dit Nicaise, né à Francillon [Dauphiné] (1752), S. 15 oct. 1779.

Fate (Conrad), dit Nephtali, né à Aubourg [Mayence] (1750), S. 20 oct. 1779, réformé le 6 déc. 1783.

Bellon (Nicolas), dit Nevers, né à Notre-Dame-des-Vertus [Ile de France] (1758), S. 20 oct. 1779.

Saunier (Charles), dit Nougarède, né à Brulange-la-Paroisse [Trois Evêchés] (1758), S. 21 oct. 1779.

Cuny (Claude), dit Nuage, né à Metz [Evêchés] (1757), S. 21 oct. 1779.

Manoy (Jean-Pierre), dit Novassel, né à Vitry [Luxembourg] (1761), S. 21 oct. 1779.

Coutin (Jean), dit Neclarius, né à Guny [Picardie] (1763), S. 28 oct. 1779, réformé le 8 déc. 1783.

Remy (Nicolas), dit Numitor, né à Lunéville [Lorraine] (1760), S. 1er nov. 1779, mort au fort Royal le 18 août 1781.

Dubois (François), dit Niort, né à Laval [près Le Mans] (1762), S. 1er nov. 1779.

Mirgault (Louis), dit Nubius, né à Sommières [Poitou] (1757), S. 2 nov. 1779, mort à la Jamaïque en juillet 1782.

Vanersis (Michel), dit Nantonnier, né à Bruxelles (1753), S. 12 nov. 1779, mort au Cap le 24 juin 1781.

Daslet (Pierre-François), dit Nassau, né à Corbeil [Brie] (1762), S. 18 nov. 1779.

Guimet (Alexis), dit Neon, né à Saint-Caradec [Bretagne] (1756), S. 17 déc. 1779.

Liébaut (Jean), né à Rupt [Trois Evêchés] (1747), S. 6 avril 1769, R. pour 8 ans le 6 juin 1777.

Vasseur (Pierre-Philippe), dit Novion, né à Aubenton [Champagne] (1753), S. 9 oct. 1770, R. pour 8 ans le 15 oct. 1775.

Baudinet (Jean), dit Neuthy, né à Louvigny [Trois Evêchés] (1752), S. 13 mars 1773, rayé des contrôles le 14 août 1783.

Viennot (Henry), né à Lanthenans [Franche-Comté] (1740), S. 1er août 1763, R. pour 8 ans le 1er août 1779.

Félix (Sigisbert), dit Neuwiorck, né à Nancy (1756), S. 25 janv. 1777, mort le 10 févr. 1782.

Ely (Claude), né à Brie-Comte-Robert [Brie] (1737), S. 12 janv. 1755, mort à Williamsbourg le 16 mars 1782.

Trinquecoste (Etienne), dit Norvège, né à Cologne [en Bas Armagnac] (1749), S. 26 févr. 1773, R. pour 4 ans le 26 oct. 1781.

Gambier (Antoine-Noël), né à Paris (1758), S. 8 mai 1779, congédié le 31 mars 1783.

Thirion (Jean-Baptiste), dit Harlay, né à Fleury-les-St-Loup [Franche-Comté] (1757), S. 12 mars 1774, congédié le 14 oct. 1783.

Perier (Joseph), dit Naturel, né à Saint-Jacques-d'Ambur [Auvergne] (1749), S. 1er août 1766, congédié le 13 oct. 1783.

Piger (Pierre), dit Noble, né à Saint-Etienne [Forez] (1753), S. 1er oct. 1774.

Massol (Jean-Pierre), dit Nonacourt, né à Bourgnonval [Albigeois] (1757), S. 28 janv. 1778, mort à Williamsbourg le 31 déc. 1781.

Tolet (Fleury), dit Noric, né à Saint-Symphorien-le-Château (1760), S. 10 oct. 1778.

Millet (Jean), dit Newton, né à Le Pas [près Tours] (1761), S. 13 juin 1779.

Daliguant (Julien), dit Nogent, né à Mellet-du-Dezert [près Rennes] (1762), S. 12 sept. 1779, mort à Cadix le 17 avril 1783.

Huet (Jean), dit Nérac, né à Saint-Brieuc [près Rennes] (1754), S. 28 mars 1780.

Gentillé (Jean-Pierre), dit Nécessaire, né à Voveune [près d'Amiens] (1762), S. 15 avril 1780.

Huteau (Jean), dit Noroy, né à Orléans (1761), S. 17 avril 1780, mort au fort Dauphin le 18 nov. 1781.

Durand (Marcus), dit Nolvat, né à Orléans (1763), S. 5 mai 1780, mort à la Jamaïque en août 1782.

Girard (Jean-Pierre), dit Nerestan, né à Chateaudun (1763), S. 16 mai 1780.

Fourcade (Antoine), dit Nacles, né à Orbessan [près d'Auch] (1764), S. 19 mai 1780.

Chipart (Charles), dit Necker, né à Paris (1762), S. 12 juin 1780, réformé le 2 oct. 1783.

Gazot (René), dit Norvillé, né à Bourgueil [près Tours] (1762), S. 26 juill. 1780, mort au fort Royal le 28 janv. 1782.

Lambert (Jean-François), dit Nantillac, né à Vavincourt [près Nancy] (1759), S. 19 août 1780.

Asselin (Claude), dit Ninus, né à Orléans (1758), S. 24 avril 1780, mort le 19 oct. 1781.

Berthé (Nicolas), dit Beaujeu, né à Beausac [près Besançon] (1761), S. 3 mars 1778.

Feuillent (Pierre), né à Voisy [près d'Amiens] (1754), S. 7 nov. 1778, tué le 23 janv. 1782.

Deleray (Jean), né à Coulans [près Besançon] (1752), S. 11 nov. 1763, mort le 11 avril 1783.

Lebre (Jean-Baptiste), dit Lefèvre, né à Marseille (1751), S. 10 févr. 1766, mort au fort Royal le 12 déc. 1781.

Roguin (Ponce), né à Corbière [Ardenne] (1750), S. 12 juill. 1767, mort au fort Royal le 2 déc. 1781.

Boutemy (Jean-Baptiste), né à Cambrai (1749), S. 20 oct. 1767, R. pour 8 ans le 10 mars 1782.

Pilon (Jean-Philippe), né à Ligny [près Cambray] (1760), S. 22 août 1777, mort en mer le 25 nov. 1781.

Boignot (François), né à Foucheres (1760), S. 8 oct. 1777, mort au fort Royal le 30 déc. 1781.

Tibolot (Simon), né à Gy [près Gray] (1761), S. 14 nov. 1777, R. pour 8 ans le 11 oct. 1783.

Beauve (Jean-Jacques), né à Compiègne (1762), S. 9 janv. 1779, R. pour 8 ans le 8 janv. 1784.

Foulay (Etienne), né à Chablis [près Tonnerre] (1760), S. 10 janv. 1779.

Renault (François-Nicolas), né à Troyes (1761), S. 6 mai 1779.

Nicolas (Denis-Thomas), dit Duplessis, né à Saint-Germain [près Paris] (1763), S. 7 mars 1780.

Rouleau (Etienne), né à Saint-Jean-de-la-Ruelle [près d'Orléans] (1763), S. 3 mai 1780.

Laurain (Jean), né à Moulins (1762), S. 27 août 1780.

Duplessis (Bernard), né à Verdun (1764), S. 12 oct. 1780.

Perraut (Louis), né à Saint-Genoux [près Bourges] (1760), S. 2 nov. 1780.

Devouges (Louis-François-Alexandre), né à Chartres (1763), S. 8 nov. 1780.

Proux (Jean-Hilaire), né à Villernain [près d'Orléans] (1762), S. 24 nov. 1780, mort à La Rochelle le 21 sept. 1782.

Renault (Michel-Laurent), né à Orléans (1763), S. 26 mars 1781, mort en mer le 20 juill. 1782.

Granger (Marin), né à Orléans (1764), S. 18 mai 1781, mort le 6 nov. 1783.

Vanos (Jean), né à Hublainville [Lorraine] (1742), S. 1er oct. 1771, mort au Cap le 20 févr. 1782.

Savard (Jean-Claude), né à Paris (1764), S. 17 sept. 1780, mort en août 1782.

Barré (Jean-Baptiste), né à Paris (1764), S. 17 sept. 1780.

Barré (Louis), né à Paris (1754), S. 7 janv. 1781.
Guyot (François), né à Parthenay (près Poitiers] (1759), S. 8 avril 1774.
Dehout (Jean-Baptiste), né à Rionneville [Picardie] (1750), S. 16 juin 1777.
Brasseur (Louis-Edme), né à Noyon [près d'Amiens] (1756), S. 28 avril 1779.
Foix (François), né à Mailly [près Châlons] (1747), S. 5 févr. 1780, mort à Cadix le 14 févr. 1783.

Compagnie Ducasse.

Deligny (François), né à Chauny [Picardie] (1733), S. 27 déc. 1752, R. pour 8 ans le 11 oct. 1776.
Arnoux (François), né à Marseille (1739), S. 20 avril 1775, R. pour 8 ans le 6 févr. 1779.
Maniclair (Julien), né à Poissel-la-Grange [Champagne] (1730), S. 7 oct. 1755, R. pour 8 ans le 21 oct. 1778.
Richard (Claude), né à Belleville [près Paris] (1758), S. 6 nov. 1758, mort au Cap le 9 août 1782.
Besard (Jean), né à Rieux [Béarn] (1739), S. 21 juin 1758, mort au Cap le 29 août 1782.
Isnard (Joseph), né à Aix [Provence] (1740), S. 10 mai 1759, mort au Cap le 1er oct. 1782.
Jeaume (Jacques), né à Bessan [Languedoc] (1742), S. 25 janv. 1760, mort au fort Dauphin le 25 oct. 1781.
Robinet (André), né à Chinon [Touraine] (1746), S. 2 nov. 1763, tué au siège de Bristonehill le 23 janv. 1782.
Morizet (Antoine), né à Chatelleraut [Champagne] (1748), S. 31 déc. 1764, R. pour 8 ans le 28 sept. 1778.
Decochevy (François), né à Rueil [près Paris] (1740), S. 16 avril 1765, mort au Cap le 11 juin 1782.
Gomer (Jacques), né à Plancher-Bas [Franche-Comté] (1744), S. 24 janv. 1766, mort au Port au Prince en août 1781.
Ydrac (François), né à Brive-la-Gaillarde [Limozin] (1748), S. 30 mai 1766, R. pour 4 ans le 30 mai 1782.
Kindel (Jacob), né à Englinger [Trois Evêchés] (1744), S. 23 janv. 1767, mort au Cap le 7 juill. 1782.
Hippe (Jean-Baptiste), né à Strasbourg (1750), S. 11 sept. 1767, R. pour 8 ans le 11 mars 1783.
Brouard (Joseph-Mathieu), dit La Jeunesse, né à Tremblay [Ile de France] (1753), S. 1er avril 1770, mort au Cap le 8 juin 1782.
Lefort (Jacques), dit Tranquille, né à Sens [Champagne] (1750), S. 27 janv. 1772, mort au Cap le 19 juill. 1782.
Diot (Jean-Louis), dit Moïse, né à Saint-Valérien [Beauce] (1754), S. 26 févr. 1774, R. pour 4 ans le 1er oct. 1778.
Simon (Augustin), dit Vendôme, né à Saint-Martin [Picardie] (1755), S. 10 mars 1774, retourné le 7 déc. 1783.
Durand (Jean François), dit Arretas, né à Neuvier [Franche-Comté] (1756), S. 1er avril 1774, R. pour 4 ans le 12 mars 1782.
Mathis (Philippe), dit Berwick, né au hameau de Bizing [Lorraine allemande] (1750), S. 3 août 1774, mort au Cap le 9 févr. 1782.
Melac (Michel), dit Couronne, né à Eauze [Armagnac] (1755), S. 26 mars 1775, mort au Cap le 3 déc. 1782.
Beautier (Pierre-Jean-Simon), né à Paris (1756), S. 15 août 1775, congédié le 15 août 1783.

Chazal (Barthélemy), né à Anjargues [Languedoc] (1756), S. 28 déc. 1775, congédié le 5 déc. 1783.
Oras (Jean), né à Orthevielle [Haut-Languedoc] (1758), S. 3 août 1776, congédié le 1er juin 1782.
Bonnot (Pierre), dit Beaunot, né à Brive-la-Gaillarde [Limozin] (1760) S. 12 oct. 1776, mort au Cap le 6 avril 1782.
François (François), né à Amiens [Picardie] (1759), S. 8 nov. 1776, congédié le 8 nov. 1784.
Cayot (François), né à Loudun [Poitou] (1756), S. 29 déc. 1776.
Noton (Pierre), né à Verrou [Poitou] (1755), S. 28 févr. 1777.
Martin (Nicolas-François), dit Ferdinand, né à Eclaron [Champagne] (1761), S. 13 mars 1777, tué au siège de Bristone-hill le 23 janv. 1782.
Grimer (François), dit Flavigny, né à Blainville [Lorraine] (1758), S. 12 juill. 1777, mort au Cap le 30 août 1782.
Tournier (Martin), dit Fénélon, né à Vercins [Picardie] (1756), S. 12 nov. 1777, mort au Cap le 1er sept. 1781.
Thomé (Jean), dit Figeac, né à Bramonas [Province de Gévaudan] (1759), S. 28 mars 1778, mort au Cap le 30 avril 1782.
Cassé (Etienne-Augustin), né à Paris (1762), S. 29 mai 1778, congédié le 25 août 1782.
Le Roy (Pierre-Louis), dit Fontaine, né à Dernies [Picardie] (1762), S. 22 oct. 1778.
Masson (Pierre), dit Fabius, né à Montgeron [près Paris] (1758), S. 24 nov. 1778, congédié le 23 sept. 1782.
Aloy (Louis-Charles), dit Fayot, né à Friville-lez-Champs [Normandie] (1761), S. 14 nov. 1778, mort au Cap le 18 juin 1782.
Simon (François), dit Frontignan, né à Paris (1755), S. 7 déc. 1778, mort au Cap le 24 juin 1782.
Galloyer (Jean), dit Sort, né à Orléans (1756), S. 29 janv. 1779.
Bonnet (Jean-Baptiste-Florent), né à Chauny [Picardie] (1757), S. 18 févr. 1779.
Bainville (Michel), dit Sugues, né à Chartres [Beauce] (1754), S. 4 juin 1779, réformé le 9 août 1783.
Godefroy (Pierre), dit Facile, né à Cleis [Anjou] (1750), S. 21 avril 1779, mort au Cap le 30 avril 1782.
Grimaux (Guillaume), dit Fantin, né à Bourges [Berry] (1763), S. 29 oct. 1779.
Bosseron (Charles-Nicolas), dit Fisson, né à Chatelleraut [Poitou] (1764), S. 8 juill. 1778.
Auberger (Benoit), dit Fessut, né à Trévoux [Lionnois] (1761), S. 28 nov. 1778, mort en mer le 28 oct. 1781.
Soulangue (André), dit Frecon, né à Jumieux [Auvergne] (1762), S. 8 juill. 1779.
Martin (Jean), dit Fourcy, né à Chinon [Touraine] (1763), S. 5 août 1779.
Goursolle (Pierre), dit Fresnes, né à Saint-Antoine-d'Auberoche [Périgord] (1754), S. 1er nov. 1779.
Poidré (Cristian-David), dit Frédac, né à Strude ou Struth [Alsace] (1768), S. 2 nov. 1779.
Lievre (Georges), dit Fabien, né à Héricourt [Franche-Comté] (1759), S. 2 nov. 1779.
Renaud (Antoine), dit Frenaux, né à Saint-Bonnet [Dauphiné] (1755), S. 4 nov. 1779.
Boudatz (Louis), né à Rainville [Lorraine] (1742), S. 28 juill. 1761, mort le 9 mai 1782.

Wathier (Norbert), dit Fontenelle, né à Laon [Picardie] (1749), S. 7 mai 1767, mort au Cap le 10 juin 1782.
Morel (Pierre), né à Montpellier (1755), S. 27 févr. 1773, R. pour 4 ans le 27 févr. 1781.
Magnan (Philippe), né à Marseille (1760), S. 26 janv. 1767, tué au siège de Bristonehill le 23 janv. 1782.
Simonneau (Pierre-Toussaint), dit Fléchier, né à Paris (1748), S. 28 oct. 1779.
Bozot (Joseph), dit Fulvius, né à Dunkerque [Flandre] (1765), S. 21 déc. 1780, mort au Cap le 18 juin 1782.
Gonjambre (Nicolas), dit Fier, né à Neuchateau [Lorraine] (1758), S. 21 déc. 1780.
Roland (François), né à Guyenne [Auvergne] (1761), S. 1er févr. 1765, R. pour 4 ans le 4 mai 1781.
Jacobin (Joseph), dit Florensac, né à Paris (1764), S. 5 mars 1781, congédié le 31 mars 1784.
Oubry (Mathieu), dit Francfort, né à Selberg [Alsace] (1741), S. 4 nov. 1779, mort au Cap le 4 déc. 1782.
Descombes (Martin), dit Foucault, né à Ancizes [près Riom] (1755), S. 2 nov. 1765, R. pour 4 ans le 28 sept. 1778.
Devaise (Etienne), dit Fortin, né à Fournas [près Montpellier] (1751), S. 15 déc. 1765, mort à Williamsbourg le 1 nov. 1781.
Mathie (Adam-Louis), dit Francœur, né à Metz (1752), S. 4 mars 1772, mort au Cap le 1er juin 1782.
Lefevre (Marc-Joseph), dit Fedoix, né à Blaringhen [près Lille] (1756), S. 11 juill. 1773, mort au Cap le 30 juin 1782.
Fevre (Nicolas), dit Faucon, né à Bize [près Châlons] (1757), S. 1er avril 1775, mort au Cap le 8 juin 1782.
Pouch (Jean-Pierre), dit Fouligny, né à Logelheim [près Strasbourg] (1758), S. 18 nov. 1775, mort au Cap le 15 sept. 1782.
Pinau (Pierre), dit Farnaise, né à Saint-Cyr [près Dijon] (1762), S. 24 janv. 1780, mort au Cap le 28 juin 1782.
Barret (Nicolas), dit Foix, né à Chanteraine [près Chaumont] (1752), S. 11 mars 1780, mort au Cap le 29 août 1782.
Fouchet (Nicolas), né à Orléans (1754), S. 2 mai 1780.
Fyon (Charles), dit Fabrice, né à Saint-Quentin [Touraine] (1760), S. 20 août 1780, mort au Cap le 21 juin 1782.
Diat (Jean), dit Favorable, né à Trinay [près d'Orléans] (1755), S. 5 juin 1780, mort au Cap le 12 août 1781.
Moraud (Claude), dit Fourmagne, né à Nîmes (1755), S. 4 mars 1775, mort au Cap le 30 juin 1782.
Rebot (Jean-Baptiste), né à Saint Victor [près Saint Etienne] (1758), S. 1er mars 1776, congédié le 5 déc. 1783.
Vaudeville (Joseph), né à Mirecourt (1761), S. 2 déc. 1779, mort au fort Royal le 7 mars 1782.
Bertèche (Jean-Baptiste), dit César, né à Sedan (1759), S. 18 févr. 1777, mort au Cap le 28 juin 1782.
Favier (Jean-Baptiste), né à Charleville (1762), S. 3 mars 1777, R. pour 4 ans le 21 déc. 1781.
Constantin (Etienne), né à Chaignay [près Gray] (1760), S. 10 avril 1777, mort au fort Royal le 22 mars 1782.
Pièche (Joseph), né à Saint-André [près Le Vigan] (1756), S. 4 nov. 1778, mort au Cap le 27 août 1782.
Pulpièce (François), né à Amiens (1762), S. 10 mars 1779.

Pichot (Jacques), né à Arron [près Chartres] (1764), S. 18 avril 1780, mort au Cap le 9 nov. 1782.

Tricotel (Louis-Brice), né à Léchelle [près Compiègne] (1763), S. 9 août 1780, mort au Cap le 2 août 1782.

Parmentier (Nicolas), né à Paris (1753), S. 16 oct. 1780.

Pollard (Philippe-Joseph), né à Saint-Leu [Artois] (1757), S. 29 août 1773, congédié le 29 nov. 1784.

Le Prêtre (Laurent), né à La Touche-aux-Arçons [près d'Angers] (1755), S. 12 mars 1776, mort au Cap le 9 nov. 1782.

Prieur (Louis), né à Commissey [près de Tonnerre] (1756), S. 7 avril 1777, mort au Cap le 28 sept. 1782.

Luncel (Pierre-Joseph), né à Cambrai (17 ?), S. 1ᵉʳ févr. 1778, mort au Cap le 9 sept. 1782.

Mathieu (Laurent), né au Chêne [près d'Auxerre] (1760), S. 1ᵉʳ mai 1781, mort au Cap le 29 mai 1782.

Liotard (Charles), né à Avignon (1752), S. 29 nov. 1770, mort au Cap le 17 juin 1782.

Collignon (Claude), né à Ligny [près Bar-le-Duc] (1757), S. 7 avril 1775, mort au Cap le 3 juill. 1782.

Gauthier (François), né à Albi (1763), S. 15 janv. 1781, mort au Cap le 19 juill. 1782.

Meunier (Edme), dit Balot, né à Ballot [près Châtillon] (1763), S. 19 févr. 1781, mort au Cap le 25 avril 1783.

Grugeon (Jean-Baptiste), né à Hescamps [près d'Amiens] (1753), S. 16 sept. 1776, mort au Cap le 7 sept. 1782.

Foullut (Claude), né à Lyon (1760), S. 23 avril 1779, mort au Cap le 29 juin 1782.

Romanet (Jean-André-Auguste), né à Arcueil [près Paris] (1762), S. 29 juin 1780, mort au Cap le 2 juin 1782.

Gorse (Joseph), né à Jouillat [près Guéret] (1754), S. 20 janv. 1781, mort au Cap le 17 juin 1782.

Carios (Charles), né à Bonneville (1756), S. 1ᵉʳ déc. 1776, mort au Cap le 5 oct. 1782.

Gorse (Nicolas), dit Lusignan, né à Troyes (1748), S. 15 févr. 1780, mort au Cap le 17 juill. 1782.

Pascal (Antoine), né à Vias [Généralité de Montpellier] (1761), S. 17 avril 1781, mort au Cap le 18 juill. 1782.

Petit (Eloy), né à Paris (1751), S. 17 avril 1775, mort au Cap le 21 août 1782.

La Fosse (Louis), né à Mesnain [Généralité de Tours] (1761), S. 6 mars 1777, mort au Cap le 31 août 1782.

Le Brun (François), né à Nozières [Généralité de Rennes] (1762), S. 1ᵉʳ mai 1778, mort au Cap le 30 juin 1782.

Gerly (François-Honoré), né à Dieppe (1763), S. 7 oct. 1779, mort au Cap le 10 sept. 1782.

Lancelle (Jacques-Joseph), dit Bellegarde, né à Villerspol (village) [Généralité de Valenciennes] (1762), S. 1ᵉʳ janv. 1780, mort au Cap le 17 juill. 1782.

Beale (Louis-François), né à Coutrelan [près Nogent-le-Rotrou] (1756), S. 29 août 1780, mort au Cap le 19 août 1782.

Le Sieur (Antoine), né à Tourville [près d'Avranches] (1756), S. 29 août 1780, mort au Cap le 3 sept. 1782.

Michel (Pierre), né à Chateaudun (1762), S. 29 oct. 1780.

Nivault (Jean-Jacques), né à Viabon [près Chateaudun] (1760), S. 5 nov. 1780.

Terrier (Louis), né à Orléans (1761), S. 23 nov. 1780, mort au Cap le 12 juill. 1782.

Aubry (Jean-Pierre-Michel), né à Paris (1761), S. 30 nov. 1780.

Roux (Joseph), né à Bagnères [près de Tarbes] (1762), S. 19 janv. 1781, mort au Cap le 16 févr. 1783.

Pinet (Jean-Pierre), né à Bourges (1764), S. 19 juin 1780.

Ponard (Claude-Joseph), né à Longchamois [près Saint-Claude] (1751), S. 4 déc. 1764, mort au Cap le 29 déc. 1782.

Hienne (Pierre-Joseph), né à Chalezeule [près Besançon] (1750), S. 22 juill. 1773, mort au Cap le 9 avril 1783.

Maszin (Jean-François), dit Barrière, né à Buzy [près d'Etain] (1760), S. 30 mars 1777.

Vigoureux (Antoine), né à Saint-Denis-Combarnazat [près Gannat] (1732), S. 25 mars 1756, R. pour 4 ans le 13 sept. 1780.

Decamp (Claude-Denis), né à Lagny [près Paris] (1757), S. 9 nov. 1775, congédié le 10 mai 1783.

Pacquier (André), né à Arvert [près Saintes] (1759), S. 19 juin 1778.

Harpin (Jean-Nicolas), dit Bertin, né à Hildesheim [Allemagne] (1762), S. 28 nov. 1779.

Martin (François), dit Signy, né à Boisigny [près Chateau-Porcien] (1755), S. 3 mars 1777, R. pour 4 ans le 19 mai 1781.

La Rivière (Jean-Alexandre), né à La Rivière [près Chateaudun] (1759), S. 1ᵉʳ sept. 1781, mort au Cap le 5 mai 1783.

Onfroy (André), né à Caen (1741), S. 14 janv. 1770, R. pour 8 ans le 27 août 1778.

Blanc (François), dit Le Blanc, né à Alais (Cévennes) (1758), S. 7 juin 1776.

Lemaître (Jean), né à Hénon [Bretagne] (1753), S. 29 sept. 1776.

Remi (François), dit La Forme, né à Château-Cambrésis (1759), S. 1ᵉʳ oct. 1776.

Compagnie de grenadiers, DE LAUNAY, capitaine.

Ingotz (Nicolas), né à Joinville [Lorraine] (1738), S. 3 sept. 1755, mort le 28 mai 1783.

Paillant (Jean-Pierre), né à Saint-Antoine [Provence] (1738), S. 25 janv. 1756, congédié le 10 mai 1783.

Roussaille (André), né à Montpellier (1743), S. 20 déc. 1759, R. pour 8 ans le 18 sept. 1777.

Annion (Joseph), né à Moncourt [Lorraine] (1743), S. 27 janv. 1760, mort au Cap le 11 juin 1782.

Coffignat (Guillaume), né à Villefranche [Bourgogne] (1742), S. 19 avril 1759, congédié le 21 oct. 1783.

Petit (François), né à Nimes [Languedoc] (1741), S. 30 janv. 1760, R. pour 4 ans le 10 nov. 1778.

Babin (Pierre), né à Bourganeuf [Maine] (1746), S. 7 avril 1764, parti pour les Invalides le 30 juin 1783.

Bourquin (Jean-François), né à Lure [Franche-Comté] (1750), S. 20 sept. 1766, mort au Cap le 6 sept. 1782.

Labrut (Joseph-Alexis), né à Granges [Franche-Comté] (1748), S. 18 janv. 1768, réformé au Cap le 8 déc. 1782.

Guillemain (François), dit Bellegloire, né à Frouel-le-Dusseux [Normandie] (1750), S. 20 mars 1769, R. pour 8 ans le 15 juill. 1774.

Loutz (François), né à Strasbourg (1753), S. 28 mai 1769, R. pour 8 ans le 1ᵉʳ nov. 1774.

Blaise (Jean-Baptiste-Joseph), né à Lille [Flandre] (1753), S. 23 août 1769, blessé au combat du 12 avril 1782, mort le 14 du dit.

Charlier (François), dit Saint-Germain, né à Saint-Germain-en-Laye [Ile de France] (1755), S. 25 mai 1772, R. pour 8 ans le 2 oct. 1778.

Vauchel (Etienne-André), dit Mara, né à Paris (1749), S. 1ᵉʳ déc. 1772, R. pour 8 ans le 11 nov. 1779.

Delval (Philippe), dit Lafeuillade, né à Metz (1757), S. 5 juill. 1773, parti pour les Invalides le 4 mars 1784.

Delplanque (Bernard), né à Boulogne-sur-Mer [Picardie] (1756), S. 29 août 1773, congédié le 31 déc. 1783.

Pringot (Philippe), dit Artus, né à Charleville [Champagne] (1757), S. 31 oct. 1773, mort au fort Dauphin le 8 déc. 1781.

Soulier (Laurent), dit Cyrus, né aux Bains-de-Balarmé [Languedoc] (1755), S. 15 mai 1775, mort en mer le 8 nov. 1781.

Bonat (Jacques), dit Condé, né aux Bains-de-Balarmé [Languedoc] (1757), S. 15 mai 1775, congédié le 3 août 1783.

Docand (Guillaume), né à Sommières [Languedoc] (1755), S. 11 juin 1775, mort à Williamsbourg le 7 avril 1782.

Lécuyer (Jean-François), né à Paris (1752), S. 16 oct. 1775, congédié le 16 oct. 1783.

Longuet (Joseph), né à Montdidier [Picardie] (1754), S. 13 nov. 1775, congédié le 13 nov. 1783.

Sabatier (Jean), né à Saint-Privat [Languedoc] (1756), S. 1ᵉʳ nov. 1775, R. pour 4 ans le 1ᵉʳ nov. 1779.

Mathieu (Pierre), né à Saint-Ange [Dauphiné] (1756), S. 5 mai 1776, mort à Orléans le 1ᵉʳ mai 1782.

Delarche (Edme), dit Lagiroflée, né à Fresnoy [Gatinais] (1756), S. 5 nov. 1775, R. pour 8 ans le 1ᵉʳ oct. 1779.

Malvert (Jean), né à Marcillac [Rouergue] (1759), S. 22 août 1775, congédié le 22 août 1783.

Arnaud (Jean-Pierre), dit Ferdinand, né aux Bains-de-Balarmé [Languedoc] (1755), S. 16 juin 1775, mort au Cap le 7 juill. 1782.

Le Bel (Hubert), né à Soissons (1757), S. 8 nov. 1773, R. pour 4 ans le 23 mai 1779.

Guyot (Joseph), né à Arraux [Provence] (1760), S. 26 févr. 1776, R. pour 4 ans le 26 févr. 1780.

Coulet (Jean-Pierre), dit Nismes, né à Nimes [Languedoc] (1760), S. 30 déc. 1775, mort au Cap le 27 août 1782.

Weiber (Pierre), dit Gramont, né à Widrevolt [Lorraine Allemande] (1754), S. 9 sept. 1772, mort au Cap le 15 oct. 1782.

Bouhoury (Louis-Alexandre), dit Camille, né à Paris (1758), S. 8 mai 1779, congédié le 31 mai 1783.

Guyot (Pierre), dit Neufchâteau, né à Gendreville [Lorraine] (1756), S. 27 mars 1775, R. pour 4 ans le 27 mars 1779.

Pringot (Thomas), né à Charleville [Champagne] (1753), S. 3 avril 1774, mort au Cap le 27 mai 1782.

Motte (Michel), dit Gisors, né à Saint-Andéol [Vivarais] (1743), S. 26 mai 1769, congédié le 3 août 1783.

Guibert (Jean), né à Saint-Donat [Dauphiné] (1756), S. 5 mai 1776, mort au Cap le 29 juin 1782.

Desbœuf (Pierre-François), né à Paris (1744), S. 15 oct. 1761, R. pour 4 ans le 16 oct. 1783.

David (Charles-Joseph), dit **Bellefleur**, né à Pérenchies [Flandre] (1717), S. 5 mars 1770, mort au Cap le 21 sept. 1782.

Rhodé (Robert), né à Mezières [Champagne] (1755), S. 23 sept. 1773, mort au Cap le 1er juin 1782.

Barrone (Louis), dit **Gusman**, né à Beaudiac [Bas-Armagnac] (1755), S. 29 déc. 1775, congédié le 18 déc. 1782.

Benoist (Joseph), né à Romans [Dauphiné] (1759), S. 1er oct. 1776.

Nyple (Claude), dit **Belidor**, né à Dieuze [Dauphiné] (1757), S. 23 déc. 1777.

Paymat (Nicolas), dit **Dombasle**, né à Saint-Dizier [Champagne] (1757), S. 6 janv. 1778.

Rivière (Claude), dit **Blois**, né à Lyon (1760), S. 27 mars 1776, R. pour 8 ans le 13 oct. 1780.

Elard (Beuvin), dit **Pomard**, né à Tournay [Flandre] (1761), S. 13 févr. 1779, mort au Cap le 21 août 1782.

Auger (Jean Baptiste), dit **Giroy**, né à Brécheville [Trois Evéchés] (1756), S. 23 nov. 1775, mort le 18 avril 1782.

Massot (Pierre), dit **Grenoble**, né à Romans [Dauphiné] (1758), S. 9 oct. 1776, congédié le 19 oct. 1783.

Decombre (François), dit **Gibernes**, né à Romans [Dauphiné] (1760), S. 27 mars 1776, R. pour 8 ans le 20 oct. 1782.

Gobert (François), dit **Glorieux**, né à Tarentaise [Forez] (1760), S. 28 mars 1777, mort au Cap le 26 juin 1782.

Portail (Antoine), né à Creysse [Quercy] (1748), S. 22 oct. 1766, R. pour 4 ans le 22 oct. 1782.

Brieux (Jacques), dit **Gaspard**, né à Moirin [Vivarais] (1748), S. 1er déc. 1766, mort au Cap le 1er juin 1782.

Pourcelles (Jean-Jacques), né à Marseille (1748), S. 23 janv. 1768, R. pour 8 ans le 20 sept. 1775.

Bouché (Pierre-Gaspard), dit **Guisse**, né à La Fère [Picardie] (1755), S. 4 oct. 1772, congédié le 10 oct. 1783.

Couvret (Charles), dit **Grégoire**, né à Metz (1751), S. 21 mai 1773, mort au Cap le 5 juin 1782.

Guy (Joseph), dit **Guyenne**, né à Marseille (1758), S. 30 janv. 1775, congédié le 3 août 1783.

Petit (Jean), dit **Grand**, né à Marches [Dauphiné] (1757), S. 4 juill. 1776.

Beaumont (Jacques), dit **Grandval**, né à Loiré [Anjou] (1757), S. 27 mars 1778.

Minard (Antoine Joseph), dit **Grandpré**, né à Warlencourt [Artois] (1754), S. 20 juin 1779.

Podemain (Jean), dit **Galois**, né à Rouen [Normandie] (1761), S. 13 août 1779, mort au Cap le 11 août 1782.

Monard (Nicolas), dit **Grison**, né à Rouen [Normandie] (1762), S. 24 août 1778, mort à Williamsbourg le 8 nov. 1781.

Arquet (Jean), dit **Grecourt**, né à Crespian [Languedoc] (1757), S. 26 févr. 1776, mort au Cap le 2 sept. 1782.

Barthe (Robert), dit **Gélon**, né à Varennes [Clermontois] (1759), S. 10 nov. 1776.

Bastien (Nicolas), dit **Gozo**, né à Verdun [Trois Evéchés] (1760), S. 13 janv. 1777.

Couvert (Huberan), dit **Girardin**, né à La Panosse [Rouergue] (1756), S. 3 avril 1774, congédié le 11 oct. 1783.

Dombres (Etienne), dit **Georges**, né à Florac [Gévaudan] (1755), S. 16 oct. 1775, mort au Cap le 7 juill. 1782.

Louette (Jean Baptiste), dit **Patinoir**, né à Liard [Champagne] (1759), S. 27 févr. 1777.

La Violette (Nicolas), dit **Guibray**, né à Longuoret [Picardie] (1752), S. 13 avril 1774, congédié le 2 août 1783.

Jaudin (François), dit **Guerchy**, né à Reu [Trois Evéchés] (1761), S. 16 mai 1778.

Chevalier (Charles-François), dit **Goblin**, né au Gros-Caillou [Paris] (1761), S. 31 oct. 1778, mort au Cap le 11 juin 1782.

Denis (André), dit **Gillet**, né à Villeneuve-Saint-Denis [près Paris] (1749), S. 18 juin 1774, mort au Cap le 2 févr. 1782.

Bourdon (Jean-François), dit **Grandville**, né à Paris (1749), S. 1er févr. 1776, tué au Cap le 12 avril 1782.

Raub (Thomas), dit **Grandmaison**, né à Vannes [Bretagne] (1760), S. 11 oct. 1776.

Chausson (Jacques), dit **Gentil**, né à Neuville [près d'Etampes] (1760), S. 4 nov. 1778, mort au Cap le 4 juill. 1782.

Beaupré (Antoine-Huet), dit **Gordon**, né à Fontainebleau [près Paris] (1738), S. 2 sept. 1780, mort au Cap le 9 sept. 1782.

Chambon (Pierre), dit **Cambon**, né à Saint Ciry [près Montauban] (1762), S. 15 déc. 1778.

Mouget (Denis), dit **Ponthieu**, né à Langres, (1756), S. 1er nov. 1776, mort au Cap le 28 juill. 1782.

Franc (Joseph), né à Nimes (1750), S. 23 sept. 1775, congédié le 22 sept. 1783.

Marchandise (Phillipe), né à Etricourt [près Péronne] (1755), S. 1er déc. 1772, R. pour 8 ans le 1er déc. 1780.

Barbet (Jean-Baptiste), dit **Lamarre**, né à Larraho-Yon [près Rouen] (1762), S. 9 nov. 1778.

Varney (Louis), né à Lazy [près Langres] (1752), S. 11 mars 1769, R. pour 8 ans le 2 oct. 1774.

Moird (Emmanuel), né à Bergues-Saint-Vinox [près Dunkerque] (1754), S. 21 déc. 1780.

Ladray (Marcelin), né à Saint-Julien [près Lyon] (1749), S. 26 juin 1767, congédié le 3 août 1783.

Hannier (Pierre), né à Saint-Dizier [près de Châlons] (1741), S. 17 févr. 1767, mort au Cap le 10 nov. 1782.

Richelot (Jean), né à Baccarat (1758), S. 23 déc. 1775.

Fleurent (Carien), né à Fontenoy [près Bruyère] (1760), S. 4 janv. 1777.

Dominique (Jean-François), né à Bourieville [près d'Eu] (1762), S. 21 oct. 1779.

La Fond (Jean), né à Villefranche (1760), S. 15 févr. 1777.

Maelier (Marcel), dit **Lucius**, né à Gercy [près Soissons] (1760), S. 15 mars 1778.

Delbos (Jean), né à Cannon [près Bordeaux] (1755), S. 11 janv. 1776, congédié le 3 août 1783.

Robert (François), né à Génolhac [près d'Uzès] (1751), S. 24 févr. 1776.

Pauvert (Jean), né à Muy [près Châteaudun] (1755), S. 10 juill. 1780.

Poquet (Jean-Baptiste), né à Cerny-les-Bucy [près Laon] (1738), S. 24 mai 1775.

Ferrand (Pierre), né à Autun [Bourgogne] (1761), S. 4 juill. 1776, congédié le 5 déc. 1783.

Blusseau (Claude-Esprit), né à Besançon (1750), S. 30 janv. 1776.

Le Brun (Joseph), né à Marvéjols [près Mende] (1748), S. 11 févr. 1761, R. pour 8 ans le 6 févr. 1779.

Vincent (Dominique), né à Metz (1750), S. 15 mars 1767, R. pour 8 ans le 28 févr. 1775.

Gérard (Nicolas), né à Coupeville [près Châlons] (1753), S. 5 mai 1770, R. pour 8 ans le 15 mars 1775.

Joly (Gervais), né à Saint-Jean-de-Conssage [près Clermont] (1747), S. 6 mars 1776, R. pour 4 ans le 17 oct. 1778.

Delumeau (Renée), né à Valois [près de Mantes] (1742), S. 29 oct. 1779.

André (Jean-Baptiste), né à Autone [près d'Ancy] (1762), S. 21 oct. 1779.

Guy (Jean), né à Frôlois [près Semur] (1762), S. 9 juin 1780.

Vignot (Mathurin), né à Chateaugiron [près Rennes] (1761), S. 20 nov. 1779.

Debay (François-Joseph), né à Paris (1754), S. 25 mars 1777, congédié le 12 févr. 1784.

Aubert (Charles-Joseph-Nicolas), né à Saint-Omer (1754), S. 27 févr. 1773, R. pour 8 ans le 1er mars 1779.

Waguenn (Joseph), né à Juethes [Flandre Allemande] (1759), S. 18 oct. 1780.

Gravier (Jean-Marie), né à Paris (1753), S. 7 avril 1769, R. pour 8 ans le 21 août 1774.

Cerfontaine (Nicolas), né à Metz (1753), S. 5 oct. 1772, R. pour 8 ans le 2 oct. 1778.

Cray (Pierre), dit **Domitien**, né à Sône [Dauphiné] (1758), S. 24 déc. 1776, R. pour 8 ans le 20 déc. 1781.

Duquesnay (Pierre-Etienne), né à Rouen (1761), S. 14 août 1778, congédié le 10 avril 1784.

Boqueau (Jacques), né à Maincon [près Reims] (1756), S. 17 déc. 1780.

Le Cocq (Nicolas-François), né à Paris (1757), S. 25 mars 1776, R. pour 8 ans le 25 juill. 1781.

Gallot (Philippe), né à Vervins (1762), S. 7 déc. 1778.

Ledra (François), dit **Givet**, né à Cousenvoye [près Sainte-Ménéhould] (1761), S. 5 août 1777.

Fouché (René), né à Saint-Denis-Gatine [près Mayenne] (1757), S. 17 oct. 1774, R. pour 8 ans le 25 oct. 1778.

Bonnot (Jean-Baptiste), né à Paris (1755), S. 25 sept. 1780.

Desnoyer (Alexandre), né à Thilouze [Touraine] (1761), S. 28 janv. 1777, R. pour 4 ans le 30 mai 1781.

Fraux (René), né à Darcey [Anjou] (1761), S. 30 mars 1780.

Dubois (Simon), né à Paris (1761), S. 8 nov. 1780.

Delaitre (Jean-Louis), né à Orléans (1762), S. 23 juill. 1780.

Budon (Louis), né à Saint-Lyé [Orléanais] (1760), S. 7 juin 1780.

Tantin (Jacques), dit **Richon**, né à Montreuil [Ile de France] (1763), S. 22 déc. 1779.

Masson (Charles-Hippolyte), né à Méronville [Beauce] (1762), S. 5 oct. 1780.

Brun (Jean-Pierre), dit **Glorieux**, né à Lyon (1755), S. 9 sept. 1772, R. pour 4 ans le 25 janv. 1780.

Cavet (Nicolas-Méland), né à Deniécourt [Picardie] (1757), S. 8 févr. 1777.

Compagnie de Beauregard.

Bonnet (Louis), né à Perroux [Beaujolais] (1744), S. 16 mars 1765, mort au Cap le 26 déc. 1781.

Chauvin (Vincent), né à Bovière [Dauphiné] (1737), S. 5 sept. 1755, R. pour 4 ans le 29 déc. 1779.

De Laitre (François), né à Bellieux [Champagne] (1742), S. 19 févr. 1780, parti pour la pension le 30 juin 1783.

Delivet (François), né à Brie-Comte-Robert [Ile de France] (1744), S. 2 févr. 1762, R. pour 8 ans le 1er oct. 1779.

Boisset (François), né à Angers [Anjou] (1747), S. 16 févr. 1764 mort au Cap le 2 sept. 1781.

Dufeu (Pierre), né à Triez [Picardie] (1739), S. 1er déc. 1765, mort au Cap le 6 juin 1782.

Pierron (Jean-Claude), né à Rottenville [Lorraine] (1745), S. 17 févr. 1766, mort au Cap le 22 sept. 1782.

De France (Lubin), né à Saint-Martin-Le-Nœud [Picardie] (1742), S. 13 avril 1768, mort au Cap le 12 juin 1782.

Menestrier (Jean-Baptiste), né à Ajaccio [Corse] (1757), S. 1er janv. 1774.

Dartis (Pierre), dit Egée, né à Janjac [Vivarais] (1758), S. 31 mai 1775, congédié le 3 août 1783.

Martin (Joseph), né à Langogne [Gévaudan] (1758), S. 7 janv. 1776, mort au Cap le 15 sept. 1782.

Bidot (Jean), né à Chabanne [Poitou] (1754), S. 9 avril 1776, mort en Virginie le 16 oct. 1781.

Bonardel (Jean), né à Bésayes [Dauphiné] (1755), S. 5 mai 1776, mort au Cap le 26 janv. 1783.

Ridel (Jean-Pierre), né à Paris (1757), S. 7 oct. 1776.

Gallois (Henry), né à Verdun (1759), S. 19 oct. 1776.

Marcey (Jean), dit Belarbre, né à Loudun [Poitou] (1750), S. 29 déc. 1776.

Cerens (Jean-Baptiste), dit Bellehumeur, né à Muret [Picardie] (1759), S. 14 janv. 1777.

Baudier (Antoine), dit Bellefleur, né à Verdun (1758), S. 1er janv. 1777.

Alopa (Nicolas-Pierre-Auguste), dit Beausoleil, né à Joigny [Champagne] (1761), S. 21 févr. 1777.

Lambert (Jean-Adam), dit Beaupuits, né à Hatten [Lorraine Allemande] (1760), S. 19 avril 1777, mort au Cap le 2 oct. 1782.

Drapier (Joseph), dit Branched'or, né à Pont-à-Mousson [Lorraine] (1773), S. 1er juill. 1775 (Enfant de troupe).

Lainé (Jacques), dit Bellegarde, né au Gros-Caillon [Paris] (1760), S. 11 déc. 1777.

Mazaudier (Augustin), dit Babin, né à Langogne [Gévaudan] (1758), S. 1er avril 1778.

Delorme (Hubert-Vincent), dit Boniface, né à Moret [Gâtinais] (1759), S. 5 sept. 1778.

Biet (Jean-François), né à Paris (1759), S. 22 sept. 1778, réformé le 5 sept. 1783.

Ivin (Joachim), dit Brissac, né à Vervine [Picardie] (1761), S. 7 déc. 1778, tué dans la traversée le 12 avril 1782.

Pottin (Germain), dit Briançon, né à Ronchères [Champagne] (1761), S. 17 janv. 1779, mort au fort Dauphin le 18 nov. 1781.

Belanger (Jacques), né à Orléans (1760), S. 12 oct. 1779, tué au siège de Bristone-hill le 23 janv. 1782.

Michelet (Pierre), dit Bretagne, né à Rennes (1762), S. 1er nov. 1779, blessé au combat du 12 avril 1782, mort le 15 dudit.

Thierry (Gabriel), dit Bapaume, né à Arras [Artois] (1761), S. 5 mars 1778, mort au Cap le 3 juill. 1782.

Lucas (André), dit Boileau, né à Nantenil-le-Haudouin [Picardie] (1759), S. 5 déc. 1776.

Le Jars (René), dit Bonvin, né au Mans [Maine] (1762), S. 25 janv. 1779.

Fabre (Jean), dit Bonamy, né à Pastour [Agenois] (1760), S. 13 mai 1779, congédié le 10 mai 1783.

Pelletier (Sulpice), dit Batelier, né à Ambron [Orléanois] (1759), S. 5 oct. 1779, parti au régiment du Cap le 1er mai 1783.

Batonnain (Jean), né à Chatillon [Bresse] (1762), S. 15 oct. 1779.

Vassot (Pierre-François), dit Beck, né à Chateaudun [Beauce] (1762), S. 21 oct. 1779.

Tournier (François), dit Bellepointe, né à Chateau-Chalons [Franche-Comté] (1763), S. 28 oct. 1779.

Barrois (Louis-Paul), né à Paris (1763), S. 28 oct. 1779.

Le Roy (Honoré), dit Beaupré, né à Melun [Ile de France] (1755), S. 27 déc. 1770, congédié le 20 mars 1783.

Huret (Nicolas), dit Brache, né à Paris (1747), S. 18 févr. 1773, mort au Cap le 13 nov. 1782.

Jamois (Claude), dit Beaumont, né à Hautun [Perche] (1760), S. 25 mai 1762, mort à Œnanimthe le 16 août 1781.

Grangier (Jacques), né à Serres [Dauphiné] (1736), S. 19 avril 1753, R. pour 8 ans le 19 avril 1777.

Potevin (Louis), né à Saint-Germain-en-Laye [Ile de France] (1749), S. 13 avril 1766, mort en mer le 18 oct. 1782.

Dijon (Mathieu), né à Paris (1749), S. 22 avril 1774.

Delangres (Dominique), dit Bienvenu, né à Thionville [Trois Evêchés] (1759), S. 9 mars 1777, mort au Cap le 7 août 1782.

Dulong (Pierre), dit Bergerac, né à Pointis [Gascogne] (1756), S. 21 déc. 1780, congédié le 10 mai 1783.

Charles (Etienne), né à Bouvron [Lorraine] (1739), S. 19 sept. 1771, R. pour 8 ans le 22 janv. 1779.

Vidal (Jacques), dit Beaucaire, né à Beaumes-de-Venise [Comtat d'Avignon] (1741), S. 30 août 1759, mort au Cap le 4 juill. 1782.

Soulignac (Julien), dit Biron, né à Allauch [Auvergne] (1762), S. 14 avril 1769, mort au Cap le 11 juill. 1782.

Bastide (Gabriel), dit Bagnol, né à Saint-Benoit-du-Sault [Berry] (1752), S. 17 avril 1777, mort au Cap le 17 déc. 1782.

Rival (François), dit Bonnefoy, né à Hoyen [Dauphiné] (1749), S. 4 févr. 1765, mort au Cap le 3 sept. 1782.

Moraud (Pierre), dit Boufflers, né à Antibes [Provence] (1740), S. 19 août 1758, R. pour 4 ans le 12 oct. 1778.

Le Clais (Jacques-Henry), dit Bienheureux, né à Paris (1747), S. 30 oct. 1764, mort au Cap le 23 juin 1782.

Diglemann (Martin), dit Bouvier, né à Colmar [Alsace] (1749), S. 23 nov. 1767, R. pour 4 ans le 23 nov. 1779.

Cautin (Jean), dit Bertaud, né à Valon [près d'Autun] (1748), S. 14 janv. 1765, blessé au combat du 12 avril 1782, mort le 15 dudit.

Poly (Joseph), dit Brie, né à Quirane [Comtat] (1752), S. 12 nov. 1772, R. pour 8 ans le 29 oct. 1778.

Blanc (Placide), né à Cluny (1747), S. 10 oct. 1773, mort au Cap le 17 juin 1782.

Traguier (Guillaume), dit Bonsecours, né à Villefranche (1756), S. 7 déc. 1776, mort au Cap le 15 août 1781.

Henry (Pierre), dit Brejot, né à Langres (1754), S. 12 févr. 1776, réformé le 6 déc. 1782.

Eriere (Jacques), né à Amiens (1760) S. 3 avril 1776, mort au Cap le 17 juin 1782.

Condé (Baptiste), dit Boulais, né à Nogent-sur-Seine [près Troyes] (1759) S. 8 déc. 1777, mort au Cap le 3 oct. 1781.

Duguet (Jacques-Philippe), dit Briffaut, né à Paris (1764), S. 16 févr. 1780.

Muguet (Nicolas), dit Bonneval, né à Evreux [près Caën] (1763), S. 27 févr. 1780, mort au Cap le 31 mai 1782.

Gougeon (Philibert), dit Bastien, né à Saint-Prix [près d'Autun] (1758), S. 6 avril 1780, mort au fort Dauphin le 15 nov. 1781.

André (Bastien), dit Breuil, né à Nancy (1762), S. 17 avril 1780, mort au Cap le 24 juill. 1782.

Dumont (Pierre), dit Brienne, né à Orléana (1756), S. 18 avril 1780.

Colet (Etienne), dit Buisson, né à Chartres (1764), S. 23 avril 1780, mort au fort Royal le 17 févr. 1782.

Colibert (Pierre), dit Barbade, né à Raux [près de Caën] (1759), S. 3 avril 1780, mort au Cap le 14 nov. 1781.

Renoir (Jean-Baptiste), dit Bezier, né à Blois [près d'Orléans] (1760), S. 7 mai 1780, mort en mer le 6 oct. 1781.

La Tour (Vincent), dit Boston, né à Bettemol [près Saint-Grison] (1762), S. 19 mai 1780, mort au Cap le 22 juill. 1782.

Le Clerc (Joseph-Médard), dit Boudin, né à Paris (1763), S. 19 mai 1780.

Mesel (Jean), dit Broglio, né au Pont-Saint-Esprit [près d'Uzès] (1757), S. 22 mai 1780, mort au Cap le 24 oct. 1782.

La Loup (Simon), dit Belle Etoile, né à Orléans (1759), S. 2 juin 1780.

Coyon (Charles), dit Brive, né à Saint-Martin-du-Péan [près Chateaudun] (1761), S. 6 juin 1780, mort au Cap le 19 août 1781.

Dupont (Jean-Louis), dit Brulot, né à Saint-Germain-en-Laye [près Paris] (1757), S. 12 juin 1780.

Jallet (Michel), dit Bruxelles, né à Mers [près Beangency] (1750), S. 18 juin 1780, mort au Cap le 20 juill. 1782.

Planque (Pierre-Alexandre), dit Bigaro, né à Amiens (1763), S. 31 oct. 1780, mort au Cap le 6 déc. 1781.

Ponsignon (Jean-François), dit Bordeau, né à Vauvillars [près Vesoul] (1757), S. 17 nov. 1773, mort en mer le 20 nov. 1781.

Rossignol (Antoine), dit Barcelonne, né à Viala [près Rodez] (1754), S. 2 sept. 1773, tué au Cap le 12 avril 1782.

Brichet (Jacques), né à Braux [près Charleville] (1761), S. 7 janv. 1777, mort au Cap le 3 juin 1782.

Royer (Michel), dit Beaudouin, né à Château [près Verneuil] (1760), S. 22 déc. 1779.

Robinet (Dominique), dit Binet, né à Haucourt [près Chatel] (1762), S. 2 janv. 1779.

La Vratte (Jean-Baptiste), né à Orléans (1760), S. 6 nov. 1780, congédié le 13 janv. 1784.

Moreau (Nicolas), né à Reims (1762), S. 11 nov. 1780, réformé le 7 déc. 1783.

La Maison (Jean), né à Lourus [Périgord] (1762), S. 21 mai 1780.

Le Bœuf (René), dit Sans Chagrin, né à Bressuire [près Poitiers] (1754), S. 2 avril 1772, R. pour 8 ans le 26 juin 1778.

Vaugeois (Nicolas), né à Paris (1752), S. 19 févr. 1774, R. pour 8 ans le 29 sept. 1778.

Ferlat (Guillaume), né à La Selle [près Beaune] (1757), S. 2 avril 1776, congédié le 5 déc. 1783.

Pic (Philippe), né à Saint [près Vesoul] (1759), S. 10 avril 1777, mort au Cap le 18 sept. 1782.

Perrot (Joseph), né à Halle [près Sedan] (1760), S. 12 août 1777, mort au Cap le 8 avril 1782.

Beaupair (Nicolas), né à Virmen [près Dieuze] (1746), S. 11 janv. 1764, mort au Cap le 8 oct. 1782.

Izider (Pierre), né à Favel [près Chaumont] (1759), S. 24 févr. 1777, mort au Cap le 12 mai 1782.

Janny (Jean), né à Alba (1757), S. 15 oct. 1777, mort au Cap le 7 sept. 1782.

Poulain (Jean-Louis), né à Gonesse [près Paris] (1758), S. 17 janv. 1778.

Dubeau (Jean-François), né à Hercilly [près Pontoise] (1758), S. 1er mars 1778.

Hamelin (Claude), né à Saint-Martin-de-Landelle [près Avranches] (1757), S. 1er juin 1778.

Brechet (Jean), né à Nantes (1748), S. 1er mai 1766, mort au Cap le 2 juill. 1782.

La Combe (Laurent), né à La Bessarède [près Rodez] (1752), S. 20 nov. 1775, R. pour 8 ans le 4 nov. 1779.

Marchand (Pierre), né à Maringues [Auvergne] (1747), S. 1er sept. 1758, mort au Cap le 11 juill. 1782.

Hersan (Charles), dit Fortune, né à Vendôme (1762), S. 1er mars 1781, mort au Cap le 8 oct. 1782.

Lucas (Étienne), né à Orléans (1755), S. 10 mai 1780, mort au Cap le 20 juin 1782.

Foucault (Jean-Léonard), né à Paris (1761), S. 24 nov. 1780.

Pinçon (Jean-Baptiste), né à Paris (1761), S. 24 nov. 1780.

Bouvet (Jean-François), né à Orléans (1761), S. 6 déc. 1780.

Fendant (Charles-François), né à Intreville [près de Chartres] (1762), S. 10 déc. 1780.

Bradane (Claude), né à Orléans (1761), S. 15 déc. 1780.

Blache (Claude), né à Saint-Jean-de-Royan [Dauphiné] (1756), S. 9 déc. 1780, mort au Cap le 27 juin 1782.

Allard (Julien), né à Epineux-le-Seguin [Maine] (1757), S. 8 mars 1773, mort au Cap le 11 déc. 1782.

D'Emailly (Nicolas), dit Lysandre, né à Villeneuve-Nicole [près Saint-Dizier] (1757), S. 24 oct. 1777.

Mesnil (Jacques-Antoine), né à Saint-Denis [près Paris] (1762), S. 1er févr. 1778.

Chapité (Joseph), né à Lunéville (1761), S. 30 nov. 1779, mort au Cap le 11 juill. 1782.

Vaningeol (Antoine), né à Le Puy-en-Velay (1745), S. 17 oct. 1766, R. pour 8 ans le 15 mars 1780.

Roumnaux (Christophe), né à Bourgneuf-en-Retz [près Rennes] (1752), S. 1er avril 1775.

Fortin (Nicolas), né à Seuzey [près Saint-Mihiel] (1762), S. 7 juill. 1777.

Royaux (Joseph), dit Plaisance, né à Oisy [près Gisors] (1755), S. 8 nov. 1774, R. pour 8 ans le 3 nov. 1778.

Liegeois (Pierre), dit Lezandre, né à Saint-Dizier [Champagne] (1756), S. 14 janv. 1773, R. pour 1 an le 11 janv. 1781.

Mercier (Pierre), né à Haute-Roche [près Sedan] (1746), S. 11 mars 1768, R. pour 8 ans le 5 mars 1776.

Peyre (Barthélemy), né à La Sorgue [Dauphiné] (1755), S. 5 févr. 1776.

Soulier (Jean-Baptiste), né à Panuy [Dauphiné] (1750), S. 3 juin 1775.

Réverend (Jean-Claude), né à Paris (1749), S. 15 mai 1767, R. pour 8 ans le 13 juill. 1775.

Chauvet (Fleury), dit Rouge, né à Chalon-sur-Saône (1752), S. 28 janv. 1773, R. pour 8 ans le 1er oct. 1778.

Dachoux (Charles), né à Paris (1761), S. 24 m i 1780.

Compagnie Charlot.

Stein (Jean-Georges), né à Alsoon [Flandre] (1730), S. 23 déc. 1749, R. pour 8 ans le 6 oct. 1770.

Thurel (Jean), né à Orain [Bourgogne] (1.15), S. 2 févr. 1750, parti pour la pension le 30 déc. 1783.

Laine (Jean), né à Givry [Bourgogne] (1742), S. 27 févr. 1769, mort au Cap le 13 sept. 1782.

Boulanger (Nicolas-Pierre), né à Paris (1731), S. 1er mai 1750, R. pour 4 ans le 2 oct. 1778.

Boucher (Nicolas-Pierre), né à Paris (1743), S. 17 janv. 1765, mort au Cap le 18 mai 1782.

Fisson (Nicolas), né à Saint-Mihiel [Lorraine] (1745), S. 16 mars 1765, R. pour 8 ans le 8 juin 1779.

Mathé (Jean), né à La Celle-Saint-Cyr [Bourgogne] (1745), S. 22 mars 1765, mort en mer le 7 oct. 1781.

Weber (Henri), dit Webre, né à Monolowillier [Lorraine Allemande] (1749), S. 8 févr. 1767, R. pour 4 ans le 7 févr. 1779.

Martin (Antoine), dit Marius, né à Valamas [Vivarais] (1746), S. 26 juin 176., mort au Cap le 28 juin 1782.

Reymond (Joseph), né à Fougère [Vivarais] (1750), S. 17 avril 1767, R. pour 8 ans le 15 sept. 1775.

Person (Mansuy), né à Mars-la-Petite [Lorraine] (1751), S. 22 avril 1769, R. pour 8 ans le 11 oct. 1774.

Dupuis (Joseph), né à Paris (1753), S. 15 juill. 1769, R. pour 8 ans le 21 août 1774.

Le Beau (Pierre), né à Boutencourt [Normandie] (1753), S. 17 juill. 1771, mort en mer le 1er oct. 1781.

Clément (Albin), dit Luther, né à Froteylès-Vesoul [Franche-Comté] (1756), S. 1er mai 1773, R. pour 4 ans le 17 oct. 1778.

Lallemant (Nicolas), dit Ptolémée, né à Senlet [Lorraine Allemande] (1757), S. 18 oct. 1773, mort au Cap le 18 juin 1782.

Louthier (Joseph), né à Nîmes [Languedoc] (1758), S. 14 sept. 1775, mort au Cap le 4 août 1782.

De Roux (Dauphin), dit Rosa, né à Mauridon [Dauphiné] (1758), S. 4 juill. 1776, mort au Cap le 13 nov. 1782.

Maréchal (Louis-Claude), dit Montbazon, né à Chaulnes [Picardie] (1755), S. 8 févr. 1777, mort au Cap le 25 août 1782.

Boucher (Jean-Baptiste), dit Mercure, né à Romagne [Trois Évêchés] (1760), S. 20 févr. 1777.

Artaux (Claude), dit Mirepoix, né à Lyon (1759), S. 8 mars 1777.

Gauthier (François), dit Mirabel, né à Lyon (1730), S. 8 mars 1777, mort au Cap le 1er juill. 1782.

Aubert (Michel), dit Monlouis, né à Linén [Dauphiné] (1756), S. 9 mars 1777, mort en mer le 21 sept. 1781.

Vivenot (Claude-Nicolas), dit Milan, né à Saint-Dizier [Champagne] (1753), S. 19 août 1777.

Marcel (Antoine), dit La Fère, né à Saint-Nicolas-au-Bois [Picardie] (1759), S. 10 juill. 1770, mort au Cap le 18 sept. 1782.

Delmas (Jean-Joseph), dit Clovis, né à Saint-Geniez [Rouergue] (1750), S. 1er avril 1772, congédié le 18 oct. 1783.

Begre (Augustin), dit Mercure, né à Feuer [Picardie] (1751), S. 5 sept. 1778, mort au Cap le 2 août 1782.

Lehué (Jacques-Nicolas-René) dit Maurepas, né à Rouen (1759), S. 26 sept. 1778, mort au Cap le 16 mai 1782.

Demarais (Jacques-Denis), dit Montjoye, né à Rouen (1760), S. 15 oct. 1778, parti pour les Invalides le 4 mars 1784.

Piteux (Louis-François), dit Marival, né à Maureeville [Picardie] (1760), S. 2 janv. 1779.

Langlade (Jean), né à Montpellier (1738), S. 20 août 1756, R. pour 8 ans le 12 oct. 1778.

Fournier (Pierre), né à Prévenquières [Rouergue] (1740), S. 19 avril 1758, R. pour 4 ans le 17 sept. 1780.

Coutelon (Charles-Michel-Quentin), dit Maubert, né à Saint-Quentin [Picardie] (1761), S. 28 janv. 1779.

Hoyan (Jean-Baptiste), dit Maubeuge, né à Paris (1754), S. 2 févr. 1779, congédié le 13 juin 1784.

Sauzet (Louis), dit Marzeville, né à Nancy (1754), S. 2 févr. 1779, mort au Cap le 2 juill. 1780.

Pierrecour (Nicolas-Théodore), dit Midas, né à Suzy [Picardie] (1759), S. 4 févr. 1779.

Fauregard (Jean-Baptiste), dit Malherbe, né à Longchamp [Champagne] (1753), S. 1er sept. 1771, mort au Cap le 1er juill. 1782.

Lionois (Hippolyte-François), dit Montpellier, né à Montpellier (1766), S. 21 oct. 1779.

Renaud (François) dit Marimont, né à Château-du-Loir [Touraine] (1762), S. 1er août 1779, mort au Cap le 10 juill. 1782.

Neveux (Nicolas), dit Montargis, né à Orléans (1762), S. 31 août 1779.

Cloret (Jean-Baptiste), dit Mustapha, né à Amiens [Picardie] (1741), S. 1er janv. 1778.

Mercier (François), né à Grenoble [Dauphiné] (1756), S. 9 déc. 1778, mort au Cap le 19 mai 1782.

Peguet (Louis), dit Musulman, né à Eu [Normandie] (1734), S. 10 déc. 1778, mort au fort Dauphin le 9 déc. 1782.

Le Fevre (Guillaume), dit Mayenne, né à Rouen [Normandie] (1756), S. 6 avril 1779, mort au Cap le 24 juin 1782.

Damin (Marie-François), dit Machabée, né à Paris (1763), S. 5 août 1779.

Granda (Honoré), dit Montereau, né à Nice (1760), S. 15 août 1779.

Rolle (Louis), dit Molina, né à Neuvache [Dauphiné] (1756), S. 25 août 1779.

Richard (Claude), dit Mahomet, né à Lezan [Languedoc] (1760), S. 15 oct. 1779.

Tort (Jean), dit Mouson, né à Carcassonne [Languedoc] (1763), S. 15 oct. 1779.

Demang (Pierre), dit Montbrun, né à Attigny [Trois Évêchés] (1762), S. 1er nov. 1779.

Simon (François), dit Mithridate, né à Levécourt [Trois Évêchés] (1764), S. 1er nov. 1779, mort au Cap le 14 août 1782.

Ledrenne (François), né à Chateaulin [Bretagne] (1760), S. 9 janv. 1780.

Desnoyer (Etienne-Louis), dit Montauban, né à Montauban (1741), S. 19 août 1758, mort au fort Royal le 10 janv. 1782.

Vivart (Etienne), né à Pouzat [Vivarais] (1747), S. 13 déc. 1766, mort au Cap le 18 juin 1782.

Barre (Toussaint), dit Montreuil, né à Aubignan [Comtat] (1745), S. 28 août 1775, congédié le 8 août 1783.

Coureur (Pierre), dit Montigny, né à Paris (1738), S. 9 nov. 1776, mort au Cap le 21 juill. 1782.

Rochefort (Charles), dit Mailly, né à Orléans (1749), S. 29 juin 1777, mort au Cap le 9 oct. 1782.

Du Goy (Jean-Baptiste), dit Mazarin, né à Saint-Germain-sur-Meuse [Lorraine] (1757), S. 14 juill. 1775, R. pour 4 ans le 24 oct. 1779.

Coet (Claude), dit Molé, né à Liesse-sous-Marchais [Picardie] (1750), S. 25 déc. 1773, mort au Cap le 2 déc. 1782.

Pascal (Jacques), dit Manière, né à Bouin [près Gisors] (1752), S. 9 sept. 1768, mort au Cap le 29 nov. 1782.

Robert (Martin), dit Marivaux, né à Lyon (1764), S. 15 janv. 1773, réformé le 5 déc. 1783.

Reclus (Pierre), dit Mobile, né à Boutrain [Rouergue] (1750), S. 11 oct. 1775, mort à New-York prisonnier de guerre le 11 févr. 1782.

Fayet (Jean), dit Must, né à Dreux [près Orléans] (1758), S. 17 mars 1776, mort au fort Royal le 29 janv. 1782.

Laurent (Daniel), dit Malebranche, né à Strasbourg (1761), S. 25 mars 1777, mort à Hampton le 22 oct. 1781.

Barbet (Nicolas), dit Maupertuis, né à Meury [près Metz] (1760), S. 27 juill. 1777.

Verpet (Jean), dit Mayence, né à Paris (1760), S. 19 mai 1779, mort au Cap le 15 oct. 1782.

Monnier (Michel), né à Saint-Lô [près Rouen] (1763), S. 21 sept. 1779, mort au fort Royal le 18 janv. 1782.

Le Senc (Jean), dit Mirabeau, né à Saint-Pellerin [Normandie] (1748), S. 28 févr. 1780.

Pinchon (Louis), dit Ménélas, né à Thoix [près Amiens] (1755), S. 8 avril 1780, mort au Cap le 23 juin 1782.

Lormier (Augustin), dit Magloire, né à Orléans (1762), S. 26 avril 1780, mort à Williamsbourg le 22 janv. 1782.

Briet (Nicolas), dit Médus, né à Langres (1764), S. 29 avril 1780, mort au Cap le 30 mai 1782.

Gilles (Pierre-Alexandre), dit Maron, né à Chateaudun (1762), S. 22 mai 1780.

Blanchard (Jean), dit Mérops, né à Baule [près Beaugency] (1760), S. 12 juin 1780.

Audierne (Paul-Maurice), dit Memnon, né à Paris (1763), S. 17 juin 1780, mort au Cap le 28 juin 1782.

Perchereau (Jean-François), dit Monplaisir, né au Grand-Saint-Marc [près d'Etampes] (1759), S. 26 juill. 1780.

Buon (Jean), dit Magie, né à Beaufort [près Tours] (1760), S. 28 juill. 1780.

Brot (Jean), dit Mezet, né à Vandegon [Poitou] (1760), S. 22 août 1780, mort à Ouhaubuthe le 25 août 1781.

Mignot (François), dit Mascaron, né à Livogone [près Guingamp] (1764), S. 27 juill. 1780, mort au Cap le 24 juill. 1782.

Mion (Pierre), dit Bassigny, né à Chaumont (1749), S. 2 mai 1767, mort à Williamsbourg le 13 mars 1782.

Malzan (Dominique), dit Mirmont, né à Remiremont (1762), S. 21 avril 1779, mort au Cap le 30 mai 1782.

Portier (Etienne), dit La Terreur, né à Terrelaze (1712), S. 29 janv. 1759, R. pour 8 ans le 6 juin 1775.

Ferry (Jean-Nicolas), né à Liesse [près Laon] (1749), S. 16 nov. 1764, R. pour 8 ans le 28 sept. 1778.

Lefèvre (Joseph), né à Nesle [près Amiens] (1759), S. 14 août 1766, mort à Williamsbourg le 23 oct. 1781.

Gouin (Pierre), dit Richelieu, né à Richelieu [près Poitiers] (1742), S. 29 nov. 1774, mort au Cap le 20 juill. 1782.

Quinement (Jean), né à Cognac (1762), S. 29 avril 1775, congédié le 9 nov. 1783.

Auger (François-Joseph), né à Cambrai (1762), S. 29 déc. 1775.

Neveu (Edme), dit Desloriers, né à Malay [près Sens] (1760), S. 2 déc. 1776, mort à Williamsbourg le 12 oct. 1781.

Mezier (Jean), dit L'Invincible, né à Chagny [près Rethel] (1760), S. 15 déc. 1776, parti pour les Invalides le 4 mars 1784.

Anthon (Augustin), né à Verfuil [près d'Uzès] (1752), S. 11 sept. 1775, congédié le 11 sept. 1783.

De Beaulieu (Louis-Garnier), né à Paris (1764), S. 1er juin 1780, mort au Cap le 4 oct. 1782.

Tourbetin (Antoine), dit Calvaire, né à Douai (1757), S. 28 janv. 1780, mort au Cap le 19 août 1782.

Ducloux (François), né à Châteauneuf (1761), S. 18 janv. 1780.

Marsolier (Pierre), né à Châteaudun (1759), S. 19 janv. 1780, mort au Cap le 1er août 1782.

Pezard (Toussaint), né à Orléans (1763), S. 10 déc. 1780, mort au Cap le 22 août 1782.

Charpentier (Noël), né à Paris (1764), S. 20 oct. 1780, mort au Cap le 26 août 1782.

De la Veau (Joseph), né à Angers (1751), S. 9 mars 1768, mort au Cap le 21 juin 1782.

Steiner (Joseph), né à Wolxheim [Alsace] (1757), S. 16 oct. 1773, mort au Cap le 28 juin 1782.

Mougin (Jean-Nicolas), né à Champs [près Epinal] (1760), S. 11 févr. 1777, mort au Cap le 16 juin 1782.

Thomas (Jean-Baptiste), né à Sens (1761), S. 15 oct. 1780.

Le Bègue (Nicolas-Albert), né à Brognon [près Rocroy] (1762), S. 26 nov. 1780, mort au Cap le 14 août 1782.

Renaud (Pierre), né à Nancy (1753), S. 20 août 1770, mort au Cap le 6 déc. 1782.

Debrie (Jacques-Charles), né à But de Neuilly [près Paris] (1760), S. 27 juill. 1777, mort au Cap le 28 août 1782.

Serré (Augustin), né à Cordes [près Albi] (1760), S. 8 janv. 1778.

Nouveau (François), né à Angoulême (1763), S. 27 nov. 1780, mort au Cap le 24 juin 1782.

Duchemin (François), né à Antrain [près Rennes] (1760), S. 6 juill. 1778, mort au Cap le 28 juin 1782.

Million (Jean Pierre), né à Orléans (1758), S. 26 août 1778, mort au Cap le 28 sept. 1782.

Servais (Antoine), né à Flaex (1762), S. 20 févr. 1780, tué le 12 avril 1782.

Curant (Mathieu), né à Montpellier (1757), S. 18 mars 1776, mort au Cap le 3 nov. 1782.

Laine (Jacques-François), né à D'Appe (1762), S. 15 mars 1780, mort au Cap le 25 juill. 1782.

Vauclin (Denis), né à Saint-Denis [près Paris] (1747), S. 20 nov. 1764, R. pour 4 ans le 30 sept. 1778.

Porthuy (Benjamin-Valentin), né à Orléans (1749), S. 16 avril 1780.

Thierry (Claude-Denis), né à Paris (1761), S. 8 nov. 1780, mort au Cap le 25 août 1782.

Roulain (Toussaint), né à Saint-Georges-de-Bohon (1761), S. 4 déc. 1780, mort au Cap le 19 oct. 1782.

Chevreuse (Maurice), né à Taize (1753), S. 29 avril 1770, mort au Cap le 10 févr. 1783.

Arnould (François), né à Metz (1761), S. 30 août 1780.

Roland (Jean-Pierre), né à Toulouse (1760), S. 13 déc. 1776.

Laporte (Pierre), dit Lebérissier, né à Gatteville [près Valognes] (1759), S. 15 nov. 1778.

Thugant (Etienne), né à Orléans (1672), S. 7 sept. 1780.

Rouzières (Jean-Baptiste), né à Grenully [Lorraine] (1753), S. 3 oct. 1774.

Gourian (François), né à Saint-Brieuc [Bretagne] (1758), S. 29 sept. 1776.

Doucet (Jacques), né à la Neuville (Champagne] (1755), S. 2 juill. 1780.

L'Amy (Dominique), né à Paris (1760), S. 14 nov. 1780.

Compagnie Desbordes.

Masson (Nicolas), né à Serancourt [Lorraine] 1730, S. 4 avril 1751, parti pour la pension le 30 déc. 1783.

Clément (J.), né à Marseille (1740), S. 3 déc. 1757, mort au fort Dauphin le 5 déc. 1781.

Beaudouin (Joseph), né à Bouc [Provence] (1740), S. 27 juin 1758, mort à la Petite-Anse le 19 janv. 1782.

Arnaud (Joseph), né à Aix [Provence] (1736), S. 10 mai 1759, mort au fort Dauphin le 24 nov. 1781.

Sirvy (Pierre), né à Cucuron [Provence] (1742), S. 1er oct. 1759, congédié le 16 déc. 1782.

Arnoux (Nicolas), né à Ruel [Ile de France] (1741), S. 16 avril 1765, R. pour 8 ans le 1er oct. 1779.

Dupuis (Gilbert), né à Paris (1748), S. 16 mars 1776, R. pour 4 ans le 30 sept. 1778.

Meunier (Vincent), né à Tessancourt [Normandie] (1748), S. 19 mai 1776, mort au fort Dauphin le 19 nov. 1781.

Deleros (Jean-Baptiste), né à Paris (1749), S. 15 nov. 1766, mort au fort Dauphin le 8 déc. 1781.

Le Roy (Nicolas), né à Sarrev [Champagne] (1746), S. 21 nov. 1766, mort au Cap le 1er fév. 1782.

Hommet (Pierre), né à Sury [Forez] (1740), S. 16 févr. 1768, congédié le 16 mars 1782.

Drouin (François-Marie), né à Paris (1752), S. 5 juill. 1769, R. pour 8 ans le 28 août 1774.

Hujs (François), né à Bevioiles [Lorraine] (1742), S. 4 janv. 1772, mort au fort Dauphin le 22 nov. 1781.

Chaouine (Etienne), dit Bajazet, né à Paris (1754), S. 19 juill. 1772, mort au fort Dauphin le 3 déc. 1781.

Prudomot (François), dit Polydore, né à l'Ecueil [Picardie] (1751), S. 8 nov. 1773, congédié le 3 août 1783.

Chretinnot (François), dit Adonias, né à Charions [Champagne] (1757), S. 17 janv. 1775, mort au fort Dauphin le 6 nov. 1781.

Miaude (Pierre-Augustin), né à Paris (1757), S. 15 avril 1775.

Durand (Jean-Baptiste), né à Paris (1760), S. 15 avril 1775, mort au Cap le 6 juin 1782.

La Gorche (Remy), né à Veolat [Perigord] (1749, S. 1er mai 1776, retourné le 17 déc. 1783.

Dieu (Germain François), né à Paris (1754), S. 1er mai 1776, congédié le 10 mai 1781.

Chiron (Augustin), né à Romans [Dauphiné] (1750), S. 8 mai 1776.

Fillatreau (François), né à Loudun [Poitou] (1747), S. 17 mai 1776, cong. le 16 mai 1782.

Rozier (Jean), dit Bellehumeur, né à Lageac [près Périgueux] (1757), S. 12 août 1776.

Valadier (Pierre), dit Pret-a-Boire, né à Martel [Quercy] (1753), S. 15 oct. 1776.

Arnould (Claude), dit Porus, né à Somme-sur-Seine (1760), S. 16 nov. 1776, mort au fort Royal le 6 mars 1784.

Mouillé (Louis), dit Printems, né à Mont [Poitou] (1750), S. 29 déc. 1776.

Barroyer (Pierre), né à Paris (1750), S. 14 janv. 1777.

Gauvain (Louis), né à Tours [Touraine] (1764), S. 28 janv. 1777.

Urbain (Joseph), né à Sonnevoire [Champagne] (1751), S. 21 févr. 1777.

Laforge (Pierre), né à Saint-Etienne [Forez] (1761), S. 25 avril 1777.

Figuer (Pierre), dit Penthievre, né à Chateauneuf [Dauphiné] (1749), S. 30 avril 1777.

Adam (Louis-Joseph), dit Polybe, né à Saint-Dizier [Champagne] (1760), S. 19 août 1777.

Letourneau (Michel), dit Platon, né à Mezeray [Anjou] (1758), S. 11 oct. 1777, mort au fort Royal le 30 nov. 1781.

Ourien (Nicolas), dit Plutus, né à Vagney [Lorraine] (1757), S. 29 oct. 1777.

Arnoud (Adrien), dit Plaisir, né à Chalon-sur-Saône [Bourgogne] (1751), S. 13 mai 1777.

Poissy (François), dit Boullogne, né à Boulogne-sur-Mer (1748), S. 23 mars 1770, mort au fort Dauphin le 22 nov. 1781.

Desvoges (Pierre), dit Pompadour, né à Boulonday [Basse-Normandie] (1751), S. 21 juill. 1778.

Bogis (Jean), dit Préville, né à Preuilly [Touraine] (1762), S. 13 août 1778.

Delecluse (Pierre), dit Plutarque, né à Givet (1760), S. 10 déc. 1778.

Flidot (Nicolas), dit Pratin, né à Nogent-sur-Seine [Champagne] (1761), S. 18 déc. 1778.

Hugum (Louis), né à Nogent-sur-Seine [Champagne] (1760), S. 18 déc. 1778.

Mieumé (Jean-Baptiste), dit Prudent, né à Blou [Normandie] (1759), S. 7 janv. 1779.

Poirin (Jean-Baptiste), né à Harcourt [Normandie] (1751), S. 14 avril 1769, R. pour 8 ans le 22 avril 1774.

Audoux (Jacques-Etienne), dit Profontaine, né à Paris (1762), S. 22 janv. 1779.

Bouzant (Henry-Fariel), né à Maricourt [Picardie] (1762), S. 5 mars 1779.

Prince (François), dit Hundrecourt [Picardie] (1757), S. 4 mars 1779, mort à fort Dauphin le 6 nov. 1781.

Thery (Louis), dit Pyrame, né à Arras [Artois] (1762), S. 8 mars 1779.

Baulaguel (Jean-Baptiste), dit Plaisant, né à Paris (1755), S. 9 mai 1779, congédié le 31 mars 1784.

Delville (Nicolas), dit Prieur, né à Delbourg [Artois] (1761), S. 26 juin 1779, mort au fort Dauphin le 28 oct. 1781.

La Rue (Noel-Julien), dit Pisistrates, né à Les Rochers [faubourg Saint Martin] [Basse-Normandie] (1761), S. 27 juin 1779.

La Goutte (Jean), né à Ker-saint [Bretagne] (1761), S. 30 juin 1779, mort au fort Dauphin le 26 déc. 1781.

Placet (Charles), né à Soissons [Picardie] (1741), S. 17 déc. 1761, R. pour 4 ans le 3 sept. 1779.

Henry (Simon), dit Odoacre, né à Bagnols [Languedoc] (1757), S. 19 sept. 1775, mort au Cap le 6 août 1782.

Luthon (Jean-Baptiste), dit Perche, né à Orléans (1759), S. 1er déc. 1779.

Larmet (Louis), dit Paris, né à Nogent-le-Roy [Champagne] (1762), S. 19 août 1779.

Vruin (François), dit Prestan, né à Villery [Nivernais] (1758), S. 19 août 1779.

Prevost (J.), né à Nancy (1762), S. 1 sept. 1779.

Fleaux (Joseph), dit Pyrrhus, né à Bue [Lorraine] (1761), S. 4 sept. 1779, mort au fort Dauphin le 14 déc. 1781.

La Griffe (Noel), dit Pinçon, né à Saint Rozier [Languedoc] (1757), S. 15 oct. 1779.

Plassiard (Charles-Etienne), né à Nancy (1762), S. 15 oct. 1779.

Cauvin (Antoine-Honoré), dit Polincourt, né à Nice (1758), S. 15 oct. 1779.

Magnan (François), dit Puysieux, né à Lorient (1761), S. 20 oct. 1779, mort à Williamsbourg le 19 oct. 1781.

Pahour (Philippe), né à Saarwerden [Lorraine Allemande] (1761), S. 1er nov. 1779.

Nicolas (Jean-Philippe) dit Pavot, né à Paris (1762), S. 18 nov. 1779.

Train (Pierre), dit Preuilly, né à Fontenay-le-Comte (1762), S. 15 nov. 1779.

Touard (Guillaume), dit Plombieres, né à Morlaix [Bretagne] (1763), S. 11 janv. 1780.

Hébert (François), dit Palmier, né à Paris (1754), S. 6 sept. 1775, mort au Cap le 21 juin 1782.

Vallin (Jean), dit Patrice, né à Cork [province de l'Irlande] (1749), S. 3 juill. 1780, mort au Cap le 3 juill. 1782.

Lamy (Pierre-François), né à Maule [Beauce] (1757), S. 7 août 1767, R. pour 4 ans le 20 sept. 1779.

De Bay (François-Joseph), né à Paris (1751), S. 25 mars 1777.

Chaville (Claude), dit Péron, né à Velars-sur-Ouche [Bourgogne] (1762) S. 2 nov. 1779.

Chatembert (Louis), dit Prêt-à-rire, né à Maurin [Limozin] (1749), S. 24 oct. 1766, mort au Cap le 28 sept. 1782.

Simon (Jean-Claude), né à Arbois [Franche-Comté] (1745), S. 12 juill. 1767, R. pour 8 ans le 8 juin. 1775.

Grenier (Joseph), dit Pologne, né à Rochemaure [Vivarais] (1751), S. 26 août 1767, congédié le 29 août 1781.

Louis (Pierre), dit Porquin, né à Moncourt [près Péronne] (1748), S. 3 mai 1769, mort au Cap le 20 août 1782.

Solot (Pierre), dit Poirier, né à Angers [Fontaine] (1742), S. 1er nov. 1769, mort au Cap le 16 juill. 1782.

Boisson (Denis), dit Prupe, né à Percy [près l'Isle] (1755), S. 22 nov. 1770, R. pour 8 ans le 22 nov. 1778.

Guillé (Claude), dit Petit, né à Rosseau [près Bourg] (1749), S. 24 nov. 1770, R. pour 8 ans le 24 nov. 1778.

Buisson (Philibert), dit Prunier, né à Gisors (1752), S. 5 déc. 1772, R. pour 8 ans le 27 avril 1780.

Madelpy (Jean), dit Praguer, né à Puyrenier [près Brive] (1755), S. 3 avril 1774, mort au Cap le 5 nov. 1782.

Simonin (A.), dit Perpignan, né à Nancy (1758), S. 4 oct. 1775, mort au Cap le 24 juin 1782.

Bedesque (J.), dit Pamplune, né à Auray (1760), S. 15 août 1776, mort au Cap le 3 sept. 1782.

Vercheyre (Pierre), dit Partois, né à Chassigny [près Chateauneuf] (1756), S. 6 janv. 1777, mort au fort Royal le 13 déc. 1781.

Moulius (Antoine), dit Pindare, né à Valence (1761), S. 22 janv. 1777, mort à Williamsbourg le 24 oct. 1781.

Vion (Etienne), dit Picardie, né à Charion [près Poitiers] (1751), S. 5 mars 1777, mort au fort Royal le 24 janv. 1782.

Bouaisson (Louis), dit Payen, né à Saint-George [près Villefranche] (1760), S. 9 mars 1777, mort au Cap le 19 juin 1782.

Gros (Pierre), dit Portail, né à Tombeboeuf [près Assay] (1756), S. 21 mars 1777, mort au Cap le 27 juill. 1782.

Couardes (Jean-Pierre), dit Pinet, né à Narbonne (1754), S. 20 avril 1777, mort au Cap le 21 janv. 1783.

Avise (Jean-Baptiste), dit Pardroit, né à La Vacquerie (village) [près Amiens] (1751), S. 17 oct. 1777, mort au Cap le 10 juin 1782.

Tranchevent (François), dit Portepaix, né à Dijon (1758), S. 18 sept. 1778, mort au Cap le 1er oct. 1782.

Jacquet (Claude-Pierre), dit Principe, né à Jugard [près Bourg] (1758), S. 1er nov. 1778.

Le Reverend (Pierre), dit Primo, né à Montbourg [près Valognes] (1761), S. 26 déc. 1778, mort au Cap le 9 sept. 1782.

Gagnard (Jean), dit Pinard, né à Paray [Touraine] (1754), S. 28 déc. 1779, mort au Cap le 14 juin 1782.

Roussel (Jean-Baptiste), dit Prochaine, né à Pretot [près Champlitte] (1762), S. 1er janv. 1780, mort au fort Royal le 30 janv. 1782.

Huet (Charles), dit Philosophe, né à Negreville [près Valognes] (1753), S. 3 févr. 1780, mort au Cap le 29 mars 1783.

Moniot (Jean), dit Fonsafe, né à Suzannecourt [près Chaumont] (1763), S. 26 mars 1780.

Lallemand (Claude), dit Poligny, né à Niononcourt [Lorraine] (1760), S. 3 avril 1780, mort au Cap le 3 nov. 1782.

Fabric (Pierre-Jacques), dit Perdreau, né à Bois-Commun [près Sens] (1758), S. 10 avril 1780, mort au Cap le 1er juill. 1782.

Charrier (Pierre-Joseph), dit Ploermel, né à Anizy-le-Comte [près Laon] (1762), S. 24 avril 1780, mort au Cap le 27 mai 1782.

Gralé (Jacques), dit Pianque, né à Angers (1761), S. 31 mai 1780.

Le Comte (Philippe-Denis) dit Plantade, né à Orléans (1752), S. 5 juin 1780, mort au Cap le 2 août 1782.

Chevalier (Augustin), dit Pinot, né à Orléans (1762), S. 5 juin 1780, mort au Cap le 6 août 1781.

Le Roy (Saturnin), dit Principal, né à Orléans (1752), S. 2 juill. 1780.

Pouillé (Jean-François) né à Orléans (1763), S. 21 juill. 1780, parti pour les Invalides le 4 mars 1784.

Coudrau (Jean), dit Polonois, né à Saumur (1742), S. 29 juill. 1780, mort au Cap le 27 mai 1782.

Bordé (Joseph), dit Poncet, né à Paris (1756), S. 17 sept. 1780, mort au Cap le 4 août 1782.

Freret (Charles-François), dit Duhamel, né à Saint-Omer (1750), S. 16 avril 1768, mort au Cap le 31 oct. 1782.

Crouzet (Gabriel) né à Saint-Martin-de-Nevel (1748), S. 1er avril 1769, mort au Cap le 15 juin 1782.

Menage (Laurent) né à Amiens (1755), S. 1er mai 1773, mort au Cap le 25 juill. 1782.

Savoix (Martial), dit Pavillon, né à Ruffey [près de Beaune] (1757), S. 29 mars 1774, mort à Williamsbourg le 30 oct. 1781.

Cantelux (Claude-Nicolas), né à Amiens (1757), S. 17 mars 1778, mort au Cap le 1er juill. 1782.

Rigault (Edme), né à Chablis [près Tonnerre] (1760), S. 10 janv. 1779, mort au Cap le 28 juin 1782.

Dufailly (Claude), né à Parc-Saint-César [près Vézelise] (1760), S. 2 janv. 1780, mort au Cap le 29 nov. 1782.

Michaux (Jean-Baptiste) né à Faye-aux-Loges (1744), S. 17 mai 1780.

Dumoncel (Denis), né à Nibel [près Montargis] (1761), S. 29 juill. 1780, mort au Cap le 25 juin 1782.

Thurot (Louis), né à La Fontaine-Saint-Martin [près La Flèche] (1761), S. 30 oct. 1780, mort au Cap le 21 juin 1782.

Caberet (Jean-Louis), né à La Ferté-sous-Jouarre [Brie] (1763), S. 11 nov. 1780, mort au Cap le 11 juill. 1782.

Gathelier (Joseph), né à Cusset [près Moulins] (1757), S. 14 juin 1773, R. pour 8 ans le 5 oct. 1778.

Dégout (Léonard), né à Paris (1760), S. 27 mars 1777, mort au Cap le 9 juin 1782.

Bunel (Jacques), né à Crouy [près Meaux] (1756), S. 1er oct. 1777.

Jollin (Jean-Baptiste), né à Saint-Germain-en-Laye [Ile de France] (1758), S. 3 févr. 1780, mort au Cap le 20 sept. 1782.

Huet (Jean), né à Saint-Sulpice-de-Maci [près Avranches] (1756), S. 1er juin 1778, mort au Cap le 10 juill. 1782.

Blavoyer (Henry), né à Bar-sur-Aube [Champagne] (1756), S. 27 sept. 1779, mort au Cap le 1er oct. 1782.

Buchepeau (Charles), né à La Châtre [Berry] (1762), S. 10 sept. 1778, mort au Cap le 13 août 1782.

Aumaître (Pierre), né à Nevers (1761), S. 27 août 1780, mort au Cap le 2 juin 1782.

Compagnie de chasseurs, D'Artel de Veinsberg, capitaine.

Charpentier (Pierre), né à l'Arbroye [Flandre] (1747), S. 12 nov. 1765, R. pour 4 ans le 12 oct. 1778.

Miler (G.), né à Evrigne [Nassau] (1750), S. 23 janv. 1767, R. pour 4 ans le 23 janv. 1779.

Delaunay (Jean-Baptiste), né à Ruelle [Ile de France] (1743), S. 20 déc. 1767, congédié le 5 déc. 1783.

Chaillot (Henry), né à Argenteuil [Ile de France] (1748), S. 27 mars 1768, mort au Cap le 3 juill. 1782.

Doumot (Estienne), né à Bognion [Franche-Comté] (1753), S. 11 févr. 1769, mort au Cap le 2 juin 1782.

Millet, (Edme), dit Bellarose, né à Nogent-sur-Seine (Champagne] (1752), S. 1er févr. 1771, mort au fort Dauphin le 30 oct. 1781.

Le Maitre (Jacques-François), dit Apis, né à Vendôme (1752), S. 12 nov. 1772, congédié le 2 août 1783.

Le Coq (Louis), dit Homère, né à Courdemanche [Normandie] (1747), S. 25 déc. 1772, congédié le 2 août 1783.

Lambert (Louis), dit Charlemagne, né à Saint-Dizier [Champagne] (1755), S. 14 janv. 1773, mort en mer le 22 nov. 1781.

Audibon (Pierre), dit Marivaux, né à Montigny [Gâtinais] (1758), S. 1er avril 1774, congédié le 10 mai 1783.

Martinon (Joseph), né à Bourg-du-Mouchet [Poitou] (1758), S. 9 avril 1776, parti pour les Invalides le 4 mars 1784.

Nivat (Léonard) né à Limoges (1754), S. 12 oct. 1776, mort à St-Eustache le 6 févr. 1782.

Aubert (Jean-Louis), né à Sontavers [Picardie] (1760), S. 20 févr. 1777.

Didiot (Christophe-François), né à Le Pecq [Ile de France] (1754), S. 2 mars 1777.

Labory (Bernard), né à Paris (1752), S. 3 août 1777, congédié le 10 mars 1782.

Fouquet (Thomas), dit Colmar, né à Londun [Poitou] (1760), S. 19 mai 1778.

Chappat (Jacques), dit Clermont, né à Clermont [Clermontois] (1754), S. 20 sept. 1778, congédié le 31 janv. 1784.

Lefevre (Louis-Charles), dit Charlesquint, né à Gillard-Bois [Normandie] (1755), S. 19 oct. 1778.

Ancy (Julien) dit Clarendon, né à Brecey [Normandie] (1750), S. 6 déc. 1778.

Hulin (Louis), dit Cinna, né à Paris (1763), S. 25 févr. 1779.

Lafond (Jean), né à Nimes (1759), S. 6 sept. 1775, congédié le 22 oct. 1783.

Mallard (Antoine), né à Venvey-sur-Ouche [Bourgogne] (1757), S. 24 déc. 1776, mort au Cap le 19 janv. 1783.

Bertol (Constant), dit Constantin, né à Lille [Flandre] (1755), S. 1er mars 1771, mort au Cap le 17 juin 1782.

Vincent (Michel), dit Cirus, né à Oches [Lorraine] (1751), S. 9 oct. 1773, tué au combat du 12 avril 1782.

Poupinot (Urbain), dit Chaumont, né à Vergnes [Poitou] (1758), S. 29 déc. 1776, mort au Cap le 23 juin 1782.

Navet (Jacques), dit Condée, né à Saint-Dizier [Champagne] (1761), S. 2 oct. 1777, mort le 7 août 1782.

Tournant (François-André-Gabriel), dit Clairval, né à Château-Thierry [Champagne] (1759), S. 13 avril 1777, cong. le 10 mai 1783.

Bourgeois (Antoine), dit Charmant, né à Voiron [Dauphiné] (1756), S. 27 déc. 1779, congédié le 3 avril 1784.

Le Maire (Jacques), né à Paris (1748), S. 25 mars 1766, R. pour 8 ans le 25 mars 1782.

Gloire (André), dit Calais, né à Limagne [Auvergne] (1740), S. 11 déc. 1766, tué à Saint-Christophe le 28 janv. 1782.

Coqueluche (Claude-François), né à Dôle [Franche-Comté] (1755), S. 26 mai 1773, congédié le 3 août 1783.

Jourdain (Jean), dit Chambord, né à Loudun [Poitou] (1760), S. 27 janv. 1777.

Humbert (Nicolas), dit Champeau, né à Sainte-Hélène [Lorraine] (1757), S. 4 août 1777, mort au Cap le 2 mars 1783.

D'Ambricourt (Pierre), dit Charenton, né à Melun [Ile de France] (1750), S. 9 nov. 1778.

Muraud (Pierre), dit Crasus, né à Ballleul [Flandre] (1754), S. 30 janv. 1770, mort au Cap le 19 juin 1782.

Dugrés (Michel-Jean-Renée), dit Calvin, né à Lourigne [Bretagne] (1754), S. 1er août 1779, mort au Cap le 15 oct. 1782.

Rivage (Jean-Jacques), dit Calchas, né à Derboncourt [Picardie] (1753), S. 19 août 1779, mort au Cap le 14 sept. 1782.

La Cuisse (Pierre-Philippe), dit Cignus, né à Nancy (1757), S. 1er déc. 1774, congédié le 12 oct. 1783.

Bremont (Antoine), dit Créolle, né à Marseille (1744), S. 4 mai 1775, mort au fort Royal le 16 janv. 1782.

Paillon (Joseph), dit Canada, né à Saint-Esprit (1757), S. 20 juill. 1775, mort au Cap le 10 juin 1782.

Chevalier (Louis), dit Capricorne, né à Contigny [près d'Angers] (1758), S. 9 nov. 1779.

Charpentier (Pierre), dit Cassel, né à Hombourg [3 Evêchés] (1756), S. 7 mars 1774, mort au Cap le 26 juill. 1782.

Gobert (Jean), dit Croissant, né à Cambron [Picardie] (1759), S. 26 janv. 1777, mort au Cap le 1er mai 1783.

Canivet (Nicolas-Joseph), dit Catalan, né à Lille [Flandre] (1750), S. 17 sept. 1775, mort au Cap le 23 mai 1782.

L'Herminier (André-Michel), dit Cayenne, né à Paris (1750), S. 10 nov. 1776, mort au fort Royal le 9 janv. 1782.

Le Faure (Genet), dit Corinthe, né à Glénac [près d'Arthon] (1752), S. 18 mars 1776, mort au Cap le 24 oct. 1782.

Paul (Pierre), dit Caverne, né à Montfaucon [Champagne] (1752), S. 23 nov. 1772, R. pour 8 ans le 17 mai 1779.

Buleau (Jacques), dit Carnaval, né à La Haute-Rivière [près Sedan] (1754), S. 26 mai 1774, mort au Cap le 19 juin 1782.

Kermorvant (Armand), dit Cady, né à Quimperlé [près Rennes] (1757), S. 5 avril 1776.

Mothé (Jean), dit Cocardo, né à Thorigny [près Caen] (1758), S. 4 mai 1776, mort au Cap le 3 sept. 1782.

De Blé (Philippe), dit Chebec, né à Caen (1761), S. 31 oct. 1776, mort au fort Royal le 19 janv. 1782.

Locarto (Simon), dit Cormoran, né à Quimper (1755), S. 2 déc. 1776, mort en mer le 19 nov. 1781.

Fleury (Gab.), dit Cacique, né à Paris (1761), S. 29 juill. 1780, mort au Cap le 28 juin 1782.

Turban (Victor), dit Champion, né à Tailmas [près Amiens] (1761), S. 19 oct. 1777, mort au fort Royal le 13 déc. 1781.
Barberet (Antoine), né à Saint-Dizier [près Villefranche] (1760), S. 1er sept. 1777, tué à Saint-Christophe le 28 janv. 1782.
Cosson (Charles), né à Saint-Dizier [Champagne] (1760), S. 2 oct. 1777.
Cousin (Marcel), né à Dompierre-aux-Bois (1756), S. 1er juin 1777.
Noël (Antoine), né à Strasbourg (1761), S. 4 oct. 1779, mort au Cap le 12 janv. 1783.
Oui (Pierre-Michel), né à Paris (1760), S. 4 févr. 1779, congédié le 24 sept. 1785.
Maubert (Gabriel), né à Nancy (1761), S. 6 déc. 1776.
Samies (Gabriel), né à Paris (1756), S. 24 juin 1776, congédié le 5 déc. 1783.
Fleuret (François), dit Dancourt, né à Châteaudun [Champagne] (1757), S. 19 août 1777.
Duprez (N...), né à Saint-Étienne [Forez] (1753), S. 21 avril 1776, mort au Cap le 20 juin 1782.
Massonot (Louis), né à La Haye [Touraine] (1749), S. 26 janv. 1763, mort au Cap le 13 août 1782.
Aniquet (Jean-François), né à Herchies [Picardie] (1754), S. 12 janv. 1778.
Lefevre (Louis), né à Sens (1757), S. 8 juin 1776, congédié le 6 déc. 1783.
Coupet (J.), né à Sedan (1758), S. 10 nov. 1776.
Bellet (Jean-Baptiste), né à Metz (1755), S. 4 nov. 1774, mort au Cap le 17 juin 1782.
Vincenot (Robert), né à Paris (1751), S. 18 mars 1776, congédié le 10 mai 1783.
Vincenot (Marie-Noël), dit Cadet, né à Paris (1756), S. 18 mars 1776, mort au Cap le 2 juill. 1782.
Benoist (Bernard), né à Albi (1758), S. 25 nov. 1776, mort au Cap le 26 juin 1782.
Ancelin (Pierre-Jean), né à Saint-Léonard (1758), S. 5 déc. 1776.
Noël (Pierre), né à Paris (1760), S. 27 févr. 1777, mort au Cap le 14 août 1782.
Longeard (Michel), né à Guingamp [près Rennes] (1759), S. 19 mars 1777.
Bouillon (Nicolas-Denis), né à Paris (1761), S. 13 mai 1777.
Lambotte (Isidore-Michel), né à Paris (1752), S. 8 févr. 1781, mort au Cap le 15 nov. 1782.
Dufour (Pierre), né à Paris (1746), S. 4 nov. 1773, mort au Cap le 6 févr. 1783.

Beugnier (François-Charles-Joseph), né à Saint-Omer (1758), S. 20 févr. 1776, mort au Cap le 2 août 1782.
Le Cler (Jean-Baptiste), né à Paris (1755), S. 7 oct. 1776.
Dobut (Michel), né à Dreux [Généralité d'Orléans] (1756), S. 8 nov. 1778.
Louvet (Jean-Baptiste-Joseph), né à Lille (1752), S. 24 janv. 1779.
Brulé (Antoine-Claude), né à Paris (1774), S. 20 févr. 1769, mort au Cap le 10 oct. 1782.
Raymond (Jean-Baptiste-Antoine), né à Paris (1750), S. 21 mars 1779, mort au Cap le 6 juill. 1782.
Bouvier (Etienne), né à La Côte-Saint-André [Dauphiné] (1758), S. 16 déc. 1776, mort au Cap le 28 août 1782.
Liemard (Philippe-Joseph), né à Feignies-en-Hainaut [près Maubeuge] (1760), S. 3 oct. 1778, mort au Cap le 28 août 1782.
Claquart (Pierre), né à Dompierre [près Amiens] (1756), S. 24 avril 1780, mort au Cap le 17 juin 1782.
Bardonnon (Luc), né à Aigueperse [près Clermont] (1758), S. 3 mai 1775, R. pour 4 ans le 3 août 1779.
Pelabu (Lazare), né à Marseille (1754), S. 16 mars 1776, congédié le 8 déc. 1783.
Xardal (Sébastien), né à Frémery [près Toul] (1740), S. 11 janv. 1772, R. pour 4 ans le 5 avril 1779.
Schafrat (Adam), dit Chafrat, né à Aix-la-Chapelle (1748), S. 6 oct. 1773, R. pour 4 ans le 23 avril 1782.
Ventrepol (Claude), né à Thionville (1756), S. 10 mars 1773, R. pour 8 ans le 29 sept. 1778.
Tardif (Antoine-Marie), dit L'Amitié, né à Paris (1756), S. 16 janv. 1775, R. pour 4 ans le 16 févr. 1779.
Daydé (Jean), né à Massage-du-Bosage [près Albi] (1741), S. 6 août 1760, R. pour 4 ans le 30 oct. 1778.
Fabre (Joseph-Arnaud), né à Berrias [près Viviers] (1757), S. 13 avril 1774.
Miniot (Benoist), né à Montlivault [près Blois] (1758), S. 17 août 1779.
Grignon (Jean), né à Le Marivay [près Loudun] (1759), S. 28 févr. 1777.
Carache (Jean), né à Verdun (1760), S. 20 mars 1777.
Siméon (Jacques), né à Longwy (1763), S. 11 juin 1776, congédié le 5 déc. 1783.
La Vigne (Louis-Joseph), né à Beaumont-sur-Oise (1755), S. 6 avril 1774, R. pour 4 ans le 25 juin 1779.

Tréat (Jean), né à Grandchamp [près Beaumont] (1761), S. 31 août 1778.
Barbara (Jean-Baptiste), dit Carcassonné, né à Cramant [près Nogent-sur-Seine] (1762), S. 2 avril 1779.
Thevenot (Jean), dit Bienaimé, né à Paris (1754), S. 8 oct. 1772.
Liénard (François-Joseph), né à Paris (1762), S. 22 avril 1780.
Poulain (Jean-Baptiste), né à Saint-Denis [près Paris] (1762), S. 14 juill. 1780.
Renoult (René), né à Loudun [Poitou] (1758), S. 13 avril 1776.
Planche (J.), né à Vernon (1759), S. 26 déc. 1778.
Pelletier (Joseph), né à Auxelles-Bas [près Belfort] (1758), S. 21 mars 1779.
Armand (Antoine), dit César, né à Sommières (1760), S. 4 déc. 1778.
Carin (François), né à Valenciennes (1760), S. 8 déc. 1778.
De La Haye (François), né à Paris (1763), S. 18 mars 1780.
Varin (Jean-Louis), né à Vervins (1759), S. 4 févr. 1779.
Bouthé (J.), né à Orléans (1763), S. 11 nov. 1779.
Rignier (Christophe), né à Nogent-le-Rotrou (1763), S. 23 oct. 1779.
Bellemain (Louis), né à Bransle [près Montargis] (1768), S. 9 août 1780.
Saillant (Nicolas-Pierre), né à Angers (1757), S. 28 févr. 1777.
D'Alam (Louis), né à Gorges [près Montpellier] (1761), S. 16 mars 1780.
Lépine (Joseph), né à Léocourt [près Saint-Quentin] (1757), S. 8 sept. 1779.
Fenier (François), né à Verdun [Gascogne] (1749), S. 19 mars 1780.
Morel (François), né à Besançon (1763), S. 1er mars 1780.
Bertaud (Jean-Louis), dit Alexandre, né à Vimoutiers [Normandie] (1760), S. 22 mai 1780.
Defraize (François), né à Orléans (1758), S. 4 juin 1782.
Bayot (L.), né à Paris (1760), S. 12 oct. 1780.
Pantin (Louis-Marie), dit Claives, né à Paris (1759), S. 26 mars 1776.
Duminy (François), dit Rodolphe, né à Amiens (1764), S. 18 juin 1780.
Guiraud (Guillaume), né à Castres (1749), S. 24 juin 1767, R. pour 4 ans le 21 juin 1779.

RÉGIMENT D'HAINAULT.

(UN BATAILLON.)

Le régiment fut levé en vertu d'une commission délivrée le 25 février 1651 sous le nom de Vendôme.

Prit le nom de la province Hainault le 10 décembre 1762 et devint le 50e régiment d'infanterie le 1er janvier 1793; son 1er bataillon entra le 21 novembre 1793, dans la 99e demi-brigade de ligne et le 2e fut versé le 4 décembre suivant dans la 100e.

Le premier mestre de camp de ce corps a été César duc de Vendôme et le dernier fut Jean-Ignac. de Bordenave.

Un bataillon de Hainault s'embarqua sur la flotte du comte d'Estaing en 1779. Ce bataillon se distingua à la prise de la Grenade en 1779; assista le 6 juillet de la même année au combat naval livré contre la flotte de l'amiral Byron et prit part, au mois d'octobre suivant, au siège de Savannah, le bataillon rentra à la Martinique après la levée du siège et y demeura jusqu'à la paix.

Le 50e régiment d'infanterie actuel est en garnison à Périgueux.

JEAN-BAPTISTE LAPLIN, né à Moulins-en-Bourbonnois le 24 juin 1734, lieutenant-colonel.

[Translation.]

RÉGIMENT D'HAINAULT.

(A BATTALION.)

The regiment was raised by virtue of a commission delivered February 25, 1651, under the name of Vendôme. It took the name of the province Hainault December 10, 1762, and became the fiftieth regiment of infantry January 1, 1793. Its first battalion entered, November 24, 1793, into the ninety-ninth half brigade of the line, and the second battalion was turned over the 4th December following to the one hundredth.

The first master of the camp (colonel) of this corps was César duc de Vendome and the last was Jean-Ignac, de Bordenave.

A battalion of the Hainault embarked with the fleet of the Count d'Estaing in 1779. This battalion distinguished itself at the capture of Grenada in 1779; took part 6th July of same year in the naval combat against the fleet of Admiral Byron, and participated in the month of October following in the siege of Savannah. The battalion returned to Martinique after the siege was raised and remained there until peace was declared.

The fiftieth regiment of infantry is actually in garrison at Périgueux.

Jean-Baptiste Laplin, born at Moulins-en-Bourbonnois June 24, 1734, was lieutenant-colonel.

ÉTAT-MAJOR.

Lieutenant-colonel.

LAPLIN (Jean-Baptiste), faisant fonctions de lieutenant-colonel, né le 24 juin 1734, à Moulins [Bourbonnois]. Blessé dangereusement le 4 juill. 1779, à la prise de la Grenade; mort le 28 janv. 1780.

Capitaines

DESCHAMPS de VILLAINE (Joseph), né en 1733, à Montluçon [Bourbonnois].
LOMBARD de ROQUEFORT (Jean-Joseph), né en 1735, à Antibes.
De MAREUIL (Etienne-Louis-Denis), né à Paris, le 26 févr. 1733.
De MANOEL (Etienne), né le 5 juill. 1740, à La Salle [Cévennes]. A été nommé le 20 sept. 1779, commandant en second de la Grenade.
De MANOEL la GRAVIERE de VEGOBRE (François), né le 24 déc. 1746, à La Salle [Languedoc]. Mort le 29 janv. 1780.
D'ARTUS (Pierre-Marion), né le 22 août 1747, à La Salle [diocèse d'Alais]. A fait toute la guerre d'Amérique.

Lieutenants.

MONTERNO du CHATELARD des BRETS (Aimé-Jean-Jacques-Elisabeth), né à Trévoux, 29 déc. 1750. A été blessé à Savannah.
De la BEAUME d'ANGELY (Paul). Fait capitaine au régiment de la Martinique, le 2 oct. 1784.
MARMIER (Charles-Jacques-Magdelaine), né à Montpellier, le 26 févr. 1757. Tué le 1er sept. 1781 sur la frégate "La Magicienne" dans le combat où elle a été prise par un vaisseau anglais.
De BARRE de LEUZIERE (Denisse-Pierre), né à Nîmes, le 30 déc. 1753. Fait aide-major du régiment de la Martinique, le 2 oct. 1784.
DESVAULX (Joseph-André-Jean), ne à Marsac [Bretagne], le 4 nov. 1751. Fait capitaine dans le régiment de la Guadeloupe, le 2 oct. 1784.

Sous-lieutenants.

De VAUDREMONT (Joseph-Louis), né le 4 juill. 1756, à Lavaur [Languedoc]. Placé à une lieutenance dans le régiment de la Martinique, le 2 oct. 1784.

SAINTE-LUCE (Jean-Baptiste-Guillaume-Bernardin), né le 23 févr. 1761, à Saint-Pierre [Ile de la Martinique]. Passé sous-aide-major dans le régiment de la Guadeloupe, le 2 oct. 1784.

Compagnie Deschamps.

Barraud (Jean), né au Grand Bois [Saintonge] (1712), S. 1er avril 1755, parti pour la pension le 16 juill. 1781.
Auzivizier (Jean-Baptiste), dit Vadeboncœur, né à Lorgues [Provence] (1738), S. 1er févr. 1759, congédié le 4 mars 1781.
Bidault (Pierre), né à Chaumont [Bassigny] (1737), S. 1er sept. 1759, embarqué pour l'Amérique en avril 1778.
Gauthier (Etienne), né à Dijon (1737), S. 1er nov. 1761, tué à Savannah le 9 oct. 1779.
Auzivizier (Honoré), né à Lorgues [Provence] (1739), S. 18 mars 1774, parti pour la pension le 15 avril 1786.
Rouvierre (Jean), dit Belais, né à Saint-Jean-de-Gardonique [Languedoc] (1742), S. 1er avril 1760, mort en Amérique le 1er janv. 1784.
Enchaise (Barthélemy), né à Létarjie [Lyonnois] (1728), S. 26 avril 1760, parti pour la pension le 19 juill. 1781.
Charles (Claude), dit Blondin, né à Orion [Lorraine] (1735), S. 20 mars 1756, parti pour la pension le 20 juin 1783.
Bayle (Etienne), dit Lapointe, né à Saragnac [Languedoc] (1740), S. 26 févr. 1757, embarqué pour l'Amérique en avril 1778.
Perfishe (Pierre), dit Orange, né à Cordes [Languedoc] (1735), S. 4 nov. 1761, congédié le 1er juill. 1784.
Antonnin (Xavier), né à Belfort [Alsace] (1750), S. 11 mai 1776.
Chenu (François), dit La Tulipe, né à Beaucourt [Alsace] (1735), S. 1er mai 1753, mort en Amérique le 5 mai 1778.
Beaumont (Dominique), dit La Liberté, né à Raon l'Etape [Lorraine] (1733), S. 15 août 1756, mort en Amérique le 2 janv. 1780.
Filiot (Joseph), dit Saint-Joseph, né à Ruoms [Vivarais] (1735), S. 1er avril 1762, mort en Amérique le 25 févr. 1780.
Gilbert (Jean), né à Pisieu [Dauphiné] (1749), S. 17 mars 1766, mort en Amérique le 24 mars 1780.

Fautras (Pierre), dit Montplaisir, né à Nantilly [Anjou] (1747), S. 25 nov. 1765, rayé des contrôles le 1er janv. 1784.
Jonot (Hubert), dit Fromont, né à Fontaine [Bourgogne] (1734), S. 1er févr. 1766, parti pour les Invalides le 30 avril 1785.
Miscran (Henry), né à Villenoutry [Champagne] (1747), S. 1er mars 1767, mort au fort Royal le 8 févr. 1781.
Leger (François), dit Laviolette, né à Pons [Saintonge] (1750), S. 4 oct. 1768, R. pour 8 ans le 21 nov. 1774.
Méjes (Sébastien), dit Beausejour, né à Tors [Lorraine] (1753), S. 1er oct. 1770, tué à Savannah le 9 oct. 1779.
Ferry (Pierre), né à Bertrambois [Lorraine] (1750), S. 13 oct. 1770, R. pour 8 ans le 13 déc. 1777.
Martin (Paul), né à Montluçon [Bourbonnois] (1753), S. 1er mars 1771, congédié le 1er juill. 1784.
Dumay (Jacques), dit Bienaimé, né à Fontenay-le-Comte [Poitou] (1753), S. 29 avril 1771, congédié le 8 nov. 1783.
Genet (Jean), dit La Fleur, né à Anselle [Lorraine] (1754), S. 1er déc. 1771, parti pour l'Amérique en 1778.
Simon (Jean), dit Saint-Simon, né à Sillery [Champagne] (1756), S. 11 sept. 1772, congédié le 12 sept. 1780.
Laroche (Benoist-Joseph), né à Lille [Flandre] (1754), S. 12 déc. 1772, embarqué pour l'Amérique en 1778.
Tharon (François), dit Moirmon, né à Moiremont [Champagne] (1756), S. 31 mars 1773, passé caporal le 1er nov. 1782.
Lefort (Jean), né à Daverre [Poitou] (1752), S. 12 oct. 1774, mort en Amérique le 29 janv. 1780.
Roussou (Jean), né à Ayguevives [Languedoc] (1744), S. 25 nov. 1774.
Grenier (Antoine), né à Embrun [Dauphiné] (1744), S. 3 déc. 1774.
Juillion (Pierre), né à La Côte-Saint-André [Dauphiné] (1756), S. 5 févr. 1775, rayé des contrôles le 1er janv. 1784.
Du Lac (Jean-Baptiste), né à Bort [Limousin] (1754), S. 26 févr. 1775.
Dupousel (Louis-Pierre), né à Vilcey [Lorraine] (1754), S. 1er avril 1775, mort en Amérique le 10 févr. 1780.

Vilfort (Gérôme), né à Moulins (Bourbonnais) (1757), S. 5 avril 1775, congédié le 4 avril 1782.

Cagnot (Jacques), né à Verneuil-sur-Seine (1755), S. 10 avril 1775, mort le 11 juill. 1784.

Mery (François), né à Peyrolle [Languedoc] (1756), S. 1er mai 1775, congédié le 4 avril 1783.

Henry (Dié), dit Nancy, né à Serres [Lorraine] (1757), S. 1er mai 1775, mort, rayé des contrôles le 1er janv. 1784.

Soumeire (Jacques), né à Marseille (1758), S. 1er mai 1775, mort, rayé des contrôles le 1er janv. 1784.

Simon (Alexis), dit Comtois, né à Lavans [Comté] (1756), S. 8 mai 1775, tué à Savanach le 9 oct. 1779.

Bruset (Jean), né à Grenoul [Dauphiné] (1756), S. 4 juill. 1775, congédié le 1er juill. 1784.

Hollié (Bertrand), né à Malzieu (Gévaudan) (1755), S. 16 juill. 1775, mort en Amérique le 11 janv. 1780.

Billard (Claude), né à Montmerle [Vonnes] (1757), S. 16 août 1775, parti avec la récompense militaire le 12 déc. 1781.

Deroez (Hyacinthe), né à Barcelonnette [Provence] (1753), S. 26 août 1775, congédié le 1er juill. 1784.

Larochette (Antoine), né à Loyes [Bugey] (1755), S. 17 oct. 1775, congédié le 7 nov. 1783.

Vilion (Barthélemy), dit Lyonnais, né à Lyon (1755), S. 1er nov. 1775.

Jas (Mathieu), né à Châtonnay [Dauphiné] (1755), S. 28 déc. 1775, mort en Amérique le 14 oct. 1779.

Simien (Antoine), né à Sueville [Dauphiné] (1757), S. 2 janv. 1776, congédié le 7 nov. 1783.

Girard (Maurice), dit Belfleur, né à Beauregaire [Dauphiné] (1758), S. 9 janv. 1776, mort, rayé des contrôles le 1er janv. 1784.

Niron (Jean-Antoine), dit Jolicoeur, né à Saint-Genest-L'Argentière [Lyonnais] (1757), S. 11 janv. 1776, mort en Amérique le 22 août 1779.

Chaumesson (Claude), né à Versailles (1759), S. 2 mai 1776, mort au Cap le 14 août 1779.

Léautard (Bernard), né à Toulon (1759), S. 8 mai 1776, mort en Amérique le 2 févr. 1780.

Montellier (Jean-Eloy), né à Rouen (Normandie) (1744), S. 28 août 1776.

Morel (Jean), né à Chabeuil [Dauphiné] (1760), S. 11 sept. 1776.

Fériol (André), né à Aix [Provence] (1750), S. 8 oct. 1776, parti pour les Invalides le 16 juill. 1784.

Desmazes (Antoine), né à Pézenas [Languedoc] (1750), S. 8 oct. 1776, mort au fort Royal le 28 mars 1782.

Seylan (Jean-Baptiste), né à Avon [Provence] (1760), S. 11 oct. 1776, mort en Amérique le 7 janv. 1780.

Esty (Jean-Baptiste), né à Cadenet [Provence] (1750), S. 12 oct. 1776, mort en Amérique le 6 juill. 1779.

Germain (Jean-Pierre), né à Marseille (1758), S. 21 oct. 1776, réformé le 15 juin 1779.

Boudrot (Bernard), né à Vassin [Bourgogne] (1758), S. 1er nov. 1776, mort en Amérique le 29 janv. 1779.

Duchêne (Nicolas), né à Lonlans [Bourgogne] (1760), S. 1er déc. 1776, mort en Amérique le 14 janv. 1780.

Arnauld (Esprit), né à Orange [Dauphiné] (1756), S. 15 déc. 1776.

Boust (Antoine), dit Saint-Antoine, né à Beaucroissant [Dauphiné] (1759), S. 20 janv. 1777, mort en Amérique le 30 oct. 1779.

Armand (Vincent), dit Beausoleil, né à Bourg-Saint-Andéon [Vivarais] (1761), S. 1er févr. 1777.

Gady (Alexandre), dit Sans Crainte, né à Paris (1758), S. 12 févr. 1777, congédié en Amérique le 1er déc. 1779.

Bonseigneur (Antoine), né à Maney [Ile de France] (1760), S. 8 mars 1777.

Dourlas (Abraham), né à Pommard [Bourgogne] (1750), S. 16 mars 1777, mort en Amérique le 15 janv. 1780.

Convert (Joseph), dit La Ramée, né à Chessien [Dauphiné] (1754), S. 20 mars 1777, mort à Gorock le 25 oct. 1781.

Roubaret (Louis), né à Saint-Croix paroisse de Casagnas [Languedoc] (1759), S. 23 mars 1777, mort en mer le 28 juill. 1779.

Rabe (Claude), dit Beaujardin, né à Anduze [Languedoc] (1753), S. 23 mars 1777, mort en Amérique le 11 mars 1780.

Donnau (Joseph), né à Barcelonnette [Provence] (1761), S. 1er avril 1777, mort en Amérique le 3 janv. 1780.

Rescagne (Jean), né à Carcassonne [Languedoc] (1748), S. 23 févr. 1770, mort en Amérique le 13 août 1778.

Jouffroy (Jean-Baptiste), né à Dijon (1761), S. 20 nov. 1777.

Fraisinet (Henry), né à Saint-Jean-de-Gardonnique [Cévennes] (1760), S. 2 déc. 1777, mort, rayé des contrôles le 1er janv. 1784.

Clapsrède (Paul), né à Saint-Hippolyte [Languedoc] (1761), S. 2 déc. 1777.

Arsinry (Jean-Baptiste), né à La Roque-d'Anthéron [Provence] (1755), S. 24 déc. 1777.

Angle (Pierre), dit Langlois, né à Lille [Albigeois] (1758), S. 22 janv. 1778.

Charux (Joseph), né à Saint Maurice [Dauphiné] (1760), S. 13 févr. 1778, mort le 7 août 1784.

Martel (Joseph), né à Tourette [Provence] (1758), S. 21 févr. 1778, mort à Cadix le 1er déc. 1782.

Marquisat (Joseph Toussaint), né à Toulon paroisse Saint-Louis [Provence] (1758), S. 27 févr. 1778, congédié en juill. 1782.

Croux (Michel), né à Cadenet [Provence] (1757), S. 20 mai 1778.

Champier (Raymond), né à Marseille (1761), S. 30 mars 1778, mort en mer.

Barnier (Paul), né à Saint-Jean-de-Gardoniques [Languedoc] (1754), S. 31 mars 1778.

Geoffroy (Guillaume), dit Gardanne, né à Gardanne [Provence] (1761), S. 15 avril 1778, congédié le 6 avril 1786.

Ragot (Guillaume), né à Nancy [Lorraine] (1750), S. 11 juin 1778.

Benoit (Michel), né à Arles [Provence] (1762), S. 28 juin 1778, mort en mer le 22 août 1781.

Sabrier (François), né à Arles [Provence] (1762), S. 28 juin 1778, congédié le 31 août 1781.

Boucaru (Jacques), dit Desaronnes, né à Nimes [Languedoc] (1762), S. 16 juill. 1778, mort à bord du "Diadème" le 9 janv. 1782.

Guigou (François), né à Tarare [Provence] (1759), S. 15 juill. 1778, réformé le 16 août 1783.

Giraud (Claude), dit Saint-Nizier, né à Lyon (1762), S. 22 juill. 1778.

Azar (Pierre), né à Saint Blaise [Provence] (1762), S. 25 juill. 1778.

Alègre (Etienne), né à Vivarais, né à Janjac [Vivarais] (1761), S. 25 juill. 1778, mort le 23 juin 1783.

L'Amblart (Louis), dit La Rose, né à La Salle [Languedoc] (1760), S. 2 août 1778, réformé le 22 sept. 1780.

Guitard (Jean), dit Languedoc, né aux Vaus [Vivarais] (1759), S. 8 sept. 1778, réformé le 26 janv. 1781.

Gerenne (Jean), dit Fumel, né à Fumel [Agenais] (1754), S. 19 sept. 1778, mort en mer le 18 oct. 1781.

Bigorre (Bernard), né à Alby (1758) S. 19 sept. 1778.

Ducos (Nicolas), né à Dax [Gascogne] (1756), S. 24 mars 1778.

Cauradon (Pierre), né à Sommières [Languedoc] (1761), S. 20 oct. 1778, congédié par grâce le 20 juin 1783.

Fusquet (Jean), né à Anduze [Languedoc] (1759), S. 27 oct. 1778, mort le 22 avril 1785.

Vaquer (François), dit Turenne, né à Ariagt [Foix] (1759), S. 4 nov. 1778, mort en mer le 5 sept. 1781.

Moras (Jean), né à Avon [Provence] (1760), S. 18 nov. 1778, congédié le 31 mai 1781.

Quintal (Jean), dit Artois, né à Blognac [Vivarais] (1761), S. 27 nov. 1778, mort le 23 juin 1779.

Auredon (Jean), dit Languedoc, né à Aizonne [Languedoc] (1760), S. 7 févr. 1780, fait officier en Amérique le 20 janv. 1780.

Pierre (Nicolas-Jean), dit Laviolette, né à Bellefontaine [Lorraine] (1727), S. 27 févr. 1757, mort en Amérique le 2 août 1779.

Merlin (Antoine), né à Moreilmaison [Lorraine] (1743), S. 23 oct. 1764, mort en Amérique le 14 janv. 1780.

Grisou (Jean-François), né à Crest [Dauphiné] (1737), S. 4 oct. 1755, mort en Amérique le 14 janv. 1780.

Lafontaine (Silvain), né à Tanche [Berry] (1731), S. 1er janv. 1759, mort le 15 juill. 1778.

Fourcade (Pierre), né à Bourg [Bordelais] (1739), S. 1er nov. 1761, mort en Amérique le 31 janv. 1780.

Hoursou (Gilbert), né à La Grange [Bourbonnais] (1740), S. 1er mars 1762, mort en Amérique le 1er janv. 1784.

Moisi (Joseph), dit Lajeunesse, né à Saint-Léonard [Lorraine] (1749), S. 23 janv. 1765, mort en Amérique le 25 mars 1780.

Peltré (Ignace), né à Oricourt [Comté] (1748), S. 4 oct. 1765, tué en Amérique le 8 déc. 1779.

Moreau (Nicolas), dit Bienaimé, né à Vassincourt [Lorraine] (1749), S. 20 juin 1766, mort en Amérique le 21 févr. 1780.

Bertrand (Jean-Baptiste), né à Nantes [Bretagne] (1752), S. 26 août 1768, mort en Amérique le 1er janv. 1784.

Dubessé (Jean-Pierre), dit Annibal, né à Beauchastel [Vivarais] (1753), S. 6 avril 1770, tué en Amérique le 6 juill. 1779.

Nief (Antoine), dit Vandosme, né à Daron [Comté] (1744), S. 29 mars 1771, mort en Amérique le 1er févr. 1780.

Thevenin (Philippe), dit Bourbon, né à Bourbon-L'Archambault (1746), S. 10 nov. 1771, mort en Amérique le 2 juin 1781.

Merlin (Martin), dit Sertorius, né à Morelmaison [Lorraine] (1754), S. 6 janv. 1772, congédié en Amérique le 1ᵉʳ juill. 1784.

Grosvillaume (Claude), dit Bienvenu, né à Germont [Champagne] (1755), S. 24 févr. 1772, mort en Amérique le 26 sept. 1779.

Baissan (Vincent), né à Madagascar (1751), S. 1ᵉʳ août 1772, congédié en Amérique le 1ᵉʳ juill. 1784.

Fadet (François), né à Sauve [Languedoc] (1758), S. 10 déc. 1774, congédié en Amérique le 1ᵉʳ juill. 1784.

Tissier (Antoine), né à Saint-Saturnin [Auvergne] (1757), S. 2 janv. 1775, mort à Sainte-Lucie le 18 déc. 1778.

Fernons (Touel), dit Jolicœur, né à Fresne [Gévaudan] (1759), S. 5 févr. 1775, mort en Amérique le 7 mars 1779.

Drache (Alexandre), dit Brutus, né à Crèvecœur [Cambrésis] (1754), S. 1ᵉʳ mars 1775, mort en Amérique le 6 févr. 1780.

Goyet (Denis), dit Brindamour, né à Rougemont [Bugey] (1756), S. 1ᵉʳ mai 1775, mort en Amérique le 5 juill. 1779.

Boulanger (Nicolas), né à Ogéviller [Lorraine] (1757), S. 1ᵉʳ nov. 1775, mort en Amérique le 6 déc. 1779.

Christophe (Nicolas), né à Aboy-aux-Bœufs [Lorraine] (1751), S. 27 déc. 1775, mort en Amérique le 19 janv. 1779.

Compagnie Lombard.

Buissierre (Guillaume), dit Dussiera, né à Dardes [Auvergne] (1758), S. 1ᵉʳ mai 1776, mort en Amérique le 25 janv. 1780.

Pitois (Michel), né à Lyon (1759), S. 2 mai 1776, mort en Amérique le 8 janv. 1780.

Moulin (Jean), né à Narbonnet [Dauphiné] (1758), S. 23 oct. 1776, mort en Amérique le 18 juill. 1778.

Cabanel (Claude), né à Lyon (1758), S. 4 nov. 1776, mort en Amérique le 6 mars 1780.

Girard (Morin), dit Laflamme, né à Revest [Provence] (1759), S. 9 janv. 1776, mort en Amérique le 7 mai 1780.

Caroubin (Claude), dit Alexandre, né à Lorgnes [Provence] (1760), S. 16 déc. 1776, mort en Amérique le 20 juin 1780.

Marvillan (Antoine), dit Turenne, né à Marseille (1738), S. 16 déc. 1776, mort en Amérique le 1ᵉʳ janv. 1784.

Seins (Bastien), dit Diomède, né à Mayence [Provence] (1759), S. 12 janv. 1777, mort en Amérique le 28 févr. 1780.

Cognat (Pierre), dit Fabius, né à Logre [Lyonnais] (1757), S. 1ᵉʳ févr. 1777, mort en Amérique le 1ᵉʳ janv. 1784.

Michel (Jean-Baptiste), dit Gustave, né à Lemiel [Provence] (1756), S. 1ᵉʳ févr. 1777, tué au combat du 27 sept. 1779.

Thomas (François), dit Tancrède, né à Bragny [Bourgogne] (1759), S. 2 févr. 1777, mort en Amérique le 1ᵉʳ janv. 1784.

Guedin (Valentin-Joseph), dit La Ramée, né à Rieux [Artois] (1756), S. 8 janv. 1773, congédié à la Grenade le 1ᵉʳ juill. 1784.

Lardillier (Jean-Marie), dit Biron, né à Bessenay [Lyonnais] (1752), S. 15 mai 1777, mort en Amérique le 12 août 1779.

Bisagnier (François), dit Adrien, né à Vence [Provence] (1759), S. 16 mai 1777, mort en Amérique le 21 mai 1780.

Barry (Martin), dit Fabert, né à Marseille (1751), S. 25 juill. 1777, mort en Amérique le 23 déc. 1779.

Giraud (Etienne), né à Rieux [Languedoc] (1760), S. 1ᵉʳ févr. 1778, mort en Amérique le 25 juill. 1779.

Arnould (André), né à Chabeuil [Dauphiné] (1727), S. 31 août 1755, parti pour la pension le 18 juin 1783.

Boyer (David), dit Beausoleil, né à Donzelle [Lorraine] (1737), S. 1ᵉʳ sept. 1755, mort sergent en Amérique le 6 sept. 1779.

Vincent (Jean), dit Castelnaud, né à Castelnau-de-Mendailles [Quercy] (1725), S. 1ᵉʳ sept. 1755, mort en campagne le 26 déc. 1779.

Romary (Joseph), dit Laprairie né à Donzelle [Lorraine] (1738), S. 7 mars 1756, parti pour la pension le 1ᵉʳ mars 1785.

Bezard (René), dit Barry, né à Bourges (1738), S. 20 janv. 1756, mort en campagne le 18 août 1780.

Boulacier (Aimond), dit Précis, né à Capelprin [Berry] (1745), S. 10 avril 1765, parti pour la pension le 12 déc. 1781.

Stroup (Jean-Pierre), né à Misrolle [Lorraine-Allemande] (1743), S. 26 nov. 1765, congédié en Amérique le 1ᵉʳ janv. 1784.

Patrona (Paul), dit Duchateau, né à Bourges (1747), S. 14 mars 1768, mort en Amérique.

Brun (André), dit Brindamour, né à Pons [Saintonge] (1750), S. 4 oct. 1768, mort en Amérique.

Fouquier (François), dit Bellefleur, né à Nîmes (1751), S. 4 mai 1769, tué à bord du "Vaillant" le 13 oct. 1779.

Mésabelouse (Jean), dit Bonenfant, né à Romanèche [Maconnois] (1761), S. 18 sept. 1769, parti pour les Invalides le 16 juill. 1784.

Lucas (Pierre), né à l'Isle [Bourbonnais] (1752), S. 12 juill. 1771, congédié en Amérique le 12 juin 1784.

François (Jean), dit Aymard, né à Somme-Tourbe [Champagne] (1752), S. 10 sept. 1772, congédié en Amérique le 1ᵉʳ juill. 1784.

Lacombe (Alexis), né à Sumène [Languedoc] (1754), S. 20 avril 1773, congédié en Amérique le 24 juin 1783.

Vautier (Jean-Pierre), dit Labonté, né à Marseille (1756), S. 1ᵉʳ oct. 1774, congédié en Amérique le 1ᵉʳ juill. 1784.

Boula (Michel), né aux Dinas [Dauphiné] (1756), S. 14 oct. 1774, congédié en Amérique le 1ᵉʳ juill. 1784.

Guitau (Benoit), né à Lyon (1758), S. 2 nov. 1774, mort en campagne le 16 août 1779.

Moure (Joseph), né à Besse [Provence] (1758), S. 3 déc. 1774, mort en Amérique le 1ᵉʳ juill. 1784.

Bonnavan (François), né à Bourganeuf [Poitou] (1751), S. 5 déc. 1774, mort en campagne le 10 févr. 1780.

Azemard (Jean Baptiste), né à Espira-de-l'Agly [près Perpignan] (1755), S. 30 déc. 1774, mort en Amérique.

Maul (Nicolas), dit Saint-Martin, né à Dommartin [Lorraine] (1757), S. 1ᵉʳ mai 1775, congédié en Amérique le 1ᵉʳ juill. 1784.

Chambegnac (Antoine), dit Beziers, né à Bourdelas [Languedoc] (1756), S. 1ᵉʳ mai 1775, mort en Amérique.

Laugier (Jean-Joseph), né à Marseille (1757), S. 19 juin 1775, parti pour la pension le 22 juill. 1783.

Alais (René-Hypolite), dit La Couture, né à Sainte-Gemme-la-Bruyère [Poitou] (1758), S. 14 janv. 1776, congédié en Amérique le 1ᵉʳ juill. 1784.

Marie (Pierre), né à Besançon [Comté] (1755), S. 2 mars 1776, congédié en Amérique le 1ᵉʳ janv. 1784.

Chevrelat (Antoine), né à Toizay [Dombes] (1759), S. 2 mars 1776, mort en campagne le 23 oct. 1779.

Niollon (Joseph), né à Toulon (1759), S. 12 juin 1776, mort en campagne le 11 févr. 1780.

Mahut (Nicolas), né à Chambly [Picardie] (1758), S. 23 juin 1776, mort en campagne le 16 août 1779.

Renault (François), né à Lunéville [Lorraine] (1758), S. 30 juill. 1776, congédié le 12 juill. 1784.

Coste (Louis), né à Magagnosc [Provence] (1757), S. 11 nov. 1776.

Cabrot (Pierre), dit La Palme, né à Saint-Amand-de-Castres [Languedoc] (1757), S. 21 nov. 1776, mort en campagne le 18 août 1779.

Blouet (Alexis), né à Crillon [Comtat Venaissin] (1761), S. 12 janv. 1777, mort en campagne le 22 mars 1780.

Ferlande (Honoré-Antoine), dit Marseille, né à Marseille (1751), S. 4 févr. 1777, mort, rayé des contrôles le 1ᵉʳ janv. 1784.

Guyot (Antoine), né à Vannes [Bourgogne] (1750), S. 8 févr. 1777, mort en campagne le 6 juill. 1779.

Donnat (Jérôme), né à Lisle, résidant à Cabrières [Comtat] (1758), S. 1ᵉʳ mars 1777, mort en campagne le 16 mars 1779.

Caze (Jean-Baptiste), né à Montpellier [Languedoc] (1761), S. 8 mars 1777.

Marlot (Etienne), né à Putigny [Bourgogne] (1757), S. 16 mars 1777.

Aubagnac (Gabriel), né à Neuville [Languedoc] (1759), S. 22 mars 1777, parti pour la mer, rayé en 1784.

Sabattier (Paul), né à Saint-Hippolyte [Languedoc] (1760), S. 23 mars 1777, mort en campagne le 3 mars 1780.

Meunier (Jacques), dit Languedoc, né à Le Maine [Languedoc] (1738), S. 7 janv. 1776, mort en Amérique le 6 sept. 1779.

Mazory (André), dit Mazaury, né à Saint-Hippolyte [Languedoc] (1761), S. 23 mars 1777, mort en Amérique le 9 mars 1779.

Stadieu (Jacques-Antoine), né à Saint-Florent (1761), S. 22 juin 1777, mort en campagne le 12 févr. 1780.

Julian (David), né à Saint-Hippolyte [Languedoc] (1759), S. 15 août 1777, mort en campagne le 8 mars 1780.

Cancel (Antoine), né à Nîmes (1761), S. 15 août 1777.

Combe (Pierre), dit Hypolite, né à Saint-Hippolyte [Languedoc] (1760), S. 2 oct. 1777, mort en Amérique le 15 janv. 1780.

Dascamp (Louis), né à Sauve [Cévennes] (1759), S. 14 oct. 1777, mort en Amérique le 18 août 1780.

Bassaut (Pierre-Joseph), né à Mignataus [Comté] (1747), S. 20 janv. 1765, mort en Amérique, rayé le 1ᵉʳ juill. 1784.

Cousin (Joseph), dit Landreci, né à Landrecies [Hainaut] (1756), S. 7 août 1773, mort en Amérique le 5 mars 1780.

Devaux (Joseph), dit Cœurderoy, né à Bourg Dondin [Artois] (1753), S. 29 mars 1773.

Gentils (François), né à Croze [Dauphiné] (1759), S. 10 août 1758, parti pour la pension le 19 juill. 1782.

Rigaud (Louis), né à Aubusson-en-Marche (1744), S. 24 févr. 1767, adjudant, passé à la Martinique en 1784.

389

Barbotant (Antoine), dit Joliccœur, né à Oloron [Béarn] (1749), S. 1er nov. 1761, passé à la Martinique en 1784.

Faivre (Pierre), dit Vivarais, né à Saint-Barthélémy-le-Pin [Vivarais] (1738), S. 25 mars 1756, blessé en Amérique le 16 juin 1780.

Thomerois (Pierre), dit André, né à La Frette [Dauphiné] (1712), S. 25 juin 1760, mort en Amérique.

Murrat (Gilbert), dit Bienaimé, né à Apchon [Auvergne] (1741), S. 20 mai 1765, mort en Amérique le 14 sept. 1778.

Leclair (Jean-Baptiste), né à La Lève (1738), S. 21 déc. 1765, mort en Amérique le 6 août 1778.

Brunet (Sébastien), dit Bellehumeur, né à Saint-Jarrier [Dauphiné] (1725), S. 16 août 1755, mort en Amérique le 10 juill. 1779.

Leger (Mathieu), dit Dupont, né à Pont-à-Mousson [Lorraine] (1734), S. 4 janv. 1756, mort en Amérique le 6 juill. 1779.

Marchadier (Louis), dit Laramé, né à Saint-Junien-en-Ione [Marche] (1738), S. 9 mars 1759, mort en Amérique le 3 juin 1779.

Calvinac (Pierre), né à Les Avreynesses (1740), S. 28 juill. 1761, passé à la Martinique le 12 juin 1784.

Pompera (Jean), dit Bel Amour, né à Susnesse [Cévennes] (1743), S. 1er sept. 1761, mort en Amérique le 20 janv. 1780.

Godon (Claude), dit Saint Pont, né à Saint-Pont [Bourbonnais] (1740), S. 18 mars 1766, mort en Amérique le 5 févr. 1780.

Joanin (Nicolas), dit Chalon, né à Nettancourt [Champagne] (1739), S. 15 avril 1767, mort en Amérique le 11 déc. 1779.

Goirant (Vincent), né à Berre [Provence] (1753), S. 19 juin 1769, tué en Amérique le 7 oct. 1779.

Dutan (Pierre), dit La Sagesse, né à Villefranche [Beaujolais] (1753), S. 17 juill. 1769, tué en Amérique le 18 déc. 1778.

Lisbonne (Antoine-Joseph), né à Lisbonne [Portugal] (1745), S. 15 nov. 1769, mort en Amérique le 18 déc. 1778.

Louet (Barthélémy), né à Saint-Affrique [Rouergue] (1750), S. 8 mai 1770, passé à la Martinique le 12 juin 1784.

Therom (Jean-Baptiste), dit SansQuartier, né à Bertrambois [Trois Évêchés] (1746), S. 13 déc. 1770, mort en Amérique le 27 févr. 1780.

L'Huillier (Nicolas), dit Vadebonccœur, né à Ropey [Lorraine] (1754), S. 13 déc. 1770, passé à la Martinique le 11 août 1784.

Vidal (André), né à Phalsbourg (1755), S. 11 janv. 1771, mort, rayé des contrôles le 1er janv. 1784.

Schaytre (Jean-Pierre), dit La Victoire, né à Oberusi [Alsace] (1751), S. 29 juin 1771, mort, rayé des contrôles le 1er janv. 1784.

Roy (Antoine), né à Felletin-en-Marche (1736), S. 2 juill. 1774, mort, rayé des contrôles le 1er janv. 1784.

Millon (Jean), dit Duchâteau, né à Vienne-le-Château [Clermontois] (1753), S. 22 févr. 1772, tué en Amérique le 9 oct. 1779.

Jeanson (François), dit Laneuville, né à La-Neuvilleau-Pont [Champagne] (1755), S. 1er mars 1772, mort en Amérique le 14 févr. 1780.

Euselin (André Joseph), né à Arras [Artois] (1755), S. 24 oct. 1772, mort en Amérique le 15 janv. 1780.

Guilbert (Dominique-Joseph), dit La Jeunesse, né à Lille [Flandre] (1757), S. 19 mai 1773, passé à la Martinique le 12 juin 1784.

Buy (Jean), dit Montauciel, né à Saint-Rambert [Forez] (1755), S. 10 nov. 1773, mort en Amérique le 10 mai 1779.

Furgaud (Jacques), né à Évaux [près Guéret] (1757), S. 10 mai 1774, congédié, rayé des contrôles en 1784.

Benoit (Louis), dit Bonenfant, né à Saint-Jean-de-Gardonenque [Cévennes] (1756), S. 3 nov. 1774, tué en Amérique le 9 oct. 1779.

Galin (Antoine), dit Clermont, né à Clermont [Auvergne] (1747), S. 20 janv. 1775, rayé des contrôles le 1er janv. 1784.

Drillon (Guillaume), dit Forézien, né à Saint-Étienne [Forez] (1752), S. 1er févr. 1775, congédié, rayé des contrôles le 1er juill. 1784.

Marillhet (Anet), dit Brindamour, né à Autrac [Auvergne] (1757), S. 8 mars 1775, mort, rayé des contrôles le 1er janv. 1784.

Vergne (Gilbert), né à Clermont [Auvergne] (1759), S. 8 mars 1775, congédié le 1er juill. 1784.

Mingot (Antoine), dit La Couture, né à Besse [Provence] (1758), S. 7 juin 1775, congédié, rayé des contrôles le 1er juill. 1784.

Audrial (Jean-Marie), né à Saint-Veron [Lyonnois] (1752), S. 6 janv. 1776.

Flesche (Jean), né à Trois-Maisons [faubourg de Nancy] (1756), S. 12 juin 1775, mort en Amérique le 3 janv. 1780.

Chauvet (Jean), né à Saint-Étienne [Forez] (1756), S. 1er nov. 1775, congédié le 14 nov. 1784.

Martelot (Guillaume), né à Cravant [Bourgogne] (1753), S. 7 déc. 1775.

Le Bel (François), dit Cadet, né à Toulon [Provence] (1759), S. 6 janv. 1776, mort, rayé des contrôles le 1er janv. 1784.

Gremelle (Charles), né à Nancy (1759), S. 4 mars 1776, congédié, rayé des contrôles le 1er janv. 1784.

Meilhion (François), né à Lestard [Gascogne] (1759), S. 2 juin 1776, mort en Amérique le 9 janv. 1780.

Laporte (Gaspard), né à Lunéville [Lorraine] (1757), S. 30 juill. 1776, passé à la Martinique le 12 juin 1784.

Revertegad (Joseph-Laurent), dit Bellerose, né à Marseille (1760), S. 11 sept. 1776.

Carrier (François), né à Tracros [Auvergne] (1759), S. 22 oct. 1776, mort en Amérique le 13 janv. 1780.

Julien (Mathieu), né à Marseille (1760), S. 23 oct. 1776, mort en Amérique le 5 févr. 1780.

Valot (Jean), dit Valon, né à Collange [Bourgogne] (1758), S. 1er nov. 1776, mort en Amérique le 10 sept. 1779.

Bec (Michel), né à Digne [Provence] (1759), S. 11 nov. 1776, mort en Amérique le 8 juill. 1779.

Drogus (Charles), né à Lyon (1759), S. 24 nov. 1776.

Chabrand (Louis), né à Anduze [Languedoc] (1760), S. 1er déc. 1776.

Gilin (Philippe), né à Bordeaux (1761), S. 18 janv. 1777, mort en Amérique le 27 avril 1779.

Viala (François), né à La Salle [Cévennes] (1757), S. 23 mars 1777, mort caporal en Amérique le 17 janv. 1780.

Durieux (Jean-Baptiste), né à Rieux [Provence] (1761), S. 7 avril 1777, mort en Amérique le 22 oct. 1780.

Perissol (Pierre), né au Canet [Provence] (1754), S. 24 mai 1777, passé à la Martinique le 12 juin 1784.

Gobert (Jean-Baptiste), né à Albi [Albigeois] (1761), S. 22 juin 1777, passé à la Martinique le 12 juin 1784.

Rebufey (Antoine), dit Fayence, né à Fayence [Provence] (1759), S. 11 août 1777, passé à la Martinique le 12 juin 1784.

Laugier (Jean-François), né à Marseille (1760), S. 11 août 1777.

Bacula (Charles), dit Sans Peur, né à Saint-André [Provence] (1757), S. 14 août 1777, mort en Amérique le 20 juill. 1779.

Jourdan (Jean), né à Toulouse (1760), S. 4 oct. 1777.

Mousset (Joseph), né à Le Batut [Rouergue] (1757), S. 11 janv. 1778, mort en Amérique le 23 juin 1779.

Compagnie Mareuil.

Revertegat (Jean-Baptiste), dit Jasmin, né à Marseille (1762), S. 9 févr. 1778, mort en Amérique.

Vatoch (Pierre), dit La Volonté, né à Varès [Querey] (1741), S. 25 août 1769, mort en Amérique le 29 déc. 1779.

Lussan (Louis-Bernard), né à Lussan [Languedoc] (1752), S. 26 janv. 1759, tué au combat du 16 août 1778.

Leroux (Louis), né à Malestroit [Bretagne] (1733), S. 12 févr. 1761, mort en Amérique.

Boyer (Henry), dit Sans Pardon, né à La Roche [Périgord] (1730), S. 3 mars 1757, mort en Amérique le 4 févr. 1780.

Cadot (Étienne), dit Larose, né à Nevers (1728), S. 1er nov. 1755, mort en Amérique.

Yvernon (Blaise), dit L'Éveillé, né à La Châtre [Berry] (1747), S. 1er juin 1760, congédié en Amérique.

Trémault (Jean-François), né à Revigny-aux-Vaches [Lorraine] (1749), S. 25 mars 1766, passé à la Martinique le 12 juin 1784.

Devaux (Philippe-Joseph), né à Saint-Maurice [Condé] (1748), S. 4 août 1770, passé à la Martinique le 12 juin 1784.

Pouradier (Antoine), né à Vaux [Champagne] (1739), S. 1er nov. 1755, passé à la Martinique le 20 juill. 1784.

Vaché (Gilbert), dit Ballerose, né à Breuil [Bourbonnais] (1749), S. 1er nov. 1755, mort en campagne le 18 août 1779.

Salmon (Charles), dit La Rigueur, né à Saint-Mard [Haute-Champagne] (1757), S. 20 janv. 1765, passé à la Martinique le 12 juin 1784.

Brun (Louis Jean), né à Florans-de-Broyau [Dauphiné] (1742), S. 17 mars 1766, passé à la Martinique le 12 juin 1784.

Solier (Jean), dit Triton, né à Brignon [Languedoc] (1748), S. 16 janv. 1767, congédié le 1er juill. 1784.

Calot (Nicolas), dit Triomphant, né à Épinal [Lorraine] (1741), S. 2 avril 1767, passé aux grenadiers en 1784.

Colon (François), dit Courchemin, né à Lyon (1753), S. 6 avril 1770, mort en campagne le 4 févr. 1780.

Martin (Étienne), né à Toulouse [Languedoc] (1752), S. 6 mai 1770, rentré à la Martinique le 12 juin 1784.

Perrin (Jean-Nicolas), né à La Bresse [Lorraine] (1753), S. 1er août 1770, mort en campagne le 21 févr. 1780.

Belcourt (Antoine), né à Faure [Lorraine] (1753), S. 17 oct. 1770, mort le 25 janv. 1780.

Millot (Sébastien), né à Sandaucourt [Lorraine] (1751), S. 16 févr. 1771, mort en Amérique le 1er févr. 1780.

Barthélemy (Jean), né à Hannonville [Lorraine] (1753), S. 23 févr. 1771, rentré au régiment le 20 juill. 1782.

Eale (Joseph), dit Saint-Martin, né à Ploveslat [Trois Evêchés] (1749), S. 15 avril 1771, rayé des contrôles en 1784.

Rabin (Jean), dit Jolibois, né à Moyeuvre-aux-Forges [Lorraine] (1750), S. 1er mai 1772, R. pour 8 ans le 15 mai 1780.

Fournier (Jacques), dit Sainte-Menehould, né à Lagrange-aux-Bois [Champagne] (1754), S. 1er sept. 1772, rentré à la Martinique le 12 juin 1784.

La Coche (Ignace-Joseph), né à Douai [Flandre] (1751), S. 14 oct. 1773, rentré à la Martinique le 1er déc. 1783.

Baillard (Jacques), né à Verdun [Bourgogne] (1753), S. 11 oct. 1774, mort à la Grenade le 5 sept. 1780.

Hebrard (Pierre), né à Saint-Jean-de-Gardonnique [Cévennes] (1756), S. 4 nov. 1774, congédié, rayé des contrôles le 1er janv. 1784.

Cuisinier (Jean-Baptiste), né à Benest [Lyonnais] (1751), S. 28 déc. 1775, mort, rayé des contrôles le 1er janv. 1784.

Guigne (Joseph), né à Sallettes [Dauphiné] (1751), S. 10 déc. 1775, congédié, rayé des contrôles le 1er juill. 1784.

Beau (Léonard), né à Levirolle [Poitou] (1755), S. 11 janv. 1776, mort au Cap français le 11 août 1779.

Duval (Léopold), né à Villacourt [Lorraine] (1756), S. 13 janv. 1776.

Courlet (Antoine), dit Sans Chagrin, né à Salon [Provence] (1755), S. 14 janv. 1776, mort en campagne le 9 mars 1780.

Berthier (Joseph), dit Dominique, né à Mourolier [Rouergue] (1756), S. 24 janv. 1776, congédié le 7 nov. 1783.

Raimond (Louis-François), né à Restailly [Lyonnais] (1758), S. 2 mars 1776, mort en campagne le 13 oct. 1779.

Stécly (Joseph), né à Maujouy [Lorraine] (1758), S. 22 juin 1776, mort en campagne le 7 janv. 1780.

Badaroux (Jacques), né à Vicz [Cévennes] (1754), S. 2 juill. 1776, passé à la Martinique le 12 juin 1784.

Guéry (Jacques), né à Coust [Berry] (1758), S. 1er sept. 1776, mort en campagne le 13 août 1778.

Bilaud (François), né à La Rochelle [Aunis] (1758), S. 8 oct. 1776.

Marie (Simon), né à Marseille (1759), S. 21 oct. 1776, mort en campagne le 20 févr. 1780.

Barbaut (Antoine), né à Brignoles (1759), S. 21 oct. 1776.

Roc (Honoré), né à Aix [Provence] (1760), S. 9 nov. 1776.

Dumoutier (Benjamin), né à Rouen [Normandie] (1760), S. 9 nov. 1776, mort en mer le 9 oct. 1779.

Morin (Claude), né à Verdun-sur-Saone [Bourgogne] (1758), S. 20 nov. 1776.

Borja (Jacques), né à Liguan [Languedoc] (1752), S. 21 nov. 1779, tué au combat du 11 août 1778.

Meunier (Claude), dit La Forme, né à Foucherans [Bourgogne] (1756), S. 16 janv. 1777.

Manciot (Joseph), dit Forcalquier, né à Forcalquier [Provence] (1761), S. 1er mars 1777, congédié avec pension le 21 juin 1783.

Chavelot (Gabriel), dit Clavelot, né à Chagny [Bourgogne] (1758), S. 16 mars 1777, mort à La Grenade le 16 mars 1780.

Delmas (Joseph), né à Aurillac [Auvergne] (1758), S. 22 mars 1777, mort à La Grenade le 12 févr. 1780.

Fontaine (Louis), né à Anduze [Languedoc] (1756), S. 23 mars 1777, mort le 11 mars 1780.

Dourbest (Louis), dit Divertissant, né à Saint-Jérôme [Provence] (1761), S. 1er avril 1777, mort le 30 juill. 1780.

Martin (Barthélemy), dit Le Noir, né à Lyon (1757), S. 8 avril 1777.

Moreau (Joseph), dit Belfin, né à Forcalquier [Provence] (1760), S. 20 avril 1777, mort le 31 janv. 1780.

Renaud (Joseph), né à Marseille (1761), S. 23 juin 1777, congédié avec pension le 22 juin 1783.

Philippon (Claude), né à Lesches [Dauphiné] (1740), S. 1er mai 1786, tambour-major, passé au régiment de la Guadeloupe le 12 juin 1784.

Vailet (Michel-Thomas), dit Béziers, né à Béziers [Languedoc] (1744), S. 1er mars 1764, mort en Amérique le 14 janv. 1780.

Venise (Claude), né à Bedousse [Cévennes] (1742), S. 6 août 1759, passé dans la compagnie Lapierre le 12 mars 1785.

Dupuy (Augustin), né à Riom [Auvergne] (1744), S. 7 mars 1766, mort en Amérique le 22 févr. 1782.

Combe (Jacques), dit La Girofiée, né à Castelnaudary [Languedoc] (1742), S. 9 mars 1759, passé au bataillon de La Guadeloupe le 11 juill. 1780.

Ferrier (Mathieu), né à Ménerbes [Comtat Venaissin] (1748), S. 16 mai 1766, mort en Amérique le 11 juill. 1780.

Marsidien (Florent), dit Bourbonnois, né à Hérisson [Bourbonnais] (1746), S. 9 avril 1765, rentré au corps le 13 déc. 1781.

Billau (Jean), dit Desroziers, né à Beaumont [Gascogne] (1742), S. 10 juill. 1765, passé au bataillon de la Martinique en 1784.

Philippe (Louis), né à La Cote d'Or [Guinée] (1750), S. 14 mai 1773, congédié, rayé des contrôles le 1er janv. 1784.

Paian (Gilbert), dit Sans Pitié, né à Le Brathon [Bourbonnais] (1735), S. 24 mars 1760, mort en Amérique le 18 août 1780.

Chatillon (Luc), dit La Déroute, né à Marigny [Bourgogne] (1732), S. 27 oct. 1751, mort en Amérique le 15 oct. 1779.

Goyot (André), dit Sans Souci, né à Feux [Berry] (1739), S. 28 avril 1765, mort à la Grenade.

Bonhomme (Joseph), dit Sans Regret, né à Gratigny [Lorraine] (1747), S. 21 oct. 1765, mort en Amérique le 9 août 1780.

Heustache (Joseph), né à Saint-Germain-en-Laye [île de France] (1748), S. 16 mars 1766, tué en Amérique le 9 oct. 1779.

Bernux (Léonard), dit La Grenade, né à Château du Loir [Maine] (1746), S. 5 avril 1766, congédié le 16 déc. 1783.

Talbot (André), né à Saint André [Normandie] (1750), S. 22 juin 1767, congédié le 16 juill. 1783.

Cenest (Pierre), dit Bonnerencontre, né à Montauban [Quercy] (1752), S. 24 nov. 1769, mort en Amérique le 15 janv. 1780.

Gariot (Jean), né à Lyon (1754), S. 23 mai 1770, passé dans la compagnie Borrano le 14 sept. 1784.

Brigaudet (Jacques), né à Frênois [Bourgogne] (1732), S. 26 mai 1769, R. pour 8 ans le 16 avril 1775.

Hédan (Jean-Baptiste), né à Saint-Symphorien [Dauphiné] (1753), S. 20 oct. 1769, R. pour 8 ans le 20 févr. 1777.

Silvestre (François), dit Le Solide, né à Toulouse [Languedoc] (1754), S. 2 avril 1770, R. pour 8 ans le 1er janv. 1777.

Duroux (George), né à Remiremont [Lorraine] (1753), S. 16 janv. 1771, mort à Limoges en janv. 1784.

Detouct (Louis), dit Saint-Pierre, né à Caillouel [Picardie] (1750), S. 1er déc. 1771, congédié le 9 mars 1781.

Thomas (Maurice), dit La Fonde, né à Evron [Bourgogne] (1754), S. 14 déc. 1772, congédié le 1er juill. 1784.

Monté (Claude), dit La Douceur, né à Evaux [Lorraine] (1759), S. 7 mars 1773, mort sergent en Amérique le 14 janv. 1780.

Teillet (Charles Joseph), dit Condé, né à Condé [Hainaut] (1757), S. 28 avril 1773.

Fortin (Pierre-Jean-François), né à Gravelines [Flandre] (1755), S. 16 mai 1773, mort en Amérique le 16 mars 1780.

Chardon (Martin), dit La Rose, né à Madeguey [Lorraine] (1755), S. 3 sept. 1773.

D'Allemagne (Claude), né à Belair [Dugey] (1754), S. 24 déc. 1773, passé fourrier en 1781.

Vial (Antoine), né à Sainte-Foy [près Lyon] (1756), S. 26 oct. 1774.

Jean (Joseph Petit), né à Cluny [Bourgogne] (1756), S. 1 nov. 1774.

Thomas (François), né à Navcy [Lorraine] (1757), S. 2 juill. 1775, mort en Amérique le 27 févr. 1780.

Miret (Germain), né à Marseille (1758), S. 5 août 1775, mort en Amérique.

Feuillet (Joseph), né à Pézenas [Languedoc] (1757), S. 10 nov. 1774, congédié le 10 nov. 1782.

Masse (Jacques), né à Notre-Dame [Provence] (1758), S. 3 févr. 1775, mort en Amérique.

Rovigny (Jean), né à Trévoux [Dombes] (1758), S. 7 mars 1775, congédié en 1784.

Lambotte (Remis), né à Belmout-sur-Vair [près Neufchateau] (1753), S. 1er mai 1775.

Courdillac (Jean), né à La Cluse [Dauphiné] (1757), S. 28 déc. 1775.

Germain (Joseph), né à Pumichet [Provence] (1758), S. 1er févr. 1776, tué en Amérique le 9 oct. 1779.

Chatenay (Georges), né à Mirecourt [Lorraine] (1759), S. 4 mars 1776.

Dumont (Léonard), né à Ussel [Limousin] (1758), S. 18 avril 1776, mort en Amérique.

Mouliard (Joseph), né à Versailles (1759), S. 2 mai 1776.

Arnauld (Germain), né à Marseille (1760), S. 15 juin 1776, passé caporal le 10 avril 1782.

Palmier (Claude), né à Evigny [Champagne] (1759), S. 13 juill. 1776, mort à l'hôpital de Lyon le 17 juin 1784.

Berger (Simon), né à Saint-Genis-Laval [Lyonnais] (1759), S. 16 juill. 1776, mort en Amérique le 7 août 1780.

Dubasque (Jean), né à Lectoure [Gascogne] (1757), S. 5 juill. 1776.

Clemandot (Jean), né à Château-Chinon [Nivernais] (1755), S. 11 oct. 1776, tué en Amérique le 9 oct. 1779.

Bertrand (Barthélemy), dit Seguret, né à Buscastel [Rouergue] (1757), S. 11 janv. 1778.

Roche (Jean-Jacques), dit Laverdure, à Voveras [Dauphiné] (1722), S. 28 août 1755, passé au bataillon de la Guadeloupe le 12 juill. 1784.

Linier (Jacques-Etienne), dit Sans Souci, né à Marseille (1762), S. 27 janv. 1778, mort le 28 janv. 1780.

Chinon (Gaspard-François-Marie), né à Marseille (1760), S. 18 févr. 1778.

Guintrau (Pierre), dit La Liberté, né à Daluis Provence (1760), S. 26 mars 1778, mort en campagne le 20 janv. 1780.

Beruguet (Paul), né à Saint-Hippolyte [Languedoc] (1740), S. 2 janv. 1756, mort en Amérique le 18 déc. 1779.

Brun (Jean-Louis), né à Saint-Paul-Trois-Châteaux [Dauphiné] (1737), S. 23 nov. 1754, mort en campagne le 15 oct. 1779.

Garden (Jean), dit Liverdun, né à Liverdun [Lorraine] (1743), S. 21 oct. 1765, passé au bataillon de la Martinique le 12 juin 1784.

Derré (Julien), dit La Tulipe, né à Maillé [Maine] (1742), S. 1er juin 1782, mort en Amérique le 1er oct. 1779.

Français (Pierre), dit Brise, né à Favières [Lorraine] (1734), S. 4 mars 1757, rentré le 20 août 1784.

Vidal (François), dit Toulouse, né à Toulouse [Languedoc] (1740), S. 1er juill. 1760, mort le 6 août 1779.

Magin (Pierre), dit Maugin, né à Tollaincourt [Lorraine] (1745), S. 4 avril 1765, mort en campagne le 5 janv. 1780.

Masson (Jean-Louis), dit Sans Regret, né à Visan [Comtat Venaissin] (1746), S. 17 mars 1766, mort, rayé des contrôles le 1er janv. 1784.

Mareil (Pierre-Joseph), dit La Chapelle, né à La Chapelle [Artois] (1741), S. 22 nov. 1765, mort, rayé des contrôles le 1er janv. 1784.

Reynaud (André), dit Dupuy, né au Moulin [Velay] (1747), S. 8 mars 1766, mort à la Grenade le 26 juin 1780.

Gautier (Jean), né à Tournon [Vivarais] (1746), S. 17 mars 1766, mort en Amérique le 9 oct. 1779.

Le Faure (Jean-Baptiste), dit Pariset, né à Ville Parisis [Ile de France] (1738), S. 5 déc. 1766, parti pour la pension le 1er mai 1782.

Antoine (Jean), dit Jassemin, né à Nîmes (1750), S. 16 janv. 1767, mort en campagne le 30 mars 1779.

Vidal (Louis), dit Monferran, né à Monferran [Auvergne] (1747), S. 26 mars 1767, mort, rayé des contrôles le 1er janv. 1784.

Mercier (Lambert), né à Lyon (1753), S. 5 juill. 1770, mort en campagne le 2 févr. 1780.

René (Jean), dit La Jeunesse, né à Oppenans [Comté] (1753), S. 4 nov. 1770, R. pour 8 ans le 25 déc. 1777.

Chaudon (Jean), dit La Fidélité, né à Lyon (1753), S. 28 déc. 1770, mort, rayé des contrôles le 1er janv. 1784.

Labizet (Jean-Louis), dit Bellehumeur, né à Domgermain [Lorraine] (1749), S. 1er janv. 1771, mort, rayé des contrôles le 1er janv. 1784.

Gendarme (Jean-Baptiste), né à Benvezin [Lorraine] (1753), S. 1er janv. 1771, mort, rayé des contrôles le 1er janv. 1784.

Renauldon (Jean-Baptiste), né à Issoudun [Berry] (1755), S. 16 nov. 1771, congédié en Amérique le 1er janv. 1780.

Meunier (Nicolas), né à Moressi-le-Neuf [Ile de France] (1752), S. 1er févr. 1773, mort en Amérique le 29 févr. 1780.

Lentier (Claude), dit La Verdure, né à Grenoble [Dauphiné] (1755), S. 20 déc. 1773.

Gaucherand (Louis), né à Saint-Andéol [Vivarais] (1756), S. 19 mars 1774.

Garçonnet (François), né à Saint-Jean-le-Vieux [Bugey] (1756), S. 19 oct. 1774, rentré le 5 août 1784.

Gasquier (Louis), né à La Salle [Cévennes] (1755), S. 10 oct. 1774, mort en campagne le 9 oct. 1779.

Collet (Jean-Benoît), né à Lyon (1757), S. 9 janv. 1775, mort en campagne le 17 oct. 1779.

Montel (Barthélemy), né à Brignoles [Provence] (1757), S. 21 janv. 1775.

Bonniot (Antoine), né à Monestier-de-Clermont [Dauphiné] (1758), S. 7 mars 1775.

Prud'homme (Zacharie-François), né à Paris (1757), S. 7 mars 1775, mort en Amérique le 6 janv. 1779.

Piraube (Gabriel), né à Bazas [Gascogne] (1756), S. 1er mai 1775, mort au Cap le 15 sept. 1779.

Senas (Etienne), né à Chazelle [Forez] (1757), S. 9 août 1775.

Richard (Antoine-Martinet), né à Villeneuve-Saint-Georges [Ile de France] (1758), S. 1er sept. 1775, mort en campagne le 11 août 1778.

Herquenna (Nicolas), né à Miry [Lorraine] (1756), S. 29 sept. 1775.

Malmontois (Joseph), né à Florimont [Lorraine] (1755), S. 29 sept. 1775, mort en campagne le 2 déc. 1779.

Brabas (Pierre), né à Lectoure [Gascogne] (1757), S. 17 avril 1776.

Odoyer (Fabien), né à Florence [Gascogne] (1756), S. 18 avril 1776, mort en Amérique le 17 janv. 1780.

Borde (Raimon), né à Lectoure [Gascogne] (1758), S. 5 juill. 1776.

Jimbert (André), né à Le Puy [Velay] (1760), S. 1er oct. 1776.

Triol (Jean-Antoine), né à Lunel [Languedoc] (1759), S. 19 oct. 1776.

Daudat (Marin), dit Nixier, né à Lyon (1756), S. 16 oct. 1776, mort en campagne le 21 juill. 1778.

Roland (Joseph), né à Saint-Julien [Provence] (1760), S. 23 oct. 1776, mort en campagne le 9 oct. 1779.

Cand (François), né à Volnay [Bourgogne] (1758), S. 1er nov. 1776, mort en campagne le 2 janv. 1780.

Muquaire (Jacques), né à Volnay [Bourgogne] (1758), S. 20 nov. 1776, mort en Amérique le 27 déc. 1779.

Levigne (Jean-Baptiste), né à Marseille (1760), S. 1er déc. 1776.

Richot (Benoît), né à Le Pair [Lorraine] (1757), S. 3 janv. 1777.

Guinet (Barthélemi), né à Grandlemps [Dauphiné] (1759), S. 18 janv. 1777, mort en campagne le 16 avril 1779.

Charlot (Antoine), né à Voiron [Dauphiné] (1760), S. 4 févr. 1777.

Gubier (Pierre), né à Saint-Sorlin [Lyonnais] (1757), S. 1er févr. 1777, mort en campagne le 10 janv. 1780.

Julien (Guillaume), né à Paris (1760), S. 21 févr. 1777.

Pugniel (Antoine), né à Genouillac [Querry] (1754), S. 21 févr. 1777.

Germain (Jacques-François), né à Fontenay-le-Comte [Bas-Poitou] (1751), S. 2 mars 1777.

Chenevet (Claude), né à Pomard [Bourgogne] (1759), S. 16 mars 1777, mort en campagne le 9 oct. 1779.

Decharget (François), dit Bourguignon, né à Nuits [Bourgogne] (1761), S. 16 mars 1777, mort en campagne le 28 janv. 1780.

Sabathier (Laurent-Victor), né à Saint-Hippolyte [Languedoc] (1759), S. 16 mars 1777.

Sujet (Honoré), né à Saint-Florent [Languedoc] (1761), S. 23 mars 1777, mort en campagne le 29 août 1778.

Bremont (Antoine), dit Jolicœur, né à La Verdure [Provence] (1761), S. 9 avril 1777.

Issartel (Jacques), né à Meyras [Vivarais] (1759), S. 11 avril 1777.

Burguet (Jacques), dit Cadet, né à Saint-Hippolyte [Languedoc] (1761), S. 15 août 1777, mort en Amérique le 15 déc. 1779.

Lescaut (Jacques), dit La Giroflée, né à Morenhert [Champagne] (1711), S. 1er mars 1761, passé au régiment de la Martinique le 12 juin 1784.

Fabre (Joseph), né à Marseille (1762), S. 20 janv. 1778.

Lauris (Joseph), né à Arles [Provence] (1760), S. 10 févr. 1778.

RÉGIMENT DE FOIX.

(UN BATAILLON.)

Le régiment de Foix (infanterie) a été créé le 13 septembre 1684; le premier colonel de ce corps fut Jules-Armand COLBERT, marquis de Blainville.

Ce régiment devint 83e régiment d'infanterie le 1er janvier 1791; le premier de ses bataillons entra dans la composition de la 7e 1/2 brigade de ligne en 1795 et le second fut incorporé en 1796 dans la 154e. Son dernier chef a été Antoine Balland.

Un bataillon formé de détachements tirés du régiment de Foix fut embarqué sur la flotte du comte d'Estaing, en 1779; ce bataillon prit part à la conquête de la Grenade, au combat naval livré le 6 juillet 1779 à l'amiral Byron, au siège de Savannah au mois de septembre suivant, puis, monté à bord du vaisseau *Le Magnanime*, aux affaires des 9 et 12 août 1782 contre l'amiral Rodney. Cette troupe est rentrée en France à la paix.

Le 83º régiment d'infanterie actuel est en garnison à Toulouse.

MARC-ANTOINE DU CHASTELET, né à Boulogne-sur-Mer en 1739, lieutenant-colonel.

[Translation.]

RÉGIMENT DE FOIX.

(A BATTALION.)

The regiment de Foix (infantry) was created September 13, 1684; the first colonel was Jules Armand COLBERT, marquis de Blainville.

This regiment became the eighty-third regiment of infantry January 1, 1791; the first battalion entered into the composition of the seventh one-half brigade of the line in 1795, and the second was incorporated in 1796 in the one hundred and fifty-fourth. Its last chief was Antoine Balland.

A battalion formed of detachments taken from the regiment de Foix was embarked with the fleet of Count d'Estaing in 1779; this battalion took part in the conquest of Grenada, in naval combat of July 6, 1779, with Admiral Byron, at the siege of Savannah in the month of September following, then, placed on board the vessel *Le Magnanime*, was engaged in the affairs of the 9th and 12th of August, 1782, against Admiral Rodney. The battalion returned to France after declaration of peace.

The eighty-third regiment of infantry is now in garrison at Toulouse.

MARC-ANTOINE DU CHASTELET, born at Boulogne-sur-Mer in 1739, lieutenant-colonel.

ÉTAT-MAJOR.

Lieutenant-colonel.

Du CHASTELET (Marc-Antoine), faisant fonctions de lieutenant-colonel, né en 1739, à Boulogne-sur-Mer. Avait été nommé provisoirement à la lieutenance de Roy de Saint-Vincent.

Major.

De TRENONNAY (Antoine), faisant fonctions de major, né le 11 févr. 1735, au bourg de Voyron [Dauphiné]. Mort le 10 sept. 1780.

Capitaines.

BERNARDY de SIGOYER (Dominique-Jacques-Christophe), né le 25 juill. 1748, à Apt [Provence].

DEMORLON.

SEISSAN de MARIGNAN (Jean-Baptiste), né à Auch, le 30 déc. 1750.

DAMPIERRE de MILLIANCOURT (Pierre-François).

Le chevalier de BIVILLE (Aimé-Marie-Etienne), né le 4 nov. 1756, à Neufchâtel [diocèse de Dieppe]. Mort à l'hôpital du Roy à l'île Saint-Vincent le 15 juin 1780.

Lieutenants.

ARNAUDET (André), né le 6 déc. 1726 [Périgord].

Le CLOUSTIER (Ferdinand-Thomas-Louis), né à Dieppe, le 11 oct. 1754. Mort le 3 août 1780.

Sous-lieutenants.

GUERRET de GRANNOT (Parre-Marguerite).

La BATTUT (Jean-François-Dominique).

MALHERBE D'AUBIJOUX (Paul).

Compagnie de grenadiers,ª de Sigoyer, capitaine.

Leroy (Jean), dit **Baguette**, né à Angoulême [Agenais] (1754), S. 15 févr. 1770, R. pour 8 ans le 30 mai 1774.

Bitge (Jean), dit **Point du Jour**, né à Lugnac [Querey] (1757), S. 22 janv. 1775, mort à Saint-Vincent le 10 oct. 1781.

Boc (Nicolas), né à Casteljaloux [Guyenne] (1744), S. 9 déc. 1765, fait adjudant le 2 mai 1785.

Geoffroy (Nicolas), né à Metz (1754), S. 27 févr. 1770, congédié le 29 oct. 1783.

Taquet (Jacques-François), né à Dieppe [Normandie] (1744), S. 24 déc. 1758, mort à Saint-Vincent le 25 janv. 1781.

Diverny (Charles), né à Mirecourt [Lorraine] (1732), S. 1er avril 1758, congédié le 5 juill. 1783.

Galmer (Humbert), né à Poligny [Franche-Comté] (1732), S. 6 mai 1765, mort sur le "Guerrier" le 29 sept. 1779.

Fassier (Jean-Baptiste), dit **Sans Chagrin**, né à Paris (1744), S. 18 nov. 1763, parti pour les Invalides le 21 juin 1781.

Renard (Guillaume), dit **Sans Souci**, né à Saint-Omer [Artois] (1735), S. 9 août 1763, mort en Amérique le 10 sept. 1780.

Abert (Jean), né à Angers [Anjou] (1743), S. 18 févr. 1766, mort à Saint-Vincent le 13 févr. 1781.

Serres (Jean), né à Mont-de-Marsen [Gascogne] (1758), S. 26 nov. 1775, congédié le 25 janv. 1784.

Choquier (Urquin), dit **Desloriers**, né à Parchetodet [Bretagne] (1737), S. 30 mai 1763, congédié le 5 juill. 1783.

Pequet (Pierre), né à Houdetot [Normandie] (1730), S. 13 déc. 1753, mort à la Martinique le 11 oct. 1779.

Boisseau (Jean), né à Saint-Moran [Bretagne] (1743), S. 8 mai 1765, tué à Savannah le 15 oct. 1779.

Gros (Jean), dit **Loeillet**, né à Garvange [Périgord] (1746), S. 2 nov. 1765, mort au Cap le 20 août 1779.

Robert (Jean-Baptiste), dit **Lavertepée**, né à Etavigny-en-Valois [Brie] (1744), S. 24 nov. 1765, mort à la Martinique le 9 oct. 1779.

Sorret (Sébastien), dit **Francœur**, né à Monnapœuil [Laonnais] (1728), S. 9 déc. 1763, rayé des contrôles le 5 juill. 1783.

Donnot (Silvain), dit **Laviolette**, né à Saint-Paterne [Berry] (1744), S. 12 janv. 1765, rayé des contrôles le 23 juill. 1783.

Brulet (Jean-Baptiste), dit **Fleur d'Orange**, né à Bellen [Picardie] (1743), S. 2 févr. 1765, R. pour 8 ans le 29 mars 1772.

Nobilo (Martin), dit **La Branchée**, né à Tours [Touraine] (1749), S. 1er mai 1766, rayé des contrôles le 23 juill. 1784.

Rossein (André), dit **L'Aiguille**, né à Metz [Lorraine] (1750), S. 1er janv. 1767, congédié le 14 juill. 1783.

Millot (Nicolas Fiacre), dit **Mézières**, né à Mézières [Champagne] (1745), S. 26 mars 1768 congédié le 28 avril 1784.

Agard (Jean), dit **Bayeux**, né à Bayeux [Normandie] (1749), S. 8 nov. 1768, mort le 9 oct. 1779.

Brouillard (Jacques), né à Anglure [Champagne] (1750), S. 32 déc. 1769, mort à Saint-Vincent le 24 déc. 1779.

Danon (Joseph), dit **Hercule**, né à Joppécourt [Lorraine] (1750), S. 10 juin 1770, mort le 20 mai 1780.

Chartier (Jacques), dit **Pourpée**, né à Rosoy [Picardie] (1752), S. 6 juill. 1770, mort à la Martinique le 18 juin 1779.

ª Abréviations: S. = Entré au service; R. = Rengagé.

Charpentier (Jean-Baptiste), dit Jolicœur, né à Paris (1752), S. 12 févr. 1771, mort le 9 oct. 1779.

Dodain (Jean), dit La Tendresse, né à Rochevilliers [Champagne] (1750), S. 13 mars 1771, mort à Saint-Vincent le 26 mai 1780.

Duhamet (Robert-Nicolas), dit Montauciel, né à Saint-Paul-de-Rouen [Normandie] (1755), S. 13 sept. 1772, mort à Saint-Vincent le 11 oct. 1780.

Gabriel (Pierre), né à Morvilliers [Champagne] (1747), S. 18 mars 1773, caporal le 1er nov. 1782.

Caret (Yvon), dit Meunier, né à Grandchamp [Bretagne] (1734), S. 19 juill. 1773, mort à la Martinique, le 1er oct. 1779.

Mignac (Joseph-Jacques), né à Quimperlé (1754), S. 23 sept. 1773, mort à Saint-Vincent le 25 oct. 1780.

Dufresne (Jean), né à Angers (1755), S. 22 janv. 1774.

Levêque (Pierre-Marie), dit L'Espérance, né à Suresnes [Ile-de-France] (1757), S. 28 mars 1774, mort à la Martinique le 19 déc. 1779.

Thillier (Jean-Denis), dit La Fleur, né à Gaire [près Chateaudun] (1757), S. 3 avril 1774, mort à la Martinique le 25 oct. 1780.

Stanguy (Jean), dit Quimperlé, né à Guiscriny [près Quimper] (1757), S. 8 oct. 1774, rayé des contrôles le 5 juill. 1783.

Le Pensé (Louis), dit Bellegarde, né à Auray [près Rennes] (1754), S. 24 oct. 1774, mort sur le "Guerrier" le 11 oct. 1779.

Surin (Arnaut), né à Vendays [Médoc] (1750), S. 3 déc. 1774, mort à la Martinique le 1er janv. 1780.

Cazarsi (Pierre), dit Gradignan, né à Gradignan [Guyenne] (1754), S. 18 janv. 1775.

Fregofont (Jacques), né à Bordeaux (1759), S. 18 janv. 1775, rayé des contrôles le 23 juill. 1784.

Beaumore (Jean), dit La Vertu, né au bourg de Droux [Basse-Marche] (1754), S. 20 mars 1775, rayé des contrôles le 23 juill. 1784.

Condamy (Joseph), dit Lamy, né au Dorat [Basse-Marche] (1753), S. 20 mars 1775, mort à la Martinique le 31 déc. 1779.

Laroche (François), né à Saint-Julien [Vivarais] (1747), S. 30 mars 1775.

Broua (Joseph), né à Aire [Gascogne] (1755), S. 17 juin 1775, mort à Saint-Vincent le 27 janv. 1780.

Crepin (Jean), dit Passepartout, né à Roquebrune (1755), S. 3 déc. 1775, congédié le 4 déc. 1783.

Lafond (Mathurin), né à Gradignan (Guyenne) (1754), S. 20 mai 1776.

Castet (Jean-François-Eugène), né à Mauvezin [Armagnac] (1757), S. 23 mai 1776, mort au Cap le 18 août 1779.

Leblanc (Nicolas), dit Toulouse, né à Toulouse (1750), S. 30 juill. 1767, congédié le 10 déc. 1788.

Papon (Jean), dit La Liberté, né à Nanteuil [Périgord] (1749), S. 2 oct. 1765, rayé des contrôles le 23 juill. 1784.

Moinet (Ambroise), dit La Guerre, né à Chaudon [Beauce] (1719), S. 10 avril 1767, mort à la Martinique le 11 déc. 1779.

Constant (Pierre), né à Rodez [Rouergue] (1760), S. 30 juill. 1776, passé caporal le 15 juill. 1780.

Castet (Jean-Baptiste), dit Chevalier, né à Mauvezin [Armagnac] (1760), S. 6 sept. 1776.

Audrivet (Jean), dit La Sonde, né à Benest [Saintonge] (1756), S. 6 sept. 1776, passé sergent le 29 août 1786.

Dagnau (Jean), dit Laverdure, né à Beaumarchais [Armagnac] (1759), S. 10 sept. 1776, mort à la Grenade le 18 déc. 1779.

Clavel (Joseph), dit Annibal, né à Apt [Provence] (1759), S. 7 janv. 1777, mort sur la "Blanche" le 7 déc. 1779.

Bosredou (Pierre), né à Bordeaux (1745), S. 15 nov. 1763, mort le 21 août 1782.

Peltier (Nicolas), né à Charleville (1752), S. 23 sept. 1770, R. pour 8 ans, le 11 janv. 1777.

L'Isle (Bernard-Benoît), dit Brind'amour, né à Bordeaux (1760), S. 18 févr. 1777.

Bouchardon (Jean-Marie), dit Télémaque, né à Lyon (1761), S. 20 févr. 1777.

Serisié (Jean), dit Saint-Maixent, né à Saint-Maixent [Guyenne] (1760), S. 23 févr. 1777.

Berlinga (Claude), dit La Terreur, né à Villard [Dauphiné] (1754), S. 3 avril 1777, mort à Saint-Vincent le 23 déc. 1779.

Basset (Pierre), né à Bordeaux (1759), S. 19 avril 1777.

Sarpot (Jean), dit Fleur d'Or, né à Bordeaux (1759), S. 19 avril 1777.

Catre (Robert), dit Dauphiné, né au Carlin [Dauphiné] (1753), S. 20 mai 1777, mort le 15 mars 1780.

Flottée (Pierre), né à Clermont-de-Lodève [Bas-Languedoc] (1748), S. 16 juin 1777.

Amiard (André), dit La Rose, né à Grenay [Dauphiné] (1753), S. 22 juill. 1777.

Demay (Jean-Baptiste), dit Olivier, né à Haureur [Gascogne] (1758), S. 26 juill. 1777.

Dubois (Antoine), né Badaroux [Gévaudan] (1753), S. 4 août 1777.

Balet (Joseph), dit Languedoc, né à Trèves [Languedoc] (1759), S. 6 août 1777, mort le 9 nov. 1779.

Perrard (Augustin), dit La Lancette, né à Blaye [Guyenne] (1757), S. 23 août 1777, congédié le 23 août 1783.

Barreyre (Jean), dit Lamour, né à Bordeaux (1759), S. 26 août 1777.

Barthelemy (Etienne), dit La Douceur, né à Mascarville [Languedoc] (1757), S. 13 sept. 1777.

Fagot (Joseph), dit Jolibois, né à Voiron [Dauphiné] (1759), S. 13 sept. 1777, mort le "Magnanime" le 9 avril 1781.

Flandrin (Joseph), dit Lajoie, né à Voiron [Dauphiné] (1761), S. 29 janv. 1778.

Dumas (Etienne), né à Lyon (1761), S. 16 juill. 1778.

Maître (Claude-Etienne), né à Baume-les-Messieurs [Comté] (1761), S. 4 avril 1778, mort sur le "Magnanime" le 27 avril 1782.

Dubuisson (Jean), né à Orléans (1752), S. 9 sept. 1778.

Terrau (Edmond), né à Moirans [Dauphiné] (1747), S. 1er avril 1766, R. pour 4 ans le 9 nov. 1779.

Berry (Jean), né à Saintes [Saintonge] (1755), S. 8 août 1775.

Chalavin (Antoine), né à Saint-Just [près Lyon] (1760), S. 22 oct. 1775.

Villoud (Jean-Baptiste), né à Lyon (1758), S. 18 nov. 1778.

Labeigns (Jean), dit L'Eveillé, né à Saint-Geniez [Périgord] (1760), S. 4 déc. 1778, mort sur le "Magnanime" le 1er avril 1782.

La Jujie (Bertrand), dit La Tulipe, né à Eybènes [Périgord] (1755), S. 4 déc. 1778, mort le 28 août 1786.

Faret (Joseph), dit Divertissant, né à Boujan [Languedoc] (1756), S. 9 déc. 1778, congédié le 16 déc. 1786.

Dulong (Jacques), né à Sainte-Livrade [Agénois] (1761), S. 11 déc. 1778.

Bonnier (Mathieu), né à Clermont-de-Lodève [Languedoc] (1761), S. 14 déc. 1778, congédié le 16 déc. 1786.

Morestain (Joseph), dit Moiran, né à Coulonges [Dauphiné] (1750), S. 23 déc. 1778.

Berthe (Auger-Noel), né à Meaux [Brie] (1742), S. 22 janv. 1779.

Combete (Jean), dit Clermont, né à Clermont-de-Lodève [Languedoc] (1760), S. 2 févr. 1779.

Lescudier (Jean-Pierre), dit La Volonté, né à Clermont-de-Lodève [Languedoc] (1762), S. 3 févr. 1779.

David (Jean-Baptiste), dit L'Isle d'Amour, né à Brive-la-Gaillarde [Limousin] (1764), S. 6 févr. 1779.

Balet (Aimard), dit Tranquille, né à Simandre [Lyonnais] (1761), S. 14 févr. 1779.

Desbans (Mathurin), né à Bordeaux (1762), S. 15 févr. 1779.

Combet (Pierre), dit Beaudésir, né à Montpellier [Languedoc] (1762), S. 20 févr. 1779, mort le 24 févr. 1783.

Saulaville (Claude), dit Sainte-Croix, né à Lyon (1763), S. 25 févr. 1779.

Nicolas (Jacques), dit Labaterie, né à Beaucaire [Languedoc] (1761), S. 27 nov. 1778.

Maragou (Jean), né à Béziers [Languedoc] (1762), S. 7 mars 1779.

Olivier (Guillaume), dit L'Aimable, né à Béziers [Languedoc] (1762), S. 7 mars 1779.

Compagnie de Biville.

Vaize (Jean-Baptiste), dit Résolu, né à Aunac [Languedoc] (1762), S. 30 avril 1779, mort sur le "Magnanime" le 7 sept. 1781.

Marchand (Jean), dit Divertissant, né à Séglien [Bretagne] (1749), S. 20 août 1767, R. pour 8 ans le 28 juin 1773.

Godard (Nicolas), né à Phalsbourg [Lorraine allemande] (1738), S. 14 déc. 1762, mort à la Martinique le 31 août 1779.

Bignac (Thomas), né à Châteaumont [Agénois] (1741), S. 2 juin 1757, R. pour 4 ans le 25 sept. 1783.

Franquelin (Denis), dit Saint-Médard, né à Gouy [Picardie] (1732), S. 7 août 1763, mort à la Martinique le 15 avril 1780.

Dominey (Pierre), né à Monflanquin [Guyenne] (1749), S. 23 févr. 1766, R. pour la troisième fois en 1782.

Goupy (Pierre), dit Sans Regret, né à Paris (1727), S. 29 juill. 1763, mort à La Grenade le 20 nov. 1779.

Dolet (Nicolas), dit Saint-Louis, né à Charmes [Laonnais] (1734), S. 11 oct. 1758, R. pour 8 ans le 20 nov. 1780.

Capel (Edmé), dit La Branche, né à Branches [Bourgogne] (1728), S. 28 oct. 1763, mort à Saint-Vincent le 22 déc. 1779.

Maillot (Jacques), dit La Tulipe, né à Pau [Béarn] (1742), S. 13 mai 1763, rayé des contrôles le 23 juill. 1784.

Bennassy (Pierre), dit La Réjouy, né à Rennes [Bretagne] (1746), S. 2 nov. 1765, rayé des contrôles le 23 juill. 1784.

Bagol (Jean), dit Lalendresse, né à Saint-Brieuc [Bretagne] (1749), S. 4 juill. 1778, mort le 9 oct. 1779.

Sot (Raymond), dit Printemps, né à Gorre [Guienne] (1753), S. 15 oct. 1773, mort à la Martinique le 10 juill. 1779.

Bouchet (François), dit Fleur d'Or, né à Dinan [Bretagne] (1744), S. 7 févr. 1774, mort à Saint-Vincent le 24 déc. 1780.

Destrés (Nicolas), né à Nemours [Gâtinais] (1754), S. 3 mars 1774.

Andrieux (Etienne), dit Saint-André, né à Bordeaux (1754), S. 13 mai 1774, mort à Saint-Vincent le 19 févr. 1780.

Lune (Julien), né à Saint-Sulpice [Saintonge] (1749), S. 18 août 1774, mort sur le "Magnanime" 15 avril 1781.

Lafuste (Raymond), né à Villeneuve-de-Rivière [Gascogne] (1755), S. 31 mars 1775, mort à Saint-Vincent le 7 janv. 1780.

Gaudin (Renaud), dit Vadeboncœur, né à Bourg-de-Mâcon-la-Ville [Touraine] (1751), S. 18 juill. 1775, mort à la Grenade le 26 déc. 1779.

Codiare (Jean), dit Brindamour, né à La Châtre [Berry] (1755), S. 10 nov. 1775, mort au Cap le 26 juin 1783.

La Croix (François), dit Sans Chagrin, né à Bordeaux (1753), S. 21 mars 1776, mort sur le "Guerrier" le 30 sept. 1779.

Lavallée (Michel-Gillet), dit L'Espérance, né à Lamure [Dauphiné] (1758), S. 2 mai 1776, mort à Saint-Vincent le 19 févr. 1779.

Jeans (Charles), dit La Girofée, né à Apt [près Aix] (1758), S. 7 janv. 1777, mort à Saint-Vincent le 5 févr. 1780.

Lassave (Jean), dit Vive l'Amour, né à Toulouse (1760), S. 26 janv. 1777, mort sur le "Vengeur" le 16 oct. 1779.

Jourdrain (Germain), dit Lavigne, né à La Châtre [Berry] (1755), S. 27 janv. 1777, mort sur le "Magnanime" le 9 mars 1782.

Brasseur (Jean-Baptiste), dit La Victoire, né à Bordeaux (1760), S. 24 mars 1777, mort à Saint-Vincent le 8 avril 1780.

Asemberg (Joseph), dit Languedoc, né à Montpellier (1759), S. 6 mai 1777, mort à Saint-Vincent le 27 mai 1780.

Mouchet (Joseph), dit Sans Peur, né à Roquefort [Gascogne] (1760), S. 26 sept. 1777, mort à Saint-Vincent le 7 août 1780.

Langlade (Jacques), né à Toulouse (1758), S. 10 oct. 1777, mort à Saint-Vincent le 2 mars 1780.

Ruffin (Jean-Claude), dit Montplaisir, né à Amplepuis [Lyonnais] (1762), S. 10 nov. 1778, mort sur le "Magnanime" le 27 déc. 1781.

Arrivet (Antoine), dit Laréjouy, né à Bassoues [Languedoc] (1766), S. 20 déc. 1778, mort sur le "Magnanime" le 11 août 1782.

Cancanas (Antoine), dit La Lancette, né à Poudailian [Languedoc] (1759), S. 31 déc. 1778, mort sur le "Magnanime" le 19 juill. 1781.

Cudelau (François-Martin), dit Montaudin, né à Montaudin (1752), S. 24 janv. 1771, mort sur le "Magnanime" le 6 juin 1782.

Bory (Pierre), dit Cahors, né à Cahors (1743), S. 22 mars 1763, mort sur le "Fantasque" le 4 oct. 1779.

Mouliet (Antoine), dit Vive l'Amour, né à Machecoul [Bretagne] (1747), S. 10 avril 1768, mort sur la "Provence" le 28 oct. 1779.

Vatier (François), dit Belsin, né à Nancy (1752), S. 13 déc. 1769, passé en Amérique comme volontaire en 1782.

Dubois (François), né à Saint-Genis (1756), S. 1ᵉʳ janv. 1775, mort sur le "Magnanime" le 24 août 1782.

Jonterne (Jean), dit Fontaine, né à Loudun [Poitou] (1756), S. 2 mai 1775, mort au Cap le 30 avril 1783.

Lafitte (Jean), né à Aurignac [près Saint-Sever] (1755), S. 12 juill. 1775, mort sur le "Tonnant" le 19 oct. 1779.

Destruc (André), dit Quartier, né à Bordeaux (1758), S. 29 oct. 1775, mort à la Martinique le 23 juin 1779.

Convert (Pierre), dit La Liberté, né à Mont-de-Marsan (1759), S. 29 janv. 1776, mort à Savannah le 9 oct. 1779.

Bonnival (Antoine), dit La Terreur, né à Cézarin (1756), S. 1ᵉʳ avril 1776, mort sur le "Tonnant" le 21 oct. 1779.

Chambre (Pierre), né à Bordeaux (1759), S. 21 sept. 1776, mort à la Martinique le 25 juill. 1779.

Ribolt (Simon), né à Orléans (1760), S. 9 sept. 1776, mort sur le "Magnanime" le 10 avril 1781.

Lionnois (Jean), dit Lalbaguère, né à Sarlat [Périgord] (1754), S. 4 déc. 1776, mort sur le "Magnanime" le 11 oct. 1781.

Charbonnier (Jean), dit Saint-Eloy, né à Laigue [Poitou] (1757), S. 29 janv. 1779, mort sur l'"Hercule" le 10 juin 1781.

Surel (Jacques), né à Confolens [Languedoc] (1755), S. 2 juill. 1779, mort le 22 mai 1782 sur le "Magnanime."

Baussière (Pierre), né à Bordeaux (1764), S. 13 juill. 1781, passé en Amérique comme volontaire en 1782.

Naville (André), né à Lyon (1765), S. 7 mars 1782, passé en Amérique comme volontaire en 1782.

Gaussrateau (François), né à Bordeaux (1736), S. 7 févr. 1765, mort sur la "Blanche" le 27 oct. 1779.

Duot (Nicolas), dit Dubuisson, né à Bourgouit [Normandie] (1722), S. 30 avril 1754, mort sur le "Guerrier" le 29 oct. 1779.

Chatain (Pierre), dit Nivernais, né à Saint-Léger [Nivernais] (1739), S. 20 janv. 1765, mort sur le "Guerrier" le 16 oct. 1779.

Caille (Pierre), dit Sans Quartier, né à Brioux [Poitou] (1746), S. 2 avril 1766, mort à Saint-Vincent le 30 sept. 1780.

Loeillet (Jean), né à Vannes [Bretagne] (1748), S. 16 juill. 1767, mort à la Grenade le 11 déc. 1779.

Nanniau (Simon), dit Jolicœur, né à Gespunsart [Champagne] (1735), S. 23 janv. 1768, mort à la Martinique le 8 juin 1779.

Joly (Nicolas), né à Verdun (1747), S. 23 févr. 1770, mort à Saint-Vincent le 29 août 1780.

Corretier (François), né à Verdun (1750), S. 15 juin 1770, mort à Saint-Vincent le 15 juin 1780.

Genin (Félix), né à Chatenay [Lorraine] (1748), S. 10 juill. 1770, mort à Saint-Vincent le 1ᵉʳ sept. 1780.

Toutou (François), dit Sans Façon, né à Gray [Franche-Comté] (1755), S. 10 nov. 1771, mort sur la "Blanche" le 24 déc. 1779.

Wanvervick (Philippe), dit L'Espérance, né à Aire [Artois] (1756), S. 3 sept. 1772, mort à Saint-Vincent le 19 nov. 1779.

Dumas (Jean), né à Bordeaux (1758), S. 5 mai 1774, mort à Saint-Vincent le 30 août 1780.

Boyer (Jean), né à Bordeaux (1757), S. 18 sept. 1774, mort à Saint-Vincent le 17 oct. 1780.

Babouan (Jean), dit L'Ile d'Amour, né à Bordeaux (1747), S. 29 avril 1775, mort à Saint-Vincent le 20 juin 1780.

Loudin (Martial), né à Saint-André [Périgord] (1758), S. 31 mai 1775, mort sur l'"Hercule" le 12 avril 1782.

Peigné (Jacques), dit Belamour, né à Thoiré [Bretagne] (1757), S. 20 déc. 1775, mort sur la "Blanche" le 29 oct. 1779.

Mallet (Louis-Joseph-Marin), né à La Ferté sous-Jouarre [Brie] (1759), S. 11 avril 1776, mort à Saint-Vincent le 24 mai 1780.

Atry (Louis), dit Gasmin, né à Sarlat [Périgord] (1754), S. 3 mai 1776, mort à Saint-Vincent le 18 oct. 1780.

Desses (Jean), dit Justin, né à Saint-Just en Armagnac (1760), S. 18 juin 1776, mort sur le "Vengeur" le 9 nov. 1779.

Berliar (François), dit Saint-Etienne, né à Saint-Etienne [Forez] (1756), S. 27 nov. 1776, mort à Saint-Vincent le 29 mars 1780.

Barade (Barthélemy), né à Bordeaux (1760), S. 24 mars 1777, mort sur le "Magnanime" le 16 avril 1781.

Boissière (Jean), dit La Lancette, né à Montpellier (1753), S. 9 mai 1777, mort à Saint-Vincent le 27 févr. 1780.

Arcien (Etienne-André), dit Montpellier, né à Montpellier (1751), S. 24 mai 1777, mort à Saint-Vincent le 8 avril 1780.

Laube (Barthélemy), dit Jolibois, né à Montpellier (1756), S. 12 mars 1778, mort sur le "Magnanime" le 2 mai 1782.

Laurent (François), né à Berrac [Languedoc] (1762), S. 2 janv. 1779, mort sur le "Magnanime" le 31 mars 1782.

Baiche (Jean), né à Villefranche [Rouergue] (1757), S. 18 oct. 1779, passé comme volontaire en Amérique en 1782.

Belliard (Joseph), né à Fontenay-le-Comte (1758), S. 24 févr. 1780, passé comme volontaire en Amérique en 1782.

Flamand (Etienne), dit Beauséjour, né à Reumont [Cambrésis] (1741), S. 23 févr. 1770, mort au Cap le 12 déc. 1779.

Allemand (Antoine), né au Pin [Languedoc] (1761), S. 5 juin 1780, passé comme volontaire en Amérique en 1782.

Octave (Dominique), né à Ausnoncourt [Lorraine allemande] (1760), S. 16 janv. 1782, passé comme volontaire en Amérique en 1782.

Durand (Jean), né à Magnan [Périgord] (1736), S. 1ᵉʳ oct. 1766, mort à Saint-Vincent le 19 sept. 1780.

Haudié (Pierre), né à Haterre [Agénais] (1749), S. 15 mai 1765, mort à la Martinique le 10 juill. 1778.

Perez (René), dit Derozier, né à Bourges (1747), S. 16 nov. 1764, mort à Saint-Vincent le 2 sept. 1781.

Brion (Jean-Louis), né à Brie-sous-Sancerre [Berry] (1737), S. 7 juin 1765, mort sur le "Champion" le 26 nov. 1779.

Spitalier (Jacques), dit La Girofée, né à Albi (1749), S. 1ᵉʳ déc. 1765, mort à Saint-Vincent le 6 févr. 1780.

Demonte (Louis), dit La Fleur, né à Casteisarrazin [Languedoc] (1744), S. 1ᵉʳ déc. 1765, mort à la Martinique le 21 août 1779.

Laroy (François-Joseph), né à Hesdin [Artois] (1755), S. 14 août 1772, mort à Saint-Vincent le 4 mai 1780.

Marterre (François), dit Tranquils, né à Saint-Aquilin [Périgord] (1758), S. 20 oct. 1775, mort à la Martinique le 16 août 1779.

Bitobec (Pierre), né à Bordeaux (1757), S. 5 janv. 1776, mort sur le "Fendant" le 18 déc. 1779.

Teste (Bertrand), dit Télémaque, né à l'Isle-Jourdain [Armagnac] (1761), S. 28 janv. 1777, mort à la Martinique le 7 juill. 1779.

Charpentier (Louis), dit Vainqueur, né à Nantz [Bretagne] (1760), S. 1er déc. 1778.

Moutel (Libéral), né à Brive-la-Gaillarde [Limousin] (1762), S. 15 janv. 1779, mort sur l'"Hercule" le 23 oct. 1781.

Rondeu (François), dit Bellehumeur, né à Toulouse (1762), S. 15 avril 1779, passé volontairement en Amérique en 1782.

Normand (Jacques), dit Portevin, né à Vendeuvres [Poitou] (1761), S. 15 janv. 1780, passé volontairement en Amérique en 1782.

Vessière (Jean), né à Saint-Pépin [Quercy] (1764), S. 28 mai 1782, passé volontairement en Amérique en 1782.

Compagnie Dampierre.

Feraut (Jean), dit Langevin, né à Angé (paroisse Saint-Pierre) (1758), S. 15 mai 1760, mort à Saint-Vincent le 23 déc. 1779.

Georgeon (Jacques), dit Sans Peur, né à La Rochelle (1750), S. 10 juill. 1769, mort à Saint-Vincent le 8 janv. 1780.

Lanaud (Pierre), dit Bellefleur, né à Orléans (1749), S. 17 oct. 1769, mort le 9 oct. 1779.

Florentin (Didier), né à Verdun (1752), S. 28 avril 1770, mort à Saint-Vincent le 25 août 1780.

Suigne (Julien), né à Naves [Limousin] (1748), S. 4 mai 1771, mort au Cap le 16 août 1779.

Menage (François), dit La Sagesse, né à Orville [Artois] (1753), S. 3 nov. 1771, mort sur la "Blanche" le 2 déc. 1779.

Darc (François), né à Aire [Artois] (1756), S. 25 août 1772, mort à Saint-Vincent le 1er janv. 1781.

Chartier (Etienne), dit La Gaité, né à Rennes (1756), S. 18 juin 1773, mort sur le "Zélé" le 28 sept. 1779.

Langlais (Honoré), né à Paris (1756), S. 5 août 1773, mort à La Martinique le 18 nov. 1779.

Marechal (Pierre), né à Casteljaloux [Guienne] (1756), S. 19 oct. 1773, mort à Saint-Vincent le 6 sept. 1780.

Cheret (Charles-Marie), dit Bien Aimé, né à Bréhan-Loudéac [Bretagne] (1753), S. 12 nov. 1773, mort sur la "Blanche" le 27 oct. 1779.

Leluc (Joseph), né à Grandchamp [Bretagne] (1751), S. 4 mars 1774, mort à Saint-Vincent le 10 sept. 1781.

Bonnet (Jean), né à Castelnau [Guyenne] (1756), S. 27 avril 1774.

Boucherie (Pierre), dit La Rose, né à Sarlat [Périgord] (1753), S. 12 oct. 1774.

Mathion (Pierre), dit Lafeuillade, né à Sampigny [Champagne] (1753), S. 27 nov. 1774, mort sur la "Blanche" le 1 déc. 1779.

Laffon (Hugues), né à Montluçon [Quercy] (1757), S. 3 déc. 1774.

Allard (Bernard), né à Albi [Languedoc] (1756), S. 20 févr. 1775, mort à La Grenade le 18 déc. 1779.

Guillernie (Léonard), né à Blond [Limousin] (1757), S. 26 mars 1775, mort à Saint-Vincent le 3 mars 1780.

Depuy (Jean-Baptiste), né à Vic-Fezensac [Armagnac] (1757), S. 3 oct. 1775, mort au Cap le 24 déc. 1779.

Rondeau (Pierre), dit Cœur de Roy, né à Bordeaux (1756), S. 5 janv. 1776, mort à Saint-Vincent le 16 févr. 1780.

Seutex (Bernard), dit L'Aimable, né à Auch [Armagnac] (1761), S. 2 mai 1776.

Garbay (François), dit Sans Chagrin, né à Bordeaux (1758), S. 20 mai 1776, mort le 9 oct. 1779.

Serres (Jean), dit Francœur, né à Mauvezin [Armagnac] (1756), S. 15 juin 1776, mort sur le "Fantasque" le 4 déc. 1779.

D'Antillac (Guillaume), dit L'Œillet, né à Bordeaux (1754), S. 21 juin 1776, mort sur la "Blanche" le 14 nov. 1779.

Millet (Germain), né à Dombes-le-Roy [Berry] (1750), S. 24 janv. 1777, mort à Saint-Vincent le 15 août 1780.

Puego (Jean Louis), dit Poitevin, né à Loudun [Poitou] (1757), S. 6 sept. 1776, mort à Saint-Vincent le 14 juill. 1780.

Dousset (Joseph), dit Lavie, né à Pavie [Armagnac] (1756), S. 15 sept. 1776.

Teissier (Pierre), dit Lafortune, né à Bordeaux (1760), S. 18 févr. 1777, mort à Saint-Vincent le 1er juin 1780.

Stival (Pierre), né à Bordeaux (1743), S. 1er sept. 1776.

Flandin (Melchior-Bhey), dit Sans Façon, né à Marheu [Dauphiné] (1757), S. 16 mars 1777, mort à Saint-Vincent le 16 mars 1780.

Robert (Mathieu), né à Bordeaux (1754), S. 19 sept. 1776, mort sur le "Zélé" le 18 oct. 1779.

Tremont (François), dit Léguillé, né à Bordeaux (1850), S. 13 sept. 1777, mort à La Grenade le 26 déc. 1779.

Dobé (Jean), né à Sarlat [Périgord] (1762), S. 18 sept. 1778.

Abeille (Jean-Pierre), dit La Vertu, né à Saint-Chinian [Languedoc] (1751), S. 25 déc. 1778, mort au Cap le 30 avril 1783.

Canus (Pierre), dit La Plume, né à Saint-Etienne [Forez] (1751), S. 6 févr. 1779, mort sur l'"Hercule" le 30 oct. 1781.

Savequet (Dominique), dit Bellone, né à Laidere [Gascogne] (1759), S. 18 mars 1779, mort sur l'"Hercule" le 9 oct. 1781.

Lepetit (Roland), dit Sans Soucy, né à Pencenan [Basse-Bretagne] (1757), S. 10 avril 1779, mort sur l'"Hercule" le 20 oct. 1781.

Cavalier (François), né à Lestelle [Béarn] (1759), S. 29 avril 1779, mort sur l'"Hercule" le 19 nov. 1781.

Tellier (Pierre), de Toulouse, né à Saint-Julien [Languedoc] (1759), S. 14 mai 1779, mort sur l'"Hercule" le 28 févr. 1781.

Duranton (Jean), né à Bordeaux (1762), S. 15 juill. 1779, mort sur l'"Hercule" le 14 févr. 1781.

Faure (Claude), né à Lyon (1762), S. 30 oct. 1780, passé en Amérique comme volontaire en 1782.

D'Aubin (Charles-Grégoire), né à Quimperlé [Basse-Bretagne] (1746), S. 25 juin 1781, passé en Amérique comme volontaire en 1782.

Romeru (Jacques), né à Vierville [Beauce] (1746), S. 15 mars 1766, mort à la Martinique le 21 déc. 1781.

Moinet (Jean François), né à Braisne [Picardie] (1751), S. 18 mars 1768, mort à la Martinique le 30 janv. 1782.

Guérin (François), dit La Liberté, né à Reims [Champagne] (1749), S. 16 nov. 1768, R. pour 8 ans le 4 janv. 1774.

Dijeaux (Jean), dit Bordeaux, né à Bordeaux (1750), S. 10 mai 1769, mort sur le "Tonnant" le 18 juill. 1779.

Thomas (Mathieu), dit La Réjouissance, né à Bitche [Lorraine Allemande] (1754), S. 18 janv. 1771, mort sur le "Fendant" le 3 sept. 1779.

Nouvel (Jean), dit Vive le Roy, né à Loudéac [Bretagne] (1751), S. 3 déc. 1772, mort sur le "Guerrier" le 30 sept. 1779.

Lacaze (Grégoire), né à Oloron [Béarn] (1756), S. 15 nov. 1773, mort à Saint-Vincent le 9 mai 1780.

Mamale (Bernard), dit Alexandre, né à Jaucé [Bretagne] (1752), S. 10 mars 1774, mort sur le "Champion" le 4 nov. 1779.

Lecorne (Pierre), né à Vignac [Languedoc] (1751), S. 18 sept. 1774, mort au Cap le 3 déc. 1779.

Dureas (Jean), né à Champagne (près Périgueux) (1753), S. 4 nov. 1775, mort au Cap le 9 sept. 1782.

Peronet (Elie), dit La Vigne, né à Mortagne [près Saintes] (1755), S. 26 mars 1776, mort à la Martinique le 6 juill. 1779.

Bois (Joseph), dit Dubois, né à Laumatte [Dauphiné] (1759), S. 2 mai 1776, mort à la Martinique le 14 juill. 1779.

Bernard (Paul), né à Marennes (1760), S. 21 sept. 1776.

Villonyère (Pierre), dit Lamoureux, né à La Châtre [Berry] (1759), S. 27 janv. 1777, mort à Saint-Vincent le 9 févr. 1780.

Boutau (François), dit La Violette, né à Magelonp [Saintonge] (1758), S. 24 mars 1777, mort à Saint-Vincent le 8 oct. 1780.

Bouire (Pierre), dit L'Aimable, né à Bordeaux (1760), S. 10 mai 1777, mort à Saint-Vincent le 6 oct. 1780.

Mouret (Pierre), né à Thiviers [Périgord] (1757), S. 26 sept. 1777, mort à la Grenade le 26 nov. 1779.

Oran (Henry), né au Cambout [Périgord] (1757), S. 6 oct. 1777, mort sur le "Guerrier" le 23 oct. 1779.

Bise (Jean), dit Saint-Gaudens, né à Saint-Gaudens [Gascogne] (1757), S. 6 oct. 1777, mort à Saint-Vincent le 8 sept. 1780.

Dupuy (Joseph), dit L'Amour, né à Moncrabeau [Gascogne] (1761), S. 1er janv. 1779, mort sur le "Magnanime" le 25 oct. 1782.

Mauricset (Louis), né à Niort [Poitou] (1760), S. 3 janv. 1779, mort sur l'"Hercule" le 16 avril 1781.

Barbe (Pierre), dit Labastide, né à La Bastide (près Bordeaux) (1760), S. 22 janv. 1779, passé en Amérique comme volontaire en 1782.

Girard (Jean), né à Aligny (1760), S. 14 mai 1780, passé en Amérique comme volontaire en 1782.

Age (André), né à Blois (1747), S. 28 nov. 1781, passé en Amérique comme volontaire en 1782.

Duval (Jean-Claude), né à Saint-Denis (Ile de France) (1735), S. 16 juin 1763, mort sur le "Tonnant" le 11 oct. 1779.

RÉGIMENT DE DILLON.

(OFFICIERS SEULEMENT.)

[Translation.]

(OFFICERS ONLY.)

ÉTAT-MAJOR.

Colonel.

Le comte DILLON (Arthur).

Colonel en second.

Le chevalier DILLON (Théobald).

Lieutenant-colonel.

DILLON (Barthélemy).

Major.

O'MORAN (Jacques).

Quartier-maître trésorier.

MONCARELLY (Barthélemy).

Capitaines.

MOORE (Gérard).
PURDON (Simon).
BANCKS (Thomas).
NUGENT (Anselme).
SWIGNY (Paul).
SHEE (Robert).
MOORE (Guillaume).
O'NEILL (Bernard).
O'BERIN (Michel).
TAAFFE (Laurent).

Capitaines en second.

De MANDEVILLE (Jacques).
MACGUIRE (Philippe).
MACDERMOTT (Thomas), aîné.
O'REILLY (Jean).
KELLY (Guillaume).
MACDERMOTT (Thomas).
NOVOLAN (Christophe).
O'DOYER (Denis).
LYNCH (Isidore).
COGHLAN (Therence).

Lieutenants.

GREENLAW (Jean-Bernard).
DILLON (Thomas).
O'KEEFFE (Patrice).
O'FAREL (Claude).
De MACDERMOTT (Bernard).
WELSH (Michel).
EVIN (Nicolas).
COMMERFORT (Joseph).
BROWNE (Jean).
DUGGAN (Jean).

Lieutenants en second.

DARCY (Louis).
FITZ HARRIS (Guillaume).
BROWNE (Thomas).

TAAFFE (Christophe).
FENNELL (Jean).
HUSSEY (Jean).
Le chevalier WYHTE SEYSLIF (Nicolas).
SWIGNY (Edmond).
O'FARELL (Emmanuel).
O'FARELL (Jacques).

Sous-lieutenants.

MACLOSKY (Jacques).
De MORGAN (Jean-Baptiste).
MAC SHEEHY (Patrice).
FITZGERALD (Edouard).
SHEE (Guillaume).
O'FARELL (Emmanuel).
FITZMAURICE (Joseph).
O'REILLY (Charles).
MACDONALD (Jean-Baptiste).
O'MEARA (Daniel).
KHNOPFF (Louis).
MAHONY (Denis).
SHELDON (Guillaume).
O'MORAN (Charles).
OWENS (Henry).
STRANGE (Patrice).
PURDON (Henry).
MURPHY (Patrice).
DEHAYS (Thomas).

RÉGIMENT DE WALSH.

(OFFICIERS SEULEMENT.)

[Translation.]

(OFFICERS ONLY.)

ÉTAT-MAJOR.

Major.

O'BRIEN (Thadée).

Quartier-maître trésorier.

BANCELIN (Charles).

Capitaines.

De FITZ MAURICE (Thomas).
Le chevalier de WALSH (Charles).
O'NIEL (Jean).
De NAGLE (Jacques).
O'BRIEN (Jean).
D'ARCY (Jacques).

Capitaines en second.

STACK (Edouard).
BELLEW (Laurent).
O'OROLY (Charles).
O'DRISCOL (Jacques).
Le chevalier O'CONNOR (Armand).

Lieutenants.

PLUNKETT (François).
O'RIORDAN (Jacques).
KEATING (Guillaume).
BARRY (Richard).

Lieutenants en second.

O'SHEIL (Jacques).
O'MEARA (Jean-Baptiste).

O'GORMAN (Charles).
MEIGHAN (Georges).
MAC-CARTHY (Eugène).

Sous-lieutenants.

KEATING (Jean).
CRUICE (James).
O'CROWLY (Félix).
DARELL (Philippe).
O'FLYN (Jacques).
BARKER (William).
TRAUT (Thomas).
BARRY (David).
O'CAHILL (Louis).
TOBIN (Jacques).

RÉGIMENT D'AUXONNE.

(2ᵉ BATAILLON.)

Le régiment d'Auxonne formé de la brigade d'Invilliers du corps royal en vertu de l'ordonnance du 13 août 1765 eut pour premier colonel Philippe-Louis VERTON de RICHEVAL et le dernier fut François BRAIVE, devenu général de brigade.

Au commencement de la guerre d'Amérique, le 2ᵉ bataillon s'embarqua à Brest avec la petite armée de Rochambeau.

Le bataillon revint en France en 1783.

Ce régiment devenu 3ᵉ est actuellement en garnison à Nice.

JEAN PIERRE GOULET DE LA TOUR, né à Metz le 10 juin 1730, Lieutenant-colonel.

(Translation.)

RÉGIMENT D'AUXONNE.

(SECOND BATTALION.)

The regiment d'Auxonne, formed of the brigade d'Invilliers of the royal corps by virtue of the ordonnance of the 13th August, 1765, had as its first colonel Philippe-Louis VERTON de RICHEVAL, and the last one was François BRAIVE, become general de brigade.

In the commencement of the war in America the second battalion embarked at Brest with the small army of Rochambeau.

The battalion returned to France in 1783.

This regiment became the third regiment, and is actually in garrison at Nice.

JEAN-PIERRE GOULET DE LA TOUR was born at Metz the 10th of June 1730, Lieutenant-colonel.

ÉTAT-MAJOR.

Lieutenant-colonel.

GOULET de la TOUR (Jean-Pierre), né le 10 juin 1730, à Metz.

Rang de lieutenant-colonel.

De NADAL (Antoine-Xavier), né à Colmar, le 13 déc. 1733.

CUIROL de LAZIERS (Guillaume), né à Mirepoix, le 8 août 1729.

Le chevalier de BUZELET (Jacques-Nicolas-Catherine), né le 9 déc. 1740, à Metz.

De CAPRIOL de SAINT-HILAIRE (Jean-Marie-André), né le 22 nov. 1722, à Péchaudier (près Castres).

Capitaines.

Le chevalier de BOISLOGE (Henry-Emery), capitaine de canonniers, né le 12 oct. 1736, à Verdun-sur-Meuse.

De MORCOURT de FOY (Jean-Baptiste), capitaine de canonniers, né le 30 avril 1740, à Metz.

De NEURISSE (Bernard), capitaine de canonniers, né le 31 déc. 1736, à Tartas (Gascogne).

De RUMIGNY (Philippe), capitaine de canonniers, né le 6 avril 1738, à la paroisse Saint-Louis-du-Crocq (diocèse d'Amiens).

OLIVIER D'HEMERY (François), capitaine de canonniers, né en févr. 1742, à Roën (près Côme, Lothon).

JOSSERAND (François-Justin), capitaine de canonniers, né le 2 mai 1736, à Montélimar.

Le chevalier DUPUY (Etienne), capitaine de canonniers, né le 2 août 1745, à Castel-Sarrazin. Mort à la Grenade le 20 déc. 1779.

GARRET de MAISONNEUVE (Pierre), capitaine de bombardiers, né le 8 déc. 1743, aux Ferrières (Bourbonnais).

BONNAY de la ROUVRELLE (Jean-Baptiste), capitaine de bombardiers, né le 9 nov. 1743, aux Grandes Islettes (diocèse de Verdun).

De MONGINOT de NONCOURT (Paul-Alexandre-François-Xavier), capitaine, né le 6 juill. 1746, à Saint-Nicolas-du-Port (Lorraine). Mort le 6 oct. 1779 à Newport.

Du SAUSSAY de GREVILLE (Floxel-Henry), capitaine, né le 2 nov. 1743 à Gréville (généralité de Caen).

BARTHELEMY (Nicolas), capitaine en second de sapeurs, né le 14 déc. 1744, à Toul.

BOIVIN de la MARTINIERE (Guillaume), capitaine en second, né le 10 janv. 1745, à Vire.

De JUMECOURT (Charles-Arnould-Ignace), capitaine en second, né le 30 juill. 1749.

De ROUYER (Claude-Hubert), capitaine par commission, né le 3 nov. 1748, à Barville-sur-Meuse.

DAUBERT (Jean Charles-François-Gabriel), capitaine par commission, né le 10 août 1747, à La Croizette (évêché du Mans).

PILOTTE de la BAROLLIERE (Jacques-François-Alphonse), capitaine par commission, né le 7 janv. 1749, à Lunéville.

De CREMILLES (Denis), capitaine par commission, né le 9 oct. 1750, à Toizelay près Chatillon-sur-Indre (diocèse de Bourges).

Lieutenants.

TARDY de la BROSSY (Jean-Philippe), lieutenant en premier, né le 11 oct. 1751, à La Voulte (diocèse de Viviers).

De FOUCHET la GARRIGUE (Philippe), lieutenant en premier, né le 3 mars 1752, à Vay (Béarn).

MOLLET de BREGEOT (Louis-Georges), lieutenant en premier, né le 5 sept. 1749, à Epinal. Mort au Fort Royal à la Martinique.

Le comte de CLERMONT CREVECŒUR (Jean-François-Louis), lieutenant en premier, né le 10 janv. 1752, à Saint-Remy-de-Longchamps (diocèse de Toul, Lorraine).

Le comte de CHARBONNEL (Michel-Benoît), lieutenant en premier, né le 10 févr. 1749, au bourg de Saint-Maurice en Gourgeas (Forez).

GRIVEL de VILEY (François-Joseph-Domitien), lieutenant en premier, né le 2 oct. 1752, à Saint-Christophe (Franche-Comté).

Le chevalier de BERLIER (François-Augustin), né le 3 oct. 1747, à Desguignau.

De SANCE (Auguste-Jean-Jacques), lieutenant, né le 6 nov. 1747, à Strasbourg. Tué à Savannah, le 25 sept. 1779.

De GENEVY de PUSIGNAN (Alexandre-César), lieutenant en second, né le 4 avril 1744, à Roanne (Forez).

De VASSERVAS (Philippe-François-Roch), lieutenant en second, né le 17 avril 1751, à Doulieux (Picardie).

Le chevalier de RUFFET de SAINT-MARTIN (Louis), lieutenant en second, né le 20 févr. 1748, à Dijon.

DALMAS de PRACONTAL (Joseph-François), lieutenant en second, né le 21 oct. 1749, à Embrun.

Le chevalier BORTHON de la MOTTE (Jean), lieutenant en second, né le 16 juin 1755, à Auxonne.

Le chevalier de THIBALLIER (Jean), lieutenant en second, né le 26 mai 1748, à Pompey [près Nancy].

De VERTON (Jacques-Philippe), lieutenant en second, né le 30 août 1757, à Eu [Normandie].

EBLE (Jean-Baptiste), lieutenant en troisième, né le 5 juin 1744.

BORDRE (Louis-Emile), lieutenant en troisième, né le 15 juin 1743.

FAGUETTE (Jean-Baptiste), lieutenant en troisième, né en 1735.

GILLET (Jean-François), lieutenant en troisième, né le 4 oct. 1750.

MARTHAIRE (Charles), lieutenant en troisième, né le 2 févr. 1741.

BERTHIER (François), lieutenant en troisième, né le 25 sept. 1748.

DOUÉ (François), lieutenant en troisième, né en 1737.

LEFEBVRE de VULMONT (Bernard), lieutenant en troisième, né le 5 janv. 1740, à Metz.

D'ALTECAU, capitaine par commission.[a]

THOMASSIN, lieutenant en premier.

DERVIEUX, lieutenant en second.

DeMEAUX, lieutenant en second.

La ROMAGERE, lieutenant en second.

PARISON, lieutenant en troisième.

SICARD, lieutenant en troisième.

Compagnie De Boisloge, chevalier.[b]

Benoît (Cueni), né à Mâcon [Bourgogne] (1744), S. 9 janv. 1768, passé au régiment colonial le 16 févr. 1785.

Barrey (Charles), né à Châtellerault [Poitou] (1737), S. 10 avril 1765, R. pour 8 ans le 3 déc. 1778.

Guignot (Maurice), né à Villiers-le-Potel [Champagne] (1747), S. 21 nov. 1765, mort chez lui le 15 oct. 1783.

Chitray (Claude), né à Vy-les-Lure [Comté] (1747), S. 1er août 1766, R. pour 8 ans le 24 mai 1779.

Terver (Nicolas), né à Mitry [près Thionville] (1750), S. 1er févr. 1769, mort en mer dans la traversée de France en Amérique le 23 mai 1780.

Rupert (Jean), né à Koenigsmaker [près Thionville] (1750), S. 3 sept. 1769, R. pour 8 ans le 7 août 1775.

Thiery (Louis), né à Saint-Cosme [Maine] (1746), S. 30 avril 1770, passé au régiment colonial le 16 févr. 1785.

Broche (Louis-Joseph), né à Courrières [Artois] (1750), S. 3 févr. 1770, passé au régiment colonial le 16 févr. 1785.

Le Bley (Jacques), dit Cadet, né à Jussey [Comté] (1758), S. 1er oct. 1774, congédié le 25 juill. 1783.

Richard (Anatoille), dit La Grenade, né à Vernois [Comté] (1747), S. 8 août 1775, congédié le 5 sept. 1783.

Senot (Jean), né à Chissey [Comté] (1756), S. 10 sept. 1775.

Audivoit (Etienne), dit Jonvel, né à Jonvelle [Comté] (1755), S. 16 sept. 1775.

Cornevin (Claude), né à Villiers-le-Potel [Champagne] (1749), S. 21 nov. 1765, R. pour 8 ans le 25 mai 1779.

Grenier (Jean-Baptiste), né à Longchaumois [Comté] (1755), S. 24 août 1775, congédié le 5 oct. 1783.

Lacordaire (Nicolas), né à Fouvent-le-Chatel [Comté] (1757), S. 2 juin 1776, congédié le 2 juin 1784.

Boulogne (Jean-Pierre), né à Saint-Gobain [Picardie] (1759), S. 6 janv. 1777, congédié le 6 janv. 1786.

Charlier (Jean), dit Laplaine, né à Nancy [Lorraine] (1757), S. 18 févr. 1777, passé le 1er nov. 1784.

Goutenoir (Etienne), né à Saint-Symphorien-de-Lay [Beaujolais] (1756), S. 18 nov. 1779.

Quesanne (Joseph), né à Morvillars [Alsace] (1759), S. 23 janv. 1778.

Allard (Joseph), né à Chauvirey [Comté] (1762), S. 24 févr. 1778.

Laux (Antoine), dit Joliceur, né à Koenigsmaker [Trois Evêchés] (1759), S. 30 avril 1778.

Goury (Claude), né à Saint-Nicolas [Lorraine] (1759), S. 29 oct. 1778.

Blot (Jean-Baptiste), né à Etraux [Picardie] (1761), S. 17 nov. 1778.

Dubrez (François), né à Esserval [Comté] (1758), S. 3 déc. 1778, mort en Amérique à l'hôpital de Newport le 21 avril 1781.

Cuny (Claude-François), sergent, né à Fouchécourt [Comté] (1752), S. 5 déc. 1769, passé sergent-major le 4 févr. 1783.

Le Sage (François), né à Marcilly [Bourgogne] (1747), S. 8 févr. 1779, mort à l'hôpital d'Auxonne le 21 avril 1786.

Magnin (Antoine), né à Metz [Trois Evêchés] (1741), S. 23 févr. 1779.

Lemaitre (Nicolas), né à La Fère [Picardie] (1762), S. 31 janv. 1779.

Perrin (Edme), né à Perthes [Champagne] (1735), S. 31 janv. 1756, parti pour la pension le 25 juill. 1785.

Dubré (Louis), dit La France, né à Gouy [Ile de France] (1751), S. 1er avril 1756, parti pour la récompense militaire le 1er févr. 1783.

Tarby (Jean), né au Grand Vaire [Comté] (1761), S. 11 févr. 1778, mort à l'hôpital d'Auxonne le 2 avril 1785.

Grange (Sébastien), dit La Grange, né à Notre-Dame-du-Chatel [Savoie] (1758), S. 11 mai 1779, mort en Amérique le 1er avril 1782.

Bordereau (Anne), né à Brinon [Anjou] (1744), S. 1er juill. 1779.

Villers (Adrien), né à Haucourt [Picardie] (1755), S. 16 oct. 1779.

Colin (Nicolas), né à Sommerviller [Lorraine] (1762), S. 15 nov. 1779.

Duplaquet (Théodore), né à Chauny [Picardie] (1759), S. 12 déc. 1779.

Laubé (Joseph-Marie), né à Noyon [Picardie] (1762), S. 15 déc. 1779.

Doussot (Jean-François), né à Flavigny [Bourgogne] (1760), S. 16 déc. 1779, passé au régiment colonial le 16 févr. 1785.

Petitjean (Simon), né à Villecomte [Bourgogne] (1747), S. 28 déc. 1779, passé au régiment colonial le 1er févr. 1785.

Mathis (Guillaume), né à Saint-Jean-de-Rohrbach [Lorraine] (1761), S. 21 janv. 1780.

Braquil (Joseph), né à Manoncourt [Lorraine] (1759), S. 15 févr. 1780.

Bregin (Jullien), né à Plumergat [Bretagne] (1758), S. 20 avril 1780.

Petit (Jean), né à Bourbon-l'Archambault [Bourbonnois] (1761), S. 15 mars 1781.

Parent (Rameau), né à Calzan [Languedoc] (1757), S. 11 mars 1780.

Hubert (Aimé), né à Sainte-Colombe [Anjou] (1757), S. 15 mai 1780.

Bonnard (Ennemond), né à Saint-Symphorien-en-Dozon [Dauphiné] (1757), S. 29 mars 1775.

Gaudissart (Joseph), né à Floyon [Hainaut] (1756), S. 14 juin 1776.

Compagnie De Neurisse.

Decarreau (François), né à Moutmeillant [Champagne] (1747), S. 21 déc. 1763, congédié par grâce le 31 août 1786.

Baud'houin (Remy), dit La Liberté, né à Bruyères [Picardie] (1737), S. 2 mai 1757, trois rengagements.

Clavier (François), né à Seiovo [Dauphiné] (1738), S. 29 mars 1763, mort en Amérique à l'hôpital de la Providence le 7 nov. 1780.

Deine (Jean-Charles), né à Billy-Montigny [Artois] (1744), S. 2 août 1767, parti en congé le 5 août 1783.

Viriot (Roger), né à Vertières [Champagne] (1749), S. 5 janv. 1768, R. en 1776.

Gorrelier (Pierre Nicolas), né à Walincourt [Cambrésis] (1747), S. 15 oct. 1769, mort à Williamsburg le 10 oct. 1781.

Thevenot (Jean-Baptiste), né à Conflans [Lorraine] (1758), S. 11 janv. 1774, congédié le 4 juill. 1783.

Bressant (Jean-Claude), né à Bucey [Comté] (1755), S. 1er févr. 1774, passé au régiment colonial le 16 févr. 1785.

Liebau (Jean), né à Omzy [Bourgogne] (1744), S. 14 nov. 1774, R. pour 8 ans le 14 nov. 1782.

Morel (Jean-Baptiste-Buffard), né à Longchaumois [Comté] (1751), S. 6 déc. 1774.

Dubois (François), né à Château-Thierry [Brie] (1758), S. 3 juin 1776, congédié le 3 janv. 1784.

Lefort (Joseph), né à Touly [Picardie] (1759), S. 7 juin 1776, congédié le 7 janv. 1784.

Gaudissard (Joseph), né à Floyon [Flandre] (1757), S. 14 juin 1776, passé sergent le 4 févr. 1783.

Georget (Joseph), né à Varangeville [Lorraine] (1758), S. 16 janv. 1776, mort à Morlaix le 22 juill. 1783.

Pichon (Jean-Claude), né à Moncey [Comté] (1757), S. 25 janv. 1777, passé sergent le 17 sept. 1783.

Chaumont (Jean-Baptiste), né à Robert-Espagne [Lorraine] (1760), S. 29 mars 1777, passé sergent le 25 juill. 1783.

Trennin (Pierre-Eloy), né à Jussey [Picardie] (1760), S. 25 juin 1777.

Porcherot (Antoine), né à Fouchécourt [Comté] (1857), 30 juin 1777.

Feuvet (Nicolas), né à Longavesnes [Picardie] (1758), S. 16 oct. 1777.

Collier (Pierre), né à Saint-Maurice-sur-Favron [Gatinois] (1760), S. 19 nov. 1777, congédié le 4 janv. 1782.

[a] Ces officiers figurent réellement sur l'état d'embarquement pour l'Amérique, sans indication des prénoms ni du lieu de naissance. Translation: [These officers appear really on the rolls of embarkment for America, without any indication of first names or of place of birth.]

[b] Abréviations: S. = Entré au service; R. = Rengagé. Translation. — Abbreviations: S = entered in service; R = reenlisted.

Le Bled (Claude), né à Jussey [Comté] (1754), S. 23 janv. 1771, R. pour 8 ans le 8 févr. 1778.

Compagnie De Rumigny.

Poulnot (Jean-Baptiste), né à Gray [Comté] (1737), S. 1ᵉʳ nov. 1759, parti de Williamsborg en Virginie le 2 févr. 1782, pour la récompense militaire.

Patin (Jean-Baptiste), né à Charcenne [Comté] (1742), S. 2 janv. 1764, sergent-major le 26 oct. 1781.

Parisson (Nicolas), né à Frenay [Champagne] (1730), S. 26 juill. 1757, mort à l'hôpital d'Auxonne le 31 oct. 1784.

Chatelain (Jean-Baptiste), né à Ribemont [Picardie] (1735), S. 13 mai 1762, mort à l'hôpital d'Auxonne le 29 déc. 1785.

Cordier (Jean-Noël), né à Arc-sous-Cicon [Comté] (1741), S. 6 nov. 1763, mort en mer en rentrant d'Amérique le 16 nov. 1783.

Richard (Jacques), né à Montigny [Comté] (1739), S. 5 déc. 1763, R. pour 8 ans le 28 déc. 1778.

Tissier (Nicolas) né à Montcourt [Comté] (1746), S. 29 janv. 1764, R. pour 8 ans le 25 sept. 1778.

Carbonel (Louis), né à Saint-Julien [Languedoc] (1744), S. 22 août 1764, mort à l'hôpital d'Yorck, le 8 déc. 1781.

Gerard (Etienne), né à Lusigny [Champagne] (1740), S. 27 janv. 1766, R. pour 8 ans le 1ᵉʳ déc. 1778.

Routhier (Joseph), né à Landresse [Comté] (1737), S. 4 mars 1766, R. pour 8 ans le 18 févr. 1774.

Despalmes (Charles), né à Saint-Pierre-Laval [Auvergne] (1748), S. 8 févr. 1768, passé au régiment colonial le 16 févr. 1785.

Cordier (Charles-François), né à Arc-sous-Cicon [Comté] (1754), S. 9 oct. 1771, mort en mer le 16 mars 1781.

Bornel (Désiré), né à La Torte [Bourgogne] (1751), S. 1ᵉʳ nov. 1771, R. pour 8 ans le 1ᵉʳ nov. 1779.

Quenot (Louis), né à Monthieux-en-Bresse [Bourgogne] (1753), S. 1ᵉʳ nov. 1771, R. pour 8 ans le 25 sept. 1779.

Tronquet (Etienne), né à Chateauneuf [Gâtinais] (1758), S. 8 janv. 1775.

Loignot (Joseph), né à Bourguignon-les-la-Charité [Comté] (1748), S. 20 févr. 1775.

Beginert (Jean-Baptiste), né à Saint-Jean [Lorraine] (1756), S. 27 mars 1775, mort à l'hôpital de Providence le 29 mai 1781.

Gigoulès (Nicolas), né à Chateauvieux [Comté] (1754), S. 1ᵉʳ avril 1775.

Klein (Joseph), né à Mittelschaeffelsheim [Basse-Alsace] (1717), S. 21 avril 1775.

Adrey (Jean-Claude), né à Ossey [Comté] (1755), S. 21 janv. 1776.

L'Etrillard (Jean-Baptiste), né à Convron [Picardie] (1758), S. 3 nov. 1776.

Serbinat (Clément), né à Montceau [Dauphiné] (1755), S. 4 mai 1777.

Terray (Jean-Claude), né à Cherlieu [Lyonnais] (1761), S. 18 juin 1777, mort à l'hôpital d'Auxonne le 18 juin 1784.

Demilly (Jean-Louis), né à Roucy [Picardie] (1760), S. 1ᵉʳ sept. 1777.

Degardey (Théodore), né à Wassigny-en-Artois [Picardie] (1757), S. 17 nov. 1777.

Jeandin (François), né à Jeandelize [Lorraine] (1756), S. 22 nov. 1777.

Trunquet (Nicolas), dit Bellerose, né à Chateauneuf [Gâtinais] (1760), S. 5 déc. 1777.

Paris (Jean-Claude), né à Fondremand [Comté] (1762), S. 25 janv. 1778.

Malservée (Etienne), né à Vassy [Champagne] (1758), S. 13 mars 1778.

Courtoisier (Dominique), né à Bassigney [Comté] (1749), S. 13 janv. 1767, R. pour 8 ans le 13 janv. 1775.

Guillemet (Pierre), né à Guillemet [Bretagne] (1756), S. 16 août 1778.

Bachelet (Nicolas), né à Darissi-aux-Bois [Picardie] (1760), S. 29 oct. 1778.

Cuquemel (Pierre), né à Bêcherel [Bretagne] (1753), S. 14 nov. 1778.

Jaunier (André) né à Lodève [Languedoc] (1754), S. 24 févr. 1779.

Malaval (François), né à Creysseilles [Rouergue] (1759), S. 29 févr. 1779.

Duguet (Joseph), né à Pluduno [Bretagne] (1758), S. 14 avril 1779, mort en Amérique le 23 sept. 1782.

Zegue (Jacques), né à Vadans [Comté] (1730), S. 18 févr. 1757, sergent-major le 10 avril 1780.

Etienne (Nicolas), né à Hautecourt-la-Grande [Lorraine] (1748), S. 5 mars 1767, congédié le 24 juill. 1783.

Nicot (Jean-Claude), né à Bussières [Comté] (1758), S. 10 avril 1775, congédié le 24 juill. 1783.

Patras (Thomas), né à La Côte-Saint-André [Dauphiné] (1756), S. 19 avril 1777, mort en Amérique le 13 sept. 1780.

Brandin (Pierre-François), né à Saint-Loup [Comté] (1757), S. 13 mars 1778.

Lauremier (Philippe), né à Saint-Loup [Comté] (1758), S. 3 févr. 1779.

Brouette (Pierre), né à la Neuville [Picardie] (1762), S. 12 nov. 1779.

Desbottes (Joseph), né à Cambrai (1748), S. 11 déc. 1779.

Aubry (Joseph), né à Arnancourt [Champagne] (1762), S. 15 déc. 1779.

Payoux (Pierre-Varin), né aux Choux [Gâtinais] (1753), S. 4 janv. 1780.

Domant (Mathieu), né à Steinbach [Lorraine] (1763), S. 21 janv. 1780.

Poutoire (Michel-Pierre), né à Bonnetable [Maine] (1760), S. 19 déc. 1779.

Gauthier (François), né à Saint-Aubin-de-Terregatte [Normandie] (1762), S. 14 févr. (1780), mort des blessures reçues à York le 18 oct. 1781.

Venette (Jean-Louis), né à Montigny [Artois] (1754), S. 28 févr. 1780.

Teilsard (Toussaint), né à Bucey [Comté] (1760), S. 7 déc. 1780, mort en Amérique le 27 oct. 1782.

Martin (Jean), né à Pommerola [près Montpellier] (1762), S. 23 déc. 1779.

Laviaux (Claude-François), né à Ronchamp [Comté] (1760), S. 27 mars 1780.

Monnin (Jean), né à Flammerans [Bourgogne] (1745), S. 7 nov. 1763, R. pour 4 ans le 7 nov. 1779.

Vautrin (Nicolas), né à Saint-Nicolas [Lorraine] (1762), S. 27 déc. 1780.

Castillo (Maximilien), né à Breblères [Artois] (1748), S. 3 févr. 1768, R. pour 8 ans le 3 févr. 1776.

Laubast (Jean), né à Saint-Agnan [Gascogne] (1759), S. 25 juin 1778.

Fournier (Louis), né à Perucier [Picardie] (1754), S. 11 févr. 1780.

Chaumont (Jean-Baptiste), né à Robert-Espagne [Lorraine] (1760), S. 29 mars 1781.

Serbahat (Clément), né à Montceau [Dauphiné] (1755), S. 4 mai 1777.

Compagnie Ollivier D'Hemery.

Monnot (Joseph), sergent, né à Mirecourt [Lorraine] (1739), S. 9 mars 1757, parti pour la pension le 25 juill. 1785.

Berthé (François), né à Bourg [Bresse] (1742), S. 3 sept. 1768, mort en Amérique le 17 août 1780.

Suard (Jean), dit L'Enclume, né à Saint-Laurent [Périgord] (1731), S. 24 mai 1758, congédié en Amérique le 1ᵉʳ déc. 1782.

Becquaire (Martin), dit Laplaisance, né à Macheren [près Thionville] (1742), S. 31 mars (1759), R. pour 8 ans le 11 juin 1779.

Suard (Félix), dit La Jeunesse, né à Perpignan (1742), S. 12 mai 1760, mort en Amérique le 13 juin 1783.

Ferrey (Claude-Pierre), né à Oiselay [Comté] (1748), S. 17 déc. 1766, mort d'une blessure reçue à Yorck le 24 oct. 1781.

Courtot (Nicolas), né à Lure [Comte] (1754), S. 18 févr. 1774, congédié le 6 juill. 1783.

Courtot (Jean-Baptiste), dit Saint-Jean, né à Lure [Comté] (1756), S. 18 févr. 1774, R. le 18 févr. 1782, pour 4 ans.

Queinel (Christophe), dit Ladouceur, né à Ferrières [Trois Evêchés] (1733), S. 2 mai 1758, mort en Amérique le 23 août 1780.

Billion (Joseph), né à Saint-Laurent-du-Pont [Dauphiné] (1754), S. 4 avril 1775, congédié en Amérique le 24 mars 1783.

Lalaux (Jean-François), né à Vaux-en-Arrouaise [Picardie] (1759), S. 27 sept. 1775.

Salomon (Philibert-Antoine), né à Bruyères [Picardie] (1756), S. 9 oct. 1775, mort à l'hôpital ambulant devant York le 2 nov. 1781.

Lefèvre (Jean), né à Coudrans [Picardie] (1754), S. 19 janv. 1776.

Delattre (Antoine), né à Beautor [Picardie] (1755), S. 24 janv. 1776.

Dubois (Louis-Joseph), né à Saint-Omer [Artois] (1744), S. 25 avril 1763, R. pour 8 ans le 29 avril 1778.

Lecas (Pierre-François), né à Condren [Picardie] (1757), S. 20 mars 1776.

Lorain (Jean-Antoine), né à Fosseux [Picardie] (1752), S. 4 avril 1776, mort en Amérique le 18 août 1780.

Chardin (Claude), dit Cadet, né à Bassigney [Comté] (1752), S. 29 mai 1776.

Glaize (Pierre), né à Berheu [Lorraine] (1757), S. 30 nov. 1776.

Marneur (Claude), né à Vy-le-Ferroux [Comté] (1738), S. 6 déc. 1776.

Chovory (Barthélemy), né à Soulesme [Verdunois] (1757), S. 23 janv. 1777.

Delisle (Jean-Pierre), né à Souhesmes [Verdunois] (1749), S. 17 avril 1766, R. pour 4 ans le 17 avril 1782.

Ferrard (Jean), dit Ferrette, né à Haute-Yutz [Lorraine] (1757), S. 23 nov. 1777.

Barascud (Antoine), dit Brindamour, né à Saint-Rome-de-Tarn [Rouergue] (1757), S. 20 déc. 1777.

Matllefer (Prosper), dit La Fleur, né à Bruyères [Picardie] (1761), S. 8 févr. 1778.

Briot (Valentin), né à Fouvent-le-Châtel [Comté] (1756), S. 26 mars 1778.

Dole (Claude), sergent-major, né à Serval [Picardie] (1730), S. 2 mars 1757, fait officier le 25 oct. 1781.

Minochet (Michel), né à Stangmeur [Bretagne] (1752), S. 2 janv. 1779.

Lefavre (Gaspard), né à Templeuve [Flandre] (1748), S. 10 sept. 1776, mort en Amérique le 6 juill. 1781

Ferson (François), né à Romont [Lorraine] (1758), S. 31 mars 1777, mort à l'hôpital de Brest le 11 juill. 1783.

Dufleau (Claude), né à Saint-Christ [Picardie] (1758), S. 31 juill. 1777.

Mulot (Joseph), né à Montauban [Picardie] (1758), S. 12 août 1777, mort en Amérique le 2 févr. 1783.

Chameau (Jacques), né à Montigny-sur-Crécy [Picardie] (1760), S. 1er mars 1777, mort en Amérique le 25 juill. 1791.

Hurier (Louis), né à Hendicourt [Picardie] (1750), S. 20 nov. 1777.

Pagnon (Pierre), né à Parguy [Picardie] (1760), S. 1er déc. 1777.

Duhamel (Jean-Joseph), né à Curchy [Picardie] (1755), S. 5 janv. 1778.

Stier (Mathieu), né à Hendicourt [Picardie] (1760), S. 15 janv. 1778.

Picard (Julien), né à Saint-Aignan [Maine] (1759), S. 24 févr. 1778.

Royron (Jean-François), né à Saint-Hostien [Velay] (1752), S. 20 nov. 1775.

Rigaud (Joseph), né à Versigny [Picardie] (1754), S. 24 juill. 1777.

Maigny (Pierre), né à Charnay [Bretagne] (1748), S. 24 mai 1778.

Petitpas (François), né à La Chapelle-Janson [Bretagne] (1757), S. 17 oct. 1778.

Barret (Jean-Baptiste-Joseph), né à Dompierre-sur-le-Doubs [Comté] (1759), S. 30 oct. 1778.

Marotte (Honoré-Rémy), né à Pertuis [Picardie] (1761), S. 23 nov. 1778.

Jacqué (Jean-Baptiste), né à Corravillers [Comté] (1761), S. 10 janv. 1779.

Jéronne (Alexis), né à Etampes [Beauce] (1763), S. 26 févr. 1779.

Verney (Antoine), né à Martel [Quercy] (1759), S. 31 mars 1779.

Monnier (Pierre), né à Plédéliac [Bretagne] (1762), S. 9 août 1779.

Christot (Jacques), né à Mézin [Languedoc] (1762), S. 18 juill. 1779, tué en batterie, d'un boulet, au siège d'York le 17 oct. 1781.

Meret (Claude), né à Troisserenx [Picardie] (1751), S. 1er nov. 1779.

Croisière (Joseph-Marie), né à Bourg-Paul-Muzillac [Bretagne] (1752), S. 15 nov. 1779.

Georget (Michel), né à Bourg-Paul-Muziliac [Bretagne] (1761), S. 29 nov. 1779.

Compagnon (Laurent), né à Tours (1762), S. 28 déc. 1779, mort en Amérique le 17 janv. 1782.

Le Bel (Etienne), né à Orville [Champagne] (1760), S. 11 avril 1779.

Le Bel (Claude) dit Cadet, né à Orville [Champagne] (1761), S. 11 avril 1779, mort à l'hôpital de Morlaix le 16 juill. 1783.

Viette (Jean), né à Biamont [Comté] (1762), S. 24 août 1779.

Augustin (Colin), né à Passavant [Comté] (1754), S. 6 oct. 1779.

Rondot (François), né à Villars-les-Potelle [Champagne] (1760), S. 4 nov. 1779.

Grandmougin (Nicolas), né à Fétaire [Comté] (1761), S. 25 janv. 1780, mort en Amérique le 2 sept. 1782.

Mougin (Jean), né à Ancey [Champagne] (1758), S. 10 févr. 1780.

Ray (Jean), né à Auxonne [Bourgogne] (1762), S. 28 déc. 1779, mort à l'hôpital de Brest le 25 juill. 1783.

Renaux (François), né à Roche-sur-Bucey [Comté] (1759), S. 2 févr. 1780.

Eloy (Jean-Nicolas), dit Lajeunesse, né à Etreux Landrenot [Picardie] (1763), S. 17 nov. 1779.

Mathieu (Jean-François), né à Varangeville [Lorraine] (1763), S. 14 févr. 1780.

Robert (Philippe), né à Teuley [Comté] (1759), S. 16 févr. 1780.

Rouel (Nicolas-François), né à Hemeray [Artois] (1759), S. 3 avril 1777.

Bosque (Jean-Pierre), né à Moussan [Languedoc] (1761), S. 2 mai 1780, congédié en Amérique pour rentrer en France le 1er mai 1783.

Bouchey (Louis), né à Bienois [Brie] (1745), S. 13 oct. 1779, réformé le 18 juill. 1784.

Thouvenot (Antoine), né à Tartécourt [Comté] (1762), S. 15 déc. 1779.

Minet (Claude), né à Lazeville [Champagne] (1761), S. 6 janv. 1781, mort en Amérique le 13 oct. 1782.

Coutte (Augustin-Quentin), né à Saint-Quentin [Picardie] (1761), S. 2 nov. 1777.

Chataigné (Jean-François), né à Quers [Comté] (1755), S. 16 mars 1775.

Pipelay (Jean-Jacques), né à Pertuis [Picardie] (1760), S. 23 nov. 1778.

Barret (Jean-Baptiste-Joseph), né à Dompierre-sur-le-Doubs [Comté] (1759), S. 30 oct. 1778.

Arcelin (Jean-Baptiste), né à Vitry-le-François (1757), S. 4 mars. 1775.

Compagnie Garret De Maisonneuve.

Fernoux (Simon), né à Marnoz [Comté] (1740), S. 12 mai 1760, R. pour 8 ans le 1er sept. 1777.

Maillard (Jérôme), né à Fleury-la-Rivière [Champagne] (1735), S. 21 mai 1755, mort à l'hôpital d'Auxonne le 16 sept. 1783.

Pelitier (Jacques), dit Deslauriers, né à La Garde Oyron [Dauphiné] (1740), S. 19 janv. 1757, mort à Williamsburg le 7 oct. 1781.

Levert (Jacques), né à Epéhy [Picardie] (1735), S. 4 avril 1758, R. pour 8 ans le 30 sept. 1773.

Denef (Jean-Nicolas), né à Neufchef [Lorraine] (1743), S. 3 avril 1762, R. pour 8 ans le 18 mars 1777.

Creusy (Jean-Baptiste), né à Ferrière-les-Scey [Comté] (1739), S. 14 déc. 1765, R. pour 8 ans le 14 déc. 1779.

Bredille (Denis), né à Sirey [Bourgogne] (1746), S. 4 avril 1766, mort en mer le 6 juin 1781.

Gevrey (Claude-Henry), né à Isilo [Bourgogne] (1748), S. 5 nov. 1767, mort à l'hôpital de Boston le 12 juill. 1781.

Moraud (François), né à Vitteaux [Bourgogne] (1745), S. 13 mars 1768, R. pour 8 ans le 15 nov. 1776.

Voilquin (Pierre), né à Jandreville [Lorraine] (1751), S. 9 avril 1770, R. pour 8 ans le 9 avril 1778.

Baubillier (Pierre-Antoine), né à La Grand Combe [Comté] (1752), S. 3 mai 1774, mort à l'hôpital de Boston le 15 juin 1781.

Etienne (Jean), né à Aubecourt-la-Grange [Trois Evéchés] (1758), S. 1er mai 1775.

Robe (Pierre-François), né à Courtetain [Comté] (1758), S. 26 juill. 1775.

Pery (Adrien), né à Landresse [Comté] (1755), S. 22 déc. 1775.

Dabuy (Jean-Baptiste), né à Monceau-les-Loups [Picardie] (1754), S. 21 janv. 1776.

Petitjean (Antoine), né à Colombier [Lorraine] (1755), S. 6 mai 1776, mort pendant la traversée de France en Amérique le 27 mars 1781.

Besaque (Joseph), né à Couvron [Picardie] (1759), S. 24 avril 1776.

Berteaux (Joseph), né à Dombasle [Lorraine] (1756), S. 1er mai 1776.

Pierre (Baptiste), né à Montreux [Lorraine] (1748), S. 3 oct. 1776.

Maguin (Claude-Philippe), né à Besançon [Comté] (1754), S. 2 mars 1777.

Chaffenat (Jean-François), né à Corravillers [Comté] (1759), S. 28 mars 1777.

Hoccard (François), né à Chatenois [Lorraine] (1759), S. 30 mars 1777, mort à l'hôpital d'Auxonne le 16 sept. 1783.

Lemoine (Antoine), né à Vonel [Picardie] (1757), S. 24 juill. 1777.

Couvreur (André), né à Barizy-aux-Bois [Picardie] (1758), S. 29 oct. 1777.

Le Dez (Edme), né à Triguères [Gatinois] (1753), S. 19 nov. 1777.

Marchand (Jean), né à Renange [Lorraine] (1758), S. 26 déc. 1777.

Imbert (Jean-Louis), né à Regny [Beaujolais] (1760), S. 30 janv. 1778.

Dœillet (François), né à Poncey [Bourgogne] (1761), S. 23 juill. 1777.

Vernay (Antoine), né à La Ville Dieu [Vivarais] (1755), S. 21 avril 1778.

Ricard (Fulqueront-Dominique), né à Lodève [Languedoc] (1754), S. 24 févr. 1779.

Brillant (Jean), né à Bayet Moran [Bretagne] (1753), S. 19 mars 1779.

Le Bert (Yves), né à Berledy [Bretagne] (1760), S. 21 mars 1779.

Martin (Jean), né à Vandœuvre [Lorraine] (1743), S. 5 févr. 1764, mort à Brest en juin 1781.

Vanier (René), né à Mayenne (1760), S. 29 nov. 1779.

Tervers (Jean), né à Mitry [Trois Evéchés] (1742), S. 7 avril 1767, R. pour 8 ans le 7 avril 1775.

Le Roy (François), sergent-major, né à La Barre [Comté] (1740), S. 20 mars 1782, R. pour 8 ans le 1er sept. 1778.

Barbaux (Jacques), né à La Grange Tourain [Comté] (1756), S. 19 déc. 1774, congédié le 5 juill. 1783.

Barbet (Louis), né à Charné [Mâcon] (1748), S. 14 déc. 1768, R. pour 8 ans le 14 déc. 1775.

Lastre (Joseph), né à Buffard [Comté] (1750), S. 13 mai 1771, R. pour 8 ans le 13 mai 1779.

Ardouins (Jacques), dit Desmaret, né à Beaunes [Champagne] (1746), S. 13 mars 1772, R. pour 8 ans le 1er nov. 1780.

Baudry (François), né à Poncey [Bourgogne] (1759), S. 8 mai 1777.

Lavisé (Pierre), né à Bourbonne-les-Bains [Champagne] (1761), S. 11 juin 1779.

Cuinet (Claude-Antoine), né à l'Abbaye de Damparis [Comté] (1753), S. 26 sept. 1779.

Goichot (Joseph), né à Trésilley [Comté] (1760), S. 18 oct. 1779.

Holbeck (George), né à Layvills [Lorraine] (1761), S. 21 janv. 1780.

Gruyeres (François), né à Saint-Germain [Comté] (1764), S. 26 févr. 1780.

Berthier (Jean-Baptiste), né à Pontoey [Comté] (1757), S. 18 déc. 1777.
Coutellier (Aubin), né à Rosey [Comté] (1759), S. 12 mars 1778.
Thomas (Antoine), né à Roanne [Forez] (1760), S. 29 nov. 1778.
Joliclère (Claude-Joseph), né à Mignovillard [Comté] (1758), S. 16 déc. 1778.
Baubigny (François), né à Vernix [Normandie] (1761), S. 24 mars 1779.
Martin (Pierre-Joseph), sergent, né à La Neuville Saint-Remy [près Cambrai] (1749), S. 2 mai 1767, parti pour la pension le 25 juill. 1785.
Thiel (Jean), né à Saint-Aubin [Anjou] (1760), S. 29 nov. 1779.
Cabrot (Antoine), né à Saint-Sauveur [Bourgogne] (1760), S. 19 déc. 1779.
Peret (Pierre), né à Jandun [Champagne] (1758), S. 8 févr. 1778.
Julliard (André), né à Basseville [Lyonnais] (1758), S. 15 mars 1779.

Bidaux (Jean), né à Arc [Comté] (1744), S. 25 janv. 1778, mort en mer pendant la traversée de France en Amérique sur le "Mars" le 7 juill. 1780.
Pierron (Joseph), né à Saint-Nicolas [Lorraine] (1761), S. 15 nov. 1779.
Gaulard (Claude-François), né à Bucey [Comté] (1761), S. 3 déc. 1779.
Thieulle (François), né à Pommerols [Languedoc] (1760), S. 22 déc. 1779.
Clauzelle (Jean-Louis), né à Genève (1762), S. 17 janv. 1780.
Jobard (Pierre-Alexis), né à Fonçine [Comté] (1761), S. 2 févr. 1780, mort en Amérique [Baltimore] le 31 janv. 1783.
L'Éclopé (Jean), né à Bourges (1756), S. 5 févr. 1780.
Gehier (François), né à Saint-Michel-de-la-Paind [près Angers] (1761), S. 22 févr. 1780.
Thimon (Jean), né à Saint-Jean-de-Losne [Bourgogne] (1760), S. 1ᵉʳ mars 1780.

Collieux (Jean-François), né à Sainte-Marie [Comté] (1759), S. 2 mars 1780.
Baquet (Jean-Alexis), né à Chauny [Picardie] (1761), S. 11 déc. 1779.
Desmeurs (Claude), né à Arnancourt [Champagne] (1760), S. 15 déc. 1779.
Caron (Eloy), né à Noyon [Picardie] (1759), S. 7 janv. 1780.
Décembre (George), né à Houkerich [Lorraine] (1761), S. 21 janv. 1780.
Le Grand (Antoine), né à Saint-Pierre-des-Verriers [Picardie] (1756), S. 6 mars 1780.
Martin (Vincent), né à Rochereau [Lorraine] (1761), S. 13 oct. 1779, mort à l'hôpital d'York le 28 févr. 1782.
Lefèvre (François), né à Jussey [Comté] (1752), S. 18 juill. 1771, mort en Amérique le 11 déc. 1782.
Monnin (Joseph), né à Digue [Provence] (1745), S. 12 mars 1768, R. pour 8 ans le 12 mars 1776.
Caurotte (Pierre), dit Jolibois, né à Dammartin [Comté] (1758), S. 22 nov. 1777.

RÉGIMENT DE METZ.

(2ᵉ BATAILLON.)

Le régiment de Metz a été formé de la brigade de Loyauté du corps royal de l'artillerie, en vertu de l'ordonnance du 13 août 1765; son premier colonel a été Gédéon LE DUCHAT d'Ouderne, et MATHIEU (Alexis) en fut le dernier.

En 1777 son 2ᵉ bataillon est envoyé aux Antilles.

Deux compagnies du 1ᵉʳ bataillon furent à leur tour envoyées en Amérique en avril 1780 et deux autres les suivirent en 1781.

Ce corps avait à l'armée de Rochambeau dix compagnies; les autres étaient stationnées à Saint-Domingue et dans différentes îles des Antilles.

Ce qui restait de ces compagnies est rentré en France en 1784.

Le régiment de Metz, actuellement 19ᵉ régiment d'artillerie, est en garnison à Nîmes.

Le Chevalier PIERRE DE GIMEL, né à Rudeil le 28 janvier 1728, lieutenant-colonel.

[Translation.]

RÉGIMENT DE METZ.

(SECOND BATTALION.)

The regiment of Metz was formed of the brigade de Loyauté of the royal corps of artillery by virtue of the ordonnance of August 13, 1765. Its first colonel was Gédéon LE DUCHAT d'Ouderne, and MATHIEU (Alexis) was the last.

In 1777 its second battalion was sent to the Antilles.

Two companies of the first battalion were sent to America in April, 1780, and two others followed in 1781.

This regiment had ten companies in Rochambeau's army; the others were stationed at Saint Domingo and in the different islands of the Antilles.

That which remained of the companies returned to France in 1784.

The régiment de Metz, actually the nineteenth regiment of artillery, is in garrison at Nimes.

The Chevalier PIERRE DE GIMEL born at Rudeil January 28, 1728, lieutenant-colonel.

Garaud (Louis), né à Neuf-Chef [Lorraine] (1747), S. 1ᵉʳ avril 1766.
Gavaud (Jean), né à Jondes [Bourgogne] (1747), S. 19 févr. 1767.
Maguigny (Jacques), né à Saint-Didier [Lyonnais] (1742), S. 22 févr. 1767.
Levret (Claude), né à Menotey [Franche-Comté] (1745), S. 29 nov. 1767.
Mathiote (Nicolas), né à La Neuville [près Vic] (1749), S. 21 déc. 1767.
Mennegay (François-Joseph), né à Pont-de-Roide [Franche-Comté] (1746), S. 7 févr. 1768.
Mairot (Augustin), né à Arc [Franche-Comté] (1751), S. 26 avril 1771.
Le Clair (Jean-Baptiste), né à Rémouville [Champagne] (1753), S. 1ᵉʳ mai 1772.
Buret (Antoine), né à Chauny [Thiérache] (1755), S. 18 oct. 1773.
Le Comte (Alexandre), né à Dommartin [Lorraine] (1758), S. 14 avril 1774.
Le Comte (Jean), né à Nouvion [Picardie] (1755), S. 25 juin 1774.
Le Comte (Louis), né à Nouvion [Picardie] (1756), S. 25 juin 1774.
Voidet (Vincent), né à Epagny (1757), S. 3 févr. 1775.
Camus (Remy), né à Asfeld [Champagne] (1756), S. 8 mai 1775.
Sohier (Jean-Baptiste), né à Asfeld [Champagne] (1755), S. 4 juill. 1775.
Caillot (Henry), né à Evergnicourt [Picardie] (1752), S. 26 janv. 1776.
Brulefer (Jean-Louis), né à Pommeuse [Brie] (1754), S. 1ᵉʳ avril 1776.
D'Anteny (Quentin), né à Chauny [Thiérache] (1755), S. 5 déc. 1776.
Estier (Etienne), né à Asfeld [Champagne] (1759), S. 29 mars 1777.
Meunier (Nicaise), né à Blanzy [Champagne] (1753), S. 17 mai 1777.
Lausare (Nicolas), né à Beralles [Champagne] (1754), S. 18 sept. 1777.

Compagnie Rotalier.

Berthelon (Philippe), né à Légna [Franche-Comté] (1737), S. 24 mars 1757.
Boullet (Pierre-Toussaint), né à Amboise [Touraine] (1734), S. 6 févr. 1757.
Vaillant (Jean), né à Essoyes [Champagne] (1735), S. 6 avril 1758.
Plée (Jean-Charles), né à Missy-le-Château [Picardie] (1741), S. 14 mai 1758.
Moilé (François), dit Lafeuillade, né à Saint-Quentin [Picardie] (1753), S. 14 mars 1770.
Le Roy (François), né à Morville-sur-Nied [près Metz] (1743), S. 26 oct. 1763.
Adam (François), né au bourg de Bazailles [près Metz] (1738), S. 15 janv. 1765.
Gautier (Jean), dit Vedeboncœur, né à Guivry [Picardie] (1749), S. 11 mars 1766.
Boxberg (Nicolas), né à Mollkirch [Basse-Alsace] (1747), S. 1ᵉʳ avril 1766.
Boucher (Julien), né à Quistinic [Bretagne] (1738), S. 24 juin 1766.
Comtois (Claude-François), né à Mondon [Franche-Comté] (1751), S. 20 janv. 1767.
Cassel (François), né à Tincourt [Picardie] (1746), S. 18 déc. 1767.
Pariset (François), né à Avrigney [Franche-Comté] (1752), S. 17 mars 1768.
Magnenet (Pierre-Joseph), né à Vellevans [Franche-Comté] (1744), S. 3 avril 1768.
Boulanger (Charles-Nicolas), né à Proyart [Picardie] (1750), S. 5 mai 1768.

Gauthier (Nicolas), né à Langres [Champagne] (1751), S. 8 oct. 1770.
Baud (Nicolas), né à Gennes [Franche-Comté] (1748), S. 29 nov. 1770.
Cremer (Nicolas), né à Hettange-la-Grande [près Thionville] (1743), S. 16 oct. 1770.
Gabriel (Louis), né à Chauny [Picardie] (1754), S. 18 déc. 1770.
Bourgain (Jacques), né à Morsain [Picardie] (1753), S. 21 déc. 1770.
De Bauve (Nicolas), né à Bouconville [Picardie] (1752), S. 27 mai 1771.
Parant (Jean-Joseph), né à Najal [Picardie] (1755), S. 18 oct. 1773.
Malh (Claude), né à Auxonne [Bourgogne] (1767), S. 21 sept. 1774.
Le Gay (Adrien), né à Douai [Flandre] (1755), S. 22 nov. 1774.
Estevez (Benoist), né à Hamblain-les-Prés [près Arras] (1756), S. 26 oct. 1775.
Malnquin (Pierre-Antoine), né à Bantie [Picardie] (1759), S. 25 févr. 1776.
Cousin (Jean-Baptiste), né à Oiry [Champagne] (1755), S. 25 mars 1777.
Nicolot (Jean-Philippe), né à Aubouconrt Rivières [Champagne] (1760), S. 6 avril 1777.
Gronier (Joseph), né à Vermand [Picardie] (1755), S. 7 mai 1777.
Courtin (Claude), né à Fontaine [Picardie] (1751), S. 3 juill. 1777.

Compagnie Tardy de Montravel.

Goffard (Jean-Claude), né à Toul (1744), S. 1ᵉʳ mai 1764.
Georges (Pierre-Joseph), né à Marchiennes [Flandre] (1738), S. 11 mars 1757.
Pioche (Valentin), né à la Roche [Champagne] (1751), S. 8 déc. 1766.
Auper (Pierre), né à Webenheim [Lorraine] (1736), S. 3 févr. 1763.
Person (Louis), né à Cousancelles [Lorraine] (1739), S. 14 mai 1758.
Flamand (Pierre-Joseph), né à Cambrai (1734), S. 2 févr. 1763.
Launoy (Pierre), né à Dommery [Champagne] (1741), S. 13 mars 1763.
La Compar (François), né à Metz (1745), S. 7 avril 1763.
Pontlevis (Jean-Baptiste), né à Maubenge (1743), S. 23 oct. 1763.
Colaine (Nicolas), dit Cadet, né à Joinville [pays Messin] (1741), S. 2 avril 1766.
Rotte (François), né à Bettainvillers [près Metz] (1747), S. 28 nov. 1766.
Frochot (Simon), né à Savigny-le-Sec [Bourgogne] (1748), S. 1ᵉʳ nov. 1767.
Tisserand (Joseph), né à Saône [Franche-Comté] (1748), S. 27 nov. 1767.
Le Page (Antoine), né à Vaillant [Champagne] (1750), S. 4 mars 1768.
Donney (Jean-Nicolas), né à Aumetz [Lorraine] (1750), S. 9 juin 1769.
Progny (Etienne), né à Moug [Picardie] (1744), S. 2 janv. 1770.
Gotillot (Claude), né aux Bois-de-la-Magdeleine [Nivernais] (1750), S. 13 avril 1770.
Girardot (Jean), né à Celles [Bassigny] (1749), S. 19. oct. 1770.
Chire (François), né à Vernois-sur-Mance [Franche-Comté] (1753), S. 2 mars 1771.
Hautelin (Antoine), né à Saint-Thiébault [Champagne] (1753), S. 20 mars 1771.
Goffard (Jacques), né à Toul (1751), S. 31 août 1771.

Bourbier (Louis), né à Anizy [Picardie] (1751), S. 1ᵉʳ oct. 1774.
Reignier (Servais), né à Foucaucourt [Picardie] (1750), S. 25 oct. 1774.
Le Moine (Augustine), né à Bretigny [Picardie] (1747), S. 20 févr. 1775.
Blier (Pierre-François), né à Cambrai [Picardie] (1756), S. 25 juin 1775.
Pirot (Jacob), né à Thiaucourt [Lorraine] (1754), S. 30 oct. 1775.
Groulé (Nicolas-Joseph), né à Marchiennes [Flandre] (1758), S. 1ᵉʳ févr. 1776.
Dussart (Alexandre), né à Marchiennes [Flandre] (1759), S. 3 févr. 1776.
De Lestre (Charles), né à Macquigny [Picardie] (1758), S. 8 mai 1776.
Fiamand (François), né à Reguy [Picardie] (1754), S. 14 juin 1776.
Dorger (Jean), né à Coulommiers [Brie] (1758), S. 21 nov. 1776.
Robert (Jean-François), né à Epénancourt [Picardie] (1760), S. 29 mars 1777.
Noel (Michel-Louis), né à Void [aux Evêchés] (1760), S. 16 avril 1777.
Dienard (François), né à Saint-Amand [Hainaut] (1755), S. 2 déc. 1777.

Compagnie De Vulmont.

Champion (François), né à Tournou [Vivarais] (1737), S. 1ᵉʳ avril 1757.
Paris (Pierre), né à Coublane [Champagne] (1742), S. 4 mars 1762.
Pietre (Jean), né à Ancerville [Barrois] (1724), S. 25 mars 1757.
Chapuis (Emanuel), né à Saint-Georges [Franche-Comté] (1746), S. 5 févr. 1767.
Lux (Louis), dit Laverdure, né à Langotte [Lorraine] (1730), S. 12 juill. 1753.
Barbouhet (Pierre), né à Bastide-de-Luzech [Quercy] (1736), S. 19 mars 1758.
Jeunot (Georges), né à Pierreville [Lorraine] (1742), S. 8 mai 1763.
Courtin (Antoine-Joseph), né à Locquignol [Hainaut] (1745), S. 2 avril 1766.
Juge (Jean), né à Eshières [Dauphiné] (1742), S. 13 janv. 1769.
Cabuche (Barthélémy), dit Saint-Etienne, né à Bayonvillers [Picardie] (1740), S. 30 mars 1759.
Dory (Michel), dit Saint-Julien, né à Saint-Julien [près Metz] (1748), S. 4 déc. 1764.
Sigrist (Ignace), né à Ingenheim [Alsace] (1745), S. 29 mars 1765.
Prudhomme (Nicolas), né à Rivière-les-Bois [Champagne] (1746), S. 1ᵉʳ déc. 1765.
Breniaux (Jean-François), né à Brainans [Franche-Comté] (1748), S. 3 janv. 1767.
Jacques (Louis-Joseph), né à Sancy [Lorraine] (1746), S. 20 févr. 1767.
Picard (Christophe), né à Brainans [Franche-Comté] (1757), S. 29 juill. 1767.
Aubry (Jean-Michel), né à Saint-Fiacre [Brie] (1749), S. 6 avril 1768.
Chanot (Jean-Claude), né à Pesmes [Franche-Comté] (1752), S. 10 déc. 1769.
Gallet (André), né à Travecy [Picardie] (1752), S. 23 déc. 1770.
Mangin (Martin-Grand), né à Morelmaison [Lorraine] (1754), S. 20 févr. 1771.
Saint-Quentin (Louis-Thiéry), né à Signy-le-Petit [Thiérache] (1753), S. 18 janv. 1772.
Daniel (Pierre), né à Remigny [Picardie] (1751), S. 16 mars 1774.

Pouce (Pierre), né à Axat [Languedoc] (1733), S. 6 avril 1758.
Hecquet (François), né à Lille [Flandre] (1736), S. 6 avril 1758.
Guy (Pierre-François), dit Vadeboncœur, né à Poligny [Franche-Comté] (1746), S. 15 avril 1765.
Schneider (Christian), né à Drinborn [Lorraine] (1742), S. 25 déc. 1765.
Lamboulay (François-Gabriel), né à Vesoul [Franche-Comté] (1753), S. 14 févr. 1768.
Pietre (Charles-Joseph), né à Sommelonne [Barrois] (1750), S. 17 nov. 1764.
Torque (Jean), dit Jolicœur, né à Quintenas [Vivarais] (1744), S. 6 avril 1766.
Macherez (Jacques), dit L'Aiguille, né à Metz (1744), S. 23 mars 1762.
Macherez (Claude), né à Metz (1751), S. 22 mars 1767.
Charlet (Guillaume), né à Chaponost [Lyonnois] (1730), S. 12 juill. 1767.
Pierson (Sébastien), né à Ars-sur-Moselle [près Metz] (1735), S. 22 déc. 1767.
Gouss (Jean), né à Drinborn [Lorraine] (1748), S. 5 mai 1768.
Birr (Nicolas), né à Téting [Lorraine] (1736), S. 20 déc. 1770.
Delicourt (Jean-François), né au Plessier [Picardie] (1750), S. 10 févr. 1771.
Guedon (Jean), né à Morelmaison [Lorraine] (1756), S. 26 déc. 1773.

Bullot (Jean-François), né à Avigny [Franche-Comté] (1734), S. 20 mai 1774.
Eyret (Jean-Pierre), né à La Fère [Picardie] (1758), S. 9 juin 1774.
Noé (Pierre-Augustin), né à Anizy-le-Château [Picardie] (1757), S. 4 août 1774.
Roubat (Louis), né à Montferrant [Franche-Comté] (1755), S. 22 déc. 1774.
Villequin (Louis), né à La Neuville-en-Beine [Picardie] (1750), S. 20 août 1775.
Masson (Pierre-Joseph), né à Grenoble [Dauphiné] (1746), S. 6 sept. 1775.
Fleury (Julien), né à Fligneret [Bretagne] (1757), S. 1er déc. 1775.
Renaud (Christophe), né à Nouillonpont [Lorraine] (1759), S. 13 mars 1776.

Compagnie De Watry.

Trotet (Jean-Claude), né à Beaumans [Franche-Comté] (1738), S. 1er avril 1758.
Le Clerc (Philippe), né à Senans [Franche-Comté] (1737), S. 6 avril 1758.
Neigre (Charles), né à Doriage [Piedmont] (1735), S. 2 févr. 1761.
Colin (Pierre), dit Desmarteaux né à Vanbevourt [Barrois] (1734), S. 14 mai 1758.
Doude (Jean), né à La Muré [Dauphiné] (1740), S. 10 déc. 1758.
Weiber (Antoine), né à Urmat [Alsace] (1740), S. 1er mai 1760.
Liebert (Pierre), né à Liesse [Laonnois] (1733), S. 26 janv. 1761.

Pierrard (Jean), dit La Treille, né à Kœnigmacker [Trois Evêchés] (1740), S. 4 janv. 1764.
Valençon (Mathieu), dit Printemps, né à Meillonnas [Bresse] (1739), S. 1er mai 1764.
Chedat (Nicolas) né à Metz (1744), S. 27 févr. 1766.
Teusch (Christophe), né à L'Ort [Lorraine Allemande] (1743), S. 9 avril 1767.
Cousseau (Guillaume), né à Grandpré [Champagne] (1747), S. 15 avril 1767.
Duval (Charles-Louis), né à Villeselve [Picardie] (1745), S. 30 avril 1767.
Renaud (Claude-Ignace), né à La Grand'Combe-des-Bois [Franche-Comté] (1744), S. 19 janv. 1768.
Oudin (Claude), né à Marnay [Franche-Comté] (1750), S. 9 déc. 1768.
La Cour (Jean-Baptiste), né à Avrigney [Franche-Comté] (1751), S. 25 mars 1769.
Graindelet (Pierre), né à Saint-Brice-de-Gauchey [Vermandois] (1747), S. 16 avril 1770.
Bonnard (Jean-Joseph), né à Folembray [Picardie] (1757), S. 10 févr. 1774.
Geffrin (Pierre-Alexis), né à Brihancourt [Picardie] (1758), S. 1er mai 1774.
Mace (Antoine-Luc), né à Villers-Cotterêts [Picardie] (1758), S. 16 mai 1775.
Garreau (Pierre), né à Laval (1755), S. 20 juin 1777.
Parent (Pierre), né à Asfeld [Champagne] (1758), S. 23 juill. 1777.

INDEX.

[The figures in this index indicate the pages of text.]

Bel Amour, Daterm (Pierre), 20, 293.
Béjantone, l'aîné dit, 346.
Bel Amour, Pompon dit, 230.
Bélany (Charles), 236.
Belany (Louis), 275.
Bel Air (Pierre), 125.
Belan (Antoine), 63.
Bélanger (Jacques), 330.
Bélanger (Jean), 218.
Bélanger (Louis), 216.
Belprime Marey dit, 330.
Bélard (Jean), 291.
Belard (Jean), 278.
Belatz (Bernard), 146.
Belax (François), 56.
Belay (François), 56.
Belabosh (Pierre), 182.
Bellon (Julien), 178.
Belauriel, De (Mathieu Sébastien), 300.
Bélauriel (Antoine), 340.
Belauril (Joseph Noël), 295.
Belec, Le (Yves), 261.
Belascomble (Jacques), 192.
Belcercier (Jacques), 227.
Belet (Solidor), 229.
Beleot (Mathurin), 145.
Belfoy (François), 211.
Belfou (Marco) dit, 330.
Bellune (Girard) dit, 337.
Belhace (André), 29.
Belharde (Dominque), 119.
Belhomme (Jacques, 216.
Belhomme (Paul), ---
Bellot (Jean), 101.
Belhomme, Lefebvre dit, 293.
Beliard (André), 43.
Belidor (Niebolie), 329.
Belin (Charles), 179.
Belin (Jean), 149.
Belin (Jacques), 234.
Belin (Jaques), 214.
Belin (Étienne) 4 (--)
Belir (Mahu), 177.
Béliv (Nicolas), 35.
Belin (Jean), 259.
Belle (Thomas), 75.
Belle (Mathieu), 199.
Belido (Rousso) dit, 344.
Beliaure (Césaire), 157.
Belmart (Jacques), 145.
Belara (Joseph), 134.
Belamary (Vincent) dit, 317.
Bellamy (Jean), 52.
Bellard (Pierre), 45.
Bellanger (François), 87.
Bellanger (Jean), 149.
Bellanger (Jean), 45.
Bellanger (Louis), 130.
Bellanger (Pierre), 322.
Bellanger (Pierre), 92.
Bellanger (Pierre), 111.
Belay (Pierre), 91.
Belaye (Jean), 172.
Belle, Passou dit (Pierre), 213.
Belle, Le (Guillaume), 115.
Belle (Jacques), 63.
Belle (Jean), 178.
Belle (Jean Marie), 106.
Belle (Jean Marie), 174.
Belle (Mathieu), 171.
Belle (Doc), 39.
Belle, Le (Yves), 252.
Bellecour (Rousseau dit, 213.
Bellefond (Pierre), 282.
Belle Étoile, La Loup dit, 330.
Belle Étoile, Batel dit, 313.
Bellefin (Robert) dit, --8.
Bellefin (Rauth) dit, 118.
Belleferme, La Cère dit, 304.
Belle Fleur Bern dit, 309.
Bellefleur Ranchet dit, 330.
Bellefleur, David dit, 309.
Bellefleur, Pimpard dit, 238.
Belle Fleur, Gaignard dit, 318.
Bellefleur, Guiet dit, 327.
Bellefleur, Lazard dit, 347.
Bellefond, Le Chevalier de, ---
Belefond, Villes de, 318.
Bellegarde, De, 221.
Bellegarde L. Brion dit, 318.
Bellegarde, Laine dit, 310.
Bellegarde, Lamarre dit, 428.
Bellegarde, Gex dit, 317.
Bellegarde, La Pomelle, 314.
Bellegarde (Pierre), 282.
Bellegrouse, La P, 218.
Bellegarde, Dupre de, 336.
Bellehumeur, Ambodot dit, 345.
Bellehumeur, Coveault, 339.
Bellehumeur, Bonnet dit, 326.
Bellehumeur, Benard dit, 313.
Bellehumeur, Labbert dit, 342.

Bellehumeur, Lelercier dit, 318.
Bellehumeur, Lion dit, 300.
Bellehumeur, Prayer dit, 59.
Bellehumeur, Royer dit, 333.
Bellehumeur, Le Sern dit, 317.
Belle-Isle (Jean), 77.
Bellemaire (Jean), 150.
Belle Lame, Albert dit, 308.
Bellemain (Louis), 335.
Bellemare de Neuville, De Bellemare de (Henry Léon ard Louis), 286.
Bellemare de Saint Cyr (Marc Antoine Georges), 286.
Bellement (Étienne), 79.
Bellenger (Antoine), 58.
Belle Pointe, D'Auguste dit, 315.
Belle Pointe Pelerson dit, ---
Belle Poste, Robert dit, 310.
Bellepointe, Tourneur dit, 336.
Belleporte, Bandil dit, 308.
Belle Rose, Poulin dit, 316.
Belle Rose, Danoust dit, 306.
Belle Rose, Lemay dit, 229.
Bellerose, Forcellier dit, 306.
Bellerose Guérin dit, 337.
Bellerose, Lamoure dit, 321.
Bellerose, Mathieu dit, 315.
Pellerose, Petit dit, 328.
Bellerose, Ravenne dit, 329.
Bellerose, Tanguay dit, 252.
Bellerose, Vachet dit, 329.
Bellet (Jean), 217.
Bellet (Jean), 217.
Bellet (Jean Baptiste), 233.
Bellette, 68.
Belleville (Étienne), 219.
Belleville (Pierre Joseph), 231.
Belleville (Robert), 177.
Bellevue, Cadet de, 75.
Bellew (Laurent), 318.
Belliar (André), 74.
Belliard (Jean), 264.
Bellied (Joseph), 346.
Bellieard (Claude), 46.
Bellier, 177.
Bellier (Claude), 319.
Bellier (Pierre), 268.
Béllies (Jorp), 263.
Belille (Julien), 137.
Billingaud, De, 125.
Billinger (Joseph), 77.
Billot (Louis), 231.
Bellot (Louis), 59.
Bellot (Louis), 89.
Bellot (Louis), 76.
Be lla (Jean Marie), 226.
Bellothur de Jossy, Louisel de (Louis-Stanislas), 306.
Bellon (Jean Louis), 90.
Bellou (Nicolas), 326.
Bellonele (Augustin), 118.
Bellone, Saccajou dit, 317.
Bellougne (Jean), 317.
Bellot (253.
Bellot François dit, 323.
Bellot (Guillaume), 77.
Bellouard (Gilles), 162.
Bellon (Joseph), 214.
Bellucier Quercy, 319.
Belon (Felix), 106.
Belous, Le (Gilles), 73.
Belsin Vallet dit, 346.
Beltoirte (Jean), 59.
Belta (Comah), 351.
Belusseul (Pierre), 177.
Bénabout (Antoine), 248.
Benat Jean Marie), 264.
Benard (Antoine), 172.
Benard (Charles), 302.
Benard (Gabriel), 280.
Benard (Jean), 327.
Benard Jean Baptiste, 158.
Benard (Jean Baptiste), 92.
Clause (Marcel), 182.
Benard (Mathurin), 28.
Benard (Nicolas), 170.
Benard (Nicolas Nola), 21.
Benard (Pierre), 173.
Benard (Pierre), 254.
Benard (Pierre), 28.
Benat (Thomas), 39.
Benat (Sebastien), 158.
Benaire (Pierre), 182.
Benaudet (Simon), 177.
Benedi (Louis), 292.
Benc (Guillaume), 155.
Benedi (François), 291.
Benoist (Mathurin), 53.
Benedy (Joseph Jerome) 162.
Benes (Louis), 50.

Benet (Jean), 23.
Benet (Jean), 135.
Benot (Juste), 163.
Benct (Pierre Jacques), 161.
Benet (Toussaint), 187.
Benete (Paul), 91.
Benezech (Étienne), 62.
Benezech (Jacques), 65.
Benescah (Devid), 67.
Benezech (Henry), 207.
Beneset (Jean), 40.
Beneset (Jean-Baptiste), 230.
Benezet (Pierre), 81.
Benin Pierre Joseph), 293.
Benler (G P), 109.
Benler (Jean), 207.
Benigne (G P), 109.
Besinger (Claude), 242.
Benitier (Jean Baptiste), 294.
Benlouly (Laurent), 278.
Benivaly (Pierre), 280.
Benjamin, Bras dit, 321.
Benuss Joseph), 25.
Benmassy (Pierre), 311.
Benu (Jacques), 184.
Bennetonne, 14.
Benuelon (Jacques), 219.
Benot (Jean), 175.
Benuere (Claude), 211.
Benot (Joseph), 117.
Benoit (Aimé), 175.
Benoit (Antoine), 20.
Benoit (Charles), 151.
Benoit (François), 46.
Benoit (Gervais), 16.
Benoit (Jean), 16.
Benoit (Jean), 61.
Benoit (Jean), 66.
Benoit (Jean), 291.
Benoit (Joseph), 329.
Benoit (Jules), 187.
Benoit (Louis), 111.
Benoit (Pierre), 292.
Benoist (Pierre), 108.
Benoit (Jean François Luce), 66.
Benoit (Jean Pierre), 68.
Benoit (Julien), 161.
Benoit (Mathurin), 123.
Benoit (Mathurin), 82.
Benoit (Michel), 357.
Benoit (Modeste), 355.
Benoit (Olivier), 198.
Benoit (Pierre), 26.
Benoit (Pierre), 181.
Benoit (Pierre), 28.
Benoit (Pierre Jean), 63.
Benoit (Pierre Joseph), 91.
Benoit (René) dit, 230.
Benoit (Thomas), 255.
Benoit (Toussaint), 229.
Benoit (Toussaint), 198.
Benois (Jean), 121.
Benos (André), 326.
Benque (Jean), 150.
Benaumville (Jean), 165.
Beise (Antoine), 64.
Bentrucle (Antoine), 207.
Beray (Martial François), 294.
Beo (Jules), 45.
Beoge (Andre), 79.
Beool (Rene), 341.
Beophiques (Pierre), 110.
Pey (Antoine), 16.
Roque (Jacques), 91.
Beque (François), 122.
Beque (Jean), 88.
Beque (Charlemagne), 292.
Bequet (François), 223.
Bequet (François), 178.
Bequet (Jacques), 145.
Bequet (Simon), 216.
Boch (La Follet), 111.
Beran (Pierre), 165.
Béranger (Antoine), 182.
Béranger (François), 197.
Béranger (François), 127.
Beranger (Charlemagne), 117.
Béranger (François), 216.
Béranger (Pierre), 312.
Béranzier, François, 66.

Béranger (Jean), 175.
Bérard (Dominique), 57.
Bérard (Étienne), 63.
Bérard (François), 39.
Bérard (Toussaint), 87.
Bérard (Jean), 51.
Bérard (Jean-Joseph), 87.
Bérard (Joseph), 311.
Bérard (Paul Serge), 261.
Bérard (Pierre), 170.
Bérard (Pierre François), 258.
Bérard de Monride (Christophe Philippe), 361.
Béranger (Georges), 193.
Berard (Gaspard), 227.
Berard (Gaspard), 227.
Berard (Jean Joseph), 90.
Berard (Jean Pierre), 272.
Berard (Marius), 134.
Berard (Mathias), 109.
Bérard (Pierre), 43.
Bérard (Pierre), 215.
Bérard (Pierre), 70.
Berardan (Michel), 99.
Berat (Jean), 107.
Berdeche (François), 146.
Berdee (Louis), 76.
Berdol (Louis), 142.
Berdou (Genonil), 90.
Bee, Le (François), 122.
Bereau (Étienne), 280.
B´enoneht (Guillaume Jean François), 44.
Bereuger (André), 258.
Béranger (Jacques), 154.
Béranger (Joseph), 91.
Béranger de Laudon (Jean François), 207.
Bérenguier François), 31.
Bérenguier François), 97.
Berenguier (Jean), 9.
Berenguier (Jean Baptiste), 90.
Berenguier (François), 56.
Berese (Jean), 203.
Berengere (Jean Baptiste), 241.
Beregon (Joachim), 101.
Berges (Antoine), 128.
Bergs (Joseph), 271.
Berge (René), 116.
Berger (Claude), 115.
Berguier (Jean), 5.
Bergeou (Daniel), 109.
Bergon (Jean), 284.
Bergeu (Pierre), 69.
Berger (Antoine), 114.
Berger Claud dit, 323.
Berger (François), 67.
Berger (Jacques), 211.
Berger (Jean), 141.
Berger (Nicolas), 201.
Berger (Philibert), 277.
Berger (Pierre), 70.
Berger (Pierre), 193.
Berger (Simon), 310.
Bergner (Claude), 268.
Bergere, Janloug dit, 350.
Bergerau (Guillaume), 49.
Bergere (Jean), 50.
Bergere, 156.
Bergerat (Jean) 3322.
Berger (Barthélemy), 177.
Bergeron (Andre), 192.
Bergeron (Jacques), 138.
Berges (Jean), 173.
Bergeron (Jean), 105.
Bergeron (Jean), 131.
Bergeron (Jean Marie), 73.
Bergeron (Louis), 194.
Bergerin, De, de Jhontes, 85.
Bergey (Jean), 143.
Berget (Pierre), 25.
Bergh, De, 342.
Bergin (François), 77.
Bergisal (Jean), 244.
Bergoud (Jean), 216.
Bergoy (Jean), 95.
Bergot (Malot), 310.
Bergot (Jean), 74.
Borgot (Jean Louis), 104.
Bergougoeux (Jean), 269.
Bergue (Pierre), 84.
Becqueham (Jacques), 53.
Beeher (Jacques), 241.
Beekherne (François), 110.
Berin, O (Michel), 448.
Beringier (François), 89.
Berjat (Jacques), 65.
Berju (Jacques), 310.
Berjo (François), 117.
Berjonneau (André), 187.
Berjounce (Antoine), 115.
Berland (Antoine), 256.
Berland (Nicolas), 201.
Berle (Pierre), 15.
Bertet (Louis), 187.
Berlet (Louis), 26.
Berlet (Louis), 9.
Berlot (Charlemagne), 346.
Berlier, De (François Auguste), 340.
Berlin (Léonard), dit, 300.

Berlitz (Claude), 71.
Berlivet (Pierre), 148.
Berlivet (Yves), 198.
Berlivet (Yves), 196.
Berloine, La Cle Courtois dit, 317.
Berlot (Jacques), L 5.
Bermedoe (François), 208.
Bermin (Louis), 174.
Bernager (Pierre), 335.
Bernadon (Martin), 193.
Gerhard, 196.
Bernard (André), 151.
Bernard (Antoine), ---
Bernard (Antoine), 278.
Bernard (Antoine), 174.
Bernard (Antoine), 47.
Bernard (Antoine), 120.
Bernard (Antoine), 267.
Bernard (Augustin), 241.
Bernard (Baptiste), 312.
Bernard (Bartolomeu), 40.
Bernard (Barthélemy), 202.
Bernard (Charles), 159.
Bernard (Claude), 125.
Bernard (Denis), 280.
Bernard (Esprit), 67.
Bernard (Étienne), 228.
Bernard (Étienne), 34.
Bernard (Étienne), 284.
Bernard (François), 105.
Bernard (François), 215.
Bernard (François), 278.
Bernard (François), 75.
Bernard (François), 70.
Bernard (François), 57.
Bernard (François), 3.
Bernard (François), 105.
Bernard (François), 136.
Bernard (Georges François), 136.
Bernard (Guillaume), 282.
Bernard (Hippolyte), 47.
Bernard (Innocent), 104.
Bernard (Jacques), 76.
Bernard (Jacques), 169.
Bernard (Jacques), 105.
Bernard (Jacques), 64.
Bernard (Jacques), 178.
Bernard (Jacques), 194.
Bernard (Jacques), 202.
Bernard (Jacques), 275.
Bernard (Jean), ---
Bernard (Jean), 205.
Bernard, Le (Jean), 135.
Bernard (Jean), 357.
Bernard (Jean), 317.
Bernard (Jean), 8.
Bernard (Jean), 57.
Bernard (Jean), 58.
Bernard (Jean), 116.
Bernard (Jean), 129.
Bernard (Jean), 140.
Bernard (Jean), 95.
Bernard (Jean), 42.
Bernard (Jean), 51.
Bernard (Jean), 7.
Bernard (Jean), 325.
Bernard (Jean), 234.
Bernard (Jean Baptiste), 32.
Bernard (Jean Baptiste), 314.
Bernard, Jean-Baptiste, 178.
Bernard (Jean-Baptiste Augustin), 277.
Bernard (Jean Honoré), 38.
Bernard (Jean Joseph), 359.
Bernard (Jean Joseph), 95.
Bernard (Jérôme), 241.
Bernard (Jérôme), 147.
Bernard (Jérôme), 92.
Bernard (Jérôme), 83.
Bernard (Joseph), 25.
Bernard (Joseph), 42.
Bernard (Joseph), 10.
Bernard (Joseph), 87.
Bernard (Joseph), 283.
Bernard (Jules), 95.
Bernard (Laurent), 207.
Bernard (Louis), 282.
Bernard (Louis), 154.
Bernard (Marc-André), 207.
Bernard (Marcel), 151.
Bernard (Marcial), 269.
Bernard (Martial), 178.
Bernard (Martin), 47.
Bernard (Mathieu), 160.
Bernard (Michel), 293.
Bernard (Nicolas), 344.
Bernard (Paul), 347.
Bernard (Philibert), 130.
Bernard (Pierre), 194.
Bernard (Pierre), 229.
Bernard (Pierre), 143.

S. Doc. 77, 58-2—24

— 874 —

Defuc (Jean-Marie), 118
De Fumeuwaerthe, 302
Dega (Guillaume), 120
De Gabriant, 246
De Gaillard (Louis), 271
Degain (Nicolas), 71
De Gaitin, 52
de Galbert, 51
de Galois, 302
de Galonjie de Varize, 302
De Gambs (Jean-Daniel), 255
de Gambs, 28
de Gantès, 89
de Garat, 233
Degardey (Théodore), 352
Degasc (Jean), 324
de Gaston, 74
de Gaston, 74
de Gaston, 184
de Gaston, 184
de Jonquis, 42
de Gelapitzheim, 302
de Genery de Pusignan (Alexandre-César), 319
de Gilbert (Melchior - Joseph), 270
de Ginet (Pierre), 357
de Ginestie (Dominique), 236
de Giou (Jean-Antoine), 271
de Girard (Pierre - Michel-Auguste), 271
de Girardin, 45
de Glandevès, 212
de Glaubitz, 302
de Goesbriant, 221
de Goesbriant, 204
egoix (Gabriel), 183
Gotho, 65
Gotho, 48
Gotho (Jean Lavune-Marie), 271
gouère (Jean), 218
Gouey (Joseph), 320
goût (Charles-Joachim), 319
goût (Léonard), 384
gouy (Charles), 398
Gousillon, 191
Gousillon, 243
Goy (Jean Baptiste), 332
Goyon, 74
Goyon de Vaurouault, 160
Goyon de Saint-Loyal, 160
Granchain, 221
Granchain, 246
grand (Jean), 26
Graudchamps (Arnaud), 25
Grandmaison (Bernard), 56
grany (Joseph), 213
Grasse, Le Comte, 13, 109
Grassé, 109
Grasse-Briançon, 68
Grasse-Limermont, 55
Grasse-Limermont, 92
Gratel Dolorsieu (Alphonse-Louis-François), 286
gray (Jean), 122
Grenpe (Antoine), 238
Grenier, 100
Grenier de Peacuas, 215
Trimailly, 22
Grimailly, 50
Grimouard, 24
ris (Jean), 26
Grisols de Chassan (Andre-Pomponales), 256
Grissac, 142
grolig, 116
rossy (Dominique), 198
uen (Alain), 181
uen (Jean), 120
Guernince, 45
Guerpel (Charles-Antoine), 271
ué (Jean), 144
uichon, 94
ieus (Louis), 103
juillermier, 38
julquernay, 127
juguesqueau, 153
uise (Elie), 177
uison (Joseph), 106
unlzer, 302
ny de Begre, 31
Isacke, 302
aden, 302
les (Jacques-Marie), 115
les (Jean), 115
u (Claude), 257
Janssen (François-Hyacinthe), 256
ys (Thomas), 348
r (Louis-François), 280
tron (Jean-Pierre), 256
ttron (Jean), 253
oen (Philippe), 302
oguenhousen, 164
gs (Pierre-Alexandre), 5
ut (Jean-Baptiste), 327
ute (Jean-Louis), 263
elfe (Léonard), 265

De Humbert, 302
Deida (Dominique), 259
Deidier (Jacques), 88
Dejout (Jean), 291
Delac (Jean-Charles), 350
Deix (Pierre), 50
De l'Isle-Saint-Martin, 170
de Jarquinot, 118
Dejanne (Claude), 345
Dejardin (Louis), 263
Dejars, 156
De Jean (Etienne), 214
Dejean (Fulerand-Joseph), 207
Dejean (Gabriel), 140
Dejean (Jean), 114
Dejean (Jean), 195
Dejean (Jean-Pierre), 90
Dejean (Raymond), 293
Dejely (François), 149
Dejoin (Yves), 294
De Jumecourt (Charles-Arnould-Ignace), 349
De Kau, 34
De Kalb, 302
De Kam (Victor), 245
De Karcanadec, 186
De Kerallo (Arthur), 147
De Kernambaut, 147
De Kerbrun (Jean-Toussaint), 219
De Kergadaran, 147
De Kergadaran, 204
De Kergadio, 123
De Kergarlou, 123
De Kergolué, 122
De Kergus, 259
De Kerguvelin, 127
De Kerlun, 156
De Kermadec de Troroh (Louis-Jean Eusèbe), 304
De Kermorial, 170
De Kermortal, 221
De Kerouan Malte, 118
De Kersablec, 147
De Kerves de Bruillac, 142
De Kloek, 302
De Krieger, 179
Del (Charles), 321
De la Baronnais, 51
De la Baromay (Colas), 199
De la Barre (Charles-Barnabé), 109
De la Barrière (François), 151
De Labatut, 55
De la Beaume d'Angely (Paul), 306
Delaberche (Victor Leclair), 269
De la Berquerie, 133
De la Bie (Philippe), 178
Delabintinay, 147
De la Bintinaye, 34
De la Borde Marchainville, 56
De la Laborie, 357
De la Bourdonnaye, 109
De Labourdonnaye, 142
De la Boyere (Jean-Pierre-Bérape), 279
De Labre (Hyacinthe), 188
Delabre (Joseph), 287
Delabree (Louis), 309
De la Brue (Jacques-Joseph-Augustin-Marie), 255
De la Bruyère (Jacques), 91
De la Bruyère (Yves), 92
De la Burthe (Jacques-Antoine), 271
Delabye (Michel), 60
De la Bye (Pierre), 154
De la Caterie (Justin), 271
De la Chassaigne (Michel), 255
Delache (Pierre), 103
De la Chenage (Claude-François-Feraudola), 286
De la Cime (Pierre), 182
De la Clochetterie, 215
De la Clochetterie, 230
De la Corbière (Antoine-Madeleine), 286
De la Corbière (René-Aimé-Gilbert-François), 286
Delacour (Guillaume), 214
De la Cour (Guillaume), 71
Delacour (Guillaume), 214
De la Cour (Jean-Luc), 119
De la Cour (Pierre), 120
De la Croix, 71
De la Croix, 246
De la Croix, 246

De la Croix (Antoine), 169
De la Croix (Jean), 304
De la Croix (Léonard), 97
De la Croix (Sébastien), 120
Delacroix (Jacques-François), 154
Delacier (Pierre), 95
De la Daudelle (François-Marie), 304
De la Enbreque (Jean-Barthelemy de Montalegre), 307
De la Falconerie, 185
De la Faisnee (Léonard-Lefebvre), 286
De la Ferte, 204
De la Forge (Jean), 171
De la Fourchais, 194
De la Galeronerie, 69
De la Galissonnière, 96
De la Garde, 170
De la Garde, 221
De la Garde de Maure (François), 258
De la Gardette (Joseph-Bernard-Modeste-Anselme), 270
Delage (Jean-Pierre), 167
Delage (Laurent), 216
Delage (Philippe), 166
Delage de Volude
Delago (Jean-Laurent), 58
De la Grandière, 239
De la Grange, 212
Delagrange, Le Roy, 138
De la Grasserie, 147
De la Guignerie, 221
De la Guigueray, 184
De la Haye (Pierre), 77
Delahaye (Pierre), 232
Delahaye (Pierre-Charles), 261
Delahaye (Thomas), 73
De Lahaye de Silz, 156
De la Hayrie, 170
De la Hayrie, 191
De la Houssaye, 204
De la Houssaye, 221
De l'Aiguille, 125
Delaire (Antoine), 164
De la Luitre (François), 330
Delaitre (Jean-Louis), 329
De la Joncquère, 250
De la Lande (André), 38
De la Lande (Ignace), 201
De la Lalande (Jacques), 137
De la Lande (Jean), 167
De la Lande (Jean-Louis), 113
Delalande (Louis), 231
Delalande (Pierre), 192
Delainy (Charles), 144
De Lalbenque (Jean-François), 306
De la Lée (Nicolas), 224
De la Lesardière, 109
Delalieux (François), 355
De Lally, 160
De la Loche (Charles), 148
De la Lorancy, 287
De la Maison Blanche, 186
De la Marcemois (Joseph), 37
De la Marante (Antoine), 44
De la Margue (Jean), 255
Delamarre (André), 255
Delamarre (Antoine), 165
Delamarre (Antoine-Augustin), 25
Delamarre (Claude), 155
Delamarre (François), 225
De la Marre (Jean), 59
Delamarre (Jean), 164
Delamarre (Jean-Baptiste), 86
Delamarre (Pierre), 232
De la Marre (Jacques), 66
De la Mandodière (Joseph-Eveu), 233
De Lambert, 48
De Lambray (Jacques), 211
De Lamer (François), 148
De la Metterie, 183
De Lamenne (Thomas-Noailles), 255
De la Monneraye, 186
De la Morre de Ville aux Bois (Claude-Antoine), 306
De la Motte, 191
De la Motte (Jacques), 186

De la Motte-Picquet, 74
De la Motte Piquet, 147
De la Motte d'Annebault (Jean-Antoine-Henri), 271
Delamotte (Pierre), 104
Delanche (Jean), 276
Delanche (Jean), 277
Delande (Jean), 158
Delandes (Jean), 221
Delandes (Louis), 105
De Lanet (François-Claude), 253
De Lange, 51
Delange (Jean), 246
Delange (Nicolas), 126
De Langle, 186
De Langon (Jean-Jacques), 286
Delangres (Dominique), 330
Delange (Jean), 86
De Lanno (Godefroy), 181
De Lanouy (Jean-Pierre), 318
Lelanc (Calvin), 221
Delanone (Jean), 86
Delaneuf (Jean - François), 169
De Lantivy, 74
De Lantivy, 160
De Lapérouse, 142
De la Place (André), 113
De la Place (Georges), 148
De la Hare (Louis), 81
De la Planche (François), 236
De la Planche (Gilles), 236
De la Planche (Jean-Baptiste), 234
Delaporte (François), 353
De la Porte (Jean Baptiste), 71
De la Porte (Pierre-Jean-Baptiste), 320
De la Poype-Vertrieux, 61
De la Prade (Guillaume-Laïne), 306
De l'Archambé, 204
Delarche (Edme), 328
Delarges (Christophe), 323
De la Ris (Thomas-Robert), 316
De la Roche, 302
De la Rochebote, 92
De la Rochefoucauld, 221
De la Rochefoucauld, 123
De la Roche Kerandron, 215
De la Roche Kerandron, 239
De La Rochenegly (Gabriel-François), 304
De la Roche Négly (Gabriel-François), 307
De la Roche-Saint-André, 74
De la Roche-Saint-André, 123
De la Roche Vernay (Henry), 320
Delarose (Jean), 128
De la Roque (Jean - Baptiste), 167
De la Rue (François), 117
De la Rue (1me Charlemagne), 115
De la Rue (Guillaume-Jean), 245
De la Rue (Jean), 187
Delarue (Jean), 59
De la Rue (Jean), 80
De la Rue (Jean Baptiste), 113
Delarue (Pierre), 126
Delas (Bernard), 41
Delas (Jean), 165
De la Saige (Pierre-Marie), 246
De la Saile (Bernard), 75
De la Salle Brune (Pierre), 118
Delasse (Antoine), 194
Delasey (Jean), 85
De la Taille des Essarts, 80
De la Tanouare, 123
De Latichaye, 74
De la Touche (François), 177
De Latouche-Treville, 109
De la Tournerie, 215
De la Tournerye, 51
De la Touretrte, 38
De la Tranchade, 243
Delatre (Jean), 266
Delatre (Marc), 217
Delatre (Nicolas), 75
Delâtre (Nicolas), 136
Delatre (Philippe), 289
Delâtre (Pierre), 134
De Latre (Robert), 115
Delâtre (Antoine), 352
De Laulanie, 191
De Laulanic, 142
De Laumont (Marie-Robert), 304
De Launait (François), 317
De Launay (Ion), 248

Delaunay (Claude), 167
Delaunay (Etienne), 130
Delaunay (François), 279
Delaunay (Jacques), 120
De Launay (Jacques), 129
De Launay (Jean-Baptiste), 158
De Launay (Jean-Baptiste-René-Clément), 320
Delaunay (Jean-Baptiste), 334
Delaunay (Jean-Louis), 276
Delaunay (Jérôme), 195
Delaunay (Julien), 149
Delaunay (Lucas), 130
Delaunay (Louis), 139
De Launay (Nicolas), 173
Delaunay (Nicolas), 242, 225
Delaunay (Pierre), 126
Delaunay (Pierre), 284
De Launay (Pierre), 276
Delaunay (Pierre-Jean), 167
De Launay (René-François), 207
De Launay (Romain), 173
De Launay Trembelin, 243
Delaunay (Urbain), 246
De Laune (François), 282
Delaune (François), 235
Delaune (Jacques), 225
Delaune (Jean), 176
De Laureal, 164
Delaurier (Jean), 227
Delaux (Pierre), 158
De Laval (Anne-Alexandre-Marie - Sulpice - Joseph), 255
De la Valette, 58
Delavan (Pierre), 171
Delavau (Antoine), 182
De Lavau de Beaumont (François-Irland), 256
Delaveau (Honoré), 168
De la Veau (Joseph), 332
De Laveaulx, 58
De Laveaulx, 55
Delavergne du Tressan (Claude - Marie - Madeleine), 287
De la Vicomté, 170
De la Vicomté, 170
De la Vicomté, 221
De la Vicomté, 246
Delaveyne (Noel), 224
De la Villon, 64
De la Ville (Pierre), 114
De la Villebrune, 104
De la Villeou, 170
De la Villegouan, 250
De la Villejossué, 164
De la Villeolerte, 147
Delavoy (Léon), 139
Delavoye (Gabriel), 55
Delaye (Julien), 204
Delaye (Etienne), 218
Delaye (Jean), 297
Delaye de Girgaer (Jean-Pierre), 35
Delayre (Mathias), 308
Delber (Jean), 50
Delbert (Antoine), 54
Delbes (Guillaume), 57
Delblanc (Jean), 50
Delbeuf (René), 76
Delbos (André), 155
Delbos (Jean), 328
Delboso (Antoine), 72
Delbret (François), 225
Delbret (Jacques), 103
Delbret (Jean), 65
Delbrett (Jacques), 164
Deiçassé dit Ferret (Jean), 104
Delcheteau (Mathieu), 63
Delcheteau (François), 111
Deldique (Pierre-François), 350
Delecluse (Pierre), 333
De l'Egnille, 99
De Leiseugue (Jacques), 77
Delenne (Louis), 284
De Léonardo (Charles-Joseph), 307
Delcousses (Laurent-Dominique), 67
Delegande (Jean), 127
De l'Epine, 92
De l'Epine, 184
De l'Epine (François), 223
De l'Epine (Mathurin), 134
Deleray (Jean), 326
Delerondel, 221
Delerve (Jean-Baptiste), 332
Delery (François), 161
De l'Escure de Saint-Denis, 199
Delessert, 100
De Lespes (Jean - Joseph), 263
De l'Estrade (Claude), 306

njardin (Michel-François), 154
ujardin (Moïse), 234
ujardin (Nicolas), 171
ujon (Jean), 106
ujon (Joseph), 112
t Junquois (Jacques-Marie-Louis-Eléonore), 320
uonquoy (Charles-Joseph), 208
lac, 58
lac, 147
lac (Jean), 150
lac (Jean), 168
t Lac (Jean-Baptiste), 336
lañgard (Jean), 170
langard (Jean-François), 115
las (René), 168
lau D'Allemans (Pierre-Marie), 302
laurent; Vangin dit, 323
loeret (Julien), 185
leb (Jean-Baptiste), 366
loecoet (Jean - Baptiste), 71
lllert (Joseph), 243
lin (Jean), 211
linge (Joseph), 68
ong (Jacques), 341
t Long (Jean - Baptiste), 96
ong (Pierre), 336
ong dit Guillon (Pierre), 7
ot (François), 122
ot (Jean), 138
oup, 74
oup, 147
uc (Jean), 144
ugat (Jean), 41
uque (Jean), 95
uxgny (Jean), 230
laff (Pierre), 164
lain (Jean-Jacques), 73
laine (André), 200
iaine (Jean), 118
lais (Etienne), 240
lanlel (Nicolas), 238
anoir (Ambroise), 47
anoir (Ambroise), 55
ans (Basquin), 80
ans (Martin), 197
arais (Michel), 58
arcat (Pierre), 324
as (André), 148
as (Antoine), 311
as (Charles), 214
as (Etienne), 322
as (Etienne), 344
as (François), 195
sa (Jacques), 322
as (Jean), 31
as (Jean), 44
as (Jean), 246
as (Jean), 261
as (Jean), 347
as (Louis), 309
as (Louis-Victor), 317
as (Pierre), 68
asse (Augustin), 188
asse (Jean), 218
at (Jacques), 218
zet (François), 173
ull (Jean), 172
ull (Jean), 216
ull (Jean - François), 102
ull (Joseph), 123
ull (Louis-Main), 200
ane (Jean), 108
cul: Jacques - Théo
>>, 257
oul (Jean), 94
oul (Jean), 95
x (Antoine), 256
ir (Jean), 70
(Pierre), 310
ly (François), 335
t (Gilles), 95
(Germain), 235
acon (Jean), 172
ncol (Denis), 334
xd (Jean), 130
d (Adrien), 141
t (Antoine), 307
t (Augustin), 147
t (Charles), 60
t (Denis), 314
t (Etienne), 220
t (Eugène), 292
t (Gaspard), 217
t (Guillaume), 59
t (Guillaume), 65
t (Guillaume), 92
t (Guillaume), 128
t (Jacques), 106
t (Jacques), 129
t (Jean), 242
t (Jean), 156
t (Jean), 165
t (Jean), 167
t (Jean), 168

Dumont (Jean - Baptiste), 323
Dumont (Léonard), 340
Dumont (Médard), 357
Dumont (Nicolas), 78
Dumont (Nicolas), 105
Dumont (Pierre), 86
Dumont (Pierre), 380
Dumont (Pierre Joseph), 323
Dumonteil (Louis), 51
Dumontel (Jean), 143
Dumonteil (Jean), 226
Dumore (Philipe), 50
Dumora dit Tachu (Jacques), 26
Dumotel (Potelnt), 282
Dumouchel (Louis - François), 70
Dumouchel (Robert), 250
Dumouchel (Robert - François), 70
Dumouches (Thomas), 244
Dumoulin, 221
Dumoulin (Arnaud), 73
Dumoulin (Constant), 124
Dumoulin (Constant), 231
Dumoulin (François), 27
Dumoulin (François), 82
Dumoulin (Gaspard), 275
Dumoulin (Gilles), 278
Dumoulin (Jean), 287
Dumoulin (Jean - François), 38
Dumoulin (Pierre), 192
Dumoulin; Xrhouvet dit, 305
Du Moulin de la Bartelle de Montlezun (Jean - François), 320
Du Moulin de Montlezun de la Barthelle (Barthélemi-Sernin), 329
Dumousseau (Michel), 321
Dumoutier (Benjamin), 340
Dumoutier (Jean-Baptiste), 299
Dun, Le (Antoine), 119
Dun, Le (Robert), 86
Dunel (Antoine), 310
Dunean (Julien), 279
Dunel (Nicolas - Alexandre), 196
Dunsechaud (François), 42
Dunet (Jean), 238
Dunkaux (Jacques), 124
D'Unleuville, 156
Du Nieuville, 178
Dunols; Jobert dit, 312
Dunouier dit Balance (Jean), 26
Du Nord (Mathurin), 78
Duot (Nicolas), 346
Dupac de Bellegarde, 230
Dupain (Guillaume), 248
Du Palais (Pierre Alexandre de Guémar), 279
Daparc, 246
Duparc (Etienne), 198
Duparc (Etienne), 139
Duparc (Guillaume), 35
Duparc (Guy), 181
Duparc (Jean), 149
Duparc (Nicolas), 45
Du Parc de Contrescar, 147
Duparc de Locmaria, 99
Dupart (Antoine), 275
Dupart (Elisé-Pierre), 312
Dupas (François), 34
Dupas (Jean), 87
Dupas (Pierre-Claude), 309
Dupaty, 108
Dupaty (Jean-Marle), 197
Dupaty (Louis), 15
Dupé (François), 146
Duperier (Antoine), 360
Du Peron (Jean-Marie), 220
Duperré (Pierre), 115
Du Perron, 220
Duperrier (Guillaume), 237
Duperrier (Jean), 162
Duperroo (Germain), 235
Du Perron d'Aufreville, 118
Duperron de Maliran (Joseph-Laurent), 286
Du Perroux, 142
Du Petit-Thouars, 24
Dupetit Thouars, 147
Duperithouard, 184
Dupeux (Antoine), 142
Dupeux (Daniel), 208
Dupeux (Jacques), 191
Dupeux (Jean), 144
Dupeyrou (Pierre), 86
Dupeyron dit Campet (Jean), 26
Dupislet (Jean), 307
Dupieux (François), 150
Dupin (Armand), 280
Dupin (Charles-Claude), 165
Dupin (Étienne), 79
Dupin (Jean), 44

Dupla (Jean Baptiste), 277
Dupla (Joseph), 106
Dupin (Philippe), 129
Du Plnguerre-Pabot, 221
Dupla (Bertrand), 26
Dupuis (Jean), 316
Duplas (Jean), 46
Duplaquet (Théodore), 359
Dujdat (Jean), 129
Dupleix (Henry), 164
Duplessis (Bernard), 326
Duplessis Jacques), 46
Duplessis (Louis), 284
Duplessis; Nicolas dit, 329
Duplessis (Pierre), 46
Duplessis (Pierre), 203
Duplessis (Pierre), 211
Duplessis (Sébastien), 261
Duplessis de Kergaumar, 170
Duplessis Mauduit, 118
Duplessix, 177
Duplex (Emmanuel), 30
Dupleix - Rifault (Marie Alibhause), 255
Duploney (Eustache), 317
Dupolx (Louis), 84
Dupon (Francols), 146
Dupon (Jean), 214
Dupon (Michel), 169
Dupon (Pierre), 314
Duponchel (Alexandre), 45
Duponchel (Alexandre), 247
Duponchel (François), 210
Duponchel (Vincent), 232
Dupond (Jacques), 46
Dupont, 142
Dupont, 236
Dupont (Anges), 145
Dupont (Antoine), 273
Dupont (Augustin), 82
Dupont (Charles), 289
Dupont (François), 72
Dupont (François), 87
Dupont (François), 112
Dupont (Gilles), 111
Dupont (Gilles), 222
Dupont (Guillaume), 311
Dupont (Hubert), 202
Dupont (Isaac), 120
Dupont (Jacques), 226
Dupont (Jean), 50
Dupont (Jean), 84
Dupont (Jean), 194
Dupont (Jean), 224
Dupont (Jean), 118
Dupont (Jean), 318
Dupont (Jean-Louis), 330
Dupont (Joseph), 30
Dupont; Leper dit 259
Dupont (Louis), 78
Dupont (Louis), 177
Dupont (Louis), 248
Dupont (Louis), 261
Dupont (Louis), 294
Dupont (Mathurin), 235
Dupont (Michel), 77
Dupont (Michel), 134
Dupont (Michel), 237
Dupont (Nicolas), 47
Dupont (Oglas), 149
Dupont (Pierre), 51
Dupont (Pierre), 88
Dupont (Pierre), 121
Dupont (Pierre), 179
Dupont (R. P.), 191
Dupont (Simon), 78
Dupont (Simon), 88
Dupont d'Auvergne de Laubedière (Louis-François), 286
Dupont dit Gasset (Jean), 27
Duport (Claude-Joseph), 353
Duport (François), 104
Duport (Girard), 44
Duport (Guillaume), 41
Duport (Isidore), 115
Duport (Joseph), 255
Duport (Pierre), 139
Duportail; Froment dit, 323
Duportail (Jean), 119
Duportail (Jean - Charles), 162
Dupouchet (Jean - Baptiste - Pierre), 325
Dupouzel (Louis-Pierre), 336
Duprat (Jean), 26
Duprat (Jean), 41
Duprat (Jean), 86
Duprat (Jean), 91
Duprat (Jean), 181
Duprat (Jean), 312
Duprat; Mouchin dit, 223
Duprat (Pierre), 168
Dupré (André), 142
Dupré (Antoine), 207
Dupré (Charles), 219
Dupré (François), 68
Dupré (Gabriel), 215
Dupré (Hervé), 46
Dupré (Jean), 145
Dupré (Jean), 228

Dupré (Joseph), 247, 50
Dupré (Léonard), 181
Dupré (Louis), 53
Dupré (Mathurin), 210
Dupré (Philippe), 150
Dupré (Pierre), 80, 227
Dupré (Pierre), 194
Dupré (Pierre), 196
Dupré (Barthélemy), 218
Dupres (Simon-Bernard), 24
Duprez (Noël), 335
Dupach (Arnaud), 27
Dupuch (Joseph), 125
Dupuche (Jean-Vincent), 110
Du Pucet, 392
Dupuis, 244
Dupuis (Alexis), 204
Dupuis (Antoine), 37
Dupuis (Antoine), 136
Dupuis (Antoine), 266
Dupuis (Charles), 326
Dupuis (François), 114
Dupuis (François), 269
Dupuis (François-Antoine), 53
Dupuis (François-Rancel), 155
Dupuis (Gilbert), 332
Dupuis (Grégoire), 217
Dupuis (Jacques), 94
Dupuis (Jacques), 172
Dupuis (Jacques), 196
Dupuis (Jean), 42
Dupuis (Jean), 143
Dupuis (Jean), 50
Dupuis (Jean), 176
Dupuis (Jean), 241
Dupuis (Jean), 244
Dupuis (Jean-Louis), 203
Dupuis (Joseph), 331
Dupuis (Joseph), 171
Dupuis (Lambert), 79
Dupuis (Louis), 104
Dupuis (Pierre), 85
Dupuis (Pierre), 146
Dupuis (Pierre), 206
Dupuis (Robert), 232
Dupuy, 229
Dupuy (Antoine), 211
Dupuy (Alexandre), 86
Dupuy (Antoine), 39
Dupuy (Antoine), 258
Dupuy (Barthélemy), 42
Dupuy (Charles-Jacques), 39
Dupuy (Etienne), 349
Dupuy (Etienne), 357
Dupuy (François), 120
Dupuy (Jean), 44
Dupuy (Jean), 218
Dupuy (Jean), 266, 194
Dupuy (Jean), 296
Dupuy (Joseph), 192
Dupuy (Joseph), 207
Dupuy (Joseph), 347
Dupuy (Léonard), 50
Dupuy (Louis), 140
Dupuy (Magloire), 362
Dupuy; Beyxod dit, 342
Dupuy dit Pian (Pierre), 41
Dupuy (Thomas), 218
Dupuy (Vincent), 130
Duqueuel (Gabriel), 138
Duquénoc (Guillaume), 176
Duquenel (Jean-Louis-Nicolas), 269
Duquesnay (Pierre-Etienne), 322
Duquesnay (Pierre-Etienne), 329
Duquesne, 45
Duquesne (Nicolas), 110
Duquesne de Lambrun, 215
Duquesnel, 226
Duquesnoi, Le Chevalier, 226
Du Quin (Jean-Louis), 203
Duquincourt (Charles), 245
Durand, 142
Durand (Antoine), 130
Durand (Antoine), 145
Durand (Augustin), 43
Durand (Christophe), 89
Durand (Claude), 81
Durand (Chéophan), 140
Durand (Etienne), 222
Durand (Etienne), 353
Durand (François), 81
Durand (François), 87
Durand (François), 159
Durand (François), 166
Durand (François), 188
Durand (François), 273
Durand (François), 274
Durand (François), 290
Durand (François), 293
Durand (François), 350
Durand (François-Guillaume-Etienne), 309
Durand (Georges), 210
Durand (Gilles), 206
Durand (Gilles), 217

Durand (Guillaume), 112
Durand (Guillaume), 135
Durand (Guillaume), 194
Durand (Guillaume), 195
Durand (Guillaume), 192
Durand (Guillaume), 294
Durand (Jacques), 107
Durand (Jacques-Antoine), 29
Durand (Jean), 43
Durand (Jean), 64
Durand (Jean), 84
Durand (Jean), 86
Durand (Jean), 86
Durand (Jean), 86
Durand (Jean), 129
Durand (Jean), 111
Durand (Jean), 117
Durand (Jean), 135
Durand (Jean), 140
Durand (Jean), 143
Durand (Jean), 155
Durand (Jean), 163
Durand (Jean), 169
Durand (Jean), 169
Durand (Jean), 179
Durand (Jean), 210
Durand (Jean), 217
Durand (Jean), 228
Durand (Jean), 280
Durand (Jean), 346
Durand dit Bloadin (Jean), 63
Durand (Jean-Baptiste), 333
Durand (Jean Baptiste Vincent), 357
Durand (Jean - François), 327
Durand (Joseph), 73
Durand (Joseph), 180
Durand (Joseph), 214
Durand (Joseph), 357
Durand (Léonard), 314
Durand (Louis), 50
Durand (Louis), 83
Durand (Louis), 171
Durand (Marrean), 326
Durand (Mathieu), 146
Durand (Nicolas), 181
Durand (Ollivier), 214
Durand (Philippe), 162
Durand (Pierre), 73
Durand (Pierre), 113
Durand (Pierre), 147
Durand (Pierre), 130
Durand (Pierre), 135
Durand (Pierre), 145
Durand (Pierre), 192
Durand (Pierre), 180
Durand (Pierre), 180
Durand (Pierre), 182
Durand (Pierre), 206
Durand (Pierre), 214
Durand (R. P.) (Nicolas), 87
Durand (René), 292
Durand (Servan), 183
Durand (Simon), 116
Durand (Thomas), 140
Durand de Brax, 58
Durand de Savigney (Claude-François-Ignace), 357
Durand de la Mothe, 55
Durand dit Moutsangui (Christophe), 87
Durand de la Penne, 63
Durand de la Penne, 191
Durandeau (R. P.), 34
Durando (R. P. Picard), 118
Duranteau (Jean), 151
Duranton (Jean), 347
Durantye (Mathieu), 47
Duranton (François), 96
Dural, De (François-Jacques), 307
Dureux (Arnaud), 95
Durans (Jean), 150
Durbec (André), 58
Durbec (Bruno), 154
Durbec (François-Noël), 31
Durbec (Jacques), 212
Durbec (Jean), 175
Durbec (Jean), 229
Durbec (Jean-Joseph), 168
Durbec (Jean-Marie), 156
Durbec (Joseph), 227
Durbec (Laurent-Joseph), 34
Durbec (Jacques), 206
Durbec (Jacques), 209
Durbec (Jean - Baptiste-Cyprien), 32
Ducoeur (Jean), 158
Durc (Pierre), 130
Dureau (Antoine), 30
Duran (Jean), 26
Duresnd (François), 153
Durdes (Jacques), 163
Duresique, 147
Duret (Antoine), 103

— 404 —

— 414 —

urent (Jacques), 86
urent (Jacques), 106
urent (Jacques), 136
urent (Jacques), 317
urent (Jean), 60
urent (Jean), 80
urent (Jean), 61
urent (Jean), 108
urent (Jean), 132
urent (Jean), 135
urent (Jean), 135
urent (Jean), 137
urent (Jean), 140
urent (Jean), 143
urent (Jean), 185
urent (Jean), 195
urent (Jean), 206
urent (Jean), 223
urent (Jean), 325
urent (Jean-Marie), 98
urent (Jean-Marie), 169
urent (George), 116
urent (Jérôme), 191
urent (Jérôme), 122
urent (Joseph), 50
urent (Joseph), 138
urent (Joseph), 159
urent (Joseph), 175
urent (Joseph), 242
urent (Joseph), 258
urent (Joseph), 206
urent, Le Sr. de, 164
urent (Louis), 102
urent ; Lourency dit, 341
urent (Maurice), 180
urent (Marcellin), 327
urent (Michel), 98
urent (Michel), 232
urent (Michel), 234
urent (Pierre), 30
urent (Pierre), 69
urent (Pierre), 72
urent (Pierre), 79
urent (Pierre), 130
urent (Pierre), 217
urent (Toussaint), 98
urent (Yves), 249
urenz (Pierre-Paul), 23
uret ; Dounewee dit, 324
uret (Georges), 201
urier, De ; Beelin dit, 278
urien, Des ; Poinsignon
d, 316
urien (François), 216
urin (Jacques), 143
uris (Joseph), 342
uron (Jean), 115
urore ; Guepin dit, 310
urove ; Jacquin dit, 266
ury ou Laur (François),

ure (Nicolas), 358
ustene (Lazare), 289
uter (Jean), 207
utroux (Antoine), 259
uus ; Colin dit, 324
utude (André), 141
ute (Jean), 287
theunn (Laurent), 168
thier (Anathase), 197
ier (Athanase), 228
ier (Anathase), 228
ier (Antoine), 28
ier (Antoine), 216
ier (Jean), 57
ier (Joseph), 154
ier (Noel), 234
ier (Pierre), 44
ier (Pierre), 218
tiers (Jacques), 44
tiers (Jacques), 32
tomme ; Heure dit, 319
tomme ; Thibalot dit,
1
onne (Pierre), 177
olir (Jean), 194
our (Nicolas), 216
rap (Antoine), 62
rebourg ; Simon dit, 324
rel (Antoine), 194
rete (Maurice), 263
an (Cyprien), 198
an (Jean), 198
e (Gaspard), 29
ercpe (François), 95
y (Thomas), 237
(Antoine), 350
a (Nicolas), 241
e, La (Jean), 123
che (François), 151
che (Guillaume), 222
che (Guillaume), 224
iche (Jean), 248
ache (Joseph), 263
ache (Louis-François),

rche (Nicolas) 112
chere (Jean), 266
dec (Pierre), 92
gne (Jean), 174
l, De (Anne-Alexandre-
rie - Sulpice - Joseph),

Laval (Pierre), 122
Laval (Pierre), 173
Laval (Pierre), 214
La Valence ; Hugonin dit,
317
La Valette ; D'Auriol dit,
283
La Valette (Pierre), 209
La Valette ; Nouveau dit,
295
La Valeur ; Lestrades dit,
318
La Valeur ; Montessuit dit,
275
Levaleur ; Nicolas dit, 287
La Vallée (André), 102
La Vallée (Jacques), 242
Lavallée (Pierre), 225
Lavallée (Michel-Gillet),
346
Lavan (Nicolas), 298
Lavandier (Julien), 182
L'Avantageux ; Rimbaud dit,
313
Lavardin (Jean), 208
Lavarelly (Joseph), 88
Lavarelly (Noël-Antoine),
32
Lavarelly dit Bouteille
(Jean), 87
Lavau, 188
Lavau de Beaumont, De
(François), 259
Lavau (Jacques), 53
Lavaut (Pierre), 80
Lavarez (Jean), 146
Laveau (Jacques), 117
Laveau (Pierre), 150
Laviolette (Pierre-François),
64
Laveau, De Berne de (Jean-
Baptiste-Antoine), 256
Laveaulx, De, 38
Laveaulx, Le Comte de, 55
Lavenan (Jean), 116
Lavenant (Gabriel), 150
Lavenant (Henry), 111
Lavenant (Jean), 146
Lavenant (Tanguy), 205
Lavenasse (Gilles), 76
Laveno (Jean-François), 25
Laveau (Michel), 78
La Vente (Jean), 284
Laverant (Pierre), 185
Laverdure ; Chatard dit, 309
Laverdure ; Daguan dit, 344
La Verdure ; Fabry dit, 308
La Verdure ; Guiderick dit,
275
La Verdure (Jean-Baptiste),
296
Laverdure ; Hervé dit, 309
La Verdure ; Lentier dit, 342
Laverdure ; Lux dit, 358
Laverdure ; Roche dit, 342
La Verduré ; Daraud dit,
319
Lavergne (André), 49
Lavergne (André), 209
L'Avergne (André), 318
Lavergne (François), 64
Lavergne (François), 122
Lavergne (Jacques), 194
Lavergne (Jean), 49
La Vergne (Jean-Louis), 171
Lavergne (Pierre), 139
Lavergne (Philippe), 50
Lavergue (Louis), 183
La Vergue (Louis), 268
Laverue (Jean), 321
Lavertepée ; Robert dit, 343
La Vertu ; Abeille dit, 347
La Vertu ; Beaumore dit, 344
Lavenx (Claude-François),
352
La Victoire ; Barassin dit,
380
La Victoire ; Beaudouin dit,
308
La Victoire ; Royer dit, 346
La Victoire ; Brasseur dit,
346
La Victoire ; Caisse dit, 315
La Victoire ; Carpentier dit,
341
La Victoire ; Crinon dit, 316
La Victoire ; Esbelle dit, 315
La Victoire ; Gueay dit, 278
La Victoire ; Martial dit, 310
La Victoire (Pierre), 132
La Victoire ; Schaytre dit,
339
La Videllerie (Pierre), 102
Lavie (Antoine), 107
Lavie (Charles), 127
Lavie ; Dousset dit, 347
Lavie (Jacques), 177
Lavie (Jean), 313
La Vieille (Michel), 248
Laviel (Gabriel), 181
La Vieille (Michel), 95
La Vieuville (Jean), 218
Lavigne (Arnand), 294
Lavigne (Claude), 278

Lavigne (François), 203
Lavigne (Jean), 144
La Vigne (Jean), 347
Lavigne (Jean-Baptiste),
342
Lavigne (Jean ; La Vigne
ou), 53
Lavigne ; Jourdain dit, 346
La Vigne (Louis-Joseph),
235
Lavigne ; Levon dit, 209
Lavigne (Nicolas), 162
La Vigne ; Perouel dit, 347
Lavigne (Pierre), 165
La Vigne (Pierre), 208
Lavigne (Simon-Colin),
139
La Vigne ou Lavigne (Jean),
53
Lavignotte (Nicolas), 308
Lavignotte (Jean), 78
La Vigueur ; Billard dit, 315
La Vigueur ; Devens dit, 276
La Vigueur ; Guirat dit, 277
Laville (Pierre), 134
Laville (Jean), 229
Laville (Jacques), 57
Laville (Jean), 88
La Ville, De (Paris), 100
Lavilleavet, 174
La Violette (Nicolas), 329
La Violette ; Audinot dit,
295
La Violette ; Bontar dit, 347
La Violette ; Barriere dit,
277
La Violette ; Cauve dit, 275
La Violette ; Couvie dit, 273
La Violette ; Donnot dit, 343
La Violette ; Dupres dit, 318
La Violette ; Garlet dit, 283
La Violette ; Gauthier dit,
278
La Violette ; Jonqua dit, 274
Laviolette ; Lané dit, 345
Laviolette ; Leger dit, 336
La Violette ; Marelu dit, 308
La Violette ; Menad dit, 287
La Violette ; La (Nicolas),
329
Laviolette ; Pierre dit, 337
La Violette ; Ruban dit, 281
La Violette ; Rose dit, 279
Laviolette ; Tessier dit, 298
La Violette ; Tranchand dit,
311
Laviolette ; Yein dit, 317
Lavisé (Pierre), 354
Lavit (François), 75
Lavit (Jacques), 351
Lavolée (Allain), 82
La Volée (Jacques), 269
La Volonté ; Le Bert dit, 292
La Volonté ; Berrurier dit,
319
La Volonté ; Brostuian dit,
311
La Volonté ; Daines dit, 345
La Volonté ; Daniborlon dit,
341
La Volonté ; Lebeau dit, 276
La Volonté ; Lescuiller dit,
344
La Volonté ; Masson dit, 318
La Volonté ; Poissonneau
dit, 287
La Volonté ; Vatech dit, 339
Lavoue (Jacques), 206
Lavoué (Louis), 96
Lavoye (Louis-Philip), 105
Lavoyrie (Guillaume), 214
La Vratte (Jean-Baptiste),
330
Lay, Le (Corentin), 186
Lay, Le (Louis), 170
Lay, Le (Yves), 71, 148
Laydu (Julien), 54
Layee (Mathieu), 227
Layer, Le (Yves), 117
Lazare ; Mongal dit, 324
Lazay (François), 151
Lazerne (Claude), 178
Lazemec (Claude-Marie),
182
Lazenec (Yves), 150
Lazer (François-Joseph),
322
Laziers, Cuiral de (Guil-
laume), 349
Lezlou (Thomas), 231
Lazon, Le (Hervé), 115
Lazon (Jean-David), 100
Lea, Le (Germain), 102
Leandre ; Liegois dit, 231
Leandre (Toussaint), 214
Leautard (Bernard), 337
Le Ball (Antoine), 183
Leball (Antoine), 223
Le Ball (Jacques), 174
Le Ball (Jacques), 183
Le Ball (Joachim), 81
Leball (Joachim), 225

Le Ball (Laurent), 166
Le Ball (Nicolas), 241
Le Ball (Pierre), 54
Le Ball (Yves), 124
Le Baillard (Guillaume), 145
Le Baille (Joachim), 155
Le Bailliof (Adrien), 104
Le Bailly, 142
Le Bailly (Antoine), 216
Le Bailly (Jean-François),
112
Le Bailly (Pierre-Joseph),
72
Le Bal (Pierre), 241
Leialch (Jean), 121
Le Balleur (Charles), 181
Le Balluin (Nicolas), 248
Le Balle (Claude), 47
Le Basker (Jean), 245
Le Barbu (Sylvestre), 37
La Barye (Jean), 78
Le Barillée (Yves), 77
Le Baron (Christophe), 165
Le Baron (Jean), 152
Le Baron (Jean), 236
Le Baron (Yves), 239
Le Baron de Sebastien, 104
Le Barron (Laurent), 139
Le Bars (Claude), 259
Le Bars (François), 45
Le Bars (François), 76
Le Bars (Gabriel), 165
Le Bars (Gabriel), 221
Le Bars (Gabriel), 166
Le Bars (Jacques), 159
Le Bars (Jean), 76
Le Bars (Jean), 82
Le Bars (Jean), 151
Le Bars (Joseph), 150
Le Bars (Mathieu), 174
Le Bars (Yves), 239
Le Barsic (François), 246
Le Bart (Joseph), 53
Lebas (Alexis), 223
Lebas ; Charles-François),
224
Le Bas (François), 283
Le Bas (Jacques), 183
Le Bas (Jean), 148
Le Bas (Jean), 340
Le Bas (Jean), 212
Le Bas (Louis), 36
Le Bas (Jacques), 204
Le Bas (Michel), 173
Lebas (Nicolas), 110
Lebaale (Jean-Marie), 224
Le Basle (Louis), 96
Le Basque (François), 234
Le Bastard (Felix), 225
Le Baud (Jean-Marie), 203
Le Baupin (Blaise), 240
Le Bay (Guillaume), 201
Lebeau (Jean), 215
Le Beau (Jean), 277
Le Beau (Jean-Marie), 156
Lebean (Louis), 275
Le Beau (Olivier), 24
Le Beau (Pierre), 331
Le Beaulieu (Hubert), 149
Le Bechec (Pierre), 193
Le Bechet (Jean), 47
Le Bechet (Jean-Pierre), 71
Le Bedel (Jean), 73
Le Befunde (Jean), 54
Le Begue (Joseph), 127
Le Begues (Nicolas), 136
Le Geue (Nicolas-Albert),
332
Le Begue (Laurent), 96
Lebegue (Yves), 222
Le Bel, 123
Le Bel (Charles-François),
102
Le Bel (Claude), 354
Le Bel (Etienne), 354
Le Bel (François), 339
Le Bel (Guillaume), 241
Le Bel (Jacques), 124
Le Bel (Jean), 147
Le Bel (Louis), 280
Le Bel (Philippe), 351
Lebel (Pierre), 89
Le Belec (Yves), 205
Le Belle (Guillaume), 179
Le Belie (Yves), 252
Le Belour (Gilles), 78
Leber (Jean-Roland), 208
Lebere (Francois), 28
Le Berre (Allain), 231
Le Berre (François), 239
Le Berre (Jean), 128
Le Berre (Jean), 230
Le Berre (Olivier), 60
Le Berre (Yves), 116
Le Bert (Charles), 248
Lebert (Charles-Gabriel-An-
toine), 294
Le Bert (Charles-Gabriel-An-
toine), 295
Le Bert (Claude), 137
Le Bert (Jean), 73

Le Bert (Jean), 211
Le Bert (Joseph), 70
Le Bert (Joseph), 120
Le Bert (Louis), 37
Le Bert (Louis), 137
Le Bert (Nicolas), 152
Le Bert (Nicolas), 210
Le Bert (Pierre), 173
Le Bert (Thomas), 185
Le Bert (Toussaint), 118
Le Bert (Toussaint), 148
Le Bert (Yves), 125
Le Bert (Yves), 204
Le Bert (Yves), 254
Le Berton (Antoine), 310
Le Bersie (Louis), 235
Le Bersoul (Jean), 47
Le Besidor (Jean), 245
Le Beulé (Yves), 104
Le Bey (François), 263
Le Boyer (Pierre), 246
Le Bian (Jean), 158
Le Bian (Jean), 158
Lebian (Laurent), 261
Le Bidau (Jean), 68
Le Biget (François), 291
Le Bihan (Laudos), 120
Le Bihan (Claude), 115
Le Bihan (Emmanuel), 112
Le Bihan (François), 114
Le Bihan (Jacques-Etienne),
115
Le Bihan (Jean), 115
Le Bihan (Jean), 135
Le Bihan (Jean), 181
Le Bihan (Jean), 331
Le Bihan (Jean-Joseph), 113
Le Bihan (Joseph), 128
Le Bihan (Michel), 79
Le Bihan (Noël), 124
Le Bihan (Yves), 201
Le Bihan (Yves), 240
Le Billant (Guillaume), 121
Le Billoux (Joseph), 145
Le Bisson (Vincent), 110
Le Blanc (Ambroise), 210
Le Blanc (André), 290
Le Blanc (Angustin), 167
Le Blanc (Balthazar), 74
Le Blanc (Etienne), 300
Le Blanc (François), 191
Le Blanc (François), 246
Le Blanc (Gabriel), 212
Le Blanc (Guillaume), 94
Le Blanc (Guillaume), 234
Le Blanc (Hyacinthe), 126
Le Blanc (Jacques), 132
Le Blanc (Jacques), 131
Le Blanc (Jacques), 173
Leblanc (Jean), 16
Le Blanc (Jean), 95
Le Blanc (Jean), 200
Le Blanc (Jean), 275
Le Bianc (Jean-Baptiste),
337
Le Blanc (Joseph), 80
Le Blanc (Joseph), 248
Leblanc (Joseph), 317
Le Blanc (Julien), 178
Leblanc (Julien), 226
Le Blanc (Julien), 12
Le Blanc (Julien), 247
Leblanc (Nicolas), 344
Le Blanc (Pierre), 77
Le Blanc (Pierre), 75
Le Blanc (Pierre), 124
Le Blanc (Pierre), 148
Le Blanc (Pierre), 174
Le Blanc (Pierre), 272
Le Blanc (Simon), 274
Le Blanc (Yves), 174
Leblanc D'Eequilley (Jac-
ques-Joachim-Louis), 357
Le Blais (Corentin), 71
Le Blas (Corentin), 237
Le Bloy (Francois), 206
Le Bled (Claude), 302
Le Bleis (Pierre), 145
Le Bleize (Laurence), 185
Le Bleu (Jean), 95
Le Bley (Gregoire), 307
Le Bois (Jean-Marie), 171
Le Bois (Yves), 118
Le Blond (Charles), 177
Le Blond (Jean), 376
Leblond (Jean-Baptiste), 223
Le Blond (Joseph), 228
Le Blond (Joseph), 290
Le Blond (Julien), 22
Le Blond (Louis), 232
Leblond (Michel), 224
Le Blond (Nicolas), 304
Leblond (Nicolas), 224
Le Blondée (Guillaume), 120
Le Blouch (Guillaume), 233
Le Bodeur (Jean), 84
Le Bœuf (Jacques), 129

Jeune (François), 225
Jeune (François-Germain), 224
Jeune (Guillaume), 156
Jeune (Jean), 182
Jeune (Jean - Baptiste), 325
Jeune (Jacques), 116
Jeune (Louis), 294
Jeune (Nicolas), 293
Jeune (Nicolas), 273
Jeune (Pierre), 97
Jeune (Pierre), 126
Jeune (Thomas), 117
Jeune (Yves), 98
Judec (Nicolas), 123
Jeunne (Guillaume), 106
Joyeux ; Lezot dit, 313
Juste (Joseph), 79
Kerbic (Guillaume), 248
Kiker (Hervé), 80
Laidier (Bernard), 248
ain (Marie), 123
Laizan (Joseph), 155
Lamer, 179
Lau (Jean), 149
Lau (Louis), 54
Lau (Louis), 97
Lau (Yves), 155
Landais (Jean), 126
Landais (Louis), 80
Landais (Pierre), 180
Landais (Pierre), 182
Landais (Pierre), 222
ande (François), 139
ande (Jean-Marie, 200
ndois (Michel), 140
asguehe, 22
arge, 74
auer (Victor), 128
ay (Corentin), 186
ay (Louis), 170
ay (Thomas), 167
ay (Yves), 17
ay (Yves), 148
ay de Kervestan, 153
ayer (Yves), 174
azou (Hervé), 114
ec (Corentin), 102
ec (Jean-René, 173
èvre (François), 245
erre (Marc), 201
en (Adrien), 225
(Jacques), 218
en (Jean-Pierre), 259
eux (Victor), 159
eyeur (Laurent), 146
eveur (François), 146
zard (Jean), 47
u (René Jean), 51
(René-Jean), 200
s (Pierre), 191
vre (André), 121
vre (Bernard), 194
èvre (Charles), 283
Lièvre (Charles Francois), 132
evre (Jacques), 203
vre (Jacques), 226
èvre (Jean), 200
lèvre (Jean-François),)
lèvre (Jean - Nicolas), 5
evre (Julien), 176
vre (Louis), 37
èvre (Thomas), 237
on (Jacques), 78
arcr (Etienne), 203
han (Gilles), 173
re (Pierre), 248
ng (François), 122
ng (Jean), 84
g (Jean), 84
ng (Nicolas), 78
z (Nicolas), 119
e (Jean), 198
narn (Jean), 47, 183
up (François), 168
up (François), 231
oup Gabriel-Philippe), 9
up (Jean), 104
up (Jean), 198
np (Louis), 241
o (Louis), 245
ap (Pierre), 242
dre (Alexandre), 277
c (Christophe), 247
(Joseph), 341
c (Nicolas), 185
(Pierre), 214
e (Pierre), 233
h (Jean), 123
aconnets ; Angros dit,

Le Maho (Jacques), 123
Le Maho (René), 85
Le Maigre (François), 82
Le Maigre (René), 186
Le Malo (Joseph), 142
Le Maine (Joseph), 200
Le Maire (Etienne), 314
Lemaire (François), 225
Lemaire (Jacques), 105
Le Marie (Jacques), 254
Lemaire (Jean), 258
Le Marie (Jean), 299
LeMaire (Jean-Baptiste), 106
Lemaire (Joachim), 226
Le Maire (Louis-Antoine), 322
Le Maire (Pierre), 264
Le Maistre (André), 199
Lemaistre (Bertrand), 167
Lemaitre (François), 134
Lemaître (Jean), 147
Lemaître (Jean), 328
Lemaître (Julien), 56
Lemaître (Julien), 94
Lemaître (Nicolas), 350
Lemaître (Pierre), 169
Le Maître (Alicin), 61
Le Maître (Antoine), 26
Le Maître (Barthelemy), 147
Le Maître (Charles), 118
Le Maître (François), 248
Le Maître (François), 77
LeMaître (Georges), 78
Le Maître (Jacques), 126
Le Maître (Jacques), 233
Le Maître (Jacques), 236
Le Maître (Jacques - Francois), 354
Le Maître (Jean), 181
Le Maître (Joseph), 313
Le Maître (Julien), 72
Le Maître (Julien), 125
Le Maître (Louis), 268
Le Maître (Louis), 357
Le Maître (Michel), 182
Le Maître (Nicolas), 95
Le Maître (Nicolas), 229
Le Maître (Noël), 236
Le Maître (Pierre), 183
Le Maître (René), 245
Le Maître (Robert), 95
Le Maître (Thomas - Francois), 204
Le Maître (Vincent), 24
Le Maître (Vincent), 214
Le Manchet (François), 137
Le Manchet (Yves), 77
Le Manchet (François), 131
Lemanissier (Jean), 47
Le Manissier (Pierre), 210
Le Manissier (Pierre), 234
Lemans (Jean), 242
Le Marchand (Jean), 161
Le Marchand (François), 238
Le Marchand (Guillaume), 230
Lemarchand (Jacques), 226
Le Marchand (Jean), 54
Le Marchand (Jean), 131
Le Marchand (Jean), 249
Le Marchand (Jean - Baptiste), 157
Le Marchand (Jean-Louis), 71
Le Marchand (Joseph), 182
Le Marchand (Laurent), 166
Le Marchand (Nicolas), 245
Le Marchand (Pierre), 237
Le Marchand (René), 235
Le Marchand (Yves), 87
Le Mare (Joseph), 56
Lemarec (Louis), 223
Le Maréchal (François), 120
Le Merette (Pierre), 229
Lemarié (Emery), 82
Lemarié (Guillaume), 46
Le Marié (Michel), 237
Lemarloud (Guillaume-François-Pierre), 25
Le Marquand (Jean - Francois), 135
Le Marquant (Jean), 210
Le Marquis (Joachim), 155
Le Marquis (Louis), 113
Le Marquis (Pierre), 196
Le Marquis (Pierre), 262
Lemarquis (Jean), 183
Le Marsec (François), 77
Le Marrié (François), 124
Le Mars (Jean), 182
Lemars (Pierre), 214
Le Marseillais, 61
Le Marseillais, 195
Le Martinet (Julien), 79
Le Masson, 83
Le Masson (André), 78
Le Masson (Gabriel), 129
Le Masson (Georges), 84
Le Masson (Germain), 199
Le Masson (Hervé), 235
Le Masson (Jacques), 78
Le Masson (Jean), 86
Le Masson (Jean), 84

Lemasson (Jean), 129
Le Masson (Jean), 134
Le Masson (Jean), 209
Le Masson (Jean-Baptiste), 89
Le Masson (Pierre), 243
Le Masson (Rolland), 37
Le Masson (Vincent), 152
Lemason (Alexis), 224
Le Masson (Jean), 167
Le Mouchette (Louis), 207
Le Mauff, 22
Le Mauff (Claude), 256
Leuauguen (Charles), 120
Lemaux (Guillaume), 222
Lemaux (Jacques), 91
Lemaux (Pierre), 138
Le Mé (Jean), 203
Le May (Jacques), 172
Le May (Jacques), 313
Le May (Joseph), 156
Le May (Joseph), 248
Le May (Yves), 170
Le Mauuier (Julien), 210
L'Embarras ; Roux dit, 279
Lembert (Joseph), 29
Lemblen (François), 322
Le Mé (Yves), 137
Le Mée (Jean), 203
Le Mée (Julien), 36
Le Mée (Laurent), 37
Le Megnat (Jean), 183
Le Mele (Julien), 122
Le Mêle (Pierre), 247
Le Mèle (Pierre), 83
Le Men (François), 114
Lemen (Gilles), 219
Le Men (Guillaume), 199
Le Men (Julien), 82
Le Men (Pierre), 166
Le Ménager (Augustin), 159
Le Ménager (Jean), 150
Lemenant (Jean), 174
Lemenant (Marin), 120
Le Mène (François), 183
Le Méné (Jean), 77
Le Ménond, 191
Le Menier (Joseph), 217
Le Menier (Dominique), 230
Le Menier (Jean Noel), 112
Leuer (François), 189
Le Mercier (Alexandre), 54
Le Mercier (Charles), 292
Le Mercier (François), 358
Le Mercier (François), 168
Le Mercier (Jean), 170
Le Mercier (Jean), 201
Le Mercier (Pierre), 208
Le Mercier (Pierre), 78
Le Mercier (Pierre), 164
Le Mercier (René), 141
Lemercier (Vincent), 111
Le Meyer (Tudual), 137
L'Emeric (Jean), 132
Le Merle (Antoine), 72
Lemerle (François), 106
Le Merle (Jean), 79
Le Merle (Jean), 126
Le Merle (Jean), 245
Le Merle (Louis), 159
Le Merle (Pierre), 75
Lemerle (Louis), 165
Lemerle (Philippe), 113
Lemerle (Philippe), 113
Lemerle (Louis), 35
Le Meslé, 109
Le Meslé (François), 124
Le Meslé (Jean), 192
Le Meslé (Jean-Baptiste), 78
Le Meslé (René), 84
Lemesle (Guillaume), 110
Lemesle (Jean), 126
Lemesle (Joseph Simon), 111
Lemesle (René), 222
Lemessier (Jean), 126
Le Mestrie (Jean), 117
Le Métais (Jean), 233
Le Métayhu (Guillaume), 199
Le Mets (Pierre), 316
Le Mettay (Julien), 113
Le Mettey (Benjamin), 36
Le Meuffe (Joseph), 181
Le Meur (Yves), 77
Le Meur (Antoine), 112
Le Meur (François), 116
Le Meur (François), 231
Le Meur (Guillaume), 60
Le Meur (Guillaume), 101
Le Meur (Jean), 154
Le Meur (Jean), 165
Le Meur (Jean), 250
Le Meur (Marc), 59
Le Meur (Marc), 80
Le Meur (Martin), 179
Le Meur (Pierre), 77
Le Meur (Pierre), 149
Le Meur (Yves), 77, 141
Lemeur (Guillaume), 162
Lemeurre (Jean), 106
Le Meutre (Lucas), 103
Le Mévain (Philippe), 117
Le Mével (Jean), 233
Le Méven (Louis), 114

Le Méven (Philippe), 110
Le Mézec (Vincent), 240
Lemierre (François), 200
Lemierre (François), 225
Lemierre (Jean - Baptiste), 224
Lembieux (Jean), 244
Le Mignon (Jean), 128
Lemignon (Nicolas), 133
Le Mille (Charles), 288
Le Mince (Jean), 180
Le Minihi, 118
Le Minihi (Emmanuel), 246
Le Minihy, 34
Le Mintour (Mathieu), 59
Le Mire (Jean-Baptiste-Antoine), 162
Le Mire (René), 96
Lemire (Jean), 120
Lemitre (Gilles), 130
Le Miré (Jean), 128
Le Mithois (François-Louis), 103
Le Mitois (Jean - François), 96
Le Mittels (Julien), 80
Lemitte (Jean-Baptiste), 110
Lemitte (Jacques), 35
Le Mittoud (Philippe), 184
Le Moal (Alain), 118
Le Moal (Antoine), 87
Le Moal (Jacques), 299
Le Moal (Jean), 169
Le Moal (Jean), 237
Le Moal (Jérôme), 201
Le Moal (Maurice), 175
Le Moal (Joseph), 248
Le Mont (René), 201
Lemoal (Jean), 244
Lemoal (Olivier), 19
Lemoal (Olivier), 147
Le Moan (Yves-Marie), 201
Lomoette (Joseph), 119
Lemoigne (Charles), 188
Le Moigne (Etienne), 69
Lemoine Jean-Claude), 262
Lemoille (Charles), 300
Le Moindre (Mathieu), 217
Lemoine, 170
Lemoine, 221
Le Moine (André), 183
Le Moine (Augustine), 358
Le Moine (Corentin), 186
Le Moine (Denis), 247
Le Moine (Gabriel), 66
Le Moine (Guillaume), 5
Le Moine (Jacques), 159
Le Moine (Jean), 59
Le Moine (Jean), 121
Le Moine (Jean), 234
Le Moine (Jean), 299
Le Moine (Jean), 294
Le Moine (Jean - François), 117
Le Moine (Joseph), 35
Le Moine (Joseph), 76
Le Moine (Joseph), 105
Le Moine (Julien), 127
Le Moine (Louis), 141
Le Moine (Louis), 167
Le Moine (Louis-Jacques), 205
Le Moine (Marc), 183
Le Moine (Michel), 122
Le Moine (Michel-Marie), 25
Le Moine (Pierre), 116
Le Moine (Pierre), 206
Le Moine (Pierre), 233
Le Moine (Pierre), 234
Le Moine (Pierre), 257
Le Moine (Pierre), 245
Le Moine (Pierre), 318
Le Moine (René), 195
Le Moine (Pierre-François), 105
Lemoine (Antoine), 354
Lemoine (Aubin), 130
Lemoine (François), 106
Lemoine (François-Marie), 104
Lemoine (Jean), 106
Lemoine (Jean), 146
Lemoine (Louis), 223
Lemoine (Nicolas), 137
Lemoine (Pierre), 222
Lemoine (Toussaint), 283
Le Moine (François-Louis), 204
Lo Moing (Gilles), 239
Le Moing (Guillaume), 76
Le Moing (Jacques), 232
Le Moing (Jean), 124
Le Moing (Jean), 219

Le Moing (Jean), 205
Le Moing (Jean-René), 203
Le Moing (Tanguy), 96
Le Moing (Yves), 82
Lemoing (François), 119
Lemoing (Guillaume), 222
Lemoing (Nicolas), 192
Le Mohme (Joseph), 126
Le Mohan (Grégoire), 102
Le Moigat (Dominique), 119
Le Molier (Louis), 171
Lemonier (Louis), 214
Le Monier (Louis), 218
Le Monier (René), 296
Le Monnier (Adrien), 240
Le Monnier (Jean), 86
Le Monnier (Jean), 104
Le Monnier (Jean), 126
Le Monnier (Jean), 126
Le Monnier (Jean), 167
Le Monnier (Jean), 159
Le Monnier (Jean), 185
Le Monnier (Jean), 247
Le Monnier (Jean-Baptiste), 161
Le Monnier (Jean-Baptiste), 77
Le Monnier (Jean-Philippe), 73
Le Monnier (Joachim), 284
Le Monnier (Joseph), 237
Le Monnier (Joseph), 237
Le Monnier (Laurent), 77
Le Monnier (Louis), 95
Le Monnier (Noël), 180
Le Monnier (Pierre), 182
Le Monnier (Thomas), 124
Lemonnier (Jean - Baptiste), 222
Lemonnier (Louis), 232
Lemonnier (Louis- Jacques), 169
Lemonnier (Nicolas), 85
Le Moguaire (Jean), 250
Lo Morhier (Louis), 181
Le Mogne (Jean), 207
Le Mordant (Herbin), 188
Le Mordant (François), 83
Le Mordant (François), 153
Le Mordant (François-Jean), 100
Lemore (Louis-François), 284
Le Morquier (Joseph), 241
Le Mot (Yves), 165
La Motte (Angers), 264
Le Moucheur (Olivier), 240
Le Monet (Olivier), 243
Le Mousson (Julien), 59
Lemoux (Pierre), 48
Le Moyne (Pierre), 218
L'Empereur (Henry), 209
L'Empereur (Jean-Baptiste), 313
L'Empereur ; La Croix dit, 313
L'Empereur (René), 152
Lemnet de Belombre de Jussy (Louis-Stanislas), 306
Le Nabour (Pierre), 85
Lenaf (François), 134
Le Nain (Jean-Claude), 42
Le Nain (Louis), 371
Le Nausar (Philippe), 82
Lenard (François), 119
Lenard (Joachim), 110
Le Nautre (François), 167
Le Nay (Jean-François), 155
Lenay (Jean), 124
Le Nayi (Jean-François), 122
L'Enclume ; Suard dit, 352
L'Endormy (Pierre), 370
Le Néec (François), 37
Le Nel (Henri), 289
Le Neptune, 246
Lenegegue (Claude), 231
Le Neron (Yves), 183
Le Nestle (François), 184
Le Neuveu (François), 161
Le Nevat (Claude), 199
Le Neveu (Etienne), 131
Le Neveu (François), 121
Le Neveu (Jacques), 97
Le Neveu (Jean), 166
Le Neveu (Julien), 182
Le Neveu (Pierre), 181
Le Neveu (Toussaint), 121
Lo Neveux (Joseph), 201
L'Enfer ; Fregneau dit, 309
L'Engagé (Louis), 178
L'Engageante, 123
Lenlante (Mathieu), 307
Le Noble (Bizeul), 127
Le Noble (François), 75
Le Noble (François), 167
Le Noble (Jacques), 183
Le Noble (Nicolas), 73
Le Noir (François-Pierre-Auguste), 51
Le Noir (Guillaume), 245
Le Noir (Jean), 183
Le Noir (Joseph), 295
Le Noir (Louis), 237
Le Noir (Martin), 340
Le Noir (Philibert), 198
Le Noir (Pierre), 134

— 439 —

Lenoir (André), 262.
Lenoir (Claude), 249.
Lenoir (François), 112.
Lenoir (Guillaume), 264.
Lenoir (Jacques), 249.
Lenoir (Jean-Baptiste), 262.
Lenoir (Pierre-Thomas), 186.
Lenoir (Toussaint), 243.
Le Noirvon (Jean), 202.
Le Nicres (Louis), 264.
Le Noran (Pierre), 42.
Le Noret (Jean), 247.
Le Normand (André), 135.
Le Normand (Charles), 96.
Le Normand (Étienne), 109.
Le Normand (François), 87.
Le Normand (François), 147.
Le Normand (Jacques), 77.
Le Normand (Gustave), 347.
Le Normand (Mathieu), 74.
Le Normand (Nicolas), 40.
Le Normand (Yves), 424.
Lenormand (Alexis-Nicolas), 208.
Lenormand (Jean), 134.
Lenormand (Jean), 140.
Lenormand (Jean), 202.
Lenormand (Jean), 224.
Lenormand (Pierre), 46.
Lenormand (Vincent), 140.
Lenormand de Victot, 31.
Le Normand de Victot, 117.
Le Norrais (Louis), 111.
Le Noty (François), 95.
Le Nortombeland, 197.
Le Notte (Guillaume), 121.
L'Œuf (Adrien), 84.
Le Nourry (Jean), 45.
Le Nourry de Monded (Vincent), 236.
Lenouvel (Joseph), 158.
Lentier (Claude), 342.
Lentultes, Renou dit, 425.
Le Noël (Jacques), 204.
Le Ny (Jacques), 184.
Le Ny (Jean), 181.
Le Ny (Joseph), 174.
Lens (Pierre), 122.
Léon, 264.
Léon (Guillaume), 176.
Léon (Honoré), 95.
Léon (Jean), 121.
Léon (Jean), 154.
Léon (Joseph), 63.
Léon (Michel), 203.
Léon (Pierre), 175.
Léon (Pierre), 245.
Léonard (Augustin), 121.
Léonard (François), 196.
Léonard (François), 227.
Léonard (François), 259.
Léonard (Guillaume), 119.
Léonard (Guillaume), 128.
Léonard (Jacques), 45.
Léonard (Jean), 81.
Léonard (Jean), 309.
Léonard (Joseph), 209.
Léonard (Louis), 291.
Léonard (Mathieu), 69.
Léonard (Philippe), 321.
Léonardy, De (Charles Joseph), 307.

Lenestuy (Geffroy), 29.
Léonniny (Joseph), 29.
Lentule (Jean-Michel), 119.
Lentrize, Léonard dit, 370.
Leonnard (François), 165.
Léonce (Étienne), 204.
Léopold, Folleroy dit, 260.
Léost (François), 71.
Léost (François), 149.
Léost (Pierre), 87.
Léost (François), 244.
Léoti (Gabriel), 206.
Léost (Jean), 234.
Léost (René), 128.
Léost (René), 139.
Lestin (Jean), 91.
Leotard (Jean-Baptiste), 310.
Lépée (Mathieu), 41.
Le Page (Antoine), 158.
Le Page (Georges), 237.
Le Page (Hervé), 179.
Le Page (Jean), 81.
Le Page (Jean), 126.
Le Page (Jean), 157.
Le Page (Jean), 231.
Le Page (Jean), 321.
Le Page (Jean-Baptiste), 177.
Le Page (Jean-Pierre), 162.
Le Page (Louis), 36.
Le Page (Michel), 161.
Le Page (Pierre), 187.
Le Page (Pierre), 197.
Le Page (Pierre), 239.
Le Page (Pierre), 249.
Le Page (Pierre), 345.
Le Page (Pierre-Marie), 40.
Le Page (Vincent), 96.
Le Page (Tanguy), 77.
Lepage (Jean-Louis), 226.

Lepage (Louis), 149.
Lepage (Nicolas), 51.
Lepage (Yves), 141.
Lepagnol (Pierre), 122.
Le Pain (Jean), 170.
Le Paire (Jean), 251.
Le Pan (François), 121.
Le Paulcher (Thomas), 119.
Le Paulmier (François), 249.
Le Pays (Jean), 117.
Le Pape (Bernard), 150.
Lepape (François), 220.
Le Pape (Guillaume), 122.
Le Pape (Jean-François), 222.
Le Pape (Mathieu), 150.
Le Pare (Jean), 150.
La Pare (Jean), 183.
Le Parc (Jean-Marie), 203.
Le Parga (Jean), 234.
Le Paris (Joseph), 185.
Le Paul (Gilles), 208.
Le Paumier (Marc), 129.
Le Paumier (Pierre), 21.
Lepaux, 50.
Le Pautonier (Jean), 237.
Le Pé (Ollivier), 208.
Le Père (Jean), 81.
Le Père (Louis), 121.
Lepe (Jean-Baptiste), 325.
Lepeaux (François), 236.
Le Pelois (Étienne), 157.
Le Peley (Joseph), 207.
Le Peley (Pierre), 110.
Le Pelley (Charles), 259.
Le Pellé (Jean-François), 102.
Le Petit (Julien), 106.
Le Pelier (Jean), 196.
Le Pelletier (François), 137.
Le Pellier (Pierre), 229.
Le Penda (Jean), 247.
Le Pence (Laurent), 50.
Lepenet (François), 140.
Le Penne (Jean), 59.
Le Penner (Jean), 183.
Le Pence (Marc), 119.
Le Pence (Ollivier), 184.
Le Père (Julien), 123.
Lépéron (Nicolas), 229.
Le Perquier (Jacques), 172.
Le Pessier (François), 217.
Le Pescous (Louis), 237.
Le Petit (Augustin), 87.
Le Petit (Boniface), 172.
Le Petit (Jean), 84.
Le Petit (Jean), 194.
Le Petit (Jean), 235.
Le Petit (Jean-Baptiste), 232.
Le Petit (Joachim), 71.
Lepetit (Jean), 127.
Lepetit (Roland), 347.
Lepetitges (Jacques), 224.
Le Petou (François), 208.
Le Picard (François), 183.
Le Picard (Genvien), 117.
Le Picard (Guillaume), 81.
Le Pichon (Jean), 219.
Lepicier (François), 308.
L'Épicier (François), 215.
Le Rivière-Jean-Claude, 355.
Le Pilé (Laurent), 179.
Le Pilet (Jean), 219.
Le Piled (Yves), 217.
Lépine (Charlemidor), 232.
Lépine (François), 25.
Lépine (François), 130.
Lépine (François), 140.
Lépine (Jean), 240.
Lépine (Jean), 240.
Lepine (Joseph), 205.
Lépine (Pierre), 87.
Lepine (Louis), 197.
Lépine (Louis), 200.
Lépine dit Turlou (Guillaume), 7.
Lephentre (Louis), 119.
Lephotrie (Médart), 114.
Le Pire (Charles), 112.
Le Pire (Joseph), 148.
Le Pisaine (Jacques), 61.
Le Pivert (François), 75.
Le Placine (Jacques), 112.
Le Plat (Charles), 194.
Le Plomb (Jean), 182.
Le Poher, 247.
Le Poher (Jean), 196.
Le Poirier (Vincent), 250.
Lepitoule (Pierre), 128.
Le Poirée (Pierre), 71.
Le Poirée (François), 92.
Le Poiturier (Joseph), 94.
Le Poudier (Nicolas), 95.
Le Pommier (Jacques), 34.
Lepontois (Jean), 119.
Le Pontois (Louis), 171.
Le Pontois, 72.
Le Port (Jacques), 155.
Le Port (Jacques), 300.
Le Port (Jacques), 344.
Le Port (Jean), 54.
Le Port (Jean), 70.

Le Port (Jean), 108.
Le Port (Jean), 214.
Le Port (Joseph), 54.
Le Port (Louis), 242.
Le Port (Maurice), 172.
Laporte (Thomas), 222.
Le Portier (Pierre), 36.
Le Portier (Pierre), 161.
Le Porte (Yves), 84.
Le Porte (Yves), 205.
Le Posquin (François), 248.
Le Pot (Louis), 219.
Le Potrin (Joseph), 167.
Le Pouillier (Marc), 216.
Le Poulard (Michel), 167.
Le Poultain (Jacques), 222.
Leporay (André), 122.
Le Pré (Pierre).
Le Premier (Pierre), 211.
Le Prêtre (Guillaume), 104.
Le Prêtre (Laurent), 123.
Le Presle (Thomas), 47.
Leprestre (François), 222.
Leprestre (François), 240.
Le Prêtre (Charles-Marie), 113.
Le Prêtre (François), 220.
Le Prêtre (Jean), 113.
Le Prêtre (Jean), 119.
Le Prêtre (Jean), 177.
Le Prêtre (Jean-Baptiste), 454.
Le Prêtre (Laurent), 328.
Le Prêtre (Louis), 150.
Le Prêtre (Michel), 237.
Le Prêtre (Pierre), 219.
Le Prêtre (Pierre), 237.
Leprevost (François), 102.
Le Prevost (Jean), 101.
Le Prevot (Joseph), 75.
Leprêtre (André), 24.
Le Prince, 177.
Le Prince (André), 55.
Leprince (Pierre), 109.
Le Prince (Pierre), 317.
Le Prince (Jean - Marie), 222.
La Protection, 12.
Le Protecteur, Baumontre dit, 373.
Le Procureur (Pierre), 183.
Leprond (Thomas), 355.
Le Proux (Charles-Louis), 507.
Leproux (François), 278.
Le Provost (Michel), 101.
Le Prouot (Servan), 77.
Le Prudent (Alain dit), 312.
Leps (André), 206.
Leps (André), 207.
Leps (Jean), 131.
Le Purdu (Étienne), 136.
Le Pull (Jean), 54.
Lequeu (Guillaume), 230.
Lequeu (Marc), 219.
Leslier (Jean-François), 250.
Le quiec (François), 300.
Le Quéré (Jean), 127.
Le Quéré (François), 121.
Le Quellec (Jean), 50.
Le Quellec (Pierre), 218.
Le Quelle (Jean), 244.
Le Quelle (Julien), 171.
Le Quellec (Pierre), 74.
Le Quenec (Jacques), 50.
Le Quenec (Jean), 140.
Le Queneu (Pierre-Joseph), 417.
Le Queueu (Gestien), 150.
Le Quenne (Jacques), 167.
Le Querre (Jean), 170.
Le Queuec (Quentin), 224.
Lequey (Gaspard), 324.
Le quidet (Jean), 122.
Le Quip (Anthon), 68.
Lequelat (Vincent), 187.
Le Quinio (Louis), 84.
Le Quiguen (Hervé), 130.
Leralle (Antoine), 262.
Le Ras (Louis), 217.
Le Raie (Pierre), 237.
Le Raife (Gilles), 419.
Leran (Jean-Marie), 167.
Le Rat (Adrien), 249.
Le Rat (François), 217.
Le Raty (Gilles), 113.
Leras dean-Marie, 99.
Le Ray (Augustin), 181.
Le Ray (Claude), 152.
Le Ray (Jean), 235.
Le Ray (Joseph), 207.
Le Ray (Michel), 319.
Le Ray (Yves), 172.
Lerbourg (Philippe), 277.
Le Rebourg (Philippe), 278.
Le Rebours (René), 37.
Le Rebours (Jean), 36.
Le Rechex (Guillaume), 120.
Leredde (Pierre), 225.

Le Réel (Louis), 182.
Lerel (Louis), 81.
Legendre (Charles-François), 224.
Le Rendu (Guy), 244.
Le Rendu (Jean), 83.
Le Rendu (Joseph), 84.
Le Réquier (André), 180.
Le Rouger (Ollivier), 174.
Lereste (Olivier), 249.
Le Reste (Michel), 116.
Le Rey (François), 160.
Le Reverend (Pierre), 352.
Le Rey (Étienne), 104.
Le Rey (Gustave), 153.
Le Rey (Yves), 216.
Le Rey (Louis), 84.
Le Rhomece (Guillaume), 47.
Le Riche (Jean), 242.
Le Riche (Jean-Baptiste), 173.
Le Riche (Jacques), 354.
Le Riche (Louis-Jean), 261.
Le Rigoulleur (Louis), 186.
Lermolier (Paul), 236.
Le Roi (Julien), 122.
Le Roi (Julien), 129.
Le Roi (Théophile-Joseph), 145.
Le Rond (Étienne), 83.
Le Rond (Pierre), 121.
L'Érondel, 201.
Léronel (Christophe), 233.
Le Rosec (Gilles), 146.
Le Rossignol (François), 202.
Le Rossignol (Hingard), 239.
Le Rossignol (Jean), 245.
Le Rossignol (Simon), 245.
Le Rouge, 164.
Le Rouge (François), 67.
Le Roualle (Simon), 148.
Le Ro Roe (François), 299.
Lerosse (Jean), 116.
Le Rousseau (François), 243.
Le Rousseau (Yves), 152.
Le Roux (Alexis), 73.
Le Roux, 35.
Le Roux (Alain), 166.
Le Roux (Alain), 197.
Le Roux (Alexis), 78.
Le Roux (Allain), 51.
Le Roux (Ambroise), 168.
Le Roux (Ambroise), 169.
Le Roux (Armand), 172.
Le Roux (Charles), 115.
Le Roux (Charles), 144.
Le Roux (Charles), 249.
Le Roux (Éléonor), 206.
Le Roux (Eustache), 35.
Le Roux (Firmin), 64.
Le Roux (François), 59.
Le Roux (François), 97.
Le Roux (François), 251.
Le Roux (Gabriel), 170.
Le Roux (Gilbert), 185.
Le Roux (Germain), 169.
Le Roux (Guillaume), 36.
Le Roux (Guillaume), 91.
Le Roux (Guillaume), 127.
Le Roux (Guillaume), 159.
Le Roux (Guillaume), 228.
Le Roux (Henri), 132.
Le Roux (Henri), 141.
Le Roux (Hervé), 233.
Le Roux (Hyacinthe), 51.
Le Roux (Hyacinthe), 208.
Le Roux (Jacques), 92.
Le Roux (Jacques), 149.
Le Roux (Jacques), 157.
Le Roux (Jacques), 201.
Le Roux (Jacques), 205.
Le Roux (Jean), 12.
Le Roux (Jean), 124.
Le Roux (Jean), 131.
Le Roux (Jean), 152.
Le Roux (Jean), 161.
Le Roux (Jean), 186.
Le Roux (Jean), 212.
Le Roux (Jean), 249.
Le Roux (Jean), 250.
Le Roux (Jean), 321.
Le Roux (Jean-Baptiste), 71.
Le Roux (Jean-Baptiste), 296.
Le Roux (Jean-François), 165.
Le Roux (Jean-François), 314.
Le Roux (Jean-Louis), 355.
Le Roux (Joseph), 74.
Le Roux (Joseph), 147.
Le Roux (Joseph), 186.
Le Roux (Joseph), 210.
Le Roux (Julien), 170.

Le Roux (Julien), 250.
Le Roux (Laurent), 150.
Le Roux (Louis), 156.
Le Roux (Louis), 188.
Le Roux (Louis), 202.
Le Roux (Louis), 213.
Le Roux (Louis), 230.
Le Roux (Louis-Mathurin), 112.
Le Roux (Maloh), 134.
Le Roux (Mathé), 102.
Le Roux (Marc), 152.
Le Roux (Mathelin), 111.
Le Roux (Mathurin), 231.
Le Roux (Mathurin), 246.
Le Roux (Nicolas), 71.
Le Roux (Nicolas - François - Joseph), 167.
Le Roux (Noël), 218.
Le Roux (Noël), 231.
Le Roux (Pharbert), 139.
Le Roux (Philippe), 104.
Le Roux (Philippe), 207.
Le Roux (Pierre), 82.
Le Roux (Pierre), 115.
Le Roux (Pierre), 125.
Le Roux (Pierre), 173.
Le Roux (Pierre), 232.
Le Roux (Pierre-Alexandre), 115.
Le Roux (Pierre-Auguste), 114.
Le Roux (Pierre-Frédéric), 107.
Le Roux (Pierre-Joseph), 70.
Le Roux (René-Hyacinthe), 215.
Le Roux (Sébastien), 78.
Le Roux (Yves), 51.
Le Roux (Yves), 128.
Le Roux (Yves), 209.
Le Roux (Ambroise), 214.
Leroux (François), 225.
Leroux (Hervé), 226.
Leroux (Jacques), 225.
Leroux (Jean), 308.
Leroux (Laurent), 225.
Leroux (Thomas), 335.
Le Roux de la Corbinière, 215.
Le Roux de la Corbinière, 250.
Le Roux de Franserville, 118.
Le Roux de Kerninon-Marie-Pierre-Hubert-Anne-Joseph, 256.
Le Roux de Kajnon (Louis-Jacques-Anne-Marie), 271.
Le Rouyer (François), 172.
Le Roxier (Paul), 57.
Le Roy, 209.
Le Roy (Alain), 112.
Le Roy (Alain), 150.
Le Roy (Antoine), 160.
Le Roy (Bernard), 161.
Le Roy (Bodet), 27.
Le Roy d'Asdent, 160.
Le Roy (Claude), 17.
Le Roy (Clément), 84.
Le Roy (Étienne), 201.
Le Roy (François), 78.
Le Roy (François), 127.
Le Roy (François), 168.
Le Roy (François), 217.
Le Roy (François), 251.
Le Roy (François), 265.
Le Roy (François), 378.
Le Roy (François-Joseph), 279.
Le Roy (Gabriel), 214.
Le Roy (Gasnal), 225.
Le Roy (Gabriel), 321.
Le Roy (Gabriel), 237.
Le Roy (Guillaume), 127.
Le Roy (Guillaume), 167.
Le Roy (Guillaume), 178.
Le Roy (Henri), 95.
Le Roy (Jacques), 153.
Le Roy (Jacques), 119.
Le Roy (Jacques), 172.
Le Roy (Jacques), 217.
Le Roy (Jacques), 319.
Le Roy (Jean), 124.
Le Roy (Jean), 159.
Le Roy (Jean), 163.
Le Roy (Jean), 205.
Le Roy (Jean), 231.
Leroy (Jean), 329.
Leroy (Jean-Baptiste), 263.
Le Roy (Jean-François), 236.
Le Roy (Jean-Louis), 283.
Le Roy (Jean-Marie), 82.
Le Roy (Jean-Marie), 291.

— 420 —

Roy (Jean-Marie), 198
Roy (Jean-Pierre), 113
Roy (Joachim), 206
Roy (Joseph), 125
Roy (Joseph), 128
Roy (Joseph), 144
Roy (Joseph), 170
Roy (Jules), 110
Roy (Jules), 218
Roy (Julien), 181
Roy (Laurent), 292
Roy (Léopold), 292
Roy (Louis), 157
Roy (Louis), 182
Roy (Louis), 208
Roy (Louis-Marie), 299
Roy (Marc), 224
Roy (Martin), 122
Roy (Mathurin), 85
Roy (Mathurin), 105
Roy (Nicolas), 260
Roy (Nicolas), 351
Roy (Nicolas), 352
Roy (Noël), 50
Roy (Noël), 80
Roy ; Ozanne dit, 317
Roy (P. P.), 234
Roy (Pierre), 76
Roy (Pierre), 94
Roy (Pierre), 95
Roy (Pierre), 135
Roy (Pierre), 138
Roy (Pierre), 145
Roy (Pierre), 208
Roy (Pierre), 235
Roy (Pierre), 266
Roy (Pierre), 297
Roy (Pierre ; Jean Baptiste), 162
Roy (Pierre-Louis), 327
Roy (R. P.), 234
Roy (René), 149
Roy (Rolland), 59
Roy (Rolland), 80
Roy (Saturnin), 334
Roy (Stanislas), 81
Roy (Thomas), 138
Roy (Vincent), 281
Roy (Yves), 37
Roy (Yves), 54
Roy (Yves), 96
Roy (Yves), 115
Roy (Yves), 130
Roy (Yves), 202
Roy (Nicolas), 351
Roy ; Ozanne dit, 317
Roy (Pierre), 259
Roy Delagrange, 138
Roy, Le (François), 43
Ron (François), 27
Ru, Le (Marc), 301
Rué (Jean), 210
Ruffier (Jean), 118
Rumeur (Jean), 146
Rumeur (Jean-Marie), 253
Ruze (Antoine), 93
Ruze (Charles), 277
Ruze (François), 359
Ruze (Gilles), 123
Ruze (Jacques), 276
Ruze (Jean), 121
Ruze (Jean), 176
Ruze (Jean), 139
Ruze (Julien), 124
Ruze (Julien), 137
Ruze (Louis), 130
Ruze (Léonard), 246
Ruze (Louis), 277
Ruze (Louis), 148
Ruze (Louis), 160
Ruze (Nicolas), 117
Ruze (Olivier), 217
Ruze (Pascal), 232
Ruze (Théodore), 177
Ruze (Yves), 116
Sagittaire, 174
Saige de Villebrune (Sergent-Paul), 204
Saint (Étienne), 188
Saint (Jean), 148
Saint (Valentin), 295
Saint-Esprit, 159
Sans (Nicolas), 304
Saulx (Julien), 318
Saulx (Guillaume), 232
Saulx (Jean-Louis), 98
Saulx (Yves), 151
Saulier (Jean), 45
Saulier (Louis), 119
Saulier (Mathurin), 104
Sauve (François), 247
Sauvage de Sizay (Jean), 0
Sauve ; (Étienne-François), 52
Saux (Étienne), 203
Saux (Jean), 128
Saux (Joseph), 39
Saux (Louis), 184
Say (Pierre), 211
Seau (Félix), 20
Se (Étienne), 4

Lesca (Étienne), 218
Lesca (Jean), 218
Lescail (Jean), 173
Lescail (Jean), 148
Lescad (Michel), 290
Lescalet (François), 146
Lescan (Charles), 90
Lescauffre (Isaac), 227
Lescauvet (Guillaume), 157
L'Escard ; Bardou dit, 318
Lesearmeur (Jean), 148
Lescaut (Jacques), 342
Lescaut (Jean), 119
Le Sceaveur (Noël), 237
Le Scene (Jacques), 126
Le Sceptre, 142
Le Scipion, 138
Lescof (Christophe), 78
Le Scoldron (Mathieu), 97
L'Escop (Bernard), 76
Lescop (Guillaume), 139
Lescop (Jean), 37
Lescop (Laurent), 38
Lescop (Yves), 151
Lescop (Yves), 241
Lescot (Christophe), 97
L'Escot (René-Nicolas), 205
Lescou (Henry), 168
Le Scouasse (Pierre), 81
Lescouet (Jean), 241
L'Espagnac (Antoine), 88
L'Escoublier (Marc), 72
L'Escoudier (Antoine), 164
Lescouvette (Pierre), 314
Lescudier (Jean-Pierre), 344
Lescue (Nicolas), 212
Lescure (Étienne), 104
Lescure (Louis), 197
L'Escure (Louis), 228
Lescure (Louis), 240
Lescureau (Louis), 75
Lescurier (François), 89
Lescurier (François), 60
L'Escurier (François), 163
L'Escuriot (Jean), 80
Lesegoyer (Louis), 290
Lesegière ; Terrier dit, 260
Le Senau (Claude), 192
Le Sec (Olivier), 77
Le Séchot (François), 196
Le Séchot (François), 197
Le Séé (Jean), 121
Le Seize de la Villebrune, 243
Le Seigneur (François), 78
Le Seigneur (René-Adrien), 225
Leseigaillon (Louis), 22
Le Sellier (Julien), 113
Le Selue (Georges), 45
Le Selue (Louis), 212
Le Selue (Nicolas), 177
Leseine (Pierre), 225
Le Sement (Jean), 119
Le Sene (Jean), 332
Le Senue (Jean - Baptiste), 350
Le Sens (Vincent), 182
Le Sens (Charles), 157
Le Sens (Hilaire), 150
Le Serf (Jean-Joseph), 114
Le Sergent (Gabriel), 172
Le Sergent (Jean), 79
Le Serpent, 177
Le Serne (Georges), 47
Le Servouroux (Jean), 24
Lesfrais (Jean), 238
Le Sieur (Antoine), 328
Le Sieur (Charles), 317
Le Sieur ; Louis François, 272
Le Sieux (Thomas), 235
Le Simple (Nicolas), 318
Lesin (Jean), 76
Le Sin (Jean-Joseph), 72
Le Sire (Pierre), 294
Lesnard (Yves), 246
Lesnevin (Pierre), 142
Le Sour (Pierre - Cyprien), 97
Le Sol (Simon), 241
Le Solide ; Silvestre dit, 340
Le Songeur (Pierre), 224
Le Sot (Jacques-François), 111
Le Souder (Jean-Jacques), 236
Le Sourd (Denis), 355
Le Sourd (Étienne), 75
Le Sourd (François), 129
Le Sourd (Jean), 58
Le Sourd (Julien), 95
Le Sourd (Louis), 196
Le Sourd (Martin), 97
Le Sourd (Pierre), 79
Le Sourd (Sébastien), 151
Lesourd (François), 108
Lesourd (Jean-Pierre), 124
Le Souverain ; Mathieu dit, 398
Lespacé (Julien), 97
L'Espagnol (Hervé), 88
L'Espagnol (Jean-Bernard), 202

L'Espant (Gilles), 185
Lespare (Jean), 197
L'Espasargne (Gaspard), 151
L'Espaut (Pierre), 54
L'Espérance ; Berger dit, 320
L'Espérance ; Barennes dit, 280
L'Espérance ; Berhier dit, 272
L'Espérance ; Chupuy dit, 270
L'Espérance ; Danniau dit, 281
L'Espérance ; L'Hodierny dit, 276
L'Espérance ; Lavallée dit, 246
L'Espérance ; Levêque dit, 344
L'Esperance ; Marcadier dit, 319
L'Esperance ; Morot dit, 287
L'Esperance ; Raphael dit, 303
L'Esperance ; Wauwerwick dit, 346
Lespert (Allain), 245
Lespes, De (Jean - Joseph), 305
L'Espinasse (Antoine), 73, 188
Lespinasse (Antoine), 194
Lespinasse (Jacques), 225
L'Espinasse (Antoine), 88
Lesquel (Henry), 223
Lesquen (Tanguy), 60
Lesque (Valentin), 210
Lesquin (Julien), 172
Lesquint (Noël), 157
Lesquinty (Yves), 181
Lessar (Jean), 223
Lessard (Jean-Marie), 154
Lesset (Marc), 50
L'Estaor (Jacques), 192
Lesta (Étienne), 199
Lestage (Jean), 155
L'Estas (Raymond), 78
Lesteven (Goulven), 75
Lesteven (Jean-Louis), 252
Lesteven (Michel), 194
Lesteven (Yves), 243
Lestideau (François), 98
Lestideau (Jean), 125
Lestoré (François), 346
Lestorey (Michel), 201
L'Estrade, De (Claude), 306
L'Estrade (Jean), 113
L'Estrade (Marc), 127
L'Estrade (Jérôme), 179
L'Estrade (Louis), 174
L'Estrade (Philippe), 208
Lestradez (Jean-Baptiste), 318
Lestre, De (Charles), 258
L'Estrein (Michel), 187
Lestrem (Jean), 4
L'Estringe (Jean), 113
Lestril (Jean), 150
L'Estricquier (Jean), 270
Lestrune (Laurent), 240
Le Strum (Jean-Guillaume), 192
Lestune (Pierre), 230
Le Suaur (Jean - Baptiste), 264
Le Sueur (Jean Baptiste), 213
Le Sueur (Mathieu), 121
Le Sueur (Thomas), 248
Lesueur (Simon), 121
Le Suilier (Étienne), 80
Le Tailleur (Jacques), 211
Le Tailleur (Jean Baptiste), 202
Le Tallec (Antoine), 154
Le Tallec (François), 149
Le Tanbée, 280
Le Tanef (Claude), 226
L'Étang (Henry), 325
Le Tanneur (Jean), 60
Le Tanneur (Jean), 238
Letard (Jean), 53
Lotard (Jean), 143
Le Tard (Pierre), 100
Le Tard ou Le Lard (Pierre), 192
Letant (Jean), 151
Letee ; Thomas dit, 311
Le Teblon (Pierre), 248
Letellier (François), 46
Letellier (Pascal), 46
Le Teinturier (François), 118
Letellier (Daniel), 224
Letellier (Jacques), 71
Letellier (Jacques), 240
Letellier ; Jacques - François, 167
Letellier (Jean), 122
Letellier (Jean), 173
Letellier (Jean), 216
Letellier (Pierre), 113
Letellier (Thomas), 225
Letellier (Yves), 109
Le Teillier (Antoine), 124

Le Tellier (Charles), 112
Le Tellier (Étienne), 181
Le Tellier (Faugin), 28
Le Tellier (Félix), 149
Le Tellier ; Guillaume Pierre, 75
Le Tellier (Jacques), 134
Le Tellier (Jacques), 236
Le Tellier (Jean), 80
Le Tellier (Jean), 155
Le Tellier (Jean-Baptiste), 266
Le Tellier (Joachim), 155
Le Tellier (Louis), 167
Le Tellier (Louis), 202
Le Tellier (Noël), 118
Le Tellier (Pierre), 245
Le Tellier (Pierre), 278
Le Tellier (Valentin), 121
L'Étendart ; Matelle dit, 312
Le Tendre, 85
Le Tendre, 104
Le Tendre (Thomas), 235
Letendre (Hippolyte), 206
L'Étendurée, De, 215
Le Tenoux (Joseph), 116
Le Tenoux (Jean), 126
Le Terreux ; Bonnival dit, 346
Le Terrien (Guillaume), 192
Le Terrien (Guillaume), 196
Le Terrien (Rolland), 87
Le Terrier (Yves), 81
Le Terry (Michel), 152
Le Tertre (François), 148
Le Tertre (Jean), 254
Le Tertre (Yves), 185
Letertre (Jean), 294
Le Tessier (Mathieu), 131
L'Étendurée, De, 215
Le Testu (Jean), 124
Le Teur (Louis), 73
Le Teurnier (François), 124
Le Teurtre (Jacques), 184
Le Teurtre (Jean), 186
Le Teurtre (Jean Baptiste), 165
Le Theau (Yves), 246
Le Theo (Jean), 237
Le Thiec (Louis), 171
Le Thomé (Joseph), 247
Le Thorel (Vincent), 237
Le Thuillet (Pierre), 163
Le Thuillier (François), 170
Le Tindevés (Yves), 79
Le Tindevés (Yves), 193
Letinau (Thomas), 55
Le Toadec (François), 202
L'Étoile ; Jean-Baptiste, 115
Le Tondu (Michel), 232
Le Tonnant, 39
Letouquard (Stanislas), 266
Le Torel (Pierre), 71
Le Tort (Jean), 70
Le Toree (Louis), 137
Le Toner (Jean-René), 116
Le Touicc (Joachim), 71
L'Étoundie, L', 91
L'Étourdie, 91
Letourneur (Pierre), 25
Le Tourneau (Pierre), 82
L'Étourneau (Pierre), 98
Letournel (Jean), 238
Letourneur (Claude), 226
Le Tourneur (François), 234
Le Tourneur (Jacques), 238
Le Tourneur (Jean), 81
Le Tourneur (Jean), 124
Le Tourneur (Michel), 95
Le Tourneur (Nicolas), 110
Le Tourneur (Pierre), 90
Le Tourneur (Pierre), 157
Le Tourneur (Pierre), 208
Letourmin (Ambroise), 158
Le Tourny (Nicolas - Charles), 162
Letouf (Guillaume), 84
Letout (Noël), 97
Le Toutin (Jean), 202
Le Toux (Clément), 183
Le Toux (Yves), 183
Le Toxé (Julien), 95
Le Toxé (Louis), 167
Le Toxée (Julien), 238
Letrain (Joseph), 90
Le Tranés (Louis), 235
Le Traon (Augustin), 234
Le Tremé (Louis), 129
Le Trou (Pierre), 176
Le Treut (Yves), 128
L'Heuillard (Jean-Baptiste), 373
Le Trilly (François), 132
Le Troadec (François), 293
Le Trouy (Julien), 185
Le Trop (Jean), 24
Lettre, De (Pierre), 148
Le Tuilier (Jean-François), 167
Leturion (Joseph), 309
Leu, Le (Adrien), 235

Leu, Le (Jean-Pierre), 239
Learnet (Claude-François), 207
Leuler (Grégoire), 68
Leux, Le (Victor), 159
Leuziere, De Barre de (Denizot-Pierre), 336
Le Vaché (Pierre - Marie), 167
Le Vochedez, 231
Le Vacon (Pierre), 165
Le Vacon (Pierre), 232
Le Vacon (René), 92
Le Veillant, 309
Le Vaillant (Alexandre), 238
Le Vaillant (Guillaume), 123
Le Vaillant (Jacques), 136
Le Vaillant (Justin), 77
Le Vaillant (Thomas), 290
Levaillant (Marcel), 35
Le Voix (Guillaume), 82
Levat, 302
Le Valder (Jean), 174
Le Vallois (Adrien), 79
Le Vallois (Jacques), 79
Le Vallois (Michel), 249
Levallois (Isaac), 223
Le Vallon (Christophe), 26
Le Vasseur (Jean), 248
Le Vapeur (Louis), 200
Le Vasser (François), 197
Le Vasseur (Hyacinthe), 250
Le Vasseur (Jean), 235
Le Vasseur (Jean), 247
La Vasseur (Jean - Baptiste), 181
Le Vasseur (Jean-Baptiste), 167
Lo Vasseur (Louis), 195
Le Vasseur (Michel), 229
Le Vasseur (Pierre), 55
Le Vasseur (Pierre-Martin), 292
Le Vasser (Mathurin), 81
Levasseur de la Touche, 109
Levasseur de Villeblanche, 109
Le Vavasseur (Jean), 171
Le Vavasseur (Jean-Pierre), 293
Le Vavasseur (Jean-François), 157
Le Vavasseur (Joseph), 172
Le Vavasseur (Julien), 117
Le Vavasseur (Louis), 124
Le Vavasseur (Noël), 290
Levé (François), 66
Levé (Jacques André), 159
Levées (Charles - François), 280
Le Vef (Jean), 319
L'Éveillé, 236
L'Éveillé ; Bérenger dit, 315
L'Éveillé ; Cassaire dit, 274
L'Éveillé (Charles), 55
L'Éveillé (Claude), 207
Léveillé ; Dumey dit, 310
Léveillé (Étienne), 138
Léveillé (Hilaire), 181
Léveillé (Jacques), 81
Léveillé (Jacques), 87
Léveillé (Joseph), 105
L'Éveillé ; Labelle dit, 271
L'Éveillé, 46
L'Éveillé ; Labagne dit, 344
L'Éveillé ; Langlois dit, 317
L'Éveillé (Louis), 150
L'Éveillé ; Loigna dit, 280
L'Éveillé ; Minère dit, 300
L'Éveillé ; Nicolas dit, 287
L'Éveillé ; Ondart dit, 334
L'Éveillé (Pierre), 45
L'Éveillé (Renaud), 75
L'Éveillé ; Vergnés dit, 291
L'Éveillé de la Moinerie, 83
Le Veily (Pierre), 81
Le Vemel (Pierre), 256
Le Vensart (Julien), 77
Le Venés (Jean), 118
Le Verneur (Claude), 77
Leveneur de Beauvais, 77
Le Veneur de Sisterne, 243
Le Vengeur, 69
Levent (Jean), 75
Le Veut (Jean), 134
Leveut (Jean-Pierre), 111
Lévent (Augustin), 204
L'Évêque (Jean), 110
L'Évêque (Jean - Baptiste), 100
L'Évêque (Laurent), 132
L'Évêque (Marin), 296
L'Évêque (Nicolas), 295
L'Évêque (Augustin), 297
Levêque (Charles - André), 57
Levêque (Jean), 36
Levêque (Nicolas), 74
Levêque (Pierre-Marie), 344

— 422 —

— 424 —

Passac (Joseph), 175
Passaud (Jacques), 195
Passard (Julien), 125
Passart, 326
Passavant (François-Joseph), 291
Passechon (Jean), 63
Passebosq (Jacques), 51
Passeley (Léonore), 211
Passepartout ; Crépin dit, 344
Passepartout ; Marçot dit, 311
Passeplane, Raymond de (Charles-Augustin-Alexandre), 320
Passepoint (Pierre), 214
Passera (Pierre), 202
Passerat (Pierre), 120
Passily (Joseph), 45
Pasteur (Claude) 71
Pastey (Jacques), 130
Paston (Nicolas), 40
Pastonal (Anastase), 90
Pastorelle (Noël), 223
Patailler (Joseph-François), 262
Patameau ; Hut dit, 265
Patard (François), 127
Patoul (Ollivier) 55
Patarin (Audre), 79
Patarin (Etienne), 54
Patatin (Ollivier), 54
Patatau (Pierre), 86
Patault (Jean), 129
Pataux (Philippe), 265
Pate, Le (Joseph), 165
Pateau (Raymond), 146
Pateau (François), 159
Patein (Pierre), 164
Patier (Pierre), La
Pateau (Pierre), 268
Patey (Sauveur-Augustin), 67
Patet (Joseph), 320
Pater (Pierre), 71
Pathy, De, 212
Pathy, Le Sr. de, 212
Patian (Jean Maurice), 309
Patin, Delpech dit, 53
Patin (Charles), 78
Patin (Bernard), 184
Patin (Jean), 319
Patin (Jean-Baptiste), 352
Patin (Jean-Baptiste), 352
Patin ; Lefèvre dit, 313
Patinel (Jean), 129
Patinoir ; Louette dit, 329
Patorchon (Pierre), 88
Patoleau (André), 55
Patoneau (Jean), 52
Patot (François), 228
Patouillé (Remy), 136
Patras (Thomas), 352
Patrice (Roger), 341
Patrice ; Vallin dit, 333
Patris (Etienne), 199
Patron (Jean), 78
Patron (Jean), 144
Patron (Pierre), 247
Patrou (Paul), 338
Patrond (Jean), 319
Pattachon (Raymond), 73
Patten (Jean), 52
Patuau (Jean), 175
Paturau (Jacques), 293
Patureau (Jean), 124
Paturel (François), 181
Paturel (François), 185
Paturel (Jean), 84
Paturel (Louis), 130
Paturel (Marc), 165
Paturel (Marc), 217
Pau ; Charles, 256
Paucard (Joseph), 331
Pauchard (Jean), 81
Pauchet (Charles) 217
Paucheu (François), 322
Paudin (Gilles), 299
Paudelay (Pierre), 261
Paulla de Beauregard de Roquefort (Charles-Pierre), 320
Paucan (Jean-Marie), 156
Paucan (Jean-Marie), 168
Paugera (Julien), 311
Paul (Antoine), 61
Paul (Antoine), 155
Paul (Claude), 73
Paul ; Ferrier dit, 257
Paul (François), 29
Paul (François), 130
Paul (François), 234
Paul (Honoré), 49
Paul (Jean), 56
Paul (Jean-André), 108
Paul (Jean-André), 220
Paul (Jean-François), 49
Paul (Jean-Joseph), 73
Paul (Jean-Joseph), 197
Paul (Joseph - Toussaint), 326
Paul (Mathieu), 246

Paul (Paul), 162
Paul (Pierre), 82
Paul (Pierre), 223
Paul (Pierre), 278
Paul (Pierre), 334
Paul (Pierre-François), 298
Paulain (Pierre), 21
Paulard (Jean), 242
Paule (Mathieu), 171
Paulet (Félix), 38
Paulet (Jean), 148
Paulet (Joseph), 200
Paulet (Nicolas), 223
Paulet (Pascal), 61
Paulet (Paul), 56
Paulet (Paul), 175
Paulet (Pierre), 79
Paulet (Pierre), 88
Paulet (Pierre), 144
Paulian (Jean), 56
Paulin ; Rourat dit 298
Paulinier (Jean Alexandre), 138
Paulinier (Jean-alexandre), 31
Pault, Le (Gilles), 278
Paulin (Jean), 197
Paumel (Pierre), 228
Paumerolle (Gabriel), 129
Paumerol (Pierre), 59
Paunley, 54
Paunier, 14
Paunier, Le 152
Paunier (André), 189
Paunier (François), 56
Paunier (Jacques), 306
Paunier Jean, 59
Paunier, Le Marc, 129
Paunier (Pierre), 78
Paunier, Le (Pierre Jacques), 291
Paunjes (Jean), 299
Paunet (Jean), 191
Paunet (Nicolas), 58
Paupin (Jean), 79
Pauret (Louis), 28
Pauret (Joseph), 312
Pausanias ; Cheron dit, 258
Pautonnier, Le (Jean), 218
Pauteraut (Michel), 81
Pauvert (Jean), 324
Pauve Le ; Veraol dit 34
Pauze (Jacques), 211
Pavantier (François), 43
Pavé, Le Sr., 131
Paveau (Germain), 178
Paves (Pierre), 213
Pavet Contresle, 87
Pavic (Jacques), 91
Pavie (Jean), 219
Pavillon ; Savoix dit, 354
Pavin (Raymond), 171
Pavla (Jacques), 215
Pavié (Guillaume), 35
Pavla (Jean Baptiste), 37
Pavis (Nicolas), 91
Pavot ; Nicolas dit, 323
Paxie (Germain), 177
Payn (Vincent), 263
Pax, Le ; Pestier dit, 53
Pay (Michel), 265
Payan (François), 67
Payan (François Sauveur), 61
Payau (Jacques), 192
Payan (Joseph Guy), 32
Payan (Vincent), 234
Payard (François), 276
Payement (Jean), 185
Payen ; Boudisson dit, 322
Payen (Joseph), 208
Payen (Joseph), 242
Payer (Marc), 155
Payer (Pierre), 241
Payou (René), 73
Payre, La (Bernard), 210
Paymat (Nicolas), 23
Payrat (Pierre Marie), 352
Payson (Jean), 327
Payson (David), 197
Payson (David), 275
Pean (Claude), 151
Pean (Claude), 246
Pean (François), 92
Pena (René), 129
Pena (Jacques), 86
Penn (Louis), 193
Pebart (Etienne), 72
Pebotin (François), 245
Pebrais (Jean), 101
Pec, Le (Olivier), 305
Pechard (Julien), 257
Péché (Pierre), 194
Pécherin, Le Sr., 164
Pechon (Jean-Louis), 111
Pecoman, 307
Pecomme, La Borde de (Jean-François), 306
Pecot (Augustin), 215
Pecoul (Henry), 89
Pecoul (Joseph), 62
Pecout (Joseph), 112

Pecqueux (Jacques) 327
Perle, Le (Jean), 34
Pere, Le (Louis), 121
Pedal (Yves), 171
Pedat (Yves), 194
Pedenos (Jean), 89
Pedevis (Jean), 325
Pedgeau (André), 216
Pedeon (Xavier), 191
Pedron (Augustin), 187
Pedron (Hilaire), 114
Pedron (Jacques), 74
Pedron (François), 92
Pedron (Mathurin), 168
Pedron (Paul), 171
Pedron (René), 79
Pedron (Yves), 115
Pedroncoau (Jean), 60
Pefeyr (Nicolas), 353
Pegard (Antoine), 311
Pegat (Jacques), 95
Peget (Jean), 89
Peuxas (Barthelemy), 192
Peguille (Thomas), 264
Pegue, Le (Jean), 45
Peikel (Louis), 351
Pejy (Guillaume), 67
Pelati (Corentin), 78
Peine (Marc), 35
Peine aut (Jean), 97
Pejantau (Jacques), 146
Pekent (Jean), 47
Pengon (François), 308
Pelifot (Mathurin), 193
Pelmb, Le (Jeannet), 157
Peloaes (Bartrandt), 110
Pelin, Le (Jean), 120
Perol (Louis), 149
Petrai (Gaspard), 162
Pelaon (Pierre), 323
Pelch (Joseph), 324
Pejat (Etienne), 59
Pejat (Jean), 65
Pejat (Jean), 83
Pel (Louis), 149
Pelagon (Auguste), 175
Pelaha (Lazare), 335
Pelan (Maxime), 181
Pelaps ; Issued dit, 263
Pelard (Etienne), 169
Pelard (Pierre), 242
Pelaren (Jacques), 179
Pelardi (Lyot), 28
Pelaronne (Jean), 178
Pele (Antoine), 136
Pele (Charles), 210
Pele (Jacques), 150
Pel (Pierre), 149
Pelegrin (Jean), 56
Pelegrin (Jean-François), 23
Pelegrin (Joseph-Patrice), 37
Pelerin (Guillaume), 107
Pelerin (Guillaume), 228
Pelerin (Laurent), 184
Pelerin (Alexandre), 141
Pelerin (Pierre), 89
Pelerin (Pierre), 183
Pelet (Gabriel), 18
Pelétier (Claude), 280
Peletier (Jean), 188
Pelez, Pinelle, Le, 22
Pelez, Pinelle, Le, 22
Pelgris (Antoine), 176
Peliac (Jean), 131
Pellon (Jean), 30
Pelisak ; Péro dit, 206
Pellerot (Etienne), 50
Peliot (Jean), 225
Pelin (Joseph), 197
Pelissier (Jacques), 44
Pelissier (Louis), 25
Pelissier (Samuel), 154
Pellan (Dominique), 212
Pellaon (Jean), 227
Pellaie (Francois), 140
Pellelle (Claude), 346
Pellant (Pierre), 129
Pellardy (Jacques), 58
Pellardy (Yves), 61
Pellay, Le (Charles), 295
Pelle Amédée, 239
Pelle, Le (Jean - François), 46
Pelle-Jean-Louis), 169
Pelle (Julien), 247
Pelle-le-Julien), 166
Pelle (Martin), 34
Pellé (Pierre), 215
Pellé (Lazare), 43
Pellecin (Mathurin), 246
Pellerin (Jean-Baptiste), 41
Pelegrin (Joseph), 82
Pelegrin (Julien), 161
Pellegrin (Joseph), 179
Pellegrin ; Écaille dit, 287
Pellegrin (Paul), 213
Pellerin (Toussaint), 212

Pellcary (Jean), 260
Pellcencc (Jean), 80
Pellerin (Antoine), 343
Pellerin (François), 87
Pellerin (Jean), 115
Pellerin (Jean), 210
Pellerin (Jean), 214
Pellerin (Joseph), 214
Pellerin (Martin), 81
Pellerin (Nicolas), 116
Pellerin (Nicolas), 38
Pellerin de Chantereau (Louis-Jean-François), 306
Pelleran (Jean), 144
Pellelan (Michel), 28
Pelleteur (François), 246
Pelletier, Le (François), 137
Pelletier (Jean), 72
Pelletier (Jean-Marie), 81
Pelletier, 147
Pelletier (Alexis) 89
Pelletier (Antoine), 193
Pelletier (Augustin), 103
Pelletier (Étienne), 227
Pelletier (François), 280
Pelletier (François), 288
Pelletier (François-Marie), 276
Pelletier (Jacques), 101
Pelletier (Jacques), 305
Pelletier (Jean), 79
Pelletier (Jean), 146
Pelletier (Jean), 227
Pelletier (Mathurin), 367
Pelletier (Jean), 36
Pelletier (Joseph), 89
Pelletier (Joseph), 203
Pelletier (Joseph), 335
Pelletier (Louis), 122
Pelletier (Pierre), 126
Pelletier (Sulpice), 330
Pelletier (Thomas), 264
Pelletier (Victor), 155
Pelletier D'Argens (Gabriel-Joseph-Augustin-Laurent), 357
Pelletier de Glatigny (Louis-François), 357
Pellicot (Antoine), 204
Pellier (Jean), 60
Pellier (François) ; Labat dit, 68
Pellisson (André), 53
Pellot (Augustin), 37
Pelluard (Joseph), 158
Pelluet (Jean), 121
Pellussier (Jean), 79
Pellus (Jean), 30
Peloi (Pierre), 82
Pelous (Guillaume), 49
Pelt (Pierre), 193
Peltant (Francois), 298
Peltier (Alexandre), 121
Peltier (Andre), 126
Peltier (Andre), 228
Peltier (Jacques), 79
Peltier (Jacques), 208
Peltier (Jacques), 244
Peltier (Jean), 328
Peltier (Julien), 215
Peltier (Marie), 149
Peltier (Mathurin), 134
Peltier (Noël-François), 208
Peltier (Pierre), 165
Peltier (Richard), 247
Peltton (Thomas), 118
Peltot (Francois), 367
Peltond (Jean), 30
Peluchon (Etienne), 86
Peluchon (Pierre), 115
Pelusse (André), 84
Pelusson (Joseph), 116
Pelusson (François), 140
Pemalle (Claude), 346
Penant (Jacques), 230
Pen (Bernard), 75
Pen (Bernard), 185
Penandret, Pe, 112
Penaut (Joseph), 138
Penchenat (Jacques), 86
Penceau (Jean), 26
Pendo (Jean), 100
Pendu, Le (Jean), 247
Pence, Le (Louis), 311
Peneme, De, 142
Penéguile (Louis), 299
Peneyre (Robert), 168
Penfentenyo de Kervereguen (Jean), 178
Penhoat (Jean), 97
Penhoel (Jean), 331
Penican (Jean - Baptiste), 108
Penin (François), 164
Penin (Pierre), 46
Péolason (Etienne), 79

Penisson (Étienne), 205
Pennamen (François), 271
Pennock (Daniel), 29
Penne, Durand de la, 65
Peque, Durand de la, 164
Penne (Joseph), 56
Penne (Thomas), 183
Pennee (Jean), 40
Pennee, Le (Jean), 89, 190
Pennee, Le (Jean), 139
Pennee, Le (Olivier), 139
Pennéee (Joseph), 129
Pennoulo (Alexis), 267
Penquelo (Jean - Baptiste Joseph), 323
Penuet (Pierre), 90
Penon (Guillaume), 308
Penon (Louis), 56
Penpec (Jean), 325
Penessy (Laurent), 126
Pensée, La ; Marligtnolle dit, 345
Penta (Jacques), 291
Penthievre ; Pigne dit, 354
Peoces (Guillaume), 104
Papido (Jean), 44
Pepin (Charles-Nicolas), 104
Pepin ; Dupuis dit, 289
Pepin (François), 163
Pepin (François), 306
Pepin (Jean), 328
Pepin (Michel), 160
Pepin (Nicolas), 223
Pepin (Pierre), 300
Pepinot (Charles Étienne), 353
Pequernet (Louis), 94
Paquet (Pierre), 345
Pérache (Joseph), 44
Perard (Charles), 56
Peran (Jean), 125
Peraudet (Jean - Baptiste), 277
Perault (François), 288
Perault (Nicolas), 55
Perast (Jean), 347
Perast (Elzee), 275
Peaux (François), 146
Perave (M.), 112
Perez (Jean), 206
Percepied (Rene), 162
Perceval (Baptiste), 182
Perceval (Jean), 178
Perceval (François), 208
Perceval (François), 200
Perceveux (Victor), 115
Perche, La (Jean), 86
Perche (Louis), 241
Perche, Laubon de, 323
Perche (Pierre Francois), 103
Pechudot (Emmanuel), 221
Percheran (Jean-François), 188
Percheriu (Jean), 313
Percheron (Jean), 102
Percheron (Jean), 136
Perchet (Julien), 210
Perchevet (George), 87
Perchery (Louis), 71
Perdigon (Pierre), 237
Perduson ; Fabre dit 234
Perdon (Jean), 128
Perdrau (Joseph), 149
Perdreau (Francois), 158
Perdrigeon (Louis), 205
Perdrigon (Jean), 236
Perdrix, La (Jean Baptiste), 165
Perdrix, La (Laurent), 321
Perdu (François), 126
Perdoua (Jean), 49
Pere, Le Julien), 121
Père (Julien), 164
Peré (René), 116
Percelot (Jean), 86
Perenes (Alain), 157
Perennes (Gabriel), 142
Perennes (Jean), 201
Perennes (Jean-Marie), 159
Perevou (François), 54
Pério (Antoine), 104
Père (René), 136
Poret (Jean), 239
Perct (Antoine), 162
Perel (Pierre), 356
Perette (Jean), 91
Perez (Claude), 109
Perez (Claude), 339
Perez (Jean), 346
Perhaud (Charles), 195
Perhon (René), 195
Peride (Ettieune), 336
Peribodt (Charles), 130
Pertenne (Pierre), 359
Perzant (François), 102
Periot (Gabriel), 196
Perchou (Simon), 160
Pericles, Grégoire de, 267
Péret (Jacques), 267
Perot (Jacques), 268
Perdon (Nicolas), 357
Perter (Jacques), 24

Piard (Jean), 46
Piard (Joseph), 252
Piat (Julien), 165
Piaud (François), 140
Piavard (Jean), 155
Pibelroi du Bourcy (Isaac), 43
Piboulin (Guillaume), 182
Picavin (Jean), 23
Pic; Picot dit, 262
Picanon (Louis), 211
Picard (Jean-Marie), 292
Picard (Antoine), 274
Picard (Antoine), 281
Picard (Augustin), 359
Picard (Charles-François), 281
Picard (Christophe), 358
Picard (Denis), 272
Picard (Etienne), 124
Picard (Fabien), 298
Picard, Le (François), 183
Picard (Gabriel), 124
Picard, Le (Goniven), 197
Picard (Goulven), 106
Picard, Le (Guillaume), 84
Picard (Jacques), 213
Picard (Jean), 117
Picard (Jean), 321
Picard (Joseph), 188
Picard (Joseph), 319
Picard (Julien), 85
Picard (Julien), 183
Picard (Julien), 354
Picard (Louis), 162
Picard (Louis), 245
Picard ; Marie Bois dit 316
Picard (Mathurin), 195
Picard (Pierre), 127
Picard (Pierre), 242
Picard (Pierre, Louis), 157
Picard (Sébastien), 59
Picardie ; Vion dit, 303
Picardin (Charles), 176
Picart (Charles), 241
Picazard (Jean), 136
Picaud (Bonaventure) 131
Picaud (Pierre François), 324
Picauld (Louis), 248
Picault Desdorides (Jean-François-Louis), 303
Picaut (Jean Claude), 299
Pichard (Gilles), 130
Pichard (Jean), 293
Pichaud (André), 24
Pichaud (Jacques), 57
Pichaud (Jean), 43
Pichaud (Jean), 124
Pichaud (Jean), 187
Pichaud (Joseph), 56
Pichaud (Nicolas), 212
Pichault (Etienne), 268
Pichavan (Jean), 211
Pichavan (Mathieu), 211
Pichenot (François Jacques), 325
Pichery (Jacques), 106
Pichery (Joachim), 260
Pichery (Vincent), 90
Pichet (François), 218
Pichet (R. P. Victor), 69
Pichevin, 22
Picho (Jean), 224
Pichol (Pierre), 141
Pichon, 118
Pichon (Jacques), 219
Pichon (Jean), 100
Pichon (Jean), 118
Pichon (Jean), 139
Pichon (Jean), 152
Pichon (Jean), 183
Pichon, Le (Jean), 219
Pichon (Jean Claude), 350
Pichon (Jean-Sylvestre), 32
Pichon (Joseph), 351
Pichon (Noël), 201
Pichon (Pierre), 97
Pichon (Pierre), 173
Pichon (Pierre), 259
Pichon (Yves), 115
Pichoud (Louis), 157
Pichot (Jacques), 325
Pichot (Jean), 245
Pichot (Joseph), 175
Pichot (Pierre), 206
Pichot (Sébastien Louis Marie), 204
Pichet; La Taste dit, 34
Pichon (Mathurin), 307
Pichon (Toussaint), 54
Pichot (Michel-André), 70
Pichu (Jacques), 21
Picolet (Pierre), 231
Picou (Pierre-François), 21
Picou (Vidal), 185
Piconnet (Bernard), 140
Picot (Charles), 78
Picot (Charles), 185
Picot (François), 221
Picot (François Jean), 265
Picot (Guillaume), 78
Picou (Jacques), 266

Picot (Jean), 166
Picot (Jean), 185
Picot (Michel), 219
Picot (Thomas), 182
Picou (Denis), 280
Picoux (Jacques), 260
Picquet (Mathurin), 207
Picquet (Michel-Honoré), 55
Picquet (René), 294
Picoux (Gabriel), 218
Pie (Charles), 317
Pie (Philippe), 344
Picard (Léon), Picard dit, 54
Piech (Jean), 115
Piechant (Charles), 293
Pieche (Joseph), 327
Pied Plat (Louis), 185
Piedicen de Lezoux, 19?
Piedevache (Jean), 188
Piedevache (Jean), 236
Pied Ferme; Aubert dit, 315
Piedferme; Delaute dit, 315
Piedference; Heck dit, 311
Piedfort (Jean), 219
Piedmont ; Moigny dit, 275
Piedmont (Pierre), 56
Piel (Pierre), 71
Pielé (Joseph-Simon), 27
Pieraud (Pierre), 316
Pierre (Baptiste), 12
Pierre (Christophe Marie), 112
Pierre, La ; Douce dit 275
Pierre, La (Etienne), 44
Pierre (François), 58
Pierre (François), 98
Pierre, La (François), 192
Pierre (Jacques), 115
Pierre (Jacques), 136
Pierre (Jean), 59
Pierre (Jean), 103
Pierre (Jean), 111
Pierre (Jean), 208
Pierre (Jean-Baptiste), 207
Pierre (Jean François), 227
Pierre (Julien), 166
Pierre, La (Louis), 307
Pierre (Luc), 210
Pierre (Nicolas Jean), 287
Pierre (Thomas), 153
Pierrelatte ; Mathis dit, 287
Pierresur ; Nicolas-Théodore, 231
Perrepont, De (Guillaume), 245
Pierreti (Mathieu), 41
Pierrevert, Le Chevalier de, 31
Pierrin (Philippe), 294
Pierron (Gérard), 292
Pierron (Jean Claude), 330
Pierron (Joseph), 356
Pierron (Louis), 217
Perrot (François), 202
Perroux (Michel), 192
Pierson (Charles), 211
Pierson (Pierre Adam), 312
Piercon (Sébastien), 360
Pierveri, Le Chevalier de, 31
Pieseen (Philippe), 95
Piet (Nicolas), 208
Pietre (Charles Joseph), 360
Pietre (Jean), 358
Pietri (Pierre), 298
Pietry (Jean-Simon), 102
Pietry (Joseph), 188
Pieu (Pierre), 284
Picard ou Picard (Léon), 54
Pizaunau (Jean), 68
Pigeand (Gaspard), 22
Pigeau (Gaspard), 194
Pigeon (Alexandre), 122
Pigeon (Jean), 152
Pigeon (Jean-Denis), 100
Pigeon (Julien), 73
Pigeon (Julien), 84
Pigeon (Julien), 142
Pigeon (Louis), 150
Pigeon (Michel), 178
Pigeon (Nicolas), 143
Piccou (Pierre), 126
Piger (Pierre), 278
Pignac (Jean), 159
Pignard (Honoré), 197
Pignard (Honoré), 228
Pignard (Jean), 218
Pignafel (Antoine), 89
Pignetel (Antoine), 93
Pignatel (Antoine Lazare), 67
Pignatel (Etienne), 160
Pignateau (Jacques), 142
Pigné (Jean), 122
Pigneau (Jacques), 188
Pigneres, De 170
Pignière, 246
Pignères, De, 243
Pignoir, 224
Pignol, 361
Pignol (Alexandre), 221
Pignol (André), 187
Pignol (André), 34

Pignet (Charles), 61
Pignel (Charles-François), 62
Pignol (Gabriel), 137
Pignol (Jean), 34
Pignol (Jean-Joseph), 274
Pignol (Joseph), 54
Pignol (Pierre Antoine), 71
Pignot (Roch-Mathieu), 104
Pignol (Roch-Mathieu), 154
Pignot (Roch-Mathieu), 106
Pignol de Recreuse (Gaspard Jean-Joseph Olivier), 304
Pichon (Jacques), 188
Pignon (Jean Esprit), 28
Pignon (Louis Etienne), 212
Pignoni (Jacques), 104
Pignorel (Louis), 19?
Pigneret (Mathurin), 128
Pigneret (Louis), 192
Pignot, 236
Pignot, 358
Pignot (Jean), 46
Pigonneau (Jean), 73
Pihan (Jean Pierre), 257
Pihan (Pierre), 237
Piheur (Pierre), 36
Pihio (Jean Louis), 317
Pilatre (Laurent), 184
Pilatre (Jean-Pierre), 19
Pilatre (Jean-Jacques-Thomas), 70
Pilastre (Pierre), 70
Pilan (Jean), 318
Pile, Le (Laurent), 170
Pilet (Jean-Baptiste), 298
Pilet (Antoine), 168
Pilet (François), 120
Pileur (Jacques), 124
Pileys (Jean), 184
Pillard (Guillaume), 240
Pillard (Jacques-Boi), 159
Pillard (Jean), 412
Pillard (Pierre Gabriel), 201
Pillard (Adrien), 35
Pillée (Robert), 331
Pillon (Charles), 412
Pillet (Jean), 137
Pillet, Le (Jean), 275
Pillet (Jean Louis), 101
Pillet (Louis), 247
Pillet (Michel), 224
Pillet (Pierre), 217
Pillevin (Charles), 40
Pillon (François), 173
Pillon (Georges), 151
Pillon (Marin), 121
Pillon (Jean), 192
Pillot (Hippolyte), 137
Pillot, 249
Pillot (Nicolas), 259
Pilloux (Mathurin), 54
Pilly (Jean), 228
Pilon (Jean Philippe), 326
Pilot, 147
Piton (Isaac), 162
Pilotte de la Barollière Jacques - François - Alphonse), 340
Pin (Charles), 199
Piven (Jean), 123
Pin (Toussaint), 128
Pincon (Yves), 96
Pinsene (Charles), 65
Pinesse (Pierre), 123
Piblin (Olivier), 97
Pinart (Georges), 111
Pinot Jean), 129
Pinaprés (Etienne), 312
Pin (Antoine), 87
Pin (François), 192
Pin (Jean), 140
Pin (Joseph), 21
Pin (Joseph), 152
Pin (Pierre), 187
Pinand (Jean), 122
Pinanp (Jean), 26
Pinard (Antoine), 132
Pinard (Jean), 24?
Pinay (Pierre), 53
Pinaud (Pierre), 187
Pinault 104
Pinault (Pierre), 266
Pincard (François), 178
Pince (Pierre), 303
Pincé (Yves), 297
Pinceau (Jean), 265
Pinchès (André), 163
Pinchon (Georges), 81
Pinchon (Henry), 158
Pincinin (Hyacinthe), 160
Pincenin (Noël), 118
Pincenay (Jean), 337
Pincerant (Charles), 223
Pincheu (François), 154
Pincet (Antoine), 148
Pincet (Louis), 73
Pinchmat (Jean-Baptiste), 66
Pinchon (Georges), 120
Pinchon (Louis), 302
Pincon (Adrien), 184

Pinçon (André), 80
Pinçon; La Grive dit, 333
Pinçon (Jacques - Adrien), 268
Pinçon (Jean-Baptiste), 334
Pinçon (Joseph), 246
Pinçon (Louis), 208
Pinçon (Michel), 52
Pinçon (Noël), 46
Pindare; Moulins dit, 353
Pindray (Pierre), 307
Pinean (Charles), 163
Pineau (Charles), 249
Pineau (François), 159
Pineau (Jean), 80
Pineau (Jean), 136
Pineau (Jean), 143
Pineau (Louis), 52
Pineau (Pierre), 52
Pineau (Pierre), 54?
Pinel (Jean), 78
Pinel (Jean-Baptiste), 74
Pinel (Louis Marie), 70
Pinel du Chesnay, 192
Pinet ; Courdey dit, 333
Pinet (Jean), 272
Pinet (Jean Pierre), 328
Pinet (Pierre), Sans dit, 68
Pinget (Jean), 246
Pinguet (Claude), 292
Pinguet (Jean-Baptiste), 24
Pinguet (Pierre), 218
Pinjetron (Martin), 64
Pinjon (Everard), 195
Pinnard (Marc), 11
Pinolé (Pierre), 131
Pinon (François), 299
Pinoult (Jean), 311
Pinot; Chevalier de, 334
Pinot (Jérôme), 265
Pinot (François), 353
Pinot (Jean), 4?
Pinot (Jean), 218
Pinot (Nicolas), 214
Pinot (Pierre), 123
Pinou (Nicolas), 187
Pinourd (François), 163
Pinqniere, 346
Pinquère-Paoul, De, 321
Pinquet (Constantin), 107
Pinsard (Pierre), 119
Pinson (André), 124
Pinson (Charles), 250
Pinson (Julien), 137
Pinson (Louis), 133
Pinson (Marin), 121
Pinsum, De, 152
Pinsun, De, 56-221
Pinteau (Joseph), 193
Pinteaud (François), 155
Pinteaud (Louis), 4?
Pintel (Pierre), 130
Pinter (François), 142
Pinto (Joachim), 184
Pinto (Thomas), 142
Pioch (Jean), 48
Pioche (Valentin), 358
Piolene, De (Joseph - Louis - Gabriel), 304
Piolet (Charles Eloi), 298
Piolet (Nicolas), 111
Piont (Nicolas), 141
Piot (Edme), 293
Piot (Jacques), 322
Piot (André), 47
Piot (Jean), 74
Piot (Pierre), 299
Piouff (Michel), 243
Piont (Jean François), 315
Pioulry (Jean-Jacques), 334
Piquin (Laurent), 202
Pipoteau (Arnaud), 28
Pique (Claude), 358
Pipeñes (Antoine), 139
Piquelin (Alexandre Jph.), 287
Piquelin (Pierre-Jacques), 165
Piquet (Jean), 141
Piquet, De la Motte, 147
Piquet (François), 157
Piquet (François), 240
Piquet (Guillaume), 112
Piquet (Guillaume), 145
Piquet (Jean), 134
Piquet (Jean-Baptiste), 322
Piquet (Joseph), 117
Piquet (Joseph), 226
Piquet (Louis), 259
Piquet (Michel), 165
Piquet (Nicolas-Hilaire), 259
Piquet (Pierre), 122
Piquer Joseph), 111
Piquet de Meixaio, 147
Piracle (Gabriel), 342
Pirrel (Marc), 24
Piran (David), 187
Piriau (Pierre), 123
Piron (François), 281
Piron (Gabriel), 192

Piron (Coulvre), 216
Piron (Jacques), 28
Piron (Jacques), 247
Piron (Jean), 182
Piron (Louis), 205
Piron (Louis), 97
Piron (Yves), 211
Piroux (Jean), 243
Pirogue (Jean), 208
Piron (Didier), 58
Piron (Goulven), 106
Pirot (Jean), 47
Piron (Joseph), 244
Pirot (Pierre), 128
Pisan (François), 126
Pisistrates; La Rue du, 233
Pisque (Jean), 59
Pissot (Joseph), 12
Pissonnant (Louis), 136
Pissou (Jean), 205
Piste (Jean Philbet), 16?
Piston (Antoine), 32
Piston (Antoine), 58
Piston (Antoine), 115
Piston (Guillaume), 197
Piston (Jacques), 247
Piston (Jean), 269
Piston (Jean François), 65
Piston (Jean Gabriel), 61
Piston (Joseph), 62
Piston (Julien), 82
Piston (Pierre), 84
Pistoully (François), 74
Pitalieu (Louis, etc.)
Pitard (Louis), 121
Pitel (Augustin), 120
Pitel (Jean Baptiste), 253
Pitel (Louis-François), 334
Pitié Son ; Isant dit, 340
Piton (Michel), 326
Piton (Antoine), 141
Piton (Charles), 267
Piton; D'Armand dit, 37
Piton (Gilles), 137
Pitou (Jean), 122
Pitou (Jean), 123
Piton (Pierre), 221
Piton (Pierre), 183
Pitot (François), 239
Pitot (Pierre), 29
Pitra (Joseph), 218
Pitre, Le (Charles), 11?
Pitre (Jean), 82
Pitre, Le (Joseph), 116
Pitron (Jean), 121
Pittou (François), 267
Pitton (Jean), 83
Pitton (Laurent), 128
Pitton (Michel), 84
Pitton (Pierre), 133
Pivaigne, Le (Jacques), 61
Pivert (Jacques), 126
Pivert (Pierre), 14
Pivert, Le (François), 27
Pivert (Mathurin), 251
Piveteau (Antoine), 216
Pizani (Pierre), 41
Pizeau (Louis), 241
Pizus (Jean), 224
Place, De la (André), 115
Place, De la (Georges), 148
Place, De la (Jacques), 47
Place, La (Laurent), 76
Place, De la (Louis), 89
Place, La (Pierre), 189
Placet (Charles), 262
Placet (Gabriel), 177
Placher (Jean François), 165
Plachin (Pierre), 243
Plaichet (Jean), 44
Plaine (Guillaume), 213
Plaque, La (Pierre), 12
Plaisot (Jean-Pierre), 279
Plairie, Le (Jacques), 217
Plaideau (François), 15
Plaisne, La (Louis), 244
Plaisné (Jean), 284
Plaise, De la (André), 115
Plaisir; Arnoul dit, 322
Plaix (Julien), 213
Pleuge (Jean), 182
Planchard (Jean), 221
Planche, De la (François), 256
Planche, De la (Gilles), 250
Planche, La (Guillaume), 292
Planche (L.), 358
Planche (Pierre), 152
Planche, La (Jean-Baptiste), 57
Planche La (Jean-Louis), 72
Planche, La (Joseph), 176
Planche (Vincent), 152
Planchenaut (Simon), 310
Planche (Léon dit), 106
Planchot (Barthélemy), 9
Planchor (François), 312
Planchor (Pierre), 216
Planchon (François), 311
Planchon (François), 312
Planchon (Joseph), 198

438

- 489 -

Ramesse (François), 300
Ramiroy (Louis-François), 194
Ramgaud (Joseph), 147
Ramguenoir, 174
Raingeoud, 174
Rainville, Aigrette de, 116
Rais, De (Armand), 120
Rais, Le (Louis), 217
Raisin (Jean), 26
Raisin (Louis), 224
Raisin ; Valentin dit, 321
Raison (Louis-François), 287
Raison, La (Martin), 207
Raison, Le Croquet de Rulsac (Marie-Auguste Dominique), 271
Rajot (Guillaume), 176
Ral, Le (Pierre), 217
Rale (Joseph), 340
Ralier (Théodore), 167
Ralle, Le (Gilles), 219
Ram, Pierre dit, 321
Rama (Yves), 172
Ramard, 226
Ramard (Yves), 110
Ramasse ; Queny dit, 321
Ramatnelle, De, 5., 57
Ramatnelle, Le Chevalier de, 61
Rambaud (Louis), 86
Rambeau (François), 139
Rambaud (Hiacinte), 247
Ramée, La (Barthélémy), 89
Rambien (François), 44
Rambert (François), 95
Rambert (Joseph), 155
Rambert (Joseph), 274
Rambert (Laurent), 43
Rambos de la Fille de Montagut (Antoine Jean), 304
Rambouillet ; Prevot dit, 322
Rambure (Claude), 252
Ramhuze ; Castelanne dit, 264
Rame (Charles), 154
Ramé (Michel), 170
Ramée, La ; Faret dit, 313
Ramée, La ; Gilbert dit, 292
Ramée, La ; Ider dit, 289
Ramée, La ; Petit dit, 309
Rames, Valette dit, 321
Ramel (Jacques), 30
Ramizeau (Jacques), 139
Ramigeau (Louis), 9
Ramillon (Martin), 146
Ramisson (François), 297
Ramond ; Crest dit, 265
Ramonet (François), 293
Rampal (François-Xavier), 63
Rampal (Laurent), 187
Rampennaux ; Norte dit, 321
Ramand (Thomas), 258
Ranchau (François), 312
Rancouer ; Planchard dit, 321
Ranconnet (Jean), 27
Rancuret (Joseph), 50
Rancy ; Sipeyre dit, 321
Randet (Jean), 44
Randoux (Jean), 130
Rangé (Silvain), 192
Rangeard (Jean), 235
Rangié (Cyprien), 352
Rannestre (Pierre), 218
Rano (Guillaume), 187
Ranvier (Jacques), 274
Raon (Martin), 188
Raoul (Jean), 137
Raoul (Joseph-Marie), 439
Raoul (Pierre), 197
Raoul (Pierre), 216
Raoul ; Turgeau), 192
Raoul (Toussaint), 188
Raoul (Yves), 282
Raoult (Julien), 157
Raoult (Auguste), 304
Raoul (Abel), 66
Rapeiller (Albert), 307
Rape, Vital dit, 321
Raphael (Albert), 64
Raphael (François), 213
Raphael ; Planeon dit, 268
Raphael (Tocarro), 197
Rapunin (Jean), 157
Raphanol (Antoine), 188
Raphael (Tropes), 227
Rap, aère (Pierre), 30
Rapin (Antoine), 178
Rapon (François), 30
Raposo (François), 44
Raquet (Vaxault), 30
Ras (Jean), 218
Rasela (Antoine), 192
Rasery (François), 378
Rasoir ; Landrel dit, 321
Raspell (Gabriel), 174
Rastal (Joseph), 91
Rasquinet (Yves), 84
Rasset (Louis), 283
Rasson (François), 85
Rassine (Pierre), 216

Rassis (Pierre), 43
Raxinne (Jean-Baptiste), 23
Rastin (Pierre), 215
Ray, Le (Adrien), 219
Ray, Le (François), 217
Rara (Etienne), 218
Ratan (Philippe), 323
Ratet (Charles), 265
Ratel (Martin-Denis), 523
Ratabaux (Jean), 265
Rateau (Jean), 80
Rateau (Laurent), 283
Rateau (Pierre), 95
Rathaumhausen, Le Baron de, 302
Ratiet ; Vincent dit, 322
Rativet (Claude), 283
Ratoudi (Pierre), 52
Ratouls (Grégoire), 290
Ratolt (François), 219
Raty, Le (Gilles), 113
Rau (Arnold), 102
Raud (Jean Mathurin), 204
Raudouin (Jean Louis), 37
Raul (Julien), 166
Raul ; Augustet, 85
Rault (Charles), 112
Rault (Etienne), 194
Rault (François), 222
Rault (François), 252
Rault (Jacques), 308
Rault (Jacques), 245
Rault (Nicolas Symbos), 111
Rault (Noël), 74
Rault (Noël), 240
Rault (Olivier), 155
Rault (Pierre), 78
Rault (Pierre), 100
Rault (Thomas), 325
Rault-Rotin (Yves), 169
Raurel (Pierre), 275
Raurès (Théodore), 275
Rausalini (Jean), 311
Raus (Alexis), 106
Raux (François), 103
Raux (François), 195
Raux (Jacques), 265
Raux (Jean), 122
Raux (Jean), 196
Raux ; Noël ou Roux, 103
Ravache (Jacques), 154
Ravachou (Jean), 311
Ravage ; Laveene dit, 321
Ravaille (Olivier), 200
Ravaille (Olivier), 260
Ravalson (Pierre), 213
Ravalson (Honoré), 63
Raval (Joseph), 125
Ravalet (Michel), 234
Ravau (Jean), 144
Ravay (Pierre), 241
Ravasson (Pierre), 206
Ravat (Etienne), 299
Raval (Etienne), 294
Raveau (Jean), 29
Raveau (Jean), 187
Raveau (Pierre), 325
Ravel (Jean), 52
Ravel (Jean), 68
Ravel (Laurent), 58
Ravel (Louis), 58
Ravel ; Mary dit, 322
Ravelat (Barthélemy), 297
Revenue (Pierre), 242
Ravier (Claude), 214
Ravier (Laurent), 93
Ravily (Pierre), 216
Ravin (François), 49
Ravon (André Pascal), 200
Ravon (Jean), 52
Rayo (Jean), 285
Ray, De (Blaise), 54
Ray, De (Alexandre), 66
Ray, Le (Augustin), 184
Ray, Le (Jude), 149
Ray (Jean), 151, 254
Ray, Le (Jean), 325
Ray, Le (Joseph), 197
Ray, Le (Julien), 115
Ray, Le (Pierre), 219
Ray, Le (Michel), 337
Ray (Pierre), 290
Ray, Le (Yves), 172
Rayband (Pierre), 29
Raye (Martin), 225
Rayer (Jean), 80
Rayes (Jean), 60
Rayd (Jean), 141
Raymond, De, 85
Raymond (Bertrand), 184
Raymond (Charles), 309
Raymond (Casimir), 52
Raymond (Dominique), 56
Raymond (François), 96
Raymond (François), 147
Raymond (Guillaume), 186
Raymond (Jacques), 77
Raymond (Jean), 64
Raymond (Jean), 148
Raymond (Jean), 289
Raymond ; Jean-Baptiste Antoine, 346
Raymond (Joseph), 88

Raymond (Joseph), 158
Raymond (Louis), 24
Raymond (Louis), 151
Raymond (Louis), 293
Raymond (Paul), 229
Raymond (Pierre), 88
Raymond (Pierre), 148
Raymond (Pierre), 263
Raymondis (Jean-Baptiste), 64
Raymondis-Canaux, De, 61
Raymondon (Joseph), 68
Raymont (Noël), 188
Raymond (Jean), 50
Raynal (Jean-Baptiste), 288
Reynaud (Pierre), 57
Reynaud (Pierre), 218
Reynaud (François), 33
Raynaud (Jacques), 16
Raynaud (Jacques), 192
Raynaud (Joseph), 29
Raynaud (Louis), 56
Raynaud (Pierre), 23
Raynaud (Troplone), 57
Raynault (André), 74
Raynaud de Praxelanne (Charles - Augustin - Alexandre), 57
Rayne de Cantis (Joseph), 293
Rayse (Michel), 110
Raynaux, 75
Raymond (Jean), 23
Raissas (Pierre), 278
Reauziéz ; Labiane dit, 263
Rebecau ; Joseph, 28
Rebier (Pierre Louis), 317
Rebillard (Gilles), 121
Reulliard (Yves), 126
Rebore (Joseph), 188
Rebot ; Jean-Baptiste), 327
Rebon (Alexandre), 85
Rebout (Alexis), 48
Reboul (Antoine), 29
Rehoul (Etienne), 106
Rebout (Etienne Maxance), 28
Reboul (François), 23
Reboul (François), 62
Reboul (François), 90
Reboul (François), 280
Reboul (Jean), 228
Reboul Jean-Claude), 66
Reboul Jean Louis), 107
Reboul (Joseph), 187
Reboul (Joseph), 227
Reboul (Joseph-Victor), 81
Reboul (Joseph-Victor), 64
Reboul (Louis), 94
Reboul (Louis), 88
Reboul (Mathurin), 166
Reboul (Noël), 87
Reboul (Pascal), 38
Reboul (Pierre), 90
Reboul (Victor), 61
Reboullet (David), 283
Reboulland (Elie), 9
Reboux (Jacques), 223
Rebourg (Jean), 152
Rebourg (Mathurin), 291
Rebourg, Le (Philippe), 278
Rebourguiel, Acquis de Louis (Etienne), 328
Rebours (Victor), 37
Rebours, Le (Louis), 201
Rebours (Etienne), 181
Rebours (François), 94
Rebours (François), 101
Rebours (François), 162
Rebours (François-Antoine), 102
Rebours (Guillaume), 210
Rebours (Jean), 37
Rebours, Le (Jean), 59
Rebours (Jean), 76
Rebours (Jean-Louis), 131
Rebours (Antoine), 103
Rebours (Louis), 113
Rebours (Louis), 230
Rebours (Lucas), 244
Rebours (Michel), 246
Rebours (Antoine), 242
Rebourt (Jacques), 68
Rebous (François), 115
Rbun (Théodore), 27
Rebuc (Jean), 120
Rebufet (Pierre), 48
Rebufey (Antoine), 330

Rebuffat ; Joseph, 93
Rebuffet (Arnoul), 62
Rebuffet (François), 30
Rebuffet (Honoré), 152
Rebuffet (Jean-François), 93
Rebuffet (Louis), 88
Rebuffet (Mathurin), 38
Rebuffet (Pierre), 88
Rebussel (Alain), 188
Reca (Pierre), 82
Récamp (Joseph), 77
Recco (Jean), 44
Receveur (Antoine-Joseph), 291
Receveur (Guillaume), 154
Receveur (Guillaume), 189
Rech (Charles), 39
Rech (Dominique), 213
Rechain (Louis), 186
Reche (Jean), 187
Rechele, Le (Guillaume), 120
Recher (Jean), 245
Recho (Jean), 315
Roche (Pierre), 132
Reco Jean Baptiste), 162
Récolle (Augustin), 172
Reconnvence ; Déalesse dit, 321
Rectef (Julien), 91
Recule (Georges), 157
Recule (Louis), 231
Recullon (Jean), 112
Recusson, De ; Jacques-Alexandre, 236
Red (François), 37
Redel (Jean), 247
Redignon (Nicolas), 247
Redo (Jean-Baptiste), 173
Redoll (Jean), 350
Redon (Etienne), 93
Redon (Honoré), 28
Redon (Jean), 85
Redon (Jean), 52
Redon (Jean), 291
Redon (Jean), 238
Redon (Julien), 143
Redon (Louis), 150
Redon (Pierre), 167
Redoullet (Guillaume), 185
Redoute, Le ; Le Grand dit, 317
Reel, Le (Louis), 182
Refait (Charles), 194
Refau (Grégoire), 138
Referrer (Jean), 244
Refuge ; Mayeux dit, 321
Regasse (Jean), 101
Régent (Thomas), 261
Reginaud (Nicolas), 43
Reginaud (Charles), 89
Régiment d'Agénois, 302
Régiment de Bourbonnais, 259
Régiment d'Auxonne, 349
Régiment d'Etilon, 348
Régiment de Foix, 342
Régiment de Guienne, 304
Régiment d'Hainault, 336
Régiment de Metz, 401
Régiment de Royal Deux-Ponts, 301
Régiment de Saintonge, 285
Régiment de Soissonnais, 260
Régiment de Soissonnais, 270
Régiment de Touraine, 319
Régiment de Walsh, 348
Regin (Jean), 264
Regnaud (François), 90
Regnand (François), 97
Regnaolt (Louis), 175
Regnaule (François-Denis), 355
Regner (Henry), 52
Regner (Pierre Joseph), 310
Regnler, 164
Regnier (Charles), 296
Réguier (Guillaume), 180
Réguier (Jacques), 81
Régnier (Jacques), 95
Régnier (Jacques), 218
Régnier (Jacques), 223
Régnier (Jean), 206
Régnier (Jean), 79
Régnier (Pierre), 58
Régnier (Pierre), 72
Régnier (Simon), 272
Regouffre (Jean), 39
Regreny (Augustin), 208
Regreny (Mathieu), 205
Regret, Sans ; Bernard dit, 283
Regret, Sans ; Bonhomme dit, 340
Regret, Sans ; Carbonneau dit, 357
Regret, Sans ; Cassebois dit, 310
Regret, Sans ; Chaize dit, 311
Regret, Sans ; Goupy dit, 311
Regret, Sans ; Lamerre dit, 306

Regret, Sans ; deuler dit, 5
Regner (Jean), 294
Regnidet (Vincent), 211
Rebhoelander, 356
Rebel (Germain), 269
Rebol (Jean), 222
Rei (Joseph), 229
Reibauer (Jean-Baptiste), 11
Reibout (Pierre), 229
Reiddens (Alexandre), 108
Reignand (Guillaume), 246
Reikner (François), 207
Reinasse, De, 96
Reigner (Baptiste), 185
Reignier (Pierre), 207
Reignier (Servais), 358
Reinsberg (Jacques), 290
Reinder (Jacques), 49
Reinaudou (Barthélémy), 21
Reinaud (Jean), 30
Reinaud (Jean), 175
Reine (Louis), 39
Reine (Louis), 290
Reine (Louis), 320
Reines (Raimond), 329
Reinier (Jacques), 175
Reinquetey (Pierre), 175
Reinser (Jean), 67
Reich (Jean), 315
Rejon, Le St, 264
Relon, Le St, 294
Renaut ; Champeau dit, 310
Réjouissance, La ; Angel dit, 306
Réjouissance, La ; Thonne dit, 347
Réjouissance, La ; Bonnin dit, 276
Réjouissance, La ; Breisse dit, 276
Rellean (Etienne), 165
Remacre (Dominique), 296
Remé (François), 208
Remi (Pierre), 315
Reminger (Jean), 144
Remiguan (René), 112
Remigeran (François), 103
Remigny (Louis), 130
Remission, Sans ; Serre dit, 310
Rémois (Pierre), 197
Rémond (Jean), 74
Rémond (Joseph), 86
Rémond (Charles), 307
Rémonré (Louis), 351
Remuzan (Jean), 136
Rémy (André), 240
Remy ; Claude François), 259
Remy (François), 124
Remy (Jacques), 259
Remy (Jean), 136
Remy (Jean Joseph), 355
Remy (Nicolas), 326
Remy (Nicolas), 355
Remy (R.P.), 118
Remuin (Laurent), 119
Renal (André), 208
Renal (Jean), 163
Renard, 80
Renard (Christophe), 249
Renard (Charles), 70
Renard (François), 147
Renard (François), 252
Renard (François), 308
Renard (Gabriel), 60
Renard (Guillaume), 323
Renard (Jacques), 129
Renard (Jacques), 192
Renard (Jean), 131
Renard (Jean), 151
Renard (Jean), 177
Renard (Jean), 240
Renard (Jean-François), 112
Renard (Joseph), 267
Renard (Michel), 221
Renard (André), 206
Renard (André), 242
Renard (Antoine), 146
Renard (Antoine), 170
Renard (Antoine), 227
Renard (Augustin), 243
Renard (Charles), 230
Renard (Christophe), 291
Renard (Christophe), 300
Renard (Claude-Ignace), 360
Renard (Clément), 353
Renard (Cloms de), 246
Renard (François), 123
Renard (François), 137
Renard (François), 149
Renard (François), 154
Renard (François), 164
Renard (François), 200

— 442 —

— 445 —

Saint-Sulpice (Denis-Joseph), 289
Saint-Tropez (François), 74
Saint (Le Valaudn), 205
Saint-Victor, Chevalier de, 290
Saint-Victor, De (François-Aselbon), 277
Saint-Villiers, De, 156
Saint-Vincent, De (Robert), 221, 229
Saint-Vincent, De (Robert), 91
Saint-Vincent, Le Chevalier de, 178
Saint-Xavier, De, 96
Saint-Yves, 203
Saintery (Martin), 155
Salaceroix (Antoine), 350
Salade (Joseph), 74
Saladin; Le Maire dit, 264
Salambier, 75, 221
Salamon dit Poblet (Jean), 92
Salaron (Guillaume), 172
Salat (Béatrix), 129
Salmon (Auguste), 192
Salmon (Augustin), 76
Salmon (Augustin), 309
Salmon (François), 90
Salmon (François), 200
Salmon (Léonold), 127
Salmon (Guillaume), 146
Salmon (Jacques), 214
Salmon (Jean), 218
Salmon (Jean), 172
Salmon (Léonie), 81
Salmon (Louis), 235
Salmon (Marc), 90
Salmon (Noël), 349
Salmon (Romain), 440
Salmon (Tanguy-François), 205
Salaün (Yves), 76
Salba (Jean), 152
Salbeuf (Jean), 53
Salde (Jean-François), 177
Salé (Bertrand), 217
Salé (François), 66
Sale, La (Jean-Baptiste), 162
Salean (Étienne), 214
Salenbier; Raphaël dit, 264
Salen (Jacques), 121
Salès (Antoine), 191
Sales (Guillaume), 191
Sales (Pierre), 180
Salba, De, 118
Salba (Martin), 128
Salba (Saulnier), 25
Salauer (Michel), 145
Saliguau (Pierre), 26
Saligny (Pierre), 268
Salique (Pierre), 140
Salimbeni, De, 116
Salimbeni; Fourroy de, 152
Salindre (François), 206
Salines, Fournier de, 161
Salines (Hervé), 47
Saline; Martin dit, 269
Sallot (Alexandre), 67
Sallote (François), 125
Salleu (Claude), 183
Salleu (François), 51
Salleu (Jean), 129
Salir (Pierre), 290
Salissou (Jean-François), 319
Salle (Jean), 49
Sallabery (Joannès), 27
Sallabery (Pierre), 68
Sallabery (Samson), 26
Sallaün (Pierre), 247
Sallacaux (Thomas), 209
Sallaup (Henry), 226
Salle (Antoine), 325
Salle, De la (Bernard), 76
Salle, Le (Vincent), 157
Salle (Henry), 142
Salle, La (Jean), 122
Salle (Jean-Baptiste Julien), 101
Salle (Thomas), 175
Salle Brune, De la (Pierre), 118
Sallemon (Antoine), 314
Sallenave (Pierre), 26
Salles (Isaac), 321
Salles (Jean), 207
Salles (Jean), 317
Sallieu (Pierre), 168
Salier (Chrétien), 57
Salley (Jean), 193
Salmon (Antoine), 236
Salmon (Charles), 339
Salmon (Gabriel), 211
Salmon (Gabriel), 238
Salmon (Jean), 92
Salmon (Jean), 112
Salmon (Jean-Baptiste), 292
Salmon (Jean-Thomas), 166
Salmon (Julien), 17
Salmon (Nicolas), 47

Salmon (Ollivier), 83
Salmon (Pierre-Jacques), 70
Salmon (Pierre Marie), 174
Salmon (Yves), 85
Salo (Jacques), 247
Salo (Michel), 241
Solo (Pierre), 219
Salone, 226
Salomon (André), 221
Salomon (Barthélemy), 219
Salomon (François), 77
Salomon (François), 194
Salomon (Gabriel), 219
Salomon (Jacques), 122
Salomon (Jean), 50
Salomon (Jean), 121
Salomon (Joseph), 355
Salomon (Philibert-Antoine), 252
Salomon (Pierre), 58
Salomon (René), 77
Salomon (Vincent), 110
Salomon (Yves), 194
Salot (Pierre Ollivier), 110
Salon; Ayot dit, 314
Salphe (Laurent), 123
Saiton, D'Arlande de (Louis François-Pierre), 255
Salomon (Jacques), 123
Saltoto; Pierre dit, 205
Salva (Louis), 187
Salvaius (Elic), 87
Salvan (Vincent), 81
Salvelat (Vincent), 219
Salver, De, second, 22
Salverat (Simon), 216
Samaria (Bernard), 155
Sampol (François), 121
Samble (Jacques), 242
Sambron (Charles), 71
Sambucy, 160
Sambucy, de, 48
Samedy (Louis), 130
Samera (Hubert), 335
Samon (Adrien-François), 92
Samson (Augustin), 285
Samson (Dominique), 295
Samson (François), 205
Samson (Georges), 74
Samson (Jean), 214
Samson (Jean), 204
Samson (Jean), 2.1
Samson (Jean), 243
Samson (Jean-Jacques), 292
Samson (Laurent), 172
Samson (Louis), 88
Samson (Louis), 262
Samson (Maurice), 172
Samson (Nicolas), 217
Samson (Nicolas), 287
Samson (Philippe-Bernard), 71
Samson (Pierre), 73
Samson (Pierre), 80
Samson (Pierre), 120
Samson (Pierre), 177
Samson (Pierre), 229
Samson (Pierre-Germain), 38
Samson (Thomas), 203
Samuy (Louis), 281
Sambal (Jean), 221
Sance, De (Augustin-Jean-Jacques), 349
Sancey (Joseph), 294
Sancier (Julie), 287
Sanctier (Antoine), 162
Sanctivy, Le, 147
Sauto Domingo, De, 166
Sanhequi (Pierre), 166
Sandle (Nicolas), 117
Sandor (Honoré), 64
Sancti (Edme), 93
Sanhulu (Jean, cadet), 26
Sangaou; Limoneau dit, 289
Sanliane (Joseph), 177
Sanmaine, 118
Saniau (Henry), 117
Sans Chagrin; Benoît dit, 294
Sans Chagrin; Bonon dit, 314
Sans Chagrin; Cordier dit, 278
Sans Chagrin; Fassier dit, 340
Sans Chagrin; Garetu dit, 312
Sans Chagrin; Gariay dit, 347
Sans Chagrin; Gérard dit, 316
Sans Chagrin; Le Bœuf dit, 341
Sans Chagrin; La Croix dit, 340
Sans Chagrin; Miot dit, 275
Sans Chagrin; Montreux dit, 280
Sans Chagrin; Nolol dit, 269
Sans Chagrin; Revol dit, 269
Sans Crainte; Archambault dit, 309

Sans Crainte; Chazel dit, 312
Sans Crainte; Cady dit, 317
Sans Façon; Rennard dit, 278
Sans Façon; Pinadin dit, 347
Sans Façon; Huguenot dit, 318
Sans Façon; Lauras dit, 318
Sans Façon; Malbe dit, 311
Sans Façon; Moranty dit, 314
Sans Façon; Renaud dit, 275
Sans Façon; Saunier dit, 275
Sans Peur; Loutoy dit, 340
Sans presse; Roche dit, 283
Sans Prudon; Deger dit, 290
Sans Peur; Bocaia dit, 339
Sans Peur; Champion dit, 283
Sans Peur; Dorieuy dit, 289, 290
Sans Peur; Enger dit, 314
Sans Peur; Bertin dit, 318
Sans Peur; Georgeon dit, 347
Sans Peur; Mouchet dit, 316
Sans Peur; Richard dit, 311
Sans Peur; Villette dit, 310
Sans dit Piger (Pierre), 68
Sans Pitié; Padan dit, 340
Sans Quartier; Aubry dit, 313
Sans Quartier; Beau dit, 315
Sans Quartier; Boineau dit, 282
Sans Quartier; Bondly dit, 310
Sans Quartier; Brachy dit, 297
Sans Quartier; Caille dit, 346
Sans Quartier; Desplantes dit, 310
Sans Quartier; Dex dit, 309
Sans Quartier; Duluffie dit, 318
Sans Quartier; Gorce dit, 278
Sans Quartier; Manne dit, 282
Sans Quartier; Morris dit, 297
Sans Quartier; Theron dit, 339
Sans Quartier; Winguel dit, 312
Sans Regret; Bernard dit, 283
Sans Regret; Bonhomme dit, 340
Sans Regret; Carbonneau dit, 283
Sans Regret; Cassebois dit, 310
Sans Regret; Charles dit, 311
Sans Regret; Goupy dit, 314
Sans Regret; La Jeunesse dit, 340
Sans Regret; Lamarre dit, 306
Sans Regret; Masson dit, 312
Sans Remission; Kehler dit, 317
Sans Remission; Laforest dit, 290
Sans Remission; Serre dit, 310
Sans Souci; Bounel dit, 309
Sans Souci; Faure dit, 297
Sans Souci; Goyot dit, 314
Sans Souci; Jounu dit, 360
Sans Souci; Liebert dit, 347
Sans Souci; Marttier dit, 308
Sans Souci; Pelletin de Chartre-y dit, 308
Sans Souci; Renard dit, 313
Sans Souci; Schmit dit, 314
Sans Souci; Amblard dit, 279
Sans Souci; Coigue dit, 284
Sans Souci; Hizard dit, 281
Sans Souci; Jacquet dit, 282
Sans Souci; Le Bœuf dit, 310
Sans Souci; Lepeti dit, 347
Sans Souci; Martier dit, 317
Sans Souci; Pilon dit, 318
Sans Souci; Toussaint dit, 317
Sans Terre; Egard dit, 287
Santelli (Pierre), 41
Santerobe (Emmanuel), 173
Santeron (François), 82
Santeron (François), 293
Santiat, Marcon de, 55
Santiat, Marcon de, 61
Santles (Yves), 134
Santigny; Courand dit, 270

Saorio (Louis), 92
Saotia Despeaunt (Marc-Antoine), 329
Saone (Jean-Pierre), 197
Schirey (Charles-Ignace), 266
Saory (Edme), 230
Saone, La (Boland dit, 280
Sache, La (Meally dit, 275
Sane (Jean), 145
Sapet (Jean-Vincent), 162
Saqué (Pelier), 12
Sapoz; Lemon dit, 282
Sapie (Jacques Barthélemy), 43
Saquier (Constantin), 157
Saqué de Tourses, 32
Saraquin (Jean), 77
Saragin (Louis), 164
Saranin (Pierre), 164
Sarquin (Pierre), 194
Sardé (Audré), 25
Sardé (Audré), 175
Sardin (Gérard), 50
Sardin (Jean), 46
Sardiny (Pierre), 217
Sardon (Jean), 90
Sardou (Michel), 56
Sarelte de Montmarin, 164
Sergne (Charles), 198
Sarébut (Pierre), 35
Sariez (Joseph), 217
Sarpode (Jean-Baptiste), 202
Sarpot (Jean), 234
Sarrode; Rascaux dit, 28
Sarrazin (Claude), 94
Sarrazin (Jean), 277
Sarrazin (René), 238
Sarrazin (Pierre), 101
Sarrazin (Pierre), 71
Sarrech, De Castine de Adam-Philippe), 202
Sarret (Benoit), 341
Sarrey (Alexandre), 55
Sarréric de Cesangue, 164
Sarrondin (Jean), 27
Sarrouble (Saunier), 27
Sarulvo (Charles), 222
Sarrusis (Pierre), 87
Sarol (Nicolas), 43
Sarua (Jean), 197
Sarva (Louis), 88
Sary (Michel), 288
Sas, Le (Nicolas), 194
Sasla (Jean), 188
Sassa (Pierre), 188
Sastre (Louis), 83
Satlin (Pierre), 84
Satigne (Etienne), 164
Satte, La (François), 210
Saturne; Cronier dit, 284
Saturnin; Fallo dit, 77
Sannan (Jean), 231
Sauban (Jean-Louis), 112
Saubon (Marc), 225
Saubeus (Jacques), 26
Saudral (François), 147
Sondrais (Jacques), 76
Saudray (Pierre), 44
Saudsel (Michel-Albain), 202
Sauze (François), 140
Sanggeau (François), 75
Sauggeou (Pierre), 95
Sauggen (Pierre), 207
Sauginet (André), 101
Saujon (Guillaume), 41
Saulon dit Maujean (Jean), 41
Sandaville (Claude), 344
Sauler (François), 140
Saule (Jean), 33
Saulnier de, 142
Saunier, 224
Saunives, 96
Sanlace (Michel), 275
Sauloy (Julien), 210
Sauli, Le (Julien), 138
Saulx, Le (Guillaume), 232
Sault, Le (Jean-Louis), 98
Sault, Le (Yves), 131
Saumade (Pierre), 40
Sammauatris (César), 153
Saunaas (Honoré), 124
Snameins (Pierre-Suzaril), 222
Saneigre (Guillaume), 162
Saunier (Bernard), 308
Saumonière (Charles-François), 77
Saunier, 246
Saunier (Charles), 223
Saunier (Charles), 235
Saunier (Elie), 301
Saunier (François), 219
Saunier (Guillaume), 45
Saunier (Guillaume), 120
Saunier (Jacques), 75
Saunier (Jean), 81
Saunier (Jean), 96
Saunier (Jean), 214
Saunier (Jean), 234
Saunier, Le (Jean), 45

Saunier (Jean-Louis), 26
Saunier (Jean-Pierre), 175
Saunier (Joseph), 77
Saunier, Le (Louis), 119
Saunier (Martin), 141
Saunier (Mathurin), 176
Saunier (Mathurin), 104
Saunier (Pascal), 141
Saunier (Pierre), 149
Saupin (Julien), 101
Sausceau (Louis), 126
Saussay (Maurice), 214
Saurou, 122
Sasris (Luc), 52
Sastin (Pierre), 183
Scuris (Pierre), 182
Sauvin (Pierre), 185
Sausey (François), 232
Saussay (Jean), 232
Saussey de Greville, De (Theel-Henry), 349
Sause, Le (François), 247
Sauve, Le (Charles), 249
Saussse (Florentia), 108
Savase (Pierre), 27
Saussey (Pierre), 235
Saussel (Antoine), 281
Sanusier (Jacques), 47
Saussier (Pierre), 201
Saut (Toussaint-Joseph), 316
Sauterau (Joseph), 90
Souteron (Tropez), 187
Sautier (François), 225
Santhenil (Nicolas), 104
Sauvert (Pierre), 282
Sauturin (Pierre), 144
Sauvage (Antoine), 77
Sauvage (Charles), 137
Sauvage (Charles), 175
Sauvage (François), 276
Sauvage (François), 276
Sauvage (François-Joseph), 162
Sauvage (Guillaume-Hippolyte), 21
Sauvage (Jacques), 75
Sauvage (Jacques), 84
Sauvage (Jacques), 214
Sauvage (Jean), 4
Sauvage (Jean), 218
Sauvage (Jean), 271
Sauvage (Laurent), 235
Sauvage (Louis), 101
Sauvage (Pierre), 76
Sauvage (Pierre), 107
Sauvage (Pierre), 179
Sauvage (Pierre), 220
Sauvage Pierre-François, 22
Sauvage de Mauy, Le (Jean), 239
Sauvagère (Jacques), 115
Sauvaget (Louis), 76
Sauvant (Pierre), 87
Sauvart (Aerais), 253
Sauvaire (Jean-Joseph), 39
Sauvaire (Jean-Louis), 34
Sauvaire (Laurent), 29
Sauvaire (Pierre), 168
Sauveine (Antoine), 59
Sauvet (André), 318
Sauve, Le (Etienne François), 149
Sauve (Jean), 126
Sauvé (Mathurin), 132
Sauver (Louis), 187
Sauver (Pierre), 91
Sauvet (Pierre-Jules-Roch), 14
Sauveton (Christophe), 309
Sauvaçon (Antoine), 69
Soucy (François), 56
Soucy (Alexis), 258
Sau, Le (Clément), 203
Sans (Jean), 147
Saux (Le (Jean), 128
Sans, Le (Joseph), 59
Sans (Thomas), 179
Sansay (Jean), 149
Sauzé (Antoine), 259
Sauzerot (Simon), 292
Sausou (Louis), 333
Souzon (Guillaume), 52
Sauzou (Pierre), 14
Savaillic (Jean-Antoine), 115
Savain (Joseph), 74
Savain (Louis), 51
Savart (Charles), 218
Saval (Jean), 122
Savane (Nicolas), 165
Savaue (Vincent), 330
Savaair (Jean), 84
Savard (Jean-Claude), 326
Savart (Etienne), 222
Savarina (Francois), 98
Savart (Guillaume), 148
Savarin (François), 28
Savart (Germain), 412
Savary (Augustin), 278
Savary (Charles), 35
Savary (Charles-François), 320

— 447 —

Simon (François), 297
Simon (François), 327
Simon (François), 332
Simon (Gabriel), 229
Simon (Gaëtan), 196
Simon (Grégoire), 87
Simon (Guillaume), 128
Simon (Guillaume), 24
Simon (Honoré), 38
Simon (Jacques), 44
Simon (Jacques), 75
Simon (Jacques), 112
Simon (Jacques), 130
Simon (Jacques), 295
Simon (Jacques), 318
Simon (Jean), 30
Simon (Jean), 46
Simon (Jean), 45
Simon (Jean), 72
Simon (Jean), 75
Simon (Jean), 79
Simon (Jean), 88
Simon (Jean), 115
Simon (Jean), 120
Simon (Jean), 137
Simon (Jean), 128
Simon (Jean), 145
Simon (Jean), 152
Simon (Jean), 152
Simon (Jean), 168
Simon (Jean), 171
Simon (Jean), 213
Simon (Jean), 231
Simon (Jean), 256
Simon (Jean-Baptiste), 32
Simon (Jean-Baptiste-François), 121
Simon (Jean-Baptiste), 258
Simon (Jean-Jacques), 232
Simon (Jean-Joseph), 102
Simon (Jean-Louis), 48
Simon (Jean-Louis), 324
Simon (Joseph), 57
Simon (Joseph), 63
Simon (Joseph), 65
Simon (Joseph), 98
Simon (Joseph), 189
Simon (Joseph), 266
Simon (Joseph), 241
Simon (Louis), 41
Simon (Louis), 216
Simon (Louis), 196
Simon (Louis-Marie), 204
Simon (Marc), 237
Simon (Martin), 230
Simon (Mathurin), 26
Simon (Michel), 94
Simon (Michel), 115
Simon (Michel), 245
Simon (Nicolas), 22
Simon (Nicolas), 157
Simon (Nicolas), 167
Simon (Philippe), 70
Simon (Pierre), 93
Simon (Pierre), 122
Simon (Pierre), 122
Simon (Pierre), 172
Simon (Pierre), 174
Simon (Pierre), 178
Simon (Pierre), 211
Simon (René-Louis), 170
Simon (Thomas), 8
Simon (Zacharie), 175
Simon dit Le Vieux (Antoine), 34
Simonato (Jean Louis), 173
Simoneau (Laurent-François), 102
Simonet (Charles), 30
Simonet (Claude), 198
Simonet (Jean), 41
Simonet (Jacques), 59
Simonet (Jean), 111
Simonet (Pierre), 265
Simonin (A.), 332
Simonin (Etienne), 290
Simonin (Jean-Jacques), 319
Simonin (Jean-Louis), 295
Simonin (Pierre), 296
Simonini (Joseph), 69
Simonjean (Etienne-Michel), 321
Simonneau (Pierre Toussaint), 327
Simonnet (Jean), 178
Simonnet (Martin), 47
Simonnet (Pierre), 262
Simons (Nicolas), 317
Simony de Broutières, 22
Simple, Le (Nicolas), 338
Sin, Le (Jacques), 72
Sinet (Jean-Baptiste), 29
Sinety, De (François Armand), 270
Singerie (Philippe), 232
Sinclaude (Jean), 265
Sinot (Noël Jean Pius), 66
Sinot (Pierre), 147
Sinon (André), 95
Sinsens (Louis), 40
Sintoux (Pierre), 151
Sion (Jean), 282
Siou (Jean), 136
Sipeyre (Jean), 82)
Sir (Jean), 210

Sire (François-Noël-Joseph), 260
Sire (Jacques), 78
Siré (Jean), 255
Siré (Nicolas), 78
Sire (Pierre), 111
Sire, Le (Pierre), 264
Siroult, De (Jean Jacint), 216
Sirlat (François), 149
Siron (Jean), 302
Siron (Jean), 117
Sirecourt (Jean-Baptiste), 40
Siveyn (Antoine), 211
Sixey (Pierre), 332
Sixty (Jean-Baptiste), 267
Sixson (Charles), 311
Simoas (Pierre), 104
Siran (Jean), 84
Sivard (François), 117
Sirat (Jean), 217
Sirvac (Jean), 50
Sivens (Etienne), 139
Skos (Gabriel), 68
Smith (César), 117
Sobire (Charles), 114
Soler (Louis), 68
Solarddon (Charles, Euclide au), 75
Soucher (Berger dit) 307
Socey, Le (Pierre-Cyprien), 20
Sacombes (Charles), 121
Sadier (Jean-Baptiste), 258
Soffin (Pierre), 120
Soin (Michel, Mexia), 300
Soin (Jean-François), 225
Soissonnais, Bega dit, 312
Solssonnais, Le, 269
Solazeau, Lerog dit, 229
Sol de Grisolles, De, 233
Sol (Gaspard), 198
Sol (Gaspard), 229
Sol, Le (Simon), 214
Solacier (Jean), 355
Soladier (Jean), 258
Soldat (François), 44
Soldat; Farid dit, 53
Soldat; Tyran dit, 22
Soleau ou Soler (Pierre), 294
Solell (Alexis Reau), 194
Soleil (Marius), 228
Soleil (Nicolas), 235
Soleil (Valentin), 56
Soleux (Jean), 59
Solinier (Jean), 339
Sollman (Gabriel), 37
Solinau; Courcels dit, 263
Soliman (Guillaume), 195
Solly (Noël), 40
Solher (Guillaume), 289
Solo Jean Louis, 114
Solon Jean Louis, 131
Solomara; Calvin dit, 208
Solat (Pierre), 312
Sols, Quatre (Joseph), 105
Sols, Quatre (Pierre), 240
Sommet (Jean Baptiste), 175
Son (Joseph), 296
Soude, La; Audrivel dit, 334
Songeur, Le (Pierre), 224
Songis, De (Charles-Louis-Didier), 357
Sonnet (Jean), 94
Sonnier (Bernard), 314
Sonnolet (Jean), 96
Sophocles; Labert dit, 261
Sophocle; Saget dit, 363
Sorain (Hippolyte), 209
Sorde (Jacques), 47
Sorbets (Barthélemy), 314
Sordel (Jean), 295
Sordet (Pierre), 137
Soreau (Jacques), 137
Soreau (Pierre), 97
Sorel (Ambroise-Louis), 208
Sorel (François), 69
Sorel (Jean), 94
Sorel (Nicolas), 248
Sorhaïts (Miguel), 27
Sorlo (Jacques), 70
Scriot (Jean), 355
Sornet (Jean Baptiste), 156
Sornard (Thomas), 96
Sorre (Marc), 184
Sorret (Sébastien), 343
Sort; Ballager dit, 327
Sortin (Pierre), 209
Soréin (Joseph), 285
Sosit (Raymond), 340
Souache (Jean), 154
Souage (Philippe), 54
Soualhat, La, 200
Soulanguier (Jean), 266
Soubarran (Pierre), 30
Soubenne (Jean), 333
Soubier (Pierre), 81
Soubian ou Sobuldau (Charles), 52
Soubilleau (Charles), 118
Soubin (Herré), 141
Soubin (Louis), 150

Soubiran (Thomas), 57
Soublat (Jean), 127
Soublette (Jean), 57
Soubier (Jean), 198
Souchay (Jean), 261
Souche (Jacques), 93
Souche (Jean), 228
Souche (Jean-Pierre), 187
Souchet (Jean), 115
Souchet (Nicolas), 52
Souci, Sans; Fauvre dit, 267
Souci, Sans; Goyol dit, 340
Souci, Sans; Jouan dit, 309
Souci, Sans; Limer dit, 342
Souci, Sans; Renard dit, 343
Soucl, Sans; Second dit, 311
Soucle (Jacques), 214
Soucy, Sans; Cojeue dit, 284
Soucy, Sans; Matrier dit, 294
Souer, Sans; Le Beuf dit, 255
Soucy, Sans; Lepetit dit, 347
Soucy, Sans; Toussaint dit, 175
Soude, La (Jean-Baptiste), 146
Souder, Le (Jean-Jacques), 296
Soudril (Jean), 46
Soudril (Jean), 118
Soudre (Pierre), 110
Souet (Etienne), 104
Souffietron (André), 202
Souffren (Lebarou), 263
Souffret (Pierre), 154
Sougic (François Henri), 315
Souiller (Jean), 168
Souia (Joseph), 218
Soulatge (André), 327
Soudard (Jean), 290
Soulard (Louis), 186
Soulard Pierre), 193
Soulards (Jean), 349
Soulas (Jean), 26
Soulas (Jean), 77
Souascarol (Jean), 54
Soulat (Jean), 104
Soulière (Richard), 162
Soulbier (Pierre), 137
Soulbey (Pierre), 197
Soulet (François), 144
Souliet (Gabriel), 62
Soulier (Alexandre), 257
Soulier (Barthélemy), 273
Soulier (Jean-Baptiste), 331
Soulier (Laurent), 328
Souliers (Henri), 343
Souilies (Jean), 117
Soulignac (Julien), 330
Souiller (Jean), 345
Souly (Pierre), 322
Souraire (Jacques), 357
Soupre (Gilles), 195
Souper (Pierre), 30
Souques (Pierre), 27
Souquet (Jean), 117
Souquet (Guillaume), 157
Souches (Joseph), 105
Sourbier (Pierre), 155
Sourbier (Pierre), 249
Sourbres (Antoine), 129
Soureillef (Laurent), 129
Sourd, Le (Denis), 258
Sourd, Le (Etienne), 75
Sourd, Le (François), 136
Sourd (Honoré), 85
Sourd, Le (Jean), 58
Sourd, Le (Julien), 99
Sourd, Le (Louis), 136
Sourd, Le (Martin), 97
Sourd, Le (Pierre), 79
Sourd, Le (Sébastien), 151
Souriac (Jean), 69
Souricabre (Bernard), 318
Souira (Joseph), 311
Sourisson (Jacques), 214
Sourissaux (Michel), 207
Sourry (Robert), 273
Sourson (Jean), 276
Sourval (Nicolas), 46
Sousaire (Jean), 195
Sout (Jean), 125
Sontan (Antoine), 144
Soutier (Jean), 36
Souvarain, Le, 212
Souverain, Le; Mathieu dit, 308
Souverbo (Joseph-Marie), 2
Souverain (Jean), 295
Souvier; Simon dit, 324
Souvican (Michel), 119
Souvrans (Louis), 295
Souzeau (Pierre), 193
Sover (Etienne), 96
Soyer (Jacques), 214
Soyeres (Jean), 40
Soyres, De (Jean-François), 284
Soyes (Pierre), 142
Spadafora, De, 156

Sonnet, De 252
Sparbes (François), 263
Spaefel (Yves), 81
Spartien; Soubin dit, 262
Spassius (Joseph), 308
Speck (Pierre), 90
Spesolles (Robert), 266
Spinga (Laurent), 315
Spik (Nicolas), 311
Spitalier (Jacques), 346
Splaige (Etienne), 79
Spol (Jean Baptiste), 82
Spoelt (Donati), 269
Spoßere (Jean-Louis), 160
Spoon (Dominique), 32
Stack, De, 302
Stack, De, 302
Stack (Edouard), 348
Studien (Jacques Antoine), 258
Staffarollo (Joseph), 60
Staford (François-Marie), 52
Stanville, Le Simple dit, 208
Stal (Joseph), 311
Stal (Joseph), 314
Staugny (Jean), 341
Stanislas; David dit, 262
Stanislas (R. P.), 127
Stardler (Jean), 178
Staulis (Henri), 313
Stavial (François), 123
Stechy (Joseph), 340
Steck (Laurent), 151
Stein (Jean-Georges), 234
Steiner (Joseph), 342
Stelle (Antoine), 94
Steiner (Joseph), 342
Stemics (Pierre), 355
Stenon; Dufour dit, 266
Stéphani (Michel), 55
Stéphan (Claude), 115
Stéphan (Françis), 77
Stéphan (Guillaume), 185
Stéphan (Jean), 291
Stéphan (Jean), 286
Stéphan (Jean Baptiste), 170
Stéphan (Jean-Louis-Marie), 74
Stéphan (Rémi), 247
Stéphan (René), 241
Stephen (Thomas), 115
Stéphant (Guillaume), 175
Stéphant (Joseph), 46
Stéphant (Joseph), 174
Stéphan (Jacques), 45
Stéphany (Jean), 97
Stéphany (Louis), 134
Stergue (Dell), 300
Steun (Laurent), 50
Steven (Yves), 91
Steve (Antoine), 265
Stikal (François), 257
Stibol (Pierre), 209
Stibbord (Denois), 199
Stibal, 69
Stier (Mathieu), 354
Stillicon, Lhermitte dit, 266
Stinog (Pierre Joseph), 279
Stivai (Pierre), 317
Stoerla, 262
Stopheli (Philippe-Louis), 251
Storer; Pierron dit, 262
Stonder; Binjamin dit, 259
Stondert (Claude), 308
Stoumel (Martin), 156
Stoumet (Pierre), 90
Strange (Partice), 343
Strasbourg, Imré dit, 315
Straff (Martin), 296
Stroup (Jean-Pierre), 338
Stuai (Vincent), 129
Stuart; Crepin dit, 262
Stuga (Adam), 259
Sturm, Le (Jean Guillaume), 157
Sturgeon (Mathurin), 93
Sturgeon (Mathurin), 113
Suard (Félix), 362
Suard (Jean), 312
Surre (Pierre), 323
Sube (Pierre), 262
Subeiran (Pierre), 40
Suber (Pierre), 139
Subervillo (Pierre), 105
Subervilo (Pierre), 150
Subilleau (Pierre), 97
Sublime (Nicolas), 95
Sublime (Pierre), 84
Sublime (Pierre), 242
Sublin (Alexis), 286
Succinthe (Honoré), 264
Sudre (Pierre), 201
Sueur, Le (Jean-Baptiste), 264, 317
Sueur, Le (Mathieu), 121
Sueur, Le (Thomas), 248
Snest (Pierre), 25
Suffren, De, 34
Suffren, De, 164
Suffren (Nicolas), 78
Suffren, Le Sr. de, 31
Suffren, De (Laurent-Benjamin), 307
Sugerolles, Boisdalie de (Jean-Pierre), 271

Sugueau (Jean), 307
Suguez; Dubville dit, 327
Soin (Jean), 350
Seiman (Jacques), 371
Suire (Antoine), 87
Suire (Jacob), 142
Suite (Joseph), 97
Suitz (Gaspard), 236
Sujet (Honoré), 342
Sukel (Martin), 179
Sullasere (Jean), 50
Sullier, Le (Etienne), 50
Sully; Marie dit, 264
Sully; Pierre Victor), 171
Sulabaht, De, 202
Sup (Antoine-François), 96
Superville (François), 75
Sublice (Jean), 137
Sueils (Louis-François), 314
Suquet (Antoine), 50
Suquet (Joseph), 175
Suot (Michel), 142
Surdeton (Francois), 201
Sureau (Dominique), 225
Suresne (Jean), 124
Suréve (Jean), 84
Surean (François), 193
Suresy (Jean), 55
Suriel (Jacques), 318
Surla (François), 40
Surle (Jean), 96
Surie (Jean), 268
Surice (Etienne), 276
Suret (Alexis), 134
Forget (Alexis), 168
Sorget (Jacques), 277
Surguens (R. F. Athanase), 116
Surin (Arnau), 314
Surin (Bertrand), 291
Surin (Etienne), 167
Surin (Pierre), 23
Sumier (Jean-Louis), 46
Surros (Jean Louis), 75
Saffren (Jean), 80
Surtos de Clanard, De, 22
Suty (Claude), 298
Suze (François), 218
Swigey (Edmond), 342
Swigey (Paul), 348
Swigny (Paul), 348
Symen (François), 295
Taaffe (Christophe), 248
Taaffe (Laurent), 348
Tabard (Joseph), 8
Tabard (Jean), 119
Cabaret (Joseph), 314
Tabaron (Guillaume), 26
Tabary (François), 101
Tabary (Jean), 152
Tabeau (Jean), 206
Tabellion (Nicolas), 297
Tadeau (Jean), 118
Tabnis (Louis), 35
Taboln (Pierre), 147
Tabouret (Louis), 108
Tabourret (Barthélemy), 285
Tabourreau (Dominique), 73
Tabournier (Jacques), 121
Tabrere (Jean), 120
Tacet (Raymond), 38
Taché (Joseph), 61
Tachot (Jean), 54
Tachot (Julien), 122
Tarlin (Stunrd), 20
Taconet (Jacques), 293
Taconneau (Alexandre), 229
Taconee (Gilles), 162
Taconet (Claude), 112
Tadier (Yves), 173
Tade (Pierre), 42
Talin, Le (Benjamin Benoît Joseph), 283
Tallin (René), 142
Tafforet (Joseph), 92
Taforet (Denis), 70
Taléde (Auguste), 35
Talin; Barochou dit, 341
Taitade (Pierre), 57
Taillandier (Henry), 181
Taillandier (Pierre), 183
Taillard, 22
Taillard (Pierre), 79
Taillay (Alexis), 206
Taillay (Jean), 267
Taille des Essards, De la, 83
Taillé (Jacques), 55
Taille, La (Jean), 355
Taillebol (Pierre), 215
Taillefer (Antoine), 185
Taillefer (Antoine), 72
Taillefer (Jean), 81
Taillefer (Jean), 141
Taillet (Charles), 81
Taillier, Le (Jacques), 211
Taillier, Le (Jean Baptiste), 202
Tailleur; Maubec dit, 293
Taillis (Martin), 62
Tainy (Nicolas), 78
Taisbaudon (Paul), 45
Talarmain (Yves), 195
Talarrin (Claude), 203
Talbot (André), 240
Taliard (Auguste), 282

Touche, La (Jacques-Guillot), 111
Touché, La (Jacques-Marie), 113
Touche (Jean), 146
Touche, Levasseur de la, 109
Toudic (Louis), 91
Toudoux (Charles), 146
Toudy (Louis), 59
Touec, Le (Louis), 137
Touga rd (Jacques), 34
Tougard (Jacques), 176
Tougard (Jacques), 196
Tougeart (Félix), 224
Touillet (Alexandre), 351
Touillot (Charles), 136
Touin (Antoine), 217
Toul (Jean), 64
Toulu (Louis), 143
Toulan (Hervé), 237
Toulan (Michel), 79
Toulan (Laurent), 163
Toulaud (Jean), 211
Touler (Jean), 96
Toulgoas; 69
Toullec (François), 134
Toullec, Le (Joachim), 71
Toullec (Marc), 120
Toullec (Yves), 134
Touller (Liberat), 104
Toulon (Étienne), 227
Toulon (François), 58
Toulon (Honoré), 164
Toulon (Jean-Joseph), 161
Toulon (Louis), 390
Toulon (Pierre), 194
Toulorge (François), 60
Toulorge (Jean), 60
Toulorge (Paul), 238
Toulotte (Henri-François), 273
Toulouse (André), 70
Toulouse; Brus dit, 324
Toulouse (Joseph), 242
Toulouse; Leblanc dit, 244
Toulouse (Pierre-André), 258
Toulouse; Teller dit, 347
Toulouse; Vidal dit, 342
Toulouzan (Louis), 28
Toulouzan (Louis-Nicolas), 22
Toulza (Antoine), 207
Toumelin (Louis), 160
Toumelin (Marc), 118
Toupin (Jean), 80
Toupin (Jean), 310
Toupet (Antoine), 195
Toupet (Antoine), 192
Toupet (Jean-Nicolas), 206
Toupet (Louis), 102
Toupet (Louis), 113
Toupin (Julien), 89
Touquerande (Louis), 232
Touquet (Dominique), 111
Tour, La (Baptiste), 81
Tour, La (Edme), 257
Tour, La (François), 84
Tour, Le (Jean-René), 116
Tour, Goulet de la (Jean-Pierre), 340
Tour, La (Pierre), 166, 188, 208
Tour, La; Vieille dit, 315
Tour, La (Vincent), 349
Tour de l'Amouze, De Florit (Clément-Antoine-Simon), 320
Tour Saint-Jean, Pradelles de la (Jean-Jacques-Elisabeth), 304
Touraine, Régiment de, 319
Tourail (Antoine), 67
Tourangeau; Durand dit, 297
Tourbetin (Antoine), 252
Tourbillé (Simon), 193
Tourbillé; Archimbaut dit, 76
Tourée (Michel), 315
Toureaux (Pierre), 129
Tourel (Antoine), 41
Tourel (Jean), 49
Tourelle (Jean), 122
Tourès (Gaspard), 40
Touret (Raymond), 101
Touret dit Chevalier (Jean), 105
Tourillon (Mathieu), 54
Tourmel (Charles), 239
Tournade, La; Perdrigas dit, 286
Tournenve (Thomas), 122
Tournie (Jacques), 67
Tournel (Louis), 318
Tournel, La (Antoine), 168
Tournelaire (Jean-Joseph), 38
Tournand (François-André), 334
Tournay (Claude), 288
Tournay (Jean), 277
Tournean, Le (Pierre), 82
Tournée (Elie), 126
Tournel (Louis), 229
Tournelec (Christophe), 170
Tournelle, La (François), 103
| Tournelle (Guillaume), 237
Tournelle (Simon), 163
Tournelle, De la, 215
Tournelle, La (Bernard), 69
Tournerre, De la, 31
Tourneur, 174
Tourneur, Le (François), 234
Tourneur, Le (Jacques), 288
Tourneur, Le (Jean), 84, 124
Tourneur (Jean-Joseph), 86
Tourneur (Julien), 222
Tourneur, Le (Michel), 95
Tourneur, Le (Nicolas), 110
Tourneur, Le (Pierre), 96, 238
Tourneur, Le (Pierre), 157
Tournevache (René), 136
Tournier (André), 288
Tournier (François), 330
Tournier (Hilaire), 291
Tourniez (Hilaire), 308
Tourniez (Honoré), 44
Tournier (Jacques), 44
Tournier (Jean), 235
Tournier (Jean-Noël), 257
Tournier (Martin), 327
Tournier (Pierre), 152
Tournier (Simon-Augustin), 32
Tournière (Bernard), 225
Tournillac (François), 262
Tourniol (André), 181
Tournon (Antoine), 25
Tournon; Boucard dit, 296
Tournon (François), 289
Tournon (Jean-Etienne), 40
Tournon (Jean-Joseph), 90
Tournon (Laurent), 30
Tournon (Mathieu), 33
Tournu; Le Blanc dit, 275
Tournus; Gros dit, 280
Tourous; Terrier dit, 273
Tourry, Le (Nicolas-Charles), 162
Touron (André), 57
Touron (André), 211
Touron (Jean-Claude), 103
Touron (Joseph), 292
Touronde (Raphaël), 132
Touronide (Pierre), 135
Tourre (Jean), 66
Tourres (Louis), 43
Tourres, Des, 42
Tourres (Pierre), 39
Tourres, Saguy de Tourres, 22
Tourrette, de la, 38
Tourron (François), 213
Tours, Des, 179
Tours (Guillaume), 49
Toursou (Louis), 217
Tourte (Louis), 197
Tourte (Louis), 228
Tourte (Pierre), 225
Tourtel (Jean), 188
Tourtelot (Pierre), 195
Tourtian (Jean), 173
Tourtier (Eustache), 238
Tourville, De, 243
Tourville, Chapnis de (Charles-Berthin-Gaston), 306
Tourville, Chapnis de (Toussaint-Magloire), 307
Toury; Maîtrier dit, 283
Tousean (Augustin), 86
Toussan (Daniel), 217
Toussaint (Jean-Marie), 203
Toussaint (Joseph), 265
Toussaint (Nicolas), 315
Toussaint (Pierre), 145
Toussaint (Jean), 244
Tousset (Jean), 313
Toutain (Jean), 120
Toutain (Jean), 135
Toutain (Joseph), 224
Toutain (Louis), 205
Toutain (Martin), 220
Toutain (Mathurin), 249
Touteau (Jacques), 72
Touteau (Augustin), 52
Toutin (Eustache), 181
Toutin (Jean), 155
Toutin, Le (Jean), 292
Toutin (Joseph), 291
Toutou (François), 346
Toutrein (Jean), 24
Touvenin (François), 215
Touvenin (Louis), 258
Touvenel (Blaise), 259
Touvenel (François), 183
Touvré (Alexandre), 278
Touvré (Alexandre), 282
Toux, De (Aufray), 203
Toux, Le (Clément), 183
Toux, Le (Yves), 185
Toux (Yves), 201
Touyer (Jean), 131
Touyer (Yves), 183
Touzau (Simon), 114
Touzant (Guillaume), 71
Touzard (Antoine), 294
| Touzard (Antoine), 299
Touze (François), 29
Touze (François), 135
Touze (François), 112
Touze (François), 187
Touze (Jacques), 71
Touze (Jacques), 195
Touze (Jacques), 151
Touzé (Jean), 121
Touze (Jean), 187
Touze (Jean), 291
Touze (Jean), 314
Touze (Jean-Marie), 32
Touze, Le (Julien), 95
Touzé, Le (Louis), 167
Touzeau (Louis), 206
Touzes, Le (Julien), 238
Touzet (Barthélemy), 62
Touzien (Ramon), 121
Toxbaret (Jean), 207
Trabaud, 28
Trabaud (François), 63
Trabaud (Joseph), 44
Trabaud (Joseph-Martin), 49
Trabaud (Lazare), 48
Trabot (François), 196
Trabu (Pierre-Joseph), 163
Trabu (Louis-Joseph), 280
Tragat (René), 191
Traguier (Guillaume), 330
Trahais (Jean), 238
Trahan (Laurent), 135
Trahon (Philippe), 37
Train (Pierre), 333
Tralusan (André), 321
Trajeau; Aîné dit, 268
Tranchade, De la, 242
Tranchard (Guillaume), 141
Tranchaud (Noël), 311
Tranchée, La; Bastille dit, 315
Tranchée, La; Monier dit, 311
Tranchemer (Joseph), 166
Tranchemer (Pierre), 196
Tranchecœur (Jean), 158
Tranchemontagne; Batz dit, 308
Tranchée La: Joseph-Maurice), 261
Tranchemont (François), 333
Tranquille; Maîterre dit, 346
Tranquille (Joseph), 31
Tranquille; Baiet dit, 344
Tranquille; Cotelle dit, 289
Tranquille; Fournier dit, 280
Tranquille; Henri dit, 276
Tranquille; Lefort dit, 257
Tranquille; Le Veit dit, 319
Tranquille; La Rose dit, 311
Tranquille; Marterre dit, 346
Tranquille; Sauzerot dit, 292
Trautout (Armand), 326
Trason (Claude), 157
Traon, Le (Louis), 235
Traon, Le (Augustin), 234
Trappe (Antoine), 257
Trask (Jacques), 228
Trant (Thomas), 348
Travaillant (Yves), 81
Travaillé (Augustin), 90
Travaillé (Louis), 59
Travaillé (Joseph), 117
Travaillot (Jean), 200
Travaux (Jean), 341
Travacaz (François), 27
Travers (François), 195
Travers; Jean, 209
Travers (Jean), 244
Travers (Louis), 132
Tréanton (Jean), 189
Tréanton (Jean-François), 91
Tréat (Jean), 335
Trebailler (Louis), 242
Trebaud (Philippe), 123
Trebaut (André), 120
Trebel (Georges), 238
Trébuchet (Jean), 130
Trébuzech (Roch), 60
Trèche, Le (Louis), 120
Trédan (Auguste), 77
Trédaut (Augustin), 126
Treders, De, 170
Treffex (Corentin), 215
Treffol (Charles), 38
Trégan (Georges), 207
Trégon (Olivier), 127
Tréguel (Rouault), 136
Tréguier (François-Marie), 97
Tréguier (Jean), 200
Tréguier (Joseph), 157
Tréguier (Louis), 157
Tréguier (Mathieu), 244
Trégayer (Mathieu), 223
Trehan (Jean-Charles), 172
Tréhen (Jean), 134
Tréhen (Malo), 210
Tréhen (Nicolas), 132
Tréhoret (Jean), 64
Tréhoret (Jean-Joseph), 164
| Treigts dit Marpitot (Jean), 26
Treille, La (Bertrand), 168
Treille, La (François), 30
Treille, La (Jean), 189
Treille (Jean-Pierre), 60
Treille, La; Pierrard dit, 360
Trelo (François), 209
Trelu (Pierre), 176
Trely (Nicolas), 95
Tremant (Antoine), 277
Tremau (Joseph), 97
Tremault (Jean-François), 339
Tremblay (François), 202
Trémelat (Lazare), 30
Trément (Joseph-Didier), 292
Tremeuten (Charles), 203
Trémeuteur (François), 293
Tremeur (Jean), 185
Tremeur de Kerambaut, 45
Tremic (Pierre), 102
Trémont (François), 347
Trémont (Joseph), 341
Trémoulet (Claude), 279
Trémoulet (François), 73
Trémoureaux (Guillaume), 121
Tren (Jean), 122
Treué (Jean), 33
Trenier (Pierre), 41
Trennin (Pierre-Eloy), 350
Trenonnay, De (Antoine), 443
Trezadac (Julien), 169
Trepez (Jean), 126
Tregned (Charles), 170
Tregros (Jean), 170
Tregros (Jean), 246
Tresmen (Barthélemy), 73
Trésor (Jacques), 277
Trésorier (Charles), 42
Tressan, Delaverque de (Charles-Marie-Madeleine), 287
Trestour (Antoine), 43
Trestour (Jean), 43
Trestour (Joseph), 63
Tretot, De, 169
Tretout (Charles), 243
Tretout (Jean), 239
Treu, Le (Pierre), 170
Treuli, Le (Yves), 128
Trevelo, 174
Trevoux, Du, 209, 230
Treyet (Pierre), 201
Trial (Jean), 266
Triabon (Jean), 95
Trian (Jean), 79
Tribalet (Jean-Claude), 360
Tribert (Jean), 86
Tribler (Jean), 51
Tribot (Jacques), 105
Tribouillet (Louis), 201
Tribouzic (Jacques), 113
Tricard (François), 180
Tricon (François), 47
Tricon (François), 63
Tricon (François), 43
Tricot (Antoine), 262
Tricot (Pierre), 82
Tricot (Pierre), 122
Tricotel (Louis-Brice), 328
Tridiric (Sébastien), 240
Trigan (Bernard), 156
Trigan (Jean), 168
Trigaut, 160
Trigat (Jean), 122
Trigot (Michel), 124
Trigonulet (Pierre), 64
Trilly (François), 132
Trilly (Thomas), 251
Trimpon (Jean); Demesple dit, 41
Trinqualléon, De, 177
Trinquecoste (Etienne), 326
Trinquet (Nicolas), 312
Trinquier (Mathieu), 219
Triol (Jean), 44
Triol (Jean-Antoine), 342
Triomphant; Calot dit, 339
Trion de Montalembert, De (Louis-François-Joseph-Bonaventure), 287
Tripé (Charles), 70
Tripey (Jean-Baptiste), 112
Tripoli (Antoine), 319
Triquet (Germain-Eustache), 112
Triquet (Jacques-Marie), 112
Trisal (Nicolas), 309
Tristan; Trial dit, 266
Tritan (Jean-Baptiste), 114
Triton; Duturbai dit, 260
Triton (Hervé), 203
Triton; Sollier dit, 339
Trivien, Roquier de, 54
Troachet (François), 39
| Treadec, La (François), 203
Troadec (Guillaume), 185
Troadec (Ollivier), 147
Troadec (Pierre), 131
Troadec (Yves), 67
Troie (Pierre), 126
Trobé (Guillaume), 146
Trobriand, De, 170
Trochan (Thomas), 182
Troche, La (Jean), 84
Trochu (Joseph), 81
Trochon (Julien), 35
Trochon (François), 205
Trochon (Servan), 194
Trochon (Servan), 147
Trochon (Thomas), 111
Trochon (Thomas), 114
Trochu (Georges), 73
Trochu (Georges-François), 195
Troedec (François), 117
Trogoff, 180
Trogoff, De, 58, 75, 156
Troguet (Nicolas), 158
Troguilodey, Robion de, 123
Troidein (François), 215
Troinon (Joseph), 234
Trojet (René), 187
Trohelin, 191
Tromelin, De Lannay, 243
Tromelin (Yves), 116
Tromenec (André), 228
Tromenec (Charles), 226
Tromeres, Keruzec de, 127
Tromeur (Jean-Jacques), 112
Tronchée, La (Jean-Jacques), 112
Tronquet (Etienne), 352
Trony, Le (Julien), 185
Trop, Le (Jean), 241
Tropez-Fouqué (Joseph), 29
Trophanes (Henry), 151
Tropeson (François), 24
Troquet (François), 55
Troquet (François), 171
Troquet (Guillaume), 45
Troquet (Jean), 142
Troquet (Jean), 214
Troquet, De Kernantec de (Louis-Jean-Baptiste), 294
Trossard (Pierre-Marie), 154
Trolulu (Pierre), 288
Trotoban (Guillaume), 80
Trotebas (Marie), 89
Trotebas (Michel), 85
Trotebas (Michel), 89
Trotebas (Joseph-Marie), 89
Trotet (Gabriel), 246
Trotet (Jean), 143
Trotet (Jean-Claude), 360
Trottier (Jacques), 199
Trouin (François), 136
Troton, De Kernautec de (Louis-Jean-Baptiste), 294
Trouard, No (Jacques), 61
Troude (François), 228
Troude (Jean-Baptiste), 75
Troude (Noël), 47
Troude (Noël), 97
Troude (Nicolas), 113
Troude (Victor), 240
Troudec (Ollivier), 149
Trouit (Antoine), 235
Trouillard (Guillaume), 216
Trouillard (Michel), 140
Trouillart (René), 79
Trouilleau (Casimir), 53
Trouillet (François), 185
Trouilloil (François), 329
Trouillet (Jacques), 140
Trouillon (Joseph), 83
Trouin (Barthélemy), 227
Trouin (Jacques), 227
Trouin (Jean), 58
Trouin (Jean), 161
Trouin (Joseph), 58
Trouolcly, De, 147
Trousse (Nicolas), 81
Troussier (Jean), 43
Trouvet (Jean), 199
Trouvaz (Pierre), 248
Trouve (Pierre), 100
Troux (François), 136
Troyes; Noël dit, 265
Tryand (Jean-Baptiste-Charles), 162
Tryand (Pierre), 33
Trubert-Jean-François), 232
Truble (Joseph), 202
Trubiot (Bonnaventure), 8
Truc (Jean), 49
Trudaine, Le Baron de, 302
Trudel (Louis), 114
Trudelle (Jean-Baptiste), 110
Truffart (Jacques), 249
Truffert (Pierre), 97

461

Truffers (Charles), 121
Truguet, De, 164, 199
Truquet-Cadet, De, 28
Truquet (Mathieu), 133
Truitte, La (Pierre), 88
Trouquet (Nicolas), 352
Troussard (Charles), 284
Truaudy, De, 392
Tual (François), 128
Tual (Marc), 238
Tual (Thomas), 237
Tuau (Gabriel), 62
Tubœuf (Jean), 225
Tubœuf (Jean-Baptiste), 171
Tubœuf (Pierre), 25
Tudien (Jean), 181
Tudo (Gilles), 152
Tudo (Pierre), 162
Tudoret (Olivier), 189
Tudoret (Olivier), 199
Tudor (Gilles), 190
Tuevenin (Sébastien), 37
Tufellx (Jean), 185
Tugget, De (Claude-Paul), 256
Tuiller, Le (Jean-François), 167
Tulet (Julien), 232
Tulipe, La ; La Forme dit, 287
Tulipe, La ; Anceaume dit, 259
Tulipe, La ; Berruy dit, 274
Tulipe, La ; Chenu dit, 334
Tulipe, La ; Pierre, 212
Tulipe, La ; Gaudet dit, 311
Tulipe, La ; La Ferté dit, 317
Tulipe, La ; La Jarlé dit, 314
Tulipe, La ; Maillot dit, 314
Tulipe, La ; Maleiaux dit, 283
Tulipe, La ; Valade dit, 313
Tumelin (Nicolas), —
Tullière (Antoine), 103
Tumoras (Pierre), 242
Tunibret (Pierre), 292
Tuneulin (Nicolas), 399
Tuo (Pierre), 287
Turban (Victor), 335
Turbe (Antoine), 103
Turbe (Charles), 142
Turbé (Jean), 133
Turbé (Nicolas), 217
Turbé (Pierre), 182
Turbert (Charles), 81
Turbet (Jean-Baptiste), 235
Turbey (Jean), 105
Turbez (Antoine), 248
Turc (Cæsr), 40
Turc (Claude), 280
Turc (Jean), 249
Turcan (Pierre), 88
Turcant (Pierre), 171
Turchini (Dominique), 44
Turcon (Lazare), 104
Turé (Jean), 144
Turenne, Casse dit, 287
Turenne ; Marvillan dit, 338
Turenne (Pierre), 133
Turenne ; Vaquier dit, 337
Turchet (Jean), 79
Turfort (Jean Honoré), 149
Turze (Claude), 141
Turgeon (Mathieu), 11
Turgis, Des (collier) de, 174
Turgis, Colbert de, 91
Turgis (Gilles-Jean-Baptiste), 115
Turgis (Michel), 282
Turgis (Quentin), 140
Turin (Etienne), 42
Turin (Jean-Antoine), 24
Turin (Jean-Antoine), 161
Turin (Joseph), 88
Turin (Michel), 158
Turin (Pierre), 169
Turle (Togé), 67
Turcautz, 207
Turoine ; (Jean-Bernard), 167
Turon (Léonard), 84
Turot (Alexis), 358
Turpin, De, 210
Turpin (Andre), 250
Turpin, Le Chevalier de, 48
Turpin (Etienne), 129
Turpin (François), 121
Turpin (Michel), 225
Turpin (Pierre), 56
Turpin (René), 295
Turquet (Jean), 274
Turquet (Louis), 105
Turquet (Yves), 230
Turquetin (Julien), 66
Tussean (Louis), 182
Tydée ; Chevreul dit, 264
Teux dit Soldat (Joseph), 92

Varaine (Simon - Antoine), 202
Vacon (Joseph), 27
Vaccacaire (Nicolas), 222
Vachard (Jean), 211
Vaché (Gilbert), 339

Vache, La (Jean), 318
Vaché (Jean-Joseph), 67
Vache, La (Joseph), 248
Vache, La (Louis-François), 153
Vache, La (Nicolas), 112
Vaché (Pierre), 342
Vache, Le (Pierre Marie), 107
Vache (Yvon), 128
Vaccades, Le, 333
Vacher (Andre), 122
Vacher (Jean), 60
Vacher (Pierre), 33
Vachero (Andre), 314
Vachero (Louis-Cosentin), 196
Vachier (Joseph), 213
Vachier (Louis), 56
Vachier (Louis), 197
Vaccaler (Louis), 227
Vachin (Antoine), 35
Vachinon (Pierre), 322
Vaccone (Jacques), 74
Vaccone (Jacques), 195
Varegne (Michel),
Vasceur (Michel), 108
Vaschi (Jean-Pierre), 31
Varon (Joseph), 62
Vasem, Le (Pierre) 165, 233
Vasqué (Mathieu), 44
Vacquier (Almable), 248
Vacquier (Joseph), 44
Vadancourt (Jacques), 85
Vadeboncoeur ; Auxivizier dit, 336
Vadeboncoeur ; Chaise dit, 352
Vadeboncoeur ; Criton dit, 281
Vadeboncoeur ; Dienommé dit, 351
Vadeboncoeur ; Gagerd dit, 312
Vadeboncoeur ; Gaudin dit, 346
Vadeboncoeur ; Cautier dit, 358
Vadeboncoeur ; Guy dit, 360
Vadeboncoeur ; Héron dit, 276
Vadeboncoeur ; Lamalieu dit, 308
Vadeboncoeur ; L'Hallier dit, 335
Vadeboncoeur ; Neaux dit, 290
Vadeboncoeur ; Oudart dit, 314
Vadeboncoeur ; Puard dit, 274
Vadeboncoeur ; Rousselot dit, 300
Vadeboncoeur ; Souriquière dit, 318
Vadeboncoeur ; Vaneur dit, 325
Vadet (Louis), 273, 281
Vadeucourt (André), 219
Vadet (Jean), 95
Vadet (Jean), 125
Vadet (Jean), 235
Vadoux (Antoine), 225
Vadoux (Bernard), 223
Vaesen ; Padrazl, 77
Vaësen (Antoine - Polycarpe), 142
Vaëson (Jean-Baptiste), 162
Vagot (Louis), 81
Vaillet ; Michael - Thomas), 340
Vaillance (Christophe), 115
Vaillance, Le (Jacques), 136
Vaillant, Le, 209
Vaillard, Le (Alexandre), 278
Vaillan (Charles), 132
Vaillan (Clément), 146
Vaillant (François), 196
Vaillant (François), 151
Vaillant (François), 297
Vaillant ; Gomet dit, 249
Vaillant, Le (Guillaume), 125
Vaillant (Jacques), 165
Vaillant (Jacques), 203
Vaillant (Jean), 75
Vaillant (Jean), 258
Vaillant (Jean Baptiste), 166
Vaillant (Jean - François), 274
Vaillant (Jean - François), 298
Vaillant (Jean - François), 300
Vaillant, Le (Justin), 77
Vaillant (Olivier), 126
Vaillant (Pierre), 178
Vaillant (Pierre), 210
Vaillant, Le (Thomas), 200
Vaille (Charles), 294
Vaille (Jean), 30
Vaillé (Michel), 39

Vaillet (Jacques), 46
Vainquer ; Lefevre dit, 280
Vainqueur ; Charpentier dit, 247
Vainqueur ; Legarieu dit, 299
Vainqueur ; Monsieur dit, 273
Vainqueur ; Vienne dit, 315
Vaissillers, De, 109
Vaissau (Pierre), 181
Vaix, Le (Guillaume), 82
Vaize (Jean Baptiste), 314
Valade (Jean), 262
Valade (Pierre), 413
Paladier (François), 41
Valudier (Martin), 268
Valadier (Pierre), 334
Vaudon (Pierre), 104
Valain (Charles), 191
Valais (François), 242
Valais (Jacques), 211
Valais (Pierre), 242
Valandier (Alexandre Joseph), 271
Valquin (Jacques), 97
Valance (Pierre), 182
Valatte (Pierre), 123
Valau (Louis), 168
Valancy (Mathieu), 62
Valcourt (Jean - François), 204
Valdoux (Joseph), 261
Vale (Jean), 129
Vald (Joseph), 172
Valeat (André), 119
Valeau (Jean), 54
Valee (Louis), 181
Valée (Vincent), 203
Valence (Antoine), 65
Valence (Etienne), 86
Valence (François), 84
Valence, La ; Hugonin dit, 318
Valence (Jean), 58
Vasence (Jérôme), 109
Valence (Joseph), 51
Valence (Joseph), 80
Valence (Louis), 54
Valence (Joseph), 170
Valence (Lazare), 61
Valenciennes ; Gousse dit, 275
Valenceole, De (Joseph), 229
Valançon (Mathieu), 300
Valençon (François), 228
Valentin (Benoit), 67
Valentin (Blaise), 186
Valentin (Etienne), 209
Valentin (François), 34
Valentin (François), 96
Valentin (Ignace), 49
Valentin (Jean), 153
Valentin (Jean), 213
Valentin (Jean), 229
Valentin (Jean Antoine), 63
Valentin (Jean-Baptiste), 75
Valentin (Jean-Baptiste), 24
Valentin (Joseph), 25
Valentin (Joseph), 113
Valentin (Louis), 24
Valentin (Nicolas), 249
Valentin (Philippe), 62
Valentin (Pierre), 114
Valentin (Pierre), 116
Valentin (Pierre Marie-Pransola), 24
Valentin (Simon), 221
Valère (Jean), 44
Valéry (Jean), 50
Valet ; Jean-Jean, 274
Valet (Jean-Pierre), 344
Valot (Michel), 208
Valette, De la, 88
Valette (Alexandre), 287
Valette ; Chaudron de la ; Balthazar Edme), 288
Valette ; Chaudron de la (Charles François), 286
Valette, La ; L'Auriol dit, 295
Valeur, La ; Montesson dit, 275
Valeur, La ; Lesirades dit, 318
Valhem (Jean Baptiste), 325
Valiboque (Joseph), 56
Valin, Le (Jean), 174
Valier (Joseph), 50
Valience (Augustin), 187
Valin (Claude), 289
Valin (Pierre), 313
Valiade (François), 168
Valladon (François), 123
Vallé (Jean), 219

Vaill (Jean-Baptiste), 168
Valls (Nicolas), 115
Valle (Nicolas), 221
Vallée (La Andre), 102
Vallée (François), 66
Vallée, La (Jacques), 242
Vallée (Jacques), 129
Vallée (Jean), 127
Vallée (Louis), 179
Vallee (Pierre), 115
Vallendon (Jean), 119
Valleis (Simon), 80
Vallerand (Michel), 71
Valles, De Wales ou (Christophe), 296
Vallet (Charles), 172
Vallet (Charles Jean-Louis), 111
Vallet (Jean), 55
Vallet (Michel), 36
Vallet (Pierre), 216
Valletie (Jean), 40
Vallier (Augustin), 226
Vallier (Joseph), 124
Vallier (Vincent), 59
Vallieres (François), 213
Vallin (Jean), 353
Vallin (Pierre), 297
Vallot (Joseph), 232
Vallot (Julien), 252
Vallot (Simon), 239
Vallogne (Jean), 81
Valloise, Le (Lazare), 79
Vallois (François), 158
Vallois, Le (Julien), 79
Vallois, Le (Michel), 249
Vallon (Augustin), 160
Vallon, Le (Christophe), 76
Vallon (Pierre), 145
Vallon (Pierre), 226
Valmy (Vincent), 165
Valogne (Thomas), 80
Valois, De, 209
Valois (Thomas), 298
Valon (Jean), 193
Valon ; Valor dit, 280
Valon (Jean), 339
Valot (Pierre), 40
Valor (Benoit), 310
Valons (Jean-Baptiste), 173
Valsu (Etienne), 148
Vaitou (Louis), 222
Valrau (Léonard), 100
Vattenu (Louis), 221
Vamercato (François), 311
Vamla, Le Comte de (Charles François-Joseph), 326
Vanac (Joseph), 263
Vanagre (Pierre), 154
Vanaud (Charles), 299
Vandal (Guillaume-Joseph), 208
Vandosme ; Nlef dit, 337
Vancrot (Thomas), 295
Vanette (Pierre), 223
Vangesis (Michel), 326
Vanessen (Claude), 263
Vanen (Jacques), 294
Vanier (Jean), 247
Vanier (Real), 254
Vanier (Toussaint), 78
Vanague, Le (Jean), 248
Vannier (Jean), 229
Vannier (Jean Baptiste), 71
Vannier (Pierre), 72
Vannot, 177
Vannot de Saint-Pargean,
Vanos (Jean), 326
Vanson (Nicolas - Charles), 76
Vanstabel, 177
Vantagot (Antoine), 321
Vantuny, 193
Vapes (Antoine), 236
Vapeur, Le (Louis), 200
Vaquery (Gaspard - François), 114
Vaquery (Jean - Baptiste - Guillaume), 112
Vaquier (François), 337
Varberger (Louis), 105
Vardelay, 75
Vardin (Jean), 57
Vardon (Joseph), 29
Varc (Robert), 325
Varennes, De Roux de, 199
Vare (Charles), 216
Varin (Jean), 96
Varin (Jean), 248
Varin (Jean-Louis), 335
Varin (Léonard), 113
Varin (Louis), 111
Varin (Pierre), 178
Varin (Pierre), 182
Varin de la Chaussée (Charles Alexandre), 287
Varize, De Colemne de, 302

Varlet (Jean-Baptiste), 71
Varlet (Jehan Paul), 170
Varlet (Louis), 135
Varlin (Jean-Louis), 195
Varnote (Pierre), 269
Varoez (Louis), 329
Varoquet (Jean), 315
Varsin (Jean-Louis), 255
Varse (Pierre), 26
Varse (Pierre), 175
Varsie (Thibault), 208
Varsen (Paul), 123
Varsier (Noël), 52
Vaslin (Clément), 245
Vaslin (Clément), 245
Vaslin (Etienne), 16
Vaslie (Jacques), 45
Vaslin (Louis), 240
Vaslin (Martin), 46
Vaslin (Michel), 281
Vassies (Pierre), 45
Vassaire (Joseph), 93
Vassal, 50
Vassal (Nicolas-Joseph), 67
Vassal (Raphaël), 40
Vassard (Gilles), 78
Vasserd (Pierre), 78
Vasseau (Etienne), 173
Vasso (Jean), 129
Vasse (Jean), 105
Visco (Pierre-Antoine), 165
Vassel (Louis), 104
Vasselin (Antoine), 224
Vassellin (De), 253
Vasselin (Jacques), 158
Vasselin (Jacques), 225
Vassolin (Jacques), 267
Vasselin (Paul), 68
Vasseling (Jean), 168
Vasseor, De, 123
Vasselot, De, 142
Vasserolles, De d'Philippe-François-Louis), 389
Vasseur (Adrien - Jérôme), 112
Vasseur (Antoine), 37
Vasseur (Charles), 308
Vasseur (François), 72
Vasseur, Le (François), 197
Vasseur (François), 162
Vasseur (François-Ph), 267
Vasseur (Jacques), 74
Vasseur (Jacques), 111
Vasseur (Jacques), 195
Vasseur (Jean), 95
Vasseur (Jean), 236
Vasseur, Le (Jean), 285, 247
Vasseur, Le (Jean-Baptiste), 153
Vasseur, Le (Jean-Baptiste), 167
Vasseur (Jean Baptiste), 235
Vasseur, Le (Louis), 135
Vasseur, Le (Michel), 229
Vasseur (Pierre), 49
Vasseur (Pierre), 55
Vasseur, Le (Pierre), 35
Vasseur (Pierre), 208
Vasseur (Pierre), 192
Vasseur (Pierre), 235
Vasseur (Pierre), 267
Vasseur (Pierre Alexandre), 292
Vasseur, Le (Pierre-Martin), 292
Vasseur (Pierre - Philippe), 326
Vasson, De, 195
Vasser (Antoine), 162
Vasser, Le (Mathurin), 8
Vassol (Pierre - François), 360
Vassor (Raphaël), 213
Vassor (Olivier), 126
Vateck (Pierre), 139
Vatel (Jean), 204
Vatel (Nicolas), 141
Vatel (Nicolas), 206
Vatier (François), 316
Vatois ; Lyone dit, 270
Vatol (Pierre), 74
Vatripon (Remy), 177
Vatte (Maurice), 293
Vatissa (Jacques), 298
Vauban, Antoine dit, 260
Vauban ; Longromps dit, 253
Vaubery, Le Gras de, (Claude-François Alexandre-Edouard), 320
Vauchez (Etienne - André), 328
Vauclin (Denis), 342
Vaucoiteh (Louis), 260
Vauconelle (Louis), 288
Vauconburs ; Bedolot dit, 291
Vaudamé (Michel), 309
Vaudamé (Michel), 313
Vaudé (Léon), 08
Vaudelet (Jean), 95
Vendelle (Joseph), 327
Vandermoni, De (Joseph-Louis), 390

CHARLES GRAVIER, COUNT DE VERGENNES

THE MARQUIS DE LA FAYETTE

GENERAL WASHINGTON.

AMERICA

DE GRASSE.

J. C. COMTE DE GUICHEN

Lieutenant Général des Armées Navales de France

COUNT DE ROCHAMBEAU.

By Trumbull. From the painting of the "Surrender of York Town," in the museum at New Haven. Enlarged sketch by Gérard Danvinia.

www.ingramcontent.com/pod-product-compliance
Lightning Source LLC
Chambersburg PA
CBHW080404300426
44113CB00015B/2397